W0241855

Markus Vollmert, Heike Lück

Google Analytics

Das umfassende Handbuch

Rheinwerk
Computing

Liebe Leserin, lieber Leser,

auf der Suche nach einer Hilfestellung für eine professionelle Webanalyse haben Sie sich für das richtige Buch entschieden. Heike Lück und Markus Vollmert stellen Ihnen die leistungsstarke Plattform Google Analytics in allen Details vor. So können Sie den Besuchern Ihrer Website über die Schulter schauen.

Ihre Vorteile: Mit einem sorgfältig geplanten Tracking-Konzept können Sie den Wert Ihrer Marketingmaßnahmen genau bestimmen. Finden Sie heraus, welche Werbung Ihnen wirklich mehr Besucher bringt. Erfahren Sie, wie Sie den Wert von Social Media für Ihre Website ermitteln oder wie viel Traffic von Mobiltelefonen stammt. Nehmen Sie die Ausstiegsseiten unter die Lupe und spüren Sie verborgene Hindernisse für Besucher auf. Jede Menge Praxistipps, Hinweise zum Datenschutz und leicht verständliche Beispiele runden dieses Handbuch ab.

Dieses Buch wurde mit großer Sorgfalt lektoriert und produziert. Sollten Sie dennoch Fehler finden oder inhaltliche Anregungen haben, scheuen Sie sich nicht, mit mir Kontakt aufzunehmen. Ihre Fragen und Änderungswünsche sind jederzeit willkommen. Ich wünsche Ihnen viel Spaß und Erfolg bei der Webanalyse!

Ihr Stephan Mattescheck
Lektorat Rheinwerk Computing

stephan.mattescheck@rheinwerk-verlag.de
www.rheinwerk-verlag.de
Rheinwerk Verlag · Rheinwerkallee 4 · 53227 Bonn

Auf einen Blick

Wir hoffen, dass Sie Freude an diesem Buch haben und sich Ihre Erwartungen erfüllen. Ihre Anregungen und Kommentare sind uns jederzeit willkommen. Bitte bewerten Sie doch das Buch auf unserer Website unter **www.rheinwerk-verlag.de/feedback**.

An diesem Buch haben viele mitgewirkt, insbesondere:

Lektorat Stephan Mattescheck, Roman Lehnhof
Korrektorat Baris Selcuk, Zell am Main
Herstellung Jessica Boyken
Typografie und Layout Vera Brauner
Einbandgestaltung Barbara Thoben, Köln
Satz SatzPro, Krefeld
Druck Beltz Bad Langensalza GmbH, Bad Langensalza

Dieses Buch wurde gesetzt aus der TheAntiquaB (9,35/13,7 pt) in FrameMaker.
Gedruckt wurde es auf chlorfrei gebleichtem Offsetpapier (90 g/m²).
Hergestellt in Deutschland.

Das vorliegende Werk ist in all seinen Teilen urheberrechtlich geschützt. Alle Rechte vorbehalten, insbesondere das Recht der Übersetzung, des Vortrags, der Reproduktion, der Vervielfältigung auf fotomechanischen oder anderen Wegen und der Speicherung in elektronischen Medien.

Ungeachtet der Sorgfalt, die auf die Erstellung von Text, Abbildungen und Programmen verwendet wurde, können weder Verlag noch Autor, Herausgeber oder Übersetzer für mögliche Fehler und deren Folgen eine juristische Verantwortung oder irgendeine Haftung übernehmen.

Die in diesem Werk wiedergegebenen Gebrauchsnamen, Handelsnamen, Warenbezeichnungen usw. können auch ohne besondere Kennzeichnung Marken sein und als solche den gesetzlichen Bestimmungen unterliegen.

Bibliografische Information der Deutschen Nationalbibliothek:
Die Deutsche Nationalbibliothek verzeichnet diese Publikation in der Deutschen Nationalbibliografie; detaillierte bibliografische Daten sind im Internet über *http://dnb.d-nb.de* abrufbar.

ISBN 978-3-8362-5963-7

3. Auflage 2018
© Rheinwerk Verlag, Bonn 2018

Informationen zu unserem Verlag und Kontaktmöglichkeiten finden Sie auf unserer Verlagswebsite **www.rheinwerk-verlag.de**. Dort können Sie sich auch umfassend über unser aktuelles Programm informieren und unsere Bücher und E-Books bestellen.

Inhalt

Geleitwort

Dass Sie dieses Buch nun in Ihren Händen halten, zeigt, dass Sie vor einem Professionalisierungsschritt mit Google Analytics stehen – dazu gratuliere ich Ihnen: Sie werden eine spannende Zeit haben!

Mit Google Analytics verhält es sich wie mit vielen anderen Tools: Meist nutzt man maximal 20 % der Möglichkeiten, oft sogar noch weniger. Daher zahlt es sich aus, sich einmal umfassend über all die Features und Konzepte zu informieren, um im Anschluss das volle Potenzial ausschöpfen zu können. Dazu braucht es aber auch einen Plan: Ohne Konzept riskieren Sie im schlimmsten Fall, dass die gesammelten Daten fehler- oder mangelhaft sind – im besten Fall können Sie den erwarteten Mehrwert daraus nicht generieren.

Das Buch hat mich durch seinen intelligenten Aufbau überzeugt: Als Leser werden Sie mit den Grundlagen vertraut gemacht und Schritt für Schritt weiter zu den Details geführt. Es werden sowohl Basiskonzepte erklärt als auch alle vorhandenen Erweiterungen und Features besprochen, sodass Sie für Ihre eigenen Projekte gut gerüstet sind.

Den Autoren Heike Lück und Markus Vollmert ist es rundum gelungen, von der Einführung für Einsteiger bis zu technischen Details für Fortgeschrittene ein umfassendes Kompendium vorzulegen. Als einzige »Einschränkung« darf ich Ihnen aus jahrelanger Praxis als Google Analytics Certified Partner mit vielen Großprojekten ans Herz legen: Ab und an wird kein Buch reichen – dann sind Sie mit der Begleitung durch Experten besser beraten, da diese nicht nur weiteres Know-how, sondern vor allem auch Umsetzungserfahrung mitbringen. Das fördert zumeist sowohl noch fundiertere Lösungen als auch Abkürzungen (vulgo Effizienz) im Projekt.

Ich wünsche Ihnen, dass Sie, je nach Ihren Vorkenntnissen, in die spannende Welt der Digital Analytics einsteigen oder noch tiefer eindringen. Möge der Funken der Begeisterung auf Sie überspringen, und mögen Sie damit in Ihrem Job noch besser werden und Ihrem Unternehmen einen Wettbewerbsvorsprung im immer schneller drehenden Business bescheren. Daten und die daraus generierten Insights sind die Basis dafür, und mit ihnen Sie sind bestens gerüstet.

Siegfried Stepke

Gründer und Geschäftsführer von e-dialog
Google Analytics 360 Authorized Reseller
+SiegfriedStepke, *stepke@e-dialog.at*

Vorwort

Sie haben sich dieses Buch gekauft, um mehr über *Google Analytics* zu erfahren und damit über die Besucher Ihrer Website. Das freut uns, die Autoren, natürlich, denn wir haben das Buch für Sie geschrieben. Es freut uns aber auch für Ihre Besucher, denn Sie möchten ganz offensichtlich Ihre Website und Ihr Online-Marketing besser machen, damit Ihre Besucher erreichen, was sie wollen. Und das ist es auch, was Google möchte: dass Sie Ihre Website besser machen. Darum ist Google Analytics kostenlos und steht jedem Betreiber einer Website zur Verfügung.

Wir möchten Ihnen in unserem Buch einen möglichst umfassenden Überblick zum Einbau, Konfigurieren, Auswerten und Darstellen mit Google Analytics geben. Dazu zeigen wir Ihnen neben dem Tool selbst auch den Google Tag Manager (Kapitel 14), der gerade bei größeren Websites die Implementierung vereinfacht. In Kapitel 13 erfahren Sie alles über die Vorteile von Google Analytics 360, der kostenpflichtigen Version von Google Analytics.

Sie werden lesen, wie Sie mit Google Analytics Ihre Online-Aktivitäten optimieren können:

- Finden Sie Seiten, auf die Ihre Besucher zwar kommen, aber die sie sofort wieder verlassen.
- Sehen Sie, welche Werbung tatsächlich Besucher zu Ihnen führt.
- Verstehen Sie, was Ihre Besucher auf Ihrer Website suchen.
- Entdecken Sie, welche Inhalte auf Facebook und Twitter geteilt werden.
- Verbessern Sie Ihren Bestellprozess, indem Sie analysieren, an welcher Stelle Besucher abbrechen.
- Verstehen Sie, welche Produkte Ihre Besucher besonders oft kaufen.
- Erkennen Sie, welche Wege Besucher durch Ihre Website nehmen.
- Testen Sie unterschiedliche Inhalte mit Ihren Besuchern.
- Verfolgen Sie Ihre Besucher live auf der Website.
- Berechnen Sie Kosten und Umsätze für Ihre Online-Marketing-Aktivitäten.

Das ist nur eine kleine Auswahl von dem, was wir Ihnen auf den Seiten dieses Buches zeigen möchten. Außerdem werden Sie lernen,

- wie Sie Kennzahlen auswählen und Berichte definieren,
- wie Sie Auswertungen strukturieren und anderen Nutzern Zugriff gewähren,
- wie Sie Tracking-Code erstellen und anpassen und
- wie Sie Fehler in den Daten oder den Codes finden und beseitigen.

Nur durch die Webanalyse werden Sie erfahren, was Ihre Besucher tatsächlich tun. Es ist immer wieder erstaunlich, wie viele Websites immer noch »aus dem Bauch heraus« gesteuert werden. Und es ist geradezu erschreckend, wie viele Werbemaßnahmen niemals auf ihren Erfolg hin untersucht werden.

Wir wissen, was unsere Kunden/Leser/Besucher wollen!

Ein erstrebenswerter Zustand, der allerdings nur mit Daten belegt werden kann. Wissen darf nicht synonym für Glauben stehen. Mit Google Analytics bekommen Sie die Daten, um Ihren Besuchern über die Schulter zu schauen.

Wir beschäftigen uns tagtäglich mit der Webanalyse und den Auswertungswünschen unserer Kunden. Dabei stellen wir immer wieder fest, dass Google Analytics für viele eine Blackbox ist: Irgendwie kommen Daten hinein und dann gibt es ganz viele Zahlen und Tabellen im Tool. Aber was die Daten über die Besucher auf der Website erzählen, bleibt im Verborgenen. Unser Job ist daher oft, Licht in dieses Dunkel zu bringen, Besucherwege nachzuvollziehen und Hindernisse zu entdecken, die den Besuchern im Weg stehen. Diese Hindernisse aus dem Weg zu räumen, ist das Ziel unserer Analyse.

Sie profitieren nun von dieser Erfahrung, denn wir erläutern Ihnen nicht nur die unterschiedlichen Funktionen von Google Analytics, sondern geben dabei immer wieder Beispiele, wie Sie diese Funktionen nutzen und die Berichte interpretieren können. Am Ende möchten wir Sie selbst in die Lage versetzt haben, Ihre Website mit Google Analytics auszuwerten und sie so Stück für Stück besser zu machen.

Eines noch vorweg: Google entwickelt Analytics ständig weiter und schaltet immer wieder neue Features online, benennt Berichte um und aktualisiert das Design. Daher kann es sein, dass Ihre Berichte hier und da etwas anders aussehen als auf unseren Screenshots und dass Menüpunkte vielleicht anders heißen. Wir haben versucht, unsere Beschreibungen so aktuell wie möglich zu halten, aber falls Sie eine Einstellung nicht direkt finden oder etwas Neues entdecken, schauen Sie in die Online-Hilfe von Google Analytics und in den Google-Analytics-Blog für weitere Informationen.

Das Buch lässt sich grob in drei Teile gliedern. Die Kapitel 1 bis Kapitel 6 beschreiben die Grundlagen für eine erfolgreiche Webanalyse sowie das Einrichten des Trackings. Die Kapitel 7 bis Kapitel 12 widmen sich der Arbeit und Datenanalyse im Tool selbst. Kapitel 13 und Kapitel 14 behandeln mit der Premium Version und dem Tag Manager Themen, die optional sind. Sollten Sie diese bereits nutzen oder sich dafür interessieren erfahren Sie in diesen Kapiteln das zur erfolgreichen Handhabung nötige Wissen. Im Anhang finden Sie eine Auflistung aller Befehle des Google-Analytics-Tracking-Codes mit Beschreibung und Beispielen sowie eine Erläuterung zu regulären Ausdrücken.

Die Kapitel in der Übersicht:

1. **Der Eckpfeiler: Webanalyse im digitalen Marketing**
   Im ersten Kapitel geben wir einen Überblick über den aktuellen Stand der Webanalyse. Was kann sie leisten, wo sind die Grenzen? Und wohin geht die Entwicklung in der nächsten Zeit – und damit auch für Google Analytics?
2. **Der Auftakt: Google Analytics kennenlernen**
   Sie erfahren die wichtigsten Features des Tools und deren besonderen Vorteile. Weiterhin erklären wir die Grundlagen des Interfaces und zeigen Ihnen, wie man Segmente anwendet, filtert oder sortiert, sodass Sie schnell den Einstieg in die tägliche Arbeit finden. Schließlich besprechen wir das gerade in Deutschland sensible Thema Datenschutz.
3. **Der Fahrplan: Tracking-Konzept erstellen**
   Lesen Sie, wie Sie die Anforderungen an das Webanalyse-System bestimmen und dokumentieren. Je nach Unternehmen und Website gibt es allgemeingültige Anforderungssets, mit denen Sie die Planung starten können. In die Planung gehören auch die *Key Performance Indicators* (KPIs), die später ein wichtiger Bestandteil im Reporting sind.
4. **Das Fundament: Strukturen schaffen**
   Wir zeigen, wie Sie in Google Analytics die zu erfassenden Websites strukturieren, um auch später flexibel auf neue Anforderungen reagieren zu können. Gerade dieses Grundgerüst lässt sich später nur schwer umbauen, daher lohnt es sich, etwas Zeit in die Planung zu investieren.
5. **Die ersten Schritte: Konto einrichten und Tracking-Code erstellen**
   Es geht los! Lernen Sie die Vorbereitungen für die erste Datenerfassung kennen. Verstehen Sie, wie der notwendige Programmcode für Ihre Website aufgebaut ist und welche Anpassungen möglich sind.
6. **Das Herzstück: Datenansichten anlegen und Zielvorhaben einrichten**
   Wir gehen Schritt für Schritt die Konfiguration der neuen Webtracking-Datenansicht durch und erklären die Einstellungen. Neben Datenfiltern besprechen wir besondere Einstellungen wie eine interne Suche und die Verknüpfung mit anderen Google-Produkten wie AdWords oder der Search Console.
7. **Die erste Säule der Auswertung: Besucher kennen**
   Die Arbeit mit dem Auswertungstool beginnt. Sie erfahren, aus welchem Land Ihre Besucher kommen, ob sie mit dem PC oder dem Smartphone surfen und ob sie zum ersten oder wiederholten Mal auf Ihrer Website waren.

8. **Die zweite Säule der Auswertung: Besucherquellen entdecken**
   Finden Sie heraus, wie die Besucher im Internet auf Ihre Website stoßen. Wurden Sie bei Google gefunden, oder war es ein Banner, das Sie gebucht haben? Vielleicht kannten einige Besucher Ihre Webadresse? Oder war es doch der Newsletter, der Besucher zu Ihrer Website führte? Wir zeigen Ihnen, wie Sie auch Offline-Werbemittel wie Plakate messbar machen können.
9. **Die dritte Säule der Auswertung: Besucherinteressen verstehen**
   Was machen die Besucher auf Ihrer Website, wohin gehen sie und was schauen sie sich an? Wir zeigen Ihnen, wie Sie das Besucherverhalten bewerten können und somit erfolgreiche Inhalte identifizieren. Außerdem sehen Sie die meistgenutzten Pfade durch Ihr Angebot und lernen, wie Sie unterschiedliche Inhalte mit Google Analytics testen.
10. **Die vierte Säule der Auswertung: Conversions analysieren**
   Hier geht es ans Eingemachte, denn wir sprechen darüber, ob Ihre Besucher tatsächlich tun, was Sie sich von Ihnen wünschen. Erfüllt die Website die in sie gesteckten Erwartungen? Nutzen Besucher die Formulare, bestellen sie den Newsletter, und was kaufen sie im Shop? Welche Produkte laufen gut, welche weniger? Am Ende wissen Sie, was in Ihrem Online-Auftritt funktioniert und was Geld bringt.
11. **Die Herausforderung: Individuelle Auswertungswünsche erfüllen**
   Wenn die vorgefertigten Berichte in Google Analytics an ihre Grenzen stoßen, können Sie selber zum Baumeister werden. Sie lernen, wie Sie individuelle Berichte und Dashboards definieren und welche Daten Sie kombinieren können. Wir geben Ihnen Tipps, wie Sie die tägliche Arbeit mit dem Auswertungstool vereinfachen. Und Sie lernen Beispiele dazu kennen, wie Sie die Daten aus Google Analytics in anderen Online-Diensten einbinden.
12. **Der Rettungseinsatz: Fehler finden und beheben**
   Sie haben alles konfiguriert und eingerichtet – aber es kommen keine Daten in Google Analytics an. Vielleicht kommen Daten an, aber Ihr Bericht scheint nicht plausibel. Wir erklären Ihnen, wie Sie Fehler in der Einbindung oder den Einstellungen entdecken und beheben. Außerdem verraten wir Ihnen Tools, die beim Überprüfen und Aufspüren helfen.
13. **Google Analytics Premium: die kostenpflichtige Enterprise-Version für Unternehmen**
   Höhere Datenlimits, Support, Service Level Agreements und erweiterte Features sind einige der Vorteile der kostenpflichtigen Premium Version, die sich vor allem an große, stark frequentierte Websites oder Konzerne richtet. Wir erläutern Ihnen wann es Sinn macht, auf diese Version umzusteigen.

14. **Google Tag Manager: Tracking-Codes unabhängig einbinden**
    Der Tag Manager ist ein eigenständiges Google Tool, das es Ihnen ermöglicht, neben Google-Analytics-Tracking-Codes auch automatisch Ereignisse, Transaktionen oder sogar Drittanbieter-Tags ohne Umschweife über die IT auf Ihrer Website einzubinden. Was Sie dabei beachten müssen und welche Voraussetzungen gegeben sein müssen, zeigen wir Ihnen hier auf.

Sie werden beim Lesen viele Möglichkeiten von Google Analytics kennenlernen und eine Menge Praxistipps erhalten. Wir wünschen Ihnen viel Spaß beim Lesen und viel Erfolg bei der Umsetzung!

Kapitel 1
Der Eckpfeiler: Webanalyse im digitalen Marketing

Wir geben einen Überblick über den aktuellen Stand der Webanalyse. Was kann sie leisten, wo sind die Grenzen? Und wohin geht die Entwicklung in der nächsten Zeit – und damit auch für Google Analytics?

Das Internet hat in den letzten 20 Jahren eine unvergleichliche Entwicklung durchlaufen. Die Website ist für viele Unternehmen die zentrale Präsenz nach außen geworden, hier läuft alles zusammen. Ob Produkte, Jobs oder Nachrichten, alles wird online publiziert – und häufig nur noch dort. Unsere wichtigsten Informationsquellen sind online: Suchmaschinen wie Google oder Lexika wie Wikipedia. Wir lesen unsere Nachrichten bei Spiegel online und kommunizieren mit unseren Freunden bei Facebook. Wir kaufen bei Amazon ein und planen unseren nächsten Urlaub bei Holidaycheck. Dank Smartphone sind wir rund um die Uhr online und überall vernetzt.

Mit der Bedeutung für die Endverbraucher wächst auch die Bedeutung im Unternehmen. Das Internet ist ein zentraler Baustein in den Bereichen Verkauf und Service. Das Werbebudget für Online-Kanäle steigt seit Jahren, um immer mehr Besucher auf die Websites zu bringen. Informationen über die Besucher der Website, ihre Wege und Aktionen sind damit von großem Wert. Ein Unternehmen, das diese Informationen richtig zu nutzen weiß, hat einen klaren Wettbewerbsvorteil.

Genau mit diesem Aufgabengebiet beschäftigt sich die *Webanalyse*. Die Aktivitäten der Besucher einer Website werden dazu erfasst und gespeichert. Diese Daten können Sie anschließend in einer Programmoberfläche analysieren und somit Informationen über Besucherwege und Kampagnenerfolge auswerten. Da immer mehr dieser Kampagnen online stattfinden und sich auch die Besucher immer häufiger nur noch online bewegen, ist die Webanalyse ein wichtiger Bestandteil im digitalen Marketing.

Der Begriff *digitales Marketing* bezeichnet allgemein gesprochen den Einsatz neuer digitaler Medien, zum Beispiel des Internets, zur Vermarktung eines Produkts oder einer Dienstleistung. Mit dem Aufstieg des Internets hat die Bedeutung des digitalen Marketings für Unternehmen kontinuierlich zugenommen. Das Internet ist inzwischen nicht mehr nur ein weiterer Marketingkanal neben TV, Radio oder Print, sondern in vielen Bereichen der bestimmende Kanal. Viele Marketingmaßnahmen zielen auf die Online-Präsenz eines Unternehmens, sie wird damit zum Kristallisationspunkt. Dabei bezeichnet *Online-Präsenz* nicht nur eine Website, sondern umfasst auch mobile Inhalte oder Auftritte in sozialen Netzwerken.

1.1 Besucheraktivitäten analysieren

Mit zunehmender Bedeutung der Website steigt auch das Interesse an Informationen über die Vorlieben und das Verhalten ihrer Besucher. Diese Informationen zu liefern, ist das Ziel der Webanalyse. Inzwischen hat sie sich von der Statistik hin zu einem zentralen Bestandteil im Marketing entwickelt. Der Funktionsumfang moderner Webanalyse-Systeme orientiert sich an den Bedürfnissen des Marketings. Aus Sicht des Online-Verantwortlichen können die gesammelten Daten im digitalen Marketing in drei Bereiche unterteilt werden:

1. Der Bereich *Akquise* umfasst alle Maßnahmen und damit verbundenen Besucherdaten, die zum Besuch der Online-Präsenz führen und die Bekanntheit der Marke oder Produkte steigern. Dazu zählt jede Form von Online-Werbung, daneben Mailings, Newsletter und in gewissem Umfang Social Media. Analysen im Bereich Akquise sollen helfen, für möglichst wenig Geld möglichst viele wertige Besucher auf die Online-Präsenz zu bringen.

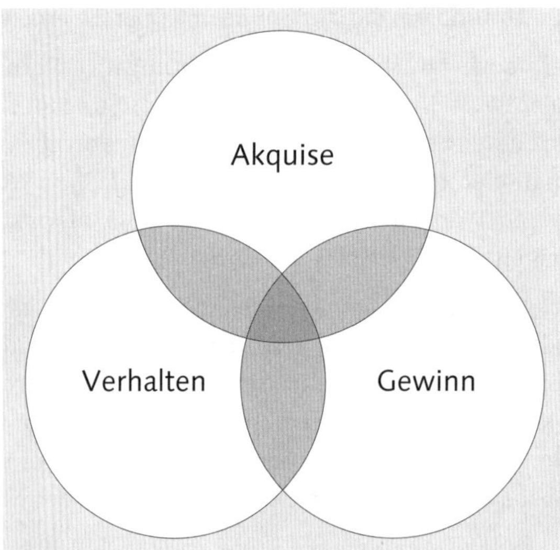

Abbildung 1.1 Marketingbereiche des Online-Verantwortlichen

2. Im zweiten Bereich geht es um das *Verhalten* der Besucher. Diese Daten beschreiben, wie sie sich auf der Website bewegen und welche Inhalte sie interessieren.

Außerdem zählen hierzu Informationen über ihre technische Ausstattung wie Browser und Betriebssystem. Schließlich gehören Besucherdaten über Standort, Sprache usw. in diese Kategorie. Analysen über das Verhalten der Besucher zielen darauf, Struktur und Aufbau der Online-Präsenz zu optimieren, um so den Besuchern bei der Erreichung ihrer Ziele zu helfen.

3. Der dritte Bereich umfasst den *Gewinn* der Online-Präsenz. Bei einem Shop ist der Bezug eindeutig: Mit jedem verkauften Produkt wird Umsatz erzielt. Auch wenn der Besucher zunächst eine Kontaktanfrage abschicken kann, hat sie bereits einen gewissen Wert für den Betreiber. Bei einer Magazin-Website geht es um die Generierung möglichst vieler Besucher, um so Werbeflächen zu verkaufen. Je mehr Besucher sie sehen, desto höher steigt der Umsatz für den Verkau dieser Flächen. Analysen zum Gewinn zeigen, welche Maßnahmen und Inhalte am Ende einen tatsächlichen Wert erzeugen – aus Sicht des Online-Verantwortlichen.

Akquise, Verhalten und Gewinn stehen miteinander in Beziehung, und die Übergänge zwischen den Bereichen sind mitunter fließend (siehe Abbildung 1.1). Diese Dreiteilung bildet ein Gerüst für die Verortung aller Maßnahmen und anschließenden Auswertungen. Im Zentrum der Betrachtung steht dabei immer der Nutzer.

1.2 Messbarkeit gestern und heute

Die Vermarktung eines Produkts kostet Zeit und Geld. Daher gehört zum Marketing auch immer die Messung des Erfolgs einer Marketingmaßnahme. Vor dem Einzug der digitalen Medien war eine solche Auswertung nicht einfach, denn eine eindeutige Zuordnung von Werbemaßnahme und Verkauf war kaum möglich. Ein Zitat von Henry Ford bringt das Dilemma auf den Punkt:

> *50 % meines Marketingbudgets sind vergeudet, aber ich weiß nicht, welche 50 %.*

Ein Beispiel: Ein Unternehmen schaltet eine Anzeige in einer Zeitschrift. Der Verlag weiß, wie viele Ausgaben der Zeitschrift gedruckt werden, und nach einigen Tagen oder Wochen auch, wie viele Exemplare verkauft wurden. Damit lässt sich abschätzen, wie viele Personen die Anzeige gesehen haben könnten. Vielleicht stellt das Unternehmen im Anschluss fest, dass die Verkäufe für das beworbene Produkt gestiegen sind. Ein direkter Zusammenhang lässt sich allerdings nur durch eine Befragung der Käufer herstellen.

Für eine solche Befragung musste ein Unternehmen eine meist aufwendige Marktforschung veranlassen, um mehr über aktuelle und potenzielle Kunden zu erfahren. Die Marktforschung hat die Erhebung und Analyse von Kundendaten über Jahrzehnte hinweg optimiert. In vielen Fällen liefert eine repräsentative Umfrage verlässliche Ergebnisse. Aber eine solche Befragung ist zeitaufwendig und kostet Geld.

Es gab auch vor der Digitalisierung Branchen, die in der Erfolgsmessung und Datenerfassung weiter waren als andere, der Versandhandel zum Beispiel. Durch die Analyse der bisherigen Käufe konnten den Katalogabonnenten weitere Angebote per Brief gemacht werden. Anschließend konnte der Versandhändler genau sehen, welche Kunden nach dem Brief das beschriebene Angebot bestellten und welche nicht. Die Angebote selbst basierten in vielen Fällen allerdings auf Ideen oder Erfahrung – selten auf Daten, da es eben nur in begrenztem Umfang Informationen über die Interessen und Vorlieben der Kunden gab.

Für das Fernsehen wurde für die Einschaltquote eine Mischform aus Befragung und Messung erdacht. Zunächst wird mit einer Befragung eine Gruppe repräsentativer Haushalte gesucht, die möglichst den deutschen Bevölkerungsdurchschnitt abbilden. Für die Personen in diesen Haushalten sind demografische Daten wie Alter, Geschlecht usw. bekannt. Von ihnen wird nun das tatsächliche Fernsehverhalten erfasst, also wer schaut wann welches Programm. Mit diesen Daten wird schließlich eine Hochrechnung für die gesamte Bevölkerung erstellt, die spätestens am nächsten Tag zur Verfügung steht. Diese Daten lassen sich wiederum nach den demografischen Daten aus der Befragung unterteilt betrachten.

Für Online-Inhalte braucht man keine Hochrechnung. Es können nahezu alle Interaktionen gemessen werden. Dabei ist die Messung sogar noch schneller: Sie erfolgt praktisch in Echtzeit. Dabei waren Nutzungsstatistiken von Websites zu Beginn des Internets im Prinzip ein Abfallprodukt. Die Dateien, in denen Webserver die bei ihnen angefragten Inhalte protokollierten, waren eigentlich für Techniker gedacht, um ihnen die Fehlersuche zu erleichtern. Relativ früh wurde klar, dass die Daten aus diesen Protokolldateien zu mehr verwendet werden können. Mit ihnen ließ sich zeigen, wer wann was auf der Website angeschaut hat. Die ersten Webanalyse-Programme vor 20 Jahren arbeiteten auf dieser Grundlage und lieferten bereits Statistiken über aufgerufene Seiten oder Verweise von anderen Webseiten.

In dieser Zeit waren sowohl für die Datenerfassung als auch für die Auswertung mit einem Programm technische Kenntnisse nötig. Server mussten konfiguriert, Analysesoftware installiert und administriert werden. Somit war die Webanalyse häufig in der IT eines Unternehmens beheimatet. Und auch die Entwickler der Analysesoftware selbst kamen meist aus einem eher technischen Umfeld. Für Verantwortliche aus Marketing, Vertrieb oder Kommunikation war der Zugang nicht leicht, oft im ganz wörtlichen Sinne: Die Auswertungssoftware lief nicht selten auf dem PC eines Mitarbeiters, der die Protokolldateien des Servers einmal im Monat von einer CD überspielte und anschließend auswertete. Als Ergebnis gab es ein mehrseitiges Dokument mit einer Menge Zahlen und Tabellen (siehe Abbildung 1.2). Der Bezug zu Kennzahlen oder Fragestellungen des Unternehmens war nicht immer leicht herzustellen, denn die Benutzeroberfläche dieser Programme war noch für Fragestellungen der Technik ausgelegt und nicht des Marketings.

Die Analysesoftware wertete alles aus, was in den Protokolldateien zu finden war. Dabei wurden dort neben den Zugriffen von realen Personen auch die Aufrufe durch automatische Programme wie etwa Suchmaschinen-Spider ausgewiesen, die die Webseiten für ihre Indexierung abrufen. Und es wurden die Aufrufe von allen Dateien einer Website gelistet, nicht nur inhaltsführende HTML-Seiten, sondern zum Beispiel auch Grafikdateien. Man musste mit Filtern versuchen, aus diesem Datenwust die Besuche von tatsächlichen Nutzern herauszufinden.

Top 30 of 361 Total URLs

#	Hits		kB F				kB Out		URL
1	7247	2.89%	119727	2.67%	0	0.00%	0	0.00%	/
2	3774	1.51%	222532	4.97%	0	0.00%	0	0.00%	/wp-includes/js/jquery/jquery.js
3	3657	1.46%	17380	0.39%	0	0.00%	0	0.00%	/wp-includes/js/jquery/jquery-migrate.min.js
4	3580	1.43%	7021	0.16%	0	0.00%	0	0.00%	/wp-content/themes/Chameleon/js/jquery.fitvids.js
5	3544	1.41%	14325	0.32%	0	0.00%	0	0.00%	/wp-login.php
6	3542	1.41%	919	0.02%	0	0.00%	0	0.00%	/wp-content/plugins/nextgen-gallery/products/photocrati_nextgen/modules/ajax/static/ajax.js
7	3534	1.41%	1786	0.04%	0	0.00%	0	0.00%	/wp-content/plugins/nextgen-gallery/products/photocrati_nextgen/modules/lightbox/static/thickbox/nextgen_
8	3532	1.41%	27506	0.61%	0	0.00%	0	0.00%	/wp-includes/js/thickbox/thickbox.js
9	3529	1.41%	842	0.02%	0	0.00%	0	0.00%	/wp-content/plugins/nextgen-gallery/products/photocrati_nextgen/modules/nextgen_basic_gallery/static/thur
10	3529	1.41%	921	0.02%	0	0.00%	0	0.00%	/wp-content/plugins/nextgen-gallery/products/photocrati_nextgen/modules/nextgen_gallery_display/static/cc
11	3518	1.40%	15570	0.35%	0	0.00%	0	0.00%	/wp-content/themes/Chameleon/epanel/page_templates/js/fancybox/jquery.easing-1.3.pack.js
12	3506	1.40%	70488	1.57%	0	0.00%	0	0.00%	/wp-content/themes/Chameleon/js/jquery.cycle.all.min.js
13	3500	1.40%	37223	0.83%	0	0.00%	0	0.00%	/wp-content/themes/Chameleon/js/jquery.flexslider-min.js
14	3493	1.39%	34989	0.78%	0	0.00%	0	0.00%	/wp-content/themes/Chameleon/epanel/page_templates/js/fancybox/jquery.fancybox-1.3.4.pack.js
15	3490	1.39%	14753	0.33%	0	0.00%	0	0.00%	/wp-content/themes/Chameleon/epanel/page_templates/js/et-ptemplates-frontend.js
16	3490	1.39%	6348	0.14%	0	0.00%	0	0.00%	/wp-content/themes/Chameleon/js/et_flexslider.js
17	2252	0.90%	1789	0.04%	0	0.00%	0	0.00%	/wp-includes/js/comment-reply.min.js
18	2188	0.87%	8372	0.19%	0	0.00%	0	0.00%	/wp-content/themes/Chameleon/js/superfish.js

Abbildung 1.2 Webanalyse-Software Webalizer: Hits und Kilobytes

In den Anfangsjahren des World Wide Web war das für viele Unternehmen zu verschmerzen, da die Website nur am Rande wahrgenommen wurde und nicht selten schlicht als digitale Broschüre gesehen wurde. Heute dagegen ist die Website häufig der zentrale Kontakt-, Informations- und Verkaufspunkt eines Unternehmens. Auch für die Akquise von Interessenten und Kunden ist das Internet inzwischen ein fundamentaler Kanal im Marketingmix. Viele Dinge des täglichen Lebens lassen sich heute komplett online abwickeln, denken Sie zum Beispiel an Bankgeschäfte oder das Kaufen von Musik.

1.3 Das Wichtigste ist der Nutzer

Für ein optimales Marketing wird jeder (potenzielle) Kunde immer zum genau richtigen Zeitpunkt mit der richtigen Botschaft zu seinen aktuellen Interessen angesprochen. Der richtige Mix aus diesen Bausteinen ist dabei für jede Person individuell zusammengestellt. Die Herausforderung bei diesem Ziel ist es, die nötigen Daten und Informationen über eine Person zu haben, um die richtige Ansprache wählen zu können.

In einer digitalen Welt kann man diesem Ziel recht nahekommen. Denn online lassen sich Kundendaten erheben, etwa bei einer Bestellung in einem E-Commerce-Shop. Es lassen sich aber auch Informationen über das Kundenverhalten und die Interessen sammeln, zum Beispiel durch das Beobachten von aufgerufenen Websites, verwendeten Suchbegriffen oder Zugriffszeiten. Alles zusammen ergibt ein Nutzerprofil (siehe Abbildung 1.3). Je detaillierter ein solches Profil ist, desto besser lassen sich Ansprache und Angebote auf den Nutzer abstimmen.

Abbildung 1.3 Nutzerprofil aus Kundenverhalten und -information

Da der Nutzer eine so zentrale Rolle in diesem Modell einnimmt, versucht die Webanalyse, ihn ins Zentrum ihrer Betrachtung zu stellen. Das bedeutet, dass alle erfassten Daten immer möglichst einem Nutzerprofil zugeordnet werden können. Die einzelnen gesammelten Daten können also nicht nur in schlichte Tabellen aggregiert werden, sondern es muss auch später noch jede einzelne Messung erkennbar sein.

Erst dadurch wird es möglich, die Daten nachträglich zu *segmentieren*, also etwa die Besucher einer Website getrennt nach bestimmten Kriterien zu betrachten. Etwa: Welche Seiten haben sich Besucher mit dem Firefox Browser angeschaut? Oder: Wie lange blieben Besucher, die über Google auf meine Website gekommen sind, gegenüber Besuchern, die auf ein Banner geklickt haben? Heutige Webanalyse-Systeme ermöglichen genau solche Auswertungen, teilweise heruntergebrochen auf jeden einzelnen Aufruf, der von einem Besucher gemessen wurde.

Der Weg eines Nutzers vom ersten Kontakt auf einem beliebigen Kanal bis zum tatsächlichen Kauf wird als *Customer Journey* bezeichnet. Dabei durchläuft er unterschiedliche Phasen, vergleichbar mit einem Trichter (siehe Abbildung 1.4). In jeder einzelnen Phase hat der Nutzer andere Interessen und verfolgt unterschiedliche Ziele.

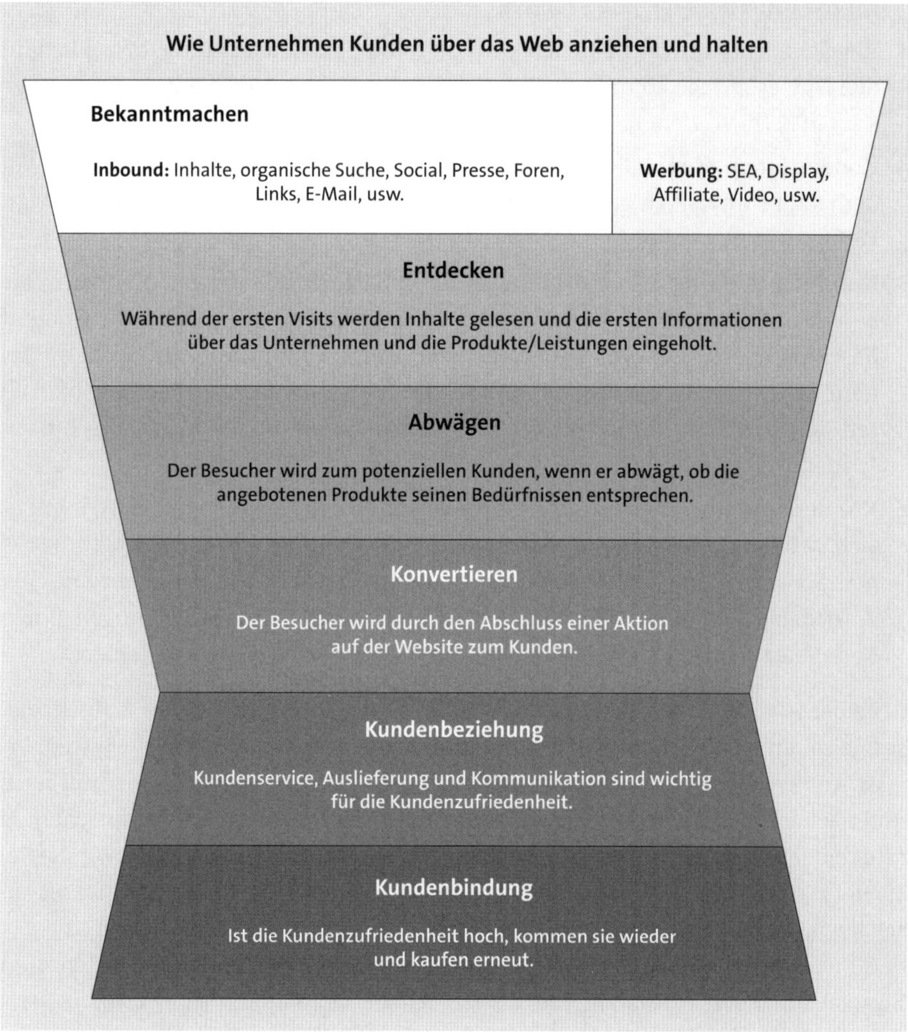

Abbildung 1.4 Digital Marketing Funnel nach moz.com

Wenn sich für einen Nutzer bestimmen lässt, in welcher Phase des Trichters er sich gerade befindet, lässt das Rückschlüsse auf seine aktuellen Ziele und Bedürfnisse zu.

Damit kann er besser mit den »richtigen« Inhalten auf der Online-Präsenz versorgt werden. Unser Trichter besteht aus sechs Phasen:

1. **Bekanntmachen**: Durch unterschiedliche Kanäle wird die Online-Präsenz beworben. Dazu zählen sowohl bezahlte Werbung wie Banner oder Suchanzeigen als auch unbezahlte Mittel wie Links von anderen Websites oder Social Media.
2. **Entdecken**: Der Nutzer informiert sich auf der Website über das bis dahin unbekannte Unternehmen und Produkt.
3. **Abwägen**: Hier wird entschieden, ob das Produkt oder die Leistung tatsächlich für den Nutzer infrage kommt. Je überzeugter er davon ist, desto eher wird er einen Kauf in Betracht ziehen.
4. **Konvertieren**: Wenn alle Kriterien passen, erwirbt der Nutzer das Produkt. Mit dem Kauf wird der Nutzer zum Kunden, und es beginnt eine neue Phase im Marketingtrichter.
5. **Kundenbeziehung**: Nun geht es nicht mehr darum, zu überzeugen, sondern die bereits aufgebaute Beziehung zu pflegen. Natürlich muss zunächst die Qualität des Produkts überzeugen. Aber auch die weitere Kommunikation nach dem Kauf ist wichtig für die Kundenzufriedenheit. Und wenn es Probleme gibt, sollten sie durch Service und Support gelöst werden, damit der Kunde weiterhin zufrieden ist.
6. **Kundenbindung**: Auch wenn der aktuelle Kauf bereits abgeschlossen ist, lohnt es sich, den Kunden weiter mit Informationen zu versorgen und den Kontakt zu pflegen. So wird er möglicherweise noch mal zum Käufer. In jedem Fall wird nur ein zufriedener Kunde das Unternehmen durch positive Online-Bewertungen, durch Social Media oder schlichte Mund-zu-Mund-Propaganda weiterempfehlen.

Bei einer zunehmenden Zahl von Unternehmen erfolgen immer mehr Schritte dieser Reise online und die Besuche können daher mit einem Webanalyse-System erfasst werden. Das System erkennt wiederkehrende Besucher und kann somit nach und nach eine Nutzungshistorie aufbauen, die alle Kanäle und Inhalte speichert. Je öfter ein Besucher auf die Website kommt, desto präziser wird das Profil. Für die Besucher lässt sich die gegenwärtige Phase auf der Customer Journey umso besser abschätzen, je detaillierter das Profil ist. Diese Zuordnung der Phasen erlaubt es auch, den Nutzer durch direkte Ansprache zu motivieren, im Trichter voranzugehen, zum Beispiel durch gezielte E-Mails oder Social-Media-Nachrichten.

Gleichzeitig lässt der Reiseverlauf Rückschlüsse auf das Zusammenspiel unterschiedlicher Kanäle zu, wie Bannerwerbung, Newsletter oder AdWords. Durch die ganzheitliche Betrachtung wird klar, welcher Kanal in welcher Phase Besucher akquiriert. Video eignet sich als Werbemaßnahme zum Beispiel gut dazu, erste Aufmerksamkeit zu erregen (*Bekanntmachen* und *Entdecken*). In der Phase *Abwägen* lohnt sich hingegen eher eine gezielte Ansprache.

1.4 Vom Tool zur Suite

Google hat Analytics von einem reinen Webanalyse-Tool zu einer ganzen Suite von Werkzeugen für das digitale Marketing erweitert. Diese helfen bei der Optimierung Ihrer Website, vereinfachen die Implementierung und unterstützen Sie bei der Visualisierung der Informationen. Viele dieser Tools sind so wie Analytics in einer kostenlosen Version verfügbar, Sie können sie also ohne Risiko ausprobieren. Aktuell zählt Google folgende Produkte zu seiner Suite:

- **Analytics**
  Das Herzstück zum Erfassen der Nutzerdaten Ihrer Website und Kampagnen.
- **Tag Manager**
  Dieses Tool erleichtert Ihnen das Ausspielen der nötigen Codes auf Ihrer Website oder in Apps. Lesen Sie mehr zum Tag Manager in Kapitel 14.
- **Optimize**
  Testen Sie verschiedene Varianten Ihrer Seiten und personalisieren Sie Inhalte für Ihre Nutzer. Mit Optimize können Sie Varianten Ihrer Website in einem Editor bearbeiten und ohne Programmierkenntnisse den Nutzern präsentieren.
- **Data Studio**
  Visualisieren Sie die Daten aus Analytics und vielen anderen Produkten in Dashboards. Data Studio gibt Ihnen dabei große Freiheiten bei der Datenanbindung und Gestaltung.
- **Surveys**
  Führen Sie Umfragen bei den Nutzern Ihrer Website durch.
- **Attribution**
  Lernen Sie das Zusammenspiel Ihrer Marketing-Kanäle besser verstehen und diese Erkenntnisse zu nutzen.
- **Audience Center**
  Erstellen Sie Ihre eigenen Nutzerlisten und verwenden diese für Kampagnen.

Daneben gibt es Schnittstellen zu vielen anderen Google Produkten, etwa mit Firebase (für mobile Apps) oder BigQuery (für Datenbankabfragen).

Die kostenpflichtige Version seiner Produkte nennt Google *360*, die einzeln oder im Paket erworben werden können.

1.5 Daten verknüpfen als Analyseturbo

Die meisten Besucher kommen über einen Verweis auf eine Online-Präsenz. Der Verweis kann ein einfacher Link sein, eine Bannerwerbung oder das Ergebnis auf einer

Suchmaschinenseite. Letzteres kann entweder bezahlt (paid) oder unbezahlt (organisch) sein. In den Webanalyse-Berichten kann man zwar erkennen, von welcher Seite der Besucher über einen Link gekommen ist. Die Unterscheidung zwischen unbezahlten Verweisen und bezahlten Kampagnen erfordert dagegen etwas Aufwand bei Planung und Erstellung von Werbemitteln und Buchungen, ist dann aber ohne zusätzliche Tools mit jedem Webanalyse-System umsetzbar.

Für seine eigenen Werbeflächen übernimmt Google diese Vorarbeiten direkt selbst. Mit Google AdWords (siehe Abbildung 1.5) können auf der Suchergebnisseite Textanzeigen zu ausgewählten Begriffen geschaltet werden. Außerdem nehmen viele tausend Websites am Google-Display-Netzwerk teil und blenden Werbung auf ihrer Seite ein, die bei Google selbst gebucht werden kann. Im Display-Netzwerk können sowohl Textanzeigen als auch Banner geschaltet werden. Weiterhin lassen sich Anzeigen in den Videos bei YouTube einblenden.

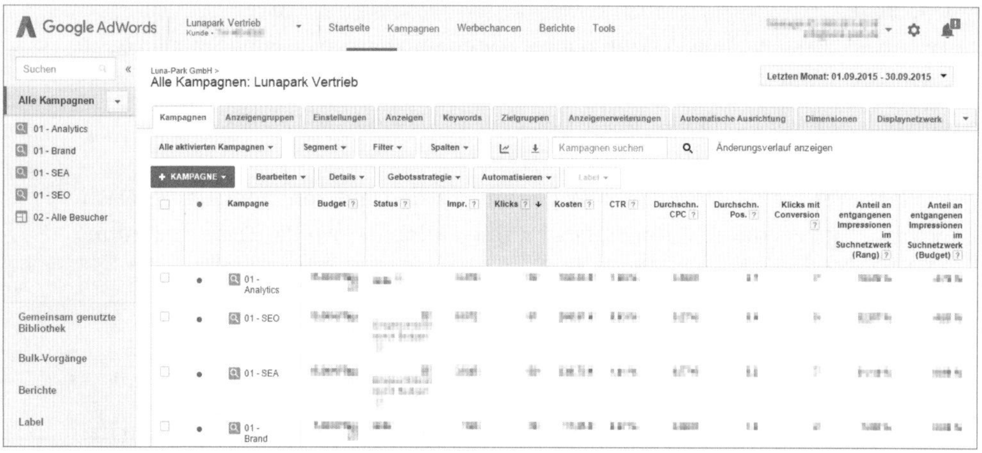

Abbildung 1.5 Google AdWords

Google Analytics ist tief mit Google AdWords verknüpft, sodass automatisch in beide Richtungen Daten ausgetauscht werden können. Aus AdWords lassen sich die Anzeigeninhalte und -position, die Einblendungen und die Klickpreise in den Analytics-Report übernehmen. Berichte können diese Daten anzeigen und auch zur Segmentierung verwenden. In AdWords können definierte Ziele, E-Commerce-Verkäufe und Besucherlisten aus Analytics importiert werden. Die Kombination von Analytics und AdWords-Daten erlaubt eine bessere Optimierung der Kampagnen.

Mit der Search Console (siehe Abbildung 1.6) ermöglicht Google einen Blick in das Innere seiner Suchmaschine. Ist eine Website in dem Dienst registriert, erfährt man zum Beispiel, bei welchen Suchbegriffen eine Seite im Google-Ergebnis angezeigt wurde und wie viel Prozent der Besucher auf das Ergebnis geklickt haben. Auch einige Daten der Search Console lassen sich in Analytics importieren und reichern somit die Webanalyse-Berichte an.

Die Beispiele zeigen eine weitere Aufgabe, die Webanalyse-Systemen zunehmend zufällt. Sie müssen nicht nur selber Daten sammeln, sondern auch Daten aus anderen Systemen übernehmen und mit den eigenen verknüpfen können. Google bietet aktuell die Möglichkeit, drei seiner Dienste mit Analytics zu verknüpfen: Google AdWords, Google AdSense und Google Search Console. Für andere Werbemaßnahmen als AdWords bietet Google die Möglichkeit, externe Kostendaten in Analytics hochzuladen.

Abbildung 1.6 Website-Dashboard in der Google Search Console

Auch wenn die Datenintegration in den drei Fällen unterschiedlich umfangreich ist, zeigt es doch die zentrale Position, die Analytics für die Online-Präsenz einnimmt. Hier laufen alle Online-Daten zusammen und werden zu einem großen Datenpool verarbeitet.

Diese Daten sind nicht nur für die Analyse im Tool interessant, sondern auch als Ausgangsbasis für andere Bereiche und Dienste wertvoll. So können die Nutzerdaten zum Beispiel beim Aussteuern von Werbekampagnen helfen. Welche Produkte hat der Besucher angeschaut? Genau diese Produkte oder vergleichbare kann ich ihm in einer Anzeige anbieten. Für solch ein Szenario bietet Google Analytics eine Schnittstelle nach außen, auf die andere Programme zugreifen können, eine sogenannte API.

Mithilfe der API können andere Dienste aktuelle Daten aus einem Analytics-Report abrufen, mit eigenen Informationen kombinieren und unter Umständen zur Steuerung der eigenen Leistungen verwenden. Ein AdServer kann zum Beispiel die Absprungraten und die abgeschlossenen Käufe für einzelne Werbemittel abfragen und daraufhin seine Aussteuerung anpassen. Die Webanalyse-Daten dienen hier nicht mehr nur zur Erstellung von Berichten, sondern ebenso zur Steuerung und Optimierung der Kampagne – und das automatisch. Je besser so eine Verknüpfung funktioniert, desto einfacher lassen sich Werbemittel individuell aussteuern. In einer weiteren Stufe ist es vorstellbar, Website-Inhalte anhand der Webanalyse-Profile auszusteuern und somit dem Ideal der individuellen Ansprache immer näher zu kommen.

Beides – individuelles Aussteuern von Werbemitteln und von Inhalten – ist heute bereits machbar, allerdings sammeln die beteiligten Steuerungssysteme ihre Daten meistens selbst. Ein zentraler Datenpool mit Nutzerdaten, der nicht Bestandteil des eigenen Produktkosmos ist, ist selten vorgesehen. Für den Werbetreibenden oder Website-Verantwortlichen bedeutet dies, für jedes neue Ad- oder CMS-System müssen erneut Daten gesammelt werden. Ein Wechsel oder gar eine übergreifende Zusammenarbeit sind aufwendig oder überhaupt nicht möglich. Eine API ist ein erster Schritt, hier ein zentrales Angebot zu schaffen.

Die Aufgabe des Datenverknüpfers wird auch durch die Entwicklung zum Multi-Device noch stärker in den Fokus rücken. Heute verfolgen Webanalyse-Systeme ihre Besucher aufgrund von technischen »Markern«, beispielsweise Cookies. Wenn sich die Nutzung einer Online-Präsenz aber über mehrere Geräte und Anlaufstellen (Website, App usw.) erstreckt, braucht es einen neuen gemeinsamen Marker, um die Nutzungsdaten zu einem Gesamtbild zusammenzuführen. Dabei steht gar nicht unbedingt die persönliche Identifizierung im Vordergrund, sondern die eindeutige Unterscheidung und (Wieder-)Erkennung eines Nutzers.

Wenn sich der Besucher einmal registriert hat, muss er sich bei jedem Besuch mit den unterschiedlichen Geräten einloggen, damit die Zugriffe seinem Nutzerprofil zugeordnet werden können. Diese Anforderung bringt zwei Herausforderungen mit sich: 1. Warum soll sich der Besucher registrieren? Was hat er davon? Und 2. Warum soll er sich bei einem folgenden Besuch wieder einloggen?

Bei Facebook ist zum Beispiel die Registrierung die Grundvoraussetzung, um den Dienst überhaupt zu nutzen. Auch bei Online-Shops wie Amazon wird die Registrierung meistens spätestens bei einer Bestellung Pflicht. Die Online-Präsenz muss also angemeldeten Besuchern gegenüber Nichtregistrierten einen Mehrwert bieten.

Technisch gesehen ist das Zusammenführen von Daten aus unterschiedlichen Geräten nicht trivial. Am besten gibt der Nutzer selber zu erkennen, wer er oder sie ist, z. B. durch einen Login. Dann können Sie Informationen in Analytics zusammenführen. Theoretisch hat ein Anbieter wie Google auch selber die Möglichkeit, Nutzer auf verschiedenen Geräten zu erkennen. Wenn Sie Google Chrome nutzen, ist die Verknüpfung mit Ihrem Android Smartphone z. B. recht einfach. Ein solches Verfahren verwendet AdWords bereits, um Verkäufe dem ursprünglichen Gerät zuzuordnen. Für Analytics ist das derzeit aber nicht möglich.

1.6 Kann man Google trauen?

Google bietet seinen Analytics-Dienst seit dem Start im Jahr 2005 kostenlos an. Plötzlich gab es ein Produkt auf dem Markt der Webanalyse, das eine Menge Dinge konnte, die sich andere Anbieter bezahlen ließen. Nicht selten wurde Kritik an Google Analytics unter dem Generalverdacht geübt: »Was nichts kostet, kann auch nichts.« Diesem Vorbehalt hat Google in den folgenden Jahren mit immer neuen Features den Boden entziehen können. Zwei Vorwürfe werden allerdings auch heute noch gegen Google Analytics vorgebracht: mangelnde Genauigkeit und mangelhafter Datenschutz.

In Deutschland war und ist Webanalyse ein Thema für den Datenschutz. Aufgrund des kostenlosen Angebots entwickelte sich Google Analytics schnell zu einem beliebten Tool bei deutschen Website-Betreibern. Damit zog es auch das Interesse einiger Landesdatenschützer auf sich, denn es war nicht nur weit verbreitet, sondern wurde auch noch auf amerikanischen Servern betrieben, was für deutsches Datenschutzrecht problematisch sein kann. Einige deutsche Webanalyse-Anbieter nahmen das zum Anlass, gezielt auf die Datenschutzthematik bei Google Analytics hinzuweisen (und gleichzeitig die eigene Einhaltung aller Regeln zu betonen). Nun muss man wissen, dass es in den USA kein dem deutschen vergleichbares Datenschutzrecht gibt. Den Verantwortlichen bei Google war das Thema offenbar lange Zeit nicht im nötigen Umfang bewusst, und so bewegten sich die Anwender in einer rechtlichen Grauzone. Inzwischen ist diese Grauzone aber sowohl von Google als auch von deutschen Datenschützern bearbeitet worden, und Google Analytics lässt sich unter Berücksichtigung einiger Vorgaben bedenkenlos einsetzen (mehr dazu in Kapitel 2, »Der Auftakt: Google Analytics kennenlernen«). Um die Sicherheit und den verantwortungsvollen Umgang mit den gesammelten Daten in den eigenen Systemen zu dokumentieren, hat Google 2013 sowohl Analytics als auch Analytics Premium nach ISO 27001 zertifizieren lassen (siehe *http://goo.gl/rg9xjr*).

Zumindest aus datenschutzrechtlicher Sicht gibt es also kein Problem mehr. Daneben besteht aber noch der Vorwurf, dass Google die mit Analytics gesammelten Daten für eigene Zwecke verwendet. Ein Online-Shop gibt zum Beispiel Geld für Google AdWords aus und optimiert außerdem seine Website, um in der »normalen« (organischen) Suche oben zu stehen. Für diesen Shop »weiß« Google also bereits dessen Werbeausgaben bei AdWords und mit welchen Suchbegriffen er gefunden wird. Wenn dieser Shop nun noch Analytics einsetzt, erhält Google Informationen über verkaufte Produkte und Umsätze und könnte die Preise für AdWords entsprechend anpassen, so der Vorwurf. Als Website-Betreiber würde man für Google also zum »gläsernen« Unternehmen. Zwar kann man in den Kontoeinstellungen definieren, welche Daten Google für anonyme Statistiken oder Support einsehen darf. Aber das sei natürlich nur Fassade, behaupten die Kritiker. Tatsächlich belegt werden konnte der Vorwurf der Vorteilnahme durch Google bis heute nicht. Wir wollen aber nicht verschweigen, dass es Unternehmen gibt, die Google als Webanalyse-Anbieter nicht ihre Daten anvertrauen möchten.

Gravierender ist wohl der folgende Vorwurf: Es gibt regelmäßig Blog-Posts, die Unstimmigkeiten oder eine fehlerhafte Erfassung belegen sollen. Ein Webanalyse-System, dessen Daten man nicht trauen kann, ist letztlich wertlos. Was also ist davon zu halten?

Viele Unstimmigkeiten können durch eine fehlerhafte Konfiguration oder falsche Implementierungen erklärt werden. Wenn bereits Fehler bei der Datenerfassung entstehen, werden natürlich auch die späteren Ergebnisse im System Fehler aufweisen. Weiterhin hat Google Analytics (wie jedes System) einige Eigenheiten, die man kennen sollte, um manche Berichte richtig zu interpretieren. Diese Eigenheiten werden wir Ihnen in den nächsten Kapiteln aufzeigen.

Ein zweiter und tatsächlich nicht zu unterschätzender Punkt ist das *Sampling* von Berichten. Für die Standardberichte berechnet Google die Daten einmal täglich vor, damit sie schnell zur Verfügung stehen. Dabei spielt der Umfang der Daten eine untergeordnete Rolle. Wenn nun eine individuelle Anfrage gestellt wird, zum Beispiel nur eine Untermenge von Seitenaufrufen betrachtet werden soll, prüft Analytics zunächst, ob die Anfrage anhand der vorberechneten Standardberichte beantwortet werden kann. Ist dies nicht der Fall und überschreitet der Datenumfang ein gewisses Maß, greift das System auf Sampling zurück. Dabei zieht Google zur Berechnung einer Anfrage nicht mehr alle Daten heran, die für die jeweilige Website und den Zeitraum vorliegen, sondern nur eine Stichprobe (engl. *Sample*). Anhand der Datenverteilung in dieser Stichprobe wird das Ergebnis auf die Gesamtmenge hochgerechnet. Der Grund für das Sampling liegt in der verbrauchten Rechenzeit: Einen Bericht für eine Stichprobe zu kalkulieren, geht schneller als für die Gesamtmenge.

Nun sind Stichproben in der Statistik nichts Ungewöhnliches. Ihnen liegt die Annahme zugrunde, dass eine repräsentative Untermenge die gleiche Verteilung aufweist wie das Gesamte. Wie gut das Ganze funktioniert, hängt von der Anfrage ab, die gestellt wird. Je spezieller sie wird, desto eher wird das Sampling problematisch.

Für manche Berichte ist Sampling technisch möglich, allerdings sehr unbefriedigend: zum Beispiel bei der Betrachtung des Umsatzes eines Shops. Denn das Sampling kann noch so gut funktionieren, hundertprozentig genau ist es nie, es bleibt eben eine Schätzung. Wenn es um tatsächliche Umsätze oder Kosten geht, hätte man aber gerne absolute Zahlen und keine Schätzungen.

Google bietet zwar unterschiedliche Präzisionsstufen an (je genauer, desto langsamer), aber bei Berichten mit vielen Zugriffen wird auch auf der höchsten Stufe nur eine Teilmenge der Daten betrachtet. In der kostenpflichtigen Premium-Version von Analytics bietet Google die Option, gesampelte Anfragen auch ohne den Einsatz von Stichproben zu berechnen. Vergleiche von Stichproben und Gesamtdaten mithilfe dieser Option brachten je nach betrachteter Kennzahl Abweichungen von unter 1 % bis zu über 100 % als Ergebnis – besorgniserregende Werte.

Wie oben beschrieben greift das Sampling nur in bestimmten Situationen und für bestimmte Berichte. Man kann daraus also nicht eine generelle Ungenauigkeit von Google Analytics ableiten. Aber man muss sich natürlich dieser Einschränkung bewusst sein, da sonst fehlerhafte Interpretationen möglich sind. Wir werden in späteren Kapiteln zeigen, wie man Sampling erkennt und welche Strategien es zu seiner Vermeidung gibt.

Nutzer der kostenlosen Version haben heute (Stand September 2017) keine Möglichkeit, Berichte ohne Stichprobe nachberechnen zu lassen. Daher gilt es einerseits, gesampelte Daten je nach Fragestellung zu vermeiden. Andererseits ist es wichtig, diesen Umstand bei Auswertungen zu berücksichtigen und richtig zu bewerten. Webanalyse bedeutet immer auch Interpretation der Daten, und diese erfordert Know-how und Erfahrung.

1.7 Anforderungen an einen Webanalysten

Ein Webanalyse-System ist letztlich immer nur so gut, wie der Mensch, der mit ihm arbeitet. Funktionen liefern fehlerhafte Daten, wenn sie nicht korrekt implementiert und konfiguriert sind. Dutzende Berichte bringen wenig, wenn sie nicht interpretiert und Schlussfolgerungen gezogen werden. Es kommt zum größten Teil auf den Menschen an, der mit dem System arbeitet, es konfiguriert und nutzt. Denn diese Person überträgt die Anforderungen und Fragestellungen auf die Einstellungen und Berichte des Tools.

Avinash Kaushik, *Digital Marketing Evangelist* bei Google, drückt es in einer Summe aus: Geben Sie 10 % Ihres Budgets für ein Webanalyse-System aus – und 90 % für die Person oder das Team, die damit arbeiten! Nur so können Sie sicherstellen, dass Ihr Werkzeug vernünftig aufgesetzt und implementiert wird und alle Beteiligten mit den Daten umgehen können.

Die Position des Webanalysten wird immer bedeutender, da es nicht mehr nur um die Erstellung von Statistiken und Reports geht. Die Informationen aus dem Webanalyse-System sind die Grundlage für viele geschäftsrelevante Entscheidungen, etwa: Für welche Kampagnen soll mehr Budget ausgegeben werden?

Diese Fähigkeiten sollten bei Ihrem Analysten oder in Ihrem Team vertreten sein:

- Zahlenverständnis plus Excel-Kenntnisse
- Verständnis von (Web-)Programmierung
- Kenntnisse im Online-/digitalen Marketing
- Verständnis für den Aufbau von Online-Präsenzen
- Ergründung von Fragestellungen und Anforderungen
- Neugier auf neue Technologien und Entwicklungen
- gutes Erklärvermögen und Schreibkompetenz

Schauen wir uns diese Punkte einmal etwas genauer an:

Ein Verständnis für den Umgang mit Daten und Zahlen sollte als Basis vorhanden sein. Webanalyse erfordert kein tiefes Know-how in Statistik (es schadet natürlich nicht), aber es hilft, wenn man manchen Report im Kopf überschlagen kann, um zu sehen, ob die Daten valide sind. Es gibt eine Menge Werte und Berichte, deren Zusammenhänge man verstehen und erklären können sollte. Für viele Fragestellungen ist nach wie vor Excel ein wichtiges Arbeitsgerät, denn trotz aller Schnittstellen und Möglichkeiten gibt es immer wieder Fälle, in denen Daten sich nicht im Webanalyse-Tool zusammenführen und vergleichen lassen.

Ein Grundverständnis von Webprogrammierung hilft, um Probleme zu verstehen und mit Technikern zu kommunizieren. Man braucht auch kein abgeschlossenes Informatikstudium. Selten muss ein Webanalyst selber programmieren, und falls doch, handelt es sich um wenige Zeilen Code, die ein entsprechender Fachmann schnell erledigt. Wichtig ist dagegen, dass man so einem Fachmann erklären kann, was man eigentlich will und braucht.

Gleichzeitig muss ein Webanalyst mit Marketingleuten sprechen können, um die Wünsche und Ideen zu erfassen. Ein grundlegendes Verständnis für Kampagnen, Budgets und Werbung im Allgemeinen hilft dabei. Auch diesen Personen muss man erklären können, wie ein Werbemittel gezählt wird und was die Zahlen bedeuten.

Als Webanalyst sollte man gewisse Grundlagen mitbringen, was den Aufbau von Websites und das Internet im Allgemeinen angeht. Sie erleichtern den Austausch mit den einzelnen Ansprechpartnern oder Abteilungen im Unternehmen.

Der Webanalyst muss die Ziele von Anforderungen und Fragestellungen, die an ihn herangetragen werden, ergründen können. Denn häufig bekommt er Auswertungswünsche, die unklar, missverständlich oder schlicht fehlerhaft sind. Hier führt meistens nur Nachfragen zum Ziel.

Er muss sich immer wieder auf neue Technologien einstellen, sowohl auf den Websites, die analysiert werden, als auch im Auswertungstool selbst. Das Web im Allgemeinen verändert sich laufend, neue Ideen und Konzepte entstehen und werden wieder verworfen. Die Webanalyse ist ständig mit neuen Problemstellungen konfrontiert und gefordert, Lösungen zu erarbeiten.

Das Wichtigste zum Schluss: Er muss gut erklären können. Die besten Analysen helfen nicht, wenn sie nicht verstanden werden. Also müssen immer wieder Messwerte und Zahlen dargestellt und erläutert werden. Das geschieht häufig in E-Mails und Dokumenten. Es kann aber auch am Telefon oder während einer Präsentation vermittelt werden. Der Webanalyst muss sowohl Technikern Anforderungen formulieren als auch fachfremden Personen seine Auswertung erläutern. Diese Analysen werden nicht zu Änderungen an Kampagnen oder der Website führen, wenn sie nicht verstanden werden.

Alle diese Eigenschaften müssen nicht in einer Person zusammentreffen, um Webanalyse zu betreiben. In einem Team sollten sie aber an der einen oder anderen Stelle vertreten sein.

1.8 Zertifizierung und Weiterbildung

Die persönlichen Eigenschaften für einen erfolgreichen Webanalyse-Mitarbeiter oder ein entsprechendes Team sind die eine Seite der Medaille. Die andere Seite ist das Know-how zu der Thematik und dem Tool. Unser Ziel mit diesem Buch ist es, Ihnen das nötige Wissen mitzugeben, um erfolgreich mit Google Analytics arbeiten zu können. Darüber hinaus gibt es einige Möglichkeiten, wie Sie sich selber weiterbilden können.

Analytics Academy und Google Analytics IQ

Die Analytics Academy ist eine kostenlose Online-Lernplattform von Google, auf der Sie Schulungsmaterial und Kurse zu Google Analytics, zum Google Tag Manager und zur Datenanalyse finden. Sie erreichen die Website unter *https://analyticsacademy.withgoogle.com*. Dazu gibt es eine Reihe an vertonten Präsentationen, die technische und analytische Hintergrundinformationen liefern. Die meisten Inhalte sind auf Englisch, die Grundlagen sind aber auch auf Deutsch verfügbar.

Google bietet einen eigenen Online-Test an, mit dem Sie die *Google Analytics Individual Qualification (GAIQ)* erwerben können. Dazu dient ein 90-minütiger Online-Multiple-Choice-Test. Bestehen Sie den Test, erhalten Sie ein Zertifikat über die Teilnahme, das 18 Monate gültig ist. Der Test ist auf Deutsch verfügbar und kostenlos. Mittlerweile ist der Test Bestandteil des *Google-Partners*-Angebots *https://support.google.com/analytics/answer/3424288*.

Online-Ressourcen zu Google Analytics

Neben der Online-Dokumentation zu Analytics *https://support.google.com/analytics/* und dem obligatorischen Produkt-Blog *http://analytics.blogspot.de* weisen wir vor allem auf den YouTube-Kanal von Google Analytics hin, in dem neue Features vorgestellt werden und immer wieder Frage-Antwort-Videos zu finden sind. Sie erreichen den YouTube-Kanal unter *www.youtube.com/user/googleanalytics*.

Entwickler-Ressourcen

Für Entwickler empfehlen wir einerseits die Online-Referenz zu allen Tracking-Funktionen von Google Analytics *https://developers.google.com/analytics/*. Sie finden dort Dokumentationen zu den Tracking-Codes für Web und Mobile Apps sowie den diversen APIs, die für Analytics verfügbar sind.

Außerdem sollten Sie einen Blick auf *https://ga-dev-tools.appspot.com* werfen. Dort stellt Google diverse Demos für Analytics-Einbindungen und Analytics-Anwendungen bereit. Weiterhin finden Sie dort ein Frontend für die Analytics API, mit der Sie Anfragen ohne großen Aufwand testen können.

Google Analytics Summit

Inzwischen gibt es im deutschsprachigen Raum jährliche Konferenzen speziell zum Thema Google Analytics. Sie werden von regionalen Google-Analytics-Partnern organisiert, aktuell in Deutschland *www.analytics-summit.de* und in Österreich *www.analytics-konferenz.at*. Hier werden Themen und Funktionen von zertifizierten Google-Analytics-Partnern erklärt und in Sessions praktisch aufgezeigt.

MeasureCamp

In 2012 wurde die Idee des MeasureCamps geboren, einer kostenlosen Veranstaltung zum Austausch von Webanalysten. Mittlerweile hat die Idee in vielen europäischen Städten Ableger gefunden, so gibt es auch einen Termin in Berlin. Die Veranstaltungskarten sind heiß begehrt und schnell vergeben. Mehr Informationen unter *https://measurecamp.org*.

Kapitel 2
Der Auftakt: Google Analytics kennenlernen

Sie erfahren die wichtigsten Features des Tools und deren besonderen Vorteile. Weiterhin erklären wir die Grundlagen des Interfaces und zeigen Ihnen, wie Sie schnell den Einstieg in die tägliche Arbeit finden. Schließlich besprechen wir das gerade in Deutschland sensible Thema Datenschutz.

In jedem Programm steckt eine gewisse Idee, man könnte sogar sagen eine Philosophie, wie es Probleme lösen und Ergebnisse präsentieren will. Google Analytics bildet da keine Ausnahme. Bestimmte Daten und Bedienkonzepte tauchen immer wieder auf. Haben Sie dies erst mal verinnerlicht, geht der Umgang mit dem Programm leichter von der Hand. Auch kann es nie schaden, etwas mehr über die technische Funktionsweise des Webtrackings zu wissen, denn so lassen sich Probleme schneller aufspüren oder sogar im Vorfeld vermeiden. Google Analytics soll für Sie keine undurchschaubare Blackbox bleiben, denn nur so gewinnen Sie Vertrauen in die Berichte, um sie richtig bewerten und nutzen zu können.

2.1 Webanalyse-System Google Analytics

Google hat sein Analysetool von Beginn an kostenlos angeboten. Damit Sie wissen, was Google Analytics kann und was es nicht vermag, haben wir die in unseren Augen wichtigsten Vor- und Nachteile aufgelistet (siehe Tabelle 2.1). Der Spruch »Was nichts kostet, ist auch nichts wert« trifft auf Googles Analysetool jedenfalls schon lange nicht mehr zu.

2.1.1 Was dafür spricht

Google hat seinen Analysedienst schon früh besonders für den gemeinsamen Einsatz mit seinem hauseigenen Werbenetzwerk AdWords beworben. Zu Recht, denn mit keinem anderen Analysesystem ist die Verknüpfung von AdWords-Kampagnen und den Besucherdaten einer Website so einfach. Die Verbindung funktioniert inzwischen in beide Richtungen, so kann man auch Daten aus Analytics für die Steuerung von AdWords-Kampagnen nutzen.

Generell stellt Google Analytics eine Vielzahl an Berichten und Auswertungsfunktionen bereit, die Sie bei anderen Anbietern nicht zwangsläufig finden werden. Vor allem mit Blick auf die kostenlosen oder Einsteiger-Editionen anderer Anbieter lohnt sich ein Vergleich der enthaltenen Leistungen.

Ein weiterer Pluspunkt ist die Dokumentation. Google hat lange keinen Support für den Dienst angeboten, dafür aber schon immer umfangreiche Informationen zu Befehlen und Einsatzmöglichkeiten geliefert. Durch den kostenlosen Einsatz auf Tausenden Websites hat sich außerdem ein Fundus an Blog-Artikeln und Foren mit Dutzenden Beispielen und Problemlösungen gebildet, wie es ihn sonst für keinen anderen Webanalyse-Dienst gibt.

Für Entwickler bietet Google eine umfangreiche Dokumentation der Analytics-Funktionen. Das erleichtert den richtigen Einbau bei der Website-Programmierung. Außerdem gibt es eine vollständig dokumentierte API, mit der Entwickler aus der eigenen Software heraus Analytics-Daten abrufen können. Darauf aufbauend, haben sich eigene Tools und Dienste entwickelt, die zum Beispiel Add-ons für Excel anbieten, um Daten einfach und schnell herauszuziehen.

Natürlich spielt der Preis eine Rolle – das Tool ist wie erwähnt seit dem ersten Tag kostenlos. Das macht es nicht nur für kleine Websites mit wenig Traffic interessant, auch große Betreiber nutzen den Dienst, um Kosten zu sparen. Bei vielen anderen kommerziellen Webanalyse-Anbietern müssen Sie die Lizenz nach der Anzahl der Requests zahlen (vereinfacht gesagt nach dem Datenvolumen), wodurch bei Websites mit vielen Zugriffen entsprechend hohe Kosten anfallen.

Das Thema Datenschutz war lange ein Kritikpunkt an Analytics. Da die Landesdatenschützer inzwischen ihre Anforderungen explizit definiert haben, können sie auch vollständig umgesetzt werden (siehe Abschnitt 2.5). Dennoch bleiben Einschränkungen: So dürfen etwa viele öffentliche oder staatliche Einrichtungen Google Analytics aufgrund interner Richtlinien nicht verwenden.

2.1.2 Was dagegen spricht

Neben den Vorteilen gibt es natürlich auch Nachteile, kein System ist perfekt. So ist die Benutzerverwaltung nicht besonders ausgefeilt. Derzeit gibt es vier Nutzerrechte, mit denen Sie die Möglichkeiten des Nutzers einschränken können. In allen Fällen kann er immer alle Berichte und Daten sehen. Einige Tools von anderen Anbietern ermöglichen hier detaillierte Konfigurationen, welcher Anwender welchen Bericht und welche Daten sieht.

Konfigurationseinstellungen gelten immer nur für die zukünftige Datenerfassung, nie für bereits gesammelte Daten. Wenn Sie also einen Fehler in den Einstellungen haben und ihn korrigieren, bleiben die bis dorthin gesammelten Daten fehlerbehaftet.

Google macht keine Angabe dazu, wie lange die Daten in Ihrem Konto vorgehalten werden. Es besteht die theoretische Gefahr, dass zurückliegende Berichte irgendwann gelöscht werden. Auch könnte Google den Dienst komplett einstellen. In beiden Fällen gingen Daten verloren.

Berichte lassen sich nur sichern, indem sie zum Beispiel als Excel-Tabelle oder über die API exportiert werden. Es gibt momentan keine Option, die Rohdaten aus Analytics zu sichern, um sie zum Beispiel in einem anderen Tool erneut zu analysieren. Diese Einschränkung teilen allerdings viele andere Webanalyse-Tools. Bei der kostenpflichtigen Version von Analytics gibt es übrigens einen Zugriff auf die gespeicherten Rohdaten.

Vorteile	Nachteile
▸ kostenlos ▸ perfekte Verknüpfung mit Google AdWords ▸ großer Funktionsumfang ▸ Dokumentation ▸ API ▸ Datenschutz	▸ Benutzerverwaltung ▸ kein Export von Rohdaten ▸ Sampling

Tabelle 2.1 Vor- und Nachteile der kostenlosen Version von Google Analytics

Bei großen Datenvolumen verwendet Analytics für bestimmte Anfragen Stichproben, um das Ergebnis auf die Gesamtmenge hochzurechnen. Die Ergebnisse sind also nicht hundertprozentig präzise (mehr dazu in Abschnitt 2.2.7, »Sampling analysiert nur ausgewählte Daten«).

Google Analytics 360

Einige Einschränkungen der kostenlosen Version sind beim kostenpflichtigen Google Analytics 360 aufgehoben. So haben Sie dort Zugriff auf die Rohdaten der Berichte, die Verwendung von Sampling ist deutlich seltener und Sie haben für alle Berichte die Möglichkeit, sie komplett ohne Sampling rechnen zu lassen. Mehr zu Google Analytics 360 lesen Sie in Kapitel 13, »Google Analytics 360: die kostenpflichtige Enterprise-Version für Unternehmen«.

2.1.3 Aufbau eines Kontos

Die oberste Organisationebene von Google Analytics ist das *Konto*. Einem Konto ist mindestens immer ein Benutzer zugeordnet, der als Administrator fungiert. Dieser kann weiteren Benutzern Zugriff auf das Konto gewähren. Ein Benutzer kann Zugriff auf mehrere Konten haben.

Innerhalb des Kontos können Sie eine oder mehrere *Propertys* anlegen. Eine Property ist vergleichbar mit einem Datentopf, hier laufen die Zugriffsdaten ein. Jede Property erhält eine eindeutige ID, die in den Zählcodes der Website verwendet wird. Zählcodes mit der gleichen ID laufen in den gleichen Datentopf. Untereinander sind die Propertys getrennt, ein Datenaustausch oder Kopieren ist nicht möglich.

Unterhalb der Property erstellen Sie eine *Datenansicht*. Hier werden individuelle Einstellungen konfiguriert und Filter angelegt, die bestimmen, welche Daten in den Berichten der Ansicht gezeigt werden. Beim Erstellen einer Property wird automatisch eine Datensicht erstellt, die noch keine Filter oder sonstige Einstellungen hat. Es kann mehrere Datenansichten für eine Property geben, zum Beispiel »Alle Zugriffe« oder »nur Daten vom Unterverzeichnis/-service«. Beim Anlegen müssen Sie sich zwischen einer Datenansicht für Websites oder Mobile Apps entscheiden. Je nach Wahl unterscheiden sich die Konfigurationsmöglichkeiten und die enthaltenen Berichte.

Den gesamten Aufbau eines Kontos mit Propertys und Datenansichten sehen Sie in Abbildung 2.1.

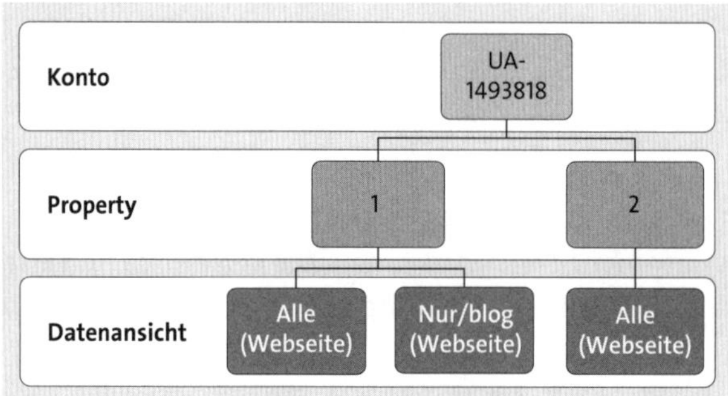

Abbildung 2.1 Aufbau eines Google-Analytics-Kontos

Innerhalb der Datenansicht liegen die *Berichte*, die die gesammelten Informationen tatsächlich darstellen, also etwa »aufgerufene Seiten«. Es gibt bereits von Google definierte *Standardberichte* sowie von Ihnen erstellbare *benutzerdefinierte Berichte*. Die Standardberichte sind für den gewählten Datenansichtstyp (WEBSITE oder APP) immer gleich. Benutzerdefinierte Berichte werden für eine bestimmte Datenansicht gespeichert, können aber auf weitere Datenansichten übertragen werden.

Nutzer werden immer dem Konto zugeordnet, können dann aber Rechte für einzelne Propertys und Datenansichten erhalten.

2.1.4 Dimensionen und Messwerte

Alle Berichte in Google Analytics bestehen im Kern aus *Dimensionen* und *Messwerten*. Auch bei benutzerdefinierten Berichten und Filtern finden sich die beiden Kategorien wieder.

Eine Dimension bezeichnet eine Eigenschaft. Zum Beispiel hat die Seite *Produkte* die Eigenschaft URL: */produkte.html*. Ein Browser hat die Eigenschaft Browser-Typ: Firefox und Browser-Version: 22. Als Faustregel kann man sich merken, dass Dimensionen in den Berichten in der ersten Spalte einer Tabelle stehen, also Seiten, Browser, Kampagne usw. (❶ siehe Abbildung 2.2).

Messwerte zählen dagegen das Auftreten einer bestimmten Dimension, zum Beispiel Seitenaufrufe. Sie zeigen, wie oft die Seite mit einer bestimmten URL aufgerufen wurde. Messwerte sind also immer Zahlen, entweder absolute Zahlen oder Prozentwerte. Sie stehen in den weiteren Spalten ❷ eines Berichts. In einem Bericht können einer Dimension mehrere Messwerte zugeordnet werden.

Land ?	Sitzungen ? ↓	Seiten/Sitzung ?	Durchschnittl. Sitzungsdauer ?	Neue Sitzungen in % ?	Absprungrate ?
	4.443 % des Gesamtwerts: 100,00 % (4.443)	1,94 Durchn. für Datenansicht: 1,94 (0,00 %)	00:02:19 Durchn. für Datenansicht: 00:02:19 (0,00 %)	78,48 % Durchn. für Datenansicht: 78,46 % (0,03 %)	69,10 % Durchn. für Datenansicht: 69,10 % (0,00 %)
1. Germany	3.678 (82,78 %)	2,02	00:02:37	77,87 %	67,37 %
2. Austria	188 (4,23 %)	1,47	00:00:52	66,49 %	81,38 %
3. Switzerland	100 (2,25 %)	1,85	00:00:57	78,00 %	74,00 %
4. Russia	89 (2,00 %)	1,01	00:00:08	98,88 %	97,75 %
5. United States	80 (1,80 %)	1,32	00:00:31	98,75 %	87,50 %
6. Netherlands	40 (0,90 %)	2,28	00:02:17	70,00 %	55,00 %
7. United Kingdom	27 (0,61 %)	1,89	00:01:44	74,07 %	59,26 %
8. Italy	23 (0,52 %)	1,48	00:00:41	73,91 %	69,57 %
9. Spain	19 (0,43 %)	2,32	00:01:22	89,47 %	57,89 %
10. Ukraine	18 (0,41 %)	2,11	00:00:19	94,44 %	83,33 %

Abbildung 2.2 Dimensionen ❶ und Messwerte ❷ im Zusammenspiel

Jeder Bericht besteht aus einer Dimension und mindestens einem Messwert. Theoretisch können Sie diese frei kombinieren, in der Praxis gibt es allerdings einige Einschränkungen, und nicht alle Paare lassen sich auswählen. Google gibt eine Liste möglicher Paarungen vor. Ein Grund dafür sind die Bezugsgrößen der Dimensionen und Messwerte. Bei Google Analytics lassen sich drei Bezugsgrößen unterscheiden:

- **Seitenaufruf** (engl. *View*): Bezeichnet jede geladene und gezählte HTML-Seite während einer Sitzung.
- **Sitzung** (engl. *Visit*): Bezeichnet den zusammenhängenden Nutzungsvorgang eines Besuchers auf einer Website. Eine Sitzung besteht immer aus mindestens einem Seitenaufruf, während der Sitzung kann der Besucher beliebig viele Aufrufe erzeugen. Eine Sitzung endet, wenn für eine bestimmte Zeit kein Aufruf mehr vom Besucher kam, etwa weil er die Website verlassen hat. Wird manchmal auch *Session* genannt.
- **Nutzer** (auch: **Besucher**): Bezeichnet eine Person, die sich für einen oder mehrere Visits auf der Website bewegt. Ein Nutzer kann während eines Zeitraums beliebig oft auf die Website kommen und dabei mehrere Visits erzeugen. Bitte verwechseln Sie diesen *Nutzer* nicht mit dem Google-Analytics-Nutzer, der Zugriff auf die Berichte im Konto hat.

Die drei Größen hängen zusammen und beziehen sich aufeinander. So braucht ein Visit immer mindestens einen Seitenaufruf. Ein Nutzer setzt immer mindestens einen Visit voraus. Dadurch gilt, dass es immer mehr Seitenaufrufe als Visits gibt und mehr Visits als Besucher.

Als mathematische Formel ausgedrückt sieht das so aus:

Nutzer ≤ Visits ≤ Seitenaufrufe

Die Seitenaufrufe sind gut nachzuvollziehen: Jede Seite, die einen Zählcode enthält, produziert beim Laden einen Seitenaufruf.

Bei Visits und Nutzern ist das Nachvollziehen etwas schwieriger, da sie anhand der einzelnen Seitenaufrufe in Google Analytics zusammengesetzt und berechnet werden. Dazu wird bei jedem Seitenaufruf eine eindeutige Kennung für den Browser des Besuchers übergeben. Diese Kennung wird in einem Cookie gespeichert und bleibt für 24 Monate erhalten. Alle Seitenaufrufe mit derselben Kennung gehören zu einem Visit. Wird für 30 Minuten kein Seitenaufruf mehr mit derselben Kennung gezählt, so schließt Google Analytics den Visit ab. Kommt nach diesen 30 Minuten wieder ein Seitenaufruf mit dieser Kennung, wird ein neuer Visit begonnen; allerdings erkennt das System die Kennung und weiß, dass dieser Besucher bereits bekannt ist, und ordnet den Visit der Besucherkennung zu (siehe Abbildung 2.3). Sollte der Besucher die Cookies löschen, so erhält er beim erneuten Besuch wieder einen neuen Cookie und wird als neuer unbekannter Besucher protokolliert.

Neben Seitenaufrufen, Visits und Besuchern gibt es weitere Kategorien, in denen Daten erfasst werden:

- **Ereignisse** (engl. *Event*): Bezeichnet einen Zählaufruf, der zum Erfassen einer beliebigen Aktion auf einer Website eingesetzt werden kann. Bei Events lassen sich bis zu vier unterschiedliche Parameter übergeben, die später beliebig ausgewertet werden können.

- **Transaktion**: Bezeichnet den Abschluss eines E-Commerce-Vorgangs, etwa den Kauf eines Produkts oder die Buchung einer Reise. Für jede Transaktion wird ein Kaufpreis oder Bestellwert erfasst.

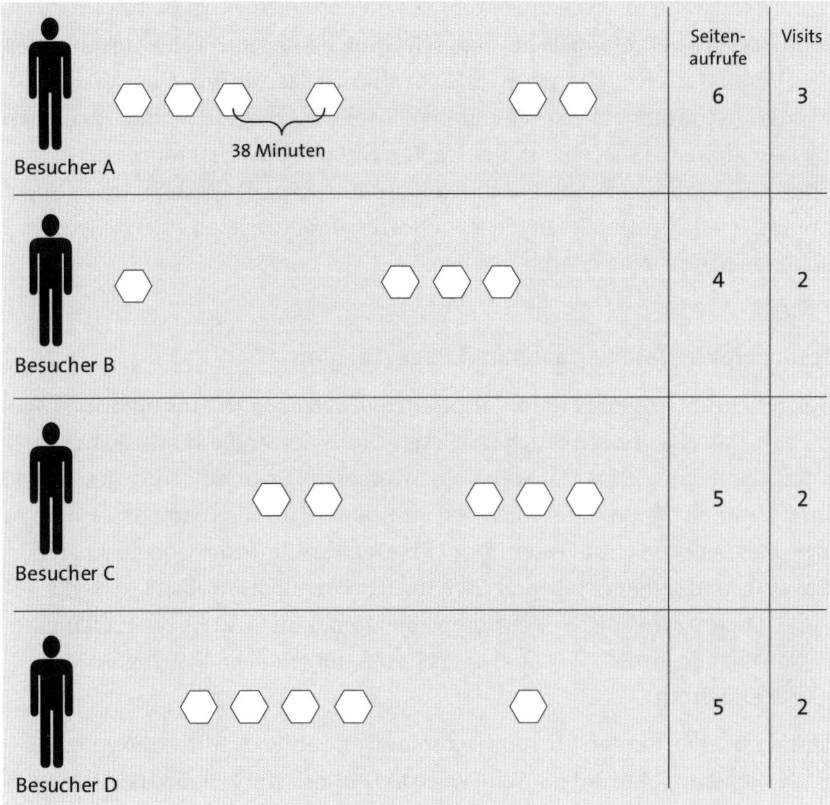

Abbildung 2.3 Zusammenhang zwischen Seitenaufrufen und Visits

Beide Einheiten haben Gemeinsamkeiten mit dem Seitenaufruf. Es können bis zu 500 Events und mehrere Transaktionen während eines Visits erfasst werden. Beide verfügen über ein eigenes Set an Messwerten, mit denen sich Berichte zusammenstellen lassen.

Jede Dimension bezieht sich auf eine der fünf Kategorien Seitenaufrufe, Visits, Besucher, Event oder Transaktion und kann nur mit entsprechenden Messwerten kombiniert werden. Zum Beispiel lässt sich der Seitentitel mit Werten aus der Kategorie Seitenaufruf kombinieren, einen Produktnamen bekommt man nur bei Transaktionen. Die Einstiegsseite bezeichnet die erste Seite, die während eines Visits aufgerufen wird. Das heißt, es gibt für jeden Visit eine Einstiegsseite, aber nicht für jeden Seitenaufruf und auch nicht für jeden Besucher.

2.2 Google Analytics in Aktion

Anbieter von Webanalyse-Tools erwecken gerne den Eindruck, dass ihre Produkte ganz auf Marketingverantwortliche zugeschnitten sind und keine technischen Kenntnisse voraussetzen. In mancher Hinsicht stimmt das: Sie brauchen kein Administrator oder Programmierer zu sein, um ein Tool wie Google Analytics bedienen und nutzen zu können. Es ist aber sicherlich von Nutzen, ein Verständnis für die zugrunde liegende Funktionsweise und die Abläufe zu haben. Spätestens wenn es darum geht, Auswertungsanforderungen zu bewerten und Vorgaben zu erstellen, wird sich die Einarbeitung für Sie bezahlt machen.

2.2.1 Besucheraktivitäten erfassen mit Page-Tagging

Google Analytics erfasst seine Daten – also Aufrufe, Events usw. – mithilfe von sogenannten *Page-Tags*. Das ist ein Stück JavaScript-Code, der in die HTML-Seiten Ihrer Website eingebaut wird. Jedes Mal, wenn ein Browser die Seite lädt, wird dieser Code ausgeführt, sammelt Daten und schickt sie an Google. Um die Daten an Google zu übertragen, lädt der JavaScript-Code ein 1 × 1 Pixel großes Bild vom Google-Analytics-Server, das aufgrund seiner Größe praktisch unsichtbar auf der Website ist (siehe Abbildung 2.4). Darum wird dieses Verfahren manchmal auch als Pixel-Tracking bezeichnet. Nahezu alle großen Webanalyse-Systeme nutzen Page-Tagging als Verfahren zur Datenerfassung.

In Abbildung 2.4 sehen Sie den Vorgang mit seinen einzelnen Schritten an einem Beispiel: Der Besucher möchte auf die Seite *www.foo.de*, also tippt er die URL in die Adresszeile seines Browsers ein ❶. Der Browser schickt nun eine Anfrage an den Webserver, der für die Domain *www.foo.de* zuständig ist, und fordert den HTML-Code der Startseite an ❷. Der Webserver schickt nun den HTML-Code der Startseite zurück ❸. Ob er dafür eine Datei geladen oder eine Datenbank abgefragt hat, macht für den Browser keinen Unterschied, er bekommt als Ergebnis immer HTML ausgeliefert. Der HTML-Code der Startseite enthält das JavaScript-Tag von Google Analytics. Sobald der Browser die HTML-Informationen bekommen hat, liest er sie ein und beginnt damit, die enthaltenen Informationen umzusetzen. Er startet den JavaScript-Code ❹, der sich daranmacht, Daten zu sammeln. Anschließend schickt das Skript eine Anfrage an den Google-Analytics-Server inklusive der gesammelten Daten ❺. Er erhält die Anfrage, speichert die übertragenen Daten und schickt als Antwort die 1 × 1 Pixel große Grafikdatei zurück ❻. Beim Aufruf einer neuen Seite, etwa *www.foo.de/ueberuns*, beginnt der Vorgang von Neuem.

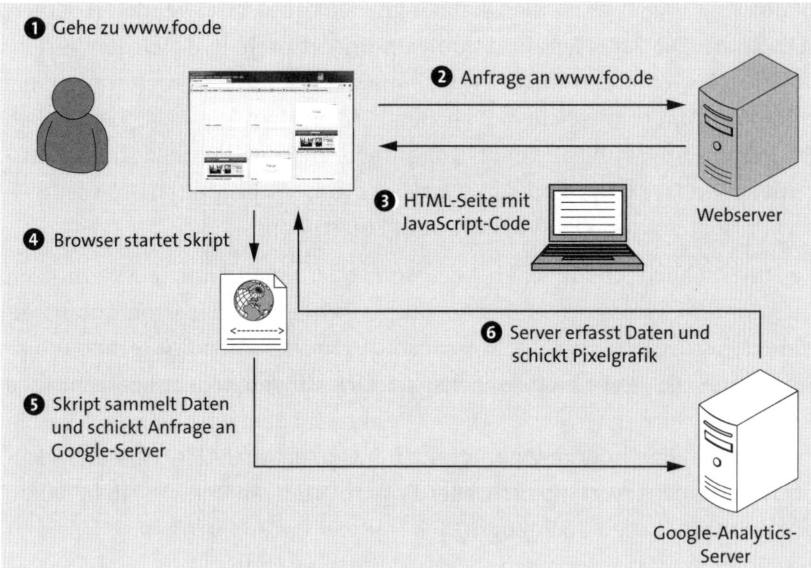

Abbildung 2.4 Ablauf-Zählung mit Page-Tags

Das Page-Tag enthält nicht nur den Zählaufruf für die Seite, sondern auch die nötigen Funktionen, um Cookies zu behandeln, Events zu verarbeiten und Transaktionen zu erfassen. Daher ist die korrekte Einbindung des Page-Tags die Voraussetzung für jede Datenerfassung mit Google Analytics. Durch eigene Befehlszeilen im Page-Tag selbst lassen sich Verhalten und erfasste Daten individuell anpassen. So können Sie etwa den Zeitraum zwischen Seitenaufrufen, der das Ende eines Visits markiert, verändern.

Die Anfrage, die das Skript an den Google-Server sendet, geschieht asynchron, das bedeutet parallel zu allen anderen Anfragen an Dateien, Bilder usw. Der Browser wartet nicht mit dem Aufbau und der Darstellung der Seite, bis das 1 × 1 Pixel große Image zurückgeschickt wurde. Dadurch lädt Ihre Website auch dann ganz normal weiter, falls der Google-Server einmal langsam oder nicht erreichbar sein sollte.

Synchrone und asynchrone Datenübertragung

Unter synchroner Datenübertragung versteht man in der Informatik eine Vorgehensweise, bei der zwei Sender und Empfänger bei der Übertragung *synchronisieren*, das heißt, warten und alle anderen Vorgänge blockieren, bis die Übertragung abgeschlossen ist. Bei einer asynchronen Übertragung wird dagegen nicht blockiert.

Auf das Web angewendet, ist der Webserver der Sender und der Browser der Empfänger. Wenn der Browser mehrere Dateien von einem Server laden soll, geschieht dies der Reihe nach, eine Datei nach der anderen, also synchron. Mithilfe von JavaScript lässt sich die Datenübertragung asynchron – also parallel – umsetzen.

Ein Vorteil des Page-Taggings ist die Unabhängigkeit von der verwendeten Server-Hard- und Software. Die Page-Tags funktionieren immer nach dem gleichen Verfahren, egal, welches System die Website-Darstellung übernimmt. Dadurch werden die Zugriffsdaten von unterschiedlichen Websites vergleichbar. Die Page-Tags lassen sich in jeder Systemumgebung anwenden, da sie erst im Browser des Besuchers ausgeführt werden. Den JavaScript-Code des Page-Tags führen alle großen Browser gleichermaßen aus, auch die mobilen Varianten auf Smartphones.

Daher ist es unerheblich, ob Sie einen Microsoft- oder einen Linux-Server nutzen oder welches Content-Management-System Sie verwenden. Die einzigen Voraussetzungen sind aktiviertes JavaScript im Browser sowie eine bestehende Internetverbindung des Besuchers. Letzteres mag zunächst seltsam klingen, schließlich geht es ja um das Zählen einer Internet-Website. Dieser Punkt wird aber wichtig, wenn Sie ein Intranet oder eine andere interne Webpräsenz mit Google Analytics erfassen möchten. Grundsätzlich ist das zwar möglich, allerdings müssen die Besucher neben dem Zugriff auf das Intranet eben auch Zugriff ins Internet haben, damit das Zählskript den Google-Server mit den gesammelten Daten erreichen kann.

Die Seiten, die Sie mit Page-Tags erfassen möchten, müssen nicht mal auf der gleichen Website liegen. Sie können auch Seiten in einem Bericht zusammenführen, die auf unterschiedlichen Servern verteilt sind. So können Sie die Website *www.foo.de* und *www.foo-gewinnspiel.de* mit dem gleichen Zählcode ausstatten und haben dann alle Zugriffsdaten in einem Bericht. Ob und wann so etwas sinnvoll ist, werden wir in Kapitel 4, »Das Fundament: Strukturen schaffen«, genauer betrachten.

Das Page-Tag holt sich die Daten, die es an den Google-Server überträgt, aus unterschiedlichen Quellen:

- Die gewünschte Seite/URL haben Sie selbst in den Browser eingegeben oder per Klick auf einen Link aufgerufen.
- Beim Klick auf einen Link überträgt der Browser automatisch den Referrer, das heißt die Seite, auf der Sie den Link angeklickt haben. Falls Sie eine Adresse direkt eingetippt oder ein Bookmark aufgerufen haben, bleibt der Referrer leer.
- Die Browser-Kennung verrät Typ und Version, die eingestellte Standardsprache sowie das verwendete Betriebssystem. Anhand der genauen Typbezeichnung des Browsers lassen sich weiterhin PC, Tablet und Smartphone unterscheiden.
- Die Verbindungsinformationen erlauben anhand der IP-Adresse Rückschlüsse auf Ihren Standort und Internetprovider.

Jetzt wissen Sie, welche Prozesse beim Page-Tagging ablaufen. Beim Einsatz für Google Analytics gibt es einige Punkte, die Sie beachten müssen:

- Das Page-Tag setzt die Verwendung von JavaScript im Browser voraus: ohne JavaScript keine Datenerfassung.

- Es werden nur die Seiten gezählt, die mit einem korrekten Page-Tag versehen sind. Vergessen Sie das Tag auf einer Seite oder ist es fehlerhaft, werden keine Daten erfasst.
- Das vorhandene Page-Tag ist die Voraussetzung für das Erfassen von Events und Transaktionen.
- Jede Seite, die ein Page-Tag enthält, wird gezählt, auch Testseiten oder lokal gespeicherte Kopien.

2.2.2 Geschmacksrichtungen von Cookies

Cookies sind kleine Datenspeicher, mit denen eine Website Informationen im Browser auf Ihrer Festplatte speichern kann. In jedem Cookie werden ein Name und ein Wert abgelegt sowie die Domain, von der aus er gesetzt wurde, und ein Verfallsdatum, nach dessen Ablauf der Browser ihn automatisch löscht. Die Cookies bleiben auch beim Beenden des Browsers erhalten und heißen daher *Permanent Cookies*.

Sobald noch eine weitere Datei von derselben Domain angefragt wird, schickt der Browser die Cookie-Informationen bei der Anfrage mit. Wenn beim Setzen des Cookies kein Verfallsdatum angegeben wurde, wird er beim Beenden des Browsers automatisch gelöscht. Darum werden diese Cookies als *Session-Cookies* bezeichnet.

Cookies lassen sich per JavaScript auslesen und bearbeiten. Dabei ist der Zugriff auf die aktuelle Domain begrenzt. Ein Skript auf *www.foo.de* kann nur auf die Cookies von *www.foo.de* bzw. *foo.de* zugreifen, nicht aber auf eine andere Website *www.other-foo.de*. Dadurch wird sichergestellt, dass eine Website oder ein Skript nicht beliebige Cookies auf Ihrem Rechner einsehen kann.

Browser unterscheiden weiterhin zwei Szenarien, in denen Cookies gesetzt und gelesen werden können. Nehmen wir an, Sie sind auf der Website *www.foo.de*, und der Webserver setzt in Ihrem Browser einen Cookie. Dann spricht man von einem *First Party Cookie*. Im zweiten Fall sind Sie wieder auf der Website *www.foo.de*. Auf der Seite wird ein Bild von einem anderen Server geladen, etwa *www.bilderserv.com*. Wenn nun der Server *www.bilderserv.com* einen Cookie in Ihrem Browser setzt, spricht man von einem *Third Party Cookie*, da die Domain, die Sie im Browser aufgerufen haben, und jene, von der aus der Cookie kommt, unterschiedlich sind.

First und Third haben nichts mit der Reihenfolge zu tun, in der Cookies gesetzt werden. In unserem ersten Fall sind alle Cookies von *foo.de* First Party. Die Unterscheidung hängt vom jeweiligen Kontext ab. So sprechen wir im zweiten Beispiel vom Cookie von *www.bilderserv.com* von einem Third Party Cookie. Wenn Sie aber auf die Startseite von *www.bilderserv.com* gehen, wird daraus ein First Party Cookie, da nun Server- und Cookie-Domain identisch sind.

Bedeutung von First und Third Party für Google Analytics

Warum ist diese Unterscheidung relevant? Alle großen Browser unterscheiden in Ihren Einstellungen zwischen First und Third Party Cookies. Sie können für beide Gruppen konfigurieren, ob sie übertragen werden sollen oder nicht. First Party Cookies sind häufig für die Funktion einer Website notwendig. Mit ausgeschalteten Cookies lassen sich viele Angebote überhaupt nicht nutzen. Die Third Party Cookies werden dagegen im Werbeumfeld eingesetzt und ermöglichen es großen Werbenetzwerken, einen Besucher über unterschiedliche Websites hinweg zu verfolgen, was manchen Nutzern ein Dorn im Auge ist. Darum wird häufig empfohlen, Third Party Cookies generell nicht zuzulassen, was jeder Nutzer in seinem Browser einstellen kann. Neuere Browser wählen diese Einstellung (First Party: ja, Third Party: nein) als Standardeinstellung bei der Installation. Die Akzeptanzquote von Third Party Cookies ist daher deutlich niedriger als die von First Party Cookies.

Für das Tracking mit Google Analytics wird das Zählpixel vom Server *www.google-analytics.com* geladen. Cookies von diesem Server wären also immer Third Party und damit häufig durch die Browser-Einstellungen gesperrt, wodurch die Datenerfassung ziemlich ungenau wäre. Um das zu vermeiden, arbeitet das Page-Tag mit JavaScript, um Cookies zu setzen. Denn wenn ein Cookie mit JavaScript gesetzt wird, wird er automatisch First Party, da das JavaScript aus Sicht des Browsers in der ursprünglich aufgerufenen Seite läuft. Beim Aufruf einer Seite schaut das Page-Tag von Google Analytics – wiederum mit JavaScript –, ob es solche »Tracking«-Cookies gibt. Falls ja, liest es sie aus und überträgt sie beim Aufruf des Zählpixels als normale Parameter mit an den Google-Server.

Cookies und Sicherheit

Cookies sind keine Programme und können keine Aktionen auf Ihrem Gerät ausführen. Mit ihrer Hilfe lassen sich aber Besucher über einen langen Zeitraum wiedererkennen und auch ein Stück weit verfolgen. Dabei sind nicht die Cookies an sich das Problem, sondern ihr Einsatz in einem zweifelhaften Umfeld.

2.2.3 Eine Website verfolgt Ziele

Eine Website verfolgt immer einen Zweck. Das kann zum Beispiel die Darstellung von Informationen, der Verkauf von Waren und Dienstleistungen oder von Werbefläche sein. In Google Analytics können Sie *Ziele* konfigurieren, die Ihnen einen schnellen Überblick über Erfolg oder Misserfolg einer Website geben.

Ziele sind von Ihnen definierte Aktionen, die der Besucher auf Ihrer Website durchführen soll. Das kann der Aufruf einer bestimmten Seite, eine festgelegte Verweildauer oder eine Bestellung sein. Jedes Mal, wenn während eines Visits diese definierte Aktion durchgeführt wird, zählt das Ziel. Nun könnten Sie auch einfach im Bericht für aufgerufene Seiten nachschauen, wie oft eine Seite geladen wurde – warum also ein Ziel definieren?

In Google Analytics wird die Erreichung von Zielen nicht einfach nur erfasst und in einem eigenen Bericht ausgewiesen. Die definierten Aktionen dienen in vielen anderen Berichten als Messwerte. So können Sie für Besucherquellen nicht nur die Einstiegsseite und die Verweildauer sehen, sondern auch die Zielerreichung für jedes definierte Ziel. Auf einen Blick erfahren Sie so, wie groß der Anteil einer Quelle, einer Kampagne oder eines Keywords an der Erreichung der Website-Ziele ist. In einigen Fällen sind Ziele die einzige Möglichkeit, um einen Zusammenhang zwischen zwei Werten herzustellen (wir erinnern uns: Dimensionen und Messwerte lassen sich nicht vollkommen beliebig miteinander verknüpfen).

Weiterhin protokolliert Google Analytics die Zielerreichung über mehrere Visits desselben Besuchers hinweg. Wenn also ein Besucher über eine Kampagne kommt und erst bei seinem folgenden zweiten Besuch ein Ziel erreicht, ordnet das System das entsprechend zu. Für »normale« Seitenaufrufe besteht diese Möglichkeit nicht.

Aktuell gibt es vier Zieltypen:

1. **Ziel**
   Eine bestimmte Seite wird geladen. Mithilfe von Platzhaltern lassen sich auch mehrere Seiten angeben, dazu mehr in Kapitel 6, »Das Herzstück: Datenansichten anlegen und Zielvorhaben einrichten«.
2. **Dauer**
   Wenn sich der Besucher länger als eine bestimmte Zeit auf der Website aufhält, wird das Ziel gezählt.
3. **Seiten/Bildschirme pro Sitzung (Visit)**
   Wenn der Besucher eine bestimmte Anzahl Seiten während des Visits aufruft, wird das Ziel gezählt.
4. **Ereignis**
   Ein bestimmtes Ereignis wird ausgeführt.

Eine erweiterte Form des Ziels ist der Trichter. Bei ihm werden mehrere URLs angegeben, die während einer Aktion nacheinander aufgerufen werden sollen, etwa die einzelnen Seiten eines Bestellprozesses. Mit einem Trichter lässt sich später nicht nur erkennen, wie oft das Ziel erreicht wurde, sondern auch, wo auf dem Weg Besucher »abgesprungen« sind.

Google Analytics zählt, bei wie vielen Visits ein Ziel erreicht wurde. Optional können Sie für ein Ziel auch einen *Zielwert* vergeben. Das ist ein Geldbetrag, der für die Erreichung des Ziels berechnet wird. Beispiel: Ein Verlag bietet online die Möglichkeit an, ein Abonnement abzuschließen. Jedes Abo bringt dem Verlag einen Umsatz von 29,90 €. Also wird für das Ziel »Abschluss Abo« die URL */bestaetigung-abo.html* und der Zielwert 29,90 € eingetragen. Jedes Mal, wenn das Ziel erreicht wird, werden 29,90 € für den Gesamtumsatz Ihrer Website erfasst. Bei einem Ziel vom Typ EREIGNIS kann der Zielwert dynamisch übergeben werden. So kann jede Zielerreichung einen individuellen Wert haben.

2.2.4 Verkäufe mit Transaktionen erfassen

Transaktionen, also der erfasste Kauf oder eine Bestellung, behandelt Google Analytics ganz ähnlich wie Ziele. Sie werden allerdings nicht in der Verwaltung definiert, sondern durch einen speziellen Zählcode erfasst. In den Berichten wird die Transaktion ähnlich wie ein Ziel behandelt. Der Umsatz einer Transaktion entspricht einem Zielwert und zahlt ebenfalls auf den Gesamtumsatz der Website ein.

Ziele und Transaktionen unterscheiden sich jedoch in einem wichtigen Punkt: Ziele werden immer pro Visit erfasst. Wenn für das Erreichen eines Ziels eine bestimmte URL konfiguriert ist, wird beim ersten Aufruf dieser URL das Ziel als erreicht gezählt. Ruft der Besucher im selben Visit die URL noch einmal auf, bleibt es bei der einfachen Zählung – das Ziel ist ja bereits erreicht. Anders bei der Transaktion, denn hier wird pro Ausführung gezählt. Wir nehmen wieder den Verlag als Beispiel: Ein Besucher, der während seines Visits zuerst ein Abonnement für sich und dann für einen Freund abschließt, wird nur einmal als Ziel gezählt. Es werden aber zwei Transaktionen erfasst.

2.2.5 Besuchergruppen mit Segmenten analysieren

Ein *Segment* ist ein definierter Ausschnitt der Besucherdaten. Es kann durch unterschiedliche Kriterien festgelegt werden, zum Beispiel nur Visits mit dem Internet Explorer oder nur Visits am Dienstag. Diese Einstellung wird einmal gespeichert und kann dann auf nahezu jeden Bericht angewandt werden, der in Google Analytics zur Verfügung steht. Außerdem können Sie mehrere Segmente gleichzeitig anwenden und so miteinander vergleichen.

Google Analytics bietet einige Standardsegmente in allen Berichten zur Auswahl an. Dazu zählen etwa *Wiederkehrende Besucher, Bezahlte Suchzugriffe* oder *Zugriffe von Mobilgeräten*. Daneben können Sie eigene benutzerdefinierte Segmente einrichten, in denen Sie sowohl nach Dimensionen als auch nach Messwerten suchen können. Zum Beispiel kann ein Segment Visits finden, die bestimmte Seiten aufgerufen haben. Das wäre ein Filter nach einer Dimension. Oder es findet Visits, die eine bestimmte Zeit auf der Website verbracht haben. Das wäre ein Filter auf einen Messwert.

In einem Segment lassen sich mehrere Kriterien verknüpfen, mit einem logischem UND bzw. einem logischem ODER. So lassen sich Segmente bilden, die zum Beispiel Besucher zeigen, die aus Deutschland kommen UND mindestens 100 € für eine Bestellung ausgegeben haben.

Wenn Sie die Einstellungen des Segments ändern, erhalten Sie auch für die zurückliegenden Wochen und Monate die passenden Daten. Das gilt an anderen Stellen in Google Analytics nicht: Änderungen in den Property-Einstellungen oder den Zieldefinitionen gelten immer nur ab dem Tag der Änderung.

2.2.6 Grenzen von Google Analytics

Laut eigener Aussage erfasst Google zunächst einmal alle Daten, die durch die Tracking-Codes eingehen. Egal, wie viele Aufrufe kommen, es wird nichts »weggeworfen«. Es gibt allerdings eine Einschränkung bei der maximalen Zahl der Berichtszeilen. Hier werden pro Tag maximal 50.000 unterschiedliche Einträge gespeichert, ab dann wird zusammengefasst. Was bedeutet das in der Praxis?

Die Website *foo.de* hat insgesamt zwei Millionen unterschiedliche Seiten, die stark frequentiert werden. Analytics erfasst die URLs der aufgerufenen Seiten und speichert sie in einer Liste. Wenn für einen Tag 50.000 unterschiedliche URLs erfasst wurden, ist diese Liste komplett ausgefüllt. Alle weiteren Zugriffe werden zwar weiterhin gezählt, aber unter dem Sammeleintrag (*other*) abgespeichert. Sie sehen im Bericht zwar noch, dass eine Seite aufgerufen wurde, aber nicht mehr welche. Weiterhin gibt es auch keine Information darüber, wie viele Einträge am Ende des Tages unter (other) zusammengefasst wurden, also beispielsweise wie viele unterschiedliche aufgerufene Seiten es insgesamt gab. Es können fünf sein, aber genauso gut weitere 50.000.

Die Liste wird jeden Tag neu begonnen und chronologisch gefüllt. Das bedeutet in unserem Beispiel, dass Seiten, die am Vortag noch unter (other) zusammengefasst wurden, heute vielleicht in der Liste auftauchen. Es wird für jeden Tag neu gemessen, welche Seiten zu den ersten 50.000 Einträgen gehören. Bei viel genutzten Seiten wie der Homepage ist das kein Problem, denn sie wird immer bereits früh am Tag das erste Mal aufgerufen werden. Betroffen sind eher Seiten, die nur selten aufgerufen werden. Eine Seite, die nur einmal am Tag aufgerufen wird und das um 23:55 Uhr wird auf *foo.de* sehr viel wahrscheinlicher unter (other) landen. Wird dieselbe Seite um 5:43 Uhr aufgerufen, wahrscheinlich nicht. Die Liste mit den 50.000 Plätzen wird wie gesagt für jeden Tag neu geschrieben. Betrachten Sie den Seitenbericht für die letzten 30 Tage, kann es also sein, dass die Zugriffe auf eine Seite manchmal unter der URL verbucht wurden und manchmal unter (other), was eine tatsächliche Bewertung schwierig bis unmöglich macht.

Dieses Vorgehen betrifft theoretisch alle Berichte, allerdings sind nur manche tatsächlich gefährdet, wie die Berichte für Seiten oder Referrer. Beim Länderbericht oder auch dem Browser-Bericht wird das System nie an die Obergrenze von 50.000 Einträgen pro Tag heranreichen.

Die Anzahl der Zeilen ist noch in einem weiteren Fall von Bedeutung. Wenn Sie einen Bericht über mehrere Tage betrachten wollen, so werden abhängig vom Zeitraum nicht die maximal möglichen 50.000 Zeilen pro Tag berücksichtigt. Analytics bestimmt die Zahl der gelesenen Zeilen in einem solchen Fall nach der Formel

1 Million ÷ Anzahl der Tage

Wenn Sie also einen Bericht für die letzten 30 Tage betrachten, liest Analytics maximal 1.000.000 ÷ 30 = 33.000 Zeilen pro Tag.

2.2.7 Sampling analysiert nur ausgewählte Daten

Für Websites mit vielen Millionen Zugriffen kommen große Datenmengen zusammen, deren Analyse und Auswertung zeitaufwendig ist. Um in solchen Fällen auch für komplexe Anfragen in annehmbarer Zeit Ergebnisse liefern zu können, bedient sich Google Analytics des *Samplings*. Das bedeutet, dass für den aktuellen Bericht nicht alle gesammelten Daten ausgewertet werden, sondern nur eine Teilmenge. Dahinter steht die Idee, dass bei einer ausreichend großen Teilmenge die Ergebnisse hochgerechnet werden können.

Nun kommt das Sampling zum Glück nur in bestimmten Fällen zum Einsatz. Um zu verstehen, wann dies der Fall ist, müssen wir zunächst betrachten, wie Google Analytics seine Berichte erstellt. Die erfassten Daten werden in einer Property gesammelt und von da aus der oder den Datenansicht(en) zur Verfügung gestellt. Die Standardberichte, die Google für eine Datenansicht vorgibt, werden täglich anhand dieser Daten vorberechnet und gespeichert, unabhängig von der Menge an Zugriffen. In diesem Fall kommt es nie zum Sampling.

Wenn Sie eine individuelle Anfrage stellen, die Google nicht aus den vorberechneten Berichten beantworten kann, wird anhand der ursprünglich erfassten Rohdaten in der Property neu gerechnet. Dieser Fall tritt zum Beispiel ein, wenn Sie ein Segment auf einen Bericht anwenden, etwa um nur die Seiten zu sehen, die Besucher aus Italien aufgerufen haben. Hier entscheidet Google anhand der Datenmenge, die betrachtet werden soll, ob Sampling verwendet wird oder nicht. Umfasst sie mehr als 250.000 Visits, wird eine Stichprobe gewählt. Die Größe der Stichprobe kann zwischen 1.000 und 500.000 Visits liegen. Die Wahl der Größe können Sie beeinflussen, allerdings nicht genau vorgeben. Die Standardgröße beträgt 250.000 Visits.

Dazu ein Rechenbeispiel: Für die Website *www.foo.de* wurden im vergangenen Monat 600.000 Visits erfasst. Im Bericht ALLE SEITEN sollen nur die Seiten betrachtet werden, die von erstmaligen Besuchern aufgerufen wurden. Google Analytics bietet dafür ein entsprechendes Segment an. Wählen Sie es aus, wird nun anhand der gesammelten Daten das Ergebnis neu berechnet. Da die 600.000 Visits über dem Schwellenwert fürs Sampling liegen, wählt Analytics eine Stichprobe von 250.000 Visits aus der Gesamtmenge aus – also etwa 41 %. Das Webanalyse-System prüft also nicht alle 600.000 Visits darauf, ob der Besucher früher schon einmal da war, sondern nur die Auswahl, was sich deutlich schneller berechnen lässt. Auf dieser Grundlage werden die von erstmaligen Besuchern aufgerufenen Seiten hochgerechnet.

Die maximale Größe der Stichprobe ist mit 500.000 Visits vorgegeben. Das bedeutet, je größer die Datenmenge ist, die Sie mit Sampling betrachten müssen, desto kleiner ist der tatsächlich betrachtete Anteil. Bei 600.000 Visits sind es maximal 83 %, bei 6 Millionen nur noch 8,3 %. Auch vermeintlich »kleine« Websites können zu solchen Zahlengrößen kommen. Denn je länger der Zeitraum ist, den Sie betrachten, desto mehr Daten kommen natürlich zusammen. Für eine Website mit 100.000 Visits im Monat – eigentlich unproblematisch – sind das bei einer Anfrage über zwölf Monate schon 1,2 Millionen, wodurch gesampelt wird. Wenden Sie Segmente auf Berichte an, wird übrigens schon bei kleineren Mengen gesampelt.

Falsche Rückschlüsse aufgrund von Sampling

Berichte, die mit gesampelten Daten erstellt wurden, sind nie hundertprozentig genau, aber häufig in Bezug auf Höhe und Tendenz vergleichbar mit den absoluten Zahlen. Problematisch wird das Sampling allerdings, wenn seltene Ereignisse hochgerechnet werden sollen. Kommt bei einem Shop auf 100.000 Besucher durchschnittlich eine einzige Bestellung, kann das Sampling schnell danebenliegen, je nachdem, welche Besucher als Stichprobe betrachtet werden. Auch Kennzahlen, die aus diesen Werten abgeleitet werden, wie die Conversion-Rate, können dann zu unterschiedlichen Ergebnissen kommen. Daher sollten Sie bei gesampelten Berichten immer die Art der Daten und die Stichprobengröße im Auge behalten.

Im kostenpflichtigen Google Analytics 360 gibt es für alle Berichte die Option, sie ohne Sampling zu berechnen. Das muss allerdings explizit per Menübefehl angefordert werden, für die normale Weboberfläche wird auch dort gesampelt.

Neben diesem Ad-hoc-Sampling bietet Ihnen Google Analytics auch die Möglichkeit, bereits bei der Datenerfassung nur eine Stichprobe auszuwählen. In diesem Fall werden gar nicht erst alle Daten an Google übertragen, sondern zum Beispiel zehn Prozent. Analytics rechnet dann für die Berichte die Gesamtmenge entsprechend hoch.

2.2.8 Neuer Ansatz mit Universal Analytics

Heute sind viele Nutzer mit mehreren Geräten im Internet unterwegs. Der Desktop-PC als primäres Eintrittstor ins Netz teilt sich diese Position heute mit Smartphones, Tablets, Fernsehern und Spielekonsolen. Mit *Universal Analytics* (kurz *UA*) trägt Google dieser Entwicklung Rechnung, indem es den Nutzer in den Mittelpunkt der Auswertung stellt, wie wir in Kapitel 1, »Der Eckpfeiler: Webanalyse im digitalen Marketing«, beschrieben haben.

Wichtiger Bestandteil von Universal Analytics sind die Methoden zur Datenerfassung:

- Webtracking mit der JavaScript-Datei *analytics.js*
- Measurement Protocol für serverseitige Zählung
- Mobile App Tracking (über Firebase und Google Tag Manager möglich)

Klassisch und Universal

Die Version mit *ga.js* bezeichnet Google als *klassisches Tracking*. Im Laufe des Jahres 2014 wurde Universal Analytics als Standard-Tracking-Code obligatorisch für alle neu angelegten Konten. Mit der neuen Version gibt es auch ein neues Datenformat für die Analytics-Berichte. Die bestehenden Berichte hat Google in 2014 automatisch aktualisiert. Alle Berichte und Tracking-Beispiele, die Sie in den folgenden Kapiteln sehen werden, sind bereits mit Universal Analytics erstellt worden. Wenn Sie den klassischen Tracking-Code mit *ga.js* auf Ihrer Seite verbaut haben, können Sie ihn noch einige Zeit weiterverwenden, früher oder später wird ihn Google allerdings auslaufen lassen, und Sie werden Ihre Tracking-Codes austauschen müssen.

Eine Besonderheit von Universal Analytics ist, dass Sie bei allen Zählaufrufen eine eindeutige Kennung, die *Client-ID*, selbst vorgeben können. Sie können so zum Beispiel den Einsatz von Cookies für das Tracking vermeiden, indem Sie eine ID selbstständig generieren. Im klassischen Tracking war dies nicht möglich, dort hatte Google den Besuchern selbstständig Kennungen durch Cookies vergeben. Hatte der Nutzer Cookies nicht akzeptiert, ignorierte ihn das Tracking.

Die Client-ID ist allerdings nur für die Identifizierung von Nutzern auf demselben Gerät gedacht. Mit einem Login auf Ihrer Website könnten Sie aber auch Besucher über unterschiedliche Geräte hinweg erkennen und analysieren. Dazu hat Google das Tracking um die User-ID erweitert. Wirklich lohnenswert ist die Verwendung der User-ID allerdings nur, wenn Sie eine Erkennung unabhängig vom Gerät gewährleisten können – für Websites ohne Login lässt sich das Feature kaum nutzen. Weitere Informationen zur User-ID finden Sie in Kapitel 5, »Die ersten Schritte: Konto einrichten und Tracking-Code erstellen«.

Natürlich ist die Vorgabe einer Kennung optional. Wenn Sie keinen Wert angeben, kümmert sich Analytics wie gewohnt automatisch um die Vergabe der Kennung und das Speichern in Cookies.

Mobile App Tracking mit Firebase

Mit Firebase hat Google 2016 ein neues Framework für die Entwicklung von Mobile Apps vorgestellt. Neben diversen Cloudschnittstellen ist in Firebase auch ein eigenständiges Tracking integriert, das zugleich die zukünftige Basis für mobile Reports in Google Analytics darstellt. Google verweist beim Anlegen neuer Properties für Apps in Analytics auf Firebase als technische Basis.

Das Tracking mit Universal Analytics (z. B. für übergreifende Berichte) ist noch mit der Kombination Firebase plus Google Tag Manager möglich.

Das Measurement Protocol bezeichnet eine Serverschnittstelle, mit der Sie Daten an Google Analytics übermitteln können. Im Gegensatz zum Webtracking, das den Einsatz von JavaScript voraussetzt, können Sie mit dem Measurement Protocol auch Aktionen auf Servern oder anderen digitalen Geräten wie Spielekonsolen erfassen.

2.3 Einstieg in die Oberfläche

Google Analytics ist als Webservice konzipiert, das heißt, Sie greifen sowohl auf die Berichte als auch auf die Einstellungen mit einem beliebigen Browser zu. Es muss kein Programm auf Ihrem Rechner installiert werden. Wenn Sie Google Analytics nutzen möchten, müssen nur zwei Voraussetzungen erfüllt sein:

1. Sie haben einen Google-Benutzer-Account.
2. Dieser Account besitzt die für ein Konto, eine Property oder eine Datenansicht erforderlichen Benutzerrechte.

Auf *www.google.de/analytics* gelangen Sie über den Link ANMELDEN zur Login-Seite. Im Folgenden beschreiben wir die wichtigsten Konzepte und Elemente der Oberfläche, um Ihnen den Einstieg zu erleichtern.

Entwicklung, Design und Navigation

Wie alle seine Produkte entwickelt Google Analytics ständig weiter, fügt neue Features hinzu, aktualisiert Berichte und verändert die Oberfläche. Das kann sowohl das Aussehen der Berichte als auch ihre Benennung in der Navigation betreffen. So sind neue Berichte in vielen Fällen zuerst unter ihrem englischen Namen im Menü zu finden und werden erst später eingedeutscht. Häufig sind diese Änderungen eher kosmetischer Natur, lassen Sie sich davon also nicht irritieren.

2.3.1 Datenansicht

Nach dem Login gelangen Sie zur Startseite Ihrer Datenansicht (siehe Abbildung 2.5). Hier werden Ihnen aktuelle Daten zur Website präsentiert, ein Teil für die zurückliegenden Tage, und einige Live-Daten darüber, was jetzt in diesem Moment auf Ihrer Website passiert. Mit den Links in der unteren rechten Ecke der Boxen gelangen Sie jeweils zu einem Bericht mit weiteren Informationen zum Themenfeld der Box.

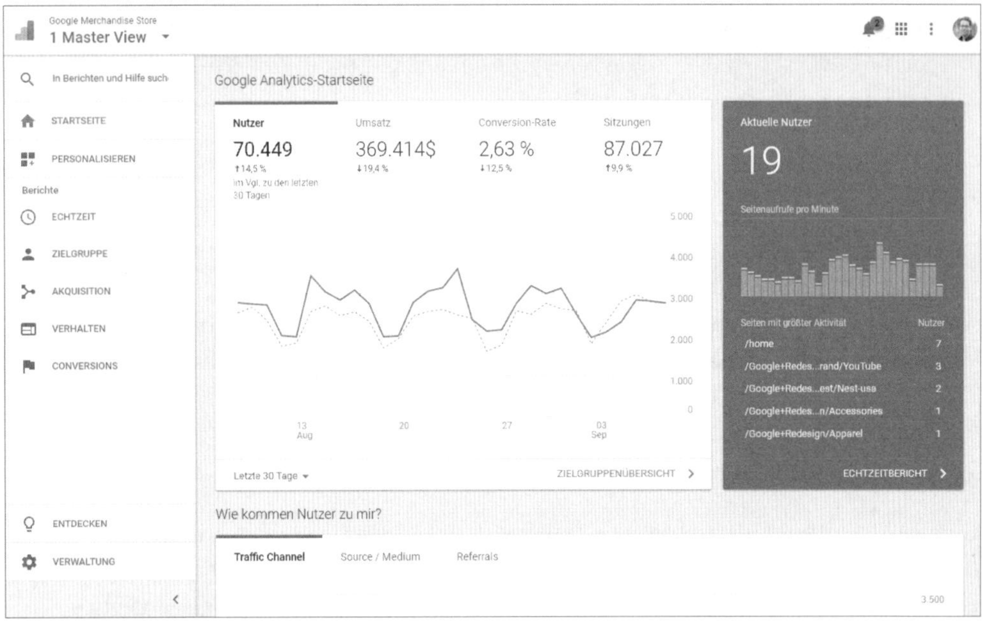

Abbildung 2.5 Startseite Ihrer Datenansicht

In der obersten Zeile des Fensters sehen Sie links die aktuell gewählte Datenansicht und das dazugehörte Konto. Mit einem Klick auf den Namen erscheint ein Menü aller Konten und Ansichten, auf die Ihr Google-Benutzer-Account Zugriff hat (siehe Abbildung 2.6). Ihr Google Account kann über die Rechte für mehrere Analytics-Konten verfügen.

An der rechten Seite der Menüleiste sind einige Symbole zu sehen (siehe Abbildung 2.7). Hinter der Glocke finden Sie *Analytics-Benachrichtigungen*. Das können Hinweise zu fehlenden Einstellungen oder weitere Informationen zu einzelnen Berichten sein.

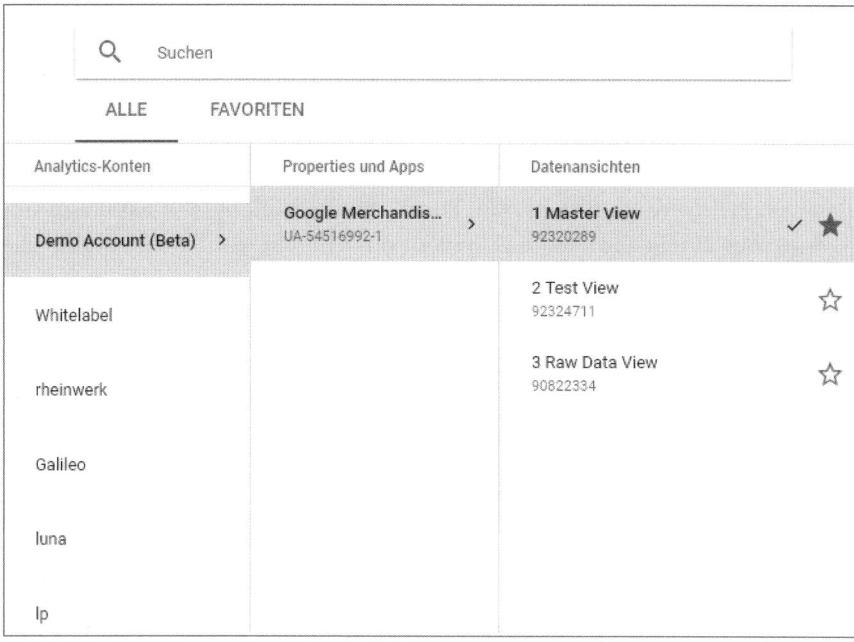

Abbildung 2.6 Auswahlmenü der Konten und Datenansichten

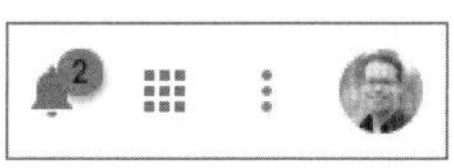

Abbildung 2.7 Symbole mit weiteren Informationen und Tools

Das zweite Symbol enthält ein Menü der Analytics Tools. Google hat Analytics um mehrere Tools ergänzt. Neben dem Google Tag Manager entdecken Sie hier Links zu Google Optimize oder auch Data Studio.

Die drei Punkte führen zu einem Menü mit den Nutzereinstellungen und der Hilfe. Als Letztes folgt ihr Google-Profil, dass sie auch für andere Google-Dienste verwenden.

Am linken Rand des Fensters sehen Sie eine Navigationsleiste, in der Sie sowohl die Standardberichte als auch die von Ihnen selbst erstellten Inhalte unter PERSONALISIEREN finden. Zuoberst finden Sie in der Seitenleiste ein Eingabefeld, mit dem Sie die Einträge der Seitenleiste durchsuchen können. Das Suchfeld hat noch ein kleines Extra parat: Sobald Sie mit der Maus in das Textfeld klicken, erscheint eine Liste der fünf zuletzt aufgerufenen Berichte. Die Seitenleiste kann durch einen Klick auf die Trennlinie an ihrem rechten Rand ausgeblendet bzw. verkleinert werden.

2.3.2 Übersichtsbericht

Klicken Sie in der ersten Diagrammbox auf den Link zur Zielgruppenübersicht, um zum ersten Übersichtsbericht zu gelangen. Auch wenn die Berichte unterschiedliche Daten zeigen und sie mitunter anders visualisieren, haben sie doch einige Elemente gemeinsam. Jeder Bericht beginnt mit einer Überschrift. Darauf folgt ein kleines Schildsymbol, meistens in grün. Es zeigt an, ob im aktuellen Bericht Sampling verwendet wird. Mit einem Klick auf das Symbol gelangen Sie zur Einstellung für die Größe der Stichprobe. Ganz rechts ist der stets verfügbare Kalender zu sehen. Darunter folgt eine Menüleiste mit weiteren Optionen (siehe Abbildung 2.8).

Mit dem ersten Eintrag SPEICHERN legen Sie eine Art Bookmark zum aktuellen Bericht in der Seitenleiste an. Das Besondere dabei ist, dass hierbei nicht nur der gewählte Bericht, sondern auch alle weiteren Einstellungen wie Sortierung, enthaltene Segmente oder Filter mit abgelegt werden.

Mit dem Eintrag TEILEN können Sie den angezeigten Bericht an eine beliebige E-Mail-Adresse verschicken. Dabei können Sie auch direkt vorgeben, ob das Versenden einmalig oder regelmäßig geschehen soll. Daran schließt sich der Eintrag EXPORT an. Hiermit können Sie die Daten des angezeigten Berichts in unterschiedlichen Formaten herunterladen. Neben Tabellenformaten wie Excel oder CSV haben Sie Möglichkeit, ein PDF des Berichts zu speichern oder die Daten in eine *Google-Tabelle* zu sichern.

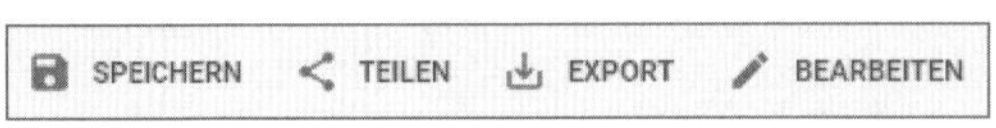

Abbildung 2.8 Berichtsleiste mit optionalen Einträgen

Je nach Situation enthält die Menüleiste noch weitere Einträge. Bei vielen Berichten werden Sie am Ende der Zeile den Eintrag BEARBEITEN finden. Damit gelangen Sie zu einer Übersicht der Einstellungen dieses Berichts, also welche Dimensionen und Messwerte angezeigt werden usw. Sie können diese Einstellungen dann verändern und in einem benutzerdefinierten Bericht speichern.

2.3.3 Kalender nutzen

Mit dem Kalender bestimmen Sie für jeden Bericht, welcher Zeitraum betrachtet werden soll. Mit einem Klick auf die Datumsanzeige in der rechten oberen Ecke des Berichtsfensters ist er immer erreichbar (siehe Abbildung 2.9). Nach der Anmeldung ist der Kalender so eingestellt, dass er immer Daten der letzten 30 Tage anzeigt, bis einschließlich des Vortages.

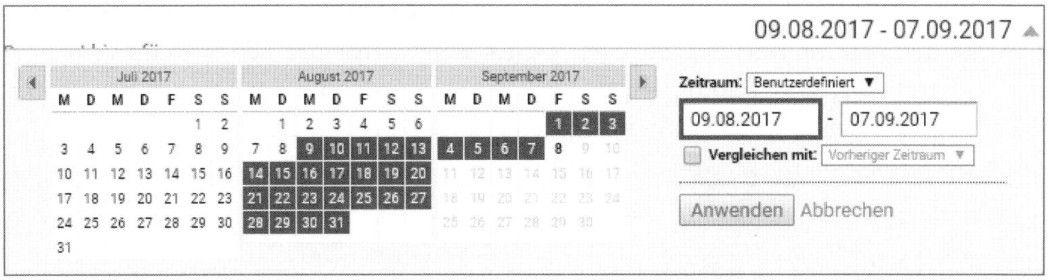

Abbildung 2.9 Kalender mit benutzerdefiniertem Zeitraum

Ein Klick auf die Datumsanzeige öffnet die Kalenderauswahl. Rechts können Sie mit der Auswahlbox den ZEITRAUM verändern. Zur Auswahl stehen HEUTE, GESTERN, LETZTE WOCHE, LETZTER MONAT und BENUTZERDEFINIERT, wobei Letzteres die Standardauswahl ist und wie gesagt die letzten 30 Tage bestimmt. Die übrigen Einträge sind selbsterklärend.

Kalenderzeitraum »Heute«

Eine Anmerkung noch zu HEUTE: Es kann mehrere Minuten bis Stunden dauern, bevor Analytics erfasste Aufrufe in den Berichten darstellt. Wenn Sie Ihre Besucher live auf der Website verfolgen wollen, nutzen Sie dafür die Berichte unter Echtzeit. Mehr dazu in Kapitel 4, »Das Fundament: Strukturen schaffen«.

Weiterhin werden nicht alle Berichte gleichmäßig aktuell gehalten. Es kann also sein, dass im Seitenbericht bereits Einträge vorhanden sind, die zugehörigen Referrer aber noch nicht im Bericht auftauchen. Daher sind die Berichte für den aktuellen Tag immer mit etwas Vorsicht zu betrachten.

Den benutzerdefinierten Zeitraum können Sie auf zwei Arten verändern. Entweder klicken Sie den Start- und Endtag in den Kalenderblättern auf der linken Seite an. Tage, für die keine Daten vorhanden sind, werden mit grauen Zahlen dargestellt. Mit den Pfeilen für rechts und links können Sie zu früheren Monaten zurückspringen. Oder Sie geben die Daten in die beiden Textfelder auf der rechten Seite ein. Mit einem Klick auf den Monatsnamen über einem Kalenderblatt wählen Sie den kompletten Monat aus.

Unter den beiden Eingabefeldern können Sie ein Häkchen bei VERGLEICHEN MIT setzen und somit eine zweite Datumsauswahl aktivieren (siehe Abbildung 2.10). Wenn Sie hier einen zweiten Zeitraum eintragen, stellt Analytics alle Daten im Bericht für beide Zeiträume untereinander dar. Auch hier gibt es eine Auswahlbox mit drei Einträgen: VORHERIGER ZEITRAUM, VORHERIGES JAHR und BENUTZERDEFINIERT. Mit der ersten Option wird automatisch die gleiche Zahl an Tagen gewählt, die vor dem primären Zeitraum liegen. Sind zum Beispiel als primärer Zeitraum die sieben Tage vom 9. bis 15. September gewählt, dann reicht der vorherige Zeitraum vom 2. bis 8. September. Die Option VORHERIGES JAHR wählt denselben Zeitraum im vergangenen Jahr. Bei BENUTZERDEFINIERT können Sie die Daten wieder frei eingeben, entweder per Kalenderblatt oder per Eingabefelder.

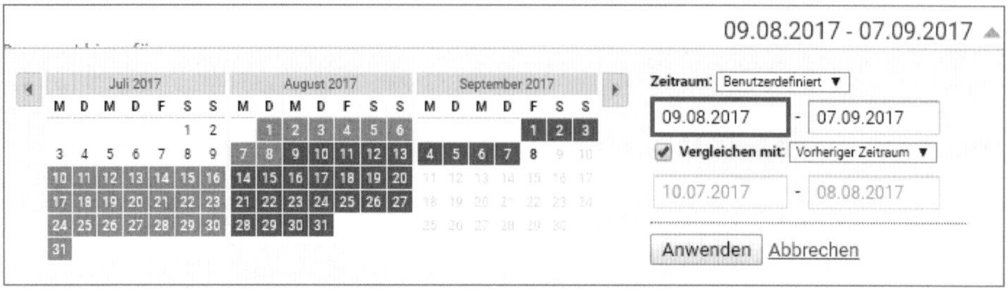

Abbildung 2.10 Kalender mit Vergleichszeitraum

Bei der Bestimmung eines Vergleichszeitraums sollten Sie immer auf die enthaltenen Wochentage achten. Bei nahezu allen Websites verteilt sich die Nutzung unterschiedlich zwischen Werktagen und Wochenende, wobei diese abhängig vom Inhalt höher oder geringer ausfallen kann. Betrachten Sie zum Beispiel zehn Tage, können in diesem Zeitraum mindestens zwei und maximal vier Tage auf ein Wochenende fallen. Vergleichen Sie die zehn Tage vor diesem Zeitraum, ist diese Verteilung anders und die Daten somit nicht unbedingt sinnvoll vergleichbar. Auch Feiertage sollten Sie berücksichtigen. Beim Vergleich von Monaten miteinander gilt es ebenfalls, die Zahl der jeweiligen Wochentage im Auge zu behalten.

Wenn Sie den Vergleichszeitraum benutzerdefiniert eingeben, muss er nicht gleich viele Tage umfassen wie der primäre Zeitraum. Sie können also etwa vierzehn Tage mit sieben Tagen vergleichen. Dadurch wird auch der Vergleich ganzer Monate möglich, da sie ja nicht immer gleich lang sind.

Zeiträume »falschherum« vergleichen

Bei der Eingabe von zwei Zeiträumen zum Vergleich wählen Sie normalerweise zuerst den aktuellen Zeitraum und als zweite Auswahl den früheren. Sie können diese Eingabe aber auch umkehren: Als ersten Zeitraum wählen Sie den früheren, zum Beispiel November 2013, als zweiten tragen Sie Dezember 2013 ein.

Was bringt das? Für die Werte der beiden Zeiträume wird auch immer eine Entwicklung angegeben, beispielsweise +24 %. Je nachdem, wie Sie die Zeiträume wählen, können Sie bestimmen, ob die Zahlen im Vergleich steigend und damit grün oder fallend und damit rot ausgewiesen werden.

Sie können mit der Datumsauswahl so weit in der Datenansicht zurückgehen, wie Daten vorhanden sind, bis zu mehreren Jahren. Außerdem können Sie den Zeitraum beliebig lang wählen, auch hier sind mehrere Jahre möglich. Beachten Sie allerdings, dass es bei langen Zeiträumen und damit verbundenen großen Datenmengen zu Sampling kommen kann.

Nachfolgend finden Sie einige Punkte, die Sie je nach Bericht beim Vergleich von Zeiträumen beachten sollten:

- **Umfang**: Monate haben unterschiedlich viele Tage, dadurch ergeben sich automatisch höhere oder niedrigere Gesamtwerte.
- **Werktage**: Je nachdem, wie die Wochen in einem Monat liegen, haben Sie unterschiedlich viele Werktage bzw. Wochenendtage. Die Nutzung der meisten Websites ist von Montag bis Freitag anders als am Samstag und Sonntag.
- **Feiertage und Ferien**: Wie bei Werktagen gilt hier: Die unterschiedliche Nutzung beeinflusst die Gesamtwerte.
- **Saisonabhängigkeit**: Besonders bei Reise- oder Veranstaltungs-Websites ist die Saison von großer Bedeutung. Hier vergleichen Sie einen Monat besser mit dem gleichen Monat des Vorjahres, also mit der vorherigen Saison.

2.3.4 Besucherdaten exportieren

Mit dem Menüpunkt EXPORT können Sie jeden Bericht aus Google Analytics als Datei speichern. In allen Fällen werden immer die Daten gespeichert, die Sie auf dem Bildschirm sehen, beim Export werden also der eingestellte Zeitraum und Suchfilter mit angewendet. Weiterhin wird die Einstellung für angezeigte Zeilen berücksichtigt. Wenn Sie also die zehn am häufigsten aufgerufenen Seiten auf dem Bildschirm haben, werden auch genau diese exportiert. Wenn Sie für den aktuellen Bericht einstellen, die Top 100 der Seiten anzuzeigen, werden sie exportiert. Derzeit können Sie maximal 5.000 Zeilen in einem Bericht auf dem Bildschirm darstellen, was damit auch die maximale Zeilenanzahl für einen Export darstellt. Wenn Ihr Bericht mehr als 5.000 Zeilen vorweist, gibt es keine Möglichkeit, die gesamte Liste auf einmal zu exportieren. Sie können allerdings einen Bericht mit mehr Zeilen in zwei Dateien exportieren: zuerst die Zeilen 1 bis 5.000 und dann die Zeilen ab 5.001.

Es stehen insgesamt sechs unterschiedliche Formate zur Auswahl: CSV, TSV, TSV für Excel, Excel (.xlsx), Google-Tabellen und PDF.

CSV, TSV und TSV für Excel

Alle drei Formate sind Textdateien, in denen die einzelnen Spalten des Berichts durch Trennzeichen unterteilt sind. CSV-Dateien verwenden als Trennzeichen ein Semikolon, bei TSV-Dateien ist es ein Tabulator. Sie lassen sich in Tabellenkalkulationen wie Excel öffnen und weiterverarbeiten.

Zu Beginn der Datei stehen einige Einleitungszeilen, die den Namen des Reports und den Zeitraum enthalten (siehe Abbildung 2.11). Darauf folgen die Zeilen aus dem Bericht. Wenn der Bericht ein Diagramm mit einem Tagesverlauf enthält, gibt es noch ein drittes Tabellenblatt, auf dem die einzelnen Tageswerte gelistet sind.

```
# ----------------------------------------
# www.luna-park.de
# Seiten
# 20130901-20130930
# ----------------------------------------

Seite Seitenaufrufe Eindeutige Seitenaufrufe  Durchschn. Besuchszeit auf Seite
/index.php  1.158 940 00:01:09  875 "46,86 %" "44,30 %" "0,00 €"
/blog/5926-25-mio-schritte-geschafft/index.php  245 228 00:01:32  223 "85,65 %"
/unternehmen/index.php  238 185 00:00:58  10  "50,00 %" "24,37 %" "0,00 €"
/unternehmen/jobs/index.php 221 191 00:00:36  57  "68,42 %" "38,91 %" "0,00 €"
/blog/5846-luna-park-auf-dem-weg-zur-dmexco-jeder-schritt-zahlt/index.php 218 19
/blog/1175-suchmaschinen-marktanteile/index.php 199 142 00:00:36  136 "58,09 %"
/dmexco-2013/index.php  191 177 00:02:01  156 "86,54 %" "78,53 %" "0,00 €"
/unternehmen/team/index.php 185 136 00:01:27  20  "55,00 %" "37,30 %" "0,00 €"
/unternehmen/referenzen/index.php 95  79  00:00:41  1 "0,00 %"  "24,21 %" "0,00
/blog/5881-google-adwords-keyword-planer/index.php  91  85  00:04:37  67  "85,07
/unternehmen/koepfe/index.php 88  76  00:00:47  4 "0,00 %"  "12,50 %" "0,00 €"
/online-marketing/index.php 85  76  00:00:41  3 "33,33 %" "25,88 %" "0,00 €"
/seo/index.php  85  75  00:00:34  25  "40,00 %" "38,82 %" "0,00 €"
/blog/5724-dmexco-pre-event-2013/index.php  73  62  00:03:43  39  "76,92 %" "72,
/blog/index.php 73  67  00:00:21  7 "57,14 %" "23,29 %" "0,00 €"
/impressum/index.php  70  65  00:01:27  8 "50,00 %" "50,00 %" "0,00 €"
/blog/5046-seo-strategie-die-basis-jeder-suchmaschinenoptimierung/index.php 66
/blog/1652-asien-suchmaschinen-marktanteile/index.php 62  49  00:01:41  29  "75,
/beratung/index.php 53  47  00:00:33  2 "50,00 %" "26,42 %" "0,00 €"
/unternehmen/jobs/studentische-hilfskraft-im-bereich-online-marketing-seo-sem-se
/unternehmen/kontakt/index.php  51  47  00:00:38  9 "77,78 %" "49,02 %" "0,00 €"
/unternehmen/jobs/junior-consultant-seo-sem-koeln/index.php 50  46  00:02:24  8
/blog/1650-suchmaschinen-marktanteile-europa/index.php  46  43  00:02:08  12  "7
/unternehmen/jobs/freelancer-internationale-projekte-seo-sem/index.php  44  36
```

Abbildung 2.11 TSV-Datei, mit einem Texteditor betrachtet

In der Praxis gestaltet sich der Import von CSV- oder TSV-Dateien aus Google Analytics in anderen Programmen nicht immer einfach. Durch die Einleitungszeilen am Beginn und die Tageswerte am Ende vieler Berichte ist das Format der Datei nicht einheitlich. Dadurch kann es beim Import zu Problemen kommen.

Excel (.xlsx)

Hier werden die Daten im Microsoft-Excel-Format gespeichert. Die Datei enthält zwei oder drei Tabellenblätter. Auf dem ersten Blatt sind als Zusammenfassung der Name des Reports, der Name des Berichts und der ausgewählte Zeitraum vermerkt. Das nächste Tabellenblatt umfasst die Daten der Berichtstabelle (siehe Abbildung 2.12). Wenn der Bericht ein Diagramm mit einem Tagesverlauf enthält, gibt es noch ein drittes Tabellenblatt, auf dem die einzelnen Tageswerte gelistet sind.

Google-Tabellen

Die Daten werden in Googles Online-Office-Dienst als Tabelle geöffnet, einer Art Excel im Browser (siehe Abbildung 2.13). Die Datei ist außerdem im Google Drive (dem Online-Speicher) Ihres Google-Kontos gespeichert.

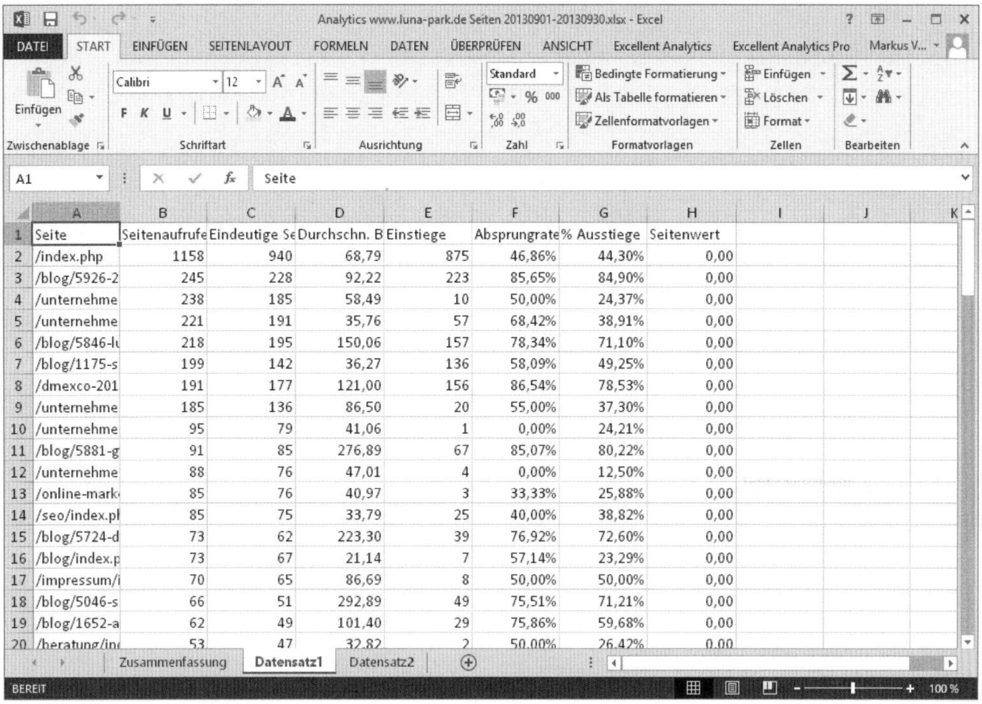

Abbildung 2.12 Exportierter Bericht als Excel-Arbeitsmappe

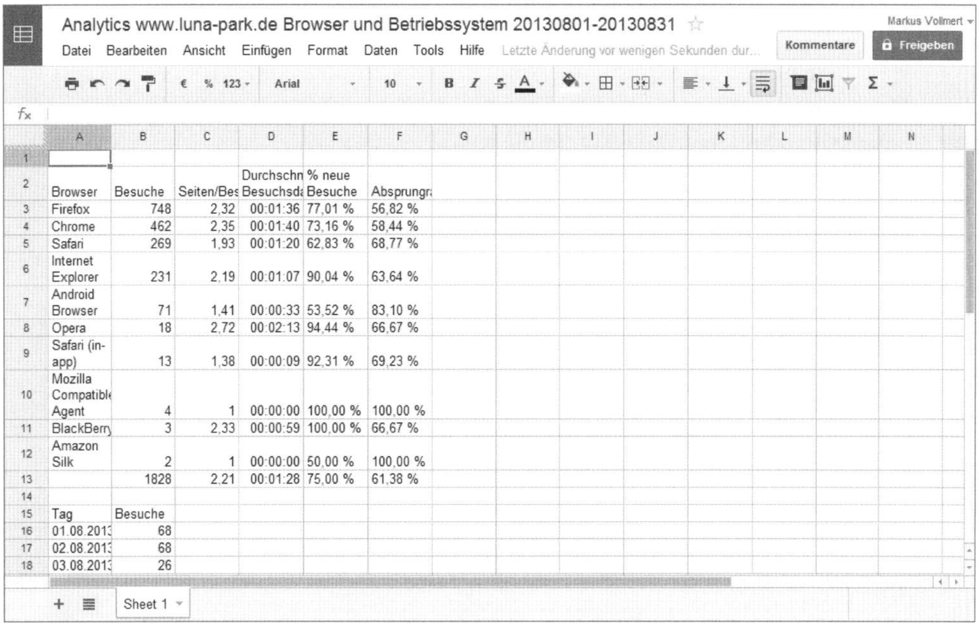

Abbildung 2.13 Browser-Bericht in Google-Tabellen

PDF

Hier wird der aktuelle Bericht nahezu so als PDF exportiert, wie Sie ihn auf dem Bildschirm sehen, inklusive Diagrammen, Farben usw. (siehe Abbildung 2.14).

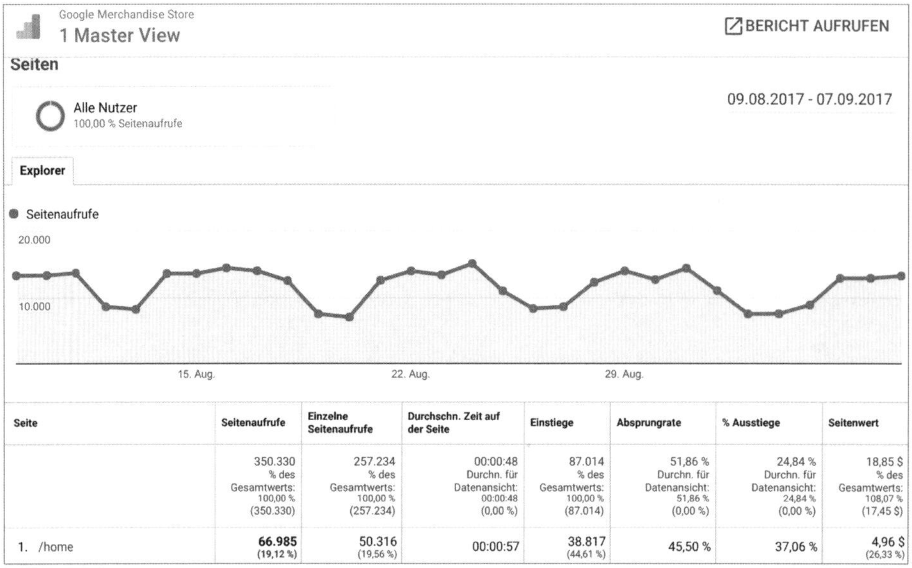

Seite	Seitenaufrufe	Einzelne Seitenaufrufe	Durchschn. Zeit auf der Seite	Einstiege	Absprungrate	% Ausstiege	Seitenwert
	350.330 % des Gesamtwerts: 100,00 % (350.330)	257.234 % des Gesamtwerts: 100,00 % (257.234)	00:00:48 Durchn. für Datenansicht: 00:00:48 (0,00 %)	87.014 % des Gesamtwerts: 100,00 % (87.014)	51,86 % Durchn. für Datenansicht: 51,86 % (0,00 %)	24,84 % Durchn. für Datenansicht: 24,84 % (0,00 %)	18,85 $ % des Gesamtwerts: 108,07 % (17,45 $)
1. /home	66.985 (19,12 %)	50.316 (19,56 %)	00:00:57	38.817 (44,61 %)	45,50 %	37,06 %	4,96 $ (26,33 %)

Abbildung 2.14 PDF-Export des Seitenberichts

2.3.5 E-Mail-Berichte verwenden

Jeder Bericht, den Sie exportieren können, lässt sich auch per E-Mail verschicken. Der Menüeintrag mit der entsprechenden Beschriftung öffnet ein Fenster mit den möglichen Einstellungen (siehe Abbildung 2.15).

Abbildung 2.15 E-Mail-Bericht, Einstellungen

Sie können einen E-Mail-Bericht an einen oder mehrere beliebige Empfänger verschicken. Der Empfänger muss keinen Zugriff auf das Analytics-Konto haben und braucht auch keinen Google-Benutzer-Account. Die ausgewählten Berichte werden als Anhang verschickt. Mehrere E-Mail-Adressen trennen Sie durch ein Komma.

Der BETREFF wird vom System vorgeschlagen, Sie können ihn allerdings frei bearbeiten. Als ANHÄNGE können Sie jedes Format auswählen, das auch im Menü EXPORT zur Verfügung steht. Bei HÄUFIGKEIT können Sie Frequenz und Zeitpunkt einstellen, an dem der Bericht automatisch verschickt werden soll. Sie können zwischen EINMALIG, TÄGLICH, WÖCHENTLICH, MONATLICH und VIERTELJÄHRLICH wählen. Das Auswahlfeld rechts von der HÄUFIGKEIT verändert sich je nach gewähltem Zeitraum. Bei einmaligem, täglichem oder vierteljährlichem Versand erscheinen keine weiteren Optionen. Bei wöchentlichem Versand können Sie den Wochentag bestimmen, an dem die E-Mail geschickt werden soll. Bei monatlichem Versand können Sie jeden einzelnen Tag sowie immer den letzten Tag des Monats wählen. Unterhalb der Einstellungen finden Sie ein großes Textfeld, in das Sie einen Text für die E-Mail eingeben können.

Haben Sie einen regelmäßigen Versand gewählt, können Sie unter ERWEITERTE OPTIONEN einen Zeitraum zwischen einem und zwölf Monaten einstellen, während dem der E-Mail-Bericht verschickt wird. Ist dieser Zeitraum abgelaufen, bleibt der Bericht zwar erhalten, der automatische Versand wird aber gestoppt. In der VERWALTUNG kann er jederzeit verlängert werden.

In der untersten Zeile des Fensters finden Sie den Link ZU VORHANDENER E-MAIL HINZUFÜGEN. Damit können Sie verschiedene Berichte zu einer einzigen E-Mail zusammenstellen, die dann alle Exporte als Anhang enthält.

2.3.6 Navigieren

In der Seitenleiste des Browser-Fensters sind unterschiedliche Funktionen und Berichtsgruppen aufgeführt (siehe Abbildung 2.16). Die Menüpunkte DASHBOARDS, VERKNÜPFUNGEN und RADAR-EREIGNISSE können Sie mit eigenen Berichten und Einstellungen individualisieren. Die darauffolgenden Menüeinträge ECHTZEIT, ZIELGRUPPE, AKQUISITION, VERHALTEN und CONVERSIONS enthalten die Standardberichte von Google Analytics, mit denen Sie Ihre Besucher analysieren können. Wenn Sie bei der Erstellung der Datenansicht als Berichtstyp APP gewählt haben, finden Sie hier eine etwas andere Unterteilung. In beiden Fällen sind die Einträge fest vorgegeben und lassen sich nicht verändern.

Der erste Eintrag DASHBOARDS enthält die von Ihnen erstellten oder für Sie freigegebenen Dashboard-Berichte. Dashboards sind eine Art Übersichtsbericht, eine Zusammenstellung von Diagrammen, Datenwerten und kurzen Tabellen, die Ihnen einen schnellen Überblick zu einem Thema verschaffen sollen. Der Menüpunkt gliedert die einzelnen Dashboards in die Gruppen GETEILT oder PRIVAT.

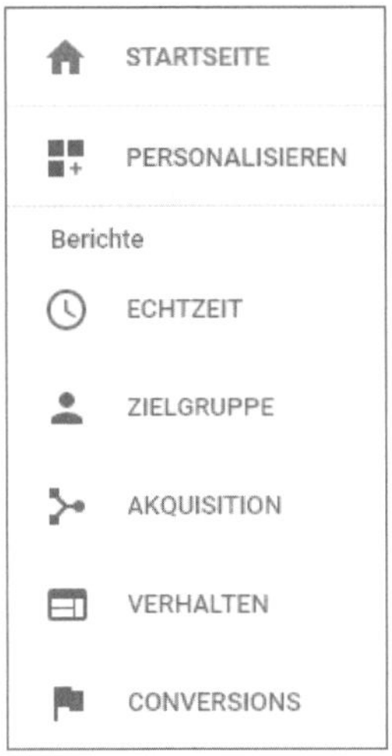

Abbildung 2.16 Navigationspunkte der Datenansicht »Website«

Unter dem Menüpunkt VERKNÜPFUNGEN können Sie eigene Einträge hinzufügen, die auf Berichte zusammen mit bestimmten Einstellungen für die Sortierung usw. verweisen. Der Bereich lässt sich am besten mit einer Bookmark-Liste im Browser vergleichen.

Der Eintrag RADAR-EREIGNISSE führt Sie zum Bereich der automatischen Benachrichtigungen. Analytics prüft die einlaufenden Daten ständig auf besonders auffällige oder ungewöhnliche Entwicklungen. Wenn zum Beispiel die Zahl der Besucher aus einem Land innerhalb kurzer Zeit sehr stark zunimmt, wird hier eine Benachrichtigung in der Liste eingetragen. Weiterhin können Sie eigene Benachrichtigungen anlegen und definieren. Wenn Ihre Kriterien zutreffen, erhalten Sie in der Auflistung einen entsprechenden Hinweis.

In der zweiten Gruppe STANDARDBERICHTE werden zunächst die ECHTZEIT-Berichte aufgeführt. Hier erscheinen die Daten der Besucher, die sich gerade in diesem Moment auf Ihrer Website befinden.

Alle Berichte, die Google Analytics bietet, werden in die folgenden vier Gruppen unterteilt:

- ZIELGRUPPE: enthält Berichte zu Standort, Browser und weiteren Daten über Ihre Website-Besucher.
- AKQUISITION: zeigt die Quellen, über die Besucher zu Ihrer Website kamen. Hier finden Sie auch Berichte zu Kampagnen und Google AdWords.

- VERHALTEN: fasst Informationen zu den Inhalten auf Ihrer Seite zusammen. Hier liegen Berichte zu aufgerufenen Seiten und Ereignissen.
- CONVERSIONS: gruppiert Berichte zu den eingerichteten Zielen, zu E-Commerce-Transaktionen und Multi-Channel-Analysen.

In Kapitel 7 bis 10 besprechen wir die Berichte der einzelnen Gruppen im Detail.

2.3.7 Online-Hilfe

Die Online-Hilfe finden Sie im Menü in der obersten Zeile neben Ihrem Google-Profil. In einem Fenster gelangen Sie zu einer Suche und einer Liste vorgeschlagener Artikel (siehe Abbildung 2.17). Die Links in der Liste werden abhängig vom aktuell aufgerufenen Bericht oder der aktuellen Einstellung ausgewählt. Bei einer Sucheingabe wird die Liste durch entsprechende Suchergebnisse ersetzt.

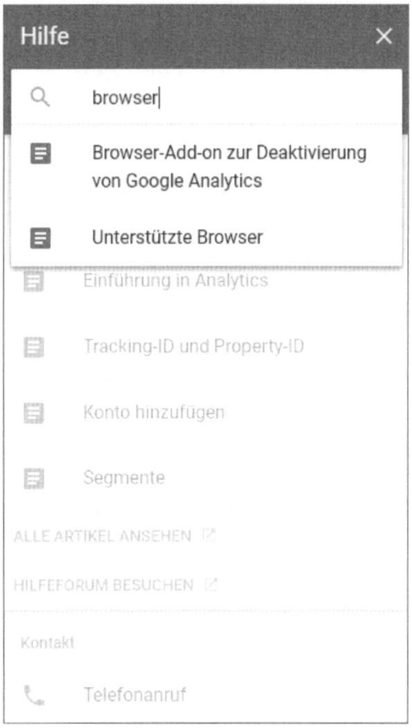

Abbildung 2.17 Online-Hilfe, Startseite

Ein Klick auf einen Treffer zeigt den Artikel direkt im Hilfefenster an (siehe Abbildung 2.18). Wenn ein Treffer nach dem Eintrag mit einem kleinen Icon markiert ist, führt der Link zu einer externen Seite, die sich in einem neuen Tab öffnet. Nicht alle Treffer sind auf Deutsch, es sind zum Beispiel immer wieder Einträge vom amerikanischen Google-Analytics-Blog dazwischen.

Abbildung 2.18 Artikeldarstellung im Hilfefenster

Leider gibt es keine Möglichkeit, Einträge zu markieren oder auszudrucken. Am Ende eines Artikels gibt es aber immer einen Link zu der entsprechenden Seite in der Online-Hilfe-Website von Analytics, wo Sie dann wieder alle Funktionen Ihres Browsers nutzen können.

2.3.8 Segmente anwenden

Segmente sind uns bereits in Abschnitt 2.2.5 begegnet. In Google Analytics beschreibt ein Segment eine Gruppe von Visits oder Besuchern Ihrer Website. Sie können alle Berichte in Google Analytics nur für dieses Segment betrachten, das heißt, der Bericht enthält dann nur noch Nutzungsdaten von dieser Gruppe. Zur Definition eines Segments können Sie nahezu jede Dimension oder Metrik verwenden, einzeln oder in Kombination, also zum Beispiel Besucher, die die Seite *produktXY.html* aufgerufen haben.

Ist das Segment einmal eingerichtet, lässt es sich auf nahezu jeden Bericht anwenden. Sie können bis zu vier Segmente gleichzeitig auf einen Bericht anwenden und somit die Daten der einzelnen Gruppen vergleichen.

Die Steuerung der Segmente befindet sich unterhalb der ersten Menüzeile in Analytics (siehe Abbildung 2.19). Das Segment ALLE SITZUNGEN, das alle Zugriffe aus dem gewählten Zeitraum beschreibt, ist vorausgewählt. Mit dem Dropdown-Pfeil ganz links klappen Sie das SEGMENTE-Menü auf.

Sie sehen eine Liste aller Segmente, die Ihnen aktuell zur Verfügung stehen. Google Analytics bietet bereits 22 grundlegende Segmente, deren Funktion bereits aus dem Namen ersichtlich wird, etwa NEUE NUTZER oder ZUGRIFFE VON TABLETS. Diese Standardsegmente können Sie nicht bearbeiten. Sie können aber eine Kopie eines solchen Segments erstellen, um es als Vorlage für ein eigenes Segment zu verwenden.

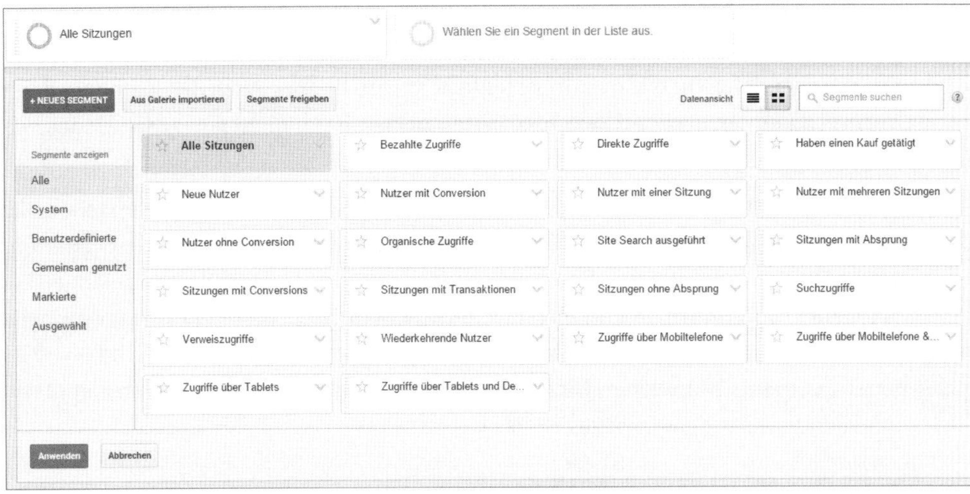

Abbildung 2.19 Menü »Segmente«

Sie wenden ein Segment auf den aktuellen Bericht an, indem Sie das gewünschte Segment mit der Maus auf einen der vier Plätze am oberen Rand des Menüs schieben. Ein Platz ist bereits durch das Segment ALLE SITZUNGEN belegt, Sie können aber auch dieses Segment austauschen. Nach dem Verschieben müssen Sie den Bericht noch mit einem Klick auf den Button ANWENDEN neu berechnen lassen.

Wenn der aktuelle Bericht ein Liniendiagramm enthält, so sehen Sie nun für jedes Segment eine eigene Linie (siehe Abbildung 2.20).

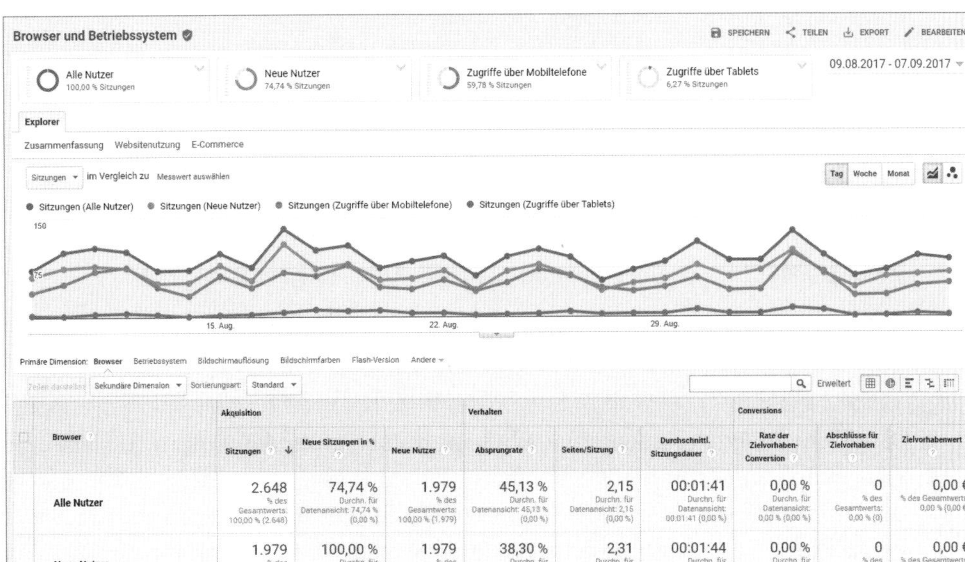

Abbildung 2.20 Auf einen Bericht angewendete Segmente

Außerdem gibt es nun in einer Datentabelle für jede Zeile mehrere Einträge: eine weitere Zeile pro Segment. So können Sie die Daten der einzelnen Segmente leicht miteinander vergleichen. Wie der eingestellte Zeitraum bleiben auch die Segmente beim Wechsel zu einem anderen Bericht erhalten und müssen nicht jedes Mal wieder neu ausgewählt werden.

Neben den integrierten Segmenten können Sie auch eigene Segmente erstellen. Sie haben zwei Möglichkeiten, weitere Segmente anzulegen: Sie können entweder ein NEUES SEGMENT ERSTELLEN. Nach Klick auf den entsprechenden Button gelangen Sie zu einem Konfigurator, der Ihnen alle Filtermöglichkeiten anbietet und Sie durch die Einstellungen führt (siehe Abbildung 2.21). Die Möglichkeiten und das Erstellen eines neuen Segments besprechen wir im Detail in Kapitel 11, »Die Herausforderung: Individuelle Auswertungswünsche erfüllen«.

Abbildung 2.21 Konfigurator für neue Segmente

Eine weitere Möglichkeit, Segmente zu erstellen, ist, sie aus der *Google Analytics Solutions Gallery* zu importieren. Dort bietet Google Pakete aus benutzerdefinierten Segmenten, Berichten und Dashboards zur Installation an. Sie erreichen die Galerie (siehe Abbildung 2.22) über den Button AUS GALERIE IMPORTIEREN.

Mit einem Klick übernehmen Sie die Einstellungen für Ihr aktuelles Konto bzw. die Datenansicht und ersparen sich so die manuelle Erstellung. In der Galerie finden sich Pakete vom Google-Analytics-Team sowie von Analytics-Partnern.

Benutzerdefinierte Segmente sind übrigens immer anwenderbezogen, das heißt, sie sind an den Google-Account gebunden, mit dem Sie sich angemeldet haben. Möchten Sie ein Segment auch anderen Anwendern zur Verfügung stellen, müssen Sie es explizit teilen, das heißt, Sie geben anderen Benutzern einen Link, mit dem sie sich das Segment kopieren können. Außerdem können Sie für selbst erstellte Segmente festlegen, ob das Segment nur in einer einzelnen Datenansicht zur Verfügung stehen oder in allen Ansichten aufgelistet werden soll.

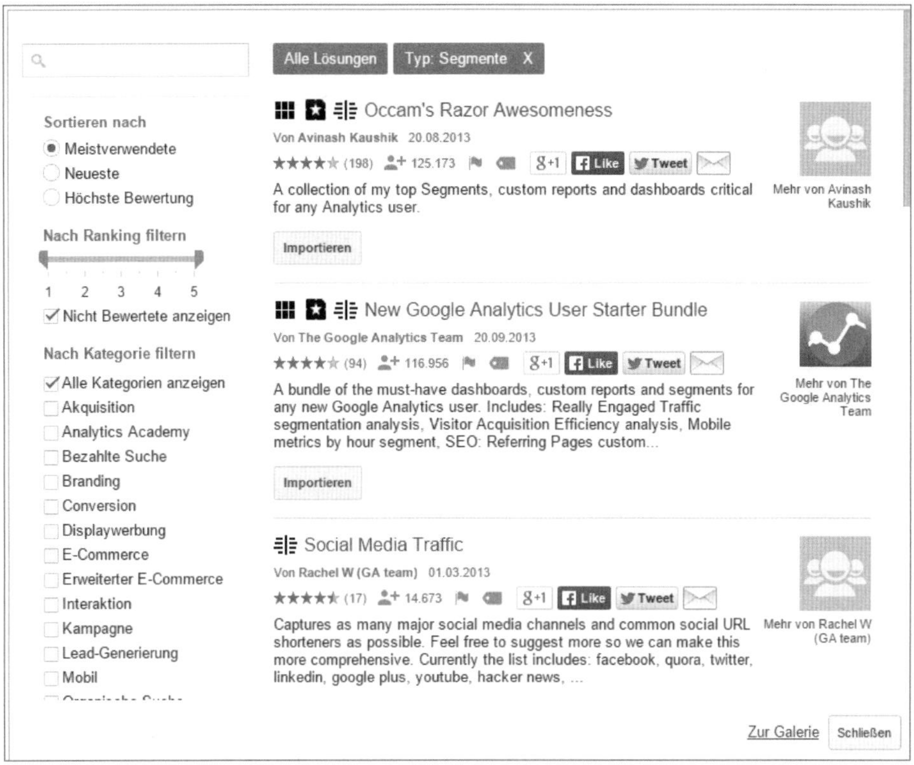

Abbildung 2.22 Google Analytics Solutions Gallery

Über die Menüleiste können Sie die Auswahl der angezeigten Segmente einschränken. So lässt sich etwa nur auf integrierte Segmente filtern oder auf benutzerdefinierte. Sie können mit einer Texteingabe nach Segmenten suchen oder nur die von Ihnen mit einem Stern markierten Segmente auflisten. Bei der Segmentliste ist mitunter die Darstellungsform wichtig, mit der Sie zwischen einzelnen Elementen und einer Liste aller Segmente umschalten. Denn gerade im Deutschen werden die Titel der Segmente schnell zu lang für die kleinen Kästchen der einzelnen Elemente (das Englische ist in solchen Fällen sparsamer mit Buchstaben). In der Listenansicht hat der Name deutlich mehr Platz und lässt sich somit besser lesen.

Sie können mit benutzerdefinierten Segmenten auch komplexe Fragestellungen abbilden, etwa Szenarien, bei denen Besucher bestimmte Schritte nacheinander ausführen sollen. Auch wenn Sie gerade bei größeren Websites das Thema Sampling mit bedenken müssen, sind die Segmente eines der mächtigsten Werkzeuge von Google Analytics.

2.4 Arbeiten mit Berichten

In einem Webanalyse-Tool begegnen Ihnen ständig Tabellen, sie sind die häufigste Darstellungsform. Das ist auch in Google Analytics nicht anders. Natürlich gibt es auch Diagramme und andere grafische Darstellungen, allerdings dienen diese meist als Ergänzung. Alle Diagramme und Tabellen in Analytics haben bestimmte Funktionen, mit denen Sie die Darstellung, Sortierung und Gewichtung verändern können. Im Folgenden stellen wir Ihnen diese Möglichkeiten genauer vor.

2.4.1 Explorer

Im großen rechten Bereich des Browser-Fensters sehen Sie den eigentlichen Bericht (siehe Abbildung 2.23). Die Berichte in Google Analytics haben bis auf wenige Ausnahmen den gleichen Aufbau mit wiederkehrenden Elementen.

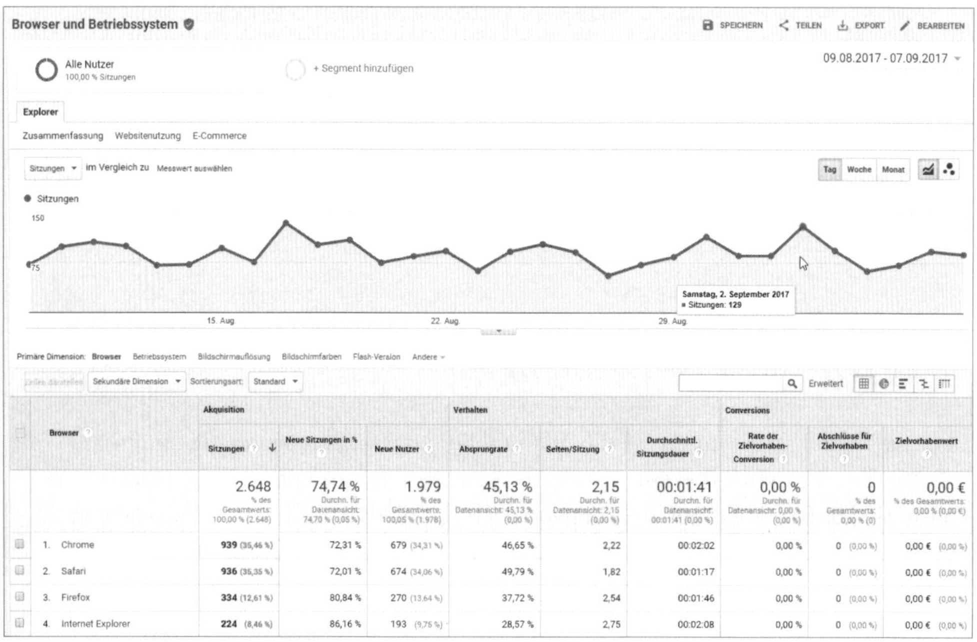

Abbildung 2.23 Aufbau eines einzelnen Berichts

Unterhalb der Segmente befinden sich die Berichttabs. Die einzelnen Reiter führen zu unterschiedlichen Darstellungen der Berichtsinformationen, so zum Beispiel im Seitenbericht: Hier gibt es neben einer Auflistung der einzelnen Seiten auch eine Darstellung der Besucherpfade (mehr zum Seitenbericht erfahren Sie in Kapitel 9, »Die dritte Säule der Auswertung: Besucherinteressen verstehen«). Wir erläutern

Ihnen zuerst die häufigste Form der Darstellung: EXPLORER. Sie besteht immer aus einem Diagramm und einer Berichtstabelle. Weitere Reiter übersieht man leicht, gerade weil sie eher selten vorhanden sind. Daher lohnt sich immer ein kurzer Blick an diese Stelle.

Sie können nur Berichte vom Typ EXPLORER anpassen, das heißt, als Vorlage für einen benutzerdefinierten Bericht verwenden. Bei anderen Berichtstypen wie ÜBERSICHT oder VERTEILUNG fehlt daher der Menüpunkt ANPASSEN in der obersten Zeile.

Im Explorer folgt eine Zeile mit *Metrikgruppen*. Die einzelnen Links verändern die Metriken – also die Spalten – die in der Berichtstabelle angezeigt werden. Die Einträge ZUSAMMENFASSUNG und WEBSITE-NUTZUNG sind immer vorhanden. Daran können sich mehrere Links mit der Bezeichnung ZIELVORHABENGRUPPE 1–4 anschließen. Voraussetzung dafür ist, dass Sie Ziele in der Verwaltung definiert haben. Wenn für den Bericht Shop-Daten erfasst werden, gibt es noch einen weiteren Eintrag E-COMMERCE. Haben Sie Ihre Property mit AdSense verknüpft, gibt es einen eigenen Reiter für die entsprechenden Daten.

Darunter folgt ein Zeit-Diagramm einer bestimmten Metrik, meistens der SITZUNGEN (Visits). Die Daten sind für die einzelnen Tage des im Kalender eingestellten Zeitraums aufgeführt. Wenn Sie mit der Maus auf einen der Diagrammpunkte fahren, erscheint das Datum mit dem Tageswert der eingestellten Metrik. In der linken oberen Ecke befindet sich ein Auswahlmenü, mit dem Sie die Tagesdaten für eine andere Metrik auswählen können. Rechts daneben folgt ein zweites Menü, mit dem Sie einen Vergleichswert auswählen können, der dann ebenfalls im Diagramm dargestellt wird (siehe Abbildung 2.24). Dabei wird die Skala der ersten Metrik auf der linken Achse gezeigt, die der zweiten Metrik auf der rechten Skala.

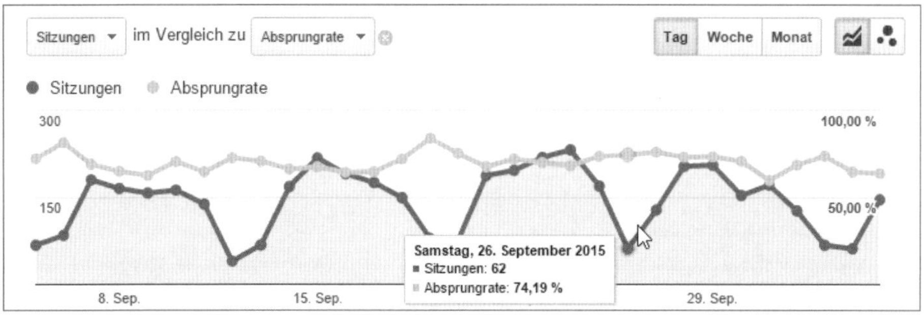

Abbildung 2.24 Diagramm mit Vergleichswert

In der rechten Ecke können Sie unterschiedliche Zeiträume einstellen, für die ein Datenpunkt im Diagramm gezeigt werden soll. Bei allen Berichten gibt es hier TAG, WOCHE und MONAT zur Auswahl.

Wochen in Google Analytics

Für die Diagrammdarstellung ist die Woche nach amerikanischer Rechnung definiert, also von Sonntag bis Samstag. Die Werte der einzelnen Datenpunkte entsprechen also nicht der deutschen Wocheneinteilung von Montag bis Sonntag! Im Kalender dagegen wird bei Auswahl der »Letzten Woche« die deutsche Rechnung von Montag bis Sonntag verwendet.

Für die Darstellung der Monate dienen die tatsächlichen Kalendermonate als Berechnungsgrundlage. Der Januar umfasst also 31 Tage, der April nur 30 Tage.

Wenn Sie bei der Wochen- oder Monatsdarstellung im Kalender einen Zeitraum auswählen, der einen Teilmonat oder eine Teilwoche enthält, wird er ebenfalls als eigener Datenpunkt dargestellt.

Vermerkliste

Unterhalb des Diagramms sehen Sie einen kleinen Pfeil, der die VERMERKLISTE öffnet. Mit ihrer Hilfe können Sie für jedes Datum einen oder mehrere Vermerke eintragen, eine Art Notiz (siehe Abbildung 2.25). Sie können übrigens auch einen neuen Vermerk erstellen, indem Sie im Liniendiagramm auf einen Datenpunkt doppelklicken. Neben dem Datum und einem kurzen Text (maximal 160 Zeichen) können Sie für jeden Vermerk festlegen, ob er nur privat für Ihr Login zu sehen ist oder auch für alle anderen Nutzer der Datenansicht freigegeben wird. In letzterem Fall sehen andere Nutzer den Vermerk ebenfalls im Liniendiagramm, gekennzeichnet wird er durch ein kleines Symbol auf der x-Achse. Bei jedem Vermerk wird derjenige Nutzer angezeigt, der ihn angelegt hat. Ihre eigenen Einträge können Sie jederzeit wieder bearbeiten.

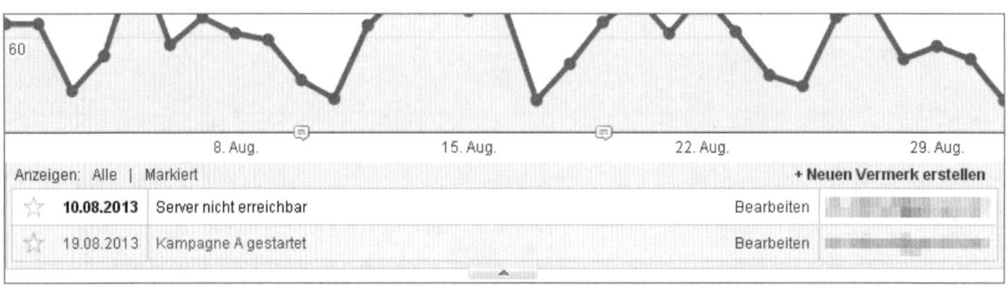

Abbildung 2.25 Liste mit Vermerken

Um auch bei vielen Einträgen den Überblick zu behalten, können Sie einzelne Einträge durch einen Klick auf das Sternsymbol markieren. Alternativ können Sie den Eintrag eines anderen Nutzers durch Doppelklick auf den Eintrag in der Liste hervorheben.

Diagramme

Ganz rechts finden Sie zwei Symbole, die das Diagramm selbst wechseln. Das vorausgewählte Symbol LINIENDIAGRAMM zeigt die Daten in der bereits bekannten Form. Das Symbol BEWEGUNGSDIAGRAMM schaltet dagegen auf eine neue Ansicht um.

Flash benötigt

Das Diagramm-Modul benötigt Flash, um ausgeführt zu werden. Die Erweiterung ist heute in vielen Browsern nicht mehr Standard, Sie müssen sie also gegebenenfalls erst installieren oder der Ausführung zustimmen. Falls Ihnen beim Wechsel zu den Diagrammen nur eine leere Fläche angezeigt wird, fehlt Ihnen sehr wahrscheinlich die Flash-Unterstützung im Browser.

Mit einem Bewegungsdiagramm (siehe Abbildung 2.26) können Sie mehrere Kennzahlen in einem Diagramm darstellen und vergleichen. Sie können die beiden Achsen x und y individuell mit Metriken belegen, zum Beispiel Seitenaufrufe und Absprungrate. Die einzelnen Einträge des Berichts werden dann anhand ihrer jeweiligen Werte im Koordinatensystem positioniert. Darüber hinaus können Sie zwei weitere Metriken darstellen: Die Datenpunkte können unterschiedliche Farben und Größen annehmen. Eine weitere Besonderheit ist die Zeitschiene: Das Diagramm zeigt Ihnen die Verteilung der Metriken zu einem bestimmten Datum. Mit dem Start-Button in der linken unteren Ecke können Sie die Diagramme für den im Kalender eingestellten Zeitraum wie in einem Film abspielen. Je nach Bericht werden so Informationen sichtbar, die im normalen Liniendiagramm verborgen bleiben. Insgesamt stehen Ihnen also vier Dimensionen zur freien Belegung zur Verfügung, zuzüglich der Zeitachse als fünfte Dimension. Das Diagramm-Modul gibt es bis heute nur in einer englischen Variante. Da die Metriken und Dimensionen aber aus dem aktuellen Bericht geholt werden, werden hier die deutschen Bezeichnungen verwendet.

Die gewählte Metrik der x- und y-Achse verändern Sie durch einen Klick auf die Auswahlmenüs links bzw. unter dem Diagramm. Für beide Achsen können Sie zwischen einer linearen und einer logarithmischen Darstellung wählen. Farbe und Größe verändern Sie mit den beiden Auswahlmenüs oben rechts neben dem Koordinatensystem. Unter den beiden Auswahlmenüs folgt eine Auflistung der einzelnen Datenpunkte.

Für die Farbe ist in der Voreinstellung UNIQUE COLORS festgelegt, also eine unterschiedliche Farbe für jeden Datenpunkt. Wenn Sie im Menü auf eine Metrik umstellen, werden die Punkte zwischen dem niedrigsten und dem höchsten Punkt eingefärbt. Niedrige Werte werden in »kalten« Farben wie Blau bis Grün dargestellt, hohe Werte in »warmen« Farben von Gelb bis Rot. Eine Skala zeigt die Farbwahl der einzelnen Bereiche.

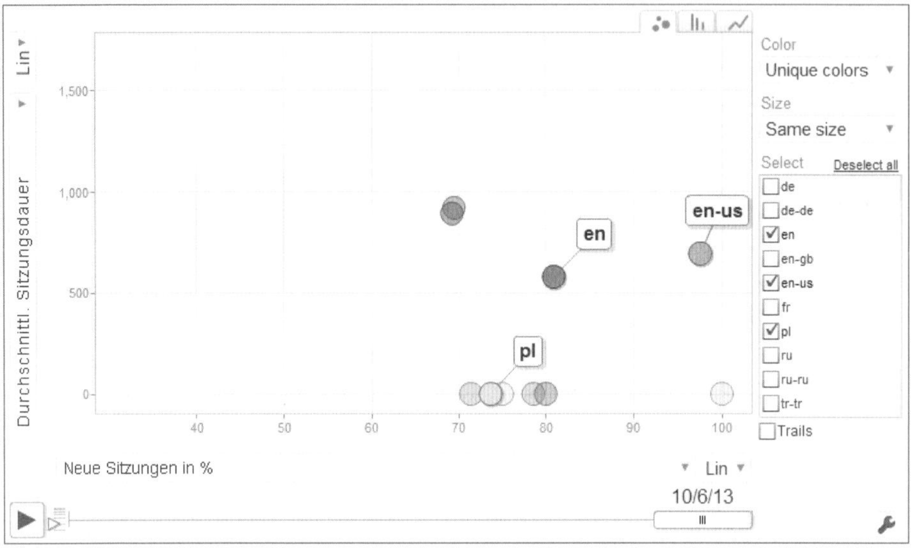

Abbildung 2.26 Bewegungsdiagramm

Bei der Größe ist ebenfalls als Voreinstellung die Einheitsgröße ausgewählt. Wenn Sie sie anpassen, wird auch hier eine Skala zwischen 0 und dem höchsten Wert in der gewählten Metrik angezeigt.

Wenn Sie mit der Maus über einen Datenpunkt oder einen Eintrag in der Liste fahren, erscheinen die Benennung und die genauen Werte des Datenpunkts. Mit einem Klick bleibt die Benennung erhalten.

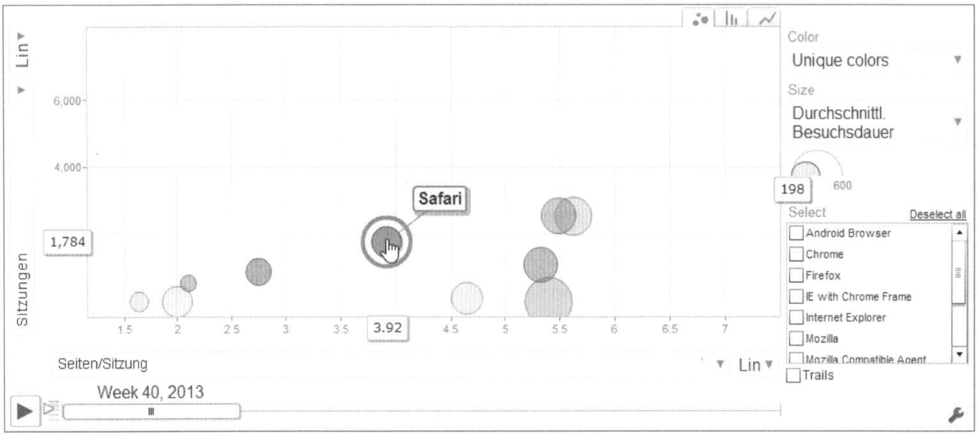

Abbildung 2.27 Bewegungsdiagramm mit markiertem Datenpunkt

Ein Klick auf den Start-Button unten links lässt das Diagramm die einzelnen Zeitabschnitte durchlaufen (in Abbildung 2.27 sind Wochen als Einheit ausgewählt). Sie können den Ablauf jederzeit über einen weiteren Klick anhalten. Weiterhin können Sie über einen Mausklick auf die Zeitschiene zu jedem Punkt im Verlauf springen.

Die Datenpunkte springen mit jedem neuen Zeitabschnitt zu ihren jeweiligen Koordinaten zurück. Mit der Checkbox TRAILS unter der Liste der Einträge aktivieren Sie eine Nachverfolgung der Bewegung: Wenn Sie einen oder mehrere Datenpunkte markiert haben, springen diese nicht mehr mit jedem neuen Zeitabschnitt, sondern hinterlassen eine Spur (engl. *Trail*). Mit der Funktion können Sie also die Varianz eines Datenpunkts im Koordinatensystem darstellen und sehen, ob seine Werte konstant bleiben (wenig Bewegung) oder unbeständig sind (viel Bewegung).

Bewegungsdiagramme sind ein Tool zum leichteren Entdecken von Chancen und Anomalien in Ihren Daten. Durch die unterschiedlichen Visualisierungsmöglichkeiten fallen vielleicht Dinge ins Auge, die in einer einfachen Tabelle leicht übersehen werden. Dieser Diagrammtyp ist mächtig und komplex zugleich. Experimentieren Sie mit ihm, um Veränderungen in Ihren Daten zu entdecken.

In den beiden Zeilen vor der Datentabelle finden Sie verschiedene Optionen, mit denen Sie Inhalt und Darstellung der Tabelle verändern können (siehe Abbildung 2.28). Die Überschriften der einzelnen Spalten sind mit einem kleinen Fragezeichensymbol versehen. Wenn Sie mit der Maus darüberfahren, erscheint eine kontextsensitive Hilfe, die kurz die dargestellte Metrik beschreibt und auf die weitere Online-Hilfe verweist. Ein Klick auf einen Spaltenkopf sortiert die ganze Tabelle nach diesen Werten, entweder auf- oder absteigend. Die Werte der gerade zur Sortierung verwendeten Spalte werden fett markiert, farblich hervorgehoben und durch ein Pfeilsymbol im Spaltenkopf gekennzeichnet.

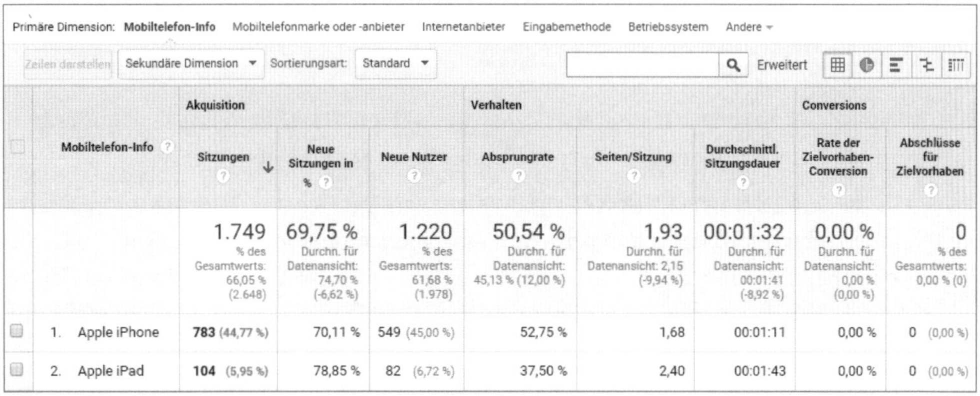

	Mobiltelefon-Info	Akquisition: Sitzungen	Akquisition: Neue Sitzungen in %	Akquisition: Neue Nutzer	Verhalten: Absprungrate	Verhalten: Seiten/Sitzung	Verhalten: Durchschnittl. Sitzungsdauer	Conversions: Rate der Zielvorhaben-Conversion	Conversions: Abschlüsse für Zielvorhaben
		1.749 % des Gesamtwerts: 66,05 % (2.648)	69,75 % Durchn. für Datenansicht: 74,70 % (-6,62 %)	1.220 % des Gesamtwerts: 61,68 % (1.978)	50,54 % Durchn. für Datenansicht: 45,13 % (12,00 %)	1,93 Durchn. für Datenansicht: 2,15 (-9,94 %)	00:01:32 Durchn. für Datenansicht: 00:01:41 (-8,92 %)	0,00 % Durchn. für Datenansicht: 0,00 % (0,00 %)	0 % des Gesamtwerts: 0,00 % (0)
1.	Apple iPhone	**783** (44,77 %)	70,11 %	549 (45,00 %)	52,75 %	1,68	00:01:11	0,00 %	0 (0,00 %)
2.	Apple iPad	**104** (5,95 %)	78,85 %	82 (6,72 %)	37,50 %	2,40	00:01:43	0,00 %	0 (0,00 %)

Abbildung 2.28 Datentabelle anpassen

In der ersten Zeile nach den Überschriften steht die sogenannte *Scorecard*. Sie zeigt je nach Spalte die Summe oder den Durchschnittswert aller Einträge der Tabelle. Unterhalb der Zahl wird entweder gezeigt, wie groß der prozentuale Anteil am Gesamtwert ist, also zum Beispiel wie viel Prozent aller Sitzungen in der Tabelle gezeigt werden, oder es werden der Website-Durchschnitt und die Abweichung davon gezeigt, etwa bei der durchschnittlichen Sitzungszeit. Die Werte der Scorecard verändern sich, wenn Sie einen Filter oder ein Segment auf den Bericht anwenden. Dann werden nur noch die Werte für die jeweilige Teilmenge ausgewiesen.

Auf die Scorecard folgen die nummerierten Datenzeilen. Häufig sind die Einträge der ersten Spalte verlinkt und ermöglichen so den Zugriff auf weitere Details. Klicken Sie zum Beispiel im Bericht BROWSER UND BETRIEBSSYSTEM auf den Eintrag eines Browsers, gelangen Sie zu einer Auflistung der verwendeten Versionen des ausgewählten Programms. Mit diesem sogenannten Drilldown können Sie schnell durch Daten navigieren und den Detailgrad erhöhen, ohne ständig Filter oder Einstellungen verändern zu müssen.

Die Zeile oberhalb der Tabelle bietet Ihnen bei PRIMÄRE DIMENSIONEN mehrere Auswahlmöglichkeiten an, mit denen Sie den Inhalt der ersten Spalte der Tabelle auswählen können. So gibt es zum Beispiel im Länderreport Einträge für LAND/GEBIET, STADT, KONTINENT und SUBKONTINENTALE REGION. Die Anzahl der Einträge, die angeboten werden, variiert je nach Bericht zwischen einigen wenigen und mehreren Dutzend. In einigen Berichten wird als letzter Eintrag ANDERE angezeigt. Ein Klick darauf öffnet ein Auswahlmenü mit allen Dimensionen, die in diesem Bericht zur Verfügung stehen.

In der grau hinterlegten Zeile darunter folgen einige Buttons und Symbole. Der erste Eintrag ZEILEN DARSTELLEN ist zunächst ausgegraut. Er wird erst aktiviert, wenn Sie mithilfe der Checkboxen vor den Zeilen der Tabelle einzelne Einträge auswählen. Ein Klick erzeugt neue Linien im Diagramm des Berichts. Für jede ausgewählte Zeile werden die Daten im Diagramm mit einer eigenen Linie hinzugefügt (siehe Abbildung 2.29).

Insgesamt können Sie bis zu sechs Zeilen auswählen. Das Diagramm zeigt außerdem immer den Verlauf der Gesamtzugriffe aller Besucher als eigene Kurve.

Hinter dem Eintrag SEKUNDÄRE DIMENSION verbirgt sich eine Liste weiterer Dimensionen. Im Gegensatz zu den primären Einträgen verändert diese Auswahl nicht die erste Spalte der Tabelle, sondern fügt ihr eine weitere Spalte hinzu (siehe Abbildung 2.30). Dadurch wird die Tabelle feiner aufgegliedert, da die Zeilen nun nicht mehr nur nach der ersten Dimension, sondern auch nach der zweiten unterschieden werden. Ein Beispiel: Sie möchten mit möglichst einem Blick sehen, mit welchen Browsern unter welchem Betriebssystem Ihre Besucher auf Ihre Website kommen. Im Browser-Bericht wählen Sie dazu unter SEKUNDÄRE DIMENSION den Punkt BETRIEBSSYSTEM.

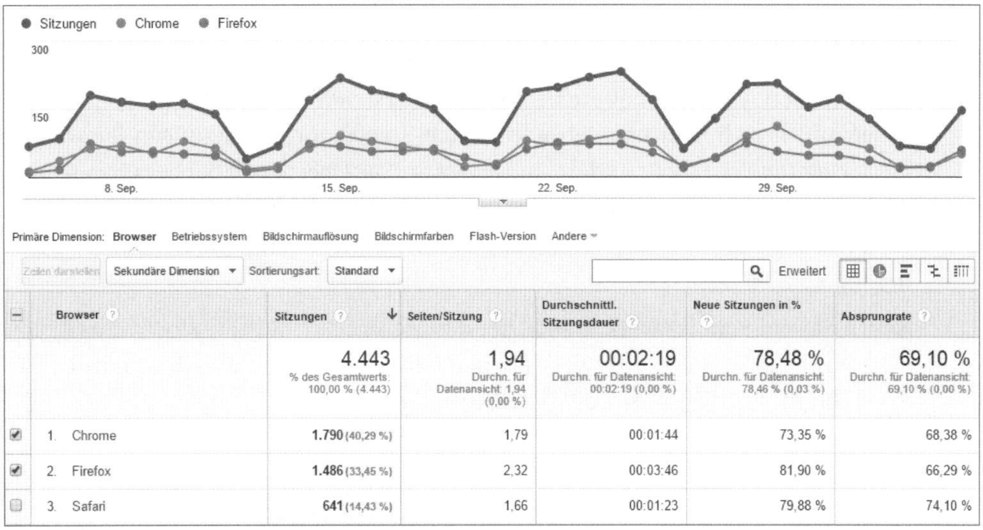

	Browser	Sitzungen	Seiten/Sitzung	Durchschnittl. Sitzungsdauer	Neue Sitzungen in %	Absprungrate
		4.443 % des Gesamtwerts: 100,00 % (4.443)	1,94 Durchn. für Datenansicht: 1,94 (0,00 %)	00:02:19 Durchn. für Datenansicht: 00:02:19 (0,00 %)	78,48 % Durchn. für Datenansicht: 78,46 % (0,03 %)	69,10 % Durchn. für Datenansicht: 69,10 % (0,00 %)
☑	1. Chrome	1.790 (40,29 %)	1,79	00:01:44	73,35 %	68,38 %
☑	2. Firefox	1.486 (33,45 %)	2,32	00:03:46	81,90 %	66,29 %
☐	3. Safari	641 (14,43 %)	1,66	00:01:23	79,88 %	74,10 %

Abbildung 2.29 Zeilen darstellen im Browser-Bericht

In unserem Beispiel haben wir eine recht naheliegende Kombination gewählt. Sie können als sekundäre Dimension aber zum Beispiel auch ZIELSEITEN oder KAMPAGNEN auswählen. Im Gegensatz zum Drilldown, bei dem Sie sich durch eine Datenhierarchie bewegen, bekommen Sie mit sekundären Dimensionen die Eigenschaften für alle primären Einträge angezeigt.

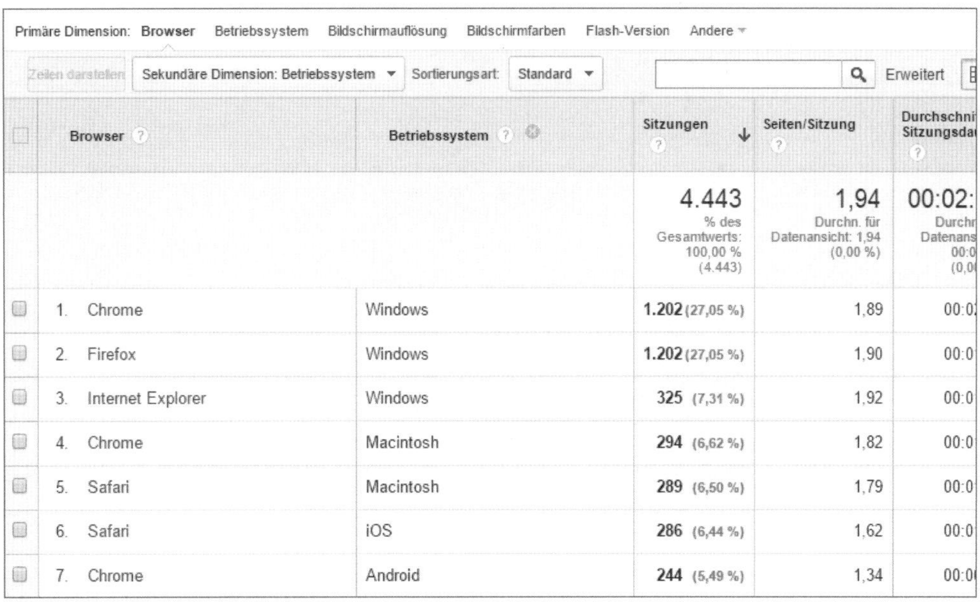

	Browser	Betriebssystem	Sitzungen	Seiten/Sitzung	Durchschni Sitzungsda
			4.443 % des Gesamtwerts: 100,00 % (4.443)	1,94 Durchn. für Datenansicht: 1,94 (0,00 %)	00:02: Durchr Datenans 00:0 (0,0
☐	1. Chrome	Windows	1.202 (27,05 %)	1,89	00:0
☐	2. Firefox	Windows	1.202 (27,05 %)	1,90	00:0
☐	3. Internet Explorer	Windows	325 (7,31 %)	1,92	00:0
☐	4. Chrome	Macintosh	294 (6,62 %)	1,82	00:0
☐	5. Safari	Macintosh	289 (6,50 %)	1,79	00:0
☐	6. Safari	iOS	286 (6,44 %)	1,62	00:0
☐	7. Chrome	Android	244 (5,49 %)	1,34	00:0

Abbildung 2.30 Browser und Betriebssystem auf einen Blick

2.4.2 Sortierung

Die Berichte vom Typ EXPLORER sind in der Voreinstellung nach der ersten Metrikspalte sortiert. Beim Seitenbericht sind in der ersten Metrikspalte zum Beispiel die Seitenaufrufe zu finden, beim Browser-Bericht stehen dort die Sitzungen. Sie können die Sortierung der Tabelle ändern, indem Sie auf die Überschrift der entsprechenden Spalte klicken. Beim ersten Klick wird der Bericht absteigend nach dieser Spalte sortiert, also von den hohen zu den niedrigen Werten. Ein zweiter Klick dreht diese Sortierung um.

Neben diesem Standardverhalten bietet das Menü SORTIERUNGSART (rechts neben SEKUNDÄRE DIMENSIONEN) zwei weitere Möglichkeiten, die nur in bestimmten Fällen verfügbar werden: ABSOLUTE ÄNDERUNG und GEWICHTET.

Absolute Änderung

Diese Option ist nur verfügbar, wenn Sie im Kalender einen Vergleichszeitraum ausgewählt haben. In diesem Fall wird der Bericht absteigend nach der Differenz der Werte in der ausgewählten Spalte sortiert. Sie sehen also auf den ersten Blick, wo es eine auffällige Entwicklung der Zahlen gegeben hat (siehe Abbildung 2.31).

Hierzu ein Beispiel: Die Seite »Bounce Rate was ist das« wurde im aktuellen Monat 165-mal aufgerufen, im Vormonat jedoch nur 75-mal, was einer Änderung von 120 % entspricht. Die durchschnittliche Besuchszeit auf der Seite verbessert sich im aktuellen Monat auf vier Minuten und 31 Sekunden, was rund 836 % Verbesserung im Vergleich zum Vormonat bedeutet.

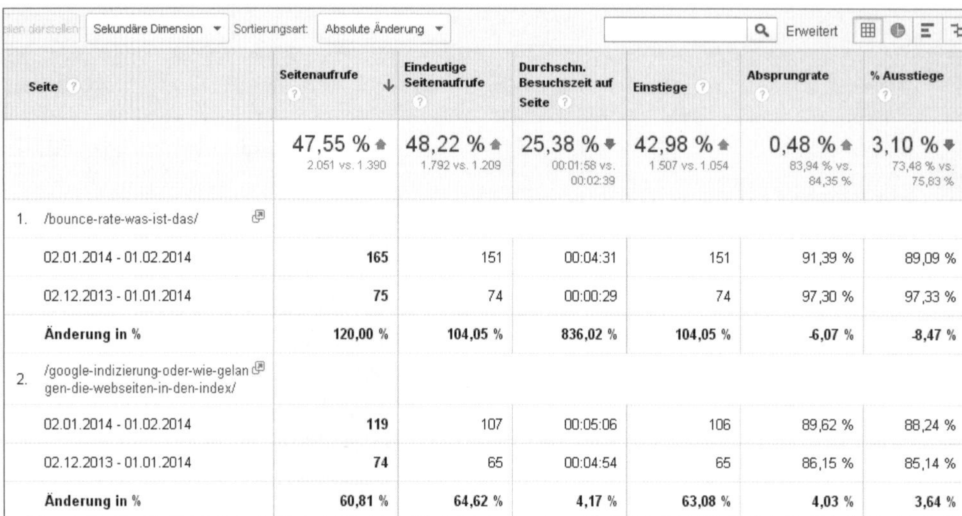

Seite	Seitenaufrufe	Eindeutige Seitenaufrufe	Durchschn. Besuchszeit auf Seite	Einstiege	Absprungrate	% Ausstiege
	47,55 % ▲ 2.051 vs. 1.390	48,22 % ▲ 1.792 vs. 1.209	25,38 % ▼ 00:01:58 vs. 00:02:39	42,98 % ▲ 1.507 vs. 1.054	0,48 % ▲ 83,94 % vs. 84,35 %	3,10 % ▼ 73,48 % vs. 75,83 %
1. /bounce-rate-was-ist-das/						
02.01.2014 - 01.02.2014	**165**	151	00:04:31	151	91,39 %	89,09 %
02.12.2013 - 01.01.2014	**75**	74	00:00:29	74	97,30 %	97,33 %
Änderung in %	**120,00 %**	**104,05 %**	**836,02 %**	**104,05 %**	**-6,07 %**	**-8,47 %**
2. /google-indizierung-oder-wie-gelangen-die-webseiten-in-den-index/						
02.01.2014 - 01.02.2014	**119**	107	00:05:06	106	89,62 %	88,24 %
02.12.2013 - 01.01.2014	**74**	65	00:04:54	65	86,15 %	85,14 %
Änderung in %	**60,81 %**	**64,62 %**	**4,17 %**	**63,08 %**	**4,03 %**	**3,64 %**

Abbildung 2.31 Sortierung nach »Absolute Änderung«

Sortierung nach Veränderung

Wenn Sie zwei Zeiträume zum Vergleich ausgewählt haben, wird jeweils unter den Zeilen mit den Werten eine Zeile mit der prozentualen Veränderung eingeblendet. Es wird aber immer nach der absoluten Änderung sortiert, auch wenn die prozentuale Veränderung angezeigt wird. Lassen Sie sich daher nicht verwirren, wenn die prozentual angezeigten Werte in der Reihenfolge nicht immer kleiner werden.

Gewichtet

Diese Option können Sie auswählen, wenn Sie vorher nach einer Spalte mit Prozentwerten sortiert haben, etwa der ABSPRUNGRATE. In der Standardsortierung werden die Prozentwerte absolut verglichen. Eine Seite, die von einem Besucher nur einmal aufgerufen wird und bei der keine weiteren Seiten folgen, hat eine Absprungrate von 100 %, denn alle Sitzungen auf der Seite wurden abgebrochen. Bei der normalen Sortierung steht diese Seite ganz oben in der Rangliste. Allerdings wird Sie die Absprungrate bei solchen Einzelaufrufen wenig interessieren, da sie bei einer so geringen Zahl an Besuchern kaum Rückschlüsse auf die Qualität der Seite zulässt.

Bei der gewichteten Sortierung wird daher die absolute Zahl der Sitzungen oder Seitenaufrufe mitberücksichtigt (siehe Abbildung 2.32). Eine Seite mit 5.000 Besuchern pro Woche und einer Absprungrate von 83 % wird damit vor einer Seite mit 50 Besuchern und einer Absprungrate von 87 % platziert. So finden sich immer die Einträge auf den ersten Plätzen, die in den Augen von Google Analytics die höchste Relevanz besitzen.

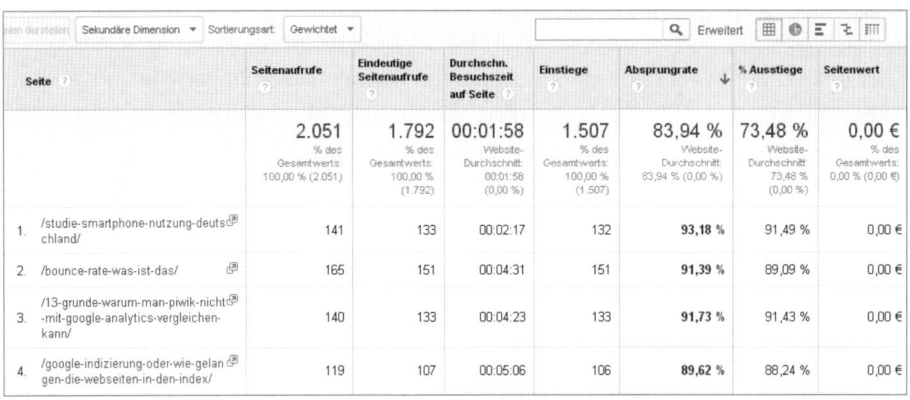

Seite	Seitenaufrufe	Eindeutige Seitenaufrufe	Durchschn. Besuchszeit auf Seite	Einstiege	Absprungrate ↓	% Ausstiege	Seitenwert
	2.051 % des Gesamtwerts: 100,00 % (2.051)	1.792 % des Gesamtwerts: 100,00 % (1.792)	00:01:58 Website-Durchschnitt: 00:01:58 (0,00 %)	1.507 % des Gesamtwerts: 100,00 % (1.507)	83,94 % Website-Durchschnitt: 83,94 % (0,00 %)	73,48 % Website-Durchschnitt: 73,48 % (0,00 %)	0,00 € % des Gesamtwerts: 0,00 % (0,00 €)
1. /studie-smartphone-nutzung-deutschland/	141	133	00:02:17	132	**93,18 %**	91,49 %	0,00 €
2. /bounce-rate-was-ist-das/	165	151	00:04:31	151	**91,39 %**	89,09 %	0,00 €
3. /13-grunde-warum-man-piwik-nicht-mit-google-analytics-vergleichen-kann/	140	133	00:04:23	133	**91,73 %**	91,43 %	0,00 €
4. /google-indizierung-oder-wie-gelangen-die-webseiten-in-den-index/	119	107	00:05:06	106	**89,62 %**	88,24 %	0,00 €

Abbildung 2.32 Gewichtete Sortierung nach »Absprungrate«

2.4.3 Filtern

In der Zeile direkt über dem Tabellenkopf findet sich etwa in der Mitte ein Textfeld zur Eingabe eines Suchfilters. Wenn Sie dort eine Zeichenfolge eintragen, erscheinen aus dem aktuellen Bericht nur die Zeilen, die in der ersten Spalte diese Zeichenfolge enthalten (siehe Abbildung 2.33).

Sie können diesen gefilterten Bericht wie gewohnt sortieren, die Diagrammdarstellung oder den Zeitraum ändern. Ihr Filter bleibt so lange erhalten, bis Sie zu einem anderen Bericht wechseln. Sie können den Filter zudem selbst löschen, indem Sie das kleine runde X im Eingabefeld anklicken.

Suchmuster mit regulären Ausdrücken beschreiben

Das Textfeld erkennt automatisch die Eingabe von regulären Ausdrücken, was Ihnen die Verwendung von Platzhaltern und anderen Optionen ermöglicht. Eine Auflistung der von Google Analytics unterstützten regulären Ausdrücke finden Sie in Anhang B.

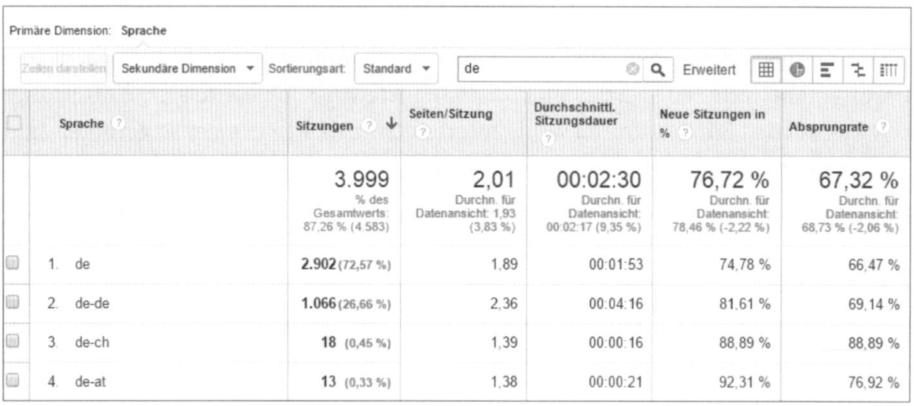
Primäre Dimension: Sprache

Zeilen darstellen | Sekundäre Dimension | Sortierungsart: Standard | de | Erweitert

Sprache	Sitzungen	Seiten/Sitzung	Durchschnittl. Sitzungsdauer	Neue Sitzungen in %	Absprungrate
	3.999 % des Gesamtwerts: 87,26 % (4.583)	2,01 Durchn. für Datenansicht: 1,93 (3,83 %)	00:02:30 Durchn. für Datenansicht: 00:02:17 (9,35 %)	76,72 % Durchn. für Datenansicht: 78,46 % (-2,22 %)	67,32 % Durchn. für Datenansicht: 68,73 % (-2,06 %)
1. de	2.902 (72,57 %)	1,89	00:01:53	74,78 %	66,47 %
2. de-de	1.066 (26,66 %)	2,36	00:04:16	81,61 %	69,14 %
3. de-ch	18 (0,45 %)	1,39	00:00:16	88,89 %	88,89 %
4. de-at	13 (0,33 %)	1,38	00:00:21	92,31 %	76,92 %

Abbildung 2.33 Filterbeispiel nach »de« im Sprachenbericht

Über den Link Erweitert rechts neben dem Eingabefeld gelangen Sie zu weiteren Filteroptionen. Aus der Liste können Sie unterschiedliche Dimensionen auswählen, die den Bericht einschränken können (siehe Abbildung 2.34).

Abbildung 2.34 Erweiterte Filteroptionen

In der Grundeinstellung zeigt Analytics alle Zeilen an, die durch den Filter beschrieben werden. Mit dem Button EINSCHLIESSEN können Sie dieses Verhalten umkehren, also genau solche Zeilen ausschließen, auf die Ihre Eingabe passt.

Darauf folgt ein Menü zur Auswahl der Dimension oder Metrik, auf die gefiltert werden soll. Dort sind alle Dimensionen und Metriken aufgelistet, die der aktuelle Bericht als Spalten verwendet. Das bedeutet, Sie können im Normalfall nur auf die Dimension filtern, die in der ersten Spalte des Berichts gezeigt wird: Im Sprachenbericht ist wäre dies die Dimension SPRACHE, im Seitenbericht die Dimension SEITE usw. Nur wenn Sie eine SEKUNDÄRE DIMENSION eingestellt haben, wird sie auch zur Auswahl angeboten. Außerdem können Sie nach einer Metrik filtern, das heißt, der Filter sucht nach Einträgen, für die bestimmte Werte in einer Metrik über- oder unterschritten werden. Zum Beispiel können Sie im Seitenbericht nur die Einträge herausfiltern, die mehr als zehn Seitenaufrufe erhalten haben. Wenn eine Metrik als Filter ausgewählt wird, müssen Sie in das Eingabefeld eine Zahl eintragen.

Als Nächstes folgt ein Menü zur Auswahl der Art und Weise, wie Ihre Eingabe mit den Einträgen verglichen werden soll. Bei einer ausgewählten Dimension stehen zur Auswahl:

- ENTHÄLT: Die Dimension muss die Eingabe aus dem Textfeld enthalten.
- ENTSPRICHT GENAU: Die Dimension muss komplett der Eingabe entsprechen.
- BEGINNT MIT: Die Dimension muss die Eingabe am Beginn enthalten.
- ENDET MIT: Die Dimension muss die Eingabe am Ende enthalten.
- ENTSPRECHENDE REGEXP: Die Dimension muss mit dem regulären Ausdruck übereinstimmen, der eingegeben wurde.

Bei einer ausgewählten Metrik verändert sich das Menü:

- IST GLEICH: Die Metrik muss genau der Eingabe entsprechen.
- WENIGER ALS: Die Metrik muss kleiner (und nicht gleich) als die Eingabe sein.
- GRÖSSER ALS: Die Metrik muss größer (und nicht gleich) als die Eingabe sein.

Je nach ausgesuchter Metrik müssen Sie bei der Eingabe des Wertes einige Punkte beachten:

- Die Filter WENIGER und GRÖSSER ALS schließen beide Metriken aus, die genau der Eingabe entsprechen. Wenn Sie also alle Seiten mit mehr als zehn Aufrufen filtern, sind Seiten mit genau zehn Aufrufen nicht im Ergebnis enthalten.
- Beim Filtern auf eine Zeitangabe, etwa auf die Besuchszeit einer Seite, müssen Sie die gewünschte Dauer in Sekunden angeben. Eine Eingabe von »1:24« (Minuten) führt nicht zum gewünschten Ergebnis, nur »84« Sekunden filtert korrekt.

- Bei Prozentwerten arbeiten die drei Filtermöglichkeiten nicht immer bis auf die letzte Nachkommastelle korrekt. Sie sollten daher nie auf einen genauen Prozentwert filtern, sondern stattdessen mit Bereichen arbeiten (also etwa größer als 7 % und kleiner als 12 %).

Unterhalb der Filterzeile können Sie einen weiteren Filter mit denselben Einstellungsmöglichkeiten hinzufügen. Die Zeilen müssen beiden Filtern entsprechen, um im Ergebnisbericht zu erscheinen. Somit können Sie Filter auf Dimensionen und Filter auf Metriken kombinieren. Es gibt keine Obergrenze in der Zahl der Filter: Wenn Sie wollen, können Sie mehrere Dutzend Filter kombinieren.

Wenn auf dem aktuellen Bericht ein Filter mit erweiterten Einstellungen aktiv ist, erscheint im Eingabefeld ein entsprechender Hinweis (siehe Abbildung 2.35). Mit BEARBEITEN können Sie die Einstellungen verändern.

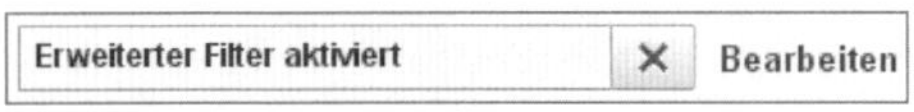

Abbildung 2.35 Erweiterter Filter aktiv

2.4.4 Darstellungsoptionen

Auf das Eingabefeld für Filter folgen fünf Buttons mit Symbolen, mit deren Hilfe Sie das Format und die Aufbereitung der Berichtstabelle im Ganzen beeinflussen können (siehe Abbildung 2.36). Von links nach rechts finden Sie: DATEN, PROZENTSATZ, LEISTUNG, VERGLEICH, PIVOT-TABELLE.

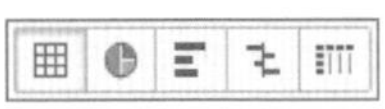

Abbildung 2.36 Symbole für die Formatierung der Berichtstabelle

Daten

Diese Ansicht ist Ihnen bereits bekannt, denn es ist die Standardansicht, in der sich die Berichte präsentieren.

Prozentsatz

Mit dieser Ansicht erkennen Sie die Verhältnismäßigkeiten einzelner Werte zur Gesamtsumme besser. Anders als in der Datenansicht wird hier der Anteil am Gesamtvolumen für jede Zeile als Prozentzahl ausgewiesen. Zusätzlich werden diese Anteile auf der rechten Seite als Kuchendiagramm dargestellt (siehe Abbildung 2.37).

Sie können die Tabelle und das Diagramm getrennt einstellen, um so zum Beispiel in der Tabelle die Verteilung der Seitenaufrufe zu sehen und gleichzeitig im Kuchendiagramm die Verteilung der Absprünge von diesen Einträgen.

Seitenpfadebene 1	Seitenaufrufe	Ausstiege	Anteil am Gesamtergebnis: Ausstiege
	35.542 % des Gesamtwerts: 100,00 % (35.542)	16.443 % des Gesamtwerts: 100,00 % (16.443)	
1. /unternehmen/	11.087	23,41 %	
2. /blog/	10.607	39,19 %	
3. /index.php	9.096	26,79 %	
4. /online-marketing/	1.228	1,99 %	
5. /beratung/	1.095	1,94 %	
6. /seo/	792	1,68 %	
7. /impressum/	512	1,70 %	
8. /sea/	313	0,63 %	

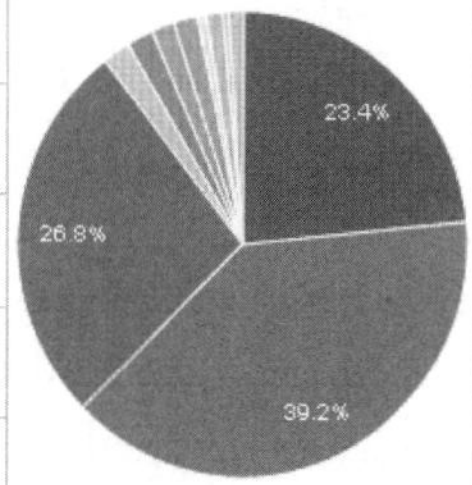

Abbildung 2.37 Ansicht »Prozentsatz« für die Aufschlüsselung nach Content

Leistung

In der Ansicht LEISTUNG können Sie für die Einträge zwei Metriken miteinander vergleichen. Für beide Spalten können Sie zwei verschiedene Metriken des aktuellen Berichts auswählen. In der ersten Spalte wird der absolute Wert der Metrik ausgewiesen, in der zweiten Spalte der prozentuale Anteil an der Gesamtsumme (siehe Abbildung 2.38). Dabei wird der Wert zusätzlich als Balken visualisiert, sodass Sie leicht einen Vergleich ziehen können.

	Seitenpfadebene 1	Seitenaufrufe	Ausstiege
		35.542 % des Gesamtwerts: 100,00 % (35.542)	16.443 % des Gesamtwerts: 100,00 % (16.443)
1.	/unternehmen/	11.087	23,41 %
2.	/blog/	10.607	39,19 %
3.	/index.php	9.096	26,79 %
4.	/online-marketing/	1.228	1,99 %
5.	/beratung/	1.095	1,94 %
6.	/seo/	792	1,68 %
7.	/impressum/	512	1,70 %
8.	/sea/	313	0,63 %

Abbildung 2.38 Ansicht »Leistung« für die Aufschlüsselung nach Content

In Abbildung 2.38 sehen Sie, dass der Bereich */unternehmen/* zwar nur wenige Seitenaufrufe mehr hat als der Bereich */blog/*, dafür aber eine bessere (da geringere) Ausstiegsrate.

Vergleich

Die Ansicht VERGLEICH funktioniert ähnlich wie die vorherige Ansicht LEISTUNG, allerdings wird für die Balkendarstellung die Achse verschoben. Hier wird der prozentuale Anteil im Vergleich zum Website-Durchschnitt gezeigt. Zusätzlich präsentieren sich Werte, die besser sind als der Durchschnitt, in Grün (links), schlechtere Werte in Rot (rechts) (siehe Abbildung 2.39).

Bei der ABSPRUNGRATE etwa ist ein niedrigerer Wert besser, daher stehen hier die grünen Balken links vom Durchschnitt.

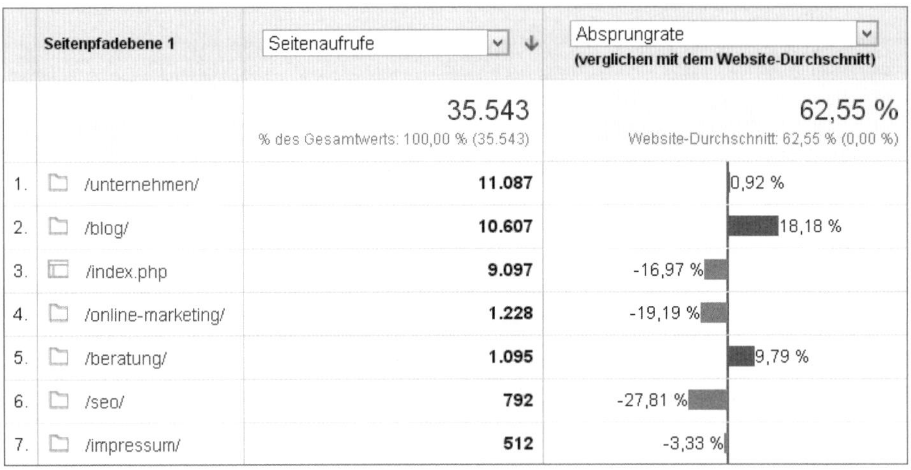

	Seitenpfadebene 1	Seitenaufrufe	Absprungrate (verglichen mit dem Website-Durchschnitt)
		35.543 % des Gesamtwerts: 100,00 % (35.543)	62,55 % Website-Durchschnitt: 62,55 % (0,00 %)
1.	/unternehmen/	11.087	0,92 %
2.	/blog/	10.607	18,18 %
3.	/index.php	9.097	-16,97 %
4.	/online-marketing/	1.228	-19,19 %
5.	/beratung/	1.095	9,79 %
6.	/seo/	792	-27,81 %
7.	/impressum/	512	-3,33 %

Abbildung 2.39 Ansicht »Vergleich« für die Aufschlüsselung nach Content

Pivot-Tabelle

Mit dem letzten Punkt PIVOT-TABELLE können Sie zwei Dimensionen im direkten Vergleich miteinander darstellen. Dabei erscheint die eine Dimension wie gewohnt in der linken Spalte der Tabelle, die Werte der zweiten Dimension werden hingegen als weitere Spalten der Tabelle angezeigt.

In Abbildung 2.40 sehen Sie links die Content-Bereiche der Website, als Spalten sind die unterschiedlichen Browser eingetragen und in den Zellen sind die eindeutigen Seitenaufrufe zu sehen. So erkennen Sie in einer Tabelle, welcher Bereich wie viele Zugriffe hatte, aber auch wie viele dieser Zugriffe von Nutzern mit Firefox, Chrome oder Safari kamen. Die Option PIVOT-TABELLE gibt es nur bei Berichten, in denen mindestens zwei oder mehr Dimensionen zur Verfügung stehen.

Pivot-Tabelle von: Browser ▾ Pivot-Kennzahlen: Eindeutige Seitenaufrufe ▾ Auswählen... ▾ Spalten: 1 - 5 von 26

	Gesamt	1. Firefox	2. Chrome	3. Safari	4. Internet Explorer	5. Android Browser
Seitenpfadebene 1	**Eindeutige Seitenaufrufe**	Eindeutige Seitenaufrufe	Eindeutige Seitenaufrufe	Eindeutige Seitenaufrufe	Eindeutige Seitenaufrufe	Eindeutige Seitenaufrufe
1. /unternehmen/	**9.076**	4.013	2.306	1.340	1.033	144
2. /blog/	**8.751**	3.633	2.297	932	1.092	243
3. /index.php	**7.455**	2.755	1.774	1.471	1.027	225
4. /online-marketing/	**1.055**	440	324	111	153	7
5. /beratung/	**949**	447	230	133	124	5
6. /seo/	**656**	320	141	83	77	8
7. /impressum/	**478**	186	121	60	77	13
8. /sea/	**266**	103	70	42	41	1

Abbildung 2.40 Pivot-Tabelle mit Content und Browsern

2.4.5 Tabellennavigation

Unterhalb der Berichtstabelle folgt die Tabellennavigation, mit der Sie innerhalb der Daten vor- und zurückspringen sowie die Anzahl der gezeigten Ziele verändern können (siehe Abbildung 2.41). Sie können die entsprechenden Pfeil-Buttons verwenden oder mithilfe des Eingabefeldes direkt zu einer bestimmten Stelle springen.

Abbildung 2.41 Navigation unterhalb der Berichtstabelle

Die Zahl der angezeigten Zeilen können Sie bis maximal 5.000 wählen. Falls der Bericht wie in unserem Beispiel mehr Zeilen enthält, können Sie nie alle auf einmal darstellen, sondern müssen »blättern«. Was online noch machbar ist, wird beim Export zum Problem: Da immer nur das exportiert wird, was auf dem Bildschirm zu sehen ist, trifft das auch auf die Anzahl der Zeilen zu. Sie können also immer nur 5.000 Zeilen auf einmal exportieren. Für die folgenden Zeilen müssen Sie zu diesem Bereich springen und einen zweiten Export durchführen.

Unter den Navigationselementen sehen Sie einen Hinweis, wann dieser Bericht erstellt wurde. Dieses Datum bezieht sich nur auf die Erstellung und gibt keine Information darüber, bis zu welchem Zeitpunkt Daten enthalten sind. Über den Link BERICHT AKTUALISIEREN werden die Daten erneut von Google Analytics aus der Datenbank generiert.

Aktualisieren in Google Chrome

Mit Google Chrome hatten wir bereits den Fall, dass der Bericht auch nach einer Aktualisierung keine neuen Daten zeigte. Das fällt etwa auf, wenn Sie die Einbindung eines Zählcodes testen, ihn einmal ausgeführt haben und nun darauf warten, dass er im Bericht erscheint. Chrome scheint hier die Berichtsseiten zwischenzuspeichern. Dieses Verhalten können Sie umgehen, indem Sie statt zu aktualisieren die Anzahl der Zeilen verändern. In diesem Fall wird der Bericht auf jeden Fall neu generiert.

2.4.6 Übersicht

Ein weiterer Berichtstyp neben dem EXPLORER ist die ÜBERSICHT. Übersichtsberichte ermöglichen einen Einstieg in einen Themenbereich wie Zielgruppe oder Ereignisse und bieten auf einer Seite die wichtigsten Kennzahlen und die Top Ten der Ergebnisse der Detailberichte (siehe Abbildung 2.42).

Abbildung 2.42 Bericht »Übersicht« des Bereichs »Zielgruppe«

Einige Elemente kennen Sie bereits: die Auswahl der dargestellten Metrik im Diagramm, den Zeitrahmen und die Vermerke. Bei Übersichtsberichten gibt es dabei eine Besonderheit: Es wird ein weiterer Eintrag STÜNDLICH angeboten, der eine noch feinere Auflösung der Daten über den Zeitraum erlaubt (siehe Abbildung 2.43).

Unter dem Diagramm folgen einige Metriken mit einer Sparkline, einem Miniaturdiagramm des zeitlichen Verlaufs. Darunter folgt eine Schnellauswahl der wichtigsten Berichte aus diesem Bereich (etwa der Zielgruppe). Mit dem Menü links können Sie jeweils die Top-Ten-Ergebnisse mit ihren Sitzungen anzeigen lassen. Unter der Liste führt ein Link direkt zum Bericht.

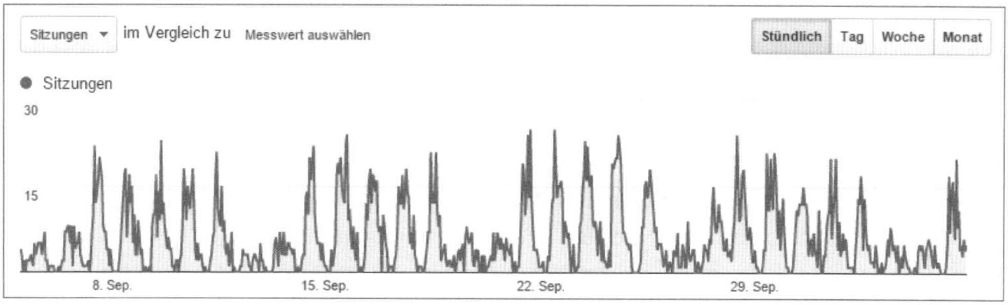

Abbildung 2.43 Diagramm mit Daten nach Stunden

Auf Übersichten können Sie zwar Segmente anwenden, aber Sie haben keine Möglichkeit, Filter einzugeben.

2.4.7 Weitere Berichtstypen

Neben EXPLORER und ÜBERSICHT gibt es noch weitere Berichtstypen: VERTEILUNG, FLUSSDARSTELLUNG und LANDKARTE. Sie kommen allerdings nur für wenige Berichte zum Einsatz, daher erläutern wir sie zusammen mit der inhaltlichen Beschreibung in Kapitel 7 bis Kapitel 10.

Im Bereich PERSONALISIEREN können Sie nur Berichte vom Typ EXPLORER selbst erstellen. Es gibt zwar noch das zweite Format FLACHE TABELLE. Dieses wird allerdings nur für benutzerdefinierte Berichte angeboten. In den standardmäßig enthaltenen Berichten kommt es nicht zum Einsatz.

2.5 Datenschutz

Mit einem Webanalyse-Tool können Sie viele Daten über die Besucher Ihrer Website sammeln. Aber Sie dürfen nicht alles sammeln, was vielleicht technisch möglich wäre. In Deutschland bzw. der EU gibt es Gesetze und Regeln für die Erfassung von Daten in elektronischen Medien. Besonders Google Analytics stand dabei aufgrund der großen Verbreitung im Fokus. Da sich der rechtliche Rahmen nach dem Druck dieses Buches ändern kann, informieren Sie sich bei Bedarf online über den aktuellen Stand, z. B. unter *https://goo.gl/Z9iRju*.

Hinweis für öffentliche Einrichtungen

In Deutschland wird beim Datenschutz zwischen öffentlichen und nicht öffentlichen Stellen (zum Beispiel Unternehmen) unterschieden. Auch wenn die Nutzung von Google Analytics für Unternehmen möglich ist, ist der Einsatz für Ämter, Behörden und weitere öffentliche Einrichtungen häufig untersagt, so etwa in Hessen.

2.5.1 Hintergrund

Es sind nicht per se alle Daten der Webanalyse von gesetzlichen Regelungen betroffen, nur die Erfassung und Verwendung von personenbezogenen Daten ist geregelt. In Deutschland geschieht dies im Telemediendienstgesetz (TMG). Der oberste Hüter über dessen Einhaltung ist der Bundesdatenschutzbeauftragte bzw. ist der jeweilige Landesdatenschutzbeauftragte. Personenbezogene Daten erlauben einen Rückschluss auf die tatsächliche Person, die vor dem Bildschirm sitzt, also etwa der Name, die Adresse, Telefonnummer usw. Ohne die Einwilligung dieser Person dürfen solche Daten nur in bestimmten Fällen erfasst werden, z. B. für die Bestellabwicklung in einem Shop. (Übrigens dürfen nach TMG diese Daten *mit Einwilligung* jederzeit erfasst werden!) Problematisch ist vor allem die IP-Adresse: In ihrer vollständigen Form gilt Sie in Deutschland als personenbezogen und darf damit entweder nur mit expliziter Einwilligung oder in gekürzter Form gespeichert werden.

Nun sind die Vorgaben im TMG recht allgemein, und es wurde lange Zeit darüber diskutiert, was sie denn genau für Webanalyse-Systeme bedeuten. 2009 hat der Düsseldorfer Kreis, der damalige Arbeitskreis der Datenschützer der Länder und des Bundes, eine Liste von Vorgaben erstellt, die Sie als Website-Betreiber beim Einsatz eines Webanalyse-Tools berücksichtigen müssen. Google hat in der Folge mit den Behörden weiter zusammengearbeitet und 2011 vom damaligen Hamburgischen Landesdatenschutzbeauftragten Johannes Caspar die Bestätigung erhalten, dass für deutsche Website-Betreiber ein »beanstandungsfreier Betrieb von Google Analytics ab sofort möglich« sei.

Aus dem TMG ergeben sich folgende Vorgaben für den Einsatz von Webanalyse (ohne explizite Einwilligung der Besucher), die im Folgenden näher erläutert werden:

- Hinweispflicht
- Widerspruchsmöglichkeit
- Kürzen der IP-Adresse
- Pseudonymisierte Daten nicht mit personenbezogenen Daten zusammenführen
- Vertrag zur Auftragsdatenverarbeitung

Wenn Sie Nutzungsdaten erfasst haben, ohne vorher alle Vorgaben umzusetzen, gelten diese Daten als datenschutzrechtlich nicht korrekt erhoben. Da Sie einmal erhobene Daten nicht mehr aus einer Analytics-Property löschen können, kann so ein Fall zur Löschung Ihrer gesamten Berichte führen.

2.5.2 Hinweispflicht

Sie müssen die Besucher Ihrer Website darüber informieren, dass Sie Nutzungsdaten mit Google Analytics erfassen. Dies sollte auf einer eigenen Seite zum Datenschutz geschehen. Diese Seite muss überall in Ihrem Webauftritt möglichst leicht auffindbar und erreichbar sein.

Lange Zeit lieferte Google einen Formtext in seinen AGB, den Sie übernehmen konnten. Inzwischen wurde dieser Text entfernt und durch einen schlichten Hinweis ersetzt, in dem es heißt:

> *Sie sind ferner verpflichtet, an prominenten Stellen eine sachgerechte Datenschutzerklärung vorzuhalten.*

Sie müssen nun also selbst einen Text dafür erstellen, aber natürlich kann man weiterhin den »alten« Google-Text als Grundlage nehmen. Darum hier der Text als Beispielvorlage für Ihre Datenschutzerklärung:

Datenschutzerklärung für die Nutzung von Google Analytics

Diese Website benutzt Google Analytics, einen Webanalyse-Dienst der Google Inc. (»Google«). Google Analytics verwendet sogenannte *Cookies*, Textdateien, die auf Ihrem Computer gespeichert werden und die eine Analyse der Benutzung der Website durch Sie ermöglicht. Die durch den Cookie erzeugten Informationen über Ihre Benutzung dieser Website (einschließlich Ihrer IP-Adresse) werden an einen Server von Google in den USA übertragen und dort gespeichert. Google wird diese Informationen benutzen, um Ihre Nutzung der Website auszuwerten, um Reports über die Website-Aktivitäten für die Website-Betreiber zusammenzustellen und um weitere mit der Website-Nutzung und der Internetnutzung verbundene Dienstleistungen zu erbringen. Auch wird Google diese Informationen gegebenenfalls an Dritte übertragen, sofern dies gesetzlich vorgeschrieben ist oder soweit Dritte diese Daten im Auftrag von Google verarbeiten. Google wird in keinem Fall Ihre IP-Adresse mit anderen Daten von Google in Verbindung bringen. Sie können die Installation der Cookies durch eine entsprechende Einstellung Ihrer Browser-Software verhindern; wir weisen Sie jedoch darauf hin, dass Sie in diesem Fall gegebenenfalls nicht sämtliche Funktionen dieser Website vollumfänglich werden nutzen können. Durch die Nutzung dieser Website erklären Sie sich mit der Bearbeitung der über Sie erhobenen Daten durch Google in der zuvor beschriebenen Art und Weise und zu dem zuvor benannten Zweck einverstanden.

Wenn Sie Google Analytics verwenden möchten, um Remarketing-Listen für Google AdWords zu erstellen, müssen Sie in der Datenschutzerklärung explizit darauf hinweisen. Das Gleiche gilt für die Verwendung von demografischen Daten in den Sitzungsberichten. Solange Sie keine der beiden Funktionen nutzen, ist auch kein weiterer Text in der Erklärung nötig.

2.5.3 Widerspruchsmöglichkeit

Außerdem müssen Sie den Besuchern Ihrer Website die Möglichkeit geben, dem Tracking zu widersprechen, das heißt, die Besucher müssen in der Lage sein, die Website auch zu nutzen, ohne von Ihnen erfasst zu werden. Im Beschluss des Düsseldorfer Kreises nach seiner Sitzung in Stralsund am 26./27. November 2009 heißt es:

> *Den Betroffenen ist eine Möglichkeit zum Widerspruch gegen die Erstellung von Nutzungsprofilen einzuräumen. Derartige Widersprüche sind wirksam umzusetzen.*

Hierfür gibt es mehrere Lösungsmöglichkeiten:

1. Sie geben dem Tracking-Code die Information, dass er keine Erfassung durchführen soll (siehe auch Abschnitt 5.4.11). Dazu fügen Sie folgendes JavaScript auf allen Seiten Ihrer Website vor dem Tracking-Code von Google Analytics ein:

   ```
   <script>
     var gaProperty = 'UA-XXXXXXX-X';
     var disableStr = 'ga-disable-' + gaProperty;
     if (document.cookie.indexOf(disableStr + '=true') > -1) {
       window[disableStr] = true;
     }
     function gaOptout() {
       document.cookie = disableStr + '=true;
         expires=Thu, 31 Dec 2099 23:59:59 UTC; path=/';
         window[disableStr] = true;
     }
   </script>
   ```

   Listing 2.1 Opt-Out-Skript für Google Analytics

   Im Feld `gaProperty` tragen Sie die UA-Nummer Ihrer Analytics-Property ein. Vorteil dieser Variante ist, dass sie in allen Browsern funktioniert, die JavaScript unterstützen, also etwa auch auf Smartphones.

2. Sie verweisen auf das Browser-Plugin, das Google für diesen Zweck für Internet Explorer, Firefox, Safari, Opera und Chrome zur Verfügung stellt. Sie finden es unter *http://tools.google.com/dlpage/gaoptout?hl=de*. Achten Sie darauf, dass der Link tatsächlich anklickbar ist.

3. Sie nutzen den Google Tag Manager, um die Ausführung von Google Analytics Codes generell zu blockieren, wenn z. B. ein bestimmter Cookie vorhanden ist (siehe dazu Kapitel 14).

Hier wieder eine Beispielvorlage für beide Varianten in Ihrer Datenschutzerklärung. Beachten Sie die HTML-Befehle, diese müssen im HTML-Quelltext enthalten sein.

Beispiel Widerspruchsmöglichkeit

Sie können die Speicherung der Cookies durch eine entsprechende Einstellung Ihrer Browser-Software verhindern; wir weisen Sie jedoch darauf hin, dass Sie in diesem Fall gegebenenfalls nicht sämtliche Funktionen dieser Website vollumfänglich werden nutzen können. Sie können darüber hinaus die Erfassung der durch das Cookie erzeugten und auf Ihre Nutzung der Website bezogenen Daten (inklusive Ihrer IP-Adresse) an Google sowie die Verarbeitung dieser Daten durch Google verhindern, indem Sie auf folgenden Link klicken:

```
<a href="javascript:gaOptout()">Google Analytics deaktivieren</a>
```

Alternativ können Sie das unter dem folgenden Link verfügbare Browser-Plugin herunterladen und installieren: *http://tools.google.com/dlpage/gaoptout?hl=de*.

2.5.4 Kürzen der IP-Adresse (anonymisieren)

In Deutschland haben sich die Datenschützer auf die Einschätzung geeinigt, IP-Adressen als personenbezogene Daten zu klassifizieren. Dadurch sind alle Zugriffe, die Sie erfassen könnten, datenschutzrechtlich relevant. Denn im Internet wird **immer** eine IP-Adresse übertragen, ohne sie funktioniert die Datenübertragung nicht. Daraus ergibt sich eine Grundanforderung an alle Webanalyse-Systeme, nämlich bei der Datenerfassung auf die vollständige IP-Adresse zu verzichten. Im Wortlaut:

> *Die Analyse des Nutzungsverhaltens unter Verwendung vollständiger IP-Adressen (einschließlich einer Geolokalisierung) ist aufgrund der Personenbeziehbarkeit dieser Daten daher nur mit bewusster, eindeutiger Einwilligung zulässig. Liegt eine solche Einwilligung nicht vor, ist die IP-Adresse vor jeglicher Auswertung so zu kürzen, dass eine Personenbeziehbarkeit ausgeschlossen ist.*

Google hat für diese Kürzung extra eine eigene Funktion eingeführt: *anonymizeIp*. Diese Funktion muss bei jedem Laden des Tracking-Codes übergeben werden, damit die IP-Adresse gekürzt wird. Leider wird die Funktion beim Einrichten eines neuen Tracking-Codes nicht automatisch eingefügt und kann auch nicht per Option hinzugefügt werden. Das bedeutet, Sie müssen beim Einbau eines Tracking-Codes auf einer neuen Website selbst daran denken, die Funktion mit aufzunehmen. Wir werden in allen Code-Beispielen in den weiteren Kapiteln die anonymizeIp-Funktion immer mit aufführen.

Ein Hinweis in der Datenschutzerklärung zur IP-Kürzung ist zwar nicht zwingend vorgeschrieben, sollte der Vollständigkeit halber aber ebenfalls eingefügt werden.

Beispielvorlage Datenschutzerklärung IP-Kürzung

Die Google-Tracking-Codes dieser Website verwenden die Funktion `_anonymizeIp()`, somit werden IP-Adressen nur gekürzt weiterverarbeitet, um eine direkte Personenbeziehbarkeit auszuschließen.

2.5.5 Pseudonymisierte Daten

Es gibt im Beschluss der Datenschützer zwei Hinweise zu pseudonymisierten Nutzungsdaten. Die Verwendung von Pseudonymen bedeutet konkret, dass Sie zwar mehrere Besucher Ihrer Website unterscheiden dürfen, also etwa Besucher A und Besucher B. Sie dürfen für diese Unterscheidung aber nicht tatsächliche personenbezogene Daten verwenden, also etwa den Nachnamen – falls Sie ihn kennen sollten. Im Beispiel sind A und B Pseudonyme, die keinen Rückschluss auf die tatsächliche Person zulassen.

Mithilfe einer Einwilligung können Sie diese Einschränkung aufheben. Sie können sie etwa einholen, wenn sich ein Besucher auf Ihrer Website registrieren kann. Allerdings macht hier Google selbst in seinen AGB eine Einschränkung. Dort heißt es:

> *Es ist Ihnen untersagt, selbst oder durch einen Dritten den Service dazu zu verwenden, Daten zu erfassen, zu verarbeiten oder zu nutzen, die eine Person identifizieren (zum Beispiel Name oder entsprechende E-Mail-Adresse) oder die von Google mit verhältnismäßigem Aufwand mit solchen Informationen in Verbindung gebracht werden können.*

Das heißt im Klartext: Sie dürfen selbst mit Einwilligung keine personenbezogenen Daten in Google Analytics speichern (E-Mail-Adresse eines Besuchers, Name usw.), sondern nur pseudonymisierte Daten.

2.5.6 Vertrag zur Auftragsdatenverarbeitung

Im Nachsatz weist der Beschluss von Stralsund auf das Bundesdatenschutzgesetz hin:

> *Werden pseudonyme Nutzungsprofile durch einen Auftragnehmer erstellt, sind darüber hinaus die Vorgaben des Bundesdatenschutzgesetzes zur Auftragsdatenverarbeitung durch die Anbieter einzuhalten.*

Im angesprochenen Gesetz ist geregelt, dass Sie bestimmte Kriterien einhalten müssen, wenn Sie über einen Dritten (hier Google Analytics) Nutzungsprofile erfassen und auswerten. Das Problem bei Google Analytics ist in diesem Fall, dass Sie den

Dienst kostenlos verwenden können und Sie dafür keinen (schriftlichen) Vertrag mit Google abschließen. Genau diesen möchten die Datenschützer aber haben, damit eine Rechtsgrundlage zur Datenverarbeitung vorhanden ist.

Um dieses Problem zu lösen, hat Google speziell für Deutschland einen Vertrag zur Auftragsdatenverarbeitung erstellt. Sie müssen ihn vor der Erfassung von Daten ausfüllen und zur europäischen Google-Niederlassung nach Irland schicken. Innerhalb einiger Wochen erhalten Sie ein unterschriebenes Exemplar zurück, womit der Anforderung entsprochen ist.

Mit dem Vertrag zur Auftragsdatenverarbeitung gehen Sie keine sonstigen Verpflichtungen gegenüber Google ein. Der Service bleibt weiterhin kostenlos.

2.5.7 Standards und Alternativen

Bis heute gab es bereits mehrere unterschiedliche Anläufe, die Erfassung von Nutzungsdaten für den Besucher transparenter zu machen und einen einfachen Opt-out umzusetzen. Wirklich durchgesetzt hat sich bislang allerdings keine Lösung. Das dürfte einerseits an den unterschiedlichen länderspezifischen Anforderungen liegen. Ein in den USA entwickeltes Prinzip muss nicht unbedingt auch die deutschen oder europäischen Anforderungen abdecken. Andererseits gibt es natürlich auch wirtschaftliche Interessen, weiterhin möglichst viele Daten über Nutzer zu sammeln. Im Folgenden finden Sie einen kurzen Überblick.

Platform for Privacy Preferences (P3P)

P3P ist eine standardisierte Plattform bzw. ein Format, um Datenschutzinformationen zwischen Webserver und Browser des Besuchers auszutauschen. 2002 wurde es vom World Wide Web Consortium (W3C) als Webstandard verabschiedet. Das W3C ist das Gremium zur Standardisierung der das World Wide Web betreffenden Techniken. In Abbildung 2.44 sehen Sie ein Schaubild, das veranschaulicht, wie der P3P-Ablauf funktioniert.

Auf dem Webserver hinterlegt der Betreiber eine XML-Datei, die Informationen zur Erfassung und Verwendung von Nutzungsdaten auf der Website enthält. Außerdem kann beschrieben werden, wie lange die Daten gespeichert werden, wer Zugriff darauf hat und an wen man sich bei Fragen oder Beanstandungen wenden muss. Abhängig von den Angaben kann ein Browser zum Beispiel Cookies übertragen oder nicht.

Vor allem Microsoft hat P3P lange unterstützt. Der Internet Explorer macht den Versand von Cookies teilweise von einer P3P-Policy (so heißt die Datei auf dem Server) abhängig. Daher haben viele Websites diese Dateien hinterlegt.

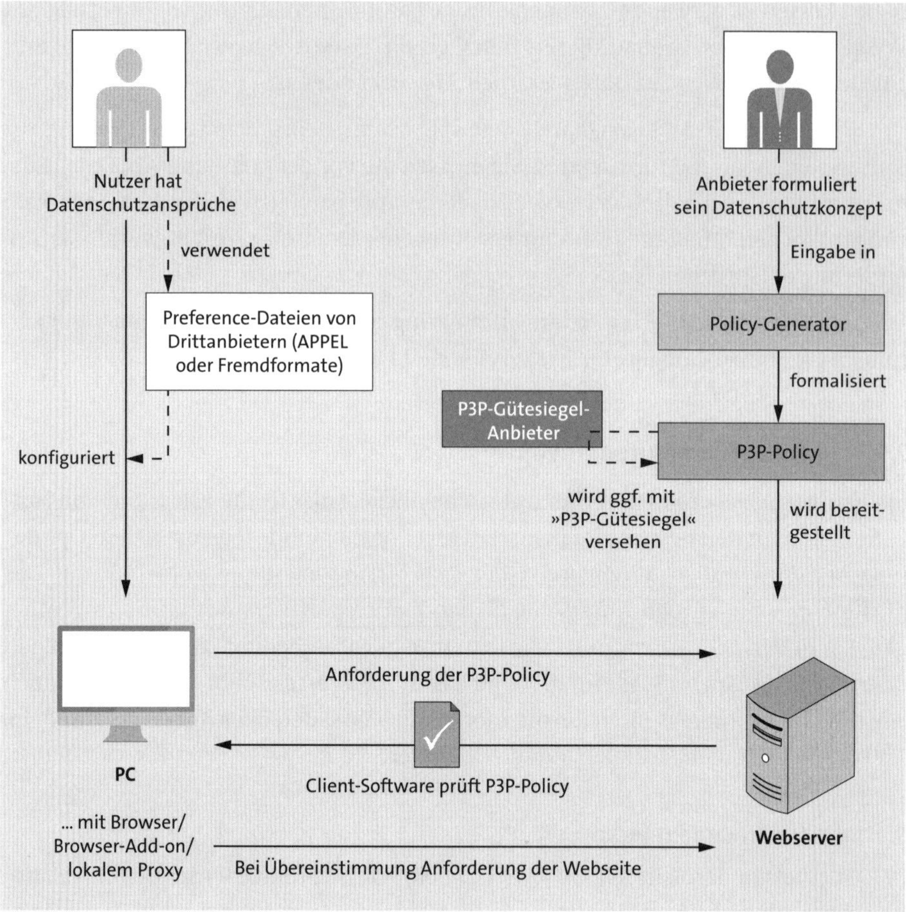

Abbildung 2.44 P3P-Modell

Zu einer aus Datenschutzsicht vollständigen Lösung hat es P3P nie gebracht. Die Angaben in einer Policy sind freiwillig, und es gibt keine offizielle Stelle, die deren Richtigkeit überprüft. Google verwendet den Standard seit 2012 auf seinen Angeboten nicht mehr und sieht ihn als nicht praxistauglich an. Damit dürfte P3P keine große Zukunft mehr bevorstehen.

Do Not Track (DNT)

Die Funktion »Do Not Track« wurde 2009 von Wissenschaftlern der Universitäten Stanford und Princeton vorgeschlagen. Der Browser soll der Website oder sonstigen Anwendung bei jedem Aufruf signalisieren, ob der Besucher mit einem Tracking einverstanden ist oder nicht. Dazu wurde ein HTTP-Header-Feld definiert, das bei jeder Anfrage vom Browser mit an den (Web-)Server geschickt wird. Er muss entsprechend auf die Information reagieren und das Tracking unterbinden. Der Vorschlag wird derzeit im W3C diskutiert und könnte zu einem Webstandard gemacht werden – wie bereits P3P. Der Vorschlag wurde in der Folge von nahezu allen Browsern implementiert, wobei Google sich am längsten gegen einen Einbau stemmte.

Auf Anbieter- bzw. Serverseite verwendet bislang so gut wie niemand die DNT-Informationen zur Steuerung der Datenerfassung. Bei Webanalyse-Tools ist bislang kein Anbieter bekannt, der einen Opt-out auf Grundlage von DNT umgesetzt hätte.

Einerseits ist nicht klar geregelt, wer sich um die Verarbeitung eines DNT-Headers kümmern muss: der Website-Betreiber, der einen Tracking-Code auf seiner Website hat, oder der Webanalyse-Anbieter, der die Funktionen bereitstellt. Für den Besucher der Website lässt sich aktuell nicht überprüfen, ob seine Einstellung berücksichtigt wird. Er kann sich also nicht sicher sein, dass sie den gewünschten Effekt hat.

Die Voreinstellung zwischen den Browsern variiert – mal ist sie in einer Neutralstellung (siehe Abbildung 2.45), mal ist DNT automatisch aktiviert. Damit entspricht ihre Einstellung datenschutzrechtlich nicht der Anforderung einer informierten Einwilligung, die etwa in der E-Privacy-Richtlinie gefordert ist. Als Standardverfahren eignet sie sich daher zumindest in der aktuellen Form noch nicht.

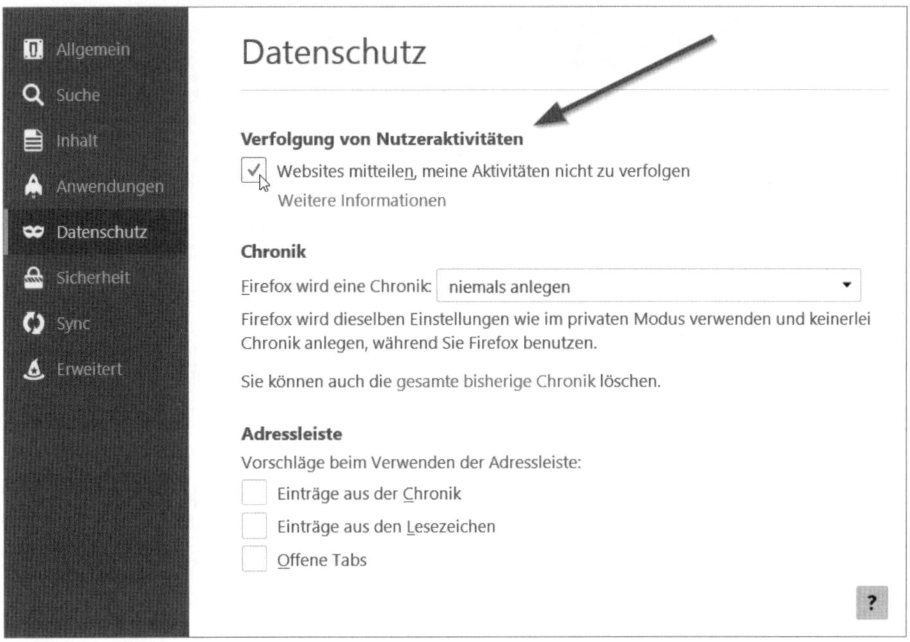

Abbildung 2.45 Do-Not-Track-Option in Firefox

Blockerskripte und Plugins

Für Internetnutzer gibt es eine weitere Möglichkeit, ihren Widerspruch gegen ein Tracking umzusetzen: Es gibt für jeden Browser diverse Filter, Plugins und Add-ons, mit denen die Aufrufe von Tracking-Skripten blockiert werden können (Abbildung 2.46 zeigt beispielsweise das Plugin *Ghostery*).

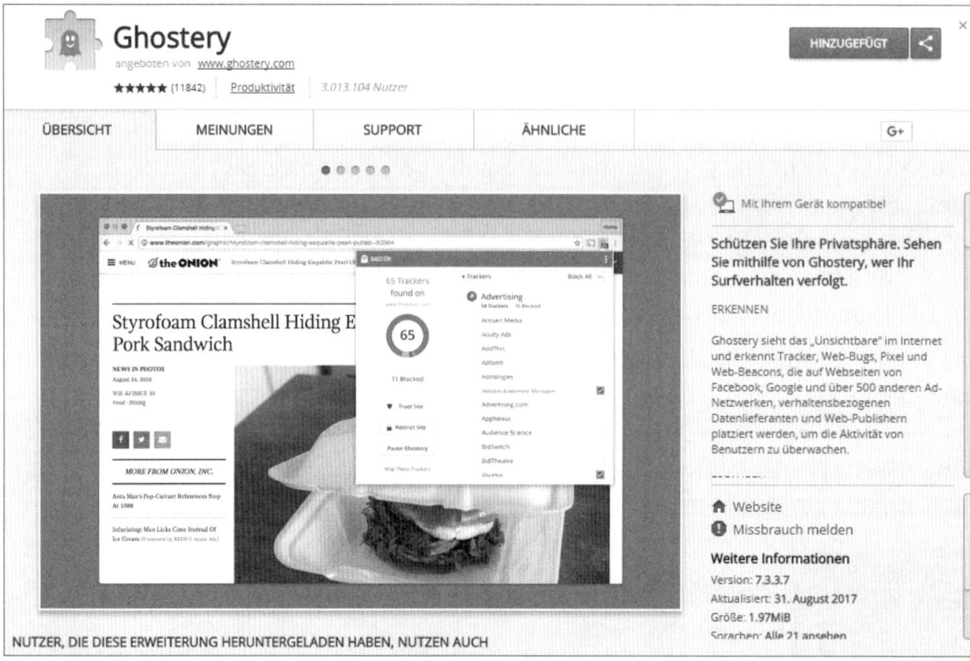

Abbildung 2.46 Privacy-Plugin »Ghostery« für Chrome

Nach der Installation eines solchen Filters wird zwar noch die Seite mit einem Tracking-Code geladen, dieser aber entweder gar nicht erst ausgeführt oder aber spätestens der Aufruf des Zählservers unterbunden. Auch einige Virenscanner bieten diese Funktion an.

Technisch funktioniert sogar Googles eigene Opt-out-Technik wie ein Filter: Der Google-Analytics-Code wird generell auf allen Seiten blockiert. Als Website-Betreiber können Sie nichts gegen solche Filter-Plugins unternehmen – Sie sollten sich aber darüber im Klaren sein, dass ein Teil Ihrer Besucher durch solche Filter unsichtbar auf Ihrem Angebot unterwegs ist.

Kapitel 3
Der Fahrplan: Tracking-Konzept erstellen

Lesen Sie, wie Sie die Anforderungen an das Webanalyse-System bestimmen und dokumentieren. Je nach Unternehmen und Website gibt es allgemeingültige Anforderungssets, mit denen Sie die Planung starten können. In die Planung gehören auch die Key Performance Indicators (KPIs), die später ein wichtiger Bestandteil im Reporting sein werden.

Websites und Online-Kampagnen nehmen heute in vielen Unternehmen eine wichtige Position ein. Sie sollen Produkte vorstellen, das Unternehmen präsentieren, wichtige Informationen bereitstellen und Kontaktmöglichkeiten bieten. Viele Abteilungen oder Personen wirken zusammen, um die Online-Präsenz zu verwirklichen. Das alles in einem Webanalyse-Tool zu erfassen, anhand von Berichten zu messen und zu optimieren, ist keine kleine Aufgabe. Egal, ob Sie Google Analytics implementieren oder die gesammelten Daten analysieren wollen, lohnt es sich daher, einen Plan zu haben, was Sie wie auswerten möchten. Das Tracking-Konzept bildet diesen Plan, der folgende Aspekte umfasst:

- Ziele der Website oder Kampagne
- KPIs, mit denen Maßnahmen bewertet werden
- Zielvorgaben für diese Kennzahlen
- unterschiedlich zu betrachtende Besuchergruppen
- Anforderungen an Berichte
- Optimierungsmöglichkeiten
- Vorgaben für die technische Umsetzung

Ohne diesen Plan können Sie sich schnell in den Dutzenden von Berichten von Google Analytics verlieren. Es werden zwar viele Daten gesammelt, aber dann nicht richtig genutzt. Im schlimmsten Fall entgehen Ihnen wertvolle Informationen über Ihre Website und Besucher.

3.1 Digital Marketing & Measurement Model

Ein Modell hilft, sicherzustellen, dass alle nötigen Informationen für die Planung vorhanden sind und möglichst nichts vergessen wird. Wir orientieren uns in den nächsten Abschnitten am *Digital Marketing & Measurement Model* von Avinash Kaushik, den Sie bereits in Kapitel 1, »Der Eckpfeiler: Webanalyse im digitalen Marketing«, kennengelernt haben. Das Modell formuliert die drei Marketingbereiche *Akquise*, *Verhalten* und *Gewinn* weiter aus (siehe Abbildung 3.1).

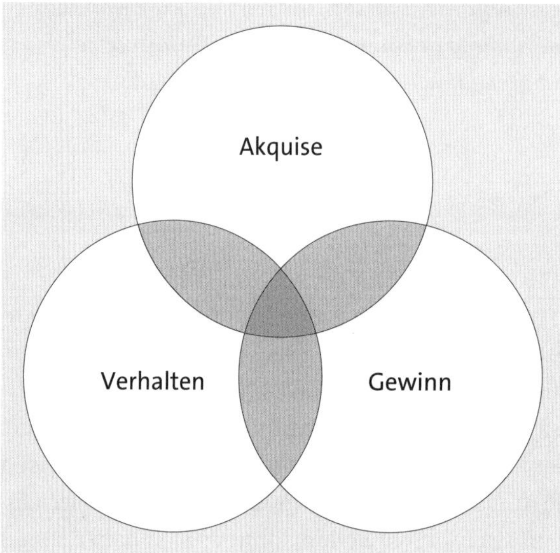

Abbildung 3.1 Die drei Marketingbereiche des Online-Verantwortlichen

Demnach brauchen Sie für eine sinnvolle Auswertung einer Website oder Kampagne fünf Elemente:

- Unternehmensziele
- Maßnahmen
- KPIs
- Zielvorgaben
- Besuchergruppen

Mithilfe des Modells ergründen Sie die Tracking-Anforderungen Ihrer Website oder Ihrer Kampagne. Sie können alle Elemente in einem Schaubild wie in Abbildung 3.2 dokumentieren oder in einer einfachen Tabelle. Sie bilden die Anforderungen für alle späteren Berichte.

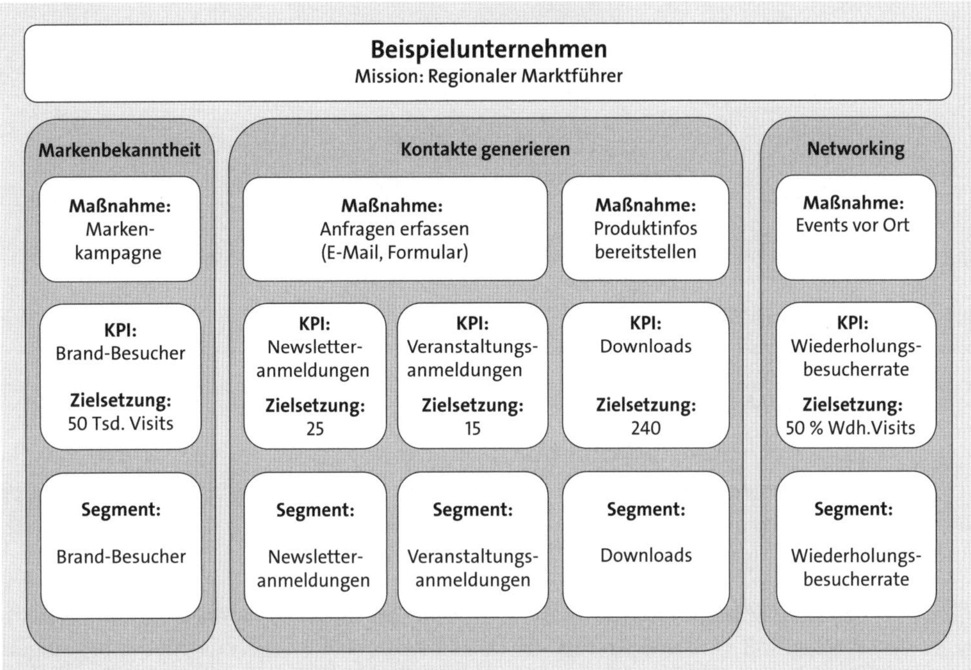

Abbildung 3.2 Digital Marketing & Measurement Model nach Kaushik

3.1.1 Unternehmensziele

Am Anfang steht die Frage nach dem Sinn des Ganzen: Was ist der Zweck der Website? Bestimmen Sie also zunächst die grundlegende Bedeutung der Website für den Erfolg des Unternehmens. In diesem Schritt betrachten Sie noch nicht die Inhalte und Features der Website, sondern nur die Ziele, die Sie mit der Website erreichen möchten.

Beispiele für Unternehmensziele:

- Bekanntheit für das Unternehmen/die Marke schaffen
- Produkte verkaufen
- Kontakte generieren
- Unternehmensaktivitäten darstellen
- Kundenservice-Hotline entlasten
- Kundenbindung erhöhen
- Die Unternehmensziele bilden den Rahmen Ihres Modells (siehe Abbildung 3.3). Damit strukturieren Sie alle weiteren Maßnahmen und geben ihnen einen Bezug zum tatsächlichen Geschäft.

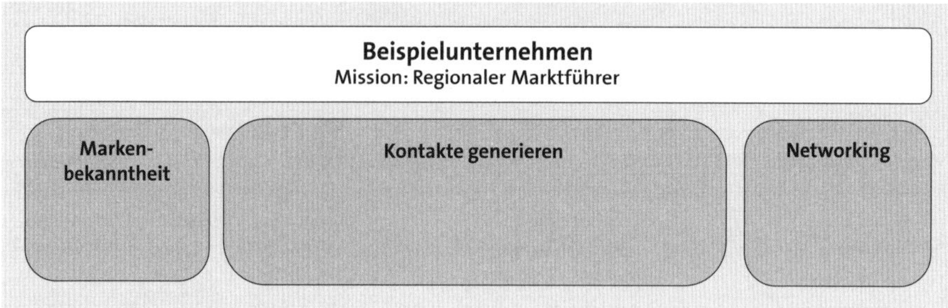

Abbildung 3.3 Unternehmensziele festlegen

3.1.2 Ziele/Maßnahmen

Sie planen verschiedene Maßnahmen, um die Unternehmensziele zu erreichen. Je nach Blickwinkel können Sie die Maßnahmen auch als Handlungsanweisung oder Handlungsstrategie bezeichnen: Was soll konkret getan werden? Damit sind sie auch ein Fahrplan für alle Beteiligten.

Für die Beschreibung der Maßnahmen müssen Sie nicht im Detail festhalten, was getan werden soll. Dokumentieren Sie stattdessen, welches Ergebnis mit der jeweiligen Maßnahme angestrebt wird. Damit definieren Sie nicht nur die Handlungen, sondern auch die Erwartungshaltung, die mit dem geplanten Vorgehen verbunden ist (siehe Abbildung 3.4).

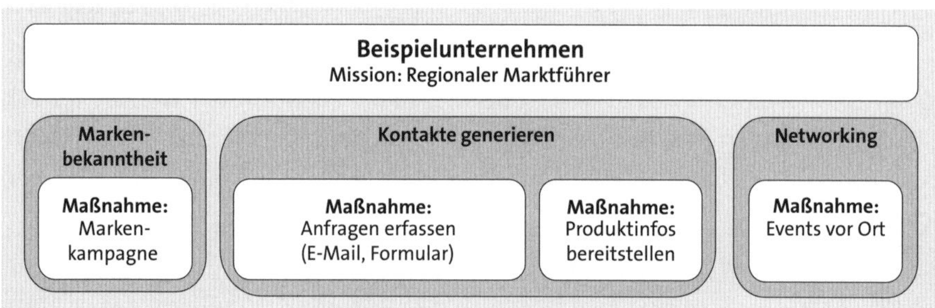

Abbildung 3.4 Maßnahmen zu den Unternehmenszielen definieren

Einige Beispiele für mögliche Maßnahmen:

- Wenn Sie etwa das Unternehmensziel »Bekanntheit der Marke steigern« verfolgen, wäre es eine Maßnahme, eine AdWords-Kampagne für den Markennamen zu starten. Um diese Maßnahme im Measurement-Modell zu erfassen, müssen Sie nicht die genauen Begriffe und Anzeigen der Kampagnen hinterlegen. Es genügt, festzuhalten, dass Sie diese Kampagne starten, um das Ziel »Bekanntheit« zu erreichen. Dafür führen Sie neue Nutzer auf Ihre Website.

- Sie könnten sich außerdem als weitere Maßnahme vornehmen, den Ablauf auf der Website für die Besucher zu verbessern, beispielsweise die Anmeldung zum Newsletter. Indem Sie das Anmeldeformular so einfach wie möglich gestalten und optimieren, werden sich mehr Besucher in Ihren Newsletter eintragen. So erlangen Sie bei der gleichen Anzahl an Besuchern mehr Anmeldungen, steigern also die Effizienz.
- Bei einem Shop ist der Bestellprozess ein gutes Beispiel. Wenn es Ihnen gelingt, die einzelnen Schritte des Kaufvorgangs zu verbessern und dadurch mehr Nutzer zum Abschluss zu bringen, erzielen Sie mehr Umsatz, ohne zusätzliche Besucher auf Ihre Website führen zu müssen.
- Noch ein Beispiel: Wenn Sie bei einer Kampagne mit einem neuen Motiv oder Anzeigentext mehr Besucher zum Klicken bewegen, ist auch das eine Optimierung. Sie gewinnen mehr Besucher mit dem gleichen eingesetzten Werbebudget.
- Für eine Kampagne schalten Sie Werbung auf unterschiedlichen Websites. Bei der Analyse der Besucher stellen Sie fest, dass einige Werbeplätze zwar Besucher zu Ihrer Website bringen, diese aber nichts kaufen. Darum beenden Sie die Schaltungen auf diesen Websites und sparen das Werbebudget für andere Maßnahmen. Sie reduzieren also Ihre Ausgaben oder können dieses Geld für andere, Erfolg versprechende Maßnahmen ausgeben.

Vorgänge zu optimieren und Kosten zu reduzieren, sind häufig zwei Seiten derselben Medaille, und der Übergang ist fließend. Denn wenn Sie einen Prozess optimieren, um mehr Abschlüsse mit den gleichen Besuchern zu erzielen, reduzieren Sie automatisch die Kosten pro Abschluss. Umgekehrt gilt das Gleiche, wenn Sie Kosten für erfolglose Maßnahmen reduzieren.

Alle Maßnahmen, die Sie für Ihre Website planen, sollten auf ein Unternehmensziel »einzahlen«. Wenn Sie eine neue Maßnahme keinem Ziel zuordnen können (auch nach mehrmaligem Um-die-Ecke-denken), sollten Sie sich überlegen, ob Sie die Maßnahme tatsächlich weiterbringt.

3.1.3 KPIs und Kennzahlen

Der Begriff *Key Performance Indicator* (KPI) stammt ursprünglich aus der Betriebswirtschaftslehre und hat sich inzwischen auch in der Webanalyse etabliert. Der KPI bezeichnet eine Kennzahl, anhand derer Sie den Erfolg oder Misserfolg Ihrer Maßnahmen ablesen können, indem Sie sie mit den gesetzten Zielvorgaben vergleichen.

Für jede Maßnahme definieren Sie in diesem Schritt einen KPI (siehe Abbildung 3.5) und wählen dabei eine oder mehrere Kennzahlen aus. Die Daten für die KPIs können aus verschiedenen Quellen stammen, nicht nur aus Google Analytics. Aber Analytics bietet Ihnen bereits Dutzende Kennzahlen, die Sie für Ihre KPIs verwenden können:

die Metriken. Allerdings eignet sich nicht jede Metrik gleich gut für einen KPI, denn nicht immer erlauben sie eine qualitative Aussage.

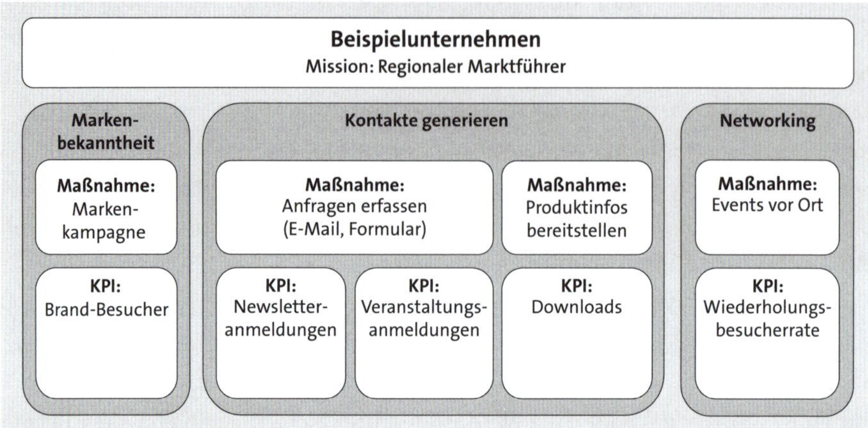

Abbildung 3.5 KPIs zu den jeweiligen Maßnahmen

Was ist eine Kennzahl?

Im Zusammenhang mit KPIs wird häufig auch der Begriff der *Kennzahl* verwendet. Jeder KPI basiert auf einer solchen oder einer Kombination mehrerer Kennzahlen. Der Begriff Kennzahl bezeichnet einen Wert, der immer auf eine festgelegte und somit wiederholbare Art und Weise erhoben wird. In Google Analytics entsprechen die Metriken dieser Definition, denn alle Metriken werden immer mit der gleichen Methodik berechnet. Im Deutschen wird der KPI auch als *Leistungskennzahl* bezeichnet.

Nehmen Sie zum Beispiel die Seitenaufrufe. Wenn Sie für Ihre Website die Zahl der Seitenaufrufe betrachten, sagt Ihnen das recht wenig über die tatsächliche Nutzung durch die Besucher. Vergleichen Sie die Seitenaufrufe von zwei Websites miteinander, so verrät Ihnen das Ergebnis nicht, welche Website mehr Nutzer hat oder mehr Umsatz generiert.

Ein ähnliches Problem haben Sie beim Betrachten von Visits. Auch hier erfahren Sie durch die reine Zahl wenig über die Qualität der Besucher. Beim Vergleich zweier Kampagnen fällt es schwer, anhand der Visits einen »Gewinner« auszumachen.

Versuchen Sie daher eine qualitative Kennzahl zu verwenden, zum Beispiel die Verweildauer. Sie ermöglicht eine Aussage über das Handeln der Besucher auf der Website. Je länger sich die Besucher auf Ihrer Website aufhalten, desto interessierter sind sie an Ihren Inhalten. Beispiele für qualitative und quantitative Kennzahlen zeigt Ihnen Tabelle 3.1.

Für eine Kampagne ist die Absprungrate ein gutes Beispiel für eine qualitative Metrik. Werbemittel mit einer niedrigen Absprungrate sind besser gelungen als Werbemittel mit einer hohen Rate.

Quantitativ	Qualitativ
▶ Seitenaufrufe ▶ Visits ▶ Umsatz ▶ Kosten	▶ Absprungrate ▶ Verweildauer ▶ Seiten pro Sitzung ▶ Umsatz pro Warenkorb ▶ Kosten pro Klick ▶ Kosten pro Bestellung

Tabelle 3.1 Beispiele für quantitative und qualitative Kennzahlen

Natürlich ist auch bei einer qualitativen Metrik *mehr* nicht automatisch *besser*. Aber sie erlaubt eine schnellere Bewertung. Quantitative Metriken wie Seitenaufrufe oder Visits eignen sich nur bedingt als KPI, da sie nur ein oberflächliches Bild zeichnen. Allerdings können Sie auch Visits oder Seitenaufrufe sinnvoll einsetzen, indem Sie sie gezielt für bestimmte Inhalte betrachten. Verwenden Sie also nicht die Gesamt-Visits als KPIs, sondern zum Beispiel die Visits der Kontaktseite. Durch diese Einschränkung machen Sie aus den quantitativen Visits eine qualitative Kennzahl.

Für einen Shop betrachten Sie nicht den gesamten Umsatz, sondern den Umsatz pro Bestellung. Dieser Wert vereinfacht Ihnen beispielsweise den Vergleich von unterschiedlichen Kampagnen. Denn um den gesamten Umsatz richtig bewerten zu können, müssen Sie auch die Kosten vergleichen. Haben Sie durch eine Kampagne zum Beispiel 1.000 € Umsatz gemacht, aber 5.000 € dafür bezahlt, war sie ein Verlust. Bei 1.000 € Umsatz und 250 € Kosten war sie dagegen ein Gewinn (siehe Tabelle 3.2).

	Umsatz	Kosten	Gewinn/Verlust
Kampagne A	1.000 €	5.000 €	–4.000 €
Kampagne B	1.000 €	250 €	+750 €

Tabelle 3.2 Nur den Umsatz zu betrachten, genügt nicht.

Der Umsatz pro Nutzer dagegen erlaubt Ihnen zu einem gewissen Grad, die **Qualität** der Besucher über diese Kampagne zu bewerten, auch bei unterschiedlichen Budgets. Ein Kanal hat für jede Bestellung 200 € Umsatz gebracht, im Gegensatz zu einem zweiten Kanal mit 75 € Umsatz pro Bestellung (siehe Tabelle 3.3). In diesem Fall sollten Sie aber überlegen, mehr Geld für den ersten Kanal auszugeben.

	Umsatz	Bestellungen	Umsatz pro Bestellung
Kampagne A	1.000 €	5	200 €
Kampagne B	1.050 €	14	75 €

Tabelle 3.3 Umsatz pro Bestellung zur Bewertung einer Kampagne

KPIs, die Sie mit einer Formel aus mehreren Kennzahlen bilden, können die Analyse vereinfachen. Versuchen Sie aber nicht, zu viele Aspekte in einer Formel zusammenzuführen. Je mehr Werte in die Berechnung einfließen, desto schwieriger wird es, die Berechnung nachzuvollziehen und die Entwicklung zu interpretieren.

3.1.4 Zielvorgaben

Mit dem KPI haben Sie das Werkzeug, um die Maßnahme zu bewerten. Um festzustellen, ob die Maßnahme erfolgreich war, brauchen Sie eine Zielvorgabe. Mit ihr definieren Sie Ihre Erwartungshaltung an eine Maßnahme, also beispielsweise wie viele neue Nutzer Ihnen eine Kampagne bringen soll. Für jede Ihrer Maßnahmen aus dem Measurement-Modell sollten Sie daher eine Zielvorgabe definieren (siehe Abbildung 3.6).

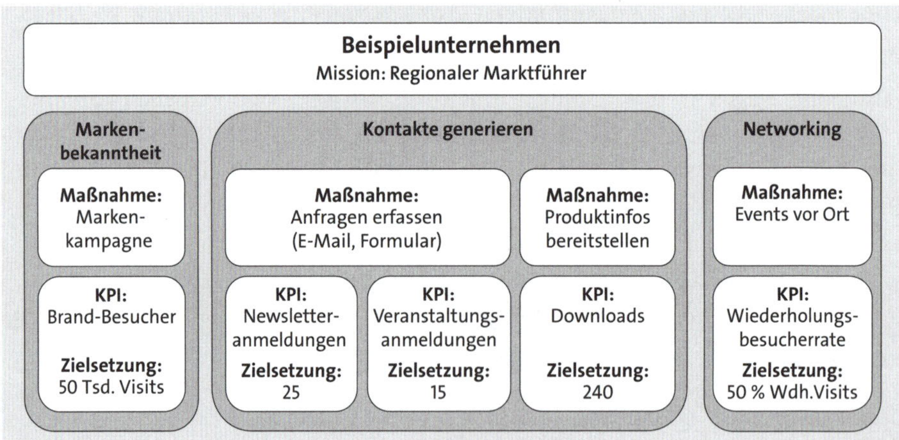

Abbildung 3.6 KPIs und zugehörige Zielvorgaben

Das Schwierigste an Zielvorgaben ist die Abschätzung: Wie kommen Sie zu den Werten, die Ihre Maßnahme erreichen soll?

Eine naheliegende Methode ist der historische Vergleich. Wenn Sie einen Teil Ihrer Website optimieren – zum Beispiel ein Formular –, sollte die Abschlussquote des Formulars besser sein als vorher. Allerdings muss die Verbesserung klar erkennbar sein, dabei sollten Sie auch einen bestimmten Wert festlegen, um den Sie den KPI verbessern wollen, beispielsweise +5 %. Somit verhindern Sie, dass eine minimale Bewegung um 0,01 % bereits über Erfolg oder Misserfolg entscheidet.

Für eine Kampagne möchten Sie als Zielvorgabe meist einen bestimmten Umsatz festlegen. Allerdings wissen Sie nur aus der Planung, wie viele Besucher durch die Kampagne auf Ihre Website kommen sollen. Auch hier helfen historische Daten weiter. Ermitteln Sie den durchschnittlichen Umsatz eines Kampagnenbesuchers aus den letzten Monaten. Wenn Sie nun den durchschnittlichen Umsatz mit der Zahl der erwarteten Besucher multiplizieren, erhalten Sie den zu erwartenden Umsatz.

Natürlich gibt es auch Situationen, in denen Sie keine historischen Daten für einen Vergleich haben, zum Beispiel, wenn Sie ein neues Feature auf der Website einbauen, das es vorher nicht gab. In so einem Fall können Sie mit einer Schätzung arbeiten und sie nach den ersten Ergebnissen korrigieren. Das ist immer noch besser, als ganz ohne Vorstellung in die Umsetzung zu gehen. Je öfter Sie mit Zielvorgaben arbeiten, desto besser werden Ihre Einschätzungen.

Für welche Methode Sie sich auch entscheiden, in jedem Fall müssen Sie zwischen einer absoluten oder einer relativen Zielsetzung wählen. Bei einer absoluten Zielvorgabe legen Sie einen Wert oder eine Anzahl fest, die über- oder unterschritten werden soll. 1.200 Bestellungen wären beispielsweise eine absolute Zielvorgabe.

Die Zielsetzung wählen Sie dagegen relativ, indem Sie eine prozentuale Veränderung zum heutigen Wert vorgeben. Ein Beispiel wäre eine Erhöhung der Bestellungen um 10 %. Die prozentuale Veränderung ist besonders dann sinnvoll, wenn Sie eine Veränderung über unterschiedliche Segmente hinweg vergleichen möchten.

In Tabelle 3.4 sehen Sie die unterschiedlichen Ergebnisse, je nachdem, wie Sie die Zielsetzung wählen. Alle drei Kampagnen hätten das absolute Zielvorhaben von 4.000 zusätzlichen Visits erreicht. Aber nur Kampagne C verzeichnet ein Plus von 39 %.

	Visits	Veränderung absolut	Veränderung relativ
Kampagne A	23.153	+4.000	+21 %
Kampagne B	88.901	+4.000	+5 %
Kampagne C	14.338	+4.000	+39 %

Tabelle 3.4 Absolute im Vergleich zu prozentualer Veränderung

Die Zielvorgabe spiegelt auch immer Ihre Erwartungshaltung gegenüber der Maßnahme wider und zeigt an, wann ein Erfolg erreicht ist. Sie ist damit ein wichtiges Werkzeug zur Orientierung für alle Beteiligten in der Umsetzung. Ohne Zielvorgabe verlieren Sie die Chance, etwas zu lernen. Und sei es nur, die Zielvorgabe beim nächsten Mal genauer abzuschätzen.

3.1.5 Besuchergruppen

Genauso, wie Sie unterschiedliche Unternehmensziele und Maßnahmen mit Ihrer Website verfolgen, haben auch Ihre Besucher unterschiedliche Wünsche und Bedürfnisse. Ein Besucher kann Interesse an Ihren Leistungen oder Produkten haben, vielleicht sucht er Kontaktinformationen oder möchte aktuelle Stellenangebote einsehen – die Möglichkeiten sind vielfältig. Nicht jeder dieser Nutzertypen ist für jedes Ihrer Ziele und Ihrer KPIs relevant: Ob ein Stellensuchender die neue Produktseite aufruft oder nicht, sagt wenig über die Qualität der Seite aus. Ein Kampagnenbesucher dagegen, den Sie über ein Werbemittel »eingekauft« haben, sollte sich im Idealfall weitere Informationen über Ihre Produkte anschauen.

Für jede Maßnahme definieren Sie, welche Besuchergruppe(n) Sie damit ansprechen möchten (siehe Abbildung 3.7). In der späteren Auswertung erfahren Sie so, welche Gruppen Sie tiefer analysieren müssen, um den Erfolg oder Misserfolg der Maßnahme besser zu verstehen.

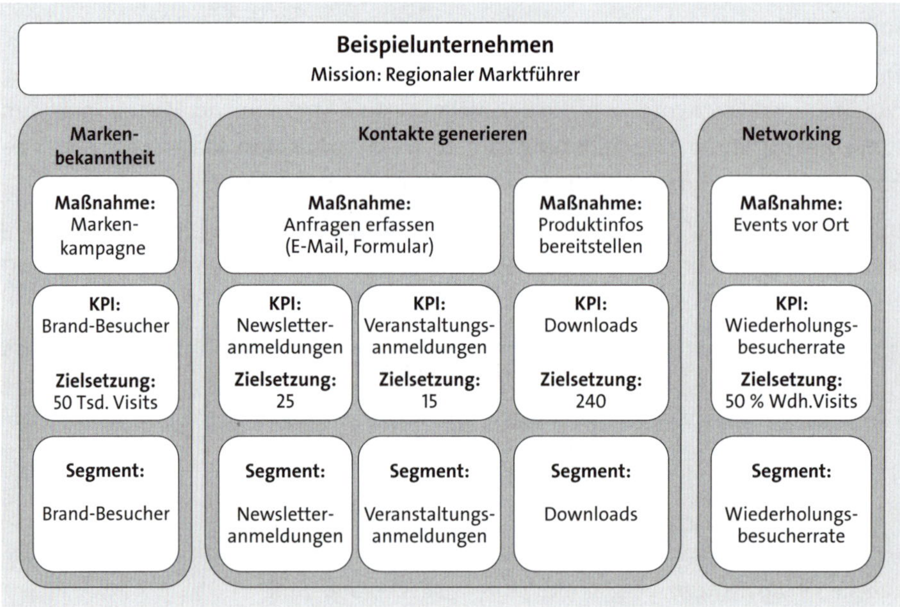

Abbildung 3.7 Vollständiges Marketing-Modell mit Besuchergruppen

Die Schwierigkeit besteht darin, diese Nutzertypen auf der Website zu erkennen. Dazu sollten Sie zunächst versuchen, Ihre wichtigsten und häufigsten Nutzertypen zu definieren. Zum Teil ergeben sich diese Typen aus den Inhalten, die Sie auf der

Website anbieten. Wenn es dort einen Stellenbereich gibt, sollten Sie einen Nutzertyp Stellensucher aufführen.

Im nächsten Schritt überlegen Sie, woran dieser Typ erkannt werden könnte: Er ruft Seiten aus dem Stellenbereich auf, oder er sucht in der internen Suche nach entsprechenden Begriffen.

Sie definieren die Gruppe Stellensucher also anhand von aufgerufenen oder gesuchten Inhalten. Daneben können Sie weitere Besuchergruppen anhand von Merkmalen definieren, zum Beispiel dem verwendeten Browser. Tabelle 3.5 zeigt einige Beispiele für Besuchergruppen.

Besuchergruppe	Beschreibung
Interessierte	mehr als vier Minuten auf der Website
Neulinge	zum ersten Mal auf der Website
Mobile	Besucher, die von einem Smartphone surfen
Couch-Surfer	Besucher mit einem Tablet
Bouncer	nur eine Seite aufgerufen
potenzielle Käufer	Produktseite aufgerufen

Tabelle 3.5 Mögliche Besuchergruppen

Bei vielen unterschiedlichen Inhalten auf Ihrer Website helfen diese Unterteilungen, den Fokus auf die »richtigen« Besucher zu legen.

Mit diesem letzten Baustein haben Sie nun Ihre wichtigsten Unternehmensziele und Maßnahmen beschrieben, Ihre Zielvorhaben gesetzt und die Besuchergruppen definiert, die Sie erreichen wollen. Auf dieser Grundlage ist es nun deutlich leichter, im nächsten Schritt zu definieren, was genau getrackt werden soll, welche Berichte dazu nötig sind und wo Erweiterungen eingebaut werden müssen.

3.2 Conversions

Im Umgang mit Maßnahmen und Zielen werden Sie unweigerlich *Conversions* begegnen. Conversions bezeichnen im Online-Marketing den Vorgang, wenn ein Besucher durch eine Aktion von einem Status in einen anderen konvertiert, also umgewandelt wird. Ein Beispiel: Der Besucher eines Online-Shops wird durch eine Bestellung zum Kunden. Er ist also von der Gruppe der Besucher in die Gruppe der Kunden konvertiert.

Im Measurement-Modell bezeichnet eine Conversion, dass ein Besucher das Ziel erreicht hat, das Sie mit Ihrer Maßnahme verfolgt haben, beispielsweise Newsletter-Anmeldungen zu generieren. Die *Conversion-Rate* stellt das Verhältnis der konvertierten Besucher zu den Gesamtbesuchern dar.

Nicht immer ist die Erreichung eines Zielvorhabens so eindeutig zu bestimmen wie eine Newsletter-Anmeldung. Hat Ihre Maßnahme das Ziel, Interessenten auf die Website zu führen, müssen Sie zunächst überlegen, wie Sie eine passende Conversion definieren können, die den Wandel vom Besucher zum Interessenten anzeigt.

Daneben können Sie noch eine zweite Variante wählen, um Conversions zu definieren. Hierbei bewerten Sie die Stellen Ihrer Website, an denen Nutzer eine Aktion ausführen können, beispielsweise ein Formular absenden oder eine Datei herunterladen. An diesen Aktionspunkten signalisieren Ihre Besucher ein stärkeres Interesse an Ihrem Angebot. Diese Aktionspunkte können Sie den Conversions und Maßnahmen aus Ihrer Vorüberlegung zuordnen oder vielleicht sogar Besuchergruppen entdecken, an die Sie vorher noch gar nicht gedacht hatten.

3.2.1 Aktionspunkte

Eine Conversion kann durch unterschiedliche Kriterien bestimmt werden. So ist etwa eine Transaktion – also die Aufgabe einer Bestellung in einem Shop – an sich bereits eine Conversion. Weiterhin könnte der Aufruf einer bestimmten Seite, das Abschicken eines Formulars oder der Klick auf einen Link eine Conversion darstellen. Aber auch das Erreichen einer festgelegten Verweildauer oder eine bestimmte Anzahl aufgerufener Seiten kann einen Besucher konvertieren lassen. Jede Aktion, die ein Besucher auf einer Website ausführt, kann letztlich eine Conversion darstellen.

Beispiele für Aktionen, bei denen der Besucher eine aktive Handlung vornimmt:

- Kontaktformular abschicken
- Link zu anderer Website anklicken
- Datei herunterladen
- Video starten
- Suche durchführen
- Produkt in den Warenkorb legen

Diese Aktionspunkte sind bereits auf der Website vorhanden. Sie können also die Website durchsuchen und diese Punkte notieren. Jeder Download-Link und jedes Formular ist jeweils ein Aktionspunkt und hat das Potenzial zur Conversion. Einige Punkte können Sie den Maßnahmen aus dem Measurement-Modell zuordnen, wahrscheinlich entdecken Sie zudem noch weitere, die im Modell nicht gefragt sind.

Erfassen Sie alle Aktionspunkte, und legen Sie sie als Zielvorhaben in Analytics an. Denn Ihre Unternehmensziele können sich im Laufe der Zeit verändern, oder vielleicht starten Sie neue Maßnahmen zur Erreichung neuer Ziele. Wenn Sie bereits die Conversions als Messpunkte hinterlegt haben, sind bis zu diesem Zeitpunkt schon Daten eingelaufen, und Sie können schneller zu Ergebnissen gelangen.

Für Maßnahmen aus dem Measurement-Modell, die noch nicht auf der Website messbar sind, sollten Sie entsprechende Aktionspunkte schaffen. Versuchen Sie, Ihre Nutzer zu einer aktiven Handlung auf der Website zu motivieren. Vielleicht müssen Sie auch neue Tracking-Aufrufe programmieren, um an die nötigen Informationen zu kommen. Die Schwierigkeit besteht allerdings eher darin, zu überlegen, *was* Sie zählen möchten. Die Umsetzung in Form von Tracking-Aufrufen ist dann häufig wenig aufwändig. Tabelle 3.6 zeigt Ihnen einige Beispiele, wie Sie Aktionen Ihrer Nutzer messen können.

Aktion des Besuchers	Gemessen durch Tracking von
▶ Downloads einer Datei	▶ Klicks auf den Download-Link
▶ lange Seite gelesen	▶ Scrolling im Browser
▶ Bestellung aufgegeben	▶ Laden der Bestätigungsseite
▶ Abgänge zu externer Website	▶ Klicks auf den Link zur Website
▶ Produkt in Warenkorb gelegt	▶ Klick auf HINZUFÜGEN

Tabelle 3.6 Messung von Besucheraktionen

3.2.2 Makro- und Mikro-Conversions

Die wichtigste Conversion eines Online-Shops ist der Verkauf. Daher nennen wir sie auch *Makro-Conversion*. Auf dem Weg zum Käufer gibt es aber noch eine Reihe an Zwischenstufen, die der Nutzer zuvor durchlaufen kann. Er kann sich zum Beispiel registrieren, für einen Newsletter anmelden, Facebook-Fan werden usw. (siehe Abbildung 3.8). Alle diese Aktionen führen zwar nicht direkt zum Kauf, aber mit jeder Stufe, die ein Besucher durchläuft, steigt die Wahrscheinlichkeit, dass er am Ende kauft. Solche Aktionen nennen wir *Mikro-Conversions*. Sie sind ebenfalls ein Indikator für den Erfolg einer Maßnahme oder Kampagne.

Der Sinn hinter der Messung von Makro-Conversions ist einleuchtend. Mit Mikro-Conversions erweitern Sie Ihre Optionen bei der Bewertung Ihrer Maßnahmen. Mikro-Conversions unterteilen den Weg des Besuchers in kleinere Einheiten. Diese kleineren Abschnitte lassen sich gezielter optimieren, und Sie können Entwicklungen schneller erkennen.

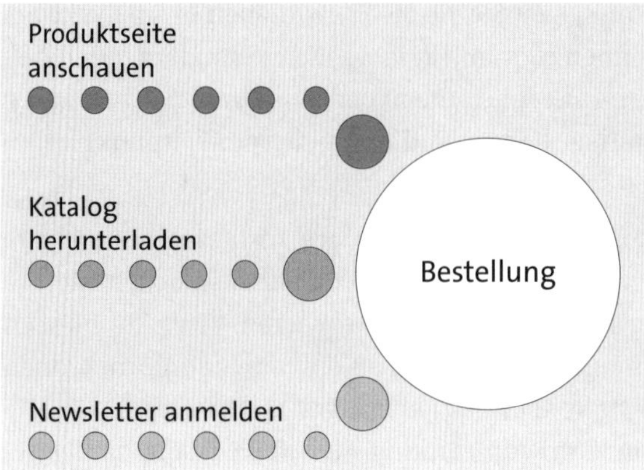

Abbildung 3.8 Mikro-Conversions auf dem Weg zur Bestellung

Je nach Website-Typ kann es außerdem sein, dass eine Makro-Conversion nur selten vorkommt – und somit nur schwer Aussagen darüber gewonnen werden können. Wenn beispielsweise eine Website Solaranlagen für die Installation auf dem Hausdach verkauft, dann handelt es sich um ein sehr hochpreisiges Produkt. Nicht jeder Besucher der Website wird sofort einen Kauf tätigen.

3.2.3 Zielwerte festlegen

Das Messen von Conversions zeigt Ihnen, was an den wichtigsten Stellen Ihrer Website passiert. Noch mehr Einblick in Ihren Website-Erfolg bekommen Sie, wenn Sie jeder Conversion einen *Zielwert* zuweisen.

Mit Zielwerten ordnen Sie einer Conversion einen Geldbetrag zu. Sie legen also fest, was diese Conversion Ihnen monetär einbringt. Bei einem Verkauf in einem Online-Shop ist das recht einfach: Der Umsatz, den Sie mit dem Verkauf erwirtschaften, ist der Zielwert. Darum werden bei Google Analytics die Bestellwerte von Transaktionen automatisch als Zielwerte erfasst.

Für alle anderen Conversions, zum Beispiel das Abschicken eines Kontaktformulars, können Sie selbst einen Zielwert definieren. Diese Zielwerte berechnet Google Analytics für alle Kampagnen und sogar für jede einzelne Seite Ihres Auftritts. Mehr zu den genauen Berechnungen finden Sie in Abschnitt 6.4.

Wie viel ist eine Conversion, in Euro ausgedrückt, wert? Es gibt einige Methoden, wie Sie zu einem Ergebnis kommen können. Natürlich sind diese Zielwerte nie hundertprozentig genau, denn es handelt sich meistens um Durchschnittswerte oder Schätzungen. Aber selbst wenn diese Werte nur zu 80 % genau sind, schaffen sie trotzdem einen Mehrwert für die Betrachtung Ihrer Website-Daten.

Erfahrungswerte

Möglicherweise kann der Besucher auf Ihrer Website Ihre Produkte gar nicht direkt kaufen, sondern nur ein Kontaktformular ausfüllen. Er kann aber auch eine E-Mail schreiben oder anrufen. Wie bestimmen Sie nun einen Zielwert?

In diesem Fall hilft Ihnen erneut ein historischer Rückblick. Dafür müssen Sie für jede Anfrage festhalten, ob sie über das Kontaktformular, eine direkte E-Mail oder telefonisch kam. Nun schauen Sie, wie viele dieser Anfragen nach einem festgelegten Zeitraum von beispielsweise 60 Tagen zu einem konkreten Auftrag (Abschluss, Verkauf etc.) geführt haben und welcher Umsatz erzielt wurde. Dann teilen Sie diesen Umsatz durch die Zahl aller Anfragen im betreffenden Zeitraum und erhalten so einen Durchschnittswert. Diesen Wert hinterlegen Sie als Zielwert.

Vergleichswerte

Eine weitere Methode ist der Vergleich mit anderen Maßnahmen. Als Beispiel betrachten wir einen Hersteller von Videosoftware. Er unterhält eine Hotline für Anwenderfragen. Jeder Anruf bei der Hotline erzeugt Kosten im Callcenter, die über die monatliche Rechnung bekannt sind. Demnach kostet das Unternehmen ein Anruf im Callcenter durchschnittlich 1,30 €.

Der Hersteller hat weiterhin auf seiner Website einen Hilfebereich mit Videos eingerichtet, in dem die häufigsten Fragen der Anwender erläutert werden. Die häufigsten Fragen wurden anhand der Anrufe im Callcenter bestimmt. Die Überlegung ist nun, dass ein Nutzer, wenn er ein Video im Hilfebereich nutzt und anschaut, nicht mehr im Callcenter anruft und ein Anruf »gespart« wird. Somit ist die Betrachtung eines Videos 1,30 € wert und der Zielwert beträgt gleichfalls 1,30 €.

Anteil und Teilschritt

Ein Unternehmen verkauft auf seiner Website individuelle Reisetaschen. Der Besucher kann sich in einem Konfigurator Form, Größe und Farbe seiner Tasche nach seinen persönlichen Vorlieben zusammenstellen. Das fertige Produkt kostet durchschnittlich 180 €. Die Makro-Conversion, der Verkauf der Tasche, hat also einen Zielwert von durchschnittlich 180 €. Wie viel ist aber die Nutzung des Konfigurators wert?

Der Konfigurator ist ein wichtiger Teilschritt auf dem Weg zum Kauf einer Tasche. Besucher, die ihn verwenden, werden mit einer höheren Wahrscheinlichkeit als andere Nutzer tatsächlich kaufen. Als Zielwert für die Nutzung legen Sie daher ein Sechstel des durchschnittlichen Verkaufswertes fest, also 30 €.

Diese Berechnung können Sie für jeden weiteren Teilschritt wiederholen, etwa den Download des PDF-Katalogs. Allerdings ist die Abschlusswahrscheinlichkeit nach einem Download deutlich geringer als beim Konfigurator. Daher setzen Sie als Zielwert 5 € fest.

Beteiligte fragen

Wenn Sie keine Vorstellung davon haben, wie hoch der Zielwert einer Conversion sein sollte, nutzen Sie am besten die Intelligenz der Gruppe: Fragen Sie Ihre Kollegen und Mitarbeiter aus anderen Abteilungen nach ihrer Einschätzung. So bekommen Sie unterschiedliche Blickwinkel auf Kosten und Umsatz für Ihre Betrachtung.

3.3 Webanalyse im Unternehmen

Die Website ist heute ein integraler Bestandteil vieler Unternehmen. Sie soll neue Interessenten anziehen und über Produkte informieren. Darüber hinaus soll sie aber auch Fragen der Kunden beantworten, eine Kontaktmöglichkeit bei Problemen bieten und möglichst eine Bindung zum Kunden aufrechterhalten. Schließlich soll sie das Unternehmen mit seiner Philosophie und Historie darstellen, Termine ankündigen und Stellenangebote aufzeigen.

Die nötigen Informationen dazu kommen von unterschiedlichen Ansprechpartnern oder aus unterschiedlichen Abteilungen, die alle mit der Website ihre Ziele erreichen wollen. Dementsprechend haben sie alle bestimmte Fragen und Anforderungen an die Webanalyse – die sich je nach Abteilung unterscheiden. Im Folgenden zeigen wir häufige Anforderungen, die wir aus unserer täglichen Arbeit mit Kunden kennengelernt haben. Dabei unterteilen wir die Beispiele in die Bereiche Marketing, Vertrieb, Kommunikation und IT.

3.3.1 Marketing

Die wenigsten Besucher kommen auf eine Website, indem sie die www-Adresse im Browser eintippen. Sie klicken viel eher auf eine Werbung, einen Treffer in Google, einen Post in Facebook oder einen Link in einer E-Mail. Einige Quellen kosten Geld, etwa Banner oder AdWords. Daher ist eine zentrale Anforderung des Marketings, die Kanäle getrennt auszuwerten und möglichst jede Werbekampagne und jedes Werbemittel zu erfassen, damit sich später Kosten und Erfolge vergleichen lassen.

Einige Kanäle kann Google Analytics ohne weitere Informationen unterscheiden:

- Direkteingaben
- organische Suche
- Verweise

- Google AdWords (mit Autotagging)
- Social-Media-Quellen (Facebook, Twitter etc.)

Bei Werbung durch Banner oder Newsletter müssen Sie bei der Vorbereitung selbst darauf achten, dass die Besucher später richtig erkannt werden. Dazu erstellen Sie eigene *Kampagnen-Parameter*. Dabei werden an die URL, die als Ziel für das Werbemittel hinterlegt wird, mehrere Parameter angehängt, die dann automatisch von Google Analytics ausgewertet werden (siehe Abbildung 3.9).

```
0030?utm_campaign=socialflow&utm_source=plus.url.google.com&utm_medium=social
```

Abbildung 3.9 Analytics-Kampagnen-Parameter an einer URL

Dieses Prinzip gilt für alle Werbemittel oder sonstigen Links, die Sie zählen wollen. Google übernimmt bei seinen Diensten die nötige Kennzeichnung für Sie. Bei Kampagnen mit Google AdWords oder im Google-Display-Netzwerk (GDN) können Sie die Ziel-Links automatisch mit einem Tracking-Code versehen lassen.

Automatische Kampagnen-Parameter bei Google-Werbung

Wenn Sie Werbung in Google AdWords oder im Google-Display-Netzwerk schalten, kann Google die Kennzeichnung mit Kampagnen-Parametern automatisch übernehmen. Diese Option kann allerdings deaktiviert werden, prüfen Sie daher immer die Einstellung.

Haben Sie Ihre Werbebuchungen mit den nötigen Kampagnen-Parametern versehen, können Sie erkennen, welche Besucher über die Werbung zu Ihrer Website kamen. Im nächsten Schritt geht es darum, zu bewerten, ob die Kampagne die »richtigen« Besucher zu Ihrer Website geführt hat. Aus Marketingsicht sind dafür folgende Kennzahlen interessant, die Sie in Tabelle 3.7 finden.

Kennzahl	Fragestellung
Visits	Wie viele Besucher kamen über das Werbemittel?
Impressions	Wie oft wurde das Werbemittel von potenziellen Besuchern gesehen?
Klicks	Wie oft haben Besucher auf das Werbemittel geklickt?
Kosten	Wie viel Geld haben Sie für die Kampagnen-Besucher ausgegeben?
Umsatz	Wie viel Umsatz haben Kampagnen-Besucher generiert?

Tabelle 3.7 Kennzahlen für Marketing-Kampagnen

Kennzahl	Fragestellung
Absprünge	Wie viele Besucher verlassen Ihre Website sofort wieder?
Verweildauer	Wie lange und wie tief beschäftigen sich die Besucher mit Ihren Inhalten?
Conversions	Welche Mikro- und Makro-Conversions haben die Kampagnen-Besucher erreicht?

Tabelle 3.7 Kennzahlen für Marketing-Kampagnen (Forts.)

Für Kampagnen sind nicht nur die neu gewonnenen Nutzer von Bedeutung, sondern auch die absolute Reichweite – wie oft wurde mein Werbemittel von einem potenziellen Besucher gesehen? Diese Impressions sind normalerweise nicht Bestandteil in Analytics. Wenn Sie also wissen möchten, wie oft ein Banner ausgespielt wurde, müssen Sie diese Zahl aus dem Bannerserver oder vom jeweiligen Anbieter beziehen. Gleiches gilt für Newsletter. Ausnahme ist wieder die Werbung im Google-Netzwerk selbst: Für AdWords und GDN werden diese Daten bei entsprechender Einstellung direkt ins Analytics-Konto übernommen.

Die Kosten einer Kampagne bzw. eines Klicks gehören ebenfalls zu den Marketing-Standarddaten. Wie die Impressions bekommen Sie diese nur vom Bannerserver oder Anbieter. Für diese Daten hat Analytics allerdings eine Upload-Möglichkeit, mit der Sie die Kostendaten ins System spielen und mit den Besucherdaten verknüpfen können. Für Werbung in Google-Diensten erfolgt die Verknüpfung abermals automatisch.

Um unterschiedliche Werbemittel und Kampagnen vergleichen zu können, bilden Sie nun die Kosten pro Besucher ab (siehe Tabelle 3.8). So werden aus Kennzahlen potenzielle KPIs.

Kennzahlen	KPI
Klicks geteilt durch Impressions	Click-Through-Rate (CTR)
Kosten geteilt durch Klicks	Cost per Click (CPC)
Kosten geteilt durch Kontaktanfragen	Cost per Lead (CPL)
Kosten geteilt durch Bestellungen	Cost per Order (CPO)

Tabelle 3.8 Kennzahlen werden zu KPIs.

Google Analytics erkennt wiederkehrende Nutzer und kann daher nachvollziehen, ob Besucher mehrfach über unterschiedliche Werbemittel zur Website gelangten. Damit lassen sich die Auswirkungen einer Kampagne von einem zusätzlichen Blickwinkel aus betrachten. Denn normalerweise werden Ziele oder Abschlüsse nur derjenigen Quelle zugeordnet, die den Visit auf die Website gebracht hat. Frühere Visits werden bei dieser Betrachtungsweise nicht berücksichtigt. Die *Multi-Channel-Analyse* zeigt hingegen, wie groß der Einfluss einer bestimmten Werbung auf die Zielerreichung oder den Umsatz insgesamt war (siehe Abbildung 3.10).

Channel-Gruppierungspfad ?	Conversions ↓
1. Bezahlte Suche × 2	6.516
2. Direkt × 2	5.342
3. Bezahlte Suche > Direkt	3.005
4. Bezahlte Suche × 3	2.423
5. Direkt × 3	2.129
6. Organische Suche > Direkt	1.615

Abbildung 3.10 Zusammenhänge zwischen Werbemitteln erkennen

Für die Bewertung der Werbemaßnahmen ist die *Absprungrate* (engl. *Bounce Rate*) eine wichtige Kennzahl. Sie beschreibt den Anteil an Besuchern, die die Website direkt wieder verlassen, ohne eine weitere Seite aufzurufen oder eine andere Aktion durchzuführen. Eine hohe Absprungrate kann darauf hindeuten, dass die Kampagne oder die Werbemittel eine falsche Erwartungshaltung beim Besucher wecken oder dieser auf der Zielseite – auch *Landingpage* genannt – den Zusammenhang zur Anzeige nicht herstellen kann.

Neben der Absprungrate sind erreichte Zielvorhaben und Abschlüsse weitere wichtige Größen. Wenn Sie Ihre wichtigsten Mikro- und Makro-Conversions in Analytics eingerichtet haben, zum Beispiel Prospekt-Downloads, übernimmt das System die Verknüpfung der Kampagnen mit den Zielvorhaben automatisch. Sie sehen also für jede Kampagne und jedes Werbemittel, welche Ziele die Nutzer auf Ihrer Website passiert haben.

Sie sollten nicht nur Makro-Conversions betrachten (etwa Verkäufe), sondern auch Mikro-Conversions, um möglichst genau zu identifizieren, an welcher Stelle Besucher die Seite verlassen. Falls es keine Ziele in Form von Aktionen auf der Website gibt, nutzen Sie die Verweildauer und die Anzahl der aufgerufenen Seiten, um Hinweise für die Bewertung zu erhalten.

3.3.2 Vertrieb

Ein Vertriebsmitarbeiter soll Produkte und Leistungen verkaufen. Sie können Ihre Website also wie einen Vertriebsmitarbeiter betrachten, besonders dann, wenn Sie einen Online-Shop betreiben. Sobald etwas verkauft wird, gibt es eine Reihe von

Kennzahlen, die Sie betrachten sollten (siehe Tabelle 3.9). Einige haben Sie bereits für das Marketing kennengelernt – der Übergang ist hier fließend.

Kennzahl	Fragestellung
Umsatz	Wie viel Geld haben Sie mit dem Shop eingenommen?
Transaktionen	Wie viele Bestellungen gab es?
durchschnittlicher Bestellwert	Wie viel Geld haben Käufer pro Bestellung ausgegeben?
verkaufte Produkte	Welche Produkte wurden gekauft?
Menge der verkauften Produkte	Welche Stückzahl wurde von welchem Produkt verkauft?
Umsatz pro Käufer	Wie viel Geld hat der Käufer insgesamt in Ihrem Shop ausgegeben?
Tage bis zum Kauf	Wie viele Tage sind zwischen der ersten Sitzung und dem Kauf vergangen?
Sitzungen bis zum Kauf	Wie viele Sitzungen sind zwischen erster Sitzung und Kauf vergangen?
Conversion-Rate (CR)	Transaktionen geteilt durch alle Visits

Tabelle 3.9 Kennzahlen zum Verkauf

Analytics bietet umfangreiche Funktionen, um die Verkäufe und Nutzeraktivitäten in Ihrem Shop zu erfassen (siehe Abbildung 3.11). Die wichtigsten Kennzahlen haben Sie daher stets im Blick.

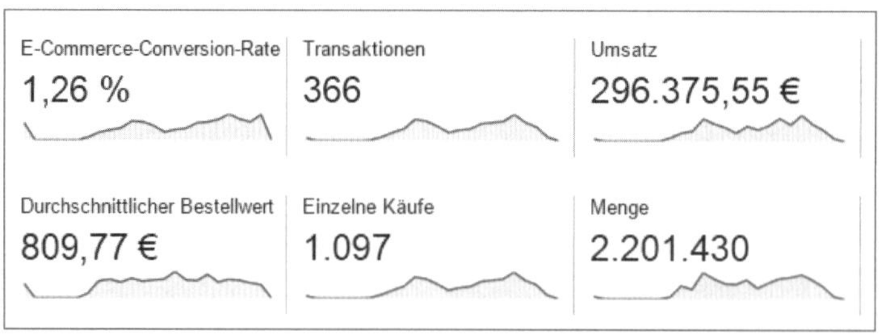

Abbildung 3.11 E-Commerce-Kennzahlen aus Google Analytics

Diese Werte werden dann in den Berichten Besucherquellen, Ländern, Sprachen usw. zugeordnet (siehe Abbildung 3.12), sodass Sie für nahezu jede Dimension die Verkäufe und Umsätze analysieren können.

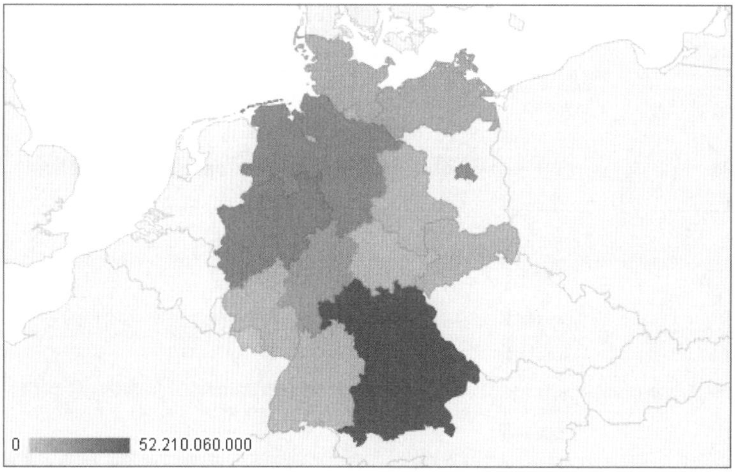

Abbildung 3.12 Beispiel Umsatz nach Bundesland

Eine Transaktion kann aus einem oder mehreren Elementen bestehen, die jeweils ihre eigene Bezeichnung, Kennnummer und einen individuellen Preis haben können. Analytics erfasst diese Daten und bringt sie mit den Marketingdaten zusammen: Sie sehen also für Ihre Besucher, wie viel Geld Sie für die Werbung ausgegeben haben und wie viel Umsatz Sie anschließend eingenommen haben. Damit wird die Bewertung von Kampagnen oder Maßnahmen kalkulierbar, denn Sie betrachten Ausgaben und Einnahmen. Eine Kampagne mag viel gekostet haben, aber wenn der Umsatz »stimmt«, ist alles in Ordnung. Eine günstige Maßnahme bringt Ihnen dagegen wenig, wenn Sie am Ende ohne Umsatz dastehen.

Sie sollten aber auch beobachten, was auf der Website selbst geschieht. Um einen mehrstufigen Bestellprozess der Website in Google Analytics abzubilden, also wenn der Bestellvorgang aus mehreren Seiten besteht, legen Sie ein Zielvorhaben mit zusätzlichem Zieltrichter an. So können Sie auch diejenigen Besucher identifizieren, die einen Bestellvorgang begonnen, aber nicht zu Ende gebracht haben.

Wichtig für die Planung von Maßnahmen ist die Entscheidungszeit, also der Zeitraum, den ein Käufer vom ersten Informieren auf der Website bis zum tatsächlichen Abschluss gebraucht hat. Analytics hält für diese Frage einen eigenen Bericht bereit (siehe Abbildung 3.13). Außerdem können Sie nachschlagen, wie oft ein Besucher vor dem tatsächlichen Kauf zum Webangebot kam.

Bei manchen Produkten ist nicht nur der aktuelle Verkauf interessant, sondern ob der Kunde über einen längeren Zeitraum auch tatsächlich Kunde bleibt. Das ist zum Beispiel bei Versicherungen oder Telefonverträgen der Fall: Sie rechnen sich für das Unternehmen häufig erst, wenn der Kunde länger als das erste Vertragsjahr Kunde bleibt. Diese Customer-Lifetime lässt sich heute noch nicht in Google Analytics abbilden, für eine solche Betrachtung müssen Sie die nötigen Daten gesondert protokollieren. Analytics kann Sie mit seinen unterschiedlichen Methoden jedoch bei diesem Vorhaben unterstützen.

Tage bis zur Transaktion	Transaktionen	Prozentsatz
0	7.248	89,01 %
1	138	1,69 %
2	61	0,75 %
3	61	0,75 %
4	50	0,61 %
5	36	0,44 %
6	30	0,37 %
7-13	151	1,85 %
14-20	86	1,06 %
21-27	47	0,58 %
28+	235	2,89 %

Abbildung 3.13 Beispiel Tage bis zum Kauf

3.3.3 Kommunikation

Für die Kommunikations- oder die PR-Abteilung ist es wichtig zu wissen, wie die von Ihnen bereitgestellten Inhalte genutzt werden. Gleiches gilt übrigens auch für eine Redaktion, zum Beispiel eines Online-Magazins. Einige Kennzahlen, die bei dieser Aufgabe helfen, finden Sie in Tabelle 3.10.

Kennzahl	Fragestellung
Seitenaufrufe	Wie oft werden eine Seite/ein Inhalt angeschaut?
eindeutige Seitenaufrufe	Wie viele Besucher rufen eine Seite auf?
Social Events	Wie oft wird die Seite in sozialen Netzwerken geteilt? Wie oft wird der Inhalt kommentiert?
Verweildauer	Wie lange bleiben die Besucher auf der Seite?
Scrolltiefe	Wie viel von der Seite sehen die Besucher tatsächlich?
wiederkehrende Nutzer	Wie oft kehren die Besucher zurück, um neue Inhalte zu lesen?
Nutzung Medien	Wie viele Besucher starten ein Video oder laden einen Podcast herunter?

Tabelle 3.10 Kennzahlen in der Kommunikation

Die einfachste Kennzahl ist der schlichte Aufruf einer Seite. Analytics unterscheidet die Seiten nicht nach ihrem Inhalt, dafür müssen Sie selbst sorgen. Zum Beispiel können Sie alle Artikel oder Beiträge in ein bestimmtes Unterverzeichnis legen.

Dann lassen sich für die Artikel weitere Kennzahlen erfassen: Wie lange sind die Besucher auf der Seite geblieben (Verweildauer)? Haben sich die Besucher noch weitere Seiten auf dem Angebot angeschaut (Absprung- und Abbruchrate)?

Neben der direkten Nutzung ist es für solche Bereiche wichtig, einen Stamm an Interessenten aufzubauen. Im Idealfall kommt ein Nutzer nicht nur einmal, sondern immer wieder auf die Website, um neue Inhalte zu lesen. Anhand des Zeitraums zwischen diesen Besuchen lässt sich berechnen, ob Besucher überhaupt alle neuen Inhalte zu Gesicht bekommen.

Beispiel: Ein Online-Magazin stellt alle drei Tage neue Artikel auf seine Homepage. Die meisten Nutzer kommen aber nur einmal pro Woche auf die Website, also alle sieben Tage. Viele Besucher »verpassen« somit etwa die Hälfte der neuen Artikel.

Bei modernen Medien-Websites ist nicht mehr nur der Konsum eines Artikels gewünscht. Ein Zielvorhaben ist es, Nutzer zur Interaktion zu bewegen: durch Kommentarmöglichkeiten, Optionen zum Teilen bei Facebook oder Twitter oder durch Bewertungen. Ein Inhalt, der viele Diskussionen anregt oder oft geteilt wird, ist erfolgreicher als ein Inhalt, der nur oft aufgerufen wird. Dafür kann Analytics Klicks auf soziale Plugins auf Ihrer Website messen, zum Beispiel einen Facebook-Button (siehe Abbildung 3.14).

Per soziales Netzwerk geteilter Inhalt	Soziale Interaktionen
1. http://www.luna-park.de/blog/5386-recap-zum-seacamp-2013/	7
2. http://www.luna-park.de/blog/5561-seo-dreht-sich-immer-um-keywords/	6
3. http://www.luna-park.de/blog/5619-sky-beach-feierabend-mit-domblick/	5
4. http://www.luna-park.de/blog/5846-luna-park-auf-dem-weg-zur-dmexco-jeder-schritt-zahlt/	5
5. http://www.luna-park.de/blog/6207-luna-park-wuenscht-frohes-weihnachtsfest/	5
6. http://www.luna-park.de/blog/5373-recap-1-daala-berlin-in-2013/	4
7. http://www.luna-park.de/blog/5992-google-analytics-summit-2013/	4
8. http://www.luna-park.de/blog/6064-recap-seo-day-2013-linkjuice/	4
9. http://www.luna-park.de/blog/5451-measurebowling-europe-am-6-6-auch-in-koln/	3
10. http://www.luna-park.de/blog/5834-luna-park-gmbh-auf-der-dmexco-2013-termine-inhalte/	3

Abbildung 3.14 In sozialen Netzwerken geteilte Inhalte

3.3.4 IT

Für die IT sind technische Daten über die Website und ihre Besucher von Interesse. Die Abteilung muss dafür sorgen, dass die Systeme, auf denen die Website und weitere Komponenten laufen, ausreichend dimensioniert sind und auch Traffic-Spitzen bedienen können. Dazu untersucht die IT die Auslastung der Webserver, darauf laufender Software und der Datenbanken. Die Entwicklung der Besucherzahlen aus Analytics kann dabei helfen, den zukünftigen Bedarf zu ermitteln und rechtzeitig zu skalieren. Einige Kennzahlen mit den dahinterstehenden Fragestellungen bietet Tabelle 3.11.

Kennzahl	Fragestellung
Traffic-Spitzen	Wann sind die meisten Besucher auf der Website? Wann werden die meisten Seiten aufgerufen?
Ladezeiten	Welche Seiten brauchen lange zum Laden? Wie lange benötigen unterschiedliche Browser?
Internetanbieter	Von welchem Provider aus kommen die meisten Nutzer?

Tabelle 3.11 Mögliche Kennzahlen der IT

Mit Analytics können Sie der IT eine wichtige Information liefern, die sich nicht in den Serverdaten finden lässt: Wie lange haben die Besucher auf das Laden und den Aufbau der Website gewartet? Letztlich ist nicht entscheidend, wie schnell der Server aufgrund seiner Spezifikation sein könnte, sondern wie schnell Ihre Besucher die Inhalte bekommen. Google Analytics misst für eine Stichprobe der Besucher automatisch die Ladezeiten von der ersten Anfrage bis zur fertigen Anzeige im Browser. Dieser Wert ist der wichtigste aus Sicht Ihrer Nutzer, denn er bestimmt, wie lange sie vor dem Bildschirm warten müssen.

Robot-Zugriffe und tatsächliche Serverlast

Suchmaschinenbots von Google oder Microsoft inspizieren täglich Ihre Website auf neue Inhalte. Dafür laden Sie Ihre Seiten wie ein Browser und belasten somit den Webserver. Diese Bots können allerdings kein JavaScript, was die Voraussetzung dafür ist, den Analytics-Tracking-Code auszuführen. Sie sehen also in Ihren Berichten nur die Aufrufe von tatsächlichen Besuchern mit einem Browser, die Bots bleiben dagegen verborgen. Ihr Webserver hat daher immer mehr zu tun, als es Analytics zeigt.

Die Lade- und Antwortzeiten können Sie in Analytics nach verschiedenen Kriterien segmentieren. Zum Beispiel geben die Ladezeiten, nach Browsern unterteilt, darüber Aufschluss, ob ein bestimmtes Modell ein Problem mit der Website hat. Weiterhin können Sie die Ladezeiten für bestimmte Seiten untersuchen und so feststellen, ob bestimmte Inhalte wie ein Videoplayer die Geschwindigkeit insgesamt verlangsamen. Kommen Ihre Besucher auch aus dem Ausland, sind die Ladezeiten nach Land interessant (siehe Abbildung 3.15): Hier sehen Sie, wie lange beispielsweise Besucher aus den USA auf Ihre Inhalte warten müssen.

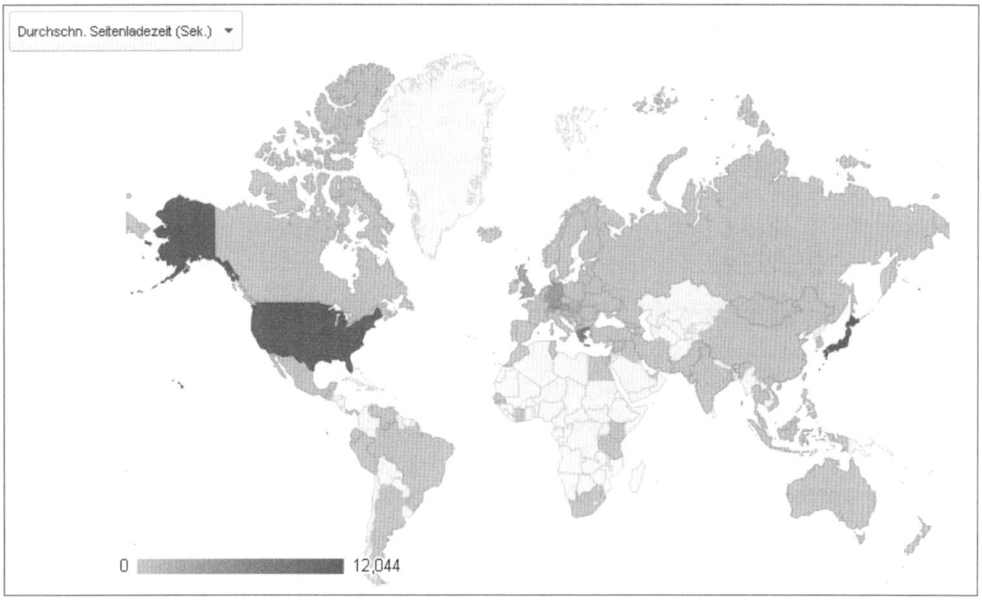

Abbildung 3.15 Durchschnittliche Ladezeit nach Ländern

Die Ladezeiten Ihrer Inhalte sollten Sie regelmäßig prüfen, denn selbst wenn Ihre Webserver Topleistung bringen, kann es bei Ihren Besuchern einen Flaschenhals geben. Die Geschwindigkeit Ihrer Website ergibt sich aus mehreren Komponenten:

- der Antwortzeit des Webservers
- der Übertragungsrate Ihrer Leitung ins Internet
- der Verbindungsgeschwindigkeit des Besuchers
- der Aufbaugeschwindigkeit der Seite im Browser

Welche dieser Komponenten für eine langsame Website tatsächlich verantwortlich ist, interessiert Ihre Besucher wenig. Wenn die Seite nicht schnell genug lädt, verlieren Sie Besucher.

3.4 Beispielfirma Tirami

In den nächsten Kapiteln werden Sie viele Codes, Berichte und Anwendungsfälle kennenlernen. Damit die Beispiele so etwas wie einen roten Faden erhalten, haben wir eine fiktive Beispielfirma kreiert. Die Firma Tirami und ihre Online-Aktivitäten sind vollständig erfunden, Ähnlichkeiten zu existierenden Websites sind rein zufällig.

Wir werden Tirami in unseren Erklärungen und Beschreibungen immer wieder aufgreifen und damit Lösungsansätze beschreiben. Damit Sie die Situation und Probleme der Online-Verantwortlichen besser nachvollziehen können, folgt nun eine Beschreibung der Firma und ihrer Online-Präsenzen.

Die Tirami GmbH produziert Korkenzieher und Flaschenöffner in der fünften Generation. Das mittelständische Familienunternehmen mit Sitz im Sauerland beschäftigt 1.200 Mitarbeiter und verkauft seine Waren weltweit. Neben Westeuropa als Hauptabsatzmarkt zählen Osteuropa und Russland zu den wichtigsten Exportgebieten. Auch Asien (China, Japan und Korea) gehört gerade im Hochpreissegment zu den neuen Zielmärkten.

Die Unternehmens-Website (*tirami.biz*) ist auf Deutsch und Englisch verfügbar. Außerdem gibt es landesspezifische Websites für die ausländischen Zielmärkte, jeweils mit eigener Top-Level-Domain, zum Beispiel *tirami.nl*. Jede Website enthält Informationen zum Unternehmen, den Produkten und Presseinformationen, je nach Land außerdem Stellenangebote und einen Servicebereich. Außerdem existiert noch ein Blog unter *blog.tirami.biz* sowie ein Wein-Magazin, das Tirami betreut (*vino-magazin.de*).

Der Produktbereich auf der Website enthält Informationen, PDF-Dokumente zum Download sowie Bildergalerien und Videos. Die Waren können online in einem eigenen Shop bestellt werden, der auf Deutsch und Englisch verfügbar ist.

Der Servicebereich bietet Formulare zur Kontaktaufnahme und Reklamation sowie eine FAQ-Liste. Der Personalbereich liefert Unterlagen zum Download, Videos sowie Formulare zur Bewerbung. Im Bereich Presse sind die aktuellen Mitteilungen abgelegt, weiterhin Bildmaterial für Journalisten und Kontaktinformationen.

Die Produkte werden mit Google AdWords beworben. Außerdem werden Banner auf diversen Fachseiten geschaltet. Für ausgewählte Kampagnen gibt es gesonderte Landingpages, die aktuelle Angebote bewerben. In Fachzeitschriften werden Printanzeigen geschaltet, die auf eine URL verweisen und zusätzlich einen QR-Code enthalten.

Die Verantwortung für die Websites liegt beim Online-Team. Die Abteilung Marketing kümmert sich um Kampagnen. Der Vertrieb füllt und betreut direkt den Shop. Die jeweiligen Landesversionen haben einen eigenen Ansprechpartner. Die hauseigene Redaktion betreibt den Blog und liefert in Zusammenarbeit mit freien Redakteuren das Material für das Vino-Magazin.

Alle anderen Abteilungen wenden sich mit ihren Anforderungen an die Marketingabteilung. Die Webseiten, das darunterliegende CMS, Landingpages und der Shop werden von der Agentur digital5 betreut, die Design und Programmierung übernimmt. Das Hosting wird durch die interne IT betreut.

Kapitel 4

Das Fundament: Strukturen schaffen

Wir zeigen, wie Sie in Google Analytics die zu erfassenden Websites strukturieren, um auch später flexibel auf neue Anforderungen reagieren zu können. Gerade dieses Grundgerüst lässt sich im Nachhinein nur schwer umbauen, daher lohnt es sich, etwas Zeit in die Planung zu investieren.

Für eine einzelne Website sind Sie mit Google Analytics schnell startklar. Das Einrichten eines Kontos und den Einbau des Tracking-Codes können Sie in wenigen Minuten erledigen. Wollen Sie dagegen mehrere Websites erfassen oder möchten Sie ein Reporting für unterschiedliche Ansprechpartner oder Abteilungen einrichten, sollten Sie etwas Zeit in die Planung Ihres Kontos investieren. Mit der richtigen Struktur erleichtern Sie sich und anderen die tägliche Arbeit mit Analytics und ersparen sich spätere Korrekturen.

4.1 Datenansichten richtig einsetzen

Google Analytics stellt die Nutzerzahlen einer Website in einer *Datenansicht* dar. Ihre Besucherdaten lassen sich durch Filter verändern und einschränken. Sie können für eine Property beliebig viele Datenansichten erstellen, die alle unterschiedliche Einstellungen und Filter verwenden, um zum Beispiel nur die Aufrufe eines bestimmten Unterverzeichnisses oder aus einem bestimmten Land zu zeigen. Außerdem können Sie für Datenansichten unterschiedliche Zugriffsrechte vergeben und so die Berichte für einen Benutzer einschränken.

Doch wann sollten Sie für eine Auswertung eine eigene Datenansicht einrichten? Schließlich bietet Analytics bereits in jedem Report unterschiedliche Filter an, und für nahezu jeden Bericht können Sie Segmente anwenden, die Ihnen alle Daten für einzelne Besuchergruppen zeigen. Die Entscheidung, welches Feature Sie für welche Anforderung nutzen sollten, ist nicht immer eindeutig zu beantworten. Darum hier einige Beispiele, in denen der Einsatz aus unserer Erfahrung sinnvoll ist:

- Sie möchten einem Benutzer nur die Daten von einem bestimmten Verzeichnis zeigen. Es sollen aber alle Berichte zur Verfügung stehen (Inhalt, Besucher usw.). Eine Datenansicht kann eigene Benutzerrechte bekommen, Sie können also für einen Benutzer eine spezielle Ansicht definieren, auf die nur dieser Nutzer zugreifen kann.

- Auf Ihrer Website gibt es bestimmte Seiten, deren Besucher Sie analysieren wollen. Sie können eine Datenansicht erstellen, die nur Zugriffe auf bestimmte Seiten-URLs enthält.
- Die Mitarbeiter Ihres Unternehmens nutzen ebenfalls die Unternehmenswebsite. Dadurch werden die Berichte verfälscht, da die Interessen Ihrer Mitarbeiter andere sind als die Ihrer potenziellen Kunden. Mit einer gefilterten Datenansicht können Sie Ihre Mitarbeiter aus der Betrachtung ausschließen.
- Sie möchten für eine große Website eine Besuchergruppe betrachten und richten dafür eine eigene Datenansicht ein. Denn die Filter einer Ansicht arbeiten immer mit den genauen Zugriffen und verwenden im Gegensatz zu Segmenten kein Sampling.
- In Ihrer aktuellen Datenansicht haben Sie bereits die maximal möglichen 20 Ziele eingerichtet, Sie benötigen allerdings weitere. Mit einer neuen Datenansicht können Sie neue Ziele definieren, jede Ansicht speichert diese Einstellung für sich.
- Ihre Website hat so viele unterschiedliche Seiten, dass die Obergrenze des Berichts gesprengt wird und Einträge unter (OTHER) zusammengefasst werden (siehe Abschnitt 2.2.6). Im jeweiligen Bericht, zum Beispiel im Seitenbericht, können Sie diese (OTHER)-Seiten nicht mehr trennen oder filtern. Mit einer Datenansicht schon.
- Eine Einschränkung beim Erstellen zusätzlicher Datenansichten ist die Zeitachse: Eine neue Datenansicht enthält immer nur Daten ab dem Zeitpunkt der Erstellung. Nutzerdaten vor diesem Zeitpunkt können Sie nicht übernehmen. Darum eignen sich Datenansichten eher für Auswertungen, die Sie in Zukunft häufiger nutzen möchten. Für Ad-hoc-Analysen sind dagegen Segmente die bessere Wahl, da sie auch rückwirkend arbeiten.

Vor dem Anlegen von Filtern Rohdaten sichern

Mit Filtern können Sie die Tracking-Daten Ihrer Berichte verändern, zum Beispiel Seitennamen ändern oder Suchbegriffe zusammenfassen. Außerdem lassen sich Zugriffe vollständig ausschließen. Sind die Zugriffe erst einmal durch einen Filter ausgeschlossen, können Sie die Zugriffe nicht wieder sichtbar machen. Darum sollten Sie immer eine Datenansicht ohne Filter in Ihrem Konto anlegen, um bei Bedarf auf die Ursprungsdaten zurückgreifen zu können.

Ein potenzieller Mehraufwand kann sich in den Einstellungen der Datenansicht verbergen. Ziele werden immer pro Ansicht angelegt. Wenn Sie also mehrere Datenansichten haben und für alle Ansichten ein Ziel hinzufügen wollen, müssen Sie das Ziel in jeder Datenansicht einzeln konfigurieren. Daher sollten Sie – soweit das möglich ist – immer zuerst eine Hauptansicht mit den späteren Zielen und sonstigen Einstellungen einrichten. Diese Ansicht mit allen Filtern und Zielen können Sie danach kopieren und die so neu erstellte Ansicht mit weiteren Filtern individualisieren.

4.1.1 Die Analyse fokussieren

Für jede Datenansicht können Sie die einlaufenden Daten mit Filtern verändern und einschränken. In der gefilterten Datenansicht sind alle Standardberichte von Analytics vorhanden, eben nur mit den Daten, die Sie durch Filter ausgewählt haben. Das vereinfacht Ihnen den Zugriff auf die Berichte, denn Sie müssen weder eine Menge personalisierter Berichte einrichten noch jedes Mal ein Segment auf den Bericht anwenden.

Sie werden in den folgenden Beispielen lesen, wie Sie Filter zum Einrichten einer Kontostruktur nutzen können. Wie Sie die Filter im Detail in der Verwaltung einrichten und was Sie sonst noch mit Filtern bewirken können, lesen Sie in Kapitel 6, »Das Herzstück: Datenansichten anlegen und Zielvorhaben einrichten«.

Folgendes Beispiel: Die Firma Tirami hat auf ihrer Website Unterverzeichnisse für *Produkte*, *Support* und *Jobs*. Es gibt zwar eine Website-Abteilung, aber die Inhalte der drei Bereiche werden von den Abteilungen Vertrieb, Kundenservice und Personal gepflegt. Daher möchte jede Abteilung einen eigenen Bericht haben, in dem nur ihre Zahlen vorhanden sind. Gleichzeitig muss das Online-Team die Website als Ganzes im Blick haben und Nutzeraktivitäten verfolgen können.

Darum entscheidet sich das Online-Team dazu, insgesamt vier Datenansichten zu erstellen:

1. Gesamtansicht mit allen Website-Daten
2. Unterverzeichnis */de/produkte/*
3. Unterverzeichnis */de/support/*
4. Unterverzeichnis */de/jobs/*

Die erste Ansicht wurde automatisch beim Einrichten des Kontos angelegt und enthält keinerlei Filter. Die Ansichten zwei bis vier haben einen Filter auf das jeweilige Unterverzeichnis.

Vergleichbarkeit von Datenansichten

Eine Datenansicht zeigt Ihnen immer die Zugriffe, die tatsächlich enthalten sind, ohne Vergleichswerte. Wenn Sie also nur Zugriffe auf ein Unterverzeichnis in einer Datenansicht betrachten, sehen Sie daneben nicht die Zugriffe auf andere Verzeichnisse oder auf die gesamte Website.

Allerdings hat Analytics ein nützliches Feature beim Wechsel zwischen zwei Ansichten: Es behält alle Einstellungen bei, die Sie gemacht haben, also den Zeitraum im Kalender, den aufgerufenen Bericht oder gesetzte Filter. Gehen Sie für einen Vergleich also zunächst in die erste Ansicht, und wählen Sie Ihre gewünschten Einstellungen. Merken Sie sich Ihre wichtigsten Kennzahlen, und wechseln Sie dann die Datenansicht. In der zweiten Ansicht können Sie sofort die Kennzahlen mit den vorherigen Werten vergleichen.

Sie sind bei der Auswahl für eine Ansicht nicht auf Verzeichnisse beschränkt, sondern können einen beliebigen Teil der URL verwenden. Auch hier wieder ein Beispiel: Unsere Firma Tirami bietet unterschiedliche Produkte, allerdings sind sie in zwei Kategorien unterteilt: Standard und Premium. Die Standardprodukte haben ein S in der Produktkennung, die Premiumprodukte dagegen tragen ein P in der Kennung. Die einzelnen Produktseiten haben die Kennung in der URL. Diesmal erstellt das Online-Team zwei Ansichten, eine für jede Produktkategorie.

4.1.2 Wie Sie Ihre Besucherdaten sauber halten

Ihre Website wird von unterschiedlichen Besuchern aufgerufen. Bei einer Unternehmenswebsite gehören dazu auch die eigenen Mitarbeiter. Deren Zugriffe können die Daten in den Berichten verfälschen bzw. eine falsche Interpretation befördern. Um das zu vermeiden, sollten Sie diese internen Zugriffe aus Ihrer Betrachtung ausschließen, wenn Sie Besuchervorlieben analysieren und Inhalte bewerten möchten.

Manchmal kann es allerdings sinnvoll sein, diese »internen« Zugriffe mit dabei zu haben, zum Beispiel dann, wenn Ihre Mitarbeiter die eigene Website als Informationsquelle im Vertrieb nutzen oder wenn eine Pressemeldung über das Unternehmen online gestellt wird: Je nach Inhalt kann sie gerade für die Mitarbeiter besonders interessant sein, und deren Zugriffe sind dann eine wertvolle Aussage.

Gerade wenn Sie im Vorfeld nicht genau sagen können, ob Sie die herausgefilterten Daten vielleicht doch noch mal brauchen, nutzen Sie zwei Ansichten: eine mit und eine ohne Filter.

Eine weitere Verwendung tut sich beim Einsatz von Entwicklungssystemen auf. Bei größeren Websites gibt es normalerweise mindestens zwei:

- die Live-Website, welche die Besucher sehen
- die Entwicklungs-Website, auf der neue Features vorab getestet werden und die nur die Programmierer sehen

Beide Websites enthalten denselben Tracking-Code, es laufen also Daten von beiden Systemen in Analytics ein. Besonders für E-Commerce kann das ein Problem werden: Testbestellungen im Entwicklungssystem verfälschen die Berichte. Aber auch andere

Berichte wie *Seiten* oder *Wiederkehrende Besucher* werden durch Zugriffe aus dem Entwicklungssystem verunreinigt. Gleichzeitig sind die Zugriffe aus dem Entwicklungssystem gewünscht und wertvoll, denn sie ermöglichen das Vorab-Testen von neuen Tracking-Skripten.

Ein Anwendungsbeispiel: Ihre Firma hat eine Live-Website *www.firma.de* sowie ein Entwicklungssystem unter *www.beta.firma.de*. Beide Websites enthalten einen Tracking-Code mit derselben ID. Es laufen also Zugriffe von beiden Websites in eine einzige Property in Google Analytics ein. Für die Entwickler legen Sie eine Datenansicht mit dem Filter

```
Hostname ist gleich www.beta.firma.de
```

an. Somit werden in dieser Datenansicht nur Zugriffe auf das Entwicklungssystem ausgewiesen. Außerdem richten Sie eine zweite Datenansicht mit dem Filter

```
Hostname ist nicht gleich www.beta.firma.de
```

ein. Dadurch werden in dieser Ansicht alle Zugriffe dargestellt, die nicht vom Entwicklungssystem kamen.

Tipp zu Entwicklungssystemen

Sie können Nutzerdaten aus einem Entwicklungssystem auch dadurch vermeiden, dass der Tracking-Code in diesem System nicht enthalten oder deaktiviert ist, also nicht feuert. Solange Sie die Testzugriffe anhand eines Markers, zum Beispiel des Hostnamens, filtern können, sollten Sie den Tracking-Code jedoch immer in den Seiten belassen und ihn auch aktiv setzen. So können Sie vorab sehen, welche Daten für neue Seiten oder Features erfasst werden. Weiterhin können Sie so Tracking-Anpassungen ausprobieren.

Ein ähnliches Problem können Sie bei Redaktionssystemen haben. Bei einigen Systemen können Sie für einzelne Seiten einen Entwurf erstellen, der wie die spätere Seite aussieht, aber nur von Ihnen oder einem Redakteur aufgerufen werden kann. Zugriffe auf diese Entwurfsseiten möchten Sie sicher nicht in Ihren Berichtszahlen haben und sollten Sie daher filtern.

In manchen Fällen können Sie diese Entwurfsseiten anhand der URL erkennen, etwa durch ein enthaltenes *edit* oder *draft*. Sind die Entwürfe nicht so leicht zu erkennen, können Sie vielleicht auf ihre IP-Adresse filtern.

Auch wenn es zusätzlichen Aufwand bedeutet, sollten Sie versuchen, solche »unsauberen« Zugriffe aus Ihren Berichten herauszuhalten. Bei vielen Besuchern spielen diese Zugriffe aus Entwicklung oder Redaktion zunächst vielleicht keine Rolle, sie fallen aber immer mehr ins Gewicht, je spezieller die Berichte werden. Testbestellungen mit unrealistischen Preisen zum Beispiel können Ihre Berichte grob verzerren.

4.1.3 Nutzerrechte planen und verteilen

Solange Sie der einzige Nutzer von Google Analytics sind, brauchen Sie sich über die Verteilung von Rechten oder Logins keine Gedanken zu machen: Sie haben die volle Kontrolle über alle Einstellungen und Berichte. Sobald mehrere Personen mit den Berichten in Analytics arbeiten, sollten Sie einige Punkte beachten.

Ein Benutzer hat entweder Zugriff auf eine Ansicht oder eben nicht. Vergeben Sie Zugriffsrechte auf Ebene der Property, so kann der Nutzer alle enthaltenen Datenansichten ansehen. Bei Rechten auf Kontoebene hat er entsprechend Zugriff auf alle enthaltenen Propertys.

Andere Webanalyse-Systeme erlauben ausgeklügelte Rollen- und Zugriffsmodelle, mit denen Sie steuern, welcher Nutzer welchen Bericht ansehen und welche Funktion nutzen darf. Google Analytics bietet kein solch ausgeklügeltes System zur Benutzerverwaltung. Es gibt auch keine Benutzergruppen, das heißt, Sie müssen für jeden neuen Nutzer alle Einstellungen individuell setzen.

Hat ein Nutzer in Google Analytics Zugriff auf eine Ansicht, so kann er alle Standardberichte aufrufen sowie Funktionen wie Suchfilter, Export oder E-Mail-Berichte verwenden. Lediglich Rechte zum Erstellen eigener Berichte und Verändern der Einstellungen in der Verwaltung können Sie gesondert vergeben (siehe Abbildung 4.1). Sie sollten sich also bei jedem weiteren Nutzer überlegen, welche Rechte er tatsächlich benötigt. In den meisten Fällen genügt das Recht, die Berichte anzusehen und eigene Segmente anzulegen. In die Verwaltung sollten nur Nutzer wechseln können, die tatsächlich wissen, was sie dort wie ändern sollten.

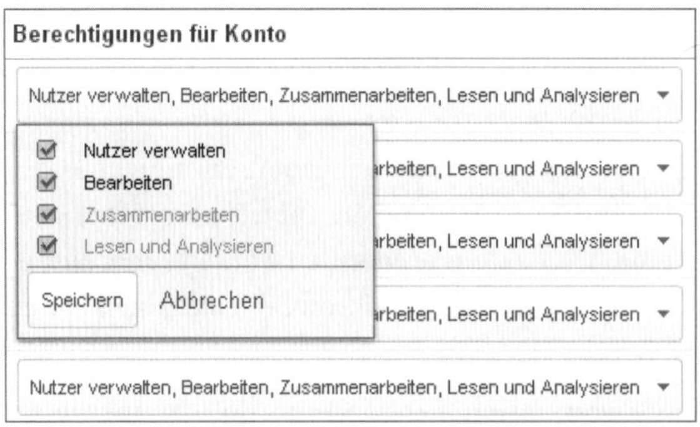

Abbildung 4.1 Mögliche Kontoberechtigungen in Analytics

Um Zugriff auf Analytics zu erhalten, muss ein Benutzer zuerst ein Google-Konto haben. Das Konto besteht immer aus einer E-Mail-Adresse und einem Passwort. Sie können für Ihre eigene E-Mail-Adresse sehr einfach ein Google-Konto einrichten. Um Ihr Passwort wiederzuerlangen, falls Sie es vergessen, können Sie bei der Einrichtung eine alternative E-Mail-Adresse oder eine Telefonnummer hinterlegen. Solange Sie ein Konto für sich selbst einrichten, ist das eine feine Sache.

Etwas komplizierter wird es, wenn Sie einem Kollegen Zugriff auf Analytics geben wollen, er aber noch kein Google-Konto besitzt. Muss er sich dann selbst bei Google anmelden? Das ist natürlich ein gangbarer Weg, aber gerade in Unternehmen hat nicht jeder Nutzer die Zeit und Geduld, so einen Anmeldeprozess durchzuführen.

Google-Login für andere Nutzer einrichten

Sie können für einen Nutzer die Anmeldeprozedur übernehmen, also seine E-Mail-Adresse bei Google im Anmeldeformular eintragen, ein Passwort vorgeben und abschicken. Er muss dann nur noch die Bestätigung durchführen.

Manchmal sollten Sie überlegen, nur ein Google-Login für Ihr Team oder eine Abteilung einzurichten. Google Analytics speichert persönliche Berichte und Dashboards immer im aktuellen Benutzerkonto. Möchten Sie einen Bericht auch für andere Nutzer verfügbar machen, so müssen Sie zunächst einen Link generieren, mit dem sich andere Nutzer dann den Bericht abspeichern können. Bei vielen Berichten und vielen Änderungen wird das schnell mühsam. Das gleiche Verfahren gilt für Segmente und Verknüpfungen, auch sie werden auf Nutzerebene gespeichert und sind somit in anderen Logins zunächst nicht verfügbar. Verknüpfungen können Sie noch nicht einmal mit anderen Nutzern teilen, Sie müssen sie also selbst neu anlegen.

In Tabelle 4.1 finden Sie eine Auflistung, welche Daten in Analytics pro Nutzer und welche pro Konto, Property oder Datenansicht gespeichert werden.

Google-Konto/Property/Datenansicht	Google-Nutzer
▸ Ziele ▸ Filter ▸ Content-Gruppen ▸ Channel-Gruppen ▸ AdWords-Verknüpfungen ▸ Search-Console-Verknüpfung ▸ AdSense-Verknüpfung ▸ Remarketing-Listen ▸ benutzerdefinierte Dimensionen und Metriken ▸ Datenimporte ▸ Einstellungen für soziale Inhalte	▸ Segmente ▸ personalisierte Berichte ▸ Vermerke ▸ Zuordnungsmodelle ▸ E-Mail-Berichte ▸ benutzerdefinierte Benachrichtigungen ▸ Verknüpfungen

Tabelle 4.1 Einstellungen pro Konto oder pro Nutzer

Sobald Sie mit mehreren Personen eine Einstellung auf Nutzerebene verwalten oder anwenden möchten, zum Beispiel Segmente, haben Sie zwei Optionen:

1. Sie teilen die Einstellung mit jedem weiteren Benutzer. Das bedeutet, Sie müssen jedem neuen Benutzer explizit die Einstellung übergeben, und er speichert sie dann in seinem eigenen Login ab. Hauptproblem dieser Variante ist, dass Sie den Vorgang bei späteren Änderungen wiederholen müssen. Wenn Sie also ein Segment in Ihrem Login verändern, müssen Sie es allen Nutzern erneut zur Verfügung stellen.
2. Sie richten einen »Gruppennutzer« ein. Gruppennutzer bedeutet, dass Sie ein gewöhnliches Google-Login erstellen, die Login-Daten aber an mehrere Personen weitergeben. Alle Personen melden sich mit dem gleichen Nutzernamen und Passwort bei Analytics an. Es können sich problemlos mehrere Personen gleichzeitig mit demselben Login anmelden. Der Vorteil: Jeder sieht die gleichen Einstellungen, persönlichen Berichte, Dashboards usw. Allerdings lassen sich Änderungen an den Einstellungen so schwerer nachvollziehen, da nicht immer klar ist, wer der tatsächliche Bearbeiter war.

Analytics selbst sieht solche Nutzergruppen nicht vor, Sie können aber ein wenig nachhelfen. Wenn möglich, nutzen Sie bei der Erstellung des Google-Logins eine Verteiler-E-Mail-Adresse, zum Beispiel *analytics@firma.de*. E-Mails an diese Adresse werden dann an alle Personen weitergeleitet, die mit Analytics arbeiten. Eine solche Adresse können Sie in jedem E-Mail-Server einrichten, dazu sprechen Sie am besten Ihren E-Mail-Administrator oder Ihren Provider an. Für zwei Funktionen ist die hinterlegte E-Mail-Adresse des Logins wichtig:

- **Benutzerdefinierte Benachrichtigungen**: Die Benachrichtigungen werden immer nur an die E-Mail-Adresse des aktuellen Nutzers geschickt. Mit der E-Mail-Verteilergruppe können auch mehrere Personen die Meldungen erhalten.
- **E-Mail-Berichte**: Sie können für die Berichte beliebig viele Empfänger hinterlegen. Diese müssen über kein eigenes Google-Login verfügen. Als Absender wird immer die E-Mail-Adresse des aktuellen Nutzers verwendet. E-Mails an diese Adresse sollten also gelesen werden, falls jemand auf einen solchen E-Mail-Bericht antwortet.

Wenn Sie einem Nutzer nur Zugriff auf die Nutzerdaten eines bestimmten Bereichs Ihrer Website geben wollen, so erstellen Sie dafür eine gefilterte Ansicht. Anschließend geben Sie einem Google-Konto nur die Rechte für diese Datenansicht.

4.2 Mehr als eine Website

Sie haben nicht eine, sondern zwei Websites und möchten beide mit Google Analytics erfassen. Für jede Website soll es eigene Berichte geben, in denen nur die Besucher der Website ausgewiesen werden.

4.2.1 Konto, Property oder Datenansicht?

Im ersten Moment klingt diese Aufgabe nicht besonders kompliziert. Sie legen einfach ein weiteres Google-Konto (mit einer neuen Property und einer Datenansicht) für die zweite Website an. Aber ist das auch tatsächlich die beste Variante? Grundsätzlich haben Sie drei Möglichkeiten, mit dem Tracking von mehreren Websites umzugehen:

1. Sie erstellen für jede weitere Website im selben Konto eine zusätzliche Property mit neuer Tracking-ID und Datenansicht.
2. Sie legen für jede weitere Website ein neues Konto mit neuer Property, Tracking-ID und Datenansicht an.
3. Sie verwenden auf beiden Seiten dieselbe Tracking-ID und zählen somit in die gleiche Property. Anschließend definieren Sie zwei zusätzliche Datenansichten, die jeweils für eine der beiden Websites die Daten filtern.

Jede der drei Varianten hat Vor- und Nachteile, die Sie im Folgenden näher kennenlernen.

Neue Property

In den meisten Fällen richten Sie eine neue Property ein. Dazu gehen Sie zum Menüpunkt VERWALTEN und wählen dort in der mittleren Spalte das Property-Menü aus. Nach der letzten Property finden Sie den Eintrag NEUE PROPERTY ERSTELLEN, über den Sie zur Auswahlseite für Website- oder Mobile-App-Tracking gelangen (siehe Abbildung 4.2).

Abbildung 4.2 Neue Property erstellen in »Verwalten«

Mit einer neuen Property erhalten Sie eine zusätzliche Tracking-ID, bei der der vordere Teil (die Kontonummer) gleich bleibt. In Abbildung 4.3 sehen Sie eine Beispielstruktur, bei der für jede Website eine eigene Property und eine entsprechende Datenansicht angelegt wurden.

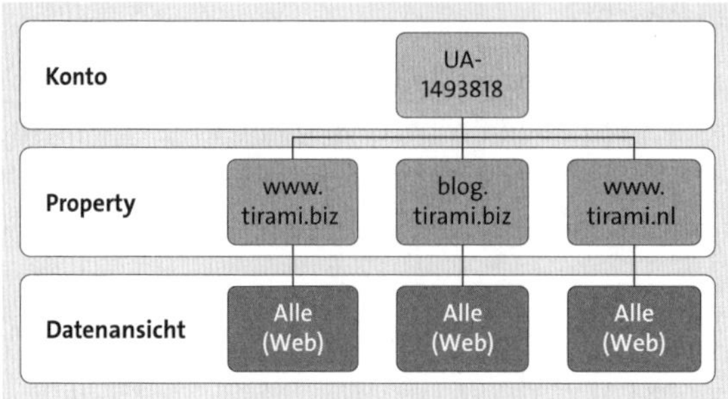

Abbildung 4.3 Ein Konto, mehrere Propertys

Für neue Datenansichten in der Property gelten automatisch die Einstellungen, die Sie auf Kontoebene vorgenommen haben. Sie können die Zugriffsrechte auf die neue Property individuell einstellen. Nutzer, denen Sie auf Kontoebene Zugriffsrechte eingeräumt haben, sehen die neue Property automatisch in der Auswahlliste. Haben Sie dagegen einem Nutzer nur Rechte auf eine bestimmte Property oder Datenansicht gewährt, müssen Sie für ihn den Zugriff auf die neue Property erst noch konfigurieren.

Wenn Sie das Konto beispielsweise mit AdWords- oder AdSense-Konten verknüpft haben, brauchen Sie diese nur noch zu aktivieren. Außerdem stehen Ihnen alle Filter zur Verfügung, die Sie bereits für das erste Konto eingerichtet haben. Sie können die Filter beim Erstellen einer Datenansicht aus einer Liste auswählen.

Die Einrichtung einer neuen Property kann also deutlich schneller gehen als bei einem Konto. Je nachdem, wie viele Einstellungen Sie von bereits bestehenden Propertys übernehmen können, brauchen Sie nur aus Listen auszuwählen. Gleichzeitig können Sie den Zugriff flexibel steuern: Entweder geben Sie einem Nutzer Zugriff auf die komplette Property oder nur auf bestimmte Datenansichten. Propertys können nicht in ein anderes Konto umziehen.

Neues Konto

Sie haben für die erste Website bereits ein Google-Konto erstellt und eine Property eingerichtet. In der Verwaltung können Sie nun ein weiteres Konto anlegen, indem Sie unter dem Menüpunkt VERWALTEN in der rechten Spalte das Kontomenü öffnen. Unter dem letzten Eintrag finden Sie den Punkt NEUES KONTO ERSTELLEN (siehe Abbildung 4.4).

Der Punkt führt Sie wieder zur Auswahlseite, auf der Sie zwischen WEBSITE und MOBILE APP wählen. Als Ergebnis erhalten Sie ein neues Konto mit einer ersten Property und Datenansicht.

Dieses neue Konto hat keinerlei Verbindung zu Ihrem ersten Konto, außer dass Ihr Google-Login auf beide Konten Zugriff hat. In Abbildung 4.5 sehen Sie die Verteilung der drei Websites in jeweils ein eigenes Konto. Alle Einstellungen wie Filter oder AdWords-Verknüpfungen müssen Sie für jedes Konto neu einrichten. Die Nutzerverwaltung beginnt ebenfalls mit nur einem Benutzer, nämlich Ihnen. Sollen weitere Nutzer Zugriff auf das Konto erhalten, müssen Sie diese erst freischalten.

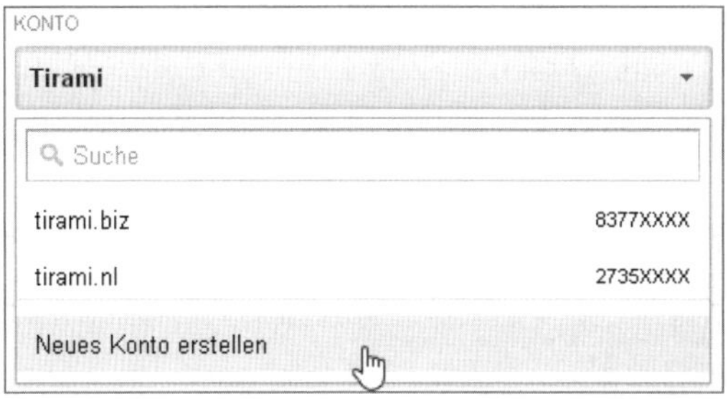

Abbildung 4.4 Neues Konto in »Verwalten« erstellen

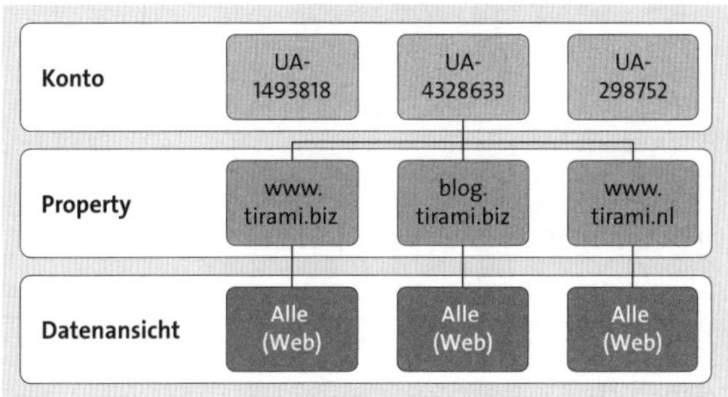

Abbildung 4.5 Für jede Website ein Konto

Die beiden Konten sind getrennt, dadurch können Sie ein Konto »abgeben«, zum Beispiel an einen anderen Admin. Eine Property dagegen können Sie nicht mehr von einem Konto trennen und in ein anderes Konto überführen.

Getrennte Konten bieten sich an, wenn die enthaltenen Propertys keine gemeinsamen Einstellungen oder Nutzer haben. Arbeiten Sie zum Beispiel als Webmaster für unterschiedliche Kunden und möchten Google Analytics auf den Websites implementieren, sollten Sie jedem Kunden ein eigenes Konto geben. Nur so können Sie bei Bedarf das Konto an den Kunden übergeben oder ihm vollen Zugriff auf alle Einstellungen einräumen.

Eine Property, mehrere Datenansichten

Die Firma Tirami hat eine Haupt-Website unter *www.tirami.biz* und ein Blog unter *blog.tirami.biz*. Die Website ist mit dem Content-Management-System Typo3 erstellt worden, das Blog mit WordPress. Die beiden Websites sind eng miteinander verzahnt. Nutzer können von der Website zum Blog wechseln und umgekehrt.

Einerseits möchten Sie wissen, wie viele Besucher insgesamt auf allen Ihren Websites unterwegs waren. Andererseits interessiert Sie aber auch, wie viele Besucher auf jeder einzelnen Website gewesen sind. Daher bauen Sie in beiden Websites denselben Tracking-Code ein.

In Abbildung 4.6 sehen Sie den Aufbau mit einem einzigen Konto und einer zentralen Property. Durch den gemeinsamen Code werden die Zugriffe in eine einzige Property gezählt.

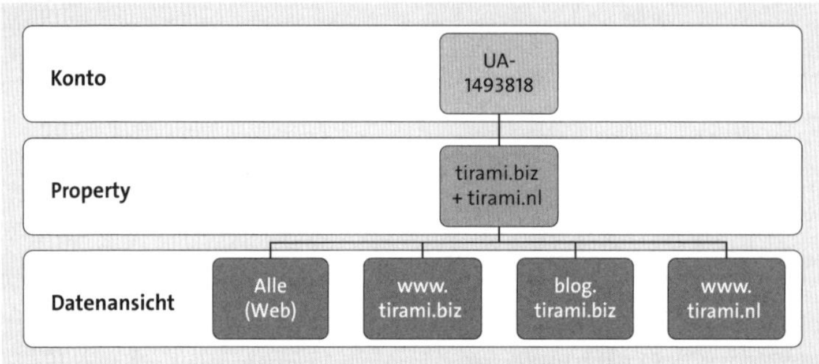

Abbildung 4.6 Alle Websites in eine Property zählen

Das hat den Vorteil, dass Sie auf einen Blick sehen können, wie viele Visits, Seitenaufrufe und Besucher auf allen Websites erfasst wurden. Sie brauchen also für die Gesamtzahl nicht jedes Mal die drei Ansichten aufzurufen und die Werte manuell zu addieren. Es genügt ein Blick in die Ansicht ALLE.

Werte von mehreren Domains addieren

Im Fall der unterschiedlichen Subdomains *www* und *blog* kann Analytics weiterhin Besucher erkennen, die sich auf beiden Websites bewegen, und als einen einzelnen Nutzer ausweisen. Zwischen den beiden Domains *tirami.biz* und *tirami.nl* kann der gleiche Besucher nicht automatisch erkannt werden. Mithilfe von Cross-Domain-Tracking können Sie zwar beide Websites derart präparieren, dass Wechsler auch hier erkannt werden. Allerdings gilt das nur für den Fall, dass ein Besucher über einen Link oder ein Formular von der *biz*-Domain zur *nl*-Domain wechselt.

Auch wenn die übergreifende Erkennung von Besuchern über Domaingrenzen hinweg nicht immer vollkommen funktioniert, kann Ihnen der Ansatz mit einer einzigen Property die Auswertung durchaus vereinfachen.

Um die Website und das Blog einzeln zu betrachten, richten Sie außerdem zwei zusätzliche Datenansichten ein, die jeweils nur die Zugriffe auf *www.tirami.biz* oder *blog.tirami.biz* herausfiltern. Die neuen Ansichten erstellen Sie wie schon für Konten und Propertys in der Verwaltung (siehe Abbildung 4.7). Sie haben am Ende also drei Ansichten und können Ihre Besucher aus unterschiedlichen Blickwinkeln analysieren.

Abbildung 4.7 Neue Datenansicht in »Verwalten« erstellen

Verwalten Sie viele Websites, hat diese Vorgehensweise den Vorteil, dass überall der gleiche Tracking-Code eingebaut wird. So kann es keine Verwechslungen bei den Tracking-IDs geben. Eine Verwechslung würde dazu führen, dass die Zugriffe in der falschen Property landen.

Sie können einen gemeinsamen Tracking-Code auch auf Websites mit verschiedenen Domains verwenden. Bei Tirami gibt es zum Beispiel zwei Domains für unterschiedliche Sprachversionen der Firmen-Website: *www.tirami.biz* und *www.tirami.nl*. Auch hier bekommen Sie mit demselben Tracking-Code eine Gesamt-Datenansicht und können sie dann in weitere Ansichten filtern. In diesem Fall haben Sie allerdings eine Einschränkung: Damit auch bei unterschiedlichen Domains der Wechsel eines Nutzers von Domain A zu Domain B erkannt wird, müssen Sie das Cross-Domain-Tracking konfigurieren (siehe Abschnitt 5.4.10). Ohne die entsprechenden Einstellungen beginnt für Analytics ein neuer Visit, sobald der Besucher zwischen den Domains wechselt.

Unterschiedliche Domains in einer Property zusammenzuzählen, sollten Sie in folgenden Fällen in Betracht ziehen:

- Wenn die Websites inhaltlich identisch aufgebaut sind, zum Beispiel bei unterschiedlichen Sprachvarianten der gleichen Website. Sind die URLs auf den jeweiligen Websites identisch, können Sie mit dem Gesamtkonto alle Inhalte zusammen analysieren.
- Wenn die Websites inhaltlich gleich sind und sich nur in der Darstellung unterscheiden, zum Beispiel bei einer jeweils für Desktop-PCs oder Mobilgeräte optimierten Fassung.
- Wenn die Websites inhaltlich eng verzahnt sind, wie bei einer Website und einem Blog. Besucher bewegen sich zwischen beiden Inhalten hin und her, es gibt keine klare Grenze.
- Wenn die Websites an einer Seite beworben werden, aber die Besucher an einer anderen Stelle Ihr gesetztes Ziel erreichen können. Sie haben eine Website und einen Shop. Sie bewerben die Website in einer Kampagne mit dem Ziel, dass mehr Besucher im Shop kaufen.

Unterschiedliche Domainnamen für eine Website

Es kann durchaus sein, dass Sie mehrere Domainnamen für Ihre Website registriert haben. Die Bahn hat zum Beispiel die Domains *bahn.de* und *deutsche-bahn.de*, die zur selben Homepage führen. Wenn auch Sie eine solche Domaingruppe haben, achten Sie darauf, eine davon zu Ihrer Hauptdomain zu machen. Alle anderen Domains leiten Sie per 301-HTTP-Header auf die Hauptdomain weiter. So stellen Sie sicher, dass Ihre Nutzer immer auf derselben Domain surfen und die gleichen Cookies bekommen.

Ist Ihre Website unter mehreren Domains aufrufbar und wird nicht weitergeleitet, zählen Sie praktisch mehrere Websites mit gleichem Inhalt in eine Property – mit allen Problemen, die Sie bereits kennengelernt haben.

Als Nebeneffekt optimieren Sie damit Ihre Website für die Google-Suche, denn auch Google mag es nicht, wenn die gleiche Website auf unterschiedlichen Domains erreichbar ist.

Grundsätzlich können Sie davon ausgehen: Je ähnlicher sich Ihre Websites sind, desto eher kommt eine Zählung in eine gemeinsame Property infrage. Allerdings kann die Einrichtung für Sie mit einigem Mehraufwand verbunden sein (Stichwort Cross-Domain-Tracking), darum sollten Sie diese Variante nur einsetzen, wenn Sie dadurch einen Vorteil für Ihre Analysen und Auswertungen erzielen.

4.2.2 Eine Website zweimal zählen

Sie haben Ihre Websites geprüft und entschieden, jede Website mit einer eigenen Property zu erfassen. Sie richten also die unterschiedlichen Propertys ein und versehen jede Website mit einer eigenen Tracking-ID. Die Analyse der einzelnen Websites ist zwar kein Problem, wenn Sie aber die Gesamtzahl für die Besucher, Visits oder Seitenaufrufe aller Websites wissen möchten, müssen Sie diese Daten aus jedem einzelnen Bericht holen und summieren. Benötigen Sie diese Werte öfter, kann der ganze Vorgang einiges an Zeit beanspruchen.

Aber Sie kennen bereits eine Möglichkeit, die Zugriffe aller Websites in einer Ansicht zusammenzuführen: mit einer gemeinsamen Property und dem gleichen Tracking-Code für alle Websites. Allerdings möchten Sie auch weiterhin Ihre getrennten Propertys für jede Website behalten.

Genau diese Anforderung können Sie mit Analytics umsetzen, indem Sie zwei Tracking-Codes auf den Websites einbauen. Der erste Code zählt wie gehabt auf die jeweilige Property, die Sie für die Website angelegt haben. Dazu fügen Sie einen zweiten Code ein, der für alle Websites auf dieselbe Tracking-ID zählt (siehe Abbildung 4.8).

Jedes Mal, wenn ein Besucher eine Seite lädt, werden nun zwei Zählaufrufe geschickt: einer für die Website-Property und einer für die Gesamt-Property.

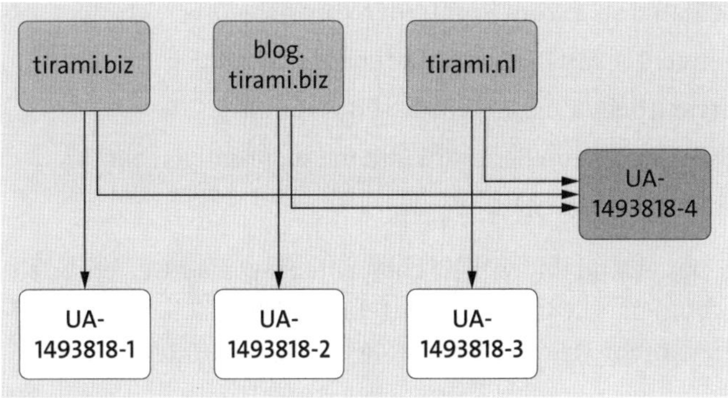

Abbildung 4.8 Zwei Konten in jeder Website

Wenn Sie so unterschiedliche Domains zusammenfassen, haben Sie natürlich das Problem, dass die Visits bei einem Domainwechsel enden und Übergänge als zwei getrennte Visits erfasst werden. Cross-Domain-Tracking würde entsprechenden Mehraufwand bedeuten, daher sollten Sie überlegen, ob Sie die Wechsler an dieser Stelle tatsächlich erkennen müssen.

Mit den doppelten Zählcodes vereinfachen Sie die Zusammenfassung von Daten aus unterschiedlichen Berichten. Wie die technische Einrichtung genau funktioniert, erfahren Sie in Abschnitt 5.4.1.

4.3 Nutzeraktivitäten verfolgen

Mit Google Analytics wollen Sie Ihre Websites analysieren und die Aktivitäten Ihrer Besucher auswerten. In vielen Fällen sind Sie aber nicht allein für die Website und das damit verbundene Geschäft verantwortlich, sondern Sie haben Kollegen, Mitarbeiter oder Vorgesetzte, die ebenfalls wissen möchten oder sollten, was Ihre Nutzer tun.

Dazu bietet Analytics eine Menge an Berichten und Möglichkeiten, aus denen Sie auswählen können. Aber nicht jeder Bericht und jede Berichtsform ist gleich gut geeignet, um Informationen zu vermitteln oder Entwicklungen zu dokumentieren. Außerdem soll die Erstellung von Berichten möglichst wenig Zeit in Anspruch nehmen; wichtig ist, was Sie aus den Daten lernen, um Ihre Website oder Kampagne zu verbessern. Je schneller ein Bericht vorliegt, desto mehr Zeit haben Sie, sich mit den Daten auseinanderzusetzen.

Einige Fragen, die Sie sich und anderen stellen sollten, um Anforderungen sinnvoll zu definieren:

- Wie oft soll der Bericht erstellt werden, einmalig oder mehrfach?
- In welchem zeitlichen Abstand sollen die Daten aufbereitet werden?
- Wie aktuell müssen die Daten sein, vom Vortag, der Vorwoche usw.?
- Wie wird der Bericht betrachtet, am Bildschirm oder ausgedruckt?
- Wird der Bericht weiterverarbeitet, mit Excel oder Powerpoint?
- Kennt der Empfänger alle Begriffe im Bericht? Werden Erläuterungen benötigt?
- Sollen die Daten kommentiert werden?

Welche Berichte besser geeignet sind und welche eher neue Fragen aufwerfen, erfahren Sie häufig erst im Nachhinein. Die folgenden Regeln und Tipps sollen Ihnen helfen, besser entscheiden zu können, welche Berichte Sie und andere unterstützen.

4.3.1 Dashboards und Berichte verwenden

Die erste Frage beim Planen einer Auswertung sollte immer sein: Was ist das Ziel der Auswertung? Welche Aufgabe soll sie erfüllen?

Eine regelmäßige Auswertung soll einen Überblick über die Entwicklung der Website der letzten Tage oder Wochen geben. Sie soll Ihnen die Vogelperspektive bieten, um zu erkennen, ob alles nach Plan läuft oder ob es Entwicklungen gibt, die Sie genauer analysieren sollten. Für diese Vogelperspektive müssen Sie Ihre Kennzahlen und KPIs (*Key Performance Indicators*) im Blick haben, die Sie für die Online-Präsenz definiert haben (siehe Kapitel 3, »Der Fahrplan: Tracking-Konzept erstellen«). Auch die Trendentwicklung der einzelnen Kennzahlen ist wichtig, um zu sehen, wohin sich die Website bewegt.

Dashboards

Für einen solchen Überblick bietet Google Analytics *Dashboards* an. In dieser besonderen Form der personalisierten Berichte können Sie sowohl Einzelwerte als auch Trenddiagramme und Top-Ten-Listen zusammenstellen (siehe Abbildung 4.9). Jedes Dashboard kann bis zu zwölf Elemente enthalten, die Sie aus den unterschiedlichen Berichten und Kennzahlen zusammenstellen können. Dabei können Sie in jeder Datenansicht beliebig viele Dashboards anlegen.

Die einzelnen Elemente des Dashboards heißen *Widgets*. Für jedes einzelne Widget können Sie die Darstellung und die enthaltenen Daten auswählen. Außerdem können Sie für jedes Widget einen individuellen Filter definieren, um die angezeigten Daten einzuschränken. So ist es zum Beispiel möglich, mit mehreren Widgets die Zugriffe auf verschiedene Unterverzeichnisse in einer Übersicht dazustellen. Sie können sogar Widgets einbinden, die Echtzeit-Daten einblenden, also zeigen, was gerade in diesem Moment auf Ihrer Website passiert (siehe Abbildung 4.10).

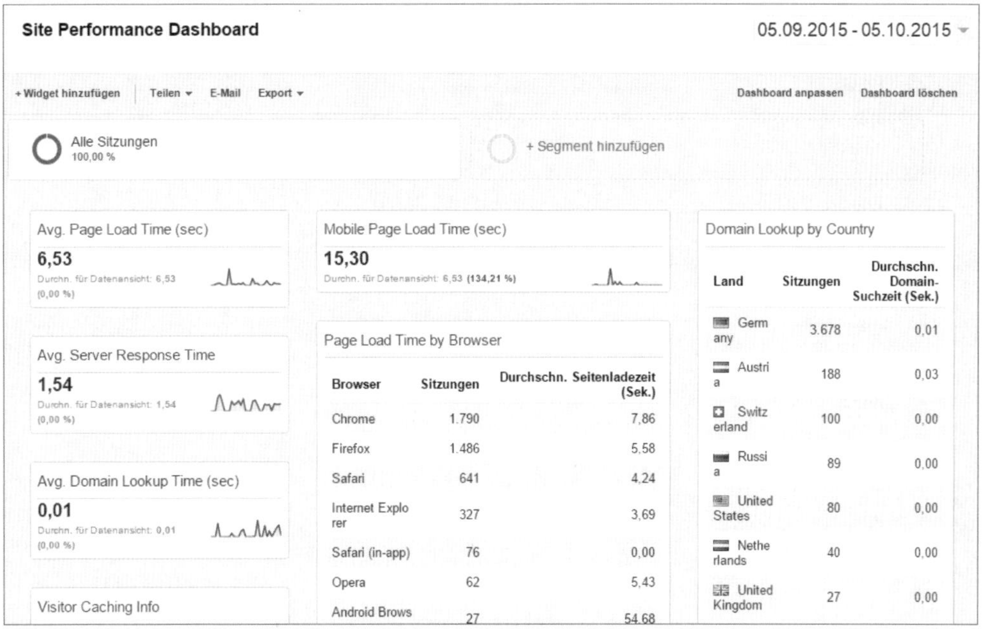

Abbildung 4.9 Dashboard mit Kennzahlen, Graphen und Listen

Abbildung 4.10 Widgets für Kennzahlen und Echtzeit-Daten

Eine Einschränkung gibt es bei den Listen-Widgets. Sie können eine Dimension und maximal zwei Metriken darstellen. Sie können sich also für Ihre häufigsten Browser die Zahl der Sitzungen und der Seitenaufrufe anzeigen lassen (siehe Abbildung 4.11). Aber Sie können nicht Sitzungen, Seitenaufrufe und die Verweildauer in einem Widget unterbringen.

Für ein Dashboard können Sie einen Vergleich zu einem anderen Zeitraum einstellen, wie Sie es von den Standardberichten von Google Analytics her kennen (siehe Abbildung 4.12). Weiterhin lassen sich wie gewohnt bis zu vier Segmente betrachten und vergleichen.

Seitenaufrufe und Sitzungen nach Browser

Browser	Seitenaufrufe	Sitzungen
Firefox	3.445	1.486
Chrome	3.207	1.790
Safari	1.062	641
Internet Explorer	627	327
Opera	93	62
Safari (in-app)	86	76
Edge	52	22
Android Browser	36	27
Iron	7	4
(not set)	4	1

Abbildung 4.11 Browser mit Seitenaufrufen und Sitzungen

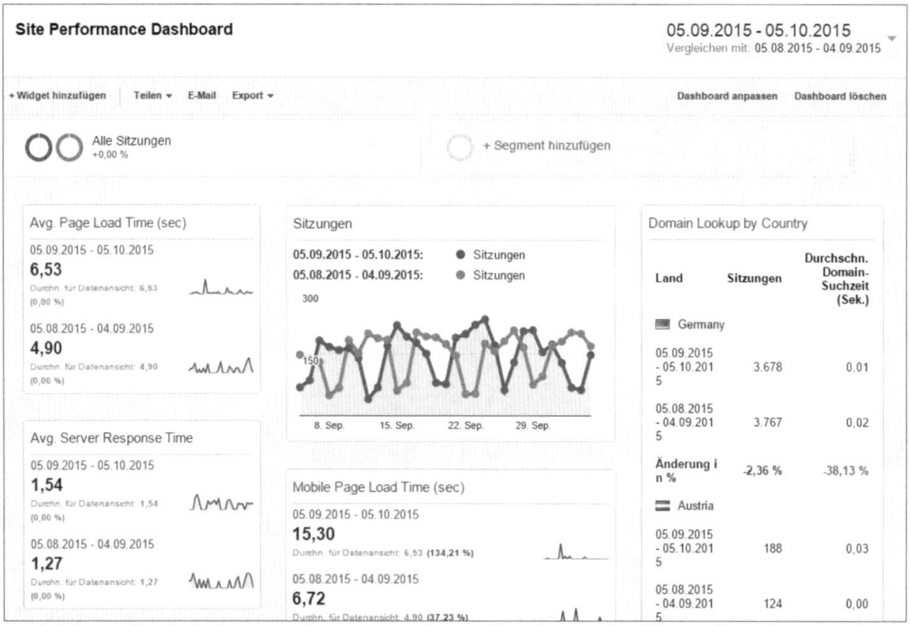

Abbildung 4.12 Dashboard mit Zeitvergleich

Dashboards eignen sich gut, um Ihnen einen Überblick über das Geschehen auf Ihrer Website zu geben. Sie sind in Gestaltung und Inhalt sehr flexibel und erlauben unterschiedlichste Zusammenstellungen. Sie können ein Dashboard problemlos als PDF speichern, sodass es sich auch gut zum E-Mail-Versand oder Ausdrucken eignet.

Google Data Studio

Mit Data Studio hat Google ein neues Tool für die Erstellung von Dashboards geschaffen. Anders als in Google Analytics können Sie bei diesen Berichten beliebig viele Widgets frei platzieren und sind deutlich freier in der Gestaltung. Für Berichte können Sie nicht nur auf Daten aus Analytics zugreifen, sondern auch aus AdWords, Google Spreadsheets und vielen weiteren (siehe Abbildung 4.13).

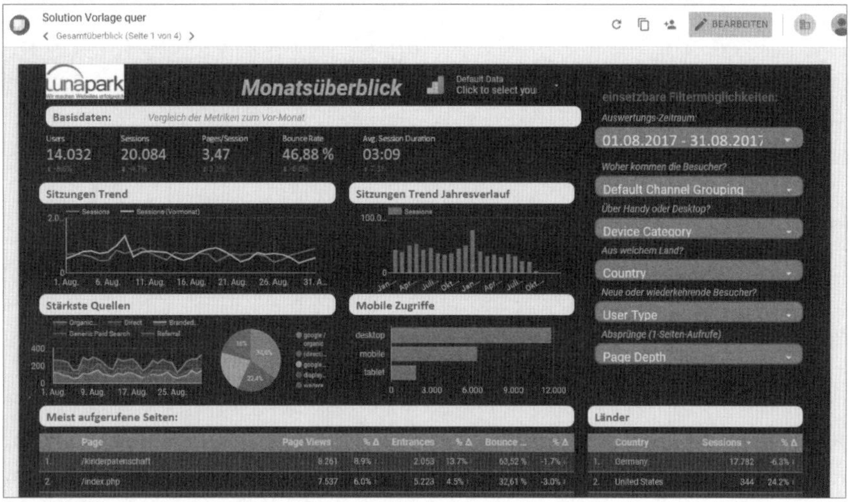

Abbildung 4.13 Beispiel-Dashboard in Data Studio

Data Studio ist keine exklusive Erweiterung für Google Analytics. Mit der größeren Flexibilität kommt auch eine größere Komplexität in der Einrichtung. Weiterhin befindet sich der Service noch in der aktiven Entwicklung, es gibt häufig Neuerungen. Im Vergleich zu Analytics Dashboards hat Data Studio auch ein paar Nachteile. So lassen sich derzeit erstellte Dashboards nicht als PDF exportieren und auch nicht per E-Mail verschicken.

Eine detaillierte Beschreibung würde daher den Rahmen dieses Buches sprengen. Wenn Sie einen ersten Einstieg suchen, verwenden Sie am besten die Vorlagen für Dashboards, die Google bereitstellt.

Benutzerdefinierte Berichte

Bei manchen Auswertungen ist die Anforderung nicht der schnelle Überblick. Vielmehr soll sie eine detaillierte und genaue Auflistung der aktuellen Geschehnisse geben. Für diesen Fall eignen sich Berichte besser als Dashboards, da sie mehr Daten miteinander in Beziehung setzen können. Einige Berichte haben Sie bereits kennengelernt, die Sie alle in der Navigation von Google Analytics finden können (siehe Abbildung 4.14). Jeden dieser Berichte können Sie für eine regelmäßige Auswertung heranziehen und zum Beispiel per E-Mail versenden.

	Browser	Sitzungen ↓	Seiten/Sitzung	Durchschnittl. Sitzungsdauer	Neue Sitzungen in %	Absprungrate
		4.443 % des Gesamtwerts: 100,00 % (4.443)	1,94 Durchn. für Datenansicht: 1,94 (0,00 %)	00:02:19 Durchn. für Datenansicht: 00:02:19 (0,00 %)	78,48 % Durchn. für Datenansicht: 78,46 % (0,03 %)	69,10 % Durchn. für Datenansicht: 69,10 % (0,00 %)
1.	Chrome	**1.790** (40,29 %)	1,79	00:01:44	73,35 %	68,38 %
2.	Firefox	**1.486** (33,45 %)	2,32	00:03:46	81,90 %	66,29 %
3.	Safari	**641** (14,43 %)	1,66	00:01:23	79,88 %	74,10 %
4.	Internet Explorer	**327** (7,36 %)	1,92	00:01:35	88,38 %	68,20 %
5.	Safari (in-app)	**76** (1,71 %)	1,13	00:00:10	82,89 %	88,16 %
6.	Opera	**62** (1,40 %)	1,50	00:00:48	54,84 %	82,26 %
7.	Android Browser	**27** (0,61 %)	1,33	00:01:49	96,30 %	81,48 %
8.	Edge	**22** (0,50 %)	2,36	00:01:49	95,45 %	63,64 %
9.	Iron	**4** (0,09 %)	1,75	00:07:46	100,00 %	50,00 %
10.	YaBrowser	**3** (0,07 %)	1,00	00:00:00	100,00 %	100,00 %

Abbildung 4.14 Standardbericht aus Analytics

Daneben haben Sie die Option, personalisierte Berichte anzulegen. Sie sind immer als Tabelle aufgebaut und bestehen aus einer oder zwei Dimensionen und mehreren Messwerten. Zum Beispiel können Sie einen Bericht erstellen, der die verwendeten Browser Ihrer Besucher, die Browser-Version, die Zahl der Sitzungen und die durchschnittliche Seitenladezeit darstellt (siehe Abbildung 4.15). Pro Bericht können Sie bis zu zehn Messwerte einfügen.

Primäre Dimension: Browser

Zeilen darstellen | Sekundäre Dimension: Browserversion | Sortierungsart: Standard | Erweitert

	Browser	Browserversion	Sitzungen ↓	Seitenladezeit (ms)
			4.583 % des Gesamtwerts: 100,00 % (4.583)	533.629 % des Gesamtwerts: 100,00 % (533.629)
1.	Firefox	40.0	**933** (20,36 %)	131.663 (24,67 %)
2.	Chrome	45.0.2454.85	**541** (11,80 %)	12.402 (2,32 %)
3.	Chrome	45.0.2454.101	**389** (8,49 %)	56.264 (10,54 %)
4.	Chrome	45.0.2454.93	**242** (5,28 %)	44.453 (8,33 %)
5.	Internet Explorer	11.0	**242** (5,28 %)	11.472 (2,15 %)
6.	Chrome	45.0.2454.99	**212** (4,63 %)	32.759 (6,14 %)
7.	Safari	8.0	**179** (3,91 %)	0 (0,00 %)
8.	Firefox	41.0	**165** (3,60 %)	63.030 (11,81 %)
9.	Firefox	24.0	**147** (3,21 %)	0 (0,00 %)
10.	Safari	9.0	**106** (2,31 %)	14.537 (2,72 %)

Abbildung 4.15 Personalisierter Bericht »Ladezeit nach Browser«

Sie können den Bericht außerdem durch zusätzliche Reiter und Messwertgruppen erweitern und so eine große Datenmenge unterbringen.

Auf personalisierte Berichte können Sie wie bei Dashboards Filter anwenden. Allerdings gilt ein solcher Filter immer für den gesamten Bericht. Sie können keine unterschiedlichen Filter für einzelne Spalten definieren. Für jeden Bericht können Sie unterschiedliche Zeiträume vergleichen sowie Segmente anwenden.

Ein Bericht eignet sich besonders gut, wenn Sie mehrere Kennzahlen für eine Liste unterschiedlicher Einträge darstellen möchten, beispielsweise wenn Sie alle Ihre Kampagnen bewerten wollen und dazu Sitzungen, Verweildauer, Conversion-Rate und Umsatz betrachten. Analytics bietet bereits eine Vielzahl unterschiedlicher Berichte an, aus denen Sie für regelmäßige Auswertungen wählen und sie bei Bedarf anpassen können.

Weiterhin lässt sich ein Bericht vielfältig weiterverarbeiten: Neben dem PDF-Export kann in Excel, CSV und Google Drive gespeichert werden. Insbesondere wenn für Sie die Weiterverarbeitung in anderen Tools oder Systemen wichtig ist, sollten Sie also zu einem Bericht greifen.

Individuelle Anpassungen speichern

Anpassungen wie Sortierung oder Veränderungen an Diagrammen können Sie nicht in einem personalisierten Bericht oder Dashboard dauerhaft definieren. Mit dem Menüpunkt SPEICHERN können Sie den ausgewählten Bericht inklusive aller angewendeten Segmente, Filter und Anpassungen festhalten. Den Bericht finden Sie im Menü PERSONALISIEREN unter GESPEICHERTE BERICHTE. Die gespeicherten Berichte sind an das Google-Login gebunden, können also nur vom aktuellen Nutzer wieder aufgerufen werden. Mehr zu Verknüpfungen finden Sie in Abschnitt 11.4.2.

Excel

Früher oder später kommen Sie bei Webanalyse-Auswertungen nicht mehr an Excel vorbei. Google Analytics bietet zwar viele unterschiedliche Auswertungsfunktionen und Darstellungen, um Ihre Ergebnisse zusammenzustellen, aber alles können Sie nicht direkt im Tool realisieren (natürlich müssen Sie nicht zwangsläufig Excel verwenden, viele dieser Punkte gelten etwa genauso für Apache OpenOffice und selbst für Google Drive). Hier einige Beispiele, bei denen Sie Excel verwenden müssen oder es unserer Erfahrung nach tun sollten:

- Wenn Sie die Analytics-Tabelle mit externen Daten verknüpfen wollen, beispielsweise mit den Daten eines Adservers. Sie können mit Kampagnen-URLs zwar die Besucher einer Kampagne markieren, aber die Einblendungen und Kosten fehlen Ihnen in Analytics. In Excel können Sie über Formeln Werte aus zwei Tabellen verbinden. Besonders nützlich ist dabei die Funktion `SVERWEIS`.

- Wenn Sie die Werte von mehreren Zeilen summieren wollen. In Excel können Sie in einer Liste mit der Funktion SUMMEWENN die Werte mehrerer Zeilen anhand eines einfachen Filters addieren. Mit ZÄHLENWENN erfahren Sie, auf wie viele Zeilen Ihr Filter passt.
- Wenn Sie eine Tabelle mit mehr als 5.000 Zeilen analysieren wollen. Analytics stellt bis zu 5.000 Zeilen auf einer Berichtsseite dar, danach müssen Sie blättern. Der Export ist aber schon bei deutlich weniger Zeilen sinnvoll, da die Online-Tabelle mit mehreren tausend Zeilen schon recht groß und entsprechend langsamer wird.
- Wenn Sie unterschiedliche Zeiträume vergleichen wollen. Wieder bietet Analytics hierzu eine Funktion an, aber der Zeitvergleich von zum Beispiel zwei Seitenberichten wird schnell unübersichtlich. Möchten Sie mehr als zwei Berichte vergleichen, müssen Sie komplett auf Excel setzen. Sie können entweder mit SVERWEIS oder einer Pivot-Tabelle arbeiten.
- Wenn Sie komplexe Diagramme darstellen wollen. Excel bietet als Tabellenkalkulation einfach mehr Optionen und Darstellungsformen als Analytics.
- Wenn Sie umfangreiche Tabellen mit Filtern analysieren wollen. Die Filterfunktionen in Excel sind umfangreicher und deutlich schneller, je größer die Liste ist.
- Wenn Sie kommentierte Dashboards oder Berichte zusammenstellen wollen. In Excel können Sie an jeder Stelle Textboxen oder sonstige Anmerkungen einfügen. In Analytics-Berichten ist diese Option nicht vorgesehen.
- Wenn Sie Auswertungen mit Pivot-Tabellen benötigen. Die Pivot-Funktionen in Analytics sind im Vergleich zu Excel rudimentär.

Ab einer gewissen Größe vereinfacht ein Analysieren und Verarbeiten der Daten mit einer Tabellenkalkulation Ihre Arbeit, zum Beispiel durch bedingte Formatierungen und Autofilter (siehe Abbildung 4.16).

	A	B	C	D
1	Quelle/Medium	Nutzer	Neue Nutzer	Sitzungen
2	google / organic	9781	9098	11949
3	(direct) / (none)	3579	3518	3890
4	google / cpc	177	151	195
5	facebook.com / social	130	91	169
6	bing / organic	91	86	102
7	twitter.com / social	70	63	74
8	www-luna--park-de.cdn.ampprc	55	53	68
9	t.co / referral	43	38	50
10	newsletter / email	42	24	69
11	webanalyse-news / 301	39	32	43

Abbildung 4.16 Excel-Tabelle mit Formatierung und Auto-Filtern

Um eine Auswertung in möglichst kurzer Zeit erstellen zu können, sollten Sie sich mit den Export-Funktionen von Analytics vertraut machen (siehe Abschnitt 2.3.4).

Analytics bietet neben verschiedenen Textformaten auch einen Export als Excel-Datei an, der Sie vor Problemen mit Sonderzeichen und Formatierungen bewahrt.

4.3.2 Informationen mit E-Mail-Berichten teilen

Fast jeden Bericht in Analytics können Sie als E-Mail verschicken, entweder einmalig oder in regelmäßigen Abständen. Möchten Sie eine Auswertung regelmäßig per E-Mail versenden, überlegen Sie zunächst, wie oft die Daten tatsächlich gebraucht werden. Öfter ist dabei nicht automatisch besser. Ein täglicher Bericht hilft wenig, wenn Ihnen oder dem Empfänger die Zeit fehlt, ihn täglich zu lesen.

Ein zweiter wichtiger Punkt bei dieser Überlegung sollte sein, wie schnell Sie auf eine Information aus einem Bericht reagieren können. Wenn Sie einmal pro Monat einen Newsletter verschicken, brauchen Sie nicht jeden Tag zu schauen, welches die meistgeklickten Links aus der letzten Ausgabe waren.

Google Analytics bietet in seiner E-Mail-Funktion den automatischen Versand täglich, wöchentlich, monatlich und vierteljährlich an. Beim wöchentlichen Versand können Sie den Wochentag bestimmen, beim monatlichen alle Tage zwischen dem 1. und dem 28. sowie den Monatsletzten wählen (siehe Abbildung 4.17).

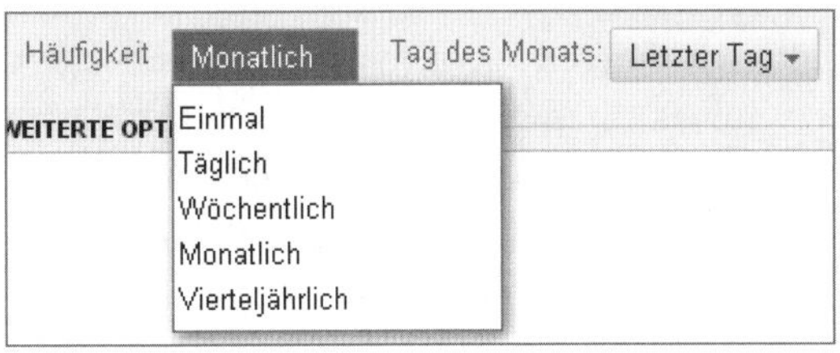

Abbildung 4.17 Häufigkeit von E-Mail-Berichten einstellen

Berichte an andere Personen versenden

Sie können keine genaue Uhrzeit für den Versand vorgeben, was die Prüfung von täglichen oder wöchentlichen Berichten etwas erschwert, da Sie nicht sicher sein können, wann der Bericht bei Ihrem Kollegen oder Kunden im Posteingang ankommt. Wenn Sie Berichte automatisch an andere E-Mail-Adressen versenden, fügen Sie sich selbst auch immer zu den Empfängern hinzu. So können Sie jederzeit überprüfen, ob der Bericht bereits geschickt wurde oder nicht.

Ein täglicher Versand scheint gerade bei Kampagnen verlockend, um täglich die Entwicklung zu verfolgen. Allerdings fehlt Ihnen bei einem täglichen Bericht schnell die Bezugsgröße, da Sie immer nur einen sehr kleinen Ausschnitt der Daten sehen. Mit dem wöchentlichen oder – je nach Aufgabe – dem monatlichen Versand bekommen Sie mehr Überblick in Ihren Berichten. Bei einem wöchentlichen Versand sollten Sie überlegen, ob Sie die Daten tatsächlich montagmorgens im Posteingang haben müssen oder vielleicht eher später in der Woche, zum Beispiel am Donnerstag. Je nach Anforderung haben Sie dann mehr Zeit, um Entwicklungen zu analysieren, als am Montagmorgen.

Falls Sie monatliche Berichte für Kollegen oder Vorgesetzte automatisch versenden oder aufbereiten müssen, gewöhnen Sie sich an, schon in der Vorwoche einen Blick in die Daten zu werfen. Richten Sie sich dazu einen zweiten E-Mail-Bericht ein, der die Daten nur an Sie verschickt. Hat es in den vergangenen Wochen Entwicklungen auf der Website gegeben, die Sie näher untersuchen möchten, gewinnen Sie so genügend Zeit dafür. Im neuen Monat werden Sie dann nicht plötzlich von den Entwicklungen überrascht und müssen unter Zeitdruck die Fragen der Vorgesetzten beantworten.

Maximal zwölf Monate

Sie können für E-Mail-Berichte eine Laufzeit vorgeben, die zwischen einem und zwölf Monaten liegen kann. Das bedeutet, dass ein monatlicher Bericht maximal zwölfmal versendet wird, bevor er automatisch von Analytics deaktiviert wird. Danach müssen Sie den Versand erneut aktivieren. Sie können den Versandzeitraum in der Verwaltung jederzeit verlängern.

Vor allem um solche überraschenden Entwicklungen zu vermeiden, sollten Sie den automatischen Versand von Berichten nur dann anwenden, wenn alle Beteiligten wissen, wie sie den Bericht interpretieren müssen. In allen anderen Fällen und gerade bei neuen Berichten sollten Sie prüfen, ob Sie den Versand lieber händisch durchführen. Es ist etwas mehr Aufwand, dafür gewinnen Sie an Sicherheit.

4.3.3 Mit benutzerdefinierten Benachrichtigungen Veränderungen aufspüren

Ein automatischer Bericht landet zu einem festgelegten Zeitpunkt im Posteingang. Häufig erhalten Sie so einen Bericht, um Veränderungen in den Nutzeraktivitäten auf Ihrer Website festzustellen. Wäre es nicht einfacher, wenn Analytics Sie auf solche Veränderungen hinweisen würde? Sie schauen erst dann in einen Bericht, wenn es auch tatsächlich etwas zu entdecken gibt.

Um genau solche Veränderungen schneller zu entdecken, können Sie Google Analytics täglich Ihre Nutzerdaten auf bestimmte Veränderungen prüfen lassen. Was und worauf Analytics achten soll, definieren Sie in einer *benutzerdefinierten Benachrichtigung*. Sie erreichen die Übersicht der aktuellen Benachrichtigungen im Menü PERSONALISIEREN unter dem Punkt BENUTZERDEFINIERTE (aufgrund der Länge wird das in der deutschen Übersetzung eigentlich folgende *Benachrichtigung* in vielen Browsern nicht angezeigt).

Dort können Sie auch neue Benachrichtigungen anlegen: Sie geben vor, wie oft ein bestimmter Messwert kontrolliert und mit einem Wert verglichen werden soll (siehe Abbildung 4.18). Wird dieser Wert über- oder unterschritten, sehen Sie den Eintrag in der Übersicht und bekommen auf Wunsch eine Benachrichtigung per E-Mail.

Abbildung 4.18 Benutzerdefinierte Benachrichtigung einrichten

Sie brauchen also nicht mehr selbst täglich Ihre Berichte auf Auffälligkeiten hin zu untersuchen, sondern schauen erst dann in die Analytics-Berichte, wenn Ihnen das Tool eine Meldung schickt.

4.3.4 Echtzeit-Berichte – Webanalyse live

Manchmal möchten Sie sehen, was gerade jetzt in diesem Moment auf Ihrer Website passiert. Vielleicht haben Sie gerade eine AdWords-Kampagne gestartet und möchten wissen, wo die ersten Nutzer eintreffen. Oder Sie haben wochenlang den Relaunch Ihrer Website vorbereitet und möchten nun nach dem Umschalten sofort erkennen, dass alles funktioniert und die Besucher finden, was sie suchen. Mit den *Echtzeit-Berichten* von Analytics haben Sie die Möglichkeit, Ihre Nutzer live auf der Website zu verfolgen.

In den Echtzeit-Berichten sehen Sie nur die Zugriffe der Besucher, die gerade jetzt auf Ihrer Website unterwegs sind (siehe Abbildung 4.19). Konkret sind das die Besucher, die in den letzten fünf Minuten eine Aktion auf der Website ausgeführt haben, also eine Seite aufgerufen oder ein Ereignis gefeuert haben. Die Berichte werden nahezu in Echtzeit aktualisiert, ihr Inhalt ändert sich daher, ohne dass Sie den Bericht neu laden müssen.

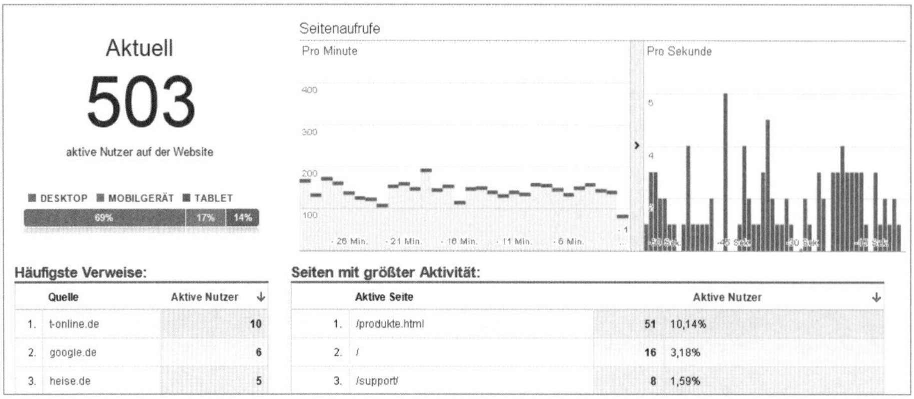

Abbildung 4.19 Übersicht der Echtzeit-Besucheraktivitäten

Einige Vorteile und Anwendungsfälle für Echtzeit-Berichte sind die Beantwortung folgender Fragen:

- Funktioniert das eingebundene Tracking auf der Website?
- Wird das neue Blog-Posting aufgerufen?
- Kommen Nutzer über die gerade gestartete Kampagne?
- Werden die neu angelegten Ziele gefeuert?
- Wie viele Besucher kommen über das gerade geteilte Facebook-Posting?

Sie können Berichte zu den Standorten und den Besucherquellen ansehen sowie Berichte zu den genutzten Inhalten, zu gefeuerten Ereignissen und zu den erreichten Zielen.

In allen Berichten sehen Sie im oberen Bereich ein Zeitdiagramm, das Ihnen die Zahl der gerade aktiven Nutzer, die Seitenaufrufe der letzten 30 Minuten pro Minute sowie die Seitenaufrufe der letzten 60 Sekunden pro Sekunde darstellt. Die Diagramme aktualisieren sich jede Sekunde, genauso wie die Tabellen der Berichte.

Gegenüber den normalen Berichten sind die Möglichkeiten etwas eingeschränkt: Sie sehen immer nur die oberen zwanzig der aktuellen Einträge und können keine Segmente anwenden. Sie können aber in nahezu allen Berichten in die Daten »hineinklicken«. Wenn Sie auf den Eintrag eines Standortes oder einer Besucherquelle klicken, gelangen Sie so zu weiteren Daten – dazu lesen Sie gleich einige Beispiele.

Hinweis zum Drilldown in Echtzeit-Berichten

Wenn Sie auf einen Eintrag einer Echtzeit-Tabelle klicken, setzen Sie damit quasi einen Filter auf alle Echtzeit-Daten. Sie bekommen dann passende Einträge zu diesem Filter angezeigt. Der Filter wird Ihnen am oberen Rand des Berichts als blauer Kasten angezeigt (zum Beispiel in Abbildung 4.23).

Dieser Filter bleibt gesetzt, bis Sie ihn aktiv wieder löschen. Das bedeutet, der Filter besteht auch dann noch, wenn Sie auf einen anderen Echtzeit-Bericht wechseln und sogar, wenn Sie auf eine komplett andere Datenansicht für eine andere Website springen. Wahrscheinlich liefert dieser Filter dort keine Ergebnisse mehr, sodass der Echtzeit-Bericht behauptet, es wären null Besucher auf der Website. Achten Sie also darauf, die Filter nach Gebrauch wieder zu entfernen, indem Sie auf das kleine X zum Schließen klicken.

Standorte

Im Echtzeit-Bericht STANDORTE sehen Sie die aktuellen Sitzungen auf der Website, aufgeschlüsselt nach dem Herkunftsland der aktiven Nutzer. Die Länder werden sowohl als Liste als auch als Weltkarte dargestellt (siehe Abbildung 4.20).

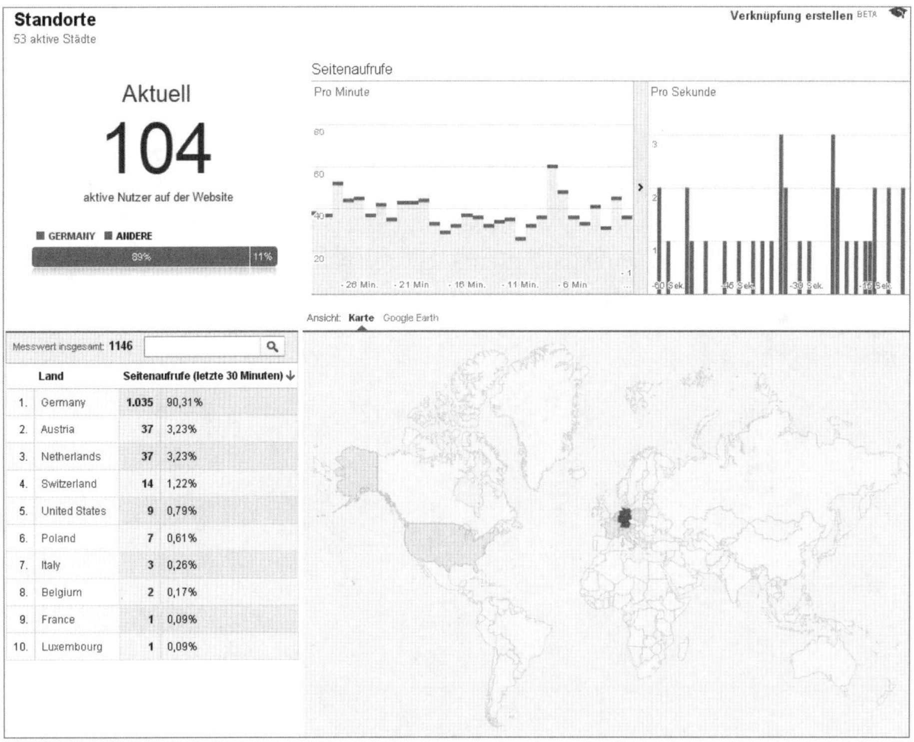

Abbildung 4.20 Echtzeit-Bericht »Standorte«

Mit einem Klick auf einen Ländereintrag wechseln Sie eine Ebene tiefer in der geografischen Auswertung. Nun sehen Sie die Städteeinträge des ausgewählten Landes (siehe Abbildung 4.21).

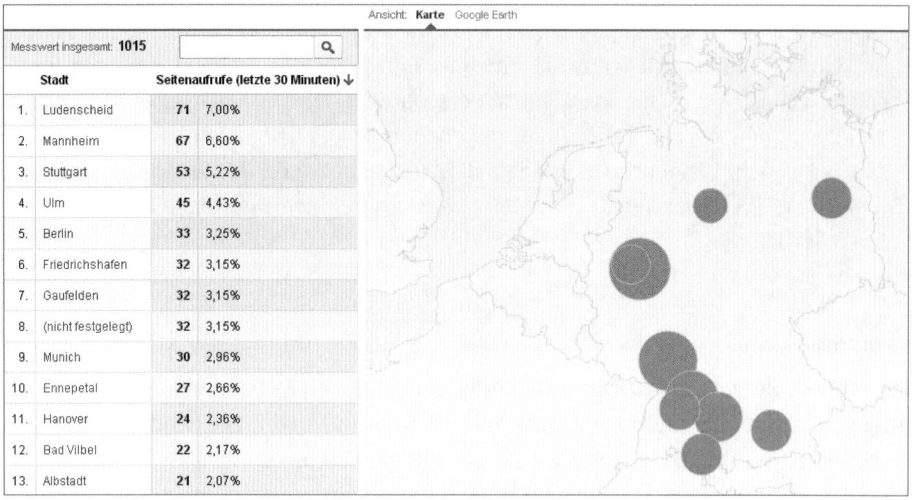

	Stadt	Seitenaufrufe (letzte 30 Minuten)	
1.	Ludenscheid	71	7,00%
2.	Mannheim	67	6,60%
3.	Stuttgart	53	5,22%
4.	Ulm	45	4,43%
5.	Berlin	33	3,25%
6.	Friedrichshafen	32	3,15%
7.	Gaufelden	32	3,15%
8.	(nicht festgelegt)	32	3,15%
9.	Munich	30	2,96%
10.	Ennepetal	27	2,66%
11.	Hanover	24	2,36%
12.	Bad Vilbel	22	2,17%
13.	Albstadt	21	2,07%

Abbildung 4.21 Echtzeit-Bericht »Stadt«

Besucherquellen

Im Bericht Besucherquellen können Sie live verfolgen, von welchen Quellen die aktuellen aktiven Nutzer auf Ihre Website gefunden haben (siehe Abbildung 4.22). Dabei werden die Dimensionen Medium und Quelle ausgewiesen, Sie können somit zwischen Verweisen, Direktzugriffen oder organischen Besuchen (also von einer Suchmaschine) unterscheiden.

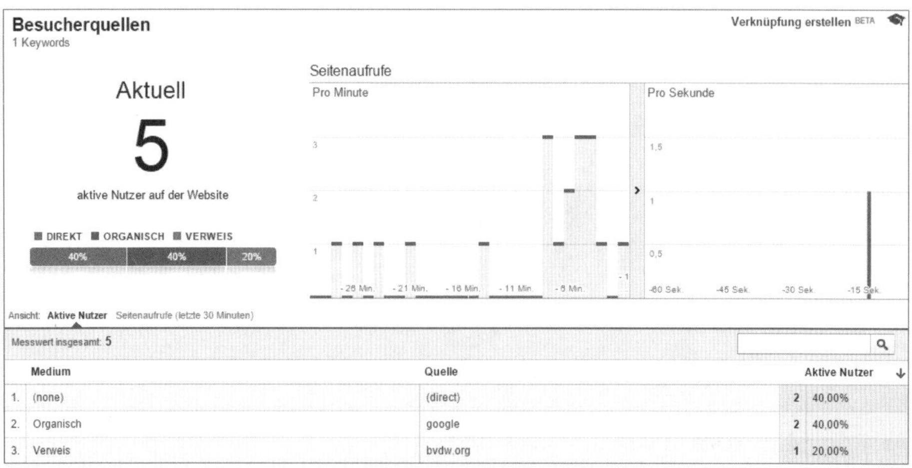

	Medium	Quelle	Aktive Nutzer	
1.	(none)	(direct)	2	40,00%
2.	Organisch	google	2	40,00%
3.	Verweis	bvdw.org	1	20,00%

Abbildung 4.22 Echtzeit-Bericht »Besucherquellen«

Wenn Sie auf einen Eintrag der Liste klicken, gelangen Sie je nach Eintrag zu einer weiteren Aufschlüsselung. Handelt es sich zum Beispiel um einen Verweis, sehen Sie in der nächsten Ansicht die Quelle und den Verweispfad, also die Seite auf der externen Domain, von welcher der Link herführte (siehe Abbildung 4.23). Bei einem Eintrag vom Typ ORGANISCH wird dagegen das Keyword ausgegeben.

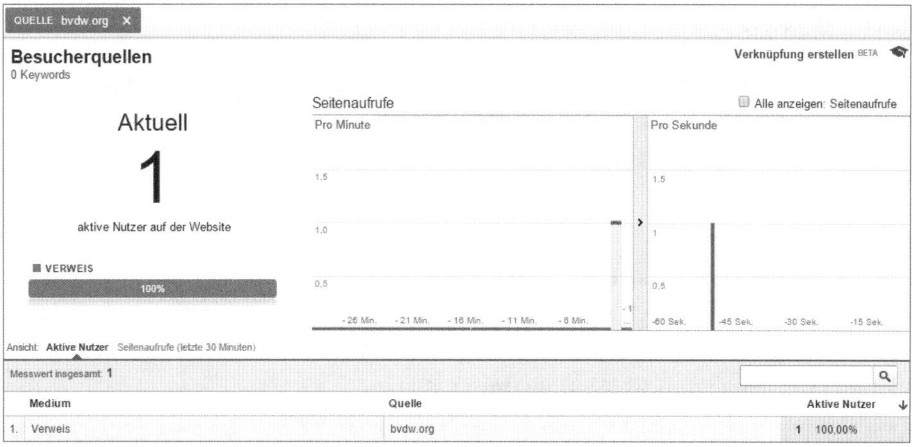

Abbildung 4.23 Echtzeit-Bericht »Besucherquellen« mit Verweispfad bvdw.org

Content

Der Bericht CONTENT zeigt Ihnen, welche Seiten die aktiven Nutzer gerade auf Ihrer Website aufrufen. Unter der großen Anzeige mit der Anzahl der aktiven Nutzer werden die Geräte dargestellt, mit denen sich die Nutzer auf der Website bewegen: Desktop, Mobilgeräte oder Tablets.

Abbildung 4.24 Aufgerufene Seiten der letzten 30 Minuten

Über der Tabelle finden Sie zwei Links, mit denen Sie den Inhalt der Tabelle umschalten können. Entweder betrachten Sie die gerade in diesem Moment aufgerufenen Seiten, oder Sie wählen die Liste aller Seitenaufrufe der letzten 30 Minuten (siehe Abbildung 4.24).

Die Tabelle selbst liefert Ihnen die URL und den Titel der ausgewählten Seiten. Ein Klick auf einen Eintrag zeigt Ihnen neben der URL zusätzlich die unterschiedlichen Quellen und Medien, von denen Nutzer auf diese Seite kamen.

Ereignisse

Der Bericht EREIGNISSE ist ähnlich aufgebaut wie der Seitenbericht (siehe Abbildung 4.25). Unter der Anzeige der aktiven Nutzer wird nach den Geräten unterschieden, und Sie können auch hier zwischen den gerade aktuellen Ereignissen und der kompletten Liste der letzten 30 Minuten umschalten.

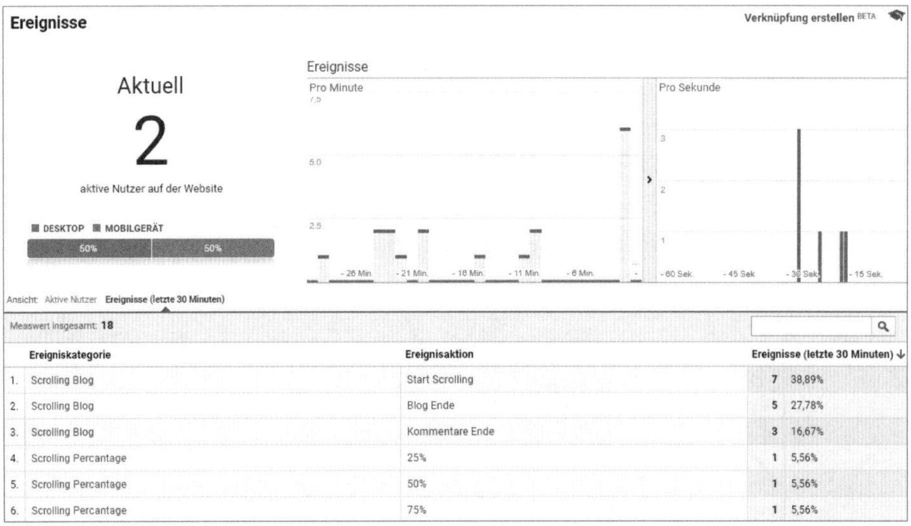

Abbildung 4.25 Ereignisse in Echtzeit auswerten

Als erste Ebene sehen Sie die unterschiedlichen Ereigniskategorien, ein weiterer Klick führt Sie zu den verschiedenen Ereignisaktionen und -labeln des jeweiligen Eintrags.

Conversions

Hier sehen Sie, welche Ziele gerade aktuell oder in den letzten 30 Minuten aufgerufen wurden (siehe Abbildung 4.26). Die Ziele definieren Sie in der Verwaltung. Mit einem Klick auf einen Eintrag werden Ihnen die unterschiedlichen Seiten aufgelistet, für die Analytics eine Zielerreichung festgestellt hat.

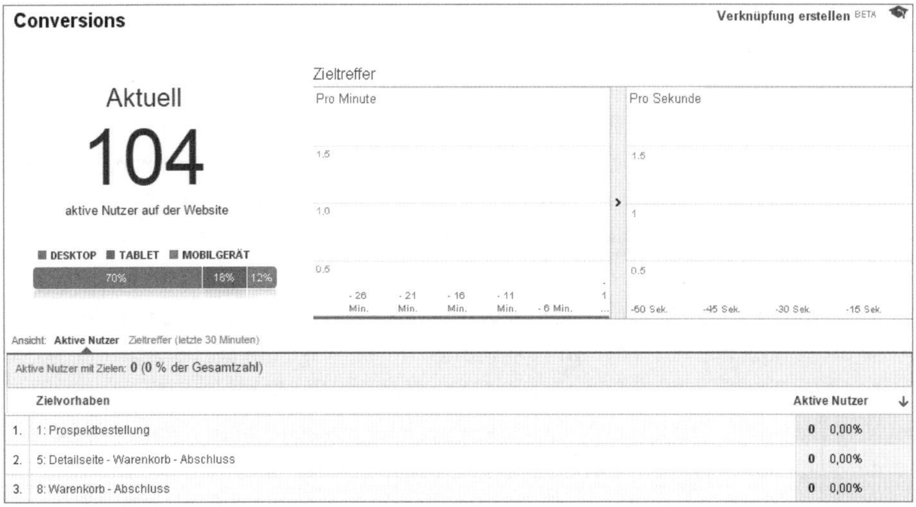

Abbildung 4.26 Erreichte Ziele in Echtzeit verfolgen

Die Echtzeit-Berichte sind vor allem zum Testen von aktuellen Maßnahmen nützlich. Wenn Sie überprüfen wollen, ob aktuelle Änderungen an der Website, neue Kampagnen oder Social-Media-Postings Ihre Nutzerzahlen beeinflussen, bekommen Sie hier ein direktes Feedback. Für eine regelmäßige oder detaillierte Auswertung bieten die Berichte allerdings wenig Mehrwert, zumal Sie die Daten wenig später auch in den normalen Berichten finden und dort weitere Funktionen wie Segmente verwenden können.

4.4 Beispiel Online-Präsenz Tirami

Sie haben bis hierhin eine Menge Einzelfälle und Beispiele kennengelernt. Wie funktionieren die unterschiedlichen Ansichten und Filter nun im Zusammenspiel? Am Beispiel der verschiedenen Websites der Firma Tirami zeigen wir Ihnen im Folgenden die einzelnen Planungsschritte, mit denen das Online-Team zu einer sinnvollen Aufteilung gelangt und das Reporting aufsetzt.

4.4.1 Konten für die Analyse strukturieren

Als Erstes überlegt das Online-Team, wie Konten, Propertys und Ansichten verteilt werden. Dazu erstellt es eine Liste aller vorhandenen Websites, Beteiligten und Anforderungen:

- Die Haupt-Website von Tirami liegt unter *tirami.biz*. Auf der Website gibt es drei Sprachen, die in unterschiedlichen Unterverzeichnissen liegen: Deutsch in */de/*, Englisch in */en/* und Italienisch in */it/*. Alle drei Sprachversionen haben die gleiche

Menüstruktur und unterscheiden sich lediglich in der Sprache des Inhalts. Die gesamte Website wird vom Online-Team betreut, das sich um Inhalt und Technik kümmert. Für jede Sprache gibt es außerdem einen eigenen Verantwortlichen, der die lokalisierten Kampagnen steuert.

- International ist Tirami mit der niederländischen Website unter *tirami.nl* vertreten. Diese Website hat weniger Inhalte und darum auch weniger Seiten als die Haupt-Website. Die niederländische Website wird von einem eigenen Ansprechpartner betreut.
- Weiterhin gibt es ein Blog unter *blog.tirami.biz*, das von einer eigenen Redaktion selbstständig betreut wird. Im Blog werden die Beiträge über Produkte und Aktionen von Tirami in allen Sprachen der Website veröffentlicht.
- Neben dem Blog betreut die Redaktion noch die Website *vino-magazin.de*. Außer der Redaktion schreiben weitere freie Journalisten für das Magazin. Die Website wird von Tirami gesponsert, ist ansonsten aber nicht mit der Firmen-Website verknüpft.
- Alle Websites und Server werden von der Tirami-IT betreut.

Es gibt somit folgende, in Tabelle 4.2 aufgelistete Websites.

Website	Beschreibung
tirami.biz	Firmen-Website
tirami.nl	niederländische Tochter
vino-magazin.de	Vino-Magazin
blog.tirami.biz	Firmen-Blog

Tabelle 4.2 Die Websites der Beispielfirma Tirami im Überblick

Als Nächstes überlegt das Online-Team, welche Ansprechpartner eigene Berichte bekommen sollen, die nur ausgewählte Daten zeigen:

- Die Ansprechpartner für die unterschiedlichen Sprachvarianten auf *tirami.biz* sollen jeweils eigene Berichte erhalten.
- Das Online-Team möchte jederzeit den Überblick über *tirami.biz* haben.
- Genauso möchte das der Ansprechpartner für *tirami.nl*.
- Die Redaktion des Blogs soll eigene Berichte für die Postings haben.
- Die Autoren des Vino-Magazins sollen den Erfolg ihrer Artikel selbst prüfen können.
- Die IT möchte eine Gesamtzahl der Seitenaufrufe aller Websites wissen, um die Servergrößen rechtzeitig planen zu können.

Mit diesen Informationen geht das Online-Team nun an die Planung der Konten. Die drei Tirami-Websites sind thematisch ähnlich und außerdem untereinander verlinkt. Die Verantwortlichen der Firmen-Website, der Tochter-Website und des Blogs stehen in regelmäßigem Austausch miteinander. Daher können die Berichte für alle Tirami-Websites in einem Konto eingerichtet werden.

Beim Vino-Magazin sollen auch die freien Autoren Zugriff auf die Berichte haben. Da die Vino-Website inhaltlich und technisch keine Gemeinsamkeiten mit den Tirami-Websites hat, erstellt das Team ein eigenes Konto.

Um der IT eine Gesamtzahl bieten zu können, plant das Online-Team einen zweiten Tracking-Code ein, der in allen Websites eingebaut wird. Der Code kommt aus einem dritten Konto, auf den die IT vollen Zugriff erhält. Die Kontostruktur sehen Sie noch einmal in Tabelle 4.3.

Nun muss das Online-Team entscheiden, welche Website eine eigene Property bekommen soll. Die Propertys werden dann im jeweiligen Konto eingerichtet.

Die Websites mit unterschiedlichen Domains werden alle jeweils in eine eigene Property gezählt, also *tirami.biz*, *tirami.nl* und *vino-magazin.de*. Das Gesamtkonto erhält ebenfalls eine eigene Property.

Konto	Beschreibung
Tirami	alle Tirami-Websites
Vino	Vino-Magazin
Overall	Gesamtkonto aller Zugriffe für IT

Tabelle 4.3 Kontostruktur der Firma Tirami

Berichte für die Unterverzeichnisse */de/*, */en/* und */it/* wird das Team mit gefilterten Datenansichten umsetzen. So kann für alle Seiten auf *tirami.biz* der gleiche Tracking-Code verwendet werden.

Das Blog liegt auf einer Subdomain von *tirami.biz*. Das Team entscheidet, hier den gleichen Tracking-Code zu verwenden wie auf *tirami.biz*. So hat das Online-Team in seinen Berichten die Nutzer der Firmen-Websites und des Blogs zusammen und kann die Wechselwirkungen zwischen beiden Websites besser erkennen. Für die Blog-Redaktion wird eine gefilterte Datenansicht angelegt, die nur die Seiten des Blogs enthält.

Für den Gesamtbericht der IT wird eine eigene Property angelegt. In allen Websites werden zwei Tracking-Codes eingebaut, sowohl für die jeweils angelegte Property als auch für das Gesamtkonto. Was Sie noch beim Einbau von zwei Tracking-Codes beachten müssen, lesen Sie in Abschnitt 5.4.1.

Nach diesen Überlegungen hat das Online-Team die Kontostruktur festgelegt, die Sie in Abbildung 4.27 sehen können.

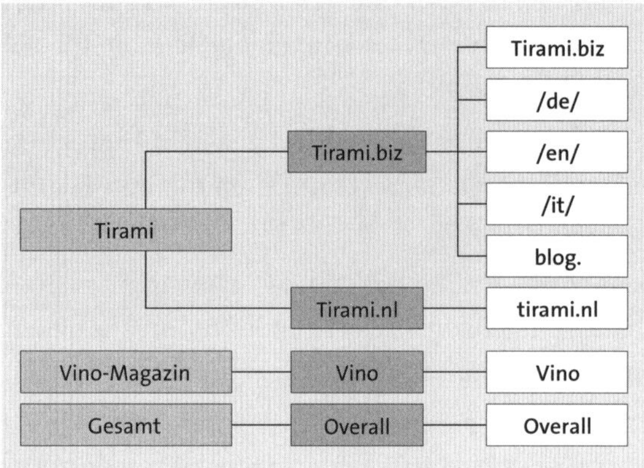

Abbildung 4.27 Kontostruktur für Tirami

Damit kann das Online-Team alle Konten, Propertys und Datenansichten zusammen anlegen. Alle Berichte stehen vom ersten Tag an zur Verfügung, und alle Ansprechpartner haben Daten vorliegen. Das Online-Team erstellt für die Kontostruktur eine Tabelle, damit die IT weiß, in welche Website welcher Tracking-Code eingebaut werden soll (siehe Tabelle 4.4).

Website	Konto	Property	Datenansicht
tirami.biz	Tirami	UA-142XXX-1	Tirami.biz
tirami.biz/de/	Tirami	UA-142XXX-1	Deutsch
tirami.biz/en/	Tirami	UA-142XXX-1	Englisch
tirami.biz/it/	Tirami	UA-142XXX-1	Italienisch
tirami.nl	Tirami	UA-142XXX-2	Tirami.nl
blog.tirami.biz	Tirami	UA-142XXX-3	Blog
vino-magazin.de	Vino	UA-261XXX-1	Vino-mag
Gesamtkonto	Overall	UA-735XXX-1	Overall

Tabelle 4.4 Tabellarische Kontostruktur

4.4.2 Zugriff für alle Beteiligten

Die einzelnen Teams und Ansprechpartner sollen individuelle Logins zu den Google-Analytics-Berichten erhalten. Durch die unterschiedlichen Datenansichten stellt das

Online-Team sicher, dass die Inhalte getrennt verfügbar sind. Nun werden Nutzer für die Beteiligten eingerichtet. Das Online-Team legt für alle Beteiligten ein Google-Login an. Die Logins listet Tabelle 4.5 im Einzelnen auf.

Nutzer	Konto	Property
online@tirami.biz	Kto Tirami Kto Vino Kto Overall	Alle Alle Alle
De+online@tirami.biz	DA Deutsch	Zusammenarbeiten
En+online@tirami.biz	DA Englisch	Zusammenarbeiten
It+online@tirami.biz	DA Italienisch	Zusammenarbeiten
marketing@tirami.biz	Kto Tirami Kto Vino Kto Overall	Zusammenarbeiten Zusammenarbeiten Zusammenarbeiten
online@tirami.nl	DA Tirami.nl	Zusammenarbeiten
redaktion@tirami.biz	Property vino	Nutzer verwalten, Bearbeiten, Mitarbeiten
redaktion@tirami.biz	DA Blog	Mitarbeiten
webmaster@tirami.biz	Kto Tirami Kto Vino Kto Overall	Alle Alle Alle

Tabelle 4.5 Zugriffsregelung; Kto = Konto, DA = Datenansicht

Das Online-Team selbst ist Administrator aller Konten und hat damit auch Zugriff auf alle Propertys und Datenansichten. Die IT bekommt ebenfalls den vollen Zugriff auf alle Konten, um bei Bedarf Fehler analysieren und die Einbindung von Tracking-Codes prüfen zu können. Die Marketingabteilung hat Lesezugriff auf alle Konten und Ansichten, kann sie aber nicht verwalten oder Nutzer anlegen. Die jeweiligen Verantwortlichen für Sprach- und Ländervarianten erhalten Zugriff auf ihre Datenansicht. Die Redaktion erhält Zugriff auf die Ansicht des Blogs und des Vino-Magazins. Außerdem bekommt die Redaktion das Recht »Nutzer verwalten« für die Vino-Magazin-Property, um bei Bedarf Autoren Zugriff zu geben. Mit dem Recht »Bearbeiten« kann die Redaktion weiterhin eigene Datenansichten anlegen, um Autoren nur Zugriff auf ihre eigenen Artikel zu geben.

4.4.3 Auswertungen und Berichte

Nach der Einrichtung geht das Online-Team daran, für jeden Nutzer die wichtigsten Berichte zu prüfen und bei Bedarf anzulegen. Grundsätzlich haben alle Beteiligten die Möglichkeit, jederzeit mit ihrem Google-Login online in die aktuellen Zahlen zu schauen.

Für das Online-Team

Als Erstes legt das Team Dashboards für die wichtigsten Besucheraktivitäten an. Sie enthalten die allgemeinen Kennzahlen wie Verweildauer oder wiederkehrende Besucher, die Entwicklung der Kennzahlen über die letzten Wochen, die häufigsten Verweise und die erreichten Ziele. Die Dashboards prüft das Online-Team täglich, um bei Auffälligkeiten tiefer in die Berichte zu schauen. Einmal pro Woche richtet das Team einen E-Mail-Bericht mit den aufgerufenen Seiten, Ereignissen und Zielen ein und bespricht die Entwicklungen.

Monatlich werden die wichtigsten Kennzahlen, die Inhalte, Kampagnendaten usw. in einer Excel-Tabelle zusammengetragen und mit anderen Geschäfts- und Marketingdaten ergänzt, die nicht in Analytics vorhanden sind. Die Tabelle führt das Online-Team jeden Monat fort und hat so eine Historie der Website-Aktivitäten. Auf dieser Grundlage erstellen die Mitarbeiter außerdem einen monatlichen Bericht für die Geschäftsführung. Weiterhin können sie mit der Tabelle auch kurzfristig Diagramme für zum Beispiel PowerPoint-Präsentationen anfertigen.

Um Probleme mit der Website möglichst schnell entdecken zu können, legt das Team benutzerdefinierte Benachrichtigungen an. Wenn sich die täglichen Besucherzahlen um mehr als 50 % verändern oder wenn bestimmte Seiten wie *Kundenservice* oder *Stornierung* vermehrt aufgerufen werden, erhält das Team eine Nachricht.

Für die Sprachverantwortlichen

Die Sprachverantwortlichen schauen täglich in die Kampagnenberichte, um die Marketingmaßnahmen zu prüfen. Einmal pro Woche erhalten sie durch einen E-Mail-Bericht die Kampagnendaten als Excel-Tabelle, um sie mit den Werten der Printanzeigen zusammenzuführen.

Für die Redaktion von Blog und Vino-Magazin

Für die Redaktion richtet das Online-Team einen personalisierten Bericht über die Blog-Beiträge ein. Für jeden Artikel wird neben den Besuchen die Zahl der Kommentare, Teilungen und Likes in sozialen Netzwerken aufgelistet. Außerdem hat das Team für das Blog einen zusätzlichen Code eingebaut, um die tatsächliche Verweildauer auf jeder Seite messen zu können, selbst wenn der Besucher danach die Seite verlässt. Schließlich werden noch die Einstiege über soziale Netzwerke und Suchmaschinen ausgewiesen.

Die Redaktion kann den Bericht online einsehen und bekommt ihn einmal wöchentlich per E-Mail zugestellt. Außerdem wird der Bericht einmal im Quartal als Excel-Tabelle per E-Mail aus Analytics verschickt, mit dem die Redaktion die Entwicklung der Inhalte über einen längeren Zeitraum bewertet.

Der gleiche Bericht ist auch für das Vino-Magazin eingerichtet worden. Er dient auch als Vorlage, um bei Bedarf einen Bericht für einen bestimmten Autor einzurichten. Zusätzlich prüft die Redaktion im Vino-Magazin die interne Suche auf neue Anfragen zu Themen, für die es noch keine Artikel gibt.

Für die IT

Die IT schließlich erstellt für sich Berichte, um die Lade- und Antwortzeiten der Seiten bzw. der Webserver zu prüfen. In den Berichten werden die Ladezeiten nach Seiten, Browsern und Ländern ausgewiesen. Wenn die durchschnittliche Ladezeit eines Tages einen bestimmten Wert überschreitet, verschickt ein benutzerdefiniertes Radar-Ereignis eine E-Mail an die IT.

Alle diese automatischen Berichte ersetzen für das Online-Team natürlich nicht die regelmäßige Analyse der Besucheraktivitäten. Ein regelmäßiger standardisierter Überblick ist allerdings wichtig, um im ersten Schritt den Blick auf das Wesentliche zu lenken. So kann sich das Team nicht in der Datenflut und Vielfalt von Berichten in Analytics verlieren. Die Länderverantwortlichen und die Redaktion werden durch die ausgewählten Daten in ihren Berichten an die Webanalyse herangeführt. Die personalisierten Dashboards und Berichte sparen Zeit, denn kein Redakteur muss sich durch mehrere Berichte klicken, um an seine Daten zu kommen.

Kapitel 5
Die ersten Schritte: Konto einrichten und Tracking-Code erstellen

Es geht los! Lernen Sie die Vorbereitungen für die erste Datenerfassung kennen. Verstehen Sie, wie der notwendige Programmcode für Ihre Website aufgebaut ist und welche Anpassungen möglich sind.

Um die Aktivitäten der Besucher Ihrer Website erfassen zu können, brauchen Sie zunächst ein Google-Analytics-Konto. Im Folgenden führen wir Sie durch die Erstellung des Kontos und das anschließende Feintuning.

5.1 Konto erstellen und Zählung starten

Die Einrichtung von Google Analytics können Sie innerhalb einiger Minuten erledigen. Wir zeigen Ihnen, wie Sie in wenigen Schritten ohne Programmiererfahrung Ihren ersten Bericht startklar machen. Beginnen Sie auf der Homepage von Google Analytics: *www.google.de/analytics*.

1. Um Google Analytics zu nutzen, benötigen Sie zunächst ein Google-Konto. Falls Sie bereits Google AdWords, Gmail oder Google+ nutzen, haben Sie schon ein Google-Konto. Mit demselben Benutzernamen und Kennwort können Sie sich bei Analytics anmelden.

   Auf der Homepage von Analytics finden Sie oben rechts zwei Buttons: ANMELDEN und KONTO ERSTELLEN (siehe Abbildung 5.1). Wenn Sie bereits über ein Google-Konto verfügen, melden Sie sich an. Sie können dann die nächsten Punkte überspringen und direkt mit dem Login in Google Analytics fortfahren.
2. Falls Sie noch nicht über ein Google-Konto verfügen, müssen Sie es zunächst erstellen. Beide Buttons führen Sie in diesem Fall zur Anmeldemaske für Google-Benutzerkonten (siehe Abbildung 5.2).

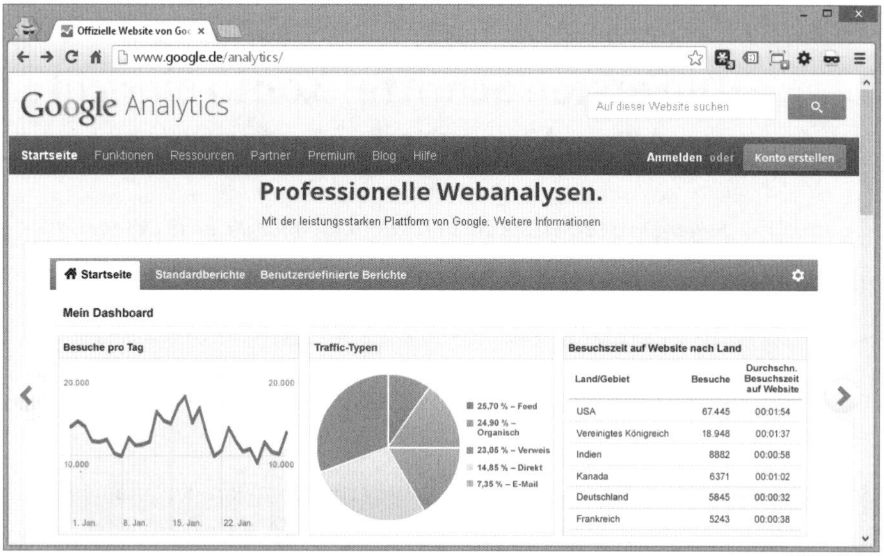

Abbildung 5.1 Konto erstellen auf der Google-Analytics-Homepage

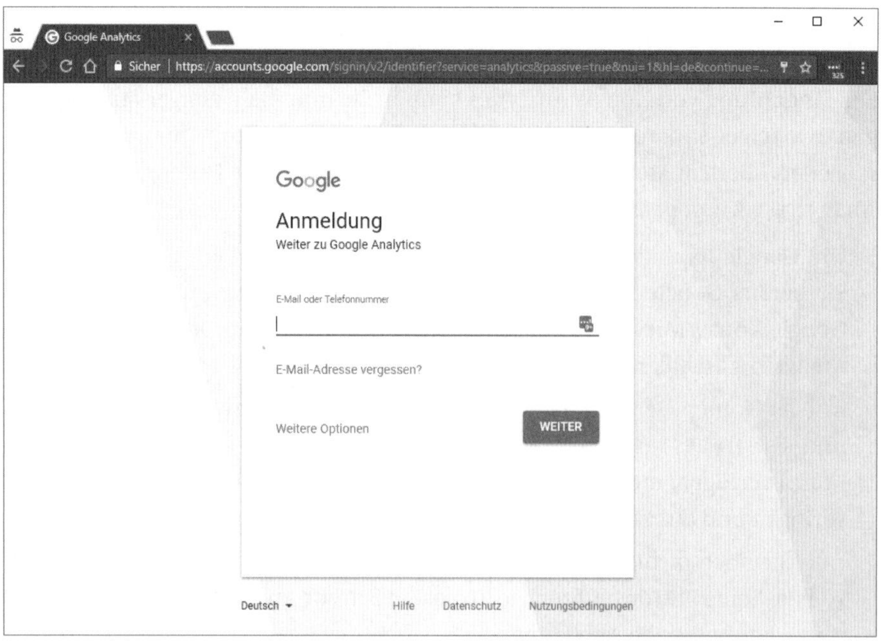

Abbildung 5.2 Anmeldemaske für das Google-Benutzerkonto

Klicken Sie nun unterhalb des Formulars auf den Link KONTO ERSTELLEN. Dieser leitet Sie zu einem Registrierungsformular weiter (siehe Abbildung 5.3). Mit diesem Formular richten Sie ein Google-Benutzerkonto ein, das Sie anschließend für die unterschiedlichen Google-Dienste (Analytics, AdWords, Search Console usw.) nutzen können.

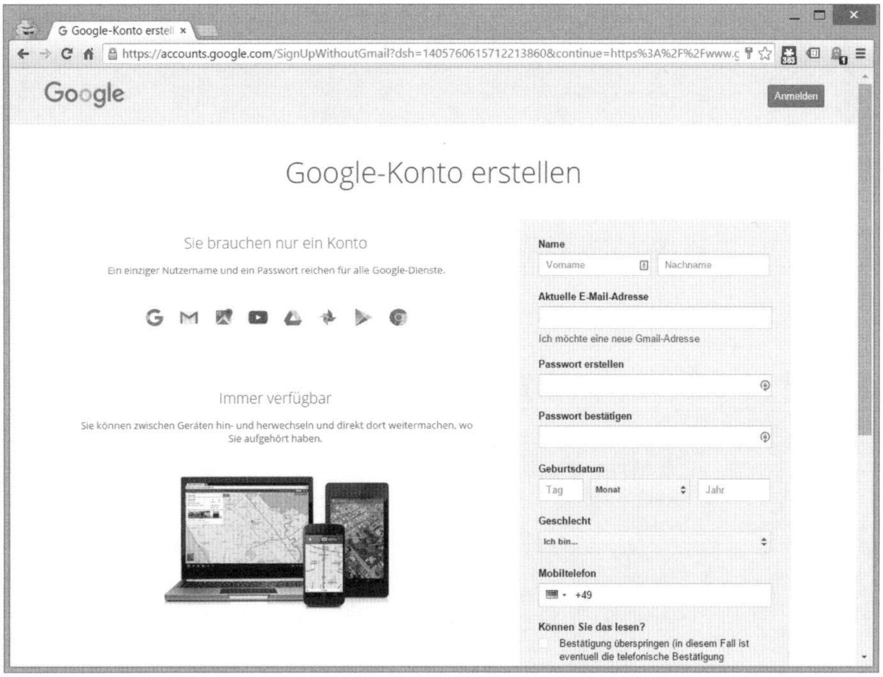

Abbildung 5.3 Google-Konto erstellen

In der Voreinstellung legt Google zusammen mit dem neuen Konto eine Gmail-Adresse an. Sie können aber auch eine bereits bestehende Email-Adresse für das Konto nutzen. Das hat den Vorteil, dass sie später Benachrichtigungen oder E-Mail-Berichte in Ihr (Arbeits)-Postfach bekommen und nicht in den Gmail-Posteingang. Gerade im geschäftlichen Umfeld ist es außerdem mit »echten« E-Mail-Adressen als Konto einfacher, den Überblick über vergebene Rechte und Nutzer zu behalten.

Nachdem Sie das Formular ausgefüllt haben, möchte Google in manchen Fällen eine SMS versenden oder einen Sprachanruf durchführen. Es fallen dabei keinerlei Telefongebühren für Sie an.

Sie müssen dazu eine Telefonnummer angeben und erhalten entweder eine SMS-Kurznachricht mit einem Bestätigungscode geschickt oder einen automatischen Anruf, der Ihnen einen Code mitteilt. In beiden Fällen geben Sie diesen Code auf der nächsten Seite in das dafür vorgesehene Feld ein (siehe Abbildung 5.4).

Im Anschluss wird eine Bestätigungs-E-Mail an das Postfach geschickt, das Sie im Formular angegeben haben (siehe Abbildung 5.5).

Abbildung 5.4 Bestätigungscode nach Anruf eingeben

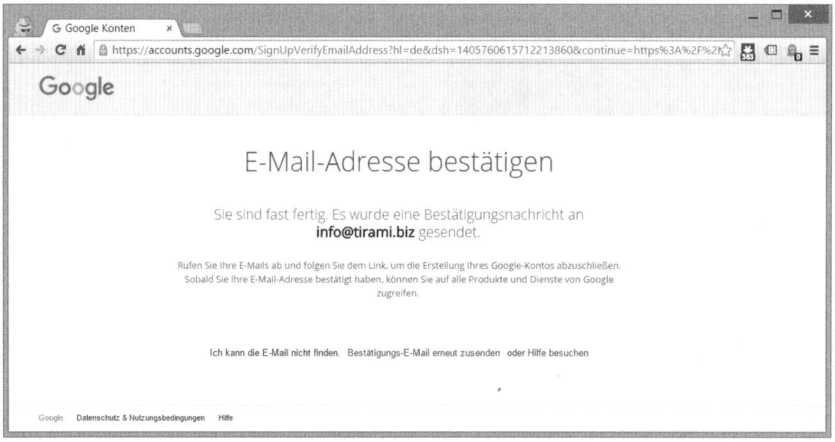

Abbildung 5.5 Die Bestätigungs-E-Mail wurde verschickt.

Die E-Mail enthält einen Bestätigungs-Link, den Sie anklicken. Danach können Sie sich mit Ihrem neu gewählten Benutzernamen und Passwort auf der Login-Seite (siehe Abbildung 5.2) anmelden.

3. Sie gelangen dann auf die Seite zur Einrichtung eines Google-Analytics-Kontos. Hier müssen Sie ganz rechts auf den Button ANMELDUNG klicken (siehe Abbildung 5.6). Dadurch wird Analytics für Ihr Google-Benutzerkonto freigeschaltet.
4. Nun geht es um die Website (oder App), für die Sie Daten erfassen möchten. Sie gelangen zu einem weiteren Formular, in dem Sie einen Namen für das Analytics-Konto sowie einen Namen für den Website-Bericht und die URL der Website eingeben. Danach können Sie aus einer Branchenliste eine passende Kategorie für Ihre Website wählen und das Land bzw. die korrekte Zeitzone einstellen (siehe Abbildung 5.7).

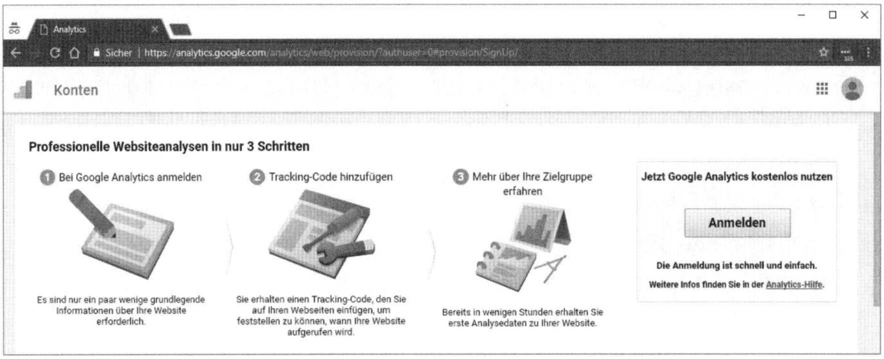

Abbildung 5.6 Google Analytics für das Benutzerkonto freischalten

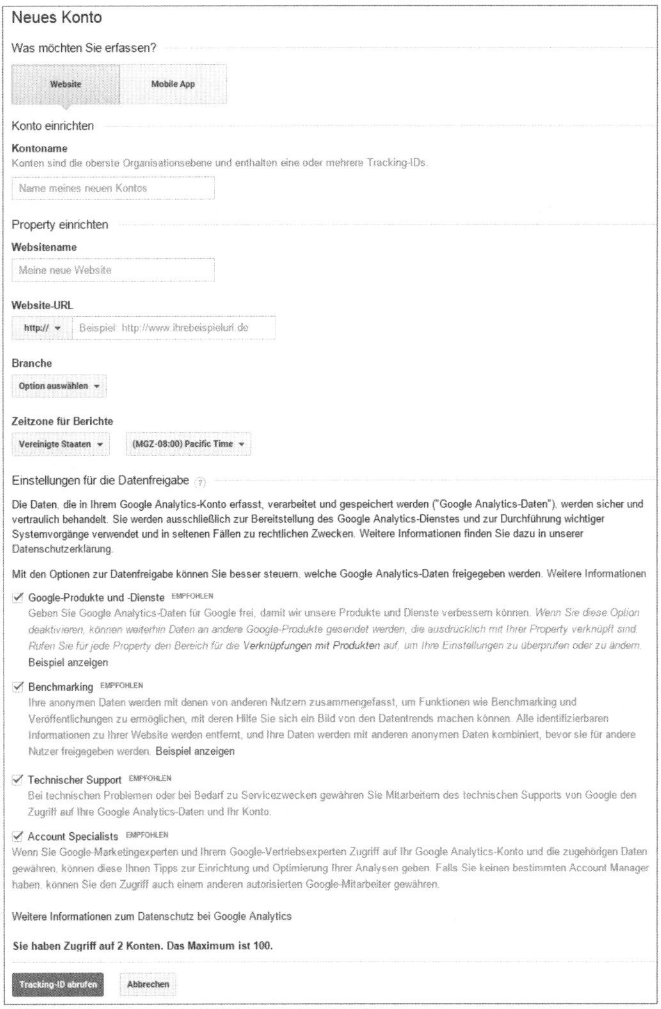

Abbildung 5.7 Optionen für ein neues Google-Analytics-Konto

5. Zum Schluss folgen vier Optionen zur Freigabe Ihrer Daten an andere Google-Dienste, Google-Mitarbeiter oder für allgemeine Statistiken, die auch andere Google-Analytics-Nutzer sehen. In der Voreinstellung sind alle Punkte aktiviert, Sie können sie deaktivieren, ohne dass dadurch Ihre Analytics-Berichte eingeschränkt werden.

   Wenn Sie alle Felder ausgefüllt haben, klicken Sie auf TRACKING-ID ABRUFEN.
6. Nun erscheinen die Nutzungsbedingungen von Analytics, die Sie bestätigen müssen (siehe Abbildung 5.8). Der Text ist in mehreren Sprachen verfügbar, die Sie im Menü oberhalb der Textbox auswählen können.

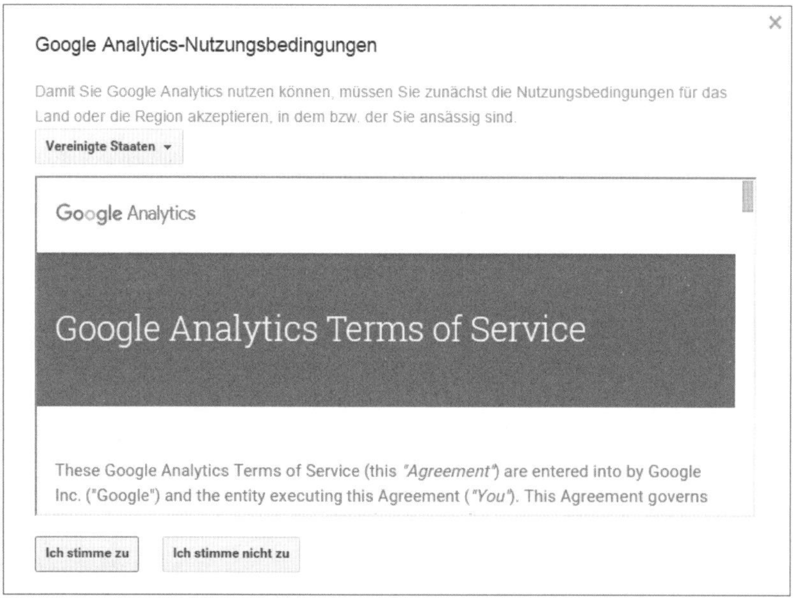

Abbildung 5.8 Nutzungsbedingungen von Google Analytics

Wichtig für Unternehmen: Vertrag zur Auftragsdatenverarbeitung

Um Webanalyse mit einem externen Tool wie Google Analytics datenschutzkonform zu betreiben, benötigen Sie als Unternehmen einen Vertrag zur Auftragsdatenverarbeitung. Sie können ihn über den Link zu Beginn der Nutzungsbedingungen herunterladen *www.google.com/analytics/terms/de.pdf*. Den Vertrag müssen Sie ausdrucken und unterschrieben an die Google-Europaniederlassung in Irland schicken. Nach einiger Zeit (erfahrungsgemäß 10–14 Tage) erhalten Sie ein gegengezeichnetes Exemplar zurück, das Sie für Ihre Unterlagen aufbewahren. Es entstehen Ihnen keine Kosten, und Sie gehen keinerlei Verpflichtungen ein. Falls Ihre Website von der Landesdatenschutzbehörde geprüft wird, müssen Sie den unterschriebenen Vertrag vorlegen können. Aus datenschutzrechtlicher Sicht dürfen Sie ohne diesen Vertrag keine Besucherdaten erfassen.

7. Nach der Bestätigung gelangen Sie zum Tracking-Code für die gerade angelegte Google-Analytics-Property (siehe Abbildung 5.9). Mit einem Mausklick in der Textbox markieren Sie den Code und können ihn anschließend kopieren, unter Windows zum Beispiel über das Kontextmenü nach Klick mit der rechten Maustaste oder mit der Tastenkombination Strg + C.

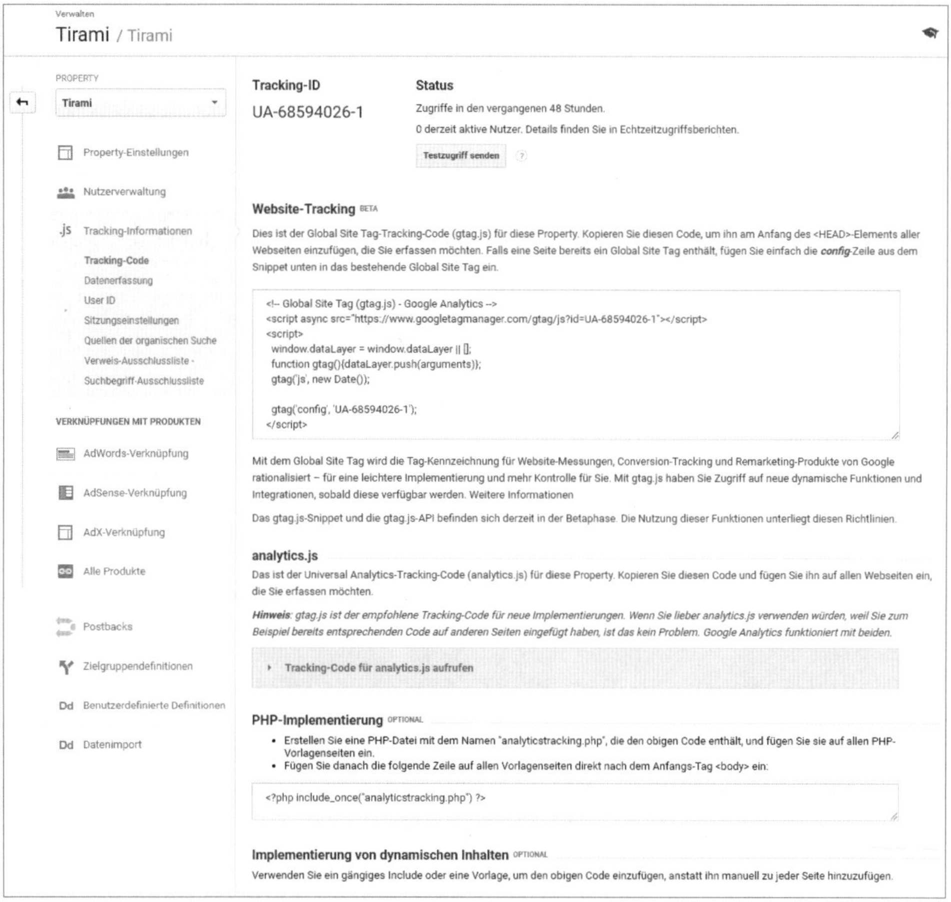

Abbildung 5.9 Tracking-Code für den Einbau auf Ihrer Website

Sollte bei Ihnen bereits die Beta-Version *gtag.js* als Voreinstellung zu sehen sein, lesen Sie bitte den Kasten »Tracking-Datei Variante gtag.js« in Abschnitt 5.4 für weiterführende Informationen. Der *analytics.js*-Code kann weiterhin für Ihre Website genutzt werden.

8. Der Tracking-Code ist in JavaScript geschrieben und muss in jede einzelne Seite Ihrer Website eingebaut werden. Dabei ist der Code für alle Seiten gleich, Sie brauchen also keine Veränderungen für die einzelnen Seiten vorzunehmen.

Code-Einbau mit dem Google Tag Manager

Mit dem Tag Manager hat Google ein Tool entwickelt, mit dem Sie Ihre Tracking-Codes ohne ständigen Programmieraufwand auf Ihrer Website ausspielen und anpassen können. Dabei ist der Google Tag Manager (GTM) nicht auf Analytics-Tags beschränkt, sondern kann Codes von vielen unterschiedlichen Diensten ausspielen, etwa von Google AdWords, Ad-Servern oder Remarketing-Diensten. Sie können den GTM für die Einbindung Ihrer Tracking-Codes verwenden, müssen es aber nicht. Möchten Sie die Einbindung über den Google Tag Manager vornehmen, lesen Sie dazu bitte Kapitel 14.

Idealerweise platzieren Sie den Code zwischen den beiden <head>-Elementen der Website. Falls das nicht möglich ist, sollte er möglichst direkt am Anfang des HTML-Body-Codes stehen.

```
<html>
<head>
      << Idealer Platz für den Tracking-Code
</head>
<body>
      << Guter Platz für den Tracking-Code
...Seiteninhalt...
      << Möglicher Platz für den Tracking-Code
</body>
</html>
```

Listing 5.1 Platzierung des Tracking-Codes in einer HTML-Seite

Alternativ kann der Tracking-Code auch am Ende der Seite stehen, allerdings besteht dann die Gefahr, dass die Zählung bei großen Seiten oder einer langsamen Internetleitung des Besuchers nicht funktioniert.

Einbau bei einem Content-Management-System

Wenn Sie ein Content-Management-System (CMS) wie TYPO3 oder WordPress verwenden, gibt es normalerweise ein sogenanntes Template, das den Aufbau und das Design der Website vorgibt. Ein Template besteht aus mehreren Einzelbausteinen, darunter meistens ein Kopf, der auf jeder Seite verwendet wird. Dieser Bereich eignet sich optimal für den Tracking-Code. Schauen Sie im Template nach Dateinamen wie *header* oder *top*.

9. In Deutschland müssen Sie eine Anpassung des Tracking-Codes vornehmen, um die Vorgaben der Datenschutzbehörden zu erfüllen. Es ist zwingend vorgeschrie-

ben, dass die letzte Stelle der IP-Adresse gekürzt wird (siehe Abschnitt 2.5.4). Dafür hat Google Analytics einen eigenen Befehl, den Sie aber leider nirgends auf der Tracking-Code-Seite finden. Bevor Sie den Code in Ihre Website einbauen, erweitern Sie ihn um die fett markierte Zeile:

```
<script>
  (function(i,s,o,g,r,a,m){i['GoogleAnalyticsObject']=r;i[r]=i[r]
||function(){
  (i[r].q=i[r].q||[]).push(arguments)},i[r].l=1*new Date();a=s.
createElement(o),
  m=s.getElementsByTagName(o)[0];a.async=1;a.src=g;m.parentNode.
insertBefore(a,m)
  })(window,document,'script','//www.google-analytics.com/ana-
lytics.js','ga');
  ga('create', 'UA-68594026-1', 'auto');
  ga('set', 'anonymizeIp ', true);
  ga('send', 'pageview');
</script>
```

Listing 5.2 Datenschutzkonforme Anpassung des Tracking-Codes

Sobald Sie den Tracking-Code auf der Seite eingebaut haben, können Sie den Datenempfang testen: Rufen Sie dazu einige Seiten Ihrer Website auf. Auf der Seite TRACKING-CODE wird nun als Status DATENEMPFANG AKTIV angezeigt. Das ist die Seite, auf der Sie in Abbildung 5.9 den JavaScript-Code für den Einbau kopiert haben. Sie erreichen sie unter VERWALTEN im Bereich PROPERTY • TRACKING-INFORMATIONEN. Ihre eigenen Seitenaufrufe sehen Sie im Bereich ECHTZEIT (siehe Abbildung 5.10).

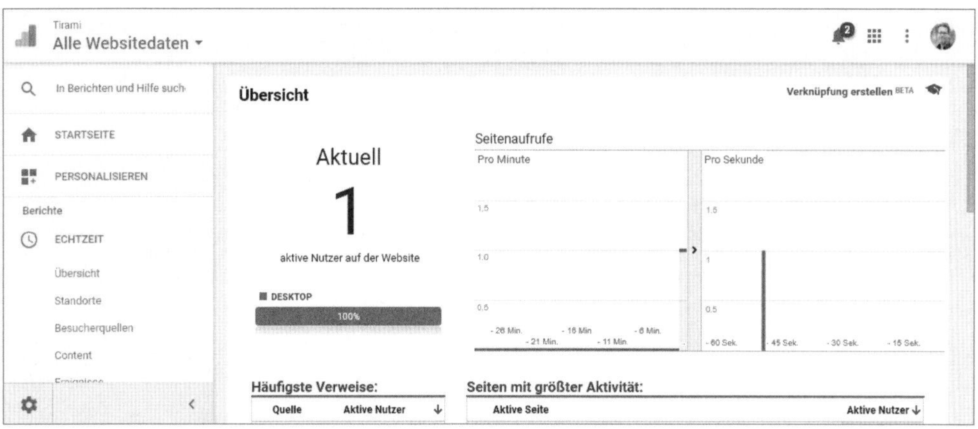

Abbildung 5.10 Der erste aktive Nutzer im neu erstellten Konto

10. Der Datenschutz stellt eine weitere Bedingung für die Verwendung von Google Analytics: Auf der Website muss auf den Einsatz von Analytics hingewiesen werden. Sie müssen also einen entsprechenden Text zum Datenschutz auf Ihrer Seite, zum Beispiel im Impressum einfügen (siehe Abschnitt 2.5.2).

Damit haben Sie den ersten Schritt geschafft, die Datenerfassung läuft. Nun geht es an die Feineinstellungen.

5.2 Kontoeinstellungen und Verwaltung

In der Verwaltung von Google Analytics können Sie auf drei Ebenen Einstellungen vornehmen: *Konto*, *Property* und *Datenansicht*. Mehr zu den drei Ebenen finden Sie in Abschnitt 2.1.3.

Einige Verwaltungspunkte finden Sie explizit nur auf einer Ebene, so ist zum Beispiel der Tracking-Code im Bereich PROPERTY aufgeführt (siehe Abbildung 5.11). Die Nutzerverwaltung finden Sie dagegen auf jeder Ebene, da Sie Rechte nur für eine Datenansicht oder für das ganze Konto vergeben können.

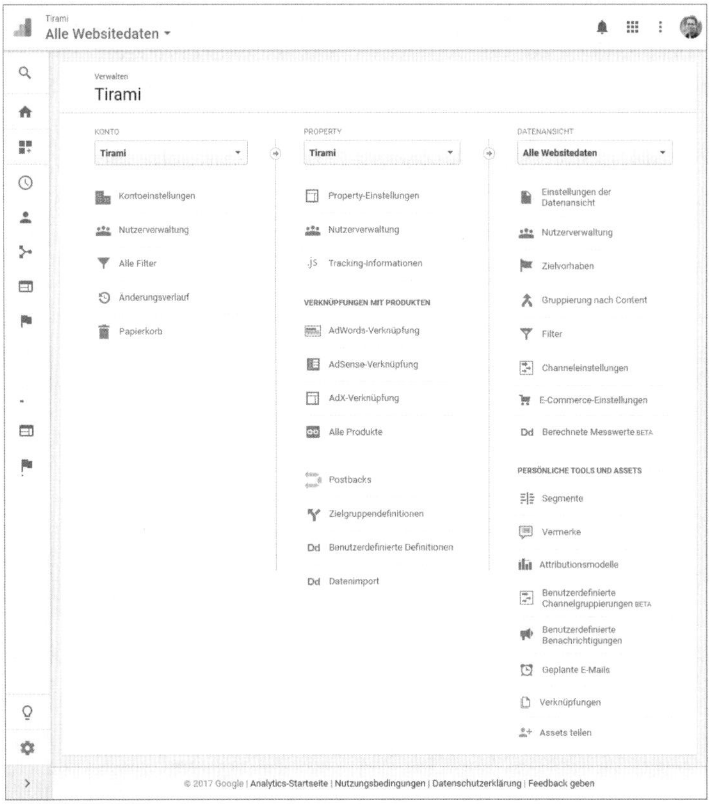

Abbildung 5.11 Google Analytics, Verwaltung

5.2.1 Kontoeinstellungen

In den Kontoeinstellungen können Sie die Nummer des aktuellen Kontos einsehen (siehe Abbildung 5.12). Diese Nummer bildet die Basis für jede Tracking-ID, die in Ihrem jeweiligen Tracking-Code zu finden ist. Die einzelnen Propertys des Kontos werden durchgezählt und mit einem Minus an Ihre Kontonummer angehängt. In unserem Beispielkonto hat die erste Property also die Tracking-ID *UA-68594026-1*. Weiterhin können Sie hier den Namen des Kontos ändern.

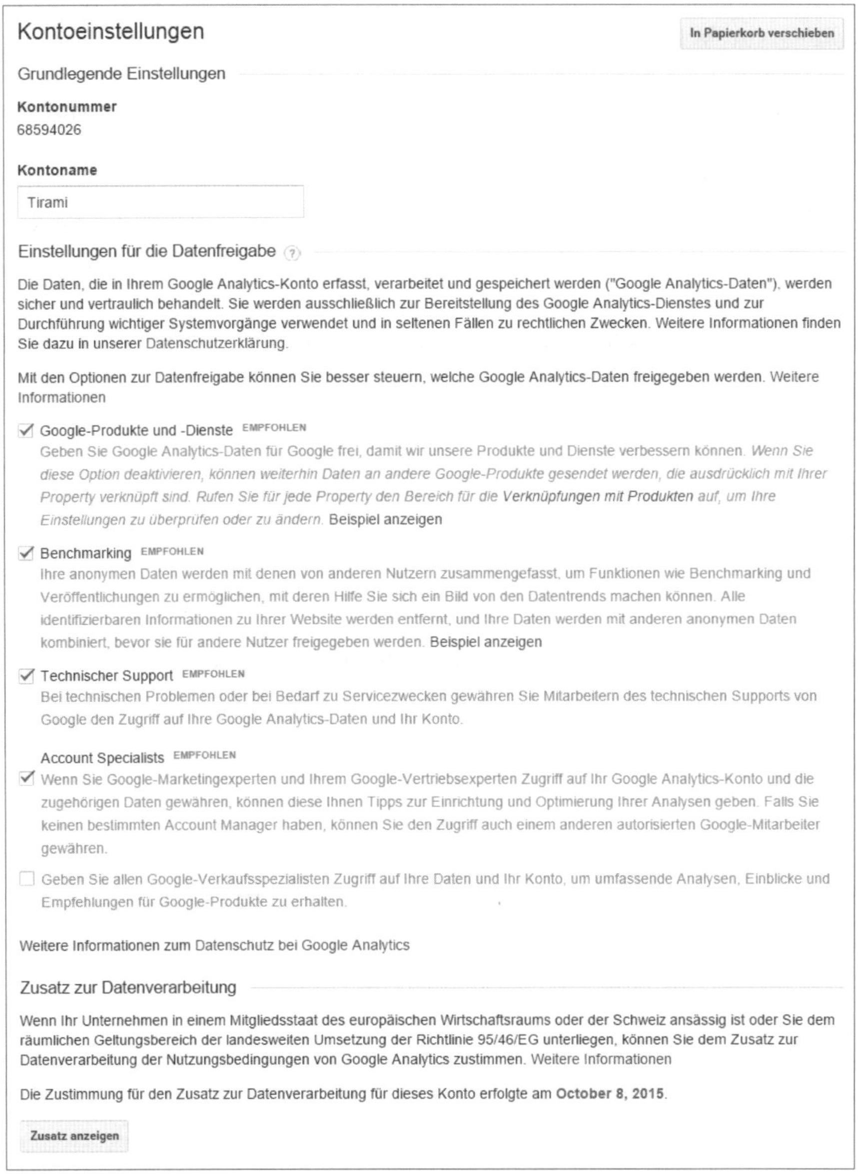

Abbildung 5.12 Dateienfreigabe für das Analytics-Konto vornehmen

Daran anschließend finden Sie die EINSTELLUNGEN FÜR DIE DATENFREIGABE. Diese Optionen sind Ihnen bereits bei der Erstellung des Kontos begegnet. An dieser Stelle können Sie Ihre Einstellungen nachträglich verändern. Es gibt vier Freigaben, über die Sie entscheiden können:

1. GOOGLE-PRODUKTE UND -DIENSTE
   Die Daten aus dem Analytics-Profil können in anderen Google-Diensten wie AdWords oder AdSense genutzt werden. Sie müssen diese Einstellung wählen, wenn Sie Ziele oder E-Commerce-Daten in Ihrem AdWords-Konto verwenden möchten, was Ihnen eine bessere Optimierung Ihrer Kampagnen ermöglicht. Falls Sie keine AdWords-Kampagne haben oder AdSense nicht einsetzen, können Sie auf diese Freigabe verzichten. Die Nutzerdaten werden nur zwischen Google-Produkten ausgetauscht.
2. BENCHMARKING
   Ihre Nutzerdaten können von Google in anonymen Statistiken verwendet werden, die für die Webnutzung im Allgemeinen oder einzelne Branchen erstellt werden.
3. TECHNISCHER SUPPORT
   Google-Mitarbeiter erhalten Zugriff auf Ihr Konto, um technischen Support leisten zu können.
4. ACCOUNT SPECIALIST
   Google-Mitarbeiter erhalten Zugriff auf Ihr Konto und können Ihnen Empfehlungen zu Aufbau und Nutzung geben. Sie können außerdem entscheiden, ob Sie nur einem bestimmten Account Manager Zugriff gewähren oder allen Google-Verkaufsspezialisten.

Anschließend können Sie in einem ZUSATZ ZUR DATENVERARBEITUNG den Nutzungsbedingungen von Google Analytics zustimmen. Dies ist für Unternehmen gedacht, für welche die europäische Richtlinie zum Datenschutz 95/46/EC gilt. Die Nutzung von Google Analytics ist von diesem Punkt unabhängig. Wenn die Richtlinie für Ihr Unternehmen nicht zutrifft, können Sie den Punkt ignorieren.

5.2.2 Nutzerverwaltung

Sie haben das Analytics-Konto mit einem Google-Benutzerkonto erstellt. Dieser Nutzer hat automatisch den Administrationszugriff, das heißt, er kann alle Einstellungen bearbeiten und weiteren Nutzern Zugriff geben. Sie können Nutzern Rechte auf der Kontoebene zuweisen, dann gelten deren Rechte für alle im Konto enthaltenen Propertys. Außerdem können Sie auf der Property-Ebene Rechte vergeben, die für alle enthaltenen Datenansichten gelten. Schließlich sind für jede Datenansicht individuelle Rechte möglich.

Um einen Nutzer hinzuzufügen, finden Sie in der NUTZERVERWALTUNG ein Formular (siehe Abbildung 5.13). Dort tragen Sie die E-Mail-Adresse des Nutzers ein, dem Sie Berechtigungen geben möchten. Dabei können Sie zudem entscheiden, ob der Nutzer eine entsprechende Benachrichtigung per E-Mail erhalten soll.

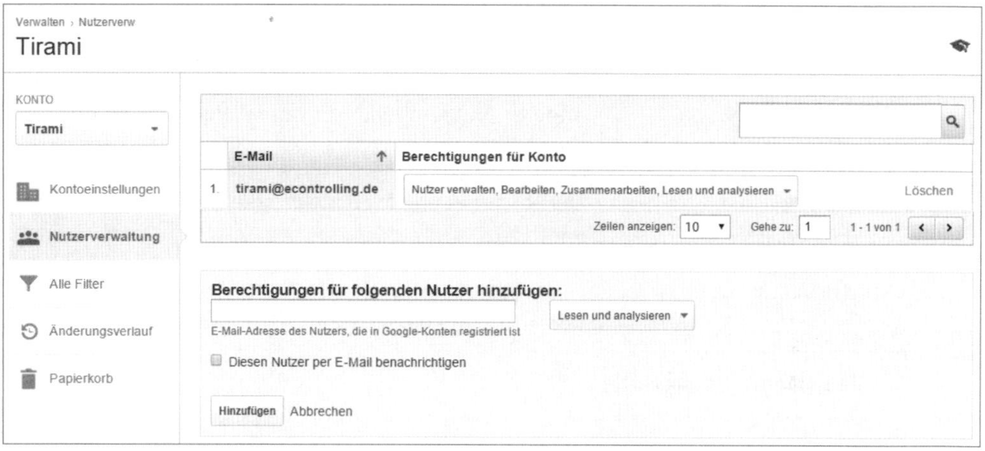

Abbildung 5.13 Nutzerverwaltung auf Kontoebene

Voraussetzung Google-Konto

Der Nutzer, den Sie hinzufügen möchten, muss ebenfalls über ein Google-Konto verfügen, und mindestens einmal bei Analytics eingeloggt gewesen sein (lesen Sie dazu Abschnitt 5.1, »Konto erstellen und Zählung starten«). Die E-Mail-Adresse, die Sie in Analytics eintragen, muss diesem Konto zugeordnet sein. Sie können also nicht jede beliebige E-Mail-Adresse eintragen.

Gibt es zu einer E-Mail-Adresse kein Google-Konto, meldet Ihnen das Google Analytics beim Versuch, die Adresse hinzuzufügen.

Neben dem Eingabefeld können Sie die Berechtigungen für diesen Nutzer festlegen. Die Rechte gelten jeweils für die Ebene, auf der Sie sich gerade befinden: Wenn Sie in der NUTZERVERWALTUNG auf Kontoebene einen Nutzer hinzufügen, erhält er die eingestellten Rechte für das gesamte Konto, auf Property-Ebene entsprechend für die Property usw. Als Voreinstellung ist die Berechtigung LESEN UND ANALYSIEREN ausgewählt. Die einzelnen Berechtigungsstufen sehen Sie in Tabelle 5.1.

Die höheren Stufen enthalten die niedrigeren. Wenn Sie also einem Nutzer die Berechtigung BEARBEITEN geben, erhält er automatisch auch die Rechte ZUSAMMENARBEITEN und LESEN UND ANALYSIEREN.

Berechtigungsstufe	Beschreibung
Lesen und Analysieren	Der Nutzer kann alle Berichte aufrufen und anpassen, also filtern, Segmente erstellen usw. In der Verwaltung kann der Nutzer die Einstellungen einsehen, aber nicht verändern.
Zusammenarbeiten	Der Nutzer kann persönliche Berichte anlegen und mit anderen Nutzern teilen. Er kann Anmerkungen im Report hinterlegen.
Bearbeiten	Der Nutzer kann die Einstellungen in der Verwaltung verändern.
Nutzer verwalten	Der Nutzer kann weitere Nutzer hinzufügen und die Berechtigungen bearbeiten.

Tabelle 5.1 Berechtigungsstufen

In der NUTZERVERWALTUNG auf Kontoebene können Sie auf jeden Nutzereintrag klicken und erhalten eine Übersicht aller vergebenen Berechtigungen (siehe Abbildung 5.14). Dort können Sie die Rechte für einzelne Propertys oder Datenansichten für andere Nutzer ändern.

Abbildung 5.14 Berechtigungen eines Nutzers für Propertys und Ansichten

Ein Google-Benutzerkonto kann Zugriff auf mehrere Analytics-Konten haben. In dem Fall müssen Sie dennoch die Berechtigungen für jedes Konto einzeln in der jeweiligen Nutzerverwaltung einstellen.

Haben Sie Administrationsrechte für ein Konto, können Sie sich als eigenen Nutzer keine Rechte entziehen. Haben Sie allerdings keine Admin-Rechte, können Sie sich in der Nutzerverwaltung nur selbst entfernen.

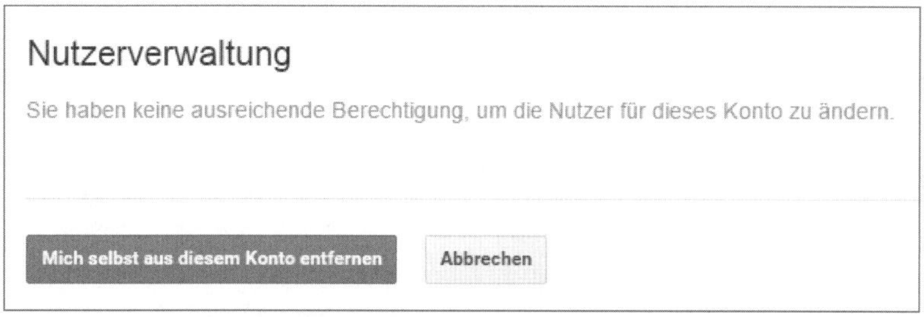

Abbildung 5.15 Ohne Admin-Rechte selbst aus einem Konto entfernen

Nutzergruppen in Google Analytics abbilden

Wenn Sie mit mehreren Personen in einem Analytics-Konto arbeiten, zum Beispiel in derselben Abteilung, macht es Sinn, ein einziges Google-Konto für alle Beteiligten zu nutzen, anstatt jeder Person einzelnen Zugriff zu gewähren. Benutzerdefinierte Berichte, Dashboards, Verknüpfungen und Segmente sind alle im Nutzerkonto gespeichert. Sie können sie zwar zwischen verschiedenen Google-Konten austauschen (teilen), das bedeutet aber jedes Mal einen gewissen Aufwand. Außerdem müssen Sie diesen Vorgang wiederholen, falls jemand neu zur Gruppe dazustößt. Mit einem gemeinsamen Account sehen immer alle Beteiligten die gleichen Berichte und Segmente.

Für zwei Funktionen bedeutet das Gruppenkonto jedoch eine Einschränkung: Im Änderungsprotokoll und in den Vermerken können Sie den Autor der Einträge bei einzelnen Konten nicht unterscheiden. Wenn Sie das verschmerzen können, empfehlen sich aber die Gruppenkonten.

5.2.3 Alle Filter

Der Menüpunkt Alle Filter zeigt eine Liste aller angelegten Filter im aktuellen Konto. Ein Filter ist immer einer Datenansicht zugeordnet, das heißt, er verändert nur die Daten in dieser einzelnen Ansicht. Sie können aber einen Filter mehrfach verwenden und ihn mehreren Datenansichten zuordnen. Wofür Filter genutzt werden und wie Sie sie einrichten, lesen Sie in Abschnitt 6.3.

5.2.4 Änderungsverlauf

Der Änderungsverlauf speichert alle Aktivitäten der unterschiedlichen Nutzer. Sie können hier nachvollziehen, ob neue Propertys oder Ansichten erstellt, Benutzerrechte verändert oder Filter zugewiesen oder gelöscht wurden (siehe Abbildung 5.16). Änderungen auf Property- oder Datenansichtsebene, also etwa der Einstellungen zur Ansicht, können Sie hier aber nicht sehen.

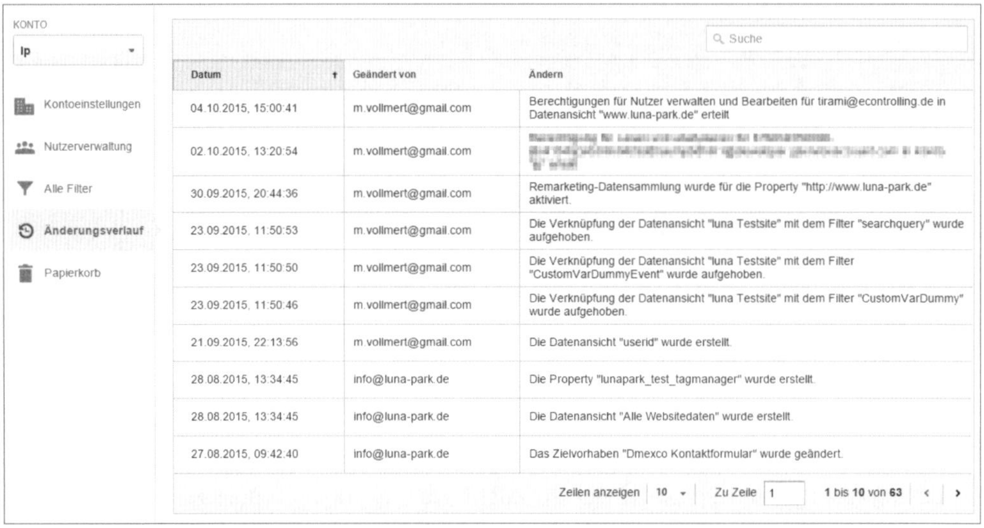

Datum	Geändert von	Ändern
04.10.2015, 15:00:41	m.vollmert@gmail.com	Berechtigungen für Nutzer verwalten und Bearbeiten für tirami@econtrolling.de in Datenansicht "www.luna-park.de" erteilt
02.10.2015, 13:20:54	m.vollmert@gmail.com	[illegible]
30.09.2015, 20:44:36	m.vollmert@gmail.com	Remarketing-Datensammlung wurde für die Property "http://www.luna-park.de" aktiviert.
23.09.2015, 11:50:53	m.vollmert@gmail.com	Die Verknüpfung der Datenansicht "luna Testsite" mit dem Filter "searchquery" wurde aufgehoben.
23.09.2015, 11:50:50	m.vollmert@gmail.com	Die Verknüpfung der Datenansicht "luna Testsite" mit dem Filter "CustomVarDummyEvent" wurde aufgehoben.
23.09.2015, 11:50:46	m.vollmert@gmail.com	Die Verknüpfung der Datenansicht "luna Testsite" mit dem Filter "CustomVarDummy" wurde aufgehoben.
21.09.2015, 22:13:56	m.vollmert@gmail.com	Die Datenansicht "userid" wurde erstellt.
28.08.2015, 13:34:45	info@luna-park.de	Die Property "lunapark_test_tagmanager" wurde erstellt.
28.08.2015, 13:34:45	info@luna-park.de	Die Datenansicht "Alle Websitedaten" wurde erstellt.
27.08.2015, 09:42:40	info@luna-park.de	Das Zielvorhaben "Dmexco Kontaktformular" wurde geändert.

Abbildung 5.16 Aktivitäten im »Änderungsverlauf« nachvollziehen

Um den ÄNDERUNGSVERLAUF einsehen zu können, benötigen Sie die Berechtigung BEARBEITEN.

5.2.5 Papierkorb

Sie können Datenansichten, Propertys und Konten löschen. Allerdings sind sie nicht sofort unwiederbringlich weg, sondern werden vorher in einem Papierkorb abgelegt. Den Button dazu finden Sie in den jeweiligen Einstellungen von Konto, Property oder Datenansicht oben rechts.

Name	Gelöscht von	Gelöscht am	Endgültige Löschung am
Tirami > www.tirami.biz > **tirami.nl**	tirami@e...	09.10.2015, 09:32:58	13. November 2015
Tirami > www.tirami.biz > **tirami.nl**	tirami@e...	09.10.2015, 09:27:31	13. November 2015

Abbildung 5.17 Gelöschte Elemente werden vorgehalten.

Im Papierkorb bleiben die Einträge noch 35 Tage erreichbar, bevor sie dann endgültig entfernt werden.

5.3 Property einrichten

Innerhalb des Google-Kontos können Sie *Propertys* anlegen. Jede Property erhält eine individuelle *Tracking-ID*. Alle Seiten, die einen Tracking-Code mit dieser ID enthalten, werden in dieselbe Property gezählt. Als Faustregel können Sie sich merken: Eine Tracking-ID für eine Website.

5.3.1 Property-Einstellungen

In den PROPERTY-EINSTELLUNGEN können Sie den Namen und die STANDARD-URL für die Property festlegen (siehe Abbildung 5.18).

Wofür braucht Google Analytics die Standard-URL?

Die Standard-URL wird für die Verlinkungen aus den Berichten genutzt, sie hat aber sonst keine einschränkende Wirkung. In der Property werden alle Zugriffe von Seiten erfasst, in denen Sie den Tracking-Code mit dieser ID einbauen – unabhängig davon, auf welcher Website sie tatsächlich liegen. Wenn Sie sichergehen wollen, dass nur Zugriffe von einer bestimmten Website erfasst werden, richten Sie einen entsprechenden Filter in der Datenansicht ein. Mehr dazu in Abschnitt 6.3.

Für eine Property können Sie mehrere Datenansichten anlegen, in denen Sie die gesammelten Daten durch Einstellungen und Filter einschränken oder verändern. Unter STANDARD-DATENANSICHT können Sie eine dieser Datenansichten als Voreinstellung auswählen.

Beim Anlegen der Property wurden Sie bereits nach einer BRANCHENKATEGORIE gefragt. Sie können sie nachträglich an dieser Stelle auswählen oder ändern.

Unter ERWEITERTE EINSTELLUNGEN finden Sie die Option, die automatische Tag-Kennzeichnung von Kampagnen-URLs, wie sie von Google AdWords vorgenommen werden kann, durch manuelle Kampagnen-Parameter überschreiben zu lassen. Falls Sie also beide Varianten gleichzeitig in einer AdWords-Kampagne nutzen (automatische und manuelle Tag-Kennzeichnung), erhält die manuelle Kennzeichnung den Vorzug. Mehr zu Kampagnen-Parametern finden Sie in Abschnitt 8.3.1.

Der Bereich PROPERTY-TREFFERVOLUMEN gibt Ihnen Informationen über die erfassten Aufrufe (Hits) in dieser Property.

Die Berichte zu *demografischen Merkmalen* aktivieren Sie auf Property-Ebene für alle enthaltenen Datenansichten. Die Berichte setzen außerdem eine Anpassung des Tracking-Codes voraus. Mehr zu demografischen Merkmalen lesen Sie in Abschnitt 7.1.2.

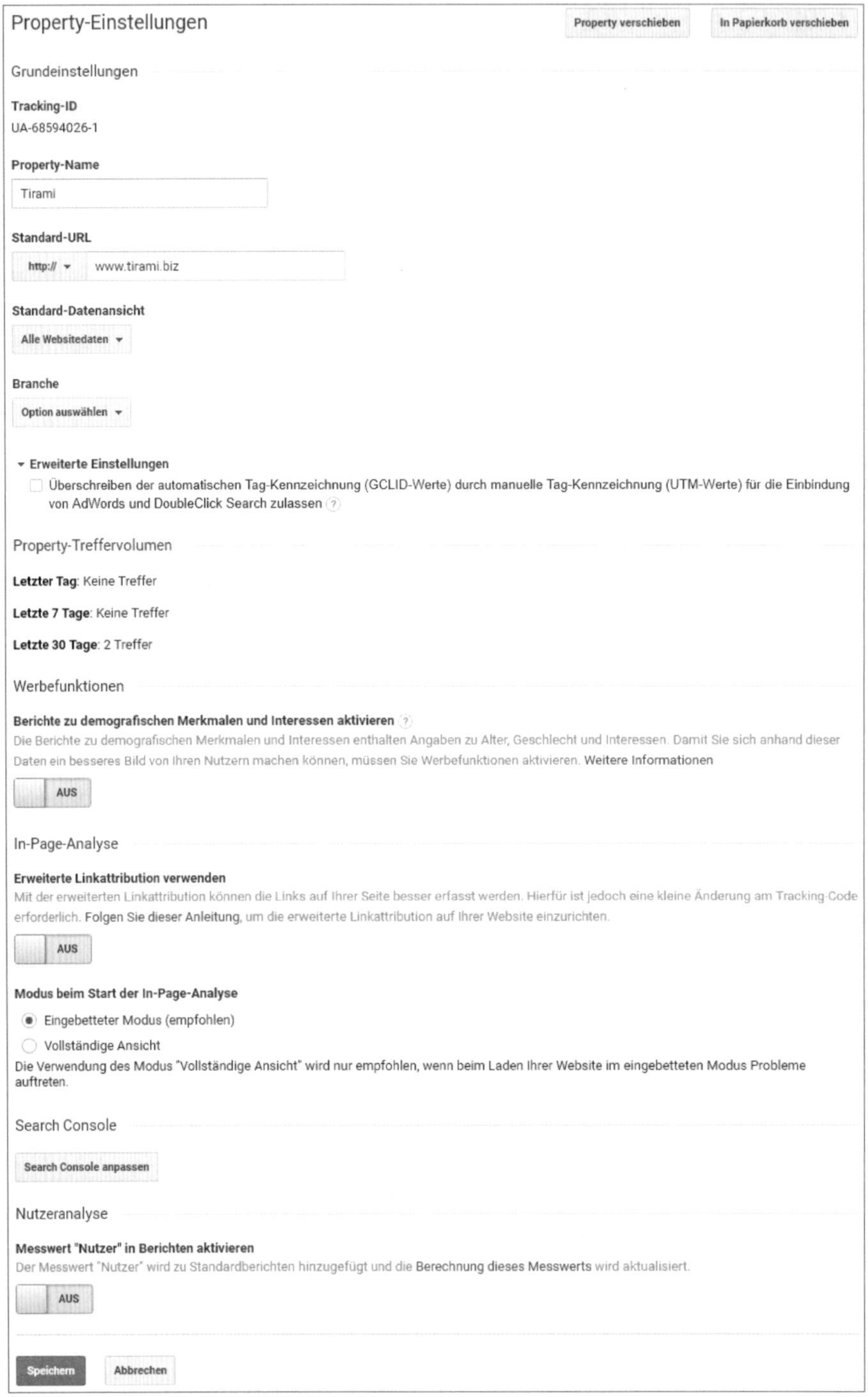

Abbildung 5.18 Property-Einstellungen

Für die In-Page-Analyse werden die Klicks auf die unterschiedlichen Links innerhalb Ihrer Website analysiert. Mit der Option Erweiterte Linkzuordnung können Sie die Genauigkeit dieser Analyse verbessern, es ist allerdings auch hier eine Erweiterung des Tracking-Codes notwendig. Mit der zweiten Option können Sie die Darstellung der In-Page-Analyse zwischen eingebetteter und vollständiger Ansicht wechseln. Mehr zur In-Page-Analyse finden Sie in Abschnitt 9.8.

In der Google Search Console erhalten Sie Informationen darüber, wie die Google-Suchmaschine Ihre Website wahrnimmt und in den Suchergebnissen darstellt. Einige Berichte aus der Search Console können Sie in Analytics einbinden, um so alles unter einer Oberfläche erreichbar zu haben. Dazu müssen Sie ein Search-Console-Profil mit einer Analytics-Property verknüpfen, was Sie an dieser Stelle einrichten oder ändern können (siehe Abschnitt 6.7.4). Ein Search-Console-Profil kann immer nur Daten einer Website enthalten, und Sie können eine Property immer nur mit einem Search-Console-Profil verknüpfen.

Unter dem Eintrag Nutzeranalyse können Sie eine aktualisierte Berechnung des Messwerts *Nutzer* hinzufügen. Nach dem Umlegen des Schalters wird die Spalte Nutzer in vielen Berichten an prominenter Stelle hinzugefügt oder dorthin verschoben, falls sie bereits vorhanden war. Die Berechnung der Nutzer wurde laut Google verbessert und weist nun eine geringere Fehlerrate auf.

5.3.2 Nutzerverwaltung

Auch auf der Property-Ebene gibt es einen Punkt Nutzerverwaltung. Hier können Sie Zugriffsrechte für die aktuelle Property und ihre enthaltenen Datenansichten vergeben. Der Aufbau ist identisch mit der Konto-Nutzerverwaltung aus Abschnitt 5.2.2.

5.3.3 Tracking-Informationen

Im Bereich Tracking-Informationen finden Sie den Tracking-Code, den Sie auf Ihrer Website integrieren müssen, sowie Optionen zur Anpassung der Zählung. Der Unterpunkt Tracking-Code ist Ihnen bereits in Abschnitt 5.1, »Konto erstellen und Zählung starten«, begegnet. Auf dieser Seite finden Sie ein Textfeld, in dem der Tracking-Code mit den aktuellen Einstellungen steht und für den weiteren Einbau kopiert werden kann.

Datenerfassung

Mit der Datenerfassung für Werbefunktionen können Sie die Datensammlung für *Remarketing*-Listen im Google-Display- und Suchnetzwerk erweitern. Beachten Sie, dass Sie im Falle einer Aktivierung einen entsprechenden Hinweis auf Ihrer Website – zum Beispiel im Datenschutztext – angeben müssen. Mehr Informationen zu Remarketing erhalten Sie in Abschnitt 5.3.5.

Die *Funktionen für Werbeberichte* importieren externe Daten über Ihre Besucher wie demografische Merkmale oder Impressionen aus den Google-Netzwerken.

User-ID

Mit Universal Analytics bietet Google ein Feature, um Nutzer auch über unterschiedliche Geräte erkennen zu können: die User-ID. Damit können Sie zum Beispiel erkennen, ob ein Nutzer, der auf dem Desktop einen Kauf tätigt, gestern bereits über sein Handy auf Ihrer Website war. Allerdings nimmt Ihnen Google nur einen Teil der Arbeit ab, denn der Analytics-Code bietet lediglich die Möglichkeit, eine eindeutige Nutzerkennung zu übergeben. Erzeugen müssen Sie sie selbst.

Um User-IDs sinnvoll verwenden zu können, brauchen Sie eine Methode, um Nutzer auf unterschiedlichen Geräten (oder auch Browsern) zu identifizieren. Eine Möglichkeit sind Nutzer-Logins, mit denen sich Ihre Besucher bei der Website anmelden. Bei Community-Websites wie Facebook oder XING loggen sich die meisten Nutzer ein, egal von welchem Gerät aus sie die Website besuchen. Auch Shops bieten häufig einen Login, aber auch Medienangebote wie Magazine oder Zeitungen stellen weitere Services für registrierte Nutzer zur Verfügung.

Eine Alternative zum Nutzer-Login könnten eindeutige ID-Parameter zum Beispiel in Newslettern sein. Sie verschicken Newsletter an Ihren Verteiler. Geben Sie jedem Link im Newsletter als Parameter die (verschlüsselte) E-Mail-Adresse des Adressaten mit. Wenn er auf die Website kommt, haben Sie durch den Parameter eine eindeutige Kennung.

Was ändert sich mit der Verwendung von User-IDs? Normalerweise erkennt Google Analytics die Nutzer einer Website anhand eines Cookies, der beim ersten Besuch automatisch vom Tracking-Skript vergeben wird. Dieser Cookie ist für jedes Gerät exklusiv. Ein Nutzer, der zuerst vom Desktop, anschließend mit dem Smartphone und zuletzt mit dem Tablet die Website besucht, wird mit drei Sitzungen von drei Nutzern protokolliert. Mit einer aktiven User-ID bleiben es weiterhin drei Sitzungen, aber Google zählt nur noch einen Nutzer. Sie können somit zum Beispiel auswerten, welcher Kanal den Nutzer zum ersten Mal auf Ihre Website gebracht hat.

Um User-IDs in Ihren Berichten nutzen zu können, müssen Sie drei Punkte umsetzen:

1. In der Property-Verwaltung das User-ID-Feature aktivieren.
2. Den Tracking-Code auf Ihrer Seite mit einer eindeutigen Nutzer-Kennung erweitern (siehe Unterabschnitt, »Nutzer geräteübergreifend mit der User-ID erkennen«, in Abschnitt 5.4.9).
3. Eine Datenansicht für die User-ID Berichte anlegen.

Einschränkungen

Das User-ID-Feature hat derzeit einige Restriktionen, die Sie vor dem Einsatz kennen sollten:

- Sie müssen die Nutzerkennung selbst ermöglichen. Bietet Ihre Website keinen Login oder anderweitige Registrierungsmöglichkeiten, fehlt Ihnen die nötige Datengrundlage.
- Sie können später in den Berichten nicht auf die User-IDs selbst zugreifen. Sie sehen also nur, dass Nutzer mehrfach kamen und mit welchen Geräten, Sie können aber zum Beispiel keinen Abgleich mit Ihrer Logindatenbank vornehmen. Für diesen Fall sollten Sie zusätzlich eine benutzerdefinierte Dimension verwenden.
- Das maximale Zeitfenster für eine übergreifende Betrachtung umfasst derzeit 93 Tage.
- Für die geräteübergreifenden Berichte müssen Sie eine neue Datenansicht erstellen. In dieser Ansicht werden nur Zugriffe mit User-ID-Information im Aufruf gespeichert.
- Die Berichte funktionieren nur mit Aufrufen von Websites, also im Browser (Desktop, Mobil oder Tablet). Sie können nicht übergreifend Website- und App-Nutzer auswerten.

Unter dem Punkt User-ID können Sie die Verwendung von Nutzerkennungen aktivieren, um Ihre Nutzer auf unterschiedlichen Geräten erkennen zu können. Dazu müssen Sie als Erstes den Richtlinien zur User-ID zustimmen. Die Punkte in diesen Richtlinien sind so oder ähnlich alle bereits in den AGB von Google Analytics enthalten und zum Teil in Deutschland vom Datenschutz vorgegeben. Sie haben ihnen also eigentlich schon mal für die generelle Verwendung von Google Analytics zugestimmt, aber Google geht hier auf Nummer sicher.

Abbildung 5.19 User-ID aktivieren

Im zweiten Schritt erhalten Sie Informationen über die nötigen Tracking-Code-Erweiterungen auf Ihrer Website. Weiterhin können Sie nun die *Sitzungsergänzung* aktivieren. Mit dieser Funktion werden auch Seitenaufrufe, die ein Nutzer gemacht hat, bevor er eingeloggt oder anders erkannt war, mit seiner Kennung in Zusammenhang gebracht.

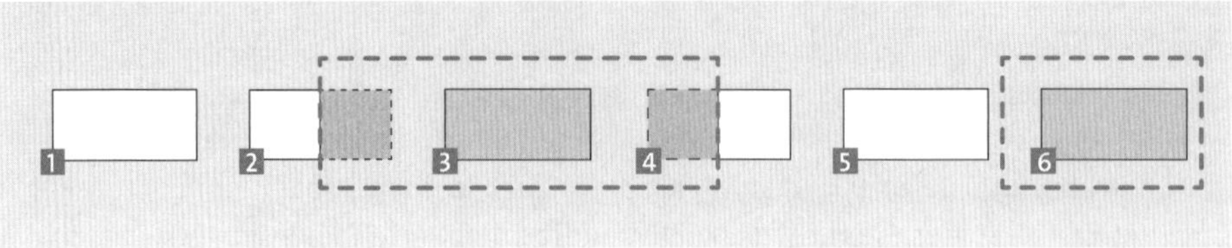

Abbildung 5.20 Sitzungen (1–6) ohne Ergänzung

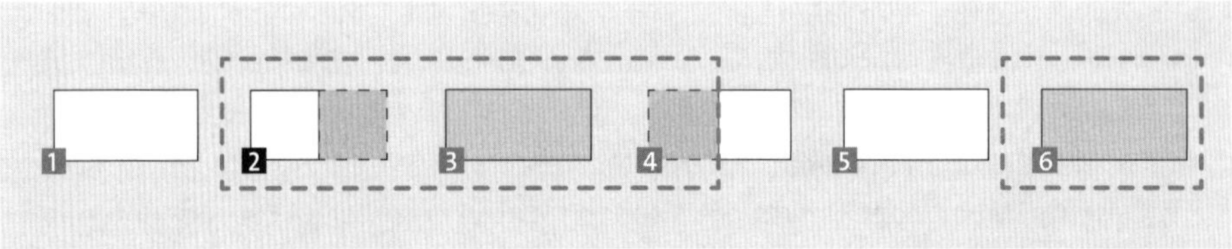

Abbildung 5.21 Sitzungen (1–6) mit Ergänzung

In Abbildung 5.20 und Abbildung 5.21 entspricht jeder Kasten einer Sitzung. Die Aufrufe mit User-ID-Information sind farbig gefüllt, also die Zeiträume, in denen der Nutzer mit seiner Kennung eingeloggt oder erkannt war. Eine weiße Füllung bedeutet, dass hier keine User-ID mit dem Tracking-Code übergeben wurde. Die gestrichelten Linien rahmen die Sitzungen ein, die einer User-ID zugeordnet werden.

Die Sitzungen eins und fünf sind demnach in beiden Fällen keiner ID zugeordnet, da der Nutzer hier nicht eingeloggt war. Während Sitzung drei und sechs war der Nutzer die ganze Zeit angemeldet und dadurch ist seinen Zugriffen eine ID zugeordnet gewesen.

Interessant ist Sitzung zwei: In Abbildung 5.20 hat der Nutzer zuerst einige Inhalte auf der Website aufgerufen, um sich dann anzumelden. Ohne Sitzungsergänzung sind die Nutzeraktionen vor der Anmeldung keiner User-ID zugeordnet. In Abbildung 5.21 ist die Sitzungsergänzung aktiviert. Die Nutzeraktionen vor der Anmeldung werden diesmal nach der Anmeldung des Nutzers rückwirkend mit der User-ID versehen. Sie können also sehen, was dieser Nutzer vor seinem Login getan hat.

In Sitzung vier hat sich der Nutzer nach einigen Aufrufen explizit abgemeldet und so keine User-ID mehr gesendet. In diesem Fall geht Google von einer bewussten aktiven Abmeldung aus und belässt die Aufrufe ohne User-ID wie sie sind und führt sie nicht mit den vorherigen Aktionen zusammen.

Die Sitzungsergänzung wird übrigens nicht live während der Erfassung berechnet, sondern beim täglichen Update in der Nacht. Die Daten für den laufenden Tag sind daher noch nicht erweitert.

Datenschutz ist problematisch

Die Sitzungsergänzung ist rechtlich nicht ganz unproblematisch. In Deutschland dürfen Sie persönliche Informationen über einen Nutzer nicht mit Daten zusammenbringen, die Sie zu einem früheren Zeitpunkt anonym gesammelt haben.

Im dritten und letzten Schritt müssen Sie eine neue Datenansicht für die Verwendung der User-ID-Informationen erstellen. Nur in dieser neuen Ansicht werden die Nutzermetriken anhand der zusätzlichen Daten aus dem Tracking-Code berechnet. Alle »alten« Datenansichten arbeiten in ihren Berichten weiterhin mit der Nutzerberechnung anhand von Cookies!

Abbildung 5.22 Datenansicht mit neuem Feld User-ID-Berichte

Nachdem Sie die User-ID-Funktion für eine Property aktiviert haben, erscheint in den Einstellungen der Datenansicht das zusätzliche Feld User-ID-Berichte. Dieses Feld zeigt Ihnen, ob diese Ansicht mit User-ID-Daten (Aktiviert) oder mit Cookies arbeitet (Deaktiviert).

In diesen »neuen« Datenansichten finden Sie unter *Zielgruppe* die neuen Berichte *Geräteübergreifend* (siehe Abschnitt 7.5). Außerdem wird für alle diese Ansichten die Metrik *Nutzer* auf Grundlage der übergreifenden User-IDs berechnet.

Eingeschränkte Erfassung bei Datenansichten mit User-ID

Wenn Sie für eine Datenansicht User-IDs aktivieren, so werden nur noch solche Aufrufe (Seiten, Ereignisse) erfasst, für die Sie explizit eine Nutzerkennung übergeben.

Aufrufe, bei denen Sie keine Kennung übergeben, werden in einer »aktivierten« Datenansicht nicht protokolliert! Daher sollten Sie immer zwei Datenansichten verwenden:

- eine ohne User-IDs, die alle Aufrufe erfasst und Nutzer anhand der Cookies erkennt
- eine mit User-IDs, in der nur Aufrufe mit Kennung – also etwa nach einem Login – enthalten sind

Sitzungseinstellungen

Mit den SITZUNGSEINSTELLUNGEN können Sie die Laufzeit von Visits und Kampagnen-Cookies verändern (siehe Abbildung 5.23). Als Grundeinstellung wird in Analytics ein Visit beendet, wenn 30 Minuten lang kein weiterer Aufruf mehr erfolgt ist. Sie können diese Zeitspanne auf bis zu vier Stunden erhöhen.

Wenn wiederkehrende Nutzer bei einem früheren Visit über eine Kampagne kamen und bei einem folgenden Visit über einen Direktaufruf, werden ihre Conversions (Zielerreichungen oder Transaktionen) der ursprünglichen Kampagne zugeordnet. Mithilfe der Einstellung ZEITLIMIT DER KAMPAGNE können Sie festlegen, wie lange dieser Kampagnen-Visit maximal zurückliegen darf, damit die Transaktion noch rückwirkend zugeordnet wird. Die Voreinstellung beträgt sechs Monate, das Maximum liegt bei 24 Monaten.

Abbildung 5.23 Laufzeit von Visits und Cookies anpassen

Quellen der organischen Suche

Beim Menüpunkt QUELLEN DER ORGANISCHEN SUCHE können Sie zusätzliche Suchmaschinen für die Berichte zur organischen Suche (siehe Abschnitt 8.5) definieren.

Sie werden dann nicht mehr als Medium *referral* ausgewiesen, also als externer Link, sondern als Medium *organic* für eine organische, unbezahlte Suchmaschine.

Google erkennt zwar bereits viele Suchmaschinen, aber gerade kleinere oder regionale Portale sind nicht immer in dieser Liste. So werden in Deutschland zum Beispiel die Suchen von *t-online.de* oder *duckduckgo.com* nicht als solche erkannt und als Referrer ausgewiesen.

Um eine weitere Suchmaschine hinzuzufügen, benötigen Sie die Domain und den URL-Parameter, mit dem der Suchbegriff übergeben wird. Führen Sie dazu eine Suche in der Suchmaschine durch, die Sie aufnehmen wollen, und untersuchen Sie die URL der Ergebnisseite, zum Beispiel bei DuckDuckGo (siehe Abbildung 5.24).

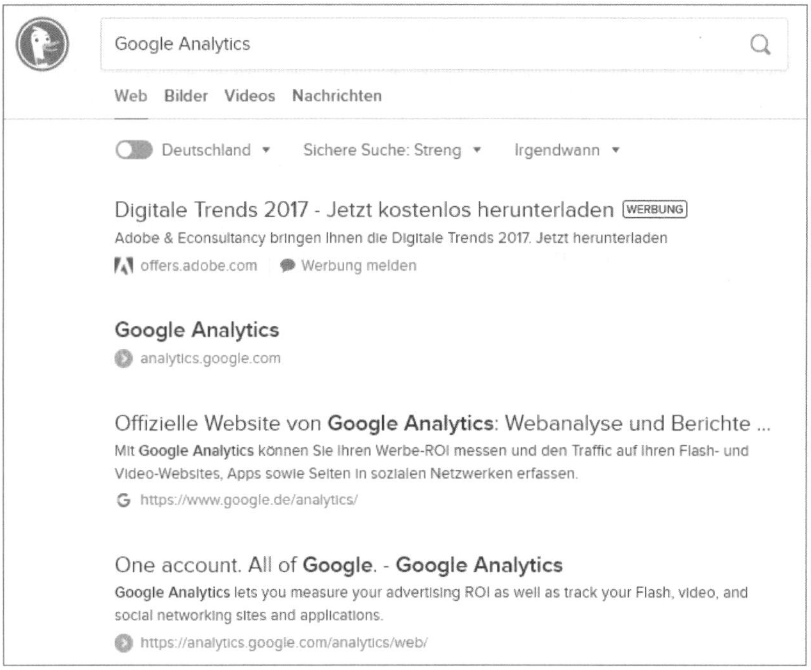

Abbildung 5.24 Suche mit DuckDuckGo nach »Google Analytics«

Die URL der Ergebnisseite sieht wie folgt aus: *https://duckduckgo.com/?q=Google+Analytics&t=h_&ia=web.*

Die Domain der Suche können Sie direkt hinter dem *https* ablesen: *duckduckgo.com*. Um den Suchparameter zu entdecken, suchen Sie in der gesamten URL nach dem Suchbegriff, den Sie gerade eingegeben haben: »Google Analytics«. Bei *duckduckgo.com* steht die Sucheingabe hinter dem Parameter *q*. Damit haben Sie alle benötigten Daten und können das Formular ausfüllen (siehe Abbildung 5.25).

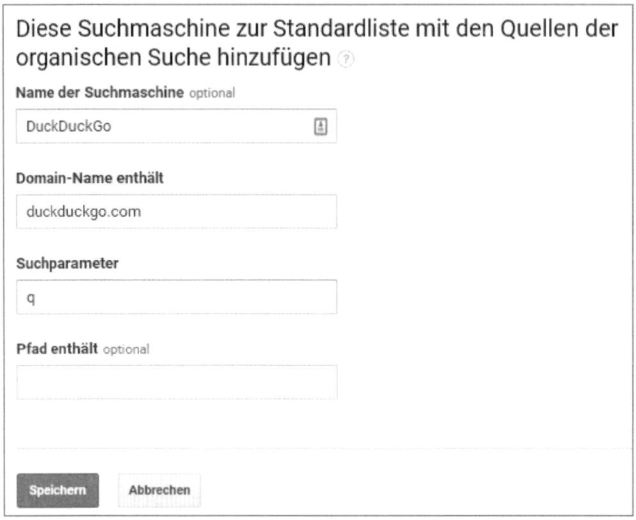

Abbildung 5.25 DuckDuckGo als organische Suche hinzufügen

Im optionalen Feld PFAD ENTHÄLT können Sie ein Unterverzeichnis angeben, in dem die Suchergebnisseite liegen muss. Das kann sinnvoll sein, falls Besucher auch über andere Links von der Domain zu Ihrer Website kommen.

Verweis-Ausschlussliste

In der VERWEIS-AUSSCHLUSSLISTE konfigurieren Sie Domains, die zukünftig nicht mehr als Verweis im entsprechenden Bericht ausgewiesen werden sollen (siehe Abbildung 5.28). Besucher, die über einen Link von einer Website der Liste zu Ihrem Auftritt gelangen, werden als Direktzugriffe aufgeführt. Als Voreinstellung ist die Domain eingetragen, deren Traffic Sie in der Property analysieren. Diese Liste können Sie um weitere Domains ergänzen.

Verweise von den konfigurierten Domains werden nicht aus der Zählung ausgeschlossen, sondern der Verweis wird zu *Direkt* geändert. Das ist sinnvoll, wenn Sie den Tracking-Code auf mehreren Websites eingebaut und *Cross-Domain-Tracking* eingerichtet haben. Google Analytics erzeugt normalerweise immer einen neuen Visit, wenn der Nutzer von einer anderen Domain einsteigt. Stellen Sie sich vor, Sie zählen zwei Websites in einer Property, *domainA.de* und *domainB.de*.

Wenn ein Besucher von *domainA.de* zu *domainB.de* wechselt, ist das für Analytics ein neuer Visit, da der Nutzer als Verweis domainA.de erhält. Wenn derselbe Besucher später wieder zu *domainA.de* zurückwechselt, wird dies noch mal als neuer Visit gezählt (siehe Abbildung 5.26). Derselbe Nutzer erzeugt in Ihrem Bericht also drei Visits. Nehmen Sie dagegen *domainA.de* und *domainB.de* in die VERWEIS-AUSSCHLUSSLISTE auf, wird der Besucher durchgängig erfasst (siehe Abbildung 5.27).

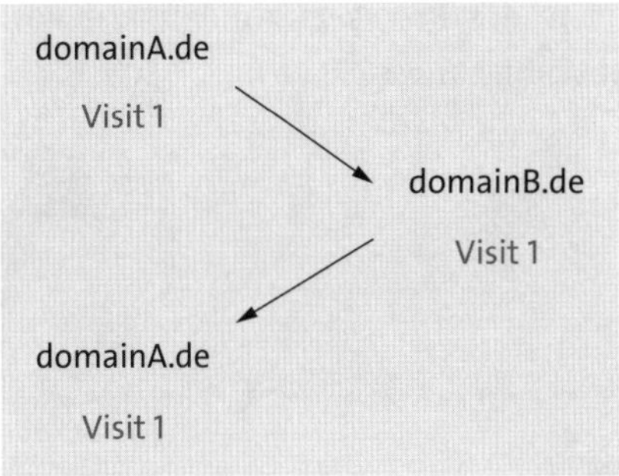

Abbildung 5.26 Visits ohne Verweisausschluss

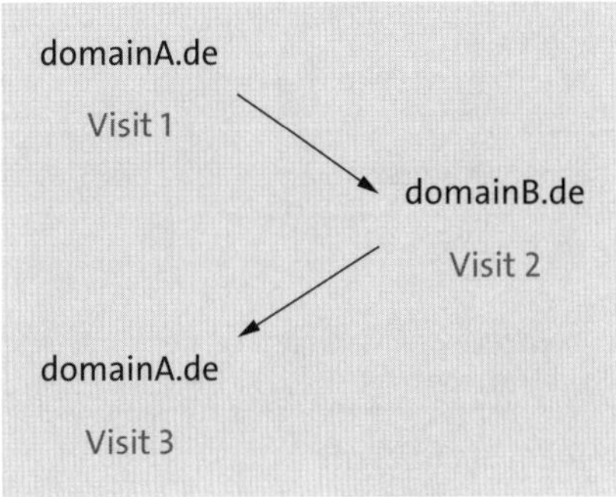

Abbildung 5.27 Visits mit Verweisausschluss

Abbildung 5.28 Verweise von domainA.de und domainB.de ausschließen

Suchbegriff-Ausschlusslisten

Mit den SUCHBEGRIFF-AUSSCHLUSSLISTEN können Sie einzelne Suchbegriffe aus dem Bericht für organische Suchmaschinen-Nutzer ausschließen. Das kann zum Beispiel sinnvoll sein, wenn Sie die Suchanfragen nach Ihrer Domain *www.domain.de* nicht als organischen Traffic, sondern als direkten Traffic zählen wollen. Viele Internetnutzer verwenden nicht mehr die Adressleiste des Browsers zur Eingabe von www-Adressen, sondern die Google-Suche (siehe Abbildung 5.29).

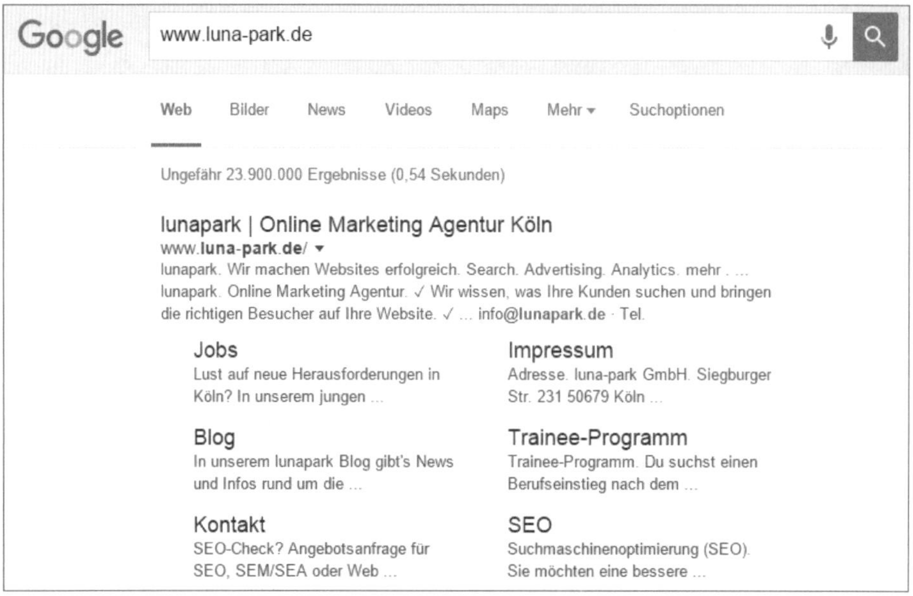

Abbildung 5.29 Suche nach der Domain statt nach einem Suchbegriff

Die Idee hinter so einem Ausschluss ist, dass solche Besucher nicht wirklich gesucht haben, da sie ja bereits die Domain kannten und deshalb als Direktzugriffe zu werten sind.

Allerdings sollten Sie sich darüber im Klaren sein, dass Sie mit diesem Ausschluss eine Information über Ihre Besucher verlieren, nämlich dass sie über eine Suchmaschine zu Ihnen kamen. Anders als bei der Verweis-Ausschlussliste hat der Ausschluss von Suchbegriffen keinen Einfluss auf die Visit-Berechnung.

5.3.4 Verknüpfungen mit Produkten

Sie können Ihre Google-Analytics-Property mit anderen Google-Produkten verknüpfen und so Daten untereinander austauschen.

- **AdWords**: Mit der Verknüpfung importiert Analytics die Kampagneneinstellungen, Kosten- und Klickdaten aus AdWords.
- **AdSense**: Wenn Sie auf Ihrer eigenen Website AdSense nutzen, können Sie die Klick- und Umsatz-Daten importieren.
- **Ad Exchange (AdX)**: Verknüpfen Sie die Daten aus Ihrem DoubleClick-Werbe-Marktplatz.

Unter dem Menüpunkt ALLE PRODUKTE finden Sie noch weitere Dienste, mit denen Sie Ihre Analytics-Daten austauschen können. Nicht alle Dienste sind für die kostenlose Version von Google Analytics verfügbar. Wie Sie Ihre Daten mit AdWords, AdSense und der Search Console verknüpfen, wird Ihnen in Abschnitt 6.7 erklärt.

Unter dem Menüpunkt POSTBACKS können Sie Conversions aus Google Analytics an andere Werbenetzwerke (also nicht dem Google Werbenetzwerk) übergeben lassen. Anschließend wird bei einer Zielerreichung eine entsprechende Information weitergeschickt.

5.3.5 Remarketing

Sie können mit Google Analytics Nutzer für *Remarketing-Werbung* selektieren. Dazu legen Sie *Zielgruppen* an, denen Besucher anhand von Kriterien zugeordnet werden, zum Beispiel wenn sie eine bestimmte Seite besucht haben. Diese Listen können Sie mit einem AdWords-Konto verknüpfen und dort zur Aussteuerung von Anzeigen nutzen.

Was ist Remarketing?

Mit Remarketing können Sie im Google-Werbenetzwerk (AdWords oder Display) Nutzern, die bereits auf Ihrer Website waren, Ihre Werbung zeigen. Die Werbung kann dazu theoretisch auf jedem möglichen Werbeplatz erscheinen, die umgebende Website muss thematisch nicht dazu passen, wie es sonst im Google-Display-Netzwerk eigentlich üblich wäre.

Die Besucher für das Remarketing werden in einer Zielgruppe gesammelt. Es gibt zwei Möglichkeiten, diese Listen zu füllen:

- Sie binden einen zusätzlichen Code aus Ihrem AdWords-Konto ein.
- Sie nutzen die Filtermöglichkeiten aus Google Analytics und importieren die Liste in Google AdWords.
- Da die Nutzer einer Zielgruppe bereits auf Ihrer Website waren oder sogar Produktseiten aufgerufen haben, können Sie annehmen, dass sie an Ihren Inhalten interessiert sind. Nutzen Sie die Zielgruppen sinnvoll, können Sie hohe Conversion-Raten erzielen.
- Sie können mehrere Zielgruppen definieren und aus ihnen auch Schnittmengen bilden, nach dem Prinzip: der Nutzer gehört zu Gruppe A, aber nicht zu Gruppe B.

Mit Google Analytics können Sie spezifische Nutzerlisten einrichten, die nicht nur Besucher enthalten, die einmal auf Ihrer Website waren. Um die Besucher genauer zu fokussieren, können Sie den Aufruf einer bestimmten Seite oder die Erreichung eines bestimmten Ziels definieren.

Mithilfe von Besuchersegmenten können Sie schließlich ausgefeilte Kriterien definieren, wann ein Besucher noch mal Ihre Werbung sehen soll (siehe Abbildung 5.30). Dazu stehen Ihnen alle Funktionen zur Segmentierung und Filterung aus Analytics zur Verfügung.

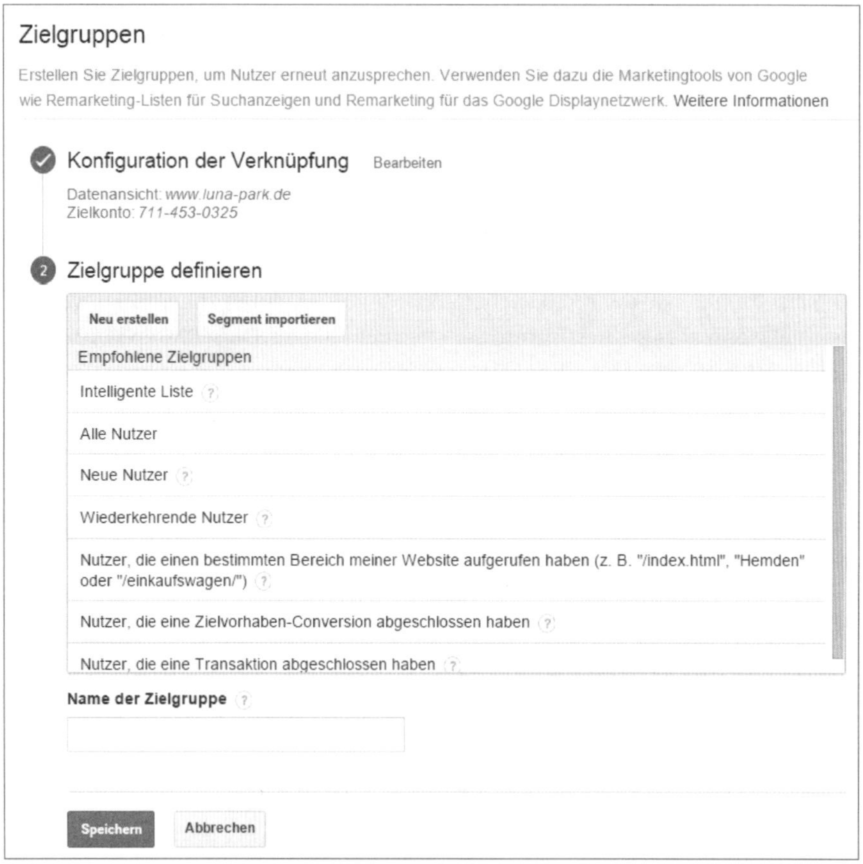

Abbildung 5.30 Kriterien für eine Zielgruppe bearbeiten

Für jede Liste können Sie die MITGLIEDSCHAFTSDAUER vorgeben. Liegt der letzte Visit des Besuchers länger als die angegebenen Tage zurück, wird er von der Liste entfernt.

Die Angabe AKTUELLE LISTENGRÖSSE zeigt Ihnen, wie viele Besucher bereits dieser Liste zugeordnet wurden, für die Sie somit AdWords-Anzeigen schalten können.

Hier noch einige Ideen, wie Sie Analytics fürs Remarketing nutzen können:

- Markieren Sie Besucher, die eine Bestellung durchgeführt haben. Sie können sie zukünftig aus Ihrer Kampagne ausschließen oder ihnen Komplementärprodukte anbieten.

- Richten Sie eine Liste für unterschiedliche Produktkategorien ein, um diesen Besuchern explizite Anzeigen zu diesen Produkten zu zeigen.
- Für eine Content-Website markieren Sie Besucher, die sich lange auf der Seite aufgehalten und mehrere Inhalte gelesen haben.
- Erstellen Sie eine Liste für Nutzer, die bereits den Bestellprozess begonnen, aber nicht abgeschlossen haben.
- Wenn Sie einen Kundenbereich mit Login haben, markieren Sie eingeloggte Nutzer, um sie aus Neukundenkampagnen auszuschließen.

Mit DYNAMISCHEN ATTRIBUTEN können Sie bestimmte Daten, die Sie für einen Nutzer erfasst haben, in Ihren Remarketing-Anzeigen nutzen. So können Sie zum Beispiel eine Produkt-ID übergeben, die Nummer einer Immobilienanzeige oder eines Fluges oder die Kennung einer Stellenanzeige.

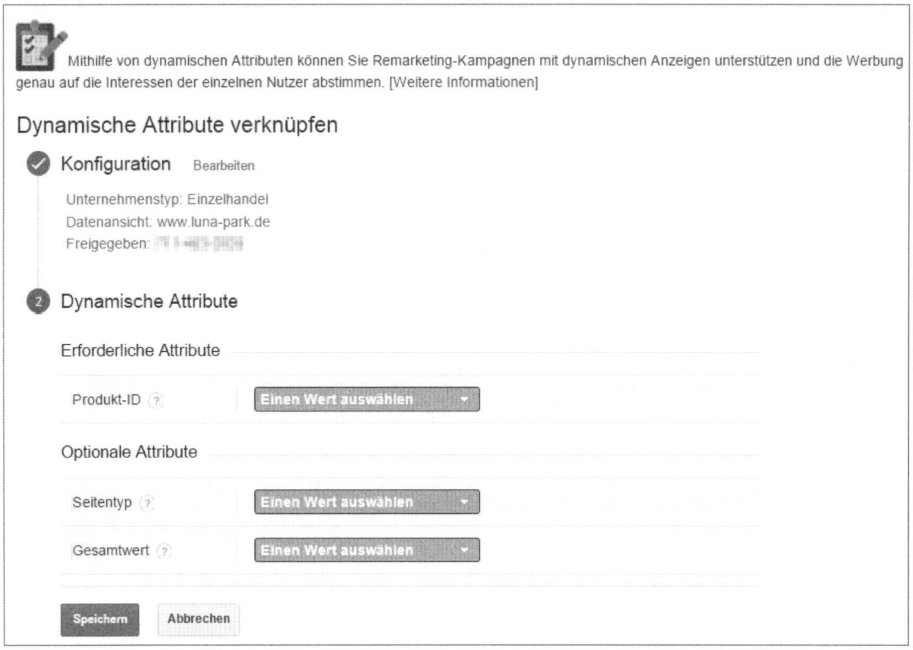

Abbildung 5.31 Nutzen Sie Analytics-Daten in Remarketing-Anzeigen.

In der Konfiguration wählen Sie zunächst die Datenansicht und das zugehörige AdWords-Konto aus. Anschließend ordnen Sie den AdWords-Parametern entsprechende Felder aus Analytics zu. Weitere Informationen zu dynamischem Remarketing finden Sie unter *https://goo.gl/EOr6xE*.

5.3.6 Benutzerdefinierte Definitionen

Google Analytics verfügt über eine große Anzahl an Dimensionen und Messwerten, die Sie in den Berichten verwenden können. Diese Liste können Sie mit eigenen Dimensionen und Metriken erweitern, damit Ihnen in den Berichten mehr Informationen zur Verfügung stehen. Sie können jeweils 20 benutzerdefinierte Dimensionen und Messwerte einrichten (in Google Analytics Premium sind es 200).

Benutzerdefinierte Dimensionen und Messwerte

Benutzerdefinierte Dimensionen und Messwerte sind nur verfügbar, wenn Ihr Konto bereits auf Universal Analytics läuft. Verwendet Ihr Konto noch das klassische Tracking, sind diese beiden Menüpunkte zu Dimensionen und Messwerten nicht sichtbar.

Ein Beispiel: Auf Ihrer Website können sich die Besucher für einen kostenlosen Standardservice oder einen kostenpflichtigen Premiumservice registrieren. Sie möchten gerne unterscheiden, welche Inhalte sich Standard- oder Premiumnutzer ansehen. Dazu erstellen Sie eine zusätzliche Dimension und nennen sie »Account-Typ«. Außerdem erweitern Sie Ihren Tracking-Code so, dass für jeden Besucher übergeben wird, ob er einen freien oder kostenpflichtigen Account nutzt. Die Dimension »Account-Typ« können Sie dann in Ihren Berichten verwenden.

Ein weiteres Beispiel: Sie betreiben einen Shop. Jedes der Produkte kann von den Käufern auf einer Skala von null bis fünf bewertet werden. Mithilfe eines benutzerdefinierten Messwerts können Sie zu jedem Produkt eine Metrik für die durchschnittliche Produktbewertung hinzufügen. Sie sehen dann im Analytics-Bericht, wie oft ein Produkt gekauft wurde und wie dessen durchschnittliche Bewertung ist.

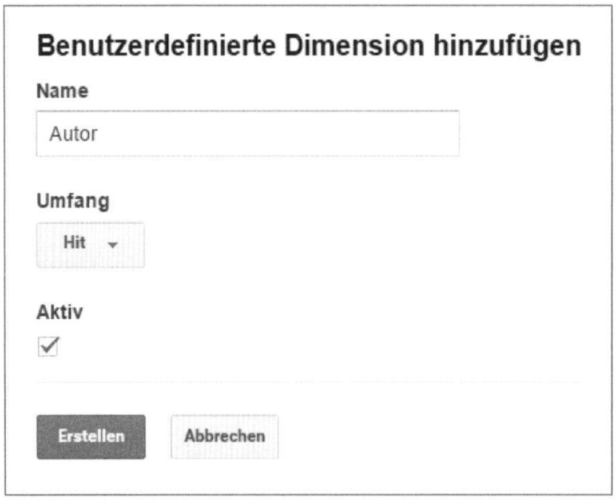

Abbildung 5.32 Anlegen einer benutzerdefinierten Dimension

Mit einem Klick auf den Button NEUE BENUTZERDEFINIERTE DIMENSION gelangen Sie zu einem Formular, in dem Sie die nötigen Einstellungen vornehmen können (siehe Abbildung 5.32). Neben einem Namen müssen Sie den UMFANG festlegen, also ob die neue Dimension auf der Ebene HIT, SITZUNG oder NUTZER basieren soll (siehe Tabelle 5.2). Davon hängt die Verknüpfung mit den übrigen Daten ab. Die erforderlichen Informationen zu den unterschiedlichen Ebenen haben Sie bereits in Abschnitt 2.1.4 erhalten.

Umfang	Beschreibung
Hit	Die Dimension wird mit jedem einzelnen Seitenaufruf oder Event neu verknüpft. Im Bericht ist sie nur für Aufrufe, bei denen explizit Daten für die Dimension übertragen wurden, vorhanden. Der Wert der Dimension kann bei jedem Aufruf verschieden sein.
Sitzung	Die Dimension wird mit der gesamten Nutzersitzung (dem Visit) verknüpft. Sobald während eines Visits ein Wert für die Dimension übertragen wird, ist er danach für alle Aufrufe dieses Visits festgesetzt. Der Wert kann sich während der Sitzung nicht mehr ändern.
Nutzer	Diese Dimension ist mit dem Besucher verknüpft. Sobald einmal ein Wert übermittelt wird, ist er in den aktuellen und allen folgenden Visits des Besuchers gesetzt.
Produkt	Für erweiterten E-Commerce: Die Dimension wird mit dem Aufruf eines Produkts verbunden, bei einer Bestellung oder beim Hinzufügen zum Warenkorb.

Tabelle 5.2 Die richtige Auswahl des Dimensionsumfangs

Sobald die Dimension eingerichtet ist, werden Ihnen Beispiele dafür angezeigt, wie die Datenübergabe im Tracking-Code umgesetzt werden kann (siehe Abbildung 5.33).

Da Sie im Tracking-Code nicht den vergebenen Namen, sondern einen Index verwenden müssen, sind diese Beispiel-Codes besonders wichtig. Den Index finden Sie außerdem in der Liste aller angelegten Dimensionen.

Das Anlegen von benutzerdefinierten Messwerten funktioniert analog zu den Dimensionen, nur die Felder im Einrichtungsformular unterscheiden sich ein wenig (siehe Abbildung 5.34).

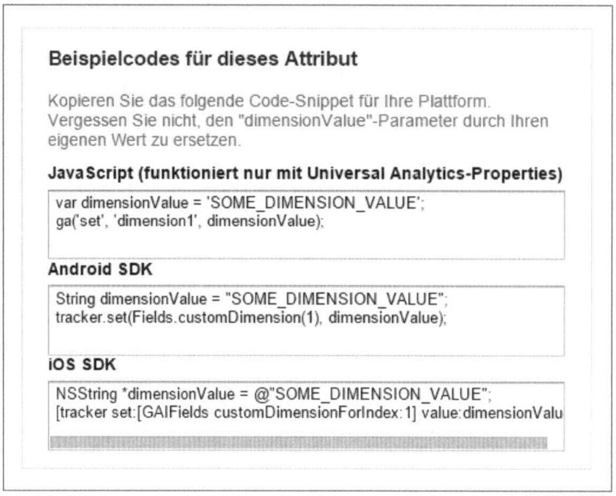

Abbildung 5.33 Beispielcodes für eine benutzerdefinierte Dimension

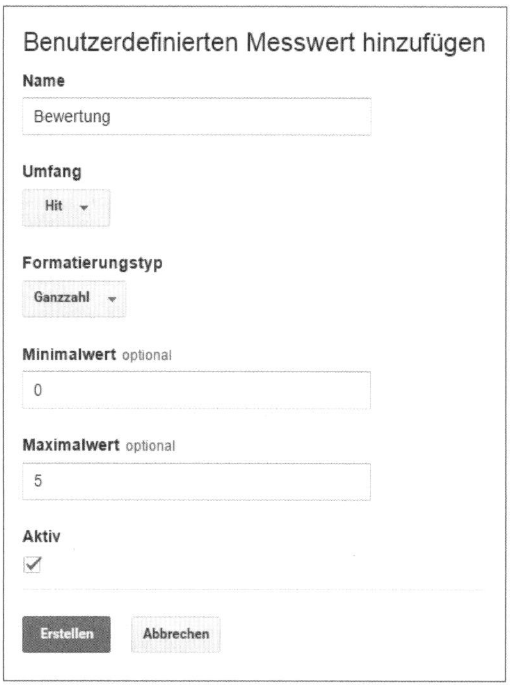

Abbildung 5.34 Ein benutzerdefinierter Messwert für Metriken

Bei den Messwerten können Sie zwischen drei Formatierungstypen wählen und somit festlegen, wie die Werte später im Bericht dargestellt werden sollen. Zur Auswahl stehen GANZZAHL, WÄHRUNG und ZEIT. Weiterhin müssen Sie einen MINIMAL- und einen MAXIMALWERT festlegen, zwischen denen sich die erfassten Messwerte bewegen müssen. In unserem Beispiel mit den Produktbewertungen beträgt der Minimalwert 0 und der Maximalwert 5.

Auch hier sehen Sie nach dem Speichern Beispiel-Codes dazu, wie der benutzerdefinierte Messwert im Tracking-Code integriert werden kann.

5.3.7 Zusätzliche Daten über die API importieren

Sie können zusätzliche Daten in Google Analytics importieren und damit die Berichte erweitern. Für Bannerkampagnen oder Mailings können Sie zum Beispiel die Kostendaten importieren und mit den Besuchern verknüpfen. In den Kostendaten können die Impressionen der Werbung, die Klicks sowie die Kosten pro Klick hinterlegt sein, zusammen mit den zugeordneten Werbemitteln und Zielseiten. Nach dem Import werden diese Daten im Kampagnenbericht angezeigt (siehe Abschnitt 8.3.8) und erlauben Ihnen so eine bessere Bewertung Ihrer Werbemaßnahmen.

Kostendaten aus Google AdWords

Die Kostendaten von Google-AdWords- oder GDN-Kampagnen können Sie automatisch von Analytics importieren lassen. Dazu müssen Sie das Analytics-Konto mit dem AdWords-Konto verknüpfen. Lesen Sie dazu Abschnitt 6.7.1.

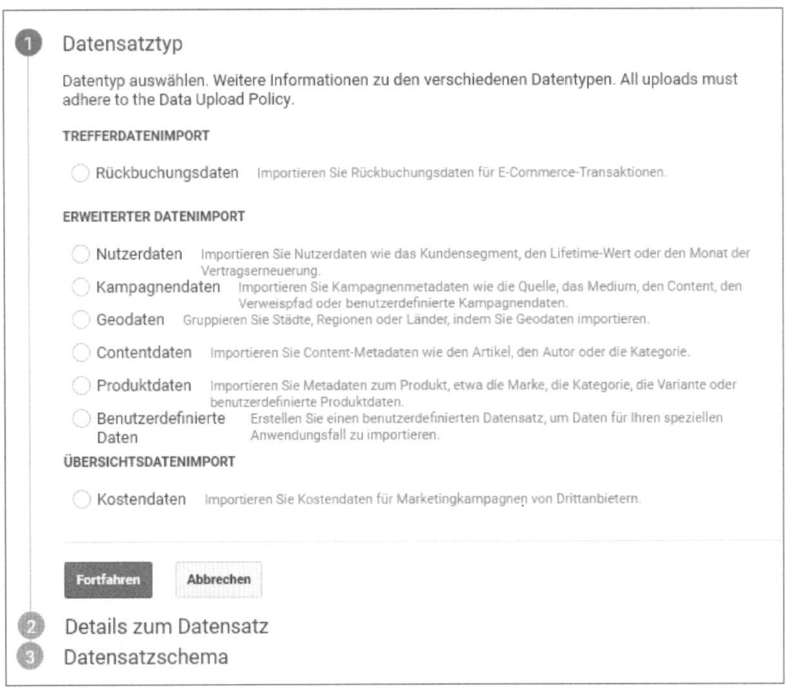

Abbildung 5.35 Viele Vorlagen für den Datenimport

Neben den Kostendaten können Sie mit einer Reihe weiterer Vorlagen (siehe Abbildung 5.35) externe Daten importieren und mit Dimensionen oder Metriken verknüpfen. So können Sie zum Beispiel Autoreninformationen oder Informationen zu Ihren Inhalten importieren.

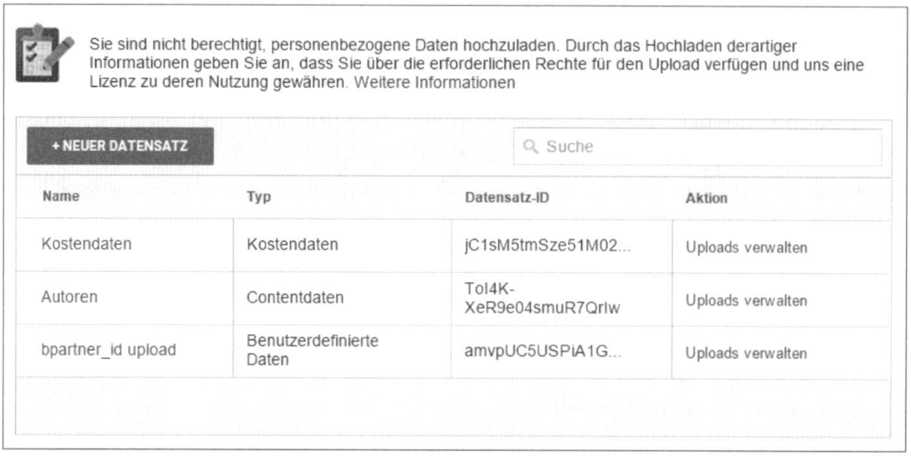

Abbildung 5.36 Externe Datensätze mit Analytics verknüpfen

Um Daten zu importieren, müssen Sie zunächst einen Datensatz erstellen, der das Format der Daten und die Verknüpfung mit bereits vorhandenen Analytics-Daten herstellt. Dazu erstellen Sie unter dem Menüpunkt DATENIMPORT einen neuen Eintrag (siehe Abbildung 5.36). Im Folgenden geben Sie dann in drei Schritten alle nötigen Daten ein. Als Erstes wählen Sie zwischen den Importtypen und geben im zweiten Schritt Namen und Beschreibung für diese Datenquelle ein. Jeder Importtyp bietet Ihnen verschiedene Dimensionen zur Auswahl und unterschiedliche Metriken, die Sie einbinden können. Außerdem wählen Sie die Datenansichten, für die der Import durchgeführt werden soll (ähnlich wie beim AdWords-Import, der nur für ausgewählte Datenansichten durchgeführt wird).

Im dritten Schritt konfigurieren Sie die Felder, die in den Importdaten vorhanden sein müssen (siehe Abbildung 5.37). Stellen Sie sich den Import als Excel-Datei vor, dann stellen diese Felder die jeweiligen Spalten dar. Bei *Kostendaten* sind die Spalten MEDIUM und QUELLE fest vorgegeben, für diese beiden Felder müssen immer Werte vorhanden sein. Diese beiden Felder nutzt Analytics als *Schlüssel*, das bedeutet, Analytics ordnet die neuen Daten den Besuchern mit derselben Medium-Quelle-Kombination zu. Außerdem müssen Sie mindestens entweder die Impressionen, Klicks oder Kosten beim Import übermitteln. Darüber hinaus können Sie aus einer Liste weitere optionale Felder auswählen und sie beim Import befüllen. Diese Felder können, müssen aber nicht beim Import einen Wert enthalten (siehe Abbildung 5.38).

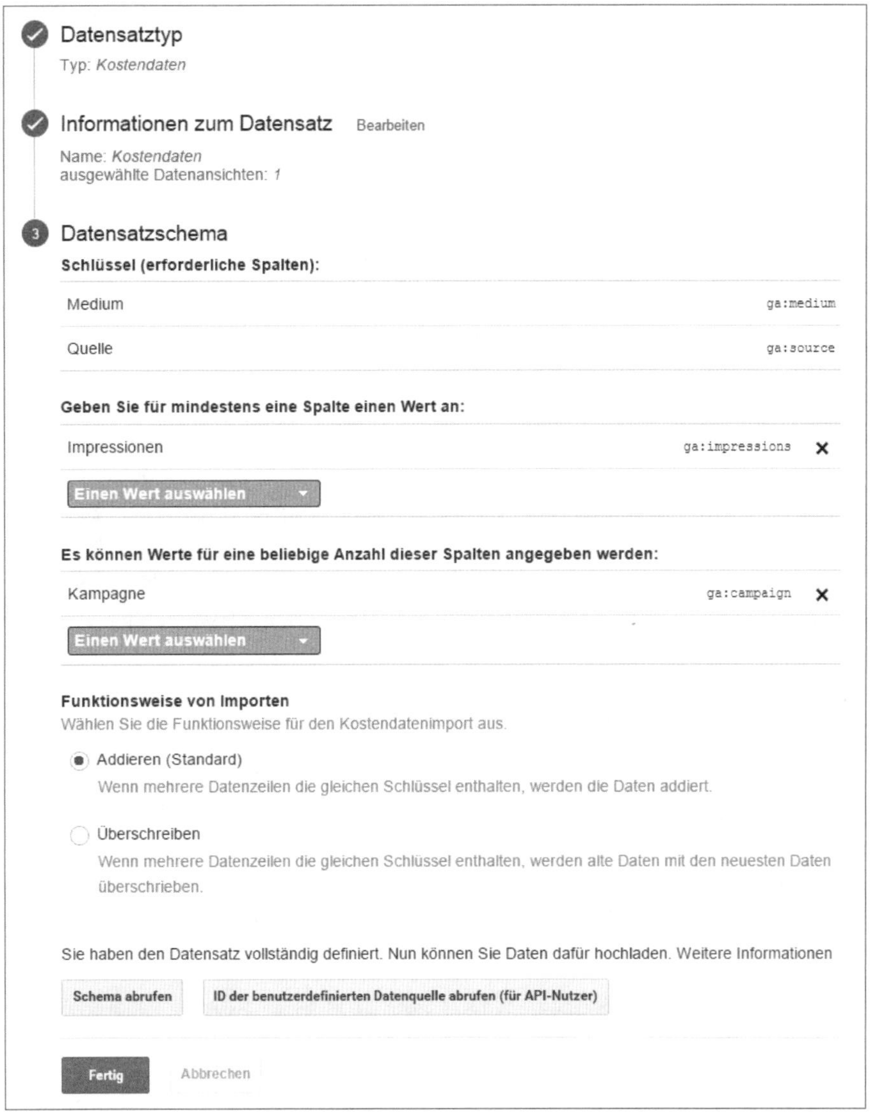

Abbildung 5.37 Drei Schritte zum Datenimport

Quelle/Medium	Sitzungen	Impressionen	Klicks	Kosten	CTR	CPC	RPC	ROI	Marge
	14 % des Gesamtwerts: 100,00 % (14)	2.498 % des Gesamtwerts: 100,00 % (2.498)	14 % des Gesamtwerts: 100,00 % (14)	6,58 € % des Gesamtwerts: 100,00 % (6,58 €)	0,56 % Website-Durchschnitt: 0,56 % (0,00 %)	0,47 € Website-Durchschnitt: 0,47 € (0,00 %)	0,00 € Website-Durchschnitt: 0,00 € (0,00 %)	-100,00 % Website-Durchschnitt: -100,00 % (0,00 %)	0,00 % Website-Durchschnitt: 0,00 % (0,00 %)
1. yandex / cpc	14	2.498	14	6,58 €	0,56 %	0,47 €	0,00 €	-100,00 %	0,00 %

Abbildung 5.38 Kampagne mit importierten Kostendaten

Wenn Sie alle Punkte definiert haben, können Sie eine Vorlage für eine Datendatei (*Schema*) als CSV-Datei abrufen. In diese Vorlage fügen Sie Ihre externen Werte ein, zum Beispiel mit Excel. Wichtig: Speichern Sie die Datei auch wieder im CSV-Format und nicht im Excel-eigenen XLSX. Weiterhin erhalten Sie die ID der benutzerdefinierten Quelle, die Sie benötigen, um über die API Daten ins System hochzuladen.

In der Übersicht des Datenimports sehen Sie nun Ihren neuen Datensatz. Rechts klicken Sie nun auf UPLOADS VERWALTEN. Unter diesem Menüpunkt können Sie jetzt Dateien hochladen. Die Uploads werden geprüft und Analytics gibt Ihnen eine Rückmeldung, ob alles mit dem Format stimmt und die Dateien verarbeitet werden konnten.

Diese Rückmeldung geschieht zwar relativ zügig, allerdings kann es einige Stunden bis wenige Tage dauern, bis die Daten auch tatsächlich im Report erscheinen.

Praxis-Tipp: Benutzerdefinierte Dimension und Datenimport

Bei einem Datenimport brauchen Sie immer einen Schlüssel, mit dem Sie die bereits vorhandenen Analytics-Daten mit dem Import verknüpfen können. Bei *Benutzerdefinierten Daten* können Sie auch eine *Benutzerdefinierte Dimension* verwenden, die Sie zuvor selbst definiert haben.

Bisher gibt es keine Funktion für einen automatischen regelmäßigen Upload. Dafür müssen Sie die Analytics-API nutzen und ein entsprechendes Programm schreiben.

Der Upload von externen Kampagnendaten muss nach Tagen unterteilt erfolgen, das heißt, Sie brauchen für eine Kampagne für jeden Tag gesonderte Daten. Eine monatliche Auflistung können Sie nicht verwenden. Weitere Informationen zum Daten-Upload finden Sie in der Google-Dokumentation unter *https://goo.gl/BLPFm5*.

5.4 Universal Analytics mit analytics.js

Die aktuelle Version des Tracking-Codes für *Universal Analytics* basiert auf der JavaScript-Datei *analytics.js*, die Google seit 2014 als Standard verwendet. Die vorherige Version wird von Google als *klassisches Analytics* bezeichnet und verwendete als Tracking-Code die Datei *ga.js*. Beide Versionen nutzen unterschiedliche Befehle und Benennungen. Die Variante *ga.js* ist immer noch auf manchen Websites im Einsatz und wird aus Kompatibilitätsgründen weiterhin unterstützt. Allerdings sind alle neuen Features wie *Benutzerdefinierte Dimensionen* nur noch für Universal Analytics verfügbar.

Tracking-Datei Variante gtag.js

Im August 2017 stellte Google mit *gtag.js* eine weitere JavaScript-Datei für die Einbindung vor. Mit dieser neuen Datei sollen einige Konfigurationen vereinfacht werden, vor allem im Zusammenspiel mit anderen Google Diensten. Die Datei verwendet etwas andere Aufrufe und erlaubt weitere Einstellungen. Allerdings bietet sie keine zusätzlichen Berichte (Stand heute) und laut Google werden beide Dateien weiterhin unterstützt. Derzeit befindet sich gtag.js in der Beta-Phase, weitere Informationen dazu finden Sie unter *https://goo.gl/jpZqyc*

5.4.1 Tracking-Code

Die Grundlage für das Tracking ist der Aufruf der JavaScript-Datei *analytics.js* und der darin enthaltenen JavaScript-Aufrufe. Dazu müssen Sie auf jeder Seite Ihres Webauftritts den folgenden Code einbinden, am besten vor dem schließenden </head>-Tag. Theoretisch kann der Code an einer beliebigen Position im Quelltext stehen, allerdings sollte der Code beim Seitenaufbau so früh wie möglich geladen werden, um zum Beispiel die Seitenladezeit korrekt zu erfassen.

```
<!-- Google Analytics -->
<script>
(function(i,s,o,g,r,a,m){i['GoogleAnalyticsObject']=r;i[r]=i[r]||function(){
(i[r].q=i[r].q||[]).push(arguments)},i[r].l=1*new Date();a=s.createElement(o),
m=s.getElementsByTagName(o)[0];a.async=1;a.src=
g;m.parentNode.insertBefore(a,m)
})(window,document,'script','//www.google-analytics.com/analytics.js','ga');

ga('create', 'UA-XXXX-Y', 'auto');
ga('set', 'anonymizeIp', true);
ga('send', 'pageview');

</script>
<!-- End Google Analytics -->
```

Listing 5.3 Standard Tracking-Code mit IP-Anonymisierung

Den Eintrag `UA-XXXX-Y` ersetzen Sie durch die Tracking-ID Ihrer Analytics-Property. Der Tracking-Code lädt die JavaScript-Bibliothek *analytics.js*, setzt dann die zwingend vorgeschriebene Funktion `anonymizeIp` zur Maskierung der IP-Adresse und zählt dann einen Seitenaufruf der aktuellen URL.

Die Datei wird asynchron geladen, das heißt, der Browser lädt bereits die nächsten Bilder oder Elemente der HTML-Seite und wartet damit nicht, bis die Datei *ana-*

lytics.js vollständig geladen ist. Somit gibt es durch den Tracking-Aufruf für die Besucher so gut wie keine spürbare Verlangsamung der Seite.

Für alle Befehle wird ein globales JavaScript-Objekt ga angelegt, das anschließend die Tracking-Befehle entgegennimmt. Das Objekt fungiert unter anderem als eine Warteschlange für Tracking-Aufrufe, sodass Sie bereits weitere Tracking-Befehle aufrufen können, bevor die Datei *analytics.js* vollständig geladen ist. Sobald der Ladevorgang abgeschlossen ist, werden die Befehle ausgeführt. So ist sichergestellt, dass Ihnen keine Aktivitäten verloren gehen.

Sie können dem Objekt ga einen anderen Namen geben. Das kann zum Beispiel dann sinnvoll sein, wenn es bereits ein anderes Objekt mit diesem Namen gibt oder Sie auf einer Seite getrennte Tracking-Instanzen verwenden möchten. Der Name des Objekts ist ganz am Ende des Tracking-Codes festgelegt.

```
'script','//www.google-analytics.com/analytics.js','ga');
```

Tauschen Sie ga durch einen anderen Namen aus, zum Beispiel ganew:

```
'script','//www.google-analytics.com/analytics.js','ganew');
```

Danach rufen Sie die Befehle für diese Tracking-Instanz mit dem neuen Präfix auf:

```
ganew('send', 'pageview');
```

Jeder Tracking-Befehl besteht aus mindestens zwei Parametern, bei einigen Befehlen sind sogar bis zu sieben möglich. Ein Seitenaufruf hat beispielsweise den ersten Parameter 'send', gefolgt vom zweiten 'pageview'. Ein dritter Parameter ist optional.

Entweder wird anhand der Position des Parameters im Aufruf bestimmt, um welchen Parameter es sich handelt, oder Sie übergeben die Parameter paarweise mit Namen und Wert. Hier ein Beispiel mit dem Befehl für einen Seitenaufruf:

```
ga('send', 'pageview', '/virtuelleseite.html');
```

Dieser Befehl zählt einen Seitenaufruf für die URL */virtuelleseite.html*. Den gleichen Aufruf erzielen Sie mit dem Befehl:

```
ga('send', 'pageview', {
      'page': '/virtuelleseite.html'
});
```

Im zweiten Fall können Sie, durch Kommata getrennt, weitere Paare hinter dem Page-Paar anhängen. In Abschnitt 5.4.2, »Seiten und Inhalte«, finden Sie dafür Beispiele.

Das Name-Wert-Paar aus unserem Beispiel ist nur für diesen einen Tracking-Aufruf gültig. Mit dem Befehl set können Sie ein solches Paar für mehrere Tracking-Aufrufe auf derselben Seite definieren. Vor allem beim Einsatz von Ereignissen kann das praktisch sein, hier ein Beispiel-Code:

```
ga('set', 'page', '/virtuelleseite.html');
ga('send', 'pageview');
ga('send', 'event', 'image1', 'clicked');
ga('send', 'event', 'image2', 'clicked');
```

Mit der ersten Anweisung wird der Parameter page auf den Wert */virtuelleseite.html* gesetzt. Bei allen folgenden Anweisungen, also dem pageview und den beiden events, wird automatisch der Parameter page mit dem gesetzten Wert übernommen.

Tracker erstellen

Mit dem ersten Befehl, den Sie an das ga-Objekt übergeben, erstellen Sie ein Tracking-Objekt, einen sogenannten Tracker:

```
ga('create', 'UA-XXXX-Y', 'auto');
```

Als ersten Parameter übergeben Sie die Tracking-ID der Property, in der die Daten erfasst werden sollen. Mit dem zweiten Parameter können Sie einige Einstellungen des Trackers definieren. Mit dem Wert auto werden die Standardvorgaben für Cookie-Laufzeit usw. verwendet. Sie können aber auch eine Liste mit Name-Wert-Paaren übergeben:

```
ga('create', 'UA-12345-6', {
   'cookieDomain': 'foo.example.com',
   'cookieName': 'myNewName',
   'cookieExpires': 20000
});
```

In diesem Beispiel werden die Domain, für die der Tracking-Cookie gesetzt wird, dessen Name sowie die Laufzeit geändert. Weitere Informationen zur Visit-Berechnung und der Verwendung von Cookies liefert Abschnitt 2.2. Eine vollständige Liste aller verfügbaren Optionen des Trackers finden Sie im Anhang.

Mehrere Analytics-Konten befüllen

Manchmal möchten Sie die Nutzeraktivitäten einer Website mit zwei unterschiedlichen Analytics-Propertys erfassen. Beispiel: Sie verwalten fünf Websites, die jeweils alle mit einer Google-Analytics-Property erfasst werden. Nun möchten Sie gerne zusätzlich die Zugriffe aller Websites summiert auswerten können. Dazu richten Sie eine weitere Property ein und möchten, dass alle Seiten zwei Aufrufe abschicken, einen für Property A und einen für Property B.

Um dieses Szenario umzusetzen, können Sie nicht den Standard-Tracking-Code zweimal in die Seite einfügen, denn dann überschreiben sich beide Instanzen gegenseitig. Die Lösung besteht darin, einen zweiten Tracker mit einem anderen Namen zu erstellen. Dazu übergeben Sie bei der Erstellung des zweiten Trackers einen weiteren Parameter:

```
ga('create', 'UA-456777-1', 'auto');
ga('create', 'UA-123777-1', 'auto', {'name': 'newTracker'});  // New tracker.
```

Anschließend müssen Sie alle Tracking-Aufrufe für Seiten oder Ereignisse zweimal ausführen, einmal für den Standard-Tracker und einmal für den neu erstellten. Dafür setzen Sie vor dem Sendebefehl den Namen des zweiten Trackers:

```
ga('send', 'pageview');
ga('newTracker.send', 'pageview'); // Send page view for new tracker.
```

Mit diesen Befehlen wird zuerst ein Seitenaufruf in die Property 456777-1 gezählt. Anschließend wird ein neuer Aufruf für die Property 123777-1 abgeschickt.

Callbacks

Es gibt Fälle, in denen Sie wissen möchten, wann der Zählaufruf tatsächlich zu den Google-Analytics-Servern abgeschickt wurde. Die Tracking-Aufrufe werden mithilfe einer Warteschlange abgearbeitet, sodass es passieren kann, dass nicht alle Aufrufe abgearbeitet sind, bevor der Besucher die Seite verlässt. Diesen Fall haben Sie zum Beispiel, wenn Sie den Klick auf einen Link zu einer anderen Website protokollieren möchten. Wenn die externe Website schnell antwortet, hat der Browser Ihre Website vielleicht schon verlassen, bevor der Klick erfasst wurde.

Für solche Fälle bietet Google Analytics eine Callback-Funktion an. Sie können bei einem Aufruf eine JavaScript-Funktion übergeben, die aufgerufen wird, sobald die Datenübertragung zum Analytics-Server abgeschlossen ist:

```
ga('send', 'pageview', {
  'hitCallback': function() {
    alert('Alles abgeschickt!');
  }
});
```

Mit dem gezeigten Code wird ein Seitenaufruf erfasst. Sobald die Übertragung abgeschlossen ist, wird ein Popup mit einer entsprechenden Meldung im Browser angezeigt.

Die Funktion `hitCallback` können Sie für jeden einzelnen Tracking-Aufruf verwenden. Wenn Sie eine bestimmte Aktion nach dem Laden der *analytics.js*-Library ausführen möchten, so geben Sie dem `ga`-Objekt direkt eine JavaScript-Funktion mit:

```
ga(function() {
  alert('analytics.js geladen');
});
```

Sobald die *analytics.js* fertig geladen ist, wird ein Popup-Fenster mit der entsprechenden Meldung eingeblendet.

Felder auslesen

Die Tracking-Befehle befüllen unterschiedliche Felder im Tracking-Objekt. Mit dem Befehl `get` können Sie diese Felder auslesen und zum Beispiel in Ihren eigenen Skripten verwenden. Hierzu nutzen Sie die gerade gezeigte Möglichkeit, direkt eine JavaScript-Funktion an das `ga`-Objekt zu übergeben:

```
ga(function(tracker) {
  var defaultPage = tracker.get('page');
});
```

Die Variable `tracker` erhält beim Aufruf automatisch den Wert des zuerst konfigurierten Tracking-Objekts in Ihrer Seite. Anschließend wird der Wert des Feldes `page` ausgelesen und in der JavaScript-Variablen `defaultPage` abgelegt. Die Variable `defaultPage` können Sie im Anschluss in weiteren Skripten verwenden.

5.4.2 Seiten und Inhalte

Mit diesem Aufruf senden Sie einen Seitenaufruf an Analytics:

```
ga('send', 'pageview');
```

Bei einem Seitenaufruf werden die komplette URL der Seite inklusive Parameter sowie der HTML-Title übertragen. Beides – URL und Seitentitel – können Sie im Tracking-Code überschreiben. Der Befehl

```
ga('send', 'pageview', '/virtuelleseite.html');
```

schickt einen Seitenaufruf ab, allerdings nicht mit der aktuellen URL des Browsers, sondern mit dem Wert */virtuelleseite.html*, der später im Seitenbericht zu sehen ist. Alternativ können Sie als Wert ein JavaScript-Objekt übergeben und so auch einen Titel für die Seite setzen:

```
ga('send', 'pageview', {
      'page': '/virtuelleseite.html',
      'title': 'Virtuelle Seite'
});
```

Hinweis Hash-Parameter (Raute)

Obwohl Google Analytics Werte hinter dem Hash-Trenner in der URL überträgt (zum Beispiel */virtuelleseite.html#param1=foo*), werden sie vom Analytics-Server herausgefiltert. Wenn Sie also solche Hash-Parameter erfassen wollen, müssen Sie den Zählaufruf anpassen und die Raute ersetzen:

```
ga('send','pageview', location.href.replace(/#/,'?'));
```

Mit dem Befehl übertragen Sie die komplette URL aus der Adresszeile des Browsers, allerdings werden zuvor Rauten # durch ein Fragezeichen ersetzt. Damit wird das, was hinter der Raute steht, nicht mehr abgeschnitten und in Analytics gezählt.

Virtuelle Seitenaufrufe eignen sich zum Beispiel, um Ihre 404-Fehlerseiten genauer auszuwerten, wie es in Abschnitt 9.2.5, beschrieben wird. Auf der Fehlerseite führen Sie statt des normalen Pageview-Aufrufs Folgendes aus:

```
ga('send', 'pageview', {
      'page': '/404.html?page=' + document.location +
          '&from=' + document.referrer
});
```

Erweiterte Linkzuordnung

Google Analytics zeigt im In-Page-Bericht das Klickverhalten Ihrer Besucher auf einzelnen Seiten. Damit können Sie sehen, auf welche Links die Besucher geklickt haben, zum Beispiel in der Navigation (siehe Abschnitt 9.8).

Allerdings ist der Bericht in manchen Fällen ungenau: Gibt es auf einer Seite zwei Links zur selben Zielseite, zum Beispiel in der Navigation und im Footer, kann Analytics nicht unterscheiden, auf welchen der beiden Links wie oft geklickt wurde. Stattdessen wird für beide Links die Gesamtsumme aller Klicks ausgewiesen.

Mit der erweiterten Linkzuordnung können Sie dieses Problem lösen. Bevor Sie Veränderungen am Tracking-Code vornehmen, aktivieren Sie in der Verwaltung unter PROPERTY-EIGENSCHAFTEN die Option ERWEITERTE LINKZUORDNUNG (siehe Abschnitt 5.3.1, »Property-Einstellungen«). Sie müssen zunächst im Tracking-Code das Plugin zur erweiterten Linkzuordnung laden:

```
ga('create', 'UA-XXXX-Y', 'auto');
ga('require', 'linkid', 'linkid.js'};
ga('send', 'pageview');
```

Damit die Unterscheidung optimal funktioniert, sollten die Links auf der Seite verschiedene HTML-IDs besitzen. Zum Beispiel können Sie den Links in der Navigation eine ID `nav` geben, identischen Links im Text dagegen die ID `text`. Es genügt aber auch bereits, wenn die Elternelemente der Links unterschiedliche IDs besitzen.

Zur Unterscheidung verwendet Analytics einen zusätzlichen Cookie. Sie können beim Laden des Plugins dazu einige Optionen angeben:

```
ga('create', 'UA-XXXX-Y', 'auto');
ga('require', 'linkid', 'linkid.js', {
          'cookieName': '_ela',    // Cookie Name. Standard: _gali
```

```
            'duration': 45,          // Cookie Laufzeit. Standard: 30 Sek.
            'levels': 5});           // Max DOM Ebenen. Standard: 3
ga('send', 'pageview');
```

Die Option `levels` gibt an, wie viele Ebenen im DOM-Modell der HTML-Seite das Skript nach oben gehen soll, um eine Element-ID zu finden. Je mehr Ebenen Sie angeben, desto länger dauert die Ausführung.

5.4.3 Ereignisse

Mit Ereignissen (*Events*) können Sie Aktionen auf einer Website messen, etwa das Klicken auf einen Button oder das Abschicken eines Formulars. Bei einem Ereignisaufruf können Sie bis zu vier Werte übermitteln, zuzüglich der Seite, auf der das Ereignis ausgelöst wurde. Mit folgendem Befehl senden Sie ein Ereignis an Analytics:

```
ga('send', 'event', 'button', 'click', 'nav buttons', 4);
```

Die ersten beiden Parameter setzen den Typ des Aufrufs, also Event. Anschließend folgen der Reihe nach Kategorie, Aktion, Label und Wert. Die ersten drei Felder können Sie mit einem freien Text befüllen, das vierte Feld muss eine positive Ganzzahl enthalten. Angaben für Kategorie und Aktion sind obligatorisch, für Label und Wert dagegen fakultativ. Sie können also auch folgenden Aufruf verwenden:

```
ga('send', 'event', 'button', 'click');
```

Für jedes Ereignis wird automatisch die URL der Seite erfasst, auf der das Ereignis ausgelöst wurde. Sie können diesen Wert jedoch überschreiben. Dazu hängen Sie nach den für die Eingabe genutzten Feldern ein weiteres Feld mit der URL an:

```
ga('send', 'event', 'Kategorie', 'Aktion', {'page': '/my-new-page'});
```

Dieses zusätzliche Feld ist ein JavaScript-Array – eine Art Liste – und wird daher mit geschweiften Klammern eingefasst. Sie können natürlich auch die Felder `Label` und `Wert` mit der Seitenangabe verwenden:

```
ga('send', 'event', 'Kategorie', 'Aktion', 'Label', 8, {'page': '/my-new-
page'});
```

Mit dem Feld `nonInteraction` können Sie den Einfluss von Ereignissen auf die Visit-Berechnung festlegen:

```
ga('send', 'event', 'Kategorie', 'Aktion', {'nonInteraction': 1});
```

Und so setzen Sie die Seitenangabe und verändern die Visit-Berechnung im selben Aufruf:

```
ga('send', 'event', 'Kategorie', 'Aktion', {'page': '/my-new-page',
'nonInteraction': 1});
```

Absprungrate korrigieren

Google Analytics bestimmt die Absprungrate dadurch, dass ein Nutzer auf einer Seite einsteigt und dann keine weitere Seite mehr aufruft oder sonstige Aktionen durchführt. Ein Ereignis auf dieser Seite gilt als sonstige Aktion. Wenn also ein Besucher auf einer Seite einsteigt, dort ein Ereignis auslöst (zum Beispiel einen gezählten Button anklickt) und anschließend die Seite wieder verlässt, gilt er nicht als *Bouncer* und taucht nicht in der Absprungrate auf.

Nicht immer macht das Sinn: Sie haben eine Seite, von der aus der Nutzer entweder auf weitere Inhalte der Website gehen oder über Links zu anderen Websites den Auftritt verlassen kann. Die Klicks auf diese externen Links werden als Ereignis erfasst. Ein Besucher, der auf diese Seite kommt und über einen Link direkt wieder verlässt, kann durchaus auch als Bouncer definiert werden. Durch das Ereignis würde er aber nicht als solcher gezählt werden.

Den Effekt von Ereignissen auf die Visit-Berechnung können Sie auch zur Korrektur der Verweildauer nutzen. Die Verweildauer wird von Analytics als der Zeitraum zwischen dem ersten und dem letzten gemessenen Aufruf eines Besuchers berechnet. Ein Aufruf kann ein Seitenaufruf oder ein Ereignis sein. Häufig ist der letzte Aufruf in dieser Reihe der Seitenaufruf der Ausstiegsseite. Wie lange der Besucher auf der letzten Seite geblieben ist, kann Ihnen Analytics nicht sagen, egal, ob es fünf Sekunden oder fünf Minuten waren. Sie können diesen Wert aber abschätzen: Lassen Sie in einem bestimmten Abstand per JavaScript automatisch Ereignis-Aufrufe ausführen, zum Beispiel alle zehn Sekunden. Analytics wird zur Visit-Berechnung dann das letzte gemessene Ereignis verwenden und nicht mehr den Aufruf der Seite. Somit können Sie den Zeitpunkt, wann der Besucher die Seite verlassen hat, auf zehn Sekunden genau einschränken.

5.4.4 E-Commerce

Um die Verkäufe oder Bestellungen eines Online-Shops zu messen, bietet Analytics eigene E-Commerce-Tracking-Funktionen. Damit können Sie Produkte, Bestellnummern und Preise erfassen sowie Warenkörbe und damit verbundene Werte, wie etwa Versandkosten. Die Daten der Bestellung sowie der einzelnen Produkte werden am besten auf der Bestellbestätigungsseite erfasst, also der Seite, die ein Besucher Ihrer Website sieht, wenn er erfolgreich eine Bestellung abgeschlossen hat.

Zwei Varianten des E-Commerce-Trackings

Es gibt aktuell zwei unterschiedliche Versionen des E-Commerce-Trackings:

- Das einfache E-Commerce-Tracking erfasst Bestellungen, Produkte der Bestellung sowie Mengen, Abgaben und Umsätze.

- Das erweiterte E-Commerce-Tracking erfasst zudem Warenkörbe, Produktansichten in unterschiedlichen Varianten sowie interne Werbemittel und Gutscheine.

Die beiden Varianten werden technisch unterschiedlich umgesetzt, daher finden Sie im Folgenden zwei getrennte Beschreibungen. Welche Variante Sie nutzen möchten, wählen Sie in den Einstellungen der Datenansicht (vergleiche Abschnitt 6.1.6).

Einfaches E-Commerce-Tracking

Bevor Sie die Funktionen des E-Commerce-Trackings verwenden können, müssen Sie die zusätzliche JavaScript-Datei *ecommerce.js* laden. Dazu ergänzen Sie den Tracking-Code auf der Bestellbestätigungsseite um folgende Zeile:

```
ga('require', 'ecommerce', 'ecommerce.js');
```

Sie brauchen diese zusätzliche Datei nicht auf allen Seiten zu laden, sondern nur dort, wo auch tatsächlich E-Commerce-Funktionen genutzt werden. Dadurch bleiben der Tracking-Code und dessen Ladezeit auf allen übrigen Seiten so klein und schnell wie möglich. Der Code auf der Bestätigungsseite muss also folgendermaßen beginnen:

```
<!-- Google Analytics -->
<script>
(function(i,s,o,g,r,a,m){i['GoogleAnalyticsObject']=r;i[r]=i[r]||function(){
(i[r].q=i[r].q||[]).push(arguments)},i[r].l=1*new Date();a=s.createElement(o),
m=s.getElementsByTagName(o)[0];a.async=1;a.src=
g;m.parentNode.insertBefore(a,m)
})(window,document,'script','//www.google-analytics.com/analytics.js','ga');

ga('create', 'UA-XXXX-Y', 'auto');
ga('set', 'anonymizeIp', true);
ga('require', 'ecommerce', 'ecommerce.js');
<!-- weiterer Tracking-Code -->
```

Listing 5.4 Tracking-Code mit Befehl zum Laden der E-Commerce-Funktionen

Das E-Commerce-Tracking erfasst zwei Komponenten: *Transaktion* und *Elemente*. Die Transaktion beschreibt die Bestellung als Ganzes mit Daten zu Bestellwert, Versandkosten und Steuern. Die Elemente sind dagegen die einzelnen Positionen, die Sie mit der Bestellung verkaufen. Jede Position verfügt über eine Mengenangabe, Sie können mit einer Position also ein Produkt einmal oder mehrfach verkaufen.

Das Beispiel einer Bestellung als Ganzes sehen Sie in Tabelle 5.3.

Parameter	Wert	
Bestellnummer	1234	
Partner/Filiale	Vino-Magazin	
Bestellwert	11,99 €	
Versandkosten	5 €	
Steuern	2,28 €	
Warenkorb Inhalt	Produktname	Korkenzieher Rom
	Produktkennung	KZ120387
	Produktkategorie	Korkenzieher
	Produktpreis	11,99 €
	bestellte Menge	1

Tabelle 5.3 Beispiel Bestellung für Korkenzieher Rom

Eine Transaktion hat immer mindestens ein Element und eine eindeutige ID, die Sie für keine weitere Transaktion verwenden dürfen.

Analytics erfasst eine E-Commerce-Bestellung in drei Schritten:

1. Transaktion erstellen mit `addTransaction`
2. Elemente hinzufügen mit `addItem`
3. Transaktion an Analytics senden mit `send`

Mit dem Befehl `ecommerce:addTransaction` erstellen Sie im Speicher ein Transaktionsobjekt und befüllen es mit Bestelldaten:

```
ga('ecommerce:addTransaction', {
  'id': '1234',                    // Transaktions-ID (obligatorisch)
  'affiliation': 'Vino Magazin',   // Partner/Filiale
  'revenue': '11.99',              // Gesamtsumme der Bestellung
  'shipping': '5',                 // Versandkosten
  'tax': '2.28'                    // Steuer
});
```

Sie müssen die Beträge für Bestellwert, Versand und Steuer in amerikanischer Notation übergeben, also mit einem Punkt als Dezimaltrenner. Wenn Sie Währungszeichen wie € oder $ verwenden, werden sie von Analytics automatisch entfernt und haben keine Auswirkung.

Beachten Sie außerdem, dass Analytics nicht zwischen Brutto- und Nettobeträgen unterscheidet. Sie sollten also selbst im Vorfeld definieren, welche Art von Beträgen Sie in Analytics erfassen und das an alle relevanten Personen kommunizieren, die mit den Berichten arbeiten, um Missverständnisse zu vermeiden.

Das Feld für Affiliation

Mit dem Feld `affiliation` können Sie erfassen, ob eine Bestellung vermittelt wurde, also der Besucher über einen Partner, von einer bestimmten Website oder einer Filiale kam. Allerdings gibt es in Google Analytics keinen vorgefertigten Bericht, der diese Daten später anzeigt.

Die Währung, in der Bestellungen und Einzelpositionen erfasst werden, können Sie in den Eigenschaften der Datenansicht einstellen (siehe Abschnitt 6.1.2). Wenn Ihre Bestellungen in unterschiedlichen Währungen aufgegeben werden, hilft Ihnen Analytics bei der Umrechnung. Mit dem Feld `currency` können Sie eine von der Voreinstellung abweichende Währung angeben. Analytics rechnet sie dann zum tagesaktuellen Umrechnungskurs in die Hauptwährung um.

```
ga('ecommerce:addTransaction', {
  'id': '1234',
  'affiliation': 'Affiliate Partner',
  'revenue': '11.99',
  'shipping': '5',
  'tax': '1.29',
  'currency': 'GBP'  // Britische Pfund
});
```

In diesem Beispiel ist als Währung für die Transaktion das Britische Pfund angegeben. Wenn für die Datenansicht als Hauptwährung Euro eingestellt ist, rechnet Analytics alle Beträge von Pfund in Euro um.

Personenbezogene Bestelldaten und Datenschutz

Sie werden in Analytics keine Felder finden, um Daten wie die Lieferanschrift, Postleitzahlen oder Ähnliches zu erfassen. Google untersagt die Erfassung solcher Werte in seinen Nutzungsbedingungen, um jede Datenschutzdiskussion von vorneherein zu vermeiden, und bietet daher keine expliziten Funktionen zur Erfassung an. Allerdings sind in Deutschland nicht alle Daten einer Bestellung vom Datenschutz »gesperrt«, die Postleitzahl dürfen Sie zum Beispiel sehr wohl erfassen. In Analytics können Sie das mit benutzerdefinierten Dimensionen (siehe Abschnitt 5.4.8) oder Ereignissen (siehe Abschnitt 5.4.3) umsetzen.

Nachdem Sie die Transaktion erstellt haben, müssen Sie im zweiten Schritt mit der Funktion `ecommerce:addItem` Elemente hinzufügen:

```
ga('ecommerce:addItem', {
  'id': '1234',                    // Transaktions-ID (obligatorisch)
  'name': 'Korkenzieher Rom',      // Produktname (obligatorisch)
  'sku': 'KZ120387',               // SKU/Produktnummer
  'category': 'Korkenzieher',      // Kategorie
  'price': '11.99',                // Stückpreis
  'quantity': '1'                  // Menge
});
```

Das Feld `id` muss den gleichen Wert haben wie das Feld `id` im Befehl `addTransaction`. Die Abkürzung `sku` steht für den englischen Begriff *Stock Keeping Unit*. Sie können den Begriff mit Bestandseinheit oder eindeutige Artikelbezeichnung übersetzen. In den Analytics-Berichten können Sie die Verkäufe nach Name, SKU oder Produktgruppe auswerten. Sie können also mehrere Produkte mit demselben Namen und unterschiedlichen SKUs haben. Das kann sinnvoll sein, wenn Sie zwar unterschiedliche Produkte im Sortiment haben, für den Endverbraucher aber das Produkt immer gleich heißt. Mit der Kategorie haben Sie eine weitere Möglichkeit, Produkte zu gruppieren.

Ein Element entspricht immer einem Produkt, das Sie einmal oder mehrmals verkaufen können. Für jedes unterschiedliche Produkt führen Sie einmal den Befehl `addItem` aus. Ein Produkt darf immer nur einmal als Element hinzugefügt werden. Fügen Sie es ein weiteres Mal zu einer Transaktion hinzu, wird der erste Eintrag überschrieben.

Beispiel: Sie verkaufen drei Äpfel, zwei Birnen und eine Erdbeere. Für das Tracking verwenden Sie:

- eine Transaktion
- ein Element mit Namen Äpfel und Menge (quantity) drei
- ein Element mit Namen Birne und Menge zwei
- ein Element mit Namen Erdbeere und Menge eins

Würden Sie noch mal ein Element mit zwei Äpfeln hinzufügen, ginge das erste Element mit den drei Äpfeln verloren. Sie müssten in diesem Fall vorher selbst überprüfen, ob ein Produkt mehrfach vorkommt und die Einzelpositionen zusammenrechnen.

Der Preis wird pro Stück angegeben und von Analytics automatisch summiert. Unser Apfel aus dem Beispiel kostet 40 Cent, also geben Sie im Feld `price` »0.40« an. Sie können beim Preis bis zu sechs Nachkommastellen angeben, zum Beispiel 0.402283. Analytics berücksichtigt diese Stellen bei der Berechnung der Gesamtsumme der

Position, auch wenn der Online-Bericht immer nur zwei Nachkommastellen zeigt. Der Preis jedes Elements ergibt sich immer aus dem Stückpreis mal der Menge.

Im Feld `price` können Sie durch Voranstellen eines Minus einen negativen Betrag angeben, zum Beispiel –55.00. So können Sie zum Beispiel einen Nachlass oder Rabatt darstellen. Der Betrag wird ganz normal verarbeitet und auch als negativ in den Analytics-Berichten ausgewiesen. Für den Gesamtumsatz werden negative und positive Beträge entsprechend verrechnet.

Sie setzen den Preis eines Elements bei jeder Transaktion individuell fest, das bedeutet, dass die Artikel nicht immer den gleichen Preis haben müssen. So können Sie Preise abbilden, die sich nach Wochentag oder saisonal unterscheiden. Wenn Sie zum Beispiel Hotelzimmer anbieten, die am Wochenende teurer sind als unter der Woche, brauchen Sie lediglich im Aufruf `addItem` den gerade aktuellen Preis anzugeben.

Alternativ können Sie für einzelne Elemente eine lokale Währung angeben, die von der Hauptwährung aus den Datenansichtseinstellungen abweicht. Die Vorgehensweise und der Befehl `currency` sind identisch zu den Transaktionen.

Beträge der Transaktionen und der Elemente

Sie geben sowohl einen Gesamtpreis für die Bestellung als auch Einzelpreise für jedes Element an. Google gleicht diese Angaben nicht miteinander ab! Wenn die Preise der einzelnen Positionen nicht mit dem Gesamtpreis der Transaktion übereinstimmen, passiert also zunächst einmal gar nichts, alles wird wie gewohnt erfasst. Sie bekommen aber später widersprüchliche Zahlen in Analytics heraus, je nachdem, ob der Bericht, den Sie betrachten, die Daten anhand der Transaktionen oder der Elemente berechnet.

Wenn Sie alle Elemente zur Transaktion hinzugefügt haben, schicken Sie alle Daten mit dem Befehl `ecommerce:send` zum Analytics-Server:

```
ga('ecommerce:send');
```

Erst jetzt wird die Transaktion protokolliert. Das Transaktionsobjekt und die Elemente befinden sich zu diesem Zeitpunkt im Speicher Ihres Browsers. Falls Sie die Seite verlassen, ohne die Daten zu senden, ist eine begonnene Transaktion verloren, es gibt keine Zwischenspeicherung. Daher müssen Sie alle drei Schritte `addTransaction`, `addItem` und `send` auf derselben Seite ausführen.

Transaktionen stornieren

Sie können eine erfasste Transaktion nachträglich stornieren, indem Sie eine weitere Transaktion mit den gleichen Elementen ausführen, bei der einige Werte negativ gesetzt sind.

Im Einzelnen müssen Sie beachten:

- Die Transaktion enthält dieselbe ID und dieselben Elemente wie der ursprüngliche Kauf.
- Das Feld für den Gesamtbetrag (revenue) enthält einen negativen Wert, also mit vorangestelltem Minus.
- Die einzelnen Artikel haben einen positiven Preis je Einheit, aber eine negative Menge.
- Steuern und Versandkosten werden ebenfalls als negative Werte angegeben.

Die Korkenzieherbestellung würden Sie also wie folgt stornieren:

```
ga('ecommerce:addTransaction', {
  'id': '1234',                        // Transaktions-ID
  'affiliation': 'Vino Magazin',       // Partner
  'revenue': '-11.99',                 // Gesamtsumme
  'shipping': '-5',                    // Versandkosten
  'tax': '-2.28'                       // Steuer
});
ga('ecommerce:addItem', {
  'id': '1234',                        // Transaktions-ID
  'name': 'Korkenzieher Rom',          // Produktname
  'sku': 'KZ120387',                   // SKU/Produktnummer
  'category': 'Korkenzieher',          // Kategorie
  'price': '11.99',                    // Stückpreis
  'quantity': '-1'                     // Menge
});
ga('ecommerce:send');
```

Sie können die Stornierung zum Beispiel direkt über die JavaScript-Konsole Ihres Browsers eingeben. Mehr zur direkten Eingabe von Analytics-Befehlen im Browser erfahren Sie in Kapitel 12, »Der Rettungseinsatz: Fehler finden und beheben«.

Bitte beachten Sie, dass Sie mit diesem Vorgehen die Transaktion nicht tatsächlich entfernen, sondern vielmehr durch die zusätzliche Stornierung die Werte aufheben. Es sind weiterhin beide Ereignisse (Bestellung und Stornierung) in Ihren Daten enthalten. Sie heben sich nur dann gegenseitig auf, wenn beide Ereignisse in dem von Ihnen betrachteten Zeitraum liegen. War die Bestellung also am 3.2. und die Stornierung am 6.2., heben sich beide nur dann auf, wenn Sie mindestens den Zeitraum vom 3. bis zum 6.2. betrachten.

Wenn Sie Elemente ohne Transaktionsobjekt senden, wird automatisch eine Transaktion mit der entsprechenden ID erstellt und erfasst – allerdings gehen Ihnen dabei Daten für die Auswertung verloren. Ebenfalls können Sie ein Transaktionsobjekt ohne Elemente senden.

Mit dem Befehl `clear` löschen Sie alle zuvor erstellten Transaktionen und Elemente aus dem Speicher:

```
ga('ecommerce:clear');
```

Das müssen Sie aber nur tun, wenn Sie auf derselben Seite eine weitere Transaktion erfassen möchten. Beim Verlassen der Seite werden Transaktion und Elemente automatisch gelöscht.

Erweitertes E-Commerce-Tracking

Das erweiterte E-Commerce-Tracking bietet eine Reihe neuer Funktionen, mit denen Sie zusätzliche Daten Ihrer geschäftlichen Aktivitäten erfassen können. In einigen Punkten unterscheidet sich die neue Variante grundlegend von der bisher bekannten:

1. Sie können nicht mehr nur Verkäufe, sondern auch Ansichten von Produkten oder Werbemittel erfassen.
2. Es gibt nun eine Tracking-Abbildung des Warenkorbs mit eigenen Funktionen und Berichten. Die bisherige Variante kannte nur Bestellungen (Transaktionen) – für Prozesse vor dem Kauf gab es keine dedizierten Auswertungsmöglichkeiten.
3. Tracking-Befehle für E-Commerce-Aktionen erzeugen keinen eigenen Aufruf mehr, sondern werden quasi »huckepack« mit Seitenaufrufen oder Ereignissen gezählt.

Dass es sich nicht nur um eine Ergänzung handelt, sondern um eine komplett neue Version E-Commerce-Funktionen, sehen Sie bereits bei der Einbindung. Für die erweiterten Funktionen müssen Sie ein anderes Plugin in den Tracking-Code laden:

```
ga('require', 'ec');
```

Diese Zeile setzen Sie in den Tracking-Code, so wie Sie es bereits beim einfachen E-Commerce-Tracking gemacht haben.

> **Entweder oder**
>
> Sie können die beiden E-Commerce-Varianten im Tracking-Code nicht mischen, also etwa Bestellungen weiterhin mit dem alten Code zählen und mit den neuen Möglichkeiten die interne Werbung erfassen.

Sie können nun zwei Typen von E-Commerce-Aktivitäten erfassen: *Impressionen* und *Aktivitäten*. Für jedes Produkt können Sie Impressionen, also Einblendungen, erfassen. Dabei handelt es sich um Ansichten, wo das Produkt zwar zu sehen, aber nicht mit allen Details dargestellt wurde, etwa in einer Kategorie-Liste oder einer Produktempfehlung.

```
ga('ec:addImpression', {              // Funktionsaufruf
  'id': 'P12345',                     // Produkt ID / SKU (Text)
  'name': 'Korkenzieher',             // Produkt Name (Text)
  'category': 'Wein/Zubehoer',        // Produkt Kategorie (Text)
  'brand': 'Tirami',                  // Produkt Marke (Text)
  'variant': 'Nussholz',              // Produkt Variante (Text)
  'list': 'Suchergebnis',             // Produkt Liste (Text)
  'position': 1,                      // Produkt Position (Zahl)
  'price': '9.90'                     // Produkt Preis (Zahl)
});
```

Einige Felder des Beispiels haben Sie bereits beim einfachen Tracking kennengelernt (Id, Name etc.). Neu sind die Felder *brand, variant, list* und *position*.

- **Id**: Eine eindeutige Produktnummer oder -kennung.
- **Name**: Der Name des Produkts.
- **Category**: Hier können Sie bis zu fünf unterschiedliche Kategorien für das Produkt übergeben. Die einzelnen Kategorien trennen Sie mit einem / – wie bei Verzeichnissen in einer URL. Für jede der fünf möglichen Kategorien gibt es im E-Commerce-Bericht eine eigene Dimension, die Sie für Berichte nutzen können. Die Kategorien zählen von links nach rechts. Bei dem Eintrag `'Wein/Zubehoer'` ist die Dimension Produktkategorie 1 mit *Wein* belegt und die Dimension Produktkategorie 2 mit *Zubehoer*.
- **Brand**: Für jedes Produkt können Sie nun die Marke als eigene Dimension übergeben und später auswerten.
- **Variant**: Dient zur Unterscheidung verschiedener Produktausprägungen, zum Beispiel Farbe oder Material.
- **List**: Einblendungen verschiedenster Art, etwa von Kategorieübersichten, Produktempfehlungen oder Suchergebnissen können an unterschiedlichen Stellen Ihres Shops gezeigt werden. Mit diesem Feld können Sie diesem Platz einen Namen geben.
- **Position**: Die Stelle, an der die Einblendung in der Liste steht, zum Beispiel bei einer Suchergebnisliste. So können Sie später sehen, welche Positionen gesehen werden und welche Positionen viele Klicks erhalten.
- **Preis**: Der Preis des Produkts.

Für jedes Produkt der Liste müssen Sie einen eigenen Aufruf ausführen. Wenn Sie also zum Beispiel eine Suchergebnisliste mit zehn Produkten haben, müssen Sie für jedes der zehn Produkte den Befehl `addImpression` aufrufen.

Durch die einzelnen Befehle haben Sie zwar die Zählung vorbereitet und in den Speicher geladen, allerdings wurden die Daten noch nicht zu Google Analytics übertragen. Das passiert automatisch mit dem nächsten send-Befehl, also etwa einem Seitenaufruf oder Ereignis. Sie müssen also sicherstellen, dass entweder die Impressions vor dem Seitenaufruf ausgeführt wurden oder aber im Anschluss an die Aufrufe selbst einen (virtuellen) Seitenaufruf oder ein Ereignis feuern.

Ein Ereignis für diesen Zweck könnte zum Beispiel so aussehen:

```
ga('send', 'event', 'ecommerce', 'send-data');
```

Im E-Commerce-Tracking bezeichnen *Aktivitäten* eine Handlung mit einem Produkt, zum Beispiel »in den Warenkorb legen« oder schlicht »kaufen«. Aktivitäten bestehen immer aus mindestens zwei Befehlen, zuerst definieren Sie ein oder mehrere Produkte, für die eine Aktion gemessen werden soll. Anschließend folgt die Aktion selbst, eventuell mit zusätzlichen Daten.

Im Beispiel für Impressions haben Sie die Einblendung eines Produkts erfasst. Der Klick auf ein eingeblendetes Produkt ist eine Aktivität:

```
ga('ec:addProduct', {                // Produkt für die Aktivität
  'id': 'P12345',                    // Produkt ID / SKU (Text)
  'name': 'Korkenzieher',            // Produkt Name (Text)
  'category': 'Wein/Zubehoer',       // Produkt Kategorie (Text)
  'brand': 'Tirami',                 // Produkt Marke (Text)
  'variant': 'Nussholz',             // Produkt Variante (Text)
  'list': 'Suchergebnis',            // Produkt Liste (Text)
  'position': 1                      // Produkt Position (Zahl)
});
ga('ec:setAction', 'click', {        // Aktivität Klick
  'list': 'Suchergebnis'             // Produktliste (Text)
});
ga('send', 'event', 'ecommerce', 'send-data');
```

Der erste Befehl setzt die nötigen Informationen über das Produkt, für das der Klick gemessen werden soll. Die Felder für den addProduct-Aufruf sind identisch zu denen von addImpression plus zwei weitere Felder:

- **Quantity**: Mengenangabe zum Produkt. Wenn kein Wert angegeben wird, nimmt Google Analytics eins an.
- **Coupon**: Ein Gutschein-Code.

Die eigentliche Aktivität wird mit dem zweiten Befehl gesetzt. Als zusätzliche Information wird hier ebenfalls die Produktliste übergeben.

Auch müssen Sie im Anschluss wieder für die Übertragung durch einen Seitenaufruf oder ein Ereignis sorgen.

Derzeit gibt es neun unterschiedliche Aktivitäten, die Sie im setAction-Befehl angeben können. Diese Befehle verwenden Sie immer in Kombination mit einem oder mehreren `addProduct`-Aufrufen.

Aktivität/Befehl	Beschreibung
`click`	Klick auf ein Produkt oder einen Produkt-Link, etwa zur Beschreibung
`detail`	Aufruf der Produktbeschreibung
`add`	Produkt in den Warenkorb legen
`remove`	Produkt aus dem Warenkorb entfernen
`checkout`	Zahlvorgang beginnen
`checkout_option`	weitere Daten zum Zahlvorgang schicken
`purchase`	Kauf des/der Produkte
`refund`	Rückerstattung zum Produkt übergeben
`promo_click`	Klick auf internes Werbemittel

Tabelle 5.4 E-Commerce-Aktivitäten und der zugehörige setAction-Befehl

Auch Aktivitäten verfügen über Felder, in denen Sie weitere Daten übergeben können (die meisten dürften Ihnen bereits von den Transaktionen im einfachen Tracking bekannt vorkommen).

Feldname	Beschreibung
`id`	ID der Transaktion/Bestellnummer
`affiliation`	Affiliate-Store oder Partner
`revenue`	Umsatz
`tax`	Steuern
`shipping`	Versandkosten
`coupon`	Gutschein
`list`	Produktliste
`step`	Schritt im Zahlvorgang (siehe Kapitel 6)

Tabelle 5.5 Felder für Aktivitäten

Feldname	Beschreibung
option	Bestelloptionen, zum Beispiel Versandart oder Bezahlmethode

Tabelle 5.5 Felder für Aktivitäten (Forts.)

Die wichtigste Aktivität, die Sie messen können, ist sicherlich die *Transaktion* – also ein Kauf. Die nötigen Tracking-Codes fügen Sie normalerweise auf der Bestellbestätigungsseite ein. Dabei führen Sie zunächst für jedes Produkt der Bestellung einen `addProduct`-Aufruf durch. Zum Abschluss folgt die Aktivität `purchase` mit den entsprechenden Daten zur Transaktion.

```
ga('ec:addProduct', {                  // Produkt für die Aktivität
  'id': 'P12345',                      // Produkt ID / SKU (Text)
  'name': 'Korkenzieher',              // Produkt Name (Text)
  'category': 'Wein/Zubehoer',         // Produkt Kategorie (Text)
  'brand': 'Tirami',                   // Produkt Marke (Text)
  'variant': 'Nussholz',               // Produkt Variante (Text)
  'price': '29.20',                    // Preis (Zahl)
  'coupon': 'APPARELSALE',             // Gutschein-Code (Text)
  'quantity': 1                        // Menge (Zahl)
});
ga('ec:setAction', 'purchase', {       // Transaktion
  'id': 'T12345',                      // Transaktions-ID
  'affiliation': 'Wein24',             // Partner-Store (Text)
  'revenue': '37.39',                  // Umsatz (Zahl)
  'tax': '2.85',                       // Steuer (Zahl)
  'shipping': '5.34',                  // Versandkosten (Zahl)
  'coupon': 'ERNTE2015'                // Gutschein-Code (Text)
});
ga('send', 'event', 'ecommerce', 'send-data');
```

Listing 5.5 Tracking-Aufruf beim Kauf

Auch hier muss am Ende wieder ein `send`-Aufruf stehen, damit die Daten auch zu Google Analytics übertragen werden.

Manchmal macht es Sinn, Impressionen und Aktivitäten zu kombinieren. Bei vielen Shops werden auf den Produktdetailseiten zum Beispiel Vorschläge für ähnliche oder passende Produkte gegeben (siehe Abbildung 5.39). In diesem Fall würden Sie für die drei Buchempfehlungen oberhalb der Details sowohl eine Aktivität `detail` als auch Impressionen erfassen.

Abbildung 5.39 Produktdetailseite und Empfehlung weiterer Produkte

Praktischerweise können Sie beide Aufrufe nacheinander ausführen und mit dem abschließenden Ereignis alles zusammen verschicken (im Beispiel wird nur die Impression für ein Buch ausgeführt, die ersten beiden müssen Sie entsprechend ergänzen).

```
<!-- addImpression 1 für Google Adwords -->
<!-- addImpression 2 für Suchmaschinen-Optimierung -->
ga('ec:addImpression', {              // Funktionsaufruf
  'id': 'P12345',                     // Produkt ID / SKU (Text)
  'name': Think Content!,             // Produkt Name (Text)
  'category': 'online/content',       // Produkt Kategorie (Text)
  'brand': 'Rheinwerk',               // Produkt Marke (Text)
  'variant': 'Druckausgabe',          // Produkt Variante (Text)
  'list': 'Empfehlung',               // Produkt Liste (Text)
  'position': 3,                      // Produkt Position (Zahl)
  'price': '29.90'                    // Produkt Preis (Zahl)
});
ga('ec:addProduct', {                 // Produkt für die Aktivität
  'id': 'P32638',                     // Produkt ID / SKU (Text)
  'name': 'Google Analytics',         // Produkt Name (Text)
  'category': 'online/analytics',     // Produkt Kategorie (Text)
  'brand': 'Rheinwerk',               // Produkt Marke (Text)
  'variant': 'Druckausgabe',          // Produkt Variante (Text)
  'price': '39.90'                    // Preis (Zahl)
});
ga('ec:setAction', 'detail');         // Produktansicht
ga('send', 'event', 'ecommerce', 'send-data');
```

Listing 5.6 Tracking-Aufruf bei Kombination, Produkteinblendung und Detailansicht

Alle Daten werden durch das abschließende Ereignis an die Google Analytics Server übertragen.

Für den neuen Bericht zur *Analyse des Bezahlvorgangs* definieren Sie die Phasen durch einen Tracking-Aufruf für jeden einzelnen Schritt (siehe Abbildung 5.40). Die Bezeichnungen für die Schritte vergeben Sie zwar in der Verwaltung (siehe Abschnitt 6.4.6), wann welcher Schritt erreicht ist, bestimmen Sie aber mit der Aktivität `checkout`.

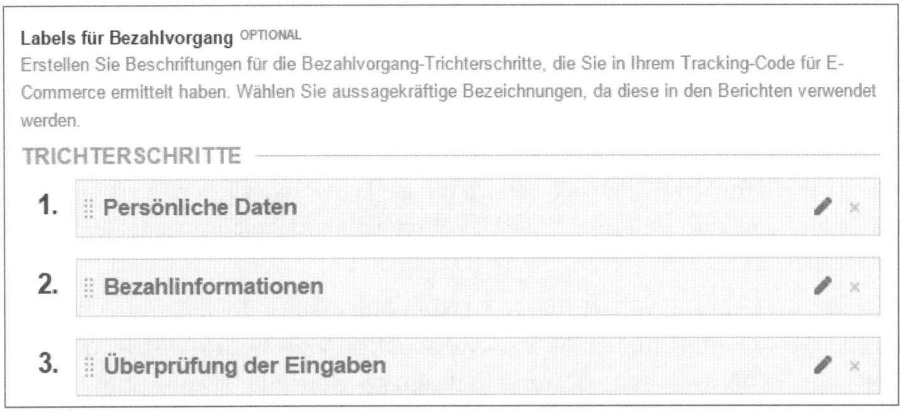

Abbildung 5.40 Nummer und Label der Schritte im Bezahlvorgang

Zunächst führen Sie wie bei einer Transaktion wieder für alle Produkte einen `addProduct`-Befehl aus. Abschließend folgt dann der `setAction`-Befehl, dem Sie die Nummer des aktuellen Schritts mitgeben.

```
ga('ec:setAction','checkout', {
    'step': 1,              // Nummer des Schritts im Trichter (Zahl)
    'option': 'Visa'        // optionale zusätzliche Information
});
ga('send', 'event', 'ecommerce', 'send-data');
```

Ebenfalls neu in den erweiterten E-Commerce-Funktionen ist die Erfassung von *interner Werbung*. Das können Angebote auf Ihrer Homepage sein, Banner auf der Website oder grundsätzlich alles, womit Sie Ihre Produkte auf Ihrer eigenen Website bewerben. Dabei sind diese Werbemittel auf derselben Website zu finden, auf der auch die Transaktionen stattfinden. Im Gegensatz dazu steht Werbung auf anderen Websites, mit der Sie Nutzer zu Ihrem Angebot führen wollen (solche Werbemittel werten Sie im Bereich Akquise aus, siehe Kapitel 8, »Die zweite Säule der Auswertung: Besucherquellen entdecken«).

Für interne Werbemittel können Sie Impressionen und Klicks erfassen, ähnlich wie für einzelne Produkte. Auch hier rufen Sie zunächst für jedes Werbemittel auf einer

Seite einen Befehl auf und schicken abschließend alles mit einem send-Befehl an die Analytics-Server.

```
ga('ec:addPromo', {                  // interne Werbung
  'id': 'PROMO_1234',                // Werbung ID (Text)
  'name': 'Ernte2015',               // Werbung Name (Text)
  'creative': 'banner2',             // Beschreibung Werbemittel (Text)
  'position': 'home_slider'          // Position  (Text)
});
<!-- ... weitere Aufrufe für interne Werbung ... -->
ga('send', 'event', 'ecommerce', 'send-data');
```

Für jedes weitere Werbemittel rufen Sie ein weiteres Mal addPromo auf. Wenn möglich führen Sie alle Befehle vor dem ersten send-pageview-Aufruf aus, der den Seitenaufruf an sich zählt, denn dann brauchen Sie sich um gar keine zusätzlichen Übertragungen zu kümmern. Ansonsten funktioniert das abschließende Ereignis wie in den früheren Beispielen.

Um einen Klick auf ein Werbemittel zu erfassen, gibt es die Aktivität promo_click. Für die geklickte Werbung führen Sie zunächst einen addPromo-Aufruf durch. Anschließend folgt der nötige setAction-Aufruf und zum Abschluss der Event-Aufruf.

```
ga('ec:addPromo', {
  'id': 'PROMO_1234',                // Werbung ID (Text)
  'name': 'Ernte2015',               // Werbung Name (Text)
  'creative': 'banner2',             // Beschreibung Werbemittel (Text)
  'position': 'home_slider'          // Position  (Text)
});
ga('ec:setAction', 'promo_click');
ga('send', 'event', 'ecommerce', 'send-data');
```

Die Daten für einen Werbeklick sollten Sie immer mit einem dedizierten Ereignis-Aufruf übertragen und nicht mit weiteren Produktdaten kombinieren.

5.4.5 Inhalte testen

Wenn Sie mit Google Analytics unterschiedliche Varianten einer Seite testen wollen, müssen Sie einen zusätzlichen Code einfügen. Sie können mit einem Analytics-Test zwei oder mehr Seiten miteinander vergleichen.

Google Optimize als Tool für Content-Tests

Mit Optimize bietet Google ein eigenständiges Tool zum Testen und Personalisieren von Websites an. Es enthält einen Editor zur einfachen Erstellung von Varianten und kann neben AB-Tests auch multivariate Tests (MVT) durchführen.

Content-Tests sind in Google Analytics derzeit noch verfügbar, in Zukunft werden diese aber eingestellt. Sie erreichen Optimize über das Tool-Menü in der Kopfzeile von Analytics. Optimize ist in einer kostenlosen und kostenpflichtigen Version verfügbar.

Zunächst richten Sie im Bericht TESTS einen neuen Test ein (siehe Abschnitt 9.7). Dabei erhalten Sie ein JavaScript, das Sie auf der Originalseite, also auf der ersten Seite Ihrer Testreihe, direkt nach der <head>-Anweisung einfügen:

```
<!-- Google Analytics Content Experiment code -->
<script>function utmx_section(){}function utmx(){}(function(){var
k='XXXXXXXX-Y',d=document,l=d.location,c=d.cookie;
if(l.search.indexOf('utm_expid='+k)>0)return;
function f(n){if(c){var i=c.indexOf(n+'=');if(i>-1){var j=c.
indexOf(';',i);return escape(c.substring(i+n.length+1,j<0?c.
length:j))}}}var x=f('__utmx'),xx=f('__utmxx'),h=l.hash;d.write(
'<sc'+'ript src="'+'http'+(l.protocol=='https:'?'s://ssl':
'://www')+'.google-analytics.com/ga_exp.js?'+'utmxkey='+k+
'&utmx='+(x?x:'')+'&utmxx='+(xx?xx:'')+'&utmxtime='+new Date().
valueOf()+(h?'&utmxhash='+escape(h.substr(1)):'')+
'" type="text/javascript" charset="utf-8"><\/sc'+'ript>')})();
</script><script>utmx('url','A/B');</script>
<!-- End of Google Analytics Content Experiment code -->
```

Sie erhalten für jeden Test ein individuelles Skript, das gezeigte Skript dient lediglich als Beispiel. Dieses Skript fügen Sie nur auf der Originalseite der Testreihe ein, um Besucher auf die einzelnen Varianten zu verteilen. Die eigentliche Auswertung erfolgt über den normalen Tracking-Code. Sie müssen diesen also auf allen Seiten des Tests einbinden.

Unterschiedliche Inhalte mit der Content Experiments API testen

Über die Verwaltung von Google Analytics können Sie AB-Vergleiche zwischen unterschiedlichen Seiten einrichten. Sie können aber keine Tests innerhalb einer Seite durchführen. Zum Beispiel könnten Sie unterschiedliche Bilder testen oder verschiedene Aufschriften auf einem Button.

Dazu brauchen Sie nicht mehrere Seiten zu erstellen, sondern können mithilfe der *Content Experiments API* einen eigenen Test programmieren und dafür die Funktionalitäten von Google Analytics zur Steuerung und Auswertung nutzen.

Im folgenden Beispiel verwenden wir die Content-Experiments-JavaScript-Bibliothek, um den Besucher durch Analytics einer Testgruppe zuweisen zu lassen. Anschließend verändern wir das Bild *head_image* auf der Testseite, je nachdem, in welcher Testgruppe der Besucher gelandet ist. Der Test besteht aus vier Schritten:

1. Content-Experiments-JavaScript-Datei laden
2. Testgruppe für den Besucher bestimmen
3. Rückgabewert lesen und Bild aktualisieren
4. Tracking-Code aufrufen und Seitenaufruf senden

```
<html>
<head>
<!-- 1. Content-Experiments-JavaScript-Library laden -->
<script src="//www.google-analytics.com/cx/
api.js?experiment=XXXXXXXXXXXXXXXXXXXXXX"></script>
<script>
  var image_variationen = [
      'original.png',
      'variation1.png',
      'variation2.png'
  ]
  // 2. Testgruppe für diesen Besucher waehlen
  var variation = cxApi.chooseVariation();
  window.onload = function(){
    // 3. Ergebnis auswerten und Bild aktualisieren
    exp_image = document.getElementById('head_image');
    exp_image.src = image_variations[variation];
  }
</script>
<!-- 4. analytics.js laden und pageview an Google Analytics senden -->
<script>
  (function(i,s,o,g,r,a,m){i['GoogleAnalyticsObject']=r;i[r]=i[r]||function(){
  (i[r].q=i[r].q||[]).push(arguments)},i[r].l=1*new Date();a=
s.createElement(o),
  m=s.getElementsByTagName(o)[0];a.async=1;a.src=
g;m.parentNode.insertBefore(a,m)
  })(window,document,'script','//www.google-analytics.com/analytics.js','ga');
  ga('create', 'UA-XXXX-Y', 'auto');
  ga('send', 'pageview');
</script>
</head>
<body>
  <img id="head_image"/>
  <p>Willkommen!</p>
```

```
</body>
</html>
```

Listing 5.7 Quelltext für Beispiel Content Experiments API

Nach dem Testlauf können Sie die Daten in der Analytics-Oberfläche auswerten.

5.4.6 Plugins von sozialen Netzwerken

Google Analytics bietet Ihnen spezielle Berichte, um soziale Aktionen auf Ihrer Website zu messen, zum Beispiel wenn ein Besucher auf einen Google+- oder einen Facebook-Like-Button klickt. Der Aufruf der Tracking-Funktion `social` ist ähnlich wie bei einem Ereignis:

```
ga('send', 'social', 'facebook', 'like', 'http://mycoolpage.com');
```

Als weitere Parameter müssen Sie für das soziale Netzwerk (zum Beispiel Facebook), für die Aktion (zum Beispiel Like) und einen Inhalt der Aktion einen Wert übergeben. Beim Teilen können Sie als Inhalt zum Beispiel die URL der geteilten Seite verwenden. Alle drei Parameter sind obligatorisch.

Für jede Aktion wird außerdem die Seite erfasst, auf der der Tracking-Aufruf gestartet wurde. Wie schon bei den Ereignissen können Sie diesen Wert mit einem weiteren optionalen Feld überschreiben:

```
ga('send', 'social', 'facebook', 'like', 'http://mycoolpage.com',
{'page': '/homepage.html'});
```

Für Google+-Buttons auf Ihrer Website wird das Teilen automatisch in Analytics erfasst. Für alle anderen Aktionen müssen Sie selbst einen entsprechenden Aufruf einbinden. Einige Plugins der Netzwerke, mit denen Sie die sozialen Buttons auf Ihrer Website darstellen, bieten dafür Schnittstellen an.

Im Folgenden haben wir für die wichtigsten sozialen Plugins die aktuellen Tracking-Vorgaben zusammengestellt. Der Code und Einbau der Plugins kann sich jederzeit ändern und damit Anpassungen dieser Vorgaben nötig machen. Die Beispiele beziehen sich alle auf die offiziellen Buttons der jeweiligen Netzwerke. Sie funktionieren nicht mit alternativen Buttons oder Sammel-Buttons wie `AddThis`. Eventuell bieten diese eigene Tracking-Möglichkeiten an, für weitere Informationen schauen Sie dafür in die jeweilige Dokumentation.

Facebook

Wenn Sie den offiziellen Facebook-Button einbinden, können Sie den Analytics-Aufruf automatisch einbinden. Folgendes JavaScript bindet den Tracking-Aufruf an den Klick auf den Like-Button:

```
FB.Event.subscribe('edge.create', function(targetUrl) {
  ga('send', 'social', 'facebook', 'like', targetUrl);
});
```

Dieses JavaScript müssen Sie in jeder Seite Ihrer Website einbinden, auf der ein Facebook-Button dargestellt wird. Für das Zurücknehmen eines Likes gibt es ebenfalls eine Funktion:

```
FB.Event.subscribe('edge.remove', function(targetUrl) {
  ga('send', 'social', 'facebook', 'unlike', targetUrl);
});
```

Und schließlich gibt es auch eine Funktion, um beim Teilen einer Seite einen Aufruf abzusetzen:

```
FB.Event.subscribe('message.send', function(targetUrl) {
  ga('send', 'social', 'facebook', 'share', targetUrl);
});
```

Die drei Funktionen hängen sich an Aufrufe, die automatisch vom Facebook-Button abgeschickt werden. Das funktioniert allerdings nur, wenn der Button bereits geladen ist. Es genügt nicht, wenn Sie die Befehle in der gewünschten Reihenfolge nacheinander in den Quelltext schreiben. Die sicherste Variante ist es, den Facebook-Button selbst melden zu lassen, wann er fertig geladen ist, und erst dann die Tracking-Funktionen aufzurufen. Dafür hat Facebook den Aufruf `window.fbAsyncInit` vorgesehen. Das finale Skript, das Sie in allen Seiten mit einem Facebook-Button einfügen sollten, sieht so aus:

```
window.fbAsyncInit = function(){
FB.Event.subscribe('edge.create', function(targetUrl) {
  ga('send', 'social', 'facebook', 'like', targetUrl);
});
FB.Event.subscribe('edge.remove', function(targetUrl) {
  ga('send', 'social', 'facebook', 'unlike', targetUrl);
});
FB.Event.subscribe('message.send', function(targetUrl) {
  ga('send', 'social', 'facebook', 'share', targetUrl);
});
};
```

Twitter

Für Twitter ist der Ablauf mit Facebook vergleichbar: Auch der offizielle Twitter-Button bietet die Möglichkeit, Aufrufe bei Klicks auf einen Button abzuschicken sowie zu melden, wann der Button fertig geladen ist. Twitter selbst bietet in seiner Online-

Dokumentation einen Beispielcode für das Tracking mit Google Analytics an, allerdings ist er noch für die klassische Code-Version mit *ga.js* vorgesehen. Wir haben ihn entsprechend auf die *analytics.js*-Version angepasst.

Der Twitter-Button kann Aufrufe nach einem erfolgreichen Tweet starten, aber es gibt auch bereits einen Aufruf beim ersten Klick auf den Button. Damit zählen Sie also, wie viele Leute auf den Button geklickt haben, unabhängig davon, ob sie später überhaupt etwas abgeschickt haben.

Beachten Sie, dass wir für Twitter das Skript zum Laden des Buttons ein wenig anders aufrufen, als es in der Dokumentation normalerweise vorgesehen ist. Das Skript, um den Button zu laden, sieht folgendermaßen aus:

```
window.twttr = (function (d,s,id) {
  var t, js, fjs = d.getElementsByTagName(s)[0];
  if (d.getElementById(id)) return; js=d.createElement(s); js.id=id;
  js.src="https://platform.twitter.com/widgets.js"; fjs.parentNode.
insertBefore(js, fjs);
  return window.twttr || (t = { _e: [], ready: function(f){ t._e.push(f) } });
}(document, "script", "twitter-wjs"));
```

Anschließend definieren Sie einige Funktionen, welche die Tracking-Aufrufe absetzen:

```
// Define our custom event handlers
function clickEventToAnalytics (intentEvent) {
  if (!intentEvent) return;
  var label = intentEvent.region;
  ga('send', 'social', 'twitter', intentEvent.type, label);
}
function tweetIntentToAnalytics (intentEvent) {
  if (!intentEvent) return;
  var label = "tweet";
  ga('send', 'social', 'twitter', intentEvent.type, label);
}
function favIntentToAnalytics (intentEvent) {
  tweetIntentToAnalytics(intentEvent);
}
function retweetIntentToAnalytics (intentEvent) {
  if (!intentEvent) return;
  var label = intentEvent.data.source_tweet_id;
  ga('send', 'social', 'twitter', intentEvent.type, label);
}
function followIntentToAnalytics (intentEvent) {
  if (!intentEvent) return;
```

```
  var label = intentEvent.data.user_id + " (" + intentEvent.data.screen_
name + ")";
  ga('send', 'social', 'twitter', intentEvent.type, label);
}
```

Schließlich werden diese Funktionen an den Button angehängt, nachdem er vollständig geladen ist:

```
twttr.ready(function(twttr) {
  twttr.events.bind('click', clickEventToAnalytics);
  twttr.events.bind('tweet', tweetIntentToAnalytics);
  twttr.events.bind('retweet', retweetIntentToAnalytics);
  twttr.events.bind('favorite', favIntentToAnalytics);
  twttr.events.bind('follow', followIntentToAnalytics);
});
```

LinkedIn

Das Business-Netzwerk LinkedIn bietet einen eigenen Button für die Einbindung in eine Website an:

```
<script src="//platform.linkedin.com/in.js" type="text/javascript"></script>
<script type="IN/Share" data-counter="right"></script>
```

Sie können in dieser Ladeanweisung des Buttons eine JavaScript-Funktion angeben, die beim erfolgreichen Teilen aufgerufen wird. Dort können Sie dann die Tracking-Aufrufe ausführen. Zunächst definieren wir die JavaScript-Funktion `LinkedInTrack`, die den Google-Analytics-Aufruf absetzt:

```
<script type="text/javascript">
function LinkedInTrack() {
  ga('send', 'social', 'LinkedIn', 'Share');
}
</script>
```

Anschließend erweitern Sie die Ladeanweisung des Buttons mit dem zusätzlichen Parameter `data-onsuccess`:

```
<script src="//platform.linkedin.com/in.js" type="text/javascript"></script>
<script type="IN/Share" data-counter="right" data-onsuccess="LinkedInTrack">
</script>
```

Wenn nun ein Nutzer die aufgerufene Seite auf LinkedIn erfolgreich teilt, wird anschließend die Funktion `LinkedInTrack` gestartet, die den Tracking-Aufruf an Analytics schickt.

Weitere soziale Netze und Plugins

Neben Google+, Facebook, Twitter und LinkedIn gibt es noch viele weitere Netze und Plugins, die Sie auf Ihrer Website anbieten können. Im Business-Umfeld können Sie auf einigen Websites beispielsweise den Button von Xing antreffen, im Modebereich ist Pinterest häufig vertreten.

Leider bieten bislang beide Buttons weder eine Callback-Funktion wie bei Facebook oder Twitter noch die offizielle Möglichkeit, eigene JavaScript-Funktionen anzuhängen. In diesen Fällen müssten Sie tiefer in das JavaScript der Plugins einsteigen, um ein Tracking einzubauen – wenn es überhaupt machbar ist. Solche Lösungen würden an dieser Stelle den Rahmen sprengen, zumal sie mit jeder neuen Version der Plugins vielleicht nicht mehr funktionieren.

5.4.7 Individuelle Geschwindigkeitsanalyse mit Nutzer-Timings

Google Analytics erfasst automatisch die Ladezeiten der Seiten auf Ihrer Website. Für eine Stichprobe der Besucher wird gemessen, wie lange es dauert, die einzelnen Elemente zu laden, und wie lange der Browser braucht, um das ganze Dokument für die Darstellung zusammenzubauen.

Darüber hinaus haben Sie die Möglichkeit, eigene Messungen durchzuführen und in Analytics zu erfassen, zum Beispiel wenn Sie die Ladezeit für eine bestimmte Datei erfassen wollen oder wenn per JavaScript Berechnungen ausgeführt werden und Sie wissen möchten, wie lange die Besucher auf ein Ergebnis warten.

Der einfache Aufruf der Funktion `timing` sieht folgendermaßen aus:

```
ga('send', 'timing', 'timingCategory', 'timingVar', timingValue);
```

Die Parameter `timingCategory` und `timingVar` können Sie mit einem beliebigen Text befüllen. In `timingValue` übergeben Sie die gemessene Zeit in Millisekunden. Optional können Sie noch einen weiteren Parameter `timingLabel` übergeben, der nach `Value` angehängt wird. Die drei Parameter `Category`, `Var` und `Label` sind vergleichbar mit den Parametern des Ereignis-Aufrufs. Auch hier können Sie mit den drei Werten Hierarchien oder Gruppierungen abbilden.

Wie bei den bisherigen Tracking-Aufrufen können Sie auch bei `timing` mit einer optionalen Parameterliste die URL der Seite ändern, für die der Aufruf erfasst wird. Die Liste wird nach allen übrigen Parametern angehängt.

```
ga('send', 'timing', 'timingCategory', 'timingVar', timingValue, 'timingLabel',
{'page': '/my-new-page'});
```

Verwenden Sie Nutzer-Timings, müssen Sie sich um die eigentliche Zeitmessung einer Aktion selbst kümmern. Die einfachste Methode, um zum Beispiel die Ladezeit einer bestimmten Datei zu erfassen, ist es, vor dem eigentlichen Ladeaufruf die aktuelle Zeit in einer Variablen zu speichern sowie nach erfolgreichem Abschluss des Ladevorgangs.

Diese Zeiten zu erfassen, ist vor allem dann sinnvoll, wenn Sie viele Elemente oder Inhalte von anderen Servern auf Ihrer Website einbinden. Wenn Sie zum Beispiel Werbeflächen auf Ihren Seiten vermarkten, wird deren Inhalt meistens von einem Bannerserver des Vermarkters geladen. Dazu wird zunächst ein JavaScript von dessen Server geladen, welches dann die eigentliche Werbung nachlädt.

In unserem Beispiel sehen Sie zunächst zwei Funktionen, die das Laden von externen JavaScript-Dateien und die Zeiterfassung durchführen. Die erste Funktion `loadJs` lädt eine angegebene JavaScript-Datei und bindet sie in die aktuelle Seite ein. Wenn das Laden abgeschlossen ist, wird die zweite Funktion `trackTimingCallback` aufgerufen, welche die Zeit zwischen Start und Ende berechnet und anschließend den Tracking-Aufruf an Analytics sendet:

```
var startTime;
function loadJs(url, callback) {
  var js = document.createElement('script');
  js.async = true;
  js.src = url;
  var s = document.getElementsByTagName('script')[0];
  js.onload = trackTimingCallback;
  startTime = new Date().getTime();
  s.parentNode.insertBefore(js, s);
}
function trackTimingCallback(event) {
  var endTime = new Date().getTime();
  var timeSpent = endTime - startTime;
  ga('send', 'timing', 'jQuery', 'Load Library', timeSpent, 'Google CDN');
  // Library has loaded. Now you can use it.
};
```

Die Vorgehensweise mit einer Callback-Funktion haben Sie bereits bei den Plugins der sozialen Netzwerke kennengelernt. Die beiden Funktionen binden Sie am besten im Head-Bereich Ihrer Seiten ein. Theoretisch können die Funktionen auch später in der Seite folgen oder sogar in eine JavaScript-Datei ausgelagert werden. Sie können die Funktionen dann aber erst nach dem Laden dieser Datei verwenden. Mit dem Aufruf der Funktion `loadJs` binden Sie dann externe Dateien in Ihre Seite ein:

```
loadJs('//ajax.googleapis.com/ajax/libs/jquery/1.7.1/
jquery.min.js', callback);
```

Im Beispiel lädt der Google-Server eine jQuery-Datei. Mit Abschluss des Ladevorgangs wird automatisch ein Zählaufruf abgesetzt.

5.4.8 Benutzerdefinierte Dimensionen oder Messwerte

Mit benutzerdefinierten Dimensionen und Messwerten können Sie das vorgegebene Datenset von Analytics um Ihre eigenen Werte erweitern. Diese zusätzlichen Dimensionen oder Messwerte können Sie danach in den unterschiedlichen Berichten von Analytics hinzufügen oder eigene Berichte mit diesen Daten anlegen.

Voraussetzung

Bevor Sie eine Dimension oder einen Messwert im Tracking-Code erfassen lassen, müssen Sie sie in der Verwaltung Ihrer Analytics-Property einrichten. Lesen Sie dazu Abschnitt 5.3.6, »Benutzerdefinierte Definitionen«.

Sie können bis zu 20 eigene Dimensionen und 20 eigene Messwerte nutzen. In Analytics Premium sind es jeweils 200. In der Verwaltung definieren Sie für jeden Eintrag einen Namen, im Tracking-Code verwenden Sie aber immer die Index-Nummer des Eintrags. Sie sollten sich also beides in einer Tabelle notieren.

Analytics bietet für Dimensionen und Messwerte keinen eigenen Tracking-Aufruf, sondern Sie müssen sie immer zusammen mit einem `pageview` oder einem `event` abschicken. Hierzu zwei Beispiele:

```
ga('send', 'pageview', {
  'dimension15':  'Werte für Dimension'
});
ga('send', 'event', 'category', 'action', {
  'metric18': 8000
});
```

Im ersten Fall erfassen Sie einen Seitenaufruf für die aktuelle Seite sowie einen Wert für die Dimension mit der Index-Nummer 15. Im zweiten Fall erfassen Sie für die Metrik-Nummer 18 den Wert 8.000.

Sie können auch mehrere Dimensionen und/oder Metriken mit einem Aufruf übertragen. Diese müssen Sie durch ein Komma trennen:

```
ga('send', 'pageview', {
  'dimension12':  'Werte für Dimension 12',
  'dimension15':  'Werte für Dimension 15',
  'metric16': 52.18
});
```

Metrik-Nummer 16 enthält in diesem Fall eine Kommazahl, zum Beispiel für einen Geldbetrag.

Normalerweise wird der benutzerdefinierte Wert immer nur für den Aufruf übertragen, an den er angehängt ist. Sie können aber auch Dimensionen oder Metriken für alle folgenden Aufrufe auf einer Seite festlegen. Wenn Sie zum Beispiel für sämtliche Ereignisse auf der Seite eine benutzerdefinierte Metrik übergeben wollen, machen Sie das wie folgt:

```
ga('set', 'dimension5', 'Wert für Dimension 5');
```

Auch hier können Sie wieder mehrere Werte mit einem Aufruf festlegen. Achten Sie im Beispiel auf die geschweiften Klammern.

```
ga('set', {
  'dimension5', 'Wert für Dimension 5',
  'metric16': 52.18
});
```

5.4.9 Cookies und Besucherkennung

Google Analytics nutzt Cookies, um Besucher zu erkennen und die Visits zu berechnen. Sobald ein neuer Tracker erstellt wird, generiert Analytics eine eindeutige Besucherkennung (engl. *client id*), mit der es möglich ist, diesen Browser bei einer späteren Sitzung wiederzuerkennen. Die Besucherkennung wird im Cookie `_ga` abgelegt.

Besucherkennung oder Browser-Kennung

Technisch gesehen handelt es sich bei der Client-ID um eine Browser-Kennung, da sie nur für einen bestimmten Browser gilt. Falls Ihr Besucher von unterschiedlichen Rechnern oder mit unterschiedlichen Browsern ins Internet geht, können Sie anhand der Client-ID keine Beziehung zwischen den einzelnen Visits herstellen.

Der Cookie ist für die Hauptdomain der aktuellen Website gültig, wobei das *www.* der Domain entfernt wird. Bei der Domain *www.beispiel.de* setzt Analytics den Cookie also für die Domain *beispiel.de*. Dadurch können auch Subdomains wie *blog.beispiel.de* den Cookie auslesen und verwenden.

Die Laufzeit des Cookies beträgt in der Voreinstellung 24 Monate, vom Zeitpunkt des letzten Aufrufs aus gerechnet. Mit jedem neuen Aufruf erneuert Analytics das Ablaufdatum auf 24 Monate. Das bedeutet, dass ein Nutzer nach seiner letzten Aktion auf der Website 24 Monate lang wiedererkannt wird, wenn er die Website ein weiteres Mal besucht.

Datenschutz und Cookie-Laufzeit in Deutschland

Für Deutschland gibt es von einigen Landesdatenschutzbeauftragten die Vorgabe, die Laufzeit der Cookies auf sechs Monate zu verkürzen.

Den Namen, die Domain und die Laufzeit des Cookies können Sie beim Aufruf des Trackers auf andere Werte festlegen. Dazu übergeben Sie die entsprechenden Felder beim `create`-Befehl mit:

```
ga('create', 'UA-XXXX-Y', {
  'cookieName': mein_cookie_name',
  'cookieDomain': 'mein.beispiel.de',
  'cookieExpires': 60 * 60 * 24 * 28  // Laufzeit in Sekunden = 28 Tage
});
```


Falls Sie die Cookie-Domain ändern, achten Sie darauf, dass Ihre neue Vorgabe auch vom Browser erreichbar ist. Die Sicherheitsvorgaben für Cookies verlangen, dass ein Browser immer nur auf einen Cookie zugreifen kann, dessen Domain mit der aktuellen Website oder dem Server übereinstimmt, von der oder dem die Abfrage erfolgt. Ein Beispiel: Sie richten das Tracking für die Website *blog.beispiel.de* ein. Sie können den Cookie für *beispiel.de* setzen, sodass er auch von *shop.beispiel.de* erreichbar ist. Sie können ihn aber nicht für *nocheinbeispiel.de* setzen.

Analytics versucht automatisch, den Cookie immer für die höchste verfügbare Domain-Ebene zu setzen. Bei *blog.beispiel.de* wählt Analytics also automatisch die Cookie-Domain *beispiel.de*.

Sollten Sie eine Website auf einem lokalen Rechner testen wollen, also auf einem Webserver auf `localhost`, dann deaktivieren Sie die Hauptdomain bei der Erstellung des Trackers mit

```
ga('create', 'UA-XXXX-Y', {
  'cookieDomain': 'none'
});
```

oder verkürzt mit

```
ga('create', 'UA-XXXX-Y', 'none');
```

Wann verändere ich die Cookie-Domain?

Die Cookie-Domain sollten Sie anpassen, wenn Sie explizit nur Besucher für eine Subdomain analysieren wollen, also wenn Sie die Besucher für *blog.beispiel.de* betrachten wollen, unabhängig davon, ob sie sich auf der Haupt-Website oder einer anderen Subdomain bewegen. Das kann auch der Fall sein, falls Sie nur eine Subdomain betreiben und keinen Einfluss auf die Hauptdomain haben, zum Beispiel ein Blog auf *wordpress.com*. In allen anderen Fällen ist die Voreinstellung die richtige Wahl.

Mit der Anweisung `cookieExpires` legen Sie die Laufzeit des Cookies in Sekunden fest. Sobald ein Aufruf an den Analytics-Server geschickt wird, setzt das Tracking-Skript den Zeitpunkt, nachdem der Cookie automatisch gelöscht wird, um diese Laufzeit in die Zukunft.

Setzen Sie `cookieExpires` auf null Sekunden, so arbeitet Analytics mit einem Session-Cookie, der automatisch vom Browser gelöscht wird, sobald der Nutzer seinen Browser beendet. In diesem Fall kann Analytics keine wiederkehrenden Nutzer mehr erkennen.

Browser-Kennung anhand der Client-ID

Analytics nutzt den `ga`-Cookie, um eine eindeutige Browser-Kennung (`clientId`) zu speichern. Mit der Funktion `get` können Sie die gerade verwendete Kennung mit JavaScript auslesen und anschließend in Ihrem eigenen Skript weiterverarbeiten:

```
ga(function(tracker) {
  var clientId = tracker.get('clientId');
});
```

Sie können auch selbst eine Client-ID an Analytics übermitteln und gleichzeitig die Verwendung des `ga`-Cookies vollständig deaktivieren. Folgendes Skript deaktiviert den Cookie und übermittelt einen eigenen Wert für die `clientId`:

```
ga('create', 'UA-XXXX-Y', {
  'storage': 'none',
  'clientId': '35009a79-1a05-49d7-b876-2b884d0f825b'
});
```

Die `clientId` muss keiner bestimmten Struktur folgen, Sie können den Inhalt frei wählen. Sie müssen nur sicherstellen, dass der Wert für den gleichen Besucher bzw. Browser auf Ihrer Website immer gleich ist. So können Sie Cookies oder IDs nutzen, die von Ihrem CMS, Shop oder einem anderen System gesetzt wurden. Falls Ihre Website Besucher-Logins verwendet, können Sie zum Beispiel die Login-Kennung verwenden. Dadurch können Sie auch dann Besucher wiedererkennen und ihre Daten zusammenführen, wenn sie sich von unterschiedlichen Rechnern anmelden.

Nutzer geräteübergreifend mit der User-ID erkennen

Der Parameter `userid` erlaubt es Ihnen, eine eigene ID für den aktuellen Nutzer zu übergeben und damit den Standard-Cookie von Analytics zu übergehen und eigene Kennungen zu verwenden. Anders als bei der Client-ID werden bei dieser Methode Sitzungen von unterschiedlichen Geräten berücksichtigt und auch als solche gekennzeichnet. Den Inhalt der User-ID müssen Sie selber festlegen, zum Beispiel der Login eines Nutzers auf Ihrer Website. Die User-ID übergeben Sie beim Erstellen des `ga`-Objekts, sodass die ID für alle folgenden Aufrufe wie Pageviews oder Events auf der Seite feststeht.

```
ga('create', 'UA-XXXX-Y', { 'userId': '<<NUTZERKENNUNG>>' });
ga('send', 'pageview');
```

Im Feld `<<NUTZERKENNUNG>>` setzen Sie die ID oder zum Beispiel die Loginkennung des aktuellen Nutzers ein. Sobald Sie das Feld `userid` verwenden, müssen Sie auch einen Wert übergeben. Für Aufrufe, bei denen Sie keine Kennung zur Verfügung haben (weil der Nutzer zum Beispiel noch nicht auf Ihrer Website eingeloggt ist), übergeben Sie das Feld überhaupt nicht. Analytics nutzt dann die »normale« Cookie-Methodik.

Mit diesen zusätzlich übergebenen Daten lassen sich Nutzer geräteübergreifend erkennen und verfolgen. Um die Daten anstatt der Cookies zu verwenden und damit die zugehörigen Berichte verfügbar sind, müssen Sie in der Verwaltung Ihrer Property das User-ID-Feature aktivieren.

5.4.10 Cross-Domain-Tracking

Um Ihre Nutzer über mehrere Websites hinweg zu verfolgen, müssen Sie ein *Cross-Domain-Tracking* einrichten. Ein Beispiel: Sie haben die Domain *firma.de* und *firma-shop.de*. Viele Besucher gehen zuerst auf *firma.de*, um dann auf *firma-shop.de* zu wechseln. Sie möchten die Nutzer der beiden Websites zusammenhängend analysieren. So können Sie zum Beispiel sehen, über welche Kampagne ein Besucher kam und dann im Shop gekauft hat.

Grundvoraussetzung für Cross-Domain-Tracking ist, dass Sie auf beiden Websites dieselbe Tracking-ID verwenden. Außerdem müssen Sie einige Anpassungen an den Einstellungen und Codes vornehmen.

First-Party-Cookies

Für Google Analytics sind Websites mit unterschiedlichen Domains bei der Erfassung getrennte Einheiten, denn für die Visit-Berechnung werden First-Party-Cookies verwendet. Diese Cookies lassen sich immer nur von der Domain auslesen, von der sie gesetzt wurden (siehe Abschnitt 2.2.2).

Auch wenn Sie auf zwei Websites den gleichen Tracking-Code eingebaut haben, beginnt für Analytics ein neuer Visit, sobald ein Besucher von Domain A auf Domain B wechselt. Denn der Tracking-Cookie, den der Besucher auf Domain A erhält, kann auf Domain B nicht gelesen werden. Darum sieht es für Analytics so aus, als wäre dieser Besucher unbekannt. Analytics beginnt einen neuen Visit, als Referrer hat dieser Visit Domain A.

Damit Analytics die zwei Visits zu einem einzigen Visit zusammenfügt, müssen Sie diese Bruchstelle beim Domainwechsel überbrücken. Für diesen Fall kann der Tracking-Code eine Besucherkennung aus einem URL-Parameter übernehmen, anstatt sie aus einem Cookie auszulesen. Der Ablauf ist dabei folgender:

Auf der ersten Website wird die Besucherkennung aus dem Cookie ausgelesen und an alle Links, die zur zweiten Website führen, als URL-Parameter angehängt. Außerdem wird ein Zeitstempel angehängt, um die Aktualität des Links kontrollieren zu können.

Sobald ein Besucher auf einen Link klickt, wird durch den Parameter seine Besucherkennung mit zur neuen Website übertragen.

Auf der zweiten Website erkennt der Tracking-Code die angehängte Besucherkennung und übernimmt sie für den Tracking-Cookie bzw. die Visit-Berechnung. Mit dem Zeitstempel wird überprüft, dass der Link nicht älter als zwei Minuten ist. Falls dieser Zeitraum überschritten wird, geht Analytics davon aus, dass der Besucher den Link als Bookmark gespeichert hatte und wertet den Visit trotz Parameter als neu.

Sie müssen dafür sorgen, dass an alle Links und sonstigen Verknüpfungen zwischen den beiden Websites diese Parameter mit der Besucherkennung angehängt werden. Analytics-JavaScript hilft Ihnen dabei mit drei Funktionen:

- `AutoLink` versieht alle Links auf einer Seite mit den nötigen Parametern für die Übergabe der Besucherkennung.
- `Decorate` erstellt Ihnen den Ziel-Link inklusive Parametern für einen einzelnen Link.
- Die Funktion `tracker-get` liefert Ihnen die Client-ID der Besucherkennung. Damit können Sie einen Link manuell mit den nötigen Parametern versehen.

Egal, für welche Variante Sie sich entscheiden, müssen Sie im Vorfeld einige Einstellungen in der Verwaltung vornehmen.

Tracking-Code mit gleicher Tracking-ID

Auf allen Websites bzw. Domains, für die Sie die Visits übergreifend verfolgen wollen, muss der Tracking-Code mit derselben Tracking-ID eingebaut sein.

Verweise ausschließen

In den PROPERTY-EINSTELLUNGEN können Sie angeben, für welche Website Verweise ignoriert werden sollen. Sie müssen alle Websites in die Liste hinzufügen, auf der der Tracking-Code eingebaut wird.

Als Standard ist die primäre Website eingetragen, die Sie bei der Einrichtung angegeben haben (siehe Abschnitt 5.1). Wenn ein Besucher mit einem Verweis von einer anderen Website erfasst wird, beginnt Analytics automatisch einen neuen Visit, unabhängig von allen anderen Kriterien für neue Visits. Indem Sie alle Domains in diese Liste aufnehmen, unterbinden Sie die Automatik für neue Visits von diesen Domains.

Linker URL-Parameter zulassen

Damit der Tracking-Code auf der Zieldomain (also dort, wo die präparierten Links hinführen) URLs mit den zusätzlichen Parametern verarbeitet, müssen Sie im Tracking-Code explizit die Option `allowLinker` setzen. Ergänzen Sie dazu den `create`-Befehl, mit dem Sie den Tracking-Code auf jeder Seite initialisieren, wie folgt:

```
ga('create', 'UA-XXXX-Y', 'auto', {'allowLinker': true});
```

Ohne diese Option wird Analytics keine Visits zusammenführen, auch wenn die Links korrekt präpariert sind. Wenn die Besucher mit Links zwischen zwei Domains hin- und herwechseln können, ergänzen Sie `allowLinker` in den Tracking-Codes beider Websites.

Cross-Domain-Auto-Linking

Die einfachste Methode, um die Links zwischen zwei Domains für ein übergreifendes Tracking zu kennzeichnen, ist das sogenannte *Auto-Linking*. Dieses zusätzliche Tracking-Skript wartet auf einen Mausklick oder einen Tastendruck und vergleicht bei einem Link die Ziel-URL mit der Einstellung im Tracking-Code. Wenn die Ziel-Domain dort konfiguriert ist, hängt das Skript die nötigen Parameter für das Cross-Domain-Tracking an die Ziel-URL an, bevor der Besucher die Seite wechselt.

> **Auto-Linking ist nicht immer die optimale Lösung**
>
> Das Auto-Linking-Skript versucht selbstständig, alle Links zu anderen Domains zu finden. Außerdem lauscht das Skript auf bestimmte JavaScript-Ereignisse, um die nötigen Anpassungen vorzunehmen. Je nachdem, wie Ihre Website programmiert ist, gelingt das jedoch nicht immer hundertprozentig oder kann sogar Probleme verursachen. Sie sollten Ihre Website daher mit dem Auto-Linking-Skript ausgiebig testen. Falls Sie Probleme mit dem Skript haben, können Sie alternativ die Änderungen an den Links mit dem `decorate`-Befehl selbst durchführen und haben so mehr Kontrolle über die Veränderungen an der Seite.

Ein Beispiel: Von der Website *firma.de* führen Links zu *firma-international.com*, *firma-shop.de* und *blog.firma.de*. Für alle Domains möchten Sie Cross-Domain-Tracking einrichten. Die nötigen Einstellungen in der Verwaltung haben Sie bereits vorgenommen, es geht nun um die Tracking-Codes. Auf *firma.de* müssen Sie die ausgehenden Links zu den anderen Domains kennzeichnen. Dazu erweitern Sie den Tracking-Code auf *firma.de* um das Tracking-Plugin `linker` und konfigurieren die Domains:

```
ga('require', 'linker');
ga('linker:autoLink', ['firma-international.com', 'firma-shop.de']);
```

Im `autoLink`-Befehl ist die Domain *firma.de* nicht eingetragen, da sich der Besucher ja bereits dort befindet. Sie müssen nur die externen Domains angeben. Die Domain *blog.firma.de* fehlt ebenfalls in der Liste. Da *blog.firma.de* eine Subdomain von *firma.de* ist, kann das Tracking-Skript die Cookies von der Hauptseite erkennen und braucht keine zusätzliche Hilfestellung, um die Besucher bei einem Wechsel zu übernehmen.

Ein Klick auf einen Link zu *firma-shop.de* sollte auf eine solche URL führen:

http://www.firma-shop.de/?_ga=1.127316490.607609757.1360666554

In diesem Fall wurde die nötige Besucherkennung als Query-Parameter angehängt, also nach einem Fragezeichen `?`. Sie können die Kennung alternativ als Hash-Parameter anhängen lassen, also nach einer Raute `#`. Dazu ergänzen Sie die Liste der Domains für Auto-Linking um ein zusätzliches `true`:

```
ga('linker:autoLink', ['firma-international.com', 'firma-shop.de'], true);
```

Dadurch führt der Link zu *firma-shop* zu folgender URL:

http://www.firma-shop.de/#_ga=1.127316490.607609757.1360666554

Neben Links können auch Formulare von einer Website zur anderen führen. In diesem Fall ergänzen Sie den `autoLink`-Befehl um einen weiteren Parameter mit dem Wert `true`:

```
ga('linker:autoLink', ['firma-international.com', 'firma-shop.de'],
false, true);
```

Auf den Ziel-Domains *firma-international.com* und *firma-shop.de* nehmen Sie im Tracking-Code jeweils die nötige Option für die URL-Parameter mit in den `create`-Befehl auf:

```
ga('create', 'UA-XXXXXX-X', 'auto', {
  'allowLinker': true
});
```

Einzelnen Link für Cross-Domain-Tracking mit decorate erstellen

Mit der Tracking-Funktion `decorate` können Sie für einen einzelnen Link den Parameter für Cross-Domain-Tracking anhängen. Dazu rufen Sie die Funktion mit der gewünschten Ziel-URL auf und erhalten als Ergebnis den Link inklusive Parameter:

```
ga(function(tracker) {
  var linker = new window.gaplugins.Linker(tracker);
  var output = linker.decorate('http://www.firma.de/');
});
```

Als Ergebnis ist nach diesem Aufruf in der Variablen `output` folgender Link enthalten:

http://www.firma.de/?_ga=1.127316490.607609757.1360666554

Diesen Link können Sie anschließend mit JavaScript weiterverarbeiten und etwa den Nutzer dahin weiterleiten. Wie schon beim Auto-Linking wechseln Sie mit einem weiteren Parameter nach der URL zwischen Query-Parameter und Hash-Parameter. Der Aufruf

```
ga(function(tracker) {
  var linker = new window.gaplugins.Linker(tracker);
  var output = linker.decorate('http://www.firma.de/', true);
});
```

liefert als Ergebnis

http://www.firma.de/#_ga=1.127316490.607609757.1360666554

Mit der decorate-Funktion können Sie Ihr eigenes Skript bauen, um Links automatisch mit den Cross-Domain-Parametern zu versehen. Wie beim Auto-Linking sollten Sie die nötigen Änderungen am Link erst in dem Moment vornehmen, in dem der Besucher tatsächlich den Link klickt und nicht schon beim Laden der Seite. Durch die kurze Lebensdauer der Parameter von zwei Minuten kann es sonst passieren, dass die Parameter bereits zu alt sind, wenn der Besucher auf den Link klickt.

Das folgende Skript durchsucht die Seite nach Elementen mit der ID mylink:

```
var linker;
// Finde alle Elemente mit der ID myLink
var myLink = document.getElementById('myLink');
// Wenn auf das Element geklickt wird, rufe decorateMe auf
addListener(myLink, 'mousedown', decorateMe);
addListener(myLink, 'keydown', decorateMe);
// Funktion decorateMe zum Auszeichnen des Links
function decorateMe(event) {
  // Abfragen fuer Browser-Kompatibilitaet
  event = event || window.event;
  var target = event.target || event.srcElement;
  // Ist das Element ein Link? Wenn ja, dann auszeichnen
  if (target && target.href) {
    ga('linker:decorate', target);
  }
}
// Funktion, um in allen Browsern auf den Mausklick zu reagieren
function addListener(element, type, callback) {
 if (element.addEventListener) element.addEventListener(type, callback);
 else if (element.attachEvent) element.attachEvent('on' + type, callback);
}
```

Listing 5.8 HTML-Elemente einer Seite mit Cross-Domain Parametern ausstatten

Wenn das Skript ein Element mit der passenden ID findet, hängt es einen Event-Listener an, also eine JavaScript-Funktion, die darauf reagiert, wenn ein Besucher auf den Link klickt oder ihn mit der Tastatur auswählt. In der Funktion decorateMe wird überprüft, ob es sich um einen Link handelt und falls ja, wird der entsprechende Parameter angehängt.

Das Skript würde zum Beispiel diesen HTML-Link auszeichnen:

```
<a id="myLink" href="http://www.firma.de/">Link zu firma.de</a>
```

Bei dieser Lösung müssen Sie selbst sicherstellen, dass nur solche Links die ID myLink erhalten, für die Sie Cross-Domain-Parameter verwenden möchten.

Einzelnes Formular für Cross-Domain-Tracking auszeichnen

Für Formulare können Sie ebenfalls mit der decorate-Funktion Parameter anhängen. Auch hier können Sie mit JavaScript ein eigenes automatisches Vertaggen umsetzen, zum Beispiel für folgendes Formular:

```
<form id="myForm" method="post" action="http://www.firma.de/ergebnis.html">
  Wonach möchten Sie suchen?
  <input type="text" name="sucheingabe"><br>
  <input type="submit">
</form>
```

Das folgende JavaScript durchsucht die HTML-Seite nach Formularen mit der ID myForm. Anschließend wird eine Listener-Funktion auf das Abschicken des Formulars gelegt. Sobald ein Besucher das Formular abschickt, wird die Ziel-URL (in der Eigenschaft action) mit dem Cross-Domain-Parameter versehen und ausgetauscht:

```
var myForm = document.getElementById('myForm');
addListener(myForm, 'submit', decorateForm);
function decorateForm(event) {
  // Abfragen fuer Browser-Kompatibilitaet
  event = event || window.event;
  var target = event.target || event.srcElement;
  if (target && target.action) {
    ga('linker:decorate', target);
  }
}
// Funktion, um in allen Browsern auf die Aktion zu reagieren
function addListener(element, type, callback) {
 if (element.addEventListener) element.addEventListener(type, callback);
 else if (element.attachEvent) element.attachEvent('on' + type, callback);
}
```

iFrame für Cross-Domain-Tracking kennzeichnen

Manchmal möchten Sie den Inhalt einer anderen Seite auf Ihrer Website darstellen und binden daher eine Seite per iFrame ein. Das kann zum Beispiel bei der Einbindung von Shopsystemen oder Buchungsseiten nötig werden.

Liegt der Inhalt des iFrames auf einer anderen Domain, müssen Sie auch hier den Aufruf des iFrames mit Parametern kennzeichnen, um Besucher im iFrame weiter verfolgen zu können. In diesem Fall ist der Ansatz etwas aufwendiger als bei Links und Formularen, denn der iFrame wird ja schon beim ersten Laden der Seite aufgerufen. Sie können also nicht mit einer Listener-Funktion arbeiten, da zu diesem Zeitpunkt bereits alle Elemente geladen sind.

Der sauberste Ansatz führt über ein Nachladen des iFrames per JavaScript. In unserem Beispiel ist in der Seite nur ein div-Element mit einer bestimmten ID vorhanden. Das JavaScript sucht dieses div-Element und ersetzt es durch den iFrame, dessen Ziel-URL zuvor um den Cross-Domain-Parameter erweitert wurde:

```
<div id="myiFrame"></div>
<script>
var linker;
function addiFrame(divId, url, opt_hash) {
  return function(tracker) {
    window.linker = window.linker || new window.gaplugins.Linker(tracker);
    var iFrame = document.createElement('iFrame');
    iFrame.src = window.linker.decorate(url, opt_hash);
    document.getElementById(divId).appendChild(iFrame);
  };
}
// iFrame hinzufuegen
ga(addiFrame('myiFrame', 'http://www.firma-shop.de/artikelliste.html'));
</script>
```

Vor dem Skript sehen Sie das div-Element mit der ID myiFrame. Im darauffolgenden Skript wird zunächst eine Funktion addiFrame definiert, die als Eingabe eine URL nimmt und ein iFrame-Objekt erzeugt. Die Adresse dieses Objekts wird dann mit der decorate-Funktion um den Cross-Domain-Parameter erweitert. Anschließend wird dann das iFrame-Objekt im div-Element eingefügt. Zum Schluss folgt der Aufruf der addiFrame-Funktion mit den gewünschten Ziel-URLs. Die Seite im iFrame muss natürlich auch mit dem Tracking-Code und den nötigen Anpassungen ausgestattet sein.

Voraussetzung JavaScript

Nachteil dieser Lösung ist allerdings, dass der iFrame nur dargestellt wird, wenn der Besucher im Browser JavaScript aktiviert hat. Für Nutzer ohne JavaScript bleibt der Bereich leer, da der iFrame nicht nachgeladen wird.

5.4.11 Opt-out mit JavaScript umsetzen

Google bietet ein Browser-Plugin an, mit dem Besucher das Tracking von Analytics in ihrem Browser deaktivieren können. Damit wird eine wichtige Forderung des deutschen Datenschutzrechts nach einer Widerspruchsmöglichkeit umgesetzt (siehe Abschnitt 2.5). Allerdings ist dieses Plugin nur für die gängigen Desktop-Browser verfügbar. Vor allem für Nutzer von Smartphones oder Tablets gibt es bislang keine Alternative. Die Anforderung des Datenschutzes lautet aber, allen Besuchern die Möglichkeit zur Deaktivierung zu bieten.

Analytics verfügt über eine Option, mit der Sie einen Tracking-Opt-out in JavaScript umsetzen können.

Die Option wird durch eine Eigenschaft des DOM-Elements `window` gesetzt und muss vor dem Aufruf des Tracking-Codes vorhanden sein.

```
window['ga-disable-UA-XXXX-Y'] = true;
```

Ist es vorhanden, schickt das Tracking-Skript keine Daten an die Analytics-Server. Den Teil `UA-XXXX-Y` ersetzen Sie mit der Tracking-ID für diese Website.

Die Eigenschaft muss auf jeder Seite erneut gesetzt werden, da sie beim Laden einer neuen Seite verloren geht. Hat ein Besucher einmal dem Tracking widersprochen, können Sie diese Wahl in einem Cookie speichern und dann auf jeder Seite den Cookie abfragen. Hier ein Beispielskript:

```
<script>
// Existiert ein Cookie ga-disable-UA-XXXX-Y?
// Falls ja, setze die window-Eigenschaft
var disableStr = 'ga-disable-UA-XXXX-Y';
if (document.cookie.indexOf(disableStr + '=true') > -1) {
  window[disableStr] = true;
}
// Opt-out Cookie setzen
function gaOptout() {
  document.cookie = disableStr + '=true; expires=Thu, 31 Dec 2099 23:59:59
UTC; path=/';
  window[disableStr] = true;
}
</script>
```

Das Skript prüft, ob es den Cookie *ga-disable-UA-XXXX-Y* gibt (Sie haben für Ihre Website natürlich die richtige Tracking-ID eingetragen). Falls vorhanden, wird die Eigenschaft `window` gesetzt. Sie müssen in der Folge sicherstellen, dass auf allen Seiten Ihrer Website die Abfrage nach dem Cookie erfolgt, bevor der Tracking-Code geladen wird, damit die Eigenschaft `window` bereits vorhanden ist.

Die Funktion `gaOptout` setzt den Cookie und die Eigenschaft `window`, wenn sie aufgerufen wird. Zum Beispiel können Sie die Funktion mit einem Link aufrufen:

```
<a href="javascript:gaOptout()">Google Analytics Tracking widersprechen</a>
```

Beim Klick auf den Link wird die JavaScript-Funktion aufgerufen und setzt den Cookie. Um den Widerspruch rückgängig zu machen, müssen Sie den Cookie wieder löschen. Die Funktion `gaOptout` muss nur auf der Seite vorhanden sein, auf der Sie den Link für den Widerspruch anbieten. Bei den meisten Websites ist das die Seite *Datenschutz* oder das *Impressum*.

Opt-out bei mehreren Websites

Das Beispielskript funktioniert nur für die Domain, auf welcher der Opt-out-Cookie gesetzt wird. Falls Sie mehrere Websites und eine zentrale Datenschutzerklärung unter einer einzigen URL haben, würde das Skript nur für die Domain funktionieren, auf welcher die Datenschutzerklärung liegt. In diesem Fall müssen Sie den Cookie auf mehreren Domains setzen, was deutlich mehr JavaScript erfordert und hier den Rahmen sprengen würde. Der Ansatz mit der Eigenschaft `window` bleibt allerdings der gleiche, so wird Ihr Programmierer sicher eine Lösung finden.

Kapitel 6
Das Herzstück: Datenansichten anlegen und Zielvorhaben einrichten

Wir gehen Schritt für Schritt die Konfiguration der neuen Datenansicht durch und erklären die Einstellungen. Neben Datenfiltern besprechen wir besondere Einstellungen wie eine interne Suche und die Verknüpfung mit anderen Google-Produkten wie AdWords oder Search Console.

Die ersten Schritte zu Ihrem Website-Tracking sind Sie bereits durch das Anlegen des Google-Analytics-Kontos gegangen. Nun müssen Sie jedoch noch weitere Feinheiten anpassen, um optimale Ergebnisse erzielen zu können. In diesem Kapitel zeigen wir Ihnen, was Sie dabei beachten müssen. Außerdem lernen Sie hier, wie man Segmente, Verknüpfungen, geplante E-Mails und andere Inhalte teilen kann.

6.1 Einstellungen der Datenansicht

Unter den ersten Punkt, die Einstellungen der Datenansicht, fällt zum Beispiel die Bearbeitung des Namens der Datenansicht, das Festlegen der Zeitzone, das Einrichten der internen Suche oder auch die Übersicht der verknüpften AdWords-Konten.

Um diese Einstellungen vornehmen zu können, müssen Sie zuerst über den Verwaltungsbereich in die gewünschte Ansicht navigieren. In diesem Kapitel werden wir uns auf den Bereich fokussieren, der die diversen Anpassungen einer Ansicht verwaltet.

Um die Basiseinstellungen, zum Beispiel Anpassung der Benennung, oder Einrichtung der internen Suche vornehmen zu können, müssen Sie hier den Link EINSTELLUNGEN DER DATENANSICHT (siehe Abbildung 6.1) auswählen. Es erscheint dann ein Bildschirm wie in Abbildung 6.2.

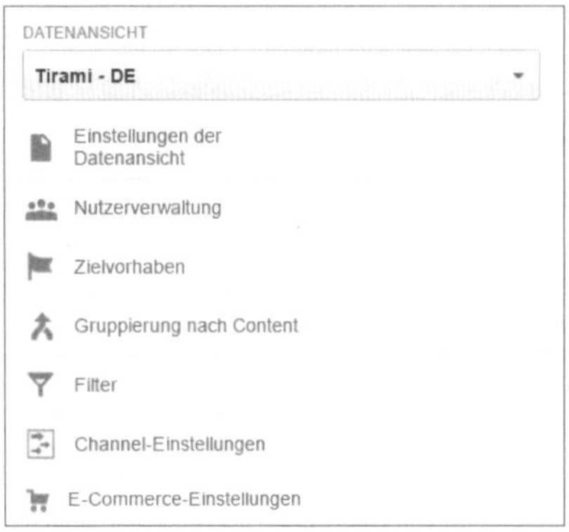

Abbildung 6.1 Navigationselemente innerhalb der Verwaltung der Datenansichten

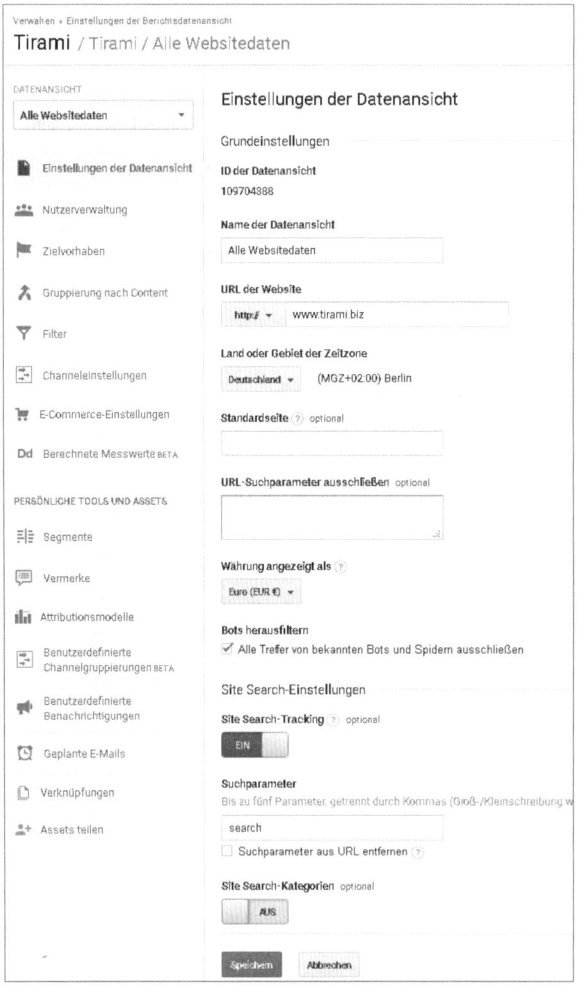

Abbildung 6.2 Einstellungen einer Datenansicht

6.1.1 Name der Datenansicht, URL und Standardseite

Sie haben nun die Möglichkeit, den Namen der Datenansicht zu ändern. Das ist wichtig, wenn Sie nachträglich die Ansichten umbenennen wollen, um beispielsweise mehr Struktur in Ihr Konto zu bringen. Außerdem können Sie an dieser Stelle auch die URL anpassen.

Sie sollten dabei wissen, dass sich diese Anpassungen nicht auf das Tracking auswirken. Welche URL Sie hier eingeben, hat keinen Einfluss darauf, was tatsächlich getrackt wird. Beim Tracking zählt nur, auf welchen Seiten der Code eingebaut ist. Dies kann in unserem Beispiel also sowohl auf der Seite *www.tirami.biz*, als auch auf *shop.tirami.biz* erfolgen.

Wenn Sie in einer Datenansicht mehrere Domains tracken wollen, zum Beispiel um eine Übersicht über alle Domains gleichzeitig zu erhalten, dann können Sie hier auch eine nicht existente URL eintragen.

Wichtig ist die URL allerdings bei der Auswertung der In-Page-Analyse. Damit die Analyse korrekt erfolgen kann, muss hier die URL eingetragen werden, die später ausgewertet werden soll.

In dem Feld STANDARDSEITE können Sie die Seite eintragen, die standardmäßig beim Aufruf der Startseite angezeigt wird. Wenn Sie zum Beispiel die Seite *www.beispiel.de* aufrufen, und es erscheint jedoch die URL *www.beispiel.de/index.html*, so ist dies Ihre Standardseite. Diese sollte eingerichtet werden, damit Sie die beiden inhaltlich gleichen Seiten auch zusammen auswerten können.

SEO-Tipp: Mehrere URLs für eine Seite

Aus Suchmaschinensicht sollten Sie solche doppelten Inhalte wie bei der oben beschriebenen Standardseite jedoch vermeiden. Wenn eine Seite mehrfach unter verschiedenen URLs erreichbar ist, so spricht man von *Duplicate Content*. Dies hat negative Auswirkungen auf die Platzierung Ihrer Seite in den Suchmaschinen. Grund dafür ist, dass die beiden Seiten gegeneinander um eine bessere Ranking-Position kämpfen und es kaum möglich ist, nur eine der beiden Seiten so zu stärken, dass sie auf der ersten Seite der Suchergebnisse steht.

6.1.2 Land, Zeitzone und Währung

Falls Sie das ausgewählte Land oder die zugrunde liegende Zeitzone anpassen möchten, haben Sie an dieser Stelle die Möglichkeit dazu. Wenn Sie zum Beispiel Ihren Shop in den USA bewerben, macht es Sinn, die Zeitzone entsprechend einzustellen, um später aussagekräftige Analysen differenziert nach Uhrzeit und Umsatz oder Uhrzeit und Anzahl der Klicks starten zu können.

An dieser Stelle müssen Sie wissen, dass bei einer bestehenden Verknüpfung mit AdWords die Zeitzone aus AdWords dominiert und die Zeitzone aus Google Analytics überschreibt. Daher sollten Sie bei der Einrichtung von AdWords darauf achten, dass Kampagnen für unterschiedliche Kontinente auch so angelegt werden, dass sie individuell zugeordnet werden können. Bei AdWords können Sie die Zeitzone nur einmal anpassen. Es empfiehlt sich also, hier zu Beginn ein Konzept zu entwickeln, das die korrekte Verknüpfung mit Google Analytics direkt miteinschließt.

Der Punkt WÄHRUNG bestimmt, wie Analytics mit Geldwerten in Berichten umgeht. Die Einstellung bezieht sich primär auf Online-Shops, aber auch die Werte von Zielen werden in dieser Währung angezeigt. Bei Transaktionen können Sie ebenfalls eine Währung angeben. Unterscheiden sich die beiden Angaben, erfolgt aber keine Umrechnung!

Vor allem bei internationalen Shops kann es vorkommen, dass tatsächliche und eingestellte Währung nicht übereinstimmen. Kauft zum Beispiel jemand in den USA eines Ihrer Produkte und zahlt dafür in US-Dollar, obwohl die Standardwährung auf Euro eingestellt ist, so wird der Dollar-Wert eins zu eins in Euro umgewandelt. Google Analytics rechnet an dieser Stelle nicht um, sodass beispielsweise 5 US$ als 5 € dargestellt werden und Ihre Auswertungen dadurch fehlerhaft werden.

Mehrere Währungen in einer Property

Google Analytics bietet Ihnen die Möglichkeit, innerhalb einer Property mehrere Währungen zu nutzen. Die Währung, die im Tool ausgegeben werden soll, stellen Sie in der Datenansicht ein. Wenn Sie aber beispielsweise auch Transaktionen durchführen, deren Währung US-Dollar sind, so können Sie über den Tracking-Code die Währung mitgeben. Anschließend wird nach aktuellem Umrechnungskurs der Wert angepasst, sodass die Währung der Basiswährung aus den Datenansichtseinstellungen entspricht. Mehr zu diesem Thema erfahren Sie in Abschnitt 5.4.4.

Ein weiterer wichtiger Punkt ist, dass es zu Diskrepanzen kommen kann, wenn sich die Währungen in AdWords und Analytics unterscheiden. Die Daten werden aus AdWords in Analytics importiert und nicht umgerechnet. Auch hier kann es dadurch zu Fehlern in den Auswertungen kommen, wenn beispielsweise Klicks statt zum Preis von 25 Euro-Cent als Klicks zum Preis von 25 Dollar-Cent wiedergegeben werden.

6.1.3 Suchparameter ausschließen und Bots filtern

Wenn Sie auf Ihrer Website besonders viele dynamische Parameter wie Session-IDs oder datenbankgenerierte Inhalte in der URL nutzen, ist dies die geeignete Stelle, an der Sie diese Parameter herausfiltern können. Dies hat gleich mehrere Vorteile. Erstens erhalten Sie damit nicht mehr vielfache Seitenaufrufe einer Seite in den Content-Reports, sondern Sie können alle Aufrufe unter einer URL zusammenführen. Zweitens verringern Sie durch das Zusammenführen die Anzahl unterschiedlicher URLs, wodurch das Limit der täglich zusammengefassten Tabellen (*Table Aggregation Limit*) von 50.000 nicht so schnell erreicht wird. Drittens erleichtern Sie auf diese Weise die Auswertung der Daten, können so schneller arbeiten und sparen damit Zeit und Geld. Filtern Sie aber keine Parameter heraus, die Inhalte unterscheiden. Ansonsten würden Sie einzelne Seiten dann nicht mehr einsehen können.

SEO-Tipp: Parameter in der URL

Aus SEO-Sicht sollten Sie zu viele Parameter in Ihren URLs vermeiden, da auch hier sehr häufig die Gefahr von doppelten Inhalten besteht. In so einem Fall sollten Sie unbedingt mit Ihrem In-House-SEO oder einer externen Agentur klären, ob dies negative Auswirkungen auf Ihre Rankings haben kann.

Als Beispiel nehmen wir wieder unsere Korkenzieherfirma Tirami. Sie erzeugen folgende URLs:

http://www.tirami.biz/de/produkte/korkenzieher.html?sid=78423657468733

http://www.tirami.biz/de/produkte/korkenzieher.html?sid=12548911542369

http://www.tirami.biz/de/produkte/korkenzieher.html?sid=47812549876325

Durch einen Eintrag in den Profileinstellungen lassen sich nun alle Seitenaufrufe der Korkenzieher-Seite zu einem zusammenfassen. Dazu müssen die Parameter (in diesem Fall *sid*) in das entsprechende Feld eingetragen werden. Wollen Sie mehrere Parameter ausschließen, können Sie sie durch Kommata trennen.

Gut zu wissen: Einschränkungen der Parameter

- Bei den Parametern können Sie maximal 255 Zeichen eintragen.
- Es wird zwischen Groß- und Kleinschreibung unterschieden.
- Parameter werden bereits vor der Anwendung eines Filters ausgeschlossen, das heißt, Sie müssen Ihre Profilfilter so anlegen, dass sie auch nach dem Entfernen der Parameter gültig sind.

Ein weiteres häufiges Problem bei Analytics-Berichten sind Zugriffe durch Bots, also Suchmaschinen oder ähnliche Programme, die das Web automatisiert durchsuchen, um Daten zu sammeln. Diese Zugriffe erfolgen nicht durch eine reale Person, sondern durch ein Programm. Daher sollten Sie diese Aufrufe aus Ihren Berichten herausfiltern, damit Ihre Zahlen nicht verfälscht werden.

Abbildung 6.3 Filtern Sie grundsätzlich Bots und Spider.

Bekannte Suchmaschinen wie Google oder Bing melden sich entsprechend bei einer Website und führen Tracking-Codes nicht aus. Es sind meist individuelle »Kopierer« oder etwa Monitoring-Tools, die das Tracking auslösen. Und nicht jedes Tool löst Tracking-Codes aus. Weil die Verbreitung dieser Bots stark vom Website-Typ und -Thema abhängt, werden Sie nicht in jeder Ansicht eine Veränderung feststellen – schaden wird die Einstellung aber nie.

Mit der Option filtern Sie auch nicht alle Programme, die es gibt, aber einen großen Teil erreichen Sie damit schon. Daher sollten Sie diese Option grundsätzlich für alle Ihre Ansichten aktivieren.

6.1.4 Verknüpfte AdWords-Konten

Wenn Sie Ihr AdWords-Konto mit dem Google-Analytics-Konto und dem ausgewählten Profil verknüpft haben (wie das funktioniert, lesen Sie in Abschnitt 6.7.1), haben Sie in den Profileinstellungen auch die Möglichkeit, die Kostendaten zu importieren oder die Verknüpfung zu lösen (siehe Abbildung 6.4).

Abbildung 6.4 AdWords-Kostendaten importieren

Das sollten Sie beim Import der AdWords-Kostendaten beachten

- Stellen Sie sicher, dass Sie das richtige Profil mit dem richtigen AdWords-Konto verknüpft haben, sodass keine falschen Daten einlaufen.
- Wenn Sie in einem AdWords-Konto mehrere Domains oder Unterverzeichnisse (zum Beispiel */de/* für Deutschland oder */en/* für England) bewerben, müssen Sie einen Filter auf Ihr Profil legen, damit nur die Daten für das ausgewählte Land einlaufen (mehr dazu in Abschnitt 6.3.8).
- Stellen Sie sicher, dass Währung und Zeitzone in beiden Tools übereinstimmen.

6.1.5 Einrichtung der internen Suche

Bei den Einstellungen der Datenansicht können Sie einen weiteren wichtigen Punkt anpassen, der Ihre Website-Auswertungen betrifft. Es handelt sich dabei um die interne Suche. Wenn es auf Ihrer Website die Möglichkeit gibt, zu suchen, so werden Ihre Besucher davon sicher Gebrauch machen. Damit Sie auswerten können, welche Suchbegriffe Ihre Besucher eingegeben haben, reicht es in den meisten Fällen aus, eine kleine Anpassung in den Einstellungen vorzunehmen.

Das Einzige, das Sie dafür wissen müssen, ist, welche Parameter bei einer Suche an die URL gehängt werden. Mittels dieser Parameter kann Google Analytics erkennen, welche Begriffe eingetippt worden sind. Sie können das ganz einfach selbst herausfinden, indem Sie auf Ihrer Seite eine Suche durchführen und anschließend die URL hinsichtlich des Suchparameters analysieren. Bei unserer Beispielfirma Tirami sieht das etwa aus wie in Abbildung 6.5.

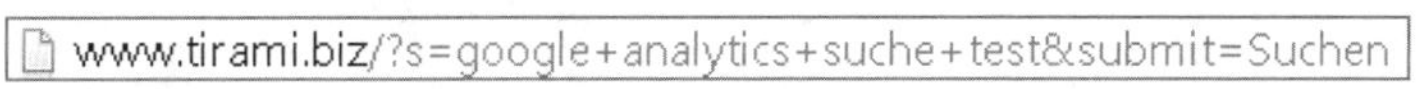

Abbildung 6.5 tirami.biz: URL nach der Suche nach dem Begriff »Google Analytics Suche Test«

Die Suche wird also durch ein vorangestelltes »s« kenntlich gemacht. Die tatsächlich eingegebenen Begriffe werden danach in die URL eingefügt.

Diesen Suchparameter können Sie nun bei den Einstellungen der Datenansicht einrichten. Wichtig ist, dass Sie den Parameter ohne das vorhergehende Fragezeichen und das anschließende Gleichheitszeichen einfügen, ansonsten funktioniert die Auswertung nicht (siehe Abbildung 6.6).

Abbildung 6.6 Interne Suche einrichten

Sie können bis zu fünf verschiedene Parameter eingeben. Sie müssen nur darauf achten, sie durch Kommata voneinander zu trennen. In unserem Fall besteht der Parameter nur aus einem Zeichen. Es kommt aber auch oft vor, dass hier Wörter (zum Beispiel »search«, »suche«, »query« oder Ähnliches) genutzt werden. Sie können sie natürlich genauso wie oben gezeigt eingeben.

Was mache ich, wenn in den URLs keine Suchparameter vorhanden sind?

Hier liegt das Problem darin, dass Sie eine POST-basierte Suche nutzen, bei der Inhalte der Suchanfrage nicht durch die URL weitergegeben werden. Eine Suchanfrage sieht dann zum Beispiel so aus:

http://www.tirami.biz/search_results.php

Sie haben nun zwei Möglichkeiten, um die Daten dennoch auswerten zu können:

1. Sprechen Sie mit Ihrer IT, und bitten Sie darum, dass die Suchparameter noch in der URL angehängt werden.
2. Falls dies nicht möglich ist, können Sie mittels eines virtuellen Seitenaufrufs die Suchparameter mitschreiben. Dieser Seitenaufruf überschreibt den eigentlichen, der durch die URL erzeugt wird. Aus unserem Beispiel von eben: */search_results.php* würde dann */search_results.php?suche=google+analytics+beispiel.*

In beiden Fällen müssen Sie im Anschluss die SITE SEARCH in den Einstellungen einrichten. Durch die Anpassungen sollte es nun möglich sein, die interne Suche auszuwerten.

Bei der Einrichtung der internen Suche müssen Sie entscheiden, ob die Suchparameter aus der URL ausgeschlossen werden sollen. Das bedeutet, dass die von Ihnen eingetragenen Parameter aus der URL gelöscht werden und somit nicht in den Auswertungen erscheinen. Das macht dann Sinn, wenn Sie alle Aufrufe der Seite zusammenfassen wollen.

Wenn es auf Ihrer Website die Möglichkeit gibt, die Suche in Kategorien einzuteilen, beispielsweise um sie genauer zu differenzieren, dann können Sie dies in den Einstellungen der Datenansicht festlegen. Dazu schalten Sie SITE-SEARCH-KATEGORIEN von AUS auf AN und tragen dort die entsprechenden Parameter ein. Auch hier haben Sie die Möglichkeit, die Parameter aus der URL auszuschließen.

Sobald Sie die Einstellungen vorgenommen haben, klicken Sie auf SPEICHERN. Nach kurzer Zeit können Sie die ersten Analysen zur internen Suche im Berichtsbereich CONTENT • SITE SEARCH durchführen. Was Sie dabei auswerten können, erläutern wir in Abschnitt 9.5.

6.1.6 E-Commerce-Einstellungen

Die Einrichtung der E-Commerce-Berichte erfolgt unter einem eigenen Menüpunkt E-COMMERCE-EINSTELLUNGEN. Dort müssen Sie zuallererst E-Commerce aktivieren, da sonst die entsprechenden Berichte nicht zur Verfügung stehen, egal welche Tracking-Codes Sie bereits eingebunden haben (siehe Abbildung 6.7).

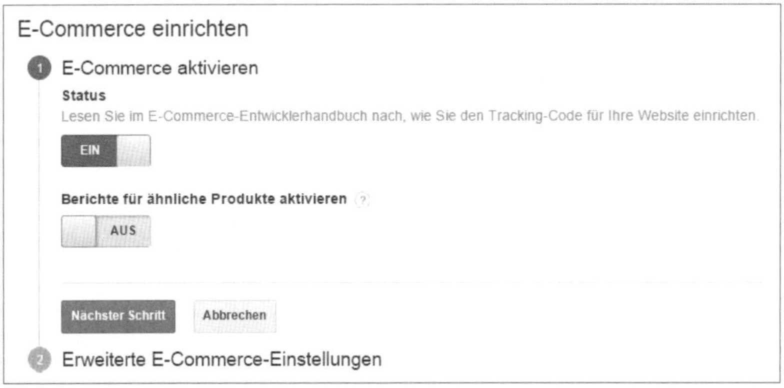

Abbildung 6.7 E-Commerce-Berichte müssen zuerst aktiviert werden.

Es hilft Ihnen nichts, wenn Sie einen ausgefeilten E-Commerce-Tracking-Code auf Ihrer Seite eingebunden haben, aber Google Analytics nicht vorher mitgeteilt haben, dass es ihn nun auch tracken soll. In unserer langjährigen Zusammenarbeit mit Kunden, die einen Shop betreiben, ist dieser Fehler durchaus das ein oder andere Mal vorgekommen.

Es entstehen Ihnen keinerlei Nachteile, wenn Sie diese Option grundsätzlich bei allen Datenansichten aktivieren. Falls Sie keine E-Commerce-Tags einbauen, bleiben die Berichte schlicht leer. Daher sollten Sie also am besten direkt bei der ersten Einrichtung einer Datenansicht darauf achten, an dieser Stelle den Status auf EIN zu ändern.

Ist E-Commerce aktiviert, erscheint ein zweiter Schalter, mit dem Sie BERICHTE FÜR ÄHNLICHE PRODUKTE aktivieren können. Danach erstellt Google Analytics automatisch Listen mit den Produkten, die besonders häufig zusammen gekauft werden. Allerdings gibt es dazu keinen Bericht, Sie können die Daten nur über die API abrufen. Mehr Informationen zu ähnlichen Produkten finden Sie unter *https://goo.gl/uP18Pi*.

Im zweiten Schritt können Sie nun noch die ERWEITERTEN E-COMMERCE-EINSTELLUNGEN aktivieren. Diese Berichte geben Ihnen weitere Daten zu Ihrem Shop, erfordern allerdings weitere und andere Tracking-Codes auf Ihrer Website. Daher müssen Sie sich an dieser Stelle entscheiden, welche Variante Sie verwenden möchten, um anschließend die korrekten Tags für den Einbau auszuwählen (siehe Kapitel 5, »Die ersten Schritte: Konto einrichten und Tracking-Code erstellen«).

Entscheiden Sie sich für den erweiterten E-Commerce, können Sie noch Schritte für den Bezahltrichter festlegen. Zu den neuen E-Commerce-Berichten gehört auch ein dedizierter Trichter für Kaufvorgänge, den Sie anstatt eines normalen Zieltrichters verwenden sollten (siehe Abschnitt 10.1.4). Für diesen Trichter vergeben Sie lediglich die Namen der einzelnen Schritte, eine Zuordnung erfolgt später im Tracking-Code anhand der Nummer des Schritts.

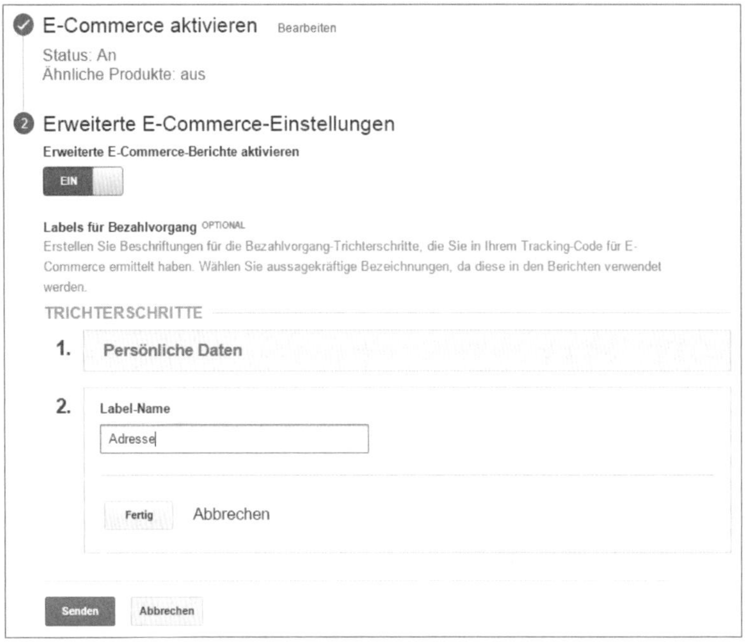

Abbildung 6.8 Definieren Sie die Schritte des E-Commerce-Trichters.

6.2 Persönliche Tools und Assets

Neben der Einrichtung von Basis-Datenansichtseinstellungen, Filtern oder Zielvorhaben können Sie im Verwaltungsbereich der Ansichten zudem alle Segmente, Verknüpfungen, geplante E-Mails oder auch Vermerke einsehen und teilen. Dieser Unterbereich nennt sich PERSÖNLICHE TOOLS UND ASSETS und beinhaltet (fast) alles, was Sie gesondert einrichten und was Sie teilen können. Hier erhalten Sie außerdem eine sinnvolle Übersicht über einen Großteil der Anpassungen, die Sie im Laufe Ihrer Arbeit mit Google Analytics bereits vorgenommen haben. Darunter befinden sich folgende Punkte:

- Segmente
- Vermerke
- Attributionsmodelle
- Channel-Gruppierungen
- Benutzerdefinierte Benachrichtigungen
- Geplante E-Mails
- Verknüpfungen
- Assets teilen

Wir gehen im Verlauf dieses Abschnitts nur auf ausgewählte Bereiche ein, da sich die einzelnen Unterpunkte kaum unterscheiden und in ihrem Sinn immer ähnlich sind. Sie haben die Möglichkeit, eine Übersicht der einzelnen Assets aufzurufen, sie anzuschauen, in gewissem Maße zu bearbeiten und zu löschen. Unter dem Punkt ASSETS TEILEN können Sie – wie der Name schon vermuten lässt – die Assets mit anderen Personen teilen. Nutzen Sie diese Möglichkeit, um zum Beispiel von Ihnen erstellte Segmente oder benutzerdefinierte Berichte an Ihre Kollegen freizugeben.

6.2.1 Segmente bearbeiten und löschen

Unter dem Punkt SEGMENTE erhalten Sie auf einen Blick eine Übersicht der von Ihnen erstellten Segmente. Dabei sehen Sie die Benennung der Segmente sowie die ihnen zugrundeliegenden Bedingungen und haben auch die Möglichkeit, die Segmente zu bearbeiten, zu kopieren, zu teilen und zu löschen.

Die direkte Bearbeitung der Segmente aus der Übersicht heraus ist besonders dann sinnvoll, wenn Sie die Benennung der Segmente vereinheitlichen wollen. Durch die Suche oben rechts können Sie einzelne Segmente schnell finden und direkt bearbeiten. Der Screenshot in Abbildung 6.9 zeigt eine Suche nach bestimmten Segmenten, die in ihrer Benennung den Begriff »gerät« beinhalten. Auf einen Blick sehen Sie so zum Beispiel, dass zwei Segmente einheitlich, eines jedoch nicht nach dem gleichen Schema benannt ist. Dies können Sie nun sofort beheben und anpassen.

Abbildung 6.9 Übersicht benutzerdefinierter Segmente: Suche nach Segmenten, die den Begriff »gerät« enthalten.

Des Weiteren können Sie an dieser Stelle auch neue Segmente anlegen. Das ist sinnvoll, wenn Sie sich gerade eine Übersicht darüber verschafft haben, welche Segmente Sie bereits angelegt haben, und die noch fehlenden direkt ergänzen wollen. Ein Klick auf AUS GALERIE IMPORTIEREN bringt Sie in einem sich öffnenden Layer direkt zur Google Analytics Solutions Gallery, in der Sie eine Vielfalt an benutzerdefinierten Segmenten finden. Dort können Sie nach Segmenten suchen, die Ihren Anforderungen entsprechen, oder auch einfach nur stöbern. Im Anschluss daran können Sie die ausgewählten Segmente direkt in Ihr Google Analytics importieren.

6.2.2 Geplante E-Mails einsehen und bearbeiten

Unter dem Punkt GEPLANTE E-MAILS erhalten Sie eine Übersicht über alle von Ihnen erstellten E-Mail-Reports. Sobald Sie Reports zum regelmäßigen Versand eingerichtet haben (wie das funktioniert, erfahren Sie in Abschnitt 11.4.1), erscheinen sie in der vorliegenden Übersicht. Nun können Sie sehen, wie die E-Mails heißen, welche Reports sie beinhalten, wann und wie oft sie versandt werden und wer sie erhält. Bei der Einrichtung können Sie eine bestimmte Laufzeit für die Reports festlegen. Dies ist sinnvoll, wenn Sie zum Beispiel Kampagnen-Reports für Ihre Agentur einrichten, die nur während der Kampagnenlaufzeit verschickt werden sollen. An dieser Stelle haben Sie außerdem die Möglichkeit, die Laufzeit zu verlängern, den Report zu löschen oder auch zu bearbeiten. Nach einem Klick auf den Namen des Reports gelangen Sie in die gewohnte Bearbeitungsansicht, in der Sie unter anderem die Versandhäufigkeit, die Empfänger und auch die Reports anpassen können.

Bei der Bearbeitung wünscht man sich natürlich, dass man die in der E-Mail enthaltenen Reports verschieben oder anderweitig bearbeiten kann. Dies ist aber leider nicht möglich. Sie können Reports lediglich löschen, nicht aber die Reihenfolge oder das Format ändern. Um diese Anpassungen vorzunehmen, müssen Sie tatsächlich neue Reports anlegen. Eine detailliertere Erklärung dazu finden Sie in Abschnitt 11.4.

6.2.3 Verknüpfungen bearbeiten

Wenn Sie für Ihre täglichen Auswertungen Verknüpfungen angelegt haben, um schneller zu den Reports zu gelangen, dann erhalten Sie nach einem Klick auf VERKNÜPFUNGEN an dieser Stelle eine Übersicht der bereits angelegten Elemente. Welchen Sinn Verknüpfungen besitzen, wie man sie anlegt und bearbeitet, erfahren Sie in Abschnitt 11.4.2.

In diesem Bereich können Sie die Benennung der Verknüpfungen sowie das Erstellungsdatum einsehen. Außerdem können Sie sie direkt anzeigen lassen, umbenennen oder löschen. Ein Klick auf den Namen der Verknüpfung ruft hier nicht wie sonst den Bearbeitungsmodus hervor, sondern direkt die Verknüpfung.

6.2.4 Teilen von persönlichen Assets wie Segmenten, Reports und Dashboards

Wenn Sie Segmente, benutzerdefinierte Reports oder auch Dashboards schnell mit Kollegen oder anderen Nutzern teilen möchten, dann sind Sie beim Menüpunkt ASSETS TEILEN an der richtigen Stelle. Häufig kann es hilfreich sein, wenn Sie die von Ihnen angelegten Dashboards oder Reports an Kollegen weitergeben, die sie in anderen Ansichten nutzen möchten. Es kann aber auch vorkommen, dass Sie selbst mehrere Ansichten verwalten und beispielsweise das Dashboard der einen Ansicht auch in der anderen Ansicht nutzen möchten.

Im Bereich ASSETS TEILEN haben Sie die Möglichkeit, alle Elemente zu teilen. Dies können Sie natürlich auch an anderen Stellen im Tool, hier haben Sie allerdings den entscheidenden Vorteil, dass Sie direkt mehrere Elemente teilen können. Wählen Sie mit Häkchen aus, welche Reports, Dashboards oder Segmente Sie weitergeben wollen, und klicken Sie anschließend oben links auf FREIGEBEN (siehe Abbildung 6.10).

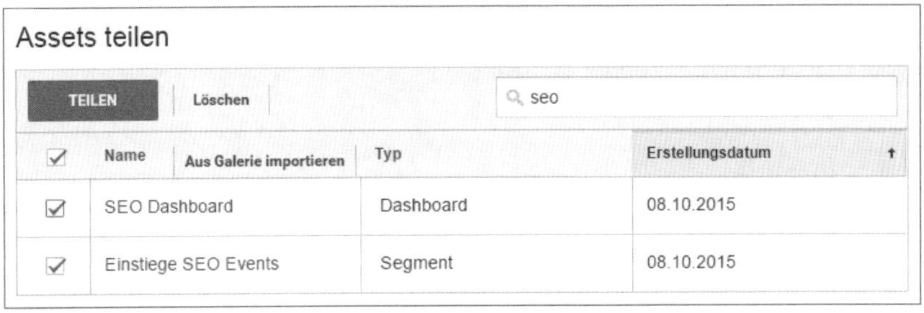

Abbildung 6.10 Mehrere Assets zum Teilen auswählen

Nachdem Sie auf TEILEN geklickt haben, erscheint ein Layer mit einem Link. Er ist bereits markiert, sodass er direkt kopiert werden kann. Diesen Link können Sie nun weitergeben oder selber nutzen. Um die Inhalte zu speichern, müssen Sie in Google Analytics eingeloggt sein, wenn der Link aufgerufen wird. Es erscheint dann ein Layer, in dem Sie die Ansichten wählen können, in denen die Elemente erscheinen sollen. Außerdem können Sie die Elemente vor dem Speichern umbenennen. Dies ist sinnvoll, wenn man zum Beispiel Markennamen nutzt, die angepasst werden müssen.

Sobald an dieser Stelle auf ERSTELLEN (siehe Abbildung 6.11) geklickt wird, sind die Elemente in den ausgewählten Datenansichten gespeichert.

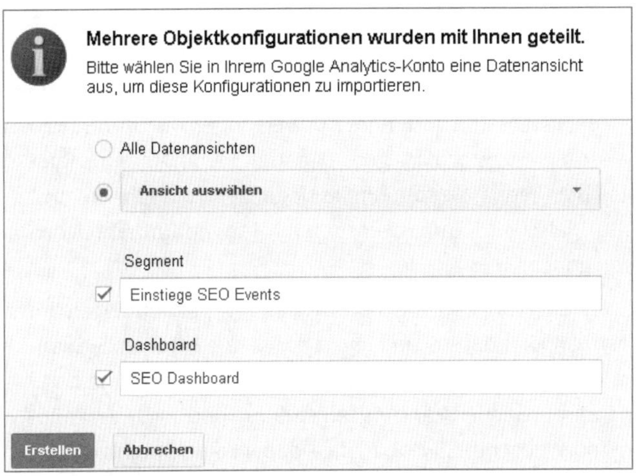

Abbildung 6.11 Assets umbenennen und speichern

Was müssen Sie beim Teilen von Assets beachten?

Wenn Dashboards, Segmente, Berichte und andere Elemente geteilt werden, ist es wichtig, dass die individuellen Anpassungen beachtet werden. Oft kommt es beispielsweise vor, dass ein Dashboard nach Brand- und Non-Brand-Keywords unterteilt oder dass Segmente bestimmte Zielseiten beinhalten, die bei anderen Datenansichten nicht funktionieren würden. Daher sollten diese Einstellungen immer überprüft und gegebenenfalls angepasst werden.

6.3 Filter – Inhalte einer Datenansicht eingrenzen

Um eine korrekte Auswertung der Google-Analytics-Daten zu gewährleisten, müssen in den meisten Fällen Datenfilter eingerichtet werden. Gründe dafür gibt es viele – hier seien nur die häufigsten genannt:

- Beschränkung auf bestimmte Inhalte (zum Beispiel Hostnamen, Domains, Verzeichnisse)
- Filterung von AdWords-Daten, die zu anderen Datenansichten gehören
- Filterung von internen Zugriffen sowie Zugriffen von externen Dienstleistern
- Filterung von Elementen des URIs (Uniform Resource Identifier)
- Umbenennung gewisser Elemente des URIs (IDs zu Klarnamen etc.)
- Hostname in den Auswertungen vor dem URI platzieren
- Gewährung von eingeschränktem Zugriff auf Inhalte (zum Beispiel Kampagnendaten für externe Agenturen)

Tipp: Rohdaten erhalten

Im Laufe Ihrer Arbeit mit Google Analytics werden Sie sicher den einen oder anderen Filter auf Ihre Daten legen, um bessere und gezieltere Auswertungen durchführen zu können. Eines sollten Sie aber nicht vernachlässigen: Behalten Sie immer eine Rohdatenansicht, auf der keine Filter liegen. So können Sie sicher sein, dass Ihnen auch bei einem fehlerhaften Filter, falschen Kampagnen-Verknüpfungen und ähnlichen Fehlern keine Daten verloren gehen.

Für diese Rohdatenansicht erstellen Sie eine eigene Datenansicht, benennen sie im besten Fall auch mit dem Namen »Rohdaten« und legen dort keine Filter an. Sie können diese Datenansicht genauso einstellen wie die anderen auch, also zum Beispiel mit E-Commerce-Tracking, interner Suche, Währungseinstellung und sogar Verknüpfungen zu anderen Google-Tools. Beachten Sie aber, dass dabei keine Daten gefiltert werden. Diese Rohdatenansicht dient Ihnen als Backup, sodass Ihnen auch bei fehlerhaften Einstellungen in anderen Datenansichten immer alle Daten vorliegen.

6.3.1 Funktionsweise von Filtern

Um Filter korrekt anwenden zu können, muss deren Funktionsweise beachtet werden. Bei der Einrichtung haben Sie die Möglichkeit, auf Kontoebene Filter anzulegen und sie dann auf mehrere Datenansichten zu übertragen (mehr dazu in Abschnitt 5.2.3). Außerdem können Sie auch auf Datenansichtsebene Filter anlegen, die dann nur für die jeweilige Ansicht gelten.

Filter werden grundsätzlich in der Reihe angewandt, in der sie angelegt worden sind. Diese Reihenfolge kann aber auch im Nachhinein noch bearbeitet werden – mehr dazu in Abschnitt 6.3.12, »Filterreihenfolge zuweisen«. Filter greifen erst, nachdem sie angelegt worden sind. Das bedeutet, dass Sie sie nicht rückwirkend auf Daten anwenden können.

Ein weiterer wichtiger Punkt, den Sie bei Filtern beachten müssen, ist, dass Filter die Daten beim Einlaufen in Google Analytics bereits filtern. Das heißt, dass alle Daten, die durch den Filter ausgeschlossen werden, nicht in den Auswertungen erscheinen und auch nachträglich nicht wiederherzustellen sind. Es empfiehlt sich daher immer, eine Rohdatenansicht anzulegen, auf der keine Filter angewandt werden und in die alle Daten einlaufen können.

6.3.2 Unterschiede zwischen Filtern und Segmenten

Bevor Sie Filter anlegen, sollten Sie sich der Unterschiede zwischen Filtern und Segmenten bewusst sein. In vielen Fällen ist die Einrichtung eines Filters nicht unbedingt notwendig, da die gewünschten Daten auch mittels eines Segments ausgewertet werden können.

Filter greifen erst nach Einrichtung bei einer Datenansicht. Wenn Sie also einen Filter einrichten, so werden nur die nachfolgend eingehenden Daten gefiltert. Die bereits gesammelten Datensätze bleiben erhalten und werden auch nicht rückwirkend gelöscht. Filter sollten genutzt werden, wenn es sich um Daten handelt, die langfristig gefiltert werden sollen. Hier kann es sich zum Beispiel um die internen Zugriffe der eigenen Mitarbeiter oder externer Agenturen handeln, aber auch um Hostnamen und Domain-Filterungen. Diese Inhalte können auf Dauer gefiltert werden und müssen selten angepasst werden. Weiterhin sind Filter sinnvoll, wenn Sie Außenstehenden den Zugriff auf gewisse Inhalte erlauben wollen, wie bereits in Abschnitt 4.1, erwähnt. Dies wird häufig genutzt, um externen Agenturen Zugriff auf bezahlte AdWords-Kampagnen und deren Besucher zu gewähren. Die restlichen Kampagnen und die anderen Besucherdaten bleiben so außen vor.

Segmente haben den Vorteil, dass sie live im Tool und auch auf bereits existierende Daten angewandt werden können. Sie können bis zu vier Segmente auf eine Auswertung legen, was vor allem für Vergleiche sehr hilfreich ist. So können Sie zum Beispiel auf einen Blick sehen, welche Medien (Direktzugriff, Kampagne, organischer Traffic) Sitzungen mit niedrigen Absprungraten und hohen Conversion-Rates erzielt haben. Mit Filtern lässt sich zwar jede Datenansicht auf die verschiedenen Medien filtern, allerdings ist der direkte Vergleich im Tool nicht mehr möglich. Ein weiterer Vorteil von Segmenten ist, dass sie mehrere Bedingungen gleichzeitig erfüllen können. So können Sie zum Beispiel ein Segment anlegen, das Ihnen nur die Sitzungen von Besuchern zeigt, die über organische Suchanfragen auf die Seite gekommen sind, länger als fünf Minuten auf der Seite verbracht und eine Produktbroschüre heruntergeladen haben. Mit Filtern ist dies nicht möglich, da sie nur der Reihe nach angewandt werden. Anhand der Tabelle 6.1 möchten wir die Unterschiede zwischen Filtern und Segmenten verdeutlichen.

Filter	Segmente
Anpassung der Daten erfolgt bereits bei Eingang in Google Analytics auf Seitenaufruf-Ebene.	Anpassung der Daten eines Reports erfolgt auf Hit-, Session- oder User-Ebene.
Greifen erst ab Einrichtung, nur gültig für neue Daten.	Können auch auf historische Daten angewandt werden.
Daten müssen erst gesammelt und verarbeitet werden.	Sofortige Anwendung ist möglich.
Können nur von Administratoren angelegt werden – hohes Fehlerpotenzial.	Können von allen Nutzern angelegt werden – geringes Fehlerpotenzial.
Werden der Reihenfolge nach angewandt. Um mehrere Bedingungen abzudecken, muss die Filterreihenfolge angepasst werden.	Mehrere Bedingungen können gleichzeitig genutzt werden.
Nur textliche Inhalte sind auswählbar.	Auch Bedingungen, wie »größer als«, »kleiner als« etc., sind nutzbar.
Werden auf alle Daten angewandt und modifizieren sie.	Können in den Reports zu Sampling führen.
Filter haben auf die gekürzte IP-Adresse Zugriff.	Segmente können nicht mit IP-Adressen angewandt werden.

Tabelle 6.1 Unterschiede zwischen Filtern und Segmenten

6.3.3 Einrichtung von Filtern

Da Sie nun wissen, wie Filter funktionieren und wie man sie am besten verwendet, möchten wir Ihnen in diesem Abschnitt zeigen, wie man Filter korrekt einrichtet. Um einen neuen Filter anzulegen, müssen Sie sich zuerst einmal entscheiden, ob Sie ihn auf Kontoebene einrichten möchten oder auf Ansichtsebene. Filter auf Kontoebene bieten sich an, wenn sie bei einem Großteil der Ansichten genutzt werden können, zum Beispiel der Ausschluss interner Zugriffe. Filter auf Ansichtsebene eignen sich besonders, wenn es um die Verknüpfung mit AdWords-Daten geht oder Sie nur eine bestimmte Domain auswerten möchten. Für welche Variante Sie sich auch entscheiden, das Anlegen der Filter funktioniert zu 90 % in beiden Varianten gleich.

Wir zeigen Ihnen nun, wie Sie auf Ansichtsebene einen Filter anlegen können. Dazu wählen Sie im Bereich ANSICHT die Datenansicht aus, auf die der Filter angewandt werden soll. Anschließend klicken Sie auf FILTER (siehe Abbildung 6.12).

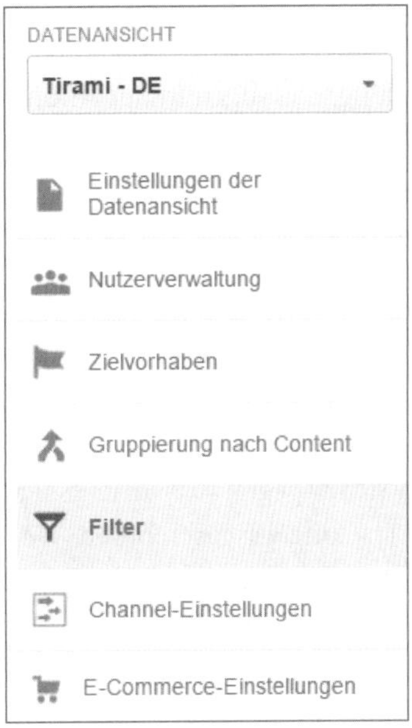

Abbildung 6.12 Navigationspunkte in der Verwaltungsoberfläche

Nun gelangen Sie auf die Übersichtsseite, die Ihnen zeigt, welche Filter bereits auf der Ansicht liegen. Da Sie noch keine Filter angelegt haben, wird dieser Bereich bei Ihnen genauso leer sein wie auf unserem Screenshot in Abbildung 6.13.

Abbildung 6.13 Neuen Filter zu einer Datenansicht hinzufügen

Sie können nun oben links in der Ecke auf + FILTER HINZUFÜGEN klicken, um einen neuen Filter anzulegen. Sie haben dabei die Wahl, ob Sie einen vordefinierten Filter nutzen möchten, ob Sie selber einen anlegen möchten oder ob Sie Elemente ein- oder ausschließen, suchen und ersetzen oder komplett umschreiben möchten.

6.3.4 Vordefinierte Filter

Bei den vordefinierten Filtern können Sie lediglich Folgendes auswählen:

- **Zugriffe über ISP-Domain ein- oder ausschließen**: Filtert Zugriffe über eine bestimmte Domain, zum Beispiel einen Internetdienstanbieter oder ein Firmennetzwerk.
- **Zugriffe über IP-Adressen ein- oder ausschließen**: Filtert Zugriffe über eine bestimmte IP-Adresse. Ist in den meisten Fällen hinfällig, da aufgrund der AnonymizeIP-Funktion die tatsächlichen IPs gar nicht erfasst werden.
- **Nur Zugriffe auf Unterverzeichnisse ein- oder ausschließen**: Filtert Zugriffe auf ein bestimmtes Verzeichnis (zum Beispiel */produkte/*).
- **Hostname Traffic ein- oder ausschließen**: Filtert Zugriffe auf einen Hostnamen (zum Beispiel *shop.tirami.biz*).

Außerdem haben Sie die Wahl zwischen EINSCHLIESSEN und AUSSCHLIESSEN von Daten. Wenn Sie sich für EINSCHLIESSEN entscheiden, werden nur die Daten, die dem Filter entsprechen, in der Ansicht zugelassen. Wählen Sie hingegen AUSSCHLIESSEN, so werden die Daten, die der Filter abdeckt, aus dem Tracking ausgeschlossen. Werden mehrere Filter nacheinander genutzt, beruhen sie auf der Reihenfolge, in der sie gesetzt worden sind. Das heißt, dass ein Treffer mit jedem der angewandten Filter übereinstimmen muss. Weitere Beispiele dazu zeigen wir Ihnen in den nachfolgenden Kapiteln.

6.3.5 Benutzerdefinierte Filter

Bei den benutzerdefinierten Filtern haben Sie deutlich mehr Möglichkeiten als bei den vordefinierten Filtern. Sie können hier nicht nur Daten ein- bzw. ausschließen, sondern auch Daten auf Groß- und Kleinschreibung ändern, suchen und ersetzen sowie Daten umschreiben:

- AUSSCHLIESSEN: Schließt Treffer aus, die mit dem Filtermuster übereinstimmen. Hiermit werden alle Daten aus dem Tool ausgeschlossen, die mit diesem Treffer in Zusammenhang stehen. Schließen Sie zum Beispiel Zugriffe über die Quelle Google aus, so filtern Sie sowohl die Daten der organischen Zugriffe als auch die Daten der bezahlten Suchzugriffe.

- EINSCHLIESSEN: Schließt Treffer ein, die mit dem Filtermuster übereinstimmen. Alle Daten, die nicht mit dem Filter übereinstimmen, laufen nicht in die Datenansicht ein.
- KLEINSCHREIBUNG/GROSSSCHREIBUNG: Hiermit werden alle Inhalte des gewählten Filterfeldes entweder in Klein- oder Großbuchstaben umgewandelt.
- SUCHEN UND ERSETZEN: Sucht nach einem Muster und nutzt hierfür dann ein anderes von Ihnen vorgegebenes Muster. Beispiel: Suche nach */cat15/* und ersetzen durch */hosen/*. Dies wird besonders oft genutzt, wenn Verzeichnisse mit IDs benannt werden und in sprechende Benennungen umgewandelt werden sollen.
- ERWEITERT: Ermöglicht es, Daten aus mehreren Feldern zusammenzuführen. Die Ausdrücke der beiden Filterfelder werden extrahiert und in einem dritten Feld zusammengeführt.

Sie können in den Filtern auch reguläre Ausdrücke nutzen. Dies bietet Ihnen eine deutlich größere Anwendungsvielfalt und vor allem die Möglichkeit, mehrere Bedingungen mit einem Filter abzudecken. In den nun folgenden Beispielen werden wir Ihnen den einen oder anderen regulären Ausdruck zeigen, den Sie dazu benötigen könnten. Eine ausführliche Dokumentation zu regulären Ausdrücken finden Sie ergänzend im Anhang.

6.3.6 Vorhandene Filter nutzen

Bei der Einrichtung von Filtern können Sie auch Filter einbinden, die bereits auf Kontoebene gespeichert und daher in allen Ansichten verfügbar sind. Dies ist vor allem bei Duplikaten von Datenansichten verlockend und wird oft genutzt. Wichtig ist dabei aber zu wissen, dass Anpassungen von Filtern, die auf mehreren Ansichten angewandt werden, Auswirkungen auf alle Ansichten haben. Das heißt, wenn Sie einen kopierten Filter auf einer Ansicht so anpassen, dass er genau zu dieser Ansicht passt, wird diese Anpassung auch bei den anderen Ansichten, die diesen Filter nutzen, angewandt. Somit sollten Sie bei der Anwendung von bereits vorhandenen Filtern immer sehr vorsichtig sein. Auf diese Weise können schnell Daten verloren gehen, ohne dass es auffällt. Übertragen Sie zum Beispiel einen Filter, der die internen Zugriffe ausschließt, auf eine weitere Datenansicht, passen ihn dort aber so an, dass er nur die internen Zugriffe einschließt (zum Beispiel für Testserver), so wird der ursprüngliche Filter auch geändert. Dadurch weist auch die erste Datenansicht nur noch die internen Zugriffe aus. In solchen Fällen sollten Sie auf die Nutzung mehrerer Filter zurückgreifen.

In den nachfolgenden Abschnitten möchten wir Ihnen zeigen, wie Sie Filter für gezielte Fragestellungen einrichten können. Dazu konzentrieren wir uns auf die Filter, die wir am häufigsten bei unserer täglichen Arbeit nutzen.

6.3.7 Beispiel Filter: Parameter ersetzen

Oft kommt es vor, dass Parameter in URLs genutzt werden, die doppelte Seitenaufrufe erzeugen und es somit schwierig machen, eindeutige Seitenauswertungen durchzuführen. Ein Beispiel dafür sind folgende URLs, die den gleichen Inhalt ausliefern, allerdings mit unterschiedlichen Info-Boxen:

http://www.beispiel.de/result?map=1&box=1212135&page=0

http://www.beispiel.de/result?map=1&box=1251823&page=0

http://www.beispiel.de/result?map=1&box=1235142&page=0

Da der Inhalt grundsätzlich gleich ist, ist es an dieser Stelle sinnvoll, die Parameter zu suchen und zu ersetzen, damit bei den Seitenauswertungen nicht drei unterschiedliche Seiten aufgelistet, sondern alle Seitenaufrufe der genannten Seiten zusammengefasst werden. Der passende Filter dazu sieht wie folgt aus:

- **Filtertyp**: BENUTZERDEFINIERTER FILTER • SUCHEN UND ERSETZEN
- **Filterfeld**: ANFORDERUNGS-URI
- **Suchzeichenfolge**: »/result\?map=1(&box=\w\+&page=0)«
- **Ersetzungszeichenfolge**: »/result?map=1«

6.3.8 Beispiel Filter: AdWords-Kampagnendaten ein- und ausschließen

In einigen Fällen müssen Sie nach der Verknüpfung von AdWords und Google Analytics noch Filter auf die Ansichten legen, um die korrekten AdWords-Daten zu importieren. Dies muss vor allem dann geschehen, wenn in einem AdWords-Konto mehrere Domains oder Websites beworben werden.

Praxisbeispiel ist hier wieder unsere Firma *tirami.biz*. Aus einem AdWords-Konto werden sowohl die deutschen als auch die englischen Website-Inhalte beworben. Da wir neben der Overall-Ansicht auch jeweils eine Ansicht für die deutsche und die englische Version besitzen, müssen wir beide Ansichten mit AdWords verknüpfen, jedoch anschließend in der zweiten Stufe noch einen Filter auf die Daten legen.

Würde man diesen Filter nicht nutzen, so liefen alle Daten des AdWords-Kontos in beide Ansichten ein, und die Daten wären fehlerhaft. Nehmen wir an, Tirami besitzt ein monatliches Budget von 9.000 € für beide Märkte. Der deutsche Markt wird allerdings mit 6.000 € beworben, der englische nur mit 3.000 €. Die jeweiligen Impressions und Klicks sind natürlich entsprechend unterschiedlich. Ohne Filter würden in beiden Ansichten der Gesamtbetrag von 9.000 € sowie die Gesamt-Impressions und Gesamt-Klicks einlaufen. Sie könnten somit nicht auswerten, wie hoch der ROI der jeweiligen Anzeigen in den verschiedenen Ländern ist.

Der Filter, der angelegt werden muss, damit nur die AdWords-Daten in die deutsche Ansicht einlaufen, die sie betreffen, sieht wie folgt aus (siehe Abbildung 6.14):

- **Filtertyp**: BENUTZERDEFINIERTER FILTER • EINSCHLIESSEN
- **Filterfeld**: KAMPAGNEN-ZIEL-URL
- **Filtermuster**: »^/de/.*«
- **Groß-/Kleinschreibung beachten**: NEIN

Abbildung 6.14 Filter zum Einschließen der deutschen AdWords-Anzeigen

Was bedeutet »^/de/.*«?

Bei dem oben genutzten Filter wird ein regulärer Ausdruck benutzt, der festlegt, dass nur Daten importiert werden dürfen, die in der Kampagnen-Ziel-URL */de/* enthalten.

Die einzelnen Elemente bedeuten Folgendes:

- »^« bedeutet, dass der Ausdruck mit dem nachfolgenden Zeichen beginnen muss, es darf nichts anderes zuvor stehen.
- ».*« bedeutet, dass noch ein Zeichen oder beliebig viele im Anschluss stehen müssen.

Heißt also: Der Ausdruck muss mit */de/* beginnen, es müssen aber noch weitere Zeichen folgen. Mehr Informationen über reguläre Ausdrücke finden Sie im Anhang.

Einen derartigen Filter sollten Sie also immer nutzen, wenn aus einem AdWords-Konto Daten in mehrere unterschiedliche Profile einlaufen.

Eine weitere Nutzungsmöglichkeit eines AdWords-Filters bietet sich an, wenn Sie beispielsweise der Agentur, die für Ihre AdWords-Anzeigen zuständig ist, Zugriff auf die Tracking-Daten geben möchten. Dies ist durchaus sinnvoll, um beispielsweise auswerten zu können, welche Keywords eine hohe Absprungrate hervorrufen und welche nicht. Dann können Sie eine extra Ansicht anlegen, in der durch einen Filter nur die Sitzungen aus AdWords einlaufen. Legen Sie dazu einen Filter an, der nur das Kampagnenmedium »cpc« einschließt. Nun können Sie Ihrer Agentur Zugriff auf diese Ansicht geben, damit sie noch bessere Auswertungen der AdWords-Anzeigen erstellen kann.

6.3.9 Beispiel Filter: interne Zugriffe ausschließen

Ein Filter, der interne Zugriffe auf die Website ausschließt, sollte sich in jedem gut strukturierten Google-Analytics-Konto finden. Es macht Sinn, die eigenen Zugriffe oder auch die der Dienstleister wie Online-Marketing-Agentur, Website-Programmierer oder AdWords-Agentur vom Tracking auszuschließen, um genauer sehen zu können, wie Nutzer über die Seite navigieren, die sie nicht in- und auswendig kennen.

Um den Filter einzurichten, benötigen Sie zunächst die IPs, die Sie ausfiltern wollen. Dazu fragen Sie intern, aber auch bei Dienstleistern sowie externen Mitarbeitern nach, wie deren IPs lauten.

Um die eigene IP-Adresse herauszufinden, gibt es einige Websites, die Sie dabei unterstützen. Seiten wie *www.whatismyip.com* zeigen Ihnen auf einen Blick Ihre IP.

Exkurs: Was ist eine IP?

IP-Adressen geben Geräten in Netzwerken eine Kennung und ermöglichen so, sie zu erreichen. Damit mehrere Geräte miteinander kommunizieren können, müssen sie eine eindeutige Adresse besitzen. IP-Adressen identifizieren Geräte und machen es so möglich, Datenpakete an den richtigen Empfänger zu liefern.

IP-Adressen werden entweder in der IPv4- oder IPv6-Notation übergeben. Die IPv4 (Internet Protocol Version 4) ist die am häufigsten genutzte Notation. Die so generierten Adressen bestehen aus vier Ziffern zwischen 1 und 255, die durch Punkte getrennt werden. Beispiel: 192.8.126.167

Jede IP-Adresse darf es nur einmal pro Netzwerk geben. Das Internet ist zum Beispiel ein riesiges Netzwerk, in dem trotzdem jede IP-Adresse nur von einem Gerät genutzt werden darf. Die IPv4 stößt mittlerweile allerdings an ihre Grenzen, da mehr IP-Adressen benötigt werden, als durch IPv4 abgebildet werden können. Daher vergeben Provider wie die Telekom oder Vodafone diese Adressen dynamisch aus einem Pool, sobald sich ein Nutzer mit dem Computer oder dem Smartphone ins Internet wählt. Diese Nutzer haben also über einen längeren Zeitraum unterschiedliche IP-Adressen. Auch für jeden PC in großen Firmen würden die IP-Adressen nicht reichen. Daher bilden Firmen ihr eigenes privates Netzwerk. Im Internet sind aber alle unter derselben IP-Adresse sichtbar.

Mit der zukünftigen Version IPv6 werden sich diese Probleme teilweise lösen. Durch die neue Notation können mehr Adressen generiert werden. Die neuen IP-Adressen sind deutlich umfangreicher, theoretisch kann also jedes Gerät weltweit eine eindeutige IP-Adresse erhalten. Es werden jeweils zwei Oktetts zusammengefasst und durch einen Doppelpunkt getrennt. Beispiel: 5614:0gs8:87b5:0000:0000:7z5t1:0908:7654. Blöcke von Nullen können weggelassen werden, an ihre Stelle tritt dann ein »::«: 5614:0gs8:87b5::7z5t1:0908:7654.

Bei IP-Adressen muss man zwischen statischen und dynamischen IP-Adressen unterscheiden. Statische Adressen bleiben immer gleich, sodass ein Gerät jedes Mal die gleiche IP zugeordnet bekommt. Bei dynamischen Adressen wird einem Gerät bei jeder Einwahl ins Netz eine neue Adresse zugeteilt. Hier ist es natürlich deutlich schwerer, ja sogar unmöglich, die IP-Adresse eines Nutzers auszuschließen, da sie ja bei jeder Sitzung anders sein kann.

Ein weiterer Punkt, der häufig bei großen Unternehmen der Fall ist, sind die sogenannten *IP-Ranges*. Sobald ein großes Unternehmen mit all seinen Mitarbeitern nicht über eine IP surft, sondern über mehrere, benötigt es verschiedene IP-Adressen, die sich in einer IP-Range befinden. Es kann also sein, dass Sie von Ihrer internen IT-Abteilung folgende Angabe erhalten: 176.154.1.1–25. Das bedeutet, dass Ihre Firma unter den IPs 176.154.1.1, 176.154.1.2, 176.154.1.3 usw. surft.

Wichtig ist, dass Sie für einen korrekt funktionierenden IP-Filter nicht den von Google Analytics vorbereiteten Filter nutzen. Viele Webanalysten nutzen diesen Filter und wundern sich anschließend, warum ihre eigenen Zugriffe immer noch getrackt werden. Dafür gibt es folgenden Grund: Der von Google Analytics vordefinierte Filter sucht nach der IP, die Sie dort eintragen. Wenn Sie Google Analytics aber datenschutzkonform nutzen, funktioniert dieser Filter nicht. Warum? Durch die AnonymizeIP-Funktion werden die letzten Ziffern des Oktetts gekürzt, sie kommen also gar nicht bis in Ihr Tracking-Tool. Somit kann Analytics auch die IP-Adresse, die Sie in dem Filter angegeben haben, nicht finden. Die Zugriffe laufen weiterhin ins Tracking ein.

Damit der Filter tatsächlich funktioniert, müssen Sie einen benutzerdefinierten Filter mit einem regulären Ausdruck nutzen, bei dem die letzten Ziffern der IP ausgeschlossen werden. Ein Beispiel für einen solchen Filter sehen Sie in Abbildung 6.15. Dort werden nur die ersten drei Oktetts angegeben, die letzten Ziffern werden ausgeschlossen.

Abbildung 6.15 IP-Filter mit regulärem Ausdruck

6.3.10 Beispiel Filter: Seiteninhalte gruppieren/ einzelne Verzeichnisse analysieren

Oftmals ist es hilfreich, nur gewisse Bereiche einer Website zu analysieren. Dies kann verschiedene Gründe haben, einige haben wir bereits in Kapitel 4, »Das Fundament: Strukturen schaffen«, angemerkt:

- Sie besitzen eine so große Website, dass nicht alle Aufrufe in einem Profil verarbeitet werden können.
- Mitarbeiter oder Agenturen sollen nur zu bestimmten Inhalten Zugriff erhalten.
- Sie wollen verschiedene (Sub-)Domains einzeln auswerten.

Bei all diesen Szenarien empfiehlt es sich, einzelne Datenansichten mit verschiedenen Filtern anzulegen. Hier können Sie entweder den vordefinierten Filter nutzen oder einen benutzerdefinierten Filter erstellen. Der vordefinierte Filter empfiehlt sich, wenn Ihre Website Verzeichnisse verwendet, die Sie einzeln analysieren wollen (siehe Abbildung 6.16).

Sie können nun eingeben, welches Verzeichnis in der Datenansicht analysiert werden soll. Betreiben Sie einen Online-Shop wie unsere Beispielfirma Tirami, dann bietet es sich an, nur die Produktseiten zu analysieren. Ein Filter würde dann beispielsweise nur das Verzeichnis */produkte/* beinhalten. So können Sie anschließend auswerten, wie viele Besucher über Google direkt auf den Produktseiten einsteigen, wie viel sie kaufen und wie viele Tage sie benötigen, um sich zum Kauf zu entscheiden.

Oft ist es auch sinnvoll, nach Domains und Subdomains zu trennen. Liegt zum Beispiel der Shop auf einer Subdomain, hat aber im Prinzip nicht viel mit der eigentlichen Seite zu tun, kann man ihn in einer eigenen Datenansicht analysieren. Eine derartige Filterfunktion lässt sich nur mittels benutzerdefinierter Filter einrichten.

Abbildung 6.16 Filter, der nur das Verzeichnis »/blog/« beinhaltet

Eine weitere Filtermöglichkeit bietet sich an, wenn Sie in einer Property mehrere Domains tracken. In der dazugehörigen Standard-Datenansicht sehen Sie die Daten von beiden Websites, zum Beispiel *domain.de* und *domain.com*. Um zu ermöglichen, dass die beiden Domains einzeln ausgewertet werden können, müssen Sie zwei neue Datenansichten anlegen, auf denen jeweils ein Filter liegt, der den jeweiligen Hostnamen einschließt. Dies lässt sich mit dem vordefinierten Filter erledigen.

Gut zu wissen: Infos zu Verzeichnisfiltern

Wenn Sie Filter auf Datenansichten legen, die nur ausgewählte Verzeichnisse einschließen, sollten Sie die folgenden Punkte im Hinterkopf behalten:

- Es werden nur Sitzungen gezählt, die sich auf dem Seitenfilter entsprechenden Seiten befinden.
- Wechselt ein Besucher von einem Verzeichnis zum anderen, so wechselt er auch zwischen den verschiedenen Datenansichten.
- Dadurch werden die Referrer-Daten unklar. Es gibt sehr viele Zugriffe von der eigenen Domain, was damit zusammenhängt, dass die Besucher über verschiedene Verzeichnisse hinweg navigieren.
- Sie haben in der klassischen Analytics-Version nicht die Möglichkeit, zu sehen, wie die Besucher auf Ihre Seite gekommen sind, da der Referrer durch den Selbst-Verweis überschrieben wird. Bei Universal Analytics können Sie dies durch einen Verweisfilter beheben.
- Legen Sie einen Filter an, der auf ein Unterverzeichnis beschränkt ist (zum Beispiel */blog/*), bedenken Sie, dass die Seite */blog* dort nicht einbezogen wird. Ihr fehlt der zweite Slash, weswegen der Filter die Seite ausschließt.

6.3.11 Beispiel Filter: Domain mitschreiben

Nutzt man in einer Datenansicht mehrere Domains und Subdomains, macht es Sinn, sie auch in den Auswertungen sichtbar zu machen. Normale Seitenanalysen zeigen nur die Inhalte, die nach der Domain stehen, also */verzeichnis1/verzeichnis2/seite.html*. Wenn dieser URI sowohl nach der Domain *beispiel.de* als auch nach der Domain *beispiel.com* vorkommen kann und Sie diese beiden Domains in einer Datenansicht analysieren, ist es sinnvoll, die Domainnamen davor zu schreiben. Ihre Reports bei den Seitenauswertungen sehen dann wie in Abbildung 6.17 aus.

Auch wenn Sie eine Overall-Datenansicht nutzen, kann dieser Filter sehr hilfreich sein. Bei Tirami zum Beispiel tracken wir alle Domains in einer Datenansicht, besitzen aber auch einzelne Datenansichten pro Domain. In der Gesamtansicht nutzen wir den Filter, um die Domains vor die URIs zu schreiben. Ein Report sieht dann beispielsweise so aus wie in Abbildung 6.17.

Um den Filter anzulegen, gehen Sie folgendermaßen vor: Sie extrahieren sowohl den URI als auch den Hostnamen und setzen beide Datensätze wieder in dem Ausgabefeld für den Anforderungs-URI zusammen (siehe Abbildung 6.18):

- **Filtertyp**: Benutzerdefinierter Filter • Erweitert
- Feld A -> A extrahieren: Hostname • »(.*)«
- Feld B -> B extrahieren: Anforderungs-URI • »(.*)«
- Ausgabe in -> Konstruktor: Anforderungs-URI • »$A1$B1«

Seite	Seitenaufrufe
	911.518 % des Gesamtwerts: 100,00 % (911.518)
1. www.tirami.biz/	33.336
2. www.tirami.nl/	28.754
3. www.vino-magazin.de/	23.531
4. www.tirami.biz/produkte	17.311

Abbildung 6.17 Beispiel für einen Seiten-Report mit Domain vor dem URI

An dieser Stelle müssen wir das Feld Ausgabe in • Konstruktor näher erklären. In dem Konstruktor können die Inhalte der Felder A und B kombiniert werden. In unserem Fall werden der Hostname (Feld A) und der URI (Feld B) in einem benutzerdefinierten Ausdruck in dem Feld Anforderungs-URI zusammengefasst. Dadurch werden die Inhalte dieses Feldes überschrieben und durch die neuen (Domain + Hostname) ersetzt. Das Dollar-Zeichen vor dem Buchstaben ($A) verweist in dem Konstruktor auf das entsprechende Feld (Feld 1), die dahinter folgende Zahl verweist auf das Element. In diesem Filter gibt es nur ein Element, daher nutzen wir nur die Zahl 1. Mithilfe von Klammern können Sie aber auch einzelne Elemente in einem Feld ansprechen. In unserem Fall nutzen wir allerdings die gesamten Inhalte der beiden Felder 1 und 2 und fügen sie im Konstruktor zusammen. Der Konstruktor in Abbildung 6.18 macht also Folgendes: Er fügt die Inhalte aus Feld A (HOSTNAME) vor die Inhalte aus Feld B (ANFORDERUNGS-URI). Daraus ergeben sich für das Feld ANFORDERUNGS-URI neue Inhalte, die beispielsweise so aussehen: *www.tirami.biz/produkte*.

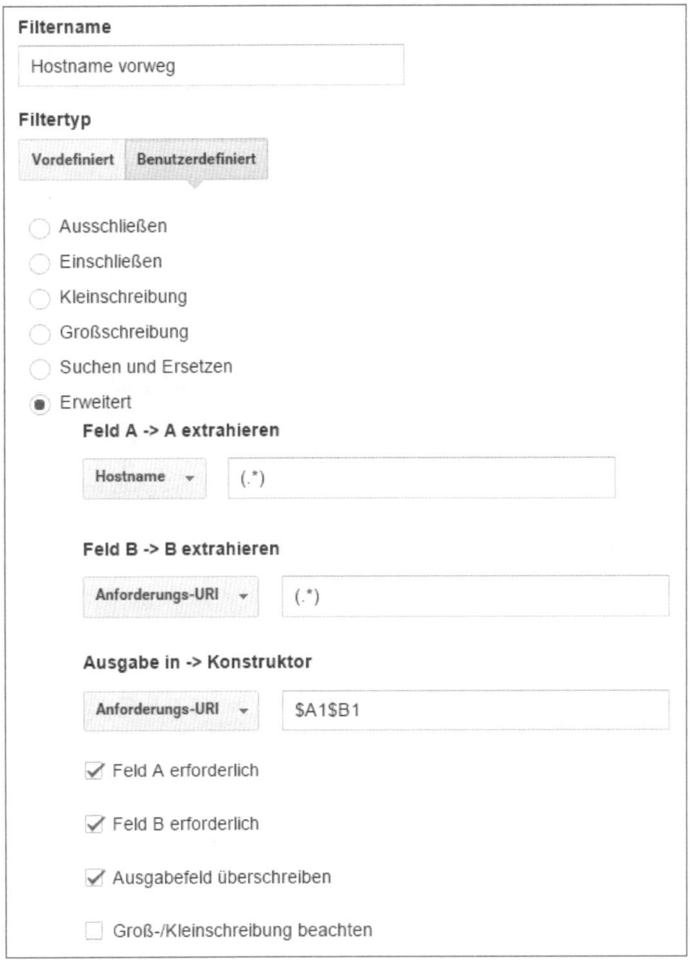

Abbildung 6.18 Hostnamen vor dem URI platzieren

Tipp: Nur die Hostnamen anzeigen lassen

Wenn Sie in Ihrer Overall-Datenansicht nur sehen möchten, wie oft die einzelnen Domains aufgerufen worden sind, können Sie den Filter noch ausweiten und so einstellen, dass der URI weggelassen wird und nur noch der Hostname zu sehen ist. Auf diese Weise lassen sich ganz wunderbar Dashboards bauen, die auf einen Blick die Zugriffe aller Domains anzeigen. Ein Beispiel sehen Sie in Abbildung 6.19. Außerdem können Sie die unterschiedlichen Domains in den einzelnen Seiten-Reports auswerten, was sonst nicht möglich wäre (zum Beispiel in einem Zielseiten-Bericht).

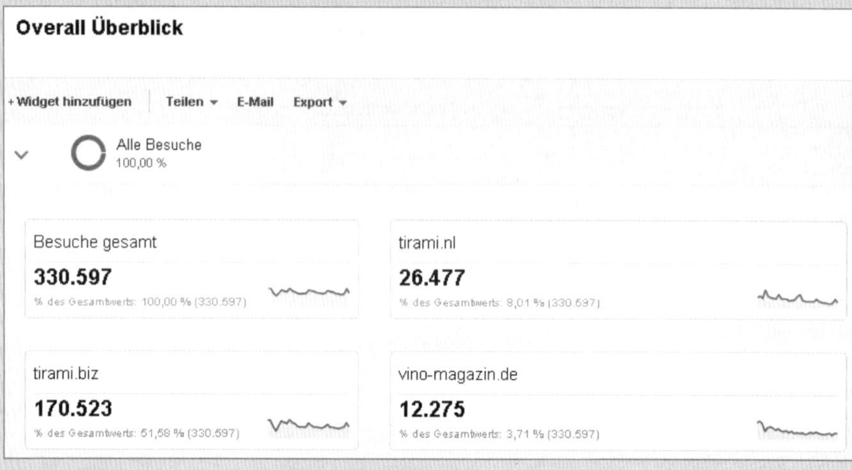

Abbildung 6.19 Beispiel für ein Overall-Dashboard, das nur Zugriffe auf einzelne Domains zeigt

6.3.12 Filterreihenfolge zuweisen

Wenn Sie verschiedene Filter auf eine Datenansicht legen, ist es wichtig, wie Sie die Reihenfolge der Filter wählen. Standardmäßig werden, wie bereits erwähnt, die Filter in der Reihenfolge angewandt, in der sie erstellt worden sind. Wichtig wird die Reihenfolge, wenn Sie beispielsweise einen Filter SUCHEN UND ERSETZEN sowie einen Filter EINSCHLIESSEN nutzen. Nehmen wir an, der Filter SUCHEN UND ERSETZEN sucht nach dem Element */catid=41/* und schreibt es in */korkenzieher/* um. Der Filter EINSCHLIESSEN ist so eingerichtet, dass nur Inhalte des Verzeichnisses */catid=41/* ausgewertet werden. Folgt dieser Filter auf den Filter SUCHEN UND ERSETZEN, so kann er nicht greifen, da die URLs umgeschrieben werden und somit das Verzeichnis */catid=41/* nicht mehr existiert. Die Daten werden zwar umgeschrieben, aber nicht ausgefiltert. Daher ist es wichtig, die Reihenfolge korrekt zuzuweisen, ansonsten können sich auf diese Weise schnell fehlerhafte Daten ergeben.

Um die Filterreihenfolge im Nachhinein zu bearbeiten, können Sie die Filterübersicht der einzelnen Datenansichten nutzen. Ganz oben über den einzelnen Filtern sehen Sie den Button FILTERREIHENFOLGE ZUWEISEN.

Sobald Sie auf FILTERREIHENFOLGE ZUWEISEN (siehe Abbildung 6.20) klicken, erscheint eine neue Ansicht, in der Sie nun die Filter mit den Buttons NACH OBEN und

NACH UNTEN verschieben können (siehe Abbildung 6.21). Sobald Sie fertig sind, drücken Sie auf SPEICHERN, und die neue Filterreihenfolge tritt in Kraft.

Abbildung 6.20 Übersicht der Filter und Option, die Reihenfolge zu ändern

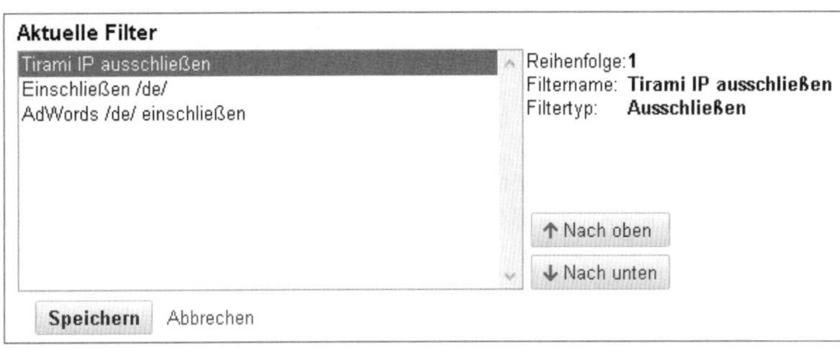

Abbildung 6.21 Filterreihenfolge zuweisen: Filter verschieben

6.4 Zielvorhaben – Conversions festlegen

Sie haben nun alle Einstellungen an der Datenansicht vorgenommen sowie die Filter eingerichtet. Nun ist es an der Zeit, dass Sie sich mit Ihren Website-Zielen befassen. Wir empfehlen immer, Zielvorhaben einzurichten – unabhängig davon, ob es sich bei der Website um einen E-Shop handelt oder nicht.

Jede Seite verfolgt ein Ziel. Dieses kann etwa darin bestehen, dass jemand einen Prospekt ordert, ein Produkt bestellt, ein Kontaktformular nutzt, ein Video anschaut, länger als fünf Minuten auf der Seite bleibt oder bestimmte Buttons klickt. All diese unterschiedlichen Website-Ziele können Sie mit Google Analytics auswerten. Wichtig ist nur, dass Sie sie zuerst durchdenken und dann anlegen. Wie Sie dabei am besten vorgehen, wollen wir Ihnen nun zeigen.

Quick Facts: Zielvorhaben

- Zielvorhaben können erst nach ihrer Einrichtung ausgewertet werden.
- Zielvorhaben können angelegt werden für:

- Anzahl der Seitenaufrufe
- Verweildauer
- Aufrufen einer bestimmten Seite
- Ereignis

- Maximal sind 20 Zielvorhaben pro Datenansicht möglich.
- Zielvorhaben können nicht gelöscht, sondern nur pausiert werden.
- Ein pausiertes Zielvorhaben zeichnet keine Daten auf.

6.4.1 Mehrwert von Zielen

Bevor wir mit dem Anlegen der Zielvorhaben beginnen, möchten wir zuerst erläutern, welche Elemente überhaupt als Ziel getrackt werden können und ob noch gewisse Einstellungen vorgenommen werden müssen, bevor die Daten ausgewertet werden können. In Kapitel 2, »Der Auftakt: Google Analytics kennenlernen«, und in Kapitel 3, »Der Fahrplan: Tracking-Konzept erstellen«, haben wir bereits auf den Nutzen von Zielen hingewiesen, wir möchten aber auch an dieser Stelle zumindest kurz den Mehrwert von Zielen erläutern.

Zielvorhaben in Google Analytics können entweder auf das Anzeigen einer bestimmten URL (*beispiel.de/warenkorb/schritt3/danke*), auf eine gewisse Verweildauer oder auf die Anzahl aufgerufener Seiten sowie das Ausführen gewisser Ereignisse ausgelegt werden. Die beiden Zielvorhaben für Dauer des Aufenthalts sowie Anzahl aufgerufener Seiten können Sie ohne jegliche Anpassungen am Tracking vornehmen. Sie sind sofort nach ihrer Einrichtung auswertbar, sollten aber mit Bedacht ausgewählt werden. Mehr dazu erfahren Sie im folgenden Abschnitt. Der Aufruf einer bestimmten Seite kann in den meisten Fällen auch problemlos eingerichtet werden. Lediglich die Zielerreichung durch das Absenden gewisser Ereignisse benötigt die vorherige Einrichtung von Ereignissen. Sobald sie aber implementiert sind, steht der Zieleinrichtung nichts mehr im Wege.

Die Daten laufen ein, sobald die Zielvorhaben das erste Mal ausgelöst worden sind. Nehmen wir an, Sie richten ein Zielvorhaben ein, das greift, sobald jemand ein Kontaktformular mit der Bitte um Rückruf abschickt. Dieser Besucher ist Ihnen viel wert und wird wahrscheinlich auch eine Bestellung durchführen. Sie können nun also das Zielvorhaben »Rückruf-Formular abgeschickt« einrichten und sehen, wie die Besucher auf die Seite gelangt sind, was sie sich angeschaut haben und noch viel mehr. Auf diese Weise können Sie auch Ihre Kampagnen bewerten. Haben die Besucher über Kampagne A mehr Ziele erreicht als die Besucher der Kampagne B? Oder sind die Besucher, die über Kampagne C gekommen sind, etwa die qualitativ hochwertigeren Nutzer?

Strukturieren und Anlegen von Zielen

In den Google-Analytics-Berichten werden Sie später die Möglichkeit haben, die Daten segmentiert nach unterschiedlichen Zielvorhabengruppen zu analysieren (siehe Abbildung 6.22). Die 20 Zielvorhaben, die Sie festlegen können, sollten Sie daher in Untergruppen einteilen. Dies macht Sinn, wenn Sie beispielsweise später auswerten möchten, ob bestimmte Quellen Nutzer hervorgebracht haben, die oft interaktive Elemente nutzen (Button-Klicks und Ähnliches), oder Nutzer, die häufiger Kontaktformulare nutzen (Absenden Formular, Abonnieren des Newsletters). Eine weitere Zielgruppe könnten auch Besucher sein, die verschiedene Downloads tätigen, darunter zum Beispiel Prospekt-Downloads, Produktdetail-Downloads oder größere ZIP-Archive, die mehrere Dateien beinhalten.

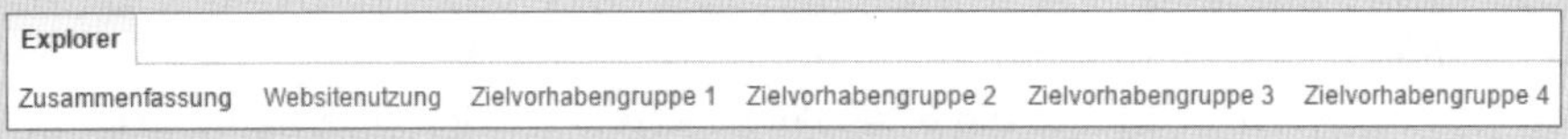

Abbildung 6.22 Report-Tabs zur Auswahl einzelner Zielgruppen

Sobald Sie diese Gruppen strukturiert haben, können Sie mit dem Anlegen der Zielvorhaben beginnen. Hier ist es Ihnen überlassen, in welcher Reihenfolge Sie die Ziele anlegen. Ob Sie hierbei von wichtigen Zielen zu weniger wichtigen Zielen durchgehen oder umgekehrt, ist nicht so wichtig. Achten Sie nur darauf, dass Sie die thematisch passenden Zielvorhaben nacheinander anlegen. Dabei helfen Ihnen aber auch die Zielvorlagen in Google Analytics, die anhand der Branchenkategorie Ihrer Website vom Tool automatisch vorgeschlagen werden.

6.4.2 Anzahl der Ziele – weniger ist oft mehr

Um für die Zukunft noch weitere Zielvorhaben anlegen zu können, empfehlen wir, immer ein paar Ziel-Slots frei zu lassen, damit sie bei Bedarf nachträglich belegt werden können. Es kann immer vorkommen, dass weitere Features auf einer Website freigeschaltet werden, und es wäre schade, wenn man die Daten anderer Zielvorhaben damit überschreiben müsste. Eine Alternative dazu wäre es natürlich, eine weitere Datenansicht anzulegen, um somit noch mehr Ziele belegen zu können. Weiterhin ist es nicht immer sinnvoll, alle 20 Ziele anzulegen, da sie in den meisten Fällen – so zeigt es zumindest unsere Erfahrung – nicht in der nötigen Tiefe ausgewertet werden können. Am besten spezialisieren Sie sich auf wenige Zielvorhaben, die Ihnen einen tatsächlichen Mehrwert verschaffen, und verzichten darauf, jede Kleinigkeit als Ziel festzulegen.

6.4.3 Ziele anlegen

Um ein neues Zielvorhaben anzulegen, klicken Sie in der Übersichtsseite der Ziele oben links auf NEUES ZIELVORHABEN (siehe Abbildung 6.23).

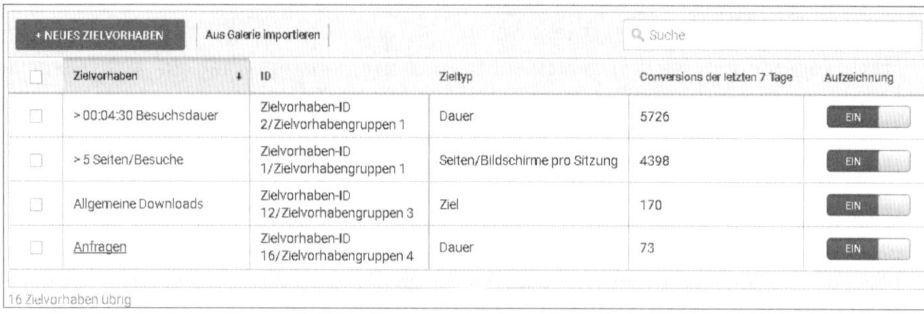

Abbildung 6.23 Übersicht der Zielvorhaben

Google Analytics bietet Ihnen nun in der nachfolgenden Ansicht eine Vielzahl an Zielvorschlägen (siehe Abbildung 6.24). Bereitgestellt werden sie anhand der von Ihnen ausgewählten Branche und der Tatsache, ob es sich um eine E-Commerce-Seite handelt.

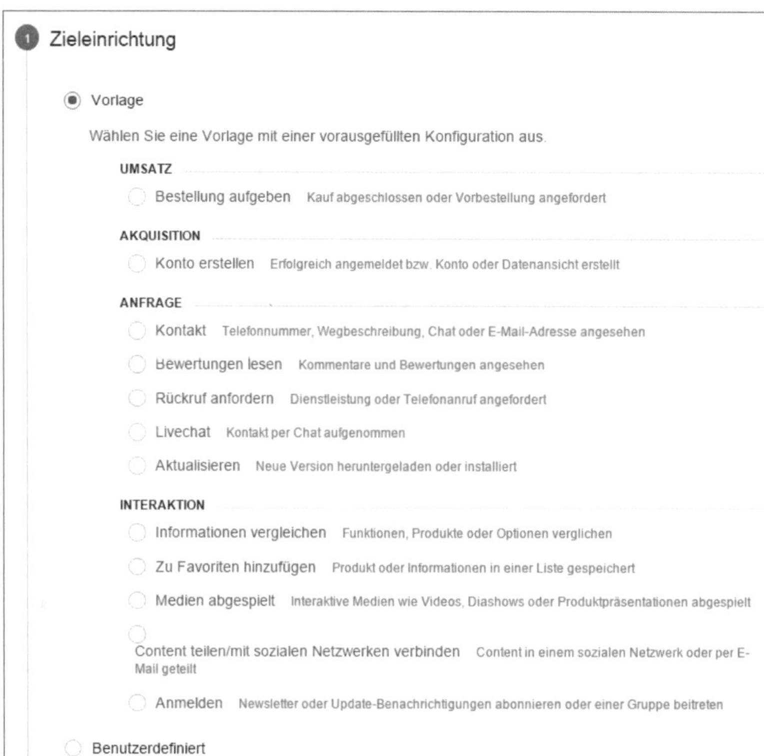

Abbildung 6.24 Mögliche Zielvorschläge

Da die von Google vorgeschlagenen Zielvorhaben in den meisten Fällen nicht unbedingt auf die eigene Website zugeschnitten sind, lohnt es sich, direkt ein benutzerdefiniertes Zielvorhaben einzugeben.

Sobald Sie Benutzerdefiniert geklickt haben, können Sie dem Zielvorhaben einen Namen geben und auswählen, um welche Art von Ziel es sich handelt. Sie können hier zwischen vier verschiedenen Zieltypen wählen (siehe Abbildung 6.25):

- Ziel: aufgerufene URL, zum Beispiel */danke.html*
- Dauer: Dauer des Besuchs auf der Website, zum Beispiel »mindestens 5 Minuten«
- Seiten/Bildschirme pro Sitzung: Anzahl der aufgerufenen Seiten pro Sitzung, zum Beispiel »mindestens 3 Seiten«
- Ereignis: getriggertes Ereignis, zum Beispiel »Klick auf externen Partner-Link«

6

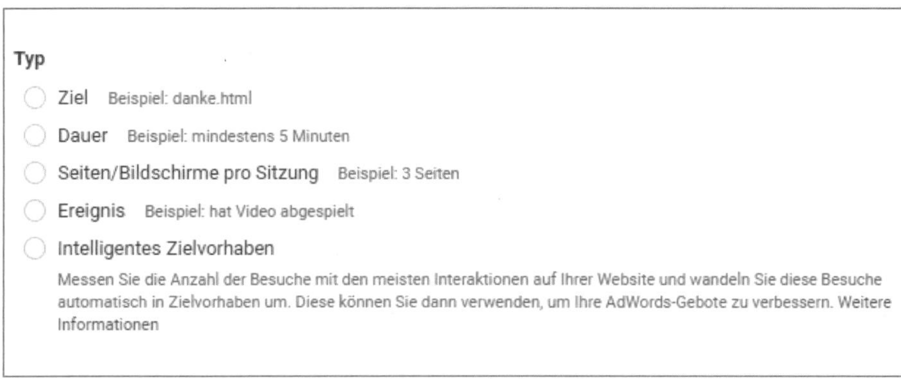

Abbildung 6.25 Mögliche Zieltypen

Sobald Sie festgelegt haben, um welche Art von Ziel es sich handeln soll, können Sie im nächsten Schritt genauere Angaben zum Zielvorhaben machen. Dies hängt natürlich immer davon ab, was Sie zuvor ausgewählt haben. Sobald Sie diese Daten näher spezifiziert haben, können Sie das Zielvorhaben bestätigen, um zu sehen, wie viele Conversions in der letzten Zeit mit der Einstellung erfolgt sind. So können Sie schnell sehen, ob Ihre Eingaben, Filter und anderen Anpassungen stimmen. Wenn hier alles korrekt ist, können Sie das Zielvorhaben speichern.

Um Ihnen einen Überblick über die verschiedenen Zieltypen zu geben, möchten wir Ihnen im Folgenden zeigen, wie sie angelegt werden.

6.4.4 Der Zieltyp »Ziel« – eine angezeigte URL als Conversion festlegen

Der Zieltyp Ziel (siehe Abbildung 6.26) empfiehlt sich, wenn Ihre Website eine gute URL-Struktur aufweist und Sie eindeutige URLs besitzen, die ein Ziel definieren können. Beispielhafte URLs könnten unter anderem so aussehen:

tirami.biz/warenkorb/daten/danke.html
tirami.biz/newsletter/bestaetigt.html
vino-magazin.de/registrierung/schritt3/erfolgreich.html

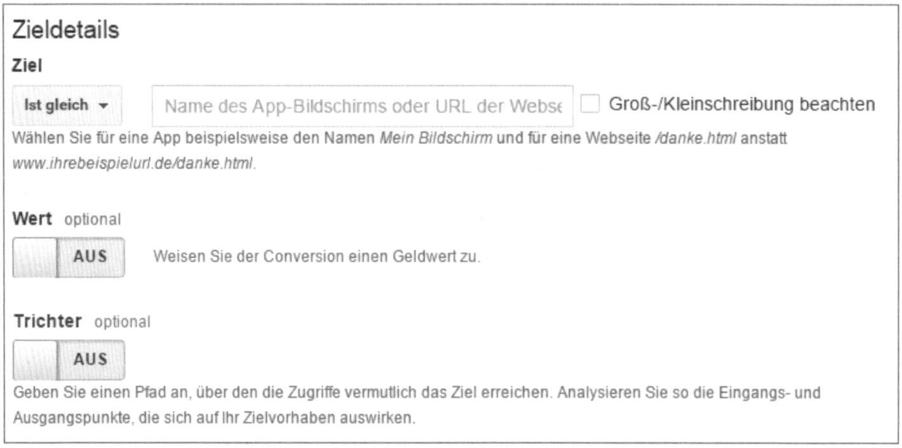

Abbildung 6.26 Einrichtung des Zieltyps »Ziel«

All diese URLs sagen deutlich, worum es sich handelt, und lassen sich einfach als Ziel-URL festlegen. Bei der Einrichtung können Sie zwischen den Übereinstimmungstypen: IST GLEICH, BEGINNT MIT und REGULÄRER AUSDRUCK wählen. IST GLEICH bedeutet, dass der Datensatz, den Sie eingeben, genauso in der URL vorkommen muss. BEGINNT MIT heißt, dass die URL so beginnen muss, und REGULÄRER AUSDRUCK bedeutet, dass die Daten mit dem regulären Ausdruck übereinstimmen müssen.

Nehmen wir für unser Beispiel die Danke-Seite der Bestellung bei Tirami. Das Ziel würden wir »Bestellung« nennen, die Ziel-URL wäre */warenkorb/daten/danke.html*. Der Übereinstimmungstyp BEGINNT MIT würde hier genügen.

6.4.5 Zieltyp »Ziel« – Zielwerte festlegen und monetäre Werte an die Zielerreichung koppeln

Sie haben außerdem noch die Möglichkeit, dem Ziel einen Wert mitzugeben. Auch wenn Sie keinen Shop betreiben, kann es von Vorteil sein, wenn Sie Ihre Daten dennoch mit finanziellen Werten ausstatten. Lesen Sie Abschnitt 3.2.3, um zu erfahren, wie Sie Zielwerte berechnen können. Meldet sich zum Beispiel ein Nutzer zum Newsletter an, so könnten Sie diese Anmeldung etwa mit einem Wert von 5 € beziffern. Ein Newsletter-Empfänger ist Ihnen also 5 € wert. Diese Daten können Sie später in Ihren Reports wiederfinden und beispielsweise auswerten, wie viel verschiedene Quellen gebracht haben (siehe Abbildung 6.27).

Default Channel Grouping	Akquisition			Verhalten			Conversions Ziel 10: Newsletter Registrierung		
	Sitzungen	Neue Sitzungen in %	Neue Nutzer	Absprungrate	Seiten/Sitzung	Durchschnittl. Sitzungsdauer	Newsletter Registrierung (Conversion-Rate für Ziel 10)	Newsletter Registrierung (Abschlüsse für Ziel 10)	Newsletter Registrierung (Wert für Ziel 10)
	143.555 % des Gesamtwerts: 100,00 % (143.555)	58,84 % Website-Durchschnitt: 58,76 % (0,14 %)	84.465 % des Gesamtwerts: 100,14 % (84.347)	30,40 % Website-Durchschnitt: 30,40 % (0,00 %)	5,59 Website-Durchschnitt: 5,59 (0,00 %)	00:05:15 Website-Durchschnitt: 00:05:15 (0,00 %)	1,29 % Website-Durchschnitt: 1,29 % (0,00 %)	1.857 % des Gesamtwerts: 100,00 % (1.857)	9.285,00 € % des Gesamtwerts: 100,00 % (9.285,00 €)
1. Organic Search	**90.866**	58,59 %	53.242	29,22 %	5,78	00:05:18	1,31 %	1.189	5.945,00 €
2. Direct	**25.687**	56,37 %	14.480	35,22 %	5,08	00:05:40	0,86 %	222	1.110,00 €
3. Referral	**15.582**	71,23 %	11.099	39,46 %	4,33	00:03:51	1,25 %	195	975,00 €
4. Paid Search	**11.271**	49,23 %	5.549	16,33 %	7,03	00:05:44	2,22 %	250	1.250,00 €
5. Social	**149**	63,76 %	95	42,28 %	2,77	00:02:26	0,67 %	1	5,00 €

Abbildung 6.27 Beispiel Auswertung: Zielwerte des Zielvorhabens »Newsletter Registrierung« über verschiedene Kanäle

6.4.6 Zieltyp »Ziel« – Zieltrichter anlegen

Bei dem Zieltyp Ziel haben Sie außerdem die Möglichkeit, Zieltrichter anzulegen. Mit diesen Zieltrichtern können Sie beispielsweise einen Bestellprozess abbilden und auswerten, an welcher Stelle die Besucher abbrechen. Sie können dann auf einen Blick sehen, wo die Besucher aus dem Prozess aussteigen und auf welchen Seiten sie weiternavigieren. Um den Trichter anlegen zu können, benötigen Sie zuerst einmal eine Übersicht der URLs des Prozesses, den Sie abbilden möchten. Dazu spielen Sie den Prozess am besten kurz auf der Website durch und speichern die URLs ab.

Bei dem Trichter tragen Sie nur die Schritte bis zum Ziel ein – das Zielvorhaben wurde ja bereits oben festgelegt. Sie beginnen mit der ersten Seite, die ein Besucher für den Trichter aufrufen muss. Bei einem Bestellprozess wäre das zum Beispiel der Warenkorb. Der zweite Schritt kann dann die Eingabe der persönlichen Daten sein und der dritte Schritt beinhaltet die Zahlungsmodalitäten. Der vierte Schritt – in unserem Falle die Bestätigung der Buchung – muss hier nicht mehr eingegeben werden, da diese URL ja das Ziel ist. Sie können bis zu 20 Schritte in einem Zieltrichter festlegen. Eine beispielhafte Darstellung sehen Sie in Abbildung 6.28.

Bei dem ersten Schritt können Sie wählen, ob er erforderlich ist oder nicht. Markieren Sie den Schritt als erforderlich, so muss ein Besucher diesen Schritt auch tatsächlich aufrufen, ansonsten erscheint die Sitzung nicht im Trichter. Es kann also vorkommen, dass einige Sitzungen nicht im Zieltrichter dargestellt werden, wenn sie den ersten Schritt nicht durchlaufen haben. Dies ist etwa dann der Fall, wenn jemand durch ein Bookmark oder einen direkten Link direkt im Prozess einsteigt. Diese Sitzungen werden dann nicht gewertet. Sollten die Schritte also nicht unbedingt erforderlich sein, empfehlen wir, sie nicht auf erforderlich zu setzen.

Abbildung 6.28 Beispielhafter Trichter für einen Bestellprozess

Sobald die ersten Zielvorhaben mit diesem Muster erreicht worden sind, können Sie den Zieltrichter auswerten. Was Sie alles aus dem Zieltrichter ablesen können, erklären wir Ihnen in Abschnitt 10.1.4.

Wenn Sie keine unterschiedlichen URLs in Ihrem Zieltrichter besitzen, nutzen Sie virtuelle Seitenaufrufe, um die einzelnen Schritte zu unterscheiden. Sie können sie dann auch als Trichter-Schritte für ein Ziel hinterlegen.

Zu beachten: Zieltrichter und der Filter »Suchen und Ersetzen«

Wenn Sie Ihren Zieltrichter anlegen, sollten Sie prüfen, ob auf der Datenansicht bereits Filter liegen. Hier könnte ein Filter Suchen und Ersetzen zum Beispiel URLs umschreiben, sodass die tatsächlichen URLs, die Sie für Ihren Prozess nutzen wollen, in der Form gar nicht mehr existieren. Der Zieltrichter müsste dann dementsprechend angepasst werden.

6.4.7 Zieltyp »Ziel« – identische URLs im Bestellprozess

Es kann vorkommen, dass auf Ihrer Website die gleichen URLs innerhalb eines Bestellprozesses immer wieder genutzt werden.

Dies kann beispielsweise so aussehen:

- **Warenkorb**: */checkout_process.cgi*
- **Kundendaten**: */checkout_process.cgi*
- **Bestellbestätigungsseite**: */checkout_process.cgi*

In diesem Fall können Sie das Zielvorhaben ohne weitere Anpassungen nicht korrekt anlegen, und auch die Einrichtung eines Zieltrichters ist nicht möglich. Das Zauberwort in diesem Zusammenhang heißt *virtueller Seitenaufruf*. Hiermit können Sie die Seitenaufrufe so umschreiben, dass sie eindeutig werden und als Ziel-URL nutzbar sind. Wie genau virtuelle Seitenaufrufe funktionieren, erklären wir Ihnen in Abschnitt 9.2.

In unserem Beispiel von eben könnte die Lösung also durch virtuelle Seitenaufrufe umgesetzt werden, die etwa folgende Seitenaufrufe ergeben:

- **Warenkorb**: */checkout/warenkorb.html*
- **Kundendaten**: */checkout/daten.html*
- **Bestellbestätigungsseite**: */checkout/bestellbestaetigung.html*

Sobald Sie diese virtuellen Seitenaufrufe in Ihrem Bestellprozess eingebunden haben, können Sie das Zielvorhaben anlegen und auch den Trichter einrichten.

6.4.8 Zieltyp »Dauer« – eine bestimmte Verweildauer auf der Seite als Conversion festlegen

Der Zieltyp DAUER lohnt sich überwiegend für Seiten, die viel Content besitzen und den Leser lange auf der Seite halten möchten. Bei dem Vino-Magazin der Beispielfirma Tirami, das dem Nutzer viele hochwertige Inhalte bereitstellt, ist dieses Zielvorhaben sinnvoll. Nutzer, die lange auf der Seite bleiben, erzeugen häufig auch viele Seitenaufrufe, was sich wiederum durch den Verkauf von Werbeplätzen auf TKP-Basis (TKP = Tausend-Kontakt-Preis) bezahlt macht.

Um ein derartiges Zielvorhaben einzurichten, bedarf es ein wenig Vorarbeit. Das Zielvorhaben soll schließlich auch ein wirkliches Ziel sein und nicht etwas, was jeder durchschnittliche Besucher erreichen kann.

Dazu sollten Sie sich also zuerst die durchschnittliche Besuchszeit auf der Seite anschauen. Gibt es hier eine generelle Tendenz nach oben oder unten? Wie lange bleiben die Besucher im Schnitt auf der Seite? Gibt es Unterschiede zwischen den verschiedenen Besucher-Quellen? Bleiben Besucher, die über Google kommen, länger auf der Seite als Besucher, die über einen externen Link auf die Seite gelangt sind? Versuchen Sie, einen Schnitt zu ermitteln, und schlagen Sie dann einen realistischen Wert auf, um den Schnitt anzuheben und einen Wert für das Zielvorhaben festzulegen.

Beträgt die durchschnittliche Sitzungsdauer 00:04:45 Minuten, so bringt es nichts, wenn Sie das Zielvorhaben auf 5 Minuten einstellen. Ein Besucher, der deutlich länger bleibt als die anderen und somit als qualitativ hochwertigerer Besucher zählt, sollte in diesem Fall schon mindestens 00:05:30 Minuten auf der Seite verbringen (siehe Abbildung 6.29).

Abbildung 6.29 Zieltyp »Dauer«, Beispiel für 5 Minuten und 30 Sekunden

6.4.9 Zieltyp »Seiten/Bildschirme pro Sitzung« – bestimmte Anzahl angezeigter Seiten als Ziel festlegen

Dieser Zieltyp ähnelt sehr dem zuvor erläuterten Zieltyp DAUER, der sich auf die Länge einer Sitzung bezieht. Bei diesem Zielvorhaben handelt es sich um die Anzahl der getätigten Seitenaufrufe während einer Sitzung. Die Bezeichnung BILDSCHIRME PRO SITZUNG in der Benennung des Ziels bezieht sich auf mobile Ansichten und Apps, da man hier nicht von Seitenaufrufen sprechen kann. Sie können bei diesem Zieltyp also festlegen, wie viele Seiten ein Besucher aufgerufen haben soll, um das Zielvorhaben zu erreichen.

Viele Seitenaufrufe sind vor allem bei Content-Seiten häufig ein wesentliches Ziel. Eine Website, die sich durch Werbung finanziert und Anzeigen auf TKP-Basis verkauft, verdient mehr mit einem Besucher, der sich viele Seiten anschaut als mit jemandem, der die Seite nach wenigen Klicks wieder verlässt.

In der Vorbereitung können Sie genauso vorgehen wie bei dem Zieltyp DAUER. Werten Sie aus, wie lange die Besucher im Schnitt bleiben und prüfen Sie, ob es Ausreißer nach oben oder unten gibt. Der Durchschnitt, der sich daraus ergibt, sollte dann noch ein wenig angehoben werden, um eine tatsächliche Leistung darzustellen.

Nehmen wir also an, dass die durchschnittliche Seitenanzahl auf Ihrer Website 6,6 beträgt. Sieben Seitenaufrufe wären nichts Besonderes, also sollten Sie die Zahl höher wählen. Acht Seitenaufrufe sind hier wahrscheinlich möglich, aber eher selten. Ein Besucher, der diese Anzahl an Seitenaufrufen generiert, ist also besonders an den Inhalten Ihrer Seite interessiert und eher geneigt, zu konvertieren, als andere Besucher. Eine passende Zieleinstellung dazu sehen Sie in Abbildung 6.30.

Abbildung 6.30 Zieltyp »Seiten/Bildschirme pro Sitzung«

6.4.10 Zieltyp »Ereignis« – das Auslösen eines Ereignisses als Conversion festlegen

Bei dem Zieltyp EREIGNIS können Sie verschiedene Ereignisse als Zielvorhaben festlegen. Dabei können Sie wählen, ob Kategorie, Aktion, Label oder Wert des Ereignisses mit Ihrem Zielvorhaben übereinstimmen sollen. An dieser Stelle macht sich ein ausgeklügeltes Ereignis-Konzept bezahlt. Wenn Sie sich zuvor bereits überlegt haben, auf welche Weise die Ziele kombiniert werden sollen, können Sie nun mehrere Ziele in einem zusammenfassen. Was Sie bei der Erstellung eines Ereignis-Konzepts beachten müssen, erläutern wir in Abschnitt 9.3.2. Bei einer maximalen Anzahl von 20 Zielen pro Datenansicht ist es von Vorteil, mehrere potenzielle Zielvorhaben gleichzeitig abzudecken.

Wollen Sie zum Beispiel den Download eines Prospekts als Ziel festlegen, und haben Sie dies mit der Ereignis-Kategorie »Download« und der Aktion »Prospekt« versehen, so können Sie dies nun als Zielvorhaben anlegen. Es werden ab sofort alle Prospekt-Downloads, die derart als Ereignisse gekennzeichnet sind, als Conversions gezählt (siehe Abbildung 6.31).

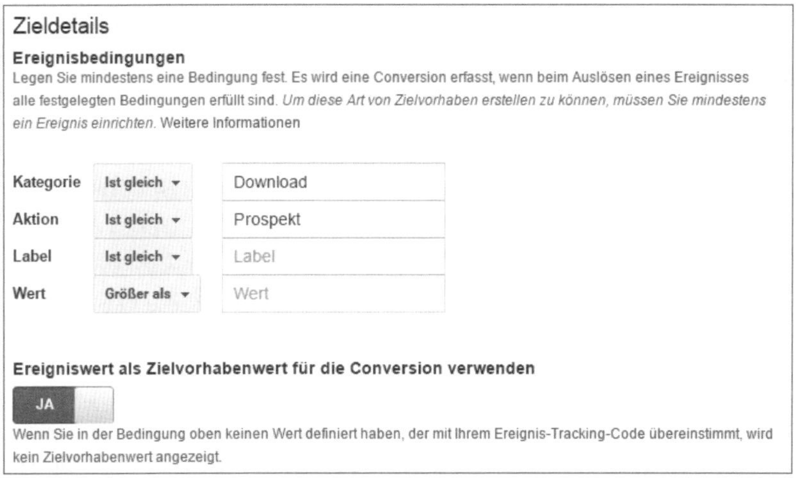

Abbildung 6.31 Zieleinstellungen für »Ereignis«: Download eines Prospekts

Wollen Sie aber den Download eines ganz bestimmten Prospekts tracken, beispielsweise des Juli-Rabatt-Prospekts, so können Sie dies tun, indem Sie das Zielvorhaben noch weiter definieren und bei LABEL die Benennung des Prospekts eintragen (siehe Abbildung 6.32). Ab sofort werden alle Downloads des Prospekts »Juli_Rabatte« gezählt.

Abbildung 6.32 Zieleinstellungen für »Ereignis«: Download des Prospekts »Juli_Rabatte«

6.4.11 Zieltyp »Ereignis« – Zielwert verwenden

Auch bei Zielvorhaben vom Typ EREIGNIS haben Sie die Möglichkeit, Zielwerte zu vergeben. Dies können Sie auf zwei Arten tun:

- **Verwenden des Ereigniswertes als Zielwert**: Bei dieser Variante übergeben Sie als Zielwert den Wert, der beim Ereignis-Tracking mitgegeben wird. Dies ist sinnvoll, wenn Sie zum Beispiel viele Videos auf Ihrer Seite anbieten und tracken, wie lange die Nutzer die einzelnen Videos anschauen. Auch hier sollten Sie ein wenig auf den durchschnittlichen Wert aufschlagen, um besonders interessierte Nutzer zu tracken.
- **Verwenden eines festgelegten Zielwertes**: Wenn Sie bei der Einrichtung des Zielvorhabens den Schalter auf NEIN stellen, wird nicht automatisch der Wert des Ereignisses an das Zielvorhaben weitergegeben. Sie können an dieser Stelle den Zielwert manuell eintragen. Dies können Sie nutzen, wenn Sie beispielsweise das Absenden des Kontaktformulars tracken. Ist Ihnen ein Besucher, der das Formular abgeschickt hat, einen gewissen Geldbetrag, zum Beispiel 5 €, wert, so können Sie dies hier eingeben. Der Wert wird von nun an bei den entsprechenden Zielrealisierungen mitgegeben. In Abschnitt 3.2.3 geben wir Ihnen Tipps, wie Sie einen Zielwert für Ihre eigenen Ziele berechnen können.

6.4.12 Zieltyp »Intelligentes Zielvorhaben« – Lassen Sie Google entscheiden

Seit einiger Zeit bietet Google Analytics einen weiteren Zieltyp – den der INTELLIGENTEN ZIELVORHABEN – an. Geeignet ist dieser Zieltyp vor allem dann, wenn man noch keine Idee hat, welche Ziele man eigentlich tracken möchte oder das Tracking dafür, zum Beispiel für Events, noch nicht eingerichtet ist. Hier muss man nämlich nur das Häkchen setzen und Google macht die ganze Arbeit. Voraussetzung ist allerdings, dass Sie in den letzten 30 Tagen 500 Klicks über AdWords erzielt haben und die beiden Konten verknüpft haben. Durch Machine Learning werden dann alle Sitzungen hinsichtlich Faktoren wie etwa Dauer, Geräte oder Seiten pro Sitzung ausgewertet und diejenigen mit der höchsten Conversion-Wahrscheinlichkeit ermittelt.

Dieser Zieltyp ist also eher zu vernachlässigen, da in den meisten Fällen ein auf die Website abgestimmtes Ziel-Konzept deutlich sinnvoller ist als ein Ziel, das nur einen groben Überblick gibt.

6.5 Ziele und ihr Nutzen – erläutert anhand verschiedener Unternehmensbeispiele

Was bringt es Ihnen also, wenn Sie Zielvorhaben anlegen? Sie haben bereits erfahren, welche Elemente Sie als Ziele festlegen können und was Sie dabei beachten müssen. Nun möchten wir Ihnen zeigen, welchen Nutzen Sie aus den Zielvorhaben ziehen können. Anhand der nachfolgenden Liste wollen wir noch einmal kurz zusammenfassen, welche Elemente Ihrer Website als Ziele sinnvoll sein können. Um die Liste ein wenig übersichtlicher zu gestalten, haben wir sie nach verschiedenen Website-Kategorien unterteilt.

6.5.1 Mögliche Conversions: Website mit Produktansichten, aber ohne Online-Shop

Wenn Sie eine Seite betreiben, deren Sinn es ist, die Kunden zu informieren, auf der Sie aber keinen Shop anbieten, müssen Sie Ihre Zielvorhaben entsprechend anpassen. Mögliche Zielvorhaben könnten sein:

- **Download eines Prospekts**: Besucher, die Ihren Prospekt herunterladen, sind meist sehr an Ihren Inhalten interessiert. Vielleicht kaufen sie nicht unbedingt online, aber die Wahrscheinlichkeit ist groß, dass solche Besucher offline nach Ihren Produkten suchen. Einen Download können Sie entweder über Ereignisse oder mittels virtuellen Seitenaufrufen als Zielvorhaben festlegen. Vergessen Sie nicht, einen Wert mitzugeben, um das Ziel zu monetarisieren.
- **Durchblättern des Online-Katalogs**: Ein Nutzer, der sich online Ihren Katalog anschaut, hat bereits Gefallen an dem gefunden, was Ihre Website zu bieten hat. Ein solcher Besucher wird sicherlich noch weitere Aktionen auf Ihrer Website durchführen. Im Optimalfall können Sie dieses Zielvorhaben mit dem Zieltyp Ziel festlegen, wenn die Katalogseiten einzeln aufrufbar sind. Falls nicht, können Sie auch hier mit Ereignissen oder virtuellen Seitenaufrufen arbeiten.

- **Ansicht einer bestimmten Seite**: Ein Besucher, der sich zum Beispiel die Anfahrtsseite anschaut, plant vielleicht, eines Ihrer Geschäfte offline zu besuchen. Dies ist ein potentiell sehr wertvoller Besucher. Auch wenn er nicht direkt kauft, wird er vielleicht offline konvertieren. Dieses Zielvorhaben können Sie mittels des Zieltyps ZIEL festlegen.

6.5.2 Mögliche Conversions: E-Shop-Website

Wenn Sie einen E-Shop betreiben, scheinen die Zielvorhaben klar: Eine Transaktion ist das Hauptziel der Seite. Welche Ziele könnten Sie aber sonst noch festlegen?

- **Registrierung eines Nutzers**: Registriert sich ein Nutzer, um Ihr Angebot besser nutzen zu können, beispielsweise um sich Produkte zu merken, einen Warenkorb zu speichern oder mit Ihrem Support Kontakt aufzunehmen, sollten Sie dies als Zielvorhaben festlegen. In den meisten Fällen erfolgt eine Registrierung über ein kurzes Formular, bei dem Sie entweder die Zielseite festlegen oder ein Ereignis tracken können. Vergessen Sie nicht, dem Zielvorhaben einen Wert zuzuweisen. Ein registrierter Nutzer macht in den meisten Fällen mehr Umsatz als ein Besucher, der sich nicht anmeldet.
- **Login eines Nutzers**: Nachdem Sie die Registrierung bereits als Zielvorhaben auswerten können, sollten Sie natürlich auch die Logins der Nutzer tracken. Eingeloggten Nutzern können Sie besondere Rabatte oder Specials zeigen, die Sie anderen Nutzern vorenthalten. Somit steigt die Wahrscheinlichkeit, dass der Nutzer Umsatz generiert oder sich zumindest weiter umschaut. Auch dieses Ziel können Sie mit den Zieltypen ZIEL oder EREIGNIS anlegen.
- **Merken eines Produkts/Platzierung im Warenkorb**: Haben Sie den Besucher nun so weit gebracht, dass er sich Produkte ansieht, so sollten Sie ihm die Möglichkeit geben, sie in den Warenkorb zu legen oder sie zumindest für die nächste Sitzung aufzuheben. Wer nicht direkt kauft, die Produkte aber speichert, um sie im Anschluss noch einmal anzusehen, wird sicherlich bald konvertieren. Es empfiehlt sich also, auch diese Aktivitäten als Zielvorhaben zu tracken. In den meisten Fällen muss dies über ein Ereignis geschehen, da das Merken oder Platzieren im Warenkorb nur über einzelne Klicks oder Layer funktioniert.
- **Buchung/Bestellung**: Bieten Sie Ihren Nutzern auf der Website die Möglichkeit, Produkte zu kaufen oder Buchungen (Hotels, Events, Mietwagen etc.) zu tätigen, so können Sie das in aller Tiefe über das E-Commerce-Tracking abdecken, mehr dazu in Abschnitt 5.4.4. Dennoch lohnt es sich, auch ein Zielvorhaben dafür anzulegen. Hiermit können Sie vor allem das Verhalten der Nutzer bis zur Buchung untersuchen. Außerdem ist eine Trichter-Visualisierung möglich, die Sie mit dem E-Commerce-Tracking gar nicht abdecken können. Im besten Falle können Sie also ein Zielvorhaben inklusive eines Trichters anlegen, der die verschiedenen Schritte

bis zur Buchung durchleuchtet. Welche Besucher steigen mitten im Prozess aus? Wo liegen die Schwächen des Prozesses? Wo steigen die Nutzer im Prozess wieder ein? Welche Schleifen gehen sie, um die Buchung durchzuführen? Wie Sie den Trichter im Anschluss auswerten können, verraten wir Ihnen in Abschnitt 10.1.4.

6.5.3 Mögliche Conversions: Content-Website

Auch für eine reine Content-Seite, die kein auf den ersten Blick ersichtliches Ziel wie einen Verkauf oder Ähnliches besitzt, können Sie diverse Zielvorhaben definieren:

- **Sitzungsdauer**: Mit dem Zieltyp DAUER können Sie Besucher als besonders wertig markieren, wenn sie eine gewisse Zeit auf der Seite verbracht haben. In Abschnitt 6.4.8 haben wir bereits erklärt, wie Sie dabei am besten vorgehen können.
- **Anzahl der Seitenaufrufe**: Die Anzahl der aufgerufenen Seiten ist vor allem für Website-Betreiber interessant, die Werbe-Anzeigen auf TKP-Basis verkaufen. Besucher, die also überdurchschnittlich viele Seiten pro Sitzung erzeugen, sind besonders kostbar. Sie können übrigens auch die aufgerufenen Bildschirme einer App für dieses Ziel nutzen. Dieses Zielvorhaben können Sie mit dem Zieltyp SEITEN/BILDSCHIRME PRO SITZUNG festlegen.
- **Abspielen eines Videos**: Auf Ihrer Website können Sie die verschiedensten Typen von Videos für Ihre Besucher bereitstellen. Das können zum Beispiel Teamvideos sein, die Bewerber anlocken sollen, Produktvideos, die Produkte beleuchten und zum Verkauf anregen sollen, oder auch einfach Informationsvideos, die Ihren Besuchern einen Mehrwert bieten. Bei Bedarf können Sie das Abspielen von Videos mit einem Ereignis versehen und es mit dem Zieltyp EREIGNIS festlegen.
- **Abonnieren des Newsletters**: Ein Nutzer, der sich für Ihren Newsletter anmeldet, ist offenkundig daran interessiert, auch in Zukunft mehr über Sie und die Angebote auf Ihrer Website zu erfahren. Solche Nutzer sind geneigt, später zu konvertieren und für Umsatz zu sorgen. Sie sollten das Abonnieren eines Newsletters also mit dem Zieltyp ZIEL oder EREIGNIS anlegen und dem Zielvorhaben auch einen gewissen Wert mitgeben.

6.5.4 Mögliche Conversions: Interaktionen auf einer Website

Die meisten Websites bieten ihren Nutzern die Möglichkeit, zu interagieren. Sei es ein Klick auf einen Button, auf einen weiterführenden Link oder auch das Kontaktformular – tracken Sie, was für Sie relevant ist:

- **Klick auf externen Link**: Ist es Ihnen wichtig, dass Besucher auf externe Links klicken, beispielsweise da dies Partner von Ihnen sind oder Sie sogar an einem Affiliate-Programm teilnehmen, dann sollten Sie diese Klicks als Ereignis vertaggen. Im Anschluss können Sie die Klicks mittels des Zieltyps EREIGNIS festlegen.

- **Klick auf Info-Mail-Adressen**: Jemand, der versucht, Sie zu kontaktieren, hat vielleicht Fragen zu einem Produkt, möchte etwas persönlich buchen oder vielleicht die Öffnungszeiten oder Adressen Ihrer Filialen erfragen. Daher sollten Sie auch das Klicken auf E-Mail-Adressen als Zielvorhaben festlegen. Mit der Umsetzung über ein Ereignis können Sie sogar exakt sehen, welche Adresse angeklickt worden ist, sodass Sie noch genauer analysieren können, zu welchem Bereich die Adresse gehört. Mit dem Zieltyp EREIGNIS lässt sich diese Interaktion als Ziel anlegen.
- **Absenden eines Kontaktformulars**: Auch das Kontaktformular bietet Ihren Kunden die Möglichkeit, mit Ihnen in Kontakt zu treten. Stellen Sie hier sogar noch die Option bereit, verschiedene Kontaktarten zu wählen – Rückruf, E-Mail, Prospekt-Anforderung oder Ähnliches –, so können Sie, wenn Sie dies als Ereignis tracken, später auswerten, auf welche Art Ihre Besucher am liebsten mit Ihnen in Kontakt treten. Das Absenden des Formulars können Sie entweder mit dem Zieltyp ZIEL oder EREIGNIS umsetzen.
- **Nutzung von Social Buttons wie Facebook, Twitter, Pinterest**: Auch die sozialen Komponenten Ihrer Website wollen wir nicht außen vor lassen. Oft zweifelt man, ob all die Social Buttons auf der Seite wirklich so oft genutzt werden, wie man sich das wünscht. Wenn Sie die Klicks darauf als Ereignis tracken, haben Sie anschließend in dem Zieltyp EREIGNIS die Möglichkeit, diese Klicks zu unterscheiden und sogar auszuwerten. Welche Besuchertypen klicken besonders oft auf die sozialen Inhalte? Wer neigt eher dazu, Ihren Content zu teilen? Posten die Nutzer auf Facebook, was sie gerade bei Ihnen gekauft haben? All diese Fragen können Sie im Anschluss beantworten.

Wie Sie diese Zielvorhaben nach der Einrichtung in Google Analytics auswerten können und wie Sie dabei am besten vorgehen, zeigen wir Ihnen in Kapitel 10, »Die vierte Säule der Auswertung: Conversions analysieren«.

6.6 Gruppierung nach Content

Mithilfe der Gruppierung nach Content können Sie – Sie haben es wahrscheinlich schon vermutet – Ihren Content gruppieren. Dies kann entweder über den Tracking-Code geschehen oder über Regeln, die Sie im Admin-Bereich festlegen. Damit ermöglicht es Ihnen Google Analytics, Inhaltsgruppen nach Ihren eigenen Wünschen zu erstellen, die Sie anschließend getrennt voneinander auswerten können. Das heißt konkret, dass Sie zum Beispiel einzelne Produkt- oder auch Besuchergruppen unterscheiden und sie später genauer aufschlüsseln können.

In diesem Abschnitt zeigen wir Ihnen, wie Sie bei der Erstellung von Content-Gruppierungen vorgehen können und was Sie dabei beachten müssen. In Abschnitt 9.1.9

erfahren Sie dann mehr über die möglichen Auswertungen von Content-Gruppierungen.

Wie so oft, wenn Sie in Google Analytics etwas anlegen, sollten Sie sich zuvor Gedanken über die mögliche Struktur und die daraus resultierenden Ergebnisse machen. Was wollen Sie später mit den Content-Gruppierungen auswerten? Wie müssen Sie sie anlegen, damit Sie die erwarteten Reports erhalten? An dieser Stelle wollen wir Ihnen natürlich auch helfen und zu Beginn erklären, was Sie alles mit den Content-Gruppen auswerten können. Damit Sie dazu nicht zuerst Kapitel 9, »Die dritte Säule der Auswertung: Besucherinteressen verstehen«, lesen müssen, zeigen wir Ihnen schon hier einen Screenshot von einer beispielhaften Auswertung. In Abbildung 6.33 sehen Sie einen Ausschnitt aus unserer luna-park-Datenansicht, in der wir eine Gruppierung nach Content anhand bestimmter Besuchergruppen vorgenommen haben.

Primäre Dimension: Seite Seitentitel **Gruppierung nach Content: Besucher Gruppen (Content-Gruppe)** Andere

Zeilen darstellen | Sekundäre Dimension | Sortierungsart: Standard | Erweitert

	Besucher Gruppen (Content-Gruppe)	Seitenaufrufe	Eindeutige Aufrufe 1 (Besucher Gruppen)	Durchschn. Besuchszeit auf Seite	Einstiege	Absprungrate	% Ausstiege	Seitenwert
		10.859 % des Gesamtwerts: 100,00 % (10.859)	3.911 % des Gesamtwerts: 100,00 % (3.911)	00:02:19 Durchn. für Datenansicht: 00:02:19 (0,00 %)	4.980 % des Gesamtwerts: 100,00 % (4.980)	67,02 % Durchn. für Datenansicht: 67,02 % (0,00 %)	45,86 % Durchn. für Datenansicht: 45,86 % (0,00 %)	0,00 $ % des Gesamtwerts: 0,00 % (0,00 $)
1.	Blog Besucher	**5.218** (48,05 %)	3.090 (79,01 %)	00:02:27	2.857 (57,37 %)	74,82 %	56,08 %	0,00 $ (0,00 %)
2.	Agentur	**3.901** (35,92 %)	0 (0,00 %)	00:01:53	1.836 (36,87 %)	56,52 %	39,58 %	0,00 $ (0,00 %)
3.	Job Sucher	**1.009** (9,29 %)	372 (9,51 %)	00:03:47	188 (3,78 %)	56,61 %	26,46 %	0,00 $ (0,00 %)
4.	Unternehmen	**730** (6,72 %)	448 (11,45 %)	00:01:30	99 (1,99 %)	55,56 %	33,29 %	0,00 $ (0,00 %)
5.	Referenzen	**1** (0,01 %)	1 (0,03 %)	00:01:17	0 (0,00 %)	0,00 %	0,00 %	0,00 $ (0,00 %)

Abbildung 6.33 Beispiel-Report für Content-Gruppierungen

Für unser Beispiel haben wir eine Content-Gruppierung mit dem Namen »Besucher Gruppen« angelegt. Sie umfasst einzelne Content-Gruppen, die die Besuchertypen unterscheiden sollen. Da gibt es zum Beispiel Blog-Besucher, Jobsuchende oder Besucher, die an unseren Unternehmensseiten interessiert sind. Diese einzelnen Gruppen können wir nun unterscheiden und sehen, wie lange die Besucher sich mit diesen Content-Gruppen befassen. Blog-Besucher sind in unserem Fall zum Beispiel sehr interessiert an der Seite und weisen eine besonders hohe Verweildauer auf. Wir wollen hier nicht tiefer ins Detail gehen, da wir das in Kapitel 9 machen werden. Mit dem Beispiel wollten wir Ihnen nur vor Augen führen, wie eine mögliche Auswertung nach Content-Gruppen aussehen kann.

Weitere mögliche Gruppierungen können unter anderem auch die einzelnen Bereiche eines Online-Shops sein. Gruppieren Sie dazu nach Produktgruppen, und definieren Sie sie noch weiter anhand von Content-Gruppen. In unserem Tirami-Shop zum Beispiel könnten wir dies in zwei Varianten umsetzen. Wir könnten die Content-Gruppierung »Produkte« anlegen und dort in einzelnen Gruppen nach Korkenziehern, Sektkühlern und Accessoires trennen. Die zweite Variante geht noch tiefer. Dort legen wir die Content-Gruppierung »Korkenzieher« an und unterscheiden darin die einzelnen Gruppen von Korkenziehern. Eine Trennung nach Material, zum Beispiel Holz oder Metall, wäre ebenso denkbar.

Entscheiden Sie für sich, wie sehr Sie die einzelnen Gruppen aufschlüsseln wollen. Bedenken Sie aber dabei, dass Sie lediglich fünf Content-Gruppierungen erstellen können. Bei einem größeren Shop als Tirami stößt man damit schnell an die Grenzen, wenn Sie sich entscheiden sollten, einzelne Produktgruppen als Content-Gruppierung anzulegen.

Außerdem müssen wir an dieser Stelle festhalten, dass Sie Content-Gruppierungen nur in Verbindung mit Hit-basierten Metriken, wie zum Beispiel Seitenaufrufen oder Ereignissen, auswerten können. Das bedeutet, dass Sie zum Beispiel keine Auswertungen über die Conversion-Rate pro Content-Gruppe durchführen können, da die Content-Gruppe auf einem Hit basiert und die Conversion-Rate auf einer Session.

Definition: Content-Gruppierung und Content-Gruppe

Da diese beiden Begriffe immer wieder im Laufe des Kapitels vorkommen, wollen wir Ihnen kurz den Unterschied erläutern. In Google Analytics sind die Begriffe derzeit leider nur in der englischen Sprache klar umrissen. In der deutschen Version nutzt Google sowohl im Tool als auch in der Google-Analytics-Hilfe immer wieder unterschiedliche Begriffe für beide Varianten. Daher haben wir versucht, zwischen Gruppierung und Gruppe zu unterscheiden, und wollen Ihnen unsere Definition und auch die der englischsprachigen Google-Analytics-Variante näher erläutern, um Missverständnissen und Unklarheiten vorzubeugen:

- **Content-Gruppierung**: Innerhalb einer Content-Gruppierung können Sie mehrere Content-Gruppen festlegen. In unserem Beispiel von eben haben wir die Content-Gruppierung »Besucher Gruppen« erstellt. Darin befinden sich verschiedene Content-Gruppen, zum Beispiel »Job Sucher« oder »Blog Besucher«. Sie können maximal fünf Content-Gruppierungen in Google Analytics anlegen.
- **Content-Gruppe**: Eine Content-Gruppe ist eine Zusammenstellung von Inhalten. In unserem Beispiel sind das zum Beispiel die »Blog Besucher« oder die am Unternehmen interessierten Besucher. Content-Gruppen können in den anschließenden Auswertungen als Dimensionen genutzt werden.

6.6.1 Möglichkeiten, Gruppierungen nach Content anzulegen

Nun zurück zu unserem Vorgehen. Sie haben sich eine Struktur für Ihren Content überlegt und wollen sie nun abbilden. Im zweiten Schritt müssen Sie klären, wie Sie dabei vorgehen wollen. Google Analytics bietet Ihnen drei verschiedene Möglichkeiten, um Content-Gruppen festzulegen. Sie haben die Wahl zwischen folgenden Varianten:

- **Tracking-Code** (siehe Abbildung 6.34): Ähnlich wie bei den benutzerdefinierten Variablen geben Sie bereits im Tracking-Code die Informationen zu Content-Gruppierung und Content-Gruppe an Google Analytics weiter. Hierfür fügen Sie im Code eine Zeile hinzu. Dies läuft wahrscheinlich über die IT, was Vor- und Nachteile hat. Ihnen spart es Zeit, da Sie keine Regeln anlegen oder sie ständig bearbeiten müssen, falls die Inhalte Ihrer Website stetige Anpassungen benötigen. Der Nachteil ist, dass es die IT mit einbezieht. Je nach Unternehmen kann dies ein sehr langwieriges Vorgehen sein, da Tracking-Anpassungen eventuell nicht ganz oben auf der To-do-Liste des Teams stehen. Ein weiterer Vorteil der Tracking-Code-Nutzung liegt darin, dass Sie ihn auch bei unklaren URLs oder Seitentiteln nutzen können. Da Sie die Informationen über den Code weitergeben, benötigen Sie keine URL-Verzeichnisse oder sprechende URLs (also zum Beispiel */korkenzieher* statt */cat15*), um die Gruppe zu erfassen.

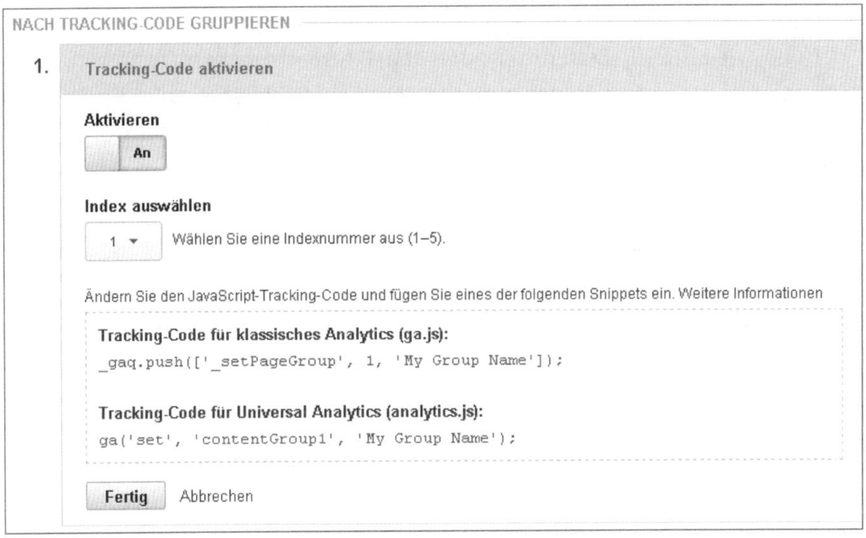

Abbildung 6.34 Content-Gruppe mithilfe des Tracking-Codes erstellen

- **Extraktion** (siehe Abbildung 6.35): Hiermit extrahieren Sie Content anhand der URL, des Seitentitels oder des Bildschirmnamens (bei Apps). Mittels eines regulären Ausdrucks erstellen Sie so zum Beispiel automatisch Content-Gruppen. Nutzen Sie diese Variante, wenn Sie etwa Produktgruppen unterscheiden wollen, die sich immer im Seitentitel befinden. Dann stellen Sie die Bedingung so ein, dass der Teil automatisch gezogen wird. Diese Variante funktioniert natürlich nur, wenn die Inhalte gut formatiert sind.

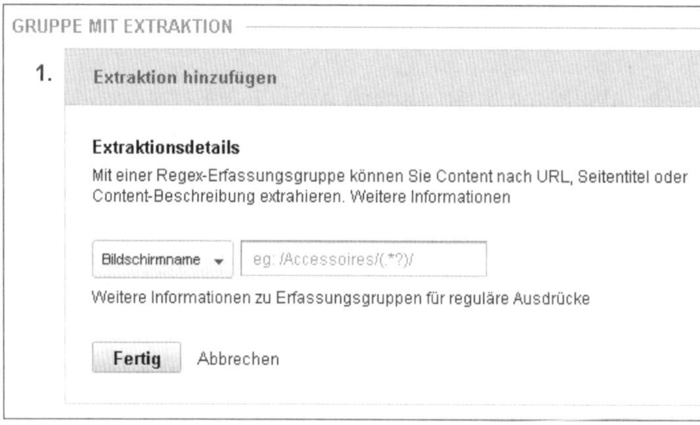

Abbildung 6.35 Content-Gruppe mittels Extraktion erstellen

- **Regeldefinition**: Die Gruppierung anhand von Regeldefinitionen ist die wahrscheinlich einfachste Möglichkeit, eine Content-Gruppe zu erstellen. Legen Sie bestimmte Regeln fest, die den gewünschten Content identifizieren. Auch hier können Sie wieder URL, Seitentitel oder den Bildschirmnamen festlegen, um die Gruppen zu definieren. In unserem luna-park-Beispiel haben wir eine Gruppe angelegt, welche die Beratungsseiten beinhaltet (siehe Abbildung 6.36).

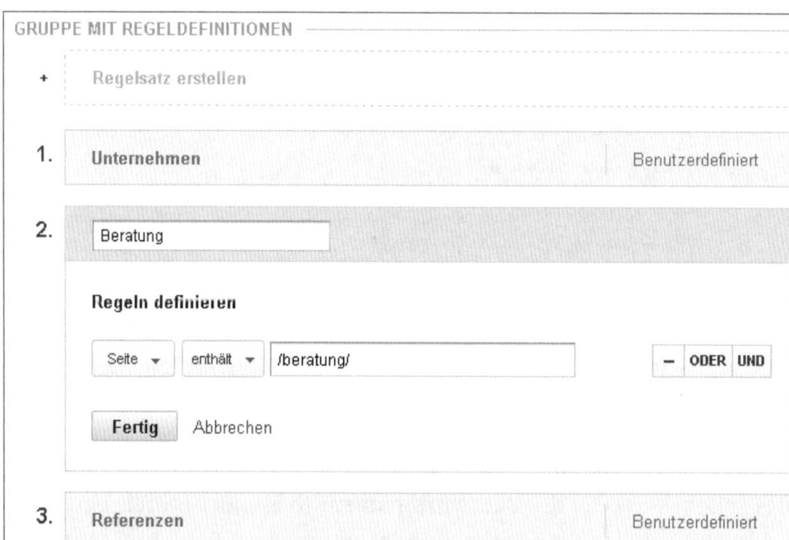

Abbildung 6.36 Content-Gruppe mithilfe von Regeldefinitionen erstellen

Überlegen Sie sich also vor dem Anlegen der Gruppen, wie Sie sie ins Tool integrieren möchten. Wenn Sie sich für die Tracking-Code-Variante entscheiden, sollten Sie ein

Konzept aufsetzen, das Sie an die IT zum Einbau weitergeben können. Im Anschluss sollten Sie natürlich nicht vergessen, die Umsetzung auf ihre Korrektheit zu prüfen. Die beiden anderen Methoden können Sie selbst umsetzen, benötigen dafür aber eine klare URL- bzw. Seitentitel-Struktur.

Wichtig: Content-Gruppierungen können nicht gelöscht werden

Obwohl die Content-Gruppierungen gar nicht mehr so neu sind, gibt es immer noch kein Feature, mit dessen Hilfe Sie sie löschen können. Daher sollten Sie die Content-Gruppierungen – wenn Sie sich noch nicht ganz über Struktur und Auswirkungen bewusst sein sollten – zuerst an einer Test-Datenansicht ausprobieren. Legen Sie dazu eine oder mehrere weitere Datenansichten an, und probieren Sie dort die einzelnen Möglichkeiten der Content-Gruppierung aus. Dadurch sehen Sie, ob die Gruppierungen Ihren Anforderungen entsprechen oder ob Sie gegebenenfalls nachbessern müssen. Wenn die Gruppierungen so funktionieren, wie Sie es sich vorstellen, dann übertragen Sie sie in die Haupt-Datenansicht.

6.6.2 Content-Gruppierungen anlegen

Egal, für welche Variante Sie sich entscheiden, die Content-Gruppierungen müssen Sie im Verwaltungsbereich unterhalb einer Datenansicht anlegen. Dazu navigieren Sie im Verwaltungsbereich zu der Datenansicht, welche die Content-Gruppierungen enthalten soll. Klicken Sie in der Übersicht auf GRUPPIERUNG NACH CONTENT, und Sie gelangen zur Übersicht der Content-Gruppierungen. Hier haben Sie die Möglichkeit, neue Gruppierungen zu erstellen oder bestehende zu bearbeiten. Nach einem Klick auf NEUE GRUPPIERUNG NACH CONTENT gelangen Sie zu dem Template, mit dessen Hilfe Sie die Gruppierung vornehmen können.

In Abbildung 6.37 sehen Sie wieder unser luna-park-Beispiel. Wie bereits zuvor erwähnt, können Sie nun wählen, auf welche Art und Weise Sie die Content-Gruppierung mit Content-Gruppen befüllen wollen. Klicken Sie dazu auf die einzelnen grauen Flächen, zum Beispiel auf TRACKING-CODE AKTIVIEREN, EXTRAKTION HINZUFÜGEN oder REGELSATZ ERSTELLEN.

Sie können alle drei Varianten gleichzeitig nutzen, sollten aber im Hinterkopf behalten, dass Google Analytics hier der Reihe nach vorgeht. Das bedeutet, dass zuerst der Tracking-Code geprüft, anschließend nach Extraktionen geschaut wird und erst zum Schluss die Regeldefinitionen greifen. Wenn Sie also alle drei Varianten nutzen wollen, sollten Sie die groben Einstellungen im Tracking-Code mitgeben, um somit die Haupt-Seitentypen abzudecken. Mit den nächsten beiden Varianten können Sie dann die spezifischeren Seitentypen den Gruppen zuordnen.

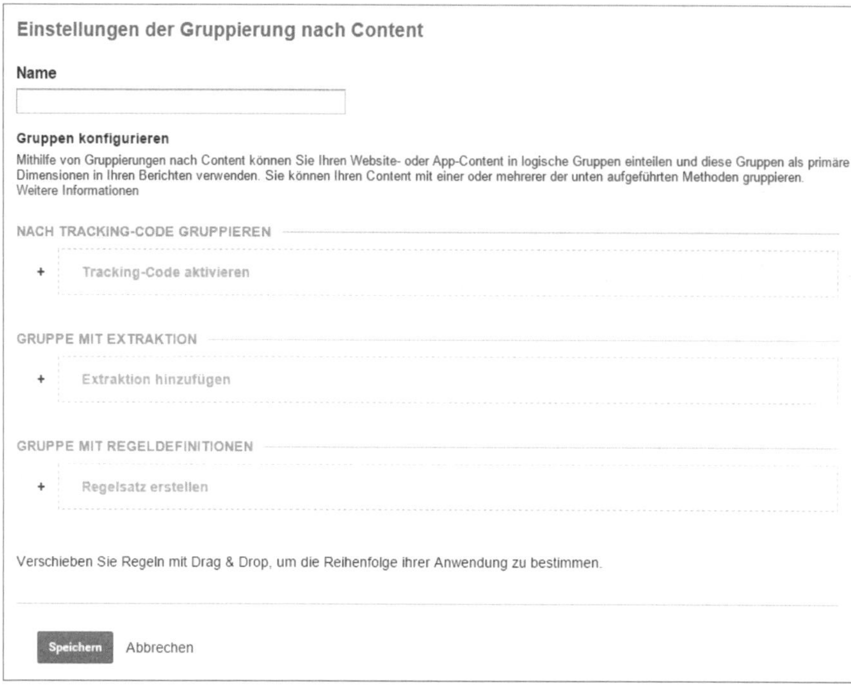

Abbildung 6.37 Gruppierung nach Content erstellen

Was geschieht mit Seiten, die keiner Content-Gruppe zugeordnet werden?

Wenn Sie nicht all Ihre Inhalte innerhalb der Content-Gruppen strukturieren, ist dies nicht weiter schlimm. Wir haben in unserem Beispiel auch nicht alle Seiten abgedeckt, da wir uns nur auf bestimmte Besuchergruppen konzentriert haben. Alle Seiten, die sich keiner Content-Gruppe zuordnen lassen, werden in den Auswertungen mit der Bezeichnung (NOT SET) gekennzeichnet.

Wir wollen Ihnen nun einmal anhand unserer eigenen Website zeigen, wie wir die Content-Gruppierung angelegt haben, die wir Ihnen zu Beginn des Abschnitts bereits gezeigt haben. Ziel war es, die einzelnen Besuchergruppen zu definieren. Da unsere Seite keinen Shop umfasst, unterscheiden wir hauptsächlich nach Besuchern, die sich über unsere Agentur informieren wollen, nach Besuchern, die sich unsere Stellenanzeigen anschauen, und nach potenziellen Kunden, die sich verschiedene Themenseiten sowie Unternehmensseiten anschauen.

Da wir die Gruppen erst einmal testen wollten, haben wir sie lediglich über Regeldefinitionen festgelegt. Der Umweg über den Tracking-Code war in dem Fall zu aufwendig, und die Umsetzung via Regeldefinitionen erschien einfacher als die Extraktion. Daher haben wir die Content-Gruppe »Besucher Gruppen« angelegt, welche die verschiedenen Besuchergruppen beinhaltet. Diese wiederum haben wir anhand von Regeldefinitionen festgelegt. Unsere URL-Struktur erlaubt es uns hier, ohne die Nutzung regulärer Ausdrücke Regeln zu definieren.

In Abbildung 6.38 sehen Sie, wie wir die Zugriffe auf unsere Unternehmensseiten definiert haben. Generell sind Besucher, die sich auf unseren Unternehmensseiten aufhalten, hochwertige Besucher, da es sich hierbei um potenzielle Kunden handeln kann. Besonders interessant sind für uns aber diejenigen Besucher, die sich unsere Referenzen angeschaut haben. Daher besitzen diese Seiten eine eigene Content-Gruppe. Da die Seiten allerdings unterhalb des Verzeichnisses */unternehmen/* liegen, müssen wir sie aus der Unternehmens-Content-Gruppe entfernen. Google Analytics bietet hier die Möglichkeit, mehrere Regeln miteinander zu verbinden und somit Seiten ein- oder auszuschließen.

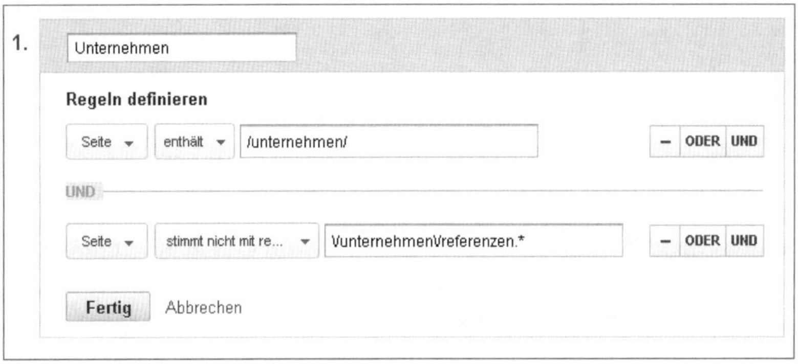

Abbildung 6.38 Content-Gruppe: Definition nach Regeln, die Seiten ein- und ausschließen

Abbildung 6.39 zeigt Ihnen, welche Regeldefinitionen wir für die Website *lunapark.de* festgelegt haben. Alternativ können Sie natürlich auch die beiden anderen Methoden (Tracking-Code und Extraktion) wählen, um Ihre Content-Gruppen zu definieren.

Um eine Gruppe mittels Tracking-Code festzulegen, klicken Sie auf die Schaltfläche TRACKING-CODE AKTIVIEREN, und schalten in dem entsprechenden Feld den Tracking-Code ein. Außerdem müssen Sie noch den Index auswählen, den Sie mittels Tracking-Code an Analytics geben, um die einzelnen Content-Gruppierungen zu unterscheiden. Da Sie die Content-Gruppen bei dieser Variante über den Tracking-Code erstellen, müssen Sie hier nichts weiter einfügen.

Um eine Gruppe mittels Extraktion zu definieren, klicken Sie auf die Schaltfläche EXTRAKTION HINZUFÜGEN. Hier fügen Sie dann – ähnlich wie bei den Regeldefinitionen – die einzelnen Extraktionsdetails hinzu. Anhand unseres Beispiels wollen wir Ihnen den Unterschied zwischen der Extraktion und der Regeldefinition verdeutlichen. Dafür haben wir mittels Extraktion versucht, eine ähnliche Content-Struktur wie bei den Regelsets zu erhalten.

Abbildung 6.39 Content-Gruppen-Beispiel für Besuchergruppen

In Abbildung 6.40 sehen Sie die Extraktionsregeln, die wir dafür angewandt haben. Wir haben hier wieder die URL genutzt und dort nach den einzelnen Verzeichnissen gesucht. Alles, was nach dem Verzeichnis innerhalb eines anderen Verzeichnisses steht, wird genutzt, um eine Content-Gruppe zu erstellen. Das heißt, jedes Unterverzeichnis erhält eine eigene Content-Gruppe.

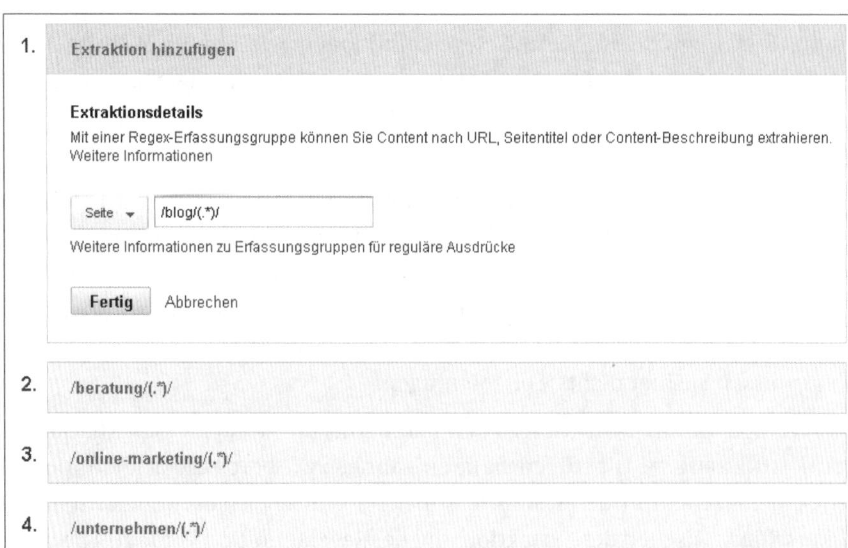

Abbildung 6.40 Content-Gruppierung mittels Extraktion

Abbildung 6.41 zeigt Ihnen, wie die entsprechenden Daten zugeordnet werden. Um deutlich zu machen, wie Google Analytics die Gruppierung vornimmt, haben wir in dem Report die Seite und als sekundäre Dimension die Besuchergruppe, also unsere Content-Gruppe, aufgerufen. So können Sie nachvollziehen, wie die Extraktion erfolgt.

	Seite	Besucher Gruppen	Seitenaufrufe
			52 % des Gesamtwerts: 100,00 % (52)
1.	/	(not set)	8
2.	/unternehmen/jobs/	jobs	8
3.	/unternehmen/referenzen/	referenzen	5
4.	/unternehmen/team/	team	5
5.	/blog/	(not set)	4
6.	/blog/6242-bvdw-seo-qualitaetszertifikat-2014-fuer-luna-park/	6242-bvdw-seo-qualitaetszertifikat-2014-fuer-luna-park	4
7.	/unternehmen/jobs/google-adwords-kampagnen-manager-in-koln/	jobs/google-adwords-kampagnen-manager-in-koln	3
8.	/blog/1652-asien-suchmaschinen-marktanteile/	1652-asien-suchmaschinen-marktanteile	2

Abbildung 6.41 Ergebnis der Content-Gruppierung mittels Extraktion

Unsere Startseite wird keiner Content-Gruppe zugeteilt, da wir dafür keine Gruppe angelegt haben. Die Jobs-Seite entfällt auf die Gruppe JOBS, entsprechend auch die anderen Seiten REFERENZEN und TEAM. Die Übersichtsseite des Blogs wird auch nicht zugeordnet. Das liegt daran, dass der Filter nur die Seiten aufnimmt, bei denen nach dem Verzeichnis */blog/* noch weitere Inhalte in der URL stehen. Das sehen Sie in den darunterliegenden Zeilen. Dort bekommen die einzelnen Blog-Einträge Content-Gruppen zugeteilt.

In unseren Augen ist dieses Vorgehen nicht wirklich sinnvoll, da es zu kleinteilig ist, jedem einzelnen Blog-Post eine Content-Gruppe zuzuteilen. Größere, breit gefächerte Gruppen machen für unsere Analysen mehr Sinn. Das Beispiel zeigt aber gut auf, wie Google Analytics mit den Extraktionen umgeht.

Wir möchten daher an dieser Stelle nur noch einmal empfehlen, die Content-Gruppierungen zuerst in einer Test-Datenansicht auszuprobieren. Auch wir haben das für unsere Beispiele so gemacht. Für jede einzelne Variante der Content-Gruppierung haben wir eine Datenansicht angelegt und die Gruppen unterschiedlich eingerichtet.

Damit können wir nun auswerten, welche Methode die einfachste und am ehesten zielführende ist. Für uns sind die Regeln die beste Variante, da sie einfach über das Tool angelegt werden und keine Anpassungen am Tracking-Code durchgeführt werden müssen.

Sobald Sie mit Ihren Einstellungen zufrieden sind, speichern Sie die Content-Gruppierung. Im Anschluss führen Sie die Auswertungen in den Seiten-Reports in Google Analytics durch. Vergessen Sie dabei aber nicht, dass sich die Content-Gruppierungen nur auf neu einlaufende Daten beziehen und nicht rückwirkend anwendbar sind. Prüfen Sie anschließend, ob die Auswertungen Ihren Wünschen entsprechen.

6.6.3 Gruppierungen nach Content verwalten und bearbeiten

Innerhalb von 24 Stunden nach der Einrichtung können Sie die ersten Daten zu den Content-Gruppierungen in Google Analytics einsehen. Entsprechen die Content-Gruppen nicht Ihren Vorstellungen, so können Sie sie innerhalb der Verwaltungsoberfläche anpassen. Dazu navigieren Sie wieder zu der Übersicht der Datenansichten und klicken dort auf den Button Gruppierung nach Content. Von dort aus gelangen Sie zur Übersicht der Content-Gruppierungen. Sie können an dieser Stelle die Aufzeichnung der Content-Gruppierung stoppen, indem Sie den Status-Regler von Ein auf Aus schalten. Wenn Sie eine der Gruppierungen bearbeiten möchten, klicken Sie auf den Namen der Gruppierung (siehe Abbildung 6.42).

Abbildung 6.42 Übersicht der Content-Gruppierungen

Innerhalb der Einstellungen für die Content-Gruppierungen können Sie nun entweder die Methoden des Trackings wechseln, neue Varianten und Regeln aufnehmen, bestehende Definitionen anpassen oder die Reihenfolge der einzelnen Regeln ändern. Google Analytics geht die einzelnen Content-Gruppen der Reihe nach durch; fällt eine Seite also in eine Gruppe, auf die der Filter passt, steht sie für die anderen Gruppen nicht mehr zur Verfügung. Das bedeutet, dass Sie die Reihenfolge der einzelnen Regeln beachten müssen. Sollte die Reihenfolge nicht stimmen, nutzen Sie Drag & Drop, um die einzelnen Regeln zu verschieben.

Natürlich lassen sich auch jederzeit einzelne Regeln bearbeiten oder sogar löschen. Wie bereits zuvor erwähnt, ist es im Moment nicht möglich, die Content-Gruppierungen zu löschen. Erfahrungsgemäß dürfte Google diese Möglichkeit mit der Zeit aber auch zur Verfügung stellen.

Sollten Sie große Anpassungen an den Content-Gruppierungen vornehmen, vergessen Sie nicht, dies mithilfe der Anmerkungsfunktion in Google Analytics zu speichern. So können Sie auch zu einem späteren Zeitpunkt noch nachvollziehen, wann Sie die Anpassungen durchgeführt haben.

6.7 Verknüpfung mit anderen Google-Produkten – Datenimport aus AdWords, Search Console und AdSense

Um die Dateneinstellungen vollständig abzuschließen, fehlt Ihnen nun nur noch ein Punkt: Die Verknüpfung mit anderen Google-Produkten. Benutzen Sie Google Search Console, AdWords oder AdSense, sollten Sie die Möglichkeit nutzen, sie mit Google Analytics zu verbinden. Auf diese Weise erhalten Sie noch mehr Informationen, die Sie mit den Daten aus Analytics in Beziehung setzen können, und somit können Sie noch aussagekräftigere Analysen tätigen.

Um Ihnen vorab schon einen kurzen Einblick zu geben, haben wir Ihnen eine Liste mit den wichtigsten Features zusammengestellt:

- **AdWords**:
  - Import von Kostendaten, Impressions, Klicks, CPC, CTR und vieles mehr
  - Möglichkeit, Zielvorhaben aus Google Analytics in AdWords zu importieren
- **Google Search Console**:
  - Import von Suchanfragen, Zielseiten und geografischen Informationen
- **AdSense**:
  - Informationen über AdSense-Umsatz, Seiten, Verweis-URLs und Ausstiege

Außerdem können Sie Analytics noch mit folgenden weiteren Tools verbinden:

- Ad Exchange
- Big Query
- Double Click Bid Manager (DBM)
- Double Click Campaign Manager
- Double Click Search
- Google Play
- Postbacks

6.7.1 AdWords mit Google Analytics verknüpfen

Eine Verknüpfung von AdWords mit dem Google-Analytics-Konto empfehlen wir ausdrücklich jedem, der AdWords-Anzeigen für seine Website schaltet. Google Analytics liefert so deutlich mehr Informationen, mit denen Sie die Erfolge Ihrer Anzeigen messen können. Egal, ob Sie die Absprungraten der einzelnen Keywords, die beste Tageszeit für bestimmte Anzeigengruppen oder den Umsatzwert pro Kampagne auswerten möchten – nach einer Verknüpfung der beiden Tools ist dies möglich. Außerdem können Sie anschließend die Google-Analytics-Conversions in AdWords importieren und somit Ihre Kampagnen hinsichtlich Conversions optimieren.

Die beiden Google-Tools bringen in Verbindung miteinander eine größere Erkenntnis, die Ihnen dabei hilft, die AdWords-Anzeigen noch besser aufzusetzen. Bei Analytics und AdWords handelt es sich um zwei Tools desselben Anbieters, der natürlich nach Kräften darum bemüht ist, seinen zahlenden (AdWords-)Kunden das Leben zu erleichtern. Andere Anbieter von Webanalyse-Tools ermöglichen zwar auch den Import von AdWords-Daten, doch leider ist eine Verknüpfung in diesen Fällen meist sehr kompliziert und zeitaufwendig. Wenn Sie jedoch Analytics mit AdWords verknüpfen möchten, können Sie dies in wenigen Minuten umsetzen.

Voraussetzung für die Verknüpfung von AdWords und Analytics

Voraussetzung für die Verknüpfung der beiden Tools ist, dass Sie bei beiden Tools Rechte besitzen, mit denen Sie für die Verknüpfung von Konten freigeschaltet sind. Ansonsten ist eine Verknüpfung nicht möglich.

Stellen Sie also vorher sicher, dass Sie in beiden Tools als Administrator freigeschaltet sind, bevor Sie die Verknüpfung erstellen.

Folgen Sie nun den nachstehenden Schritten, um die beiden Tools miteinander zu verknüpfen:

1. Gehen Sie im Verwaltungsbereich auf das Google-Analytics-Konto, in dem sich die Ansichten befinden, die Sie gerne mit Google AdWords verknüpfen möchten (siehe Abbildung 6.43).
2. Wählen Sie nun unter PROPERTY • ADWORDS-VERKNÜPFUNG aus.
3. Wenn Sie mit Ihrem Google-Konto Administrator-Zugriff auf ein AdWords-Konto haben, wird es Ihnen automatisch zur Verknüpfung angeboten. Wählen Sie nun das AdWords-Konto aus, das Sie mit dem Google-Analytics-Konto verknüpfen möchten.

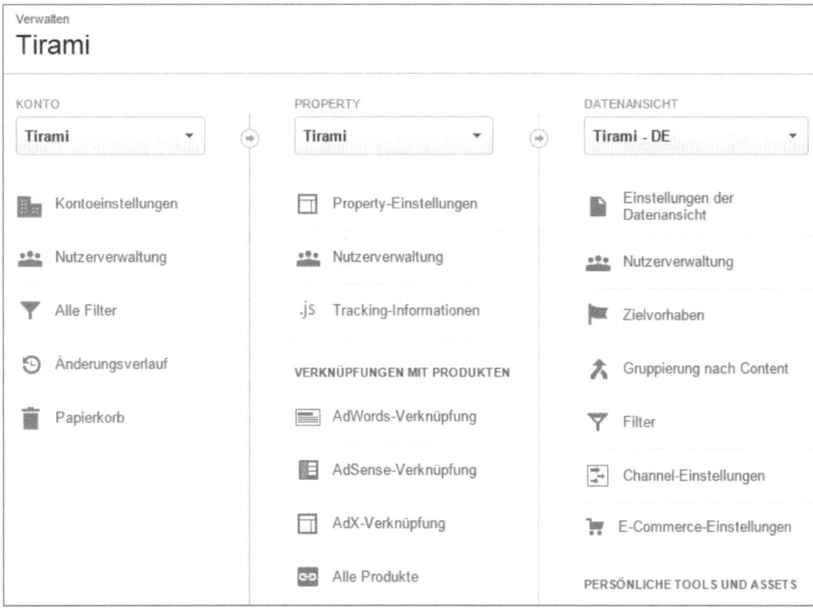

Abbildung 6.43 Erster Schritt der AdWords-Verknüpfung

Abbildung 6.44 Analytics erkennt automatisch Ihre AdWords-Konten.

4. Anschließend klicken Sie auf WEITER.
5. Sie sehen nun die Konfiguration, in der Sie die Analytics-Datenansichten auswählen können, in denen die AdWords-Daten zur Verfügung stehen sollen.
6. Google Analytics passt mittlerweile automatisch die Einstellungen in AdWords so an, dass die *automatische Tag-Kennzeichnung* aktiviert ist (siehe Abbildung 6.45). Dadurch werden AdWords-Klicks so gekennzeichnet, dass sie Kampagnendaten an Google Analytics weitergeben können.
7. Nach einem Klick auf KONTEN VERKNÜPFEN sind Sie am Ziel.

Abbildung 6.45 Hinweis zur automatischen Tag-Kennzeichnung

Sie haben es geschafft! Ihre AdWords- und Analytics-Daten sind nun miteinander verknüpft. Wie Sie die Daten auswerten können, erfahren Sie in Abschnitt 8.4.

Möchten Sie die gerade eingerichtete Verknüpfung bearbeiten, um zum Beispiel die AdWords-Daten in weiteren Datenansichten zur Verfügung zu stellen, können Sie dies in der nun verfügbaren Auflistung aller Verknüpfungen tun. Hier fügen Sie auch neue Gruppen hinzu, um etwa weitere AdWords-Konten zu verbinden.

Abbildung 6.46 AdWords-Verknüpfungen bearbeiten oder erweitern

6.7.2 Sonderfälle bei der Verknüpfung von AdWords und Analytics

Bei der Verknüpfung von AdWords und Analytics kann es in manchen Fällen zu Besonderheiten kommen. Die zwei wichtigsten Problemstellungen listen wir Ihnen hier auf.

Verknüpfung von mehreren AdWords-Konten mit einer Google-Analytics-Datenansicht

In bestimmten Situationen kann es vorkommen, dass Sie mehrere AdWords-Konten mit einer Datenansicht verknüpfen müssen. Dies ist bei unserer Beispielfirma Tirami der Fall. Auf der Domain *tirami.biz* liegen sowohl die deutschen als auch die englischen Inhalte. Es existiert neben der Gesamt-Datenansicht, in die alle Daten einlaufen, auch jeweils eine Datenansicht für die einzelnen Länder. Da die Marketingverantwortlichen der Länder eigene AdWords-Konten besitzen, müssen sie nun mit den Datenansichten verknüpft werden. Dazu können Sie wie eben beschrieben vorgehen. Wollen Sie aber auch die Gesamt-Datenansicht verknüpfen, so müssen hier zwei AdWords-Konten mit nur einer Ansicht verknüpft werden.

Wenn Sie mehrere AdWords-Konten mit einer Ansicht verbinden wollen, können Sie im Prinzip genauso wie eben erläutert vorgehen. Sie müssen dazu den Vorgang für jedes AdWords-Konto wiederholen. Achten Sie nur darauf, dass die Benennung der Kampagnen und Anzeigengruppen in jedem Konto eindeutig ist, damit es im Nachhinein bei der Auswertung keine Unklarheiten gibt, aus welchem Konto die Daten stammen.

Sobald die Verknüpfung fertiggestellt ist, können Sie in den Einstellungen zur Datenansicht die AdWords-Konten einsehen.

Laut AdWords Support lassen sich übrigens bis zu 500 AdWords-Konten mit einem Google-Analytics-Konto verknüpfen. Wahrscheinlich scheint dies für Sie irreal, doch wer pro Kampagne und Land ein AdWords-Konto aufsetzt und sie alle mit nur einem Google-Analytics-Konto verknüpfen möchte, kommt sicher schnell auf einige AdWords-Konten. Sollten Sie jemals in die missliche Lage geraten, mehr als 500 Konten verknüpfen zu müssen, hilft der AdWords-Support sicherlich gerne weiter.

Mehrere Analytics-Datenansichten mit einem AdWords-Konto verknüpfen

Ein derartiger Fall kann vorkommen, wenn Sie zum Beispiel aus einem AdWords-Konto heraus auf zwei verschiedene Domains verlinken. Das kann beispielsweise eintreten, wenn die Marketingabteilung ein AdWords-Konto für alle internationalen Seiten besitzt, aus dem heraus die Anzeigen weltweit gesteuert werden. So ist es auch bei unserer Beispielfirma Tirami der Fall. Die Websites *tirami.biz* und *tirami.nl* werden aus einem Konto heraus beworben. Die Verlinkung der AdWords- und Analytics-Konten erfolgt wie bei den anderen Varianten auch. Hier haben Sie allerdings dann das Problem, dass mit der Verknüpfung alle AdWords-Daten in alle Datenansichten importiert werden. Das bedeutet, dass in der deutschen Datenansicht auch die Impressions, Klicks und Anzeigengruppen der englischen, spanischen oder italienischen Seite erscheinen. Um das zu umgehen, müssen Sie noch einen Filter auf die Datenansicht legen, der nur die AdWords-Daten importiert, die mit der jeweiligen Datenansicht zusammenhängen. Mehr Informationen zu diesem Filter erhalten Sie in Abschnitt 6.3.8.

6.7.3 Prüfung, ob AdWords-Daten korrekt in Analytics einlaufen

Nachdem Sie die beiden Tools verknüpft haben, ist es ratsam, zumindest stichprobenartig zu prüfen, ob die Daten, die in Google Analytics einlaufen, auch tatsächlich übereinstimmen. Dazu sollten Sie einen kurzen Zeitraum auswählen, der allerdings bereits mehr als drei Tage zurückliegt. Da sich die beiden Tools nur täglich aktualisieren, könnte es sonst vorkommen, dass die Daten noch nicht komplett importiert worden sind.

Prüfen Sie nun in AdWords, wie hoch die Anzahl der Impressions, Klicks sowie CTR, CPC und der Gesamtkosten für den gewählten Zeitraum gewesen ist. Vergleichen Sie diese Zahlen mit denen in Google Analytics. Wie ist das Verhältnis von Klicks und Sitzungen? Dass es hier zu Unterschieden kommt, ist natürlich und kann verschiedene Gründe haben (welche, erfahren Sie in Abschnitt 8.4.11). Wenn die Zahlen korrekt und die Unterschiede von Klicks zu Sitzungen gering sind, ist alles in Ordnung. Sollten die Unterschiede aber zu groß sein oder die Zahlen nicht übereinstimmen, müssen Sie der Sache auf den Grund gehen.

6.7.4 Google Search Console in Google Analytics zur Verfügung stellen

Ein weiteres Google-Produkt, das Sie unbedingt mit Ihrem Google-Analytics-Konto verknüpfen sollten, ist die Google Search Console. Sie dient dazu, mehr Informationen zu Ihrer Website zu erhalten. Sie können dort technische Punkte wie die Crawl-Geschwindigkeit, indexierte Seiten oder Sitemaps prüfen, sehen, wie oft Ihre Seite im Netz verlinkt worden ist oder mit welchen Keywords Google Ihre Seite in Verbindung bringt. Diese Punkte können alle sehr aufschlussreich sein, wenn Sie Ihre Website optimieren wollen. Durch die Verknüpfung der Search Console mit Google Analytics erhalten Sie einige der Daten zur Auswertung auch in Analytics.

Sie können im Anschluss sehen, bei welchen Suchanfragen Ihre Website eingeblendet wurde und wie viele Klicks sie dabei erhalten hat, welche Seiten von Google-Besuchern am häufigsten aufgerufen werden und in welchen Ländern Ihre Website besonders oft in den Suchergebnissen erscheint.

Einrichtung der Google Search Console für eine Website

Sie würden gerne mehr Informationen darüber erhalten, wie Google Ihre Website sieht? Dann sollten Sie sich zu der Google Search Console anmelden. Dazu müssen Sie, wie für Analytics auch, ein Google-Konto besitzen. Anschließend geben Sie die Adresse Ihrer Website ein. Sie können nun zwischen verschiedenen Varianten wählen, um Google zu zeigen, dass Sie auch tatsächlich der Eigentümer der Seite sind. Unter anderem kann die Freischaltung durch den bestehenden Google-Analytics-Code erfolgen. Dabei wird geprüft, ob auf der Website ein Tracking-Code eingebaut ist, auf dessen Konto Sie Administratorrechte besitzen. Das gleiche Vorgehen können Sie alternativ auch mit Google-Tag-Manager-Containern durchführen. Welche der Varianten Sie auswählen, bleibt Ihnen und Ihrer IT-Abteilung überlassen.

Sobald Sie die Seite bestätigt haben, sehen Sie bereits erste Daten in der Search Console und können sie auch direkt mit Google Analytics verknüpfen.

Um die Google Search Console mit Google Analytics zu verknüpfen, müssen Sie der Eigentümer der Website sein, die Sie analysieren wollen. Wurden Sie lediglich zu der Search Console durch jemand anderen hinzugefügt, reicht dies leider nicht aus, um die beiden Tools zu verbinden.

Die Verknüpfung kann über mehrere Bereiche des Google-Analytics-Tools erfolgen. Den Verknüpfungsprozess können Sie zum einen in den Property-Einstellungen und zum anderen in dem Suchanfragen-Report starten (siehe Abbildung 6.47). Starten Sie aus dem Report heraus, so werden Sie automatisch zu den Property-Einstellungen weitergeleitet, um von dort aus die Verknüpfung fortführen zu können.

Abbildung 6.47 Search-Console-Verknüpfung – Informationen aus dem Google-Analytics-Report zur Suchmaschinenoptimierung

In den Property-Einstellungen erhalten Sie weitere Informationen zur Verknüpfung der beiden Google-Tools. Wenn noch keine Verknüpfung erfolgt ist, sehen Sie an der Stelle der Website ein KEINE (siehe Abbildung 6.48).

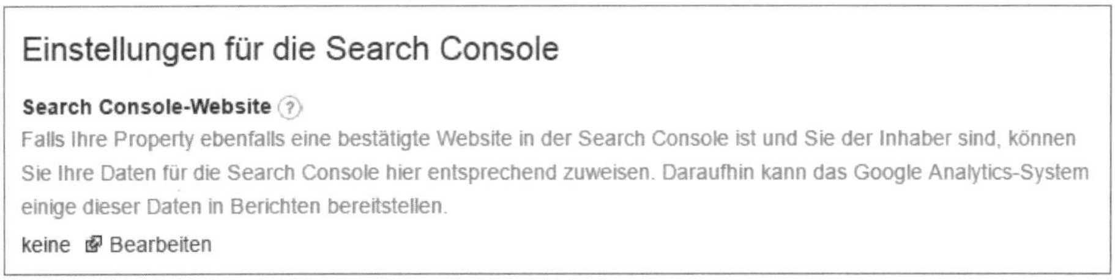

Abbildung 6.48 Property-Einstellungen – Start der Verknüpfung mit der Google Search Console

Nachdem Sie auf BEARBEITEN geklickt haben, gelangen Sie in die Search Console. Dort suchen Sie nun die Website, die mit der Property verknüpft werden soll, und wählen sie durch einen Klick auf den Button aus (siehe Abbildung 6.49).

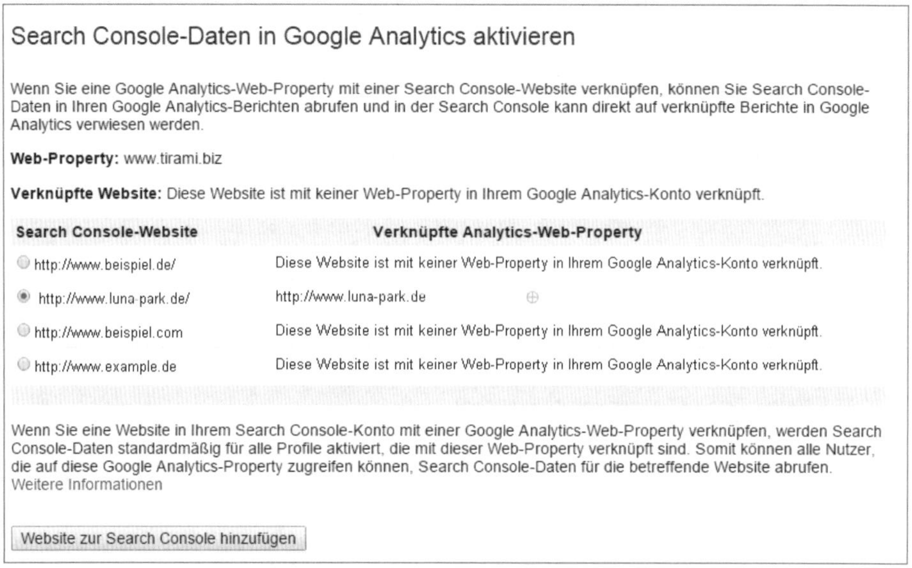

Abbildung 6.49 Auswahl der Website, die mit Google Analytics verknüpft werden soll

Sobald Sie auf WEBSITE ZUR SEARCH CONSOLE HINZUFÜGEN geklickt haben, sehen Sie wieder die Property-Einstellungen, in denen nun statt KEINE die gewählte Website steht (siehe Abbildung 6.50).

Abbildung 6.50 Erfolgte Verknüpfung mit der Search Console

Die Search-Console-Daten werden automatisch mit allen Datenansichten der Property geteilt. Wollen Sie dies nicht, so können Sie an dieser Stelle die Verknüpfung direkt wieder rückgängig machen. Dazu wählen Sie im Dropdown-Menü unter AKTIVIERTE PROFILE die Datenansichten aus, die Sie nicht mehr verknüpft haben möchten (siehe Abbildung 6.50). Jetzt müssen Sie nur noch die Änderungen speichern, und die Verknüpfung der Search Console mit Google Analytics ist erfolgt.

6.7.5 Einschränkungen bei der Verknüpfung der Search Console und Google Analytics

Pro Google-Analytics-Property kann nur eine Website verbunden werden. Erstellen Sie eine neue Verknüpfung, wird die bestehende Verbindung gelöscht. Es kann auch vorkommen, dass bereits eine Verknüpfung erfolgt ist, die nicht Sie, sondern ein anderer Website-Inhaber getätigt hat. Auf diese Weise kann es auch passieren, dass von Ihnen getätigte Verknüpfungen gelöst werden. Durch das Erstellen einer neuen Verbindung erlischt die bereits bestehende, was in diesem Fall die von Ihnen gewünschte Verknüpfung ist.

Datenlücke von zwei Tagen in Google-Analytics-Daten

Bei der Auswertung der Search-Console-Daten in Analytics sollten Sie immer bedenken, dass es eine Datenlücke von zwei Tagen zwischen den beiden Tools gibt. Auch wenn die Search Console Ihnen die Daten der Suchanfragen bis zum aktuellen Datum ausgibt, zeigt Ihnen Google Analytics nur die Daten von bis vor zwei Tagen. Dies ist vollkommen normal und sollte Sie nicht beunruhigen. Erkennen können Sie diesen Zeitversatz vor allem bei den Graphen, die zum Ende hin auf »null« abfallen und somit im ersten Moment beim Betrachter einen gehörigen Schreck verursachen. Ein Beispiel sehen Sie in Abbildung 6.51.

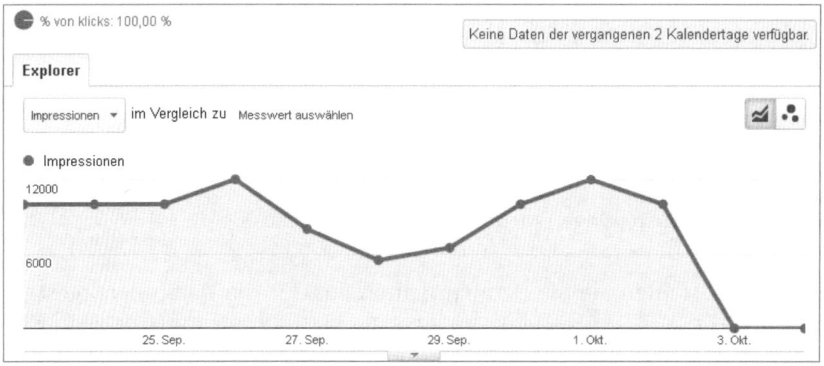

Abbildung 6.51 Screenshot-Beispiel für einen Graphen, bei dem die Daten der letzten zwei Tage nicht verfügbar sind

Wie Sie die Daten auswerten können, die Sie durch die Verknüpfung von Google Analytics mit der Google Search Console erhalten haben, erfahren Sie in Kapitel 8, »Die zweite Säule der Auswertung: Besucherquellen entdecken«.

6.7.6 AdSense-Daten in Google Analytics importieren

Ein weiteres Google-Produkt, das Sie mit Google Analytics verbinden können, ist Google AdSense. Dieses Produkt bietet Ihnen die Möglichkeit mit der Ausspielung von Anzeigen auf Ihrer Website, Geld zu verdienen. Das Tool funktioniert so, dass Sie bestimmte Flächen Ihrer Website markieren, auf denen Werbung platziert werden kann. Sie stellen sie Google zur Verfügung, sodass dort Display-Anzeigen geschaltet werden können. Klickt jemand auf eine solche Anzeige, verdienen Sie damit Geld. Natürlich haben Sie noch deutlich mehr Möglichkeiten, auf die wir an dieser Stelle aber nicht eingehen wollen.

Verknüpfen Sie diese beiden Tools, können Sie AdSense-Daten wie eCPM und Anzeigenblock-Impressionen mit den Google-Analytics-Kennzahlen in Verbindung bringen. Um die Verknüpfung durchführen zu können, müssen Sie in beiden Tools als Administrator eingetragen sein.

Anders als bei der Search-Console-Verknüpfung haben Sie hier nicht die Möglichkeit, über den Report zu den Property-Einstellungen zu gelangen, bei denen Sie die Verknüpfung starten können. Sie können die Verknüpfung nur auf Property-Ebene beantragen (siehe Abbildung 6.52). Anschließend können Sie auswählen, welche Datenansichten verknüpft werden sollen.

Abbildung 6.52 Kontoeinstellungen zur Verknüpfung mit AdSense

Im zweiten Schritt wählen Sie die Datenansichten aus, für die Daten bereitgestellt werden sollen. Mit LINK AKTIVIEREN richten Sie die Verbindung schließlich ein. Der Ablauf ist somit sehr ähnlich zur Verknüpfung mit AdWords-Konten.

Abbildung 6.53 AdSense-Verknüpfungen in der Übersicht

Kapitel 7

Die erste Säule der Auswertung: Besucher kennenlernen

Die Arbeit mit dem Auswertungstool beginnt. Sie erfahren, aus welchem Land Ihre Besucher kommen, ob sie mit dem PC oder dem Smartphone surfen, wie alt sie sind und ob sie zum ersten oder wiederholten Mal auf Ihrer Website waren.

Nach dem Login in Google Analytics beginnen Sie immer an der gleichen Stelle: auf der Zielgruppen-Übersichtsseite. Hier sehen Sie auf einen Blick, wie viele Personen Ihre Website in den letzten 30 Tagen besucht haben, wie lange sie im Schnitt bleiben, wie viele Seiten sie sich anschauen und wie groß der Anteil von neuen Besuchern ist.

Zu Beginn der nächsten Kapitel wollen wir Ihnen immer eine kurze Übersicht geben, was Sie in dem Report-Bereich auswerten können, ob spezielle Anpassungen notwendig sind und ob es sinnvoll ist, eine eigene Datenansicht dafür anzulegen (zum Beispiel um Nutzerrechte einzuschränken oder gezielt Inhalte auszuwerten). Die einzelnen Punkte sollen Ihnen einen schnellen Einblick geben, was Sie in den Berichten auswerten können und was Sie gegebenenfalls vorher erledigen müssen, um die Daten einsehen zu können.

Zielgruppen-Reports

Für wen ist der Report sinnvoll?

Jeder Webanalyst findet in diesem Bereich wertvolle Informationen über seine Nutzer.

Welche Fragen beantwortet der Report-Bereich?

Welche technischen Geräte nutzen die Menschen, um Ihre Website anzuschauen? Welche Sprache sprechen Ihre Nutzer? Wo befinden sich die Nutzer? Wie alt sind Ihre Nutzer?

Sind (Code-)Anpassungen nötig, um den Report sinnvoll auswerten zu können?

Nein, außer Sie entscheiden sich für die Nutzung von benutzerdefinierten Variablen, diese müssen im Code mitgegeben werden. Auch wenn Sie demografische Daten einsehen möchten, ist eine Anpassung nötig.

Wie oft sollten Sie den Report anschauen?

Die Besucherzahlen sollten Sie mindestens wöchentlich einsehen, die weiteren Punkte wie Sprache, Standort und technische Voraussetzungen sollten mindestens quartalsweise oder nach Bedarf, zum Beispiel bei einem Relaunch, geprüft werden.

Müssen Elemente aus dem Report-Bereich in die benutzerdefinierten Benachrichtigungen aufgenommen werden?

Sinnvoll ist eine Benachrichtigung, wenn der Anteil der Besucher zurückgeht oder stark steigt. Außerdem sollten Sie die Browser (zum Beispiel starker Zuwachs eines Browsers) und technischen Voraussetzungen abdecken.

Ist ein Dashboard oder eine Verknüpfung sinnvoll?

Ja, Elemente wie Anzahl der Besucher, Seitenaufrufe etc. sind vor allem in Übersichts-Dashboards hilfreich.

Müssen Sie dafür extra eine Datenansicht erstellen?

Nein, eine eigene Datenansicht ist für diesen Bereich nicht nötig.

Die ZIELGRUPPENÜBERSICHT (siehe Abbildung 7.1) bietet Ihnen auf einen Blick alle wichtigen Daten zu Ihren Nutzern. Die Grafik zeigt den zeitlichen Verlauf der Sitzungen. Darunter sehen Sie folgende Daten für den ausgewählten Zeitraum:

- Anzahl der Sitzungen und Nutzer
- die Gesamt-Seitenaufrufe
- Seiten pro Sitzung
- durchschnittliche Sitzungsdauer
- Absprungrate
- Anteil der neuen Sitzungen

Daneben sehen Sie in einem Kreisdiagramm die Anteile von neuen und wiederkehrenden Sitzungen.

Darunter finden Sie Direkt-Links zu weiteren Reports, beispielsweise zu demografischen Informationen wie Sprache, Stadt oder Land, aber auch zu System-Informationen wie Browser und Betriebssystem. Weiterhin gibt es Links zu den Mobilgeräte-Informationen. Nebenstehend finden Sie einen Auszug aus dem Sprachen-Report.

Die Übersichtsseite liefert Ihnen also auf einen Blick alles Wichtige, das Sie über Ihre Besucher wissen müssen, und hilft Ihnen, direkt innerhalb der Zielgruppen-Reports weiter zu navigieren.

Im Menü finden Sie vier weitere Einträge, bevor die Untermenüs beginnen: *Aktive Nutzer, Lifetime-Wert, Nutzer-Explorer* und *Kohortenanalyse*. Lifetime-Wert und Kohortenanalyse befinden sich derzeit (August 2017) im Beta-Stadium, sind allerdings schon seit geraumer Zeit verfügbar.

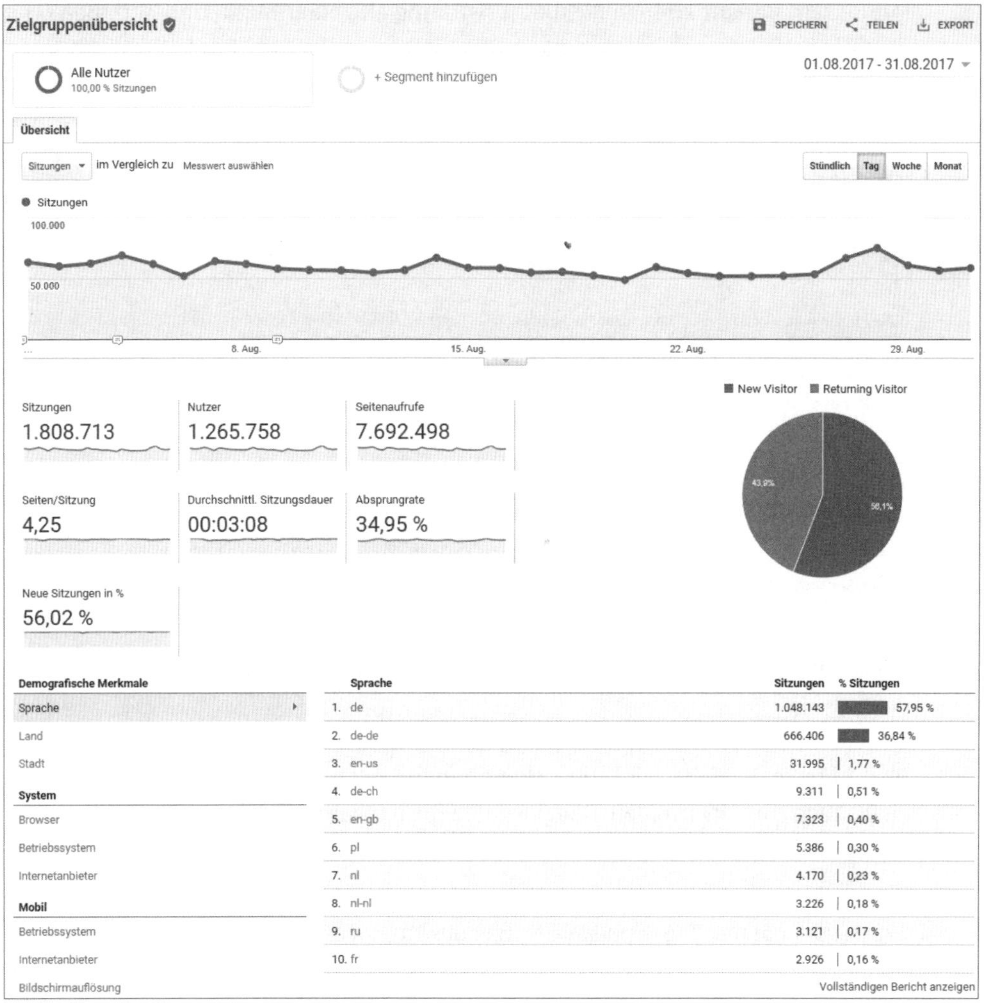

Abbildung 7.1 Zielgruppenübersicht

Der Bericht AKTIVE NUTZER (siehe Abbildung 7.2) zeigt Ihre Nutzerzahlen in unterschiedlichen Zeitfenstern. In der Standardeinstellung sehen Sie die Nutzerzahlen pro Tag. Am oberen Rand des Diagramms können Sie weitere Zeiträume hinzuschalten: 7 Tage, 14 Tage und 30 Tage. Für jeden dieser Zeiträume wird die Summe der Nutzer ausgewiesen.

Für jeden Tag im eingestellten Zeitraum werden die vier Zeitfenster berechnet. Unterhalb des Diagramms sehen Sie die Werte für den letzten Tag in Ihrem Zeitraum (in der Abbildung ist das der 26.9.). Fahren Sie nun mit der Maus über die einzelnen Datenpunkte, erhalten Sie die Werte für den ausgewählten Tag, die 7 Tage davor usw.

Mit diesem Bericht können Sie die Auswirkung einzelner Marketing-Aktionen oder neuer Inhalte besser bewerten. Sie sehen nicht nur den direkten Einfluss auf Ihren Traffic (1-Tag-Zeitraum), sondern auch die mittel- und langfristige Entwicklung (7-Tage- bis 30-Tage-Zeitraum).

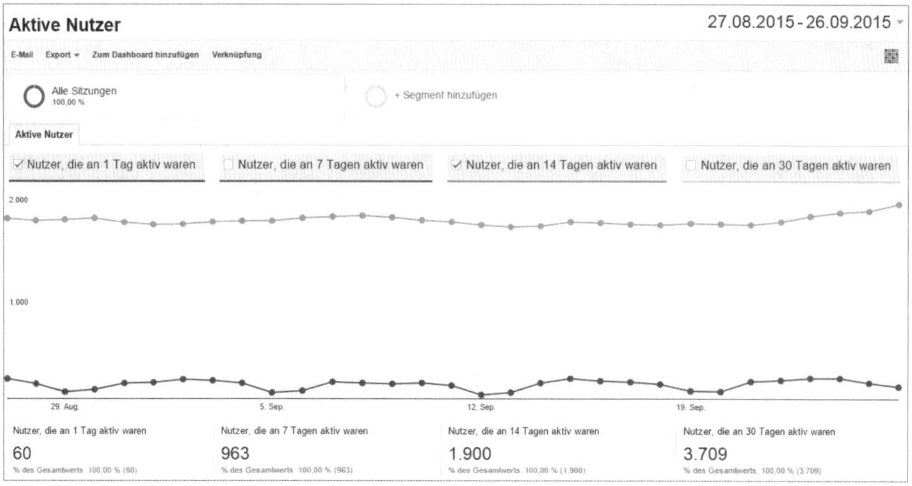

Abbildung 7.2 Nutzerzahlen über unterschiedliche Zeiträume vergleichen

Der Bericht KOHORTENANALYSE (siehe Abbildung 7.3) betrachtet ebenfalls die Nutzer über unterschiedliche Zeiträume. Hier können Sie das Verhalten Ihrer Nutzer für bis zu 90 Tage zurückverfolgen. Dabei werden die Nutzer nach dem Akquisitionsdatum gegliedert.

Jede Zeile der Tabelle betrachtet den ausgewählten Messwert für die Nutzer dieses Tages. In der Spalte Tag 0 sind alle Nutzer des Tages vertreten, daher sind die Einträge hier immer auf 100 % gestellt. In Tag 1 werden dann die Nutzer betrachtet, die am folgenden Tag wiederkehren usw.

Sie können also betrachten, wie sich Nutzer verhalten, die an einem bestimmten Datum zum ersten Mal auf Ihre Website kamen. Das kann besonders bei Einzelaktionen sinnvoll sein: Wie verhalten sich zum Beispiel Nutzer, die Sie über einen bestimmten Facebook-Post gewonnen haben, in der Folgezeit?

Das Verhalten können Sie an unterschiedlichen Metriken festmachen, die Sie in den Einstellungsmöglichkeiten oberhalb des Diagramms auswählen. Neben der voreingestellten Nutzerbindung bietet Ihnen der Bericht diverse Kenngrößen pro Nutzer oder als Gesamtzahl.

Sie könnten die Vergleiche in diesem Bericht auch mit anderen Mitteln erreichen, etwa Segmentabfolgen. Das Besondere ist der direkte Vergleich von Nutzern für unterschiedliche Zeiträume (Tage, Wochen oder Monate). Mit den normalen Hausmitteln von Analytics (Segmente, Kalender usw.) wäre das wie gesagt möglich, aber ziemlich aufwendig.

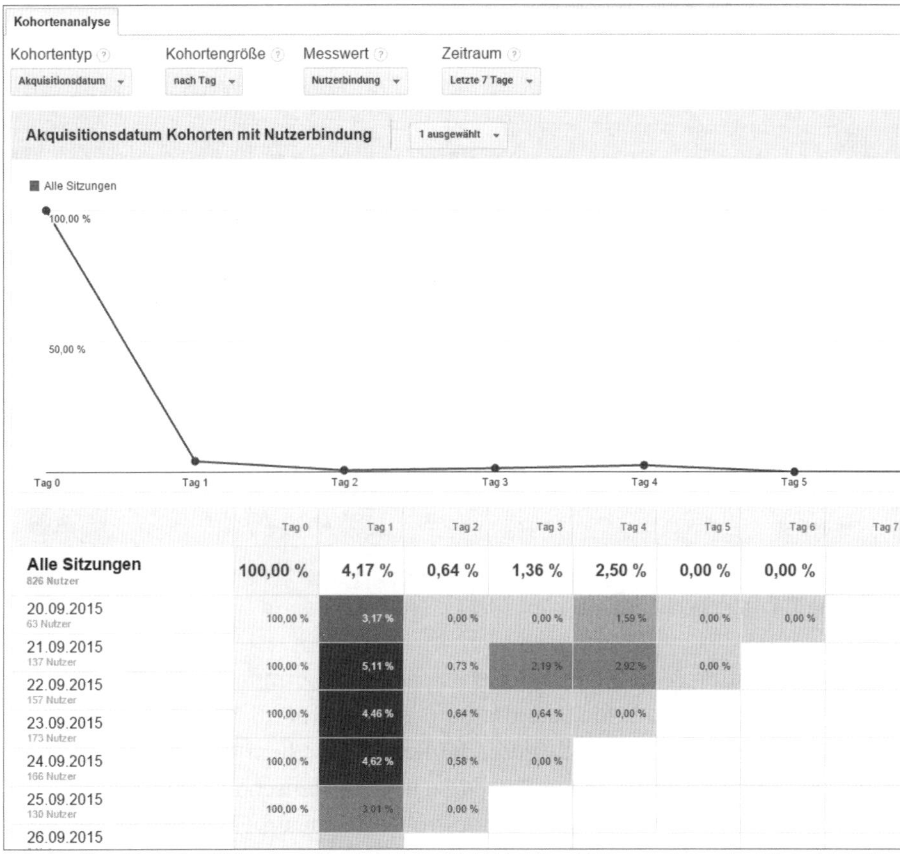

Abbildung 7.3 Nutzer nach Akquisitionsdatum vergleichen

Zwei weitere Reports, die Google Analytics Ihnen in diesem Bereich anbietet, sind der Report zum LIFETIME-WERT (siehe Abbildung 7.4) und der NUTZER-EXPLORER (siehe Abbildung 7.5). Ersterer zeigt Ihnen wie wertvoll Ihre Nutzer sind und gibt Ihnen die Möglichkeit, den Wert über verschiedene Nutzergruppen oder Channel hinweg zu betrachten. Derzeit reicht der Lifetime-Wert nur 90 Tage weit zurück, das heißt, Sie können den Report nur nutzen, wenn Sie in den letzten 90 Tagen ECommerce Conversions erzielt haben.

Mithilfe dieses Reports können Sie zum Beispiel auswählen, was Ihnen jene Nutzer gebracht haben, die Sie über eine TV Kampagne erhalten haben. Wählen Sie dazu den Tag aus und gegebenenfalls auch die Quelle und Sie können sehen, wie viele Transaktionen oder Umsatz diese Nutzergruppe Ihnen im Laufe der Zeit gebracht hat.

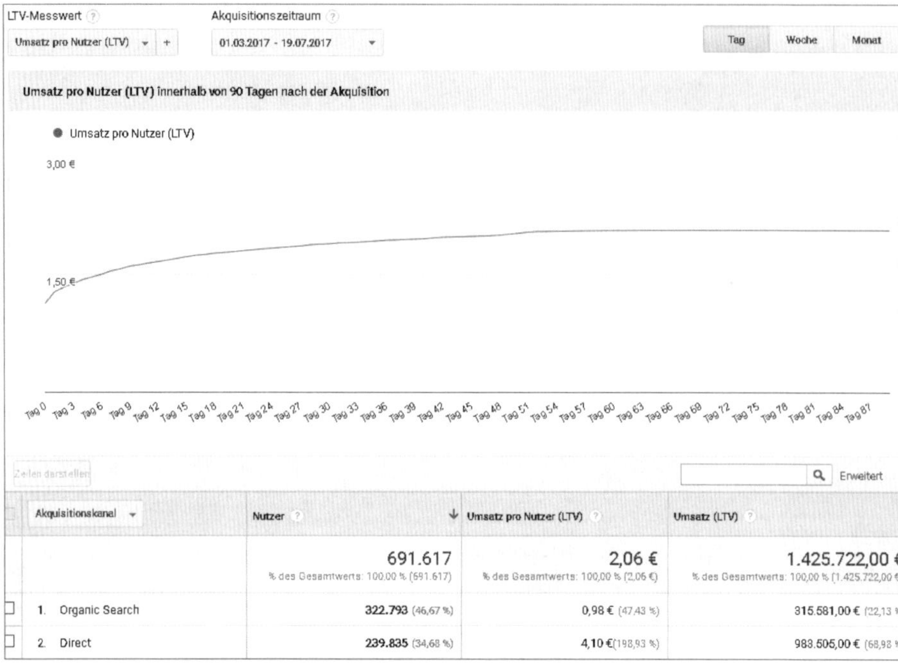

Abbildung 7.4 Übersicht Lifetime-Wert

Der Nutzer-Explorer zeigt Ihnen, wie der Name schon vermuten lässt, Daten einzelner Nutzer. Hierfür werden die User-IDs genutzt, sofern Sie diese in Ihren Einstellungen festgelegt haben. Andernfalls nutzt der Report die Client-IDs als Grundlage der Daten. Und keine Angst, wenn Sie Google Analytics datenschutzkonform eingebunden haben, können Sie diesen Report ohne Probleme nutzen. Es werden hier nämlich keine privaten Daten oder ähnliches von Ihren Nutzern gezeigt, sondern eher das Verhalten der Nutzer auf Ihrer Seite. So können Sie feststellen, was Nutzer gemacht haben, die beispielsweise einen sehr hohen Umsatz generiert haben, oder Sie können auch Problemen auf den Grund sehen und versuchen herauszufinden, was zu besonders niedrigen Umsätzen führt.

In Abbildung 7.5 können Sie die verschiedenen Client-IDs und die dazugehörigen Sitzungen und Transaktionen einsehen. Hier sind zwei Punkte auffällig. Zum einen der Nutzer aus der ersten Spalte, der 627 Sitzungen generiert hat und eine Absprungrate von 99% aufweist. Dies sieht sehr nach einem Bot aus und sollte noch einmal genauer untersucht werden. Zum anderen fällt Nutzer Nummer 3 auf. Er hat im Schnitt sechs Minuten auf der Seite verbracht und bei einer Transaktion 28 € Umsatz erzielt. Dies entspricht auch seinem Lifetime-Wert, den wir schon im vorigen Bericht angesprochen haben. Diesen Nutzer können wir uns jetzt noch einmal genauer anschauen, indem wir auf seine Client-ID klicken (siehe Abbildung 7.6).

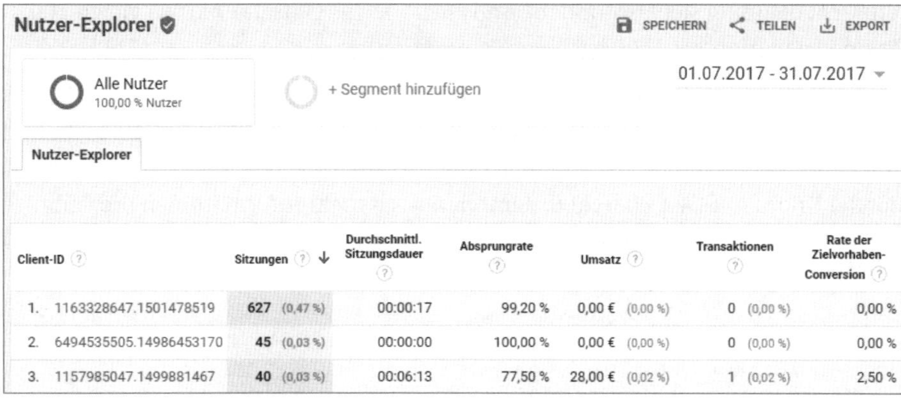

Abbildung 7.5 Übersicht Nutzer-Explorer

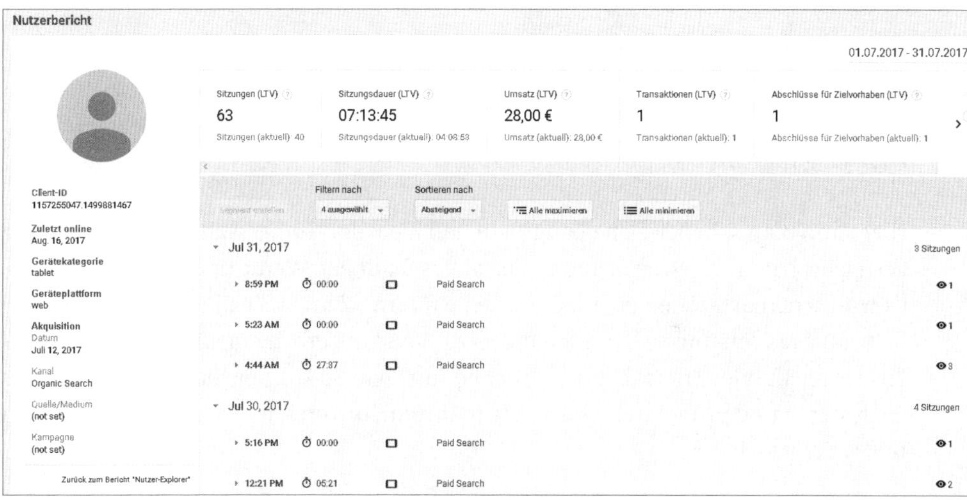

Abbildung 7.6 Nutzerbericht im Nutzer-Explorer

Hier finden Sie nun alle Informationen über den Nutzer. Darunter zum Beispiel folgende:

- Wann wurde der Nutzer akquiriert?
- Über welche Quelle kam der Nutzer?
- Wann war er das letzte Mal online?
- Welches Gerät nutzt er?

Außerdem können Sie sehen, wie viele Sitzungen er insgesamt schon erzielt hat und wie viele davon in den von Ihnen ausgewählten Zeitraum entfallen. In unserem Fall sind es insgesamt 63 Sitzungen, 40 davon im von uns ausgewählten Monat Juli. Weitere Informationen, die wir erhalten sind auch wie lange er insgesamt auf der Seite verbracht hat (über sieben Stunden), und auch wie viel Umsatz er in wie vielen Transaktionen generiert hat (28 € bei einer Transaktion).

In der Tabelle sehen Sie eine Auflistung der einzelnen Sitzungen mit Uhrzeit, Dauer, Quelle und Seitenaufrufen. Unser Nutzer war am 31. Juli drei Mal auf der Seite und kam dabei jedes Mal über Paid Search. Genauso auch die Tage zuvor. Interessant ist hier der Knopf ALLE MAXIMIEREN, der Ihnen noch mehr Informationen preisgibt.

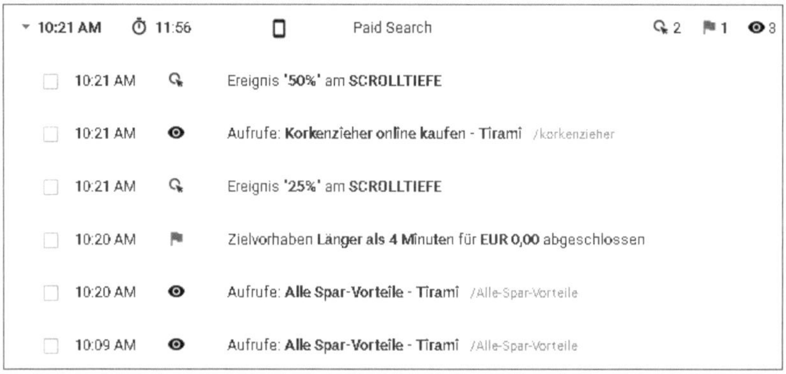

Abbildung 7.7 Alle maximieren im Nutzerbericht

Hier kann man sehen, welche Ereignisse und Ziele der Nutzer während einer Sitzung getriggert hat und welche Seiten er sich angeschaut hat. Wenn Sie oben in dem Drop-Down-Menü nach Zielen oder E-Commerce filtern, können Sie die »unwichtigen« Inhalte ausblenden und sich nur auf die Sitzungen konzentrieren, in denen der Nutzer Ziele erreicht oder Transaktionen durchgeführt hat. So können Sie dann den Verlauf analysieren und prüfen welche Schritte in Ihrem Conversion-Fluss gut funktionieren und welche nicht.

7.1 Demografische Merkmale und Interessen der Besucher – Alter, Geschlecht und Themen

Seit Ende 2013 bietet Ihnen Google Analytics ein Feature, mit dessen Hilfe Sie Informationen über demografische Merkmale wie Alter und Geschlecht, aber auch Interessen der Besucher analysieren können. Voraussetzung dafür ist allerdings, dass Sie zuvor drei Schritte durchführen:

1. **Anpassen des Tracking-Codes**: Um die Berichte nutzen zu können, müssen Sie Ihren Tracking-Code so anpassen, dass er die Unterstützung von Display-Werbung gewährleistet. Wenn Sie Ihren Tracking-Code bereits so angepasst haben, dass er Remarketing unterstützt, müssen Sie dies natürlich nicht noch einmal durchführen.

2. **Datenschutzerklärung anpassen**: Ihre Datenschutzerklärung muss so angepasst werden, dass sie auf die Display-Unterstützung hinweist. Außerdem müssen Sie sowohl auf die Verwendung der über interessenbezogene Werbung durch Google erlangten Daten als auch von Besucherdaten durch Drittanbieter aufmerksam machen. Passen Sie die Erklärung entsprechend an. Auch dies sollten Sie im Normalfall bereits erledigt haben, wenn Sie den Remarketing-Code schon nutzen.
3. **Berichte aktivieren**: Aktivieren Sie im Anschluss an die Anpassungen die Reports innerhalb von Google Analytics. Dies können Sie entweder direkt aus dem Report heraus erledigen oder aber über die Verwaltungsoberfläche innerhalb der Property-Einstellungen.

Sobald Sie diese drei Punkte durchgeführt haben, können Sie mit den Auswertungen der Daten beginnen. Sie erhalten dann Informationen über Alter, Geschlecht und Interessen Ihrer Nutzer, die Sie verwenden können, um Analysen durchzuführen, die Sie sonst an keiner Stelle in Analytics finden. Es besteht sogar die Möglichkeit, Segmente mit diesen Daten zu erstellen oder damit benutzerdefinierte Berichte anzulegen.

Mithilfe dieser Daten finden Sie Antworten auf Fragen wie diese:

- Verhalten sich Männer und Frauen anders auf Ihrer Website?
- Welche Produkte werden hauptsächlich von Frauen gekauft?
- Wie alt sind Ihre Nutzer?
- Welche Altersgruppe oder welches Geschlecht erzielt den meisten Umsatz?
- Bleiben Nutzer mit bestimmten Interessen länger auf Ihrer Seite,
oder brechen sie schneller ab?
- Welche Themen interessieren Ihre Besucher?

Herkunft und Einschränkung der Daten

Die Informationen über Demografie und Interessen stammen aus dem Google-Display-Netzwerk-Datentopf. Google Analytics verknüpft die Daten aus Analytics mit denen aus dem Google-Display-Netzwerk. Sollte dieser Cookie nicht mit einem bestimmten Nutzer verbunden sein, so können daraus keine Informationen abgeleitet werden.

Aus diesem Grund kann es vorkommen, dass nicht für jede Sitzung Informationen über Alter, Geschlecht und Interessen gespeichert werden können. Außerdem streicht Google Analytics Datensätze, bei denen Rückschlüsse auf die Identität eines einzelnen Nutzers gezogen werden können. Darauf weist Analytics Sie oberhalb des Reports in der gelben Hinweis-Box hin.

Wie groß der Anteil der berücksichtigten Nutzer ist, sehen Sie innerhalb der einzelnen Reports.

7.1.1 Berichte zur Leistung nach demografischen Merkmalen freischalten

Sie haben zwei Möglichkeiten, die Berichte über demografische Daten freizuschalten. Zum einen können Sie dies über die Berichtsoberfläche umsetzen. Navigieren Sie dazu zu dem Übersichtsbericht der demografischen Merkmale, und klicken unterhalb des zu sehenden Textes auf AKTIVIEREN (siehe Abbildung 7.8).

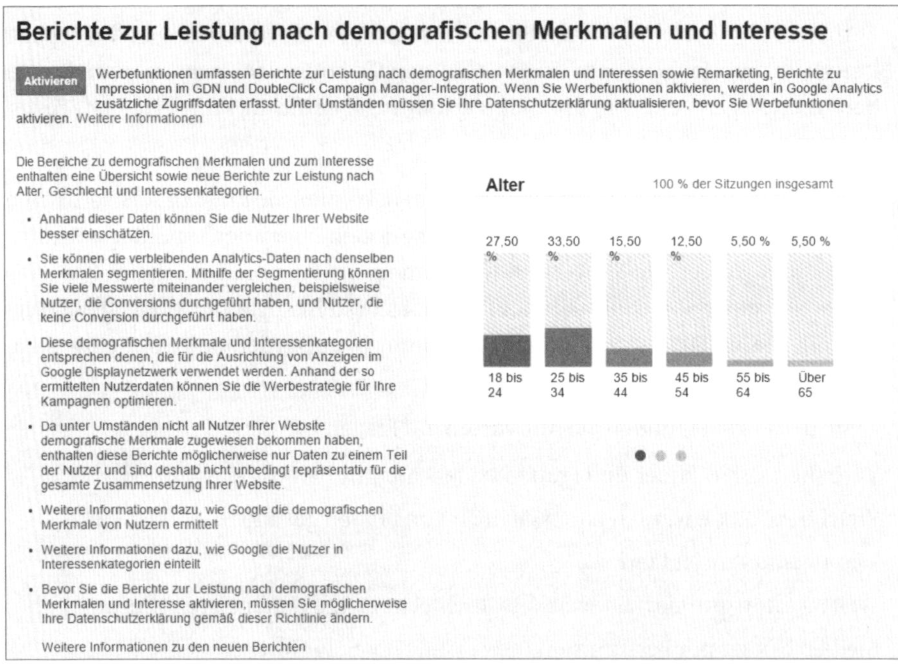

Abbildung 7.8 Berichte zur Leistung nach demografischen Merkmalen innerhalb der Berichtsoberfläche aktivieren

Alternativ können Sie die Änderung auch in den Property-Einstellungen vornehmen. Wechseln Sie dazu unter dem Punkt BERICHTE ZUR LEISTUNG NACH DEMOGRAFISCHEN MERKMALEN UND INTERESSE AKTIVIEREN die Schalterstellung von AUS zu EIN, und speichern Sie anschließend die Änderungen (siehe Abbildung 7.9).

Abbildung 7.9 Berichte zur Leistung nach demografischen Merkmalen innerhalb der Property-Einstellungen aktivieren

Egal, für welche Methode Sie sich entscheiden, Google Analytics prüft im Anschluss an die Aktivierung, ob bereits der korrekte Tracking-Code eingebunden ist. Ist das nicht der Fall, können Sie die Daten noch nicht auswerten. Sie können aber jederzeit eine erneute Überprüfung des Tracking-Codes beantragen, sobald Sie die Änderungen durchgeführt haben.

7.1.2 Berichte über demografische Merkmale und Interessen nutzen

In Abbildung 7.10 zeigen wir Ihnen eine Übersicht über die Berichte zu den demografischen Merkmalen und den Interessen. Pro Menüpunkt gibt es noch weitere Unterpunkte, welche die einzelnen Reports beinhalten. Im Verlauf dieses Abschnitts wollen wir Ihnen die wichtigsten Berichte zeigen.

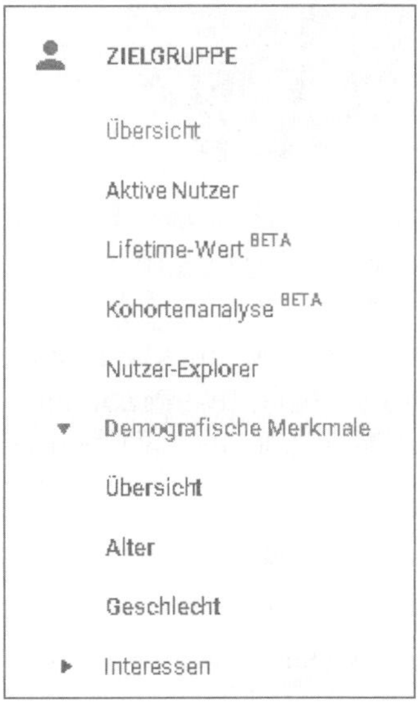

Abbildung 7.10 Platzierung der demografischen Berichte in der Navigation

Die beiden Übersichtsberichte geben Ihnen mithilfe einer Visualisierung die Möglichkeit an die Hand, schnell einen Eindruck über Geschlecht, Alter und Interessen Ihrer Nutzer zu erhalten.

Abbildung 7.11 zeigt Ihnen die Übersicht der demografischen Merkmale. Die Beispiele stammen aus unserer luna-park-Datenansicht. Daher können wir sagen, dass ein Großteil der Besucher von *luna-park.de* männlich und zwischen 25 und 44 Jahren alt ist. Die Daten wurden anhand von rund 56 % der Gesamtsitzungen erhoben, das wiederum heißt, dass für etwa die Hälfte der Sitzungen gar keine demografischen Informationen erhoben werden konnten.

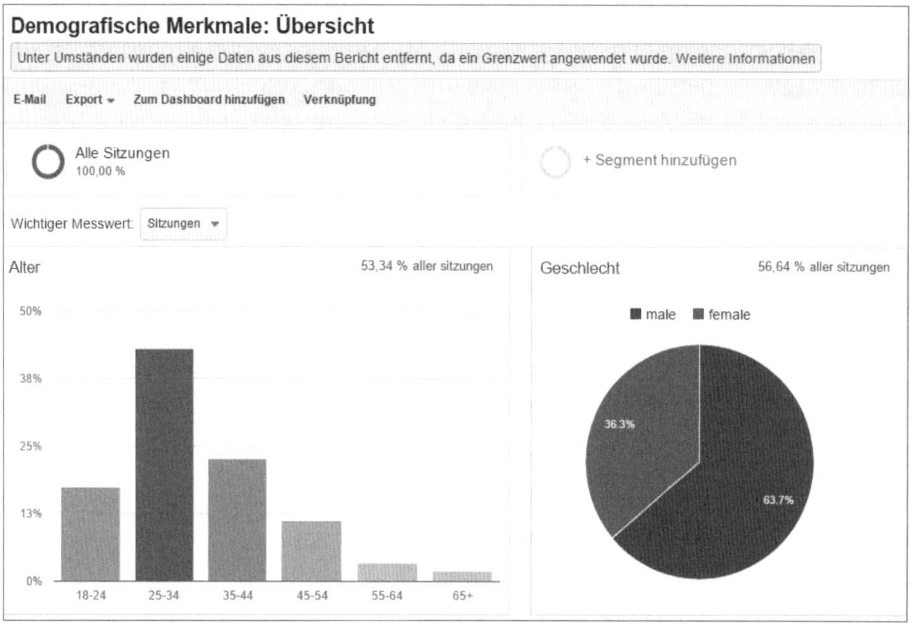

Abbildung 7.11 Übersicht über Alter und Geschlecht der Nutzer

Nutzen Sie die Segmentierung, um noch gezieltere Auswertungen über bestimmte Nutzergruppen durchführen zu können. Sind Besucher, die über AdWords kommen, jünger oder älter als der Durchschnitt? Wie alt sind die Besucher, die viele Conversions erzielen?

Weitere Informationen erhalten Sie nach einem Klick auf die anderen Berichte, zum Beispiel ALTER und GESCHLECHT.

In Abbildung 7.12 sehen Sie den Report ALTER. Darin können Sie auswerten, wie sich die Nutzer einzelner Altersklassen auf Ihrer Website verhalten. Untersuchen Sie hier, wie viele Sitzungen auf eine Altersklasse entfallen, wie lange die Nutzer auf der Website bleiben und wie hoch die Conversion-Rate für die verschiedenen Altersklassen ist. 18- bis 24-Jährige sind in unserem Beispiel die Gruppe, die noch recht gute Conversion-Rates aufweist, sich allerdings im Schnitt vergleichsweise kurz auf der Seite aufhält.

Die gleiche Art der Auswertung können Sie durchführen, wenn Sie sich den Report zum Thema Geschlecht oder zu den AFFINITÄTSKATEGORIEN (REPORT: INTERESSEN – KATEGORIEN GEMEINSAMER INTERESSEN (REICHWEITE)) anschauen (siehe Abbildung 7.13).

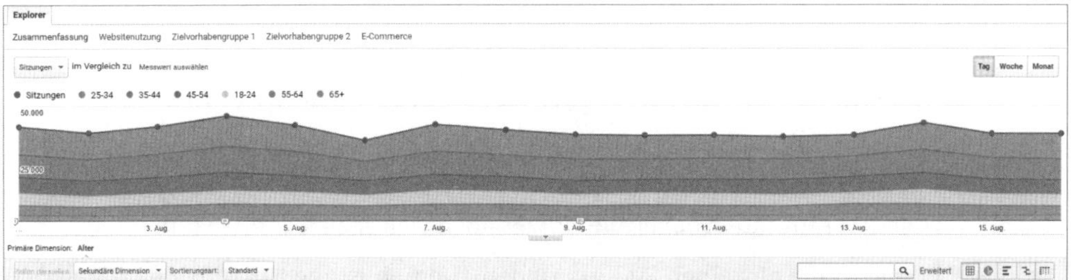

Alter	Akquisition: Sitzungen	Neue Sitzungen in %	Neue Nutzer	Verhalten: Absprungrate	Seiten/Sitzung	Durchschnittl. Sitzungsdauer	Conversions (Zielvorhaben 1: Verfügbarkeit prüfen): Verfügbarkeit prüfen (Conversion-Rate für Zielvorhaben 1)	Verfügbarkeit prüfen (Abschlüsse für Zielvorhaben 1)	Verfügbarkeit prüfen (Wert für Zielvorhaben 1)
	628.853 % des Gesamtwerts: 65,57 % (959.043)	48,87 % Durchn. für Datenansicht: 55,88 % (-12,55 %)	307.326 % des Gesamtwerts: 57,34 % (535.959)	35,13 % Durchn. für Datenansicht: 34,93 % (0,55 %)	4,17 Durchn. für Datenansicht: 4,24 (-1,74 %)	00:03:04 Durchn. für Datenansicht: 00:03:07 (-1,41 %)	3,64 % Durchn. für Datenansicht: 3,85 % (-5,38 %)	22.919 % des Gesamtwerts: 62,04 % (36.941)	0,00 € % des Gesamtwerts: 0,00 % (0,00 €)
1. 25-34	175.006 (27,83 %)	47,58 %	83.265 (27,09 %)	35,33 %	3,99	00:02:57	3,22 %	5.627 (24,55 %)	0,00 € (0,00 %)
2. 35-44	153.529 (24,41 %)	46,59 %	71.528 (23,27 %)	35,42 %	4,09	00:03:01	3,66 %	5.616 (24,50 %)	0,00 € (0,00 %)
3. 45-54	109.045 (17,34 %)	49,64 %	54.126 (17,61 %)	34,91 %	4,27	00:03:06	4,00 %	4.357 (19,01 %)	0,00 € (0,00 %)
4. 18-24	82.337 (13,09 %)	55,30 %	45.529 (14,81 %)	35,82 %	4,02	00:02:54	2,93 %	2.412 (10,52 %)	0,00 € (0,00 %)
5. 55-64	68.366 (10,87 %)	48,26 %	32.995 (10,74 %)	34,54 %	4,50	00:03:20	4,35 %	2.974 (12,98 %)	0,00 € (0,00 %)
6. 65+	40.570 (6,45 %)	49,01 %	19.883 (6,47 %)	33,28 %	4,68	00:03:34	4,76 %	1.933 (8,43 %)	0,00 € (0,00 %)

Abbildung 7.12 Demografische Merkmale: Informationen über die einzelnen Altersgruppen

Kategorie gemeinsamer Interessen (Reichweite)	Akquisition: Sitzungen	Neue Sitzungen in %	Neue Nutzer	Verhalten: Absprungrate	Seiten/Sitzung	Durchschnittl. Sitzungsdauer	Conversions (Alle Ziele): Ziel-Conversion-Rate	Abschlüsse für Ziel	Zielwert
	727 % des Gesamtwerts: 36,26 % (2.005)	72,90 % Website-Durchschnitt: 84,84 % (-14,07 %)	530 % des Gesamtwerts: 31,16 % (1.701)	58,73 % Website-Durchschnitt: 72,02 % (-18,45 %)	2,31 Website-Durchschnitt: 1,92 (19,98 %)	00:01:52 Website-Durchschnitt: 00:01:09 (63,62 %)	19,67 % Website-Durchschnitt: 21,55 % (-8,71 %)	143 % des Gesamtwerts: 33,10 % (432)	0,00 € % des Gesamtwerts: 0,00 % (0,00 €)
1. Technophiles	572	70,63 %	404	57,52 %	2,39	00:02:01	20,10 %	115	0,00 €
2. News Junkies & Avid Readers	566	73,32 %	415	57,07 %	2,37	00:01:37	19,08 %	108	0,00 €
3. TV Lovers	533	72,23 %	385	56,85 %	2,43	00:01:58	19,70 %	105	0,00 €
4. Movie Lovers	492	72,15 %	355	58,54 %	2,36	00:01:55	20,33 %	100	0,00 €
5. Music Lovers	479	74,32 %	356	56,37 %	2,43	00:02:04	20,67 %	99	0,00 €
6. Sports Fans	453	71,52 %	324	58,06 %	2,34	00:01:57	20,31 %	92	0,00 €

Abbildung 7.13 Übersicht über die Interessen der Nutzer

Unsere luna-park-Besucher interessieren sich für technische Themen und Nachrichten, schauen aber auch gerne Filme und hören gerne Musik. Da jeder Besucher mehreren Interessen-Kategorien zugeordnet werden kann, wundern Sie sich bitte nicht, dass die Zahlen nicht mit der Gesamt-Sitzungszahl übereinstimmen. Wenn eine Sitzung zum Beispiel der Affinitätskategorie »Reference« zugewiesen wird, so kann sie gleichzeitig auch der Kategorie »General Reference« sowie der Kategorie »Dictionaries & Encyclopedias« zugeordnet sein.

Sortieren Sie nach erzielten Conversions, nach Sitzungsdauer, nach Anzahl der aufgerufenen Seiten, oder segmentieren Sie die Daten. Nur auf diese Weise bekommen Sie einen Einblick in die Denkweise Ihrer Nutzer. Werten Sie so zum Beispiel aus, für welche Themen sich die Besucher interessieren, die eine hohe Conversion-Rate aufweisen, um so gezielter Anzeigen auf entsprechenden Plattformen schalten zu können.

Nutzen Sie dazu auch den Report INTERESSEN: SEGMENTE MIT KAUFBEREITEN ZIELGRUPPEN, um zu erkennen, bei welchen Zielgruppen ein hohes Potenzial besteht, einen Kauf durchzuführen oder eine Conversion zu erzielen. Der Report WEITERE KATEGORIEN hilft Ihnen dabei, die Nutzer noch weiter zu klassifizieren.

Mächtiger als die einzelnen Reports zu den Themen ist die Nutzung der Kategorien innerhalb von Segmenten, als sekundäre Dimensionen oder in benutzerdefinierten Reports. Damit können Sie den bestehenden Auswertungen noch weitere Daten hinzufügen, die die Aussagen spezifischer gestalten.

7.2 Sprache, Standort und Technik der Besucher

Neben den eben bereits angesprochenen Reports umfasst der Bereich Zielgruppen unter anderem einige Informationen zu den technischen Voraussetzungen Ihrer Besucher. Sie können dort ablesen, aus welchen Ländern und Städten Ihre Website-Besucher stammen, welche Browser und Betriebssysteme sie dabei nutzen und auch welche Sprache sie sprechen. Die nun folgenden Reports können Sie ohne besondere Spezifikationen am Tracking-Code einsehen.

Diese Punkte geben Ihnen einen guten ersten Eindruck von Ihren Besuchern. Sie können feststellen, ob Ihre Website auf die Geräte optimiert ist, mit denen sie am häufigsten aufgerufen wird, und ob Sie die richtigen Sprachen verwenden. Die jeweiligen Reports finden Sie links in der Navigation unter dem Titel GEOGRAFIE sowie TECHNOLOGIE (siehe Abbildung 7.14).

Abbildung 7.14 Platzierung der Reports »Geografie« und »Technologie«

7.2.1 Sprache und Standort der Nutzer

Unter dem Navigationspunkt GEOGRAFIE erhalten Sie mehr Informationen zu Sprache und Standort Ihrer Besucher. Im Report SPRACHE sehen Sie, welche Sprache Ihre Besucher im Browser eingestellt haben. Sie wird mittels der Browser-Einstellungen Ihrer Besucher ermittelt. Die Einstellungen variieren meist zwischen Sprache und Ländervariante (de-at für Deutsch in Österreich) und nur der Angabe der Sprache (de). Abbildung 7.15 zeigt Ihnen, wo diese Daten eingestellt werden und wie sie aussehen können.

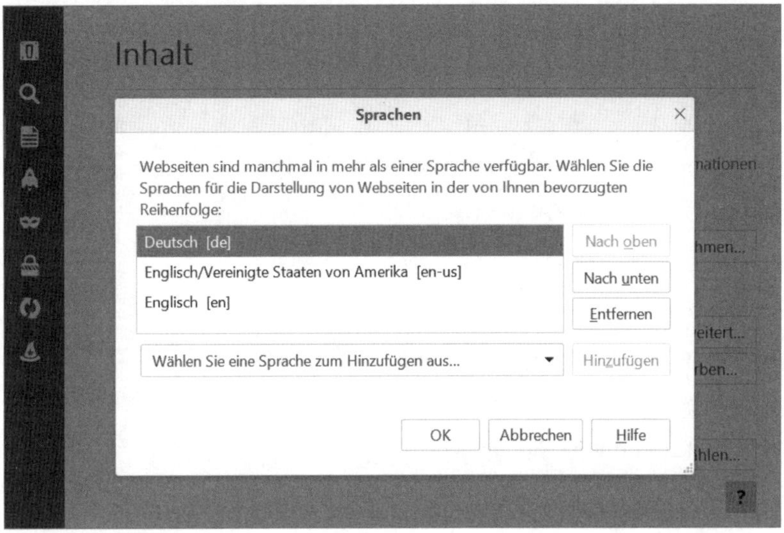

Abbildung 7.15 Einstellung der präferierten Sprache in Mozilla Firefox

Wählen Sie den entsprechenden Bericht an, so werden Sie ein ähnliches Bild wie in Abbildung 7.16 erhalten. In der Spalte ganz links erhalten Sie Aufschluss über die Sprachen und Länderversionen, daneben über die Anzahl der Sitzungen, die Seiten pro Sitzung, Sitzungsdauer, Anteil neuer Sitzungen und die Absprungrate.

Sie haben hier natürlich auch die Möglichkeit, zu filtern. Wenn Sie beispielsweise alle Nutzer sehen möchten, die Deutsch sprechen, müssen Sie lediglich »^de« in der Filterfunktion eingeben. Damit stellen Sie sicher, dass der Datensatz mit »de« beginnt, also mit der tatsächlichen Sprache. So schließen Sie aus, dass auch Besucher aus Deutschland, deren Browser aber auf Englisch eingestellt ist, mitgezählt werden.

Sinnvoll werden diese Auswertungen dann, wenn Sie sehen möchten, ob Ihre Besucher die für sie relevante Seite ansehen. Betreiben Sie zum Beispiel eine spanische Website, sehen dann aber, dass auf der .com-Seite viele Spanisch sprechende Nutzer sind, sollten Sie dem nachgehen. Finden die Nutzer, was sie suchen? Navigieren sie von sich aus auf die spanische Seite, oder sind sie sogar so frustriert, dass sie die Seite wieder verlassen?

Sprache	Akquisition			Verhalten
	Sitzungen ↓	Neue Sitzungen in %	Neue Nutzer	Absprungrate
	132.803 % des Gesamtwerts: 100,00 % (132.803)	69,68 % Durchn. für Datenansicht: 69,62 % (0,08 %)	92.536 % des Gesamtwerts: 100,08 % (92.460)	46,59 % Durchn. für Datenansicht: 46,59 % (0,00 %)
1. de	**52.322** (39,40 %)	65,43 %	34.233 (36,99 %)	42,92 %
2. de-de	**51.212** (38,56 %)	72,09 %	36.918 (39,90 %)	47,03 %
3. en-us	**4.821** (3,63 %)	62,04 %	2.991 (3,23 %)	53,72 %
4. nl	**3.698** (2,78 %)	78,29 %	2.895 (3,13 %)	51,87 %
5. nl-nl	**3.537** (2,66 %)	79,93 %	2.827 (3,06 %)	53,58 %
6. fr	**2.158** (1,62 %)	84,01 %	1.813 (1,96 %)	65,94 %
7. en-gb	**1.991** (1,50 %)	70,47 %	1.403 (1,52 %)	46,91 %
8. nl-be	**1.232** (0,93 %)	82,47 %	1.016 (1,10 %)	57,71 %
9. fr-fr	**947** (0,71 %)	82,58 %	782 (0,85 %)	62,30 %
10. de-ch	**860** (0,65 %)	75,35 %	648 (0,70 %)	45,00 %

Abbildung 7.16 Report zum Thema »Sprache«

Der Standort-Report zeigt Ihnen sowohl grafisch als auch tabellarisch, wie sich die Standorte der Besucher aufteilen. Beachten sollten Sie allerdings, dass die Daten nicht hundertprozentig korrekt sein können. Gerade für die Städte-Daten ist die Zuordnung nicht wirklich genau, da bei Kabel, UMTS oder DSL die IPs nie der genauen Stadt zugeordnet werden können. Einen generellen Überblick bieten Ihnen die Standortdaten aber dennoch.

Über dem tabellarischen Report sehen Sie die Kartendarstellung wie in Abbildung 7.17. Eine stärkere Färbung der Gebiete der Weltkarte bedeutet, dass besonders viele Besucher aus dieser Region stammen. Sie können in der Grafik auf ein Land klicken, um sich die genaue Verteilung innerhalb des Landes anzusehen. Der Report unter der Grafik wechselt dabei automatisch in der Ansicht von LAND zu REGION.

Oben links in der Kartendarstellung haben Sie die Möglichkeit, die Darstellungsform zu ändern. Statt der Verteilung der SITZUNGEN können Sie sich hier auch UMSATZ, Anzahl der TRANSAKTIONEN sowie E-COMMERCE-CONVERSION-RATES anzeigen lassen. In unserem Beispiel können Sie sehen, dass in allen Bundesländern, außer in Brandenburg, Umsatz erfolgt ist. Wenn Sie mit der Maus über die einzelnen Bundesländer fahren, können Sie den Umsatz pro Land sehen. In diesem Fall hat das Land Baden-Württemberg den meisten Umsatz gebracht, gefolgt von NRW und Hessen.

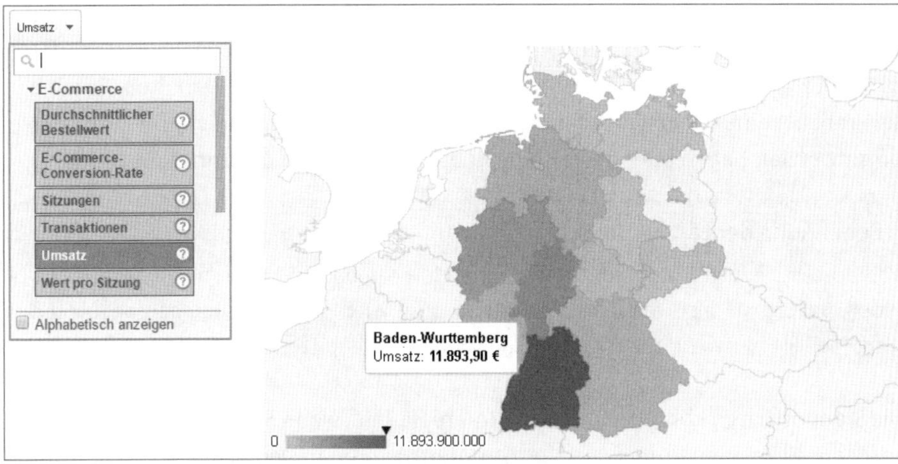

Abbildung 7.17 Standort-Report, grafische Darstellung nach Regionen und Umsatz in Deutschland

An dieser Stelle können Sie nicht weiterklicken, um die einzelnen Städte einzusehen. Dazu müssen Sie die tabellarische Darstellung nutzen. Unter der Kartendarstellung haben Sie die Möglichkeit, nach LAND, STADT, KONTINENT und SUBKONTINENT (zum Beispiel Westeuropa, Südeuropa, Nordamerika) zu wählen. Hier sehen Sie nun unterteilt nach Land, Region bzw. Stadt die üblichen Daten wie Anzahl der Sitzungen, Seiten pro Sitzung, Sitzungsdauer, Absprungrate, Anteil neue Sitzungen sowie Conversions (siehe Abbildung 7.18).

Land	Akquisition			Verhalten			Conversions E-Commerce	
	Sitzungen	Neue Sitzungen in %	Neue Nutzer	Absprungrate	Seiten/Sitzung	Durchschnittl. Sitzungsdauer	Transaktionen	Umsatz
	132.803 % des Gesamtwerts: 100,00 % (132.803)	69,68 % Durchn. für Datenansicht: 69,62 % (0,08 %)	92.536 % des Gesamtwerts: 100,08 % (92.460)	46,59 % Durchn. für Datenansicht: 46,59 % (0,00 %)	3,92 Durchn. für Datenansicht: 3,92 (0,00 %)	00:03:21 Durchn. für Datenansicht: 00:03:21 (0,00 %)	4.459 % des Gesamtwerts: 100,00 % (4.459)	164.343,00 € % des Gesamtwerts: 100,00 % (164.343,00 €)
1. Germany	**100.502** (75,68 %)	68,64 %	68.986 (74,55 %)	44,99 %	3,86	00:03:18	3.584 (80,38 %)	128.238,00 € (78,03 %)
2. Netherlands	**6.373** (4,80 %)	78,69 %	5.015 (5,42 %)	51,73 %	3,74	00:03:31	271 (6,08 %)	9.873,00 € (6,01 %)
3. Belgium	**4.771** (3,59 %)	84,34 %	4.024 (4,35 %)	67,47 %	2,84	00:02:18	107 (2,40 %)	4.621,50 € (2,81 %)
4. France	**2.073** (1,56 %)	79,84 %	1.655 (1,79 %)	54,61 %	3,97	00:02:59	37 (0,83 %)	1.568,00 € (0,95 %)
5. United Kingdom	**2.059** (1,55 %)	72,56 %	1.494 (1,61 %)	44,68 %	4,29	00:03:40	61 (1,37 %)	2.765,00 € (1,68 %)
6. Switzerland	**1.769** (1,33 %)	72,07 %	1.275 (1,38 %)	42,51 %	4,75	00:04:36	61 (1,37 %)	2.720,00 € (1,66 %)
7. Italy	**1.698** (1,28 %)	68,67 %	1.166 (1,26 %)	42,76 %	4,58	00:03:46	26 (0,58 %)	1.203,00 € (0,73 %)
8. Spain	**1.125** (0,85 %)	70,84 %	797 (0,86 %)	40,27 %	5,76	00:04:37	24 (0,54 %)	905,00 € (0,55 %)
9. Austria	**1.094** (0,82 %)	69,65 %	762 (0,82 %)	44,52 %	4,37	00:04:01	30 (0,67 %)	1.341,50 € (0,82 %)
10. Denmark	**928** (0,70 %)	76,29 %	708 (0,77 %)	58,19 %	2,80	00:02:25	17 (0,38 %)	896,50 € (0,55 %)

Abbildung 7.18 Standort-Report, tabellarische Darstellung nach »Land«

Wie gewohnt können Sie an dieser Stelle auch eine SEKUNDÄRE DIMENSION hinzufügen oder über die Explorer-Tabs wie ZIELVORHABENGRUPPE 1, ZIELVORHABENGRUPPE 2 und E-COMMERCE noch mehr Daten anzeigen lassen. Somit erhalten Sie auch in der Tabelle eine Übersicht darüber, welche Gebiete den meisten E-Commerce-Umsatz erzielt haben oder in welchen Städten die meisten Ziele erreicht werden.

Benennung der Länder, Regionen und Städte erfolgt auf Englisch

Beachten Sie bitte, dass die Daten im Standort-Report auf Englisch bezeichnet werden. Sollten Sie also versuchen, zu filtern oder auch Segmente danach anzulegen, müssen Sie hierzu immer die englische Schreibweise nutzen.

Die Standortdaten können für Sie von Interesse sein, wenn Sie lokale Ladengeschäfte besitzen. Besuchen Nutzer aus bestimmten Regionen Deutschlands häufig Ihren Online-Shop und erzielen viel Umsatz, so lohnt es sich, darüber nachzudenken, ein Filialgeschäft aufzubauen. Auch für AdWords-Analysen ist die Auswertung der Standortdimension interessant. Sie können ein Segment, das nur AdWords-Besucher einschließt, auf diese Auswertung legen und vergleichen, ob alle Regionen abgedeckt werden. Gibt es vielleicht Gebiete, aus denen viele Besucher kommen, die aber über AdWords gar nicht angesprochen werden?

Ein weiterer Fall, bei dem die Standort-Auswertung Sinn macht, ist das Schalten von regionalen Print- und Banneranzeigen. Werten Sie aus, wie viele Besucher Ihre Seite direkt aufrufen, also die Domain direkt eintippen oder via Lesezeichen auf Ihre Seite gelangen. Anschließend stellen Sie mit einer sekundären Dimension daneben fest, aus welchen Regionen Deutschlands besonders wenig Direktaufrufe erfolgen. Daraus können Sie schließen, dass Ihre Firma dort vor Ort noch nicht so bekannt ist. Besitzen Sie dort allerdings eine Filiale, sollten Sie in Betracht ziehen, mehr Werbung in dieser Region zu schalten, um die Besucher auf Ihre Seite und Ihr Geschäft aufmerksam zu machen.

Ein weiteres Anwendungsbeispiel wäre, wenn Sie planen, mehrere internationale Seiten für verschiedene Länder einzurichten. Mithilfe des Sprach- und Standort-Reports können Sie sehen, wie viele Besucher aus den verschiedenen Ländern auf Ihre Website gelangen und ob sie konvertieren. Anschließend können Sie auswerten, ob es sich lohnt, eine eigene Website für diese Länder aufzusetzen.

Gerade für Tourismus-Seiten ist es interessant, zu analysieren, ob die Besucher vor Ort anders durch die Seite navigieren als Besucher, die derzeit nicht vor Ort sind. Hier zeichnen sich meist große Unterschiede in der Website-Nutzung sowie der internen Suche ab. In geringerem Maße zeigen sich diese Unterschiede aber auch bei anderen Branchen.

7.2.2 Browser und Betriebssystem der Besucher

Google Analytics zeigt Ihnen unter dem Navigationspunkt TECHNOLOGIE Informationen zu BROWSER UND BETRIEBSSYSTEM Ihrer Nutzer. Sie erhalten Einblick darin, welche Browser genutzt werden, wie die Systeme konfiguriert sind (Auflösung, Farben etc.) und welche Versionen genutzt werden. Ein Beispiel für das Zusammenspiel von Browser und Betriebssystem sehen Sie in Abbildung 7.19.

		Akquisition			Verhalten			Conversions (Alle Ziele)	
Browser	Betriebssystem	Sitzungen	Neue Sitzungen in %	Neue Nutzer	Absprungrate	Seiten/Sitzung	Durchschnittl. Sitzungsdauer	Ziel-Conversion-Rate	Abschlüsse für Ziel
		2.357 % des Gesamtwerts: 100,00 % (2.357)	84,09 % Website-Durchschnitt: 84,09 % (0,00 %)	1.982 % des Gesamtwerts: 100,00 % (1.982)	73,61 % Website-Durchschnitt: 73,61 % (0,00 %)	1,83 Website-Durchschnitt: 1,83 (0,00 %)	00:01:03 Website-Durchschnitt: 00:01:03 (0,00 %)	16,29 % Website-Durchschnitt: 16,29 % (0,00 %)	384 % des Gesamtwerts: 100,00 % (384)
1. Chrome	Macintosh	**670**	96,57 %	647	94,78 %	1,18	00:00:10	19,85 %	133
2. Firefox	Windows	**489**	83,84 %	410	57,46 %	2,33	00:01:39	14,72 %	72
3. Chrome	Windows	**422**	69,67 %	294	60,19 %	2,28	00:01:35	18,72 %	79
4. Internet Explorer	Windows	**141**	89,36 %	126	64,54 %	2,02	00:00:49	11,35 %	16
5. Safari	Macintosh	**101**	71,29 %	72	53,47 %	2,44	00:02:05	22,77 %	23

Abbildung 7.19 Browser-Report mit sekundärer Dimension »Betriebssystem«

Unter dem Punkt BROWSER UND BETRIEBSSYSTEM finden Sie folgende primäre Dimensionen, die Sie auch einsehen können:

- BROWSER: inklusive Browser-Versionen, zum Beispiel Firefox 23.0
- BETRIEBSSYSTEM: inklusive Betriebssystem-Version, zum Beispiel Windows 8
- BILDSCHIRMAUFLÖSUNG: Größe des Bildschirms, zum Beispiel 1366 × 768
- BILDSCHIRMFARBEN: zum Beispiel 24 Bit
- FLASH-VERSION: Version der installierten Flash-Software, zum Beispiel 11.8 r800
- JAVA-UNTERSTÜTZUNG: besteht Java-Unterstützung, ja oder nein?

Diese Art von Report gehört sicherlich nicht zu denen, die man sich täglich oder monatlich anschauen muss. In vielen Bereichen der Webanalyse geht es schließlich um Trends. Die Daten zu den Browsern und Sprachen ändern sich nicht von heute auf morgen. Derartige Auswertungen bieten sich bei einem Relaunch an, wenn Sie gerade dabei sind, die Seite neu zu strukturieren, aber auch, wenn Sie den Aufbau der Seite ändern und wissen möchten, auf welche Browser Sie optimieren müssen. In solchen Fällen ist es sinnvoll, diese Reports auszuwerten.

Eine weiterer Zweck dieser Reports besteht darin, herauszufinden, ob Besucher, die beispielsweise ein iPad nutzen, anders durch die Seite navigieren als Nutzer eines Android-Tablets oder eines Smartphones. Wenn Sie das Gefühl haben, dass bestimmte Nutzergruppen die Seite nicht vollständig nutzen können, können Sie sich mit Google Analytics auf die Suche nach der Ursache und vor allem nach der Lösung machen. Im Optimalfall finden Sie dabei zum Beispiel heraus, dass Besucher, die das neueste Apple-Betriebssystem nutzen, im Bestellprozess häufig abbrechen, was daran liegt, dass der WEITER-Button nicht mehr eingeblendet wird. Dies zeigt Ihnen Google Analytics leider nicht, aber bereits die Information darüber, an welcher Stelle gerade diese Nutzer abbrechen, hilft Ihnen bei der Fehlersuche weiter.

Ein weiterer Punkt, der in den Bereich TECHNOLOGIE fällt, ist der Menüpunkt NETZWERK. Hier lässt sich auswerten, mit welchem Provider die Besucher ins Netz gegangen sind. Auch dies ist ein Report, den Sie nicht besonders häufig nutzen müssen. Was der Report aber bietet, ist die Verfügbarkeit der Dimension HOSTNAME als primäre Dimension, was wiederum ein sehr hilfreicher Datensatz ist.

Vor allem wenn Sie mehrere Subdomains besitzen, ist eine Auswertung dieses Reports hilfreich. Sie können darin sehen, welche Domains aufgerufen worden sind. Vielleicht finden sich darunter ja noch längst vergessene Beta-Seiten oder Testserver wie in Abbildung 7.20. Sollten Sie derartige Daten ausfindig machen, empfehlen wir Ihnen, sie aus dem Standard-Tracking auszuschließen und die Websites abzuschalten.

Hostname	Akquisition			Verhalten		
	Sitzungen ↓	Neue Sitzungen in %	Neue Nutzer	Absprungrate	Seiten/Sitzung	Durchschnittl. Sitzungsdauer
	2.357 % des Gesamtwerts: 100,00 % (2.357)	84,09 % Website-Durchschnitt: 84,09 % (0,00 %)	1.982 % des Gesamtwerts: 100,00 % (1.982)	73,61 % Website-Durchschnitt: 73,61 % (0,00 %)	1,83 Website-Durchschnitt: 1,83 (0,00 %)	00:01:03 Website-Durchschnitt: 00:01:03 (0,00 %)
1. www.luna-park.de	**2.343**	84,04 %	1.969	73,71 %	1,83	00:01:03
2. test.luna-park.de	**5**	100,00 %	5	60,00 %	2,00	00:00:49
3. test2.luna-park.de	**3**	100,00 %	3	66,67 %	1,67	00:00:23

Abbildung 7.20 Hostnamen-Report mit alten Testserver-Aufrufen

7.3 Nutzerverhalten – wie interessiert sind die Besucher?

Unter dem Menüpunkt VERHALTEN finden Sie Informationen darüber, ob die Besucher schon mal auf Ihrer Website gewesen sind, wie häufig sie wiederkehren und wie viel Tage seit der letzten Sitzung vergangen sind. Diese Reports sollten Sie sich ein wenig regelmäßiger anschauen als die Reports aus dem vorigen Abschnitt.

7.3.1 Anteil der neuen und wiederkehrenden Besucher

Auch Analysen zu neuen und wiederkehrenden Nutzern sollten in Ihren Auswertungen eine Rolle spielen. Nur die Nutzung von Cookies ermöglicht diese Unterscheidung. Beim Aufruf der Website setzt Google Analytics einen Cookie, der den Besucher markiert. Ruft er an einem anderen Tag die gleiche Website wieder auf, erkennt Analytics dies und markiert diesen Besucher als Wiederholungsnutzer.

Google Analytics bezeichnet diese Besuchertypen als *New Visitor* und *Returning Visitor*, was leider etwas verwirrend ist, da es sich hierbei um Sitzungen und nicht um Besucher handelt, wie die Bezeichnung vermuten lässt.

In dem Report zu den Nutzertypen sehen Sie neben der Anzahl der Sitzungen auch die Seiten pro Sitzung, die durchschnittliche Sitzungsdauer sowie die Absprungrate, wie zum Beispiel in Abbildung 7.21. Mit der Zeit bekommen Sie ein Gefühl dafür, wie die optimale Verteilung von neuen und wiederkehrenden Sitzungen für Ihre Website aussieht.

Die Bewertung hängt auch immer mit der aktuellen Situation Ihrer Website zusammen. Schalten Sie zum Beispiel gerade On- oder Offline-Kampagnen, so sollte der Anteil der neuen Sitzungen steigen. Schließlich wollen Sie mit den Kampagnen auf sich und Ihre Website aufmerksam machen und neue Besucher anlocken. Wenn alles gut verläuft, erzeugen Sie somit Interesse bei Menschen, die Sie vorher noch nicht gekannt haben und die aus Neugier Ihre Website aufrufen.

Besuchertyp	Akquisition			Verhalten			Conversions
	Sitzungen ↓	Neue Sitzungen in %	Neue Nutzer	Absprungrate	Seiten/Sitzung	Durchschnittl. Sitzungsdauer	Ziel-Conversion-Rate
	2.357 % des Gesamtwerts: 100,00 % (2.357)	84,09 % Website-Durchschnitt: 84,09 % (0,00 %)	1.982 % des Gesamtwerts: 100,00 % (1.982)	73,61 % Website-Durchschnitt: 73,61 % (0,00 %)	1,83 Website-Durchschnitt: 1,83 (0,00 %)	00:01:03 Website-Durchschnitt: 00:01:03 (0,00 %)	16,29 % Website-Durchschnitt: 16,29 % (0,00 %)
1. New Visitor	**1.982**	100,00 %	1.982	76,74 %	1,76	00:00:49	16,30 %
2. Returning Visitor	**375**	0,00 %	0	57,07 %	2,18	00:02:16	16,27 %

Abbildung 7.21 Nutzertyp-Report: neue und wiederkehrende Nutzer

Ein weiterer Grund für einen größeren Anteil neuer Besucher können auch virale Kampagnen sein. Steigen die Zugriffe über Facebook, Twitter, Pinterest & Co. durch Ihre viralen Kampagnen, mit denen Sie neue Kunden ansprechen, so geht dies meist mit einem Anstieg der neuen Besucher einher.

Der Anteil der wiederkehrenden Sitzungen sollte bestenfalls immer stabil bleiben. Kommen die Besucher nicht mehr regelmäßig auf Ihre Seite, so zeigt dies, dass Ihre Inhalte nicht mehr interessant genug für die Nutzer sind. Hier können spezielle Aktionen für Bestandskunden, Newsletter-Empfänger oder Community-Mitglieder wieder mehr bekannte Besucher auf die Website locken.

Nutzertypen können auch sehr sinnvoll als Segment genutzt werden, zum Beispiel bei der Analyse von Seitenpfaden. Ein Segment auf den Nutzertyp NEW VISITOR lässt Sie herausfinden, ob Besucher, die Ihre Website vorher noch nicht gesehen haben, finden, was sie suchen.

Auch bei Keyword-Auswertungen oder Kampagnen-Analysen lassen sich die Daten sehr gut nach neuen und wiederkehrenden Sitzungen unterscheiden. Nutzer, die wissen, was sie auf Ihrer Website wollen, suchen bei Google gezielter sowohl nach Ihrer Website als auch nach Ihren Produkten. Auch das Verhalten bei der internen Suche ist bei den beiden Nutzertypen unterschiedlich. Neue Besucher geben in den meisten Fällen allgemeinere Begriffe ein, da sie sich noch nicht so gut auf der Website auskennen. Besucher, die sich sehr gut auskennen, suchen gezielt nach spezifischen Website-Inhalten.

7.3.2 Häufigkeit und Aktualität der Sitzungen

Der Unterpunkt HÄUFIGKEIT UND AKTUALITÄT gibt Aufschluss darüber, wie viele Sitzungen Ihre Nutzer machen, also wie oft sie auf die Website kommen, sowie darüber, wie viele Tage zwischen den Sitzungen liegen.

In diesem Bereich bietet Google Analytics eine Tabelle, in der Sie nicht filtern oder sortieren können. Sie haben lediglich die Möglichkeit, in der oberen Navigation den Tab zu wechseln und somit andere Daten anzusehen.

Der erste Tab ANZAHL AN SITZUNGEN zeigt Ihnen, wie oft Nutzer auf Ihre Website kommen. Wiederkehrende Sitzungen erfolgen regelmäßig in einem bestimmten Zeitraum auf Ihrer Website. Hierfür gibt es die verschiedensten Gründe: Sie stellen auf Ihrer Website Nachrichten bereit, welche die Nutzer interessieren, Sie bieten ein Gewinnspiel an, bei dem man täglich etwas gewinnen kann, Sie holen den Nutzer über Remarketing oder Rabatte zurück auf Ihre Seite, oder Sie liefern Ihren Nutzern einfach nur guten Content. Natürlich gibt es noch jede Menge weitere gute Gründe, warum ein Besucher Ihre Website mehrfach aufrufen sollte, die an dieser Stelle gar nicht alle aufgelistet werden können.

Die Auswertung ANZAHL AN SITZUNGEN zeigt Ihnen, wie viele Sitzungen von Ihren einzelnen Nutzern erfolgen. Hier gilt es zu wissen, dass eine Sitzung immer nur einmal gezählt wird. Kommt also ein Nutzer zweimal auf die Seite, so erscheint die Sitzung nur in der Spalte bei »Anzahl an Sitzungen = 2«, nicht jedoch in der Spalte für »Anzahl an Sitzungen = 1«.

In unserem Beispiel in Abbildung 7.22 kommen also 30 Sitzungen zwischen 9- und 14-mal in dem gewählten Monat auf die Website. Es gibt sogar Menschen, welche die Seite mehr als 200-mal in einem Monat aufgerufen haben.

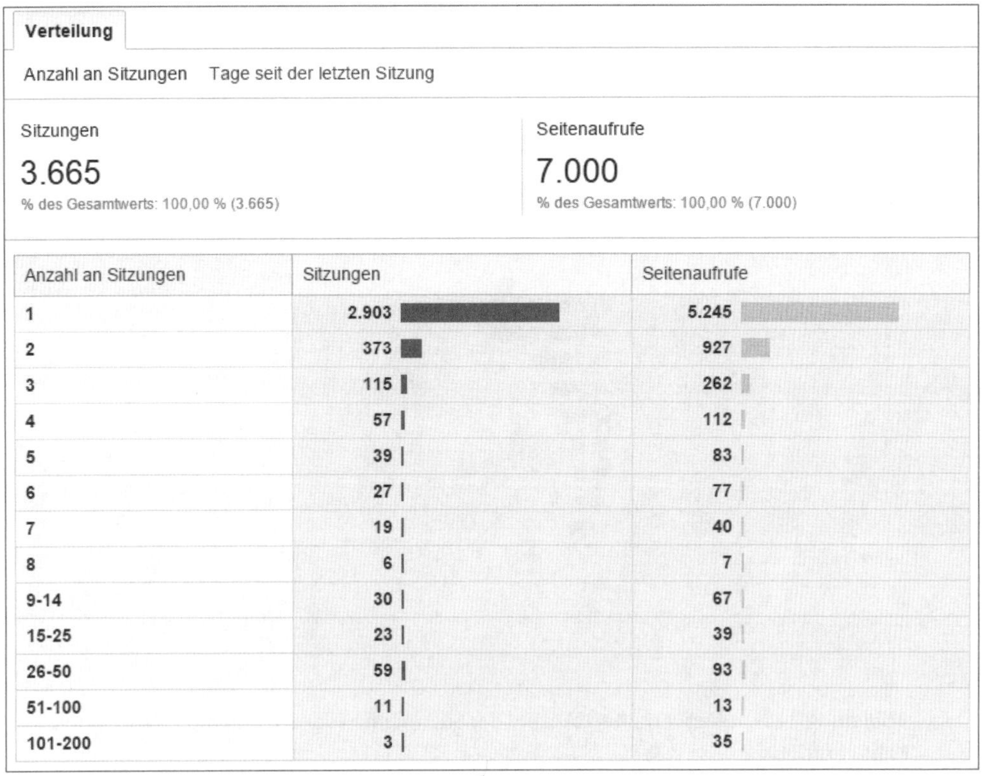
Verteilung

Anzahl an Sitzungen | Tage seit der letzten Sitzung

Sitzungen: 3.665 — % des Gesamtwerts: 100,00 % (3.665)

Seitenaufrufe: 7.000 — % des Gesamtwerts: 100,00 % (7.000)

Anzahl an Sitzungen	Sitzungen	Seitenaufrufe
1	2.903	5.245
2	373	927
3	115	262
4	57	112
5	39	83
6	27	77
7	19	40
8	6	7
9-14	30	67
15-25	23	39
26-50	59	93
51-100	11	13
101-200	3	35

Abbildung 7.22 Nutzerverhalten, Häufigkeit und Aktualität: Anzahl der Sitzungen

Wechselt man nun das Tab, gelangt man zu der Auswertung TAGE SEIT DER LETZTEN SITZUNG. Hier sehen Sie, wie viele Tage zwischen den Sitzungen liegen. Bei den meisten Websites liegt der Großteil bei 0 Tagen, da viele Besucher die Seite zum ersten Mal aufrufen oder auch mehrmals am Tag vorbeischauen.

Bei beiden Reports sind Sie in Ihren Handlungsmöglichkeiten sehr eingeschränkt. Sie können weder filtern noch sortieren. Was Sie aber anwenden können, sind Segmente. Damit können Sie zum Beispiel auswerten, wie sich Besucher verhalten haben, die etwas gekauft oder die sich auf Ihrer Website registriert haben. Sie können sehen, wie häufig sie auf die Website kommen und wie viele Tage zwischen den einzelnen Sitzungen liegen.

In unserem Beispiel in Abbildung 7.23 können Sie sehen, dass sich viele Nutzer erst nach mehrmaligen Besuchen der Website zu einem Kauf durchringen können. Viele Besucher kaufen zwar auch spontan, ein Großteil der Nutzer kauft allerdings erst nach reiflicher Überlegung und Recherche. 102 Käufe kamen in unserem Beispiel erst zustande, nachdem die Seite zwischen 9- und 14-mal aufgerufen wurde.

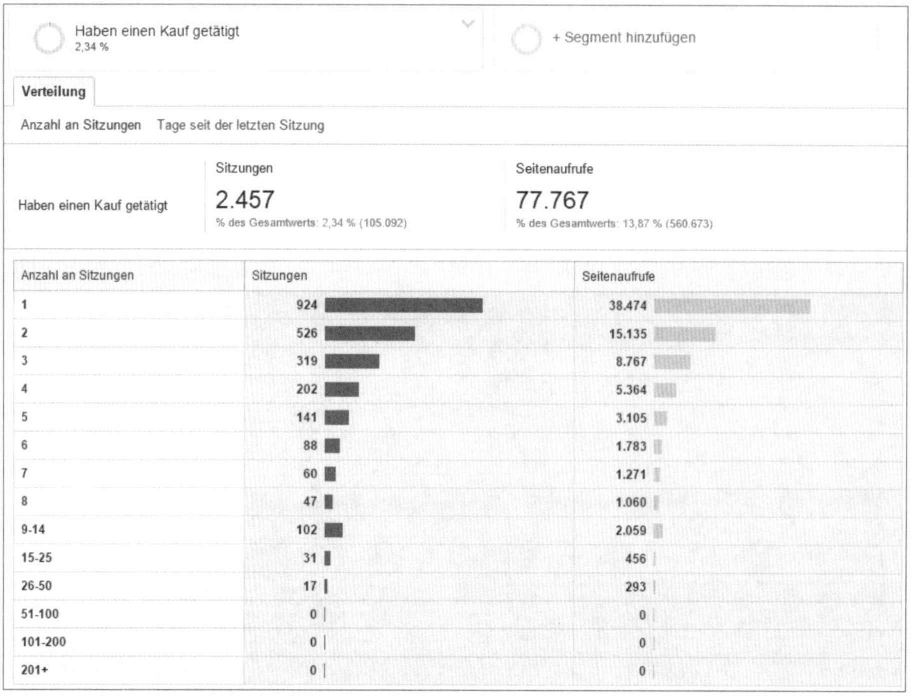

Anzahl an Sitzungen	Sitzungen	Seitenaufrufe
1	924	38.474
2	526	15.135
3	319	8.767
4	202	5.364
5	141	3.105
6	88	1.783
7	60	1.271
8	47	1.060
9-14	102	2.059
15-25	31	456
26-50	17	293
51-100	0	0
101-200	0	0
201+	0	0

Abbildung 7.23 Nutzerverhalten, Anzahl der Sitzungen in dem Segment »Haben einen Kauf getätigt«

7.3.3 Interesse der Nutzer an Ihren Inhalten

Ein weiterer Navigationspunkt unter VERHALTEN ist INTERAKTION. Hier erhalten Sie einen Einblick in die Sitzungsdauer sowie die Seitentiefe. Vom Prinzip her sind diese Reports genauso aufgebaut wie die eben beschriebenen Reports aus dem Bereich HÄUFIGKEIT UND AKTUALITÄT. Sie können nicht sortieren und nicht filtern, dafür können Sie aber auch hier Segmente auf die Daten anwenden.

Hilfreich ist das, wenn Sie beispielsweise analysieren wollen, wie lange Besucher, die etwas gekauft haben, im Schnitt auf der Website bleiben. In unserem Fall in Abbildung 7.24 dauern die meisten Sitzungen, bei denen ein Kauf getätigt wird, länger als zehn Minuten. Das liegt nahe, da die Besucher ja zuerst recherchieren und dann den kompletten Bestellprozess durchlaufen müssen.

Lange Sitzungen können teilweise auch dadurch erklärt werden, dass einige Nutzer Ihre Website in einem Tab öffnen und für eine Weile offen lassen. Kehren Sie dann innerhalb der Session (meist sind dies 30 Minuten) auf die Website zurück und klicken weiter, wird die komplette Dauer der Sitzung gezählt.

Das Tab SEITENTIEFE zeigt, wie viele Seiten die Besucher Ihrer Website aufrufen. Viele Seitenaufrufe können ein Indiz für guten Content sein. Es kann aber auch sein, dass

Ihre Website-Struktur die Nutzer verwirrt und sie wahllos hin und her klicken, um zum Ziel zu gelangen. Es empfiehlt sich also immer zu wissen, was man mit der Website erreichen möchte und im Zweifelsfall nachzuprüfen, was tatsächlich aufgerufen wurde.

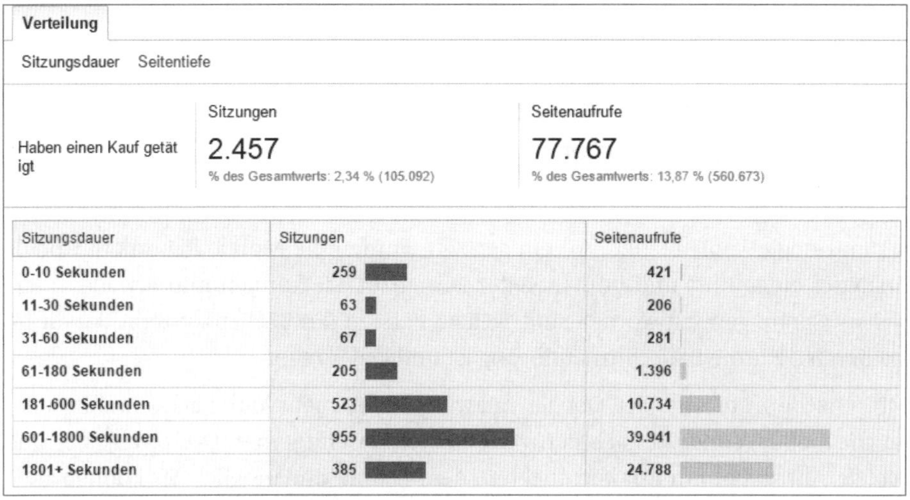
Verteilung

Sitzungsdauer Seitentiefe

	Sitzungen	Seitenaufrufe
Haben einen Kauf getät igt	2.457 % des Gesamtwerts: 2,34 % (105.092)	77.767 % des Gesamtwerts: 13,87 % (560.673)

Sitzungsdauer	Sitzungen	Seitenaufrufe
0-10 Sekunden	259	421
11-30 Sekunden	63	206
31-60 Sekunden	67	281
61-180 Sekunden	205	1.396
181-600 Sekunden	523	10.734
601-1800 Sekunden	955	39.941
1801+ Sekunden	385	24.788

Abbildung 7.24 Nutzerverhalten: Dauer der Sitzung

Bei einigen Website-Betreibern stiftet das Tab SEITENTIEFE (siehe Abbildung 7.25) Verwirrung, und auch die Google-Hilfeseiten zu dem Thema sind nicht sonderlich hilfreich. Häufig gibt es einen Wert, der mit »Kleiner als 1« bezeichnet wird. Dieser Wert scheint nicht existent, denn Nutzer, die nur eine Seite aufrufen, werden ja mit dem Wert »1« abgedeckt.

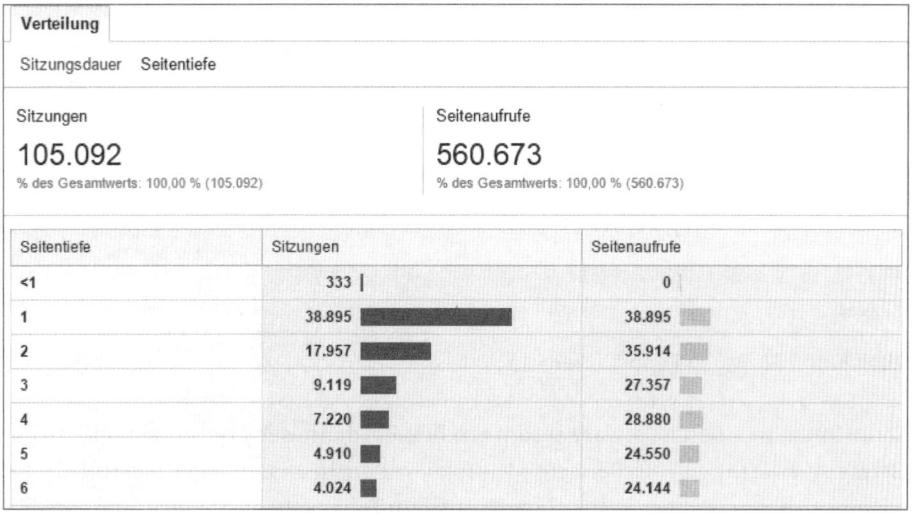
Verteilung

Sitzungsdauer Seitentiefe

Sitzungen	Seitenaufrufe
105.092 % des Gesamtwerts: 100,00 % (105.092)	560.673 % des Gesamtwerts: 100,00 % (560.673)

Seitentiefe	Sitzungen	Seitenaufrufe
<1	333	0
1	38.895	38.895
2	17.957	35.914
3	9.119	27.357
4	7.220	28.880
5	4.910	24.550
6	4.024	24.144

Abbildung 7.25 Nutzerverhalten: Seitentiefe

Oft laufen in dieser Zeile alle Sitzungen ein, bei der nur eine Seite aufgerufen und dabei ein Ereignis getriggert wurde, aber kein Seitenaufruf erfolgte. Das kommt zum Beispiel dann zustande, wenn die Seite sehr langsam lädt, der Ereignis-Aufruf erzielt wird, der PageView-Aufruf hingegen nicht, da der Besucher bereits den Seitenaufruf abgebrochen hat.

7.4 Mobile Besucher – Geräte, Betriebssysteme und Internetanbieter

Googles Schlachtruf »Mobile First« schlägt sich immer mehr auch in den verschiedenen Google-Tools nieder. Vor einiger Zeit wurden die Mobile Reports in Google Analytics eingeführt und immer weiter ausgebaut. Sie können mittlerweile sehen, welche Geräte genutzt worden sind, welche Version des Betriebssystems darauf installiert ist, wie die Bildschirmauflösung ist und vieles mehr.

Mittlerweile unterscheidet Google Analytics nicht mehr nur nach »mobil« oder »nicht mobil«, sondern nach den verschiedenen Gerätetypen *Desktop*, *Tablet* und *Mobile*. Aber nicht nur Auswertungen zu dem Thema sind möglich, Sie können auch eine Unmenge an vorgefertigten Segmenten in diesem Bereich nutzen.

Rufen Sie also in Google Analytics den Bereich MOBIL auf, so sehen Sie zuerst einmal nur, mit welchen Geräten die Besucher Ihre Website aufgerufen haben.

Sie können in diesem Report die gewohnten Analytics-Daten einsehen, darunter Anzahl der Sitzungen nach Mobilgerät, Seiten pro Sitzung, Sitzungsdauer, Absprungrate und die Conversion-Rate (siehe Abbildung 7.26).

Gerätekategorie	Akquisition			Verhalten			Conversions
	Sitzungen	Neue Sitzungen in %	Neue Nutzer	Absprungrate	Seiten/Sitzung	Durchschnittl. Sitzungsdauer	Ziel-Conversion-Rate
	2.357 % des Gesamtwerts: 100,00 % (2.357)	84,09 % Website-Durchschnitt: 84,09 % (0,00 %)	1.982 % des Gesamtwerts: 100,00 % (1.982)	73,61 % Website-Durchschnitt: 73,61 % (0,00 %)	1,83 Website-Durchschnitt: 1,83 (0,00 %)	00:01:03 Website-Durchschnitt: 00:01:03 (0,00 %)	16,29 % Website-Durchschnitt: 16,29 % (0,00 %)
1. desktop	**2.091**	84,55 %	1.768	73,36 %	1,85	00:01:07	16,98 %
2. mobile	**191**	80,10 %	153	80,63 %	1,47	00:00:28	8,90 %
3. tablet	**75**	81,33 %	61	62,67 %	2,12	00:00:55	16,00 %

Abbildung 7.26 Mobil-Report, Übersicht

Sollte Ihnen hier bereits etwas seltsam erscheinen, dann ist es Zeit, einen Blick in die Geräte-Auswertungen des Bereichs MOBIL zu werfen. In unserem Beispiel ruft ein gewisser Teil der Besucher die Seite bereits auf dem Tablet auf, die Daten unterscheiden sich bezüglich Seitenanzahl, Dauer und Absprungraten kaum von denen der auf dem PC aufgerufenen Website. Lediglich die Aufrufe über Smartphones sind kürzer und erzeugen eine höhere Absprungrate. Sollte die Anzahl der Zugriffe über Smartphones noch weiter zunehmen, empfiehlt es sich, die Website für die Ansicht mit dem Smartphone zu optimieren.

In dem Bereich GERÄTE können Sie deutlich mehr über die mobilen Endgeräte herausfinden, mit denen Ihre Besucher die Website aufrufen. Mittels der primären Dimension MOBILTELEFON-INFO erfahren Sie, welche Geräte genutzt worden sind, darunter zum Beispiel iPads, iPhones oder Samsung-Galaxy-Geräte (siehe Abbildung 7.27).

Mobiltelefon-Info	Akquisition			Verhalten		
	Sitzungen	Neue Sitzungen in %	Neue Nutzer	Absprungrate	Seiten/Sitzung	Durchschnittl. Sitzungsdauer
	70.232 % des Gesamtwerts: 52,88 % (132.803)	71,13 % Durchn. für Datenansicht: 69,62 % (2,17 %)	49.959 % des Gesamtwerts: 54,03 % (92.460)	52,92 % Durchn. für Datenansicht: 46,59 % (13,59 %)	2,94 Durchn. für Datenansicht: 3,92 (-25,11 %)	00:02:13 Durchn. für Datenansicht: 00:03:21 (-33,72 %)
1. Apple iPhone	**17.609** (25,07 %)	71,97 %	12.673 (25,37 %)	56,27 %	2,40	00:01:32
2. Apple iPad	**14.535** (20,70 %)	67,69 %	9.839 (19,69 %)	47,46 %	3,67	00:03:34
3. Samsung SM-G930F Galaxy S7	**2.605** (3,71 %)	70,79 %	1.844 (3,69 %)	53,05 %	2,86	00:01:40
4. Samsung SM-G920F Galaxy S6	**1.764** (2,51 %)	72,45 %	1.278 (2,56 %)	51,87 %	2,80	00:01:54
5. Samsung SM-G935F Galaxy S7 Edge	**1.646** (2,34 %)	70,66 %	1.163 (2,33 %)	52,98 %	2,79	00:01:37

Abbildung 7.27 Mobilgeräte-Report

Die primären Dimensionen, die Sie im Geräte-Report auswählen können, sind folgende:

- MOBILTELEFON-INFO: zum Beispiel Apple iPad, Google Nexus 7
- MOBILTELEFONMARKE ODER -ANBIETER: zum Beispiel Apple, Samsung, Acer, Google
- INTERNETANBIETER: zum Beispiel Deutsche Telekom AG, Arcor AG, Vodafone D2 GmbH
- EINGABEMETHODE: zum Beispiel Touchscreen
- BETRIEBSSYSTEM: zum Beispiel iOS, Android, Windows Phone
- BILDSCHIRMAUFLÖSUNG: zum Beispiel 768 × 1024 für iPad

All diese Daten können Sie wie gewohnt mit den Auswertungen zu den Zielgruppen- und E-Commerce-Daten verbinden. Das heißt, Sie können auswerten, ob Besucher, die mit dem iPad die Seite besuchen, mehr Ziele erreichen als Besucher, welche die Seite mit dem Galaxy-Tab aufrufen.

Wir haben dazu in Abbildung 7.28 einen zugeschnittenen Beispiel-Screenshot, auf dem Sie den Umsatz pro Gerät sehen können. Obwohl über das iPad weniger Sitzungen erzielt werden, sind die Conversion-Rate und der Umsatz höher als beim iPhone.

Mobiltelefon-Info	Akquisition: Sitzungen	Neue Sitzungen in %	Neue Nutzer	Verhalten: Absprungrate	Seiten/Sitzung	Durchschnittl. Sitzungsdauer	Conversions E-Commerce: Transaktionen	Umsatz	E-Commerce-Conversion-Rate
	70.232 % des Gesamtwerts: 52,88 % (132.803)	71,13 % Durchn. für Datenansicht: 69,62 % (2,17 %)	49.959 % des Gesamtwerts: 54,03 % (92.460)	52,92 % Durchn. für Datenansicht: 46,59 % (13,59 %)	2,94 Durchn. für Datenansicht: 3,92 (-25,11 %)	00:02:13 Durchn. für Datenansicht: 00:03:21 (-33,72 %)	1.215 % des Gesamtwerts: 27,25 % (4.459)	46.923,50 € % des Gesamtwerts: 28,55 % (164.343,00 €)	1,73 % Durchn. für Datenansicht: 3,36 % (-48,48 %)
1. Apple iPhone	17.609 (25,07 %)	71,97 %	12.673 (25,37 %)	56,27 %	2,40	00:01:32	200 (16,46 %)	7.312,50 € (15,58 %)	1,14 %
2. Apple iPad	14.535 (20,70 %)	67,69 %	9.839 (19,69 %)	47,46 %	3,67	00:03:34	528 (43,46 %)	20.819,50 € (44,37 %)	3,63 %
3. Samsung SM-G930F Galaxy S7	2.605 (3,71 %)	70,79 %	1.844 (3,69 %)	53,05 %	2,86	00:01:40	31 (2,55 %)	1.076,00 € (2,29 %)	1,19 %

Abbildung 7.28 Mobilgerät und E-Commerce-Umsatz

Derartige Zahlen können natürlich immer durch Umsatz-Ausreißer verzerrt werden, die nur einmal vorkommen. Nur weil jemand beispielsweise mit dem BlackBerry einen Umsatz von 5.000 € erzielt, lohnt es sich noch lange nicht, eine BlackBerry-App zu erstellen. Hier sind Daten eines deutlich längeren Zeitraums notwendig, damit Sie konkrete Trends nachvollziehen können.

Generell sind die Mobilgeräte-Auswertungen in Google Analytics sehr sinnvoll, wenn Sie sich damit beschäftigen, Ihre Seite für mobile Aufrufe zu optimieren oder gar eine App zu erstellen. Die Daten geben Ihnen einen Überblick über die am häufigsten genutzten Geräte, Betriebssysteme sowie Bildschirmgrößen. Der wahre Wert der Daten ergibt sich aber erst, wenn Sie sie in Beziehung zu den von Ihnen festgelegten Zielen setzen oder mittels E-Commerce den Wert der jeweiligen Besucher ermitteln.

Die einzelnen Datensätze lassen sich auch auf Segmente übertragen und können somit auf Buchungstrichter angewandt werden. Fehlerhafte Darstellungen der Website oder andere technische Probleme können Sie auf diese Weise schneller feststellen und beheben.

7.5 Geräteübergreifend – Nutzer auf Desktop, Mobil und Tablet erkennen

Der Menüpunkt *Geräteübergreifend* ist nur sichtbar, wenn Sie das Feature *User-ID* in der Verwaltung aktiviert (siehe Abschnitt 5.3.3) und im Tracking-Code die nötigen Erweiterungen eingebaut haben (siehe Abschnitt 5.4.9). Die Berichte zeigen Ihnen an, welche Nutzer mit unterschiedlichen Geräten (Desktop, Mobile oder Tablet) auf Ihrer Seite waren. Die nötige (Wieder-)Erkennung der Nutzer müssen Sie Google Analytics selbst mitteilen, zum Beispiel anhand eines Logins, den Nutzer auf Ihrer Seite verwenden.

Die Daten verändern sich mit der Größe des ausgewählten Zeitraums: berücksichtigt werden Nutzer, die in diesem Zeitraum mit einem oder mehreren Geräten auf der Website waren. Je länger Sie den Zeitraum wählen, desto wahrscheinlicher dürfte eine übergreifende Nutzung werden. Allerdings ist die Größe begrenzt, Sie können maximal ein Zeitfenster von 93 Tagen betrachten.

7.5.1 Geräteüberschneidung – welche Geräte verwenden Nutzer in Kombination?

Der Bericht GERÄTEÜBERSCHNEIDUNG zeigt die Schnittmengen der einzelnen Geräte zueinander. Im Diagramm sehen Sie den jeweiligen Anteil einer Gerätekategorie, mit der Ihre Nutzer auf die Website kommen, sowie die Schnittmengen in Prozent. Mit der Auswahlbox in der oberen linken Ecke können Sie die Datengrundlage einstellen. Vorausgewählt sind die Nutzer in absoluten Zahlen, als Alternative steht der Umsatz zur Verfügung.

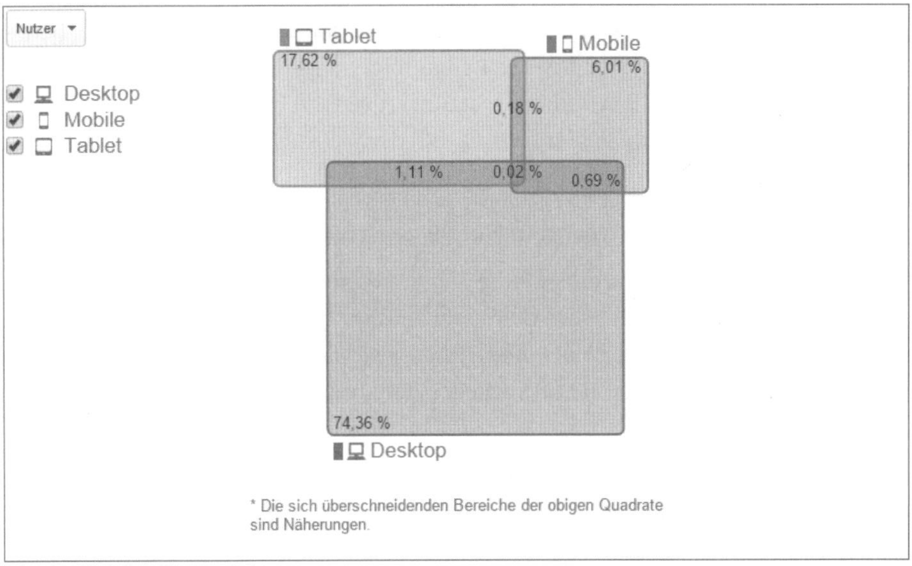

Abbildung 7.29 Überschneidungen der Gerätekategorien

Sie können die Darstellung auf bestimmte Kombinationen einschränken, zum Beispiel Desktop mit Mobile oder Mobile mit Tablet. Die Prozentwerte passen sich jeweils immer der Gesamtmenge an.

Primäre Dimension: Gerätekategorie

Erweitert

	Nutzer	Umsatz	Nutzer-Transaktions-Rate
	93.539 % des Gesamtwerts: 100,00 % (93.539)	278.191,16 € % des Gesamtwerts: 100,00 % (278.191,16 €)	2,83 % % des Gesamtwerts: 100,00 % (2,83 %)
1. Desktop	69.551 (74,36 %)	205.699,03 € (73,94 %)	2,81 % (99,08 %)
2. Tablet	16.486 (17,62 %)	30.701,73 € (11,04 %)	1,94 % (68,49 %)
3. Mobile	5.623 (6,01 %)	17.975,12 € (6,46 %)	3,27 % (115,46 %)
4. Desktop Tablet	1.041 (1,11 %)	10.171,95 € (3,66 %)	8,17 % (288,11 %)
5. Desktop Mobile	648 (0,69 %)	10.336,81 € (3,72 %)	12,35 % (435,61 %)
6. Mobile Tablet	171 (0,18 %)	2.434,44 € (0,88 %)	13,45 % (474,59 %)
7. Desktop Mobile Tablet	19 (0,02 %)	872,08 € (0,31 %)	31,58 % (1.114,24 %)

Abbildung 7.30 Wechselwirkung unterschiedlicher Geräte

In der Datentabelle sehen Sie die Kombinationen und Abfolgen der verschiedenen Kategorien. Als Metriken werden die absolute Zahl der Nutzer, ihr Umsatz und die Rate der Transaktionen pro Nutzer dargestellt. In Abbildung 7.30 können Sie zum Beispiel erkennen, dass Nutzer, die mehr Geräte verwenden, verhältnismäßig häufiger kaufen als Nutzer eines Geräts. Die Reihenfolge spiegelt dabei weder die tatsächliche Reihenfolge noch die Anzahl der Sitzungen wider. Ein Nutzer in der Kategorie Desktop+Tablet kann einmal oder fünfmal auf der Website gewesen sein.

7.5.2 Gerätepfade – wie wechseln Nutzer zwischen Geräten?

Der Bericht GERÄTEPFADE schlüsselt die übergreifenden Kategorien detaillierter auf. Hier sehen Sie, welches das erste Gerät war und welche darauf folgten. Außerdem werden hier auch Abfolgen wie *Tablet+Desktop+Tablet* angezeigt. Allerdings muss für einen *Schritt* ein Gerätewechsel vorliegen. Es gibt also keine Folge *Desktop+Desktop+Desktop*.

Für jede Abfolge sehen Sie Metriken zu Nutzern, Sitzungen, Dauer und E-Commerce (Transaktionen, Umsatz). Oberhalb der Tabelle können Sie als Spalten die angelegten Ziele oder die E-Commerce-Daten wählen.

Darunter lässt sich als primäre Dimension auf die Mobiltelefon-Info umschalten. Danach wird zum Beispiel anstatt Tablet *Apple iPad* oder *Samsung Galaxy Tab* angezeigt.

Mit den Pfadoptionen können Sie die angezeigten Daten in der Tabelle einschränken. Mit der ersten Option SCHRITTE IM PFAD wählen Sie die Pfade bis zu oder ab einer bestimmten Aktion aus. So lassen sich etwa die Schritte bis zu einer Zielerreichung (Beispiel Bestellung) oder ab einem bestimmten Ereignis (Beispiel Supportanfrage) darstellen. Damit sehen Sie nicht nur, ob eine bestimmte Geräteabfolge zum Beispiel eine Transaktion getätigt hat, sondern auch genau, wann in der Abfolge und was danach geschah.

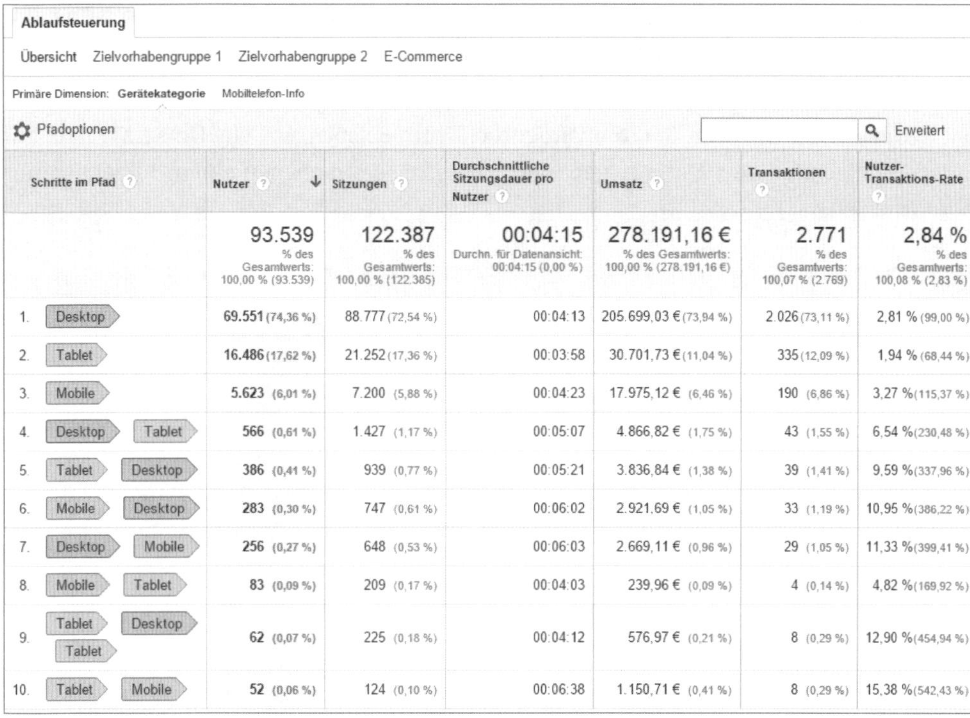

Ablaufsteuerung

Übersicht Zielvorhabengruppe 1 Zielvorhabengruppe 2 E-Commerce

Primäre Dimension: Gerätekategorie Mobiltelefon-Info

Pfadoptionen Erweitert

Schritte im Pfad	Nutzer	Sitzungen	Durchschnittliche Sitzungsdauer pro Nutzer	Umsatz	Transaktionen	Nutzer-Transaktions-Rate
	93.539 % des Gesamtwerts: 100,00 % (93.539)	122.387 % des Gesamtwerts: 100,00 % (122.385)	00:04:15 Durchn. für Datenansicht: 00:04:15 (0,00 %)	278.191,16 € % des Gesamtwerts: 100,00 % (278.191,16 €)	2.771 % des Gesamtwerts: 100,07 % (2.769)	2,84 % % des Gesamtwerts: 100,08 % (2,83 %)
1. Desktop	69.551 (74,36 %)	88.777 (72,54 %)	00:04:13	205.699,03 € (73,94 %)	2.026 (73,11 %)	2,81 % (99,00 %)
2. Tablet	16.486 (17,62 %)	21.252 (17,36 %)	00:03:58	30.701,73 € (11,04 %)	335 (12,09 %)	1,94 % (68,44 %)
3. Mobile	5.623 (6,01 %)	7.200 (5,88 %)	00:04:23	17.975,12 € (6,46 %)	190 (6,86 %)	3,27 % (115,37 %)
4. Desktop Tablet	566 (0,61 %)	1.427 (1,17 %)	00:05:07	4.866,82 € (1,75 %)	43 (1,55 %)	6,54 % (230,48 %)
5. Tablet Desktop	386 (0,41 %)	939 (0,77 %)	00:05:21	3.836,84 € (1,38 %)	39 (1,41 %)	9,59 % (337,96 %)
6. Mobile Desktop	283 (0,30 %)	747 (0,61 %)	00:06:02	2.921,69 € (1,05 %)	33 (1,19 %)	10,95 % (386,22 %)
7. Desktop Mobile	256 (0,27 %)	648 (0,53 %)	00:06:03	2.669,11 € (0,96 %)	29 (1,05 %)	11,33 % (399,41 %)
8. Mobile Tablet	83 (0,09 %)	209 (0,17 %)	00:04:03	239,96 € (0,09 %)	4 (0,14 %)	4,82 % (169,92 %)
9. Tablet Desktop Tablet	62 (0,07 %)	225 (0,18 %)	00:04:12	576,97 € (0,21 %)	8 (0,29 %)	12,90 % (454,94 %)
10. Tablet Mobile	52 (0,06 %)	124 (0,10 %)	00:06:38	1.150,71 € (0,41 %)	8 (0,29 %)	15,38 % (542,43 %)

Abbildung 7.31 Abfolge unterschiedlicher Geräte

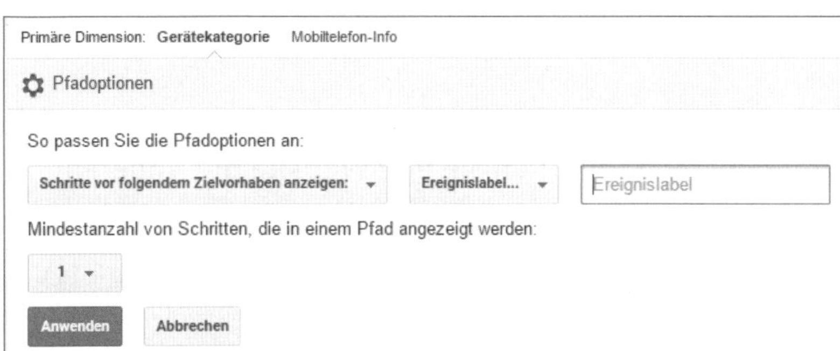

Abbildung 7.32 Pfade können sehr fein selektiert werden.

In der zweiten Auswahlbox geben Sie die Mindestanzahl an Schritten an, die Sie betrachten möchten. Bei der Auswahl »eins« werden alle Nutzer dargestellt, auch solche, die nur mit einem einzelnen Gerät auf der Seite waren.

7.5.3 Akquisitionsgerät – womit kam der Nutzer zuerst?

Der dritte Bericht AKQUISITIONSGERÄT veranschaulicht, über welche Gerätekategorie ein Nutzer bei seinem ersten Besuch kam. Für jede Kategorie werden Nutzer, Sitzungen und Umsatz gezeigt. Beim Umsatz gibt es eine Besonderheit, er wird nämlich getrennt nach Umsatz auf dem ersten Gerät, das heißt, wie viel Umsatz hat der Nutzer bei der ersten oder den folgenden Sitzungen auf dem Gerät gebracht.

Umsatz auf weiteren Geräten verdeutlicht zum Beispiel, wie viel Umsatz Nutzer auf Mobilgeräten oder Desktop generiert haben, die erstmalig auf einem Tablet erkannt wurden.

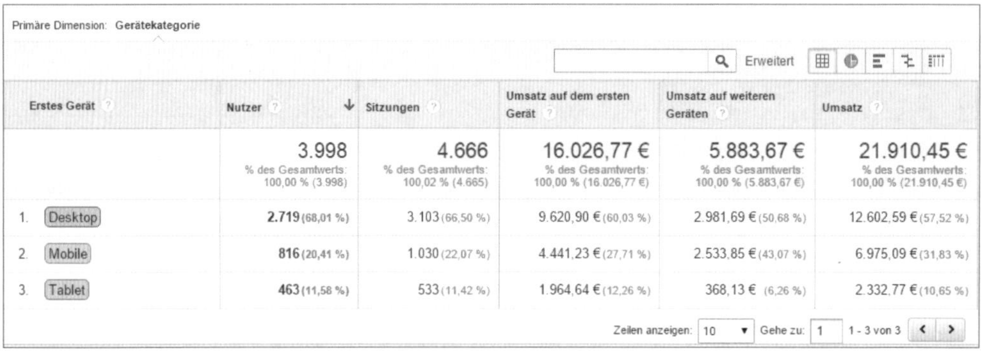

Primäre Dimension: Gerätekategorie

Erweitert

Erstes Gerät	Nutzer	Sitzungen	Umsatz auf dem ersten Gerät	Umsatz auf weiteren Geräten	Umsatz
	3.998 % des Gesamtwerts: 100,00 % (3.998)	4.666 % des Gesamtwerts: 100,02 % (4.665)	16.026,77 € % des Gesamtwerts: 100,00 % (16.026,77 €)	5.883,67 € % des Gesamtwerts: 100,00 % (5.883,67 €)	21.910,45 € % des Gesamtwerts: 100,00 % (21.910,45 €)
1. Desktop	2.719 (68,01 %)	3.103 (66,50 %)	9.620,90 € (60,03 %)	2.981,69 € (50,68 %)	12.602,59 € (57,52 %)
2. Mobile	816 (20,41 %)	1.030 (22,07 %)	4.441,23 € (27,71 %)	2.533,85 € (43,07 %)	6.975,09 € (31,83 %)
3. Tablet	463 (11,58 %)	533 (11,42 %)	1.964,64 € (12,26 %)	368,13 € (6,26 %)	2.332,77 € (10,65 %)

Zeilen anzeigen: 10 Gehe zu: 1 1 - 3 von 3

Abbildung 7.33 Mit welchem Gerät kamen Nutzer zuerst?

Aus dem Verhältnis der Umsätze vom ersten zu weiteren Geräten können Sie erkennen, ob Sie vielleicht über eine Gerätekategorie viele neue Nutzer gewinnen, deren Umsatz aber erst später auf einem anderen Gerät stattfindet. Mit der »klassischen« Erkennung auf Cookie-Basis würden diese Umsätze immer nur dem Gerät zufallen, auf dem sie tatsächlich stattfanden.

7.6 Benchmarking – Vergleichen Sie Ihre Website mit anderen

Seit 2014 bietet Ihnen Google Analytics die Möglichkeit, Ihre Website mit denen der Konkurrenz zu vergleichen. Um die Berichte nutzen zu können, müssen Sie in den Kontoeinstellungen ein Häkchen bei BENCHMARKING setzen (siehe Abbildung 7.34). Google sammelt dann anonym Ihre Daten und bietet anderen Anwendern diese Daten in deren Benchmarking Berichten wieder – natürlich auch anonymisiert – an.

Nachdem Sie Benchmarking eingerichtet haben, können Sie zwischen verschiedenen Reports auswählen. Alle drei Reports haben eines gemeinsam: Zu Beginn müssen Sie oberhalb der Trendgrafik auswählen, welche Branche Sie vergleichen möchten, welches Land und auch wie viele Besuche die Seite im Schnitt pro Tag aufweist (siehe Abbildung 7.35). So kann Google auswerten, mit welchen Websites Ihre verglichen werden kann. Rechts neben der Auswahl sehen Sie dann die Anzahl der Propertys, die zu den Daten beitragen.

Abbildung 7.34 Benchmarking in den Kontoeinstellungen aktivieren

Abbildung 7.35 Auswahl der Website-Kategorie, Land und Sitzungen pro Tag

Interessant ist dann eine Auswertung nach CHANNEL der Nutzer. Hier können Sie überprüfen, ob Sie zum Beispiel im Bereich SEO oder Paid besser oder schlechter als Ihre Konkurrenz performen.

Zeilen darstellen Sortierungsart: Standard

Default Channel Grouping (Standard-Channelgruppierung)	Akquisition			Verhalten		
	Sitzungen	Neue Sitzungen in %	Neue Nutzer	Seiten/Sitzung	Durchschnittl. Sitzungsdauer	Absprungrate
	67,81 % ↑ 12.153 vs. 7.242	6,18 % ↑ 74,60 % vs. 70,26 %	78,18 % ↑ 9.066 vs. 5.088	45,75 % ↓ 1,35 vs. 2,50	36,21 % ↓ 00:01:22 vs. 00:02:09	16,49 % ↓ 70,08 % vs. 60,16 %
1. Organic Search	171,16 % ↑ 9.667 vs. 3.565	-0,32 % ↓ 75,77 % vs. 76,02 %	170,30 % ↑ 7.325 vs. 2.710	-41,83 % ↓ 1,34 vs. 2,30	-29,00 % ↓ 00:01:20 vs. 00:01:53	17,68 % ↑ 73,28 % vs. 62,27 %
2. Social	17,97 % ↑ 545 vs. 462	-29,57 % ↓ 51,38 % vs. 72,94 %	-16,91 % ↓ 280 vs. 337	-45,91 % ↓ 1,30 vs. 2,40	18,25 % ↑ 00:02:02 vs. 00:01:43	-18,82 % ↓ 49,72 % vs. 61,26 %
3. Direct	-45,82 % ↓ 1.166 vs. 2.152	16,93 % ↑ 77,10 % vs. 65,94 %	-36,65 % ↓ 899 vs. 1.419	-48,07 % ↓ 1,39 vs. 2,67	-42,22 % ↓ 00:01:27 vs. 00:02:30	-7,57 % ↓ 54,97 % vs. 59,48 %

Abbildung 7.36 Vergleich der Channel im Benchmarking Report

In Abbildung 7.36 sehen Sie Daten aus unserer luna-park Datenansicht. Laut Analytics weisen wir deutlich bessere Werte im Bereich Organic auf, schneiden aber schlechter in den Bereichen Social und Direct ab. Mit den beiden Icons oberhalb der Tabelle lassen sich zur besseren Visualisierung die Heatmap sowie die Vergleichszahlen einblenden. Eine ähnliche Ansicht liefern Ihnen die beiden weiteren Reports STANDORT und GERÄTE. Der Standort Report ist hilfreich, wenn Ihre Website international aufgestellt ist, da Sie hier die Performance über verschiedene Länder hinweg analysieren können. Im Geräte Report können Sie Absprungrate, Sitzungsdauer usw. unterteilt nach Gerätetyp analysieren.

7.7 Benutzerdefinierte Variablen – Nutzergruppen erfassen

Nun kommen wir zu dem Teil der Zielgruppen-Auswertungen, bei dem Sie zuerst eine Anpassung an Ihrem Tracking-Code vornehmen müssen: die benutzerdefinierten Variablen. Mit benutzerdefinierten Variablen können Sie Informationen, die Sie über Ihre Nutzer sammeln oder die Sie bereits besitzen, über den Tracking-Code an Google Analytics weitergeben. Im Anschluss können Sie die verschiedenen Nutzergruppen dann auswerten.

Benutzerdefinierte Variablen oder benutzerdefinierte Dimensionen?

Benutzerdefinierte Variablen stellen die ursprüngliche Funktion von Google Analytics dar, Nutzerdaten mit weiteren Informationen anzureichern. Die neueren benutzerdefinierten Dimensionen und Metriken sind in vielen Fällen die komfortablere Lösung, da sie gerade in personalisierten Berichten leichter handzuhaben sind. Im Zweifelsfall sollten Sie also zu Dimensionen oder Metriken greifen (siehe Abschnitt 5.3.6).

Dennoch ist die Verwendung beider Funktionen ähnlich und die Anwendungsmöglichkeiten überschneiden sich zum Teil. Daher gehen wir im Folgenden auf einige Beispiele ein, die Sie sowohl mit Variablen, aber auch mit Dimensionen oder Metriken umsetzen können.

Mit benutzerdefinierten Variablen können beispielsweise folgende Fragen beantwortet werden:

- Welche Website-Bereiche werden am häufigsten genutzt?
- Verhalten sich Käufer anders als Besucher, die noch nicht bei Ihnen bestellt haben?
- Erzeugen registrierte Benutzer mehr Umsatz als nicht registrierte Besucher?

7.7.1 Funktionsweise der benutzerdefinierten Variablen

Grundsätzlich geben Ihnen die benutzerdefinierten Variablen die Möglichkeit, bestimmte Informationen über Ihre Nutzer an das Tracking weiterzugeben. Dies erfolgt über eine zusätzliche Zeile im Tracking-Code. Benutzen Sie zum Beispiel ein Registrierungsformular, in dem Sie abfragen, welchem Beruf Ihre Nutzer nachgehen, welche Postleitzahl sie haben oder wie alt sie sind, so können Sie diese Daten in den benutzerdefinierten Variablen mitgeben. Genauso können Sie auch Käufer klassifizieren und bei der nächsten Sitzung wiedererkennen. Die Informationen werden gespeichert und beim nächsten Besuch des Nutzers wieder an Analytics weitergegeben.

Mit den benutzerdefinierten Variablen haben Sie im Gegensatz zu Ereignissen, mit denen Sie diese Informationen auch abdecken könnten, die Möglichkeit, KPIs zuzuordnen. Wählen Sie beispielsweise die Käufergruppe aus, so können Sie sehen, wie lange sie im Schnitt auf der Website verweilt, wie viele Seiten sie aufruft oder wie hoch die Absprungrate ist.

Ansonsten können Sie die benutzerdefinierten Variablen wie jede andere Dimension auch nutzen, das heißt, Sie können damit Segmente anlegen oder sie als sekundäre Dimension bei den Auswertungen nutzen.

7.7.2 Variablen auf Visitor-Ebene, Session-Ebene und Seitenebene

Benutzerdefinierte Variablen können auf drei verschiedenen Ebenen gesetzt werden (siehe Abbildung 7.37).

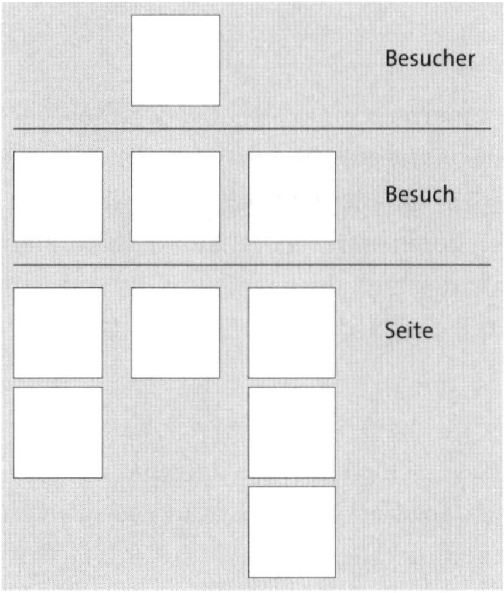

Abbildung 7.37 Ebenen der benutzerdefinierten Variablen

- **Visitor-Ebene**: Dies ist die allgemeinste Ebene, da sie sich auf den Besucher bezieht. Mögliche Anwendungsgebiete sind registrierter Nutzer, Geschlecht und Alter.
- **Session-Ebene**: Bezieht sich auf die Dauer der Sitzung. Mögliche Anwendungsgebiete sind eingeloggter Nutzer und Bezahlmethode.
- **Seitenebene**: Kann sowohl pro Seitenaufruf als auch pro Event gesetzt werden. Mögliche Anwendungsgebiete sind Content-Gruppen.

Variablen auf Visitor-Ebene

Mit den Variablen auf Visitor-Ebene können Sie allgemeine Informationen über Ihre Besucher über mehrere Sitzungen hinweg mitgeben. Nutzen Sie diese Variante, um beispielsweise Informationen über Beruf, Alter und Geschlecht mitzugeben. Aber auch die Tatsache, ob es sich um einen Ihnen bekannten Nutzer handelt, also jemanden, der bereits bei Ihnen registriert ist, können Sie mit dieser Variablenebene umsetzen.

Dieser Wert wird im Besucher-Cookie gespeichert und bei der nächsten Sitzung wieder von Google Analytics ausgelesen. Das heißt, dass Sie auch erkennen können, um welche Art von Besucher es sich handelt, wenn er sich bei der aktuellen Sitzung nicht einloggt. Wie immer bei Cookies sind diese Datensätze nur so lange gespeichert, wie der Nutzer die Cookies nicht löscht oder ein anderes Gerät für den Besuch Ihrer Website nutzt.

Bei den Variablen auf Visitor-Ebene müssen Sie beachten, dass der letzte Wert, der auf dieser Ebene mitgegeben wird, derjenige ist, der zählt und der beim nächsten Besuch genutzt wird.

Variablen auf Session-Ebene

Nutzen Sie Variablen auf Session-Ebene, um innerhalb einer Sitzung zwischen verschiedenen Status zu unterscheiden. Mit dieser Variante können Sie besonders gut Informationen darüber speichern, ob ein Nutzer gerade eingeloggt ist oder nicht. Auch wenn diese Variable in dem Fall erst nach dem Login zugeteilt wird, so können die Daten des Nutzerverhaltens bis zum Punkt des Einloggens noch in die Auswertung mit einbezogen werden. Dies ist der Vorteil der Variablen auf Session-Ebene.

Variablen auf Seitenebene

Mit den Variablen auf Seitenebene können Sie verschiedene Seitengruppen zusammenführen. Besitzt Ihre Website viele verschiedene Kategorien, so kann es sinnvoll sein, sie einzeln hinsichtlich der Performance zu untersuchen. Sie können bis zu fünf Variablen gleichzeitig auf der Seitenebene mitgeben. Zu beachten ist hierbei nur, dass sie in unterschiedlichen Schlüsseln getrackt werden müssen. Auf diese Weise können Sie die Oberkategorie der Website abdecken (zum Beispiel Sport) sowie die Unterkategorien (zum Beispiel Tennis, Formel 1, Fußball). Für eine große Nachrichtenseite könnte das beispielsweise so aussehen: Variable eins beziffert die Oberkategorien, zum Beispiel Politik, Wirtschaft, Kultur, Sport. Variable zwei birgt Informationen über die Unterkategorien der Seite, im Bereich »Politik« zum Beispiel über deutsche und internationale Politik.

7.7.3 Aufbau der benutzerdefinierten Variablen

Nachdem Sie jetzt so viel über die Ebenen der benutzerdefinierten Variablen gelesen haben, wollen wir Ihnen nun erklären, wie sie aufgebaut werden. Variablen können nur bei Gebrauch des alten Tracking-Codes genutzt werden, Universal Analytics bietet Ihnen andere Möglichkeiten, die Daten abzubilden. Grundsätzlich sind die Variablen nach folgendem Schema aufgebaut:

```
_setCustomVar(index, name, value, opt_scope)
```

Index

Hier setzen Sie den Schlüssel für die benutzerdefinierte Variable. An dieser Stelle sind in der kostenlosen Google-Analytics-Version nur die Zahlen 1 bis 5 zulässig. Der Wert darf nicht leer bleiben.

Name

Benennung der Variablen, die auf der ersten Ebene in den Reports erscheinen. Achten Sie darauf, dass Sie über verschiedene Schlüssel hinweg nicht mehrfach die gleichen Namen benutzen. Auch dieser Wert muss gesetzt werden.

Value/Wert

Wert der Variablen, der in Zusammenhang mit dem Namen der Variablen gesetzt wird. Sie können mehrere Werte mit einem Namen verbinden. In unserem Beispiel von eben sind dies die Werte »männlich« und »weiblich«, die zu der Benennung »Geschlecht« gehören. Eine Variable, die keinen Wert enthält, wird nicht getrackt.

Opt_Scope/Ebene

Hierbei handelt es sich um die eben beschriebenen Ebenen der Variablen. Standardmäßig werden Variablen mit der Seitenebene versehen. Wollen Sie eine andere Ebene nutzen, so müssen Sie an dieser Stelle eine Anpassung vornehmen. Es sind nur die Ziffern 1, 2 und 3 zulässig, wobei 1 für die Visitor-Ebene steht, 2 für die Session-Ebene und 3 für die Seitenebene.

7.7.4 Beispiele für benutzerdefinierte Variablen

Damit Sie sich ein Bild davon machen können, wie die benutzerdefinierten Variablen umgesetzt werden müssen, wollen wir Ihnen an dieser Stelle ein paar Beispiele aufzeigen.

Beispiele für Variablen auf Seitenebene: Seitengruppen auswerten

Auf Seitenebene können Sie Variablen nutzen, um Seitengruppen auszuwerten. Im Gegensatz zu den Content-Gruppierungen lassen sich in den späteren Auswertungen bei den Variablen auch Conversions und Umsatz analysieren. Dies macht die Nutzung der Variablen in diesem Fall so interessant. Unsere Beispielfirma Tirami nutzt im Vino-Magazin die Variablen, um zu analysieren, wie sich die Besucher einzelner Website-Kategorien verhalten. Bei einem Aufruf der Seite »Vinothek« und der Unterkategorie »Merlot« werden gleichzeitig zwei benutzerdefinierte Variablen gesetzt:

Variable für Kategorie »Vinothek«

```
_setCustomVar(1, 'Kategorie', 'Vinothek', 3)
```

Variable für Kategorie »Merlot«

```
_setCustomVar(2, 'Sub-Kategorie', 'Merlot', 3)
```

Beispiele für Variablen auf Session-Ebene: Nutzer-Login

Auch bei diesem Beispiel nutzen wir das Vino-Magazin. Auf Session-Ebene wollen wir auswerten, ob ein Benutzer eingeloggt ist oder nicht. Dazu setzen wir nach dem Login folgende Variable ein:

```
_setCustomVar(3, 'Nutzerstatus', 'Login', 2)
```

In diesem Beispiel nutzen wir Schlüssel 3, da Schlüssel 1 und 2 bereits für die Kategorien und Subkategorien verwendet werden.

Beispiele für Variablen auf Visitor-Ebene: registrierte Nutzer

Auch bei den Variablen auf Visitor-Ebene können wir das Vino-Magazin als Beispiel heranziehen. Da es auf der Seite die Möglichkeit gibt, eine kostenpflichtige Mitgliedschaft zu nutzen, wollen wir dies auch in den Variablen festhalten. Meldet sich ein Besucher also zu einer Mitgliedschaft an, so wird ihm beim Aufruf der Bestätigungsseite folgende Variable mitgegeben:

```
_setCustomVar(4, 'Mitgliedschaft', 'Member', 1)
```

Diese Informationen werden ab sofort, so lange der Nutzer seine Cookies nicht löscht, bei allen weiteren Sitzungen über die Cookies mitgegeben.

7.7.5 Auswertung benutzerdefinierter Variablen

In den Reports zu den benutzerdefinierten Variablen können Sie jeweils die einzelnen Schlüssel der Variablen einsehen (siehe Abbildung 7.38) oder durch einen Klick auf den Namen die dort mitgegebenen Werte.

In der Übersicht – und nur dort – haben Sie die Möglichkeit, die einzelnen Variablen auszuwählen. Sie stehen Ihnen in Form von primären Dimensionen oberhalb der Tabelle zur Verfügung. Leider sind diese Reports nicht besonders aussagekräftig, da Sie nur die Information über eine einzige Variablenkategorie erhalten. Sobald Sie aber auf den Namen einer Variablen geklickt haben, gelangen Sie zur Aufschlüsselung der einzelnen Werte.

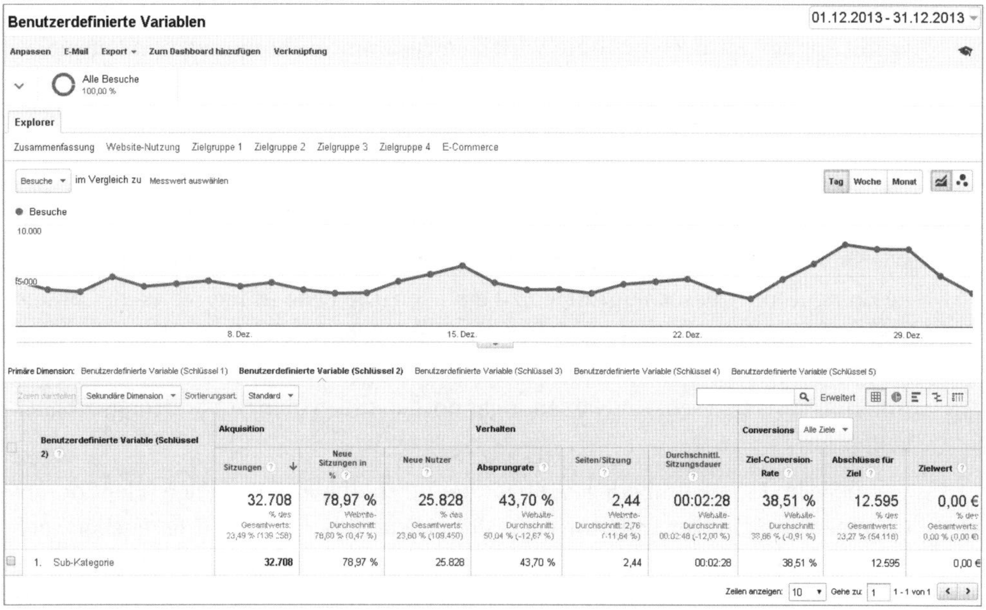

Abbildung 7.38 Übersicht der benutzerdefinierten Variablen für Schlüssel 2

Abbildung 7.39 zeigt Ihnen eine solche Aufschlüsselung nach Werten. Wir haben in unserem Beispiel von eben einfach auf den Eintrag SUB-KATEGORIE geklickt, um die Übersicht der einzelnen Einträge zu erhalten. So sehen wir nun, wie oft die einzelnen Informationsseiten aufgerufen worden sind. Die meisten Sitzungen entfallen auf die Subkategorie MERLOT.

Benutzerdefinierte Variable (Wert 02)	Akquisition			Verhalten			Conversions Alle Ziele	
	Sitzungen	Neue Sitzungen in %	Neue Nutzer	Absprungrate	Seiten/Sitzung	Durchschnittl. Sitzungsdauer	Ziel-Conversion-Rate	Abschlüsse für Ziel
	32.708 % des Gesamtwerts: 23,49 % (139.258)	78,97 % Website-Durchschnitt: 78,60 % (0,47 %)	25.828 % des Gesamtwerts: 23,60 % (109.450)	43,70 % Website-Durchschnitt: 50,04 % (-12,67 %)	2,44 Website-Durchschnitt: 2,76 (-11,64 %)	00:02:28 Website-Durchschnitt: 00:02:48 (-12,00 %)	38,51 % Website-Durchschnitt: 38,86 % (-0,91 %)	12.595 % des Gesamtwerts: 23,27 % (54.118)
1. Merlot	2.474	78,42 %	1.940	44,10 %	2,23	00:02:54	38,92 %	963
2. Bordeaux	2.114	76,96 %	1.627	41,15 %	1,78	00:02:38	28,86 %	610
3. Chianti	1.963	75,24 %	1.477	42,49 %	1,65	00:02:48	27,56 %	541
4. Tempranillo	1.699	78,63 %	1.336	41,20 %	2,30	00:02:08	31,84 %	541
5. Pinot Grigio	1.641	79,89 %	1.311	45,70 %	2,09	00:02:01	26,57 %	436

Abbildung 7.39 Aufschlüsselung der einzelnen Werte einer ausgewählten benutzerdefinierten Variablen

Hier zeigt der Report auch bereits seine Schwächen. Denn unsere Variablen werden auf Seitenebene mitgegeben, daher sollte die Darstellung an dieser Stelle eindeutige Seitenaufrufe statt Sitzungen zeigen.

Nutzen Sie daher lieber benutzerdefinierte Reports, um die Variablen auszuwerten. Damit können Sie auch mehrere Variablen zusammenführen und zum Beispiel sehen, welche Variablen auf welchen Seiten ausgelöst worden sind oder wie oft Variable 1 und Variable 2 zusammen aufgerufen wurden.

7.7.6 Gruppierung nach Content vs. benutzerdefinierte Variablen

Wie Sie vielleicht schon gemerkt haben, gibt es noch eine weitere Möglichkeit, einzelne Content- oder Besuchergruppen zu erstellen. Die Rede ist hier von den Content-Gruppierungen, die es Ihnen erlauben, Ihre Inhalte nach selbst definierten Regeln zu gruppieren. Die daraus resultierenden Auswertungen ähneln denen der benutzerdefinierten Variablen sehr und lassen sogar noch deutlich mehr Auswertungsmöglichkeiten zu.

Wenn Sie im Moment überlegen, ob Sie benutzerdefinierte Variablen oder Content-Gruppierungen nutzen sollen, wählen Sie bei Gruppen, die sich auf Seitenebene definieren lassen, lieber die Content-Gruppierungen. So gehen Sie auf Nummer sicher, dass Sie später keine Anpassungen am Tracking-Code vornehmen müssen, und erhalten gleichzeitig noch ein paar Schlüssel mehr, die Sie für benutzerdefinierte Variablen auf Session- oder Visitor-Ebene vergeben können.

Nachteil der Content-Gruppierungen ist jedoch, dass Sie nur in Verbindung mit Hit-basierten Metriken auswertbar sind. Das heißt, dass Sie keine Conversion-Rates oder Umsatz dazu einsehen können.

7.7.7 Benutzerdefinierte Variablen und benutzerdefinierte Definitionen

Die benutzerdefinierten Variablen werden mittlerweile immer mehr durch benutzerdefinierte Definitionen ersetzt. Bei den benutzerdefinierten Definitionen können Sie eigene Metriken und eigene Dimensionen hinterlegen. In Abschnitt 5.3.6. haben wir Ihnen bereits gezeigt, wie Sie diese Funktion nutzen können, und was Sie damit auswerten können.

7.8 Fluss-Berichte – wie navigieren die Nutzer durch die Seite?

Fluss-Berichte werden oft unterschätzt. Sie erwecken den Anschein, dass sie lediglich nett aussehen und man sich mit ihnen ein wenig die Zeit vertreiben kann. Tiefgehende Analysen sind hier anscheinend nicht möglich. Es mag im ersten Moment auch der Fall sein, dass man sich den Report ansieht und nicht wirklich versteht, was dort vor sich geht. Nimmt man sich aber die Zeit, den Fluss-Bericht genauer zu studieren, so kann man eine Menge daraus lesen. Sie können an dieser Stelle sogar so sehr in die

Tiefe gehen, dass Sie Auswertungen vornehmen können, die an keiner anderen Stelle im Tool durchführbar sind.

Der Vorteil von Fluss-Berichten und des Nutzerfluss-Berichts im Besonderen liegt darin, dass Sie tatsächlich sehen können, wie die Besucher durch Ihre Seite navigiert sind (siehe Abbildung 7.40). Sie sehen nicht nur, wie Nutzer vorwärts navigieren, Sie sehen auch, wenn Besucher zurück navigiert haben oder aus der Website ausgestiegen sind. Dies gibt einen Mehrwert, wenn Sie verschiedene Funnel auswerten und prüfen möchten, ob sie vom Nutzer verstanden werden oder nicht. Sie können sogar Segmente in dem Fluss-Bericht nutzen, um nur eine bestimmte Gruppe von Besuchern, zum Beispiel Käufer, neue Besucher oder Kampagnenbesucher, auszuwerten.

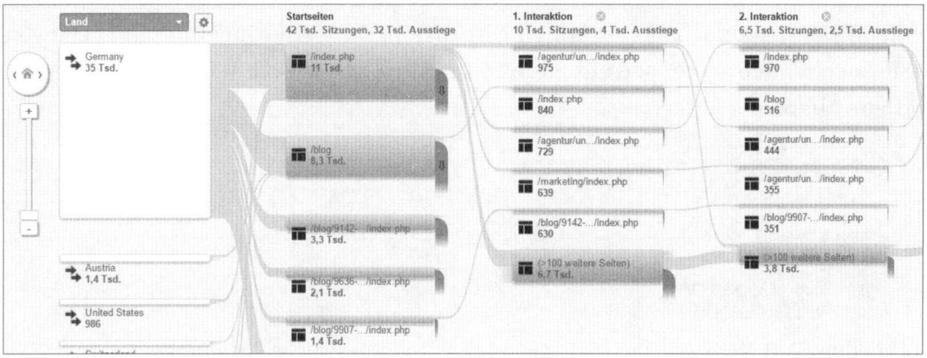

Abbildung 7.40 Beispielhafter Nutzerfluss

7.8.1 Aufbau eines Nutzerfluss-Berichts

Alle Fluss-Berichte in Google Analytics sind nach dem gleichen Schema aufgebaut. Sie setzen sich zusammen aus Knoten, Verbindungen sowie Ausstiegen, die den Verlauf von Sitzungen, Ereignissen oder Zieltrichtern visualisieren.

Knoten können verschiedene Inhalte darstellen. In unserem Beispiel sind es sowohl LAND als auch die einzelnen aufgerufenen Seiten. In anderen Fluss-Berichten können die Knoten auch Ereignisse, Verzeichnisse, Trichterschritte oder andere Dinge darstellen. Sie sind durch ein gewisses Größenverhältnis bestimmt, das Sie auf einen Blick wissen lässt, wie die Verteilung der Sitzungen auf die einzelnen Punkte gewesen ist. Auf den Knoten sehen Sie aber auch gerundete absolute Zahlen, die Ihnen Aufschluss darüber geben, wie oft die einzelnen Knoten von Besuchern aufgerufen worden sind. Pfade zwischen den verschiedenen Knoten werden als *Verbindungen* bezeichnet. Hier kann es vorkommen, dass Verbindungen nicht so gradlinig verlaufen, wie Sie sich das vorstellen. Nutzer gehen Wege, die Sie vielleicht nicht für möglich oder total unsinnig halten. Genau das zeigt Ihnen aber der Report.

Neben Knoten und Verbindungen gibt es in den Fluss-Berichten auch *Ausstiege*. Sie zeigen die Stellen auf, an denen Besucher die Website verlassen haben.

Fluss-Berichte können aber noch mehr anzeigen als Knoten, Verbindungen und Ausstiege. Sie können gewisse Seitengruppen auch hervorheben, den Traffic bis dorthin markieren oder Gruppen bilden.

7.8.2 Dimensionen auswählen

Grundlage Ihrer Analyse sind die ausgewählten Dimensionen. Standardmäßig wird in dem Nutzerfluss-Bericht die Dimension LAND angezeigt. Die Auswertung dieser Dimension ist sicherlich interessant, jedoch gibt es noch viele andere Dimensionen, die Ihnen Informationen zur Optimierung liefern können.

Um die Dimension zu wechseln, klicken Sie oben links in der Ecke auf das Dropdown-Menü mit der aktuell ausgewählten Dimension. Durch die Suchfunktion gelangen Sie auch schnell zu der gewünschten Dimension, in unserem Fall QUELLE/MEDIUM (siehe Abbildung 7.41).

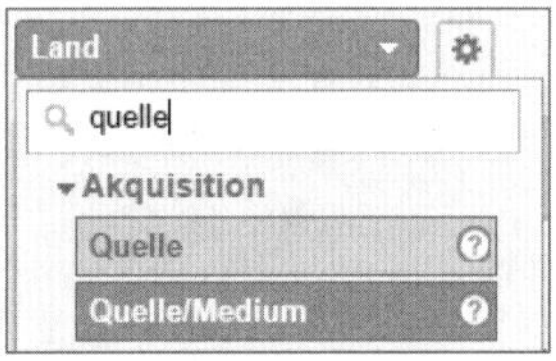

Abbildung 7.41 Wechseln der Dimension von »Land« zu »Quelle/Medium«

Neben der Auswahl einer vorgefertigten Dimension haben Sie auch die Möglichkeit, sie noch weiter anzupassen und zu filtern. Klicken Sie dazu neben der Dimension auf das Zahnradsymbol, und wählen Sie die anzuzeigenden Knotenpunkte aus.

In unserem Beispiel sehen Sie im Anschluss nur noch die Sitzungen in dem Fluss-Bericht, die über Google gekommen sind, unterteilt nach organischen und bezahlten Zugriffen (siehe Abbildung 7.42). Dass die Dimensionen angepasst worden sind, erkennen Sie daran, dass das Zahnradsymbol grün hinterlegt ist.

Abbildung 7.42 Dimensionselemente anpassen: Hinzufügen von »Google organisch« und »Google AdWords« als »Quelle/Medium«

7.8.3 Segmente anwenden

Natürlich können Sie in dem Fluss-Bericht auch Segmente anwenden. Dazu gehen Sie wie gewohnt über den Navigationspunkt für Segmente und wenden das gewünschte Segment auf den Report an. Sie können zwar wie gewohnt bis zu vier Segmente auf den Bericht legen, in der Darstellung sehen Sie aber immer Daten für das gerade ausgewählte Segment. Durch Mausklick können Sie zwischen den Segmenten wechseln, eine gemeinsame Darstellung wie in den anderen Berichten gibt es nicht. Ein Beispiel dazu sehen Sie in Abbildung 7.43.

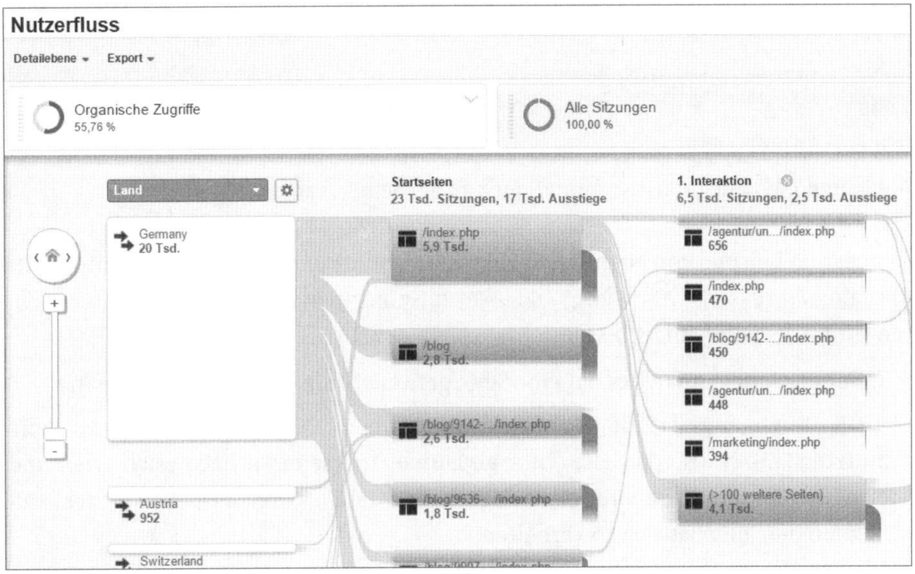

Abbildung 7.43 Nutzerfluss in dem Segment »Organische Suchzugriffe«

7.8.4 Nur dieses Segment anzeigen

Wenn Sie die Filterung ein wenig schneller erreichen wollen, können Sie dafür auch die Mausfunktion für den Dimensionsknotenpunkt nutzen. Dazu klicken Sie mit der linken Maustaste auf die Dimension, die Sie einzeln betrachten möchten, und wählen dort NUR DIESES SEGMENT ANZEIGEN aus (siehe Abbildung 7.44).

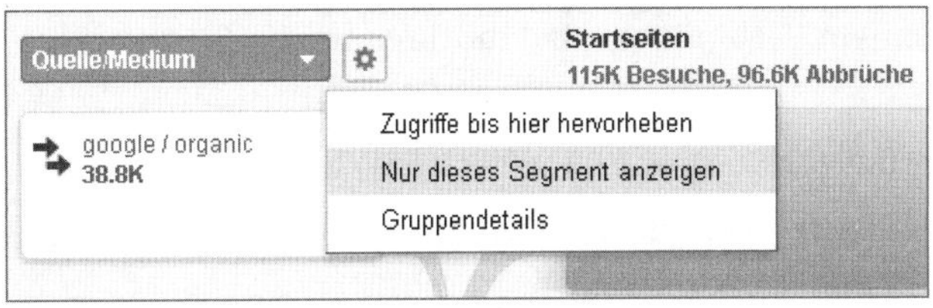

Abbildung 7.44 Nutzerfluss: »Nur dieses Segment anzeigen«

Die Ansicht des Reports verändert sich nun, und es werden nur noch die Zugriffe dargestellt, die mit dem Segment übereinstimmen.

7.8.5 Knoten und Verbindungen untersuchen

Auch bei der Untersuchung von Knoten, Ausstiegen und Verbindungen nutzen Sie die Mouse-Over-Funktion. Sie müssen lediglich mit der Maus über das betreffende Element fahren, und schon werden mehr Informationen eingeblendet.

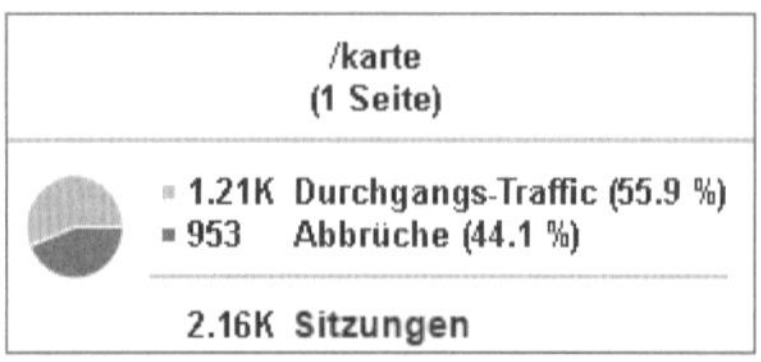

Abbildung 7.45 Nutzerfluss: Informationen zu der Seite »/karte«

In unserem Beispiel von eben sehen Sie die Informationen zu dem Knotenpunkt für die Seite */karte* (siehe Abbildung 7.45). Was die einzelnen Elemente bedeuten, möchten wir noch weiter aufschlüsseln:

- **(1 Seite)**: Google Analytics hat eine Seite gefunden, die die gleiche URL besitzt.
- **1.21K Durchgangs-Traffic (55,9 %)**: Von den über 2.000 Sitzungen auf der Seite nutzten 1.210 Nutzer die Seite */karte* als Durchgangsseite. Sie haben sich zuvor und im Anschluss noch weitere Seiten angesehen. Mehr als die Hälfte (55,9 %) des Traffics auf der Seite hat sich so verhalten.
- **953 Abbrüche (44,1 %)**: 953 Sitzungen haben den Webauftritt an genau dieser Stelle verlassen. Das sind 44,1 % der Sitzungen, die auf dieser Seite stattfanden.
- **2.16K Sitzungen**: 2.160 Sitzungen haben die Seite */karte* aufgerufen.

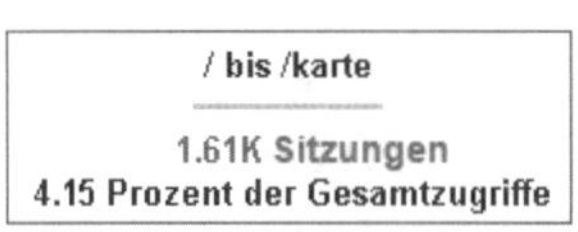

Abbildung 7.46 Nutzerfluss: Informationen zum Pfad zu der Seite »/karte«

Auch die Informationen zu einem Verbindungspfad möchten wir für Sie aufschlüsseln (siehe Abbildung 7.46):

- **/ bis /karte**: Verbindungspfad von Startseite (/) zu der Seite */karte*.
- **1.61K Sitzungen**: 1.610 Sitzungen haben diesen Pfad gewählt und sind im ausgewählten Zeitraum von der Startseite zur Karte gewechselt.
- **4,15 Prozent der Gesamtzugriffe**: Der Anteil der Gesamtzugriffe bei den Verbindungen bezieht sich immer auf den ausgewählten Schritt. Alle Verbindungen zwi-

schen einer und einer weiteren Interaktion ergeben zusammengenommen immer 100 %. In unserem Beispiel wechselten nur 4,15 % der Nutzer von der Startseite zur Seite */karte*.

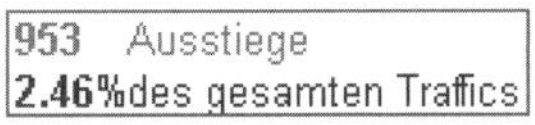

Abbildung 7.47 Nutzerfluss: Ausstiege auf der Seite »/karte«

Auch die Informationen über Ausstiege auf der Seite */karte* möchten wir näher erläutern (siehe Abbildung 7.47):

- **953 Ausstiege**: 953 Sitzungen endeten an dieser Stelle.
- **2.46 % des gesamten Traffics**: Die 953 Sitzungen entsprechen 2,46 % des Traffics, der diese Seite aufgerufen hat.

7.8.6 Bis hier hervorheben

Um die einzelnen Knotenpunkte und ihre Verbindungen miteinander noch besser analysieren zu können, bietet Ihnen Google Analytics die Möglichkeit, Inhalte hervorzuheben, zu untersuchen und Gruppendetails zu bearbeiten. Dazu müssen Sie mit der linken Maustaste auf den gewünschten Knotenpunkt klicken (siehe Abbildung 7.48).

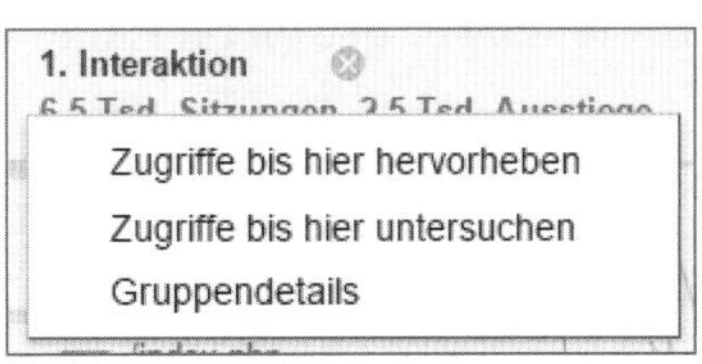

Abbildung 7.48 Fluss-Berichte: »bis hier hervorheben«, »untersuchen« und »Gruppendetails«

Die Auswahl ZUGRIFFE BIS HIER HERVORHEBEN hebt alle Verbindungen hervor, die durch das gewählte Element hervorgerufen werden. Alle anderen Verbindungen werden der Übersicht halber ausgegraut. Sie können diese Hervorhebung jederzeit wieder rückgängig machen, indem Sie noch einmal auf den Knotenpunkt klicken und HERVORHEBUNG AUFHEBEN wählen.

Unser Beispiel hebt nun alle Verbindungen und Knotenpunkte hervor, die zu einem Besuch der Seite */karte* geführt haben. Wenn Sie mit der Maus über die Verbindungen fahren, merken Sie, dass sich die dargestellten Zahlen verändert haben. Es werden keine prozentualen Anteile des Gesamt-Traffics mehr dargestellt, sondern nur noch die absoluten Zahlen (siehe Abbildung 7.49).

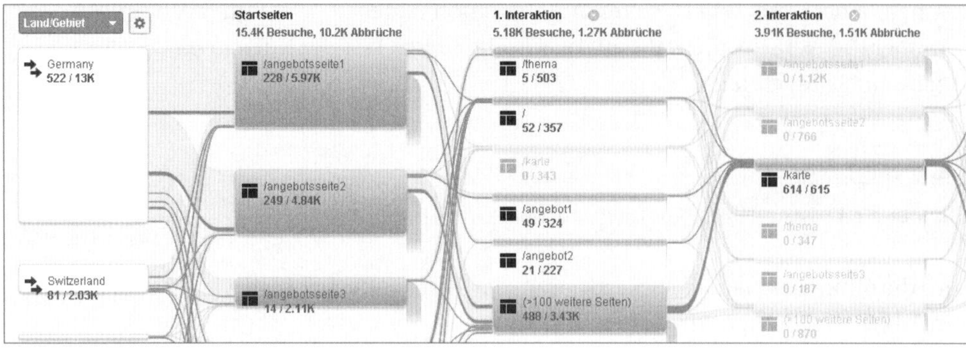

Abbildung 7.49 Hervorgehobener Nutzerfluss

7.8.7 Bis hier untersuchen

Auf die gleiche Weise wie beim Punkt Bis hier hervorheben können Sie auch vorgehen, wenn Sie bestimmte Elemente genauer untersuchen möchten. Dadurch werden alle Verbindungen zu einem Knoten hin und von einem Knoten weg angezeigt. Hier beschränkt sich die Ansicht erst einmal nur auf den Knotenpunkt vor und nach dem gewählten Knoten. Sie können jedoch weitere Schritte hinzufügen.

Rechts und links neben den Knoten können Sie über Schritt hinzufügen noch weitere Schritte zu der Analyse hinzufügen. Diese Art der Auswertung ist sehr hilfreich, wenn Sie gewisse Besuchsverläufe analysieren wollen. Ein Beispiel für einen solchen Report sehen Sie in Abbildung 7.50.

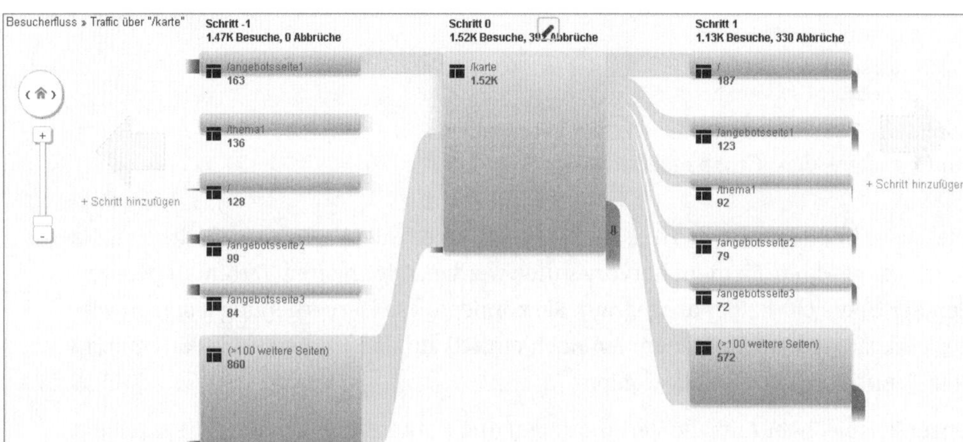

Abbildung 7.50 Nutzerfluss: einzelnen Schritt untersuchen

7.8.8 Gruppendetails

Gruppendetails sind nützlich, wenn unter einer Seite mehrere weitere Seiten zusammengefasst werden. Das kann zum Beispiel der Fall sein, wenn Sie Suchparameter an die URL hängen, die Suchseite aber immer noch die gleiche ist. Aber auch bei den WEITEREN SEITEN hilft manchmal ein Blick in die Gruppendetails.

Die Ansicht listet neben den Seiten, die zusammengefasst werden, auch die wichtigsten Kennzahlen dazu auf, darunter die Anzahl der Sitzungen, den Anteil des Traffics sowie die Absprungraten (siehe Abbildung 7.51).

/blog (>100 Seiten)

2,8 Tsd. Sitzungen | 00:00:39 Durchschn. Besuchszeit in Gruppe | 2,5 Tsd. Ausstiege

Häufigste Seiten

Seite	Sitzungen	% der Zugriffe	Abbruchrate
/blog/1652-asien-suchmaschinen-marktanteile/index.php	174	6.18%	89.7%
/blog/9487-tracking-konzept-zielgerichtete-website-analyse/index.php	151	5.36%	90.7%
/blog/9667-6-erfolgreiche-linkaufbau-massnahmen/index.php	143	5.08%	93.7%
/blog/10039-content-seeding/index.php	136	4.83%	90.4%
/blog/9528-ist-suchmaschinenwerbung-mit-yandex-direct-lohnenswert/index.php	127	4.51%	85.8%
/blog/9026-seo-optimierung-fuer-yandex-2014/index.php	118	4.19%	81.4%
/blog/9331-https-als-ranking-faktor/index.php	72	2.56%	97.2%

Abbildung 7.51 Auswertung der »Weiteren Seiten« innerhalb des Nutzerflusses

7.8.9 Vergleich von Zeiträumen

Natürlich lassen sich im Nutzerfluss-Bericht auch Zeiträume vergleichen. Über die bekannte Kalender-Funktion wählen Sie die beiden gewünschten Zeiträume aus und sehen nun die Zahlen für den primären Monat sowie die prozentuale Änderung zum Vergleichsmonat (siehe Abbildung 7.52).

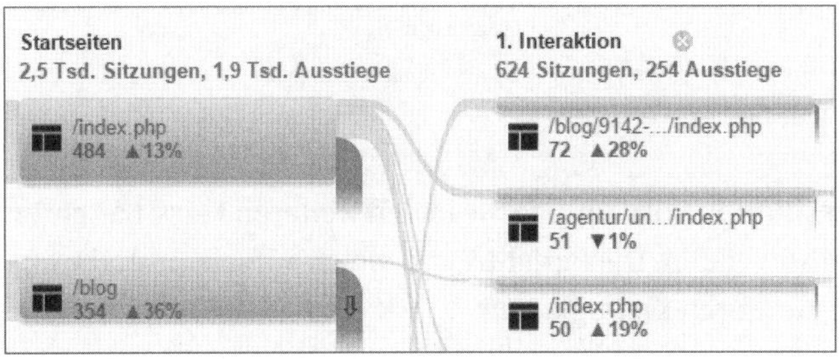

Abbildung 7.52 Nutzerfluss: Vergleich von zwei Zeiträumen

Diese Daten können Sie nicht nur bei den Knoten analysieren, sondern durch den Mouse-Over-Effekt auch bei den Verbindungen und den Ausstiegen.

7.8.10 Zoomen, Schwenken, Detailebenen und Hinzufügen von Schritten

Zu guter Letzt bieten die Fluss-Berichte noch die Möglichkeit, die Auswertungen etwas komfortabler zu gestalten. Sie können an den Bericht heranzoomen, von dort herauszoomen und ihn verschieben. All dies erledigen Sie über die Icons in der linken Bildhälfte (siehe Abbildung 7.53). Über das Haus-Icon und die Pfeile daneben schwenken Sie die Ansicht von links nach rechts. Die Pfeile darunter helfen Ihnen dabei, die Ansicht zu vergrößern oder zu verkleinern.

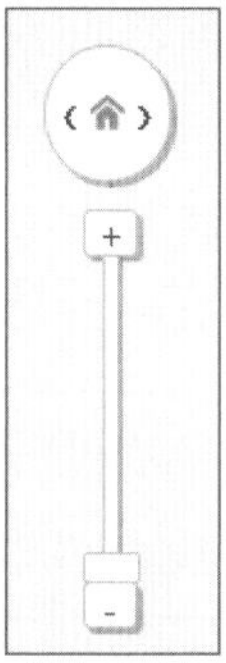

Abbildung 7.53 Nutzerfluss: Herein- und Herauszoomen und Ansicht schwenken

Mit einem Klick auf DETAILEBENE (siehe Abbildung 7.54) lässt sich anhand eines Schiebereglers die Anzahl der Verbindungen ändern. Gestalten Sie den Besucherbericht etwas übersichtlicher, indem Sie nicht mehr so viele Verbindungen anzeigen lassen.

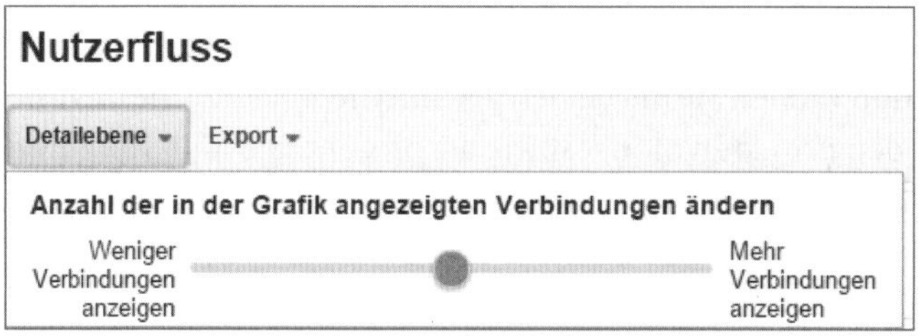

Abbildung 7.54 Nutzerfluss: Detailebene einstellen

Die Erklärungen zum Nutzerfluss-Report können Sie in den weiteren Fluss-Berichten in Google Analytics ebenso anwenden. Die Berichte sind gleich aufgebaut und nutzbar, sie unterscheiden sich nur durch Kleinigkeiten.

Innerhalb der verschiedenen Besucherberichte, die sich mit Alter, Sprache, technischer Ausstattung und Interessen Ihrer Nutzer befassen, finden Sie viele Daten, die Sie verwenden können, um Informationen über Ihre Besucher zu erhalten, die Ihnen bei der Optimierung der Website helfen können.

Kapitel 8

Die zweite Säule der Auswertung: Besucherquellen entdecken

Finden Sie heraus, wie die Besucher im Internet auf Ihre Website stoßen. Wurden Sie bei Google gefunden, oder war es ein Banner, das Sie gebucht haben? Vielleicht kannten einige Besucher Ihre Webadresse? Wir zeigen Ihnen, wie Sie auch Offline-Werbemittel wie Plakate messbar machen.

Über welche Quellen und Medien kommen die Besucher auf Ihre Website, und wie gut performen Ihre Kampagnen? Diese Fragen und noch einige mehr können Sie mit den Akquisitions-Berichten beantworten. In diesem Bereich dreht sich alles um die verschiedenen Quellen und Wege, die Ihre Besucher nutzen, um auf Ihre Website zu gelangen. Kommen die Besucher größtenteils über Google oder über Direkteingaben? Bringen Ihre Kampagnen die gewünschte Anzahl von Nutzern, und wie verhalten sie sich, sobald sie auf Ihrer Seite gelandet sind? Im Akquisitions-Report finden Sie alle Informationen über die verschiedenen Traffic-Kanäle.

Akquisitions-Reports

Für wen ist der Report sinnvoll?

Im Bereich Akquisition findet jeder Webanalyst wertvolle Informationen über die Quellen, die Besucher auf die Website bringen.

Welche Fragen beantwortet der Report-Bereich?

Wie viele Nutzer kommen über organische Suchmaschinen auf die Website? Welche Kampagnen bringen qualitativ hochwertigen Traffic? Wie ist der ROI (Return on Investment) der AdWords-Kampagnen? Wie viele Zugriffe kommen über soziale Quellen zustande? Welche Seiten bringen die meisten Sitzungen?

Sind (Code-)Anpassungen nötig, um den Report sinnvoll auswerten zu können?

Nein, Sie müssen lediglich bei der Nutzung von AdWords und der Google Search Console die Produkte mit Google Analytics verknüpfen. Wenn Sie Kampagnen schalten, die nicht über AdWords gesteuert werden, sollten Sie sie vorher mit Kampagnen-Parametern versehen, um sie auswerten zu können.

Wie oft sollten Sie den Report anschauen?

Mindestens wöchentlich. Wenn Sie gerade AdWords oder andere Kampagnen schalten, sollten Sie häufiger in die Reports sehen, um Trends erkennen zu können und gegebenenfalls rechtzeitig gegensteuern zu können.

Müssen Elemente aus dem Report-Bereich bei den benutzerdefinierten Benachrichtigungen aufgenommen werden?

Benachrichtigungen bei starkem Zuwachs oder Rückgang einzelner Traffic-Quellen sind sinnvoll. So sehen Sie, wenn die Zugriffe über Google sinken oder plötzlich durch einen externen Link die Visits über Verweise in die Höhe schnellen.

Ist ein Dashboard oder eine Verknüpfung sinnvoll?

Ja, Quellen und die entsprechenden Medien bieten immer eine sinnvolle Auswertungsgrundlage.

Müssen Sie dafür extra eine Datenansicht erstellen?

Sie können eine eigene Datenansicht erstellen, in der Sie beispielsweise nur die Zugriffe über Suchmaschinen oder über AdWords einlaufen lassen. Dies ist aber nicht zwingend erforderlich.

8.1 Übersicht und Channels

Der erste Report im Bereich Akquisition soll Ihnen wie gewohnt einen schnellen Einblick in die Traffic-Quellen geben. Er ist nach dem sogenannten ABC-Schema gebaut: *ABC* steht für *Acquisition, Behaviour, Conversions*. Das bedeutet, dass die Inhalte nach verschiedenen Bereichen strukturiert sind, also Akquisition, Verhalten und Conversions. Zuvor mussten Sie, um die Conversions einer Quelle zu sehen, die Tabs wechseln und die verschiedenen Zielgruppen auswählen. Nun können Sie mittels Dropdown-Menü direkt im Report die für Sie relevanten Zielvorhaben aussuchen und anzeigen lassen. Sie müssen also nicht mehr die Ansicht wechseln, um die wichtigen Dinge ansehen zu können.

8.1.1 Über welche Kanäle kommen die Sitzungen?

Sobald Sie den Navigationspunkt AKQUISITION aufrufen, gelangen Sie auf die Übersicht des Reports. Im Gegensatz zu den üblichen Google-Analytics-Übersicht-Reports sehen Sie hier ausnahmsweise keine Trendgrafik, sondern eine Tabelle wie in Abbildung 8.1. Die Daten werden erst seit Sommer 2013 in dieser Form ausgewertet. Daher kann es sein, dass Sie bei einem Zeitraum, der weiter zurückreicht – etwa wenn Sie das komplette Jahr 2013 auswerten möchten –, in dem Report an oberster Stelle den Begriff (NOT SET) sehen.

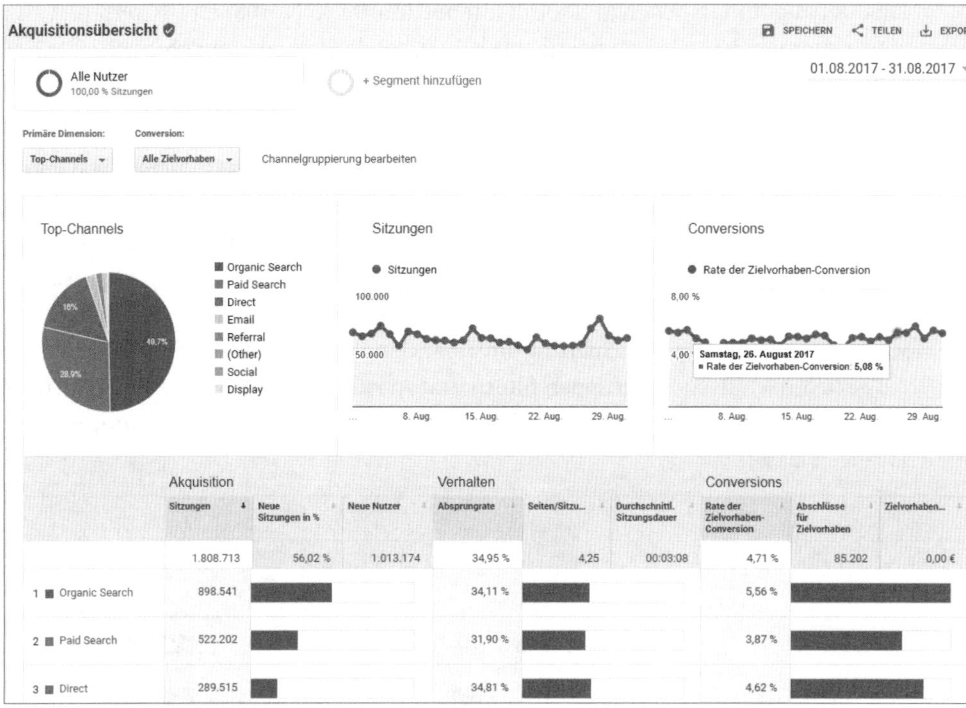

Abbildung 8.1 Akquisitions-Übersicht

Besonderheiten der Kanäle

Wenn Sie Ihre Datenansicht auf bestimmte Kanäle gefiltert haben, werden an dieser Stelle lediglich die Kanäle angezeigt, die der Filter der Datenansicht zulässt. Schränken Sie beispielsweise eine Datenansicht so ein, dass nur organischer Traffic angezeigt wird, so sehen Sie in diesem Report auch nur den Punkt Organic Search.

Außerdem kann es zu Verwirrungen kommen, wenn Sie E-Mail-Kampagnen erstellen, sie aber nicht mit dem Medium email benennen, sondern als »E-Mail« bezeichnen. Google Analytics weist diesem Kanal nämlich nur Zugriffe über das Medium Email zu. Schreiben Sie den Begriff anders, taucht er nicht als E-Mail-Traffic in dem Report auf, sondern wird einem anderen Kanal zugeordnet.

Passen Sie hingegen die Default Channel Gruppierung über die Einstellungen der Datenansicht an, so beinhalten die Channel natürlich die entsprechenden Traffic-Kanäle.

Google Analytics zeigt Ihnen an dieser Stelle auf einen Blick die Top-Channel, wie viele Sitzungen darüber entstanden sind, wie hoch die Absprungrate der einzelnen Quellen ist und wie viele Conversions Sie über die einzelnen Kanäle erreicht haben. Sie können sogar mittels des Dropdown-Menüs bei den Conversions die einzelnen

Ziele genauer untersuchen und somit nur bestimmte Zielvorhaben auswerten. Wenn Sie E-Commerce-Tracking eingerichtet haben, sehen Sie hier standardmäßig die Anzahl der Transaktionen, den Umsatz sowie die durchschnittliche E-Commerce-Conversion-Rate.

Google Analytics bietet Ihnen in diesem Report sehr viele Interaktionsmöglichkeiten – in den anderen Übersichts-Reports ist meist keine Interaktion möglich. Sie können nach den verschiedenen Metriken sortieren, die Conversions auswählen, und Sie haben die Möglichkeit, Segmente zu nutzen und die Kanaldarstellung anzupassen. Wechseln Sie zum Beispiel von TOP CHANNELS zu TOP-QUELLEN/-MEDIEN, und bewerten Sie die organischen Suchzugriffe über Google. Mithilfe der Segmente können Sie gezielt nach Besuchergruppen filtern und so zum Beispiel nur Traffic über Suchmaschinen, Verweis-URLs (siehe Abbildung 8.2) oder aus einem bestimmten Land anzeigen lassen.

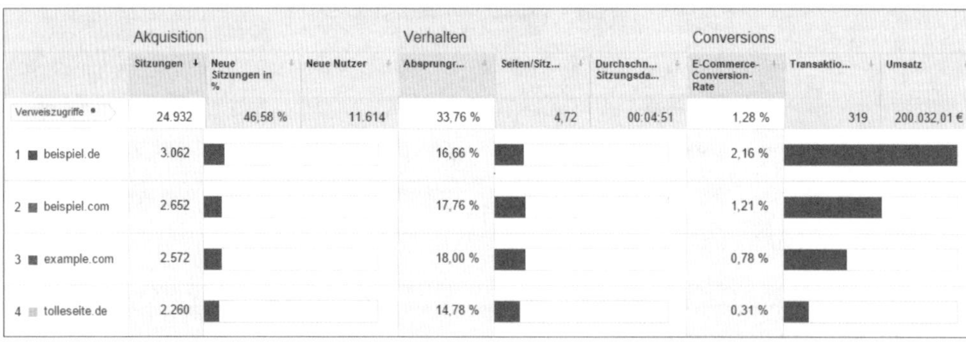

Abbildung 8.2 Akquisition-Übersichts-Report mit dem Segment »Verweiszugriffe« und E-Commerce-Transaktionen

Sie können jederzeit aus der Übersicht heraus zu einem ausgewählten Kanal springen. Dazu klicken Sie einfach auf die Bezeichnung des Kanals oder in die Zeile in der Tabelle. So gelangen Sie direkt auf den Report, der die Quelle enthält. Es werden sogar Segmente übernommen. In unserem Fall würden wir also durch einen Klick auf *beispiel.de* zu dem Report ALLE ZUGRIFFE mit dem Filter *beispiel.de* und dem Segment VERWEISZUGRIFFE springen.

Was bedeuten die einzelnen Quellen-Bezeichnungen?

Die Bezeichnungen der einzelnen Standard-Channel-Gruppierungen wurden nicht lokalisiert, sind also in Englisch. Wir wollen an dieser Stelle die wichtigsten Begriffe kurz definieren:

- ORGANIC SEARCH: Bezeichnet die organische Suche, also alle Sitzungen, die über Google, Bing & Co. auf die Seite gelangt sind.
- PAID SEARCH: Bezeichnet die bezahlte Suche, sprich alle Suchanzeigen-Zugriffe. Meist handelt es sich hier um AdWords-Sitzungen. Hierunter fällt alles mit dem Medium cpc, ppc, paidsearch. Außerdem Zugriffe über Werbenetzwerk ist nicht »Inhalt«.
- DISPLAY: Bezeichnet Display-Anzeigen. Hierunter fallen alle Sitzungen, die als Medium DISPLAY, BANNER oder CPM aufweisen und mit dem Werbenetzwerk »Content« übereinstimmen.
- REFERRAL: Bezeichnet Verweise. Hiermit sind alle Zugriffe auf Ihre Seite gemeint, die über einen externen Link erfolgt sind.
- DIRECT: Bezeichnet Direktzugriffe, also Besuche, bei denen die Nutzer die URL im Browser eingetippt oder durch ein Lesezeichen direkt aufgerufen haben.
- EMAIL: Bezeichnet E-Mail-Kampagnen. Hierzu gehören alle Zugriffe, die über das Medium E-MAIL gekommen sind. Andere Schreibweisen des Begriffs werden hier nicht akzeptiert. Außer Sie haben zuvor die Default Channel Gruppierung in den Einstellungen der Datenansicht angepasst, sodass auch andere Schreibweisen zugelassen sind.
- SOCIAL: Bezeichnet soziale Quellen, also zum Beispiel Facebook, Google+ und andere soziale Netzwerke. Hier definiert Google folgenden Filter: Medium ist entweder SOCIAL, SOCIAL-NETWORK, SOCIAL-MEDIA, SM, SOCIAL NETWORK oder SOCIAL MEDIA oder es handelt sich bei dem Verweis um eine soziale Quelle. Außerdem dürfen die Verweise nicht als Kampagnen gekennzeichnet sein.
- AFFILIATE: Hier sammelt Analytics alle Zugriffe, die über das Medium Affiliate zustande gekommen sind.
- ANDERE WERBUNG (OTHER): Alle Werbeformate, bei denen die anderen Filter bisher nicht gegriffen haben, sollen nach Möglichkeit hiermit abgedeckt werden: Medium stimmt überein mit: CPV, CPS, CPP, CONTENT-TEXT. Meist ist dieser Channel derjenige, der plötzlich ziemlich viele Zugriffe erhält. Das kann zum Beispiel an nicht richtig vertaggten Kampagnen liegen.

Eine Übersicht über die aktuelle Definition der einzelnen Channels finden Sie in der offiziellen Google-Analytics-Hilfe unter folgendem Link: *https://goo.gl/RocioA*.

8.1.2 Tiefergehende Analyse über die verschiedenen Besucher-Quellen

Auch der CHANNELS-Report ist nach dem ABC-Prinzip aufgeteilt. Im Gegensatz zu dem ÜBERSICHTS-Report haben Sie hier die gewohnte Trendgrafik sowie die Tabellenansicht, in der Sie filtern und sortieren können.

Default Channel Grouping	Akquisition			Verhalten			Conversions E-Commerce		
	Sitzungen	Neue Sitzungen in %	Neue Nutzer	Absprungrate	Seiten/Sitzung	Durchschnittl. Sitzungsdauer	E-Commerce-Conversion-Rate	Transaktionen	Umsatz
	87.813 % des Gesamtwerts: 100,00 % (87.813)	69,43 % Durchn. für Datenansicht: 69,37 % (0,09 %)	60.969 % des Gesamtwerts: 100,09 % (60.915)	43,88 % Durchn. für Datenansicht: 43,88 % (0,00 %)	4,29 Durchn. für Datenansicht: 4,29 (0,00 %)	00:03:36 Durchn. für Datenansicht: 00:03:36 (0,00 %)	3,22 % Durchn. für Datenansicht: 3,22 % (0,00 %)	2.828 % des Gesamtwerts: 100,00 % (2.828)	111.941,00 € % des Gesamtwerts: 100,00 % (111.941,00 €)
1. Organic Search	**34.029** (38,75 %)	63,81 %	21.713 (35,61 %)	41,27 %	4,83	00:04:08	3,04 %	1.036 (36,63 %)	43.743,50 € (39,08 %)
2. Direct	**22.887** (26,06 %)	79,41 %	18.175 (29,81 %)	38,45 %	4,80	00:04:19	5,92 %	1.354 (47,88 %)	51.359,00 € (45,88 %)
3. Paid Search	**17.154** (19,53 %)	71,19 %	12.212 (20,03 %)	52,12 %	3,12	00:02:09	1,17 %	201 (7,11 %)	7.194,50 € (6,43 %)
4. Referral	**6.012** (6,85 %)	66,60 %	4.004 (6,57 %)	48,85 %	4,07	00:03:38	2,79 %	168 (5,94 %)	6.722,00 € (6,00 %)
5. (Other)	**4.741** (5,40 %)	72,90 %	3.456 (5,67 %)	44,97 %	3,66	00:02:48	1,20 %	57 (2,02 %)	2.596,50 € (2,32 %)
6. Display	**1.409** (1,60 %)	33,00 %	465 (0,76 %)	62,46 %	2,17	00:01:17	0,07 %	1 (0,04 %)	16,00 € (0,01 %)
7. Social	**1.002** (1,14 %)	81,74 %	819 (1,34 %)	50,70 %	2,47	00:01:41	0,80 %	8 (0,28 %)	233,50 € (0,21 %)
8. Email	**579** (0,66 %)	21,59 %	125 (0,21 %)	50,43 %	2,94	00:02:27	0,52 %	3 (0,11 %)	76,00 € (0,07 %)

Abbildung 8.3 Akquisitions-Report: Channel

Über die Reiter oberhalb der Tabelle können Sie wie gewohnt die primären Dimensionen auswählen und auf diese Weise statt der Standardgruppierung die Quellen und Medien anzeigen lassen. Besonders vorteilhaft ist die Möglichkeit, die Conversions, nach Kanälen getrennt, direkt im Report zu sehen. Über das Dropdown-Menü können Sie die einzelnen Conversions auswählen, und wenn Sie E-COMMERCE eingerichtet haben, können Sie sogar sehen, wie viel Umsatz über die einzelnen Quellen erzielt worden ist (siehe Abbildung 8.3).

Warum wird der Report nicht komplett angezeigt?

Vielleicht gehören auch Sie zu den Nutzern, bei denen der Report rechts abgeschnitten und auch nicht mittels Scrolling komplett angezeigt wird. Das ist natürlich sehr ärgerlich, denn gerade an dieser Stelle befinden sich die wichtigen Conversion-Daten. Um das Problem zu lösen, gibt es eine kleine Behelfslösung, die Sie nutzen können, um weiterhin alle Daten sehen zu können. Klicken Sie dazu einfach in der oberen linken Bildhälfte rechts neben der Navigation auf den grauen Pfeil (siehe Abbildung 8.4).

Abbildung 8.4 Mit einem Klick auf den Pfeil blenden Sie die linke Navigation aus und erweitern die Tabellen.

Dadurch wird die Navigationsleiste ausgeblendet, und der Report erscheint im gesamten Browser-Fenster. Nun können Sie alle Daten des Reports sehen.

Wenn auch das nicht funktioniert, nutzen Sie die Tastenkombination [Strg] + [-], um die Anzeige des Browser-Inhalts zu verkleinern. Auf diese Weise werden zwar die Zahlen und anderen Inhalte kleiner, aber Sie können alles sehen.

Eine besondere Visualisierung bietet Ihnen Analytics mit dem Bericht STRUKTURKARTEN (siehe Abbildung 8.5). Bei dieser Diagrammform werden Ihnen für die aktuelle Dimension zwei Metriken präsentiert, zum Beispiel Sitzungen und Seiten/Sitzung.

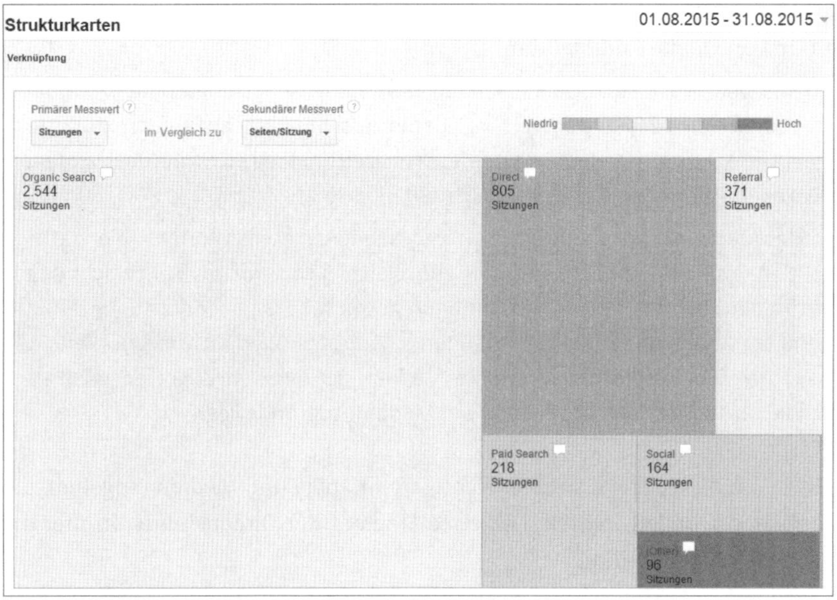

Abbildung 8.5 Visualisierung von zwei Metriken mit Strukturkarten

Für jedes Element (quasi jede Zeile eines normalen Berichts) gibt es einen Kasten. Dabei bestimmt die erste Metrik (Sitzungen) die Größe des jeweiligen Elements im Vergleich zu allen anderen. Die zweite Metrik (Seiten/Sitzung) legt die Farbe fest. Der niedrigste Wert aller Elemente wird rot, der höchste Wert grün dargestellt. Wenn Sie mit der Maus über die kleinen weißen Info-Icons in jedem Kasten fahren, werden Ihnen weitere Informationen zu diesem Element angezeigt.

Unter dem Diagramm befindet sich eine Tabelle, mit der Sie sich die einzelnen Channels genauer anschauen können. Ein Klick aktualisiert Diagramm und Tabelle auf Elemente nur dieses Channels.

Die Strukturkarten können helfen, besonders erfolgreiche Channels (oder Quellen, Verweise etc.) visuell zu identifizieren. Ist ein Kasten klein, aber grün, sollten Sie überlegen, ob Sie mehr Nutzer über diesen Channel (oder Quelle etc.) zu Ihrer Website bekommen können.

8.2 Quelle/Medium – Übersicht über Quellen und Medien

Der Report QUELLE/MEDIUM ist im Grunde genommen nur eine andere Einstellung des CHANNELS-Reports. Er zeigt Ihnen eine Auflistung aller Quellen und Medien, mittels derer die Nutzer auf Ihre Website gekommen sind. Statt der DEFAULT-CHANNEL-GRUPPIERUNG ist hier die Grundansicht auf die Dimension QUELLE/MEDIUM eingestellt. Dies können Sie aber auch ohne Probleme im CHANNELS-Report über die primären Dimensionen nachbilden. Sämtliche Daten finden sich schließlich auch im Report CHANNELS.

Definition von Quelle und Medium

Was ist eine Quelle? Bei einer Quelle handelt es sich um die Suchmaschinen, Kampagnen oder die verweisenden Domains, von denen aus Ihre Besucher auf Ihre Website gelangen. Direkte Zugriffe werden als (DIRECT) bezeichnet, da sie nicht über andere Websites oder Suchmaschinen erzeugt werden.

Was ist das Medium? Hierunter fallen die verschiedenen Medienformen, die Traffic auf Ihre Seite schicken können, darunter zum Beispiel ORGANIC als Kennzeichnung von Traffic, der über organische Suchanfragen gekommen ist, oder CPC für bezahlte Suchanfragen, REFERRAL für Links von anderen Websites oder auch BANNER, EMAIL oder TEXTLINK für entsprechende andere Medien. Bei direkten Zugriffen wird als Medium (NONE) ausgegeben, da hier ja kein Medium zugrunde liegt.

Wir möchten an dieser Stelle auf die wichtigsten Kanäle und Medien eingehen, die Sie in dem Report finden werden. Das erste Element der Dimension ist immer die Quelle, das zweite das Medium.

- GOOGLE/ORGANIC: Google ist die Quelle, das Medium ist ORGANIC, also organische Suchzugriffe.
- GOOGLE/CPC: Google ist die Quelle, allerdings ist das Medium hier nicht ORGANIC, sondern das Gegenteil, CPC oder auch PAID. Damit sind also AdWords oder Bing-Anzeigen gemeint.
- (DIRECT)/(NONE): Die Quelle ist direkt, ein Medium ist nicht vorhanden. Hinter diesen Begriffen verstecken sich die Direktzugriffe. Das sind die Sitzungen, bei denen die URL direkt in den Browser eingegeben wird oder die Seite über ein Bookmark oder Ähnliches direkt aufgerufen wird. Außerdem fallen hierunter Sitzungen, die nicht eindeutig zugeordnet werden können, beispielsweise Aufrufe aus Dokumenten heraus oder aus Webmail-Links.
- BEISPIEL.DE/REFERRAL: *beispiel.de* ist die Quelle, REFERRAL das Medium. Referral bedeutet, dass es sich hier um einen Verweis handelt, also um einen externen Link auf einer anderen Website.

8.2.1 Direktzugriffe – Nutzer, die die Website-URL direkt im Browser eingeben

In den verschiedenen Google-Analytics-Reports, die sich um das Thema »Akquisition« drehen, werden Sie häufiger den Eintrag (DIRECT)/(NONE) sehen. Hierbei handelt es sich, wie oben bereits erwähnt, um diejenigen Besucher, die Ihre Seite direkt aufgerufen haben. Diese Nutzer haben entweder die Website-URL direkt im Browser eingetippt, ein Lesezeichen gespeichert oder auch aus einer E-Mail heraus Ihre Website besucht. Manchmal kann es sich bei Direktzugriffen auch um Kampagnensitzungen handeln, bei denen keine Kampagnen-Parameter mitgegeben werden. Wenn Sie im Report QUELLE/MEDIUM auf die Dimension (DIRECT)/(NONE) klicken, erscheint in der nachfolgenden Tabelle nur der Traffic, der über Direktzugriffe erzielt worden ist.

Wir wollen Ihnen nun mögliche Gründe für einen hohen Anteil direkter Zugriffe auflisten:

- **Markenbekanntheit**: Direkter Traffic macht einen großen Teil des Traffics aus, wenn Sie eine bekannte Marke besitzen, deren Domain mit dem Markennamen übereinstimmt, sodass man die Website bereits beim Eintippen in den Browser erreichen kann und nicht suchen muss. Beispiele hierfür sind *www.otto.de*, *www.bild.de* oder auch *www.zalando.de*. Diese Marken sind so bekannt, dass die Nutzer sie ohne den Umweg über Suchmaschinen direkt eingeben, da ihr Ziel – der Website-Besuch von *otto.de*, *bild.de* oder *zalando.de* – klar ist.
- **Lesezeichen-Aufrufe**: Enthält Ihre Website Content, den Ihre Nutzer häufiger anschauen oder speichern, um später etwas nachzulesen, dann kann es sein, dass Ihre Nutzer häufig über Lesezeichen auf Ihre Website gelangen. Dies gilt vor allem, wenn der Content tief in der Website-Struktur liegt und nicht über wenige Klicks oder Kurz-URLs aufgerufen werden kann. Um Beispiele zu finden, können Sie selber einmal kurz darüber nachdenken, welche Inhalte Sie als Lesezeichen abspeichern. Vielleicht sind darunter folgende Inhalte: das beste Kuchen-Rezept von Chefkoch, die perfekte Winterjacke Ihrer Lieblingsmarke, die günstigste SD-Karte von einem Anbieter, den Sie bis dahin noch gar nicht gekannt haben, oder auch die spannenden Zeitungsartikel, die Sie später noch lesen möchten. All dies sind Inhalte, die Sie interessieren, die Sie sich merken möchten und die Sie dazu bringen werden, bei Bedarf die Website, auf der sie zu finden sind, bald wieder aufzurufen.
- **E-Mail-Zugriffe**: Häufig werden Zugriffe über E-Mail-Clients wie Outlook nicht korrekt ausgegeben. Werden die Links in einem Newsletter zum Beispiel nicht als Newsletter-Links gekennzeichnet, werden diese Zugriffe als Direktzugriffe gewertet.
- **Kampagnen**: Ein weiterer Grund für eine hohe Anzahl direkter Zugriffe können TV-, Print- oder auch Radio-Kampagnen sein. Wenn Sie darin eine bestimmte Seite kommunizieren, erhalten Sie im besten Fall viele Direktzugriffe auf diese Seite.

Häufig kann es aber auch vorkommen, dass sich die Nutzer lediglich den Markennamen oder die Domain gemerkt haben und somit nur diese eintippen. Sie sollten also bei derartigen Kampagnen immer ein Auge auf die Zielseiten und die Direktzugriffe haben.

Eine sinnvolle Auswertung darüber, welche Seiten besonders häufig über Direktzugriffe aufgerufen werden, erhalten Sie mithilfe von sekundären Dimensionen. Wählen Sie hierfür die sekundäre Dimension ZIELSEITE aus, und schauen Sie, welche Seiten die Besucher mit direkten Zugriffen als Erstes aufrufen. Abbildung 8.6 zeigt Ihnen eine solche Auswertung.

		Akquisition			Verhalten			Conversions Zi
Quelle/Medium	Zielseite	Sitzungen	Neue Sitzungen in %	Neue Nutzer	Absprungrate	Seiten/Sitzung	Durchschnittl. Sitzungsdauer	> 5 Seiten/Besuche (Conversion-Rate für Ziel 1)
		30.146 % des Gesamtwerts: 23,80 % (126.675)	84,01 % Website-Durchschnitt: 78,11 % (7,57 %)	25.327 % des Gesamtwerts: 25,60 % (98.940)	65,26 % Website-Durchschnitt: 51,08 % (27,75 %)	2,06 Website-Durchschnitt: 2,64 (-21,71 %)	00:02:02 Website-Durchschnitt: 00:02:43 (-25,18 %)	5,95 % Website-Durchschnitt: 9,78 % (-39,09 %)
1. (direct) / (none)	/angebote	**7.189**	91,93 %	6.609	85,46 %	1,15	00:00:23	0,19 %
2. (direct) / (none)	/	**4.257**	74,61 %	3.176	34,58 %	3,76	00:04:10	17,52 %
3. (direct) / (none)	/gewinnspiel-2013	**1.950**	71,85 %	1.401	24,10 %	2,44	00:03:44	4,72 %
4. (direct) / (none)	/wetter	**564**	91,31 %	515	68,97 %	1,90	00:01:19	5,85 %

Abbildung 8.6 Direktzugriffe und ihre Zielseiten

In unserem Beispiel ist die Angebotsseite die am häufigsten über Direktzugriffe aufgerufene Seite. Dabei handelt es sich um eine Kampagnen-Zielseite, was zwei Dinge vermuten lässt. Zum einen kann es sein, dass die Besucher die Kampagnen-Zielseite so gut fanden, dass sie diese gebookmarkt haben und immer wieder aufrufen. Zum anderen kann es sein, dass die Kampagne nicht vertaggt worden ist und somit die eigentlichen Kampagnenzugriffe als Direktzugriffe gewertet werden. Um diesem Problem näher auf den Grund zu gehen, schauen Sie sich im Bereich VERHALTEN die Zielseiten-Reports unter dem Segment DIREKTE ZUGRIFFE an. Dazu nehmen Sie als sekundäre Dimension den NUTZERTYP. Nun können Sie sehen, welche Art von Besucher (neu oder wiederkehrend) die Angebotsseite über einen Direktaufruf angesehen hat. In Abbildung 8.7 sehen Sie den entsprechenden Report.

Da ein Großteil der Besucher zuvor noch nicht auf der Website gewesen ist, liegt die Vermutung nahe, dass es sich hierbei eigentlich um Kampagnenzugriffe handelt, die nicht korrekt zugeordnet werden. In unserem Beispiel ist dies tatsächlich der Fall. Es kann aber auch sein, dass diese Seite extra als Kampagnen-Zielseite angelegt worden ist, die über Offline-Kampagnen wie Print- oder TV-Anzeigen beworben wird. Mehr zu diesem Thema erfahren Sie in Abschnitt 8.3.

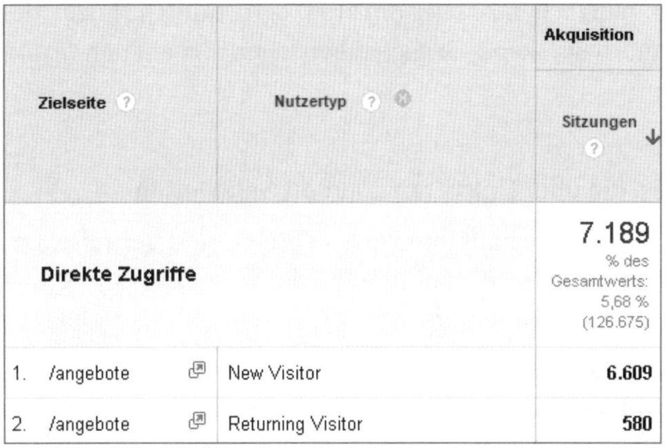

Zielseite	Nutzertyp	Akquisition Sitzungen
Direkte Zugriffe		7.189 % des Gesamtwerts: 5,68 % (126.675)
1. /angebote	New Visitor	**6.609**
2. /angebote	Returning Visitor	**580**

Abbildung 8.7 Zielseiten-Report mit sekundärer Dimension »Nutzertyp« und dem Segment »Direkte Zugriffe«

Nun aber noch einmal zurück zu unserem Beispiel und der Abbildung von eben. Die Seite, die am zweithäufigsten direkt aufgerufen wird, ist die Startseite. Dies ist ganz natürlich, da es sich hierbei um die wohl bekannteste Seite einer Webpräsenz handelt. Nutzer tendieren dazu, nur den Domainnamen und die Domainendung, also etwa *beispiel.de* einzugeben, statt *beispiel.de/jacken/angebote/winter2014*.

Weitere beliebte Seiten für Direkteinstiege sind in unserem Beispiel die Gewinnspielseite sowie die Wetterseite. Auch hier bietet sich ein typisches Bild. Bei der Gewinnspielseite handelt es sich um eine offline beworbene Seite. Ein Anstieg der Direktaufrufe dieser Seite ist daher sehr erfreulich.

Die Wetterseite bietet Inhalte, welche die Besucher gerne bookmarken. Gerade in der Tourismus-Branche sind diese Seiten häufig unter den Top-Zielseiten der Direktzugriffe. Nutzer speichern sich diese Seite ab und besuchen sie häufiger, teilweise sogar mehrmals täglich, um zu sehen, wie das Wetter vor Ort ist. Eine klare URL-Struktur, in der die Wetter-Inhalte über eine aussagekräftige URL erreichbar sind, wie bei *tourismusseite.de/wetter*, bringt die Nutzer dazu, diese Adresse direkt im Browser einzutippen.

Eine weitere Dimension, die Sie im Zusammenhang mit den Direktzugriffen analysieren sollten, haben wir eben bereits kurz angesprochen. Es handelt sich um die Dimension NUTZERTYP. Hier können Sie herausfinden, ob die Besucher, die Ihre Website-URL direkt im Browser eingeben, bereits vorher auf der Seite gewesen sind oder nicht. Ein hoher Anteil neuer Besucher, die Ihre URL direkt aufrufen, ist natürlich erfreulich, sollte jedoch auch hinterfragt werden. Offline-Kampagnen, in denen die Domain kommuniziert wird, könnten zwar ein Grund hierfür sein. In den meisten Fällen handelt es sich allerdings um eine fehlerhafte Zuordnung von Kampagnen. Daher sollten Sie einem plötzlichen Anstieg direkter Zugriffe durch Nutzer, denen keine Kampagne zugrunde liegt, skeptisch gegenüberstehen und auf den Grund gehen.

8.2.2 Verweise – Websites, die über Links Traffic auf die Seite leiten

Eine weitere Traffic-Quelle, die Besucher auf Ihre Website bringt, sind Verweise. Dabei handelt es sich um andere Websites, die auf Ihre Websites – meist über Links – verweisen und somit Besucher zu Ihnen führen.

Verweise finden Sie sowohl im Report QUELLE/MEDIUM als auch in deren eigenem Report VERWEISE. Google baut sein Analytics-Tool immer weiter aus, um den Nutzern noch mehr Auswertungsmöglichkeiten in Bezug auf Online-Marketing-Maßnahmen an die Hand zu geben. Nach der Integration von AdWords, AdSense sowie der Search Console bietet Google Analytics nun auch einen eigenen Report für externe Links. Der Report VERWEISE listet auf einen Klick alle externen Websites auf, die Ihre Website verlinken und die Traffic zu Ihrer Seite bringen.

Welche Links zeigt der Report »Verweise«?

Wichtig ist zu wissen, dass der Report VERWEISE nur die Links auflistet, über die tatsächlich Besucher auf Ihre Seite gekommen sind. Hier sehen Sie somit nur die Links anderer Websites, die auch angeklickt worden sind. Besitzen Sie also einen Link auf einer sehr populären Website, der Ihnen aus SEO-Sicht viel bringt, kann es sein, dass er in dem Report VERWEISE gar nicht aufgelistet wird, da der Link nicht angeklickt wurde.

Für eine umfangreiche Auflistung aller Links, die zu Ihrer Website führen, müssen Sie auf die Google Search Console oder auf andere Link-Analyse-Tools zurückgreifen.

Beachten Sie außerdem, dass Domains, die in der Verweisausschlussliste stehen (siehe Abschnitt 5.3.3), immer als *direct* gewertet werden.

Der Bericht VERWEISE liefert Ihnen Erkenntnisse darüber, welche Seiten besonders viele Besucher zu Ihnen führen.

In Abbildung 8.8 sehen Sie ein Beispiel des Reports VERWEISE. Mit einem Klick auf die jeweilige Website gelangen Sie zu einer Übersicht der sogenannten *Verweispfade*, die Ihnen zeigen, von welchen Unterseiten der Domains die Besucher gekommen sind.

Sicherlich tun sich beim ersten Blick auf die Übersicht verschiedene Fragen auf. Verweise von *facebook.com* oder anderen bekannten Websites wie *beispiel.de* sind verständlich – was aber machen Suchmaschinen, die eigene Website und ein Adserver in der Auflistung? Diese Fragen wollen wir mit Ihnen kurz durchgehen und aufzeigen, woher derartige Verweis-Daten kommen können.

Quelle	Akquisition			Verhalten	
	Nutzer	Neue Nutzer	Sitzungen	Absprungrate	Seiten/Sitzung
	254 % des Gesamtwerts: 2,41 % (10.543)	207 % des Gesamtwerts: 2,10 % (9.861)	326 % des Gesamtwerts: 2,50 % (13.055)	68,71 % Durchn. für Datenansicht: 74,90 % (-8,26 %)	1,64 Durchn. für Datenansicht: 1,36 (20,25 %)
1. luna-park.de	47 (18,43 %)	44 (21,26 %)	59 (18,10 %)	67,80 %	1,76
2. l.facebook.com	18 (7,06 %)	17 (8,21 %)	20 (6,13 %)	55,00 %	1,25
3. xing.com	12 (4,71 %)	7 (3,38 %)	12 (3,68 %)	58,33 %	1,33
4. duckduckgo.com	11 (4,31 %)	10 (4,83 %)	13 (3,99 %)	69,23 %	1,69
5. adserver	11 (4,31 %)	6 (2,90 %)	14 (4,29 %)	85,71 %	1,21

Abbildung 8.8 Übersicht über Verweise

Verweise von Suchmaschinen

Es kann vorkommen, dass in Ihren Verweis-Reports andere Suchmaschinen als Google oder Bing zu finden sind. Das liegt daran, dass Google noch nicht automatisch alle neuen Suchmaschinen korrekt zuordnet. Eine sticht meistens heraus und findet sich bei den meisten unserer Kunden und auch bei uns: duckduckgo. Diese Suchmaschine trackt das Nutzerverhalten nicht und gewinnt immer mehr Zulauf. Wenn Sie diese oder auch andere falsch zugeordnete Suchmaschinen ebenfalls dem organischen Traffic zuordnen wollen, so können Sie dafür mit einem Filter arbeiten.

Filter für Suchmaschinen Zuordnung

Wenn Sie in Ihren Verweis-Reports Suchmaschinen finden und diese gerne dem organischen Traffic zuordnen wollen, dann müssen Sie zuerst einen Filter auf Ihre Datenansicht legen.

Dazu nutzen Sie einen erweiterten Filter, der in Feld A als Kampagnenquelle die Suchmaschine auflistet, in Feld B das Kampagnenmedium REFERRAL extrahiert und es im Konstruktor als ORGANIC ausgibt. Wenn Sie mehrere Suchmaschinen zusammenfassen wollen, nutzen Sie bei der Kampagnenquelle einfach einen regulären Ausdruck (*Regex*). Ein Beispiel für duckduckgo sähe wie folgt aus (siehe Abbildung 8.9).

Anschließend müssen Sie noch die Default Channel Gruppierung anpassen. Diese enthält standardmäßig den Filter «vom System definierter Filter« und »Übereinstimmung mit organischer Suche«. Damit unser Filter hier aufgegriffen werden kann, muss dies umgestellt werden. Dazu wählen Sie einfach den Filter Medium enthält »organic« aus und speichern Ihre Anpassung. Anschließend finden Sie die Suchmaschinen auch im Channel organic.

Abbildung 8.9 Duckduckgo von den Referrern zur organischen Suche zuordnen

Die eigene Website als Verweis

Wie in unserem obigen Beispiel gezeigt, kann es auch vorkommen, dass Sie die eigene Website unter den Verweisen finden. Auch dies ist ein Sonderfall, der geprüft werden sollte.

Eigen-Referrer und die Verweisausschlussliste

Wenn Sie eine neue Property einrichten, wird die Domain, die Sie dabei angeben, automatisch auf die Verweisausschlussliste gesetzt. Sie wird in der Folge nicht mehr als Eigen-Referrer erscheinen, sondern immer als Direktzugriff gewertet. Damit ist ein Teil der nun beschriebenen Auswertungen nicht mehr möglich. Allerdings entstehen ähnliche Probleme und Berichte, wenn Sie zum Beispiel mehrere Domainadressen für Ihre Website registriert haben und verwenden.

Bei der Umstellung zu Universal Analytics wurde die Standard-Domain nicht automatisch in die Verweisausschlussliste eingepflegt. Ist Ihr Google-Analytics-Konto also älter als Sommer 2014, ist es gut möglich, dass Ihre Domain noch als Eigen-Referrer auftaucht.

Ein gewisses Maß an Eigen-Referrern ist ganz normal. Der häufigste Grund hierfür sind Besucher, die eine Zeit lang auf der Seite surfen, lange nichts tun, dann die Seite wieder aufrufen und von dort aus weiterklicken. Wird für die Dauer von 30 Minuten keine Interaktion mit der Website erzeugt, also kein Google-Analytics-Aufruf erzielt, dann wird die Sitzung abgebrochen. Klickt der Nutzer aber bei geöffnetem Browser-

Fenster nach dieser Zeit wieder auf die Website und navigiert von dort weiter auf eine andere Seite, so wird dies als Verweis innerhalb der eigenen Website gewertet. Dieses Phänomen kommt besonders oft vor, wenn Sie Video-Content anbieten, den die Nutzer, ohne zu klicken, länger als 30 Minuten ansehen können. Bei Universal Analytics haben Sie – im Gegensatz zur älteren Analytics-Version – die Möglichkeit, die eigene Seite als Verweisfilter einzutragen, wodurch sie nicht mehr in den Reports auftaucht.

Es existieren allerdings auch noch weitere Gegebenheiten, bei denen es zu einem sogenannten selbst verweisenden Verweis kommen kann. Wir wollen Ihnen die verschiedenen Gründe dafür kurz aufzeigen:

- **Fehlender Tracking-Code auf Einstiegsseiten**: Wenn der Tracking-Code nicht auf allen Seiten ausgespielt wird, kann es sein, dass die eigene Website innerhalb der Verweis-Reports aufgelistet wird. Auf diese Weise kommt es dazu, dass ein Nutzer durch die Seite navigiert, zwischendurch nicht getrackt wird und somit als neuer Besucher über die eigene Website ausgewertet wird. Plugins wie der Google Tag Assistant können hier weiterhelfen. Ansonsten können Sie auch mittels benutzerdefinierter Reports oder Datenfilter mehr darüber herausfinden. Wie das geht, erklären wir Ihnen im nächsten Abschnitt.
- **Uneinheitlicher Tracking-Code**: In manchen Fällen kommt es vor, dass der Tracking-Code nicht einheitlich ist. Fehlerhaft konfiguriertes Sub- und Cross-Domain-Tracking kann ein Grund dafür sein. Für diese Form des Trackings müssen einige Elemente des Tracking-Codes angepasst werden – erfolgt dies fehlerhaft oder nicht vollständig, kann dies die Daten verfälschen. Setzen Sie zum Beispiel auf einer Unterseite den Domainnamen, auf einer anderen aber nicht, kann das bereits zu Problemen führen.
- **Weiterleitungen**: Nicht alle Weiterleitungen führen zu einem Verlust der ursprünglichen Referrer-Information, dennoch kann es vorkommen, dass dieses Problem auftritt. Nehmen wir an, die Seite *beispielseite.de* linkt auf eine Ihrer Seiten, zum Beispiel *meineseite.de/alter_content*. Diese Inhalte existieren aber nicht mehr, sodass Sie eine Weiterleitung einrichten müssen, um die Nutzer auf die neue Seite zu führen. Die neuen Inhalte liegen nun auf der Seite *meineseite.de/neuer_content*. Führen Sie die Weiterleitung mittels einer 301 oder 302 auf dem Webserver aus, so sollte dies kein Problem darstellen. Nutzen Sie jedoch zur Umsetzung ein Meta Refresh oder JavaScript, wird die Zwischenseite zum neuen Referrer. Nutzen Sie daher wenn möglich immer eine 301- oder 302-Weiterleitung.
- **Frames und Flash**: Die Nutzung von Frames oder Flash-Tracking kann sich in manchen Fällen negativ auf das Tracking auswirken. Frames werden häufig nicht korrekt konfiguriert, was zu Eigen-Referrern führen kann. Und auch Flash kann für Komplikationen sorgen. Wenn Sie den Verdacht haben, dass diese beiden Punkte der Grund für fehlerhaftes Tracking sein könnten, wenden Sie sich am besten direkt an Ihren IT-Ansprechpartner.

Um Ihnen dabei zu helfen, die möglichen Gründe für einen zu hohen Anteil an Eigen-Referrern zu finden, möchten wir Ihnen einen benutzerdefinierten Bericht ans Herz legen. Der Report beinhaltet die vollständigen Verweis-URLs, die Sie in den Berichten ansonsten nicht aufrufen können. Hierfür müssen Sie lediglich einen benutzerdefinierten Report mit der Dimension VOLLSTÄNDIGE VERWEIS-URL und der Metrik EINSTIEGE anlegen. Als Filter sollten Sie noch das Medium REFERRAL hinzufügen, um nur Verweise angezeigt zu bekommen. Bei Bedarf können Sie in dem Bericht natürlich auch noch die Absprungrate sowie Zielerreichungen hinzufügen. Tragen Sie dafür die Daten so ein, wie es Abbildung 8.10 zeigt.

In dem anschließenden Report erkennen Sie nun, über welche vollständigen Verweis-URLs die Besucher auf die Seite gelangt sind. In dem regulären Report sehen Sie anstelle der Domains nun ebenfalls die vollständigen URLs. Lediglich Parameter, zum Beispiel die der Google-Bildersuche, werden weggelassen. Dies bietet einen deutlichen Mehrwert, nicht nur, wenn Sie auf der Suche nach Eigen-Referrern sind. Um mehr über die Eigen-Referrer zu erfahren, suchen Sie nach Ihrer Domain und prüfen Sie, welche Seiten besonders häufig als Verweisquelle auftauchen.

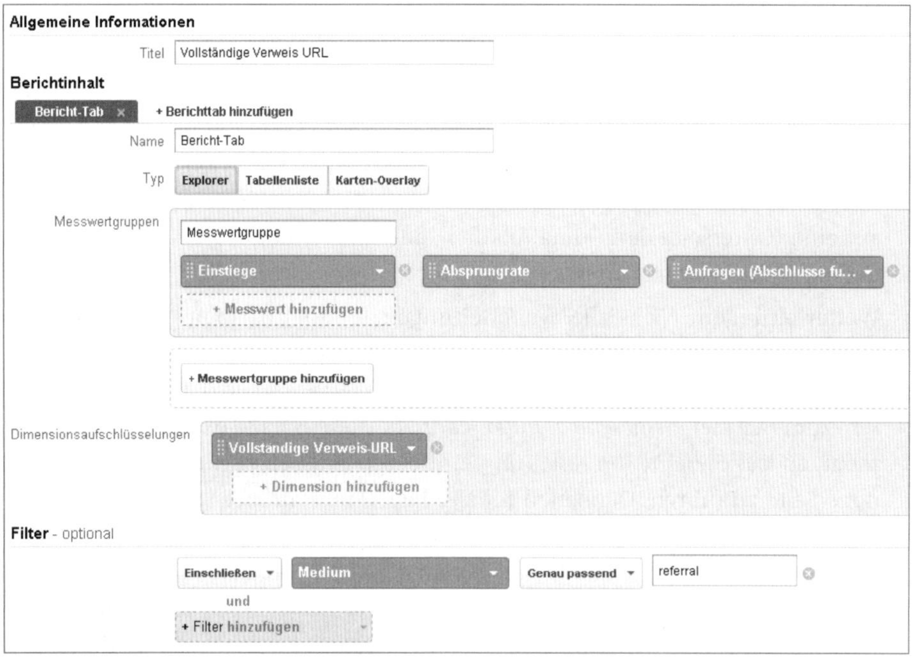

Abbildung 8.10 Erstellung eines benutzerdefinierten Berichts mit Ausgabe der vollständigen Verweis-URL

Sind darunter Seiten, die Content liefern, den man sich lange anschauen kann? Dann ist es verständlich, dass die Sitzungen hier neu gezählt werden und einen derartigen Verweis erzeugen. Bieten die Seiten aber Content, der nicht dazu gedacht ist, die Nutzer lange auf der Seite zu halten, sollten Sie dem noch einmal nachgehen und die einzelnen Seiten prüfen.

Abbildung 8.11 zeigt ein Beispiel, wie ein Report mit eigenen Verweisen aussehen könnte. Die Top-Verweis-URL ist hier die eigene Startseite. Dies ist recht einfach zu erklären. Die Besucher haben in den Suchergebnissen oder auf einer anderen Seite mehrere gute Links gefunden, öffnen sie in einem neuen Tab und arbeiten sich von Tab zu Tab im Browser vor. Da kann es schon mal vorkommen, dass eine Sitzung begonnen und direkt beendet wird, da die Zeit von 30 Minuten verstrichen ist, bevor der Nutzer wieder zurück auf die Seite gelangt. Klickt er dann allerdings auf einen der Links auf der Website, erzeugt er eine neue Sitzung.

Vollständige Verweis-URL	Einstiege ↓	Absprungrate
	923 % des Gesamtwerts: 0,28 % (327.854)	70,42 % Website-Durchschnitt: 39,05 % (80,33 %)
1. beispiel.de/	**100**	51,00 %
2. beispiel.de/bestellung_faq	**62**	88,71 %
3. beispiel.de/ueberuns	**51**	72,55 %
4. beispiel.de/videos	**47**	68,09 %
5. beispiel.de/mehrinfos	**47**	53,19 %

Abbildung 8.11 Vollständige Verweis-URL der eigenen Website beispiel.de inklusive Einstiegen und Absprungrate

Die weiteren Elemente sind nicht ganz so einfach zu erklären. Besonders stechen hier die FAQs zur Bestellung und die Videoseite hervor. Punkt zwei – die FAQs zur Bestellung – erzeugt häufig Wiedereinstiege in die Seite, allerdings auch eine hohe Abbruchrate. Eine solche Seite sollten Sie noch einmal näher untersuchen. Nutzer, die bereits auf eine Seite mit Informationen zur Bestellung gelangt sind, haben ein gewisses Interesse an Ihrem Produkt. Dass diese Nutzer allerdings eine so lange Zeit auf der Seite verbringen und dann doch wieder abbrechen, lässt darauf schließen, dass gewisse Informationen nicht schlüssig sind oder weitere Fragen aufwerfen, die sich nicht beantworten lassen. Vielleicht suchen die Nutzer aber auch bei anderen Anbietern nach dem Produkt oder prüfen dort die Bestell-Informationen. Im nächsten Schritt sollten Sie die Verweildauer auf den jeweiligen Seiten prüfen. Wenn sie besonders hoch ist, sind die Inhalte wahrscheinlich nicht optimal und bearbeitungswürdig.

Bei der Videoseite kann der Grund für die Eigen-Referrer-Zahl recht schnell erläutert werden. Auf dieser Seite befinden sich Videos – übrigens auch auf der Seite *beispiel.de/ueberuns* –, die sich die Nutzer anschauen, wodurch sie meist länger auf der Seite bleiben und die 30 Minuten überschreiten.

Auch aus Online-Marketing-Sicht ist dieser Report sehr hilfreich. Mithilfe des Reports haben Sie nun Gelegenheit, zu sehen, von welchen URLs Traffic auf Ihre Seite gelangt. Vielleicht haben Sie auf einer anderen Seite mehrere Links und möchten herausfinden, welche davon den meisten Traffic liefern.

In Abbildung 8.12 zeigen wir Ihnen einen Ausschnitt aus einem derartigen Report. Von der Website *bahn.de* gelangen Nutzer von mehreren Seiten auf die Website – welcher Link dabei besonders viel Traffic bringt, wird genau aufgeschlüsselt. Sie können den Report natürlich jederzeit noch weiter verfeinern und zum Beispiel Absprungraten oder auch Zielerreichungen hinzufügen, um noch mehr über die Qualität der jeweiligen Besucher aussagen zu können. Untersuchen Sie auf diese Weise, welche Quellen qualifizierten Traffic bringen und welche nicht. Im Anschluss können Sie Ihre Online-Marketing-Strategie noch einmal dahingehend prüfen und eventuell neue Seiten für Bannerkampagnen oder Werbeanzeigen aufnehmen. Was unbezahlt gut funktioniert, hat eine Chance, auch bezahlt gut zu funktionieren.

Vollständige Verweis-URL ?	Einstiege ? ↓
	109 % des Gesamtwerts: 0,08 % (131.104)
1. bahn.de/citynightline/view/de/reiseziele/reiseinfos.shtml	**54**
2. bahn.de/p/view/angebot/international/europaspezial.shtml	**31**
3. bahn.de/p/view/angebot/international/europaspezial/tourismusregion.shtml	**23**

Abbildung 8.12 Benutzerdefinierter Bericht mit der vollständigen Verweis-URL

Adserver als Verweis

Eine weitere bereits in unserem Beispiel zu Beginn genannte Möglichkeit für einen Verweis ist ein Adserver. An dieser Stelle sollte er allerdings nicht aufgelistet sein, denn schließlich handelt es sich hier in den meisten Fällen um Kampagnen. Und genau dies ist auch oft die Lösung für dieses Problem. Taucht ein Adserver in den Verweisen auf, so liegt dies mit großer Wahrscheinlichkeit daran, dass eine Kampagne nicht richtig vertaggt worden ist, dass Weiterleitungen über den AdServer erstellt werden und somit Daten verloren gehen. Dieses Problem lässt sich durch korrektes Kampagnen-Tagging leicht beheben.

Auswertungsmöglichkeiten des Verweis-Reports aus Sicht der Suchmaschinenoptimierung und des Qualitätsmanagements

Google Analytics wird immer mehr zum Online-Marketing-Instrument. Wer Online-Marketing einsetzt, betreibt sehr wahrscheinlich zu dem ein oder anderen Zeitpunkt auch einmal Suchmaschinenoptimierung (SEO). Da macht es Sinn, sich die rankenden Keywords, die Website-Inhalte und einiges mehr anzuschauen und zu prüfen, ob sie alle korrekt sind. Ein weiteres Thema in diesem Bereich sind die Links – sie haben bei Google immer noch einen sehr hohen Stellenwert, denn viele Links von populären und erfolgreichen Websites zeigen, dass die verlinkte Seite interessanten und relevanten Inhalt bietet. Dies führt wiederum zu besseren Rankings der Website in den organischen Suchergebnissen.

Es macht also Sinn, sich den Report ALLE VERWEISE genauer anzusehen, um herauszufinden, welche Domains qualitativ hochwertigen Traffic liefern. Vor allem ein benutzerdefinierter Bericht, der die vollständige Verweis-URL aufführt, ist hilfreich, wenn es darum geht, herauszufinden, welche URLs einer einzelnen Domain besonders viele Besucher auf Ihre Seite gebracht haben. Sie haben mit diesen Ergebnissen eine gute Grundlage an der Hand, um die einzelnen Seiten genauer zu analysieren. Vielleicht ist der Link ja auch gar nicht mehr aktuell und leitet weiter – dann sollten Sie den Website-Betreiber anschreiben und um eine Korrektur bitten. Vielleicht geht der Link aber sogar auf eine 404-Seite – auch dann bieten sich eine kurze Abstimmung mit dem Website-Betreiber und die Bitte nach Anpassung des Links an. Dies ist nicht nur aus Sicht der Suchmaschinenoptimierung sinnvoll, auch aus Sicht des Qualitätsmanagements sollten fehlerhafte Links korrigiert werden.

All diese Informationen helfen Ihnen dabei, die externen Links und den daraus resultierenden Traffic zu bewerten. Im Anschluss können Sie Ihre Online-Marketing-Maßnahmen noch einmal genauer unter die Lupe nehmen und prüfen, ob es vielleicht Sinn macht, auf den Seiten, die Ihnen interessierte Besucher liefern, Anzeigen oder Banner zu schalten, um so noch mehr Besucher auf Ihre Seite aufmerksam zu machen. Eventuell erkennen Sie auch, dass Sie von Seiten bereits guten Traffic erhalten, auf denen Sie auf anderen Unterseiten erfolglos Banner schalten. Sie sehen also: Die Möglichkeiten, die Ihnen diese Informationen bieten, sind vielfältig und sehr hilfreich, wenn Sie noch einmal das eigene Online-Marketing überdenken wollen.

8.3 Kampagnen – Tracking und Auswertung von On- und Offline-Kampagnen

Wenn Sie sich mit dem Thema Online-Marketing befassen und bereits Google Analytics einsetzen, um das Nutzerverhalten auf Ihrer Website auszuwerten, haben Sie sicher auch schon einmal die ein oder andere Kampagne geschaltet. Das können Online-Kampagnen wie Banneranzeigen auf einer anderen Website, Newsletter oder auch AdWords-, Bing- oder Yandex-Anzeigen sein. Genauso kann es sich bei Kampagnen aber auch um Offline-Kampagnen handeln, die Sie in Radio, TV und Print schalten. Was auch immer Sie tracken möchten, in den meisten Fällen lässt es sich durch ein paar Handgriffe einrichten. Später können Sie dann auswerten, wie viel Traffic die einzelnen Kampagnen auf die Website gebracht haben, wie interessiert die Besuche an Ihrem Content sind und ob dadurch Bestellungen oder andere Ziele erreicht wurden. Im besten Fall können Sie sogar den Preis der Anzeigen gegen den Gewinn aufrechnen und somit Ihren Return on Ad Spend (ROAS) errechnen. Mit diesen Erkenntnissen können Sie Ihre nächsten Kampagnen noch besser definieren und zum Beispiel Kampagnen, die sehr kostspielig sind, aber keinen Traffic bringen, aus Ihrem Repertoire streichen.

In diesem Abschnitt konzentrieren wir uns auf die verschiedenen On- und Offline-Kampagnen, lassen Google AdWords dabei jedoch außen vor, da wir dieses Thema noch in Abschnitt 8.4 behandeln werden.

8.3.1 Kampagnen-Parameter – was muss ich tun, damit die Kampagnen getrackt werden?

Leider werden Kampagnen nicht automatisch getrackt. Sie müssen dafür erst ein paar kleinere Anpassungen vornehmen, damit sie im Kampagnenbericht erscheinen. Mittels URL-Parameter können Sie Google Analytics mitteilen, um welche Kampagne, welche Quelle und welches Medium es sich bei einem Aufruf gehandelt hat. Das funktioniert so, dass Sie der Ziel-URL bestimmte Parameter mitgeben, welche die Kampagnen-Informationen enthalten. Was Sie dabei an Google Analytics übergeben, ist vollkommen Ihnen überlassen. Es empfiehlt sich aber, eine gewisse Vorbereitung in ein Konzept zu investieren, um alle Kampagnen verständlich zu benennen und gut voneinander unterscheiden zu können.

Um das Konzept zu verdeutlichen, wollen wir Ihnen die einzelnen Parameter näher erläutern:

- **Kampagnenname** (`utm_campaign`): Obligatorisch. Diesen Parameter können Sie nutzen, um die Bezeichnung der Kampagne zu übergeben. Beispiel: `utm_campaign=rabattaktion` oder auch `utm_campaign=Kundenbindung_kw13`.
- **Kampagnenquelle** (`utm_source`): Obligatorisch. Mittels dieses Parameters können Sie die Quelle der Kampagne mitgeben, zum Beispiel einen Newsletter oder auch eine andere Website, auf der Sie die Werbung schalten. Beispiel: `utm_source=-newsletter` oder `utm_source=anderewebsite.de`.
- **Kampagnenmedium** (`utm_medium`): Obligatorisch. In diesem Parameter können Sie das Medium übermitteln. Bei einem Newsletter könnte es sich beispielsweise um das Medium EMAIL handeln, bei Bannern um Teaser, Hockeysticks oder Superbanner. Beispiel: `utm_medium=eMail` oder `utm_medium=Teaser`.
- **Kampagnenbegriff** (`utm_term`): Optional. Wenn Sie bezahlte Suchanzeigen schalten und die Kampagnen manuell taggen, dann können Sie an dieser Stelle die Keywords mitgeben, bei denen die Anzeige ausgelöst worden ist. Bei AdWords sollten Sie die automatische Tag-Kennzeichnung nutzen, bei anderen Anbietern

wie Bing oder Yandex ist dieser Parameter jedoch hilfreich. Da hier die Keywords automatisch platziert werden, müssen Sie bei den Kampagnenbegriffen immer mit der gleichen Zeichenfolge arbeiten. Sie lautet: `utm_term={keyword}`.

- **Kampagnen-Content** (`utm_content`): Optional. Mithilfe dieses Parameters haben Sie die Möglichkeit, verschiedene Anzeigen zu unterscheiden, die den gleichen Ziel-Link besitzen. Verweisen Sie zum Beispiel innerhalb eines Newsletters an mehreren Stellen auf die gleiche URL, so können Sie mit diesem Parameter tracken, an welcher Stelle der Klick auf die URL erfolgt ist. Außerdem können Sie verschiedene Anzeigen unterscheiden. Schalten Sie zum Beispiel die gleiche Anzeige in verschiedenen Farbvarianten, können Sie dies ebenso festhalten. Beispiel: `utm_content=toplink` oder `utm_content=blau`.

Ein paar URL-Beispiele sollen Ihnen nun zeigen, wie verschiedene Kampagnen-Ziel-URLs aussehen könnten. Um sie zu erstellen, legen Sie die Parameter fest und fügen sie, durch ein »?« getrennt, an die URL an.

? oder # – welches Zeichen soll ich für die Kampagnen nutzen?

Damit Google Analytics die Kampagnen-Parameter auch als solche erkennen kann, müssen Sie sie erst kennzeichnen. Dies geschieht durch ein Fragezeichen, das an die Ziel-URL angehängt wird. Dahinter platzieren Sie nun die Parameter. In manchen Fällen kann es aber vorkommen, dass bereits ein Fragezeichen genutzt wird, um andere Parameter zu kennzeichnen. Dann können Sie die Parameter einfach mit einem Et-Zeichen (»&«) dahinter anfügen.

Wenn Ihre Website derartige Parameter und Fragezeichen nicht akzeptiert, müssen Sie auf Rauten (»#«) zurückgreifen. Bevor Sie die Rauten nutzen, muss allerdings erst eine Zeile im Tracking-Code hinzugefügt werden, die Google Analytics dazu bringt, die Rauten im Tracking zu berücksichtigen. Rauten fungieren normalerweise als Ankerpunkte und werden nicht automatisch getrackt. Gibt es aber keine andere Möglichkeit für Sie, Ihre Kampagnen zu tracken, dann sollten Sie auf diese Variante zurückgreifen.

Egal, welche Art der Kampagnen-Kennzeichnung Sie nutzen – vergessen Sie nicht, vor Veröffentlichung der Kampagnen die Ziel-URLs inklusive der Kampagnen-Parameter aufzurufen und zu prüfen, ob sie wirklich und ohne Probleme funktionieren und ob die Parameter weiterhin angezeigt werden. Nichts ist schlimmer als eine Kampagne, die zwar vertaggt wird, aber die Website unbrauchbar macht und somit Besucher auf die Seite bringt, die dann aufgrund der Unbrauchbarkeit der Seite sofort wieder abspringen.

Nun aber zurück zu den Beispiel-URLs. Wir gehen in unseren Beispielen davon aus, dass keine Sonderfälle vorliegen und Sie die Parameter einfach mit einem Fragezeichen an die URL anfügen können. Die erforderlichen Parameter sind Name, Quelle und Medium der Kampagne, eine vertaggte URL sieht beispielsweise so aus:

`meineseite.de/?utm_source=kampagnen_quelle&utm_medium=kampagnen_medium&utm_campaign=kampagnen_name`

An verschiedenen Fallbeispielen möchten wir nun durchspielen, wie ein mögliches Tagging aussehen könnte:

- **Variante 1**: Banneranzeige auf Website *example.com* zur Rabattaktion 2017:
  `meineseite.de/?utm_source=example.com&utm_medium=Banner&utm_campaign=Rabatt2017`
- **Variante 1.1**: Banneranzeige auf Website *example.com* zur Rabattaktion 2017 mit Teaser:
  `meineseite.de/?utm_source=example.com&utm_medium=Banner&utm_content=Teaser&utm_campaign=Rabatt2017`
- **Variante 2**: Newsletter zur Kundenbindung in KW 13:
  `meineseite.de/?utm_source=Newsletter&utm_medium=eMail&utm_campaign=Kundenbindung_Kw13`
- **Variante 2.1**: Newsletter zur Kundenbindung in KW 13 mit mehreren Links auf gleiche Zielseite – oberster Link:
  `meineseite.de/?utm_source=Newsletter&utm_medium=eMail&utm_content=Top_Link&utm_campaign=Kundenbindung_Kw13`
- **Variante 2.2**: Newsletter zur Kundenbindung in KW 13 mit mehreren Links auf gleiche Zielseite – Headergrafik:
  `meineseite.de/?utm_source=Newsletter&utm_medium=eMail&utm_content=Headergrafik&utm_campaign=Kundenbindung_Kw13`
- **Variante 3**: Facebook-Posting zum Gewinnspiel am 28.03.2017:
  `meineseite.de/?utm_source=Facebook&utm_medium=Link&utm_campaign=Gewinnspiel_170328`

8.3.2 Tipps und Tricks zum Kampagnen-Tagging

Beim Kampagnen-Tagging gibt es ein paar Dinge zu beachten. Wenn Sie diese im Gedächtnis behalten, steht einem korrekten Kampagnen-Tracking nichts mehr im Wege. Außerdem wollen wir Ihnen ein paar Tipps mitgeben, mit denen Sie ein noch effizienteres Kampagnen-Tracking vornehmen können:

1. **Kampagnen-Tagging-Konzept**: Kampagnen-Tracking zeigt erst dann seine vielfältigen Möglichkeiten, wenn ihm ein gutes Konzept zugrunde liegt. Überlegen Sie vorher, was Sie später auswerten wollen. Welche Fragen wollen Sie beantworten können? Welche Kampagnen mit welchen Quellen, Bezeichnungen und Medien wollen Sie starten? Es macht Sinn, gewisse Elemente zusammenzufassen und zum

Beispiel Kampagnen, die das gleiche Ziel haben, gleich zu benennen. Außerdem macht es Sinn, bei Newslettern das Versanddatum zumindest in Form von Kalenderwochen-Angaben mitzugeben, um später herauszufinden, welcher Newsletter besonders erfolgreich gewesen ist. Des Weiteren sollten Sie sich die Frage stellen, ob Sie tatsächlich die Inhalte von Anzeigen, also `utm_content` mitgeben wollen. Häufig ist dieser Parameter nicht unbedingt notwendig.

2. **Kein überflüssiges Tracking**: Fassen Sie so viel zusammen, wie es geht, um überflüssige Daten zu vermeiden. Gehören Newsletter, Banner und Teaser der gleichen Kampagne an, dann achten Sie auch darauf, dass sie die gleiche Kampagnenbenennung tragen. Weiterhin sollten Sie darauf achten, dass Sie nicht zu viel tracken. Nicht immer macht es Sinn, alle Parameter zu füllen. Der Content-Parameter zum Beispiel ist nur in manchen Fällen sinnvoll und muss daher gar nicht immer ausgefüllt werden.

3. **Konsistente Benennung von Elementen**: Achten Sie darauf, dass Sie eine konsistente Groß- und Kleinschreibung nutzen und nicht zwischendurch die Benennung wechseln. Genauso sollten die Bezeichnungen immer gleich sein, aus einer Email sollte keine E-Mail, email, EMail oder eMail werden. Sonst kann eine Auswertung schnell so aussehen wie in Abbildung 8.13.

1.	Newsletter / E-Mail	1
2.	Newsletter / email	1
3.	Newsletter / EMail	1

Abbildung 8.13 Gleichmäßige Benennung der einzelnen Kampagnenelemente ist wichtig für eine sinnvolle Auswertung.

4. **Kein Tagging von AdWords oder Suchmaschinenplatzierungen**: Sie sollten das Tagging nur verwenden, wenn es wirklich notwendig ist. Wenn Sie AdWords nutzen, ist die beste Möglichkeit, Kampagnen zu tracken, die automatische Tag-Kennzeichnung bei AdWords einzurichten. Sie vertaggt die Kampagnen automatisch und gibt die Informationen über Kampagne, Anzeigengruppe und Keywords direkt mit. Außerdem macht es keinen Sinn, Platzierungen in den Suchergebnissen oder Links von externen Websites in irgendeiner Weise zu taggen. Google Analytics erkennt automatisch, woher der Traffic kommt, und weist ihn der entsprechenden Quelle zu.

5. **Kein Tagging von internen Links**: Wenn Sie interne Links, zum Beispiel Navigationselemente, Banner oder Text-Links, tracken möchten, tun Sie dies nicht über das Kampagnen-Tracking. Ereignisse oder virtuelle Seitenaufrufe sind hier die deutlich bessere Wahl. Vertaggen Sie die internen Links mit Kampagnen-Parametern, dann überschreiben sie den ursprünglichen Referrer. Nehmen wir an, Sie bewerben eine Rabattseite über AdWords und vertaggen die einzelnen internen

Links, die auf die jeweiligen Rabatt-Unterseiten verweisen, mit Kampagnen-Parametern, dann werden die ursprünglichen AdWords-Daten von diesen neuen Kampagnendaten überschrieben. Eine aussagekräftige Auswertung ist somit nicht mehr möglich.

6. **Nutzen Sie Google-Tools zur URL-Erstellung**: Google bietet Ihnen im Hilfe-Bereich den sogenannten *URL Builder* an, der Ihnen das Kampagnen-Tagging erleichtern soll. Sie finden ihn, indem Sie bei Google nach dem Begriff »Google URL Builder« suchen. Der aktuell gültige Link versteckt sich in der Google-Hilfe hinter folgender Kurz-URL: *http://goo.gl/W5a93*. Das Tool bietet Ihnen ein Formular, in dem Sie einfach Namen, Quelle, Medium, Content und Begriff der Kampagne sowie die Ziel-URL eingeben können und anschließend einen fertig vertaggten Kampagnen-Link erhalten. Sie müssen ihn nur noch kopieren und als Ziel-URL verwenden. Einen Screenshot des Tools sehen Sie in Abbildung 8.14.

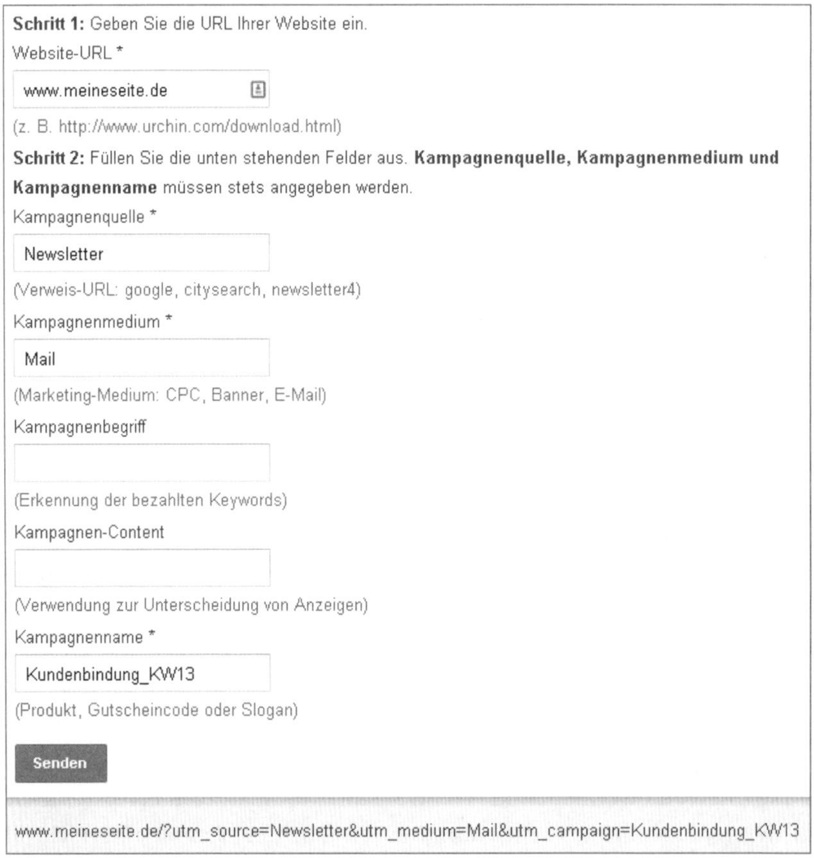

Abbildung 8.14 Googles Tool zur URL-Erstellung hilft Ihnen dabei, schnell Kampagnen-Links zu erzeugen.

7. **Erleichtern Sie sich die Parameter-Erstellung**: Insbesondere wenn Sie viele Kampagnen gleichzeitig vertaggen wollen, kann dies recht ein zeitaufwendiges Unterfangen sein. Daher empfehlen wir Ihnen, dazu zu vereinfachenden Hilfsmitteln zu greifen. Erstellen Sie sich zum Beispiel eine Excel-Tabelle, in der Sie die Parameter automatisch mit der Ziel-URL verknüpfen können. Das erleichtert den Arbeitsaufwand enorm und hilft Ihnen dabei, sowohl die Kampagnen sinnvoll zu benennen als auch den Überblick darüber zu behalten.
8. **Weiterleitungen beachten**: Wenn Sie Ziel-URLs festlegen, prüfen Sie vorher, ob sie tatsächlich so erhalten bleiben oder ob sie weiterleiten. Eine Weiterleitung kann dazu führen, dass die Kampagnen-Parameter dabei verloren gehen und die Kampagnenzugriffe fehlerhaft zugeordnet werden. Das sollten Sie also beim Vertaggen der Seiten vermeiden.
9. **Zeichenlimit beachten**: Wenn Sie besonders lange Ziel-URLs nutzen und sie auch noch mit Kampagnen-Parametern versehen, sollten Sie darauf achtgeben, dass Sie das Zeichenlimit für Google-Analytics-Aufrufe nicht überschreiten. Es liegt zwar bei 8.192 Bytes, was ungefähr 8.192 Zeichen entspricht. An dieses Limit werden Sie bei Ihrem Aufruf sicher schwerlich herankommen. Allerdings kann es sein, dass Browser URLs, die mehr als 2.000 Zeichen enthalten, nicht verarbeiten können. Haben Sie also ein Auge auf die Länge der URLs, nachdem Sie die Parameter hinzugefügt haben.
10. **Sonderzeichen umgehen**: Ein genereller Punkt, der auch bei vielen anderen Google-Analytics-Themen wie benutzerdefinierten Variablen oder Ereignissen zu beachten ist, sind die Sonderzeichen. Sonderzeichen sollten Sie in URLs nach Möglichkeit vermeiden. Google Analytics ist ein amerikanisches Tool, deutsche Sonderzeichen wie Umlaute oder ein »ß« gehören dort nicht zum Standardzeichen-Repertoire. Mittlerweile kann Google Analytics die häufigsten Sonderzeichen korrekt umwandeln, was dies nicht mehr ganz so problematisch macht. Dennoch bereiten Sonderzeichen vor allem beim Export und bei der Arbeit mit Excel Probleme und sollten daher umgangen werden. Außerdem sollten Sie auf Ausrufezeichen, Fragezeichen und weitere Satzzeichen verzichten.
11. **Kommata und Semikolon vermeiden**: Zwei weitere Zeichen, die Sie bei Ihrem Kampagnen-Tagging umgehen sollten, sind Komma und Semikolon. Dies hat hauptsächlich auswertungstechnische Gründe. Benennen Sie ein Element der Kampagne, zum Beispiel den Kampagnenamen, mit einem Komma oder Semikolon, so können Sie an dieser Stelle den CSV-Export nicht korrekt bearbeiten. Zur Verdeutlichung ein Beispiel: »Kampagnenname: Newsletter,Sommer,2017«. Bei einem CSV-Export würden die Spalten sowohl hinter »Newsletter« als auch hinter »Sommer« getrennt. Die darauffolgenden Zelleninhalte würden überschrieben werden. Wenn Sie also häufig CSV-Exporte nutzen, sollten Sie bei der

Benennung der Kampagnen-Parameter die Nutzung von Kommata oder Semikola vermeiden.

12. **Keine personenbezogenen Daten mitgeben**: Dieser Punkt bedarf in Deutschland wahrscheinlich keiner großen Erklärung mehr. In den Kampagnendaten dürfen Sie keine personenbezogenen Informationen über Ihre Nutzer mitgeben. Falls Sie also Daten wie Name, E-Mail-Adresse oder Ähnliches in den Kampagnen mitgeben möchten, sollten Sie aus Datenschutz-Gründen darauf verzichten.

Kann ich andere Kampagnen-Parameter nutzen, als die von Google festgelegten?

Manchmal kommt es vor, dass Sie andere Kampagnen-Parameter nutzen müssen als jene, die Google vorschlägt. Dies kann verschiedene Gründe haben, zum Beispiel die Nutzung unterschiedlicher Tracking-Tools oder auch Drittanbieter wie Newsletter-Dienste, die Parameter nutzen, die Sie nicht anpassen können.

Google Analytics bietet Ihnen eine gute Möglichkeit, um andere Parameter nutzen zu können, als die eigentlich von Google vorgeschlagenen. Mittels ein paar Zeilen zusätzlichen Codes können Sie Google Analytics sagen, dass es nicht nach den üblichen Kampagnen-Parametern in der URL schauen soll, sondern dass es die von Ihnen festgelegten Parameter nutzen soll. Im Tracking-Code fügen Sie dazu einfach die entsprechenden Zeilen Code hinzu, die beispielsweise die Parameter für Name, Quelle, Medium der Kampagnen überschreiben. So können Sie den Parameter `utm_source` zum Beispiel durch `quelle` ersetzen – je nachdem, welche Parameter Sie in dem anderen Tracking-Tool nutzen.

8.3.3 Tracking von Yandex- und Bing-Anzeigen

Wir haben ja bereits erwähnt, dass Sie AdWords-Anzeigen am besten über die automatische Tag-Kennzeichnung tracken. Auf diese Weise erhalten Sie direkt alle wichtigen Kampagnendaten aus AdWords in Google Analytics. Was aber, wenn Sie einen anderen Anbieter wählen, der sich nicht so leicht mit Google Analytics verknüpfen lässt wie Google AdWords? Was ist, wenn Sie zum Beispiel in Russland über Yandex Anzeigen schalten? Wie können Sie das tracken? Auch hierfür können Sie das Google-Analytics-Kampagnen-Tracking nutzen, allerdings müssen Sie dabei etwas beachten.

Im Grunde können Sie bei den Parametern für die bezahlten Anzeigen genauso vorgehen wie bei den übrigen Kampagnen auch. Hier sollten Sie aber auf jeden Fall auch den Begriff-Parameter für das Keyword nutzen. Dieser Parameter ist immer gleich und wird automatisch mit dem vom Nutzer eingegebenen Keyword befüllt. Der Parameter lautet wie folgt:

```
utm_term={keyword}
```

Unsere Erfahrung hat gezeigt, dass dieser Parameter gerade bei Yandex nicht automatisch funktioniert. Daher empfehlen wir Ihnen, die Keywords manuell einzupflegen oder – falls der Aufwand zu groß sein sollte – wegzulassen.

8.3.4 Offline-Kampagnen tracken – wie tagge ich Print, TV & Co.?

Im Gegensatz zu den bisher erwähnten Online-Kampagnen können Sie bei den Offline-Medien wie Print, TV oder Radio keine detailliert vertaggten Links kommunizieren. Welcher Nutzer würde sich schon während einer TV-Werbung eine URL wie *meineseite.de/?utm_source=Offline&utm_medium=TV&utm_content=Teaser_Spot&utm_campaign=TV_Flight_Q2_2017* merken und anschließend im Browser eingeben? Wahrscheinlich keiner. Daher müssen Sie bei den Offline-Medien ein wenig tiefer in die Trickkiste greifen, um die Kampagnen tracken zu können. Die verschiedenen Möglichkeiten wollen wir Ihnen in diesem Abschnitt näher erläutern:

1. **Bestimmte Ziel-URLs**: Nehmen wir an, Sie wollen messen, wie gut Ihre Printanzeigen in der »Bild am Sonntag« funktionieren. Sie möchten die Ziel-Links aber nicht mit langen Kampagnen-Parametern versehen, da die Nutzer diese wahrscheinlich sowieso nicht eingeben werden. Um die Reichweite dennoch tracken zu können, bietet sich nun an, eine neue Kurz-URL anzulegen, die nur zu diesem Zweck genutzt wird. So können Sie sicher sein, dass die Nutzer, die diese URL direkt aufrufen, sehr wahrscheinlich Ihre Anzeige gesehen haben. *beispiel.de/bams* wäre eine mögliche Ziel-URL. Sofern die Seite nicht anderweitig innerhalb des Internetauftritts verlinkt ist, ist die Wahrscheinlichkeit, dass lediglich Nutzer, welche die Anzeige in der »Bild am Sonntag« gesehen haben, diese URL aufrufen, sehr groß. Außerdem lässt sich die URL gut merken, der Nutzer kennt Ihre Domain und kann die Abkürzung der Zeitung wahrscheinlich ebenfalls leicht im Gedächtnis behalten. Alternativ könnten Sie hier natürlich auch eine URL wie *beispiel.de/silvester-angebote* oder Ähnliches nutzen. Stellen Sie jedoch sicher, dass die URL nur zu diesem Zweck kommuniziert wird, nicht über andere Kanäle gestreut wird oder innerhalb der Website verlinkt ist. Dies würde die Aussagekraft der Auswertung zunichtemachen. Denken Sie daran, dass Sie bei dieser Variante eventuell mehrere Seiten mit dem gleichen Content erstellen müssen.

Duplicate Content

Duplicate Content ist etwas, das der Google-Suchmaschinen-Bot gar nicht mag und das zu schlechteren Suchmaschinen-Rankings führen kann. Daher sollten Sie ein `noindex`-Meta-Tag auf die Zielseiten setzen, um sicherzugehen, dass sie nicht indexiert werden. Auch wenn es kein Problem mit doppelten Inhalten geben sollte, sollten Sie das Tag nutzen. Denn sobald die Seite indexiert wird und rankt, können Besucher, welche die Seite über Suchmaschinen aufrufen, Ihre Ergebnisse verwässern.

2. **Domainweiterleitungen**: Ein weiterer Weg, um die Reichweite von Offline-Kampagnen zu bewerten, sind Domains, die weiterleiten. Dazu kommunizieren Sie in Ihrer Kampagne einen Domainnamen, der Ihnen gehört, der aber nicht Ihrer regulären Domain entspricht. Wenn Nutzer diese Seite aufrufen, werden Sie automatisch weitergeleitet. Fügen Sie dem Ziel der Weiterleitungen nun noch Kampagnen-Parameter hinzu, können Sie sehr genau auswerten, wie viele Menschen nach der Werbung Ihre Seite aufgerufen haben. Als Beispiel nehmen wir unsere imaginäre Firma Tirami. Die Domain *tirami.biz* ist bekannt, kann also nicht für eine derartige Kampagne genutzt werden. Daher wird in den Anzeigen die Domain *korkenzieher.de* beworben, die auch zu den Tirami-Websites gehört. Diese Domain leitet aber auf folgende URL weiter: *tirami.biz/produkte/korkenzieher/aktionsseite.html?utm_source=Offline&utm_medium=TV&utm_content=Korkenzieher&utm_campaign=Flight_Q2_Korkenzieher*. Wichtig ist, dass die genutzten Domains nicht auf andere Weise erreicht werden, zum Beispiel via Suchmaschinen.
3. **Weiterleitungen**: Etwas weniger aufwendig, da Sie keine weiteren Domains besitzen und betreuen müssen, ist die Variante der URL-Weiterleitungen. Dazu benötigen Sie lediglich eine URL, die Sie sonst nicht kommunizieren und die auf eine URL mit Kampagnen-Parametern weiterleitet. Diese Alternative erinnert ein wenig an die spezifischen Landingpages aus Punkt eins, jedoch werden die URLs hier auf die normalen Produktseiten oder spezielle Landingpages weitergeleitet, an die Kampagnen-Parameter gefügt werden. Auch für diesen Fall wollen wir unsere Firma Tirami als Beispiel nutzen. Die URL *tirami.biz/sommer* leitet auf die Seite *tirami.biz/produkte/sommer-aktionsseite.html?utm_source=Offline&utm_medium=Radio&utm_content=Sektkuehler&utm_campaign=Flight_Q3_Sommer* weiter. In diesem Fall nutzen wir eine spezielle Landingpage, die verschiedene Produkte des Tirami-Shops für ein perfektes Sommer-Event liefern, darunter Sektkühler, Weinkaraffen und Deko. Diese Angebotsseite kann auch durch andere Kanäle, zum Beispiel AdWords oder Banner, beworben werden, wenn sie mit anderen Kampagnen-Parametern belegt wird.
4. **Rabatt-Codes**: Eine weitere Möglichkeit, Offline-Kampagnen zu tracken, ist die Nutzung von bestimmten Rabatt-Codes. Auf diese Weise können Sie zwar keine direkte Kampagnenauswertung ermöglichen, allerdings bieten sich in Google Analytics noch weitere Optionen, diese Daten sinnvoll auszuwerten. Wenn Sie beispielsweise in einer Printkampagne den Rabatt-Code »Gutschein2412« nutzen, um Ihre Weihnachts-Aktion zu bewerben, so können Sie mittels benutzerdefinierter Variablen oder Ereignisse die Nutzer erfassen, die im Bestellprozess diesen Rabatt-Code eingeben. Dadurch sehen Sie, wie viele Nutzer den Rabatt-Code in der Printanzeige gesehen und ihn auch verwendet haben. Theoretisch können Sie so sogar verschiedene Kampagnen gegeneinander testen und auswerten, welche den meisten Umsatz generiert haben. Vergessen Sie dabei aber nicht, dass Sie auf diese Wei-

se nicht sehen können, wie viele Besucher diese Kampagne tatsächlich erreicht hat, denn nicht jeder Nutzer führt auch eine Bestellung durch, sodass der Rabatt-Code eingegeben werden muss. Diese Variante sollten Sie also eher ergänzend zu einer anderen Methode nutzen.

5. **QR-Codes**: Auch über QR-Codes lassen sich Offline-Kampagnen tracken. Für QR-Codes hinterlegen Sie einfach eine Kampagnen-URL. Jeder, der den Code aufruft, wird automatisch dorthin geleitet.
6. **Verkürzte URLs**: URL-Verkürzungsdienste wie bitly sind besonders gut für soziale Medien geeignet. Gerade dann, wenn Sie auf Facebook keine langen URLs posten möchten, sind gekürzte URLs eine sehr gute Alternative. Dazu fügen Sie an Ihre Zielseite die entsprechenden Kampagnen-Parameter an und lassen die URL anschließend kürzen. Über den Dienst bitly würde aus der URL *tirami.biz/-produkte/korkenzieher?utm_source=Facebook&utm_medium=Textlink&utm_campaign=FB_Nov14* der folgende Kurz-Link: *bit.ly/1bwZUSX*.

   Einige Nutzer betrachten verkürzte URLs häufig noch als unsicher und klicken sie nicht gerne an. Daher sollten Sie überlegen, einen kostenpflichtigen Dienst zu nutzen, bei dem Sie die Chance haben, die Kurz-URLs so zu definieren, dass sie Teile Ihrer Domain widerspiegeln. Der URL-Shortener von Google heißt beispielsweise goo.gl und erzeugt auf diese Weise ein deutlich sichereres Gefühl beim Nutzer, da er erkennt, dass der Dienst tatsächlich zu Google gehört.
7. **Extra-Tipp Echtzeit-Tracking**: Wenn Sie keine Möglichkeit oder schlicht und einfach vergessen haben, Ihre Offline-Kampagnen zu tracken, bleibt Ihnen immer noch das Echtzeit-Tracking-Feature in Google Analytics. Dies ist besonders hilfreich, wenn Sie TV-Werbung schalten und wissen, wann genau sie laufen wird. Nutzen Sie das Echtzeit-Tracking, um zu sehen, ob zum Zeitpunkt der Ausstrahlung des TV-Spots die Direktzugriffe oder auch die Zugriffe über organische Suche oder AdWords in die Höhe steigen. Wenn viele Nutzer Ihren Spot sehen und daraufhin die Website aufrufen – über welchen Kanal auch immer –, zeigt das, dass Ihre Werbung die Nutzer erreicht hat. Auch im Nachhinein können Sie mithilfe der Stundenauswertung in der Übersicht untersuchen, ob es zum Zeitpunkt der TV-Spot-Ausstrahlung einen Anstieg beim Traffic gegeben hat. Natürlich ist die Methode nicht die genaueste, aber dennoch erhalten Sie damit zumindest einen kleinen Einblick in die Reichweite Ihrer Kampagnen.

Sie sehen also, dass sich auch Offline-Kampagnen ohne großen Aufwand tracken lassen. Versuchen Sie immer, den Überblick über die laufenden Kampagnen zu behalten und sie sinnvoll zu benennen, sodass sich die späteren Auswertungen in Google Analytics einfach gestalten lassen.

Bevor Sie aber die ganzen Kampagnen-Links streuen, sollten Sie nicht vergessen, sie vorher ausführlich zu testen. Wir haben dies zwar bereits in den oberen Abschnitten angesprochen, aber das ist ein Thema, das Sie immer beachten sollten. Eine Kampagne, die zwar gut aufgesetzt ist, aber bei der die Kampagnen-Parameter verloren gehen oder bei der die Zielseiten nicht funktionieren, ist mit das Schlimmste, was Ihnen passieren könnte. Daher wollen wir Ihnen im nächsten Abschnitt eine Einführung in das Testen von Kampagnen-Links geben.

8.3.5 Kampagnen-Tagging prüfen – funktionieren die erzeugten Links korrekt?

Nachdem Sie nun wissen, wie Sie die verschiedenen Kampagnenarten am besten vertaggen können, geht es daran, die Links zu prüfen, die Sie erstellt haben. Diesen Schritt sollten Sie nicht außen vor lassen, denn er bewahrt Sie vor möglichen Problemen, die falsch vertaggte Kampagnen-Ziel-URLs mit sich bringen können. Im schlimmsten Fall funktionieren die Zielseiten nicht mehr korrekt, werden nicht mehr richtig angezeigt, oder es fehlen wichtige Buttons oder CTAs. Dies würde die Arbeit und die Kosten, die Sie in die Anzeigen gesteckt haben, zunichtemachen, da die Kampagne nicht das erreichen würde, was sie eigentlich soll. Testen Sie daher zuvor immer die erstellten Kampagnen-Links auf Herz und Nieren, und prüfen Sie nach, ob die Kampagnen-Parameter erhalten bleiben und die Zielseiten weiterhin wie gewohnt funktionieren. Damit Sie wissen, worauf Sie achten müssen und wie Sie prüfen, ob die Kampagnendaten korrekt übertragen werden, haben wir Ihnen eine kleine Checkliste zusammengestellt:

1. Öffnen Sie Ihren Browser, und löschen Sie alle Cookies der aufzurufenden Website.
2. Fügen Sie die Kampagnen-URL im Browser ein, und lassen Sie die Seite laden. In unserem Beispiel nehmen wir die Website *luna-park.de*. Die Kampagnen-Ziel-URL lautet wie folgt: *luna-park.de/unternehmen/team/?utm_source=Newsletter&utm_medium=eMail&utm_campaign=GA_Buch_Test*
3. Prüfen Sie, ob die Parameter noch vorhanden sind. Es sollte so aussehen wie in Abbildung 8.15.

Abbildung 8.15 Prüfung, ob alle Kampagnen-Parameter vorhanden sind

4. Prüfen Sie, ob die Seite weiterhin korrekt dargestellt wird. Klicken Sie auf die interaktiven Elemente und vor allem auf die Buttons, die Ihre Nutzer auch anklicken sollen. Im besten Fall gehen Sie den kompletten Bestellvorgang durch und prüfen, ob die Inhalte überall korrekt angezeigt werden.
5. Prüfung der Daten im Google-Analytics-Echtzeit-Tracking. Sie sollten dort die Aufrufe der verschiedenen Kampagnen-Links sehen können. Abbildung 8.16 zeigt, wie das aussehen kann.

	Medium	Quelle	Aktive Nutzer ↓	
1.	Direkt		1	50,00%
2.	eMail	Newsletter	1	50,00%

Abbildung 8.16 Prüfung der Kampagnendaten im Google-Analytics-Echtzeit-Tracking

6. Zu beachten: Wenn Sie mehrere Kampagnen-Links prüfen, testen Sie in unterschiedlichen Browsern, nutzen Sie mehrere Inkognito-Modi, und löschen Sie Ihre Cookies. Ansonsten kann es sein, dass für die Aufrufe keine Sitzungen gezählt werden, da sich die unterschiedlichen Kampagnen gegenseitig überschreiben.

Wenn Sie all die oben genannten Punkte beachten und prüfen, bevor Sie die Kampagnen-Links freigeben, steht einem erfolgreichen Kampagnen-Tracking nichts mehr im Wege.

Nachdem Sie nun alle Kampagnen-Ziel-URLs vertaggt und geprüft haben, werden wir Ihnen im nächsten Abschnitt die verschiedenen Reports zur Auswertung der Kampagnen näher erläutern.

8.3.6 Auswertung des Kampagnen-Trackings

Kampagnen-Tracking ist nur dann erfolgreich, wenn Sie anschließend auch aussagekräftige Auswertungen durchführen können, die Ihnen dabei helfen, wichtige unternehmerische Entscheidungen zu treffen. Kampagnen-Auswertungen verraten Ihnen beispielsweise, welche Kampagnen besonders viel Umsatz erzielt haben und welche Kampagnen keinen qualifizierten Traffic gebracht haben. Vielleicht finden Sie auf diese Weise heraus, dass bisher erfolgreich geglaubte Kampagnen in Wahrheit nur Besucher auf die Seite locken, die sofort wieder abspringen, und dass wiederum andere Kampagnen bisher unterschätzt worden sind. Anschließend können Sie dazu übergehen, Kampagnen-Budgets zu prüfen und eventuell umzuverteilen, um die Kampagnen weiter voranzutreiben, die erfolgreich laufen und auch interessierte Besucher auf Ihre Seite bringen, die vielleicht sogar dazu tendieren, Bestellungen abzuschließen.

Mit den Auswertungsmöglichkeiten in Google Analytics können Sie die unterschiedlichsten Fragen zu Ihren Kampagnen beantworten. Darunter zum Beispiel:

- Welche Kampagne bringt den meisten Umsatz?
- Welche Kampagnenmedien funktionieren besser?
- Sprechen Sie mit Ihren Kampagnen Benutzer an, die Sie bereits kennen, oder sprechen Sie neue Nutzer an?
- Wie viele Website-Ziele werden von den unterschiedlichen Kampagnenbesuchern erzielt?

In diesem Abschnitt möchten wir Ihnen zeigen, wie Sie diese und weitere Fragen beantworten können, um die besten Auswertungen aus Ihren Kampagnendaten zu ziehen.

Wählen Sie zu Beginn der Auswertung den Report ALLE KAMPAGNEN in Google Analytics aus. Abbildung 8.17 zeigt Ihnen einen beispielhaften Screenshot. Beachten Sie bitte, dass wir die Kampagnen umbenannt haben; eine Benennung nach Kampagne_1, Kampagne_2 usw. macht in der Praxis natürlich keinen Sinn, hilft aber in unserem Fall bei der Darstellung. Die Kampagnen-Übersicht liefert Ihnen unter anderem Informationen über die Anzahl der Sitzungen, den Anteil der neuen Sitzungen, Absprungraten, Seiten pro Sitzung und Zielerreichungen aller Kampagnen, also auch von AdWords-Kampagnen. So können Sie schnell einordnen, welche Kampagnen besonders gut laufen und welche nicht. Durch die Filterfunktion des Reports können Sie natürlich auch wie gewohnt nach bestimmten Kampagnen suchen.

Kampagne	Akquisition			Verhalten			Conversions Ziel 1: > 5 Seiten/Besuche		
	Sitzungen	Neue Sitzungen in %	Neue Nutzer	Absprungrate	Seiten/Sitzung	Durchschnittl. Sitzungsdauer	> 5 Seiten/Besuche (Conversion-Rate für Ziel 1)	> 5 Seiten/Besuche (Abschlüsse für Ziel 1)	> 5 Seiten/Besuche (Wert für Ziel 1)
	20.020 % des Gesamtwerts: 14,28 % (140.149)	69,61 % Website-Durchschnitt: 78,81 % (-11,68 %)	13.935 % des Gesamtwerts: 12,62 % (110.457)	44,77 % Website-Durchschnitt: 1,04 % (-12,30 %)	3,28 Website-Durchschnitt: 2,69 (21,79 %)	00:03:37 Website-Durchschnitt: 00:02:44 (31,84 %)	15,17 % Website-Durchschnitt: 10,16 % (49,33 %)	3.038 % des Gesamtwerts: 21,33 % (14.242)	0,00 € % des Gesamtwerts: 0,00 % (0,00 €)
1. Kampagne_1	**4.508**	81,48 %	3.673	35,65 %	3,84	00:04:34	20,23 %	912	0,00 €
2. Kampagne_2	**2.698**	73,94 %	1.995	55,45 %	2,37	00:03:07	8,19 %	221	0,00 €
3. Kampagne_3	**2.041**	82,61 %	1.686	46,59 %	3,40	00:03:10	17,64 %	360	0,00 €
4. Kampagne_4	**1.552**	79,96 %	1.241	46,20 %	2,85	00:02:39	11,79 %	183	0,00 €

Abbildung 8.17 Auswertung der verschiedenen Kampagnen

In unserem Beispiel sehen die Kampagnendaten recht gut aus. Ein großer Teil der Nutzer sind neue Besucher, die ohne die Kampagnen wahrscheinlich nicht auf die Seite gekommen wären. Auch die Absprungraten sowie die durchschnittliche Anzahl der Seiten pro Sitzung lassen vermuten, dass die Besucher mit den Inhalten zufrieden sind, die sie auf der Seite vorfinden. Lediglich bei den Zielerreichungen gehen die Daten der einzelnen Kampagnen ein wenig auseinander. Kampagne zwei, die auch eine etwas höhere Absprungrate als die anderen Kampagnen aufweist, erzielt leider nur eine Conversion-Rate von 8 %, also rund die Hälfte weniger als die anderen Kampagnen.

Diese Daten sind allerdings noch nicht besonders aussagekräftig. Auf den ersten Blick sieht alles gut aus. Was ist aber, wenn man sich die Daten noch mehr in ihrer Tiefe anschaut? Dazu nutzen wir die Sortierung des Reports. Ein guter Anfang hierfür ist eine Sortierung nach der Absprungrate. Klicken Sie dazu im Report auf den Begriff ABSPRUNGRATE und anschließend auf SORTIERUNGSART und GEWICHTET. Google Analytics sortiert nun nach der schlechtesten Abbruchrate und dem größten Anteil der Besucher. Eine andere Sortierung würde hier keinen Sinn machen, da ansonsten Kampagnen mit einer Sitzung und einer Absprungrate von 100 % ganz oben stünden.

In Abbildung 8.18 sehen Sie einen Kampagnen-Report, der nach Absprungrate gewichtet sortiert ist. Dabei fällt auf, dass Kampagne sieben in Zeile drei bei 1.200 Sitzungen lediglich 20 neue Sitzungen erzielt hat. Dies ist eine Auffälligkeit, der man nachgehen sollte. In unserem Fall handelt es sich hierbei um eine Remarketing-Kampagne, das heißt, sie spricht explizit ehemalige Besucher der Seite an, sodass es vollkommen in Ordnung ist, wenn diese Kampagne nur einen geringen Teil neuer Sitzungen produziert.

Zeilen darstellen | Sekundäre Dimension ▾ | Sortierungsart: Gewichtet ▾

	Kampagne	Akquisition			Verhalten
		Sitzungen	Neue Sitzungen in %	Neue Nutzer	Absprungrate ↓
		20.020 % des Gesamtwerts: 14,28 % (140.149)	69,61 % Website-Durchschnitt: 78,81 % (-11,68 %)	13.935 % des Gesamtwerts: 12,62 % (110.457)	44,77 % Website-Durchschnitt: 51,04 % (-12,30 %)
☐	1. Kampagne_2	2.698	73,94 %	1.995	**55,45 %**
☐	2. Kampagne_11	843	87,31 %	736	**69,04 %**
☐	3. Kampagne_7	1.200	1,67 %	20	**52,25 %**

Abbildung 8.18 Kampagnen-Report, nach Absprungrate gewichtet sortiert

Wenn Sie sich das erste Mal mit diesem Report befassen, nehmen Sie sich die Zeit, und sortieren Sie nach den verschiedensten Aspekten. Welche Kampagne bringt die meisten Zielerreichungen, welche die meisten Sitzungen, und welche Kampagne sendet die interessiertesten Besucher auf die Seite? Lernen Sie den Report kennen, nur so können Sie später schneller die Antworten finden, die Sie suchen.

Im Kampagnen-Report stehen Ihnen verschiedene primäre Dimensionen zur Verfügung. Standard ist die Dimension KAMPAGNE, es gibt aber auch noch die Möglichkeit, QUELLE, MEDIUM, QUELLE/MEDIUM sowie verschiedene andere Dimensionen auszuwählen. Beschränken wir uns an dieser Stelle auf die drei zuerst genannten primären Dimensionen. Sie werden sie in Ihrer täglichen Arbeit sicherlich am häufigsten nutzen.

Kampagnen-Report mit der primären Dimension »Quelle«

In Abbildung 8.19 sehen Sie einen Screenshot der Kampagnen-Auswertung anhand der primären Dimension QUELLE. An erster Stelle steht hier GOOGLE, da der Großteil der Kampagnen über AdWords erfolgt. An zweiter Stelle folgt die Kampagnen-Quelle NEWSLETTER.

Quelle	Akquisition: Sitzungen	Neue Sitzungen in %	Neue Nutzer	Verhalten: Absprungrate	Seiten/Sitzung	Durchschnittl. Sitzungsdauer	Conversions (Ziel 1: > 5 Seiten/Besuche): > 5 Seiten/Besuche (Conversion-Rate für Ziel 1)	> 5 Seiten/Besuche (Abschlüsse für Ziel 1)	> 5 Seiten/Besuche (Wert für Ziel 1)
	20.020 % des Gesamtwerts: 14,28 % (140.149)	69,61 % Website-Durchschnitt: 78,81 % (-11,68 %)	13.935 % des Gesamtwerts: 12,62 % (110.457)	44,77 % Website-Durchschnitt: 51,04 % (-12,30 %)	3,28 Website-Durchschnitt: 2,69 (21,79 %)	00:03:37 Website-Durchschnitt: 00:02:44 (31,84 %)	15,17 % Website-Durchschnitt: 10,16 % (49,33 %)	3.038 % des Gesamtwerts: 21,33 % (14.242)	0,00 € % des Gesamtwerts: 0,00 % (0,00 €)
1. google	14.916	68,08 %	10.155	42,67 %	3,49	00:03:43	**17,03 %**	2.540	0,00 €
2. Newsletter	56	1,79 %	1	25,00 %	15,18	00:32:41	**39,29 %**	22	0,00 €
3. beispiel.de	417	29,98 %	125	29,26 %	3,71	00:05:07	**16,55 %**	69	0,00 €
4. example.com	57	75,44 %	43	35,09 %	5,42	00:10:05	**22,81 %**	13	0,00 €
5. sueddeutsche	46	41,30 %	19	32,61 %	4,46	00:03:55	**21,74 %**	10	0,00 €

Abbildung 8.19 Kampagnen-Auswertung mit der primären Dimension »Quelle«

Sie hat zwar nicht so viele Sitzungen erzielt, die Besucher, die darüber auf die Seite gekommen sind, sind allerdings besonders an den Inhalten interessiert. Lediglich einer der Nutzer ist ein neuer Besucher. Die Absprungrate liegt bei 25 %, und die Sitzungen, die auf der Website verweilen, erzeugen im Schnitt 15 Seitenaufrufe und bleiben dabei über eine halbe Stunde auf der Website. Auch die Zielerreichungen des Ziels > 5 SEITEN/BESUCHE sind entsprechend hoch.

Kampagnen-Report mit der primären Dimension »Medium«

In Abbildung 8.20 sehen Sie einen Screenshot aus Google Analytics, bei dem die primäre Dimension MEDIUM ausgewählt wurde. Top-Medium ist CPC – in diesem Fall Google-cpc. Die anschließend aufgelisteten Medien zeigen, dass eine sinnvolle Benennung die Auswertung deutlich erleichtert. Medien wie TEXTLINK, TEASER und BANNER sind selbsterklärend. Was aber ist ein SPECIAL? Diese Frage wird der Verantwortliche der Kampagne sicher beantworten können, aber können Sie das auch oder Ihr Kollege? An dieser Stelle möchten wir daher noch einmal darauf hinweisen, wie wichtig eine aussagekräftige Benennung und eine Dokumentation aller Quellen, Medien und Namen von Kampagnen sind.

Medium	Akquisition: Sitzungen	Neue Sitzungen in %	Neue Nutzer	Verhalten: Absprungrate	Seiten/Sitzung	Durchschnittl. Sitzungsdauer	Conversions (Ziel 1: > 5 Seiten/Besuche): > 5 Seiten/Besuche (Conversion-Rate für Ziel 1)	> 5 Seiten/Besuche (Abschlüsse für Ziel 1)	> 5 Seiten/Besuche (Wert für Ziel 1)
	20.020 % des Gesamtwerts: 14,28 % (140.149)	69,61 % Website-Durchschnitt: 78,81 % (-11,68 %)	13.935 % des Gesamtwerts: 12,62 % (110.457)	44,77 % Website-Durchschnitt: 51,04 % (-12,30 %)	3,28 Website-Durchschnitt: 2,69 (21,79 %)	00:03:37 Website-Durchschnitt: 00:02:44 (31,84 %)	15,17 % Website-Durchschnitt: 10,16 % (49,33 %)	3.038 % des Gesamtwerts: 21,33 % (14.242)	0,00 € % des Gesamtwerts: 0,00 % (0,00 €)
1. cpc	**14.916**	68,08 %	10.155	42,67 %	3,49	00:03:43	17,03 %	2.540	0,00 €
2. teaser	**2.425**	83,96 %	2.036	58,39 %	2,32	00:02:55	8,00 %	194	0,00 €
3. textlink	**781**	74,14 %	579	52,88 %	1,77	00:02:17	3,84 %	30	0,00 €
4. special	**381**	95,80 %	365	23,62 %	2,74	00:01:32	9,97 %	38	0,00 €
5. banner	**277**	14,44 %	40	29,96 %	3,42	00:05:32	15,52 %	43	0,00 €

Abbildung 8.20 Kampagnen-Report mit der primären Dimension »Medium«

Auf die Zahlen in diesem Report wollen wir nicht weiter eingehen, da sie nicht besonders auffällig sind und keiner weiteren Erklärung bedürfen.

Kampagnen-Report mit der primären Dimension »Quelle/Medium«

Abbildung 8.21 bildet einen Screenshot der primären Dimension QUELLE/MEDIUM der Kampagnen-Reports in Google Analytics ab. In dieser Auswertung sehen Sie die jeweiligen Quellen und Medien zusammengefügt. Dieser Report ist ein klein wenig aussagekräftiger als seine beiden Vorgänger, da Sie hier auf einen Blick die einzelnen Quellen und Medien aufgeschlüsselt bekommen. An erster Stelle sehen Sie GOOGLE/CPC, also die Google-AdWords-Anzeigen. Darunter listet das Tool die weiteren Elemente auf, zum Beispiel die Teaser von *beispiel.de* oder *example.com*. Interessant zu sehen sind die schlechten Conversion-Rates für den Textlink von *andereseite.de*.

Quelle/Medium	Akquisition			Verhalten			Conversions Ziel 1: > 5 Seiten/Besuche		
	Sitzungen	Neue Sitzungen in %	Neue Nutzer	Absprungrate	Seiten/Sitzung	Durchschnittl. Sitzungsdauer	> 5 Seiten/Besuche (Conversion-Rate für Ziel 1)	> 5 Seiten/Besuche (Abschlüsse für Ziel 1)	> 5 Seiten/Besuche (Wert für Ziel 1)
	20.020 % des Gesamtwerts: 14,28 % (140.149)	69,61 % Website-Durchschnitt: 78,81 % (-11,68 %)	13.935 % des Gesamtwerts: 12,62 % (110.457)	44,77 % Website-Durchschnitt: 51,04 % (-12,30 %)	3,28 Website-Durchschnitt: 2,69 (21,79 %)	00:03:37 Website-Durchschnitt: 00:02:44 (31,84 %)	15,17 % Website-Durchschnitt: 10,16 % (49,33 %)	3.038 % des Gesamtwerts: 21,33 % (14.242)	0,00 € % des Gesamtwerts: 0,00 % (0,00 €)
1. google / cpc	**14.916**	68,08 %	10.155	42,67 %	3,49	00:03:43	17,03 %	2.540	0,00 €
2. beispiel.de / teaser	**1.057**	86,19 %	911	63,10 %	2,29	00:03:08	8,23 %	87	0,00 €
3. example.com / teaser	**510**	88,63 %	452	54,71 %	2,63	00:03:19	8,82 %	45	0,00 €
4. andereseite.de / textlink	**431**	74,01 %	319	53,13 %	1,90	00:02:33	4,18 %	18	0,00 €
5. nocheineandereseite.de / special	**376**	96,01 %	361	23,40 %	2,74	00:01:33	10,11 %	38	0,00 €

Abbildung 8.21 Kampagnen-Auswertung mit der primären Dimension »Quelle/Medium«

E-Commerce- und AdSense-Daten in Kampagnen-Auswertung einbeziehen

Je nachdem, welche Daten Sie noch in Ihr Google Analytics einbezogen haben, können Sie sich mittels der Explorer-Tabs oberhalb der Trendgrafik noch weitere Informationen einblenden lassen. Wenn Sie E-Commerce-Tracking eingebunden haben, sehen Sie durch den Tab-Wechsel den durchschnittlichen Wert pro Sitzung. Sobald Sie AdSense verknüpft haben, können Sie im Explorer auch das Tab ADSENSE auswählen, mit dem Sie mehr Informationen über den AdSense-eCPM, also den AdSense-Umsatz pro 1.000-Seiten-Impressions erhalten. Mithilfe dieser beiden Werte lassen sich sowohl die Wertigkeit einzelner Kampagnen in Bezug auf Online-Shops oder Bestellsysteme als auch in Bezug auf Content-Seiten, die AdSense-Klicks vermarkten, auswerten. Betreiben Sie einen Online-Shop, so können Sie anhand des durchschnittlichen Wertes pro Sitzung einzelner Kampagnen sehen, welche Kampagne am meisten zu Ihrem Umsatz beigetragen hat. Vielleicht hat eine Kampagne ja besonders viele Sitzungen, aber keinen Umsatz erzeugt, und eine andere Kampagne wiederum hat zwar kaum Sitzungen, aber dafür einen recht ansehnlichen Umsatzbetrag erbracht. Hier lohnt es sich noch einmal, die einzelnen Kampagnen durchzugehen, die tatsächlichen Ausgaben dafür aufzurechnen und zu prüfen, welche Kampagne am erfolgreichsten gewesen ist.

In Abbildung 8.22 ist ein Screenshot einer Kampagnen-Auswertung anhand von E-Commerce-Daten abgebildet. Ein ähnliches Bild ergibt sich, wenn Sie statt des E-COMMERCE-Tabs den Tab ADSENSE auswählen. Wir konzentrieren uns in unserem Beispiel auf den E-Commerce-Bereich.

Die Datenreihen des Reports sind nach WERT PRO SITZUNG sortiert, und Sie können schnell sehen, wie unterschiedlich die einzelnen Werte sind. Drei Kampagnen weisen einen besonders hohen Wert pro Sitzung auf, die restlichen Kampagnen hingegen liegen alle stark unter diesem Wert. Im Schnitt liegt der Wert pro Sitzung bei 18 Cent, die drei Top-Kampagnen liegen jedoch bei über 1 €. Die beste Kampagne weist sogar einen Wert von 1,64 € pro Sitzung auf. Ein Blick auf die Inhalte der Kampagnen liefert erste Gründe für dieses Ergebnis. Die drei Top-Kampagnen haben alle drei ein bestimmtes Ziel, darunter den Verkauf von Tickets oder die Bewerbung bestimmter Hotels und Orte mit abschließender Buchung. Die Kampagne SOMMER_SPECIAL_2013 liefert zwar viele Besucher, allerdings ist dies auch das einzige Ziel der Kampagne. Sie soll Besucher auf die Seite ziehen und informieren und nicht zum Kauf anregen. Dass es hierdurch dennoch zu Buchungen kommt, ist ein erfreulicher Nebeneffekt. Vergleicht man diese Kampagne allerdings mit der Kampagne TOP-ORTS_KAMPAGNE, so sieht man, dass beide fast den gleichen Umsatz erzielt haben, und das, obwohl die SOMMER_SPECIAL_2013-Kampagne viermal mehr Sitzungen hervorgebracht hat.

Kampagne	Sitzungen	Umsatz	Transaktionen	Durchschnittlicher Bestellwert	E-Commerce-Conversion-Rate	Wert pro Sitzung ↓
	27.674 % des Gesamtwerts: 11,00 % (251.611)	4.851,60 € % des Gesamtwerts: 14,20 % (34.160,20 €)	25 % des Gesamtwerts: 17,73 % (141)	194,06 € Website-Durchschnitt: 242,27 € (-19,90 %)	0,09 % Website-Durchschnitt: 0,06 % (61,21 %)	0,18 € Website-Durchschnitt: 0,14 € (29,13 %)
1. Tickets_Kampagne	791	1.298,00 €	8	162,25 €	1,01 %	**1,64 €**
2. Hotels_Kampagne	970	1.225,60 €	2	612,80 €	0,21 %	**1,26 €**
3. Top-Orts_Kampagne	746	926,60 €	2	463,30 €	0,27 %	**1,24 €**
4. Sommer_Special_2013	3.414	967,80 €	9	107,53 €	0,26 %	**0,28 €**

Abbildung 8.22 Kampagnen-Auswertung in Bezug auf E-Commerce-Daten, sortiert nach Wert pro Sitzung

Eine Auswertung anhand der AdSense-Daten empfiehlt sich vor allem bei Seiten, deren Umsatz durch die Klicks auf AdSense-Anzeigen generiert wird. Wählen Sie den Tab ADSENSE, und Sie erhalten eine Übersicht über Klicks und Impressions sowie den AdSense-eCPM. Er lässt sich ein wenig mit dem durchschnittlichen Wert pro Sitzung vergleichen und gibt in diesem Fall einen Einblick darüber, wie viel einzelne Kampagnen zum AdSense-Umsatz beigetragen haben.

8.3.7 Auswertung von Offline-Kampagnen

Falls Sie sich entscheiden sollten, Ihre Offline-Kampagnen mittels einer speziell dazu angelegten Unterseite zu tracken, so können Sie dies nicht innerhalb der Kampagnen-Berichte tun. Navigieren Sie dazu stattdessen zu den Verhaltens-Reports, und rufen Sie dort den Bericht ZIELSEITEN auf. Mithilfe des Standardsegments DIREKTE ZUGRIFFE können Sie erkennen, auf welchen Seiten Besucher einsteigen, die über einen Direktaufruf auf Ihre Seite gelangt sind. Befindet sich Ihre spezielle Zielseite darunter, können Sie nun auswerten, wie qualifiziert dieser Traffic gewesen ist. Bleiben die Besucher länger auf der Seite? Handelt es sich um neue Besucher? Tätigen die Besucher vielleicht sogar einen Abschluss und erreichen ein Ziel? Um die Auswertung noch gezielter vornehmen zu können, empfiehlt es sich, die Zielseite auszuwählen, um sich ganz darauf zu konzentrieren.

8

In Abbildung 8.23 veranschaulicht ein Screenshot diese Auswertung. Die Zielseite heißt */Beispiel-Landing-Page-TV*, wobei es sich natürlich nur um eine beispielhafte Benennung handelt. Sie können nun sehen, wie viele Besucher diese Seite direkt aufgerufen haben. Die 1.891 Sitzungen entsprechen 0,56 % des Gesamt-Traffics. Bei einem Großteil der Sitzungen handelt es sich um neue Besucher, und die Absprungrate ist erfreulich niedrig. Allerdings erfolgte nur eine relativ geringe Anzahl Transaktionen. Dies ist in Ordnung, da es sich bei der Zielseite lediglich um eine Informationsseite handelt, deren primäres Ziel eben das Vermitteln von Informationen ist. An dieser Stelle wäre eine Auswertung bezüglich der anderen Zielerreichungen interessanter. Wie viele Prospekte sind bestellt worden, oder wie viele Kontaktanfragen wurden durchgeführt?

Zielseite	Akquisition			Verhalten			Conversions E-Commerce		
	Sitzungen	Neue Sitzungen in %	Neue Nutzer	Absprungrate	Seiten/Sitzung	Durchschnittl. Sitzungsdauer	Transaktionen	Umsatz	E-Commerce-Conversion-Rate
Direkte Zugriffe	1.891 % des Gesamtwerts: 0,56 % (340.239)	85,72 % Website-Durchschnitt: 55,28 % (55,07 %)	1.621 % des Gesamtwerts: 0,86 % (188.081)	20,52 % Website-Durchschnitt: 39,04 % (-47,44 %)	5,91 Website-Durchschnitt: 4,05 (46,06 %)	00:06:40 Website-Durchschnitt: 00:04:02 (65,57 %)	3 % des Gesamtwerts: 1,23 % (243)	1.429,27 € % des Gesamtwerts: 2,98 % (47.908,28 €)	0,16 % Website-Durchschnitt: 0,07 % (122,13 %)
1. /Beispiel-Landing-Page-TV	1.891	85,72 %	1.621	20,52 %	5,91	00:06:40	3	1.429,27 €	0,16 %

Abbildung 8.23 Auswertung von Offline-Kampagnen über Direktaufrufe der Zielseiten

Möchten Sie tiefer in die E-Commerce-Daten einsteigen, haben Sie an dieser Stelle Gelegenheit, den Explorer zu nutzen. Wählen Sie oberhalb der Trendgrafik den Reiter E-COMMERCE aus, und Sie erhalten noch mehr Daten.

Einen beispielhaften Report sehen Sie in Abbildung 8.24. Durch die Auswahl des Tabs E-COMMERCE sehen Sie nun auch den Wert pro Sitzung. Dieser Wert ist ein gutes Mittel, um die verschiedenen Kanäle miteinander zu vergleichen. Wenn Sie mehrere Zielseiten bewerben, können Sie sie anhand dieser Metrik gegenüberstellen und analysieren, welche Seite wertiger ist. In unserem Fall beträgt der Wert pro Sitzung der ausgewählten Zielseite 0,76 €. Stellt man diesen den anderen Werten gegenüber, so steht diese Kampagne recht gut da – die restlichen Werte liegen im Schnitt 50 Cent unter dem Wert der ausgewählten Kampagne.

Zielseite	Sitzungen	Umsatz	Transaktionen	Durchschnittlicher Bestellwert	E-Commerce-Conversion-Rate	Wert pro Sitzung
Direkte Zugriffe	1.891 % des Gesamtwerts: 0,56 % (340.239)	1.429,27 € % des Gesamtwerts: 2,98 % (47.908,28 €)	3 % des Gesamtwerts: 1,23 % (243)	476,42 € Website-Durchschnitt: 197,15 € (141,65 %)	0,16 % Website-Durchschnitt: 0,07 % (122,13 %)	0,76 € Website-Durchschnitt: 0,14 € (436,78 %)
1. /Beispiel-Landing-Page-TV	**1.891**	1.429,27 €	3	476,42 €	0,16 %	0,76 €

Abbildung 8.24 E-Commerce-Daten für ausgewählte Zielseite mit dem Segment »Direkte Zugriffe«

Eine weitere Alternative, um Offline-Kampagnen auszuwerten, ist eine Analyse der stündlichen Zugriffe an den Tagen, an denen Radio- oder TV-Spots ausgestrahlt wurden. Sicher besitzen Sie eine Liste, auf der die einzelnen Ausstrahlungstermine aufgelistet sind. Mithilfe dieser Liste können Sie nun ein Datum nach der Anzahl stündlicher Sitzungen auswerten.

Dazu navigieren Sie zu dem Übersichts-Report im Besucherbereich und erstellen ein Segment für die Besucher, die Ihre Website direkt aufrufen und als Erstes die entsprechende Zielseite (also die Startseite oder die spezifische Landingpage) anschauen. In Abbildung 8.25 sehen Sie einen beispielhaften Filter für dieses Segment.

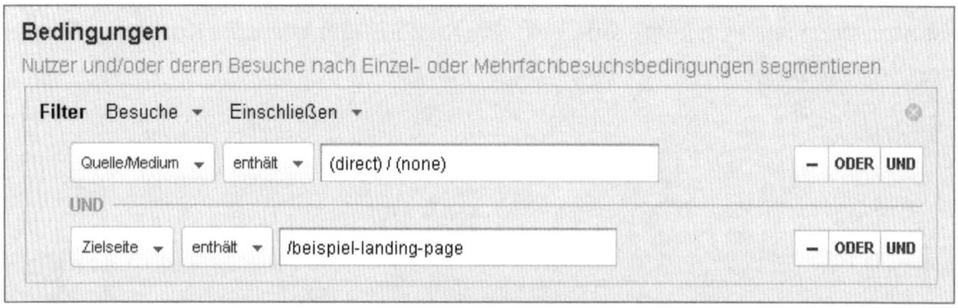

Abbildung 8.25 Benutzerdefiniertes Segment, das Nutzer einbezieht, die über Direktzugriff auf die Zielseite »/beispiel-landing-page« gelangt sind

Wählen Sie im Kalender das gewünschte Datum aus. Dabei ist es wichtig, dass Sie nur einen Tag auswählen. Anschließend klicken Sie oberhalb der Trendgrafik auf den Button STÜNDLICH. Die Trendlinie wechselt nun die Darstellung und liefert die Anzahl der Sitzungen pro Stunde für das ausgewählte Besucher-Segment.

Abbildung 8.26 zeigt einen beispielhaften Screenshot. Um 14 Uhr steigen die direkten Zugriffe auf die Zielseite stark an. Dies lässt auf die Ausstrahlung einer Anzeige schließen. Auch ist der Traffic danach noch relativ hoch, es kann sein, dass Besucher den Spot gesehen oder gehört haben und erst später die Website aufrufen. Wenn Sie möchten, können Sie an dieser Stelle noch den Vortag oder den gleichen Wochentag in der Vorwoche zum Vergleich hinzuziehen, wie in Abbildung 8.27 gezeigt. So finden Sie heraus, ob es sich bei dem Anstieg tatsächlich um Kampagnenzugriffe handelt und nicht um tägliche oder wöchentliche Standardzugriffe aufgrund von Nachrichten, PR-Meldungen, Social-Media-Aktivitäten oder Ähnliches.

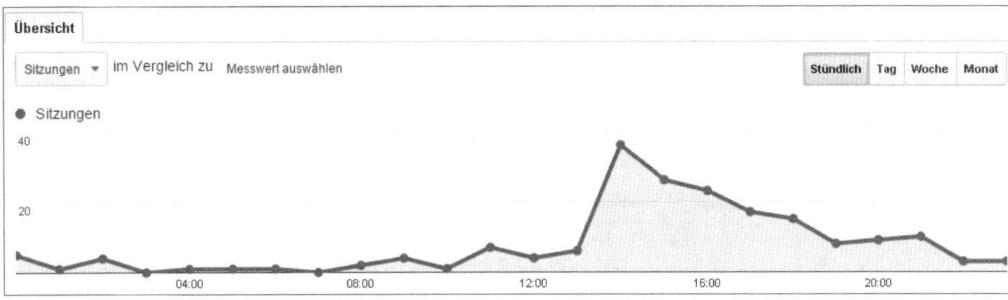

Abbildung 8.26 Übersicht »Sitzungen« mit Informationen zu der Anzahl der stündlichen Zugriffe

In unserem Beispiel weist der Tag der Vorwoche vergleichsweise wenig direkte Zugriffe auf. Auch ist kein starker Anstieg zu erkennen. Dies stützt die These, dass der Zuwachs am Tag der Kampagne tatsächlich durch die Kampagne erfolgt ist.

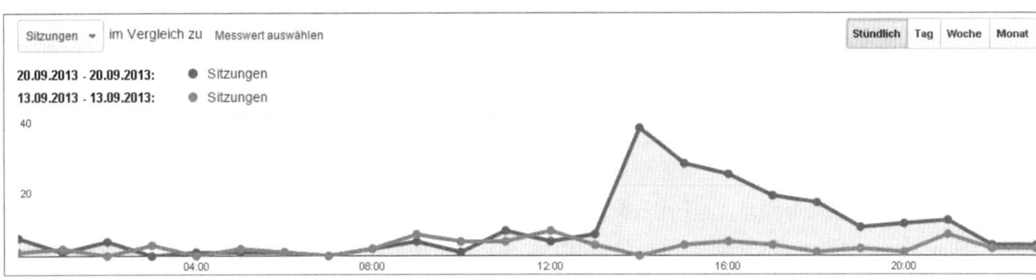

Abbildung 8.27 Vergleich zweier Tage, um zu prüfen, ob der starke Anstieg generell vorliegt

8.3.8 Kostenanalyse – Auswertung von Kostendaten anderer Tools

Google Analytics bietet Ihnen die Möglichkeit, Kostendaten von Kampagnen hochzuladen, um sie mit dem Tool zu verknüpfen. Dies hilft Ihnen dabei, ROI, Marge und vieles mehr hinsichtlich der einzelnen Kampagnen zu analysieren. Gerade, wenn Sie bezahlte Kampagnen bei Yandex oder anderen Suchmaschinen schalten, macht es Sinn, die entsprechenden Kostendaten in Google Analytics zu importieren. Wie Sie die Kostendaten hochladen und welches Format diese Daten besitzen müssen, erläutern wir Ihnen in Abschnitt 5.3.7.

Sobald Sie die Daten in Google Analytics integriert haben, können Sie sie im Report KOSTENANALYSE einsehen. In unserem Beispiel in Abbildung 8.28 sehen Sie, wie die Daten anschließend dargestellt werden. Dieser Report liefert Ihnen eine Übersicht über Anzahl der Sitzungen, Impressions, Klicks, Kosten, durchschnittliche CTR, CPC und RPC sowie ROAS und Marge. In diesem Fall sehen wir leider keine Daten für die letztgenannten Metriken, da auf der Website keine Produkte verkauft werden und auch keine monetären Zielwerte vergeben worden sind. Dennoch liefert dieser Report einen Vergleich zwischen der Reichweite der Google- und der Yandex-Kampagnen. Für eine derartige Auswertung ist der Report sehr sinnvoll, da Sie so erkennen können, welche Quellen besser funktionieren und mehr Sitzungen auf die Website locken, aber auch, welche Kampagne weniger kostet. Untersuchen Sie zum Beispiel, ob es Sinn macht, das Budget der einen Kampagne besser in die andere zu übertragen, da dort die Klicks günstiger und die Klickraten besser sind.

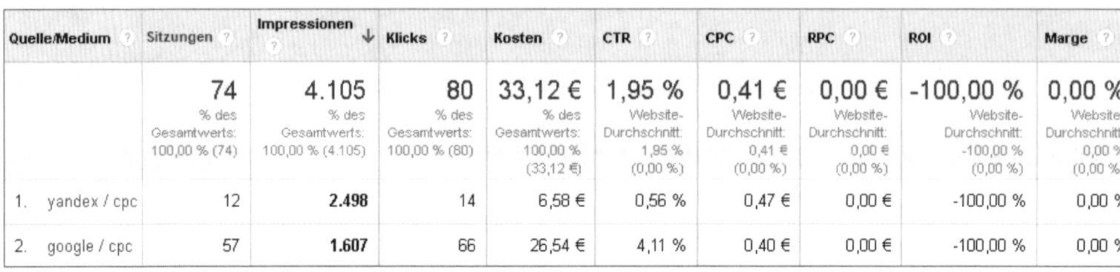

Quelle/Medium	Sitzungen	Impressionen ↓	Klicks	Kosten	CTR	CPC	RPC	ROI	Marge
	74 % des Gesamtwerts: 100,00 % (74)	4.105 % des Gesamtwerts: 100,00 % (4.105)	80 % des Gesamtwerts: 100,00 % (80)	33,12 € % des Gesamtwerts: 100,00 % (33,12 €)	1,95 % Website-Durchschnitt: 1,95 % (0,00 %)	0,41 € Website-Durchschnitt: 0,41 € (0,00 %)	0,00 € Website-Durchschnitt: 0,00 € (0,00 %)	-100,00 % Website-Durchschnitt: -100,00 % (0,00 %)	0,00 % Website-Durchschnitt: 0,00 % (0,00 %)
1. yandex / cpc	12	**2.498**	14	6,58 €	0,56 %	0,47 €	0,00 €	-100,00 %	0,00 %
2. google / cpc	57	**1.607**	66	26,54 €	4,11 %	0,40 €	0,00 €	-100,00 %	0,00 %

Abbildung 8.28 Report zur Kostenanalyse

8.4 Google AdWords – Auswertung der bezahlten Suchzugriffe

Einen weiteren großen Bereich des Online-Marketings bilden die bezahlten Suchanzeigen ab. Google Analytics bietet durch die Verknüpfung mit seinem Anzeigen-Tool Google AdWords eine vollständige Integration der AdWords-Daten in das Tracking-Tool. Dies wiederum liefert noch mehr Auswertungsmöglichkeiten als die alleinige Nutzung von AdWords ohne Analytics. Sollten Sie also AdWords schalten, so sollten Sie die beiden Tools unbedingt miteinander verknüpfen, um noch mehr aus den beiden Datentöpfen herauszuholen. Die Verknüpfung ist auch Voraussetzung für die nun folgenden Reports. Ohne die Integration der AdWords-Daten wären die Analytics-Reports leer. Wie Sie die Verknüpfung vornehmen können, erklären wir Ihnen Schritt für Schritt in Abschnitt 6.7.1. Nach der Verknüpfung brauchen die beiden Tools in der Regel bis zu 24 Stunden, um sich vollständig zu verbinden, warten Sie also mit den Analysen noch ein wenig ab. Analytics verarbeitet die AdWords-Daten regelmäßig, allerdings kann es vorkommen, dass die Aktualisierung der Daten bis zu 24 Stunden in Anspruch nimmt. Daher sollten Sie immer einen Tag zwischen dem auszuwertenden Datum und dem tatsächlichen Datum haben, um die korrekten Daten einzusehen. Ein weiterer Punkt, der zu einer längeren Aktualisierungsdauer führen kann, sind viele Besucher. Wenn täglich mehr als 50.000 Besucher Ihre Website nutzen, kann es vorkommen, dass sogar bis zu zwei Tage benötigt werden, um die Aktualisierung der Daten abzuschließen.

Vergessen Sie auch nicht, die Filter der Datenansicht zu prüfen, in der Sie die AdWords-Daten auswerten möchten. In Kapitel 6, »Das Herzstück: Datenansichten anlegen und Zielvorhaben einrichten«, haben wir Ihnen bereits die Gründe für verschiedene Filter erklärt, und vielleicht müssen Sie ja auch Ihre AdWords-Daten filtern, um korrekte Auswertungen durchführen zu können.

Wenn Sie also die Verknüpfung vorgenommen haben und sicher sind, dass alle Filter der Datenansicht korrekt sind, können Sie mit den Auswertungen der AdWords-Daten beginnen. Wie Sie dabei vorgehen können und was Sie dabei beachten müssen, erläutern wir in den folgenden Abschnitten.

Automatische Tag-Kennzeichnung in Google AdWords

Um Kampagnendaten von Google AdWords an Google Analytics zu übertragen, sollten Sie die automatische Tag-Kennzeichnung in AdWords einschalten. Damit werden Kampagnen-Informationen durch einen Parameter weitergereicht. Es handelt sich hierbei um den `gclid`-Parameter. Er trägt nicht nur Informationen über Kampagnenname, Anzeigengruppe und Medium, sondern auch über Keywords, Suchanfragen, Placements und einiges mehr.

Eine URL mit diesem Parameter kann so aussehen:

http://www.beispiel.de/angebotsseite/?gclid=CP6u5q_Lq7wCFURc3god2WkAGw

Damit Ihre Konkurrenten die Daten nicht einsehen können, werden die Informationen erst im Tool verarbeitet. Auf diese Weise lassen sich keine Kampagnenstrukturen, gebuchte Keywords oder Ähnliches ausspähen.

8.4.1 AdWords-Kampagnen und Anzeigengruppen-Auswertung

Der AdWords-Bereich unterteilt sich in verschiedene Unter-Reports, in denen Sie diverse Analysen durchführen können. Der am weitesten gefasste Bericht ist sicherlich der Kampagnenbericht. Dort erhalten Sie einen Überblick über alle AdWords-Kampagnen, durch die Besucher auf Ihre Seite gelangt sind.

Abbildung 8.29 zeigt Ihnen einen derartigen Report. Da in dem Beispiel E-Commerce-Tracking aktiviert ist, erscheint standardmäßig die Anzahl der Transaktionen in dem Report. Ansonsten sehen Sie an dieser Stelle die Zielerreichungen, die durch die einzelnen Kampagnen erfolgt sind. Auch dieser Report unterteilt sich in die drei Bereiche AKQUISITION, VERHALTEN und CONVERSIONS. Pro Kampagne erkennen Sie die Anzahl der Sitzungen, den Anteil der neuen Sitzungen, Absprungrate, durchschnittliche Anzahl der Seiten pro Sitzung sowie Sitzungsdauer und natürlich die Conversion-Rate der einzelnen Ziele, sofern Sie diese eingerichtet haben. In unserem Beispiel handelt es sich bei den beiden AdWords-Kampagnen, welche die meisten Sitzungen erzielt haben, um Branding-Kampagnen, deren Ziel lediglich die Bekanntmachung der Marke ist. Erst an dritter Stelle befindet sich eine Kampagne, die zu Umsatz geführt hat. Die Kampagne WINTERSPECIALS_2013 bringt neben Besuchern auch Umsatz. Auch die beiden Kampagnen zu den Orten und dem Thema Skiurlaub führen interessierte Nutzer auf die Seite. Sie erzeugen zwar nicht besonders viel Umsatz, bleiben aber im Vergleich länger auf der Seite und erzeugen mehr Seitenaufrufe als die Besucher der anderen Kampagnen.

Kampagne	Akquisition			Verhalten			Conversions E-Commerce		
	Sitzungen	Neue Sitzungen in %	Neue Nutzer	Absprungrate	Seiten/Sitzung	Durchschnittl. Sitzungsdauer	Transaktionen	Umsatz	E-Commerce-Conversion-Rate
	27.730 % des Gesamtwerts: 11,02 % (251.611)	60,40 % Website-Durchschnitt: 53,97 % (11,91 %)	16.749 % des Gesamtwerts: 12,33 % (135.803)	44,60 % Website-Durchschnitt: 37,99 % (17,39 %)	3,68 Website-Durchschnitt: 4,02 (-8,36 %)	00:03:25 Website-Durchschnitt: 00:03:54 (-12,40 %)	25 % des Gesamtwerts: 17,73 % (141)	4.851,60 € % des Gesamtwerts: 14,20 % (34.160,20 €)	0,09 % Website-Durchschnitt: 0,06 % (60,88 %)
1. Branding	**3.870**	49,38 %	1.911	56,61 %	2,09	00:01:16	0	0,00 €	0,00 %
2. Branding_Winter	**3.500**	64,29 %	2.250	61,69 %	2,44	00:02:05	0	0,00 €	0,00 %
3. Winterspecials_2013	**3.414**	54,04 %	1.845	42,21 %	3,07	00:02:57	9	967,80 €	0,26 %
4. Orte	**2.396**	47,50 %	1.138	28,84 %	4,98	00:04:39	1	85,00 €	0,04 %
5. Skiurlaub	**2.157**	69,31 %	1.495	35,93 %	4,55	00:04:29	1	208,40 €	0,05 %

Abbildung 8.29 AdWords-Kampagnen-Auswertung

Eine weitere Analyse, die Sie bei jeder Kampagnen-Auswertung durchführen sollten, ist eine gewichtete Sortierung nach der Absprungrate einzelner Kampagnen. Auf diese Weise finden Sie Kampagnen, die vielleicht nicht so viele Aufrufe wie die Top-Kampagnen besitzen, aber dafür viele Absprünge erzeugt haben. In unserem Beispiel in Abbildung 8.30 sehen Sie zwei Kampagnen, deren Absprungrate bei 100 % liegt. Der Grund hierfür waren fehlerhafte Kampagnen-Landingpages. Die Anzeigen waren international ausgerichtet, liefen jedoch auf der deutschen Seite, sodass die internationalen Nutzer aus Russland, Polen und England die Seite ziemlich schnell wieder verlassen haben. Dank solcher Auswertungen fallen derartige Fehler schnell auf. Sie sollten also immer auch nach den Absprungraten sortieren.

Zeilen darstellen | Sekundäre Dimension | Sortierungsart: Gewichtet | Erwei

Kampagne	Akquisition			Verhalten		
	Sitzungen ↓	Neue Sitzungen in %	Neue Nutzer	Absprungrate ↓	Seiten/Sitzung	Durchschnittl. Sitzungsdauer
	629 % des Gesamtwerts: 0,82 % (77.016)	82,83 % Website-Durchschnitt: 64,62 % (28,18 %)	521 % des Gesamtwerts: 1,05 % (49.769)	71,54 % Website-Durchschnitt: 47,58 % (50,35 %)	2,44 Website-Durchschnitt: 4,63 (-47,39 %)	00:01:22 Website-Durchschnitt: 00:04:23 (-68,79 %)
1. Kampagne_1	12	100,00 %	12	**100,00 %**	1,00	00:00:00
2. Kampagne_2	294	81,63 %	240	**73,13 %**	2,39	00:01:24
3. Kampagne_3	11	100,00 %	11	**100,00 %**	1,00	00:00:00

Abbildung 8.30 AdWords-Kampagnen-Auswertung, nach Absprungrate gewichtet

In den Kampagnen-Reports haben Sie mithilfe der verschiedenen Explorer-Tabs wie gewohnt die Möglichkeit, zwischen Zusammenfassung, WEBSITE-NUTZUNG, ZIELVORHABENGRUPPEN und E-COMMERCE zu unterscheiden. Im AdWords-Bereich gibt es jedoch noch einen weiteren Tab. Er nennt sich KLICKS und zeigt Ihnen die AdWords-Kostendaten, also Impressions, Klicks, Kosten, CPC, CTR und vieles mehr. Wenn Sie also nicht zwischen den einzelnen Tools wechseln möchten, haben Sie dank dieses Tabs die Gelegenheit, aus Analytics heraus die relevanten AdWords-Kampagnen-Daten einzusehen.

Nehmen wir noch einmal unser Kampagnen-Beispiel von eben, diesmal aber in einem anderen Zeitraum (siehe Abbildung 8.31). Wir können nun einsehen, wie viele Kosten durch die einzelnen Kampagnen erzeugt worden sind, aber auch, wie viele Impressions und Klicks dadurch erzielt wurden. Außerdem erfahren wir die durchschnittlichen Kosten pro Klick und die Klickrate, also wie oft bei einer Anzeige auch tatsächlich auf den Link geklickt wurde. Leider erscheinen an dieser Stelle nicht mehr die Conversion-Rates oder Transaktionen. Dafür rücken allerdings die Metriken RPC (Revenue per Click, also Umsatz pro Klick) sowie der ROAS an deren Platz. Der ROAS (Return on Advertising Spend) wird berechnet, indem der Conversion-Wert (auf der Grundlage von E-Commerce-Verkäufen oder eines Zielwerts) durch die Anzeigenausgaben geteilt wird. Mit Zielwerten sind hier die Werte gemeint, die Sie bei Zielen mitgeben können. Wenn Sie sie nicht bei der Erreichung eines Ziels mitgeben, werden sie bei der Berechnung ignoriert.

Kampagne	Sitzungen ↓	Impressionen	Klicks	Kosten	CTR	CPC	RPC	ROAS
	36.757 % des Gesamtwerts: 10,20 % (360.450)	316.010 % des Gesamtwerts: 100,00 % (316.010)	40.367 % des Gesamtwerts: 100,00 % (40.367)	4.629,05 € % des Gesamtwerts: 100,00 % (4.629,05 €)	12,77 % Website-Durchschnitt: 12,77 % (0,00 %)	0,11 € Website-Durchschnitt: 0,11 € (0,00 %)	0,13 € Website-Durchschnitt: 1,20 € (-89,00 %)	15,57 % Website-Durchschnitt: 950,75 % (-98,36 %)
1. Branding	**7.518**	32.461	7.748	416,54 €	23,87 %	0,05 €	0,00 €	-100,00 %
2. Winterspecials 2013	**6.073**	31.542	6.334	221,68 €	20,08 %	0,03 €	0,14 €	304,64 %
3. Branding_Winter	**4.827**	15.595	4.262	260,56 €	27,33 %	0,06 €	0,00 €	-100,00 %
4. Orte	**3.103**	41.097	2.803	346,04 €	6,82 %	0,12 €	0,01 €	-89,60 %
5. Skiurlaub	**2.616**	26.055	2.817	541,83 €	10,81 %	0,19 €	0,08 €	-56,00 %

Abbildung 8.31 AdWords-Kampagnen-Daten im Explorer-Tab »Klicks«

Auch in diesem Report wird deutlich, dass vor allem die Branding-Kampagnen – zumindest finanziell gesehen – ein negatives Ergebnis erreichen. Die Kampagne zu den Orten hatte in dem anderen Report noch einen recht positiven Eindruck gemacht, zeigt aber nun, dass sie recht teuer ist. Der CPC ist mit 12 Cent vergleichsweise hoch, und die CTR ist ziemlich niedrig, sodass hier der Eindruck entsteht, dass die Kampagne ihr Geld nicht wert ist. Hier müsste also noch einmal überdacht werden, ob sich diese Kampagne wirklich lohnt.

Die Kampagne WINTERSPECIALS_2013 ist die einzige, die ein positives finanzielles Ergebnis erzielt. Der CPC liegt bei nur 0,03 € und ist somit äußerst niedrig, und auch der erzielte Umsatz lässt nicht zu wünschen übrig. Die Kampagne zum Thema Skiurlaub weist mittelmäßige Zahlen auf. Hier zeigt sich, dass generische Keywords hart umkämpft und teuer sind.

Wieso ist die Anzahl der Sitzungen und Klicks unterschiedlich?

Häufig unterscheidet sich die Anzahl der Klicks, die aus AdWords importiert werden, von der Anzahl der von Google Analytics gemessenen Sitzungen. Die Hauptgründe für Unterschiede zwischen Klicks und Sitzungen wollen wir kurz an dieser Stelle erwähnen:

- AdWords zählt Klicks, und Analytics zählt Sitzungen: Klickt ein Besucher in kurzer Zeit (innerhalb der 30 Minuten der Session und ohne das Browser-Fenster zu schließen) mehrfach auf eine Anzeige, so erzeugt er mehrere Klicks, allerdings nur eine Sitzung.
- Filterung ungültiger Klicks durch AdWords: AdWords filtert ungültige Klicks aus dem Reporting heraus, wohingegen Analytics die daraus erfolgten Sitzungen nicht herausnimmt.
- Datenansichtsfilter: Falls Sie Filterungen auf Ihrer Datenansicht nutzen, kann es vorkommen, dass Sitzungen oder auch Klicks herausgefiltert werden und die Zahlen daher sehr unterschiedlich sind.
- Weiterleitungen der Zielseite: Schalten Sie Anzeigen auf eine Seite, die weiterleitet, kann es vorkommen, dass dabei die AdWords-Parameter nicht immer korrekt ausgeführt werden. Dadurch kann es zu einer hohen Anzahl an Klicks, aber einer sehr niedrigen Zahl von Sitzungen kommen.

Wenn Sie die einzelnen Anzeigengruppen innerhalb einer Kampagne einsehen wollen, können Sie dazu auf die jeweilige Bezeichnung der Kampagne klicken und gelangen darüber zur Auflistung der Anzeigengruppen. Eine Liste aller Anzeigengruppen erhalten Sie, wenn Sie oberhalb der Tabelle den Punkt ANZEIGENGRUPPE als primäre Dimension auswählen.

In Abbildung 8.32 sehen Sie einen Ausschnitt aus einem solchen AdWords-Report mit der primären Dimension ANZEIGENGRUPPE. Auch dieser Report gliedert sich wieder nach AKQUISITION, VERHALTEN und CONVERSIONS und listet die üblichen Metriken auf. Mithilfe dieses Reports können Sie die einzelnen Anzeigengruppen einer Kampagne analysieren und herausfinden, welche am besten laufen. In unserem Beispiel ist die Anzahl der Sitzungen der ersten drei Anzeigengruppen relativ nah beieinander. Anzeigengruppen 1 und 3 jedoch erzielen mehr Buchungen und somit auch mehr Umsatz. An dieser Stelle müsste geprüft werden, woran das liegen kann. Weisen die verschiedenen Anzeigengruppen vielleicht unterschiedliche Texte auf, die eine andere Intention besitzen? In diesem Beispiel handelt es sich bei Kampagne 2 um eine relativ generische Kampagne mit generischen Themen-Keywords. Kampagne 3 bezieht spezifischere Keywords mit ein, deren Besucher bereits in Kauflaune sind.

Anzeigengruppe	Akquisition			Verhalten			Conversions E-Commerce		
	Besuche	% neue Besuche	Neue Besuche	Absprungrate	Seiten/Besuch	Durchschnittl. Besuchsdauer	Transaktionen	Umsatz	E-Commerce-Conversion-Rate
	971 % des Gesamtwerts: 0,28 % (342.048)	61,07 % Website-Durchschnitt: 54,99 % (11,06 %)	593 % des Gesamtwerts: 0,32 % (188.085)	35,22 % Website-Durchschnitt: 38,90 % (-9,46 %)	4,64 Website-Durchschnitt: 4,07 (14,18 %)	00:04:12 Website-Durchschnitt: 00:04:02 (3,94 %)	20 % des Gesamtwerts: 8,62 % (232)	2.209,00 € % des Gesamtwerts: 4,88 % (45.312,60 €)	2,06 % Website-Durchschnitt: 0,07 % (2.936,76 %)
1. Anzeigengruppe_1	**390**	61,28 %	239	34,10 %	4,82	00:04:10	8	990,00 €	2,05 %
2. Anzeigengruppe_2	**288**	62,85 %	181	32,99 %	4,87	00:04:20	4	307,00 €	1,39 %
3. Anzeigengruppe_3	**220**	58,64 %	129	32,27 %	4,69	00:04:42	8	912,00 €	3,64 %
4. Anzeigengruppe_4	**69**	59,42 %	41	57,97 %	2,75	00:02:25	0	0,00 €	0,00 %

Abbildung 8.32 AdWords-Report mit der primären Dimension »Anzeigengruppe«

Auch in diesem Report können Sie über das Explorer-Tab das Tab KLICKS auswählen und dadurch die AdWords-Kostendaten der einzelnen Anzeigengruppen einsehen.

Strukturkarten für AdWords-Kampagnen

Wie schon bei den unterschiedlichen Kanälen und Quellen können Sie zu Ihren AdWords-Kampagnen ebenfalls eine Übersicht in Form von STRUKTURKARTEN erstellen und betrachten. Vom Konto bis zur tatsächlichen Anzeige können Sie für jeweils zwei Dimensionen einen Datenvergleich anstellen. Mehr Informationen zu Strukturkarten finden Sie im Abschnitt 8.1.2.

8.4.2 Keywords, passende Suchanfragen und Anzeigeninhalt

Neben den allgemeinen Kampagnendaten lassen sich auch die einzelnen Keywords der Kampagnen und Anzeigengruppen auswerten. Dazu klicken Sie einfach auf den Report KEYWORDS in dem Bereich ADWORDS. Anschließend erhalten Sie einen Überblick über die eingebuchten Keywords der Kampagnen. Dies schließt sogar die Keyword-Optionen – zum Beispiel GENAU PASSEND, WEITGEHEND PASSEND und CONTENT TARGETING etc. – mit ein.

In diesem Bereich steht Ihnen noch eine weitere primäre Dimension zur Verfügung. Es handelt sich hierbei um die Dimension ANZEIGENINHALT. Hier wird die erste Zeile einer AdWords-Anzeige dargestellt. Alternativ bezeichnet der Anzeigeninhalt die Inhalte des Parameters `utm_content`, die Sie zur manuellen Kennzeichnung von Kampagnen nutzen können.

Keyword	Akquisition				Verhalten		Conversions Alle Zielvorhaben		
	Klicks	Kosten	CPC	Sitzungen	Absprungrate	Seiten/Sitzung	Zielvorhaben-Conversion-Rate	Abschlüsse für Zielvorhaben	Zielvorhabenwert
	521 % des Gesamtwerts 94,56 % (551)	1.856,92 € % des Gesamtwerts: 97,75 % (1.899,59 €)	3,56 € Durchn. für Datenansicht: 3,45 € (3,38 %)	507 % des Gesamtwerts: 3,88 % (13.081)	73,96 % Durchn. für Datenansicht: 68,40 % (8,14 %)	1,54 Durchn. für Datenansicht: 1,92 (-19,93 %)	12,23 % Durchn. für Datenansicht: 64,78 % (-81,12 %)	62 % des Gesamtwerts: 0,73 % (8.474)	0,00 € % des Gesamtwerts: 0,00 % (0,00 €)
1. korkenzieher	73 (14,01 %)	100,15 € (5,39 %)	1,37 €	65 (12,82 %)	87,69 %	1,08	1,54 %	1 (1,61 %)	0,00 € (0,00 %)
2. weinglas	59 (11,32 %)	154,28 € (8,31 %)	2,61 €	57 (11,24 %)	82,46 %	1,16	0,00 %	0 (0,00 %)	0,00 € (0,00 %)
3. korkenzieher edel	35 (6,72 %)	121,41 € (6,54 %)	3,47 €	37 (7,30 %)	86,49 %	1,19	0.00 %	0 (0,00 %)	0,00 € (0,00 %)
4. tirami	29 (5,57 %)	93,05 € (5,01 %)	3,21 €	26 (5,13 %)	96,15 %	1,15	3,85 %	1 (1,61 %)	0,00 € (0,00 %)
5. wein zubehör	26 (4,99 %)	198,72 € (10,70 %)	7,64 €	33 (6,51 %)	45,45 %	2,48	36,36 %	12 (19,35 %)	0,00 € (0,00 %)

Abbildung 8.33 AdWords-Reports zur Auswertung der Keywords

Ein weiterer sehr wichtiger Punkt bei den AdWords-Berichten ist der Report SUCHANFRAGEN. In diesem Report gibt Ihnen Analytics einen Einblick in die tatsächlich von Nutzern eingetippten Suchanfragen, bei denen es zu einem Klick auf Ihre Anzeige gekommen ist. Je nach Einbuchung der Keywords kann die Anzeige entweder bei thematisch passenden Suchanfragen oder bei einer Suchanfrage nach exakt dem eingebuchten Keyword eingeblendet werden. Sind die Keywords zu weit gefasst, so kann es vorkommen, dass die Anzeigen bei Suchanfragen erscheinen, die thematisch nicht unbedingt mit Ihrer Anzeige zu tun haben. Ein Beispiel soll dies verdeutlichen. Buchen Sie zum Beispiel das Keyword »Wintersport« mit der Option WEITGEHEND PASSEND ein, so kann es sein, dass Ihre Anzeige auch bei einer Suche nach »Wintersportbekleidung« ausgelöst wird. Wenn Sie auf Ihrer Seite keine Wintersportbekleidung anbieten, werden die Nutzer die Seite sicher enttäuscht wieder verlassen. Dies ist nicht gut für die Nutzer, was Google wiederum mit hohen Klickpreisen und niedrigen Anzeigen-Positionen bestraft. Daher sollten Sie immer auch ein Auge auf die Suchanfragen haben und schauen, ob sie alle passen, und gegebenenfalls in den Anzeigen die Keyword-Optionen verändern bzw. Keywords ausschließen.

Natürlich können Sie diese Daten auch in AdWords einsehen, allerdings bietet Analytics Ihnen hier die Möglichkeit, die Suchanfragen mit den entsprechenden Absprungraten und noch vielem mehr zu verknüpfen.

In Abbildung 8.34 sehen Sie einen Report der passenden Suchanfragen für unsere Beispielfirma Tirami. Gut passende Suchanfragen sind zum Beispiel »Korkenzieher«, »Sektkühler kaufen« und natürlich die Brand-Begriffe wie »Tirami« oder »Tirami Korkenzieher«. Die einzige Suchanfrage, die nicht passt, lautet »billige Korkenzieher«.

Wenn Nutzer nach etwas besonders Günstigem suchen und durch eine Anzeige auf eine Seite mit hochpreisigen Produkten geleitet wird, so sind die Absprungraten meist hoch und die Umsätze oft niedrig. In unserem Beispiel ist das auch der Fall. Daher sollten die Anzeigen im Lichte dieser Erkenntnis noch einmal überarbeitet werden.

Passende Suchanfrage	Akquisition			Verhalten			Conversions Alle Ziele	
	Sitzungen	Neue Sitzungen in %	Neue Nutzer	Absprungrate	Seiten/Sitzung	Durchschnittl. Sitzungsdauer	Ziel-Conversion-Rate	Abschlüsse für Ziel
	629 % des Gesamtwerts: 0,82 % (77.016)	82,83 % Website-Durchschnitt: 64,62 % (28,18 %)	521 % des Gesamtwerts: 1,05 % (49.769)	71,54 % Website-Durchschnitt: 47,58 % (50,35 %)	2,44 Website-Durchschnitt: 4,63 (-47,39 %)	00:01:22 Website-Durchschnitt: 00:04:23 (-68,79 %)	3,82 % Website-Durchschnitt: 1,31 % (191,82 %)	24 % des Gesamtwerts: 2,38 % (1.007)
1. Korkenzieher	**82**	71,95 %	59	47,56 %	3,45	00:02:06	4,88 %	4
2. Sektkühler kaufen	**40**	85,00 %	34	47,50 %	3,98	00:03:17	5,00 %	2
3. tirami	**35**	62,86 %	22	45,71 %	3,80	00:03:08	14,29 %	5
4. billige Korkenzieher	**11**	63,64 %	7	63,64 %	2,27	00:00:26	0,00 %	0
5. tirami korkenzieher	**10**	70,00 %	7	30,00 %	3,40	00:01:52	30,00 %	3

Abbildung 8.34 AdWords-Report, der die tatsächlich eingetippten Suchanfragen zeigt

»(not set)« ist unter den Top Ten der »passenden Suchanfragen«

Die Bezeichnung (NOT SET) ist etwas, das wohl niemand gerne in seinen Analytics-Reports sieht. Hierbei geht es meist um nicht zugeordnete Kampagnen. In diesem Fall ist es allerdings ein wenig anders. Bei den passenden Suchanfragen erscheint (NOT SET) häufig, wenn es sich bei den Zugriffen um Besuche über das Display-Netzwerk handelt. Sie können keiner Suchanfrage zugeordnet werden und erzeugen somit – zu Recht – den Eintrag (NOT SET).

Ein weiterer Punkt, der allerdings nicht so häufig vorkommt, ist die manuelle Tag-Kennzeichnung. Bei ihr funktioniert der Report nämlich leider nicht. Sollten Sie also statt der automatischen Tag-Kennzeichnung die manuelle nutzen, so ist dieser Report für Sie unbrauchbar.

Außerdem kann es natürlich noch sein, dass die generelle Verknüpfung mit AdWords nicht korrekt durchgeführt wurde, sodass nicht nur an dieser Stelle der Eintrag (NOT SET) erscheint, sondern auch bei den anderen AdWords-Reports.

Der Report zu den passenden Suchanfragen bietet aber noch eine weitere Möglichkeit der Auswertung, mit deren Hilfe Sie Ihre Anzeigen optimieren können. Wenn Sie zu einem großen Teil die Option WEITGEHEND PASSEND für Ihre Keywords ausgesucht haben, dann kann es sein, dass Sie in dem Report der passenden Suchanfragen weitere Keywords finden, die Sie zuvor vielleicht noch gar nicht gebucht haben oder nicht unbedingt relevant finden. Beide Punkte sind wichtig: Die Keywords, die Sie selbst nicht bedacht haben, die aber dennoch häufig eingegeben werden und vielleicht sogar zu hohen Conversion-Raten führen, sollten Sie unbedingt weiternutzen.

Fügen Sie sie Ihren Anzeigen hinzu, und überlegen Sie, ob sich vielleicht sogar eine Suchmaschinenoptimierung für diese Begriffe lohnt. Die Keywords, die thematisch nicht passen, sollten Sie auf die Liste der auszuschließenden Keywords setzen, damit sie nicht weiterhin Klicks auslösen, die Sie bezahlen müssen. Auf diese Weise erhalten Sie durch den Report Ideen für neue Keywords, die Sie eventuell sogar für Ihre

Suchmaschinenoptimierung nutzen können, und sparen durch den Ausschluss unnützer Keywords sogar Geld. Sie sehen also: Google Analytics hilft Ihnen dabei, Ihre Website und Ihre Online-Marketing-Maßnahmen zu optimieren.

Als weitere primäre Dimension steht Ihnen in diesem Bereich der Report zum ÜBEREINSTIMMUNGSTYP DER SUCHANFRAGE zur Verfügung. Der Übereinstimmungstyp der Suchanfrage zeigt die Keyword-Option an. Dabei wird unterschieden zwischen WEITGEHEND PASSEND (BROAD MATCH), PASSENDE WORTGRUPPE (PHRASE MATCH) oder GENAU PASSEND (EXACT MATCH). Anzeigen im Display-Netzwerk werden entsprechend gekennzeichnet. Derzeit erscheinen die Begriffe noch auf Englisch, allerdings wird Google dies in der nahen Zukunft sicher noch anpassen.

Sie können nun auswerten, welche Keyword-Optionen die relevantesten Besucher auf die Seite bringen. In unserem Beispiel in Abbildung 8.35 sehen Sie, dass die Keyword-Option GENAU PASSEND die meisten Sitzungen erzeugt und sie auch eine hohe durchschnittliche Sitzungsdauer aufweisen. Auch die meisten Zielerreichungen erfolgen durch Zugriffe über diese Keyword-Option. Dies liegt allerdings auch nahe, da die Anzeigen genau auf die Suchanfragen der Nutzer ausgerichtet sind und somit auch interessierte Nutzer auf die Seite leiten.

Übereinstimmungstyp der Suchanfrage	Akquisition			Verhalten			Conversions (Ziel 1: > 5 Seiten/Besuche)		
	Sitzungen	Neue Sitzungen in %	Neue Nutzer	Absprungrate	Seiten/Sitzung	Durchschnittl. Sitzungsdauer	> 5 Seiten/Besuche (Conversion-Rate für Ziel 1)	> 5 Seiten/Besuche (Abschlüsse für Ziel 1)	> 5 Seiten/Besuche (Wert für Ziel 1)
	3.221 % des Gesamtwerts: 11,53 % (27.942)	70,32 % Website-Durchschnitt: 78,70 % (-10,65 %)	2.265 % des Gesamtwerts: 10,30 % (21.991)	39,37 % Website-Durchschnitt: 50,20 % (-21,59 %)	3,70 Website-Durchschnitt: 2,78 (33,03 %)	00:04:03 Website-Durchschnitt: 00:02:49 (43,53 %)	19,40 % Website-Durchschnitt: 10,99 % (76,49 %)	625 % des Gesamtwerts: 20,35 % (3.072)	0,00 € % des Gesamtwerts: 0,00 % (0,00 €)
1. Phrase match	610	80,66 %	492	39,67 %	3,58	00:03:13	19,18 %	117	0,00 €
2. Exact match	1.684	82,72 %	1.393	32,60 %	4,05	00:04:49	21,32 %	359	0,00 €
3. Content network ads	571	18,04 %	103	51,14 %	3,09	00:03:14	15,94 %	91	0,00 €
4. Broad match	351	77,78 %	273	52,71 %	3,25	00:03:08	16,24 %	57	0,00 €
5. (not set)	5	80,00 %	4	0,00 %	4,40	00:05:04	20,00 %	1	0,00 €

Abbildung 8.35 AdWords-Report zum »Übereinstimmungstyp der Suchanfrage«

8.4.3 Tageszeiten und Wochentage

Google Analytics liefert Ihnen neben den Daten zu Kampagnen, Anzeigengruppen und Keywords noch weitere hilfreiche Analyse-Möglichkeiten, um die Performance der Anzeigen zu bestimmen. Ein sehr interessanter, aber oft unterschätzter Report ist der AdWords-Report zu den TAGESZEITEN und WOCHENTAGEN. Im TAGESZEITEN-Report teilt Google Analytics die AdWords-Klicks inklusive der Umsätze und Zielerreichungen nach Stunden eines Tages auf, sodass Sie sehen können, um welche Uhrzeit mehr Umsatz durch AdWords erzielt wird. Dies ist sinnvoll, um herauszufinden, dass nachts vielleicht viele Klicks erfolgen, die Nutzer aber keinen Umsatz machen. AdWords bietet Ihnen die Möglichkeit, die Anzeigen so einzustellen, dass sie nur zu einer bestimmten Uhrzeit laufen. Dieser Google-Analytics-Report hilft Ihnen dabei, herauszufinden, welche Uhrzeiten sinnvoll sind und welche nicht.

Sortieren Sie im Report zu den Tageszeiten am besten nach Transaktionen, Umsatz oder Zielerreichungen, um auszuwerten, welche Uhrzeit für Sie am ertragreichsten ist. In unserem Beispiel in Abbildung 8.36 haben wir nach Transaktionen sortiert und können sehen, dass spät nachmittags und früh morgens die meisten Transaktionen stattfinden. Die umsatzstärkste Stunde ist 17 Uhr.

Stunde	Akquisition			Verhalten			Conversions E-Commerce
	Sitzungen	Neue Sitzungen in %	Neue Nutzer	Absprungrate	Seiten/Sitzung	Durchschnittl. Sitzungsdauer	Transaktionen ↓
	27.730 % des Gesamtwerts: 11,02 % (251.611)	60,40 % Website-Durchschnitt: 53,97 % (11,91 %)	16.749 % des Gesamtwerts: 12,33 % (135.803)	44,60 % Website-Durchschnitt: 37,99 % (17,39 %)	3,68 Website-Durchschnitt: 4,02 (-8,36 %)	00:03:25 Website-Durchschnitt: 00:03:54 (-12,40 %)	25 % des Gesamtwerts: 17,73 % (141)
1. 19	1.250	60,32 %	754	43,36 %	4,18	00:04:05	4
2. 16	1.511	57,78 %	873	42,89 %	4,16	00:04:04	3
3. 17	1.411	61,02 %	861	40,47 %	3,95	00:03:34	3
4. 09	2.786	59,55 %	1.659	45,98 %	3,53	00:03:12	2
5. 10	2.413	61,42 %	1.482	44,05 %	3,54	00:03:19	2
6. 15	1.547	60,31 %	933	44,41 %	3,82	00:03:55	2
7. 18	1.258	61,53 %	774	43,16 %	3,72	00:03:34	2

Abbildung 8.36 Der AdWords-Report »Tageszeit« zeigt die Anzahl der Sitzungen, Absprungraten und Zielerreichungen pro Stunde.

Sortieren wir nun nach der geringsten Anzahl der Transaktionen wie in Abbildung 8.37, so sehen wir, dass darunter Uhrzeiten zu finden sind, zu denen zwar viele Besucher auf die Seite gelangen, aber keinen Umsatz generieren. Vor allem mittags, zwischen 11 und 14 Uhr kommen viele Sitzungen über AdWords zustande, allerdings findet hier keine Transaktion statt. Die Sitzungen, die früh nachts auf die Website kommen, erzielen auch keine Buchungen, bleiben dafür aber besonders lange auf der Seite, was für ein gewisses Interesse an dem Thema spricht. Für unsere Auswertung haben wir übrigens den Zeitraum des letzten Monats ausgewählt, da dieser Monat durchgängig über AdWords bespielt wurde. Wenn Sie viele Anpassungen an Ihren Anzeigen durchführen, sollten Sie nur einen entsprechend konsistenten Zeitraum auswählen, um aussagekräftige Daten zu erhalten.

Vielleicht ergibt sich in Ihrem Report ja ein anderes Bild, und Sie erkennen zum Beispiel, dass es sich nicht lohnt, zu bestimmten Tageszeiten Anzeigen zu schalten. In diesem Fall hat sich der Blick auf den Report bereits gelohnt.

Stunde	Sitzungen	Neue Nutzer	Absprungrate	Seiten/Sitzung	Durchschnittl. Sitzungsdauer	Transaktionen ↑	Umsatz	E-Commerce-Conversion-Rate
	27.730 % des Gesamtwerts: 11,02 % (251.611)	16.749 % des Gesamtwerts: 12,33 % (135.803)	44,60 % Website-Durchschnitt: 37,99 % (17,39 %)	3,68 Website-Durchschnitt: 4,02 (-8,36 %)	00:03:25 Website-Durchschnitt: 00:03:54 (-12,40 %)	25 % des Gesamtwerts: 17,73 % (141)	4.851,60 € % des Gesamtwerts: 14,20 % (34.160,20 €)	0,09 % Website-Durchschnitt: 0,06 % (60,88 %)
1. 01	132	93	54,55 %	3,14	00:02:54	0	0,00 €	0,00 %
2. 02	83	60	43,37 %	4,61	00:04:25	0	0,00 €	0,00 %
3. 03	39	24	38,46 %	5,77	00:05:54	0	0,00 €	0,00 %
4. 04	44	31	43,18 %	2,95	00:03:02	0	0,00 €	0,00 %
5. 05	109	71	51,38 %	2,72	00:02:24	0	0,00 €	0,00 %
6. 06	384	238	48,18 %	2,92	00:02:24	0	0,00 €	0,00 %
7. 07	1.349	802	51,52 %	2,99	00:02:40	0	0,00 €	0,00 %
8. 11	2.240	1.420	42,14 %	3,53	00:03:09	0	0,00 €	0,00 %
9. 12	2.070	1.267	44,25 %	3,70	00:03:12	0	0,00 €	0,00 %
10. 14	1.751	1.051	44,09 %	3,73	00:03:20	0	0,00 €	0,00 %

Abbildung 8.37 AdWords-Report »Tageszeit«, sortiert nach den wenigsten Transaktionen

Einen ähnlichen Report – allerdings sortiert nach Wochentagen – liefert Ihnen die zweite primäre Dimension, die Sie in diesem Bereich auswählen können. Klicken Sie dazu auf die primäre Dimension WOCHENTAG, und Sie erhalten einen Report ähnlich dem in Abbildung 8.38.

Wochentag ↑	Akquisition			Verhalten			Conversions E-Commerce		
	Sitzungen	Neue Sitzungen in %	Neue Nutzer	Absprungrate	Seiten/Sitzung	Durchschnittl. Sitzungsdauer	Transaktionen	Umsatz	E-Commerce-Conversion-Rate
	27.730 % des Gesamtwerts: 11,02 % (251.611)	60,40 % Website-Durchschnitt: 53,97 % (11,91 %)	16.749 % des Gesamtwerts: 12,33 % (135.803)	44,60 % Website-Durchschnitt: 37,99 % (17,39 %)	3,68 Website-Durchschnitt: 4,02 (-8,36 %)	00:03:25 Website-Durchschnitt: 00:03:54 (-12,40 %)	25 % des Gesamtwerts: 17,73 % (141)	4.851,60 € % des Gesamtwerts: 14,20 % (34.160,20 €)	0,09 % Website-Durchschnitt: 0,06 % (60,88 %)
1. 0	4.173	61,04 %	2.547	44,79 %	3,83	00:03:35	1	70,20 €	0,02 %
2. 1	3.776	61,71 %	2.330	44,15 %	3,69	00:03:23	3	271,20 €	0,08 %
3. 2	3.609	61,24 %	2.210	43,89 %	3,79	00:03:26	1	245,00 €	0,03 %
4. 3	3.558	59,72 %	2.125	46,01 %	3,81	00:03:31	8	1.217,20 €	0,22 %
5. 4	3.584	57,59 %	2.064	45,06 %	3,43	00:03:02	3	533,00 €	0,08 %
6. 5	4.517	60,44 %	2.730	44,74 %	3,60	00:03:26	5	886,20 €	0,11 %
7. 6	4.513	60,78 %	2.743	43,76 %	3,62	00:03:32	4	1.628,80 €	0,09 %

Abbildung 8.38 AdWords-Report zu den Wochentagen

Leider schreibt Analytics nicht die tatsächliche Beschreibung der Wochentage in die Liste, sondern lediglich Zahlen von 0 bis 6. Die Zahl 0 steht für den Sonntag, die Zahl 6 für den Samstag. Sie müssen sich dies aber nicht weiter merken, denn Google Analytics gibt Ihnen diesen Hinweis, sobald Sie in dem Report mit der Maus über das Fragezeichen neben der Dimensionsbezeichnung WOCHENTAG fahren.

Der erfolgreichste Wochentag in unserem Beispiel ist der Samstag – zumindest anhand des Umsatzes betrachtet. Bei vier Transaktionen werden über 1.600 € Umsatz erzielt. Der Tag, der die meisten Transaktionen erzielt, ist der Mittwoch. An diesem Tag wurden acht Transaktionen durchgeführt, bei denen allerdings nur etwas mehr als 1.200 € Umsatz erzielt wurde. Dies hängt vielleicht damit zusammen, dass an diesen Tagen mehr Tickets für Veranstaltungen verkauft wurden und am Wochenende mehr Hotelbuchungen. Etwas Günstiges wie Tickets bucht man schnell zwischendurch, etwas Teures wie ein Hotel bucht man, wenn man genügend Zeit dazu hat. Um dies zu belegen, können wir nun nach dem Tag (»3«) filtern und als sekundäre Dimension die Kampagnen nutzen. Eine Sortierung nach UMSATZ bzw. TRANSAKTIONEN belegt die These, dass in der Mitte der Woche häufiger Tickets gebucht werden. Daraus ergibt sich die Überlegung, gewisse Kampagnen eher am Wochenende zu platzieren und andere wiederum eher unter der Woche. Hier wäre eine entsprechende Budget-Anpassung angebracht, die das Budget der Ticket-Kampagnen eher unter der Woche aufbraucht und das Budget der Hotel-Kampagnen eher am Wochenende.

Wenn Sie also Ihre AdWords-Kampagnen auf Herz und Nieren prüfen wollen, um das Beste aus ihnen herauszuholen, dann lohnt sich ein Blick auf die beiden genannten Reports zu den Tageszeiten und Wochentagen.

Natürlich benötigen derartige Entscheidungen immer auch noch weitere Belege. Treffen Sie nie anhand nur eines Reports Entscheidungen, die das Budget und die Streuung Ihrer Kampagnen betreffen. Es kommt dabei immer darauf an, welches Ziel die Kampagnen haben, ob die Zielseiten passen, ob der Nutzer findet, was er erwartet, und auch, ob der Umsatz, die Verweildauer oder andere Zielerreichungen relevant sind. Erst wenn Sie diese und weitere Faktoren geprüft haben, sollten Sie die Kampagnen anpassen.

8.4.4 Display-Kampagnen – Analyse der Keywords, Placements und Themen

Google Analytics liefert Ihnen auch ein Feature, das Sie nutzen können, um Ihre Display-Kampagnen auszuwerten. Navigieren Sie dazu im AdWords-Bereich zu dem Report AUSRICHTUNG AUF DAS DISPLAYNETZWERK, und Sie erhalten eine erste Übersicht über die verschiedenen Keywords für das Displaynetzwerk sowie die dazugehörigen Kampagnen und Anzeigengruppen. Oberhalb der Tabelle können Sie verschiedene Tabs – ähnlich der primären Dimensionen, die Sie aus anderen Reports kennen – auswählen. Darunter KEYWORDS FÜR DISPLAYNETZWERK, PLACEMENTS, THEMEN, INTERESSEN UND REMARKETING, ALTER und GESCHLECHT. Die einzelnen Punkte zeigen die in AdWords für die Display-Kampagnen hinterlegten Einstellungen auf. In

Abbildung 8.39 können Sie eine beispielhafte Auswertung der Placement-Typen sehen.

Keywords für Displaynetzwerk | Placements | Themen | Interessen und Remarketing | Alter | Geschlecht

Sekundäre Dimension ▾ Sortierungsart: Standard ▾ Erweitert

Placements	Akquisition				Verhalten		Conversions E-Commerce ▾	
	Klicks ↓	Kosten	CPC	Sitzungen	Absprungrate	Seiten/Sitzung	E-Commerce-Conversion-Rate	Transaktionen
	46.043 % des Gesamtwerts: 30,74 % (149.758)	27.576,92 € % des Gesamtwerts: 18,67 % (147.714,66 €)	0,60 € Durchn. für Datenansicht: 0,99 € (-39,28 %)	31.468 % des Gesamtwerts: 5,32 % (591.420)	76,86 % Durchn. für Datenansicht: 33,02 % (132,75 %)	1,67 Durchn. für Datenansicht: 5,17 (-67,79 %)	0,11 % Durchn. für Datenansicht: 1,22 % (-91,15 %)	34 % des Gesamtwerts: 0,47 % (7.221)
1. Automatic placements	43.369 (94,19 %)	25.978,77 € (94,20 %)	0,60 €	29.804 (94,71 %)	75,77 %	1,69	0,11 %	34 (100,00 %)
2. Managed placements	2.674 (5,81 %)	1.598,15 € (5,80 %)	0,60 €	1.664 (5,29 %)	96,39 %	1,25	0,00 %	0 (0,00 %)

Abbildung 8.39 AdWords-Reports zu den Placement-Typen automatisch und ausgewählt

Sie haben in AdWords die Möglichkeit, Display-Anzeigen entweder gezielt auf Websites zu platzieren oder dies automatisch über AdWords laufen zu lassen. Es wird dann zwischen automatischen und ausgewählten Placements unterschieden.

In unserem Beispiel ist der Anteil automatischer Placements deutlich höher. Die Anzahl der Seiten pro Sitzung und auch die Absprungrate ist bei beiden Placement-Typen gleich. Dass diese Daten so schlecht aussehen, liegt daran, dass es bei diesen Anzeigen nur um Branding und Informationen geht. Der Nutzer soll weder etwas kaufen noch weiter durch die Seite navigieren. Ziel der Kampagne ist es, den Nutzer zu informieren und lange auf der Seite zu halten. Dies wird auch in den Zielen ausgewertet. Vergleichen wir nun die Conversion-Rates der allgemeinen Zielvorhaben, so erkennen wir, dass sie bei den ausgewählten Placements etwas besser sind. So soll es auch sein. Schließlich werden Placements ausgewählt, um eine bestimmte Zielgruppe anzusprechen, die sich auf den Webseiten aufhält.

Wenn Sie nun auf einen der Placement-Typen klicken, gelangen Sie auf eine Liste mit den verschiedenen Domains, auf denen die Placements platziert gewesen sind, wie es Abbildung 8.40 darstellt.

Automatische Placements	Kampagne	Anzeigengruppe	Akquisition			
			Klicks ↓	Kosten	CPC	Sitzungen
			43.369 % des Gesamtwerts: 28,96 % (149.758)	25.978,77 € % des Gesamtwerts: 17,59 % (147.714,66 €)	0,60 € Durchn. für Datenansicht: 0,99 € (-39,27 %)	29.787 % des Gesamtwerts: 5,04 % (591.420)
1. angebote-de.de	Wein Zubehör	Korkenzieher Geschenkidee	1.769 (4,08 %)	496,68 € (1,91 %)	0,28 €	1.253 (4,21 %)
2. rabatt-kompass.de	Wein Zubehör	Korkenzieher Geschenkidee	991 (2,29 %)	638,62 € (2,46 %)	0,64 €	794 (2,67 %)
3. prospekt-angebote.com	Keywords - Korkenzieher	Text	441 (1,02 %)	294,65 € (1,13 %)	0,67 €	369 (1,24 %)

Abbildung 8.40 Ausgewählte Placements von AdWords-Display-Anzeigen

Auch hier können Sie wieder die Anzahl der Sitzungen, Absprungraten, durchschnittliche Sitzungsdauer und Conversion-Rates einsehen.

8.4.5 Finale URLs und Werbenetzwerke

Innerhalb der AdWords-Berichte haben Sie außerdem die Möglichkeit, die finalen URLs sowie die verschiedenen Werbenetzwerke zu analysieren. Der Report FINALE URLs gibt Aufschluss darüber, wie die einzelnen Zielseiten funktionieren. Am besten nutzen Sie diesen Report mit einem benutzerdefinierten Segment, indem Sie sich auf eine Kampagne konzentrieren. So können Sie sehen, welche Zielseiten einer Kampagne besonders gut funktionieren und welche nicht. Eventuell ergeben sich hier innerhalb einer Kampagne deutliche Unterschiede, sodass es sinnvoll wäre, bestimmte Zielseiten nicht mehr zu bewerben.

Auch die verschiedenen Werbenetzwerke – in den meisten Fällen handelt es sich um Google-Suche oder Display-Netzwerk – lassen sich in Google Analytics näher analysieren. Wählen Sie diese primäre Dimension aus, wenn Sie herausfinden möchten, ob die dieselben Anzeigen in den unterschiedlichen Werbenetzwerken gleich gut laufen oder nicht.

Abbildung 8.41 zeigt Ihnen einen beispielhaften Report. Auch dieser Bericht wird erst im Zusammenspiel mit benutzerdefinierten Segmenten wirklich aussagekräftig. Meist sind die Unterschiede zwischen den verschiedenen Werbenetzwerken und den daraus entstandenen Zugriffen zu groß, als dass man daraus viel ablesen könnte.

Werbenetzwerk	Akquisition			Verhalten			Conversions Alle Ziele		
	Sitzungen	Neue Sitzungen in %	Neue Nutzer	Absprungrate	Seiten/Sitzung	Durchschnittl. Sitzungsdauer	Ziel-Conversion-Rate	Abschlüsse für Ziel	Zielwert
	15.845 % des Gesamtwerts: 11,01 % (143.905)	67,30 % Website-Durchschnitt: 78,50 % (-14,27 %)	10.663 % des Gesamtwerts: 9,44 % (112.963)	42,72 % Website-Durchschnitt: 49,41 % (-13,53 %)	3,58 Website-Durchschnitt: 2,82 (26,87 %)	00:03:43 Website-Durchschnitt: 00:02:51 (30,25 %)	80,46 % Website-Durchschnitt: 39,76 % (102,35 %)	12.749 % des Gesamtwerts: 22,28 % (57.221)	0,00 € % des Gesamtwerts: 0,00 % (0,00 €)
1. Google Search	**12.141**	79,84 %	9.693	38,32 %	3,87	00:04:01	85,56 %	10.388	0,00 €
2. Content	**3.702**	26,20 %	970	57,19 %	2,64	00:02:44	63,70 %	2.358	0,00 €
3. Search partners	**2**	0,00 %	0	0,00 %	12,50	00:05:08	150,00 %	3	0,00 €

Abbildung 8.41 AdWords-Report der verschiedenen Werbenetzwerke

8.4.6 Tablet, Smartphone, Desktop & Co. – wo laufen meine Anzeigen besonders gut?

Seitdem man Anzeigen nicht mehr auf die verschiedenen Endgeräte ausrichten kann, wird ihre Analyse immer interessanter. Daher sollten Sie bei der Betrachtung der AdWords-Reports stets die verschiedenen Segmente im Hinterkopf haben. Manchmal bietet Google Analytics Ihnen sogar die Möglichkeit, ohne Segmente zwischen den Endgeräten zu unterscheiden. Dies kommt an den unterschiedlichsten Stellen der Reports vor.

Der Report GEBOTSANPASSUNGEN veranschaulicht beispielsweise, wie viele Sitzungen der einzelnen Kampagnen auf Tablets, Smartphones und PCs entfallen sind. Ein Beispiel dafür sehen Sie in Abbildung 8.42.

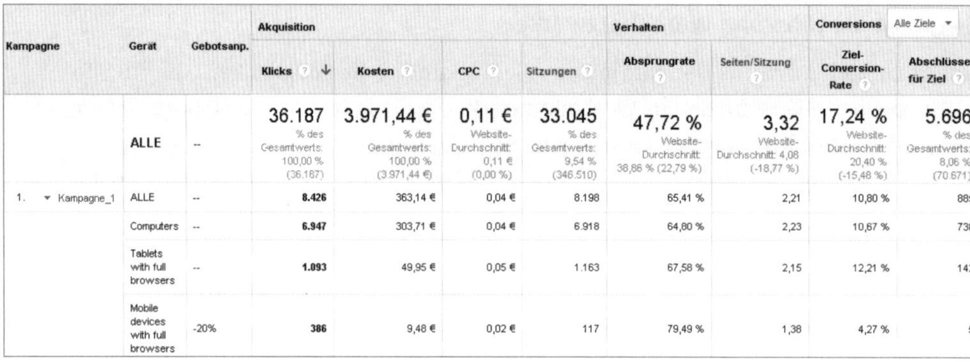

Kampagne	Gerät	Gebotsanp.	Akquisition: Klicks	Akquisition: Kosten	Akquisition: CPC	Akquisition: Sitzungen	Verhalten: Absprungrate	Verhalten: Seiten/Sitzung	Conversions (Alle Ziele): Ziel-Conversion-Rate	Conversions (Alle Ziele): Abschlüsse für Ziel
	ALLE	--	36.187 % des Gesamtwerts: 100,00 % (36.187)	3.971,44 € % des Gesamtwerts: 100,00 % (3.971,44 €)	0,11 € Website-Durchschnitt: 0,11 € (0,00 %)	33.045 % des Gesamtwerts: 9,54 % (346.510)	47,72 % Website-Durchschnitt: 38,86 % (22,79 %)	3,32 Website-Durchschnitt: 4,08 (-18,77 %)	17,24 % Website-Durchschnitt: 20,40 % (-15,48 %)	5.696 % des Gesamtwerts: 8,06 % (70.671)
1. Kampagne_1	ALLE	--	**8.426**	363,14 €	0,04 €	8.198	65,41 %	2,21	10,80 %	885
	Computers	--	**6.947**	303,71 €	0,04 €	6.918	64,80 %	2,23	10,67 %	738
	Tablets with full browsers	--	**1.093**	49,95 €	0,05 €	1.163	67,58 %	2,15	12,21 %	142
	Mobile devices with full browsers	-20%	**386**	9,48 €	0,02 €	117	79,49 %	1,38	4,27 %	5

Abbildung 8.42 AdWords-Report zu den Gebotsanpassungen

Mit diesem Report können Sie nachvollziehen, ob die Kampagnen auch auf mobilen Endgeräten funktionieren. In unserem Fall tun sie dies leider nicht so gut. Die Absprungraten der Smartphones sind vergleichsweise hoch, und es entfallen kaum Conversions auf diese Gruppe.

In einigen Reports besteht die Option, im Bereich der Segmente direkt zwischen Desktop, Mobilgerät und Tablet zu unterscheiden, wie es in Abbildung 8.43 dargestellt wird.

Abbildung 8.43 Beispiel für die Auswahlmöglichkeiten verschiedener Benutzergruppen

Sobald Sie eine der Optionen gewählt haben, ändern sich die Daten des Reports, sodass nur noch die Zugriffe der ausgesuchten Kategorie angezeigt werden.

Natürlich haben Sie jederzeit auch die Möglichkeit, Standardsegmente oder benutzerdefinierte Segmente auf die AdWords-Reports anzuwenden. Untersuchen Sie so zum Beispiel, ob iPhone-Besucher andere Keywords nutzen als Blackberry-Nutzer, oder analysieren Sie die Kampagnen hinsichtlich der Nutzung auf Tablets.

Mithilfe der vielfältigen Optionen können Sie sehr viele Informationen zur mobilen Nutzung und der Performance der Anzeigen herausfinden. Nutzen Sie diese Features, um Ihre Anzeigen noch spezifischer auf die verschiedenen Endgeräte auszurichten.

8.4.7 Videokampagnen – Werbung auf YouTube

Mit YouTube bietet Ihnen Google in seinem Werbenetzwerk auch die Möglichkeit, in und mit Videos zu werben. Dabei funktioniert die Bewertung etwas anders als bei klassischen Textanzeigen, da es hier nicht nur darum geht, Besucher zu Ihrer Website zu führen. Bei einem Werbespot ist häufig bereits das Ansehen des Videos ein Erfolg.

8

Video	Akquisition				Verhalten		Conversions (Alle Zielvorhaben)	
	Bezahlte Aufrufe	Kosten	CPV	Sitzungen	Absprungrate	Seiten/Sitzung	Zielvorhaben-Conversion-Rate	Abschlüsse für Zielvorhaben
	1.252.233 % des Gesamtwerts: 100,00 % (1.252.233)	70.903,46 € % des Gesamtwerts: 28,21 % (251.338,74 €)	0,06 € % des Gesamtwerts: 28,21 % (0,20 €)	29.196 % des Gesamtwerts: 12,92 % (225.922)	58,17 % Durchn. für Datenansicht: 64,79 % (-10,21 %)	1,01 Durchn. für Datenansicht: 1,33 (-24,30 %)	169,90 % Durchn. für Datenansicht: 443,64 % (-61,70 %)	49.605 % des Gesamtwerts: 4,95 % (1.002.286)
1. TV Spot - Tirami Korkenzieher	**778.840** (62,20 %)	45.266,99 € (63,84 %)	0,06 € (102,65 %)	17.553 (60,12 %)	58,69 %	1.00	165,25 %	29.006 (58,47 %)
2. Das perfekte Geschenk zum Vatertag	**473.393** (37,80 %)	25.636,47 € (36,16 %)	0,05 € (95,64 %)	11.643 (39,88 %)	57,40 %	1,01	176,92 %	20.599 (41,53 %)

Abbildung 8.44 Erfolgsbericht für Videospots

Sie können die Daten auf Grundlage der Kampagnen, der Anzeigen oder der Videos betrachten. Die Kosten werden nicht als CPC, sondern als CPV (Cost per View) angegeben. Neben den bekannten Tabs nach Website-Nutzung, E-Commerce oder Zielerreichung finden Sie in diesem Bereich den Tab INTERAKTION.

Primäre Dimension: **Anzeigeninhalt** Video Andere

Zeilen darstellen | Sekundäre Dimension | Sortierungsart: Standard | Erweitert

Anzeigeninhalt	Sitzungen	Impressionen	Bezahlte Aufrufe	CPV	Erzielte Aufrufe	Neue Abonnenten	Video zu 25 % abgespielt
	29.196 % des Gesamtwerts: 12,92 % (225.922)	6.465.682 % des Gesamtwerts: 23,88 % (27.071.296)	1.252.233 % des Gesamtwerts: 100,00 % (1.252.233)	0,06 € % des Gesamtwerts: 28,21 % (0,20 €)	2.298 % des Gesamtwerts: 100,00 % (2.298)	11 % des Gesamtwerts: 100,00 % (11)	46,63 % % des Gesamtwerts: 100,00 % (46,63 %)
1. 2015 Tirami	**29.196** (100,00 %)	6.465.682 (100,00 %)	1.252.233 (100,00 %)	0,06 € (100,00 %)	2.298 (100,00 %)	11 (100,00 %)	46,63 % (100,00 %)

Abbildung 8.45 Interaktion mit Ihren Video-Anzeigen

Hier können Sie sehen, wie viele (YouTube-)Abonnenten Ihre Werbemaßnahmen gebracht haben und wie lange die Nutzer Ihre Videos betrachtet haben (25 %, 50 %, 75 % oder 100 %).

8.4.8 Shopping-Kampagnen – Produktanzeigen im Detail auswerten

Ähnlich wie bei den Videokampagnen handelt es sich bei Shopping-Kampagnen um einen besonderen Werbebereich im Google-Netzwerk. Wenn Sie Ihre Produkte über das Google Merchant Center verwalten und dort eine Kampagne zur Bewerbung starten, können Sie diese Daten in Google Analytics auswerten.

Primäre Dimension: **Kampagne** Shopping-Kategorieebene 1 Shopping-Produkttypebene 1 Shopping-Marke

Zeilen darstellen | Sekundäre Dimension ▾ | Sortierungsart: Standard ▾

Kampagne	Akquisition				Verhalten
	Klicks ↓	Kosten	CPC	Sitzungen	Absprungrate
	83.384 % des Gesamtwerts: 21,91 % (380.494)	11.371,97 € % des Gesamtwerts: 10,52 % (108.101,53 €)	0,14 € Durchn. für Datenansicht: 0,28 € (-52,00 %)	82.775 % des Gesamtwerts: 4,91 % (1.686.730)	66,58 % Durchn. für Datenansicht: 36,08 % (84,55 %)
1. Shopping - Longtail	**67.563** (81,03 %)	6.849,51 € (60,23 %)	0,10 €	67.261 (81,26 %)	66,96 %
2. Shopping - Campaign	**15.821** (18,97 %)	4.522,46 € (39,77 %)	0,29 €	15.514 (18,74 %)	64,93 %

Abbildung 8.46 Werten Sie Produktanzeigen von Shopping-Kampagnen aus.

Die Kampagnen können Sie jeweils auf den verschiedenen Kategorieebenen, nach Marke oder bis auf die einzelne Produkt-ID auswerten.

8.4.9 Sitelinks

Ein recht neuer Report in der AdWords-Oberfläche ist SITELINKS. Wenn Sie in Ihren AdWords-Anzeigen Sitelinks aktiviert haben, mit deren Hilfe Nutzer direkt tief in Ihre Website einsteigen können, haben Sie hier die Möglichkeit zu sehen, welche Sitelinks besonders gut performt haben und wie viel Umsatz Sie über die Klicks auf die verschiedenen Sitelinks generiert haben.

Sitelink/Sitelink-ID	Akquisition				Verhalten		Conversions E-Commerce ▾		
	Klicks ↓	Kosten	CPC	Sitzungen	Absprungrate	Seiten/Sitzung	E-Commerce-Conversion-Rate	Transaktionen	Umsatz
	37.897 % des Gesamtwerts: 12,15 % (311.789)	22.845,92 € % des Gesamtwerts: 12,49 % (182.982,64 €)	0,60 € Durchn. für Datenansicht: 0,59 € (2,72 %)	41.994 % des Gesamtwerts: 4,12 % (1.018.452)	23,72 % Durchn. für Datenansicht: 38,72 % (-38,73 %)	6,02 Durchn. für Datenansicht: 4,80 (25,41 %)	0,13 % Durchn. für Datenansicht: 0,08 % (66,23 %)	56 % des Gesamtwerts: 6,85 % (817)	180.222,44 € % des Gesamtwerts: 7,99 % (2.255.048,14 €)
1. Tirami Korkenzieher: große Auswahl / 1236541627	**16.137** (42,58 %)	9.418,84 € (41,23 %)	0,58 €	17.771 (42,32 %)	21,97 %	6,07	0,15 %	26 (46,43 %)	85.771,87 € (47,59 %)
2. TIRAMI Partyausstattung: Korkenzieher, Sektkühler und mehr / 32581271935	**12.157** (32,08 %)	7.194,29 € (31,49 %)	0,59 €	13.716 (32,66 %)	22,32 %	6,21	0,12 %	16 (28,57 %)	44.103,57 € (24,47 %)
3. TIRAMI Angebote entdecken / 12348253791	**5.700** (15,04 %)	3.369,40 € (14,75 %)	0,59 €	6.401 (15,24 %)	25,20 %	5,85	0,12 %	8 (14,29 %)	38.427,81 € (21,32 %)

Abbildung 8.47 Sitelinks auswerten

Wenn Sie in der Auswertung zum Beispiel einen Sitelink entdecken, der deutlich mehr Klicks und Umsatz generiert als ein anderer, so macht es Sinn, diesen an anderen Stellen bei AdWords einzubinden oder gegen nicht so erfolgreiche Sitelinks auszutauschen. In unserem Beispiel in Abbildung 8.47 zieht der Sitelink in der zweiten

Zeile ähnlich viele Klicks auf sich wie der in der ersten Zeile, allerdings besitzt er eine etwas schlechtere Conversion-Rate. Mit Abstand den meisten Umsatz erzielt allerdings der Sitelink in der ersten Zeile. Hier müsste man noch mehr Daten zur Auswertung hinzuziehen, einen anderen Zeitraum wählen oder zum Beispiel nach Absprungrate gewichtet sortieren, um mehr Aussagekraft zu erhalten.

8.4.10 AdWords-Kontenübersicht

In manchen Fällen kann es notwendig sein, eine Datenansicht mit mehreren AdWords-Konten zu verknüpfen. Das kann der Fall sein, wenn man verschiedene Bereiche in einem Unternehmen hat, die eigene Kostenstellen haben, oder wenn auf einer Website mehrere Sprachversionen verfügbar sind und die internationalen Bereiche eigene AdWords-Konten haben. Analytics bietet Ihnen dann eine Übersicht über die verknüpften Konten, deren Ausgaben, Sitzungen und Zielvorhaben-Erreichungen.

In unserem Tirami-Beispiel ist es so, dass die internationalen Website-Daten allesamt in der Datenansicht gesammelt werden. Somit sind auch alle internationalen AdWords-Konten mit dieser Datenansicht verknüpft. Unter dem Menüpunkt KONTEN können Sie nun auf einen Blick sehen, wie die unterschiedlichen Konten im Vergleich zueinander abschneiden. Diese Auswertung ist sehr hilfreich wenn Sie eine ähnliche Kampagnen-Struktur in den einzelnen Konten haben, oder sogar mit identisch benannten Kampagnen arbeiten. So können Sie schnell die Unterschiede pro Konto sehen.

Konto	Akquisition				Verhalten		Conversions Alle Zielvorhaben		
	Klicks	Kosten	CPC	Sitzungen	Absprungrate	Seiten/Sitzung	Rate der Zielvorhaben-Conversion	Abschlüsse für Zielvorhaben	Zielvorhabenwert
	156.309 % des Gesamtwerts: 100,00 % (156.309)	78.485,91 € % des Gesamtwerts: 100,00 % (78.485,91 €)	0,50 € Durchn. für Datenansicht: 0,50 € (0,00 %)	134.686 % des Gesamtwerts: 5,73 % (2.348.726)	67,18 % Durchn. für Datenansicht: 56,61 % (18,66 %)	2,40 Durchn. für Datenansicht: 2,71 (-11,32 %)	46,60 % Durchn. für Datenansicht: 64,08 % (-27,29 %)	62.759 % des Gesamtwerts: 4,17 % (1.505.106)	38.162,00 € % des Gesamtwerts: 3,38 % (1.129.804,00 €)
1. Tirami DE	**78.125** (49,98 %)	53.756,82 € (68,49 %)	0,69 €	64.836 (48,14 %)	65,33 %	2,67	60,23 %	39.052 (62,23 %)	22.081,00 € (60,48 %)
2. Tirami NL	**49.541** (31,69 %)	3.608,99 € (5,62 %)	0,09 €	40.692 (30,21 %)	81,21 %	1,39	9,40 %	3.026 (6,10 %)	2.596,00 € (8,77 %)
3. Tirami international	**17.424** (11,15 %)	14.727,11 € (18,76 %)	0,85 €	17.531 (13,02 %)	47,42 %	3,67	72,21 %	12.659 (20,17 %)	8.320,00 € (21,80 %)

Abbildung 8.48 AdWords-Kontenübersicht

In unserem Fall hat das DE-Konto fast 80.000 Klicks eingebracht, allerdings auch zu einem Preis von 69 Cent pro Klick, was insgesamt Kosten von 53.000 € verursacht hat. Die Zielvorhabenwerte für die Kampagne liegen bei 22.000 €. Das NL-Konto hingegen hat rund die Hälfte der Klicks gebracht, allerdings zu einem deutlich günstigeren Gesamtpreis. Der liegt hier nämlich nur bei 9 Cent, weswegen die Kosten nur bei 3.600 € liegen. Dafür performen die aus den Kampagnen resultierenden Sitzungen allerdings nicht so gut, denn sie erreichen nur 3.000 Conversions und einen Zielvorhabenwert von 2.600 €. Hier sollte man also eine tiefergehende Auswertung durchführen um zu sehen, ob man bei den deutschen Anzeigen den CPC optimieren kann, oder bei den niederländischen Anzeigen etwas an den Zielseiten ändern sollte, damit die Absprungrate besser wird und mehr Ziele erreicht werden können.

8.4.11 Typische Probleme bei der Verknüpfung von AdWords und Analytics

Wir haben es weiter oben bereits angesprochen: Bei der Verknüpfung von Google AdWords und Google Analytics kann es in verschiedenen Fällen zu Problemen kommen. Oft stimmen die Anzahl der Klicks und Besuche nicht überein, es werden gar keine Daten angezeigt, oder es werden sogar zu viele Daten angezeigt. Dieser Abschnitt soll Ihnen einen Einblick in die möglichen Problemfälle, deren Ursachen und Lösungen geben, sodass Sie bei Problemen eigenhändig vorgehen können.

Generelle Datenabweichungen zwischen AdWords und Analytics

- **Automatische Tag-Kennzeichnung ist nicht aktiviert**: Wenn Sie in AdWords die automatische Tag-Kennzeichnung nicht aktiviert haben, keine manuelle Tag-Kennzeichnung nutzen, die beiden Konten aber verknüpft haben, kann es sein, dass die Sitzungen als organische Suchzugriffe gewertet werden. Lösung: Automatische Tag-Kennzeichnung aktivieren oder manuell Kampagnen-Parameter an die Zielseiten anfügen.
- **Datenansichtsfilter**: Wenn Sie gar keine AdWords-Daten oder nur sehr wenige Daten sehen, kann es sein, dass ein Filter die Daten entfernt. Lösung: Prüfen Sie, ob ein Filter auf der Datenansicht eventuell URL-Umschreibungen vornimmt, Kampagnen- oder Zielseiten und Domains filtert.
- **Zeitraum**: Falls Sie einen sehr großen Zeitraum für Ihre Analyse gewählt haben, kann es sein, dass teilweise nicht alle AdWords-Daten angezeigt werden. Lösung: Prüfen Sie, ob zu dem Zeitpunkt die AdWords-Daten bereits importiert wurden. Daten werden nicht rückwirkend ausgegeben. Sollte also die Verknüpfung erst zu einem späteren Zeitpunkt erfolgt sein, fehlen diese Daten.
- **Parameter in URL nicht zulässig**: Eventuell liegt ein technisches Problem vor, wenn die AdWords-Daten nicht korrekt angezeigt werden. Manche Websites akzeptieren Parameter an URLs nicht, sodass diese weggeschnitten werden. Dies wirkt sich nicht nur auf die `gclid`-Parameter aus AdWords, sondern auch auf die manuellen Kampagnen-Parameter aus. Lösung: Prüfen Sie, ob nach dem Klick auf Ihre Website die AdWords-Kampagnen-Parameter noch vorhanden sind. Wenn nicht, sprechen Sie mit Ihrer IT über eine mögliche technische Lösung.

Datenabweichungen zwischen Klicks und Sitzungen

- **AdWords zählt Klicks, Analytics Sitzungen**: Klickt ein Besucher mehrfach auf Ihre Anzeige, während er Ihre Seite geöffnet lässt, so erzeugt er zwar mehrere Klicks, jedoch nur eine Sitzung.
- **Filterung ungültiger Klicks durch AdWords**: AdWords filtert ungültige Klicks aus den Reportings heraus. Analytics hingegen zählt alle Sitzungen, also auch die, die von ungültigen Klicks erzeugt werden.
- **Zielseiten werden nicht getrackt**: Falls der Tracking-Code auf der Zielseite der Anzeigen nicht korrekt lädt oder fehlt, werden zwar die Klicks, nicht jedoch die Sitzungen gezählt. Lösung: Stellen Sie sicher, dass die Zielseiten korrekt geladen werden.
- **URL-Weiterleitung**: Falls Sie sehr viele Klicks, aber nur sehr wenige Sitzungen in Ihren Reports sehen, kann dies eventuell an Weiterleitungen der Ziel-URLs liegen. Schalten Sie Anzeigen auf URLs, die weiterleiten, kann es sein, dass dadurch die Kampagnen-Parameter abgeschnitten werden und die Zugriffe somit nicht den Kampagnen zugeordnet werden. Lösung: Prüfen Sie, ob die Zielseiten weiterleiten und ob die Kampagnen-Parameter erhalten bleiben. Ist das nicht der Fall, passen Sie die Zielseiten in den AdWords-Anzeigen an.
- **Lesezeichen & Co.**: Speichert ein Nutzer eine Anzeigen-Ziel-URL inklusive der sich daran befindenden Parameter und kommt er zu einem späteren Zeitpunkt wieder zurück, so wird wieder eine Sitzung, aber kein Klick gezählt. Lösung: Hierfür gibt es leider keine Lösung, da Sie das Verhalten Ihrer Besucher nicht beeinflussen können.
- **Browser-Einstellungen**: Auch die persönlichen Browser-Einstellungen Ihrer Nutzer können dazu führen, dass es zu Unterschieden zwischen Klicks und Sitzungen kommen kann. Haben sich Nutzer via Opt-out vom Tracking ausschließen lassen, so werden deren Sitzungen nicht gezählt. Lösung: Auch hier können Sie leider nichts unternehmen. Ein gewisses Maß an Sitzungen widerspricht dem Tracking und taucht daher nicht in den Berichten auf.

8.5 Zugriffe über organische Suche

Neben AdWords, weiteren Kampagnen, Links und Direktzugriffen machen die organischen, also unbezahlten, Zugriffe über Suchmaschinen einen großen Teil des Traffics vieler Seiten aus. Wer seine Seiten durch Suchmaschinenoptimierung verbessert, erzielt gute Platzierungen bei Suchmaschinen wie Google und Bing und bekommt somit – quasi umsonst – viele qualifizierte Zugriffe.

Bei der Suchmaschinenoptimierung (kurz SEO) werden häufig die Inhalte einer Website optimiert, sodass in den Suchergebnissen der Suchmaschinen die relevanten

Zielseiten zu einer Suchanfrage aufgelistet werden. Im besten Fall besitzt Ihre Website viele gute Platzierungen bei Google & Co., sodass Sie viele Zugriffe über diesen Kanal erhalten.

Wie Sie diese Daten auswerten können und dadurch sogar weitere Anregungen für SEO erhalten können, möchten wir Ihnen in diesem Abschnitt zeigen. Bevor wir aber tiefer in die Analyse einsteigen, sollten Sie sichergehen, dass alle Kampagnen- und AdWords-Anzeigen richtig verknüpft sind, sodass sie auch korrekt ausgewertet werden können. Falls die AdWords-Anzeigen nämlich nicht korrekt verknüpft sind, kann es sein, dass die Sitzungen darüber als Zugriffe über organische Suchanfragen ausgewertet werden. Dies kann Ihre Zahlen vervielfachen und die anschließenden Aussagen bezüglich der organischen Zugriffe verfälschen.

8.5.1 Keywords – welche unbezahlten Suchbegriffe bringen Traffic?

Google Analytics liefert Ihnen einen eigenen Report, der sich mit den Keywords befasst, mit denen die Besucher auf Ihre Website gelangt sind. Der Report unterteilt sich in bezahlt und organisch. Wenn Sie KAMPAGNEN • ORGANISCHE KEYWORDS auswählen, erhalten Sie eine Übersicht der von Ihren Nutzern eingegebenen Keywords.

In der Tabelle stellt Analytics die Keywords dar, die Nutzer eingegeben haben, um auf Ihre Website zu gelangen. Außerdem sehen Sie hier, wie viele Sitzungen pro Keyword erzielt worden sind und wie die Absprungraten, Sitzungsdauern und Conversion-Rates der einzelnen Keywords sind.

Wahrscheinlich befindet sich mittlerweile auch bei Ihnen an erster Stelle der Eintrag (NOT PROVIDED) wie in unserem Screenshot in Abbildung 8.49. Das liegt daran, dass Google aus Datenschutz-Gründen Suchbegriffe verschlüsselt und nicht mehr an die Tracking-Tools weitergibt. Google Analytics kennzeichnet solche Zugriffe mit der Bezeichnung (NOT PROVIDED).

Keyword	Akquisition			Verhalten			Conversions Alle Ziele		
	Sitzungen	Neue Sitzungen in %	Neue Nutzer	Absprungrate	Seiten/Sitzung	Durchschnittl. Sitzungsdauer	Ziel-Conversion-Rate	Abschlüsse für Ziel	Zielwert
	9.811 % des Gesamtwerts: 46,12 % (21.275)	78,84 % Website-Durchschnitt: 79,12 % (-0,35 %)	7.735 % des Gesamtwerts: 45,95 % (16.832)	60,50 % Website-Durchschnitt: 63,36 % (-4,51 %)	2,33 Website-Durchschnitt: 2,16 (7,61 %)	00:01:33 Website-Durchschnitt: 00:01:26 (8,71 %)	4,38 % Website-Durchschnitt: 3,62 % (21,10 %)	430 % des Gesamtwerts: 55,84 % (770)	0,00 € % des Gesamtwerts: 0,00 % (0,00 €)
1. (not provided)	**6.122**	76,98 %	4.713	56,19 %	2,50	00:01:44	4,72 %	289	0,00 €
2. luna park	**659**	82,70 %	545	70,86 %	2,16	00:01:04	3,34 %	22	0,00 €
3. lunapark	**166**	83,73 %	139	70,48 %	2,08	00:00:47	1,81 %	3	0,00 €
4. junior seo köln	**99**	1,01 %	1	69,70 %	1,62	00:08:23	1,01 %	1	0,00 €
5. luna park köln	**73**	78,08 %	57	36,99 %	3,96	00:02:52	9,59 %	7	0,00 €
6. luna-park gmbh	**71**	67,61 %	48	33,80 %	2,89	00:01:42	15,49 %	11	0,00 €
7. süddeutsche zeitung	**67**	100,00 %	67	80,60 %	1,24	00:00:05	0,00 %	0	0,00 €

Abbildung 8.49 Keyword-Report der organischen Suchzugriffe

Besonders aussagekräftig wird der Report allerdings erst, wenn Sie mit Filterungen, sekundären Dimensionen und Sortierungen arbeiten. Die Zielseite als sekundäre Dimension hilft Ihnen dabei, herauszufinden, auf welchen Seiten die Besucher einsteigen und über welches Keyword sie gekommen sind. Auch wenn an dieser Stelle wie in unserem Screenshot in Abbildung 8.50 häufig die Angabe (NOT PROVIDED) zu sehen sein wird, so erkennen Sie dennoch, welche Seiten besonders häufig über Suchmaschinen aufgerufen werden.

Keyword	Zielseite	Sitzungen	Neue Sitzungen in %	Neue Nutzer	Absprungrate	Seiten/Sitzung	Durchschnittl. Sitzungsdauer	Ziel-Conversion-Rate
		6.122 % des Gesamtwerts: 28,78 % (21.275)	76,98 % Website-Durchschnitt: 79,12 % (-2,69 %)	4.713 % des Gesamtwerts: 28,00 % (16.832)	56,19 % Website-Durchschnitt: 63,36 % (-11,32 %)	2,50 Website-Durchschnitt: 2,16 (15,48 %)	00:01:44 Website-Durchschnitt: 00:01:26 (21,01 %)	4,72 % Website-Durchschnitt: 3,62 % (30,43 %)
1. (not provided)	/index.php	**2.600**	78,08 %	2.030	42,42 %	3,21	00:02:03	7,04 %
2. (not provided)	/blog/1175-suchmaschinen-markt anteile/index.php	**819**	86,57 %	709	63,86 %	1,99	00:01:35	0,12 %
3. (not provided)	/blog/5046-seo-strategie-die-basis -jeder-suchmaschinenoptimierung /index.php	**311**	84,57 %	263	67,52 %	1,46	00:01:42	0,32 %
4. (not provided)	/blog/1652-asien-suchmaschinen-marktanteile/index.php	**274**	83,58 %	229	79,56 %	1,51	00:01:13	0,36 %
5. (not provided)	/unternehmen/jobs/index.php	**196**	55,61 %	109	43,88 %	2,59	00:02:03	3,57 %

Abbildung 8.50 Keyword-Report mit sekundärer Dimension »Zielseite«

Auf Abbildung 8.50 sehen Sie, dass unsere Unternehmensseite oft aufgerufen wird, dass ein großer Teil der Besucher allerdings wiederkehrende Besucher sind, die bereits vorher auf der Website gewesen sind. Auch ist die Absprungrate dieser Seite relativ gering.

Noch detaillierter wird der Report durch eine markenspezifische Filterung. Entfernen Sie dadurch alle Zugriffe, die Markenbegriffe (also Ihren Markennamen oder den Namen Ihres Unternehmens) enthalten oder als (NOT PROVIDED) gekennzeichnet sind, um einen Einblick in Einstiegsseiten und die entsprechenden tatsächlichen Keywords zu enthalten.

Erstaunlich in dem in Abbildung 8.51 gezeigten Report ist, dass der Besucher, der mit dem Begriff »junior seo köln« auf unsere Seite gekommen ist, 98 Sitzungen erzeugt hat. Denn mit diesem Begriff wurde lediglich eine neue Sitzung generiert, die ganzen anderen Sitzungen sind Wiederholungsbesuche. Die restlichen Keywords passen sehr gut zu den Zielseiten, auf die sie verweisen. Das Ziel eines solchen Reports ist es aber auch, herauszufinden, ob Begriffe auf Seiten verweisen, die nicht dafür relevant sind, oder ob Keywords etwas zum Umsatz beitragen oder nicht.

Um aufzuzeigen, welche Schlüsse Sie aus den Reports der organischen Keywords ziehen können, haben wir Ihnen in Abbildung 8.52 einen Report unserer Beispielfirma Tirami abgebildet. Markenbegriffe und (NOT PROVIDED) sind herausgefiltert worden, und als sekundäre Dimension ist die ZIELSEITE eingerichtet. Durch die Filterung können wir uns auf die Begriffe konzentrieren, welche die Nutzer eingegeben haben, die Ihren Markennamen noch nicht kennen. Jemand, der »Tirami« eingibt, weiß genau, wo er hinwill, ein Nutzer jedoch, der nach »Korkenzieher kaufen« sucht, ist lediglich auf der Suche nach einem Online-Shop, der Korkenzieher anbietet. Gelangt ein solcher Besucher auf Ihre Seite, hat das eine gewisse Qualität, da aus jemandem, der Sie noch gar nicht kennt, ein potenzieller Käufer werden kann.

Keyword	Zielseite	Akquisition			Verhalten
		Sitzungen	Neue Sitzungen in %	Neue Nutzer	Absprungrate
		2.091 % des Gesamtwerts: 9,83 % (21.275)	84,17 % Website-Durchschnitt: 79,12 % (6,39 %)	1.760 % des Gesamtwerts: 10,46 % (16.832)	70,83 % Website-Durchschnitt: 63,36 % (11,78 %)
1. junior seo köln	/unternehmen/jobs/junior-consultant-seo-sem-koeln/index.php	**98**	1,02 %	1	70,41 %
2. süddeutsche zeitung	/blog/4501-suddeutsche-zeitung-special-zum-werk-von-seos/index.php	**67**	100,00 %	67	80,60 %
3. suchmaschinen marktanteile	/blog/1175-suchmaschinen-marktanteile/index.php	**51**	94,12 %	48	74,51 %
4. marktanteile suchmaschinen	/blog/1175-suchmaschinen-marktanteile/index.php	**46**	84,78 %	39	71,74 %
5. seo strategie	/blog/5046-seo-strategie-die-basis-jeder-suchmaschinenoptimierung/index.php	**31**	90,32 %	28	64,52 %

Abbildung 8.51 Keywords, gefiltert nach Non-Brand-Begriffen inklusive »Zielseite«

Keyword	Zielseite	Sitzungen	Neue Sitzungen in %	Neue Nutzer	Absprungrate	Seiten/Sitzung	Durchschnittl. Sitzungsdauer	Transaktionen	Umsatz
		47.396 % des Gesamtwerts: 3,41 % (1.391.519)	47,08 % Website-Durchschnitt: 45,28 % (3,98 %)	22.315 % des Gesamtwerts: 3,54 % (630.077)	6,25 % Website-Durchschnitt: 9,54 % (-34,56 %)	5,20 Website-Durchschnitt: 8,34 (-37,69 %)	00:04:01 Website-Durchschnitt: 00:05:27 (-26,37 %)	1.484 % des Gesamtwerts: 2,18 % (68.094)	74.528,01 € % des Gesamtwerts: 2,33 % (3.198.232,30 €)
tiami	/	**179**	30,73 %	55	0,00 %	10,39	00:07:43	0	0,00 €
korkenzieher	/produktde/korkenzieher/korkenzieher_holz_braun	**124**	83,06 %	103	0,00 %	4,72	00:04:16	0	0,00 €
weinkühler	/produkte/weinkuehler/weinkuehler_silber	**111**	68,47 %	76	0,00 %	13,59	00:06:37	0	0,00 €
sektkühler	/produkte/weinkuehler/sektkuehler_deluxe	**110**	37,27 %	41	0,00 %	9,33	00:06:40	0	0,00 €
korkenzieher	/produkte/korkenzieher/uebersicht	**110**	50,00 %	55	6,36 %	11,34	00:07:45	7	503,46 €

Abbildung 8.52 Keyword, Zielseite und Umsatz

Top-Keyword bei Tirami ist der falsch geschriebene Firmenname. Dies kommt häufig vor. Manchmal wissen Ihre Besucher nicht, wie sich Ihr Firmenname schreibt, oder sie vertippen sich einfach. Daher zählen derartige Aufrufe auch eher zu den Brand-Besuchen. Im besten Fall filtern Sie daher in einem Markenfilter auch Falschschreibungen heraus. Die Besucher, die über diesen Begriff gekommen sind, sind zwar recht interessiert, kaufen aber in unserem Beispiel nichts. Hier wäre es interessant, zu hinterfragen, wann die Zugriffe erzeugt worden sind – vielleicht folgten die Zugriffe sogar nach einem TV-Spot oder einer Werbung im Radio. Es kann auch sein, dass diese Besucher auf der Seite nach Jobs schauen und daher keine Transaktion durchführen.

Auch die Besucher, die über generische Keywords wie »Korkenzieher« oder »Sektkühler« auf die Seite gelangen, bleiben zwar eine gewisse Zeit auf der Seite, tätigen allerdings keine Umsätze. Gehen wir dem ein wenig genauer auf den Grund, können wir sehen, dass die Begriffe alle auf spezifische Produktseiten verweisen. Dies kann ein Grund dafür sein, dass die Nutzer nichts kaufen. Vergleichen Sie dieses Verhalten ruhig einmal mit Ihrem. Wenn Sie nach dem Begriff »Korkenzieher« suchen würden – was würden Sie erwarten? Einen Deluxe-Korkenzieher aus Holz? Oder doch lieber eine Übersicht verschiedener Korkenzieher? Dies setzt natürlich voraus, dass Sie einen Korkenzieher kaufen möchten. Wenn Sie lediglich Informationen suchen, hilft Ihnen das nicht wirklich weiter. Nutzer, die auf Übersichtsseiten auf einer Website einsteigen, erhalten einen schnelleren Überblick über das Sortiment. Wenn ihnen gefällt, was sie sehen, sind sie vielleicht auch eher geneigt, etwas zu bestellen. In unserem Beispiel scheint dies der Fall zu sein: Nutzer, die auf den Korkenzieher-Übersichtsseiten einsteigen, bleiben länger auf der Seite und erzeugen mehr Umsatz. Ein weiterer Grund könnte auch sein, dass die Übersichtsseite weitere Inhaltsseiten verlinkt, die dem Nutzer einen Mehrwert bieten. Dies könnten bei Tirami zum Beispiel Seiten sein, die mehr Informationen zu Korkenziehern liefern: Welche Sorten gibt es? Welchen Korkenzieher für welchen Korken? Was ist besser: Holz-, Plastik- oder Aluminium-Korkenzieher?

Wenn Sie diese Informationen auf Ihre Firma übertragen und sich den Report dann noch einmal anschauen, erkennen Sie sicher einiges wieder. Eventuell deutet sich bei Ihnen aber auch etwas anderes ab, und die Nutzer, die direkt auf Produktseiten einsteigen, erzeugen bei Ihnen mehr Umsatz. Schauen Sie sich Ihre Daten genau an, und Sie werden bald Trends erkennen, anhand derer Sie Ihre Website optimieren können. Wichtig ist, dass Sie verstehen, nach welchen Begriffen Ihre Kunden suchen, was sie erwarten, was sie auf Ihren Seiten finden und wie sie am besten zu einer Bestellung oder einem Lead geführt werden können. Optimieren Sie Ihre Website so, dass die Besucher, die über unbezahlte Suchergebnisse auf Ihre Seite gelangen, Umsatz erzeugen, und Sie erhalten im besten Fall viele Conversions, ohne in Kampagnen oder AdWords investieren zu müssen.

Eine weitere Möglichkeit, mit der Sie den Erfolg Ihrer SEO-Maßnahmen messen können, ist eine Auswertung ausgewählter Keywords über einen längeren Zeitraum. Nehmen wir dazu als Beispiel wieder unsere Firma Tirami. Im Zuge der On-Page-Suchmaschinenoptimierung haben die Verantwortlichen der Website die Korkenzieher-Übersichtsseite optimiert. Die Rankings der Seite haben sich bereits verbessert, und die Frage ist nun, ob sich dies auch auf den organischen Traffic der Zielseite auswirkt.

Eine solche Auswertung lässt sich mit vielen (not provided) Keywords nicht gut durchführen. Kommen aber viele Besuche über Suchmaschinen wie Bing oder auch Yandex, so werden die Suchbegriffe mitgegeben, und Sie können sie auswerten. Ein Trend lässt sich also gut erkennen.

Dazu filtern Sie den Keywords-Report so, dass nur die optimierten Keywords angezeigt werden. Das machen Sie am besten über einen regulären Ausdruck, der die verschiedenen Keywords beinhaltet. In unserem Tirami-Beispiel wäre das folgender »korkenzieher|weinöffner«, da die Übersichtsseite auf die zwei Synonyme des Begriffs »Korkenzieher« optimiert worden ist. Außerdem wurden auch weitere Produktseiten optimiert. Im Optimalfall beinhaltet der reguläre Ausdruck die verschiedenen Schreibweisen der einzelnen Begriffe, sodass Sie damit möglichst viele Zugriffe abdecken können.

Wenn Sie lediglich eine Seite auswerten möchten, nutzen Sie außerdem einen Filter, der die gewählte Zielseite umfasst, so wird der Report übersichtlicher. Als Zeitraum für den Report wählen wir einen Zeitpunkt vor Beginn der Optimierung und den aktuellen Zeitpunkt.

Die Abbildung 8.53 veranschaulicht in der Trendgrafik sehr schön, wie sich die On-Page-Optimierungen auf die Zugriffe über organische Suchzugriffe ausgewirkt haben. Vor Beginn der Optimierung entfielen auf die entsprechenden Seiten lediglich 225 Zugriffe durch die ausgewählten Keywords. Im Januar 2013 liegt die Zahl der Zugriffe bereits bei 976.

Die meisten Sitzungen entfallen auf die optimierte Korkenzieher-Übersichtsseite, dort werden auch alle Transaktionen initiiert. Die Produktseiten tragen nicht zum Umsatz bei, auch der Begriff »Weinöffner« ist nicht erfolgreich. Hier brechen die Besucher häufiger ab und erzeugen auch nicht so viele Seitenaufrufe. Die Sitzungen, die durch das Keyword »Korkenzieher« auf Produktseiten oder der Startseite einsteigen, bringen mehr Seitenaufrufe als die Sitzungen, die auf der Übersichtsseite beginnen.

Der Grund dafür lässt sich leicht erahnen: Die Übersichtsseite bietet einen Überblick und eine gute Auswahl an Korkenziehern. Die Startseite oder eine Produktseite liefert nicht so viele Informationen, und die Nutzer müssen mehrere Klicks erzeugen, um einen Überblick über die angebotenen Korkenzieher zu erhalten.

Natürlich können Sie die Entwicklung auch direkt gegenüberstellen. Dazu wählen Sie im Kalender den Zeitraum-Vergleich aus. Anschließend erhalten Sie einen Report, wie er in Abbildung 8.54 dargestellt ist. Durch die Optimierungen hat die Übersichtsseite ein Sitzungen-Plus von 390 % erfahren. Die Nutzer springen seltener ab, bleiben länger auf der Seite und – was man hier nicht sehen kann – erzeugen mehr Umsatz als noch vor den Content-Anpassungen. Die Optimierungsmaßnahmen haben also viel bewirkt.

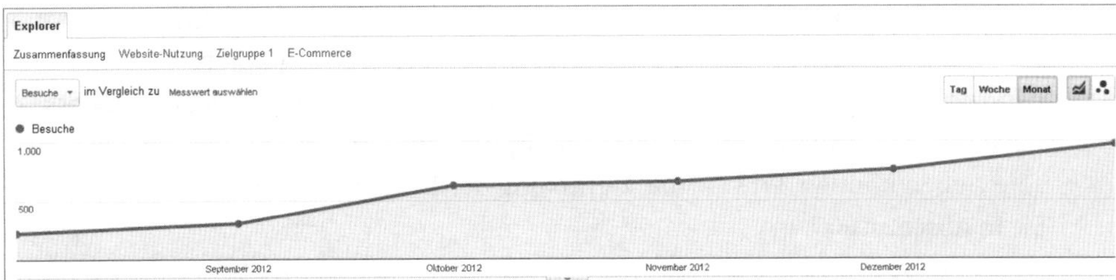

Primäre Dimension: **Keyword** Quelle Zielseite Andere

Sekundäre Dimension: Zielseite | Sortierungsart: Standard | Erweiterter Filter aktiviert | Bearbeiten

Keyword	Zielseite	Akquisition: Sitzungen	Neue Sitzungen in %	Neue Nutzer	Verhalten: Absprungrate	Seiten/Sitzung	Durchschnittl. Sitzungsdauer	Conversions (E-Commerce): Transaktionen	Umsatz
		3.903 % des Gesamtwerts: 0,04 % (10.484.123)	51,60 % Website-Durchschnitt: 48,80 % (5,74 %)	2.014 % des Gesamtwerts: 0,04 % (5.116.451)	22,57 % Website-Durchschnitt: 28,15 % (-19,81 %)	9,04 Website-Durchschnitt: 10,43 (-13,28 %)	00:03:46 Website-Durchschnitt: 00:04:46 (-21,03 %)	84 % des Gesamtwerts: 0,02 % (373.968)	1.409,78 € % des Gesamtwerts: 0,01 % (17.331.469,04 €)
1. korkenzieher	/produkte/korkenzieher/uebersicht	**2.811**	62,68 %	1.762	19,39 %	9,66	00:04:00	84	1.409,78 €
2. korkenzieher	/	**210**	0,00 %	0	80,00 %	13,19	00:02:50	0	0,00 €
3. korkenzieher	/produkte/korkenzieher/korkenzieher_holz_braun	**210**	40,00 %	84	0,00 %	11,19	00:08:59	0	0,00 €
4. weinöffner	/produkte/korkenzieher/uebersicht	**84**	50,00 %	42	0,00 %	5,00	00:00:44	0	0,00 €

Abbildung 8.53 Zeitlicher Verlauf der organischen Zugriffe über die Keywords »Korkenzieher« und »Weinöffner«

Keyword	Zielseite	Akquisition: Sitzungen	Neue Sitzungen in %	Neue Nutzer	Verhalten: Absprungrate	Seiten/Sitzung
		500,60 % ▲ 1.003 vs. 167	49,14 % ▲ 62,51 % vs. 41,92 %	795,71 % ▲ 627 vs. 70	15,96 % ▼ 19,44 % vs. 16,77 %	38,21 % ▲ 14,62 vs. 10,58
1. korkenzieher	/produkte/korkenzieher/uebersicht					
01.01.2013 - 31.01.2013		**682**	75,51 %	515	16,28 %	18,06
01.08.2012 - 31.08.2012		**139**	50,36 %	70	10,07 %	8,01
Änderung in %		**390,65 %**	**49,95 %**	**635,71 %**	**61,59 %**	**125,53 %**

Abbildung 8.54 Monatlicher Vergleich der Zugriffe über den Begriff »Korkenzieher«

Mit dem Report der organischen Keywords können Sie viele Informationen bezüglich Ihrer Suchmaschinenoptimierung erhalten. Prüfen Sie damit, ob sich die On-Page-Maßnahmen bezahlt gemacht haben und ob Sie einen Zuwachs über bestimmte Keywords erkennen können.

8.5.2 Suchmaschinenoptimierung – Daten aus der Google Search Console

Google versucht immer mehr, seine verschiedenen Tools miteinander zu verknüpfen. Neben AdWords und AdSense können Sie auch die Google Search Console mit Ihrem Tracking-Tool verbinden. Durch diese Verknüpfung erhalten Sie Einblick in die Suchanfragen, die Einblendungen, Klicks und sogar die durchschnittlichen Positionen. Derzeit sind die Daten zu den Suchanfragen die einzigen Daten, welche die beiden Tools austauschen. Sicher wird Google dieses Angebot aber erweitern, sodass Sie noch mehr Informationen aus der Verknüpfung von Analytics und der Search Console ziehen können. Wie Sie die Verlinkung der beiden Tools vornehmen, erfahren Sie in Abschnitt 6.7.4.

Gerade in Zeiten von fast 100 % (NOT PROVIDED) Keywords ist eine Integration der Suchanfragendaten aus der Search Console sinnvoll. Leider gehen zur Verlässlichkeit der Daten die Meinungen der Experten auseinander. Wir positionieren uns recht mittig mit der Meinung, dass die Daten sicher einen Trend aufzeigen können, aber nicht zu 100 % verlässlich sind. Wenn Sie die daraus gezogenen Informationen mit der gebotenen Prise Vorsicht genießen und weiterverarbeiten, können Ihnen die Daten aus der Search Console sicherlich eine gute Auswertungsgrundlage liefern.

Die Search-Console-Daten verstecken sich in den Akquisitions-Berichten hinter dem Menüpunkt SEARCH CONSOLE. Hier wird deutlich, dass Google bemüht ist, Werkzeuge zu liefern, die das Leben der Online-Verantwortlichen erleichtern sollen.

Die SEARCH CONSOLE unterteilt sich in Google Analytics in mehrere Bereiche: die SUCHANFRAGEN, die ZIELSEITEN, LÄNDER, UND GERÄTE. Am interessantesten ist wahrscheinlich der Report zu den SUCHANFRAGEN, da Sie daraus lesen können, bei welchen Suchbegriffen Ihre Website eingeblendet wird, wie oft darauf geklickt wird und sogar an welcher durchschnittlichen Position der Treffer dargestellt wird. Ein Beispiel für einen solchen Report sehen Sie in Abbildung 8.55.

Suchanfrage ?	Klicks ? ↓	Impressionen ?	Klickrate (Click-through-Rate, CTR) ?	Durchschnittliche Position ?
	138.702 % des Gesamtwerts: 54,49 % (254.548)	2.417.954 % des Gesamtwerts: 32,85 % (7.360.938)	5,74 % Durchn. für Datenansicht: 3,46 % (65,61 %)	6,7 Durchn. für Datenansicht: 9,5 (-29,02 %)
1. tirami	**2.440** (1,76 %)	50.106 (2,07 %)	4,87 %	3,0
2. korkenzieher	**1.476** (1,06 %)	79.731 (3,30 %)	1,85 %	4,3
3. sektkuehler	**1.427** (1,03 %)	4.595 (0,19 %)	31,06 %	2,7
4. weinöffner	**1.289** (0,93 %)	8.026 (0,33 %)	16,06 %	2,5
5. partyaccessoires	**891** (0,64 %)	2.624 (0,32 %)	27,21 %	1,0

Abbildung 8.55 Search-Console-Suchanfragenbericht in Google Analytics

Um die Auswertung des Berichts ein wenig zu erleichtern, möchten wir Ihnen an dieser Stelle die Definitionen der wichtigsten Begriffe und unsere Anmerkungen dazu mitgeben.

- KLICKS: Meint keine AdWords-Klicks. Klicks steht hier für die Anzahl der Klicks, die Nutzer auf den organischen Google-Suchergebnisseiten auf eine Ihrer URLs durchführen.
- IMPRESSIONEN: Meint keine AdWords-Impressionen. Der Begriff Impressionen gibt in diesem Zusammenhang an, wie oft eine URL Ihrer Website in den organischen Suchergebnissen erscheint.
- CTR: Click-Through-Rate. Die Klickrate wird wie folgt errechnet: *CTR = Klicks ÷ Impressionen × 100.*
- DURCHSCHNITTLICHE POSITION: Die durchschnittliche Position Ihrer Website zu den verschiedenen Suchanfragen. Dabei wird ein Mittelwert errechnet. Erscheint Ihre Website zum Beispiel mit Ihrem Markennamen einmal auf Position 1 und einmal auf Position 3, beträgt die durchschnittliche Position 2 (1 + 3 dividiert durch 2).

Der Report zeigt Ihnen die Suchanfragen, welche die meisten Impressionen für Ihre Seite erzielt haben. Welche Suchanfragen besitzen gute Positionen, welche erzeugen viele Klicks und welche Begriffe sind zwar gut positioniert, liefern aber keine Klicks? Das sind die Fragen, die Sie mithilfe dieses Reports beantworten können. Suchen Sie nach optimierten Keywords, und prüfen Sie, ob sich deren Ranking verbessert hat, oder suchen Sie Begriffe, deren Ranking besonders gut ist, auf die aber nicht geklickt wird. Diese Begriffe sollten Sie unbedingt unter die Lupe nehmen und Title und Description untersuchen. Falls sie nicht ansprechend genug sind, klicken Ihre Nutzer nicht auf Ihre Website, was zu schlechten Klickraten führt. Hier kann eine Optimierung der beiden Meta-Tags Title und Description mehr Sitzungen bringen.

In unserem Screenshot ist auffällig, dass der Begriff »Partyaccessoires« eine große Anzahl Impressionen generiert, aber nur vergleichsweise wenig Klicks. Die CTR liegt hier nur bei 0,85%. Ein Grund kann sein, dass Nutzer, die nach »Partyaccessoires« suchen, nicht unbedingt Korkenzieher und Sektkühler erwarten, sondern eher Dekoration, Papp-Geschirr oder ähnliches. Diese Nutzer sehen dann, dass es sich um einen Shop für Korkenzieher handelt und klicken gar nicht erst auf das Suchergebnis. Hier bringt dann eine gute Position bei Google nicht so viel, wie sie könnte. Sehr gut performt der Begriff »Sektkühler«. Er weist eine Klickrate von 31% auf, was vor allem daran liegt, dass er durchschnittlich auf Position 2,7 zu finden ist. Sie sehen also, es lohnt sich, einen Blick in diesen Report zu werfen.

Leider bieten Ihnen die Berichte zu den Search-Console-Daten nicht die gewohnte Bearbeitungsvielfalt. Der Report lässt sich nicht so filtern und sortieren wie gewohnt. Außerdem kann derzeit lediglich eine sekundäre Dimension hinzugefügt werden. Dabei handelt es sich um die Dimension LAND.

Wieso gibt es keine Daten zu den letzten zwei Tagen? – Verfügbarkeit der Search-Console-Daten

Wenn Sie sich die Trendgrafik bei den Search-Console-Berichten genauer angeschaut haben, haben Sie sicher gemerkt, dass die letzten Daten in der Grafik von vor zwei Tagen stammen. Dies ist ganz normal. Es gibt verschiedene Faktoren, welche die Verfügbarkeit der Search-Console-Daten beeinflussen:

- **Beginn der Erfassung der Daten in der Datenansicht**: Auch wenn Sie Ihre Website bereits seit längerer Zeit für die Search Console freigeschaltet haben, erhalten Sie diese Daten erst ab Freischaltung der Datenansicht. Wenn Sie also am 1.3. eine Datenansicht anlegen, die SEO-Daten aber bereits seit dem 1.1. besitzen, so werden sie nicht rückwirkend angezeigt.
- **Begrenzte Zeitspanne der Search-Console-Daten**: Derzeit sind in der Search Console lediglich die Daten der letzten 90 Tage verfügbar, Änderungen werden nur für einen Zeitraum von 30 Tagen angezeigt. Diese Zeitspanne übernimmt Google Analytics, und die Daten werden nicht gespeichert.

Die eingeschränkte Nutzung der Daten zieht sich durch alle drei Reports im Bereich SUCHMASCHINENOPTIMIERUNG. Auch im Zielseiten-Report können Sie nur auf die Daten der letzten 90 Tage zurückgreifen. Dort sind die Daten nun nicht mehr nach den Suchanfragen geclustert, sondern nach den einzelnen Zielseiten. Leider können Sie die Zielseiten nicht mit den Suchanfragen verbinden, um zu sehen, mit welchen Begriffen die einzelnen Seiten ranken.

Wie verlässlich sind die Daten der Search Console?

Über die Genauigkeit der Daten streiten sich die Experten. Wir nehmen eine Position in der Mitte ein, da wir bereits verschiedene eigene Daten und auch die unserer Kunden analysiert und verglichen haben und daher sagen können, dass die Daten teilweise korrekt sind, teilweise aber auch nicht. Es kommt hierbei immer ganz auf die Website und die Suchanfragen an. Außerdem erfolgen tägliche Änderungen an den Daten durch Wechsel der Positionen, durch personalisierte Suche und viele andere Faktoren.

In unserem eigenen Fall der Website *luna-park.de* konnten wir feststellen, dass vor allem die durchschnittlichen Rankings nicht den tatsächlichen Rankings entsprochen haben. Je spezifischer und je weniger umkämpft ein Begriff ist, desto genauer scheinen die Ergebnisse der Search Console.

Sie können Ihre Daten natürlich jederzeit selber untersuchen. Suchen Sie dazu gezielt nach Begriffen, die eine hohe Position und viele Klicks aufweisen. Mithilfe eines anonymen Browser-Modus suchen Sie nach dem Begriff, und vergleichen die angegebene mit der tatsächlichen Position. Führen Sie diesen Vorgang anhand verschiedener Begriffe durch, und werten Sie dann aus, ob die Positionen häufiger übereinstimmen oder nicht.

SEO-Auswertungen mit den Daten der Search Console

Die Daten in den Suchmaschinen-Berichten innerhalb von Google Analytics liefern leider nicht die besten Voraussetzungen für ausführliche und detaillierte SEO-Analysen. Es besteht keine Möglichkeit, die einzelnen Daten sinnvoll untereinander zu verknüpfen, und auch die einzelnen Dimensionen sind nicht in den anderen Analytics-Reports verfügbar.

8

Wenn Sie eine Website besitzen, die auf verschiedene Länder ausgerichtet ist und internationale Rankings besitzt, dann hilft Ihnen der Report zu den LÄNDERN bei der Analyse der Präsenz innerhalb der einzelnen Länder.

In Abbildung 8.56 sehen Sie einen beispielhaften Report für die geografische Verteilung. Auf diese Weise können Sie schnell feststellen, wie häufig Ihre Website in den verschiedenen Ländern eingeblendet und geklickt wird. Sie sehen auch die durchschnittliche Position aller Suchbegriffe innerhalb der verschiedenen Länder, sowie die daraus resultierenden Sitzungen, Absprungraten und sogar Zielerreichungen. Sie können diese Daten auch in den anderen Berichten zur Suchmaschinenoptimierung nutzen und als sekundäre Dimension hinzufügen. So sehen Sie dann beispielsweise, wie Ihr Markenname in den verschiedenen Ländern positioniert ist. Dort erhalten Sie dann auch wieder Informationen über die durchschnittliche Position, wie in Abbildung 8.57 auf der folgenden Seite dargestellt.

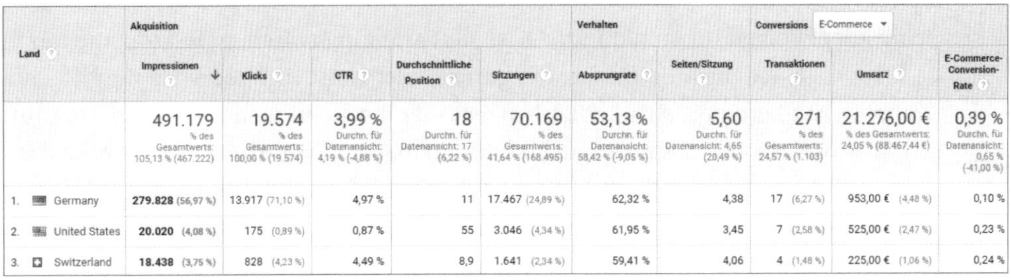

Land	Akquisition				Verhalten			Conversions E-Commerce		
	Impressionen	Klicks	CTR	Durchschnittliche Position	Sitzungen	Absprungrate	Seiten/Sitzung	Transaktionen	Umsatz	E-Commerce-Conversion-Rate
	491.179 % des Gesamtwerts: 105,13 % (467.222)	19.574 % des Gesamtwerts: 100,00 % (19.574)	3,99 % Durchn. für Datenansicht: 4,19 % (-4,88 %)	18 Durchn. für Datenansicht: 17 (6,22 %)	70.169 % des Gesamtwerts: 41,64 % (168.495)	53,13 % Durchn. für Datenansicht: 58,42 % (-9,05 %)	5,60 Durchn. für Datenansicht: 4,65 (20,49 %)	271 % des Gesamtwerts: 24,57 % (1.103)	21.276,00 € % des Gesamtwerts: 24,05 % (88.467,44 €)	0,39 % Durchn. für Datenansicht: 0,65 % (-41,00 %)
1. Germany	**279.828** (56,97 %)	13.917 (71,10 %)	4,97 %	11	17.467 (24,89 %)	62,32 %	4,38	17 (6,27 %)	953,00 € (4,48 %)	0,10 %
2. United States	**20.020** (4,08 %)	175 (0,89 %)	0,87 %	55	3.046 (4,34 %)	61,95 %	3,45	7 (2,58 %)	525,00 € (2,47 %)	0,23 %
3. Switzerland	**18.438** (3,75 %)	828 (4,23 %)	4,49 %	8,9	1.641 (2,34 %)	59,41 %	4,06	4 (1,48 %)	225,00 € (1,06 %)	0,24 %

Abbildung 8.56 Suchmaschinenoptimierungs-Report bezüglich der geografischen Verteilung

In unserem Beispiel sieht man sehr schön, dass die Website in den verschiedenen Ländern mit dem Firmennamen gut positioniert ist. Dies ist natürlich nicht immer der Fall. Sollten Sie in Ihren Reports herausfinden, dass Ihre Seite nicht überall gut rankt, so sollten Sie Ihre internationale SEO-Strategie noch einmal durchgehen und optimieren.

Suchanfrage	Land	Klicks ↓	Impressionen	Klickrate (Click-through-Rate, CTR)	Durchschnittliche Position
		886 % des Gesamtwerts: 1,01 % (87.991)	15.099 % des Gesamtwerts: 0,60 % (2.518.728)	5,87 % Durchn. für Datenansicht: 3,49 % (67,97 %)	2,6 Durchn. für Datenansicht: 9,2 (-71,96 %)
1. tirami	Germany	**547** (61,74 %)	8.679 (57,48 %)	6,30 %	2,2
2. tirami	Austria	**208** (23,48 %)	3.912 (25,91 %)	5,32 %	1,8
3. tirami	Switzerland	**81** (9,14 %)	838 (5,55 %)	9,67 %	3,3

Abbildung 8.57 Suchanfragen-Bericht mit Filterung nach dem Firmennamen und Informationen zu Land sowie durchschnittlicher Position

8.5.3 Search Console Daten und Geräte

Im Bereich der Search Console Auswertungen finden Sie auch den Report GERÄTE. Wie der Name vermuten lässt, handelt es sich hierbei um eine Übersicht der Geräte, die Ihre Besucher genutzt haben, um Ihre Website aufzurufen.

Gerätekategorie	Akquisition				Verhalten			Conversions (Alle Zielvorhaben)		
	Impressionen ↓	Klicks	CTR	Durchschnittliche Position	Sitzungen	Absprungrate	Seiten/Sitzung	Abschlüsse für Zielvorhaben	Zielvorhabenwert	Rate der Zielvorhaben-Conversion
	3.731.940 % des Gesamtwerts: 61,55 % (6.063.133)	257.966 % des Gesamtwerts: 100,00 % (257.966)	6,91 % Durchn. für Datenansicht: 4,25 % (62,47 %)	4,3 Durchn. für Datenansicht: 8,0 (-46,04 %)	216.925 % des Gesamtwerts: 66,52 % (326.089)	34,13 % Durchn. für Datenansicht: 34,95 % (-2,36 %)	4,31 Durchn. für Datenansicht: 4,25 (1,37 %)	170.912 % des Gesamtwerts: 67,71 % (252.405)	114.276,00 € % des Gesamtwerts: 69,97 % (163.317,00 €)	78,79 % Durchn. für Datenansicht: 77,40 % (1,79 %)
1. desktop	**1.813.324** (48,59 %)	108.035 (41,88 %)	5,96 %	2,9	90.193 (41,58 %)	40,78 %	3,52	83.073 (48,61 %)	55.443,00 € (48,52 %)	92,11 %
2. mobile	**1.586.703** (42,52 %)	114.467 (44,37 %)	7,21 %	6,6	94.887 (43,74 %)	26,45 %	5,12	58.599 (34,29 %)	40.936,00 € (35,82 %)	61,76 %
3. tablet	**331.913** (8,89 %)	35.464 (13,75 %)	10,68 %	2,6	31.835 (14,68 %)	33,81 %	4,65	29.240 (17,11 %)	17.897,00 € (15,66 %)	91,85 %

Abbildung 8.58 Search Console Auswertung: Geräte

In unserem Beispiel in Abbildung 8.58 ist die Verteilung zwischen Desktop und Mobile fast gleich, lediglich die Gerätekategorie Tablet weist nicht so viele Zugriffe auf. Auffällig ist allerdings, dass Tablet-Nutzer trotz ihres geringen Anteils am Gesamt-Traffic rund 17% der Gesamt-Conversions ausmachen. Dieser Aussage könnte man nun noch weiter auf den Grund gehen und untersuchen, warum dies der Fall ist, um die Zugriffe über Tablet zu steigern, oder auch, um die Conversion Rates der anderen beiden Gerätekategorien noch weiter zu verbessern.

Wir hoffen, dass wir Ihnen anhand dieser Beispiele einen Einblick und auch Inspiration für eigene Auswertungen im SEO-Bereich bei Google Analytics geben konnten. Führen Sie verschiedene Analysen durch, um herauszufinden, welche Fragen Sie mit diesen Berichten beantworten können und welche Ihnen bei der Entscheidungsfindung bezüglich der Suchmaschinenoptimierung weiterhelfen.

8.6 Soziale Netzwerke – was bringen meine Aktivitäten auf Google+, Facebook & Co.?

Sicherlich hat auch Ihr Unternehmen eine Facebook-Präsenz oder ein Google+-Profil. In der heutigen Zeit nutzen immer mehr Menschen die sozialen Medien, um sich darin auszutauschen, unterhalten zu lassen oder Neuigkeiten zu erhalten. Mit Google+ mischt mittlerweile auch Google bei den sozialen Netzwerken mit. Da liegt es nahe, dass Google auch in seinem Tracking-Tool den sozialen Netzwerken einen eigenen Bereich einräumt und ihn immer weiter ausbaut. Gerade für Online-Marketing-Verantwortliche ist es schwer, zu bemessen, wie viel die Aktivitäten innerhalb der sozialen Netzwerke gebracht haben. Ist es wert, einen Betrag X für einen aktiven und betreuten Facebook-Account auszugeben, oder reicht ein regelmäßiges Posten von Beiträgen aus? Auch wenn die sozialen Netzwerke nicht nur dazu da sind, Umsatz zu erzielen – oft dienen sie der Kommunikation mit den Kunden oder als Branding-Maßnahme –, so wollen viele Verantwortliche wissen, wie viel sie über diesen Kanal eingenommen haben.

Wenn Sie E-Commerce-Tracking eingerichtet haben, sehen Sie auf einen Blick den Umsatz, den Sie direkt oder indirekt über die sozialen Medien erzielt haben. Aber auch wenn Sie die restlichen Ziele auswerten wollen, zum Beispiel die Verweildauer, die Anzahl der Seiten, Registrierung oder Kontaktanfragen, so erhalten Sie in diesen Reports einen Überblick darüber. Im besten Fall haben Sie Ihren Zielen monetäre Werte zugewiesen, sodass Sie tatsächlich mit Geldwerten arbeiten können. Das macht die Auswertungen ein bisschen verständlicher.

Mithilfe der Berichte im Bereich SOZIALE NETZWERKE können Sie verschiedene Fragen beantworten:

- Wie viele Besuche kommen über soziale Netzwerke auf die Website?
- Wie hoch ist der Anteil der Conversions, die über Sitzungen der sozialen Netzwerke erreicht werden?
- Wie hoch ist der Umsatz, der über Besucher der sozialen Medien zustande gekommen ist?
- Wer redet über meinen Content in den sozialen Netzwerken?
- Werden Zielerreichungen über soziale Medien direkt oder erst nach weiteren Sitzungen erzielt?

Beginnen wir einfach mit der Übersicht der Reports zu den sozialen Netzwerken. Dort erhalten Sie einen Einblick, welche sozialen Netzwerke die meisten Sitzungen gebracht haben und auch wie viele Conversions (inklusive des finanziellen Wertes) sie erzielt haben. Einen Screenshot des Reports sehen Sie in Abbildung 8.59. In dem Beispiel wurde bereits auf die E-Commerce-Transaktionen gefiltert, um einen besseren Eindruck vom tatsächlichen Umsatz über die sozialen Netzwerke zu erhalten. Standardmäßig bezieht der Report alle Zielerreichungen mit ein.

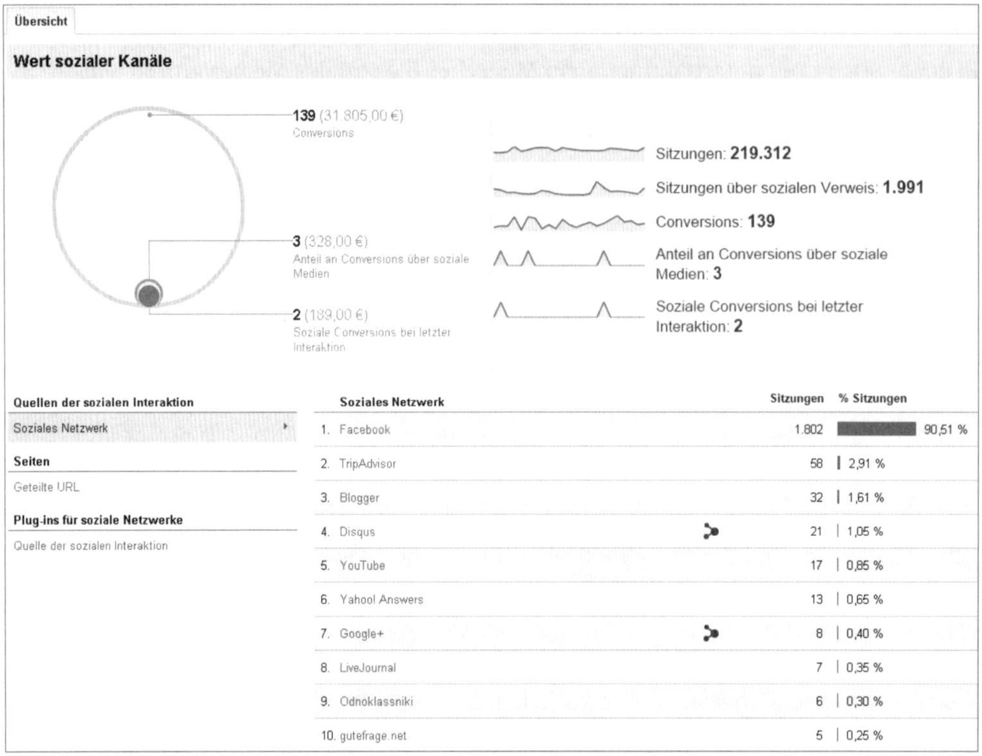

Abbildung 8.59 Übersicht der Reports zu sozialen Netzwerken in Google Analytics, ausgewähltes Ziel: Transaktionen

In der Übersicht wird bereits zwischen direkten und indirekten Conversions unterschieden. Eine Sitzung über ein soziales Netzwerk kann, wie jede andere Sitzung auch, sofort zu einer Conversion führen oder sie vorbereiten. Vorbereiten heißt, dass bei einer späteren Sitzung, selbst wenn sie über einen anderen Kanal hervorgerufen wird, eine Conversion erzielt werden kann. In diesem Fall spricht man von einer *vorbereiteten sozialen Conversion*. Eine direkte Conversion über ein soziales Netzwerk wird als »Soziale Conversion bei letzter Interaktion« bezeichnet. Diese beiden Arten werden in der Übersicht als Kreisdiagramm wiedergegeben. Darin sehen Sie die Anzahl der Conversions aller Kanäle sowie die Anzahl und den Wert der Conversions über soziale Kanäle.

Für Ihre Auswertung ist es wichtig, dass Sie beide Arten von Conversions analysieren, daher werden sie auch bereits auf der Startseite der Reports der sozialen Netzwerke gezeigt. Auch in den weiteren Berichten werden diese beiden Arten oft ausgewiesen, und Sie sollten dem Beachtung schenken.

Weiterhin sehen Sie unten rechts in gewohnter Tabellenform eine Übersicht der Top-Netzwerke hinsichtlich der Besucherzahlen. In unserem Beispiel erhalten Sie einen guten Eindruck davon, welche Quellen Google Analytics zu den sozialen Netzwerken zählt. Darunter befinden sich erwartbare Quellen wie Facebook oder Google+, aber auch Seiten wie TripAdvisor, gutefrage.net oder Blogger. Sie können mittels der verschiedenen Mini-Reports direkt in die weiteren Berichte navigieren.

8.6.1 Plugins

Die Nutzung der sozialen Interaktionsmöglichkeiten auf Ihrer Website, zum Beispiel ein Klick auf das Facebook-Like, ein Tweet oder Klick auf den Google+-Button, sollten Sie unbedingt tracken, sofern Sie sie Ihren Nutzern anbieten. Auf diese Weise erfahren Sie, welche Inhalte gelikt werden, welche geteilt werden und auch welche Netzwerke dafür genutzt werden. Sind Ihre Nutzer eher auf Facebook, Twitter oder Google+ aktiv?

Die Interaktionen mit dem Google+-Button werden von Google Analytics automatisch getrackt. Das Tracking aller anderen Buttons muss zusätzlich eingebunden werden. Sprechen Sie hierzu am besten mit Ihrem Website-Verantwortlichen. Eine Anleitung dazu geben wir Ihnen in Abschnitt 5.4.6. Ob die Aufrufe bei den einzelnen Interaktionen tatsächlich abgesandt werden, können Sie mithilfe eines Debugging-Tools prüfen.

Sobald Sie die Anpassungen vorgenommen haben, können Sie die entsprechenden Daten im Bereich PLUG-INS auswerten. Einen beispielhaften Report sehen Sie in Abbildung 8.60. Dort ist allerdings auch eine hilfreiche zweite Dimension hinzugefügt worden, die den Bericht noch aussagekräftiger gestaltet.

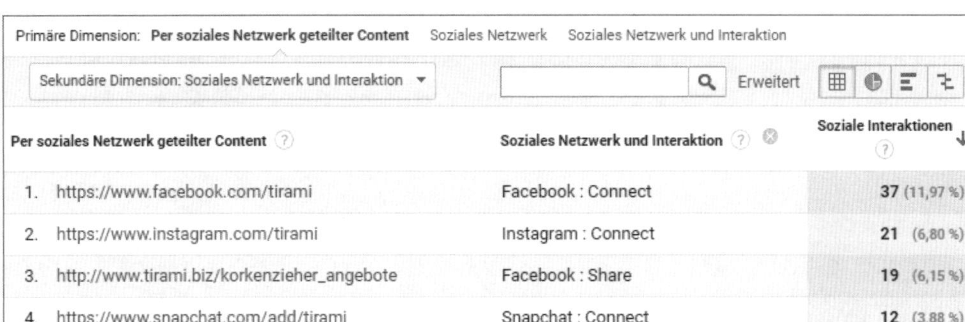

Abbildung 8.60 Auswertung der geteilten Inhalte inklusive »Soziales Netzwerk und Interaktion«

Mit der sekundären Dimension SOZIALES NETZWERK UND INTERAKTION prüfen Sie für Ihre Website, welche Inhalte über welche Netzwerke geteilt werden. Vielleicht finden Sie heraus, dass bestimmte Typen von Inhalten eher über Google+ geteilt werden und wieder andere eher über Facebook. Diese Erkenntnisse können Sie nutzen, um weiteren Content zu erstellen, der die verschiedenen Zielgruppen anspricht und von ihnen geteilt werden kann.

Eventuell finden Sie auf diese Weise sogar heraus, dass bestimmte Buttons gar nicht genutzt werden oder auf gewissen Seitentypen keine Interaktionen stattfinden. Im Anschluss können Sie die ungenutzten Buttons entfernen, um Ihren Nutzern nur die notwendigen Buttons anzubieten.

8.6.2 Netzwerkverweise

Im Bericht über die NETZWERKVERWEISE sehen Sie eine Liste der Top-Netzwerke und die entsprechenden Metriken zum Verhalten der Nutzer auf Ihrer Website. Bewerten Sie damit, wie qualifiziert der Traffic der einzelnen Quellen ist.

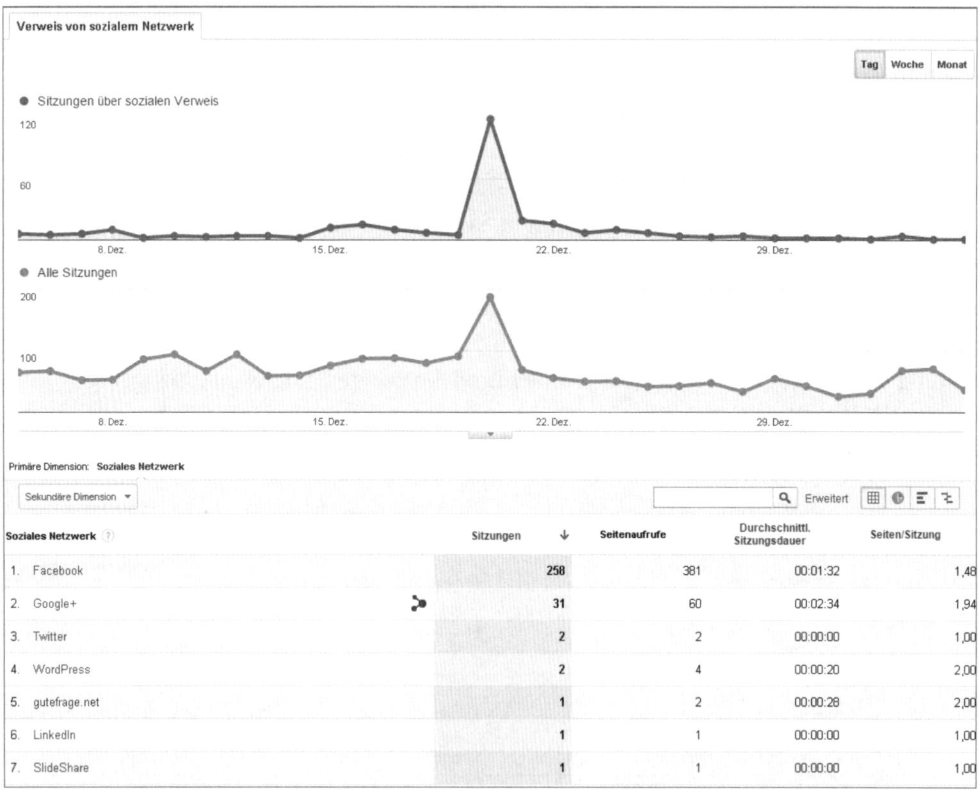

Soziales Netzwerk	Sitzungen ↓	Seitenaufrufe	Durchschnittl. Sitzungsdauer	Seiten/Sitzung
1. Facebook	258	381	00:01:32	1,48
2. Google+	31	60	00:02:34	1,94
3. Twitter	2	2	00:00:00	1,00
4. WordPress	2	4	00:00:20	2,00
5. gutefrage.net	1	2	00:00:28	2,00
6. LinkedIn	1	1	00:00:00	1,00
7. SlideShare	1	1	00:00:00	1,00

Abbildung 8.61 Verweise der verschiedenen sozialen Netzwerke

In unserem Beispiel in Abbildung 8.61 stammt der Großteil der Sitzungen von Facebook. Die Nutzer, die über Google+ auf die Seite gekommen sind, bleiben eine Minute länger auf der Seite und erzeugen mehr Seitenaufrufe. Diese Nutzer scheinen etwas interessierter an den Inhalten zu sein als die Nutzer, die über die weiteren sozialen Kanäle auf die Website aufmerksam geworden sind. Durch einen Klick auf das jeweilige Netzwerk gelangen Sie zu einer Übersicht der geteilten Inhalte, über die die Nutzer gekommen sind. Mit einer sekundären Dimension, zum Beispiel mit SOZIALES NETZWERK UND INTERAKTION, können Sie einsehen, ob die Nutzer, die über soziale Kanäle gekommen sind, auch selber Inhalte gelikt oder geteilt haben.

Nutzen Sie daher diese Auswertung, um herauszufinden, welche Quellen den höherwertigen Traffic liefern und welche Seiten am häufigsten geteilt werden, um eventuell Ihre Aktivitäten auf gewisse soziale Netzwerke auszuweiten oder einzudämmen und um Content zu erkennen, der gerne geteilt wird.

Außerdem sehen Sie in diesem Report zwei Trendlinien. Die eine Trendlinie zeigt den Verlauf der Anzahl der Gesamt-Sitzungen und die andere Linie hingegen den Verlauf der Zugriffe über soziale Medien.

8.6.3 Zielseiten

Der Zielseiten-Report zeigt Ihnen auf einen Blick, welche Inhalte Ihrer Website Sitzungen über soziale Netzwerke erzielt haben. Unser Screenshot in Abbildung 8.62 zeigt Ihnen einen Beispiel-Report.

Besonders viele Sitzungen über soziale Kanäle weist in unserem Beispiel die Gewinnspielseite auf. Sie wurde fast 3.000-mal besucht und führte zu einer durchschnittlichen Sitzungsdauer von fast drei Minuten. Die meisten Seiten pro Sitzung erzeugen allerdings Besuche, die auf der Homepage beginnen, sie weisen auch eine deutlich höhere Daten-Hub-Aktivität auf. Die Startseite wird also häufiger innerhalb sozialer Netzwerke geteilt.

Primäre Dimension: **Geteilte URL**

Sekundäre Dimension ▾ | Erweiterter Filter aktiviert ✕ | Bearbeiten

Geteilte URL	Sitzungen ↓	Seitenaufrufe	Durchschnittl. Sitzungsdauer	Daten-Hub-Aktivitäten	Seiten/Sitzung
1. www.beispiel.de/gewinnspielseite	**2.760**	5.459	00:02:46	2	1,98
2. www.beispiel.de/themenseite_2	**1.290**	1.550	00:00:26	0	1,20
3. www.beispiel.de/themenseite_1	**1.035**	1.933	00:01:54	0	1,87
4. www.beispiel.de/eventseite_1	**780**	826	00:00:26	0	1,06
5. www.beispiel.de/veranstaltungen	**508**	745	00:02:12	2	1,47
6. www.beispiel.de/interaktives	**497**	950	00:02:04	0	1,91
7. www.beispiel.de/themenseite_3	**367**	666	00:01:46	1	1,81
8. www.beispiel.de/rezepte	**321**	411	00:00:45	1	1,28
9. www.beispiel.de/	**317**	870	00:03:13	32	2,74
10. www.beispiel.de/news	**224**	276	00:00:20	3	1,23

Abbildung 8.62 In sozialen Netzwerken geteilte URLs inklusive der Anzahl der Sitzungen

Wenn Sie auf eine der URLs klicken, können Sie anschließend die ursprünglichen Netzwerke ansehen, über die Sitzungen generiert worden sind. Falls sich darunter Partnernetzwerke von Google befinden, unter anderem zum Beispiel Google+, können Sie danach sogar noch auf das entsprechende Netzwerk klicken, um die Verweis-URL einzusehen. So können Sie feststellen, von welchen Unterseiten die Besucher gekommen sind.

8.6.4 Conversions

Wenn Sie in der Datenansicht Ziele angelegt haben, erhalten Sie in diesem Report Aufschluss darüber, welchen Wert die sozialen Interaktionen besitzen. Analysieren Sie zum Beispiel, wie viele Conversions über die einzelnen sozialen Netzwerke erzielt wurden, und auch, wie viel Umsatz Sie darüber generieren konnten.

In unserem Screenshot in Abbildung 8.63 haben wir bereits eine Anpassung vorgenommen, um Ihnen eine detaillierte Möglichkeit der Auswertung zu zeigen.

Abbildung 8.63 Anzahl und Wert der Conversions, vorbereitete und direkte Conversions im Vergleich

Dazu haben wir im Explorer den Punkt ANALYSE: VORBEREITETE I. VGL. ZU LETZTE INTERAKTION ausgewählt, wodurch sich noch mehr Daten innerhalb des Reports ergeben. Pro Netzwerk können Sie nun einsehen, wie viele vorbereitete Conversions erreicht worden sind, wie viel Umsatz darüber erzielt wurde und auch wie viel Umsatz direkte Conversions gebracht haben.

Hier noch einmal eine Definition der einzelnen Begriffe:

- **Conversions nach letzter Interaktion und Wert der Conversions nach letzter Interaktion**: Anzahl und monetärer Wert von Transaktionen und Conversions durch letzte Klicks. Besucht ein Nutzer Ihre Website und tätigt eine Bestellung oder erreicht ein von Ihnen festgelegtes Ziel, gilt dieser Besuch als »letzter Klick«. Je höher diese Zahlen sind, desto relevanter ist das entsprechende soziale Netzwerk für Umsätze und Zielerreichungen.
- **Vorbereitete Conversions und Wert der vorbereiteten Conversions**: Anzahl und Wert der Transaktionen und Conversions, die durch Sitzungen aus sozialen Netzwerken vorbereitet werden. Wenn ein Nutzer Ihre Website besucht und ohne Conversion oder Transaktion wieder verlässt, zu einem späteren Zeitpunkt aber die Website wieder besucht und eine Conversion erzielt, so spricht man von einer »vorbereiteten Conversion«.
- **Vorbereitete Conversions, Conversions nach dem letzten Klick oder direkte Conversions**: Zeigt den Wert des Netzwerks insgesamt für Ihre Zielerreichungen. Ein Wert nahe 0 bedeutet, dass dieser Kanal häufig die letzte Interaktion vor der Conversion ist. Ein Wert nahe 1 zeigt an, dass dieses Netzwerk sowohl eine vorbereitende Rolle spielt als auch die letzte Interaktion vor der Conversion ist. Je deutlicher die Kennzahl den Wert 1 überschreitet, desto wichtiger ist dieses Netzwerk als Vorbereitung für Conversions.

Neben den Daten rund um die Netzwerke und die dadurch erzielten Conversions und Umsätze bietet Ihnen dieser Report leider nicht allzu viele Daten. Die sekundären Dimensionen sind sehr ausgedünnt, Sie können lediglich wie gewohnt filtern und sortieren.

Wir würden Ihnen gerne noch die Nutzung der sekundären Dimension TAGE VOR CONVERSION in Bezug auf die vorbereitenden Conversions ans Herz legen, wenn Sie eine E-Commerce-Website betreiben. Damit sehen Sie, wie viele Tage bis zur Conversion vergangen sind, und können dadurch besser einschätzen, wie lange die Besucher benötigen, um sich für Ihr Produkt zu entscheiden.

8.6.5 Nutzerfluss der sozialen Aktivitäten

Der Nutzerfluss-Report (siehe Abbildung 8.64) innerhalb der Reports zu den sozialen Netzwerken ist eigentlich nur ein vorgefilterter Nutzerfluss-Report, wie wir ihn in Abschnitt 7.7, vorstellen. Sie sehen dort, wie die Nutzer der verschiedenen sozialen Netzwerke über Ihre Seite navigieren.

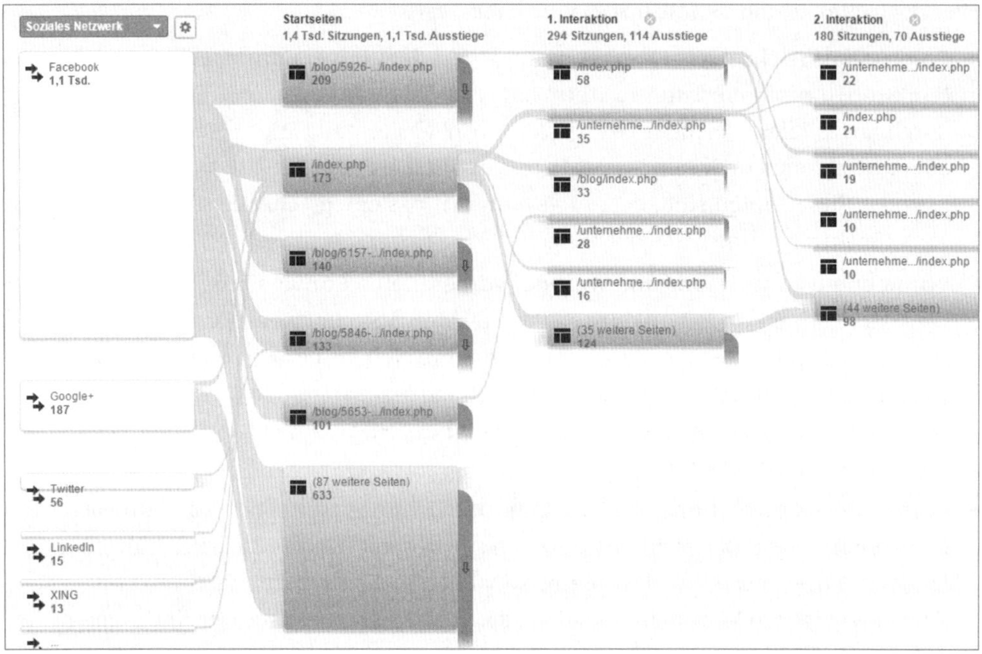

Abbildung 8.64 Nutzerfluss-Report der sozialen Netzwerke

Sinnvoll ist der Report beispielsweise dann, wenn Sie in den sozialen Netzwerken Kampagnen schalten. Nehmen wir an, Sie werben für Ihre Produkte auf Facebook. Dann können Sie mithilfe dieses Reports herausfinden, ob die Besucher, die über Facebook kommen, auf den Zielseiten einsteigen und erfahren zudem, was sie sich im Anschluss anschauen. Dies sind allerdings Daten, die Sie auch über andere Reports, zum Beispiel den Zielseiten-Report, herausfinden könnten.

Sie sehen also, dass gerade im Bereich der sozialen Netzwerke nicht alle Reports einzigartig sind. Viele Daten können Sie auch an anderen Stellen in Google Analytics finden. Man erkennt durch den Ausbau dieser Reports aber auch, dass die sozialen Netzwerke eine große Rolle spielen und Google sie als wichtige Besucherquelle ansieht.

Wir hoffen, dass wir Ihnen in diesem Kapitel die verschiedenen Akquisitions-Reports ans Herz legen konnten und Ihnen deutlich machen konnten, was Sie mithilfe dieser Reports alles herausfinden können. Gerade in Bezug auf Suchmaschinenoptimierung, AdWords, soziale Netzwerke oder Kampagnen können Sie in diesem Bereich sehr viele Informationen finden, die Ihnen dabei helfen können, Ihre Aktivitäten zu bewerten und somit Entscheidungen über Budgets und weitere Maßnahmen zu unterstützen.

Kapitel 9

Die dritte Säule der Auswertung: Besucherinteressen verstehen

Was machen die Besucher auf Ihrer Website, wohin gehen sie, und was schauen sie sich an? Wir zeigen Ihnen, wie Sie das Besucherverhalten bewerten können und somit erfolgreiche Inhalte identifizieren. Außerdem sehen Sie die meistgenutzten Pfade durch Ihr Angebot und lernen, wie Sie unterschiedliche Inhalte mit Google Analytics testen.

Wenn Sie mehr über das Verhalten Ihrer Nutzer erfahren wollen, sind Sie bei den Reports im Menüpunkt VERHALTEN an der richtigen Stelle. Dort sehen Sie, wie die Besucher durch die Seite navigieren, welche Seiten besonders häufig oder besonders selten aufgerufen werden, welche Ereignisse die Besucher auslösen und auch wie die interne Suche genutzt wird. Weitere Punkte, die Sie hier finden, sind Informationen zu der Website-Geschwindigkeit, AdSense-Daten, die In-Page-Analyse sowie Tests.

Verhalten-Reports

Für wen ist der Report sinnvoll?

Die verschiedenen Verhalten-Reports sind für alle Webanalysten hilfreich, da sie darin Informationen über den Navigationsfluss, die interne Suche und natürlich den Website-Content im Allgemeinen erhalten.

Welche Fragen beantwortet der Report-Bereich?

Welche Seiten sind am beliebtesten? Auf welchen Seiten steigen die Besucher direkt wieder aus? Wo befinden sich Optimierungspotenziale für meine Inhalte? Welche 404-Seiten werden aufgerufen und von externen Quellen verlinkt? Wie bewegen sich die Besucher durch meine Seite? Welche Themen fehlen auf meiner Seite?

Sind (Code-)Anpassungen nötig, um den Report sinnvoll auswerten zu können?

Teilweise müssen für Events, In-Page-Analyse, 404-Tracking, virtuelle Seitenaufrufe oder interne Suche Anpassungen durchgeführt werden. Sie sind aber häufig mit eher geringem Aufwand verbunden.

Wie oft sollten Sie den Report anschauen?

Die Seiten-Reports, den Navigationsfluss sowie die interne Suche sollten Sie sich mindestens monatlich anschauen. Während einer Kampagnen-Laufzeit schadet es auch nicht, täglich die Top-Seiten bzw. die Landingpages der Anzeigen genauer zu untersuchen.

Müssen Elemente aus dem Report-Bereich bei den benutzerdefinierten Benachrichtigungen aufgenommen werden?

Ja. Sobald Sie das 404-Tracking eingerichtet haben, sollten Sie starke Schwankungen, zum Beispiel einen Zuwachs an Aufrufen der Fehlerseite, täglich auf den Radar nehmen. So sehen Sie schnell, wenn die Seite nicht korrekt funktionieren sollte. Auch im Rahmen einer Kampagne sollten Sie die Zielseiten der Anzeigen im Auge behalten und beobachten, ob der Traffic stetig steigt oder eher sinkt. Auch wenn Sie relevante Ereignisse tracken, macht es Sinn, sie genauer zu kontrollieren. Gibt es hier starke Schwankungen innerhalb eines Tages oder einer Woche, so kann dies unterschiedlichste Gründe haben, denen Sie nachgehen sollten.

Ist ein Dashboard oder eine Verknüpfung sinnvoll?

Ja, für ein Dashboard bieten sich aus den Verhalten-Reports zum Beispiel die Top-Einstiegsseiten an, aber auch die Aufrufe bestimmter Ereignisse sowie die interne Suche können bei bestimmten Fragestellungen hilfreich sein.

Müssen Sie dafür extra eine Datenansicht erstellen?

Nein, eine eigene Datenansicht ist für diesen Bereich nicht nötig.

Bevor wir die einzelnen Reports weiter beleuchten, möchten wir noch einige grundlegende Definitionen wiederholen. Bei vielen Reports in diesem Bereich wird vor die eigentliche Metrik oft das Wort »eindeutig« gestellt, so zum Beispiel bei *eindeutigen Seitenaufrufen* oder *eindeutigen Ereignissen*. Eine kurze Erläuterung anhand der Seitenaufrufe soll hier mehr Klarheit bringen. Ein Seitenaufruf wird getrackt, sobald ein Besucher eine Seite Ihrer Website aufruft und der Tracking-Code gesendet wird. Klickt der Nutzer nun auf eine andere interne Seite Ihrer Website, so generiert er einen weiteren Seitenaufruf. Ruft er während seiner Sitzung eine Seite mehrfach auf, so werden die einzelnen Seitenaufrufe gezählt. Sie werden in der Metrik SEITENAUFRUFE ausgewiesen. Die *eindeutigen Seitenaufrufe* lassen sich mit der Anzahl der Sitzungen gleichsetzen, bei denen eine Seite ein- oder mehrfach aufgerufen wurde.

Weitere Unklarheiten ergeben sich meist bei der Definition der Begriffe *Einstiege*, *Ausstiege*, *Absprünge* und *Absprungrate*. *Einstiege* und *Ausstiege* sind recht einfach zu erklären. *Einstiege* geben an, wie oft Besucher die Sitzung auf dieser Seite begonnen haben. *Ausstiege* sind das Gegenteil davon, sie geben an, wie oft Besucher die Sitzung auf dieser Seite beendet haben. *Absprünge* bezeichnen die Zugriffe auf nur eine Seite, die von der ausgewählten Seite ausgegangen sind. Betritt also ein Besucher Ihre Internetpräsenz und verlässt sie beim ersten Aufruf direkt wieder, so spricht man von einem *Absprung*. Die *Absprungrate* bezeichnet dann den prozentualen Anteil von Zugriffen, bei denen Besucher die Seite direkt wieder verlassen haben.

Achtung – ein Ausstieg ist nicht gleich ein Absprung. Ruft ein Besucher Ihre Homepage auf und verlässt die Website anschließend wieder, ohne weitere Seitenaufrufe zu erzeugen, so werden für die Homepage sowohl ein Ausstieg als auch ein Absprung verzeichnet. Klickt er aber weiter und sieht sich zum Beispiel ein paar Produktseiten an, so wird für diese Sitzung kein Absprung generiert. Verlässt der Besucher nun nach ein paar Seitenaufrufen die Website zum Beispiel auf der Katalog-Bestellseite, so wird für die Katalog-Bestellseite ein Ausstieg gezählt.

Im Verlauf dieses Kapitels wollen wir Ihnen aufzeigen, wie Ihnen die einzelnen Reports in diesem Menüpunkt bei der Analyse Ihrer Website von Nutzen sein können.

9.1 Website-Content – welche Seiten schauen die Nutzer an?

Einer der wichtigsten Unterpunkte im Bereich VERHALTEN ist der Menüpunkt WEBSITECONTENT. Dies wird aller Wahrscheinlichkeit nach der Punkt sein, den Sie am häufigsten aufrufen werden. Darunter befinden sich die Reports, die Ihnen schnell einen Überblick über die Inhalte Ihrer Website geben können. Sie finden dort den Punkt ALLE SEITEN, ein Report, in dem Sie eine Übersicht über alle Seiten Ihrer Website sowie die dazugehörigen wichtigsten Metriken einsehen können, außerdem können Sie hier die AUFSCHLÜSSELUNG NACH CONTENT einsehen sowie die Ziel- und Ausstiegsseiten.

Mögliche Fragestellungen für diesen Bereich könnten folgende sein:

- Wie oft werden einzelne Seiten aufgerufen?
- Wie lange verweilen die Besucher auf bestimmten Seiten?
- Auf welchen Seiten beginnen die Nutzer den Website-Besuch?
- Welche Seiten führen besonders häufig zu einem Ausstieg aus der Website?
- Wie oft verlassen die Besucher die Website sofort wieder, und auf welchen Seiten tun sie dies besonders häufig?
- Welche Verzeichnisse werden häufiger angeklickt?
- Wie hoch ist die Absprungrate der Kampagnen-Zielseiten?
- Wie häufig werden Fehlerseiten aufgerufen? Dieser Punkt bedarf einer vorherigen Anpassung des Tracking-Codes.

In allen Reports haben Sie die Möglichkeit, auf die einzelnen Einträge zu klicken, um nur diese Seite analysieren zu können. Neben den Seiten sehen Sie kleine Pfeile, mit deren Hilfe Sie die Seite direkt in einem neuen Browser-Fenster öffnen können. Dazu muss die korrekte URL in der Einstellung zur Datenansicht hinterlegt sein. Natürlich können Sie auch wie gewohnt filtern, sortieren, nach Absprungrate gewichten und die verschiedenen Tabellenansichten nutzen.

9.1.1 Alle Seiten – Übersicht über die Top-Seiten

Unter dem Navigationspunkt ALLE SEITEN erhalten Sie einen Überblick über alle Seiten Ihrer Website. Dort können Sie sich anschauen, wie viele Seitenaufrufe, einzelne Seitenaufrufe und Einstiege auf bestimmte Seiten erfolgt sind. Außerdem sehen Sie die durchschnittliche Besuchszeit auf den Seiten, die Absprungrate, Anteil der Ausstiege sowie den monetären Seitenwert, sofern Sie E-Commerce eingerichtet oder Ihren Zielen Geldwerte zugewiesen haben. Ein Beispiel dazu sehen Sie in Abbildung 9.1.

Seite	Seitenaufrufe	Einzelne Seitenaufrufe	Durchschn. Zeit auf der Seite	Einstiege	Absprungrate	% Ausstiege	Seitenwert
	1.182.323 % des Gesamtwerts: 100,00 % (1.182.323)	914.163 % des Gesamtwerts: 100,00 % (914.163)	00:01:20 Durchn. für Datenansicht: 00:01:20 (0,00 %)	433.539 % des Gesamtwerts: 100,00 % (433.539)	55,69 % Durchn. für Datenansicht: 55,69 % (0,00 %)	36,67 % Durchn. für Datenansicht: 36,67 % (0,00 %)	0,76 € % des Gesamtwerts: 85,91 % (0,88 €)
1. /	**27.119** (2,29 %)	21.463 (2,35 %)	00:01:13	13.849 (3,19 %)	41,68 %	40,54 %	0,71 € (93,88 %)
2. /produkte/korkenzieher/uebersicht	**16.218** (1,37 %)	13.782 (1,51 %)	00:01:12	13.758 (3,17 %)	80,21 %	77,29 %	0,16 € (21,37 %)
3. /produkte	**14.743** (1,25 %)	10.583 (1,16 %)	00:00:47	6.743 (1,56 %)	47,86 %	33,26 %	0,84 €(110,33 %)
4. /produkte/weinkuehler	**11.926** (1,01 %)	8.831 (0,97 %)	00:01:06	6.201 (1,43 %)	50,49 %	40,93 %	0,60 € (79,37 %)

Abbildung 9.1 Report »Alle Seiten«

Natürlich können Sie diese Tabelle nach den gewohnten Möglichkeiten filtern. So können Sie zum Beispiel nur die Seiten, deren URL den Part */produkte/* enthält, analysieren. Oder Sie filtern alle Seiten heraus, die das Verzeichnis */blog/* enthalten, um diese Inhalte nicht mit denen der normalen Website durcheinanderzubringen.

Wie kann ich die komplette URL in meinem Seiten-Report sehen?

In den Seiten-Reports sehen Sie standardmäßig lediglich den Part der URL, der der Domain folgt. Von der URL *http://www.tirami.biz/produkte/korkenzieher* sehen Sie lediglich folgenden Part im Report: */produkte/korkenzieher*.

In manchen Fällen ist diese Darstellung jedoch etwas verwirrend, da vielleicht mehrere Domains in eine Datenansicht einlaufen und somit zum Beispiel die Homepage (meist dargestellt mit »/«) als ein Eintrag zusammengefasst wird. Nur über eine Hostnamen-Aufschlüsselung ist es möglich, zu sehen, wie häufig welche Homepage aufgerufen worden ist.

Um diese Daten direkt im Report anschauen zu können, haben Sie die Möglichkeit, einen Filter auf Ihre Datenansicht zu legen, mit dessen Hilfe die Domain vorweg geschrieben wird, womit der komplette Eintrag im Report erscheint. Wie Sie diesen Filter anlegen können und was Sie dabei beachten müssen, erläutern wir in Abschnitt 6.3.11.

Wenn Sie E-Commerce-Tracking eingerichtet haben oder Ihre Ziele mit einem Geldwert versehen haben, können Sie an dieser Stelle auch den Seitenwert analysieren.

Definition: Seitenwert

Der Seitenwert gibt den durchschnittlichen Wert für die Seite oder Seitengruppe an. Berechnet wird er wie folgt:

Seitenwert = ((Transaktionsumsatz + Gesamtzielwert) ÷ eindeutige Seitenaufrufe für die Seite oder Seitengruppe)

Anhand eines Pfad-Beispiels wollen wir Ihnen die Berechnung des Seitenwerts verdeutlichen:

Pfad 1: Seite A – Seite B – Seite C → Transaktion über 50 €

Pfad 2: Seite C – Seite A → Transaktion über 80 €

Pfad 3: Seite A – Seite B → Transaktion über 10 €

Pfad 4: Seite C → Zielerreichung im Wert von 5 €

Die Seitenwerte für die Seiten werden wie folgt berechnet:

Seite A: an drei Transaktionen beteiligt: (50 € Umsatz + 80 € Umsatz + 10 € Umsatz) ÷ 3 eindeutige Seitenaufrufe = 46,70 €

Seite B: an zwei Transaktionen beteiligt: (50 € Umsatz + 10 € Umsatz) ÷ 2 eindeutige Seitenaufrufe = 30 €

Seite C: an zwei Transaktionen und einer Zielerreichung beteiligt: (50 € Umsatz + 80 € Umsatz + 5 € Zielwert) ÷ 3 eindeutige Seitenaufrufe = 45 €

Seite A besitzt also mit 46,70 € den höchsten Seitenwert.

Mittels des Seitenwerts lassen sich Seiten identifizieren, die einen hohen Einfluss auf den Umsatz Ihrer Website haben.

In unserem Beispiel in Abbildung 9.2 sehen Sie eine Analyse des Seitenwerts am Beispiel der Firma Tirami. Den höchsten dargestellten Wert besitzt die Seite */produkte/*. Auf dieser Seite beginnen viele Besucher ihre Sitzung, sie navigieren von dort aus zu den einzelnen Produkten und erzeugen einen Kauf. Dadurch wird der Seite ein hoher Wert zugeschrieben. Die einzelnen anderen Seiten weisen zwar auch gute Werte auf, allerdings nicht in der Höhe wie die Produkte-Übersichtsseite. Die Startseite besitzt einen Wert von 71 Cent. Der Grund hierfür ist, dass dies die Seite ist, auf der die meisten Besucher einsteigen, somit trägt sie quasi automatisch zu Käufen bei.

Es macht also Sinn, den Seitenwert zu analysieren, vor allem um bessere Aussagen über die einzelnen Website-Inhalte zu treffen. Sie haben an dieser Stelle natürlich auch die Möglichkeit, zu filtern oder nach der Wertigkeit der Seiten zu sortieren, um auf diese Weise besonders starke und besonders schwache Seiten besser hervorzuheben.

Suchen Sie nach Seiten, die zwar viel Traffic besitzen, aber nur einen geringen Seitenwert aufweisen, und prüfen Sie, warum diese Seiten so wenig zum Umsatz beitragen.

Andersherum können Sie natürlich auch nach Seiten Ausschau halten, die zwar wenig Zugriffe, dafür aber einen hohen Seitenwert besitzen. Sie sollten sie bewerben und bewusst Nutzer dorthin schicken, um noch mehr Umsatz zu generieren. Wenn Sie Suchmaschinenoptimierung betreiben, sollten Sie nach den Seiten filtern, die Sie gerade optimieren, und prüfen, ob sich der Seitenwert im Vergleich zu vorher verbessert hat.

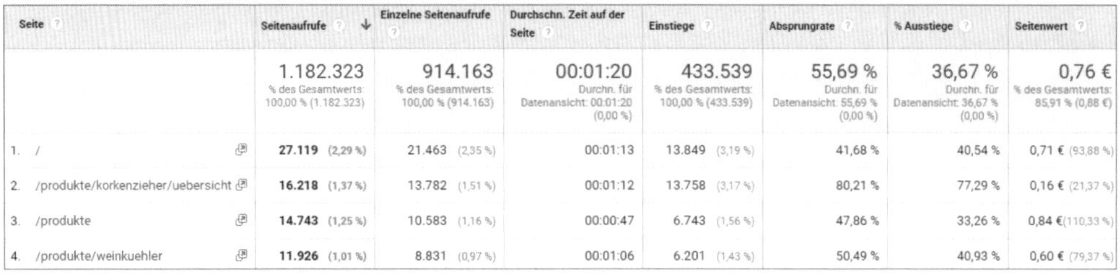

Seite	Seitenaufrufe	Einzelne Seitenaufrufe	Durchschn. Zeit auf der Seite	Einstiege	Absprungrate	% Ausstiege	Seitenwert
	1.182.323 % des Gesamtwerts: 100,00 % (1.182.323)	914.163 % des Gesamtwerts: 100,00 % (914.163)	00:01:20 Durchn. für Datenansicht: 00:01:20 (0,00 %)	433.539 % des Gesamtwerts: 100,00 % (433.539)	55,69 % Durchn. für Datenansicht: 55,69 % (0,00 %)	36,67 % Durchn. für Datenansicht: 36,67 % (0,00 %)	0,76 € % des Gesamtwerts: 85,91 % (0,88 €)
1. /	27.119 (2,29 %)	21.463 (2,35 %)	00:01:13	13.849 (3,19 %)	41,68 %	40,54 %	0,71 € (93,88 %)
2. /produkte/korkenzieher/uebersicht	16.218 (1,37 %)	13.782 (1,51 %)	00:01:12	13.758 (3,17 %)	80,21 %	77,29 %	0,16 € (21,37 %)
3. /produkte	14.743 (1,25 %)	10.583 (1,16 %)	00:00:47	6.743 (1,56 %)	47,86 %	33,26 %	0,84 €(110,33 %)
4. /produkte/weinkuehler	11.926 (1,01 %)	8.831 (0,97 %)	00:01:06	6.201 (1,43 %)	50,49 %	40,93 %	0,60 € (79,37 %)

Abbildung 9.2 Seiten-Auswertung mit eingeblendetem Seitenwert

Beachten Sie allerdings, dass die Bestell-Bestätigungsseiten eines Shops zu Verwirrung führen können, da deren Seitenwerte oft außergewöhnlich hoch sind, weil sie an allen Bestellungen beteiligt sind.

Wofür steht der Eintrag »(other)« in den Seiten-Reports?

Wenn Sie eine Website analysieren, die sehr groß ist, täglich neue Seiten erzeugt und viele Zugriffe generiert, kann es vorkommen, dass Sie in der Übersicht der Seiten den Eintrag (OTHER) sehen. Aber auch wenn Sie Session-IDs mittracken und viele dynamische URLs generieren, können Sie schnell in diese Situation gelangen. Dies kommt vor, wenn Sie an das Limit der angezeigten Datenreihen (50.000) gelangen. Google protokolliert zwar alles, zeigt Ihnen jedoch nicht alle Daten in den Reports. Lesen Sie mehr zu diesem Thema in Abschnitt 2.2.7.

9.1.2 Alle Seiten – primäre Dimension »Seitentitel«

Im Report ALLE SEITEN haben Sie in der oberen Navigation die Möglichkeit, zu der weiteren primären Dimension SEITENTITEL zu wechseln. An dieser Stelle werden die Titel der aufgerufenen Seiten wiedergegeben. Dies ist von Vorteil, wenn Sie wenig aussagekräftige URLs nutzen, die aus IDs und Kürzeln bestehen. In dieser Ansicht sehen Sie die Benennung der Seiten und erhalten somit ein deutlich inhaltsreicheres Reporting.

Wenn Sie mehrfach die gleichen Titel verwenden, werden mehrere Seiten an dieser Stelle zusammengefasst und sind nicht mehr individuell auswertbar. Dies ist bei der Nutzung von Parameter-URLs allerdings hilfreich, da Sie so unterschiedliche Seiteneinträge mithilfe der gleichen Titel zusammenführen können.

Generell empfiehlt es sich – vor allem auch aus Suchmaschinensicht – eindeutige Titel für jede Seite eines Webauftritts zu verwenden. Der Titel einer Seite ist das, was Google in der Darstellung als »Überschrift« des Suchtreffers zeigt. Er zieht somit den Blick der Nutzer auf sich und sollte sie im besten Fall auf die Seite locken. Ein Beispiel für einen solchen Report sehen Sie in Abbildung 9.3. Sie könnten nun auch noch einen Seitentitel auswählen und die sekundäre Dimension SEITE dazu nehmen, um herauszufinden, ob es sich bei gleichem Seitentitel auch um gleiche URLs handelt oder nicht.

Seitentitel	Seitenaufrufe	Einzelne Seitenaufrufe	Durchschn. Zeit auf der Seite	Einstiege	Absprungrate	% Ausstiege	Seitenwert
	1.182.323 % des Gesamtwerts: 100,00 % (1.182.323)	914.163 % des Gesamtwerts: 100,00 % (914.163)	00:01:20 Durchn. für Datenansicht: 00:01:20 (0,00 %)	433.539 % des Gesamtwerts: 100,00 % (433.539)	55,69 % Durchn. für Datenansicht: 55,69 % (0,00 %)	36,67 % Durchn. für Datenansicht: 36,67 % (0,00 %)	0,76 € % des Gesamtwerts: 85,91 % (0,88 €)
1. Tirami - Ihr Online Shop für Korkenzieher und Weinkuehler	**84.782** (7,17 %)	67.918 (7,43 %)	00:01:54	7.574 (1,75 %)	61,39 %	31,93 %	0,91 € (120,54 %)
2. Korkenzieher online kaufen - Tirami	**48.264** (4,08 %)	37.748 (4,13 %)	00:00:52	4.006 (0,92 %)	24,86 %	12,78 %	0,80 € (105,35 %)
3. Weinkuehler online kaufen - Tirami	**31.768** (2,69 %)	21.866 (2,39 %)	00:00:35	2.247 (0,52 %)	24,26 %	8,58 %	1,01 € (132,92 %)

Abbildung 9.3 Seitentitel können im Bereich »Alle Seiten« analysiert werden.

Was ist ein Seitentitel?

Ein Seitentitel bezeichnet im Optimalfall den Inhalt einer Seite (siehe Abbildung 9.4). Er wird im HTML-Element `title` platziert, sodass er sowohl im Browser-Tab angezeigt als auch von Suchmaschinen ausgelesen werden kann.

Abbildung 9.4 Beispiel für den Seitentitel in einem Browser-Tab

9.1.3 Navigationsübersicht – von wo nach wo navigieren die Nutzer?

Die Navigationsübersicht bietet Ihnen einen schnellen und unkomplizierten Einblick in die Navigationsverläufe Ihrer Nutzer. Wem die Navigations- und Nutzerflüsse zu unübersichtlich sind, der ist an dieser Stelle genau richtig. Sie können hier sehen, welche Seiten Ihre Benutzer vor dem Besuch einer bestimmten Seite angeschaut haben und was sie sich im Anschluss daran angesehen haben.

Zu diesem Report gelangen Sie über die Navigation oberhalb der Trendgrafik im Report ALLE SEITEN. Klicken Sie dazu auf den Begriff NAVIGATIONSÜBERSICHT. Nun sehen Sie den gewohnten zeitlichen Verlauf als Grafik, darunter ist die Darstellung jedoch anders als die der restlichen Google-Analytics-Reports (siehe Abbildung 9.5).

Die Reports sind immer gleich aufgebaut. Ganz oben neben dem Begriff AKTUELLE AUSWAHL können Sie mittels Dropdown-Menü die Seite auswählen, die Sie genauer analysieren möchten. An dieser Stelle können Sie auch die Suchfunktion nutzen, um noch schneller auch zu seltener angeklickten Seiten zu gelangen.

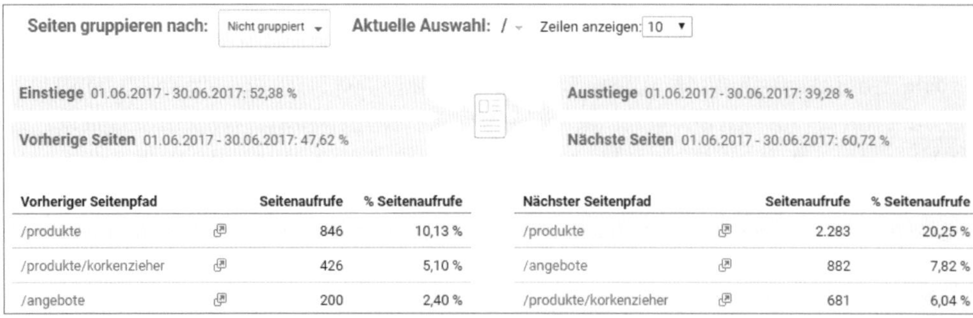

Abbildung 9.5 Navigationsübersicht: Wie sind die Besucher auf die Jobs-Seite gelangt, und was haben sie danach angeschaut?

In unserem Beispiel handelt es sich um die Startseite unserer Beispiel-Firma Tirami. Darunter sehen Sie eine kleine Grafik, die anzeigt, wie viele Einstiege prozentual auf der Seite in dem ausgewählten Zeitraum stattgefunden haben, wie häufig andere Seiten der Website zu dem Besuch der ausgewählten Seite beigetragen haben, wie häufig noch weitere Seiten angeschaut worden sind sowie darüber, wie oft die Nutzer die Seite an dieser Stelle verlassen haben. Darunter stehen zwei Tabellen. Die linke der beiden Tabellen zeigt die Seiten, die zuvor aufgerufen worden sind, sowie die Anzahl der Einstiege auf dieser Seite. Die Tabelle in der rechten Bildhälfte zeigt Ihnen die Seiten, die nach Aufruf der ausgewählten Seite angeschaut worden sind sowie die Ausstiege. Auch hier haben Sie die Möglichkeit, die Suchfunktion zu nutzen. Auf diese Weise lassen sich schnell gezielte Auswertungen vornehmen, wenn Sie genau wissen wollen, wie viele Nutzer von Seite A nach Seite B navigiert sind.

Um Ihnen die Analyse zu erleichtern, erläutern wir Ihnen nun beispielhaft die oben dargestellte Grafik. Ausgewählter Zeitraum ist der Juni 2017. Die ausgewählte Seite ist die Startseite, dargestellt durch ein /. Im gewählten Zeitraum war diese Seite bei 52,38% der Sitzungen die erste Seite, die in der Sitzung aufgerufen wurde. Bei fast 47% der Sitzungen wurde zuvor allerdings noch eine andere Seite im Webauftritt angesehen. 39% der Nutzer verlassen die Website an dieser Stelle, und knapp 61% besuchen danach noch eine weitere Seite des Webauftritts.

Die am häufigsten zuvor aufgerufene Seite ist die Produkte-Seite. 846 der Besucher rufen vor der Startseite die Produkte-Seite auf. 426 hingegen sehen sich zuvor die Korkenzieher-Seite und 200 die Angebots-Seite an. Häufig schauen sich die Besucher im Anschluss daran wieder die Produkte-Seite an. Aber auch die Angebots-Seite ist interessant für die Besucher. An dieser Stelle müsste man nun prüfen, warum die Nutzer von der Produkte-Seite auf die Startseite wechseln, um anschließend wieder auf die Produkte-Seite zu gelangen. Ein derartiges im Kreis navigieren ist nicht hilfreich für die Nutzer und sollte optimiert werden. Hier könnte der Nutzer durch bessere Navigationshilfen wie Teaser, Buttons oder ähnliches besser geführt werden.

9.1.4 Zielseiten und Einstiegspfade – auf welchen Seiten beginnen die Sitzungen?

Der Zielseiten-Report bietet Antworten auf Fragen, die sich rund um die Einstiegsseiten drehen, auf denen Ihre Nutzer die Sitzung beginnen.

Sie können an dieser Stelle analysieren, welche Einstiegsseiten zu dem höchsten Umsatz geführt haben. Sie sehen aber auch, welche Seiten besonders hohe Absprungraten aufweisen oder zu gar keinen Zielerreichungen geführt haben. Gerade dann, wenn Sie Kampagnen auf verschiedene Zielseiten lenken, ist es hilfreich, die Anzahl der Sitzungen, die Verweildauer und die Absprungraten dieser Seiten zu untersuchen und daraus Schlüsse zu ziehen. Auf diese Weise können Sie noch während der Kampagnenlaufzeit erste Erkenntnisse gewinnen und bei Bedarf die Steuerung der Kampagne anpassen.

Im Bereich CONVERSIONS können Sie in dem Dropdown-Menü die ausgewerteten Conversions auswählen. Haben Sie E-COMMERCE eingerichtet, erscheinen an dieser Stelle standardmäßig TRANSAKTIONEN und UMSATZ. Sie haben jedoch auch die Möglichkeit, Ziele auszuwählen und zu analysieren. In diesem Fall werden dann statt TRANSAKTIONEN, UMSATZ und E-COMMERCE-CONVERSION-RATE die Metriken CONVERSION-RATE für das ausgewählte Zielvorhaben, ABSCHLÜSSE für das Ziel sowie die entsprechenden Zielwerte – soweit verfügbar – angezeigt.

In unserem Beispiel in Abbildung 9.6 sehen Sie, dass Startseite und Übersichtsseiten einen hohen Umsatz generieren. Die Landingpage */silvesterangebote* besitzt zwar viele Zugriffe, erzielt aber leider keinen Umsatz. Dieser Tatsache sollte unbedingt nachgegangen werden.

Ähnlich wie bereits die NAVIGATIONSÜBERSICHT aus dem Bereich ALLE SEITEN zeigt Ihnen die Übersicht der Einstiegspfade, welche Seiten nach dem Besuch einer bestimmten Seite aufgerufen worden sind.

Zielseite	Akquisition			Verhalten			Conversions E-Commerce		
	Sitzungen	Neue Sitzungen in %	Neue Nutzer	Absprungrate	Seiten/Sitzung	Durchschnittl. Sitzungsdauer	Transaktionen	Umsatz	E-Commerce-Conversion-Rate
	356.800 % des Gesamtwerts: 100,00 % (356.800)	52,62 % Website-Durchschnitt: 52,56 % (0,12 %)	187.766 % des Gesamtwerts: 100,12 % (187.539)	37,74 % Website-Durchschnitt: 37,74 % (0,00 %)	4,41 Website-Durchschnitt: 4,41 (0,00 %)	00:04:20 Website-Durchschnitt: 00:04:20 (0,00 %)	176 % des Gesamtwerts: 100,00 % (176)	48.996,00 € % des Gesamtwerts: 100,00 % (48.996,00 €)	0,05 % Website-Durchschnitt: 0,05 % (0,00 %)
1. /	**68.389**	55,81 %	38.168	70,66 %	2,79	00:02:57	19	3.981,10 €	0,03 %
2. /produkt/korkenzieher/uebersicht	**51.052**	52,35 %	26.728	12,53 %	4,99	00:03:25	14	3.217,00 €	0,03 %
3. /silvesterangebote	**20.161**	38,54 %	7.770	47,34 %	2,45	00:02:06	0	0,00 €	0,00 %
4. /produkte/korkenzieher/holz	**14.549**	54,43 %	7.919	19,49 %	9,28	00:09:49	20	6.089,00 €	0,14 %

Abbildung 9.6 Zielseiten inklusive E-Commerce-Daten

Mittels Dropdown-Menü lässt sich auch hier wieder die anzuzeigende Einstiegsseite auswählen. In der linken Tabelle sehen Sie die Seiten, die anschließend angezeigt worden sind (siehe Abbildung 9.7). Die rechte Tabelle ist zu Beginn noch nicht eingeblendet, da dazu erst eine zweite Seite ausgewählt sein muss. Im Anschluss daran sehen Sie dort die Seiten, bei denen die Besucher die Seite wieder verlassen haben, nachdem sie zuerst auf Seite 1 eingestiegen und dann zu Seite 2 navigiert sind.

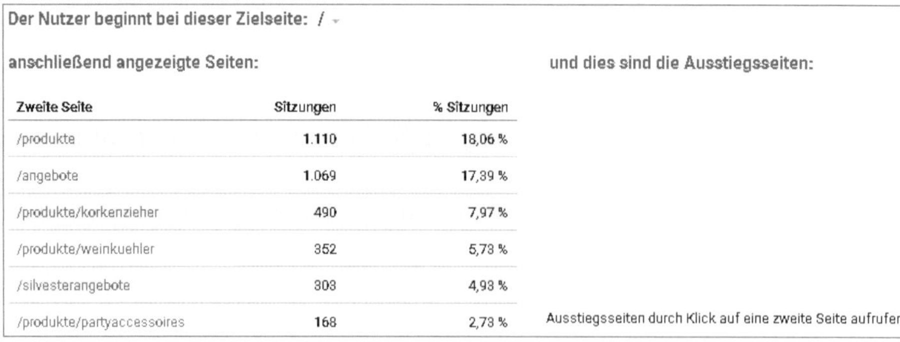

Der Nutzer beginnt bei dieser Zielseite: /

anschließend angezeigte Seiten:

Zweite Seite	Sitzungen	% Sitzungen
/produkte	1.110	18,06 %
/angebote	1.069	17,39 %
/produkte/korkenzieher	490	7,97 %
/produkte/weinkuehler	352	5,73 %
/silvesterangebote	303	4,93 %
/produkte/partyaccessoires	168	2,73 %

und dies sind die Ausstiegsseiten:

Ausstiegsseiten durch Klick auf eine zweite Seite aufrufen

Abbildung 9.7 Einstiegspfade: Auswahl der zweiten Seiten. Wenn keine zweite Seite ausgewählt ist, sind keine Ausstiegsseiten verfügbar.

Dieser Report ist sehr aussagekräftig, wenn es um die Analyse von Landingpages geht. Vor allem wenn Sie gezielte Call-to-Actions verwenden, mittels derer die Nutzer auf bestimmte Folgeseiten gelangen können, haben Sie an dieser Stelle die Möglichkeit, einzusehen, wie oft die Nutzer tatsächlich den Weg gegangen sind, den Sie für sie ausgewählt haben. Oft kommen in diesem Report Seiten und Klickpfade ans Tageslicht, die Sie nie erwartet hätten. In den meisten Fällen lohnt sich daher ein Blick in die Einstiegsseitenpfade sehr.

Der Nutzer beginnt bei dieser Zielseite: /

anschließend angezeigte Seiten:

Zweite Seite	Sitzungen	% Sitzungen
/produkte	1.110	18,06 %
/angebote	1.069	17,39 %
/produkte/korkenzieher	490	7,97 %
/produkte/weinkuehler	352	5,73 %
/silvesterangebote	303	4,93 %

und dies sind die Ausstiegsseiten:

Ausstiegsseite	Sitzungen	% Sitzungen
/produkte/weinkuehler	312	28,11 %
/produkte/korkenzieher	172	15,50 %
/silvesterangebote	46	4,14 %
/karte	43	3,87 %
/	18	1,62 %

Abbildung 9.8 Einstiegspfade: zweite Seiten und Ausstiegsseiten

9.1.5 Ausstiegsseiten – auf welchen Seiten verlassen die Nutzer die Seite?

Der Report zu den Ausstiegsseiten zeigt Ihnen die Seiten, auf denen die Besucher die Website am häufigsten verlassen. Ausstiege dürfen in diesem Fall nicht mit den Absprüngen verwechselt werden. Der Bericht zeigt unabhängig davon, wie viele Seiten die Besucher vorher aufgerufen haben, die Seiten, auf denen Nutzer die Sitzung beenden. Häufig finden Sie in dieser Auswertung auch Seiten, die eine hohe Absprungrate aufweisen. So befindet sich die Homepage bei den meisten Websites in dieser Liste.

Typisch sind an dieser Stelle allerdings auch Seiten, auf denen Besucher häufig eine Sitzung abschließen, also zum Beispiel eine Bestellbestätigungsseite, ein Kontaktformular oder die Anfahrtsbeschreibung zu einem Ihrer Geschäfte. Suboptimal sind hohe Ausstiegsraten bei Seiten, die sich im Bestellprozess befinden.

Es lohnt sich aber immer, die Seiten zu analysieren, die eine besonders hohe Ausstiegsrate aufweisen. Es ist möglich, dass ein weiterführender Link nicht mehr funktioniert, ein wichtiges Element nicht mehr eingeblendet wird oder es zu ähnlichen technischen Problemen kommt, bei denen die Nutzer aussteigen. Sinnvoll ist in diesem Fall, wenn Sie als sekundäre Dimension BROWSER- oder BETRIEBSSYSTEM-INFORMATIONEN nutzen, um zu sehen, ob die Probleme nur bei bestimmten Browsern oder Betriebssystemen auftreten. So können Sie einen möglichen Fehler deutlich schneller aufdecken.

Auch dieser Report ist nicht sehr umfangreich, da Sie darin lediglich die Ausstiegsseiten, Ausstiege, Seitenaufrufe und den Anteil der Ausstiege sehen können. Abbildung 9.9 bietet ein Beispiel.

Seite	Ausstiege ↓	Seitenaufrufe	% Ausstiege
	433.539 % des Gesamtwerts: 100,00 % (433.539)	1.182.323 % des Gesamtwerts: 100,00 % (1.182.323)	36,67 % Durchn. für Datenansicht: 36,67 % (0,00 %)
1. /produkte/partyaccessoires	**12.535** (2,89 %)	16.218 (1,37 %)	77,29 %
2. /	**10.993** (2,54 %)	27.119 (2,29 %)	40,54 %
3. /produkte/weinkuehler	**5.795** (1,34 %)	10.789 (0,91 %)	53,71 %
4. /silvesterangebote	**4.904** (1,13 %)	14.743 (1,25 %)	33,26 %
5. /anfahrt	**4.881** (1,13 %)	11.926 (1,01 %)	40,93 %

Abbildung 9.9 Ausstiegsseiten-Report

9.1.6 Seiten-Reports zur Analyse der Suchmaschinenoptimierung

Sicher wollen Sie Google Analytics auch nutzen, um die Auswirkungen Ihrer Suchmaschinenoptimierungen auszuwerten. Das Tool bietet Ihnen neben den typischen Reports, die Quellen und Keywords aufweisen, sowie der Search-Console-Verknüpfung auch im Bereich der Seitenanalysen Reports, die Ihnen dabei weiterhelfen können.

Hier ist vor allem der Zielseiten-Report zu nennen, bei dem Sie sehen können, welche Seiten am häufigsten zu einem Einstieg auf Ihrer Webpräsenz geführt haben. Wenn Sie auf diesen Report das Segment ORGANISCHE ZUGRIFFE anwenden, sehen Sie, welche Seiten besonders häufig über Suchmaschinen aufgerufen worden sind. Noch genauer können Sie die Daten auswerten, wenn Sie ein eigenes Segment anlegen, das nur die Besucher über organische Google-Suchanfragen auswertet.

Gerade in Zeiten von fast 100 % (NOT PROVIDED) Angaben werden diese Reports immer wichtiger (siehe Abschnitt 8.5.2). Haben Sie beispielsweise in den letzten Wochen einen bestimmten Website-Bereich optimiert, können Sie nun nach den URLs filtern und mit einem Zeitraum-Vergleich sehen, ob die organischen Zugriffe auf diese Seiten zugenommen haben.

In unserem Beispiel in Abbildung 9.10 sehen Sie die Zielseiten einer Tourismus-Seite, die zuvor optimiert worden sind. Im Vergleich zum Vormonat nehmen die Zugriffe über organische Suchmaschinen-Ergebnisse stark zu. Die Gesamtzahl der Sitzungen steigt um über 57 %. Natürlich muss man bedenken, dass im Sommer viele Menschen ihren Urlaub planen, doch ist ein großer Teil der Sitzungssteigerung auch auf die Suchmaschinenoptimierung zurückzuführen. Belegen lässt sich dies auch durch weitere Google-Analytics-Reports, zum Beispiel den Suchanfragen-Report.

Zielseite	Sitzungen	Neue Sitzungen in %	Neue Nutzer	Absprungrate	Seiten/Sitzung	Durchschnittl. Sitzungsdauer	Transaktionen	Umsatz	E-Commerce-Conversion-Rate
Organische Zugriffe	57,51 % 8.062 vs. 5.131	7,45 % 55,98 % vs. 52,10 %	69,25 % 4.524 vs. 2.673	12,59 % 35,98 % vs. 41,16 %	0,14 % 5,24 vs. 5,23	9,53 % 00:06:22 vs. 00:07:02	650,00 % 15 vs. 2	1.248,16 % 6.040,68 € vs. 448,07 €	376,15 % 0,19 % vs. 0,04 %
1. /Camping-Urlaub									
01.07.2013 - 31.07.2013	**905**	75,14 %	680	31,71 %	3,96	00:04:41	0	0,00 €	0,00 %
01.06.2013 - 30.06.2013	**170**	75,29 %	128	31,18 %	3,95	00:03:26	0	0,00 €	0,00 %
Änderung in %	**432,35 %**	**-0,21 %**	**431,25 %**	**1,72 %**	**0,31 %**	**36,63 %**	**0,00 %**	**0,00 %**	**0,00 %**
2. /Urlaub-auf-dem-Bauernhof									
01.07.2013 - 31.07.2013	**713**	78,68 %	561	20,20 %	4,47	00:05:21	0	0,00 €	0,00 %
01.06.2013 - 30.06.2013	**342**	78,36 %	268	19,88 %	5,01	00:06:26	0	0,00 €	0,00 %
Änderung in %	**108,48 %**	**0,41 %**	**109,33 %**	**1,58 %**	**-10,76 %**	**-16,72 %**	**0,00 %**	**0,00 %**	**0,00 %**

Abbildung 9.10 Zielseiten-Report zur Auswertung der Suchmaschinenoptimierung

9.1.7 Zielseiten-Reports zur Analyse von Kampagnen-Landingpages

Zielseiten-Reports eignen sich nicht nur zur Analyse der Suchmaschinenoptimierungs-Maßnahmen, sondern auch zur Auswertung Ihrer Kampagnen. Schalten Sie verschiedene Anzeigen auf die gleiche Landingpage, oder nutzen Sie pro Kampagne eine Landingpage – Google Analytics hilft Ihnen bei der Analyse, um herauszufinden, welche Kampagnen und Landingpages besonders gut konvertieren. Im Zielseiten-Report erhalten Sie Informationen darüber, wie Ihre Landingpages abschneiden. Auf verschiedene Art und Weise können Sie auswerten, wie hoch die Absprungraten sind, wie viele Conversions durchgeführt wurden und vieles mehr.

Wir wollen nun beispielhaft eine AdWords-Kampagne analysieren, um Ihnen ein paar Anhaltspunkte für eine eigene Analyse zu geben. Auch hier werden wir unsere Tourismus-Seite analysieren. Zuerst wählen wir dazu den Zielseiten-Report aus und legen das Segment BEZAHLTE ZUGRIFFE auf den Report, sodass nur die Sitzungen erscheinen, die über Anzeigen in Suchmaschinen gekommen sind. In unserem Fall werden lediglich AdWords-Anzeigen geschaltet, sodass hier nicht weiter gefiltert werden muss. Schalten Sie jedoch auch im Display-Netzwerk oder bei Bing Such-Anzeigen, so müssten Sie ein benutzerdefiniertes Segment verwenden, um nur die AdWords-Search bzw. Bing-Anzeigen auszuwerten.

Im nächsten Schritt nutzen Sie KAMPAGNE als sekundäre Dimension, um Landingpages und Kampagnen nebeneinander sehen zu können. Natürlich haben Sie auch die Möglichkeit, über die Report-Filterfunktion nach einzelnen Kampagnen zu filtern. Alternativ wäre auch ein benutzerdefiniertes Segment denkbar, das Sie anstelle des oben genannten Segments BEZAHLTE ZUGRIFFE verwenden. Sie sehen, die Möglichkeiten der Analyse bei Google Analytics sind sehr vielfältig und lassen sich genau auf die verschiedenen Bedürfnisse zuschneiden.

Nun können Sie nach Belieben filtern und sortieren, um die Daten noch intensiver zu analysieren. Sortieren Sie zum Beispiel nach Absprungraten oder nach E-Commerce-Transaktionen, sofern Sie diese eingerichtet haben. Natürlich können auch die durchschnittliche Sitzungsdauer oder die Conversion-Rate hilfreich sein, um Ihre Kampagne auszuwerten. Ein Beispiel liefert Ihnen Abbildung 9.11.

		Akquisition			Verhalten			Conversions E-Commerce	
Zielseite	Kampagne	Sitzungen	Neue Sitzungen in %	Neue Nutzer	Absprungrate	Seiten/Sitzung	Durchschnittl. Sitzungsdauer	Transaktionen	Umsatz
Bezahlte Zugriffe		81.743 % des Gesamtwerts 10,25 % (797.551)	59,39 % Website-Durchschnitt 54,92 % (8,14 %)	48.550 % des Gesamtwerts 11,08 % (438.029)	46,42 % Website-Durchschnitt 38,50 % (20,58 %)	3,49 Website-Durchschnitt: 4,17 (-16,33 %)	00:03:14 Website-Durchschnitt 00:04:06 (-20,97 %)	65 % des Gesamtwerts: 13,86 % (469)	8.327,96 € % des Gesamtwerts: 7,95 % (104.798,98 €)
1. /angebotsseite1	Kampagne1	10	0,00 %	0	0,00 %	6,10	00:08:18	3	**1.766,42 €**
2. /angebotsseite2a	Kampagne2	3	0,00 %	0	0,00 %	9,67	00:05:54	3	**1.250,79 €**
3. /angebotsseite2b	Kampagne2	1.860	71,72 %	1.334	41,67 %	4,35	00:03:43	13	**1.084,87 €**
4. /angebotsseite2c	Kampagne2	19	0,00 %	0	0,00 %	4,68	00:06:08	3	**804,08 €**

Abbildung 9.11 Zielseiten-Report mit sekundärer Dimension »Kampagne« und Filterung auf bezahlte Zugriffe

9.1.8 Aufschlüsselung nach Content

Im Bereich AUFSCHLÜSSELUNG NACH CONTENT werden die Aufrufe der einzelnen Verzeichnisse Ihrer Website aufgezeigt – sofern Ihre Website sie nutzt. So können Sie auf einen Blick sehen, wie oft zum Beispiel das Verzeichnis */produkte/* angeschaut wurde und wie die Sitzungszeit der Seiten darin im Schnitt gewesen ist.

Warum werden bei den Seiten-Reports immer die Seitenaufrufe dargestellt und bei den Zielseiten-Reports die Sitzungen?

Seitenaufrufe gehören zu den seitenbezogenen Metriken. Sie beziehen sich nur auf die eine Seite. Da sich die Zielseiten-Reports auf die Sitzung beziehen, können Sie dort – im Gegensatz zu den anderen Seiten-Reports – die Metrik SITZUNGEN einsehen. Hier wird die ganze Sitzung mit der Zielseite in Zusammenhang gebracht, da dies ja die Seite ist, auf der eine Sitzung beginnt. Die restlichen Reports beziehen sich nur auf die einzelnen Seiten und liefern Ihnen daher nur die Metriken SEITENAUFRUFE und EINZELNE SEITENAUFRUFE. Letztere können in etwa mit der Metrik SITZUNGEN verglichen werden, entsprechen ihr allerdings nicht.

9.1.9 Gruppierung nach Content – Auswertung eigener Content-Gruppen

Seit Anfang 2014 bietet Ihnen Google Analytics die Möglichkeit, Ihren Content zu gruppieren. Dies geschieht entweder über Anpassungen im Tracking-Code oder über von Ihnen erstellte Regeln, die Sie in den Einstellungen der Datenansicht einrichten können. Wie Sie dabei vorgehen müssen, erklären wir Ihnen in Abschnitt 6.6.

In diesem Abschnitt möchten wir Ihnen zeigen, wie Sie diese Daten auswerten können. Aber zuerst einmal wollen wir Ihnen zeigen, welche Art von Fragen Sie mithilfe der Content-Gruppierungen beantworten können:

- Weisen einzelne Besuchergruppen ein anderes Verhalten auf als der Website-Durchschnitt?
- Welche Produktgruppen werden am häufigsten angeschaut?
- Welchen Anteil der Seitenaufrufe machen die Fehlerseiten aus?

Je nach Website-Typ können Sie die verschiedensten Inhalte Content-Gruppierungen zuordnen. Unterteilen Sie zum Beispiel Ihre Besucher in bestimmte Gruppen, oder stellen Sie Ihre Produkte zusammen. Eine weitere Möglichkeit ist, die Fehlerseiten, die Warenkorb-Seiten oder auch Mitgliedschaftsseiten von den restlichen Inhalten der Website zu trennen, da diese Seitentypen einen gewissen Wert für Ihre Seite haben oder zumindest beobachtet werden sollten. Wie Sie letzten Endes Ihre Inhalte gruppieren, bleibt vollständig Ihnen überlassen.

Sie finden Ihre Daten zu den Content-Gruppierungen nicht in einem eigenen Report, wie Sie es von den anderen Dimensionen und Metriken her gewohnt sind. Die Content-Gruppierungen bieten Ihnen trotz des fehlenden Reports so viel mehr Möglichkeiten, da Sie sie über die Content-Reports ansteuern können und Ihnen die Daten für benutzerdefinierte Reports oder Dashboards zur Verfügung stehen.

Gehen wir aber der Reihe nach vor. Eine Basisauswertung der Content-Gruppierungen finden Sie beispielsweise in dem Report ALLE SEITEN. Wechseln Sie dort die primäre Dimension von SEITE zu GRUPPIERUNG NACH CONTENT, und wählen Sie die gewünschte Content-Gruppierung aus (siehe Abbildung 9.12).

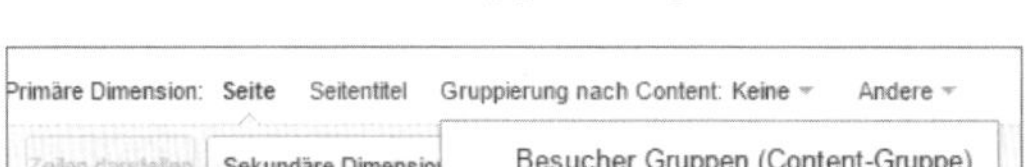

Abbildung 9.12 Gruppierung nach Content auswählen

Für unsere luna-park-Website haben wir eine Gruppierung nach Content angelegt, in der wir die einzelnen Besuchergruppen unterscheiden. Nach der Auswahl sehen wir nun die einzelnen Content-Gruppen, die sich innerhalb dieser Gruppierung befinden, darunter zum Beispiel die Unternehmensseiten, die Beratungsseiten, aber auch Blog-Besucher oder Job-Sucher. Der Eintrag (NOT SET) umfasst die Seiten, die sich keiner Content-Gruppe zuordnen lassen. In unserem Fall ist das unter anderem auch die Startseite, daher macht dieser Eintrag einen recht großen Anteil aus. Ein Klick auf die einzelnen Gruppen bringt Sie übrigens zu der Übersicht der darin enthaltenen Seiten.

Wir können aber in der in Abbildung 9.13 gezeigten Übersicht bereits gut erkennen, wie viele Seitenaufrufe auf die einzelnen Gruppen entfallen und wie die durchschnittliche Verweildauer auf den Seiten ist. Neu ist in diesem Report die Metrik EINDEUTIGE AUFRUFE. Dieser Wert gibt die Anzahl der Sessions an, in denen eine Seite der Content-Gruppe einmalig oder mehrfach aufgerufen wurde. Bei einem Eintrag zu (NOT SET) bleibt dieser Wert immer auf null, da die Berechnung anhand der Indexnummer für Content-Gruppierungen erfolgt. Fehlt sie, wird auch nichts berechnet.

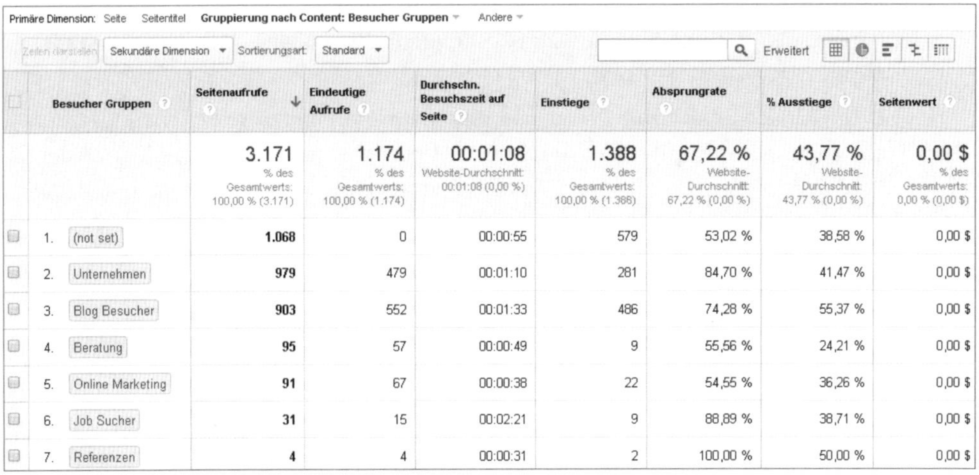

Primäre Dimension: Seite Seitentitel **Gruppierung nach Content: Besucher Gruppen** Andere

Zeilen darstellen | Sekundäre Dimension | Sortierungsart: Standard | Erweitert

	Besucher Gruppen	Seitenaufrufe	Eindeutige Aufrufe	Durchschn. Besuchszeit auf Seite	Einstiege	Absprungrate	% Ausstiege	Seitenwert
		3.171 % des Gesamtwerts: 100,00 % (3.171)	1.174 % des Gesamtwerts: 100,00 % (1.174)	00:01:08 Website-Durchschnitt: 00:01:08 (0,00 %)	1.388 % des Gesamtwerts: 100,00 % (1.388)	67,22 % Website-Durchschnitt: 67,22 % (0,00 %)	43,77 % Website-Durchschnitt: 43,77 % (0,00 %)	0,00 $ % des Gesamtwerts: 0,00 % (0,00 $)
1.	(not set)	**1.068**	0	00:00:55	579	53,02 %	38,58 %	0,00 $
2.	Unternehmen	**979**	479	00:01:10	281	84,70 %	41,47 %	0,00 $
3.	Blog Besucher	**903**	552	00:01:33	486	74,28 %	55,37 %	0,00 $
4.	Beratung	**95**	57	00:00:49	9	55,56 %	24,21 %	0,00 $
5.	Online Marketing	**91**	67	00:00:38	22	54,55 %	36,26 %	0,00 $
6.	Job Sucher	**31**	15	00:02:21	9	88,89 %	38,71 %	0,00 $
7.	Referenzen	**4**	4	00:00:31	2	100,00 %	50,00 %	0,00 $

Abbildung 9.13 Übersicht der Content-Gruppierung »Besucher Gruppen«

Eine weitere sinnvolle Auswertung bezüglich der Content-Gruppen liefert Ihnen die NAVIGATIONSÜBERSICHT. Auch hier können Sie die Content-Gruppierung auswählen und somit die Navigation der Nutzer zwischen bestimmten Content-Gruppen analysieren (siehe Abbildung 9.14).

Des Weiteren stehen Ihnen die Daten auch in den Reports zu den ZIELSEITEN oder der WEBSITE-GESCHWINDIGKEIT zur Verfügung. Noch interessanter wird es aber, wenn Sie die Daten innerhalb benutzerdefinierter Reports oder in Dashboards nutzen. Fügen Sie auf diese Weise die Daten so zusammen, wie Sie es wünschen und wie es Ihre Arbeit erleichtert.

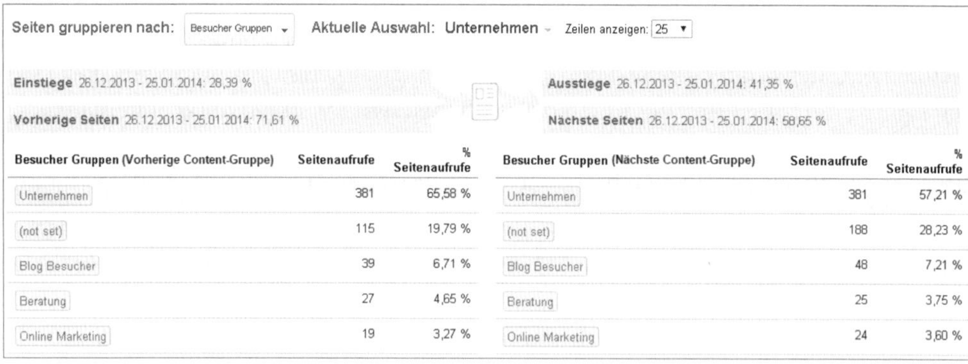

Abbildung 9.14 Content-Gruppierungen innerhalb der Navigationsübersicht anwenden

Mit welchen Metriken können die Content-Gruppierungen ausgewertet werden?

Da es sich bei den Content-Gruppierungen um Dimensionen handelt, die auf einem Hit basieren, können Sie in diesem Zusammenhang lediglich Metriken auswerten, die ebenfalls Hit-basiert sind.

Dabei handelt es sich zum Beispiel um Seitenaufrufe, eindeutige Seitenaufrufe, Verweildauer auf der Seite oder Ähnliches. Sessionbasierte Metriken wie Conversion-Rate oder Sitzungswert können Sie leider nicht mit den Content-Gruppierungen in Zusammenhang bringen.

9.1.10 Ausstiege und Ausstiegsrate im Vergleich zu Absprüngen und Absprungrate

Wenn Sie sich die ersten Male durch die Seiten-Reports klicken, wird Ihnen sicher das ein oder andere Mal aufgefallen sein, dass in den Reports sowohl Ausstiege, Absprünge sowie Ausstiegs- und Absprungraten als Metriken angezeigt werden. Wo aber liegt der Unterschied? Zu Beginn des Kapitels haben wir das Thema schon einmal kurz angerissen. Da wir aber der Meinung sind, dass eine kurze Erklärung genauso verwirrend sein kann wie gar keine, möchten wir Ihnen die Begriffe nun noch etwas näher erläutern:

Ausstiege: Bezeichnet die Anzahl der Sitzungen, die auf dieser Seite die Sitzung beendet haben, nicht aber auf dieser Seite abgesprungen sind. Vorher wurden noch Seitenaufrufe getätigt.

Absprünge: Bezeichnet die Anzahl der Sitzungen, die Ihre Seite besuchen, keine weitere Seite aufrufen und stattdessen die Seite verlassen.

Der wichtigste Unterschied zwischen Ausstiegen und Absprüngen ist, dass ein Ausstieg zuvor andere Seiten generiert haben muss. Ein Absprung umfasst immer nur einen Seitenaufruf, wohingegen ein Ausstieg mehrere Seitenaufrufe in einer Sitzung beinhalten kann.

- **Sitzung 1**: Seite A – Seite B – Seite C – Ausstieg
- **Sitzung 2**: Seite A – Absprung

In unseren beiden Beispielsitzungen wollen wir den Unterschied ein wenig deutlicher darstellen. Sitzung 1 beginnt die Sitzung auf Seite A, navigiert dann zu B und C und verlässt dort die Seite. Auf Seite C wurde also ein Ausstieg generiert. Ein anderer Besucher gelangt auf Seite A, ihm gefällt nicht, was er sieht, oder er findet nicht das, was er sucht, und schließt die Seite sofort wieder. Somit wird bei Sitzung 2 auf Seite A ein Absprung generiert.

Die Ausstiegsrate ist somit der prozentuale Anteil der Sitzungen, die auf dieser Seite den Webauftritt verlassen haben. Die Absprungrate ist der Anteil der Sitzungen, die beim ersten Seitenaufruf bereits die Sitzung beendet haben und sich keine weiteren Inhalte Ihrer Website angeschaut haben. Sie ist daher nur aussagekräftig, wenn Sie bedenken, dass es sich bei den Seiten um die Startseiten der jeweiligen Sitzung gehandelt hat.

Sie müssen jedoch berücksichtigen, dass auch dann ein Absprung gezählt wird, wenn jemand lange auf der Seite bleibt und sich dort Informationstexte durchliest. Google Analytics zählt eine Sitzung, die besonders lange dauert, aber nach einem Seitenaufruf beendet ist, standardmäßig als Absprung. Dies ist vor allem bei Blogs ein Problem, deren Content nur auf einer Seite zu finden ist. Wenn hier keine weiteren Anpassungen vorgenommen werden, ist die Absprungrate sehr hoch.

Außerdem kann es zu einer fehlerhaften Berechnung der Absprungrate kommen, wenn automatische Ereignisse gefeuert werden, zum Beispiel das Laden eines Videos. Hier ist es wichtig, dass Sie bei der Einbindung der Ereignisse sicherstellen, dass sie entweder vom Nutzer getriggert werden oder – wenn sie automatisch generiert werden – nicht zur Absprungrate beitragen. Wie Sie das umsetzen, erläutern wir in Abschnitt 5.4.3.

Verwirrend kann es auch werden, wenn Sie mehrere Domains in einer Datenansicht zusammenlaufen lassen. In den Seiten-Reports sehen Sie ja nur die aggregierten Daten zu der Startseite (»/«), nicht aber die einzelnen Domains. Hier müssen Sie auf jeden Fall als sekundäre Dimension den Hostnamen hinzufügen, um erkennen zu können, wie hoch die Absprungraten der einzelnen Domains sind (siehe Abbildung 9.15).

Seite		Hostname	Seitenaufrufe	Eindeutige Seitenaufrufe	Durchschn. Besuchszeit auf Seite	Einstiege	Absprungrate
			202.171 % des Gesamtwerts: 6,11 % (3.308.501)	161.774 % des Gesamtwerts: 6,84 % (2.364.435)	00:02:34 Website-Durchschnitt: 00:01:18 (98,62 %)	148.225 % des Gesamtwerts: 18,60 % (796.910)	68,18 % Website-Durchschnitt: 38,37 % (77,67 %)
1.	/	www.tirami.biz	**72.610**	54.524	00:01:25	40.108	17,95 %
2.	/	www.tirami.nl	**34.837**	29.438	00:05:19	29.438	87,94 %
3.	/	www.vino-magazin.de	**31.397**	26.206	00:05:34	26.206	84,98 %

Abbildung 9.15 Seiten-Report sowie sekundäre Dimension »Hostname«

Absprungraten und Auswertungsmöglichkeiten

Absprungraten sind sehr wichtige Kennzahlen zur Optimierung einer Website. Man kann sie mit der Startseite, einzelnen Landingpages, Kampagnen, Referrern, aber auch mit der gesamten Website in Verbindung bringen. Die Möglichkeiten sind sehr vielfältig. In den einzelnen Kapiteln dieses Buches wollen wir Ihnen zeigen, wie Sie die einzelnen Reports am besten auswerten. Daher gehen wir an den verschiedensten Stellen auch auf die Absprungraten ein und erklären, was Sie daraus lesen können. In diesem Kapitel werden wir daher die möglichen Anwendungsfälle nur kurz anreißen und in den jeweiligen Kapiteln weiter vertiefen.

- Absprungrate der gesamten Website
- Absprungrate einzelner Landingpages
- Absprungrate von AdWords-Kampagnen und Keywords
- Absprungrate von verschiedenen Zugriffsquellen
- Absprungrate von On- und Offline-Kampagnen

9.2 Virtuelle Seitenaufrufe – Umbenennung von URLs

Virtuelle Seitenaufrufe bieten zahlreiche Nutzungsmöglichkeiten. Um Ihnen einen ersten Überblick zu geben, listen wir nun ein paar Anwendungsfälle auf, bei denen virtuelle Seitenaufrufe genutzt werden können:

- Tracken von Inhalten, die keine eigene URL besitzen
- Tracken von 404-Seiten
- Tracken von Downloads
- Tracken von internen Suchanfragen, die nicht in URLs ausgegeben werden (post-basiert)

9.2.1 Was ist ein virtueller Seitenaufruf?

Ein virtueller Seitenaufruf kann immer dann genutzt werden, wenn der eigentliche Seitenaufruf nicht sinnvoll auswertbar ist. In diesem Fall kann das, was hinter der Domain in der URL steht, umgeschrieben oder sogar ganz hinzugefügt werden. Dies geschieht über eine Anpassung im Code, bei der die Zeile des Seitenaufrufs erweitert wird. Anstelle des eigentlich aufgerufenen URIs können nun neue Benennungen mitgeschrieben werden. Ein Beispiel soll dies weiter erläutern. Nehmen wir an, Sie besitzen einen Shop, der mehrere Schritte eines Buchungsprozesses besitzt. Diese Schritte nutzen allerdings alle die gleiche URL, zum Beispiel */warenkorb/*. Nun möchten Sie aber für Ihren Bestellprozess einen Trichter anlegen, um auswerten zu können, an welchen Stellen die Besucher abbrechen oder wo sie sich besonders lange aufhalten. Dazu benötigen Sie verschiedene URIs in Ihrer Google-Analytics-Datenansicht. Hier kommen nun die virtuellen Seitenaufrufe ins Spiel. Durch sie können Sie den verschiedenen Schritten Ihres Bestellprozesses unterschiedliche Benennungen geben, um sie anschließend auswerten zu können.

Mögliche virtuelle Seitenaufrufe wären zum Beispiel folgende:

- **Schritt 1**: Persönliche Daten: */warenkorb/persoenlicheDaten.html* oder auch */warenkorb/schritt1.html*
- **Schritt 2**: Bezahlart wählen: */warenkorb/bezahlart.html* oder */warenkorb/schritt2. html*

Wie Sie virtuelle Seitenaufrufe anlegen, erfahren Sie in Abschnitt 5.4.1.

Sie sehen, Sie haben die Möglichkeit, alle passenden Benennungen zu nutzen, die Ihnen bei der Analyse weiterhelfen. Natürlich lassen sich die virtuellen Seitenaufrufe auch einsetzen, um sie als Ziele bzw. Trichterschritte festzulegen.

Weitere Nutzungsmöglichkeiten von virtuellen Seitenaufrufen können auch das Tracken von internen Suchanfragen sowie Fehlerseiten oder Downloads sein. Grundsätzlich ist die Vorgehensweise immer gleich: Sie überlegen, wie Sie den virtuellen Seitenaufruf nutzen können, wie er umgesetzt und wie er benannt werden soll. Nach dem Einbau können Sie die Auswertung dann in den Seiten-Reports vornehmen.

Was müssen Sie bei der Nutzung virtueller Seitenaufrufe beachten?

Auch virtuelle Seitenaufrufe zählen zu den Seitenaufrufen. Das heißt, dass sie Ihre Statistiken zu den Seitenaufrufen in die Höhe treiben können, wenn Sie sie nicht mit Bedacht nutzen. Virtuelle Seitenaufrufe, die bei Downloads, externen Links und anderen häufig vorkommenden Elementen verwendet werden, verfälschen auf Dauer die Zahl der Seitenaufrufe. Um sie möglichst aussagekräftig zu halten, empfiehlt es sich, virtuelle Seitenaufrufe nur in einem gewissen Maß einzusetzen und stattdessen auf Ereignisse auszuweichen.

9.2.2 Virtuelle Seitenaufrufe und die interne Suche

In den meisten Fällen müssen Sie keine virtuellen Seitenaufrufe nutzen, um Ihre interne Suche auswerten zu können. Solange in der URL Suchparameter mitgegeben werden, die das Suchwort kennzeichnen und ausweisen (zum Beispiel */suche?q=suchwort*), können Sie die Einrichtung der internen Suche vollständig über die Einstellungen der Datenansicht vornehmen. Sollte dies aber nicht der Fall sein, können Sie via virtuellen Seitenaufruf die Informationen zum Suchwort an Google Analytics weitergeben. Sieht der URI nach einer Suche beispielsweise so aus: */suche*, so gibt es auf gewohntem Wege keine Möglichkeit, die interne Suche einzurichten, da der Parameter für das Suchwort fehlt. Mittels eines virtuellen Seitenaufrufs können Sie diese Daten für Google Analytics verfügbar machen. Schreiben Sie das Suchwort und einen Suchparameter in den virtuellen Seitenaufruf, und legen Sie den Parameter wie gewohnt in den Datenansichtseinstellungen fest. Ein beispielhafter virtueller Seitenaufruf könnte so aussehen: */suche?q=suchbegriff*. Mehr zum Thema erfahren Sie in Abschnitt 6.1.5.

9.2.3 Virtuelle Seitenaufrufe und Downloads

Natürlich können Sie mittels virtueller Seitenaufrufe auch Downloads tracken. Ein Aufruf könnte zum Beispiel so aussehen: */produkte/korkenzieher/dolcemia/download/produktbeschreibung.pdf*. Vor der Einbindung sollten Sie sich jedoch Gedanken darüber machen, wie Sie die Downloads später gerne auswerten möchten. Es macht Sinn, wenn ein einheitliches virtuelles Verzeichnis genutzt wird, das an keiner anderen Stelle der Website vorkommt (siehe Abbildung 9.16).

Seite	Seitenaufrufe	Eindeutige Seitenaufrufe	Durchschn. Besuchszeit auf Seite	Einstiege
	3.165 % des Gesamtwerts: 0,39 % (820.311)	2.982 % des Gesamtwerts: 0,51 % (584.901)	00:03:27 Website-Durchschnitt: 00:01:09 (202,48 %)	52 % des Gesamtwerts: 0,04 % (146.754)
1. /download/kataloge/produkt1.pdf	777	734	00:06:16	6
2. /download/registrierung/info.pdf	235	220	00:02:56	7
3. /download/agbs.pdf	214	201	00:03:08	2

Abbildung 9.16 Virtuelles Verzeichnis »/download/« sowie PDF-Downloads

Außerdem sollten Sie das Dateiformat mit angeben, um unterscheiden zu können, ob ein PDF oder ein Word-Dokument heruntergeladen wurde. Auf diese Weise können Sie sichergehen, dass Ihre Zahlen korrekt sind und es sich bei einer Auswertung lediglich um Downloads bzw. PDF-Downloads handelt.

9.2.4 Virtuelle Seitenaufrufe und Verzeichnisse

Ein weiterer sinnvoller Anwendungsfall für virtuelle Seitenaufrufe können fehlende Verzeichnisse sein. Nutzen Sie auf Ihrer Website eine flache URL-Struktur, die vielleicht sogar ohne Verzeichnisse auskommt, so können Sie diese mittels virtueller Seitenaufrufe zur besseren Auswertung hinzufügen. Aus URIs wie */skiferienangebote.html* oder */sommerferienangebote.html* machen Sie nun */angebote/skiferien.html* oder */angebote/sommerferien.html*. Dadurch lassen sich die Inhalte gruppieren und ohne reguläre Ausdrücke und Filter auswerten. Ein Klick auf die Seite aus dem Bericht heraus ist dann jedoch nicht mehr möglich, da die URL so ja nicht existiert.

9.2.5 Virtuelle Seitenaufrufe zur Auswertung von Fehlerseiten

Wie bereits angesprochen, können Sie auch die aufgerufenen Fehlerseiten Ihrer Website mit virtuellen Seitenaufrufen versehen. Dies hat den Vorteil, dass Sie erkennen, welche Fehlerseiten aufgerufen worden sind. Außerdem sehen Sie die Seite, von der aus der fehlerhafte Aufruf zustande gekommen ist. Wir empfehlen Ihnen, zumindest die 404-Seiten zu tracken, im Optimalfall sogar noch 500er-Fehlerseiten.

Wie bei allen virtuellen Seitenaufrufen muss auch für das Fehler-Tracking der Standard-Tracking-Code angepasst werden. Natürlich sollten Sie nur die Fehlerseiten anpassen, damit der erweiterte Code nicht auf allen Seiten ausgespielt wird. In dem Standard-404-Tracking-Code, den Sie in Abschnitt 5.4.2, finden, werden Informationen über die aufgerufene Seite sowie den Referrer mitgegeben.

Nehmen wir an, jemand möchte die Rabatt-Seite unserer Beispielfirma Tirami aufrufen. Da die Person nicht die genaue URL der Seite kennt und nicht lange suchen möchte, gibt sie einfach Folgendes in die Browser-Zeile ein: *www.tirami.biz/rabatte*. Diese Seite existiert allerdings nicht, die korrekte URL lautet: *www.tirami.biz/sonderangebote*. Wenn keine Weiterleitung eingerichtet ist, die den Nutzer auf die korrekte Seite führt, erhält der Besucher die Information, dass die Seite leider nicht verfügbar ist. Der virtuelle Seitenaufruf dazu sähe in Google Analytics wie folgt aus:

```
/404.html?page=rabatte
```

Hier entfällt dann der Referrer, da der Nutzer die URL ja direkt im Browser eingegeben hat.

Nehmen wir nun aber an, dass die Seite früher, zum Beispiel vor einem Relaunch, tatsächlich einmal *www.tirami.biz/rabatte* geheißen hat und sogar von extern verlinkt worden ist und bei Google gerankt hat. Mittlerweile existiert die Seite unter der genannten URL aber nicht mehr, sondern befindet sich auf der Seite *www.tirami.biz/sonderangebote*. Da Tirami beim Relaunch vergessen hat, für diese Seite eine Weiterleitung einzurichten, gelangen alle Besucher, die über ein entsprechendes Google-Suchergebnis oder einen externen Link kommen, auf die Fehlerseite. Da die Wahrscheinlichkeit sehr hoch ist, dass der Nutzer an dieser Stelle enttäuscht die Sitzung abbricht, empfiehlt es sich, diese Fehler zu beobachten und zu korrigieren. In unserem Fall sähe ein Seitenaufruf über einen externen Link zum Beispiel so aus:

```
/404.html?page=rabatte&from=www.externerlink.de
```

Durch benutzerdefinierte Reports können Sie die Daten sogar soweit filtern, dass Sie nur interne und externe fehlerhafte Links sehen. Genauso können Sie auch nur die fehlerhaften Seiten auswerten, die bei Google ranken. Auf diese Weise lassen sich diese Reports sehr gut für die Auswertung Ihrer Suchmaschinenoptimierung nutzen. Ein Beispiel für einen derartigen Report sehen Sie in Abbildung 9.17.

Zielseite		Sitzungen ↓	Neue Sitzungen in %	Neue Nutzer	Absprungrate
		321 % des Gesamtwerts: 0,22 % (146.891)	63,55 % Website-Durchschnitt: 58,49 % (8,65 %)	204 % des Gesamtwerts: 0,24 % (85.922)	49,22 % Website-Durchschnitt: 30,33 % (62,29 %)
1.	/404.html?page=/produkte/produktuebersicht&from=	12	41,67 %	5	25,00 %
2.	/404.html?page=/produkte/korkenzieher&from=http://www.urbia.de/archiv/forum/gute-korkenzieher.html	8	75,00 %	6	87,50 %
3.	/404.html?page=/produkte/weinkuehler/&from=	8	0,00 %	0	75,00 %

Abbildung 9.17 Virtuelle Seitenaufrufe für 404-Seiten: Zielseiten-Report

Dort haben wir die Zielseiten analysiert und auf »404« gefiltert. In der zweiten Zeile erkennen Sie, dass zum Beispiel ein Foreneintrag auf *urbia.de* einen fehlerhaften Link aufweist, über den acht Sitzungen in dem gewählten Zeitraum auf die Seite gekommen sind. Die anderen beiden Einträge wurden leider ohne Referrer erzeugt. Dies kann in manchen Fällen auch ein Hinweis auf Performance-Probleme sein. Seiten, die normalerweise keinen Fehler hervorbringen, können je nach Konfiguration in solchen Fällen einen 404-Code ausgeben.

Fehlerhafte Links und Suchmaschinen

Aus Suchmaschinensicht sind eingehende fehlerhafte Links oder auch fehlerhafte Seiten generell negativ für die Gesamtbewertung einer Website. Aus diesem Grund macht es Sinn, die Seite und ihre Inhalte immer zu pflegen und auf dem aktuellsten Stand zu halten.

Wenn Sie einen Website-Relaunch durchführen, kann es sein, dass Sie sich nur auf die Top-Seiten konzentrieren und nur sie weiterleiten. Im Anschluss an den Relaunch können Sie mit dem 404-Tracking sehen, welche Seiten noch viele Zugriffe über externe Links oder Google erhalten, die nun auf Fehlerseiten leiten. Sie sollten sie dann auf die entsprechenden Zielseiten weiterleiten oder die Ziel-URL vom Website-Betreiber der anderen Seite anpassen lassen.

404-Tracking ist aber auch hilfreich, um interne fehlerhafte Verlinkungen aufzuspüren. Denn auch sie können aus Suchmaschinen-Sicht negative Auswirkungen haben. Nutzen Sie einen benutzerdefinierten Report, in dem Sie nach dem Referrer Ihrer eigenen Domain filtern, um sehen zu können, welche Seiten fehlerhaft intern verlinkt worden sind.

9.3 Ereignisse – Aktivitäten wie Downloads, Klicks und Formulare messen

Ereignisse bieten vielfältige Tracking-Möglichkeiten. Sie können damit Aktivitäten Ihrer Nutzer tracken, die Sie über die normalen Seitenaufrufe nicht abdecken können und über virtuelle Seitenaufrufe nicht abdecken wollen. Da virtuelle Seitenaufrufe die Zahl der tatsächlichen Seitenaufrufe verwässern, sollten Sie immer überlegen, ob die Nutzung eines Ereignisses nicht sinnvoller ist. Beispielhafte Nutzungsmöglichkeiten von Ereignissen sind folgende:

- Klicks auf interne oder externe Links
- Download von Dateien inklusive Benennung und Format
- Klicks in der Navigation, auf Teaser, interne Banner, Buttons
- Klicks auf Elemente des Bestellprozesses
- Tracking von Formularnutzung und Abbrüchen
- Fehlermeldungen diverser Art

9.3.1 Funktionsweise von Ereignissen

Um Ereignisse tracken zu können, müssen Sie Anpassungen an Ihrer Website vornehmen. Ereignisse unterscheiden sich von einem normalen Seitenaufruf, da sie nicht automatisch getrackt werden, sondern gezielt eingebaut werden müssen. Dazu erweitern Sie die Funktionen, die Sie gerne als Ereignis zählen würden, also zum Beispiel ein JavaScript-Element, einen Teaser oder einen externen Link mit einem sogenannten OnClick-Aufruf. Das heißt, dass bei einem Klick auf dieses Element ein weiterer Tracking-Aufruf an Google Analytics gesendet wird.

Aufbau von Ereignissen

Ereignisse bestehen aus mehreren Elementen, der Kategorie, der Aktion, dem Label und einem Wert. Um die Beschreibung ein wenig plastischer zu gestalten, möchten wir Ihnen den Ereignisaufbau an einem Beispiel erläutern. Sicher bieten Sie auf Ihrer Website Ihren Nutzern die Möglichkeit, etwas herunterzuladen, sei es ein Prospekt, eine Produktbeschreibung, einen Werbetext oder einen Screensaver – das Ereignis-Tracking hilft Ihnen, genau festzuhalten, was Ihre Nutzer heruntergeladen haben.

An dieser Stelle nehmen wir als Beispiel ein Prospekt, das den Nutzern im Download-Bereich sowohl als PDF als auch als ZIP-Datei zur Verfügung gestellt wird. Sie bieten Ihren Nutzern aber auch im Shop die Möglichkeit, Produktbeschreibungen als PDF herunterzuladen. Nun wollen Sie tracken, wie oft die drei verschiedenen Downloads (Prospekt-PDF, Prospekt-ZIP und Produktbeschreibung-PDF) getätigt worden sind. Sie haben die Möglichkeit, folgende Elemente der Ereignisse zu tracken:

- **Kategorie**: »Überschrift«, »Wo?« – in welche Kategorie fällt ein Ereignis? Zum Beispiel Download, Video, Navigation, Werbung etc.
- **Aktion**: Was wird gemacht? Zum Beispiel Broschüre, Play, Klick, Teaser etc.
- **Label**: Bezeichnung des Ereignisses, also Name des Produkts, Name des Videos, Name des Navigationselements, Name des Teasers etc.
- **Wert**: Zahlwert des Ereignisses. Wie viel ist Ihnen das Auslösen des Ereignisses wert? Hier können Sie monetäre Werte angeben, aber auch zeitliche Werte, zum Beispiel die Abspieldauer eines Videos.

Sie müssen lediglich Kategorie und Aktion mit Inhalten befüllen, die anderen beiden Elemente können Sie leer lassen. Es empfiehlt sich aber, zumindest das Label-Element mit zu nutzen, um noch mehr Aussagen treffen zu können.

Zurück zu unserem Download-Beispiel. Ein Aufbau der Ereignisse könnte aussehen wie in Tabelle 9.1.

	Kategorie	Aktion	Label
Prospekt-PDF	Download	Prospekt	*Sommerangebote.pdf*
Prospekt-ZIP	Download	Prospekt	*Sommerangebote.zip*
Broschüre-PDF	Download	Broschuere	*unsertopprodukt.pdf*

Tabelle 9.1 Beispiel verschiedener Ereignis-Benennungen

Bevor Sie Ereignis-Tracking einrichten, empfehlen wir Ihnen, dass Sie ein Konzept erstellen, in dem Sie genau definieren, welche Elemente getrackt werden sollen, in welchem Zusammenhang sie stehen und welche Auswertungen später möglich sein sollen. Denn nur mittels eines ausgeklügelten Konzepts sind Sie im Anschluss in der

Lage, aussagekräftige Analysen durchzuführen. Wie Sie das Konzept angehen sollten, erklären wir Ihnen im folgenden Abschnitt.

Beeinflussung der Absprungrate: ja oder nein

Neben den verschiedenen inhaltlichen Komponenten wie Kategorie und Aktion können Sie den Ereignissen beim Tracking noch eine weitere Information mitgeben. Es handelt sich hierbei um die optionale Information zur Berechnung der Absprungrate. Standardmäßig werden Ereignisse so ausgewertet, dass sie dadurch die Absprungrate beeinflussen. Das bedeutet, dass ein automatisch erzeugtes Ereignis direkt nach dem ersten Seitenaufruf die Absprungrate dahingehend verändert, dass die Sitzung – auch wenn der Nutzer die Seite sofort verlassen hat – nicht als Absprung gezählt wird.

Ein Beispiel wäre ein Video auf der Startseite. Wenn es automatisch abgespielt wird, wird die Absprungrate an dieser Stelle standardmäßig bei null liegen. Ereignisse werden als Interaktion angesehen und somit bei der Berechnung der Absprungrate bewertet. Wird also beim Laden der Seite direkt ein Ereignis gesetzt, so findet eine weitere Interaktion statt, der Nutzer ist nicht abgesprungen, und die Bounce Rate bleibt bei »0«.

Um das zu umgehen, können Sie beim Aufruf des Ereignisses festlegen, dass es nicht bei der Berechnung der Absprungrate gewertet wird. Das heißt also, dass der eben beschriebene Aufruf nicht als Interaktion gewertet würde und die Absprungrate somit unverändert bliebe. Die Sitzung würde erst dann als Absprung gewertet werden, wenn der Nutzer tatsächlich auf der Seite die Website verlässt. Um ein Ereignis von der Berechnung der Absprungrate auszuschließen, müssen Sie den optionalen Parameter `noninteraction` an das Ereignis anhängen (mehr dazu in Abschnitt 5.4.3).

Beachten Sie auch, dass Sie die Absprungraten von Seiten, bei denen Ereignisse eingebunden sind, anders bewerten müssen, da sie aufgrund nicht angepasster Ereignisse meist geringere Absprungraten aufweisen. Ein gutes Beispiel hierfür ist eine Seite, auf der sich Videos befinden. Ohne Ereignis-Tracking ist die Absprungrate der Seite sicherlich höher. Mit eingebautem Ereignis-Tracking werden die Klicks auf den Start- und Stopp-Button getrackt, sodass kein Absprung gezählt wird. Es liegt an Ihnen, zu entscheiden, ob Sitzungen, die sich lediglich ein Video ansehen, als Absprung gezählt werden sollen oder nicht. Wenn Sie möchten, dass Nutzer, die auf der Einstiegsseite nur ein Video ansehen und dann abbrechen, als Absprung gelten, dann müssen Sie das Ereignis entsprechend anpassen.

9.3.2 Erstellung eines Ereignis-Tracking-Konzepts

Bevor Sie Ereignis-Tracking einbauen, sollten Sie ein Konzept ausarbeiten, in dem Sie gewisse Fragestellungen klären. Am besten teilen Sie das Vorgehen in zwei große

Schritte ein. Im ersten Teil machen Sie sich Gedanken darüber, was Sie alles tracken möchten, wie es am Schluss aussehen soll und was Sie damit auswerten möchten. Im zweiten Teil legen Sie dann endgültig fest, wie die Elemente benannt und genau strukturiert werden. Im Anschluss daran können Sie das Tracking einbinden.

Für den ersten Teil des Konzepts sollten Sie sich folgende Fragen stellen:

1. Was wollen Sie tracken? Wann soll es getrackt werden, zum Beispiel direkt beim Klick auf einen Button oder erst, wenn die Folgeseite geladen ist?
2. Können Sie alle Elemente anpassen? Hier müssen Sie sich wahrscheinlich mit der IT abstimmen. Sie wollen sich ja keine Gedanken über Elemente machen müssen, die Sie aus technischen Gründen nicht anpassen können.
3. Wie viele Ereignisse werden Sie mit dem Tracking erzeugen? Überschlagen Sie grob, wie viele Ereignisse ein normaler Nutzer während einer Sitzung durchführen kann, und schätzen Sie dann ab, ob Sie dies tatsächlich alles auswerten wollen und ob Sie damit an das Treffer-Limit von Google Analytics gelangen. Während einer Sitzung werden maximal 500 Hits gezählt, darunter fallen zum Beispiel Seitenaufrufe, Zielerreichungen, die durch Ereignisse oder Verweildauer bzw. Anzahl Seitenaufrufe erreicht werden, sowie Ereignisse. Alles, was über diese Anzahl hinausgeht, wird nicht mehr getrackt. Außerdem gibt es ein Treffer-Limit pro Tag und pro Monat – auch hier sollten Sie darauf achten, dass es durch die Nutzung der Ereignisse nicht überschritten wird. Wollen Sie zum Beispiel die komplette Nutzung der Navigation tracken, sollten Sie überlegen, ob dadurch nicht zu viele Aufrufe erzeugt werden. Eine schnelle Hochrechnung der Anzahl der täglichen Sitzungen und Seitenaufrufe gibt Ihnen hier Aufschluss darüber, ob Sie mit den Ereignissen an das Limit gelangen oder nicht.
4. Wie sollen die Auswertungen aussehen? Welche Reports möchten Sie erstellen? Benötigen Sie einfache Reports, die Sie schnell durch ein paar Klicks erstellen können, oder dürfen es auch aufwendige Pivot-Darstellungen sein, die einen tiefen Einblick in die Daten gewähren? Je nachdem, können Sie das Ereignis-Tracking entweder sehr grob oder sehr kleinteilig strukturieren.
5. Welche Daten wollen Sie zusammen auswerten können? Überlegen Sie gut, welche Elemente zusammengehören und daher in einer Kategorie oder als gleiche Aktion getrackt werden könnten. Benennen Sie zum Beispiel alle Teaser auch tatsächlich als »Teaser« und alle Downloads als »Downloads«, wenn Sie sie zusammen auswerten möchten.
6. Sollen Ereignisse als Ziele dienen? Wenn Sie unterschiedliche Ereignisse als ein Ziel festlegen wollen, sollten Sie hierbei auch darauf achten, dass sie gleich benannt sind. Möchten Sie zum Beispiel alle Downloads als Ziel festlegen und ist es dabei egal, um welche Art von Downloads es sich konkret handelt, dann reicht es, wenn Sie den Teil gleich benennen, indem Sie die Information mitgeben, dass es

sich um einen Download handelt. In unserem Fall ist dies die Kategorie. Es könnte aber auch die Aktion oder das Label sein. Möchten Sie alle Video-Starts tracken (Kategorie: Video, Aktion: Play) und sie von allen Podcasts-Starts (Kategorie: Podcast, Aktion: Play) unterscheiden, so wäre ein Ziel sinnvoll, das sich nur auf Ereignisse der Kategorie Video und der Aktion Play bezieht. Ein Ziel, das alle Starts tracken soll, benötigt lediglich eine Übereinstimmung mit der Aktion »Play«.

Nehmen wir zur Veranschaulichung noch einmal unser Beispiel der Prospekt-Downloads. Bei der Erarbeitung des Konzepts sollten Sie überlegen, ob es Ihnen wichtig ist, sehen zu können, welcher Prospekt genau heruntergeladen wurde. Wenn Sie diese Information nicht benötigen, können Sie das Element *Label* leer lassen und lediglich *Kategorie* und *Aktion* befüllen. Wenn Sie aber auswerten möchten, welche Dateien heruntergeladen wurden, dann sollten Sie auch das *Label* mit Inhalt füllen. Tabelle 9.2 zeigt noch mal unser Beispiel.

	Kategorie	Aktion	Label
Prospekt-PDF	Download	Prospekt	*Sommerangebote.pdf*
Prospekt-ZIP	Download	Prospekt	*Sommerangebote.zip*

Tabelle 9.2 Beispiel zur Unterscheidung zweier Prospekt-Downloads

Wenn Sie all die oben genannten Fragen beantwortet haben, können Sie mit dem zweiten Teil des Konzepts beginnen. Dazu sollten Sie folgende Punkte bedenken:

1. Definieren Sie Kategorie, Aktion, Label und Wert der einzelnen Ereignisse.
2. Prüfen Sie, ob bestimmte Elemente zusammengehören, aber nicht gleich benannt sind, oder ob es noch Elemente gibt, die zwar gleich benannt sind, aber nicht miteinander verbunden werden sollen.
3. Achten Sie auf eine sinnvolle und aussagekräftige Benennung der Punkte. Unklare Benennungen helfen Ihnen später bei den Auswertungen nicht weiter. Benennen Sie die Elemente so, wie Sie später auch in den Reports danach suchen würden. Wenn Sie Abkürzungen nutzen wollen, sollten Sie sie unbedingt in einer Tabelle festhalten.

Wir empfehlen Ihnen, diese Vorarbeiten aufzuschreiben, um später jederzeit nachlesen zu können, wie die verschiedenen Ereignisse genannt worden sind. Am besten halten Sie auch gleich die URL und vielleicht sogar einen Screenshot fest, um auch nach langer Zeit noch zu wissen, was getrackt wird. Außerdem kann es sein, dass Sie Ihrer IT genau mitteilen müssen, welche Anpassungen vorgenommen werden müssen, auch hier ist ein Vorlagendokument genau das Richtige, um zu zeigen, was Sie sich wünschen. Bei Anmerkungen oder Fragen kann die IT sie direkt dort eintragen, und Sie haben sogar eine Änderungshistorie. Und wo wir gerade bei Änderungen sind: Halten Sie fest, wenn etwas nicht umgesetzt werden kann, wenn Sie etwas anpassen, wenn ein Element umbenannt wird, wenn es nicht mehr existieren sollte, aber auch wenn Sie weitere Elemente hinzufügen. So wundern Sie sich später nicht, falls Sie im Tracking Elemente nicht mehr finden sollten oder nicht wissen, was deren Bedeutung ist.

Um Ihnen einen Einblick in die vielfältige Nutzung von Ereignissen zu geben, möchten wir Ihnen ein paar Screenshots zeigen und erklären, wo die Vor- und Nachteile der gezeigten Umsetzung liegen.

Um für eine Tourismus-Website auswerten zu können, wie oft die einzelnen Gastgeber-Detailseiten aufgerufen werden, kann man auch zum Ereignis-Tracking greifen. In dem Beispiel in Abbildung 9.18 sehen Sie, dass die Kategorie »gastgeber« genannt wurde und das Label die jeweiligen Aktionen beinhaltet. Darunter zum Beispiel »ansicht« für die Ansicht einer Gastgeberseite, »webseite« für den Klick auf die Website eines Gastgebers, »buchen« für den Klick auf den BUCHEN-Button sowie »gebucht« für die tatsächliche Buchung. Als Ereignis-Aktion werden die Gastgebernamen mitgegeben, um die gleiche Auswertung auch für einzelne Gastgeber durchführen zu können.

Ereigniskategorie	Ereignis-Label	Ereignisse gesamt	Eindeutige Ereignisse
		247.533 % des Gesamtwerts: 38,35 % (645.513)	52.193 % des Gesamtwerts: 26,82 % (194.602)
1. gastgeber	ansicht	**197.026**	143.238
2. gastgeber	webseite	**32.181**	28.922
3. gastgeber	verfuegbarkeit pruefen	**12.223**	8.723
4. gastgeber	anfragen	**2.878**	2.511
5. gastgeber	mail	**1.857**	1.596
6. gastgeber	merken	**1.006**	899
7. gastgeber	buchen	**324**	268
8. gastgeber	gebucht	**38**	30

Abbildung 9.18 Beispiel Ereignis-Tracking für Tourismus-Seiten

Mithilfe einer Pivot-Tabelle haben Sie wie in Abbildung 9.19 die Möglichkeit, die verschiedenen Ereignis-Elemente miteinander in Verbindung zu bringen. Auf diese Weise können Sie auch einen Funnel nachbauen. In unserem Beispiel sehen wir pro Gastgeber, wie oft dessen Detailseite aufgerufen wurde, wie viele Anfragen gemacht wurden, wie häufig die externe Website angeklickt wurde und natürlich auch wie oft die Nutzer auf den BUCHEN-Button geklickt und den Gastgeber auch tatsächlich gebucht haben. Eine derartige Auswertung können Sie nicht mit einer gewöhnlichen Zieltrichter-Auswertung darstellen, da Sie dort nicht die Möglichkeit besitzen, nach einzelnen Gastgebern zu filtern.

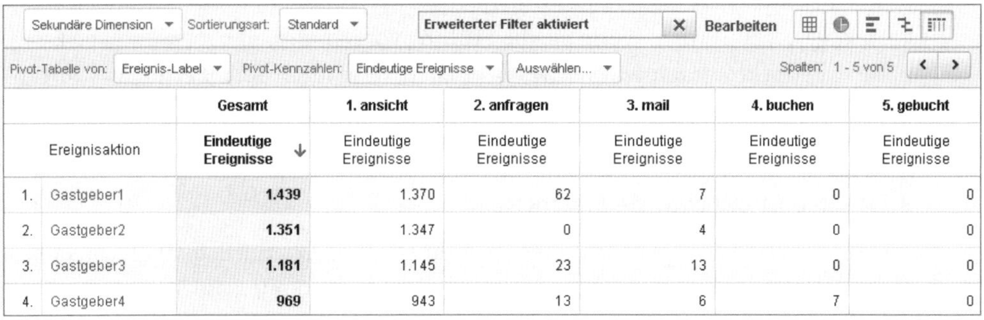

	Gesamt	1. ansicht	2. anfragen	3. mail	4. buchen	5. gebucht
Ereignisaktion	**Eindeutige Ereignisse**	Eindeutige Ereignisse	Eindeutige Ereignisse	Eindeutige Ereignisse	Eindeutige Ereignisse	Eindeutige Ereignisse
1. Gastgeber1	**1.439**	1.370	62	7	0	0
2. Gastgeber2	**1.351**	1.347	0	4	0	0
3. Gastgeber3	**1.181**	1.145	23	13	0	0
4. Gastgeber4	**969**	943	13	6	7	0

Abbildung 9.19 Beispiel Ereignis-Report mit Pivot-Tabelle

Diese Art von Report lässt sich natürlich auch für viele andere Fragestellungen nutzen. Werten Sie so zum Beispiel die Ansichten und Verkäufe von Produkten aus, oder analysieren Sie Abbrüche in Formularen mittels Pivot-Reports. Mit einer guten Grundlage und einem sinnvoll strukturierten Konzept lassen sich mit den Ereignissen so gut wie alle Wünsche abdecken.

9.3.3 Einbau der Ereignisse prüfen

Nachdem Sie nun Ihr Konzept erstellt und die Technik-Abteilung die gewünschten Ereignisse eingebaut hat, dürfen Sie sich erst einmal für ein oder zwei Tage zurücklehnen. Diese Zeit benötigen Sie, um ein paar Daten in das Ereignis-Tracking einlaufen zu lassen. Hier ist natürlich auch die Nutzeranzahl Ihrer Website relevant, bei einer Website mit weniger Besuchen wird es länger dauern, bis alle Ereignisse einmal getriggert worden sind, als bei einer Website mit vielen Besuchen.

Nehmen Sie nun Ihr Konzept zur Hand, und prüfen Sie die einzelnen Ereignisse durch. Entweder erledigen Sie dies in Zusammenarbeit mit einem Ansprechpartner Ihrer Technik-Abteilung, oder aber Sie testen die Umsetzung selbst. Das geht tatsächlich sehr einfach, und Sie benötigen dazu keine technischen Vorkenntnisse. Lediglich der Einbau eines Browser-Plugins ist notwendig, um zu sehen, ob und wann die Ereignisse getrackt werden. Mehr Informationen darüber geben wir Ihnen in Kapitel 12, Der Rettungseinsatz: Fehler finden und beheben«.

Wir empfehlen Ihnen, alle Ereignisse, die Sie in Ihrem Konzept festgelegt haben, auf der Seite durchzuführen. So sehen Sie, ob tatsächlich alles funktioniert. Mit den Debugging-Tools können Sie direkt sehen, welcher Aufruf abgesandt wird. Zusätzlich können Sie aber auch das Echtzeit-Ereignis-Tracking nutzen. Dort erkennen Sie, welche Ereignisse gerade auf der Website erzeugt worden sind, und können sie mit den

Aufrufen, die Sie getätigt haben, abgleichen. Sie können in Google Analytics direkt die verschiedenen Reports nutzen, um zu sehen, ob die Daten in der Weise auswertbar sind, wie Sie sich das vorgestellt haben. Falls dem nicht so ist, sollten Sie mit der IT noch einmal nachjustieren und diejenigen Ereignisse anpassen, die noch nicht korrekt getrackt werden. Wenn Sie die Prüfung vorgenommen haben und alle Ereignisse so getrackt werden, wie Sie dies wünschen, steht Ihren detaillierten Auswertungen nichts mehr im Wege.

9.3.4 Report »Wichtigste Ereignisse«

Der Report WICHTIGSTE EREIGNISSE zeigt Ihnen einen Überblick der verschiedenen Ereigniskategorien. Sie sehen die Anzahl der gesamten Ereignisse, der eindeutigen Ereignisse, den Ereigniswert sowie den durchschnittlichen Wert. Die Daten zu den Ereigniswerten werden nur dann mitgegeben, wenn Sie bei den einzelnen Ereignisaufrufen einen Wert mitliefern. An dieser Stelle werden die Werte addiert. Wenn Sie also die Spielzeit eines Videos tracken, wird die Zahl hier sehr hoch sein, wenn Sie hingegen gar nichts mitgeben, bleibt die Zahl – wie in unserem Beispiel in Abbildung 9.20 – auf »0«.

Ereigniskategorie	Ereignisse gesamt ↓	Eindeutige Ereignisse	Ereigniswert	Durchschn. Wert
	4.719 % des Gesamtwerts: 64,37 % (7.331)	1.350 % des Gesamtwerts: 50,17 % (2.691)	0 % des Gesamtwerts: 0,00 % (0)	0,00 Website-Durchschnitt: 0,00 (0,00 %)
1. Produktseite	**3.194**	790	0	0,00
2. Download	**1.419**	475	0	0,00
3. external link	**70**	66	0	0,00
4. Kontaktformular	**33**	16	0	0,00
5. mailto	**3**	3	0	0,00

Abbildung 9.20 Report »Wichtigste Ereignisse«

Natürlich können Sie an dieser Stelle auch Anpassungen an der Darstellungsweise vornehmen. Setzen Sie zum Beispiel über eine sekundäre Dimension Informationen über Label oder Aktion neben die Kategorie, um mehr Daten auf einen Blick zu erhalten. Sie können aber auch filtern oder sortieren, um die Daten einzugrenzen, die Sie auswerten möchten. Außerdem haben Sie die Möglichkeit, die primäre Dimension anzupassen und somit von der Ansicht der Kategorie in die Ansicht von Label oder Aktion zu wechseln. Wie sinnvolle Pivot-Auswertungen durchgeführt werden können, haben wir Ihnen ja bereits im vorherigen Abschnitt gezeigt.

Erwähnenswert sind zudem die Tab-Wechsler, mit deren Hilfe Sie auch die Website-Daten oder E-Commerce-Informationen in Bezug auf die Ereignisse auswerten können. So sehen Sie zum Beispiel die durchschnittliche Sitzungsdauer der Nutzer oder auch den Umsatz. Gerade diese Auswertung kann manchmal sehr aufschlussreich sein und sollte daher nicht unterschätzt werden.

In unserem Beispiel in Abbildung 9.21 sehen Sie den Anteil des Umsatzes, der nach einem Ereignis getätigt wurde, und wie viele Transaktionen erfolgt sind. Dass Gastgeberseiten und die damit verbundenen Ereignisse zum Umsatz beitragen, ist naheliegend, aber warum wird ein großer Umsatz durch externe Links erzielt? An dieser Stelle hängt der Umsatz damit zusammen, dass im Buchungsprozess auf externe Links zu Reiseversicherungen geklickt werden kann. Daher tragen diese externen Links zum Umsatz bei.

Ereigniskategorie	Sitzungen	Umsatz	Transaktionen	Durchschnittlicher Bestellwert	E-Commerce-Conversion-Rate	Wert pro Besuch
	106.745 % des Gesamtwerts: 42,53 % (250.980)	59.387,10 € % des Gesamtwerts: 180,97 % (32.816,30 €)	259 % des Gesamtwerts: 187,68 % (138)	229,29 € Website-Durchschnitt: 237,80 € (-3,58 %)	0,24 % Website-Durchschnitt: 0,05 % (341,28 %)	0,56 € Website-Durchschnitt: 0,13 € (325,49 %)
1. gastgeber	31.574	**29.673,20 €**	112	264,94 €	0,35 %	0,94 €
2. external link	69.159	**22.571,80 €**	86	262,46 €	0,12 %	0,33 €
3. angebot	5.272	**6.962,90 €**	59	118,02 €	1,12 %	1,32 €

Abbildung 9.21 Ereigniskategorie in Verbindung mit E-Commerce-Daten

9.3.5 Seiten-Report – auf welchen Seiten werden Ereignisse ausgelöst?

Der Seiten-Report im Bereich des Ereignis-Trackings zeigt Ihnen, auf welchen Seiten Ereignisse ausgelöst worden sind (siehe Abbildung 9.22). Wenn Sie die Anzeige der Seite um eine sekundäre Dimension erweitern, die Ihnen Aufschluss über Ereigniskategorie, -Label oder -Aktion gibt, können Sie sehen, welche Ereignisse auf welchen Seiten ausgelöst worden sind. Auf diese Weise stellen Sie fest, welche Seiten besonders viele Interaktionen hervorrufen und welche nicht.

Seite	Ereignisse gesamt	Eindeutige Ereignisse	Ereigniswert	Durchschn. Wert
	542.862 % des Gesamtwerts: 99,67 % (544.648)	174.381 % des Gesamtwerts: 98,16 % (177.643)	166 % des Gesamtwerts: 99,40 % (167)	0,00 Website-Durchschnitt: 0,00 (-0,27 %)
1. /	**84.572**	32.700	0	0,00
2. /produkte	**65.447**	25.293	0	0,00
3. /kontaktformular/danke	**30.885**	12.217	0	0,00
4. /prospekte-uebersicht	**28.860**	12.012	0	0,00
5. /ueber-uns	**20.561**	10.434	0	0,00

Abbildung 9.22 Ereignis-Report: Auf welchen Seiten wurden die Ereignisse ausgelöst?

9.3.6 Ereignisfluss – Reihenfolge von Ereignissen

Der Ereignisfluss-Report soll Ihnen zeigen, in welcher Reihenfolge Nutzer Ereignisse ausgelöst haben. Leider lässt sich der Report nicht besonders gut anpassen. Sie können nicht nach einem bestimmten Ereignis filtern oder sortieren. Unsere Gastgeberseiten-Beispiele von eben lassen sich an dieser Stelle nicht so darstellen und wirken sogar deutlich unübersichtlicher. Unter dem Punkt DETAILEBENE haben Sie die Möglichkeit, die Knotendetails festzulegen. Wählen Sie hier wie in Abbildung 9.23 zwischen KATEGORIE/AKTION/LABEL, KATEGORIE/AKTION oder KATEGORIE, um nur die gewählten Elemente anzeigen zu lassen.

Abbildung 9.23 Ereignisfluss-Anpassung der Detailstufen der Knoten

Unser Beispiel in Abbildung 9.24 stellt den Ereignisfluss-Report nach Kategorien sortiert dar.

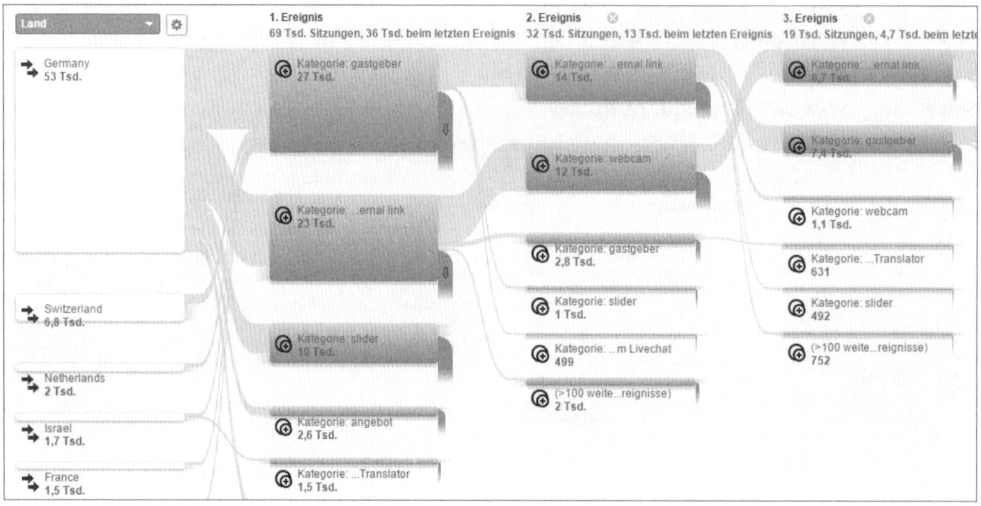

Abbildung 9.24 Ereignisfluss, nach Kategorien gruppiert

Wählen Sie eine der anderen Darstellungen, wird sich diese Ansicht noch weiter verzweigen, da dann nach den jeweiligen Elementen aufgeschlüsselt wird. Sie sehen dann einzelne Knoten statt wie hier nur die Benennung der Kategorie für jede Kategorie und Aktion bzw. Label-Kombination. Das kann schnell unübersichtlich werden, daher sollten Sie zu Beginn erst einmal nur die Kategorien auswerten.

Wie auch bei den anderen Flussreports sehen Sie mittels einer Mausbewegung über die einzelnen Knotenpunkte, wie oft dieses Ereignis zu einem weiteren Ereignis geführt oder wie häufig es keine weiteren Interaktionen hervorgerufen hat. An dieser Stelle gehen wir nicht weiter auf die einzelnen Auswertungsmöglichkeiten der Flussreports ein. Mehr Informationen dazu finden Sie in Abschnitt 7.8.

9.4 Website-Geschwindigkeit – Ladezeiten der Seite analysieren

Google Analytics entwickelt sich immer mehr zu einem Allzwecktool für Webverantwortliche. Nach der Integration der AdWords- und AdSense-Daten und später auch einiger Search-Console-Daten liefert es auch Informationen über die Ladezeiten der Website. Dies zeigt, dass die Suchmaschinenoptimierung immer wichtiger wird und sogar in Webanalyse-Tools wie Google Analytics Einzug hält.

Die Ladezeit einer Website trägt viel zu dem Besuchserlebnis Ihrer Nutzer bei. Dauert es zu lange, bis eine Seite vollständig geladen ist, verlassen die Besucher die Seite schneller. Eine Seite, die schnell lädt und die Inhalte sofort verfügbar macht, erzeugt ein besseres Erlebnis als eine langsame Seite. Damit Sie sich bei der Auswertung Ihrer Ladezeiten nicht nur auf Ihr Bauchgefühl und die Search Console verlassen müssen, bietet Google Analytics Ihnen auch die Möglichkeit, Analysen der Ladezeiten durchzuführen. Sie können sogar sehen, wie hoch die Absprungraten von Seiten mit hohen Ladezeiten sind, um Ihren Auswertungen noch mehr Aussagekraft zu geben.

Die Reports zur Website-Geschwindigkeit bieten Antworten auf verschiedene Performance-Fragen. Darunter zum Beispiel folgende:

- Wie schnell laden die einzelnen Seiten?
- Wie lange benötigen die Seiten zum Laden in bestimmten Ländern?
- Bei welchem Browser lädt die Website besonders lange?
- Wie lange benötigt der Server, um eine Verbindung herzustellen?
- Wie ist die durchschnittliche Serverantwortzeit?

All diese Fragen lassen sich mit den Website-Geschwindigkeits-Reports beantworten. Eine Beispiel-Übersicht sehen Sie in Abbildung 9.25.

Es gibt jedoch einige Tatsachen, die Sie zur Messung der Website-Geschwindigkeit wissen sollten. Bei Einführung der Reports musste zum Tracking der Geschwindigkeit eine Extrazeile Code in den Google-Analytics-Code eingebunden werden. Dies ist heutzutage gar nicht mehr notwendig. Die Reports zur Ladezeit der Seiten sowie des Browsers benötigen keine weiteren Anpassungen. Lediglich die Reports zur benutzerdefinierten Messung einzelner Dateien (Nutzer-Timings) funktionieren erst nach Einbau einer weiteren Codezeile.

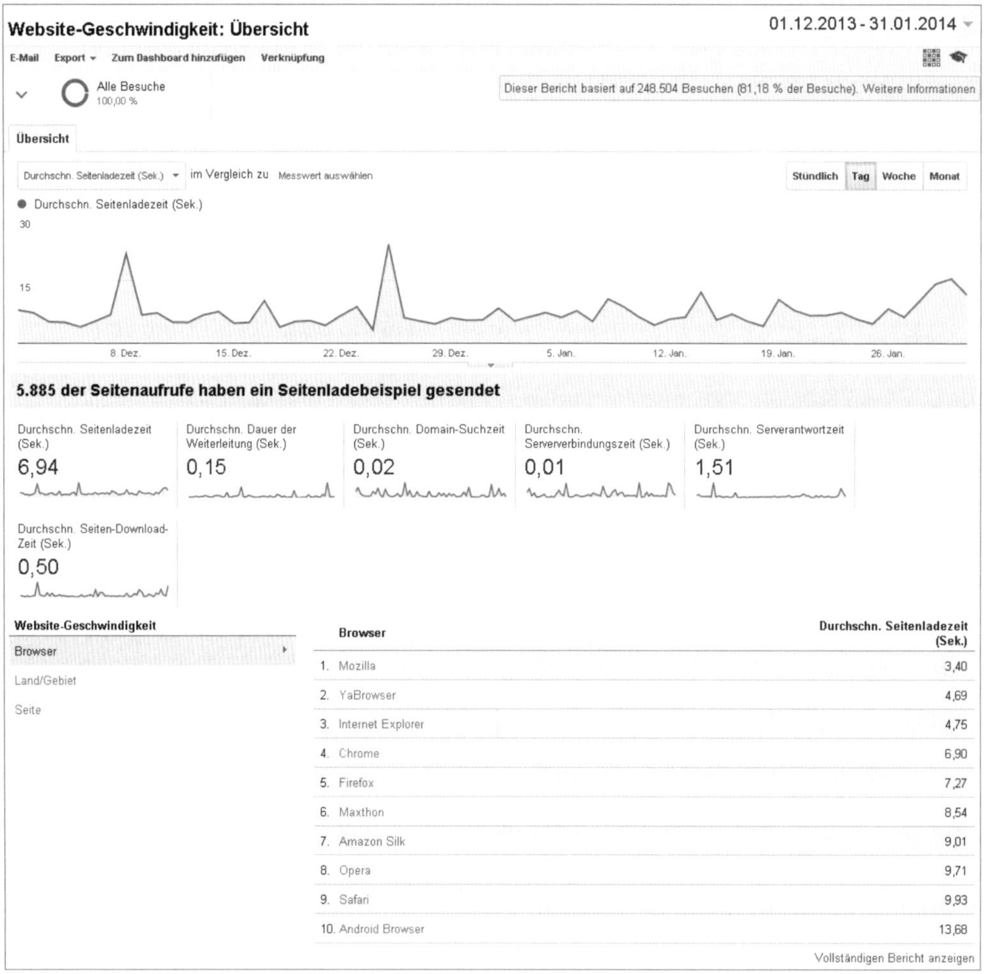

Abbildung 9.25 Website-Geschwindigkeit, Übersicht

Weiterhin sollten Sie wissen, dass nicht alle Sitzungen analysiert werden können. Die Ladegeschwindigkeit kann nur errechnet werden, wenn der Browser des Nutzers HTML 5 unterstützt oder die Google Toolbar installiert hat. Wundern Sie sich also nicht, wenn Sie in den Reports bestimmte Browser nicht auffinden können. Zu den Browsern, die HTML 5 unterstützen, zählen derzeit zum Beispiel Google Chrome,

Firefox 7 und höher sowie Internet Explorer 9 und höher. Sogar alle Android-Versionen ab 4.0 unterstützen das Format.

Standardmäßig wird nur 1 % des Traffics in den Auswertungen der Ladezeit berücksichtigt. Es gibt die Möglichkeit, die Stichprobengröße durch eine Anpassung im Code zu erhöhen. Dies ist allerdings nur bei Seiten möglich, deren Nutzerzahl 100.000 pro Tag nicht übersteigt. Beachten Sie aber, dass das Limit für die maximal beachteten Hits bei 10.000 pro Tag liegt, setzen Sie die Rate also nicht zu hoch.

Die Übersicht der Website-Geschwindigkeits-Reports zeigt Ihnen wie gewohnt in Form eines Graphen den zeitlichen Verlauf der durchschnittlichen Seitenladezeit. Darunter sehen Sie die wichtigsten Kennzahlen aus diesem Bereich, zum Beispiel bei wie vielen Seitenaufrufen die Website-Geschwindigkeit gemessen wurde, wie hoch die durchschnittliche Seitenladezeit ist und wie viele Sekunden die Serverantwortzeit im Durchschnitt beträgt. Darunter können Sie aus drei weiteren Berichten auswählen, die Ihnen entweder die Geschwindigkeit unterteilt nach Browsern oder nach Land und Gebiet oder nach Seiten anzeigen.

An dieser Stelle wollen wir Ihnen noch die Definitionen der Kennzahlen aufzeigen:

- Durchschnittliche Seitenladezeit (Sek.): Die Zeit, die benötigt wird, bis die Seite vom Seitenaufruf bis zum Abschluss des Seitenladevorgangs komplett geladen ist. Die Zeit setzt sich aus der Netzwerk- und Serverzeit sowie der Browser-Zeit zusammen.
- Durchschnittliche Dauer der Weiterleitung (Sek.): Dauer der Weiterleitung, sofern sie genutzt wird, ansonsten sollte der Wert bei »0« liegen
- Durchschnittliche Domain-Suchzeit (Sek.): Dauer der DNS-Suche für die Seite
- Durchschnittliche Serververbindungszeit (Sek.): Zeit, die vergeht, bis die Verbindung zum Server aufgebaut worden ist
- Durchschnittliche Serverantwortzeit (Sek.): Zeit, die der Server benötigt, um zu antworten. Hier wird auch die Netzwerklaufzeit vom Nutzer zum Server eingerechnet.
- Durchschnittliche Seiten-Download-Zeit (Sek.): Zeit, die vergeht, bis die Seite komplett heruntergeladen wurde

Mithilfe der Übersicht sehen Sie auf einen Blick, ob es zu bestimmten Zeiten Ausreißer gegeben hat, die zu besonders langen Ladezeiten geführt haben. Wenn Sie die Ladezeiten der Website optimiert haben, lohnt sich ein weiterer Blick, denn dann sollten Sie in den Zeitverläufen eine positive Entwicklung sehen können.

9.4.1 Seiten-Timings – wie lange laden bestimmte Seiten?

Der Menüpunkt SEITEN-TIMINGS unterteilt sich in drei verschiedene Hauptansichten, die über einen weiteren Navigationspunkt noch weiter spezifiziert werden können. Mittels der Tabs über dem Graphen wählen Sie entweder die EXPLORER-Ansicht, die VERTEILUNG-Ansicht oder das KARTEN-OVERLAY.

Seiten-Timings: Explorer

Im EXPLORER-Bereich können Sie zwischen folgenden Darstellungen wählen: WEBSITE-NUTZUNG, TECHNISCHE INFORMATIONEN und DOM-TIMINGS. Je nach Auswahl verändert sich die Darstellung des Graphen und der darunter befindlichen Tabelle. In dem Report zur WEBSITE-NUTZUNG sehen Sie standardmäßig die Seiten sowie die Anzahl der Seitenaufrufe und die durchschnittliche Ladezeit (siehe Abbildung 9.26).

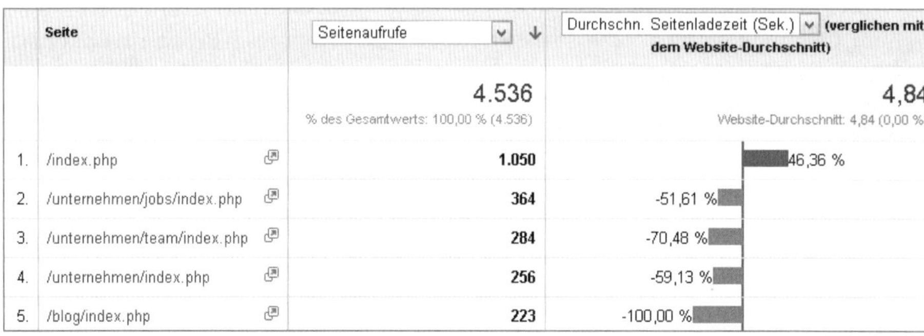

	Seite	Seitenaufrufe	Durchschn. Seitenladezeit (Sek.) (verglichen mit dem Website-Durchschnitt)
		4.536 % des Gesamtwerts: 100,00 % (4.536)	4,84 Website-Durchschnitt: 4,84 (0,00 %)
1.	/index.php	1.050	46,36 %
2.	/unternehmen/jobs/index.php	364	-51,61 %
3.	/unternehmen/team/index.php	284	-70,48 %
4.	/unternehmen/index.php	256	-59,13 %
5.	/blog/index.php	223	-100,00 %

Abbildung 9.26 Seiten-Timings mit Informationen zur Anzahl der Seitenaufrufe und der durchschnittlichen Ladezeit

Sie haben allerdings auch die Möglichkeit, mithilfe der Dropdown-Menüs andere Metriken auszuwählen und auf diese Weise zum Beispiel die durchschnittliche Ladezeit mit der Absprungrate in Verbindung zu bringen. So können Sie sehen, ob und wie sich eine lange Ladezeit auf die Absprungraten der Website auswirkt (siehe Abbildung 9.27).

In unserem Beispiel weisen die Seiten, die eine geringere Ladezeit besitzen, auch geringere Absprungraten auf. Dass die Absprungrate der Suchmaschinen-Marktanteile zwar eine hohe Seitenladezeit, aber eine geringe Absprungrate aufweist, liegt daran, dass die Seite häufig über Suchmaschinen aufgerufen wird und die Nutzer sehr daran interessiert sind und die Sitzung nicht abbrechen. Dennoch empfiehlt es sich an dieser Stelle, die Seite genauer unter die Lupe zu nehmen, um die Ladezeit zu verringern und den Besuchern so ein besseres Nutzererlebnis zu liefern. Bei der Seite zur Kölner Internetwoche handelt es sich um eine Event-Ankündigung, bei der viele Sitzungen über externe Verweise gekommen sind. Da sich die Nutzer nur für das Event und nicht für die Dienstleistungen der Firma interessieren, brechen sie die Sitzung erwartungsgemäß an dieser Stelle ab.

	Seite	Durchschn. Seitenladezeit (Sek.)	Absprungrate (verglichen mit dem Website-Durchschnitt)
		4,84 Website-Durchschnitt: 4,34 (0,00 %)	69,73 % Website-Durchschnitt: 69,73 % (0,00 %)
1.	/blog/1650-suchmaschinen-marktanteile-europa/index.php	21,03	12,67 %
2.	/blog/6002-internetwoche-koln-google-2014/index.php	8,73	35,44 %
3.	/unternehmen/jobs/studentische-hilfskraft-im-bereich-online-marketing-seo-sem-sea-in-koln/index.php	7,69	14,72 %
4.	/blog/2326-suchmaschinen-marktanteile-2009-europa-usa/index.php	7,17	-11,75 %
5.	/index.php	7,09	-24,53 %
6.	/impressum/index.php	5,99	7,55 %
7.	/blog/1175-suchmaschinen-marktanteile/index.php	3,44	1,74 %
8.	/online-marketing/social-media-marketing/index.php	2,58	-28,30 %
9.	/unternehmen/jobs/index.php	2,34	26,44 %
10.	/unternehmen/index.php	1,98	-52,20 %

Abbildung 9.27 Seiten-Timings mit Informationen zu durchschnittlicher Ladezeit und Absprungraten

Die weiteren zwei Tabs mit TECHNISCHEN INFORMATIONEN und DOM-TIMINGS liefern ähnliche Daten wie der EXPLORER-Tab. In den Tabellen haben Sie in den Dropdown-Menüs eine größere Auswahl an Metriken. Im Technik-Bereich sind dies beispielsweise die Anzahl der BEISPIELE FÜR DIE SEITENLADEZEIT. Mit dieser Metrik erkennen Sie, wie oft die Ladezeit der Seite tatsächlich gemessen wurde. Einer kleinen Stichprobengröße sollten Sie keine besonders hohe Aufmerksamkeit schenken, sondern sich primär auf die Seiten konzentrieren, deren Ladezeit überdurchschnittlich ist und deren Stichprobengröße auch nicht allzu klein ausfällt.

Seiten-Timings: Verteilung

Das Tab VERTEILUNG zeigt Ihnen verschiedene Timing-Buckets, anhand derer Sie sehen können, ob auf Ihren Seiten einzelne Elemente schnell oder langsam geladen werden. Wenn Sie an dieser Stelle eine einzelne Seite analysieren möchten, können Sie dies tun, indem Sie im EXPLORER-Tab die Seite wählen und anschließend auf das Tab VERTEILUNG wechseln. Neben den einzelnen Buckets findet sich meist ein kleines Pluszeichen. Wenn Sie darauf klicken, erhalten Sie eine Aufschlüsselung der einzelnen Elemente.

In unserem Fall in Abbildung 9.28 analysieren wir alle gemessenen Seiten und stellen fest, dass der Großteil der Seiten bei ein bis drei Sekunden Ladezeit liegt. Hier ist auch die Stichprobengröße mit 21 gemessenen Seiten am größten.

An dieser Stelle können Sie aber noch weitere Metriken analysieren, darunter zum Beispiel die Weiterleitungsdauer, Serververbindungszeit, Dokumentladezeit und einige mehr.

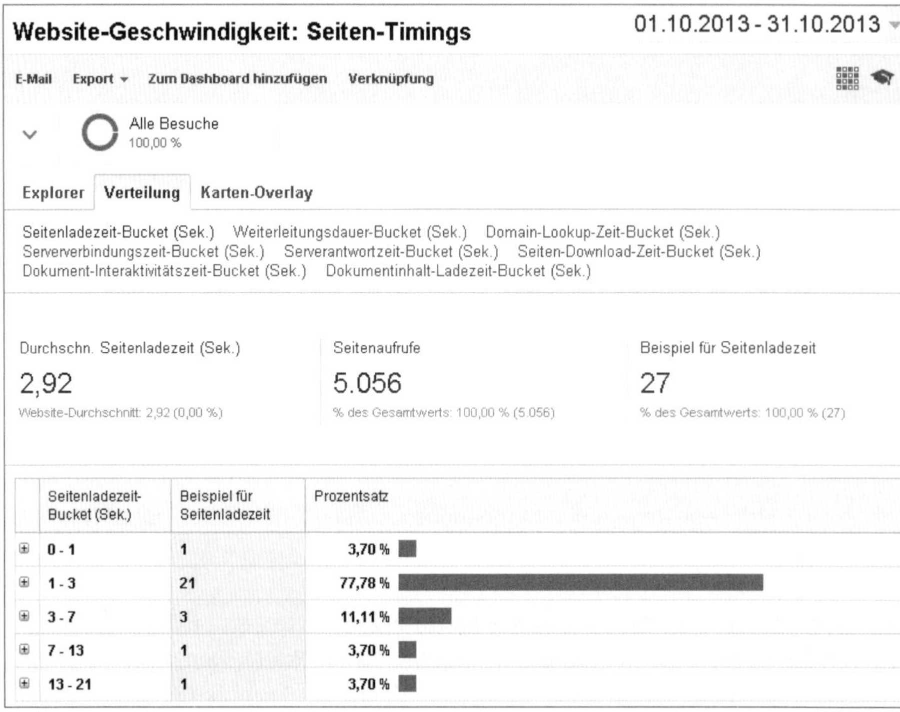

Abbildung 9.28 Seiten-Timings, Tab »Verteilung«

Seiten-Timings: Karten-Overlay

Das Tab KARTEN-OVERLAY weist die gleichen Menüpunkte auf wie das EXPLORER-Tab: WEBSITE-NUTZUNG, TECHNISCHE INFORMATIONEN, DOM-TIMINGS. Mittels des Karten-Overlays erkennen Sie, wie hoch die Seitenladezeit in verschiedenen Ländern, Gebieten, Kontinenten und sogar Städten ist (siehe Abbildung 9.29).

Die Ladezeit einer Seite hängt zu großen Teilen auch von der technischen Ausstattung der Nutzer und deren Entfernung zum Server ab. Mittels des Karten-Overlays können Sie die Ladezeiten in den einzelnen Ländern analysieren. Vor allem wenn Sie ein international tätiges Unternehmen sind, dessen Besucher aus der ganzen Welt stammen, ist dieser Report hilfreich zur Optimierung der Website. Sie können Ihren Nutzern aus bestimmten Gebieten zum Beispiel einzelne Länder-Websites anbieten, bei denen Sie vielleicht auf Inhalte verzichten, die sehr viel Ladezeit in Kauf nehmen. So verbessern Sie die Ladezeit, die Nutzererfahrung und letzten Endes auch die Conversions. Es lohnt sich also, sich den Report zumindest einmal im Halbjahr anzuschauen.

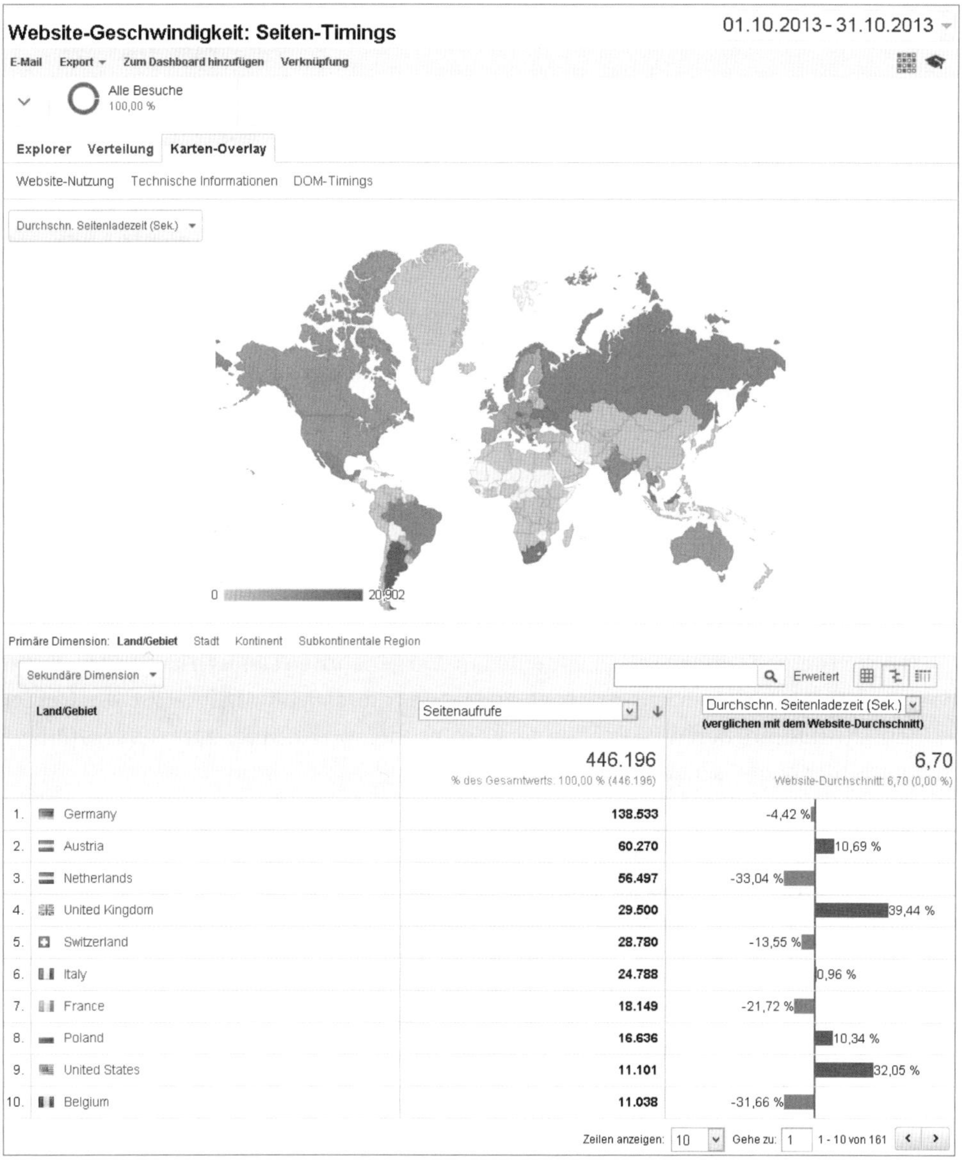

Abbildung 9.29 Seiten-Timings, Tab »Karten-Overlay«

In unserem Beispiel in Abbildung 9.30 haben wir die Daten nach durchschnittlicher Ladezeit sortiert und können so sehen, dass Argentinien, Tschechien, Südafrika, Malaysia und Serbien besonders hohe Seitenladezeiten aufweisen. Leider ist dieser Report allein wenig aussagekräftig, da wir ja gar nicht wissen können, wie viele Seitenaufrufe überhaupt aus den genannten Ländern stammen. Um das zu prüfen, müssen Sie das Tab wechseln und unter dem Tab TECHNISCHE INFORMATIONEN nach weiterführenden Daten suchen.

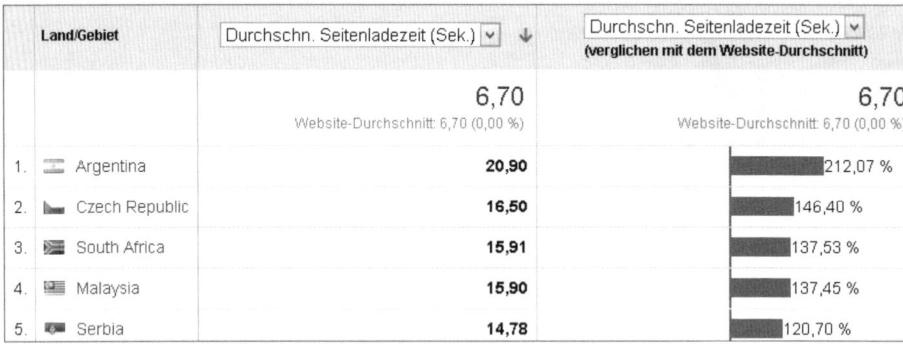

	Land/Gebiet	Durchschn. Seitenladezeit (Sek.)	Durchschn. Seitenladezeit (Sek.) (verglichen mit dem Website-Durchschnitt)
		6,70 Website-Durchschnitt: 6,70 (0,00 %)	6,70 Website-Durchschnitt: 6,70 (0,00 %)
1.	Argentina	20,90	212,07 %
2.	Czech Republic	16,50	146,40 %
3.	South Africa	15,91	137,53 %
4.	Malaysia	15,90	137,45 %
5.	Serbia	14,78	120,70 %

Abbildung 9.30 Seiten-Timings-Daten aus »Karten-Overlay«, nach Ladezeiten sortiert

Mithilfe eines regulären Ausdrucks filtern wir nach den fünf oben genannten Regionen und stellen so fest, dass aus Argentinien, Malaysia und Serbien sowie Südafrika kaum Seitenladezeit-Beispiele zustande gekommen sind (siehe Abbildung 9.31). Die Daten dieser Länder sind also nicht besonders valide. Tschechien hingegen weist eine Stichprobengröße von 24 gemessenen Seiten auf sowie eine leicht unterdurchschnittliche Seitenladezeit. Das Ergebnis dieser Kurzauswertung ist, dass wir uns bezüglich der sehr hohen Seitenladezeiten in den genannten Ländern keine Sorgen machen müssen. Der nächste Schritt wäre nun, die gleiche Analyse für die Länder durchzuführen, deren Ladezeiten nicht so hoch gewesen sind, um herauszufinden, ob es hier Ausreißer gibt oder nicht.

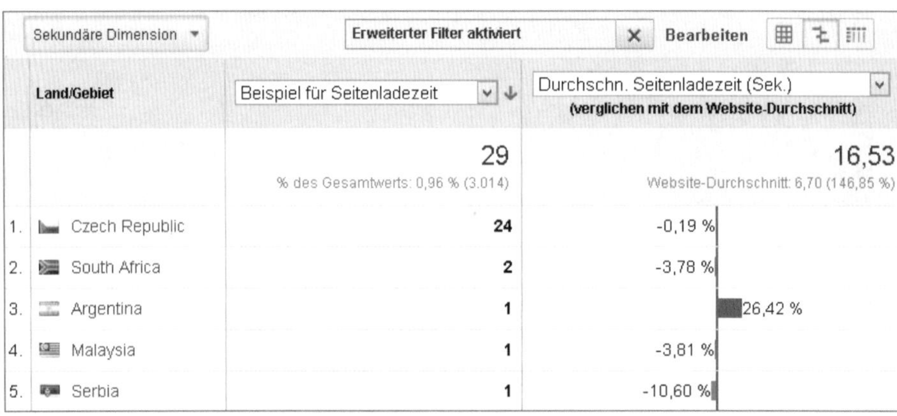

Sekundäre Dimension ▾ | Erweiterter Filter aktiviert × | Bearbeiten

	Land/Gebiet	Beispiel für Seitenladezeit	Durchschn. Seitenladezeit (Sek.) (verglichen mit dem Website-Durchschnitt)
		29 % des Gesamtwerts: 0,96 % (3.014)	16,53 Website-Durchschnitt: 6,70 (146,85 %)
1.	Czech Republic	24	-0,19 %
2.	South Africa	2	-3,78 %
3.	Argentina	1	26,42 %
4.	Malaysia	1	-3,81 %
5.	Serbia	1	-10,60 %

Abbildung 9.31 Seiten-Timings-Daten aus »Karten-Overlay«, Tab »Technische Informationen«

Die drei Reports des Menüpunkts SEITEN-TIMINGS geben Ihnen also einen ersten Einblick in Ihre Seitenladezeiten. Doch Google Analytics bietet Ihnen im Bereich Website-Geschwindigkeit noch weitere Reports, die Ihnen helfen sollen, Ihre Webpräsenz zu optimieren.

9.4.2 Empfehlungen zur schnellen Anzeige – mögliche Performance-Optimierungen

Im Bereich EMPFEHLUNGEN ZUR SCHNELLEN ANZEIGE verknüpft Google wieder einmal zwei Produkte miteinander. Hierbei handelt es sich um Google Analytics, das seinen Nutzern eine direkte Verknüpfung mit dem Google-Produkt PageSpeed Insights bietet.

In dem Report sind Ihre Anpassungsmöglichkeiten recht eingeschränkt. Das Tool zeigt Ihnen eine Liste der Seiten sowie die Anzahl der jeweiligen Seitenaufrufe, außerdem die durchschnittliche Seitenladezeit sowie das PageSpeed-Ergebnis und die Anzahl der entsprechenden Empfehlungen (siehe Abbildung 9.32).

	Seite ?	Seitenaufrufe ? ↓	Durchschn. Seitenladezeit (Sek.) ?	PageSpeed-Empfehlungen ?	PageSpeed-Ergebnis ?
1.	/index.php	1.098	2,23	7 insgesamt	75
2.	/unternehmen/jobs/index.php	302	2,00	7 insgesamt	74
3.	/unternehmen/index.php	254	1,40	7 insgesamt	74
4.	/blog/1175-suchmaschinen-marktanteile/index.php	253	0,00	8 insgesamt	72
5.	/unternehmen/team/index.php	236	0,00	7 insgesamt	68
6.	/blog/index.php	182	0,00	7 insgesamt	74
7.	/blog/6016-recap-luna-park-beim-seo-day-2013/index.php	153	0,00	8 insgesamt	73
8.	/blog/6027-recap-seo-day-2013-teil-1-page-rank/index.php	134	0,00	8 insgesamt	72
9.	/unternehmen/referenzen/index.php	132	2,99	7 insgesamt	66
10.	/blog/5046-seo-strategie-die-basis-jeder-suchmaschinenoptimierung/index.php	126	0,00	8 insgesamt	71

Abbildung 9.32 Empfehlungen zur schnellen Anzeige

Das Ergebnis des PageSpeeds gibt an, wie sehr Sie Ihre Seite noch verbessern können. Eine hohe Zahl bedeutet, dass kaum noch Anpassungen notwendig sind, eine niedrige Zahl heißt, dass noch ein großes Optimierungspotenzial vorhanden ist. Leider lässt sich nicht nach dieser Metrik sortieren, Sie müssen also selber suchen, um Seiten mit einem besonders niedrigen Ergebnis ausfindig zu machen.

Klicken Sie auf die PAGESPEED-EMPFEHLUNGEN, so öffnet sich unter einem neuen Tab das Programm PageSpeed Insights, das die gewählte URL analysiert.

Dort erhalten Sie dann ausformulierte Empfehlungen, die Sie bei der Optimierung Ihrer Website berücksichtigen können (siehe Abbildung 9.33). An dieser Stelle müssen Sie sich wahrscheinlich mit Ihrer IT abstimmen, da viele dieser Anpassungen nur technisch umsetzbar sind.

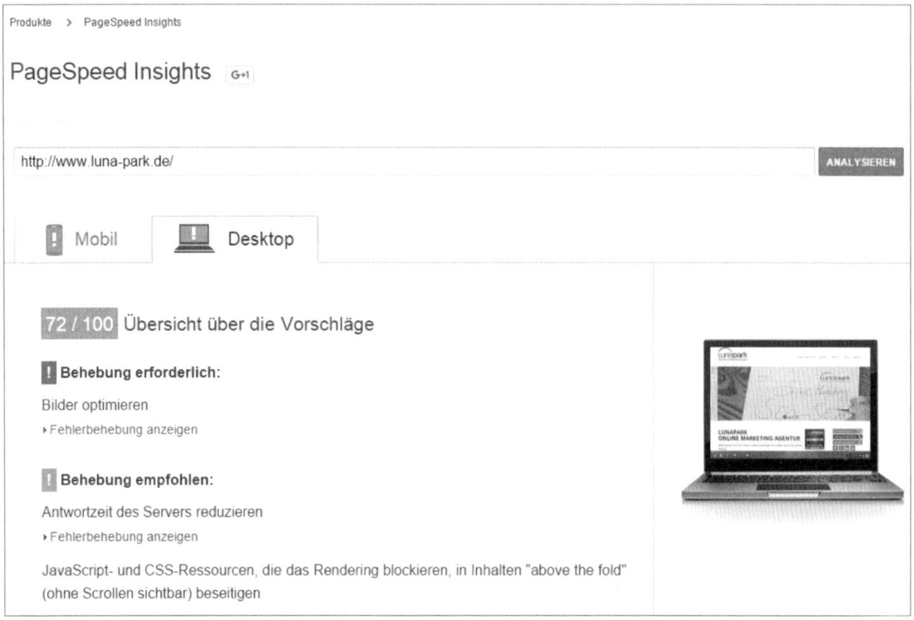

Abbildung 9.33 PageSpeed-Insights-Analyse der luna-park-Startseite

Der PageSpeed-Report zeigt keine Daten

Es kann vorkommen, dass Sie in dem Report zwar Seiten und Seitenaufrufe sehen, aber keine Daten mit Empfehlungen zur Verbesserung der Ladezeit. In diesem Fall sind die Spalten PAGESPEED-EMPFEHLUNGEN und PAGESPEED-ERGEBNIS ausgegraut. Gründe dafür können folgende sein:

- Der Hostname, den Sie in den Einstellungen zur Datenansicht angegeben haben, stimmt nicht mit dem tatsächlichen Hostnamen überein. Dies kann vorkommen, wenn Sie zum Beispiel eine Datenansicht nutzen, in die mehrere Domains einlaufen. Google Analytics kann hier die URIs nicht mehr den einzelnen Domains zuweisen und somit nicht analysieren.
- Die URLs gehören nicht zu Ihrer Website. Dies kann vorkommen, wenn Sie mittels eines Suchen-und-Ersetzen-Filters oder mit virtuellen Seitenaufrufen die tatsächlichen URLs umschreiben lassen.
- Die Website benötigt eine Authentifizierung zur Ansicht. Da Google nicht berechtigt ist, diese Seite zu sehen, kann es sie auch nicht analysieren.

Google Analytics funktioniert so, dass es die Seiten-URLs aus den Reports mit dem Hostnamen aus der Datenansicht-Einstellung verbindet und versucht auszuwerten. Wenn an dieser Stelle etwas nicht passt, zum Beispiel der Hostname nicht zu den URIs oder die URIs nicht zum Hostnamen, dann kann Google keine Analysen dazu durchführen, da die URLs an sich fehlerhaft sind.

Eine Lösung für dieses Problem wäre, dass Sie ein eigenes Profil anlegen, in dem Hostname und URIs nicht umschrieben werden, sodass die Auswertungen durchführbar sind.

9.4.3 Nutzer-Timings – eigens definierte Timings

Um die Auswertungen zu den Nutzer-Timings durchführen zu können, müssen Sie zuerst den Tracking-Code auf der Seite anpassen. Wie Sie dabei vorgehen können, zeigen wir Ihnen in Abschnitt 5.4.7.

Mithilfe der Nutzer-Timings können Sie zum Beispiel die Ladezeiten einzelner Skripte oder CSS-Dateien abbilden, um herauszufinden, welche Elemente besonders lange Ladezeiten aufweisen und welche nicht. Auch aus Sicht der Suchmaschinenoptimierung ist eine solche Auswertung hilfreich, denn damit können Sie unter anderem herausfinden, ob durchgeführte Performance-Optimierungen den gewünschten Erfolg gebracht haben.

In Abbildung 9.34 zeigen wir Ihnen ein Beispiel des Nutzer-Timings-Reports. Die Timing-Kategorie heißt »timespent«, und im Zusammenhang mit der Timing-Variablen »js« benötigt dieses Nutzer-Timing im Schnitt 0,44 Sekunden zum Laden. Dabei wurden über 12.000 Timings erfasst. Ein derartiger Report ist bei mehr gemessenen Nutzer-Timings deutlich aussagekräftiger.

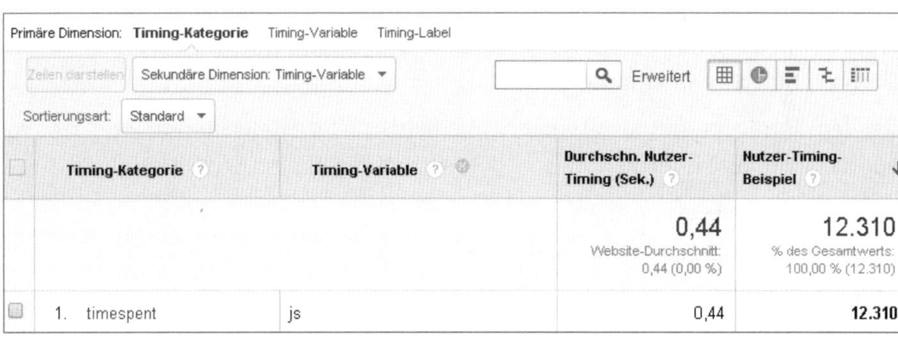

Abbildung 9.34 Nutzer-Timings-Report nach Timing-Kategorie und Timing-Variable

Nutzen Sie den Report in Abbildung 9.35, um die Nutzer-Timing-Buckets näher unter die Lupe zu nehmen. Wie viele Timings wurden gemessen, und wie hoch ist der Anteil der einzelnen Ladezeiten? Hier wird deutlich, dass der Schnitt in unserem Beispiel bei 0,44 Sekunden liegt. Den größten Anteil machen die Buckets aus, deren Ladezeit zwischen 0,1 und 1 Sekunde liegen.

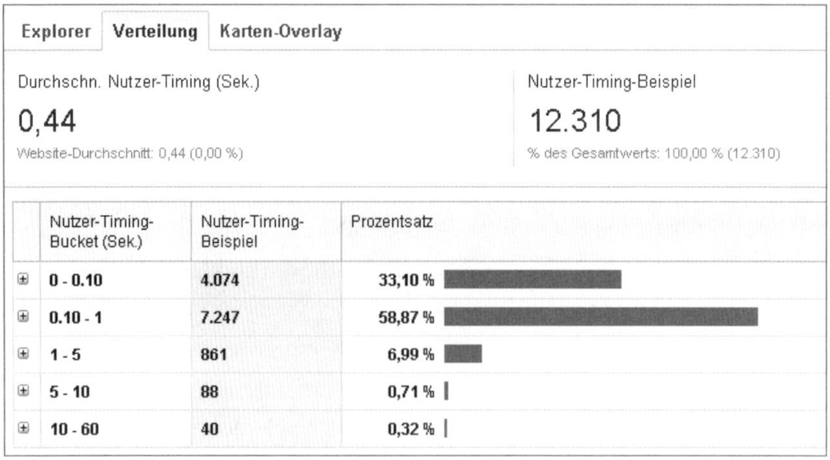
Explorer | Verteilung | Karten-Overlay

Durchschn. Nutzer-Timing (Sek.)
0,44
Website-Durchschnitt: 0,44 (0,00 %)

Nutzer-Timing-Beispiel
12.310
% des Gesamtwerts: 100,00 % (12.310)

Nutzer-Timing-Bucket (Sek.)	Nutzer-Timing-Beispiel	Prozentsatz
0 - 0.10	4.074	33,10 %
0.10 - 1	7.247	58,87 %
1 - 5	861	6,99 %
5 - 10	88	0,71 %
10 - 60	40	0,32 %

Abbildung 9.35 Nutzer-Timings-Report, »Verteilung«

9.5 Interne Suche – was suchen die Nutzer auf Ihrer Website?

Wenn Ihre Website eine Suchfunktion anbietet, sollten Sie es sich nicht nehmen lassen, diese ebenfalls auszuwerten. Die interne Suche muss zuvor jedoch in den Einstellungen der Datenansichten kurz eingerichtet werden. Sie müssen dazu die Suchparameter festlegen, die in den URLs die Suchworte kennzeichnen. Über virtuelle Seitenaufrufe lassen sich so sogar post-basierte Suchen auswerten, bei denen keine Parameter in der URL mitgegeben werden. Wie Sie die interne Suche einrichten, erklären wir Ihnen in Abschnitt 6.1.5.

Nachdem Sie die interne Suche eingerichtet haben, liefern Ihnen die entsprechenden Reports detaillierte Informationen zu den Suchanfragen Ihrer Website-Nutzer:

- Was haben die Leute gesucht?
- Wie oft haben sie die Suche wiederholt?
- Wie viele Besucher brechen nach einer Suche die Sitzung ab?
- Auf welchen Seiten suchen die Nutzer?

Sie können die Suche sogar in einzelne Kategorien – sofern sie auf der Seite verfügbar sind – einteilen und sehen, wie oft in den verschiedenen Kategorien gesucht wird. Sie sehen also, die interne Suche liefert Ihnen sehr viele Informationen darüber, was auf Ihrer Seite fehlt bzw. über das, was nicht gefunden wird. Sie haben so die Chance, dem auf den Grund zu gehen und Ihre Website dahingehend zu optimieren, dass die Dinge, welche die Nutzer suchen, auch tatsächlich gut auffindbar sind. So optimieren Sie nicht nur die Nutzererfahrung, sondern letzten Endes auch Ihren Umsatz.

Die Übersichtsseite der internen Suche bietet Ihnen in großen Teilen den gleichen Anblick wie die üblichen Google-Analytics-Übersichtsseiten. Oben sehen Sie den Graphen mit dem zeitlichen Verlauf. Darunter jedoch gibt es eine Übersicht der wichtigsten Kennzahlen zur internen Suche, eine Tortengrafik mit der Verteilung der Sitzungen mit und ohne Suche (siehe Abbildung 9.36) sowie eine Tabelle mit den wichtigsten Suchbegriffen.

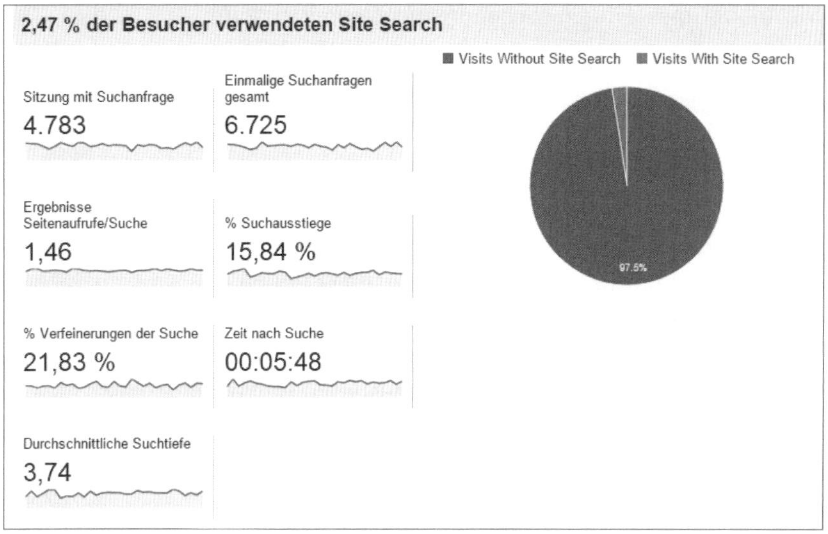

Abbildung 9.36 Interne Suche, Übersichtsseite

Google Analytics zeigt Ihnen, wie hoch der Nutzeranteil gewesen ist, der eine interne Suche durchgeführt hat. Natürlich sehen Sie aber nicht nur den prozentualen Anteil, sondern auch die absoluten Zahlen. Außerdem liefert Ihnen Google Analytics noch weitere wichtige Kennzahlen. Hier die wichtigsten Definitionen:

- SITZUNGEN MIT SUCHE: Anzahl der Sitzungen, bei denen die Suchfunktion mindestens einmal genutzt wurde
- EINMALIGE SUCHANFRAGEN GESAMT: Anzahl der eingegebenen Suchbegriffe
- ERGEBNISSE FÜR SEITENAUFRUFE/SUCHE: Seitenaufrufe der Suchergebnisseiten geteilt durch die Summe einmaliger Suchen
- % SUCHAUSSTIEGE: Anteil der Sitzungen, die nach der Suche die Seite verlassen
- % VERFEINERUNGEN DER SUCHE: Anteil der Suchen, bei denen anschließend noch weitere Suchen durchgeführt worden sind
- ZEIT NACH SUCHE: Zeit, die Besucher durchschnittlich noch nach einer Suche auf der Website verbringen
- SUCHTIEFE: Anzahl der Seiten, die im Schnitt nach einer Suche angezeigt werden

9.5.1 Nutzung der internen Suche

Der erste Navigationspunkt der internen Suche gibt Ihnen Aufschluss darüber, bei wie vielen Sitzungen die interne Suche genutzt wurde. Dazu erhalten Sie die üblichen Metriken wie Anteil neuer Sitzungen, Absprungraten, durchschnittliche Sitzungsdauer und sogar Conversions. In diesem Report können Sie beispielsweise auswerten, wie lange Besucher im Schnitt auf der Seite bleiben, wenn sie die Suche nutzen, oder wie viel mehr Umsatz durch suchende Nutzer generiert wird.

In unserem Beispiel in Abbildung 9.37 bleiben die Nutzer, welche die Suche einsetzen, deutlich länger auf der Seite und erzielen sogar eine höhere E-Commerce-Conversion-Rate. Das lässt vermuten, dass sich die Nutzer, die die interne Suche zu Rate ziehen, mehr mit der Seite auseinandersetzen als jene, die nicht suchen. Eine logische Konsequenz könnte sein, die Suche auf der Seite mehr hervorzuheben, sodass die Nutzer sie schneller finden können. Dass die Anzahl der aufgerufenen Seiten so hoch ist, lässt jedoch befürchten, dass die Nutzer nicht direkt finden, was sie suchen. Vielleicht gibt es ein Produkt mehrfach, und sie müssen sich zuerst durch das Angebot klicken, um zu der gewünschten Seite zu kommen. Eine mögliche Vorgehensweise wäre hier, die häufigsten Suchszenarien durchzuspielen und die Ergebnisse auszuwerten. Sind die Suchergebnisseiten gut oder schlecht strukturiert?

Sekundäre Dimension ▾ Sortierungsart: Standard ▾ Erweitert

Site Search-Status	Akquisition			Verhalten			Conversions E-Commerce ▾		
	Sitzungen	Neue Sitzungen in %	Neue Nutzer	Absprungrate	Seiten/Sitzung	Durchschnittl. Sitzungsdauer	Transaktionen	Umsatz	E-Commerce-Conversion-Rate
	228.664 % des Gesamtwerts: 100,00 % (228.664)	55,25 % Website-Durchschnitt: 55,21 % (0,08 %)	126.341 % des Gesamtwerts: 100,08 % (126.241)	38,80 % Website-Durchschnitt: 38,80 % (0,00 %)	4,11 Website-Durchschnitt: 4,11 (0,00 %)	00:04:10 Website-Durchschnitt: 00:04:10 (0,00 %)	123 % des Gesamtwerts: 100,00 % (123)	30.190,30 € % des Gesamtwerts: 100,00 % (30.190,30 €)	0,05 % Website-Durchschnitt: 0,05 % (0,00 %)
1. Visits Without Site Search	**223.300**	55,46 %	123.832	39,69 %	3,92	00:03:55	116	27.328,60 €	0,05 %
2. Visits With Site Search	**5.364**	46,77 %	2.509	1,79 %	11,96	00:14:24	7	2.861,70 €	0,13 %

Abbildung 9.37 Nutzung der internen Suche

Nutzen Sie zur besseren Auswertung der E-Commerce-Daten den Tab über dem Graphen. Auf diese Weise erhalten Sie einen noch detaillierteren Vergleich der Sitzungen mit und ohne Suche in Bezug auf E-Commerce. In unserem Beispiel bestätigt sich die These von eben, dass die Besucher, die die Suche nutzen, interessierter sind (siehe Abbildung 9.38). Sie sind aber nicht nur interessierter, sondern sie bestellen im Schnitt auch mehr als die Besucher, welche die Suche nicht nutzen. In unserem Fall liegt das wahrscheinlich daran, dass die Seite ein breites Angebot aufweist. Nutzer, die wissen, was sie wollen, tendieren hier eher dazu, die Suchfunktion anstelle der Navigation zu nutzen, um schnell zu der Seite zu gelangen, die sie aufrufen möchten. Nutzer, die wissen, was sie wollen, tätigen auch schneller eine Bestellung. Das erklärt, warum in unserem Beispiel der durchschnittliche Bestellwert der Nutzer mit Suche so viel höher ist.

Site Search-Status	Sitzungen	Umsatz	Transaktionen	Durchschnittlicher Bestellwert
	228.664 % des Gesamtwerts: 100,00 % (228.664)	30.190,30 € % des Gesamtwerts: 100,00 % (30.190,30 €)	123 % des Gesamtwerts: 100,00 % (123)	245,45 € Website-Durchschnitt: 245,45 € (0,00 %)
1. Visits Without Site Search	223.300	27.328,60 €	116	235,59 €
2. Visits With Site Search	5.364	2.861,70 €	7	408,81 €

Abbildung 9.38 Interne Suche, Auszug der E-Commerce-Daten

9.5.2 Suchbegriffe – was geben die Nutzer bei der internen Suche ein?

Der Report zu den Suchbegriffen bietet Ihnen einen Überblick über die Begriffe, die die Nutzer Ihrer Website in der Suchfunktion genutzt haben. Häufig steht hier der Begriff, der standardmäßig in Ihrer Suche voreingestellt ist. Es kommt immer noch oft vor, dass Nutzer kein Suchwort eingeben, sondern einfach auf SUCHEN klicken. In diesen Fällen erhöht sich natürlich der Anteil der Suchverfeinerungen enorm.

Der Suchbegriffe-Report (siehe Abbildung 9.39) liefert Ihnen Kennzahlen wie eingegebene Suchbegriffe, die einmaligen Suchen dazu, die Ergebnisse für die Seitenaufrufe pro Seite, Anteil der Suchausstiege, Anteil der verfeinerten Suchen, die Zeit nach der Suche sowie die Suchtiefe. Diese Zahlen geben Ihnen einen Eindruck davon, wie gut die interne Suche Ihrer Website funktioniert. Sie können erkennen, nach welchen Begriffen Ihre Nutzer gesucht haben und ob die Ergebnisse dazu zufriedenstellend sind oder nicht. Sind die Suchausstiege bei bestimmten Begriffen besonders hoch, oder kommen im Anschluss an die Suche viele Suchverfeinerungen vor?

Suchbegriff	Einmalige Suchen gesamt	Ergebnisse für Seitenaufrufe/Suche	% Suchausstiege	% Verfeinerungen der Suche	Zeit nach Suche	Suchtiefe
	670 % des Gesamtwerts: 9,03 % (7.416)	1,55 Website-Durchschnitt: 1,48 (4,82 %)	11,34 % Website-Durchschnitt: 15,91 % (-28,71 %)	10,78 % Website-Durchschnitt: 21,03 % (-48,73 %)	00:03:44 Website-Durchschnitt: 00:05:49 (-35,72 %)	4,08 Website-Durchschnitt: 3,91 (4,37 %)
1. webcams	277	1,72	7,58 %	2,31 %	00:02:02	4,29
2. webcam	73	1,53	6,85 %	2,68 %	00:01:41	3,29
3. wetter	40	1,25	22,50 %	20,00 %	00:02:25	1,92
4. wetterprognose	18	1,28	33,33 %	34,78 %	00:00:18	0,44
5. hotel	8	1,12	12,50 %	22,22 %	00:07:14	6,12

Abbildung 9.39 Suchbegriffe der internen Suche

Ist das Suchergebnis aufschlussreich und hilfreich, dann erzeugt der Nutzer hoffentlich noch weitere Seitenaufrufe, ist das Ergebnis allerdings nicht hilfreich, so kann es zu Verfeinerungen der Suchanfragen oder aber Abbrüchen kommen. Sie können den Anteil der Suchausstiege als Abbruchraten der internen Suche sehen. Der Nutzer kommt auf Ihre Seite, findet nicht, was er sucht, und tätigt eine interne Suchanfrage. Anschließend findet er aber immer noch nicht, was er sucht, und verlässt frustriert die Seite. Derartige Nutzer sind vertane Chancen, denn wie Sie schon gesehen haben, sind Nutzer, die eine interne Suche durchführen, sehr oft geneigt, etwas zu kaufen. Es lohnt sich also, die Suchfunktion zu optimieren und so zu gestalten, dass jeder Nutzer findet, was er sucht.

Suchverfeinerungen kommen häufig vor, wenn Nutzer kein Suchwort in die Suchmaske eingeben. In diesem Fall müssen Sie die Verfeinerungen nicht so hoch bewerten. Gibt ein Nutzer aber ein korrektes Suchwort ein und Ihre Suchmaske liefert nicht die gewünschten Ergebnisse, so ist der Nutzer gezwungen, seine Suche weiter zu verfeinern. Das kann verschiedene Gründe haben, zum Beispiel werden zu viele Suchergebnisse angezeigt, die vielleicht das Suchwort enthalten, aber nicht primär damit zu tun haben. Ein weiterer Grund könnte sein, dass es sehr viele passende Einträge gibt und der Nutzer seine Suche verfeinern muss, um beispielsweise ein gewisses Produkt näher zu spezifizieren. Aus dem Begriff »Korkenzieher« wird dann »Korkenzieher holz« und sogar »Korkenzieher holz dunkel«, bis der Nutzer endlich findet, was er sich vorgestellt hat.

Vergessen Sie nicht, dass ein Großteil der Nutzer die Suche als Alternative zur gewohnten Navigation nutzt. Denken Sie an sich selbst: Wie nutzen Sie eine Seite wie Amazon? Klicken Sie sich auf der Suche nach einem bestimmten Buch erst einmal durch die verschiedenen Unterkategorien, oder geben Sie Namen und Autor direkt in das Suchfeld ein? Und genauso handeln auch Ihre Nutzer. Sie sind gewohnt, zu suchen, und setzen das gelernte Verhalten auch auf Ihrer Website fort. Es liegt an Ihnen, auszuwerten, ob gewisse Suchbegriffe im Zusammenhang mit Verfeinerungen und Abbrüchen positiv zu bewerten sind oder nicht. Jede Website ist anders, daher kann man dies leider nicht verallgemeinern.

Weitere Punkte, an denen Sie erkennen können, wie gut die Suche funktioniert, sind die Angaben zur Suchtiefe (wie viele Seiten wurden nach der Suche aufgerufen) sowie zur Zeit nach der Suche. Auch hier kommt es bei der Auswertung wieder auf Ihr Fingerspitzengefühl an. Verbringt ein Nutzer viel Zeit nach der Suche, um sich zu informieren, oder ist er weiterhin auf der Suche, weil er immer noch nicht mit dem Suchergebnis zufrieden ist? Finden Sie es heraus, indem Sie die Zahlen in Beziehung zu Abbrüchen und Verfeinerungen setzen.

Sehen Sie sich dazu einmal die Auswertung der internen Suche unserer eigenen Website *www.luna-park.de* in Abbildung 9.40 an. In dem Report haben wir die Daten nach ZEIT NACH SUCHE sortiert, um zu sehen, welche Begriffe die längsten Sitzungen hervorbringen. Wir waren überrascht, als wir gesehen haben, dass jemand auf unserer Website zum Thema Online-Marketing tatsächlich nach dem Begriff »Hund« gesucht hat und im Anschluss noch 15 weitere Seiten aufgerufen und somit über 20 weitere

Minuten auf der Website verbracht hat. Interessant und thematisch passender sind die Suchbegriffe rund um die »Suchmaschinen Marktanteile«. Diese Infografik ist auf der Website nicht prominent platziert, sodass die Besucher häufig danach suchen. Hier sind die Werte für »Zeit nach Suche« sowie »Anzahl der aufgerufenen Seiten« hoch, was auch gut ist, da sich die Nutzer mit dem Thema befassen. Die Suchverfeinerungen sind gering, was zeigt, dass die angezeigten Suchergebnisse den Erwartungen der Nutzer entsprechen.

Suchbegriff	Einmalige Suchen gesamt	Ergebnisse für Seitenaufrufe/Suche	% Suchausstiege	% Verfeinerungen der Suche	Zeit nach Suche ↓	Suchtiefe
	111 % des Gesamtwerts: 100,00 % (111)	1,40 Website-Durchschnitt: 1,40 (0,00 %)	27,03 % Website-Durchschnitt: 27,03 % (0,00 %)	23,23 % Website-Durchschnitt: 23,23 % (0,00 %)	00:01:33 Website-Durchschnitt: 00:01:33 (0,00 %)	1,54 Website-Durchschnitt: 1,54 (0,00 %)
1. hund	1	1,00	0,00 %	0,00 %	**00:20:49**	15,00
2. Suchmaschinen Marktanteil	1	3,00	0,00 %	0,00 %	**00:20:48**	3,00
3. suchmaschinen beziehungsgefecht	1	1,00	0,00 %	0,00 %	**00:10:55**	6,00
4. yandex	1	2,00	0,00 %	0,00 %	**00:10:54**	5,00
5. Suchmaschinen Marktanteile	3	1,67	33,33 %	20,00 %	**00:08:44**	4,00
6. trainee	1	2,00	0,00 %	0,00 %	**00:08:24**	7,00

Abbildung 9.40 Interne Suche, Suchbegriffe sortiert nach »Zeit nach Suche«

Auch der Suchbegriff »Trainee« scheint ein zufriedenstellendes Ergebnis geliefert zu haben. Der Nutzer hat keine Suchverfeinerungen vorgenommen und ist im Anschluss noch recht lange auf der Seite geblieben. Hier könnte man nun mittels weiterer Google-Analytics-Reports und Segmente noch genauer auswerten, was dieser Nutzer gemacht hat. Hat er sich tatsächlich die Stellenangebote angesehen? Wie ist er auf die Seite gekommen? War er so interessiert, dass er sich auch die Team- und Kontaktseiten angeschaut hat?

Sie sehen also, dass Sie es sich nicht entgehen lassen sollten, die interne Suche einzurichten und auszuwerten, da Sie so schnell und einfach Informationen über die Nutzer und deren Ziele auf der Website erkennen können.

9.5.3 Site-Search-Kategorien – Kategorien für die interne Suche

Wenn Sie die interne Suche in den Einstellungen zur Datenansicht einrichten, dann haben Sie die Möglichkeit, nicht nur die Suchbegriffe zu markieren, sondern auch Kategorien festzulegen. Manche Websites bieten Ihren Nutzern an, bei der Suche eine bestimmte Kategorie auszuwählen. Denken Sie dazu wieder an das Amazon-Beispiel. Sie suchen dort nach einem Buch zum Thema Webanalyse und geben auf der Startseite den Begriff »Web Analyse« in das Suchfeld ein. Anschließend erscheinen die Suchergebnisse, darunter Bücher und Waagen (die digitale Körperanalyse-Waage mit Internetverbindung) und andere thematisch unpassende Dinge. Im Anschluss an dieses unbefriedigende Suchergebnis entschließen Sie sich, die Kategorie Bücher auszuwählen, um nur das zu sehen, was Sie sehen wollen. Wer hätte auch gedacht, dass Waagen mit dem Begriff »Web Analyse« in eine semantische Verbindung gebracht werden können.

Wenn Ihre Suche so programmiert ist, dass auch die gewählten Kategorien in der URL wiedergegeben werden – natürlich können Sie das auch über virtuelle Seitenaufrufe anpassen –, dann finden Sie sie auch in der Auswertung. Sie können dann unter anderem sehen, wie oft einzelne Kategorien ausgewählt worden sind oder auch wie die Suchbegriffe einzelner Kategorien aussehen. Bringen Ihre Nutzer die Suchbegriffe mit den richtigen Kategorien in Verbindung, oder würden sie diese eher in anderen Kategorien platzieren? Prüfen Sie dies anhand der Kategorien und Suchbegriffe – sekundäre Dimensionen bringen hier die gewünschte Auswertung hervor.

9.5.4 Suchbegriffe und Besuchersegmentierung

Um noch mehr Informationen über Ihre Nutzer sammeln zu können, sollten Sie die Suchbegriffe anhand verschiedener Besuchergruppen analysieren. Nutzen Sie dazu die Segmente, und finden Sie auf diese Weise heraus, ob Besucher, die mit einem bestimmten Begriff auf Ihre Seite gelangen oder auf einer bestimmten Landingpage gestartet sind, noch einmal die Suche nutzen oder nicht. Liefern die Landingpages die Inhalte, welche die Nutzer erwarten? Außerdem sehen Sie so, ob verschiedene Besuchergruppen unterschiedlich suchen.

Unser Beispiel in Abbildung 9.41 zeigt den Suchbegriff »webcams« und die Nutzung über verschiedene Besuchergruppen hinweg. Besucher, die über AdWords, also bezahlte Suchzugriffe, auf die Seite gekommen sind, suchen deutlich seltener nach diesem Begriff. Das hängt damit zusammen, dass die Anzeigen direkt auf die entsprechenden Webcam-Seiten laufen. Dass die AdWords-Nutzer überhaupt danach suchen, liegt wahrscheinlich daran, dass sie entweder über andere Kampagnen auf die Seite gekommen sind oder noch einmal zu den Webcam-Inhalten zurück möchten, sie aber nicht in der Navigation finden.

1. webcams	
Bezahlte Zugriffe	337 (76,42 %)
Direkte Zugriffe	1.272 (100,00 %)
Verweiszugriffe	2.803 (99,08 %)
Organische Zugriffe	675 (92,85 %)

Abbildung 9.41 Interne Suche, unterteilt nach verschiedenen Besuchersegmenten

Vor allem Sitzungen über direkte Zugriffe und Verweiszugriffe suchen nach dem Begriff »webcams«. Nutzer, die die Seite direkt aufrufen, kennen die Website in den meisten Fällen schon. Um sich langwierige Klicks durch die Navigation zu ersparen, nutzen sie die Suchfunktion. Nutzer, die über Verweise auf die Seite gelangen, werden von den externen Links vielleicht nicht auf die richtigen Zielseiten geleitet. Steht in dem Text der anderen, externen Seite zum Beispiel »Webcams« und der Link führt lediglich auf die Startseite der Website, erwarten die Nutzer Webcam-Inhalte. In diesem Fall ist es schon gut, dass die Nutzer überhaupt danach suchen und nicht die Sitzung abbrechen. Dem könnten Sie natürlich mit noch feineren Segmenten weiter auf den Grund gehen. Die Standardsegmente von Google Analytics geben Ihnen aber eine gute Grundlage zu einer ersten Auswertung.

Interne Suche: Suchbegriffe, SEO/SEA und Content-Optimierung

Die Suchbegriffe-Reports im Site-Search-Bereich liefern Ihnen nicht nur in Hinsicht auf Nutzererfahrung und Usability gute Ergebnisse, sondern auch hinsichtlich der Suchmaschinenoptimierung. Nutzen Sie die Begriffe, die Ihre Website-Nutzer suchen, um sich inspirieren zu lassen. Welche Begriffe geben die Nutzer ein? Nutzen sie Synonyme oder gar ganz andere Beschreibungen für Ihre Produkte? Finden Sie auf diese Weise heraus, wie Ihre Nutzer die Dinge nennen, die Sie verkaufen möchten. Die eigene Wortwahl der Nutzer unterscheidet sich meist von der, die Sie für Ihre Optimierungen und Anzeigen-Keywords gebrauchen. Diese Erkenntnisse können Sie einsetzen, um neue Inhalte für die Suchmaschinenoptimierung zu schaffen oder Anzeigen darauf zu schalten. An keiner anderen Stelle der Webanalyse sagen Ihnen Ihre Nutzer so genau, warum sie auf Ihrer Seite sind und was sie dort wollen. Aus diesen Suchbegriffen ergeben sich manchmal aber auch ganz neue Themen, die Sie zuvor vielleicht gar nicht auf der Seite abgedeckt haben.

Nehmen wir als Beispiel wieder unsere imaginäre Firma Tirami mit ihren Korkenziehern. In den Berichten zur internen Suche sieht der hausinterne Webanalyst, dass drei Viertel der Suchanfragen mit dem Begriff »Wein-Verschluss« zu tun haben. Tirami bietet aber keine Verschlüsse an, sondern nur Korkenzieher, sodass die Besucher die Seite schnell wieder verlassen. Es würde sich für Tirami also sehr wahrscheinlich lohnen, Wein-Verschlüsse ins Sortiment aufzunehmen, um somit eine breitere Zielgruppe ansprechen zu können.

9.5.5 Seiten, auf denen die Besucher häufig suchen

Um die Auswertungen zur internen Suche noch weiter zu vertiefen, können Sie auch den Report zu den Startseiten der internen Suche nutzen. Sie finden ihn unter dem Navigationspunkt SUCHSEITEN. Dort sehen Sie die Seiten, auf denen Ihre Nutzer die interne Suche begonnen haben (siehe Abbildung 9.42). Werten Sie damit zum Beispiel aus, wie Ihre Landingpages performen oder ob gewisse Seiten innerhalb der Navigation den Nutzer zu den gewünschten Inhalten führen oder nicht. Hier können Sie als sekundäre Dimension auch die Suchbegriffe hinzufügen, um herauszufinden, welche Begriffe auf welchen Seiten gesucht werden.

Startseite	Einmalige Suchen gesamt ↓	Ergebnisse für Seitenaufrufe/Suche	% Suchausstiege	% Verfeinerungen der Suche	Zeit nach Suche	Suchtiefe
	112 % des Gesamtwerts: 100,00 % (112)	1,39 Website-Durchschnitt: 1,39 (0,00 %)	27,68 % Website-Durchschnitt 27,68 % (0,00 %)	23,08 % Website-Durchschnitt 23,08 % (0,00 %)	00:01:33 Website-Durchschnitt: 00:01:33 (0,00 %)	1,53 Website-Durchschnitt 1,53 (0,00 %)
1. /index.php	**24**	1,12	29,17 %	14,81 %	00:01:01	1,25
2. /blog/1175-suchmaschinen-marktanteile/index.php	**18**	1,11	16,67 %	45,00 %	00:02:52	1,50
3. /blog/1652-asien-suchmaschinen-marktanteile/index.php	**7**	1,14	42,86 %	12,50 %	00:00:14	1,00
4. /blog/index.php	**4**	1,25	0,00 %	40,00 %	00:00:29	1,50

Abbildung 9.42 Startseiten der internen Suche

Wollen Sie zum Beispiel Ihre Anzeigen-Landingpages analysieren, sollten Sie die Startseite der Suche mit der sekundären Dimension SUCHBEGRIFFE aufrufen und nach den Landingpages filtern. Untersuchen Sie dann, ob und was die Nutzer auf den Zielseiten gesucht haben. Landingpages sollten dem Betrachter auf den ersten Blick zeigen, um was es geht und was er als Nächstes unternehmen soll. Tun sie dies nicht, so sollten Sie den Aufbau Ihrer Landingpages überdenken. Wie viele Besucher nutzen die Suchfunktion von Ihren Zielseiten aus? Nach was suchen sie? Finden sie, was sie suchen? Im Anschluss daran können Sie die Seiten mittels der herausgefundenen Ansätze optimieren. Vielleicht erstellen Sie weitere Seiten, um noch mehr Themen abzudecken, oder Sie passen die Inhalte der ursprünglichen Landingpage so an, dass bestimmte Dinge besser hervorstechen.

Natürlich können Sie auch hier Segmente auf den Report legen, um zum Beispiel nur ausgewählten Kampagnen-Traffic zu sehen. Prüfen Sie so, ob die Anzeigen-Ziel-URLs die Erwartungen der Besucher erfüllen oder ob Sie noch etwas anpassen müssen. Genauso verhält es sich natürlich auch für Besucher, die Ihre Website über Suchmaschinen erreicht haben. Suchen diese Nutzer auf den Zielseiten, die Sie optimiert haben? Auch in diesem Fall sollten Sie den Content anpassen, um ihn auf die Erwartungen der Nutzer zuzuschneiden.

Aber auch aus Usability-Sicht macht diese Auswertung Sinn. Wenn Nutzer zum Beispiel auf bestimmten Unterseiten beginnen, die Navigation außen vor lassen und stattdessen die interne Suche nutzen, dann sollten Sie dem auf den Grund gehen. In einem solchen Fall liegt nämlich die Vermutung nahe, dass die Besucher irgendwann einfach keine Lust mehr haben, sich durch den x-ten Navigationspunkt zu klicken. Die Suche scheint hier eine willkommene Alternative zu sein. Sie müssen sich darüber klar werden, ob dies von Ihnen so gewünscht ist oder ob es nicht vielleicht besser wäre, die Seitenstruktur so zu erstellen, dass die Besucher schneller auf die entsprechenden Seiten gelangen. Dies kann über Verteilerseiten oder auch eine ausgeklügelte Navigationsstruktur geschehen. Bieten Sie Ihren Nutzern die Möglichkeit, schnell das zu finden, was sie suchen, und erzeugen Sie so noch mehr Umsatz.

9.5.6 Zielseiten der internen Suche

Im Seiten-Report der internen Suche finden Sie als weitere primäre Dimension den Report ZIELSEITE. Er ist das Gegenstück zum Startseiten-Report und zeigt Ihnen die Seiten an, auf die Nutzer nach einer Suche gekommen sind. Wenn Ihre Nutzer nach einer Suche auf eine Suchergebnisseite gelangen, die nur die Infos zur Suche und zum Suchbegriff liefert, sehen Ihre URLs wahrscheinlich so aus wie unsere in Abbildung 9.43 und machen den Report somit unbrauchbar. Das liegt daran, dass in dem Report lediglich die Seiten inklusive der Suchparameter erscheinen. Eine wirkliche Erkenntnis ergibt sich daraus nicht. Sollten Sie aber Ihre Nutzer nach bestimmten Suchen weiterleiten, dann kann Ihnen dieser Report Aufschluss bieten.

9

Zielseite	Suchbegriff	Einmalige Suchen gesamt	Ergebnisse für Seitenaufrufe/Suche	% Suchausstiege
		19 % des Gesamtwerts: 13,29 % (143)	1,68 Website-Durchschnitt: 1,41 (19,23 %)	5,26 % Website-Durchschnitt: 28,67 % (-81,64 %)
1. /index.php?s=suchmaschinen+marktanteile	suchmaschinen marktanteile	5	1,40	0,00 %
2. /index.php?s=marktanteile	marktanteile	4	1,25	0,00 %
3. /index.php?s=Suchmaschinen+Marktanteile	Suchmaschinen Marktanteile	3	1,00	33,33 %
4. /index.php?s=Marktanteile	Marktanteile	1	1,00	0,00 %
5. /index.php?s=marktanteile+deutschland	marktanteile deutschland	1	1,00	0,00 %

Abbildung 9.43 Zielseiten der internen Suche mit den entsprechenden Suchbegriffen

Wir haben übrigens sehr viele andere Accounts durchkämmt, um Daten zu finden, bei denen dieser Report sinnvoll ist – leider ist uns dies nicht gelungen. Wenn Sie in den Reports Ihrer Website Daten finden, die sinnvoller als unsere sind, lassen Sie es uns gerne wissen.

9.6 Publisher – mit AdSense oder Ad Exchange Geld verdienen

AdSense gehört mit zu den weiteren Google-Produkten, deren Reports in Google Analytics integriert worden sind. Website-Betreiber, die AdSense auf ihren Seiten eingebunden haben, können damit auswerten, welche Seiten besonders viel Umsatz gebracht haben oder auch welche Referrer zum Umsatz beitragen.

Publisher = AdSense + Ad Exchange

Ad Exchange (kurz *AdX*) ist ein professioneller Dienst zur Vermarktung der eigenen Website für Portale oder Verlagsangebote. Auf Basis von *DoubleClick* bietet Google einen skalierbaren und performanten Werbeservice, der allerdings nur für professionelle und sehr umfangreiche Angebote infrage kommt. Daher konzentrieren wir uns im Weiteren auf AdSense – die Grundlagen können Sie auch für die Ad-Exchange-Berichte anwenden.

Um die Daten auswerten zu können, müssen die beiden Tools natürlich zuerst einmal verknüpft werden. Eine Anleitung dazu finden Sie in Abschnitt 6.7.6. Nachdem Sie die Verknüpfung erstellt haben und die ersten Daten bereits ins Tool eingelaufen sind, können Sie mit den Auswertungen beginnen.

In der Übersicht des Publisher-Reports (siehe Abbildung 9.44) sehen Sie auf einen Blick die wichtigsten Kennzahlen. Darunter natürlich den Umsatz, den durchschnittlichen Umsatz pro 1.000 Sitzungen, aufgerufene Anzeigen, CTR, CPC, Impressions und einiges mehr. Der eCPM ist mit dem Tausend-Kontakt-Preis (TKP) vergleichbar, den andere Werbemittel nutzen.

Mit dieser Kennzahl können Sie also diese Anzeigen mit den anderen Werbemitteln vergleichen, die Sie wahrscheinlich auf Ihrer Seite einsetzen. Der eCPM errechnet sich aus dem Umsatz, geteilt durch die aufgerufenen Seiten und multipliziert mit 1.000.

In allen Berichten des Publisher-Bereichs können Sie oberhalb des Diagramms zwischen den Gesamtdaten (Publisher, also AdSense und AdX) und den Daten der beiden Netzwerke wechseln.

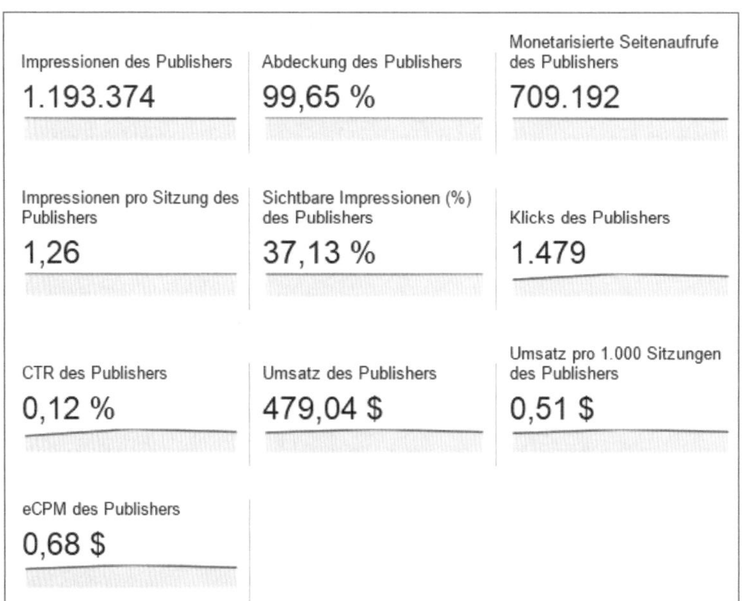

Abbildung 9.44 Elemente des Publisher-Übersichts-Reports

Warum werden in den Publisher-Reports Dollar statt Euro dargestellt?

Sicher haben Sie es bereits auf unserem Screenshot gesehen: Die Umsätze in den Publisher-Reports werden nicht in Euro, sondern in US-Dollar angezeigt. Woran liegt das?

Die importierten Daten werden in Google Analytics in US-Dollar dargestellt, auch wenn Sie in Ihrem AdSense-Konto die Währung bereits auf Euro umgestellt haben. Im Gegensatz zum E-Commerce-Tracking, bei dem Google Analytics die eingestellte Währung der Datenansicht übernimmt, werden in diesem Report-Bereich die Einstellungen ignoriert. Die Google-Analytics-Entwickler scheinen diesem Thema derzeit wenig Aufmerksamkeit zu widmen. Die einzige Lösung, die sie bisher bereitgestellt haben, ist eine Tabelle, die die tatsächlichen Umsätze anzeigt. Aussagekräftig ist die Hilfsfunktion an dieser Stelle leider nicht.

9.6.1 Publisher-Seiten – welche Seiten tragen zum Umsatz bei?

Der Publisher-Seiten-Bericht zeigt Ihnen die Seiten Ihrer Website, die zu Ihrem Umsatz beigetragen haben. Dort sehen Sie die Impressionen, Klicks, Umsatz und weitere Daten zu den jeweiligen Anzeigen (siehe Abbildung 9.45).

Seite	Impressionen des Publishers ↓	Abdeckung des Publishers	Monetarisierte Seitenaufrufe des Publishers	Impressionen pro Sitzung des Publishers	Sichtbare Impressionen (%) des Publishers	Klicks des Publishers	CTR des Publishers	Umsatz des Publishers
	8.276 % des Gesamtwerts: 100,00 % (8.276)	10,22 % Durchn. für Datenansicht: 10,22 % (0,00 %)	8.312 % des Gesamtwerts: 100,00 % (8.312)	0,52 Durchn. für Datenansicht: 0,52 (0,00 %)	0,00 % Durchn. für Datenansicht: 0,00 % (0,00 %)	57 % des Gesamtwerts: 100,00 % (57)	0,69 % Durchn. für Datenansicht: 0,69 % (0,00 %)	64,89 $ % des Gesamtwerts: 100,00 % (64,89 $)
1. /bounce-rate-was-ist-das/	**1.027** (12,41 %)	13,73 %	1.026 (12,34 %)	0,56	0,00 %	5 (8,77 %)	0,49 %	4,71 $ (7,27 %
2. /	**763** (9,22 %)	9,31 %	806 (9,70 %)	0,51	0,00 %	2 (3,51 %)	0,26 %	4,48 $ (6,91 %
3. /xtcommerce-tracking-mit-google-analytics-tutorial/	**649** (7,84 %)	10,63 %	652 (7,84 %)	0,42	0,00 %	17 (29,82 %)	2,62 %	25,65 $ (39,52 %
4. /google-indizierung-oder-wie-gelangen-die-webseiten-in-den-index/	**522** (6,31 %)	11,49 %	515 (6,20 %)	0,45	0,00 %	1 (1,75 %)	0,19 %	3,06 $ (4,72 %
5. /13-grunde-warum-man-piwik-nicht-mit-google-analytics-vergleichen-kann/	**517** (6,25 %)	11,97 %	517 (6,22 %)	0,37	0,00 %	1 (1,75 %)	0,19 %	0,09 $ (0,14 %
6. /studie-smartphone-nutzung-deutschland/	**346** (4,18 %)	7,76 %	347 (4,17 %)	0,35	0,00 %	0 (0,00 %)	0,00 %	0,06 $ (0,10 %

Abbildung 9.45 Publisher-Seiten-Bericht

Der Report liefert Ihnen mithilfe der sekundären Dimensionen noch mehr Informationen. Schauen Sie sich zum Beispiel an, welche Referrer auf welchen Seiten zu einem besonders hohen Umsatz beitragen. Oder analysieren Sie die Klickraten: Seiten können eine hohe CTR haben, die Sie bei der reinen Betrachtung von Impressionen oder Umsatz vielleicht übersehen. Diese Seiten können Ihnen Hinweise auf erfolgsversprechende Themen geben, die auf Ihren anderen Seiten prominenter platziert werden könnten.

9.6.2 Publisher-Verweis-URLs – woher kommt der Umsatz?

Der Publisher-Verweis-URLs-Report zeigt Ihnen die Referrer, die Besucher auf Ihre Seite gebracht haben, die dann anschließend Umsatz erzielt haben (siehe Abbildung 9.46). Beachten Sie bitte, dass der Report nur Traffic-Quellen beinhaltet, die zu Umsatz über AdSense (oder AdX) geführt haben, alle restlichen Quellen bleiben an dieser Stelle außen vor.

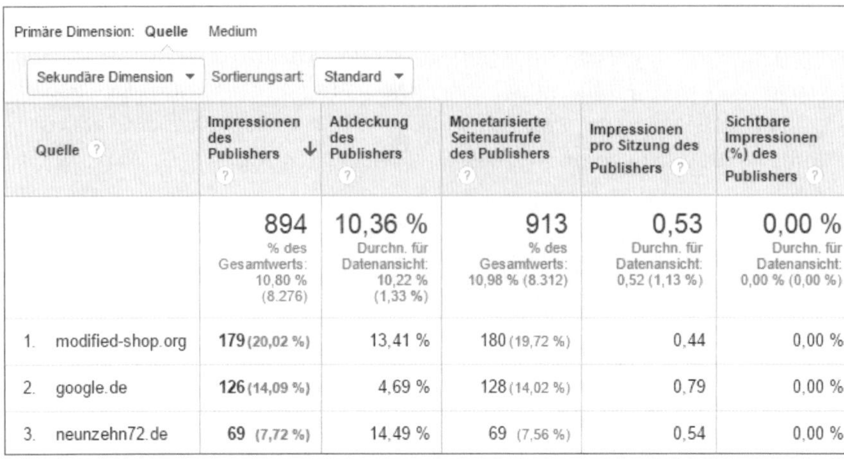

Primäre Dimension: Quelle Medium

Sekundäre Dimension ▾ Sortierungsart: Standard ▾

Quelle	Impressionen des Publishers ↓	Abdeckung des Publishers	Monetarisierte Seitenaufrufe des Publishers	Impressionen pro Sitzung des Publishers	Sichtbare Impressionen (%) des Publishers
	894 % des Gesamtwerts: 10,80 % (8.276)	10,36 % Durchn. für Datenansicht: 10,22 % (1,33 %)	913 % des Gesamtwerts: 10,98 % (8.312)	0,53 Durchn. für Datenansicht: 0,52 (1,13 %)	0,00 % Durchn. für Datenansicht: 0,00 % (0,00 %)
1. modified-shop.org	179 (20,02 %)	13,41 %	180 (19,72 %)	0,44	0,00 %
2. google.de	126 (14,09 %)	4,69 %	128 (14,02 %)	0,79	0,00 %
3. neunzehn72.de	69 (7,72 %)	14,49 %	69 (7,56 %)	0,54	0,00 %

Abbildung 9.46 AdSense-Referrer

Wenn Sie ganz genau wissen möchten, woher die Besucher gekommen sind, nutzen Sie als sekundäre Dimension die VOLLSTÄNDIGE VERWEIS-URL. Damit erkennen Sie, von welcher Domain und von welcher URL die Nutzer gekommen sind. Hier können Sie nachsehen, was Kooperationen gebracht haben oder auch ob Anzeigen auf einer externen Seite Besucher auf Ihren Inhalt gelockt haben, der dann wiederum zu Anzeigen-Klicks geführt hat.

9.6.3 Unterschiedliche Daten in AdSense und Google-Analytics-Reports

Wie bereits angemerkt, kann es zu unterschiedlichen Daten in den AdSense-Reports kommen. Dass dies mit den unterschiedlichen Währungen zusammenspielt, ist ein großes Thema. Es gibt allerdings auch noch andere Situationen, in denen es zu Datenabweichungen innerhalb der beiden Tools kommen kann.

Um den eventuell vorliegenden Fehler zu finden, sollten Sie die Fehlersuche in zwei mögliche Themengebiete – AdSense-Tracking und Google-Analytics-Tracking – aufteilen. Dass bei einer der beiden Umsetzungen etwas fehlerhaft sein könnte, sollten Sie zu Beginn der Fehlersuche analysieren. Häufig liegt der Fehler darin, dass die beiden Codes nicht auf allen Seiten eingebunden worden sind. So werden dann Seiten in Google Analytics gar nicht ausgewiesen, da der entsprechende Code fehlt, in AdSense hingegen erzeugen diese Seiten besonders viel Umsatz, da der Code dort korrekt eingebunden wurde. Außerdem ist die Einbindung des AdSense-Analytics Codes nicht immer so einfach, vor allem wenn das Analytics-Tracking über mehrere Domains hinweg erfolgen soll. Eine weitere Fehlerquelle in diesem Bereich sind manuell angepasste Tracking-Codes, die nicht mehr korrekt ausgeführt werden können und somit in einem der beiden Tools zu fehlerhaftem Tracking führen.

Weitere mögliche Fehlerquellen sind folgende:

- **iFrames**: Hier kann es sogar zu zwei Problemen kommen. Google AdSense nutzt iFrames zur Anzeigenschaltung. Unterstützt ein Browser dies nicht, werden keine Impressions in Google Analytics gezählt, was zu einer höheren Anzahl von Seitenaufrufen als von Impressions führen kann. Außerdem sollten Sie keine Anzeigenplätze innerhalb eines iFrames platzieren. Google hat dann Schwierigkeiten bei der Erkennung des Contents, und es kann vorkommen, dass diese Anzeigenplätze dann leer bleiben.
- **AdSense spielt keine Anzeigen aus**: Ihre Seite wird zwar aufgerufen und erzeugt auch einen Seitenaufruf, allerdings spielt AdSense keine relevanten Anzeigen dort aus. Dies kann verschiedene Gründe haben, unter anderem dass die Seite noch nicht vollständig gecrawlt worden ist, Session-IDs verwendet oder der Code fehlerhaft ist.
- **AdBlocker**: Vergessen Sie nicht, dass heutzutage viele Nutzer Anzeigen-Blocker nutzen, die verhindern, dass Anzeigen eingeblendet werden. Auch hier kommt es in Google Analytics zu einem Seitenaufruf, nicht jedoch zu einer AdSense-Impression.
- **Filter auf der Google-Analytics-Datenansicht**: Datenansichtsfilter können auch ein Grund für unterschiedliche Daten sein. Prüfen Sie, ob Sie vielleicht Sitzungen aus der Datenansicht ausgeschlossen haben, denn diese Sitzungen erscheinen auch nicht in den AdSense-Reports.

9.7 Website-Tests – Vergleich von Original- und Variantenseite

Die Optimierung einer Website in Hinblick auf Conversions, aber auch auf Usability sollte jeder Website-Betreiber ständig im Blick haben. Aber wie finden Sie heraus, wie Sie Ihre Website noch besser gestalten können, um die Nutzer in die richtige Richtung zu lenken? Schließlich wollen Sie ja, dass Ihre Besucher Ihre Produkte, den Newsletter oder auch ein Registrierungsformular wahrnehmen und nutzen. Wenn Sie das Gefühl haben, dass Ihre Website an irgendeiner Stelle nicht korrekt funktioniert, dann bieten Ihnen Website-Tests eine Hilfestellung an, um herauszufinden, was Sie besser machen könnten. Dazu erstellen Sie lediglich weitere Seitenvarianten mit beispielsweise größeren Bildern, auffälligeren CTAs oder präsenteren Formularen und testen sie gegeneinander. Die Version, die Ihnen eine höhere Zielerreichung liefert, zeigt Ihnen, was Ihre Besucher mögen, was sie wahrnehmen und wie sie darauf reagieren. Nutzen Sie diese Informationen, um Ihre Website stetig zu verbessern.

Seit der Integration des Google Website Optimizers in Google Analytics lassen sich nun auch über die Google-Analytics-Benutzeroberfläche Website-Tests einrichten. Die sogenannten Content-Tests unterscheiden sich jedoch ein wenig von den üblichen Website-Testing-Tools. Sicherlich kennen Sie A/B- und multivariate Tests. Bei *A/B-Tests* werden zwei verschiedene Varianten einer Seite gegeneinander ausgespielt, bei *multivariaten Tests* werden mehrere Elemente einer Webseite gleichzeitig ausgetauscht und verglichen. Die Google-Analytics-Content-Tests hingegen bieten Ihnen die Möglichkeit, bis zu neun Varianten einer Seite zu vergleichen, und ersparen Ihnen die vielen, oft auch unübersichtlichen Varianten eines multivariaten Tests. Sie führen hiermit sozusagen einen A/B-Test mit mehreren Varianten durch.

Hinweis – Website Tests werden durch Google Optimize ersetzt

Seit Sommer 2017 gibt es bei Google Analytics einen Hinweis darauf, dass die Website-Tests zwar vorerst noch durchführbar sind, aber in baldiger Zukunft eingestellt werden.

Google pusht immer mehr sein eigenständiges Produkt Google Optimize, das Konkurrenten wie Optimizely, AB Tasty oder dem Visual Website Optimizer den Kampf ansagt. In der Basis Version ist das Tool nämlich gratis – ein Pluspunkt, den viele andere Anbieter nicht vorzuweisen haben. Außerdem ist es nativ in Analytics integriert und bietet ohne Probleme die Möglichkeit, Ziele aus Analytics zu nutzen oder sogar auf Analytics Segmente ausgesteuert zu werden. Wer noch mehr Features und höhere Limits haben möchte, der kann auf die 360 Version des Tools zugreifen. Hier sind die Preise nach Seitenaufrufen gestaffelt, es gibt allerdings auch mehr Möglichkeiten des Targetings, man kann mehr Tests gleichzeitig laufen lassen und vieles mehr.

Es ist also nur verständlich, dass Google die in Analytics integrierten Tests bald nicht mehr weiterführen möchte. Wir haben uns an dieser Stelle entschlossen, den Abschnitt zu den Website Tests weiter beizubehalten, da er einen Überblick über Website Tests an sich liefert und auch ein beispielhaftes Vorgehen zu dem Thema aufzeigt. Außerdem ist auch noch nicht klar, wann genau Google die Tests abstellt, sodass sie noch ein wenig weiter genutzt werden können.

9.7.1 Vorbereitung für Content-Tests

Bevor Sie mit der Einrichtung der Content-Tests beginnen, müssen Sie zuerst ein paar Vorarbeiten erledigen. Ohne diese funktionieren die Tests leider nicht oder bringen Ihnen keine relevanten Ergebnisse. Zu Beginn sollten Sie überlegen, was Sie mit dem Test überhaupt erreichen wollen und wie Sie dies umsetzen können. Stellen Sie sich dazu zum Beispiel folgende Fragen:

- Was soll Ihnen der Test bringen?
- Welche Ziele sollen Ihre Nutzer erreichen? Möchten Sie, dass Ihre Nutzer länger auf der Website verweilen, dass sie bestimmte Ziele erreichen oder Umsatz generieren?
- Welche Seiten sind wichtig, um diese Ziele zu erreichen? Auf welchen Seiten werden die Nutzer angeregt, etwas zu tun, das sie ein Stück näher ans Ziel bringt? Diese Seiten sollten Sie als Grundlage für die Tests nutzen, denn Änderungen an diesen Seiten sollten schnell Einblicke in Optimierungsmöglichkeiten liefern.
- Wie könnten Sie die ausgesuchten Seiten anpassen, um Ihre Nutzer noch mehr auf den von Ihnen gewünschten Weg zu leiten? Vielleicht ist es hilfreich, wenn Sie Bilder vergrößern, störende Elemente entfernen, Trust-Elemente hinzufügen, Formulare kürzen oder CTAs an auffälligerer Stelle platzieren?

Nachdem Sie die Ziele definiert haben, sollten Sie prüfen, ob sie bereits als Ziele in Google Analytics festgelegt worden sind. Wenn nicht, sollten Sie dies noch nachholen, um bei der Einrichtung des Tests direkt darauf zugreifen zu können.

Überlegen Sie nun, mit welcher Seite Sie beginnen möchten. Suchen Sie eine Seite aus, die recht hohe Zugriffszahlen besitzt, ansonsten würde der Test zu lange dauern. Erstellen Sie im Hinblick auf die vorher gestellten Fragen ein Konzept, was an der Seite angepasst werden könnte, um das Nutzererlebnis zu verbessern und die Besucher besser durch die Website zu führen. Während des Tests werden die von Ihnen erstellten Varianten genutzt, um die Zielerreichungen der Originalseite mit den neuen Varianten zu vergleichen. So sehen Sie, welche Elemente besser oder schlechter als auf der Originalseite funktionieren. Tauschen Sie nur wenige Elemente aus, aber nutzen Sie dabei auffällige Änderungen, um einen tatsächlichen Unterschied zu generieren, der ins Auge fällt und die Variante deutlich von der Originalseite abhebt. Wenn Sie einige Tests durchgeführt haben, können Sie die bisher erfolgten Tests noch kleinteiliger strukturieren, um die für Sie beste Seitenvariante zu erstellen. Beginnen sollten Sie aber mit großen Änderungen, um schnell zu erkennen, welche Varianten grundsätzlich besser funktionieren.

Als zweiten Schritt können Sie nun damit beginnen, die ersten Seitenvarianten anzulegen und auf dem Server zu platzieren. Die Varianten müssen eine eigene URL besitzen, damit Google Analytics sich darauf während des Tests beziehen kann. Vor der endgültigen Einrichtung des Tests im Tracking sollten Sie sich noch Gedanken darüber machen, wie viele Besucher den Test sehen sollen. Eine große Testgruppe liefert schnelle Ergebnisse, sollten die Varianten aber nicht so gut funktionieren wie die Originalseite, kann es sein, dass die Conversion-Rate sinkt und Sie durch eine große

Testgruppe weniger Umsatz erzielen. Daher sollten Sie immer ein Auge auf die Entwicklung des Tests und der Conversions halten, um schnell eingreifen zu können, falls etwas nicht wie geplant laufen sollte.

Sobald Sie, unter Berücksichtigung der oben genannten Punkte, die benötigten Variantenseiten erstellt haben, können Sie mit der Test-Einrichtung in Google Analytics beginnen.

9.7.2 Einrichtung der Website-Tests

Um einen Content-Test in Google Analytics anzulegen, beginnen Sie bei dem Menüpunkt TESTS in den Verhalten-Reports. Dort gelangen Sie zu einer Liste der Tests für diese Datenansicht. Beim ersten Aufruf ist sie natürlich leer, ansonsten sehen Sie hier laufende und bereits beendete Tests.

Abbildung 9.47 Content-Tests Übersicht

Klicken Sie nun auf TEST ERSTELLEN und Sie gelangen zu den Einstellungen des Tests. Sie können die Einrichtung jederzeit unterbrechen und später über die Testliste wieder darauf zurückgreifen, um die Einrichtung des Tests abzuschließen.

Testziel auswählen

Die Einrichtung des Content-Tests gliedert sich in verschiedene Schritte. Zu Beginn legen Sie im Bereich TESTZIEL AUSWÄHLEN die grundlegenden Informationen fest (siehe Abbildung 9.48): Wie soll der Test heißen, was ist das Ziel des Tests, wie viele Besucher sollen daran teilnehmen, und sollen Benachrichtigungen bei Änderungen am Test-Setup verschickt werden?

Bei den Testzielen können Sie zwischen vordefinierten Zielen wie TRANSAKTIONEN, SITZUNGSDAUER oder UMSATZ wählen. Sie können aber auch eigene Ziele auswählen und von hier aus direkt in die Datenansicht-Einstellungen springen, um neue Ziele anzulegen. Der Prozentsatz des Traffics ist der Anteil der Benutzer, die den Test inklusive der Originalseite sehen sollen. Die übrigen Nutzer sehen immer die normale Seite. Je höher der Anteil, desto schneller erhalten Sie Ergebnisse. Aber Achtung: Die Originalseite ist Teil des Tests, bei 50 % Traffic-Anteil wird die Testvariante nur zu 25 % ausgespielt.

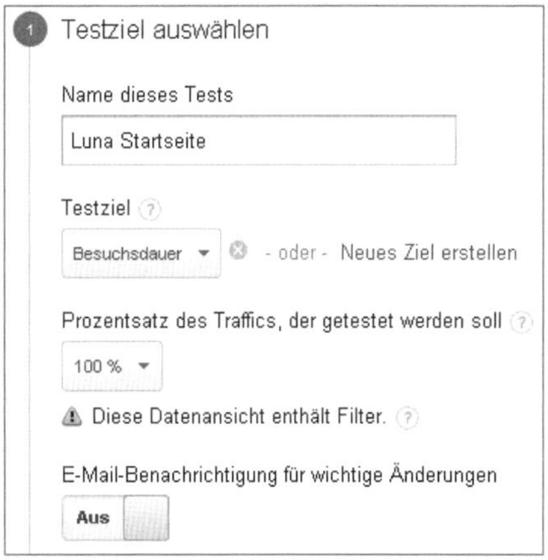

Abbildung 9.48 Content-Test-Einrichtung, erste Schritte

Sie können auch eine E-Mail-Benachrichtigung für wichtige Änderungen einrichten, sie kann automatisch an die Benutzer, die für das Profil freigeschaltet sind, verschickt werden. In unserem Beispiel zeigt Google Analytics noch die Warnung, dass ein Filter auf der Datenansicht liegt. Wenn bei Ihnen der gleiche Hinweis eingeblendet wird, müssen Sie bedenken, dass es sein könnte, dass einige Sitzungen, die am Test teilnehmen, durch den Datenfilter nicht in dem Profil erscheinen. Der häufigste Grund für diese Meldung ist sicherlich ein Filter, der Sitzungen von eigenen Mitarbeitern oder externen Agenturen ausschließt. Werden also Ihre Mitarbeiter oder Dienstleister Teil des Tests und liegt ein Filter auf der Datenansicht, so werden diese Sitzungen nicht im Tool angezeigt.

In einem weiteren Schritt können Sie noch weitere Optionen zur Einstellung des Tests nutzen. Darunter finden sich die folgenden Punkte:

- TRAFFIC GLEICHMÄSSIG ÜBER ALLE VARIANTEN VERTEILEN: Kann ein- oder ausgestellt werden. Jede Testvariante bekommt dann die gleiche Menge an Traffic zugeteilt. Ist dies nicht aktiviert, erfolgt die Zuteilung über eine dynamische Steuerung, die sich auf die Variantenleistung bezieht.
- MINDESTDAUER FÜR DIE AUSFÜHRUNG DES TESTS FESTLEGEN: Auswahlmöglichkeiten sind hier drei Tage, eine Woche oder zwei Wochen. Es handelt sich hierbei um die Laufzeit des Tests, die erfolgen muss, bevor Google Analytics einen Gewinner ermittelt. Eine kürzere Dauer bringt zwar schnellere Ergebnisse, allerdings ist der Test dann nicht so verlässlich wie ein Test, der über einen längeren Zeitraum erfolgt ist.
- SCHWELLENWERT FÜR DIE ZUVERLÄSSIGKEIT FESTLEGEN: Auswahlmöglichkeiten an dieser Stelle sind 95,5 %, 99,0 % oder 99,5 %. Hier bestimmen Sie den Schwellenwert der Zuverlässigkeit, der erreicht sein muss, bevor das Tool einen Gewinner ermittelt. Ein höherer Schwellenwert liefert zuverlässigere Ergebnisse, aber wie bei

der Mindestdauer auch kann es sein, dass die Ermittlung eines Gewinners längere Zeit benötigt. Sie sollten keinen zu geringen Prozentsatz wählen.

Test konfigurieren

Im Bereich TEST KONFIGURIEREN (siehe Abbildung 9.49) wählen Sie die Seite aus, die getestet werden soll, und geben die URLs der Variantenseiten an. Es ist möglich, bis zu neun Varianten der Originalseite einzurichten. In einer Vorschaubox sehen Sie die aktuelle Seite und die verschiedenen Variationen.

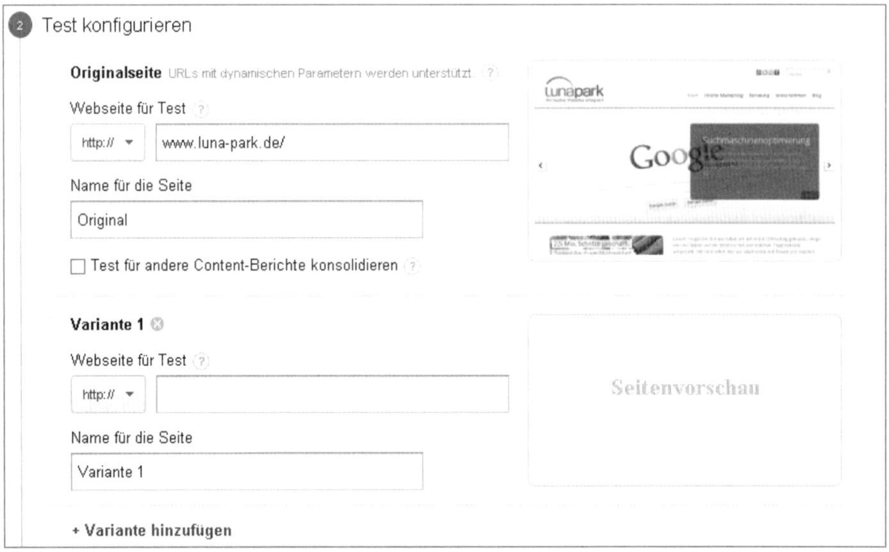

Abbildung 9.49 Content-Tests: Einrichtung der Originalseite und der Varianten

Sollte die Seitenvorschau nicht funktionieren, kann es sein, dass die Seiten nur über ein Login erreichbar sind. Versuchen Sie, die Seite in einem neuen Tab zu öffnen und sich dort anzumelden. Wenn Sie im Anschluss daran das Vorschaufenster aktualisieren, sollte das Login auch dort vorhanden sein.

Parameter in URLs und Website-Tests

Bei der Eingabe der URLs sollten Sie auf eventuell vorhandene Parameter achten. Da dies den Rahmen des Buches sprengen würde, möchten wir Sie an dieser Stelle auf die Google-Analytics-Hilfe-Seiten zu dem Thema hinweisen: *http://goo.gl/SrEjhA*.

Die Option TEST FÜR ANDERE CONTENT-BERICHTE KONSOLIDIEREN sollten Sie aktivieren, wenn alle Zugriffe auf Ihre Originalseite und auf Variantenseiten in dem Verhaltens-Report unter der URL für die Originalseite zusammengefasst werden sollen. Die Auswertung der Seiten-Reports wird somit vereinfacht. In den Auswertungen der Tests sehen Sie weiterhin die URLs der Originalseite und deren Varianten.

Testvarianten und Google

Wenn Sie sich ein wenig mit Suchmaschinenoptimierung auskennen, werden Sie sich während des Lesens sicher einmal gefragt haben, wie Google zu den verschiedenen Varianten einer Originalseite steht. Schließlich wird Duplicate Content, also Seiten, die den gleichen Inhalt besitzen, aber auf unterschiedlichen URLs zur Verfügung stehen, eigentlich mit schlechteren Ranking-Positionen bestraft.

Google Analytics sagt dazu, dass ein korrekt durchgeführter Content-Test keine Probleme aus SEO-Sicht hervorrufen sollte. Schließlich möchte Google ja, dass Sie Ihre Website optimieren, um den Nutzern ein noch besseres Ergebnis zu liefern.

9

Testcode einrichten

Um den Test zu starten, müssen Sie auf der Originalseite noch einen weiteren Code einbinden (siehe Abbildung 9.50). Wenn Sie den Code selbst einbinden möchten, können Sie ihn direkt aus dem Tool herauskopieren und auf den Seiten einfügen. Alternativ können Sie auch CODE AN WEBMASTER SENDEN wählen, um Ihrem IT-Verantwortlichen den Code inklusive einer Anleitung per E-Mail zukommen zu lassen.

Abbildung 9.50 Content-Test, Testcode einrichten

Der Code muss auf der Originalseite – und nur dort, nicht auf den Varianten – unmittelbar nach dem öffnenden <head>-Tag eingebunden werden. Sie können die Test-Einrichtung an dieser Stelle jederzeit unterbrechen. Die Einstellungen werden gespeichert, und über die Testliste können Sie wieder zu der Test-Einrichtung zurückkehren.

Sobald Sie den Code auf der Seite eingefügt haben, klicken Sie auf SPEICHERN, um den Code zu validieren und den Test zu starten.

Überprüfen und starten

Google Analytics überprüft die verschiedenen Testseiten auf Codevollständigkeit. Auf der Originalseite sucht das Tool nach dem Testcode sowie dem Standard-Google-Analytics-Code. Achten Sie also darauf, dass beim Einbau der Codes alles nach Anleitung umgesetzt worden ist. Google Analytics prüft nämlich nur die ersten 256 KB der Seite auf das Skript. Sollte es dort nicht zu finden sein, wird eine Fehlermeldung ausgegeben.

> **Tests und Google Tag Manager**
>
> Den Testcode sollten Sie im Moment noch nicht über den Google Tag Manager ausspielen, da die Ausführung je nach Konfiguration zu lange dauern könnte und Ihre Besucher so den Wechsel zwischen Original und Testseite mitbekämen. Der Testcode sollte daher direkt im Quelltext Ihrer Website eingebaut werden.
>
> Die Datenerfassung funktioniert auch mit Tracking-Codes, die über den Tag Manager ausgespielt werden. Allerdings erkennt die Überprüfung in diesem Fall solche Tags nicht und meldet einen fehlenden Code. Unter diesen Umständen müssen Sie das Prüfergebnis ignorieren und den Test trotzdem starten.

Eine weitere Fehlermeldung kommt vor, wenn Ihre Seiten eine Anmeldung benötigen. Wenn Sie sicher sind, dass trotzdem alles korrekt ist, können Sie den Test dennoch starten.

Tests bearbeiten und Test-Status

Nach dem Start eines Tests können Sie dessen aktuellen Status einsehen sowie verschiedene Elemente bearbeiten. Der Name des Tests, die Namen der Varianten, der Traffic-Anteil sowie die Benachrichtigungen lassen sich noch im Nachhinein anpassen. Außerdem können Sie noch Varianten deaktivieren. Wenn Sie jedoch größere Anpassungen an einem Test vornehmen wollen, sollten Sie den vorhandenen Test kopieren und daraus einen neuen Test anlegen.

Wenn Sie einen Test stoppen, werden keine Varianten mehr ausgespielt. Vergessen Sie auch nicht, den Testcode wieder von den Seiten zu entfernen und gegebenenfalls die Variantenseiten so weiterzuleiten, dass Besucher, die sich diese gebookmarkt haben, auch weiterhin darauf zugreifen können.

In der Testliste können Sie auf alle Tests zugreifen. Dort sehen Sie Namen, Status, Sitzungen sowie Start- und Enddatum der einzelnen Tests (siehe Abbildung 9.51).

Alle Tests

Benachrichtigungen:

Homepage ist beendet Bericht anzeigen

Test erstellen

Testname	Status	Details	Sitzungen	Startdatum	Enddatum
Homepage	● Beendet	Sieger gefunden	81	11.01.2014	26.01.2014

Abbildung 9.51 Test-Übersicht mit Liste der laufenden und beendeten Tests

Da es verschiedene Status gibt, möchten wir Ihnen an dieser Stelle einen kurzen Überblick dazu geben:

- Einrichtung: Kann mit der Nummer des Schritts angegeben werden. Außerdem kann an dieser Stelle auch der Hinweis Bereit zur Ausführung stehen, sobald die Einrichtung abgeschlossen, der Test aber noch nicht gestartet worden ist.
- Läuft: Dieser Status ist selbsterklärend.
- Beendet: Wird unterteilt in verschiedene Status, darunter Manuell gestoppt, wenn der Test durch Sie gestoppt worden ist, Zeitlimit erreicht, wenn der Test drei Monate ausgeführt wurde, aber kein Favorit ermittelt werden konnte, Favorit ermittelt, wenn eine Seite eine deutlich bessere Performance geliefert hat und somit zum Favoriten erklärt worden ist, Kein Favorit ermittelt, wenn keine Seite als Favorit ermittelt werden konnte, In Bearbeitung, wenn der Test zwar beendet wurde, aber Google Analytics die Daten noch verarbeiten muss.

9.7.3 Auswertung der Website-Tests – welche Version gewinnt?

Nachdem Sie den Test gestartet haben, können Sie die ersten Daten einsehen. Dazu klicken Sie in der Test-Übersicht auf den entsprechenden Test. In unserem Beispiel in Abbildung 9.52 sehen Sie die Auswertung eines beendeten Tests für die Startseite. Da sich bereits nach kurzer Zeit ein Sieger abgezeichnet hat, hat Google Analytics den Test automatisch gestoppt.

In der oberen Hälfte neben der Verlaufsgrafik sehen Sie die grundlegenden Daten zu dem Test. Wie viele Sitzungen haben an dem Test teilgenommen, über wie viele Tage werden die Daten erhoben und welcher Prozentsatz der Sitzungen wurde in den Test einbezogen. Außerdem erscheint bereits an dieser Stelle der Gewinner. Die Verlaufsgrafik zeigt in unserem Beispiel die Absprungrate der Original- und der Testseite an.

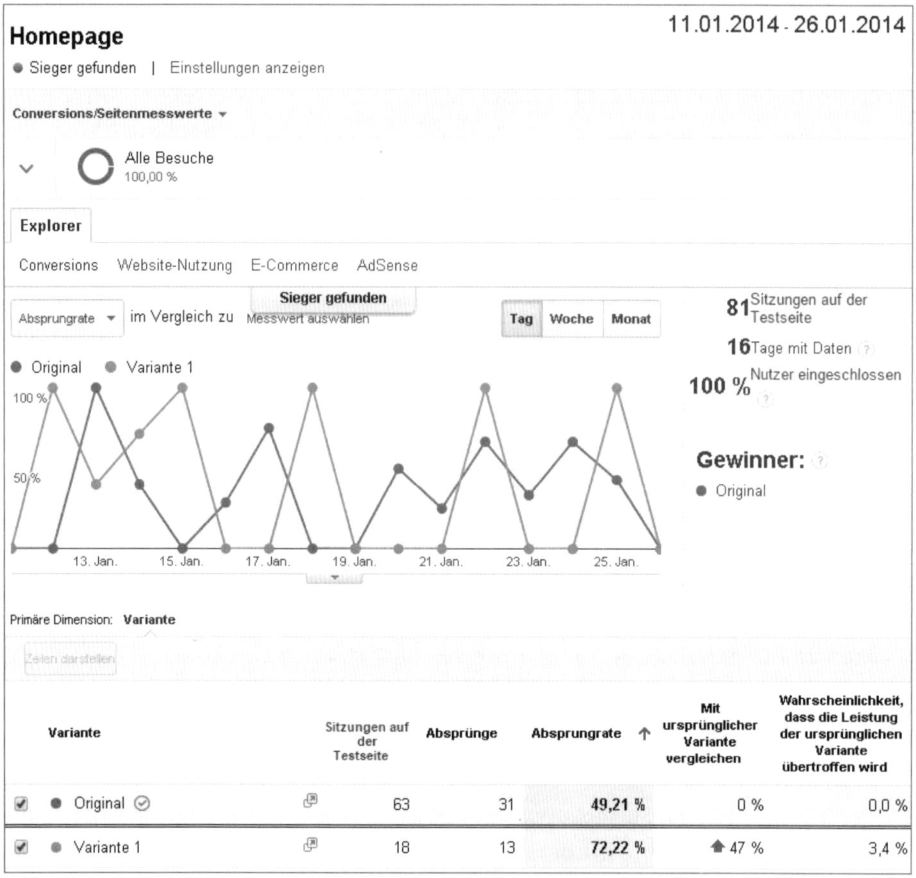

Abbildung 9.52 Auswertung eines beendeten Tests

In der Tabelle im unteren Bildschirmbereich sehen Sie die einzelnen Kennzahlen, bezogen auf Originalseite und Testvarianten. Die Testvariante weist in unserem Fall eine höhere Absprungrate auf als die Originalseite und die Wahrscheinlichkeit, das Original zu übertreffen, liegt bei lediglich 3,4 %. Das Ergebnis ist recht eindeutig, was auch die kurze Laufzeit des Tests erklärt.

Im EXPLORER-Bereich besteht die Option, neben CONVERSIONS auch die WEBSITE-NUTZUNG, E-COMMERCE und ADSENSE einzusehen. Das E-COMMERCE-Tab zeigt an, wie viel Umsatz und Transaktionen auf die Original- sowie die Variantenseite entfallen. Weiterhin sehen Sie dort auch den durchschnittlichen Bestellwert, den Wert pro Sitzung und die E-Commerce-Conversion-Rate. Bei Wahl des ADSENSE-Tabs können Sie auswerten, wie viel AdSense-Umsatz über die einzelnen Seiten generiert wurde, wie viele AdSense-Seitenimpressionen und Klicks erfolgt sind, sowie die durchschnittliche AdSense-CTR und -eCPM einsehen (siehe Abbildung 9.53).

Abbildung 9.53 Testauswertung in Bezug auf AdSense

Ermitteln Sie mithilfe dieser Berichte, ob das Original oder die Testseiten die besseren Ergebnisse gebracht haben. Vergleichen Sie die einzelnen Seiten, und prüfen Sie diese auf die für Sie relevanten Kennzahlen. Nutzen Sie auch die Segmente, um gewisse Nutzergruppen, zum Beispiel Direktzugriffe und unbezahlte Suchzugriffe, miteinander zu vergleichen. Oder analysieren Sie die Daten im Hinblick auf Altersklassen mittels benutzerdefinierter Segmente und demografischer Daten. Dies kann zum Beispiel hilfreich sein, wenn Sie Ihre Website neu ausrichten möchten und damit eine jüngere oder ältere Zielgruppe ansprechen möchten.

Segmente in Website-Testauswertungen nutzen

Wenn Sie verschiedene Segmente zur genaueren Auswertung Ihrer Website-Testergebnisse nutzen wollen, müssen Sie dabei eine Kleinigkeit beachten. Bei den Tests werden die Segmente nicht gleichzeitig auf einen Report angewandt. Sie sehen nicht mehrere Segmente in einer Übersicht, sondern müssen sie einzeln auswählen und wechseln dadurch die Report-Inhalte.

In Abbildung 9.54 sehen Sie, dass das Segment Direkte Zugriffe hervorgehoben ist. Das bedeutet, dass in dieser Auswertung nur die Sitzungen angezeigt werden, die über Direktzugriffe erfolgt sind.

Abbildung 9.54 Segmente in Testauswertungen nutzen

Es kann auch sein, dass Ihr Test kein so deutliches Ergebnis wie in unserem Beispiel zeigt. In diesem Fall sollten Sie die einzelnen Metriken genauer untersuchen und so herausfinden, ob eine der Seiten das Potenzial hat, besser zu funktionieren als die andere. Erstellen Sie daraufhin gegebenenfalls noch einen Test, in dem Sie größere Änderungen vornehmen oder weniger Seiten miteinander vergleichen, um einen deutlicheren Favoriten zu erhalten.

Ziel eines Tests sollte es sein, eine Version der Seite zu finden, welche die Nutzer zu längeren Verweildauern, mehr Käufen oder anderen Ihren Unternehmenszielen entsprechenden Aktivitäten anregt. Sollten Sie also bei Ihren Tests einen klaren Gewinner erkennen können, so liegt es nahe, ihn als neue Standardvariante der getesteten Seite zu nutzen. Lassen Sie sich aber nicht zu einer übereilten Entscheidung verleiten, und prüfen Sie Ihre Ergebnisse sorgfältig. Erstellen Sie gegebenenfalls weitere Tests für andere Themenseiten, um herauszufinden, ob sich die Ergebnisse des einen Tests auch auf andere Seitentypen übertragen lassen.

Am Ende erhalten Sie dann einen Eindruck davon, welche Seiten Ihre Benutzer zur Interaktion bewegen und welche nicht, sodass Sie daraus ein optimales Website-Erlebnis zusammenstellen können.

9.8 In-Page-Analyse – visuelle Darstellung der Website-Klicks

Der In-Page-Analyse-Report unterscheidet sich in der Darstellung sehr von den üblichen Google-Analytics-Reports. Bei diesem Report haben Sie die Möglichkeit, anhand Ihrer Website zu sehen, auf welche Elemente die Nutzer geklickt haben und was sie gar nicht wahrnehmen. So erhalten Sie einen Eindruck davon, ob die Struktur und das Layout Ihrer Website die Nutzer in die richtige Richtung leiten, ob Ihre CTAs auffällig genug platziert sind oder auch ob Ihre Besucher die Navigation nutzen oder kaum beachten.

Bevor Sie die In-Page-Analyse nutzen können, müssen Sie noch ein paar Dinge beachten. Die Analyse bezieht sich immer auf die in den Einstellungen der Datenansicht eingetragene Website. Das heißt, dass der Report nicht funktioniert, wenn die Website, die Sie dort eingetragen haben, nicht mit der tatsächlichen Website-URL übereinstimmt. Außerdem müssen Sie zu Beginn ein Chrome Plugin installieren, da der Report seit 2017 nicht mehr über die in Google Analytics enthaltene Navigations-Oberfläche zu erreichen ist. Das Plugin finden Sie hier: *goo.gl/mpY6WB*.

9.8.1 Erweiterte In-Page-Analyse

Außerdem haben Sie die Möglichkeit, die In-Page-Analysen noch aussagekräftiger zu gestalten, indem Sie die erweiterte Linkzuordnung nutzen. Bei der normalen In-Page-Analyse werden die Sprünge auf interne Links getrackt und ausgewertet. Google Analytics unterscheidet nicht, ob ein Link nur einmal auf einer Seite vorhanden ist oder mehrfach. Das heißt, dass Sie nicht unterscheiden können, welcher Link tatsächlich geklickt worden ist. Befindet sich zum Beispiel in der Navigation auf Ihrer Startseite ein Link zu Ihrem Blog und ein weiterer Link auf einem Teaser auf der Startseite, dann unterscheidet Google Analytics nicht zwischen dem Navigations-Link und dem Teaser-Link. Bei beiden werden in der In-Page-Analyse die gleichen Klick-Zahlen angezeigt.

Die erweiterte In-Page-Analyse kann dieses Problem beheben. Voraussetzung dafür ist, dass alle Elemente, die Sie auswerten möchten, eine eigene ID besitzen. Im besten Fall ist jedes Element mit einer individuellen ID ausgestattet. Ist dies jedoch nicht der Fall, dann sucht Google Analytics im DOM (*Document Object Model*) nach einer eindeutigen ID eines übergeordneten Elements. Kann sie auch noch nicht ausgemacht werden, zeigt das Tool einen Bereichswert an.

Hierfür müssen Sie lediglich den Universal Code ein wenig anpassen:

```
ga('create', 'UA-XXXX-X');
ga('require', 'linkid', 'linkid.js');
ga('send', 'pageview');
```

Des Weiteren müssen Sie neben der Anpassung des Tracking-Codes auch eine Anpassung in den Einstellungen der Property vornehmen. Wählen Sie dort bei der ERWEITERTEN LINKZUORDNUNG • EIN aus. Ohne diese Änderung können Sie die erweiterte Linkzuordnung nicht nutzen.

9.8.2 In-Page-Analyse-Report

Der In-Page-Analyse-Report kann derzeit (Stand August 2017) nur über das Chrome Plugin erreicht werden. Nachdem Sie die Erweiterung installiert haben, können Sie die zu analysierende Seite im Chrome Browser aufrufen und die Daten dazu einsehen. Es werden Ihnen dann verschiedene Messwerte wie Seitenaufrufe, Absprungrate etc. gezeigt, aber auch wie viele Nutzer derzeit live auf der Seite sind. Außerdem sehen Sie, wie oft auf einzelne Links geklickt wurde.

Sie können in der Analyse ganz normal durch die Seite navigieren und so auch durch die In-Page-Analyse zu bestimmten Seiten navigieren. Wenn Sie also eine spezielle Seite auswerten möchten, die sehr tief in der Website-Struktur liegt, können Sie diese Seite ganz normal aufrufen und entweder dann erst die In-Page Auswertung starten, oder direkt damit beginnen.

Die Elemente der In-Page-Analyse sind immer gleich. In der oberen Bildhälfte sehen Sie die Anzahl der Seitenaufrufe der Seite, der einzelnen Seitenaufrufe, die durchschnittliche Verweildauer auf der Seite, die Absprungrate und den Anteil der Ausstiege (siehe Abbildung 9.55) sowie die aktuellen Besucherzahlen in Echtzeit.

Abbildung 9.55 In-Page-Analyse der luna-park-Startseite

Darunter befindet sich die Steuerungsleiste (siehe Abbildung 9.56), mit deren Hilfe Sie die Kennzahlen für die Auswertung auswählen sowie die Darstellung anpassen können. In der Steuerungsleiste finden Sie neben dem Kennzahl-Dropdown-Menü die Schaltflächen, mit denen Sie die Info-Ballons und Farbe einblenden sowie die Ansicht der Browsergröße anwählen können.

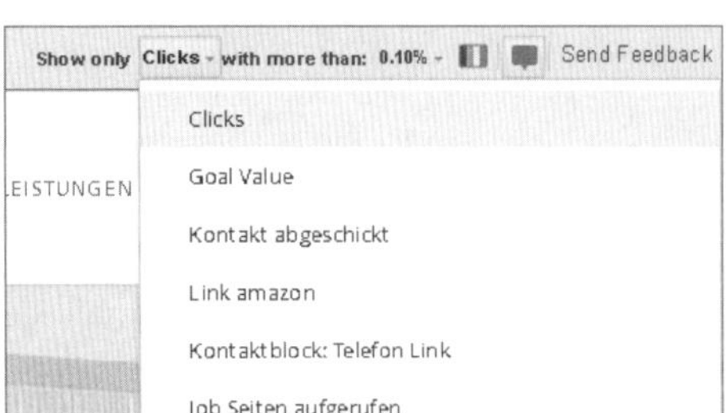

Abbildung 9.56 Steuerungsleiste der In-Page-Analyse

Wählen Sie für die Kennzahlen entweder die Anzahl der Klicks, den Zielwert oder einzelne Ziele aus. Daneben können Sie mittels eines weiteren Dropdown-Menüs den Anteil auswählen, zum Beispiel mehr als 0,10 % der Klicks.

In der rechten Hälfte der Steuerungsleiste finden Sie die Schaltflächen zur Anpassung der Darstellung. SHOW BUBBLES meint die orangenen Elemente, die den Klick-Anteil der einzelnen Links anzeigen. Wenn Sie die Maus darüber bewegen, öffnet sich ein kleiner Layer, der die absolute Anzahl an Klicks, die Anzahl der Elemente mit dem gleichen Link-Ziel sowie die Zielseite zeigt. Mit der Auswahl SHOW COLORS wechseln Sie die Ansicht zu einer farblich markierten Darstellung. Im Vergleich zu der Info-Ballons-Darstellung ändert sich dabei kaum etwas.

Abbildung 9.57 Layer mit der Anzahl der Klicks auf einen Link

Eine sehr positive Neuerung in dem Report ist die Möglichkeit, nach Besucher-Segmenten zu filtern. Dazu nutzen Sie einfach das Dropdown-Menü oben links in der Navigationsleiste, um genau die Besucher auszuwählen, deren Verhalten Sie auswerten möchten. Der Link oben links VIEW IN ANALYTICS bringt Sie übrigens nur zum Seitenreport der Seite zurück, die Sie gerade ansehen. Oben rechts können Sie die Datenansicht auswählen, aus der Sie die Daten sehen wollen, das ist sehr hilfreich, wenn Analytics Ihnen nicht automatisch die richtige zuweist.

9.8.3 Mögliche Fehlerquellen der In-Page-Analyse

Wie oben bereits erwähnt, kann es sein, dass die In-Page-Analyse bei Ihnen nicht korrekt funktioniert. Den Hauptgrund – unterschiedliche URLs in den Datenansichtseinstellungen sowie der tatsächlichen Website – haben wir bereits angesprochen. Dennoch gibt es derzeit einige Punkte, die eine korrekte In-Page-Analyse verhindern können. Wir möchten Ihnen an dieser Stelle einen kurzen Überblick über die Fehlerquellen geben, damit Sie einen Einblick erhalten, was zu Problemen bei der Datenerhebung mit der In-Page-Analyse führen kann:

- unterschiedliche URLs in den Einstellungen der Datenansicht und der tatsächlichen Website
- Profilfilter, der die URLs umschreibt
- Verwendung von Frames, Subdomains oder auch Session-IDs
- Links, die nicht hart verlinkt sind, also zum Beispiel JavaScript-Links, oder Links, die Leerzeichen enthalten
- Verwendung mehrerer Google-Analytics-Codes auf einer Seite
- Domainwechsel, zum Beispiel Produktseiten auf *www.beispiel.de/produkte* und Bestellprozess auf *shop.beispiel.de/warenkorb*

Außerdem kann es vorkommen, dass die dargestellte Seite anders aussieht als erwartet. So sehen Sie auf der Startseite andere Teaser oder andere Nachrichten als während des ausgewählten Zeitraums auf der Seite gewesen sind. Das liegt daran, dass Ihnen Google Analytics hier die aktuelle Version der Seite zeigt und keine alten Versionen speichert.

Sie sehen also, dass die In-Page-Analyse-Reports zwar nicht immer ganz korrekt funktionieren. Dennoch liefern sie einen Einblick in das Nutzerverhalten und zeigen generelle Trends auf, die Ihnen bei der Optimierung Ihrer Website helfen können.

Nun haben wir Ihnen die verschiedenen Reports innerhalb des Bereichs Verhalten näher erläutert. Wir hoffen, dass wir Sie mit unseren Ausführungen und Erklärungen neugierig auf die verschiedenen Auswertungsmöglichkeiten machen konnten, die Google Analytics Ihnen mit diesen Reports bietet.

Kapitel 10

Die vierte Säule der Auswertung: Conversions analysieren

Hier geht es ans Eingemachte, denn wir sprechen darüber, ob Ihre Besucher tatsächlich tun, was Sie sich von ihnen wünschen. Nutzen Besucher die Formulare, bestellen sie den Newsletter, und was kaufen sie im Shop? Welche Produkte laufen gut, welche weniger?

Jeder Website-Betreiber sollte sich darüber im Klaren sein, was er mit seiner Seite erreichen möchte. Möchten Sie Umsatz erzielen, Leads generieren, viele Klicks erzeugen oder einfach nur informieren? In Kapitel 6, »Das Herzstück: Datenansichten anlegen und Zielvorhaben einrichten«, haben wir Ihnen bereits ausführlich erklärt, worauf es bei den Zielen einer Website ankommt und wie man sie anlegt. Ob Sie einfach nur Zielvorhaben eingerichtet haben oder ein detailliertes E-Commerce-Tracking auf den Bestellbestätigungsseiten ausspielen – im Bereich CONVERSIONS finden Sie die Reports, die Ihnen bei der Auswertung von Zielen und E-Commerce helfen sollen.

Beantworten Sie mithilfe der Conversion-Reports zum Beispiel folgende Fragen:

- Welche Zielvorhaben werden erreicht und wie oft?
- Wie viele Transaktionen werden durchgeführt, und wie viel Umsatz wird dabei erzielt?
- Welche Produkte verkaufen sich besonders gut?
- Wie hoch ist der durchschnittliche Umsatz pro Produktkategorie?
- Über welche Quellen kommen die Besucher, die den meisten Umsatz machen?
- Gehen Nutzer die Pfade, die Sie für eine Zielerreichung vorgesehen haben?
- Steigen Nutzer an bestimmten Schritten Ihres Zieltrichters aus?
- Welche Quellen tragen zu direkten Zielerreichungen bei, und welche helfen dabei, Zielerreichungen vorzubereiten?
- Was sind die Top-Conversion-Pfade?

Conversion-Reports

Für wen ist der Report sinnvoll?

Die Conversion-Reports sind für jeden Webanalysten sinnvoll, denn hier finden Sie wertvolle Informationen über die von Ihnen festgelegten Ziele, E-Commerce-Umsätze und wie die Sitzungen diese Ziele erreicht haben.

Welche Fragen beantwortet der Report-Bereich?

Die Berichte beantworten Ihnen alle Fragen rund um Conversions, Transaktionen, Umsatz und Produktverkäufe.

Sind (Code-)Anpassungen nötig, um den Report sinnvoll auswerten zu können?

Ja. Um Zielerreichungen auswerten zu können, müssen Sie zuvor Zielvorhaben eingerichtet haben. Dies geschieht in den meisten Fällen ohne Codeanpassungen. Um E-Commerce-Umsätze einsehen zu können, muss zuvor der Tracking-Code angepasst werden.

Wie oft sollten Sie den Report anschauen?

Da kommt es ganz auf Ihre Website an. E-Commerce-Umsätze kann man sich täglich anschauen, um die Performance im Vergleich zum Vortag zu vergleichen, andere Ziele, zum Beispiel eine hohe Verweildauer, kann man sich in monatlichen Abständen ansehen und auswerten. Und wie immer gilt: Wenn Kampagnen laufen, empfiehlt sich ein regelmäßiger Blick auf die Reports.

Sollten Elemente aus dem Bereich bei den benutzerdefinierten Benachrichtigungen aufgenommen werden?

Unbedingt! Geht Ihr Umsatz plötzlich zurück oder werden keine Downloads mehr durchgeführt, kann das für technische oder generelle Probleme Ihrer Website sprechen. Derartige Änderungen sollten Sie prüfen. Außerdem sind Benachrichtigungen sinnvoll, die ausgelöst werden, sobald der Umsatz oder die Zielerreichungen über eine bestimmte Quelle (zum Beispiel GOOGLE CPC oder GOOGLE ORGANISCH) zurückgehen.

Ist ein Dashboard oder eine Verknüpfung sinnvoll?

Ja, die wichtigsten Zielvorhaben sollten Sie auf dem Dashboard aufnehmen, genauso wie den erzielten Umsatz. Außerdem machen Verknüpfungen spezifischer Produktauswertungen Sinn.

Müssen Sie dafür eine eigene Datenansicht erstellen?

Manchmal kann es sein, dass die Anzahl der einzurichtenden Zielvorhaben nicht ausreicht, um alle Ziele abzudecken. Dann können Sie eine zweite Datenansicht einrichten. Außerdem kann es sinnvoll sein, gewisse Produktbereiche getrennt voneinander auszuwerten. Ansonsten sind eigene Datenansichten für Zielvorhaben oder E-Commerce nicht nötig.

10.1 Zielvorhaben – was erreichen Ihre Besucher?

Mithilfe der Zielvorhaben-Reports können Sie verschiedenen Fragestellungen auf den Grund gehen und Ihre Besuchergruppen anhand von Daten zur Zielerreichung analysieren. Natürlich können Sie die Ziele erst auswerten, nachdem Sie diese in den Einstellungen der Datenansicht angelegt haben. Wie Sie wahrscheinlich wissen, können Sie das Erreichen bestimmter URLs, das Auslösen eines Ereignisses oder die Anzahl der Seiten und die Verweildauer als Ziel festlegen. Im Anschluss daran lassen sich unter anderem folgende Fragen in den Ziel-Reports beantworten:

- Welche Zielvorhaben werden besonders häufig erreicht?
- Gibt es Besuchergruppen, die kaum Conversions erzielen?
- Brechen Nutzer im Bestellprozess ab?
- Welche Seiten rufen Nutzer auf, bevor sie ein Ziel erreichen?

Nutzen Sie die Zielvorhaben-Reports, um mehr über Ihre Besucher und Ihre Ziele zu erfahren.

10.1.1 Zielvorhaben-Übersicht – welche Zielvorhaben werden wie oft erreicht?

Abbildung 10.1 zeigt Ihnen einen Screenshot unserer Beispielfirma Tirami. Wie so oft liefert die Übersicht eine Trendgrafik, die den zeitlichen Verlauf der Zielerreichungen aufzeigt. Darunter sehen Sie die Gesamtzahl der erreichten Zielvorhaben sowie die Anzahl der Zielerreichungen pro Zielvorhaben inklusive Trendgraph. In einer Tabelle sind die Orte der Abschlüsse für die Zielvorhaben abgebildet, also die Seiten, auf denen die meisten Ziele erreicht worden sind. Die Übersicht bietet Ihnen einen schnellen Einblick in die Abschlüsse der einzelnen Zielvorhaben sowie die zeitliche Entwicklung. Sind Zielvorhaben darunter, die gar nicht ausgelöst worden sind, oder solche, deren Anzahl stark an- oder abfällt?

Für diesen Report ist es wichtig zu wissen, dass hier nur die Zielwerte und keine E-Commerce-Umsätze angezeigt werden. Die E-Commerce-Daten finden Sie in den E-Commerce-Reports. Wenn Sie aber für Buchungen oder Bestellungen auch Zielvorhaben eingerichtet haben, so können Sie diese natürlich in den Zielvorhaben-Reports auswerten. Das macht Sinn, wenn Sie alle Zielvorhaben – auch die Anzahl der Transaktionen – auf einen Blick sehen wollen.

Besonders aussagekräftig wird dieser Report, wenn Sie Segmente nutzen, um die verschiedenen Benutzergruppen zu unterscheiden. Eine Basisanalyse wäre beispielsweise der Vergleich der Standardquellen wie DIREKTE ZUGRIFFE, NICHT BEZAHLTE SUCHZUGRIFFE (organische Zugriffe), BEZAHLTE ZUGRIFFE sowie VERWEISZUGRIFFE. Da Sie immer nur vier Segmente gleichzeitig auf eine Auswertung legen können, bietet es sich hier an, die vier genannten Segmente zu nutzen und das Segment ALLE

NUTZER bei der Auswertung erst einmal außen vor zu lassen, da Sie mit den anderen vier Segmenten bereits die wichtigsten Traffic-Quellen abdecken.

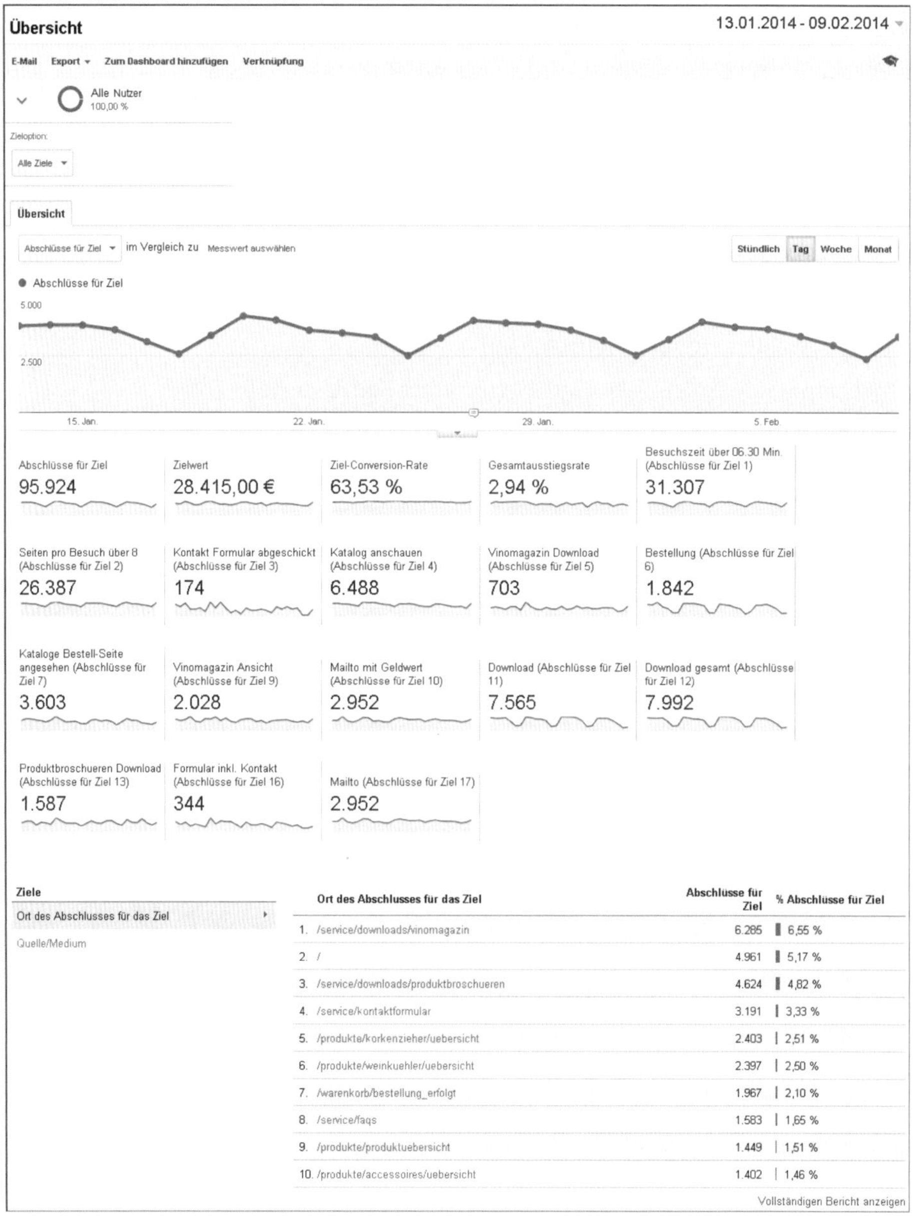

Abbildung 10.1 Übersicht der erreichten Ziele

In Abbildung 10.2 sehen Sie einen derartigen Vergleich. Von den rund 800 durchgeführten Bestellungen wird der größte Anteil durch nicht bezahlte Suchzugriffe erzielt, ebenfalls einen größeren Teil machen zudem die bezahlten Suchzugriffe sowie die direkten Zugriffe aus. Nur ein kleiner Teil der Bestellungen kommt durch Verweiszugriffe zustande.

Abbildung 10.2 Vergleich der Zielerreichungen der verschiedenen Standardbesuchersegmente

Ist Ihnen aufgefallen, dass die Trendlinie der nicht bezahlten Suchzugriffe zuerst relativ flach ist und mit der Zeit ansteigt? Dies hängt mit besseren Rankings innerhalb der Google-Suchergebnisse zusammen. Die Nachfrage an dem Produkt steigt zu dem ausgewählten Zeitraum, und auch die Positionen in den Suchmaschinen-Ergebnislisten, vorrangig natürlich bei Google, steigen. Die Anzahl der Sitzungen über organische Suchanfragen nimmt zu und somit auch die Anzahl der durch diese Besuchergruppe durchgeführten Bestellungen. Die grundlegende Entwicklung der Zielerreichung ist allerdings bei allen Referrern gleich. Zu Beginn des Zeitraums erfolgen nur wenige Bestellungen, dann kommt ein kleiner Peak und zum Ende hin schließlich ein stetiger Anstieg.

Natürlich können Sie auch noch einen Zeitraumvergleich nutzen, um herauszufinden, ob sich die Zielerreichungen einzelner Kanäle je nach Zeitraum unterscheiden. Ein Beispiel zeigen wir Ihnen in Abbildung 10.3.

Diesmal handelt es sich in unserem Beispiel um die durchgeführten Kontaktanfragen auf einer Website im Monatsvergleich. Die meisten Anfragen kommen durch Sitzungen, die durch nicht bezahlte Suchzugriffe oder Verweiszugriffe auf die Website gelangt sind. Vor allem bei den Verweiszugriffen macht sich ein Unterschied bemerkbar. Im aktuellen Monat werden fast 70 % mehr Kontaktanfragen durch diese Besucher abgeschickt als noch im Vormonat.

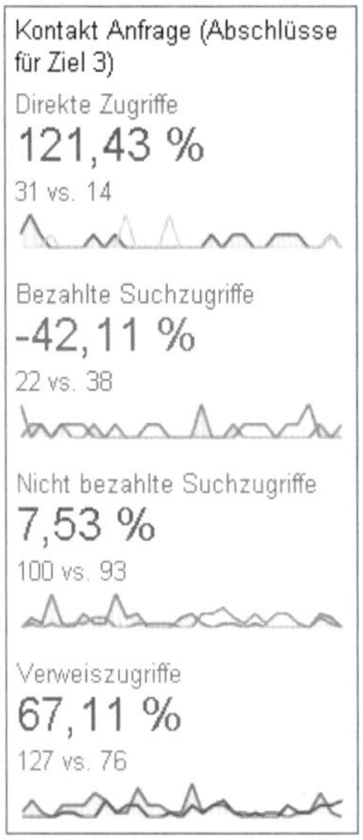

Abbildung 10.3 Zeitraumvergleich der einzelnen Kanäle

Bei den bezahlten Zugriffen ist ein starker Rückgang zu verzeichnen: 42 % weniger Kontaktanfragen als noch im Vormonat. Die Zahl scheint ziemlich groß, jedoch muss hier auch bedacht werden, dass es sich lediglich um knapp 40 Anfragen im Vormonat handelt, die absolute Änderung beträgt nur 12 Anfragen. 40 % der 40 Anfragen im Vormonat sind zwar viel, aber nicht so viel wie die 40 % im Vergleich zu den anderen Daten hervorstechen. Daher sollten Sie diese Daten immer hinterfragen und nach Ihren Anforderungen auswerten. In unserem Fall wurde das Budget der Anzeigen, die auf Kontaktanfragen ausgelegt sind, reduziert, sodass ein Rückgang ganz natürlich ist. Was aber, wenn stattdessen das Budget erhöht worden wäre? In diesem Fall wäre der starke Rückgang natürlich deutlich beunruhigender und müsste untersucht werden. Vielleicht stimmt etwas nicht mit den Kampagnen oder die Calls-to-Action (zum Beispiel Buttons oder verweisende Links, die den Nutzer dazu bringen sollen, etwas zu tun) auf der Zielseite wurden überarbeitet und sind nicht mehr deutlich genug. Diese Auswertung zeigt Ihnen, was auf der Seite vorgeht und ob die von Ihnen gewünschten Zielvorhaben auch erreicht werden. Die damit zusammenhängenden Auswertungen und Optimierungen helfen Ihnen, die Website noch besser zu machen und noch mehr Zielvorhaben zu erreichen.

10.1.2 Einzelne Ziele auswerten

Wenn Sie gezielt einzelne Zielvorhaben auswerten möchten, können Sie dies mithilfe des Dropdown-Menüs oberhalb der Trendgrafik tun. Wählen Sie dazu einfach das gewünschte Zielvorhaben aus, und Sie erhalten die Anzahl der Zielerreichungen, den monetären Wert, die Conversion-Rate sowie die Ausstiegsrate, falls Sie einen Trichter eingerichtet haben.

Abbildung 10.4 zeigt Ihnen einen beispielhaften Screenshot eines ausgewählten Ziels. Da es sich hierbei um eine Bestellung handelt, der kein monetärer Wert mitgegeben wird, bleibt auch hier der Wert für das Zielvorhaben leer.

Abbildung 10.4 Informationen über ein ausgewähltes Zielvorhaben in der Übersicht

Auch hier können Sie wieder Segmente nutzen, um Besuchergruppen zu analysieren. Ein Beispiel dafür zeigt Ihnen Abbildung 10.5.

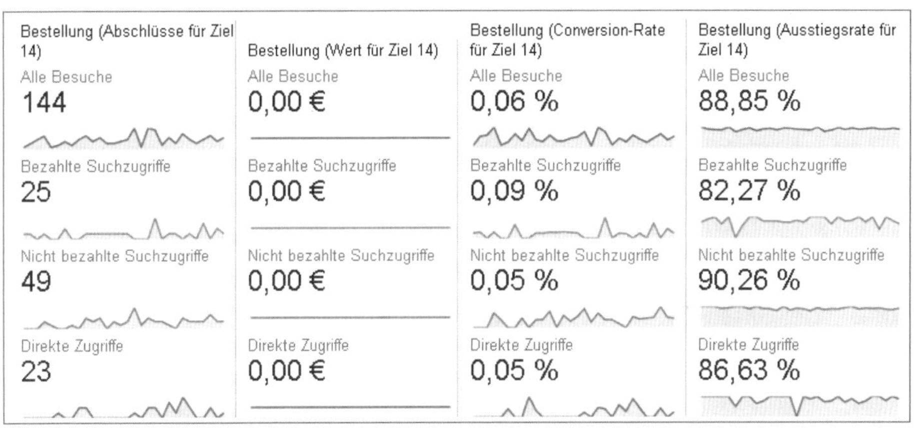

Abbildung 10.5 Segmente zur Unterscheidung von Conversion-Rates und Zielerreichungen eines ausgewählten Ziels

Die beste Conversion-Rate in dem Beispiel liefert die bezahlte Suche. 0,09 % der darüber zustande gekommenen Sitzungen tätigen eine Bestellung. Auch wenn die tatsächliche Anzahl der Bestellungen durch diesen Kanal mit die geringste ist, so würde es sich lohnen, in bezahlte Anzeigen zu investieren, um von der Conversion-Rate zu profitieren.

Untersuchen sollten Sie an dieser Stelle allerdings den Grund, warum die Ausstiegsraten der einzelnen Kanäle teilweise einen starken Knick verzeichnen, wie beispielsweise bei den bezahlten Suchzugriffen oder den direkten Zugriffen. Dazu klicken Sie auf die Trendlinie der bezahlten Suchzugriffe, um sie vergrößert zu sehen. Anschließend wählen Sie oberhalb der Trendlinie die zweite Dimension aus, die mit der bestehenden Dimension (in diesem Fall die Ausstiegsrate des Ziels Bestellung) verglichen werden soll (siehe Abbildung 10.6).

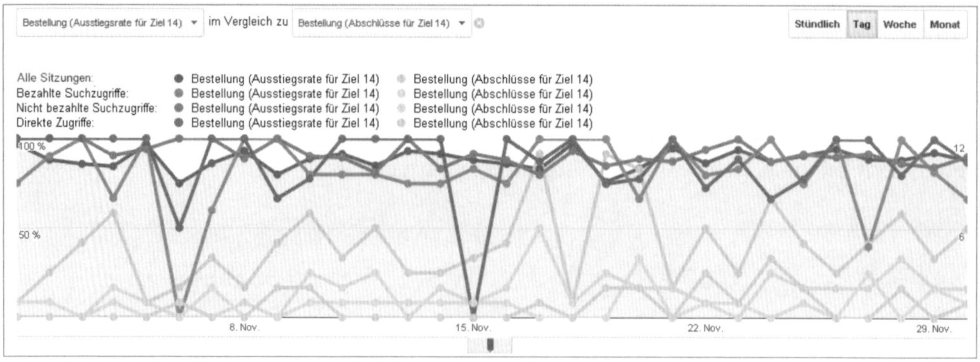

Abbildung 10.6 Ausstiegsrate und Abschlüsse für das Zielvorhaben »Bestellung« im Vergleich

Hier wird schnell klar, wodurch der Knick bei der Ausstiegsrate der bezahlten Suchzugriffe zu erklären ist. An dem Tag wurden keine Bestellungen durch Sitzungen der bezahlten Suche erzielt, sodass auch keine Abbruchrate festgelegt werden kann. Genauso verhält es sich an einem anderen Tag mit den direkten Zugriffen.

Auf diese Weise können Sie also schnell nachvollziehen, ob es bei Ihrem Bestellprozess Probleme gibt. In unserem Fall sind die Auffälligkeiten leicht zu erklären und weisen auf kein dauerhaftes Problem hin.

10.1.3 Ziel-URLs – auf welchen Seiten werden die meisten Zielvorhaben erreicht?

Wenn Sie wissen möchten, auf welchen Seiten die meisten Zielvorhaben erreicht werden, können Sie dazu den Report ZIELVORHABEN-URLS nutzen. Interessanterweise bietet Ihnen dieser Report nicht die gewohnten sekundären Dimensionen, sondern eine Fülle außergewöhnlicher Dimensionen, die Sie in anderen Menübereichen nicht finden werden. Darunter zum Beispiel VORHERIGER SCHRITT VOR ZIELVORHABEN-1, womit Sie die zuvor aufgerufene Seite einsehen können. Dies gibt es auch für zwei und drei Seiten zuvor. Außerdem können Sie diverse Zeit-Dimensionen auswählen, zum Beispiel DATUM, MINUTE, MONAT, MONAT DES JAHRES, WOCHE DES JAHRES oder auch den WOCHENTAG. Am besten klicken Sie sich dazu durch die verschiedenen Dimensionen, um einen Eindruck davon zu erhalten, was die einzelnen Dimensionen aussagen. Die Kontext-Hilfen helfen Ihnen weiter, wenn Definitionen unklar sein sollten. Wir wollen Ihnen natürlich ein Beispiel dazu zeigen. In Abbildung 10.7 sehen Sie den Report zu den Ziel-URLs mit der sekundären Dimension VORHERIGER SCHRITT VOR ZIELVORHABEN-1. Um eine bessere Einschätzung über den Wert der Zielerreichungen zu erhalten, wird hier nach dem Zielwert sortiert.

Ort des Abschlusses für das Ziel	Vorheriger Schritt für Ziel - 1	Abschlüsse für Ziel	Zielwert
		3.745 % des Gesamtwerts: 100,00 % (3.745)	990,00 € % des Gesamtwerts: 100,00 % (990,00 €)
1. /produkte/korkenzieher/produktbeschreibung.pdf	/produkte/korkenzieher/kataloge-uebersicht.html	37	**80,00 €**
2. /service/kontaktanfrage.html	/	37	**80,00 €**
3. /service/kontaktanfrage.html	(entrance)	18	**40,00 €**
4. /produkte/korkenzieher/deluxe_holz.html	(entrance)	8	**15,00 €**
5. /service/kontaktanfrage.html	/service/faqs.html	11	**15,00 €**

Abbildung 10.7 Ziel-URLs-Report mit der sekundären Dimension »Vorheriger Schritt vor Zielvorhaben-1« und sortiert nach Zielwert

Sie können nun analysieren, auf welchen Seiten der höchste Zielwert erreicht wurde. In unserem Beispiel besitzt ein Download den Wert von 5 €, genauso eine Kontaktanfrage. Daher weisen die Korkenzieher-Produktbeschreibung sowie die Seite mit dem Kontaktformular den höchsten Zielwert auf. Durch die hinzugefügte sekundäre Dimension können Sie sehen, von welcher Seite aus die meisten Sitzungen auf die Zielseite gelangt sind, bevor sie das Ziel erreicht haben. In der ersten Zeile kommen die meisten Sitzungen über die Übersichtsseite der Kataloge. Bei der Kontaktanfrage kommen viele Sitzungen über die Startseite und über einen Direkteinstieg. Dies liegt daran, dass bei der Suchanfrage »Tirami Kontakt« AdWords-Anzeigen geschaltet werden, welche die Nutzer direkt auf die Seite lenken.

Werten Sie mit diesem Report die Seiten aus, die Ihnen die meisten Conversions bringen oder den höchsten Zielwert erzielen. Mit dieser Erkenntnis können Sie anschließend die Seiten optimieren. Vielleicht gibt es Seiten, die Sie bewerben und die viele Conversions bringen sollen, die aber in Wirklichkeit zu den Seiten gehören, die die wenigsten Conversions erzielen. Optimieren Sie daraufhin Ihre Inhalte so, dass sie ansprechender für die Nutzer werden, einen deutlicheren Call-to-Action aufweisen und somit zu einer höheren Conversion-Rate führen.

10.1.4 Trichter-Visualisierung – an welchen Stellen steigen Nutzer aus dem Zielprozess aus?

Neben den allgemeinen Werten der einzelnen Zielvorhaben können Sie mithilfe von Zieltrichtern auswerten, an welchen Stellen Ihre Besucher den Zielprozess verlassen oder welche Seiten sie aufrufen, um zum Ziel zu gelangen.

Mit der TRICHTER-VISUALISIERUNG können Sie – wenn Sie zuvor bei der Zieleinrichtung in der Datenansicht einen Trichter definiert haben – einsehen, an welchen Stellen die Nutzer den Trichter verlassen und eventuell die Bestellung, Kontaktanfrage oder Prospektbestellung abbrechen.

Eine Trichter-Visualisierung wie in Abbildung 10.8 stellt den Prozess dar, den die Nutzer durchlaufen müssen, bevor sie ein Ziel erreichen. In unserem Beispiel nutzen wir dafür den Bestellprozess eines Online-Shops.

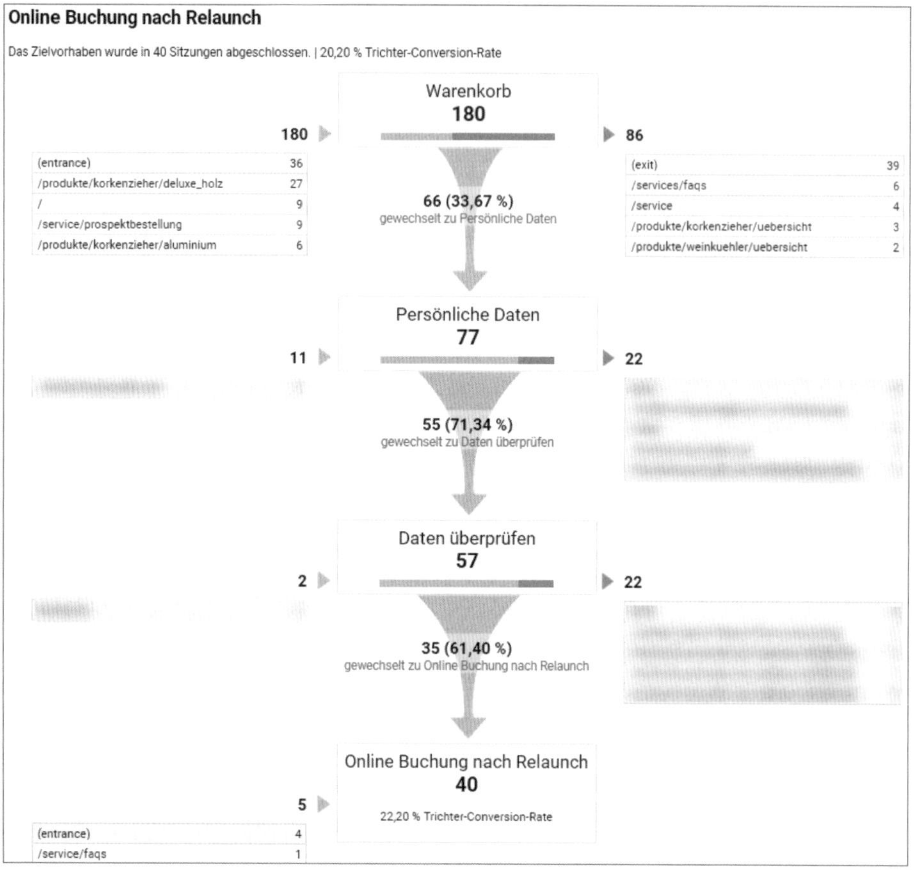

Abbildung 10.8 Trichter-Visualisierung des Ziels »Bestellung«

Die grundlegenden Informationen bezüglich des Prozesses sehen Sie unter der Überschrift. Hier wurde das Zielvorhaben 40-mal erreicht, was einer Trichter-Conversion-Rate von 22 % entspricht. Das heißt, dass 22 % der Nutzer, die den Bestellprozess beginnen, ihn auch zu Ende bringen. Erster Schritt in dem Trichter ist bei einem Bestellprozess häufig der Warenkorb. Darauf folgen die Eingabe der persönlichen Daten, eventuell noch Zahlungsinformationen, eine Seite zur Überprüfung der Daten sowie die Bestellbestätigungsseite, die auch die endgültige Zielseite sein sollte.

Der Trichter visualisiert die verschiedenen Schritte des Bestellprozesses. In der Mitte sehen Sie die einzelnen Trichterschritte, rechts und links davon sehen Sie die Seiten, von denen aus die Nutzer auf die Trichterseiten gelangt sind und wo sie aussteigen. Von den 180 Sitzungen, die den Warenkorb aufrufen, steigen 36 direkt dort ein, 27 kommen über eine Produktseite, 9 gelangen von der Startseite aus in den Warenkorb. Von dem Warenkorb aus folgen jedoch nur 66 (das entspricht 33 % der Sitzungen der Warenkorb-Seite) dem Prozess. Die restlichen Sitzungen brechen hier ab und sehen sich andere Seiten an, darunter die Service-Seite, die FAQ-Seite oder Produkt-Übersichtsseiten. 39 Sitzungen verlassen an dieser Stelle die Website.

Zu den 66 Sitzungen, die dem Prozess weiter folgen, kommen im zweiten Schritt noch einige hinzu. Außerdem verlassen 22 den Prozess. Dies wiederholt sich auch im nächsten Schritt der Daten-Überprüfung. Im letzten Schritt, auf der Bestellbestätigungsseite, steigen noch fünf weitere Sitzungen ein, die auch eine Bestellung abschließen. Dies kann damit zusammenhängen, dass sich die Besucher vielleicht noch einmal die Produktseite ansehen, die Versandbedingungen nachlesen oder einfach zu lange auf der Seite bleiben und somit die Session-Dauer überschreiten. Insgesamt beenden 40 der 180 Nutzer den Zielprozess, was einem Anteil von 22 % entspricht.

Warum ist die Anzahl der Conversions im Trichter und in der Übersicht unterschiedlich?

Wenn Sie Ihren Zieltrichter so eingerichtet haben, dass der erste Schritt obligatorisch ist, so kann es sein, dass in der Trichter-Visualisierung und in der Übersicht der Ziele unterschiedliche Daten für das gleiche Zielvorhaben zu sehen sind. Meist ist die Anzahl der Zielerreichungen in der Übersicht höher als in der Trichter-Visualisierung. Das liegt daran, dass der Trichter die Besuche erst zählt, wenn sie den erforderlichen Schritt durchführen. Gelangen viele Sitzungen über andere Seiten in den Zielprozess, kann es sein, dass das Zielvorhaben zwar sehr oft erreicht wird, die Anzahl der Zielerreichungen mit dem Trichter allerdings geringer ist. So kann es vorkommen, dass insgesamt 100 Sitzungen das Zielvorhaben erreichen, aber nur 50 Sitzungen über den ausgewählten Trichter das Ziel auslösen.

Daher sollten Sie immer prüfen, ob Sie einen Trichterschritt wirklich als obligatorisch festlegen wollen. Dies ist sinnvoll, wenn Sie verschiedene Schrittabfolgen auswerten wollen. Häufig ruft es aber auch Verwirrung hervor, da in der Übersicht eine andere Zahl zu sehen ist als im Trichter.

Nutzen Sie die Trichter-Visualisierung, um zu analysieren, an welchen Stellen die Besucher die von Ihnen gewünschten Schritte verlassen. Auf diese Weise finden Sie heraus, ob es in Ihrem Bestellprozess Inhalte gibt, die bei den Nutzern Fragen aufwerfen, sodass sie wieder zurückspringen (zum Beispiel zu den FAQs) oder gar den

Prozess verlassen. Auch können Sie sehen, wie viele Nutzer überhaupt vom ersten bis zum letzten Schritt navigieren. Vielleicht erwarten Sie einen Prozentsatz, der viel zu hoch ist und dem tatsächlichen Verhalten Ihrer Nutzer gar nicht entspricht. Dann haben Sie im Anschluss an diese Auswertung die Möglichkeit, Ihre Seiten zu optimieren, eventuell den Prozess zu vereinfachen und am Schluss sogar mehr Conversions zu erzielen.

10.1.5 Zielpfad umkehren – welche Seiten werden vor der Zielerreichung aufgerufen?

Neben der Trichter-Visualisierung haben Sie auch die Möglichkeit, die verschiedenen Pfade auszuwerten, welche die Besucher auf Ihrer Seite nutzen, um die einzelnen Zielvorhaben zu erreichen. Dazu stehen Ihnen in Google Analytics zwei verschiedene Reports zur Verfügung. Zum einen können Sie den ZIELPROZESSFLUSS nutzen, um die Pfade vor allem innerhalb von Trichtern nachzuvollziehen. Zum anderen können Sie den Report UMGEKEHRTER ZIELVORHABENPFAD nutzen, um die vor der Zielerreichung aufgerufenen Seiten einzusehen. Dies ist vor allem dann hilfreich, wenn es keinen definierten Zieltrichter, wie zum Beispiel bei einer Bestellung, gibt, den ein Nutzer durchlaufen kann.

Bei Zielen, denen kein spezifischer Zieltrichter zugewiesen werden kann, können Sie mithilfe des Reports UMGEKEHRTER ZIELVORHABENPFAD auswerten, welche Seiten vor der eigentlichen Zielseite aufgerufen werden. Unser Beispiel in Abbildung 10.9 zeigt einen solchen Report für das Zielvorhaben »Kontakt Anfrage«. Bis zu drei Seiten vorher werden tabellarisch in dem Report angezeigt. In unserem Beispiel wird das Zielvorhaben »Kontakt Anfrage« 16-mal über folgenden Pfad erreicht: EINSTIEG AUF DER STARTSEITE • SERVICE-SEITE • ERFOLGTE KONTAKTANFRAGE. Zehnmal nutzen die Besucher folgenden Pfad: EINSTIEG AUF DER KORKENZIEHER-ÜBERSICHTSSEITE • SERVICE-SEITE • ERFOLGTE KONTAKTANFRAGE. Der Wert (NOT SET) bedeutet in diesem Report, dass bei diesem Schritt keine Seite aufgerufen wird. Ein Großteil der Besucher in unserem Beispiel geht also sehr zielgerichtet vor, um eine Kontaktanfrage durchzuführen. Nur wenige Nutzer gelangen über Produktseiten auf das Kontaktformular und tätigen dann eine Anfrage.

Je nachdem, wie viele Zielvorhaben erreicht werden, erhalten Sie auch unterschiedlich viele Pfade. Untersuchen Sie die Top-Pfade, aber vergessen Sie dabei nicht, auch einen Blick auf die weniger häufig genutzten Pfade zu werfen. Meist verbergen sich hier Seitenpfade, die Sie nicht erwartet hätten, und die Ihnen einen Einblick geben können, auf welchen – vielleicht nicht gewünschten – Pfaden die Nutzer zum Ziel gelangen.

Ort des Abschlusses für das Ziel	Vorheriger Schritt für Ziel - 1	Vorheriger Schritt für Ziel - 2	Vorheriger Schritt für Ziel - 3	Kontakt Anfrage (Abschlüsse für Ziel 3)
1. /service/kontaktanfrage/infocollect	/service/kontaktanfrage	/	(entrance)	16
2. /service/kontaktanfrage/infocollect	/service/kontaktanfrage	/produkte/korkenzieher/uebersicht	(entrance)	10
3. /service/kontaktanfrage/infocollect	(entrance)	(not set)	(not set)	7
4. /service/kontaktanfrage/infocollect	/service/kontaktanfrage	/produkte/uebersicht	(entrance)	3
5. /service/kontaktanfrage/infocollect	/service/kontaktanfrage	/service/faqs	/	3

Abbildung 10.9 Umgekehrter Zielvorhabenpfad: Welche Seiten rufen die Besucher auf, bevor sie ein Ziel erreichen?

10.1.6 Zielprozessfluss – welche Pfade nutzen die Besucher, um ein Ziel zu erreichen?

Mit dem ZIELPROZESSFLUSS können Sie den Weg nachvollziehen, den Ihre Nutzer nehmen, um eine Conversion zu erreichen. Voraussetzung für die Nutzung des Reports sind natürlich eingerichtete Ziele. Im besten Fall haben Sie auch Trichter angelegt, denn nur damit macht der Report wirklich viel Sinn.

Sie können mit dem Zielprozessfluss-Report (auch Goal Flow genannt) unter anderem folgende Fragen beantworten:

- Wie navigieren die Nutzer durch den Trichter?
- Gibt es Nutzer, die mitten im Prozess aussteigen?
- Auf welchen Seiten kehren die Besucher wieder einen Schritt zurück?
- Verhalten sich verschiedene Besuchergruppen anders? Erreichen sie geradliniger ein Ziel als andere?

Der Zielprozessfluss-Report bietet Ihnen die gleichen Navigationsmöglichkeiten wie auch der Nutzerfluss-Report. So können Sie zum Beispiel nach Dimensionen unterteilen und herausfinden, ob sich die Besucher von einer bestimmten Quelle anders verhalten als andere. In Abschnitt 7.8 erklären wir die Basisfunktionen wie Aufbau der Reports, Navigation sowie Segmentierung und gehen daher an dieser Stelle nicht weiter darauf ein.

Wählen Sie über das Dropdown-Menü das Zielvorhaben aus, das Sie genauer ansehen möchten. Ein Ziel, bei dem ein Trichter hinterlegt ist, bietet Ihnen in diesem Report mehr Hinweise über das Verhalten der Nutzer, da Sie anhand der einzelnen Schritte auswerten können, wo die Besucher abbrechen oder zurücknavigieren. Ein Ziel, das lediglich aus einem Schritt besteht, zeigt Ihnen nicht so viele Verhaltensmuster auf.

In Abbildung 10.10 sehen Sie einen Screenshot des Goal-Flow-Reports des Ziels »Kontakt Anfrage«. Natürlich hat ein Bestellprozess deutlich mehr Schritte als der hier dargestellte Report, allerdings lässt sich ein solcher Report auf einem Screenshot nicht komplett darstellen, weshalb wir uns hier auf die Darstellung eines Ziels mit einem kürzeren Prozess beschränken.

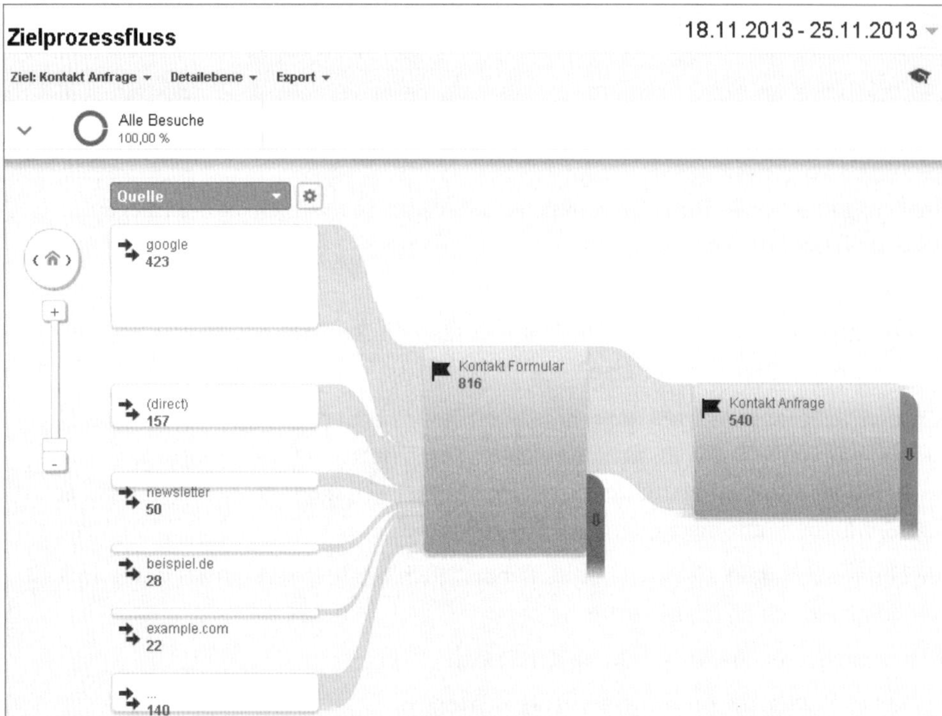

Sitzungen nach Quelle		Schritt 1 Kontakt Formular		Schritt 2 Kontakt Anfrage	
google	423 Besuche	423	100% von 423	270	63% von 423
(direct)	157 Besuche	152	96% von 157	118	75% von 157
newsletter	50 Besuche	50	100% von 50	50	100% von 50
beispiel.de	28 Besuche	28	100% von 28	5	17% von 28
example.com	22 Besuche	22	100% von 22	11	50% von 22
...	140 Besuche	124	88% von 140	83	59% von 140
Insgesamt	820 Besuche	799	97% von 820	537	65% von 820

Abbildung 10.10 Zielprozessfluss zu dem Zielvorhaben »Kontakt Anfrage«

Standardmäßig bietet Google Ihnen die fünf Quellen, die die meisten Zugriffe erzielt haben. In unserem Fall sind das Google, Direktzugriffe, ein Newsletter sowie andere Websites. 816 Besuche haben das Kontaktformular aufgerufen, davon haben 540 das Zielvorhaben – eine abgeschlossene Kontaktanfrage – erreicht.

Wenn Sie mit der Maus über die grauen Verbindungen navigieren, erfahren Sie, wie viele Sitzungen diese Verbindung genutzt haben, um von dem einem zu dem anderen Schritt zu gelangen. Navigieren Sie zu den roten Pfeilen, erhalten Sie einen Einblick über die Abbrüche des Prozesses: Wie viele Nutzer verlassen den Trichter? Steigen die Besucher aus, oder besuchen sie eine andere Unterseite? Wenn Sie besonders viele Abbrüche innerhalb Ihres Zielprozesses erkennen können, bedürfen diese Schritte einer Bearbeitung. Navigieren Sie selber einmal durch den Prozess, und prüfen Sie so, ob die Schritte wirklich deutlich sind und ob alle Fragen, die während einer Bestellung oder Ähnlichem auftreten können, geklärt werden. Gerade dann, wenn etwas unklar geblieben ist, navigieren Nutzer oft innerhalb eines Prozesses hin und her. Vielleicht wird die offene Frage ja an einer anderen Stelle beantwortet. Es ist ganz natürlich, dass nicht alle Nutzer einen derartigen Trichter geradlinig durchlaufen. Wenn es aber an bestimmten Stellen Auffälligkeiten gibt, können Sie dies mittels des Zielprozessflusses nachvollziehen.

Um die sogenannten Loopbacks,, also das Zurücknavigieren der Nutzer innerhalb des Trichters näher zu erläutern, wollen wir Ihnen in Abbildung 10.11 einen Ausschnitt eines Bestellprozesses zeigen.

Abbildung 10.11 Ausschnitt des Zielprozessflusses

Diese Loopbacks werden bei der Berechnung der einzelnen Schritte mitgerechnet. Das heißt, dass eine Sitzung, wenn darin zurücknavigiert und anschließend die Seite des Schritts noch einmal besucht wird, zweimal gezählt wird. Daher kann es sein, dass zum Beispiel von einer Quelle 50 Sitzungen einsteigen, im ersten Schritt aber 60 Sitzungen angezeigt werden.

In der Abbildung sehen Sie unterhalb des Schritts »Kundendaten« einen recht breiten Pfad, der zurück zu dem Schritt »Warenkorb« führt. Auch hier erhalten Sie beim Mouse-Over wieder mehr Informationen über die Anzahl der Nutzer, die vom zweiten Schritt zurück zum ersten navigiert. Dies kann verschiedene Gründe haben, darunter zum Beispiel die Tatsache, dass die Nutzer noch gar nichts bestellen wollten, sondern eventuell noch weitere Produkte in den Warenkorb legen wollen.

Sie können mit einem Klick auf den jeweiligen Schritt und der anschließenden Auswahl der Option ZUGRIFFE BIS HIER UNTERSUCHEN einsehen, welche Seiten vor und nach einem Schritt aufgerufen werden.

Abbildung 10.12 zeigt Ihnen die entsprechende Auswertung. Auf diese Weise sehen Sie die absoluten Zahlen der einzelnen Verbindungspfade und können detaillierter analysieren, wie die Nutzer innerhalb des Prozesses navigieren. In unserem Fall folgt ein Großteil der Sitzungen dem gewünschten Pfad, einige brechen jedoch ab oder sehen sich andere Seiten des Bestellprozesses oder der Website an. Es gelangen auch nicht alle Sitzungen über den Warenkorb auf die Kundendatenseiten. Ein paar Besuche kommen von der Startseite oder einer Produktseite aus direkt zum zweiten Schritt des Bestellprozesses.

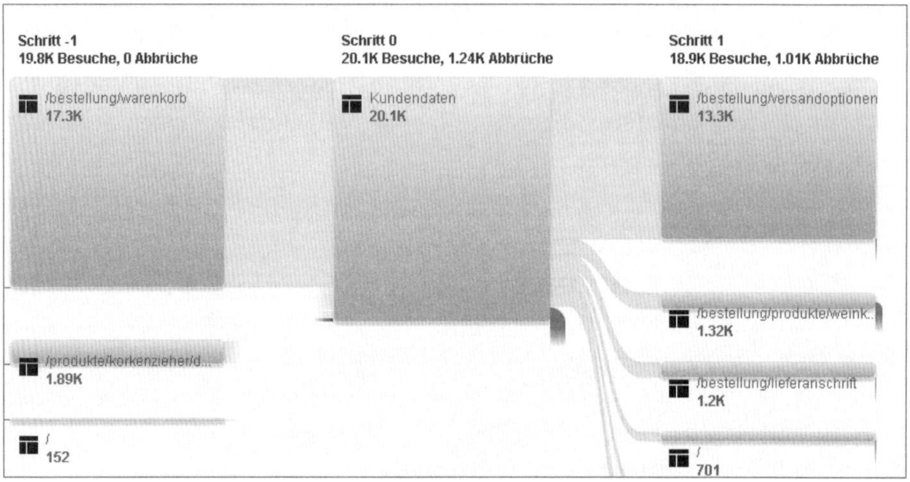

Abbildung 10.12 »Zugriffe bis hier untersuchen« im Zielprozessfluss

Nun aber wieder zurück zu unserer Kontaktanfrage von eben. Die einzelnen Navigationspfade lassen sich auch durch einen Klick auf eine der Verbindungen verdeutlichen.

Abbildung 10.13 zeigt zum Beispiel die hervorgehobenen Sitzungen über Google und deren Pfade. Natürlich können Sie auch einen einzelnen Pfad hervorheben und untersuchen, von welchen Quellen diese Sitzungen stammen.

Mittels Segmenten und Auswahl der Startdimensionen über das Dropdown-Menü können Sie nun die Zielpfade hinsichtlich vieler verschiedener Fragen untersuchen. Diese Möglichkeit ist einer der vielen Vorteile, die dieser Report im Gegensatz zu dem Bericht der Trichter-Visualisierung aufweist. Dort ist das nämlich nicht möglich. Stellen Sie zum Beispiel als Dimension die Geräte ein, mit denen Besucher Ihre Seite aufrufen, um herauszufinden, ob mobile Besucher oder Desktop-Nutzer den Trichter an unterschiedlichen Stellen verlassen. So sehen Sie zum Beispiel, ob der Prozess über mobile Geräte genauso gut funktioniert wie über den Desktop-PC.

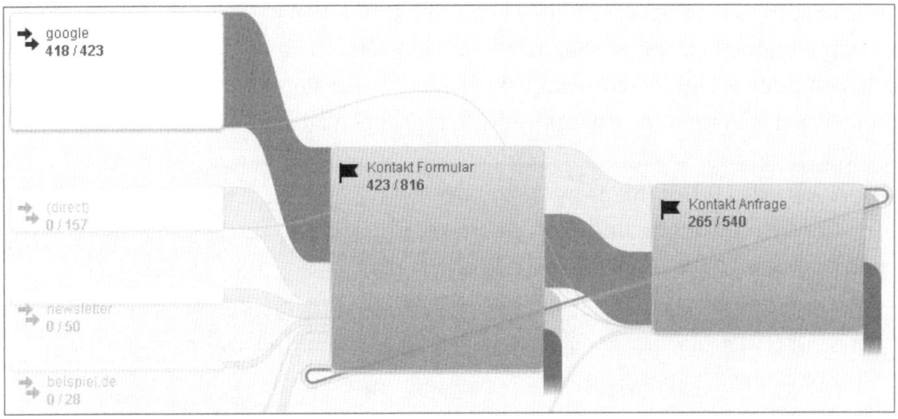

Abbildung 10.13 Hervorgehobene Verbindungspfade im Zielprozessfluss

Abbildung 10.14 zeigt die Tabelle, die sich unterhalb der grafischen Darstellung befindet. Es wird deutlich, dass mobile Sitzungen zwar in den Bestellprozess einsteigen, ihn aber zu 97 % wieder verlassen. Um diese Auswertung zu vertiefen, könnten Sie beispielsweise die Dimension BETRIEBSSYSTEM nutzen, um zu prüfen, ob es sich bei den abspringenden Besuchern um Apple- oder Android-Nutzer handelt. Außerdem sollten Sie in einem solchen Fall den Bestellprozess mit einem Mobilgerät einmal selbst durchspielen.

Sitzungen nach Mobilgerät (einschließlich Tablet)		Schritt 1 Warenkorb		Schritt 2 Bestellung	
(not set)	862 Sitzungen	861	99% von 862	70	8% von 862
mobile	176 Sitzungen	176	100% von 176	7	3% von 176
Insgesamt	1.04K Sitzungen	1.04K	99% von 1.04K	77	7% von 1.04K

Abbildung 10.14 Zielprozessfluss mit der Dimension »Sitzungen nach Mobilgerät (einschließlich Tablet)«

Natürlich können Sie ähnliche Auswertungen auch mit Segmenten durchführen. Dadurch lässt sich zum Beispiel gut auswerten, wie sich bestimmte Kampagnennutzer verhalten. Schließlich möchten Sie sicher wissen, ob die Besucher, die durch eine Kampagne auf Sie aufmerksam geworden sind, den geplanten Weg gegangen sind oder ob sie innerhalb des Prozesses aussteigen und vielleicht sogar Ihre Website verlassen.

Außerdem gestalten Segmente den Zielprozessfluss-Report etwas übersichtlicher, da Sie sich dadurch auf eine Quelle, ein Medium, eine Kampagne, einen Nutzertyp oder Ähnliches konzentrieren können.

Mithilfe des Zielprozessfluss-Reports erhalten Sie also einen Überblick über die unterschiedlichen Pfade, die Ihre Besucher nutzen, um die einzelnen Ziele zu erreichen.

Nutzen Sie die vielfältigen Möglichkeiten, die Ihnen der Report zur Visualisierung der Daten bietet. Egal, ob Sie Segmente nutzen, Dimensionen anpassen, Pfade hervorheben oder einzelne Schritte untersuchen, dieser Report hilft Ihnen dabei, auf einen Blick das Verhalten bestimmter Nutzergruppen zu analysieren.

Wo liegen die Unterschiede zwischen der Trichter-Visualisierung und dem Zielprozessfluss?

Zwischen den beiden Report-Möglichkeiten bestehen einige Unterschiede. So zählen zum Beispiel beide Reports Nutzer, die innerhalb eines Trichters vor- und zurücknavigieren, unterschiedlich. Dazu stellt Google Ihnen auf der URL *www.goo.gl/mnKgtU* eine Auflistung zur Verfügung.

Wir wollen daher an dieser Stelle nur auf die wichtigsten Unterschiede eingehen:

- Im Zielprozessfluss können Sie filtern und segmentieren. Generell haben Sie hier viel mehr Möglichkeiten einer gezielten Auswertung, was Ihnen in der Trichter-Visualisierung nicht unbedingt zur Verfügung steht.
- Der Zielprozessfluss zeigt Daten auch rückwirkend: Dies ist eine der Haupt-Nutzungsmöglichkeiten des Zielprozessflusses. Im Gegensatz zur Trichter-Visualisierung liefert der Goal-Flow-Report rückwirkend Daten. Das heißt, dass Sie auch den Trichter eines neu angelegten Ziels auswerten können. Dies ist besonders hilfreich, wenn Sie einen Trichter austesten möchten, um zu sehen, ob er korrekt eingerichtet worden ist. Richten Sie das Zielvorhaben inklusive Trichter ein, und prüfen Sie anschließend im Report, ob der Trichter greift. Tut er es nicht, können Sie den Trichter wieder anpassen und das Prozedere wiederholen.

10.1.7 Intelligentes Zielvorhaben auswerten

Sofern Sie ein intelligentes Zielvorhaben angelegt haben, können Sie im Conversions-Bereich auch den Navigationspunkt INTELLIGENTES ZIELVORHABEN auswählen. Analytics zeigt Ihnen dann, wie viele Nutzer in seinen Augen eine hohe Conversion-Rate aufweisen könnten. Wie bereits in Abschnitt 6.4.12 angemerkt, erkennt Google mithilfe von Machine Learning, welche Nutzer die relevanteren für Ihre Website sind. Die Auswertung dazu lässt allerdings zu wünschen übrig. Hier merkt man einmal mehr, dass diese Art von Ziel nur für AdWords Kunden gedacht ist, die ihre Anzeigen möglichst einfach optimieren wollen.

In unserem Screenshot in Abbildung 10.15 sehen Sie eine Übersicht des Reports. Hier gibt es nur Informationen darüber, wie viele Nutzer ein intelligentes Zielvorhaben getriggert haben, wie lange sie im Schnitt auf der Seite gewesen sind und wie hoch ihre Zielvorhaben Conversion-Rates ausgefallen sind. Hier erkennt man ganz gut, wie Google die Nutzer definiert. Sie springen nicht ab, bleiben sehr lange auf der Seite und erzeugen so eine lange Verweildauer. Das ist aber auch schon alles. Sie haben an dieser Stelle nur noch die Möglichkeit zu segmentieren oder mittels Dropdown die Ziele auszuwerten. Sekundäre Dimensionen können Sie jedoch nicht nutzen. Daher ist dieser Report sehr eingeschränkt in den Auswertungen, die Sie mit ihm durchführen können – er gibt nur einen groben Einblick in die intelligenten Zielvorhaben.

Intelligentes Zielvorhaben abgeschlossen	Akquisition			Verhalten			Conversions Zielvorhaben 8: >4 Seiten/Sitzung		
	Sitzungen	Neue Sitzungen in %	Neue Nutzer	Absprungrate	Seiten/Sitzung	Durchschnittl. Sitzungsdauer	>4 Seiten/Sitzung (Conversion-Rate für Zielvorhaben 8)	>4 Seiten/Sitzung (Abschlüsse für Zielvorhaben 8)	>4 Seiten/Sitzung (Wert für Zielvorhaben 8)
	14.271 % des Gesamtwerts: 3,29 % (434.233)	57,12 % Durchn. für Datenansicht: 67,68 % (-15,60 %)	8.151 % des Gesamtwerts: 2,77 % (293.868)	59,01 % Durchn. für Datenansicht: 55,70 % (5,94 %)	2,77 Durchn. für Datenansicht: 2,72 (1,71 %)	00:01:45 Durchn. für Datenansicht: 00:02:19 (-24,76 %)	14,01 % Durchn. für Datenansicht: 13,25 % (5,79 %)	2.000 % des Gesamtwerts: 3,48 % (57.524)	1.999,70 € % des Gesamtwerts: 3,48 % (57.523,59 €)
1. No	**13.715** (96,10 %)	57,31 %	7.860 (96,43 %)	61,39 %	2,18	00:01:13	10,81 %	1.483 (74,15 %)	1.482,70 € (74,15 %)
2. Yes	**556** (3,90 %)	52,34 %	291 (3,57 %)	0,18 %	17,29	00:14:53	92,99 %	517 (25,85 %)	517,00 € (25,85 %)

Abbildung 10.15 Übersicht des Reports »Intelligentes Zielvorhaben«

10.2 E-Commerce – Produktumsatz und Transaktionen tracken

Für jeden Website-Verantwortlichen eines Online-Shops ist es wichtig zu wissen, wie viel Umsatz über die Website gemacht wird. Auch hierfür bietet Google Analytics einen Report, in dem Sie einsehen können, wie viel Umsatz Sie generiert haben, welche Produkte verkauft worden sind und wie hoch der durchschnittliche Wert einer Bestellung ist. Natürlich bietet Ihnen dieser Report aber noch mehr Informationen. So können Sie im Bereich der E-Commerce-Reports zum Beispiel auch folgende Fragen beantworten:

- Wie viele Tage vergehen, bis ein Nutzer eine Bestellung tätigt?
- Welche Produkte werden am häufigsten verkauft?
- Bei welchen Besuchergruppen ist der durchschnittliche Bestellwert am höchsten?
- Wie oft wird ein Produkt verkauft?
- An welchem Tag wird der anteilsmäßig höchste Umsatz generiert?

Bevor Sie aber mit den Auswertungen zum E-Commerce beginnen können, müssen Sie noch ein paar Vorbereitungen erledigen. Um tracken zu können, welche Produkte verkauft werden und wie viel Umsatz erzielt wird, muss zunächst auf der Bestellbestätigungsseite Ihrer Website der Tracking-Code um E-Commerce-Daten erweitert werden. In Abschnitt 5.4.4 erklären wir Ihnen, wie das funktioniert und was Sie dabei beachten müssen. Außerdem müssen Sie zuvor in den Einstellungen Ihrer Datenansicht angeben, dass es sich bei Ihrer Website um eine E-Commerce-Seite handelt. Wenn Sie diese beiden Punkte abgehakt haben und die ersten Daten in die Reports einlaufen, können Sie mit den Auswertungen beginnen.

Erweiterte E-Commerce-Funktionen

Haben Sie in der Verwaltung die erweiterten E-Commerce-Funktionen aktiviert (siehe Kapitel 6, »Das Herzstück: Datenansichten anlegen und Zielvorhaben einrichten«), erscheinen andere Berichte im Menü E-Commerce. Um diese Berichte mit Daten zu füllen, müssen Sie Ihre Tracking-Codes anpassen bzw. erweitern. Dafür bieten Ihnen die erweiterten Berichte neue Auswertungsmöglichkeiten:

- Sie analysieren nicht mehr Verkäufe, sondern Warenkörbe.
- Neben Produktkäufen erfassen Sie Produktansichten.
- Der Verkaufsprozess erhält einen neuen Trichter.
- Interne Werbemittel können adäquat protokolliert werden.

Die »klassischen« E-Commerce-Berichte bleiben erhalten, werden allerdings durch weitere Funktionen ergänzt.

Wenn Sie die erweiterten E-Commerce-Funktionen aktiviert haben, springen Sie direkt zu Abschnitt 10.2.6.

10.2.1 E-Commerce-Übersicht – ein schneller Einblick in Umsatz, Transaktionen und Bestellwerte

In der Übersicht des E-Commerce-Reports, wie wir sie in Abbildung 10.16 zeigen, sehen Sie, wie viele Transaktionen in dem gewählten Zeitraum erfolgt sind, wie viele Produkte gekauft wurden, wie viel Umsatz generiert wurde und wie hoch der durchschnittliche Bestellwert ist.

Die Trendlinie stellt wie gewohnt den zeitlichen Verlauf der Anzahl der Bestellungen dar. Eine Tabelle zeigt die zehn erfolgreichsten Produkte sowie deren Anteil an den verkauften Produkten insgesamt. Wie bei der Ziel-Übersicht haben Sie auch hier wieder die Möglichkeit, mit verschiedenen Segmenten zu arbeiten, um die einzelnen Besuchergruppen genauer zu analysieren.

Wir möchten Ihnen an dieser Stelle noch einmal kurz die wichtigsten Definitionen für die E-Commerce-Reports vorlegen:

- E-COMMERCE-CONVERSION-RATE: Prozentsatz der Sitzungen, die eine E-Commerce-Transaktion durchgeführt haben. Wird wie folgt berechnet: *E-Commerce-Conversion-Rate = (Gesamtanzahl der E-Commerce-Transaktionen ÷ Gesamtsitzungen der Website) × 100*
- TRANSAKTIONEN: Gesamtzahl der von Ihren Besuchern getätigten Käufe auf der Website; Anzahl der aufgerufenen TrackTrans-Elemente
- UMSATZ: Gesamtumsatz aus allen E-Commerce-Transaktionen. Enthält je nach Konfiguration des E-Commerce-Trackings auch Steuern und Versand.

- Durchschnittlicher Bestellwert: Durchschnittlicher Wert der Transaktionen. Berechnung: *durchschnittlicher Bestellwert = Gesamtumsatz ÷ Gesamtanzahl der Transaktionen*
- Einzelne Käufe: Anzahl der Käufe, in denen das Produkt oder die Produktgruppe Teil der Transaktion ist
- Menge: Anzahl der in den Transaktionen verkauften Einheiten. Bei fünf verkauften T-Shirts betrüge die Quantität also ebenfalls 5.

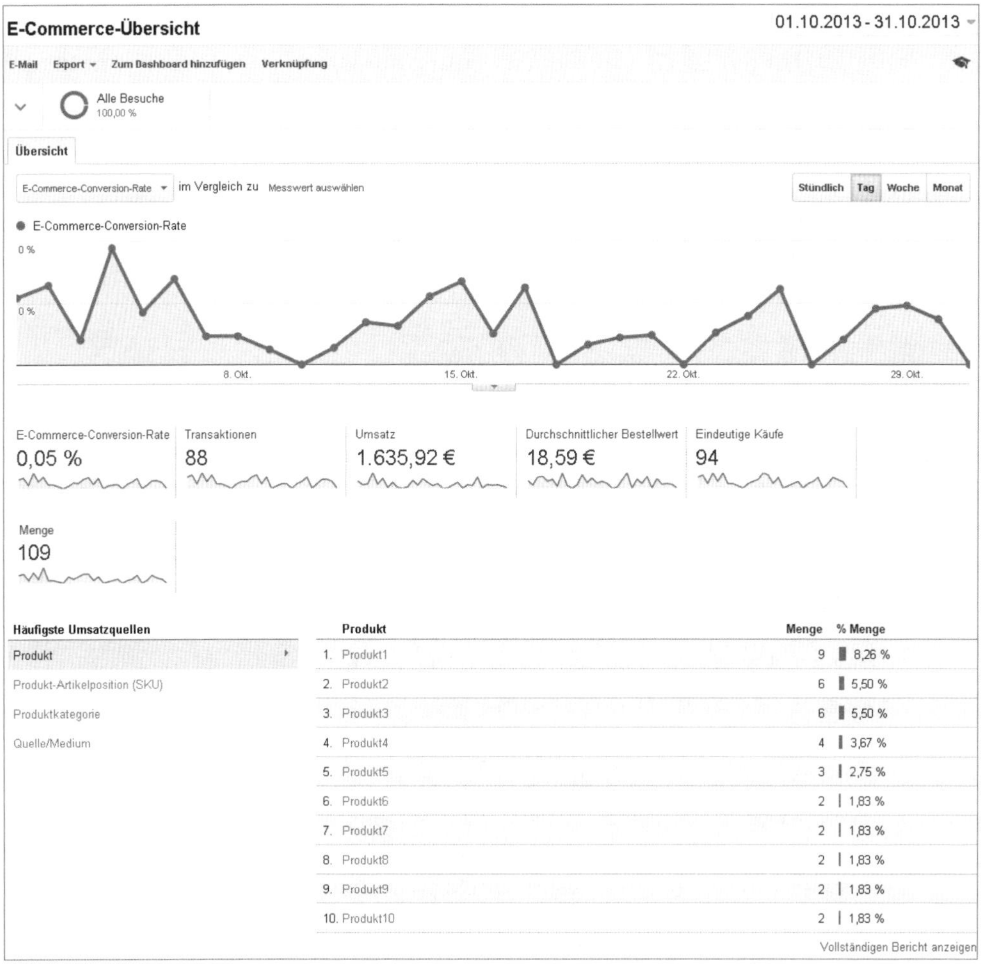

Abbildung 10.16 Übersicht des E-Commerce-Reports

Vor allem wenn Sie einen großen Online-Shop betreiben, ist es sinnvoll, die einzelnen Quellen oder auch technischen Geräte zu untersuchen. Werten Sie mithilfe der Segmente aus, über welche Quelle die meisten Transaktionen generiert werden oder welche Quelle den höchsten durchschnittlichen Bestellwert aufweist. Außerdem sollten Sie prüfen, wie sich Nutzer mobiler Endgeräte verhalten. Ist deren Umsatz vergleichsweise hoch oder niedrig?

In unserem Beispiel in Abbildung 10.17 sehen Sie eine beispielhafte Auswertung. Hier werden direkte Zugriffe, bezahlte Zugriffe und organische Zugriffe im Vergleich zur Gesamtanzahl der Sitzungen analysiert. Der durchschnittliche Bestellwert der drei Quellen ist sehr ähnlich und auch sehr nahe bei dem Wert der Gesamtsitzungen. In dieser Darstellung machen die bezahlten Zugriffe einen großen Anteil der Transaktionen aus. Die E-Commerce-Conversion-Rate der direkten Zugriffe ist die höchste in dieser Auswertung. Viele Besucher rufen den Shop zielgerichtet auf und wollen etwas bestellen. Führen Sie eine solche Auswertung durch, wenn Sie Umsatz, Anzahl der Transaktionen und durchschnittliche Bestellwerte über verschiedene Benutzergruppen hinweg analysieren wollen.

Abbildung 10.17 E-Commerce-Auswertung mit verschiedenen Segmenten im Vergleich

Warum entspricht der Gesamtumsatz nicht dem Produktumsatz?

Manchmal kommt es vor, dass der Gesamtumsatz in der E-Commerce-Übersicht nicht mit dem Produktumsatz in dem Report zur Produktleistung übereinstimmt. Dies kann verschiedene Gründe haben:

- Fehlerhafter Tracking-Code: Sehr oft kommt es vor, dass der E-Commerce-Tracking-Code nicht korrekt befüllt wird. Im Code werden der Gesamtwert und die Produktwerte einzeln übertragen. So kann es sein, dass Produkte zu häufig berechnet werden, das Feld für den Gesamtumsatz leer bleibt oder Items im Warenkorb fehlen. All dies führt zu Fehlern in der Ausgabe der Daten und somit zu Unterschieden innerhalb der beiden Reports.
- Der Gesamtumsatz enthält Steuern und Versand: Der Produktumsatz wiederum zeigt nur den tatsächlichen Umsatz der verkauften Produkte ohne Steuern und Versand an. Wenn Sie aber Steuern und Versand mitberechnen, wird dies dem Gesamtumsatz hinzugefügt, sodass er deutlich höher ausfällt als der Produktumsatz.

10.2.2 Produktleistung – welche Produkte werden verkauft?

Der Report zur PRODUKTLEISTUNG bietet Ihnen eine Übersicht über die einzelnen Produkte, wie oft sie verkauft worden sind, wie viel Umsatz darüber erzielt worden ist und wie häufig sie im Schnitt verkauft werden.

Ein Beispiel sehen Sie in Abbildung 10.18. Das am häufigsten verkaufte Produkt ist »Produkt1«. Hierbei handelt es sich um einen Service-Betrag, der in einigen Fällen entrichtet werden muss, aus diesem Grund ist der Wert des Produkts auch so gering. Der höchste Umsatz in diesem Screenshot wird durch den Verkauf von Produkt Nummer drei erzielt. In 13 Transaktionen wird es 40-mal verkauft. Der durchschnittliche Preis des Produkts liegt bei 49 €, wodurch sich der Gesamtumsatz entsprechend erhöht. Im Schnitt liegt »Produkt3« 3,08-mal im Warenkorb einer Bestellung.

Produkt	Menge ↓	Eindeutige Käufe	Produktumsatz	Durchschnittlicher Preis	Durchschnittsmenge
	971 % des Gesamtwerts: 100,00 % (971)	780 % des Gesamtwerts: 100,00 % (780)	182.507,50 € % des Gesamtwerts: 100,00 % (182.507,50 €)	187,96 € Website-Durchschnitt: 187,96 € (0,00 %)	1,24 Website-Durchschnitt: 1,24 (0,00 %)
1. Produkt1	**68**	68	216,00 €	3,18 €	1,00
2. Produkt2	**43**	11	1.204,00 €	28,00 €	3,91
3. Produkt3	**40**	13	1.960,00 €	49,00 €	3,08
4. Produkt4	**37**	16	666,00 €	18,00 €	2,31
5. Produkt5	**29**	20	1.198,00 €	41,31 €	1,45

Abbildung 10.18 Report zur Produktleistung

Wie gewohnt können Sie in diesem Report wieder filtern, sortieren und segmentieren. So finden Sie zum Beispiel durch eine simple Sortierung anhand des Produktumsatzes heraus, welches Produkt den höchsten Umsatz erbracht hat. Wenn Sie dazu noch Segmente nutzen, um zwischen Besuchergruppen zu unterscheiden, wird deutlich, welcher Umsatz über welche Quellen zustande gekommen ist. Anhand dieser Auswertungen können Sie beispielsweise erkennen, ob sich die Produkte, die Sie gerne verkaufen würden, auch tatsächlich verkaufen. Oder Sie werten aus, ob die Kampagne die gewünschte Anzahl an Produktverkäufen eines bestimmten Produkts erzielt hat.

Innerhalb des Produktleistungs-Reports haben Sie auch die Möglichkeit, die primäre Dimension zu wechseln. Hier stehen Ihnen die Dimensionen SKU sowie PRODUKTKATEGORIE zur Verfügung. Eine Auswertung hinsichtlich der Kategorien von Produkten ist oft sinnvoll, da Sie so sehen können, mit welchen Kategorien Sie den meisten Umsatz erzielen. Abbildung 10.19 zeigt Ihnen eine solche Auswertung anhand einer Tourismus-Seite.

Produktkategorie	Menge ↓	Eindeutige Käufe	Produktumsatz	Durchschnittlicher Preis	Durchschnittsmenge
	971 % des Gesamtwerts: 100,00 % (971)	780 % des Gesamtwerts: 100,00 % (780)	182.507,50 € % des Gesamtwerts: 100,00 % (182.507,50 €)	187,96 € Website-Durchschnitt: 187,96 € (0,00 %)	1,24 Website-Durchschnitt: 1,24 (0,00 %)
1. Veranstaltung	**354**	163	15.569,00 €	43,98 €	2,17
2. Doppelzimmer	**231**	231	62.759,80 €	271,69 €	1,00
3. Ferienwohnung	**194**	194	66.976,80 €	345,24 €	1,00
4. Pauschale	**83**	83	2.930,30 €	35,30 €	1,00
5. Einzelzimmer	**43**	43	6.707,40 €	155,99 €	1,00

Abbildung 10.19 Auswertung nach Produktkategorien

Dort können Sie gut erkennen, dass die Veranstaltungen einen großen Teil des Umsatzes ausmachen und am häufigsten verkauft werden. Der meiste Umsatz jedoch wird durch Ferienwohnungen erzielt, deren durchschnittlicher Preis bei 345,24 € liegt.

10.2.3 Verkaufsleistung – an welchem Datum wird der höchste Umsatz generiert?

Wenn Sie ergründen möchten, an welchen Tagen einer Woche, eines Monats oder eines anderen Zeitraums Sie den höchsten Umsatz erzielt haben, können Sie dies mithilfe des Reports zur VERKAUFSLEISTUNG erreichen. Ebendort sehen Sie eine Auflistung des Umsatzes, verteilt auf die einzelnen Tage des ausgewählten Zeitraums.

Wenn Sie in dem Report außerdem noch eine sekundäre Dimension nutzen, erweitert dies die Auswertung. Die Dimension NAME DES WOCHENTAGS gibt beispielsweise die Bezeichnung des Wochentags an, sodass Sie nicht mehr nachschauen müssen, ob es sich bei einem Datum um einen Montag, Dienstag oder sonstigen Tag handelt. So sehen Sie in Abbildung 10.20 zum Beispiel, dass in der ausgewählten Oktober-Woche der Umsatz an einem Dienstag und Donnerstag besonders hoch gewesen ist. Der Umsatz ist am Wochenende, also am Samstag und Sonntag, vergleichsweise sehr gering, und das, obwohl das Wochenende bei vielen Websites meist den größten Teil des Umsatzes bringt.

Die primäre Dimension DATUM jedoch bleibt immer gleich und kann auch nicht geändert werden. Das ein oder andere Mal wäre es sicherlich sehr hilfreich, wenn man den Umsatz nach Kalenderwochen oder Monaten auswerten könnte. Eine solche Auswertung können Sie allerdings durch einen benutzerdefinierten Bericht erzielen. Wie Sie das umsetzen können, erklären wir Ihnen in Abschnitt 11.2.2.

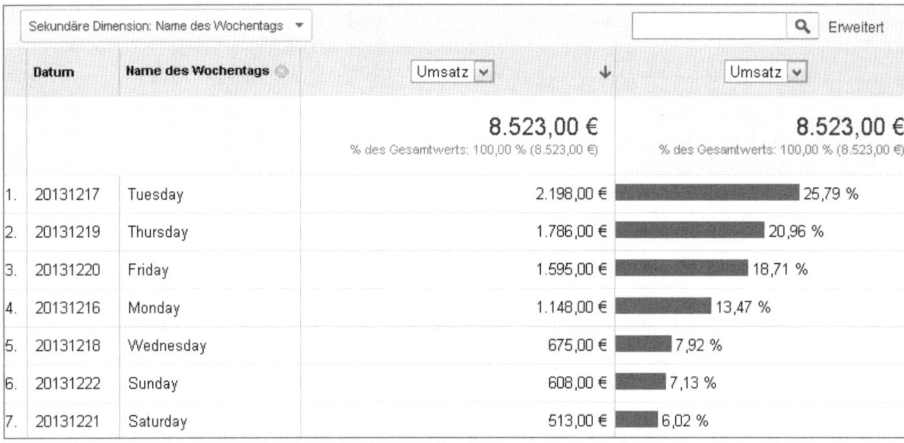

Abbildung 10.20 Verkaufsleistung nach Umsatz, sortiert mit der sekundären Dimension »Name des Wochentags«

10.2.4 Transaktionen – wie hoch ist der Betrag einzelner Transaktionen?

Bei E-Commerce-Transaktionen können Sie im Tracking-Code neben dem Umsatz zusätzlich auch Informationen über Steuern und Versand mitgeben. Diese Daten können Sie im Report TRANSAKTIONEN innerhalb der E-Commerce-Berichte einsehen.

Wie Sie in Abbildung 10.21 sehen, werden in dem Report die einzelnen Transaktionen, deren Umsatz, Steuer, Versand und Quantität angezeigt. Was in den Spalten zu Steuer und Versand angezeigt wird, hängt davon ab, welche Daten Sie beim E-Commerce-Tracking übergeben. Wenn Sie die Steuern nicht auswerten wollen, können Sie dieses Feld im Tracking-Code leer lassen. Genauso müssen Sie auch nicht das Feld VERSAND mit Werten füllen, wenn Sie dies nicht möchten. Sollten Sie entschieden haben, diese Felder nicht auszufüllen, dann bleiben die Spalten in dieser Auswertung leer. In unserem Fall werden sowohl Steuern als auch Versand mitgegeben, sodass diese Werte getrennt von dem Umsatz ausgewertet werden können.

Bei den Steuern wird die Mehrwertsteuer ausgewiesen, beim Versand der abgerechnete Versandkostenbetrag. Bei Transaktionsnummer »12345« kostet der Versand etwas über 8 €. Dies liegt wahrscheinlich daran, dass es sich nicht um kleine Produkte handelt, die man gut verschicken kann, sondern um größere, die einen Spezialversand benötigen. Die restlichen Transaktionen weisen keinen Versandbetrag auf, was daran liegt, dass der Versand ab einem bestimmten Bestellwert kostenfrei ist.

Transaktion	Umsatz	Steuer	Versand	Menge
	7.905,55 € % des Gesamtwerts: 100,00 % (7.905,55 €)	1.323,60 € % des Gesamtwerts: 100,00 % (1.323,60 €)	944,03 € % des Gesamtwerts: 100,00 % (944,03 €)	1.623 % des Gesamtwerts: 100,00 % (1.623)
1. 12345	**489,72 €**	78,20 €	8,36 €	10
2. 12346	**192,18 €**	36,52 €	0,00 €	5
3. 12347	**165,63 €**	31,47 €	0,00 €	8
4. 12348	**161,55 €**	30,70 €	0,00 €	3
5. 12349	**153,78 €**	29,22 €	0,00 €	2

Abbildung 10.21 E-Commerce-Auswertung der erfolgten Transaktionen

Mit einem Klick auf die Transaktion gelangen Sie zur Übersicht der eingekauften Produkte. Dort können Sie nachprüfen, welche Produkte in dieser Transaktion umgesetzt worden sind.

Sollten Sie also Informationen über Steuern und Versand auswerten können, haben Sie in diesem Report die Möglichkeit dazu, müssen sie jedoch vorher im Tracking-Code mitgeben.

Können Transaktionen auch storniert werden?

In manchen Fällen kann es notwendig sein, zurückgeschickte Ware auch im Tracking aus den Umsätzen zu stornieren. Dies ist in Google Analytics ebenfalls möglich.

Dazu müssen Sie lediglich einen E-Commerce-Aufruf erzeugen, in dem die gewünschte Transaktion rückgängig gemacht wird. Dies erfolgt, indem Sie vor den Gesamtbetrag sowie vor Steuern, Versand und Artikelmenge ein Minus setzen. Der Preis des Artikels muss positiv bleiben, außerdem muss die Transaktionsnummer dieselbe sein. Auf diese Weise werden die Beträge von der Transaktion abgezogen. Wie Sie dies genau umsetzen können, erklären wir Ihnen in Kapitel 5, »Die ersten Schritte: Konto einrichten und Tracking-Code erstellen«.

10.2.5 Zeit bis zum Kauf – wie oft besuchen die Nutzer die Seite, bevor sie etwas kaufen?

Wie lange benötigen Ihre Besucher, bis Sie eine Entscheidung bezüglich eines Kaufs treffen? Liegen mehrere Tage zwischen der ersten Sitzung und dem Kauf, oder werden vermehrt Spontankäufe getätigt? Diese Fragen können Sie mithilfe des Reports Zeit bis zum Kauf beantworten. Wählen Sie in den Tabs entweder Tage bis zur Transaktion oder Sitzungen bis zur Transaktion aus, um entweder die vergangenen Tage oder angefallenen Sitzungen auszuwerten.

Unser Beispiel in Abbildung 10.22 verdeutlicht, dass die meisten Transaktionen bereits am ersten Tag getätigt werden. Tag 0 ist der Tag, an dem die erste Sitzung stattgefunden hat, Tag 1 ist der Tag danach. Von den 7.414 Transaktionen sind 6.027 Transaktionen am ersten Tag erfolgt, was einem Anteil von etwas über 81 % entspricht. 10 % der Transaktionen erfolgen allerdings erst an Tag 20+. Das heißt, dass zwar viele Spontankäufe getätigt werden, jede zehnte Transaktion aber auch durch Besucher erfolgt, die sich sehr lange über das Angebot informieren. Wenn Sie nun das Tab wechseln und die SITZUNGEN BIS ZUR TRANSAKTION einsehen, werden Sie in diesem Fall ein ähnliches Bild sehen. Durch die vielen Spontankäufe erfolgen viele Käufe gleich bei der ersten oder zweiten Sitzung, die teilweise ja auch am gleichen Tag erfolgen kann.

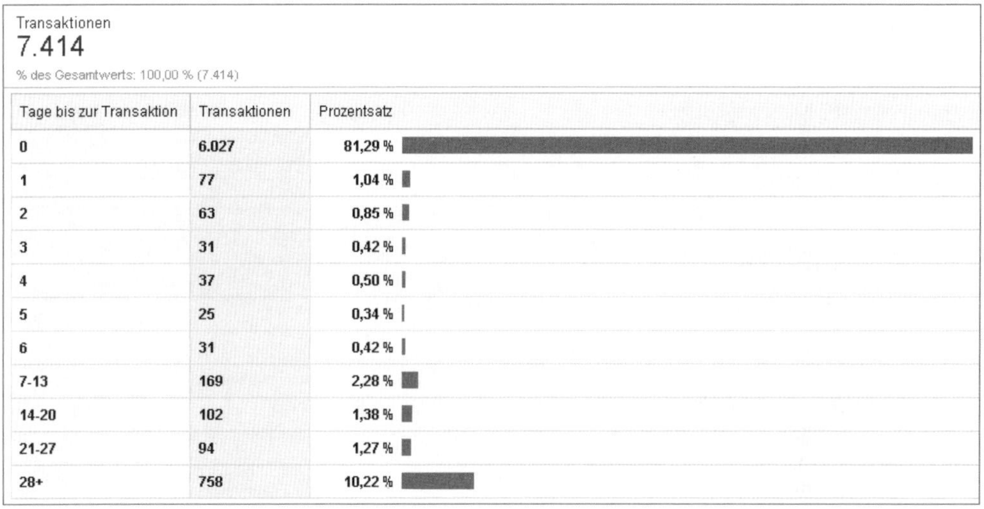
Transaktionen
7.414
% des Gesamtwerts: 100,00 % (7.414)

Tage bis zur Transaktion	Transaktionen	Prozentsatz
0	6.027	81,29 %
1	77	1,04 %
2	63	0,85 %
3	31	0,42 %
4	37	0,50 %
5	25	0,34 %
6	31	0,42 %
7-13	169	2,28 %
14-20	102	1,38 %
21-27	94	1,27 %
28+	758	10,22 %

Abbildung 10.22 E-Commerce-Report »Zeit bis zum Kauf«

Nutzen Sie die Möglichkeit der Segmentierung, um zu untersuchen, ob sich das Kaufverhalten der einzelnen Besuchergruppen unterscheidet. Vielleicht finden Sie auf die Weise heraus, dass zum Beispiel Sitzungen über AdWords nicht so spontan kaufen wie die Sitzungen über organische Suchzugriffe. Eventuell gehören die direkten Zugriffe zu den Sitzungen, die am längsten benötigen, um einen Kauf zu tätigen. Diese Erkenntnisse helfen Ihnen sicherlich weiter, wenn Sie Kampagnen-Budgets planen müssen. Entscheiden Sie anhand der Daten zum Beispiel, ob Sie gewisse Besuchergruppen anders ansprechen müssen. Ein Newsletter oder Rabatt-Angebot kann beispielsweise einen zögernden Besucher dazu bringen, schneller zu kaufen. Die Bewerbung bestimmter Produkte mit eindeutigen Kaufempfehlungen oder auch Remarketing können zu einem schnelleren Kauf über Kampagnen führen. Dies sind nur ein paar Beispiele der Ergebnisse und auch der möglichen Handlungsempfehlungen, die sich aus einer solchen Auswertung ergeben können.

10.2.6 Erweiterte E-Commerce-Berichte

Mit den erweiterten E-Commerce-Berichten bietet Ihnen Analytics eine Reihe neuer Daten, die so in der klassischen Version des E-Commerce-Trackings nicht enthalten sind. Beim »einfachen« E-Commerce-Tracking erfassen Sie lediglich Bestellungen, also tatsächlich abgeschlossene Käufe. Diese können Sie zwar auf unterschiedliche Produktebenen herunterbrechen, dennoch bleibt der Einblick beschränkt. Alle Schritte, die vor dem eigentlichen Kauf stehen, werden durch das einfache Tracking nicht abgebildet. Es gibt kein Äquivalent zu Warenkörben, keine Erfassung von angesehenen Produkten oder interner Werbung und selbst der eigentliche Bestellvorgang wird nicht über E-Commerce-Funktionen abgebildet. Stattdessen müssen Sie einen Zieltrichter nutzen, dessen Abschlüsse nicht 100 % deckungsgleich mit getätigten Transaktionen sind (mehr dazu in Abschnitt 10.2.7).

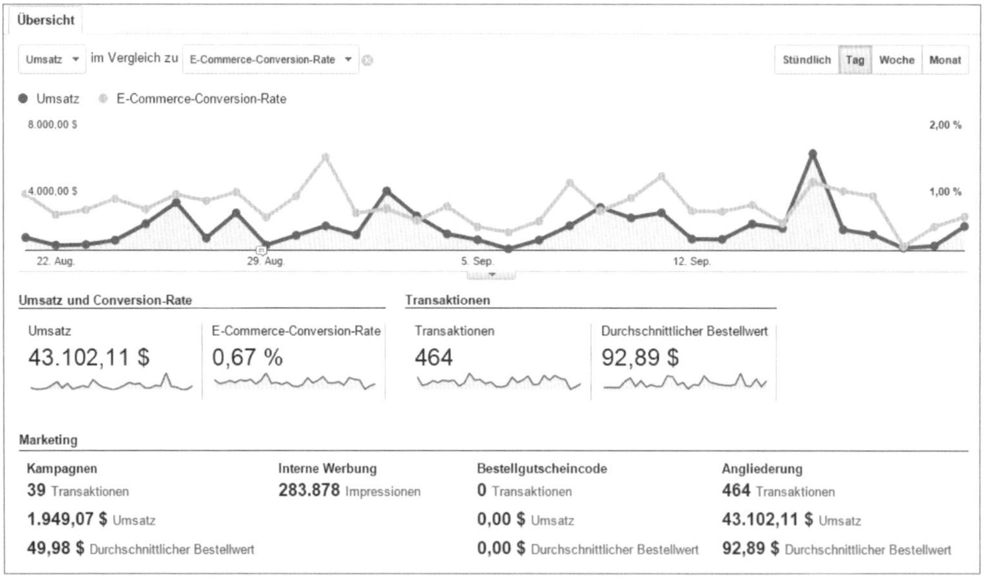

Abbildung 10.23 Erweiterte Übersicht mit neuen Daten

Die Übersicht (siehe Abbildung 10.23) hat einen etwas anderen Aufbau. Unter dem Diagramm sind die Kennzahlen in drei Bereiche gruppiert: Umsatz, Transaktionen und Marketing. Ein Klick auf die Überschriften der einzelnen Blöcke bringt Sie zum entsprechenden Bericht.

10.2.7 Kaufanalyse

Mit den Berichten zur Kaufanalyse hat Google ein leidiges Problem in Analytics adressiert. Denn im einfachen E-Commerce-Tracking gibt es keine Visualisierung der einzelnen Schritte im Kaufprozess. Sie können einen Zieltrichter für den Bestellvorgang anlegen, aber Ziele und E-Commerce arbeiten unterschiedlich: Pro Sitzung kann ein Ziel nur einmal erreicht, aber beliebig viele Transaktionen getätigt werden. Mit der Kaufanalyse bekommt Google Analytics nun einen dedizierten Trichter für Käufe und Shop-Prozesse.

Kaufverhalten

Der Bericht KAUFVERHALTEN stellt den gesamten Kaufprozess auf einer Shop-Website vom Einstieg über Produktansichten, Warenkörbe und Bestellung dar. Dabei wählt er eine neue Visualisierung, um den Weg durch die Phasen zu zeigen.

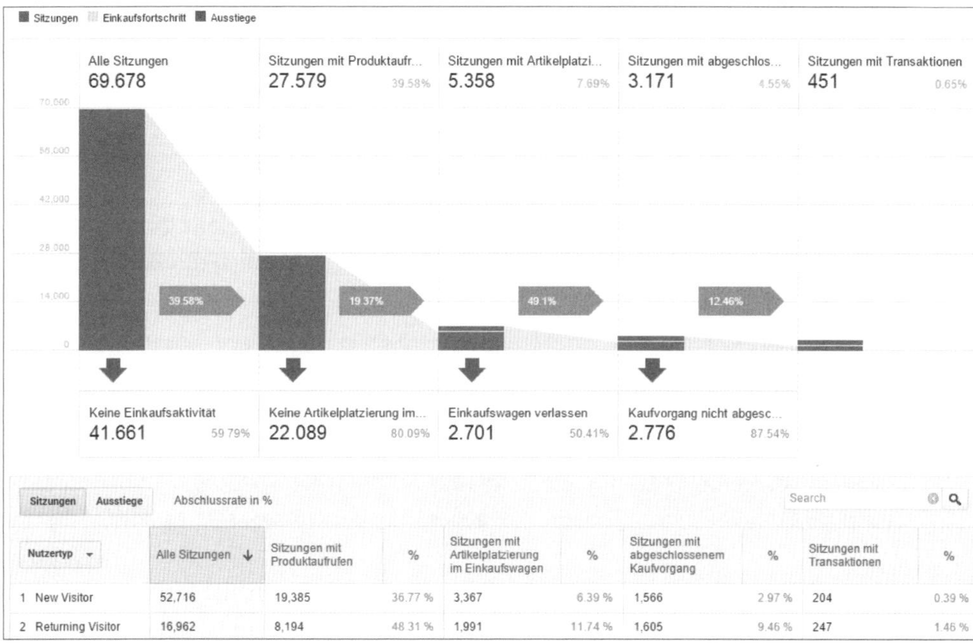

Abbildung 10.24 Analyse des Kaufverhaltens

Die einzelnen Phasen führen von links mit allen Sitzungen nach rechts zu den Sitzungen mit Transaktionen. Über jeder Spalte steht die Zahl der Sitzungen in dieser Phase, unterhalb der Spalte stehen die Ausstiege an dieser Stelle.

Das Kaufverhalten ist in fünf Phasen unterteilt:

- Alle Sitzungen
- Sitzungen mit Produktaufrufen
- Sitzungen mit Artikelplatzierungen
- Sitzungen mit abgeschlossenem Kaufvorgang
- Sitzungen mit Transaktionen

Bis auf *Alle Sitzungen* entspricht jede Phase dem Aufruf eines bestimmten E-Commerce-Tracking-Befehls. Weitere Informationen zu den nötigen Tracking-Codes finden Sie in Kapitel 5, »Die ersten Schritte: Konto einrichten und Tracking-Code erstellen«.

Phase	Tracking-Befehl
Produktaufruf	`setaction: detail`
Artikelplatzierung	`setaction: add`
Abgeschlossener Kaufvorgang	`setaction: checkout`
Transaktion	`setaction: purchase`

Tabelle 10.1 Kaufphasen und zugehörige Aufrufe von analytics.js (vergleiche Abschnitt 5.4.4)

Eine Besonderheit dieses Diagrammtyps zeigt sich, wenn Sie auf eine Säule oder einen Kasten unterhalb der Spalten klicken: Sie können nämlich direkt ein Segment für genau diese Nutzer anlegen.

Segmente für AdWords-Remarketing

Mit diesen Segmenten können Sie zum Beispiel mit einem Mausklick die Nutzer selektieren, die aus dem Warenkorb ausgestiegen sind. In Kombination mit der Möglichkeit, Segmente in Zielgruppen-Listen für AdWords-Remarketing zu überführen, haben Sie damit einen einfachen Weg, abgesprungene Nutzer erneut anzusprechen.

Unterhalb des Diagramms schließt sich eine Datentabelle an, die für bestimmte Dimensionen die Daten der einzelnen Phasen zeigt. Für die gesamte Tabelle lassen sich die gesamten Sitzungen oder nur die Ausstiege betrachten. So können Sie sehen, wie sich bestimmte Nutzer in den einzelnen Phasen verhalten. Vielleicht gibt es Unterschiede zwischen neuen und wiederkehrenden Nutzern? Oder das Verhalten von Nutzern einzelner Kampagnen unterscheidet sich? In der Auswahlbox können Sie aus einer Reihe von Dimensionen wählen, hauptsächlich aus den Bereichen Akquise und Zielgruppe.

Im Gegensatz zu den klassischen Trichtern aus dem Bereich *Ziele* können Sie den Kaufverhalten-Trichter mit Segmenten einschränken und so einzelne Nutzergruppen genauer betrachten. Gleichzeitig erlaubt er durch die Datentabelle, einzelne Kaufphasen genauer zu betrachten und vor allem zu vergleichen.

Der Export des Berichts ist dafür leider noch nicht sehr hilfreich: Bei einem Datenexport (CSV, TSV, Excel usw.) werden lediglich die Zeilen der Datentabelle sowie die erste Spalte (also alle Sitzungen) exportiert. Lediglich der PDF-Export zeigt Ihnen den ganzen Trichter mit Werten.

Abbildung 10.25 Aus dem Diagramm heraus ein Segment erstellen

Bezahlvorgangsanalyse

Die Bezahlvorgangsanalyse sieht im ersten Moment genauso aus wie die Analyse des Kaufverhaltens: ein seitlich liegender Trichter, bei dem die Phasen von links nach rechts abnehmen. Das Besondere bei diesem Bericht ist, dass Sie die einzelnen Phasen in der Konfiguration der Datenansicht vorgeben. Die Phasen sind dabei für die Schritte eines Bezahlvorgangs gedacht. Sie übergeben die Nummer der aktuellen Phase mit dem `checkout`-Befehl im E-Commerce-Tracking (siehe Kapitel 5).

Die Phasen definieren Sie in der Verwaltung der Datenansicht unter dem Punkt *E-Commerce-Einstellungen* (siehe Abschnitt 6.1.6). Dort können Sie auch mehr oder weniger als fünf Phasen definieren, der Trichter passt sich dieser Einstellung entsprechend an.

Unterhalb des Diagramms befindet sich auch hier wieder eine Datentabelle, die Sie mit unterschiedlichen Daten befüllen können. Ebenso funktioniert auch die Erstellung eines Segments für eine Phase mittels Mausklick, wie Sie es beim Kaufverhalten kennengelernt haben.

Der erweiterte E-Commerce-Bericht Produktleistung war bereits im einfachen E-Commerce-Tracking vorhanden (siehe Abschnitt 10.2.2). Durch die zusätzlich erfassten Daten gewinnt der Bericht mehr Aussagekraft.

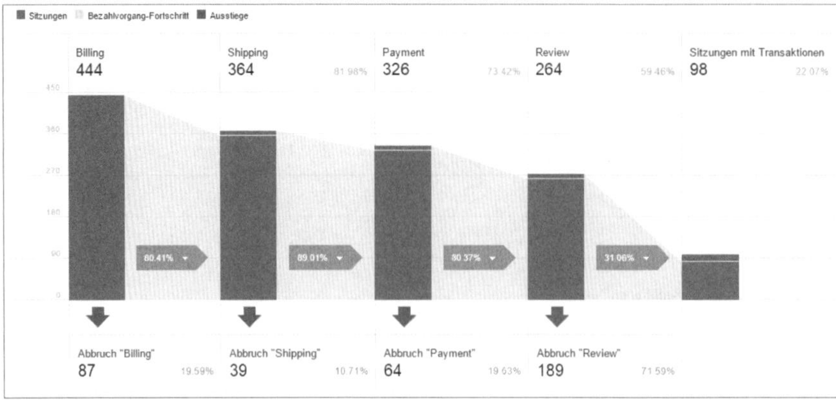

Abbildung 10.26 Individuell festgelegte Phasen in der Bezahlvorgangsanalyse

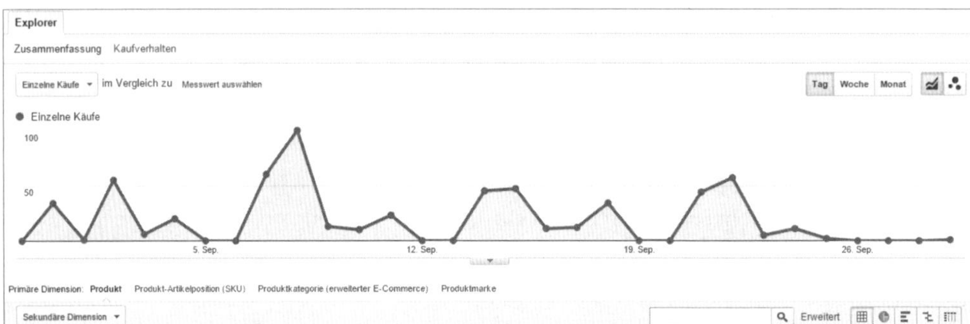

Produkt	Verkaufsleistung: Produktumsatz	Einzelne Käufe	Menge	Durchschnittlicher Preis	Durchschnittsmenge	Produkterstattungsbetrag	Kaufverhalten: Einkaufswagen-Produktdetail-Verhältnis	Käufe-Produktdetail-Verhältnis
	67.169,01 € % des Gesamtwerts: 100,00 % (67.169,01 €)	591 % des Gesamtwerts: 100,00 % (591)	819 % des Gesamtwerts: 100,00 % (819)	82,01 € Durchn. für Datenansicht: 82,01 € (0,00 %)	1,39 Durchn. für Datenansicht: 1,39 (0,00 %)	0,00 € % des Gesamtwerts: 0,00 % (0,00 €)	207,14 % Durchn. für Datenansicht: 207,14 % (0,00 %)	2.110,71 % Durchn. für Datenansicht: 2.110,71 % (0,00 %)
1. Produkt 1	8.360,00 € (12,45 %)	40 (6,77 %)	40 (4,88 %)	209,00 €	1,00	0,00 € (0,00 %)	0,00 %	0,00 %
2. Produkt 2	7.497,50 € (11,16 %)	18 (3,05 %)	25 (3,05 %)	299,90 €	1,39	0,00 € (0,00 %)	0,00 %	0,00 %
3. Produkt 3	4.802,60 € (7,15 %)	74 (12,52 %)	74 (9,04 %)	64,90 €	1,00	0,00 € (0,00 %)	0,00 %	0,00 %
4. Produkt 4	3.704,70 € (5,52 %)	35 (5,92 %)	53 (6,47 %)	69,90 €	1,51	0,00 € (0,00 %)	0,00 %	0,00 %
5. Produkt 5	3.380,00 € (5,03 %)	19 (3,21 %)	20 (2,44 %)	169,00 €	1,05	0,00 € (0,00 %)	0,00 %	0,00 %

Abbildung 10.27 Daten einzelner Produkte vergleichen

Die ersten Spalten zur VERKAUFSLEISTUNG zeigen Umsatz, Menge und Preis wie bereits im einfachen Produktleistungsbericht. Neu ist die Spalte PRODUKTERSTATTUNGSBETRAG: Sie können nachträglich für die Produkte einen Rabatt oder eine Stornierung verbuchen, indem Sie zum Beispiel eine Liste der stornierten oder rabattierten Transaktionen in Google Analytics hochladen.

Die letzten beiden Spalten zum Kaufverhalten zeigen für jedes Produkt, wie oft es angesehen und in den Warenkorb gelegt (EINKAUFSWAGEN-PRODUKTDETAIL-VERHÄLTNIS) und wie oft es angesehen und anschließend gekauft wurde (KÄUFE-

PRODUKTDETAIL-VERHÄLTNIS). So können Sie die Attraktivität einzelner Produkte besser bewerten. Ein Produkt, welches das Interesse der Nutzer geweckt hat (zum Beispiel über die Beschreibung oder den Preis), wird häufig angesehen und auch in den Warenkorb gelegt werden. Nicht alle Warenkörbe gelangen zum Kauf, allerdings kann das auch andere Gründe haben als das Produkt selbst (zum Beispiel Versandkosten). Mit den beiden Verhältniswerten erkennen Sie, ob ein Produkt das Interesse weckt und einer anschließenden Bewertung standhält.

Mit den Links über der Tabelle lassen sich die primär angezeigten Werte ändern. Beim ersten Aufruf sehen Sie die Produktbezeichnung, Sie können aber auch die Werte nach SKU (Artikelnummer), Marke (neu im erweiterten E-Commerce) oder Produktkategorien darstellen.

Produktkategorien als Hierarchie

Im einfachen E-Commerce-Tracking können Sie mit der Produktkategorie für jedes Produkt eine Gruppenzugehörigkeit erfassen. Im erweiterten E-Commerce können Sie bis zu fünf Eigenschaften übergeben und sie auch noch hierarchisch ordnen. So lassen sich etwa Kategorien abbilden wie

Herren > Hemden > Langarm > Button-Down > kariert

Die einzelnen Kategorien werden dabei durch einen Schrägstrich (/) getrennt, vergleichbar mit Verzeichnissen in einer URL. Das Beispiel würden Sie also als

/Herren/Hemden/Langarm/Button-Down/kariert

erfassen. In der Google-Analytics-Oberfläche können Sie später auf die Dimensionen *Produktkategorie 1 bis 5* zugreifen.

Oberhalb des Diagramms können Sie auf die weitere Ansicht KAUFVERHALTEN wechseln. Hier wird Ihnen das Kaufverhalten in einem größerem Detailgrad angezeigt: Sie sehen alle Stufen, die ein Produkt durchlaufen kann, von der ersten Wahrnehmung durch den Nutzer bis hin zum abschließenden Kauf.

Primäre Dimension: **Produkt** Produkt-Artikelposition (SKU) Produktkategorie (erweiterter E-Commerce) Produktmarke

Sekundäre Dimension ▾ Erweitert

Produkt	Aufrufe in Produktlisten	Produktdetailansichten	Hinzufügungen des Produkts zum Einkaufswagen	Produkte aus dem Einkaufswagen entfernt	Produktkäufe	Einzelne Käufe ↓	Einkaufswagen-Produktdetail-Verhältnis	Käufe-Produktdetail-Verhältnis
	2.414.231 % des Gesamtwerts: 100,00 % (2.414.231)	107.306 % des Gesamtwerts: 100,00 % (107.306)	14.504 % des Gesamtwerts: 100,00 % (14.504)	355 % des Gesamtwerts: 100,00 % (355)	11.267 % des Gesamtwerts 100,00 % (11.267)	1.671 % des Gesamtwerts 100,00 % (1.671)	13,52 % Durchn. für Datenansicht: 13,52 % (0,00 %)	1,56 % Durchn. für Datenansicht: 1,56 % (0,00 %)
1. Produkt 1	8.345 (0,35 %)	949 (0,88 %)	461 (3,18 %)	6 (1,69 %)	489 (4,34 %)	**73** **(4,37 %)**	48,58 %	7,69 %
2. Produkt 2	8.040 (0,33 %)	403 (0,38 %)	247 (1,70 %)	3 (0,85 %)	286 (2,54 %)	**40** **(2,39 %)**	61,29 %	9,93 %
3. Produkt 3	20.307 (0,84 %)	1.710 (1,59 %)	407 (2,81 %)	9 (2,54 %)	272 (2,41 %)	**34** **(2,03 %)**	23,80 %	1,99 %
4. Produkt 4	9.641 (0,40 %)	841 (0,78 %)	293 (2,02 %)	4 (1,13 %)	220 (1,95 %)	**33** **(1,97 %)**	34,84 %	3,92 %
5. Produkt 5	17.588 (0,73 %)	1.058 (0,99 %)	269 (1,85 %)	4 (1,13 %)	274 (2,43 %)	**33** **(1,97 %)**	25,43 %	3,12 %

Abbildung 10.28 Schritte aus dem Kaufprozess vergleichen

10.2.8 Verkaufsleistung

Der Bericht VERKAUFSLEISTUNG entspricht mehr oder weniger den beiden Berichten *Verkaufsleistung* und *Transaktionen* des einfachen Trackings (siehe Abschnitt 10.2.3 und Abschnitt 10.2.4). Beide Berichte wurden unter diesem Menüpunkt zusammengeführt.

10.2.9 Produktlistenleistung

Mit dem erweiterten E-Commerce-Tracking führt Google Analytics erstmals die Möglichkeit ein, für Produkte neben Verkäufen auch Impressionen und Klicks zu erfassen.

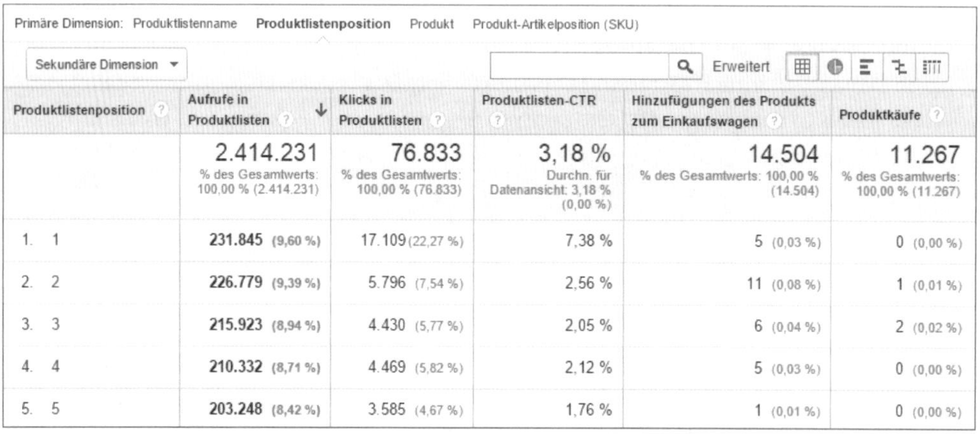

Produktlistenposition	Aufrufe in Produktlisten	Klicks in Produktlisten	Produktlisten-CTR	Hinzufügungen des Produkts zum Einkaufswagen	Produktkäufe
	2.414.231 % des Gesamtwerts: 100,00 % (2.414.231)	76.833 % des Gesamtwerts: 100,00 % (76.833)	3,18 % Durchn. für Datenansicht: 3,18 % (0,00 %)	14.504 % des Gesamtwerts: 100,00 % (14.504)	11.267 % des Gesamtwerts: 100,00 % (11.267)
1. 1	**231.845** (9,60 %)	17.109 (22,27 %)	7,38 %	5 (0,03 %)	0 (0,00 %)
2. 2	**226.779** (9,39 %)	5.796 (7,54 %)	2,56 %	11 (0,08 %)	1 (0,01 %)
3. 3	**215.923** (8,94 %)	4.430 (5,77 %)	2,05 %	6 (0,04 %)	2 (0,02 %)
4. 4	**210.332** (8,71 %)	4.469 (5,82 %)	2,12 %	5 (0,03 %)	0 (0,00 %)
5. 5	**203.248** (8,42 %)	3.585 (4,67 %)	1,76 %	1 (0,01 %)	0 (0,00 %)

Abbildung 10.29 Welche Position in einer Auflistung funktioniert am besten?

Impressionen für Produkte können dabei in zwei Formen gemessen werden:

- als Detailansicht für ein einzelnes Produkt
- als eine Einblendung des Produkts im Rahmen einer Liste oder Gruppe. Google nennt diese Form *Produktliste*.

Eine Produktliste kann eine Übersicht aller Produkte für eine bestimmte Kategorie sein oder für ähnliche Produkte auf einer Detailseite. Ein bekanntes Beispiel dafür sind Einblendungen wie »Kunden, die dieses Produkt kauften, haben auch diese gekauft«. Für jeden dieser Typen können Sie eine Produktliste definieren, für die enthaltenen Produkte Impressionen und Klicks erfassen.

Der Bericht PRODUKTLISTENLEISTUNG zeigte diese Einträge zusammen mit Werten über Warenkörbe und Bestellungen. Sie können die Daten sowohl nach den definierten Listen, nach einzelnen Produkten oder auch nach der Position in einer Liste sortieren. Der Bericht hilft Ihnen, einzelne Seiten und Elemente Ihres Shops zu optimieren. Welches Produkt wird wo wie oft gesehen und spricht die Nutzer dann auch tatsächlich an? Welche Einblendungen und Auflistungen Ihres Shops funktionieren und welche sind verschenkter Platz?

10.2.10 Marketing

Unter dem Menüpunkt MARKETING sind Berichte zusammengefasst, die Daten zu verkaufsfördernden Maßnahmen liefern. Diese Gruppierung wirkt etwas gezwungen, da sowohl Onsite-Themen (interne Werbung) mit externen, teilweise auch Offline-Aktionen wie Gutscheine und Affiliates zusammengeworfen werden. Die Nützlichkeit der einzelnen Berichte schränkt dieser Umstand natürlich nicht ein.

Interne Werbung

Im Bericht INTERNE WERBUNG finden Sie Impressionen und Klicks von Werbemitteln oder Teasern, die Sie auf Ihrer eigenen Website nutzen, um Produkte zu bewerben. Gerade die Startseite vieler Shops ist häufig eine große Werbefläche, auf der für aktuelle Aktionen, neue oder reduzierte Produkte geworben wird.

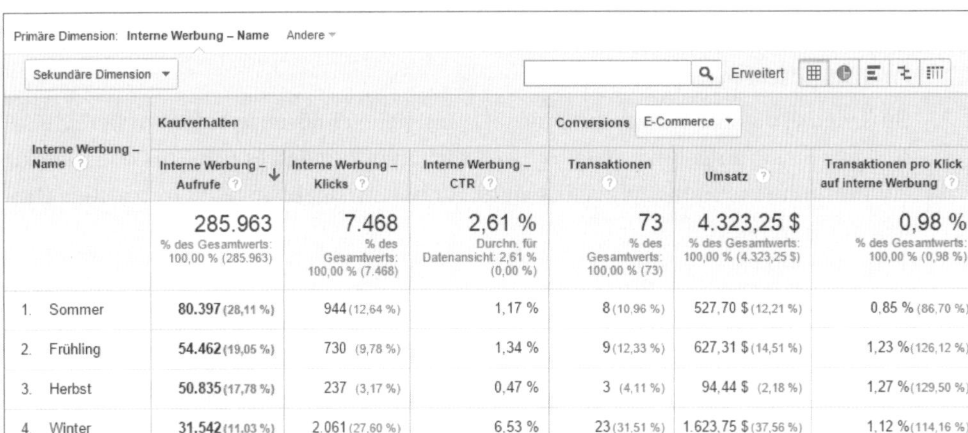

Primäre Dimension: Interne Werbung – Name Andere

Sekundäre Dimension Erweitert

Interne Werbung – Name	Kaufverhalten: Interne Werbung – Aufrufe	Interne Werbung – Klicks	Interne Werbung – CTR	Conversions (E-Commerce): Transaktionen	Umsatz	Transaktionen pro Klick auf interne Werbung
	285.963 % des Gesamtwerts: 100,00 % (285.963)	7.468 % des Gesamtwerts: 100,00 % (7.468)	2,61 % Durchn. für Datenansicht: 2,61 % (0,00 %)	73 % des Gesamtwerts: 100,00 % (73)	4.323,25 $ % des Gesamtwerts: 100,00 % (4.323,25 $)	0,98 % % des Gesamtwerts: 100,00 % (0,98 %)
1. Sommer	80.397 (28,11 %)	944 (12,64 %)	1,17 %	8 (10,96 %)	527,70 $ (12,21 %)	0,85 % (86,70 %)
2. Frühling	54.462 (19,05 %)	730 (9,78 %)	1,34 %	9 (12,33 %)	627,31 $ (14,51 %)	1,23 % (126,12 %)
3. Herbst	50.835 (17,78 %)	237 (3,17 %)	0,47 %	3 (4,11 %)	94,44 $ (2,18 %)	1,27 % (129,50 %)
4. Winter	31.542 (11,03 %)	2.061 (27,60 %)	6,53 %	23 (31,51 %)	1.623,75 $ (37,56 %)	1,12 % (114,16 %)

Abbildung 10.30 Interne Werbeflächen Ihrer Website erfassen

Der Aufbau ist ähnlich zu den Berichten im Bereich *Akquise*, also den Berichten zu externer Werbung und Kampagnen. Neben den E-Commerce-Zahlen wie Transaktionen oder Umsatz können Sie auch für alle Werbeflächen die Zielerreichung aller von Ihnen angelegten Ziele auswerten.

Bestellgutschein

Mit einem Gutscheincode erhalten Sie bei vielen Shops Vergünstigungen wie reduzierte Versandkosten oder zusätzliche Services. In beiden Fällen sollten Sie diesen Gutscheincode mit Google Analytics erfassen. So lässt sich später nachvollziehen, welcher Code wie oft genutzt wurde und wie hoch der Umsatz mit diesem Gutschein war.

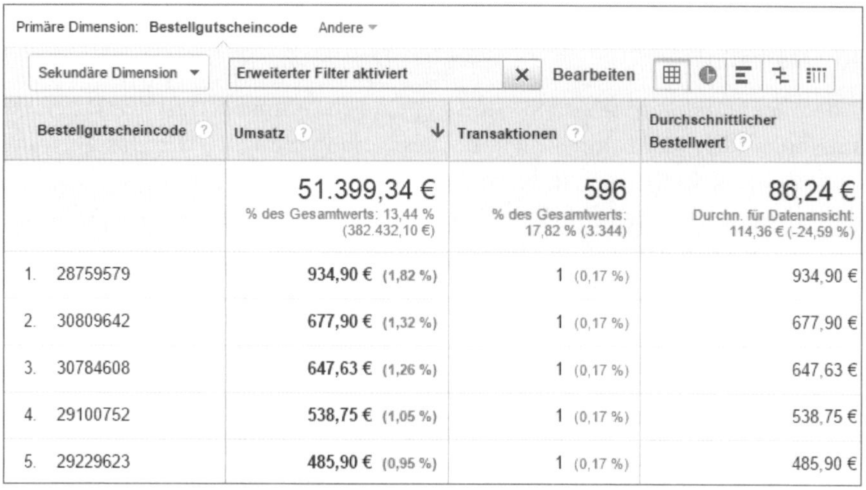

Bestellgutscheincode	Umsatz	Transaktionen	Durchschnittlicher Bestellwert
	51.399,34 € % des Gesamtwerts: 13,44 % (382.432,10 €)	596 % des Gesamtwerts: 17,82 % (3.344)	86,24 € Durchn. für Datenansicht: 114,36 € (-24,59 %)
1. 28759579	934,90 € (1,82 %)	1 (0,17 %)	934,90 €
2. 30809642	677,90 € (1,32 %)	1 (0,17 %)	677,90 €
3. 30784608	647,63 € (1,26 %)	1 (0,17 %)	647,63 €
4. 29100752	538,75 € (1,05 %)	1 (0,17 %)	538,75 €
5. 29229623	485,90 € (0,95 %)	1 (0,17 %)	485,90 €

Abbildung 10.31 Gutscheincodes mit Transaktionen und Umsatz

Produktgutschein

Gutscheine, die Ihre Nutzer auf Transaktionsebene einlösen, werden im Bericht Bestellgutscheine aufgeführt. Bei Produktgutscheinen handelt es sich um Codes, die für ein bestimmtes Produkt eingelöst werden können, unabhängig vom sonstigen Inhalt des Warenkorbs.

Affiliate-Code

Mit Affiliate-Codes können Sie bei einer Bestellung unterscheiden, ob sie bei Ihnen auf der Website in Ihrem Shop durchgeführt wurde oder ob sie bei einem Ihrer Partner mit eigenem Shop stattfand. Auch hier werden wieder Umsatz, Transaktionen und der durchschnittliche Bestellwert gezeigt.

10.3 Multi-Channel-Trichter – welche Kanäle tragen zu Conversions bei?

Grundsätzlich werden in Google Analytics erreichte Conversions und Transaktionen der letzten Quelle bzw. Kampagne zugewiesen, durch die ein Besucher auf die Website gelangt ist. Wichtig ist aber auch zu wissen, wie viel die einzelnen Quellen zu den Zielerreichungen und Transaktionen beigetragen haben, die Ihre Besucher vorher aufgerufen haben. Schließlich kommen Nutzer vor dem Klick auf eine Anzeige vielleicht auch über organische Suchanfragen oder über einen Direktzugriff auf die Seite.

Dies sollte dann auch den später daraus resultierenden Conversions zugeordnet werden, damit Sie besser erkennen können, mit welchen Quellen Ihre Nutzer interagieren, bevor sie konvertieren.

Mit dem MULTI-CHANNEL-TRICHTER stellt Google Analytics ein Feature bereit, mit dem Sie herausfinden können, welche Rolle die verschiedenen Quellen bei der Bewertung von Conversions und Transaktionen spielen. Beantworten Sie damit zum Beispiel folgende Fragen:

- Tragen bestimmte Quellen eher zu direkten Käufen und Zielerreichungen bei oder bereiten sie diese eher vor?
- Welche Quellen führen am häufigsten zu einem direkten Kauf?
- Wie lange dauert es von der ersten Sitzung bis zur Conversion, und wie viele Sitzungen liegen dazwischen?
- Nutzen Ihre Besucher immer die gleichen Quellen, um auf die Website zu gelangen und eine Conversion abzuschließen?
- Mit welchen AdWords-Anzeigen erzielen Sie die größte Anzahl vorbereiteter und direkter Conversions?
- Helfen Ihre Social-Media-Aktivitäten dabei, Umsätze zu generieren oder Conversions vorzubereiten?

Voraussetzung für die Nutzung der Multi-Channel-Trichter ist, dass Sie Zielvorhaben oder E-Commerce-Tracking eingerichtet haben. Google Analytics erkennt die meisten Quellen, über die Nutzer auf Ihre Seite gelangen, wie Direktzugriffe, unbezahlte Suche oder auch Verweise, automatisch, daher müssen Sie für die Nutzung der Multi-Channel-Trichter hier nichts weiter einrichten.

Falls Sie allerdings AdWords oder bezahlte Anzeigen in Suchmaschinen bei anderen Anbietern schalten oder wenn Sie benutzerdefinierte Kampagnen auswerten möchten, müssen Sie diese natürlich entsprechend kennzeichnen bzw. die Konten miteinander verknüpfen.

Sie sollten bedenken, dass Sie Multi-Channel-Trichter nur in ungefilterten Datenansichten verwenden sollten. Je nachdem, welche Zugriffe in einer Datenansicht gefiltert werden, kann es nämlich sein, dass herausgefilterte Sitzungen die Zahlen innerhalb der Conversion-Pfade verfälschen. Verwenden Sie daher besser die Segmente, die Ihnen in den Multi-Channel-Reports zur Verfügung stehen.

Was müssen Sie beachten, wenn Sie eine gefilterte Datenansicht nutzen, um die Multi-Channel-Reports auszuwerten?

Wenn es sich nicht vermeiden lässt und Sie den Multi-Channel-Trichter in einer gefilterten Datenansicht nutzen müssen, sollten Sie Folgendes beachten:

- Achten Sie darauf, dass in der Datenansicht keine Quellen herausgefiltert werden. Die Grundlage der Conversion-Pfade sind die verschiedenen Quellen. Wenn Sie diese teilweise filtern, werden dadurch auch die Pfade und Zahlen in dem Report fehlerhaft.
- Nutzen Sie eine Datenansicht, bei der keine einzelnen Website-Verzeichnisse herausgefiltert werden. Auch dies kann zu einer Verringerung der Gesamtsitzungen und somit auch der Sitzungen in den Conversion-Pfaden führen. Es kann vorkommen, dass die Besucher auch andere Inhalte in anderen Verzeichnissen und somit anderen Datenansichten aufrufen und insofern die Daten verwässern.
- Weniger problematisch sind Filter, bei denen URLs umgeschrieben werden, denn sie beeinflussen kaum die verschiedenen Quellen oder Zielerreichungen.
- Filter, die bestimmte Benutzergruppen herausfiltern, stellen auch eher selten ein Problem dar. Filtern Sie beispielsweise die IP Ihres eigenen Unternehmens oder die Ihrer Dienstleister heraus, sind die Multi-Channel-Trichter weiterhin auswertbar. Auch wenn ein Filter nur die Sitzungen aus einem bestimmten Land einschließt, können Sie die Multi-Channel-Trichter nutzen. Bedenken Sie dabei nur, dass es sich bei der Analyse lediglich um die Nutzer aus dem jeweiligen Land handelt.

10.3.1 Multi-Channel-Trichter-Übersicht

Die Multi-Channel-Trichter-Reports bieten Ihnen eine Übersicht, die Ihnen bereits die wichtigsten Daten zu direkten und vorbereiteten Conversions auf einen Blick zeigt. In Abbildung 10.32 sehen Sie eine solche Übersicht.

Zu Beginn finden wir in unserem Beispiel erst einmal den Hinweis, dass es sich bei der Datenansicht um eine gefilterte Datenansicht handelt und dass dies zu Ungenauigkeiten in den Berichten führen kann. In unserem Fall können wir dies ignorieren, da der genannte Filter lediglich die firmeninternen Zugriffe herausfiltert und somit nicht zu Problemen führt. Vielleicht ist Ihnen beim Blick auf den Screenshot aufgefallen, dass sich in dieser Übersicht oberhalb der Trendgrafik andere Navigationselemente zeigen, als es sonst der Fall ist. In den Multi-Channel-Trichter-Reports können Sie sogenannte CONVERSION-SEGMENTE anlegen, zu denen wir Ihnen Näheres in Abschnitt 10.3.4 erklären. Außerdem können Sie mittels eines Dropdown-Menüs zwischen den verschiedenen Conversions wählen, sodass Sie sich beispielsweise nur die E-Commerce-Transaktionen oder nur ausgewählte Zielerreichungen anzeigen lassen können. Je nach Auswahl ändern sich die Darstellung der Trendgrafik sowie die Daten innerhalb des Reports. Ein weiterer Punkt, der nur in diesen Reports vorkommt, ist die Wahl zwischen allen Conversions und den Conversions, bei denen

AdWords eine Rolle gespielt hat. Mit einem Klick auf ADWORDS filtern Sie die Conversions und sehen anschließend nur die Daten, bei denen AdWords ein Teil des Conversion-Pfads gewesen ist.

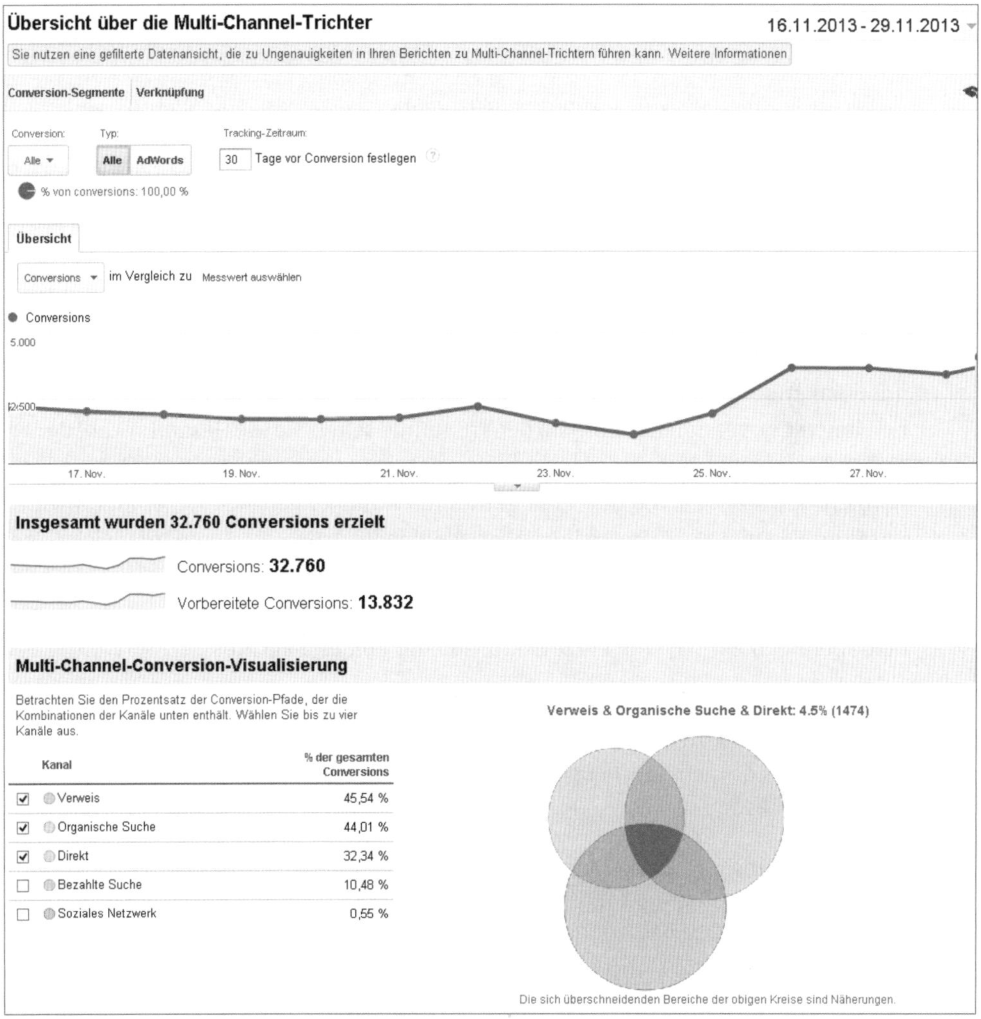

Abbildung 10.32 Übersicht des Multi-Channel-Trichter-Reports

Neben diesem Button finden Sie auch noch die Möglichkeit, den Zeitraum festzulegen, in dem die Conversions erfolgt sein müssen. Standardmäßig sind hier 30 Tage gesetzt, es besteht jedoch die Option, bis zu 90 Tage auszuwählen. Hierbei handelt es sich um den Zeitraum vor einer Conversion. Dieser Zeitraum kann je nach Auswahl zwischen einem und 90 Tagen lang sein.

Was ist ein Conversion-Pfad?

Ein Conversion-Pfad ist die Abfolge von einzelnen Channel-Interaktionen, die ein Nutzer durchgeführt hat, um eine Conversion abzuschließen. Es handelt sich hierbei nicht um einen Trichter, der einzelne Schritte auf einer Website einbezieht, sondern um die Channel, über die ein Nutzer auf die Website gekommen ist.

Hier ein Beispiel: Ein Nutzer kommt durch organische Suche auf die Website, verlässt sie wieder, kommt beim nächsten Mal über einen Newsletter auf die Seite, verlässt sie abermals und kommt dann zum dritten Mal durch eine AdWords-Anzeige auf die Seite und tätigt schließlich eine Bestellung. Der Conversion-Pfad sieht wie folgt aus: ORGANISCHE SUCHE • NEWSLETTER • BEZAHLTE SUCHE.

Unter den Navigationselementen sehen Sie die Trendgrafik, welche die zeitliche Entwicklung der Zielerreichungen zeigt. Sie können hier wie gewohnt die Conversions mit einer anderen Kennzahl vergleichen, allerdings lediglich mit der Anzahl der vorbereiteten Conversions. Unterhalb der Trendlinie sehen Sie die Gesamtanzahl der erzielten Conversions, darunter wiederum zeigt Google Analytics die Zahl der ausgewählten Conversions, die über den gewählten Kanal erzielt worden sind. Da wir in unserem Beispiel alle Conversions über alle Kanäle – also die Standardansicht – gewählt haben, sind die Zahlen hier gleich. Wenn Sie aber AdWords gewählt haben oder eine bestimmte Conversion, so werden sich die Zahlen in der Darstellung unterscheiden. Hier noch einmal eine kurze Definition der beiden Begriffe:

- **Conversions**: Anzahl der erfolgten Conversions
- **Vorbereitete Conversions**: Anzahl der Conversions, bei denen der gewählte Kanal ein Teil des Conversion-Pfads, nicht aber die letzte Interaktion vor der Conversion gewesen ist.

Eine Darstellung, die Sie so nur in der Übersicht der Multi-Channel-Trichter-Reports finden, sehen Sie in Abbildung 10.33. In der MULTI-CHANNEL-CONVERSION-VISUALISIERUNG können Sie die verschiedenen Kanäle und deren Zusammenspiel erkennen. Wählen Sie bis zu vier Kanäle aus, und prüfen Sie, wie viele Conversions die gewählten Kanäle zusammen erbracht haben. In unserem Beispiel konzentrieren wir uns auf Sitzungen, die eine E-Commerce-Transaktion hervorgerufen haben. Rund 47 % der gesamten Conversions sind durch organische Zugriffe entstanden, knapp 23 % über die bezahlte Suche. Durch die Auswahl der beiden Kanäle ORGANISCHE SUCHE und BEZAHLTE SUCHE werden in den Kreisen lediglich die Conversions angezeigt, die durch die beiden Kanäle hervorgebracht worden sind. Bei 7,6 % der Conversions, also bei sechs Stück, waren sowohl bezahlte als auch unbezahlte Suchzugriffe Teil des Conversion-Pfads. Dies sehen Sie besonders gut, wenn Sie mit der Maus über die Schnittmenge navigieren. Dadurch wird die ausgewählte Kombination der Quellen hervorgehoben, und Sie können sich anschauen, wie viele Conversions durch diese Quellen generiert wurden.

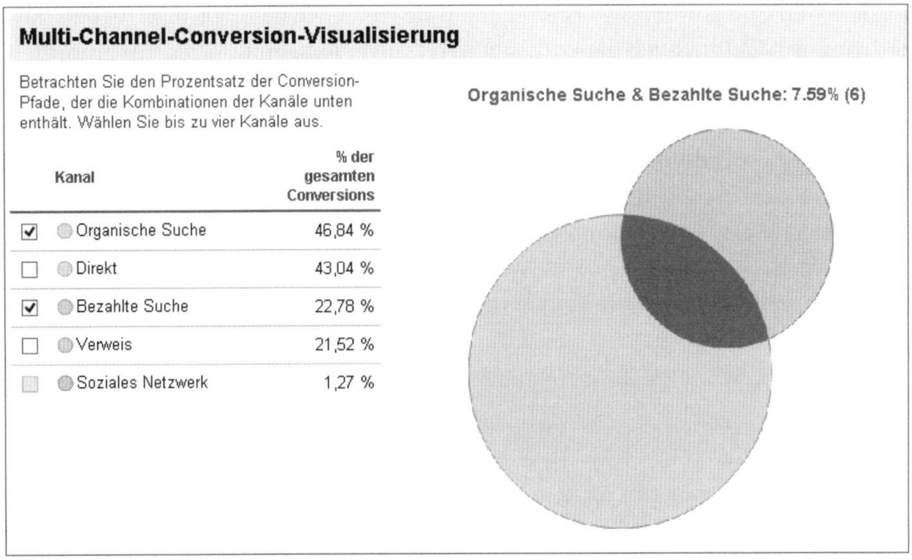

Abbildung 10.33 Multi-Channel-Conversion-Visualisierung

Mithilfe dieser Visualisierung können Sie erschließen, welche Kanäle besonders oft zu Conversions beitragen und welche Kombinationen der Kanäle zu einer hohen Anzahl an Zielerreichungen führen.

Warum stimmt die Anzahl der Conversions in der Visualisierung nicht mit den tatsächlichen Conversions überein?

Bei den Daten, die in der Visualisierung dargestellt werden, handelt es sich um Näherungswerte. Dadurch kann es vorkommen, dass die Daten nicht mit denen der einzelnen Conversion-Reports übereinstimmen.

10.3.2 AdWords-Conversions im AdWords-Report und in Multi-Channel-Trichtern

Wenn Sie einen bestimmten Kanal für Ihre Auswertung ausgewählt haben, kann es sein, dass sich die in den Multi-Channel-Trichtern angezeigten Conversions von denen innerhalb des Akquisitions-Reports des jeweiligen Kanals unterscheiden. So kann es sein, dass Sie in Google Analytics zum Beispiel bei den Multi-Channel-Trichtern sehen, dass über AdWords 22 Transaktionen erzielt wurden und dass AdWords bei 15 Transaktionen assistiert hat. In dem entsprechenden Akquisitions-Report sehen Sie jedoch, dass durch »Paid Search« 15 Transaktionen hervorgerufen wurden. Was stimmt nun?

Beide Daten sind korrekt. Sie unterscheiden sich lediglich dadurch, dass bei den Multi-Channel-Trichtern auch die vorbereiteten Conversions mit eingerechnet werden. Das heißt Folgendes: Im Akquisitions-Report werden lediglich die 15 Transaktionen der Quelle »Paid Search« zugeordnet, die direkt erfolgt sind, da die Nutzer auf eine Anzeige geklickt und direkt im Anschluss eine Bestellung durchgeführt haben. Im Multi-Channel-Trichter hingegen werden die Conversions angezeigt, bei denen AdWords ein Teil des Conversion-Pfads gewesen ist. Es zählen also auch die vorbereiteten Conversions mit, bei denen AdWords zwar nicht die letzte Interaktion gewesen ist, aber zuvor von dem Besucher genutzt worden ist, um auf die Seite zu gelangen.

Warum sehe ich keine Daten in den Multi-Channel-Trichter-Reports?

In manchen Fällen kann es vorkommen, dass Sie keine Daten innerhalb der Multi-Channel-Trichter einsehen können. Dies kann folgende Gründe haben:

- **Der gewählte Zeitraum ist zu zeitnah**: Wenn Sie für Ihre Auswertung einen Zeitraum auswählen, der den aktuellen und den vorigen Tag einschließt, so werden hier keine Daten gezeigt. Die Multi-Channel-Trichter zeigen keine Daten der letzten beiden Tage an.
- **Es wurde noch keine Conversion erzielt**: Die Multi-Channel-Trichter werten nur Conversions aus. Ist noch keine Conversion in dem ausgesuchten Zeitraum oder mit der gewählten Quelle erfolgt, so zeigt der Report auch keine Daten an.
- **Es sind keine Conversions eingerichtet**: Wie bei den anderen Reports innerhalb des Conversions-Bereichs auch, müssen Sie zumindest ein Zielvorhaben in der Einstellung der Datenansicht eingerichtet oder E-Commerce-Tracking aktiviert haben, um den Multi-Channel-Trichter-Report nutzen zu können.

10.3.3 Warum stimmen die generellen Conversion-Daten nicht mit denen in den Multi-Channel-Trichtern überein?

Es kann zu Unterschieden zwischen den Daten der Multi-Channel-Trichter und den Daten innerhalb der anderen Conversion-Reports kommen. Dafür kommen folgende Gründe infrage:

- Falls der von Ihnen gewählte Zeitraum den gestrigen und heutigen Tag mit einschließt, kann es sein, dass die Anzahl der Conversions in den verschiedenen Reports unterschiedlich ist. Das liegt daran, dass die Multi-Channel-Trichter die Daten der letzten beiden Tage nicht mit einbeziehen.
- Bedenken Sie, dass in den Multi-Channel-Trichtern die Gesamtanzahl der Conversions alle Zielerreichungen und E-Commerce-Transaktionen beinhaltet. Innerhalb

der einzelnen Reports, zum Beispiel E-Commerce oder Conversions, wird immer nur die Anzahl der jeweiligen Zielerreichungen angezeigt.

- In den Multi-Channel-Trichtern gibt es das sogenannte *Lookback-Window*, mit dessen Hilfe Sie einstellen können, wie groß der Zeitraum ist, der vor einer Zielerreichung liegen kann. Die anderen Conversion-Reports weisen ein derartiges Lookback-Window nicht auf.
- Eine unterschiedliche Zuordnung der Conversions über direkte Zugriffe führt zu unterschiedlichen Daten innerhalb der beiden Reports. In den Multi-Channel-Trichtern werden Conversions, die als letzte Interaktion einen Direktzugriff aufweisen, als Conversions über direkte Zugriffe ausgewertet. In den anderen Berichten jedoch wird ein derartiger Besuch dem letzten Non-direct-Interaktionspunkt, also zum Beispiel einer Kampagne, einem Suchtreffer oder einem Verweis, zugeordnet und wird somit nicht zu den Conversions gerechnet, die über Direktzugriffe erzielt worden sind. Ein Beispiel: Gelangt ein Nutzer über eine bezahlte Suchanfrage bei Google auf Ihre Seite und kehrt anschließend über ein Lesezeichen wieder zurück und erreicht eine Conversion, so wird diese Conversion beispielsweise im Akquisitions-Report dem Kanal »Paid Search« zugeordnet. Im Multi-Channel-Trichter jedoch würde diese Conversion mit dem ersten Schritt GOOGLE.DE/PAID und dem zweiten Schritt DIRECT/(NONE) im Conversion-Pfad dargestellt. Für die Quelle-Medium-Kombination GOOGLE.DE/PAID würde dann eine vorbereitete Conversion und für DIRECT/(NONE) eine direkte Conversion gerechnet.

10

10.3.4 Conversion-Segmente anlegen und nutzen

In einem der vorherigen Abschnitte haben wir bereits erwähnt, dass Sie in den Multi-Channel-Trichtern die Möglichkeit haben, eigene Conversion-Segmente anzulegen. Wie Sie dies umsetzen können und was Sie im Anschluss mit den Conversion-Segmenten auswerten können, möchten wir Ihnen in diesem Abschnitt erklären.

Vorweg sollten Sie wissen, wozu die Conversion-Segmente gut sind. Anders als bei den üblichen Segmenten fassen Sie hier keine Besuchergruppen zusammen, sondern sogenannte Conversion-Pfad-Gruppen. Filtern Sie auf diese Weise zum Beispiel alle Conversion-Pfade, deren erste Interaktion über AdWords erfolgt ist oder bei denen ein Verweis zur Conversion geführt hat. Sie haben die Möglichkeit, bereits vorgefertigte Segmente zu nutzen oder selber benutzerdefinierte Segmente anzulegen. Damit lassen sich dann beispielsweise Segmente anlegen, die nur die Conversion-Pfade beinhalten, bei denen ein E-Commerce-Umsatz von mindestens 200 € erfolgt ist.

Wie bei den anderen Segmenten auch können Sie auf eine Auswertung bis zu vier Segmente legen, um sie miteinander zu vergleichen. In der Übersicht sehen Sie so zum Beispiel, wie viele Conversions über die jeweiligen Segmente erfolgt sind.

Um ein Conversion-Segment auf Ihre Auswertung anzuwenden, klicken Sie in der oberen Navigation auf CONVERSION-SEGMENTE. Anschließend sehen Sie eine Auswahl wie in Abbildung 10.34. Im Kasten auf der linken Bildhälfte finden Sie die STANDARDSEGMENTE, rechts BENUTZERDEFINIERTE SEGMENTE, sofern bereits welche angelegt worden sind. Oben rechts haben Sie die Möglichkeit, neue Conversion-Segmente anzulegen.

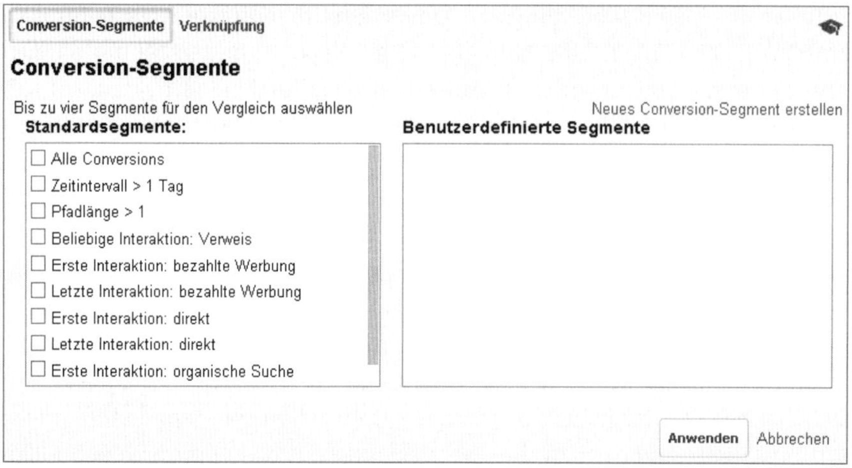

Abbildung 10.34 Conversion-Segmente auf die Auswertung in den Multi-Channel-Trichtern anwenden

Die STANDARDSEGMENTE sind oft selbsterklärend. Die wichtigsten Punkte möchten wir allerdings kurz definieren:

- ZEITINTERVALL > 1 TAG: Hiermit berücksichtigen Sie in der Auswertung nur die Conversions, bei denen mindestens ein Tag zwischen der ersten Interaktion und der Zielerreichung gelegen hat.
- PFADLÄNGE > 1: Dieses Segment beinhaltet nur Conversions, bei denen zuvor mindestens zwei Interaktionen stattgefunden haben.
- BELIEBIGE INTERAKTION: VERWEIS: In diesem Segment muss an einer beliebigen Stelle innerhalb des Conversions-Pfades ein Verweis stattgefunden haben.
- ERSTE INTERAKTION (BEZAHLTE WERBUNG/DIREKT/ORGANISCHE SUCHE): Dieses Segment gibt es in drei Ausführungen – eine für jeden Kanal. Bei Nutzung eines dieser Segmente werden nur die Conversions angezeigt, bei denen die erste Interaktion durch den genannten Kanal stattgefunden haben muss.
- LETZTE INTERAKTION (BEZAHLTE WERBUNG/DIREKT/ORGANISCHE SUCHE): Auch diese Segmente gibt es dreifach. Hiermit werden nur die Conversions in der Auswertung dargestellt, bei denen der ausgewählte Kanal bei der letzten Interaktion, also direkt vor der Conversion, vom Besucher genutzt worden ist.

Mit den Standardsegmenten können Sie zum Beispiel auswerten, wie viele Conversions stattgefunden haben, bei denen die bezahlte Suche der erste Kontaktpunkt innerhalb des Conversion-Pfads gewesen ist. Häufig kommt es vor, dass Besucher erst durch Anzeigen auf Ihre Seite aufmerksam werden, sie später dann aber durch Lesezeichen, Newsletter oder Verweise von anderen Seiten aufrufen. AdWords trägt in diesem Fall zwar nicht zur direkten Conversion bei, hat aber den Nutzer initial auf Ihre Seite gelenkt und somit einen großen Teil zur Conversion beigetragen. Je nachdem, was Sie auswerten möchten, können Sie Ihre Fragen bereits mit den Standardsegmenten beantworten.

Sollten diese nicht ausreichen, können Sie jederzeit weitere benutzerdefinierte Segmente anlegen, um die Conversion-Pfade noch weiter zu filtern. Dazu klicken Sie auf den Punkt NEUES CONVERSION-SEGMENT ERSTELLEN und wählen anschließend die gewünschten Filterungen aus. Hier können Sie viele verschiedene Dimensionen oder auch Metriken nutzen, um die Conversion-Pfade genauer zu spezifizieren.

Ein paar Beispiele sollen dies verdeutlichen. In Abbildung 10.35 sehen Sie, wie Sie ein Segment anlegen können, das nur Conversions beinhaltet, die einen Conversion-Wert von größer als 100 € aufweisen und bei denen die erste Interaktion durch das Medium CPC erfolgt ist. Dadurch können Sie auswerten, wie häufig hohe Conversion-Werte erzielt werden (die neben E-Commerce auch den monetären Wert der Zielerreichungen beinhalten), wenn die erste Interaktion mit der Website durch eine bezahlte Suche erreicht wurde.

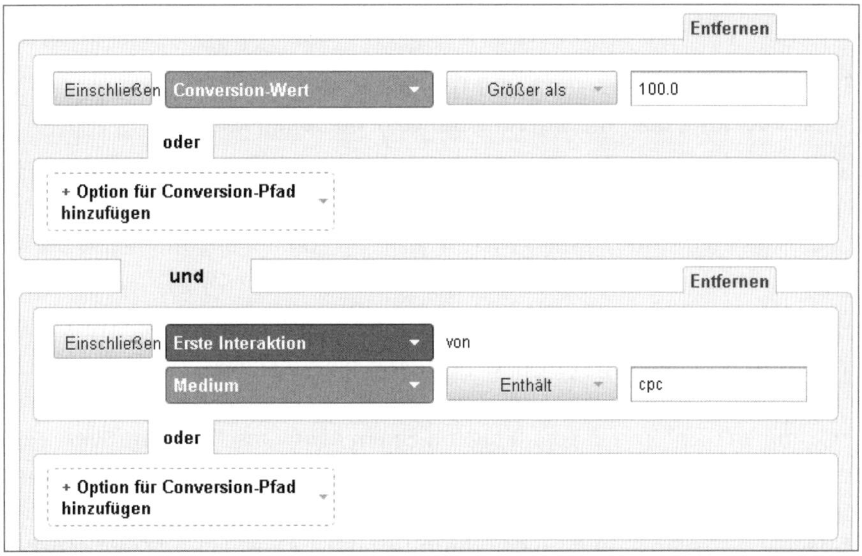

Abbildung 10.35 Benutzerdefiniertes Conversion-Segment: Conversion-Wert ist größer als 100 €, und die erste Interaktion muss durch das Medium »cpc« erfolgt sein.

Außerdem lassen sich noch einige andere Segmente anlegen, zum Beispiel ein Segment, in dem das Zeitintervall zwischen erster Interaktion und Conversion bei mehr als sieben Tagen gelegen hat. Auch ist ein Segment mit gezielten AdWords-Kampagnen möglich. Die letzte Interaktion soll in unserem Beispiel in Abbildung 10.36 durch die AdWords-Kampagne »Korkenzieher« erfolgt sein.

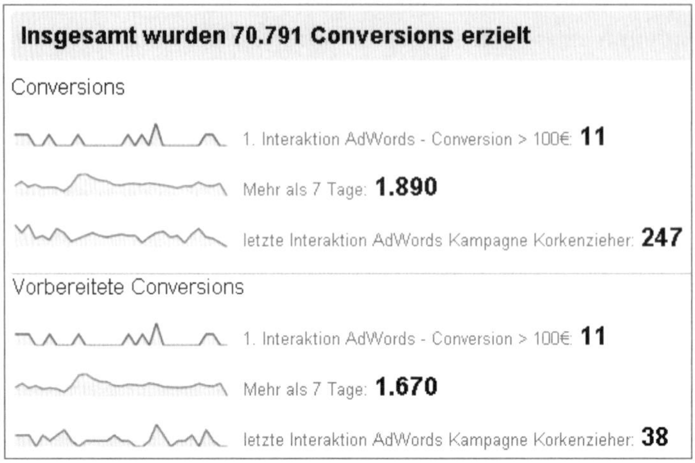

Abbildung 10.36 Auswahl benutzerdefinierter Conversion-Segmente

Sobald Sie die Segmente auf eine Auswertung gelegt haben, bleiben sie auch in den anderen Multi-Channel-Reports erhalten, wenn Sie die Ansicht wechseln.

10.3.5 Vorbereitete Conversions und Top-Conversion-Pfade – Auswertung über die Nutzung der verschiedenen Kanäle

In den Multi-Channel-Trichtern haben Sie mit den beiden Reports VORBEREITETE CONVERSIONS und TOP-CONVERSION-PFADE zwei Tools an der Hand, mit denen Sie die Conversion-Pfade Ihrer Besucher nachvollziehen können und mit denen Sie sehen können, welche Kanäle Zielerreichungen assistieren.

Im Report VORBEREITETE CONVERSIONS zeigt Ihnen Google Analytics, welche Kanäle dazu beitragen, dass der Nutzer zu einem späteren Zeitpunkt eine Conversion durchführt. Wir haben es in diesem Kapitel schon das ein oder andere Mal angesprochen: Nutzer kommen nicht immer geradlinig mit einem Kaufwunsch auf Ihre Seite. Vielleicht informieren sich die Nutzer zuerst über die organische Suche und gelangen so auf Ihre Website. Später rufen sie die Seite eventuell noch einmal über AdWords auf und tätigen den finalen Kauf nach dem Aufruf eines Lesezeichens. Die drei genannten Kanäle tragen alle zur Conversion bei. Ohne die organische Suche wäre in diesem

Beispiel gar kein Kauf getätigt worden. Daher sollte auch ihr ein gewisses Maß an Beachtung geschenkt werden.

Eine ähnliche Darstellung wie in dem Report zu den vorbereiteten Conversions sehen Sie in den Reports zu den sozialen Netzwerken. Auch dort zeigt Ihnen Analytics bereits, wie viel ein Netzwerk zu den Zielerreichungen beigetragen hat. In unserem Beispiel in Abbildung 10.37 haben wir die E-Commerce-Transaktionen ausgewählt und die restlichen Zielerreichungen außen vor gelassen. Oberhalb der Tabelle sehen Sie die Gesamtanzahl der vorbereiteten Conversions, deren Wert sowie die Anzahl der CONVERSIONS NACH DEM LETZTEN KLICK ODER DIREKTE CONVERSIONS inklusive deren Wert sowie abschließend das Verhältnis von vorbereiteten und direkten Conversions.

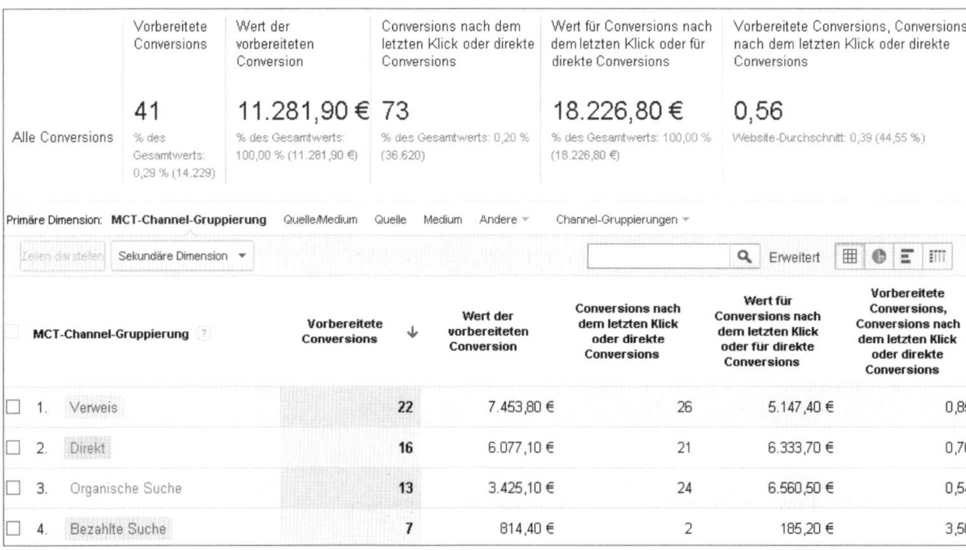

	Vorbereitete Conversions	Wert der vorbereiteten Conversion	Conversions nach dem letzten Klick oder direkte Conversions	Wert für Conversions nach dem letzten Klick oder für direkte Conversions	Vorbereitete Conversions, Conversions nach dem letzten Klick oder direkte Conversions
Alle Conversions	41 % des Gesamtwerts: 0,29 % (14.229)	11.281,90 € % des Gesamtwerts: 100,00 % (11.281,90 €)	73 % des Gesamtwerts: 0,20 % (36.620)	18.226,80 € % des Gesamtwerts: 100,00 % (18.226,80 €)	0,56 Website-Durchschnitt: 0,39 (44,55 %)

Primäre Dimension: MCT-Channel-Gruppierung Quelle/Medium Quelle Medium Andere Channel-Gruppierungen

Zeilen darstellen Sekundäre Dimension Erweitert

MCT-Channel-Gruppierung	Vorbereitete Conversions ↓	Wert der vorbereiteten Conversion	Conversions nach dem letzten Klick oder direkte Conversions	Wert für Conversions nach dem letzten Klick oder für direkte Conversions	Vorbereitete Conversions, Conversions nach dem letzten Klick oder direkte Conversions
1. Verweis	22	7.453,80 €	26	5.147,40 €	0,85
2. Direkt	16	6.077,10 €	21	6.333,70 €	0,76
3. Organische Suche	13	3.425,10 €	24	6.560,50 €	0,54
4. Bezahlte Suche	7	814,40 €	2	185,20 €	3,50

Abbildung 10.37 Vorbereitete Conversions

An dieser Stelle wollen wir noch einmal kurz die einzelnen Definitionen wiederholen und erklären, was die einzelnen Messwerte bedeuten. Vorbereitete Conversions sollten Ihnen mittlerweile nach dem Lesen des Kapitels geläufig sein. Was aber ist genau mit der Metrik CONVERSIONS NACH DEM LETZTEN KLICK ODER DIREKTE CONVERSIONS gemeint? Hierunter fallen alle Zielerreichungen, bei denen dieser Kanal die letzte Interaktion vor der Conversion gewesen ist. Ein hoher Wert an dieser Stelle zeigt, dass dieser Kanal besonders gut funktioniert und die Nutzer schnell konvertieren lässt.

VORBEREITETE CONVERSIONS, CONVERSIONS NACH DEM LETZTEN KLICK ODER DIREKTE CONVERSIONS bezeichnet das Verhältnis zwischen direkten und assistierenden Conversions. Liegt der Wert nahe eins, bedeutet dies, dass der Kanal in Bezug auf

Zielvorhaben und Verkäufe sowohl vorbereitend als auch direkt wichtig ist. Ein Wert größer als eins zeigt, dass der Kanal mehr für die Vorbereitung von Conversions verantwortlich ist.

Zählweise der vorbereiteten Conversions und direkten Conversions

Auch vorbereitete Conversions können bei den direkten Conversions mit eingerechnet sein, wenn zuvor bereits ein Aufruf über den Kanal getätigt wurde.

Beispiel: Ein Nutzer kommt zum ersten Mal über AdWords auf die Seite, beim zweiten Mal nutzt er die organische Suche und beim dritten Mal gelangt er wieder mittels einer AdWords-Anzeige auf die Seite und tätigt eine Conversion. Die erste Sitzung über AdWords wird als vorbereitete Conversion gezählt, die letzte Sitzung als direkte Conversion. Somit werden dem Kanal ADWORDS eine vorbereitete und eine direkte Conversion zugerechnet.

Zurück zu unserem Beispiel von eben. Über den Kanal VERWEIS sind 22 Conversions vorbereitet worden, das entspricht einem Wert von knapp 7.500 €. Bei der bezahlten Suche wurden sieben Conversions vorbereitet, lediglich zwei wurden direkt durch AdWords erzielt. Das Verhältnis beträgt hier 3,5, sodass der Kanal häufiger assistiert, als dass dadurch direkte Conversions erzielt werden.

Auch in diesem Bericht können Sie die primären Dimensionen anpassen, um die Auswertung noch granularer zu gestalten. Wählen Sie zum Beispiel die Dimension QUELLE/MEDIUM, um genauer erkennen zu können, von welchen Verweis-Websites der Traffic gekommen ist, der zu Conversions geführt hat.

10.3.6 Eigene Channel-Gruppierungen erstellen

Weiterhin gibt es in den Multi-Channel-Trichtern die Option, eigene Channel-Gruppierungen zu erstellen. Damit lassen sich die Standard-Channel noch weiter definieren, sodass Sie zum Beispiel einen Kanal anlegen können, der lediglich Zugriffe über eine bestimmte AdWords-Kampagne beinhaltet.

Wie das geht, wollen wir Ihnen natürlich nicht vorenthalten und anhand unserer Beispielfirma Tirami zeigen. Klicken Sie, um zu den Channel-Gruppierungen zu gelangen, auf das entsprechende Icon bei den primären Dimensionen, und wählen Sie anschließend BENUTZERDEFINIERTE CHANNEL-GRUPPIERUNG ERSTELLEN. In unserem Beispiel in Abbildung 10.38 haben wir Channel für ausgewählte AdWords-Kampagnen angelegt, um sie genauer untersuchen zu können.

Für jede Kampagne wird ein einzelner Channel definiert. Wie die Channel-Gruppierungen dann in der Auswertung dargestellt werden, zeigen wir Ihnen in Abbildung 10.39.

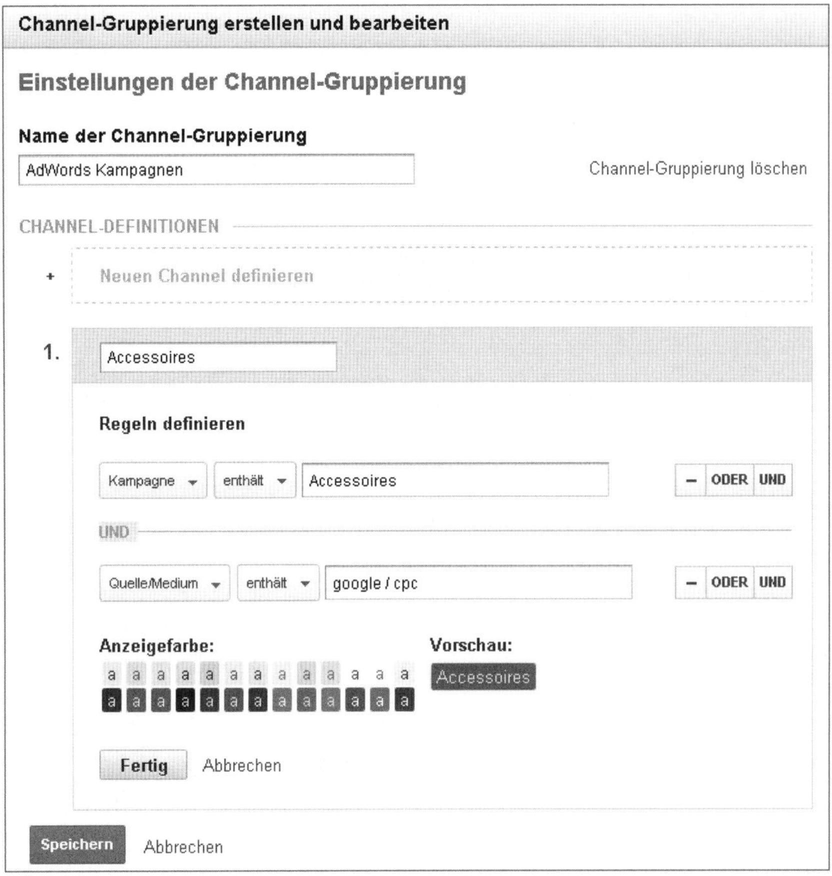

Abbildung 10.38 Benutzerdefinierte Channel-Gruppierung anlegen

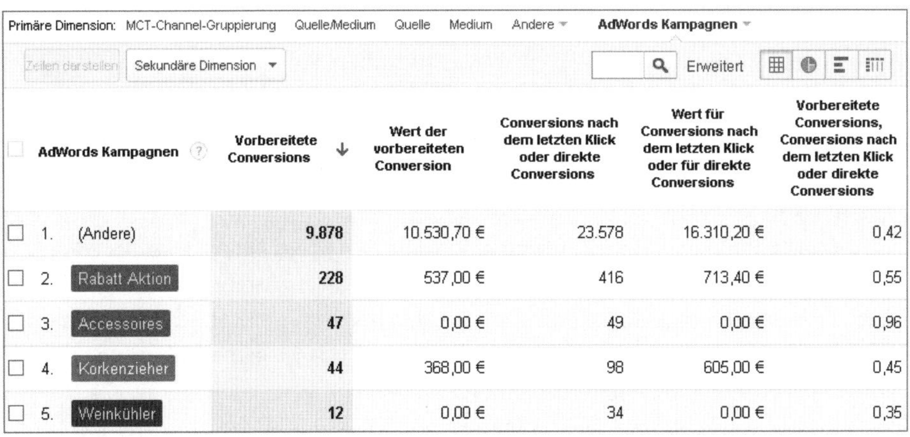

Abbildung 10.39 Anwendung von benutzerdefinierten Channel-Gruppierungen

Top-Umsatzbringer sind die beiden Kampagnen zur Rabatt-Aktion sowie zu den Korkenziehern. Beide Kampagnen helfen sowohl dabei, Conversions vorzubereiten, als auch direkte Conversions durchzuführen. Die beiden Kampagnen zu Accessoires und Weinkühlern tragen leider kaum etwas zum Umsatz bei. Sie helfen allerdings dabei, andere Ziele vorzubereiten. Der Eintrag (ANDERE) zeigt der Vollständigkeit halber die Daten aller weiteren Channel an.

Außerdem können Sie untersuchen, ob Marken-Keywords bei AdWords zu höheren Zielerreichungen führen oder nicht. Dazu haben wir Ihnen auch einen Beispiel-Report angelegt, den Sie in Abbildung 10.40 sehen.

AdWords Brand / Non Brand KW	Vorbereitete Conversions ↓	Wert der vorbereiteten Conversion	Conversions nach dem letzten Klick oder direkte Conversions	Wert für Conversions nach dem letzten Klick oder für direkte Conversions	Vorbereitete Conversions, Conversions nach dem letzten Klick oder direkte Conversions
1. (Andere)	**9.483**	9.655,30 €	21.983	16.101,80 €	0,43
2. Non Brand	**1.443**	1.780,40 €	2.171	1.526,80 €	0,66
3. Brand	**17**	0,00 €	21	0,00 €	0,81

Abbildung 10.40 Benutzerdefinierte Channel-Gruppierung zwischen AdWords-Brand- und Non-Brand-Keywords

In unserem Tirami-Beispiel können Sie erkennen, dass die Brand-Keywords, die bei AdWords eingebucht worden sind, keinen Umsatz erzielen. Sie tragen lediglich dazu bei, weitere Ziele, wie zum Beispiel Prospektbestellungen oder Kontaktanfragen, vorzubereiten oder direkt zu erzielen. Die Non-Brand-Keywords hingegen erreichen einen recht hohen Umsatz und dienen mit dazu, Conversions vorzubereiten. Die Sitzungen, die über Brand-Keywords wie »tirami« auf die Website gelangt sind, haben primär wahrscheinlich nicht das Ziel, eine Bestellung durchzuführen. Anders ist dies bei Sitzungen, die über ein Non-Brand-Keyword wie »korkenzieher« auf die Website gelangt sind. Sie tendieren eher dazu, etwas zu kaufen. Eine ähnliche Auswertung ließe sich natürlich auch zur Unterscheidung von Display- und Suchanzeigen erstellen.

Was müssen Sie bei der Erstellung von benutzerdefinierten Channel-Gruppierungen beachten?

Channel-Gruppierungen selber einzurichten, birgt ein hohes Potenzial, leider kommt es hierbei jedoch auch immer wieder zu Problemen. Fehlen Bedingungen, so kann es schnell passieren, dass Daten fehlerhaft werden und somit auch falsch interpretiert werden. Stellen Sie sich also zuerst immer die Frage, was Sie gerne auswerten möchten und welche Bedingungen dazu erfüllt sein müssen.

In unserem AdWords-Kampagnen-Beispiel von eben haben Sie gesehen, dass wir neben den »Haupt«-Bedingungen zusätzlich auch immer die Quelle und das Medium festgelegt haben, um wirklich nur AdWords-Kampagnen in die Auswertung einzubeziehen. Genauso bei den Brand- und Non-Brand-Keywords. Sie sollen sich auch nur auf AdWords beziehen, daher darf der Filter auf diese Quell- und Medienkombination hier nicht fehlen. Fehlt er dennoch, werden auch die organischen Suchanfragen mit den entsprechenden Keywords eingerechnet. Eine Auswertung hinsichtlich des Erfolgs von AdWords-Keywords wäre im Anschluss schlichtweg falsch.

Es gibt die Möglichkeit, die bestehenden Standardgruppierungen zu kopieren – hiermit können Sie diese bearbeiten, nach Ihren Anforderungen anpassen und unter neuem Namen speichern.

Prüfen Sie immer, ob Ihre Channel-Gruppierung wirklich das tut, was sie soll. Probieren Sie dazu ruhig ein wenig aus – die Channel-Gruppierungen lassen sich jederzeit bearbeiten oder gar wieder löschen.

10.3.7 Vorbereitete Conversions – erste Interaktionsanalyse und Conversions

Nutzen Sie in dem Report VORBEREITETE CONVERSIONS auch die Explorer-Tabs, bei denen Sie zwischen ERSTE INTERAKTIONSANALYSE und CONVERSIONS wählen können. Wählen Sie den Punkt ERSTE INTERAKTIONSANALYSE, um herauszufinden, welche Kanäle den Conversion-Prozess gestartet haben und wie viel Umsatz bereits beim ersten Klick erzielt wird. Ein Klick auf den Tab CONVERSIONS zeigt Ihnen die Anzahl der Conversions sowie ihren Wert. Diese Ansicht erhalten Sie auch in den anderen Conversion-Reports innerhalb der Zielberichte. Beachten Sie hierbei aber, dass die Berechnung nach der Multi-Channel-Trichter-Logik erfolgt. Das bedeutet, dass auch Conversions über direkte Zugriffe diesen zugeordnet werden, wenn zuvor eine Kampagne zu einer Sitzung geführt hat.

10.3.8 Top-Conversion-Pfade der Besucher

Ein weiterer wichtiger Bericht in diesem Bereich ist TOP-CONVERSION-PFADE, über den Sie auswerten können, welche Pfade Ihre Nutzer gehen, um eine Conversion zu erreichen. Welche Touchpoints nutzen Ihre Besucher, um auf Ihre Website zu gelangen, wie oft kommen sie wieder, welche Kanäle nutzen sie dabei und wie viel Umsatz wird über welche Pfade erzielt? All das erfahren Sie im Report TOP-CONVERSION-PFADE.

Abbildung 10.41 zeigt einen Screenshot eines solchen Top-Conversion-Pfads, bei dem nur das Zielvorhaben E-COMMERCE-TRANSAKTION ausgewählt ist. Bei sechs Conversions wurde die Seite zweimal durch die organische Suche aufgerufen. Der durch diesen Pfad erbrachte Umsatz liegt bei etwas über 1.200 €. Genauso wurden auch drei Conversions erzielt, nachdem zweimal die Seite über Direktzugriffe erreicht wurde.

Das Gleiche gilt bei der bezahlten Suche. Interessant wird es in Zeile vier, in der der erste Pfad aufgelistet ist, in dem es zu zwei verschiedenen Kontaktpunkten mit der Seite gekommen ist. Hier wird die Seite im ersten Schritt über die bezahlte Suche aufgerufen, die Conversion erfolgt aber erst bei einer Sitzung über die organische Suche. Dieser Report ist sehr übersichtlich, da wir uns auf die Transaktionen beschränkt haben, um Ihnen einen guten ersten Einblick zu geben. Je mehr Conversions Sie jedoch auswerten möchten, desto mehr Conversion-Pfade zeigen sich in Ihrem Report. Hier kann es vorkommen, dass ein großer Teil des Reports durch einmalige Conversion-Pfade, also diejenigen, die nur einmal durchgeführt werden, dargestellt wird.

Abbildung 10.41 Top-Conversion-Pfade

Außerdem steht Ihnen in diesem Report eine weitere Segmentierung zur Verfügung. Oberhalb der Trendgrafik finden Sie hier die Option PFADLÄNGE, mit deren Hilfe Sie die dargestellten Pfade einschränken können und sich zum Beispiel lediglich Pfade mit nur einem Schritt oder auch Pfade mit zehn und mehr Schritten anzeigen lassen können wie in Abbildung 10.42.

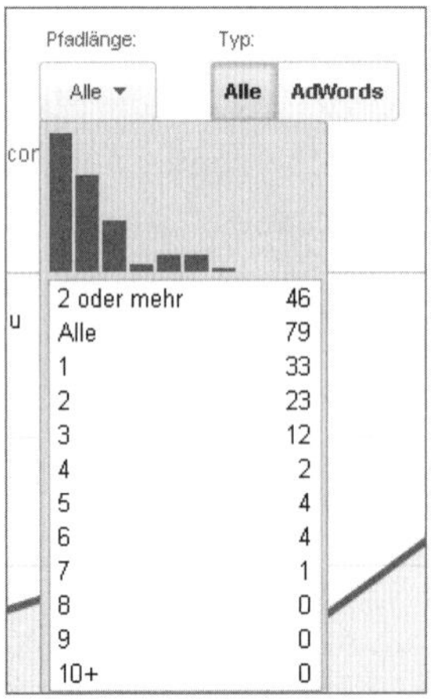

Abbildung 10.42 Einschränkung der dargestellten Daten mittels Auswahl der Pfadlänge

Genauso können Sie auch die Conversion-Segmente oder die benutzerdefinierten Channel-Gruppierungen nutzen, um Ihre Auswertung spezifischer durchführen zu können.

Abbildung 10.43 zum Beispiel zeigt wieder unsere Beispielfirma Tirami und ihre benutzerdefinierten Channel-Gruppierungen, die wir auf die Auswertung angewandt haben. Um die Auswertung übersichtlicher zu gestalten, haben wir nach dem Begriff »Korken« gefiltert, um nur diese Kampagnen anzeigen zu lassen. Nun können Sie sehen, wie oft die Nutzer mit der Kampagne interagieren und wie häufig sie andere Kanäle nutzen, um auf die Seite zu gelangen.

Abbildung 10.43 Top-Conversion-Pfade und benutzerdefinierte Channel-Gruppierungen

Werten Sie mit diesen Reports zum Beispiel aus, was die Nutzer tun, nachdem sie über Suchmaschinen auf Ihre Seite gestoßen sind. Kommen sie anschließend auch wieder über Suchmaschinen oder über andere Kanäle auf Ihre Seite? Um eine derartige Auswertung durchzuführen, nutzen Sie das Standard-Conversion-Segment ERSTE INTERAKTION: ORGANISCHE SUCHE und wenden es auf dem Report an. Wählen Sie als primäre Dimension den QUELL-/MEDIENPFAD, und filtern Sie nach »organic« wie in Abbildung 10.44.

Im Anschluss werten Sie aus, wie oft die organische Suche für die erste Interaktion, also das Bekanntmachen der Seite, zuständig ist und welche Kanäle die Besucher im Anschluss nutzen, um Ihre Seite zu erreichen und zu konvertieren. In Zeile drei zum Beispiel wurden drei Conversions durch die organische Suche initiiert, allerdings durch einen direkten Zugriff abgeschlossen. Die beiden letzten Zeilen zeigen, dass auch AdWords zu einem Abschluss von Conversions führen kann, nachdem die Seite mithilfe der organischen Suche das erste Mal besucht wurde.

Abbildung 10.44 Organische Suche in den Top-Conversion-Pfaden

10.3.9 Zeitintervall und Pfadlänge von Conversions

Auch bei den Multi-Channel-Trichtern besteht die Möglichkeit, auszuwerten, wie viele Tage oder wie viele Schritte zwischen erster Interaktion und Conversion liegen. Ähnlich wie bei den E-Commerce-Reports stellt Google Analytics mittels Balkengrafiken dar, wie viel Zeit bzw. wie viele Schritte vergangen sind. Segmente sowie die gezielte Auswahl einzelner Zielvorhaben helfen Ihnen dabei, den Report weiter zu spezifizieren.

In Abbildung 10.45 sehen Sie eine beispielhafte Darstellung des Pfadlänge-Reports bezogen auf Transaktionen. Bei Conversion-Pfaden, die nur einen Schritt beinhalten, bei denen es also sofort zur Conversion gekommen ist, wurden bei 196 Conversions über 36.000 € erzielt. Das sind etwas über 45 % der gesamten Conversions und 37,6 % des gesamten Conversion-Wertes. Ein Großteil der Sitzungen nutzt nur ein, zwei oder maximal drei Pfade, um auf die Seite zu gelangen und anschließend zu konvertieren. Der Report zeigt noch weitere Spalten an, sie verteilen sich jedoch recht gleichmäßig, sodass deren Anteil und Wert nach Länge des Pfades immer mehr abnimmt.

Nutzen Sie die Conversion-Segmente, um bestimmte Conversion-Pfade zu untersuchen. In Abbildung 10.46 haben wir im Report zu den Zeitintervallen die zwei Standardsegmente genutzt, um aufzuzeigen, wie viele Tage zwischen erster Interaktion und Conversion liegen. Auch hier erfolgen die meisten Zielerreichungen bereits am ersten Tag. Nur noch wenige Conversions finden nach zwei, drei oder mehr Tagen statt.

	Conversions	Conversion-Wert
Alle Conversions	433 % des Gesamtwerts: 0,29 % (147.255)	96.087,40 € % des Gesamtwerts: 100,00 % (96.087,40 €)

Pfadlänge in Interaktionen	Conversions	Conversion-Wert	Prozentsatz (Conversions / Conversion-Wert)
1	196	36.123,60 €	45,27 % 37,59 %
2	89	19.811,80 €	20,55 % 20,62 %
3	62	15.947,60 €	14,32 % 16,60 %
4	24	6.427,50 €	5,54 % 6,69 %
5	25	5.501,20 €	5,77 % 5,73 %

Abbildung 10.45 Pfadlänge der Conversion-Pfade innerhalb der Multi-Channel-Trichter

Zeitintervall in Tagen	Conversions	Conversion-Wert	Prozentsatz (Conversions / Conversion-Wert)
0			
Alle Conversions	291	60.416,30 €	67,21 % 62,88 %
Erste Interaktion: bezahlte Werbung	54	9.856,10 €	71,05 % 74,16 %
Erste Interaktion: organische Suche	110	22.457,60 €	73,83 % 69,00 %
1			
Alle Conversions	22	5.952,60 €	5,08 % 6,19 %
Erste Interaktion: bezahlte Werbung	3	673,20 €	3,95 % 5,07 %
Erste Interaktion: organische Suche	6	818,00 €	4,03 % 2,51 %
2			
Alle Conversions	18	5.253,70 €	4,16 % 5,47 %
Erste Interaktion: bezahlte Werbung	2	110,00 €	2,63 % 0,83 %
Erste Interaktion: organische Suche	5	1.821,10 €	3,36 % 5,60 %

Abbildung 10.46 Zeitintervall-Auswertung mit den Conversion-Segmenten »Erste Interaktion: bezahlte Werbung« und »Erste Interaktion: organische Suche«

Versuchen Sie, die verschiedenen Reports im Multi-Channel-Trichter-Bereich kennenzulernen, um später schnell bestimmte Auswertungen durchführen zu können. Experimentieren Sie mit den benutzerdefinierten Channel-Gruppierungen, den Conversion-Segmenten und den einzelnen Reports, und lernen Sie so die verschiedenen Analysemöglichkeiten kennen. Wir hoffen, dass wir Ihnen mit diesen Beispielen zeigen konnten, wie viele Möglichkeiten sich hinter den verschiedenen Reports zu den

Conversion-Pfaden verbergen. Sie können die unterschiedlichsten Fragen beantworten, um Ihre Aktivitäten im SEO-, SEA- und auch Social-Bereich zu analysieren und herauszufinden, wie stark die einzelnen Kanäle zu Ihren Conversions beitragen.

10.4 Zuordnungsmodelle – das Tool zum Modellvergleich

Einen eigenen Bereich innerhalb der Conversions-Reports erhält der Punkt ATTRIBUTION. Darunter befindet sich lediglich ein Navigationspunkt mit dem Namen MODELLVERGLEICHSTOOL. Was verbirgt sich dahinter, und welche Auswertungen können Sie damit durchführen?

Sicherlich haben Sie schon einmal von den verschiedenen Attributionsmodellen und Schlagworten wie *Last Click Wins* gehört. Mithilfe der verschiedenen Modelle versuchen Online-Marketer den einzelnen Interaktionspunkten innerhalb eines Conversion-Pfads eine Gewichtung zu geben, um auch solche Interaktionen zu würdigen, die sich in der Mitte eines Pfads befinden. Gelangt ein Nutzer zum Beispiel zum ersten Mal über eine organische Suche auf Ihre Website, klickt nach einer Woche auf eine AdWords-Anzeige und abonniert Ihren Newsletter, gelangt nach ein paar Tagen darüber auf die Seite, ruft sie später aber über ein Lesezeichen auf und tätigt erst dann eine Bestellung, so hatte der Besucher über vier verschiedene Stellen Kontakt mit Ihrer Website. Welcher Interaktion wird nun die Conversion zugeordnet?

In unseren Multi-Channel-Trichtern haben wir bereits von vorbereiteten und direkten Conversions gehört. Bei den vorbereiteten Conversions werden allen Interaktionspunkten auf einem Conversion-Pfad eine vorbereitete Conversion zugeschrieben. Was aber, wenn Sie dieses Modell nicht optimal finden und lieber ein anderes, nicht lineares Modell bevorzugen?

Dann stellt Google Analytics Ihnen das MODELLVERGLEICHSTOOL zur Seite, mit dem Sie die verschiedenen Attributionsmodelle miteinander vergleichen können.

10.4.1 Die verschiedenen Attributionsmodelle – von »letzter Interaktion« zu »positionsbasiert«

An unserem Kundenbeispiel von eben möchten wir die Modelle und deren Anwendungsmöglichkeiten kurz erklären. Hier noch einmal der Conversion-Pfad des Kunden:

1. Interaktion: organische Suche
2. Interaktion: AdWords-Anzeige
3. Interaktion: Newsletter-Klick
4. Interaktion: Lesezeichen (Direktzugriff)

Wie werden die einzelnen Stationen des Pfads von den verschiedenen Attributionsmodellen bewertet?

- LETZTE INTERAKTION: Bei diesem Zuordnungsmodell wird die Conversion komplett der letzten Interaktion zugewiesen. In unserem Fall würde die Bestellung dem Channel DIREKT zugeordnet werden. Dieses Modell sollten Sie für Ihre Auswertungen nutzen, wenn Sie Produkte verkaufen, bei denen die Kunden nicht lange überlegen, sondern spontan kaufen.
- LETZTER INDIREKTER KLICK: Hier werden die Conversions dem letzten Kanal vor der Interaktion, der kein Direktzugriff gewesen ist, zugeordnet. In unserem Beispiel wäre das also der Newsletter mit dem Kanal E-MAIL. Dieses Modell ist das übliche Attributionsmodell, das bei Google Analytics den Conversion-Berichten zur Berechnung der direkten Klicks unterliegt.
- LETZTER ADWORDS-KLICK: In diesem Attributionsmodell wird die gesamte Conversion dem letzten AdWords-Klick zugeordnet. In unserem Beispiel würde also der Verkauf der zweiten Interaktion, dem AdWords-Klick, zugeordnet werden. Dieses Modell empfiehlt sich, wenn Sie herausfinden möchten, welche Anzeigen die meisten Conversions erzielt haben.
- ERSTE INTERAKTION: Bei diesem Modell wird die Conversion der ersten Interaktion, also in unserem Fall der organischen Suche, zugewiesen. Wenn Sie auswerten möchten, wie gut Ihre Branding-Kampagnen funktionieren, oder wenn Sie den initiierenden Interaktionen einen größeren Anteil zuweisen möchten, nutzen Sie dieses Modell.

Nun gelangen wir zu den Zuordnungsmodellen, bei denen jedem Punkt innerhalb des Conversion-Pfads ein gewisser Prozentsatz der Conversion gutgeschrieben wird:

- LINEAR: In diesem Attributionsmodell teilen sich die verschiedenen Interaktionspunkte den Anteil an der Conversion. In unserem Beispiel würden jedem Kanal (ORGANISCHE SUCHE, BEZAHLTE SUCHE, E-MAIL und DIREKT) jeweils 25 % der Conversion zugeschrieben werden. Ist es Ihnen wichtig, die verschiedenen Interaktionen gleichmäßig zu analysieren, sollten Sie auf dieses Attributionsmodell zurückgreifen.
- ZEITVERLAUF: Bei diesem Modell bekommen die Interaktionen, die der Conversion zeitlich am nächsten liegen, einen größeren Conversion-Anteil zugewiesen. Bei unserem Beispiel würde also der Kanal DIREKT den größten Anteil erhalten, da er kurz vor der Conversion genutzt wurde. Der Kanal ORGANISCHE SUCHE erhält den geringsten Anteil der Conversion, da er zeitlich über eine Woche vor der Conversion liegt. Kurzzeitige Kampagnen können auf diese Weise einen höheren Conversion-Anteil erhalten.
- POSITIONSBASIERT: Dieses Modell teilt die Zuordnung der Conversion zu verschiedenen Prozentsätzen auf. Auf die erste und letzte Interaktion entfallen je-

weils 40 % der Conversion, die restlichen 20 % werden auf die übrigen Interaktionen verteilt. In unserem Beispiel würden also ORGANISCHE SUCHE und DIREKT jeweils 40 % zugeteilt bekommen und die Kanäle BEZAHLTE SUCHE und E-MAIL jeweils nur 10 %. Mit diesem Modell bewerten Sie die initialen Berührungspunkte und die, die zu einer Conversion geführt haben, besonders stark.

10.4.2 Tool zum Modellvergleich der einzelnen Attributionsmodelle

Nutzen Sie das MODELLVERGLEICHSTOOL, um zu analysieren, welchen Einfluss die verschiedenen Kanäle je nach Betrachtungsweise auf den Erfolg Ihrer Marketingaktivitäten haben.

Wir haben in Abbildung 10.47 die beiden unterschiedlichsten Modelle gegenübergestellt, um Ihnen den Unterschied zu verdeutlichen. Dazu haben wir die Modelle LETZTE INTERAKTION, bei dem der letzten Interaktion die komplette Conversion zugeordnet wird, sowie ERSTE INTERAKTION, bei dem die erste Interaktion den gesamten Anteil erhält, ausgewählt. In dem Modell LETZTE INTERAKTION werden in unserem Beispiel 170 Conversions dem Kanal DIREKT zugewiesen. Lediglich 94 Conversions – also etwa 45 % weniger – werden dem Kanal zugeschrieben, wenn das Modell ERSTE INTERAKTION gewählt wird. Alle weiteren Channel erhalten weniger Anteil an den Conversions, wenn sie nur als letzte Interaktion gewertet werden.

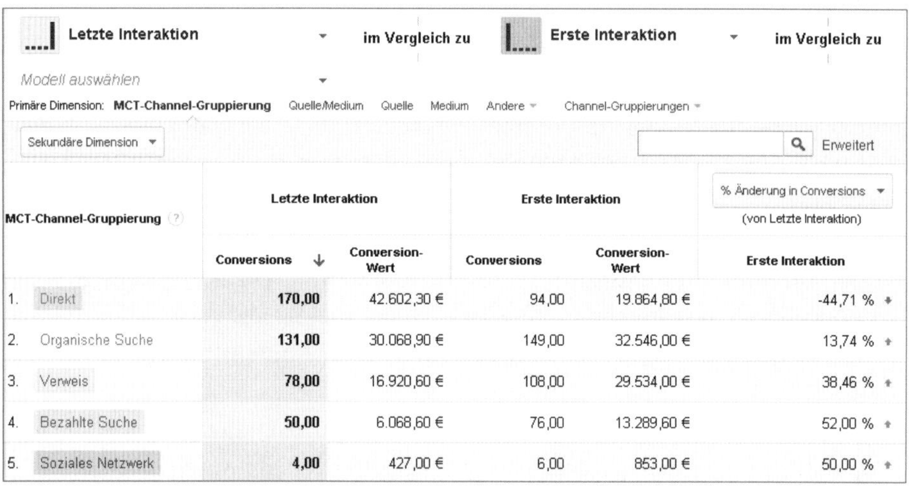

MCT-Channel-Gruppierung	Letzte Interaktion: Conversions	Letzte Interaktion: Conversion-Wert	Erste Interaktion: Conversions	Erste Interaktion: Conversion-Wert	Erste Interaktion
1. Direkt	170,00	42.602,30 €	94,00	19.864,80 €	-44,71 %
2. Organische Suche	131,00	30.068,90 €	149,00	32.546,00 €	13,74 %
3. Verweis	78,00	16.920,60 €	108,00	29.534,00 €	38,46 %
4. Bezahlte Suche	50,00	6.068,60 €	76,00	13.289,60 €	52,00 %
5. Soziales Netzwerk	4,00	427,00 €	6,00	853,00 €	50,00 %

Abbildung 10.47 Gegenüberstellung der beiden Attributionsmodelle »Letzte Interaktion« und »Erste Interaktion«

Wenn Sie Kampagnen schalten und sie entweder über die AdWords-Verknüpfung oder den Kostendatenimport in Google Analytics integriert haben, zeigt Google Analytics Ihnen auch diese Daten in dem Tool zum Modellvergleich. In weiteren Spalten werden die Kosten eingeblendet sowie – je nach Auswahl – der Conversion-Wert und der ROAS (Return on Advertising Spend, also der ROI der Anzeigenausgaben) oder der Conversion-Wert und der CPA (Cost per Acquisition, also der Preis pro Akquisition). In Abbildung 10.48 sehen Sie einen Screenshot unserer Beispielfirma Tirami. Als primäre Dimension ist die Kampagne eingestellt, CONVERSION-WERT & ROAS sind die eingestellten Metriken.

Primäre Dimension: MCT-Channel-Gruppierung Quelle/Medium Quelle Medium **Kampagne** Channel-Gruppierungen

Sekundäre Dimension | Erweitert

Conversion-Wert & ROAS

Kampagne	Ausgaben (für ausgewählten Zeitraum)	Letzte Interaktion: Conversion-Wert	Letzte Interaktion: ROAS	Erste Interaktion: Conversion-Wert	Erste Interaktion: ROAS	Prozentuale Änderung des Conversion-Werts (von Letzte Interaktion): Erste Interaktion
1. (not set)	—	**20.140,60 €**	—	18.337,00 €	—	-8,96 %
2. Korkenzieher	125,66 €	**810,00 €**	644,60 %	1.404,00 €	1.117,30 %	73,33 %
3. Rabatt Aktion	86,55 €	**103,00 €**	119,01 %	522,60 €	603,81 %	407,38 %
4. Weinkühler	123,66 €	**75,00 €**	60,65 %	0,00 €	0,00 %	-100,00 %
5. Accessoires	124,10 €	**36,00 €**	29,01 %	36,00 €	29,01 %	0,00 %

Abbildung 10.48 Tool zum Modellvergleich, aufgeschlüsselt nach »Kampagne« sowie »Conversion-Wert & ROAS«

In dem Beispiel erkennen Sie, dass der Wert der ersten Interaktion bei den Kampagnen »Korkenzieher« und »Rabatt Aktion« deutlich höher ist als bei der letzten Interaktion. In der Spalte PROZENTUALE ÄNDERUNG DES CONVERSION-WERTS zeigt Analytics, dass bei den beiden Kampagnen die Differenz zwischen den beiden Zuordnungsmodellen sehr hoch ist. Bei der Kampagne »Rabatt Aktion« beträgt der Unterschied über 400 %. Dies macht deutlich, wie sehr es bei Ihren Auswertungen darauf ankommt, dass Sie die richtigen Attributionsmodelle nutzen.

10.4.3 Eigene Zuordnungsmodelle anlegen und nutzen

Wenn unter den Standard-Zuordnungsmodellen noch keines dabei ist, das Ihren Anforderungen entspricht, können Sie Ihr eigenes Modell zusammenstellen. Diese Möglichkeit sollten Sie jedoch erst in Betracht ziehen, nachdem Sie sich eingehend mit den anderen Modellen beschäftigt haben. Spielen Sie mit den Modellen, und werten Sie Ihre Fragen aus, überlegen Sie erst dann, was besser gemacht werden könnte, und erstellen Sie im Anschluss Ihr eigenes Modell. Beziehen Sie dabei zum Beispiel folgende Fragen mit ein: Gibt es ein zeitliches Fenster von der ersten zur letzten Interaktion, in dem Conversions durchgeführt werden sollten? Wie sieht der ideale wiederholte Kauf aus? Kaufen Nutzer eher schneller oder eher langsamer? Über welche Kanäle sollen die Conversions erfolgen? Dies sind nur einige der möglichen Fragen, mit deren Hilfe Sie das Modell erstellen könnten.

Um ein Modell anzulegen, klicken Sie in dem Dropdown-Menü der verschiedenen Modelle auf den Link NEUES BENUTZERDEFINIERTES MODELL ERSTELLEN, wie es Abbildung 10.49 zeigt. Wählen Sie dann das Basismodell aus, das Ihrem eigenen zugrunde liegen soll. Hier können Sie zwischen LINEAR, ERSTE INTERAKTION, LETZTE INTERAKTION, ZEITVERLAUF sowie POSITIONSBASIERT wählen. Wenn Sie das positionsbasierte Modell nutzen, können Sie nun die verschiedenen prozentualen Anteile der Interaktionen bestimmen. Damit können Sie zum Beispiel die beiden Modelle POSITIONSBASIERT und ZEITVERLAUF kombinieren, indem Sie der letzten sowie den mittleren Interaktionen einen größeren Anteil an der Conversion zusprechen als der ersten Interaktion. Anschließend setzen Sie das Lookback-Window auf den von Ihnen gewünschten Zeitrahmen. Prüfen Sie dazu in Ihrem Multi-Channel-Trichter-Zeitintervall-Report, wie viele Tage im Normalfall zwischen erster Interaktion und Conversion liegen, um einen Anhaltspunkt zu erhalten.

Abbildung 10.49 Mögliche Standardmodelle sowie die Möglichkeit, eigene benutzerdefinierte Modelle zu erstellen

Nun kommen zwei bisher unbekannte Elemente ins Spiel: das NUTZERINTERESSE sowie KUNDENSPEZIFISCHE GUTSCHRIFTREGELN. Bei dem Punkt NUTZERINTERESSE können Sie zwischen BESUCHSZEIT AUF DER WEBSITE sowie SEITENTIEFE wählen, um den Interaktionen einen höheren Anteil zuzuweisen, die qualitativ hochwertigere

Besucher auf die Seite bringen. Bei den GUTSCHRIFTREGELN können Sie einzelne ausgesuchte und von Ihnen definierte Regeln erstellen, bei denen der Anteil der Conversion hoch- bzw. runtergerechnet wird. Erstellen Sie zum Beispiel eine Regel, die besagt, dass Kanäle, die hohe Absprungraten aufweisen, einen geringeren Anteil an der Conversion erhalten sollen. Oder Sie definieren eine Regel, die sozialen Kanälen oder Sitzungen über Brand-Keywords einen kleineren Anteil zuweist. Experimentieren Sie ein wenig, um herauszufinden, was Ihren Anforderungen entspricht. Ein beispielhaftes eigenes Modell könnte dann so aussehen wie Abbildung 10.50.

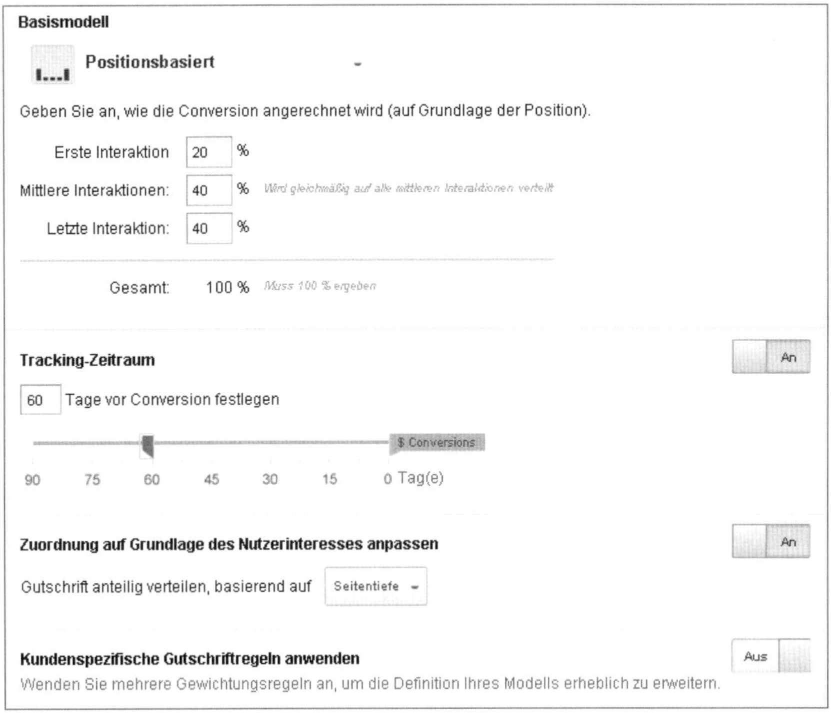

Abbildung 10.50 Beispiel eines benutzerdefinierten Zuordnungsmodells

In unserem Beispielmodell haben wir festgelegt, dass letzte und mittlere Interaktionen gleichmäßig bedacht werden sollen und dass die erste Interaktion lediglich mit 20 % des Conversion-Anteils angerechnet wird. Der Tracking-Zeitraum liegt bei 60 Tagen, da dies etwas mehr als der übliche Zeitraum von erster Interaktion zur Conversion bei unserer Beispielfirma Tirami ist. Die Zuordnung erfolgt außerdem auf Grundlage des Nutzerinteresses. Erzeugen Sitzungen mehr Seitenaufrufe über gewisse Quellen, wird diesen Quellen automatisch ein größerer Anteil zugeordnet. Auf eine kompliziertere Zuordnung mittels kundenspezifischen Gutschriftregeln haben wir verzichtet. In unserem Beispiel haben die verschiedenen Möglichkeiten – Keyword-Zuordnung, Social-Media-Kanäle etc. – keinen nennenswerten Unterschied in den Daten erzeugt, sodass wir diese Möglichkeiten außen vor gelassen haben.

Ein Beispiel-Report, in dem das Standardmodell POSITIONSBASIERT mit dem eigenen Modell verglichen wird, soll die Unterschiede aufzeigen.

Abbildung 10.51 zeigt, wie sich die Anpassung des Modells bemerkbar macht. Durch die neue prozentuale Zuordnung, bei der in unserem Modell der ersten Interaktion ein geringerer Conversion-Anteil zugesprochen wird, ändern sich die Daten im Vergleich zu denen, die mittels positionsbasiertem Modell erhoben werden. Der Kanal DIREKT gewinnt dadurch fast 15 % an Conversions. Die Kanäle VERWEIS, BEZAHLTE SUCHE sowie SOZIALES NETZWERK verlieren hier. Das liegt daran, dass diese Kanäle in unserem Beispiel häufig zur ersten Interaktion führen oder wenige Seitenaufrufe erzielen, sodass ihnen in unserem Modell ein geringerer Anteil an Conversions zugetragen wird.

Primäre Dimension: MCT-Channel-Gruppierung Quelle/Medium Quelle Medium Andere Channel-Gruppierungen

Sekundäre Dimension | Erweitert

MCT-Channel-Gruppierung	Positionsbasiert		Eigenes Modell		% Änderung in Conversions (von Positionsbasiert)
	Conversions	Conversion-Wert	Conversions	Conversion-Wert	Eigenes Modell
1. Direkt	27,95	6.687,95 €	32,05	7.993,57 €	14,64 %
2. Organische Suche	46,50	9.158,51 €	47,10	8.447,64 €	1,29 %
3. Verweis	16,81	3.344,96 €	15,08	3.108,34 €	-10,30 %
4. Bezahlte Suche	15,81	1.853,73 €	13,18	1.534,10 €	-16,63 %
5. Soziales Netzwerk	0,92	119,45 €	0,59	80,96 €	-36,21 %

Abbildung 10.51 Vergleich des positionsbasierten Modells mit dem eigenen Modell

Sie sehen also, dass kleine Anpassungen an den Modellen bereits erste Umschichtungen in der Bewertung der einzelnen Kanäle, Kampagnen oder auch Keywords zur Folge haben. Nutzen Sie die benutzerdefinierten Modelle, wenn Sie sicher sind, was Sie auswerten möchten und welche Anpassungen durchgeführt werden müssen, damit sie Ihren Kundendaten entsprechen. Sie können die Modelle jederzeit anpassen oder löschen. Denken Sie daran, dass Ihnen die verschiedenen Modelle – richtig angewandt – dabei helfen können, die Marketing-Budgets sinnvoller auszugeben und die Conversions zu steigern.

Kapitel 11
Die Herausforderung: Individuelle Auswertungswünsche erfüllen

Lernen Sie in diesem Kapitel, wie Sie individuelle Berichte und Dashboards definieren können. Wir geben Ihnen Tipps, wie Sie die tägliche Arbeit mit dem Auswertungstool vereinfachen und schneller zu den gewünschten Daten gelangen können.

Wenn die vorgefertigten Berichte in Google Analytics an ihre Grenzen stoßen, können Sie selbst zum Baumeister werden. Sicher haben Sie bereits das ein oder andere Mal bei einer Auswertung gedacht: »Ich wünschte, ich könnte noch weitere Daten hinzufügen«, oder: »Kann ich den Report eigentlich anpassen und speichern, damit ich das nächste Mal nicht so viele Klicks machen muss, um den Report zu erstellen?« Google Analytics gibt Ihnen verschiedene Features an die Hand, mit denen Sie nicht nur Ihre Auswertungen, sondern auch Ihre Arbeitsweise effektiver gestalten können, um schneller zu dem gewünschten Ergebnis zu gelangen.

Wir zeigen Ihnen in diesem Kapitel, wie Sie individuelle Berichte und Dashboards definieren und welche Daten Sie kombinieren können. Außerdem geben wir Ihnen Tipps, wie Sie die tägliche Arbeit mit Google Analytics vereinfachen können. Nach der Lektüre dieses Kapitels werden Sie in der Lage sein, folgende Dinge selbst zu erledigen:

- benutzerdefinierte Segmente erstellen, anwenden und bearbeiten
- benutzerdefinierte Berichte erstellen und anwenden
- Dashboards anlegen und bearbeiten
- Verknüpfungen erstellen
- regelmäßige E-Mail-Reports erstellen und automatisch versenden lassen
- benutzerdefinierte Benachrichtigungen erstellen, die Sie automatisch erhalten, wenn auf der Seite etwas nicht stimmt

All diese Punkte können Ihnen dabei helfen, die Arbeit mit Google Analytics noch effektiver zu gestalten und Ihre Auswertungen noch schneller durchzuführen.

11.1 Segmente: Standardsegmente und benutzerdefinierte Segmente anlegen und nutzen

In Abschnitt 2.3.8 haben wir Ihnen bereits einen kurzen Einblick darin gegeben, was Sie mit Segmenten tun können, um Ihre Auswertungen zu optimieren. Außerdem zeigen wir Ihnen in den verschiedenen Kapiteln rund um die Analytics-Reports des Öfteren, wie Sie Segmente sinnvoll anwenden können.

Wir möchten Ihnen an dieser Stelle aber noch einmal einen kurzen Überblick geben, was Segmente sind und was Sie damit tun können, falls Sie die anderen Kapitel noch nicht gelesen haben sollten.

Segmente helfen Ihnen dabei, bestimmte Nutzergruppen in Google Analytics genauer zu analysieren. Dies kann sehr hilfreich sein, wenn die normale, auf alle Sitzungen gemünzte Auswertung zu allgemein ist und Sie gezielt eine bestimmte Nutzergruppe auswerten oder mehrere vergleichen möchten. Was aber können Besuchergruppen sein? Darunter fallen verschiedene Gruppen. So kann ein Segment zum Beispiel nur die Sitzungen beinhalten, die über eine organische Suche auf Ihre Website gelangt sind. Oder ein Segment umfasst nur die Besucher, die durch eine bestimmte Kampagne auf Ihre Website aufmerksam geworden sind. Außerdem kann ein Segment zum Beispiel nur Nutzer eines bestimmten Geräts, etwa eines Mobilgeräts, einschließen. Für all diese und noch viele weitere Besuchergruppen bietet Ihnen Google Analytics eine Fülle an vorgefertigten Segmenten, die Sie schnell auf Ihre Auswertungen anwenden können.

In Abbildung 11.1 sehen Sie einen Screenshot, der zeigt, wie ein Übersichts-Report mit Segmenten aussehen kann.

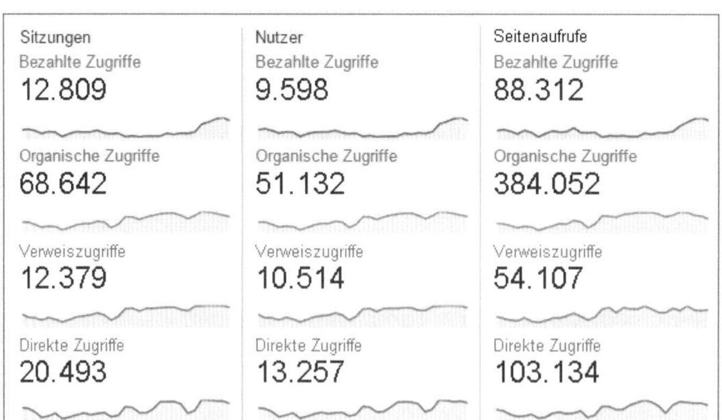

Abbildung 11.1 Beispiel zur Anwendung der Segmente

Sie haben allerdings auch die Option, eigene, benutzerdefinierte Segmente zu erstellen, die helfen können, spezifischere und auf Ihre Anforderungen maßgeschneiderte

Auswertungen durchzuführen. Ein benutzerdefiniertes Segment kann zum Beispiel alle Sitzungen beinhalten, die über eine Kampagne auf Ihre Seite gelangt sind und ein mobiles Endgerät genutzt haben. Außerdem könnten Sie ein Segment anlegen, mit dem Sie nur die Nutzer auswerten, die zwischen 18 und 24 Jahre (funktioniert nur mit freigeschalteten demografischen Daten) alt sind und eine bestimmte Abfolge von Seiten aufgerufen haben. Eine weitere Möglichkeit wäre ein Segment, das nur Nutzer einschließt, die einen Conversion-Wert von mehr als 50 € erzielt haben und die über eine organische Suche auf die Seite gekommen sind. Sie sehen also, die Möglichkeiten der benutzerdefinierten Segmente und der daraus resultierenden Auswertungen sind schier endlos.

Vergleichen Sie auf diese Weise zum Beispiel den Umsatz, der über die verschiedenen Kanäle erzielt worden ist, oder untersuchen Sie Nutzergruppen, die besonders an Ihrem Webangebot interessiert sind. Was unterscheidet diese Nutzer von anderen Besuchern?

Das Beste ist, dass Sie beim Anlegen der Segmente experimentieren können. Google Analytics bietet Ihnen ein Vorschau- sowie ein Test-Feature, mit dem Sie ausprobieren können, ob die von Ihnen festgelegten Bedingungen tatsächlich zusammen funktionieren und ob die Daten ausgegeben werden, die Sie wünschen.

11.1.1 Standardsegmente in Google Analytics anwenden

Zu Beginn möchten wir Ihnen zeigen, wie Sie die in Google Analytics verfügbaren Standardsegmente nutzen und auf Ihre Auswertungen anwenden können. In fast allen Reports haben Sie die Möglichkeit, oberhalb der Trendgrafik das Segmente-Menü auszuwählen. Im ersten Moment mag dieses Menü nicht ersichtlich sein, da es nicht die Bezeichnung »Segmente« in der Benennung trägt. In Abbildung 11.2 sehen Sie das Menü.

Abbildung 11.2 Segmente öffnen

Nachdem Sie auf ALLE NUTZER geklickt haben, öffnet sich das Segmente-Menü, und es erscheint eine Übersicht der Standardsegmente wie in Abbildung 11.3.

Hier können Sie nun zwischen den verschiedenen bereits integrierten Segmenten wählen. Die Segmente, die Sie wahrscheinlich am häufigsten nutzen werden, sind die Segmente zu den Kanälen, darunter DIREKTE ZUGRIFFE, ORGANISCHE ZUGRIFFE, VERWEISZUGRIFFE oder BEZAHLTE ZUGRIFFE. Diese Segmente beziehen nur solche

Sitzungen in die Auswertung mit ein, die über den genannten Kanal auf Ihre Website gelangt sind.

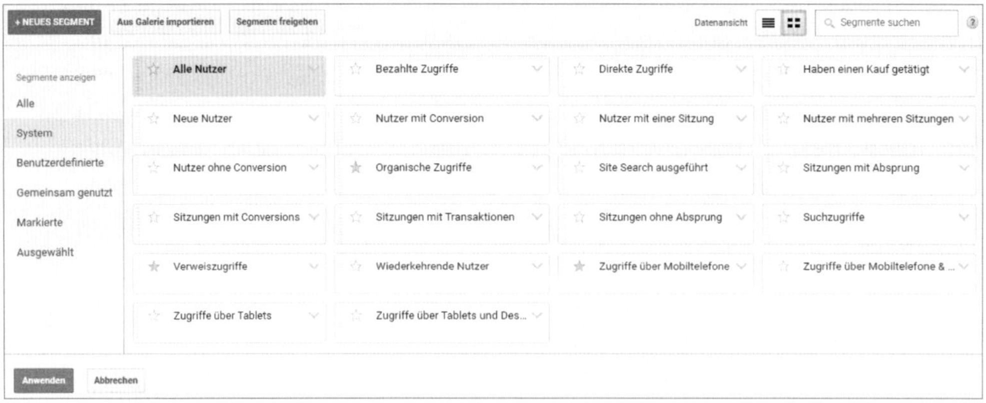

Abbildung 11.3 Übersicht der Standardsegmente

Außerdem gibt es Segmente zu Nutzertypen, zum Beispiel NUTZER MIT EINER SITZUNG, NEUE NUTZER oder WIEDERKEHRENDE NUTZER sowie NUTZER MIT MEHREREN SITZUNGEN. Des Weiteren existieren Segmente zur Auswahl, die sich auf das genutzte Gerät konzentrieren, mit denen Ihre Seite aufgerufen wird, darunter zum Beispiel ZUGRIFFE ÜBER TABLETS UND DESKTOPS, ZUGRIFFE ÜBER TABLETS, ZUGRIFFE ÜBER MOBILTELEFONE. Meist sind die Benennungen der Segmente selbsterklärend, es kann aber vorkommen, dass Sie nicht genau wissen, was die einzelnen Segmente beinhalten. Dazu haben wir einen Tipp für Sie: Klicken Sie innerhalb der Segmente-Kachel des fraglichen Segments oben rechts auf den kleinen Pfeil und wählen Sie KOPIEREN wie in Abbildung 11.4 aus.

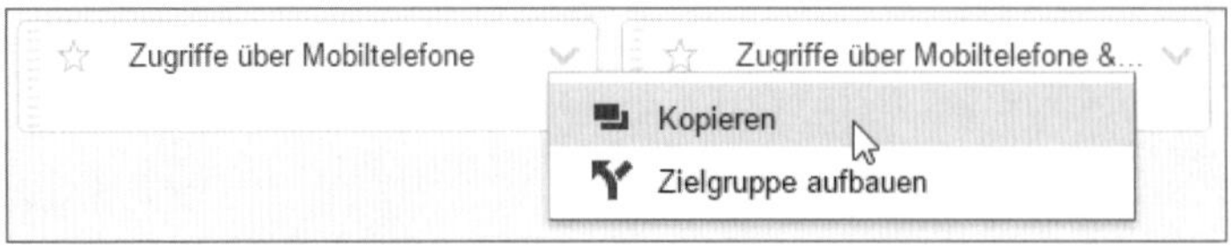

Abbildung 11.4 Kopieren eines Standardsegments

Anschließend zeigt Google Analytics Ihnen die Bedingungen, die das Segment erfüllen muss. Abbildung 11.5 gibt einen Einblick in die Bedingungen des Standardsegments ZUGRIFFE ÜBER MOBILTELEFONE. Dieses Segment berücksichtigt alle Sitzungen, bei denen die Gerätekategorie genau mit dem Typ »mobile« übereinstimmt.

Sollten Sie also in der Zukunft Segmente nicht genau auseinanderhalten können, haben Sie hiermit eine Hilfe an der Hand, die Ihnen zeigt, welche Bedingungen den einzelnen Segmenten zugrunde liegen.

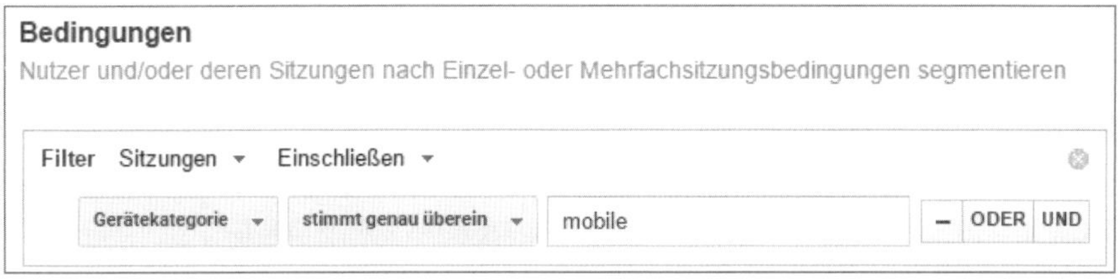

Abbildung 11.5 Bedingung des Standardsegments »Zugriffe über Mobiltelefone«

Wir haben aber noch einen Anwendungstipp für Sie: Wenn Sie häufig immer wieder die gleichen Segmente – zum Beispiel die Segmente zur Unterscheidung der Kanäle – nutzen, können Sie diese markieren, um sie in der Übersicht schneller zu finden. Dazu klicken Sie einfach auf den weißen Stern, der sich links neben der Segmentbezeichnung befindet. Dadurch wechselt der Stern seine Farbe von Weiß zu Gelb, und die favorisierten Segmente sind sofort besser sichtbar. Ein Beispiel für markierte Channel-Segmente sehen Sie in Abbildung 11.6. Außerdem haben Sie in der Navigationsleiste die Möglichkeit, nur markierte Segmente anzeigen zu lassen. So wird die Auswahl noch übersichtlicher.

Abbildung 11.6 Beliebte Segmente mithilfe des Sterns favorisieren

Falls Ihnen die abgekürzten Bezeichnungen der Segmente nicht gefallen oder Ihnen zu wenig aussagen, wechseln Sie einfach mithilfe der oberen Navigationseinheit die Ansicht. Nach einem Klick auf LISTE erscheinen die Segmente in einer Liste untereinander und mit vollständiger Bezeichnung (siehe Abbildung 11.7). Eine weitere Variante, um schnell einzelne Segmente zu finden, ist die Nutzung der Suche oben rechts im Menü der Segmente. Ansonsten hilft Ihnen auch die Filterung zwischen ALLE, SYSTEM, BENUTZERDEFINIERTE und MARKIERTE weiter, um die Segmentgruppen einzeln anzuzeigen. Unter GEMEINSAM GENUTZT finden Sie die Segmente, die Ihnen ein anderer Google-Nutzer freigegeben hat.

Wenn Sie nun ein Segment ausgewählt haben und es auf einen Report anwenden wollen, können Sie das einfach durch einen Klick auf das betreffende Segment oder mittels Drag & Drop umsetzen. Ziehen Sie dazu das gewählte Segment in die Zeile oberhalb des Segmente-Menüs. Um das ein wenig zu verdeutlichen, haben wir einen Screenshot von dem Prozess in Abbildung 11.8 eingefügt.

Abbildung 11.7 Ausschnitt aus der Listendarstellung der Segmente inklusive Filtermöglichkeiten und Suche

Abbildung 11.8 Segment in die Auswahl übernehmen

Sie können bis zu vier Segmente auf einen Report anwenden. Daher finden Sie in der Ansicht auch nicht mehr als vier verfügbare Platzhalter. Wählen Sie also gezielt aus, welche Segmente Sie miteinander vergleichen wollen. Wenn Sie ein Segment wieder entfernen wollen, klicken Sie einfach oben rechts auf den kleinen Pfeil im Segment und wählen ENTFERNEN. Sind Sie mit der Auswahl zufrieden, klicken Sie unterhalb des Menüs auf den Button ANWENDEN, und der Bericht wird für diese Segmente neu erstellt. Sobald Sie die Segmente anpassen möchten, klicken Sie dazu wieder in das Segmente-Menü, und wiederholen die oben genannten Schritte, um neue Segmente auszuwählen. Genauso können Sie im Menü mehrere Segmente auf einmal entfernen. Auf diese Weise lädt der Report nicht mehrfach neu, und Sie sparen ein wenig Zeit.

Nachdem Sie die Segmente ausgewählt haben, werden sie zum Vergleich in den Reports angezeigt. Eine Übersicht über die erzielten Conversions sieht beispielsweise so aus wie Abbildung 11.9.

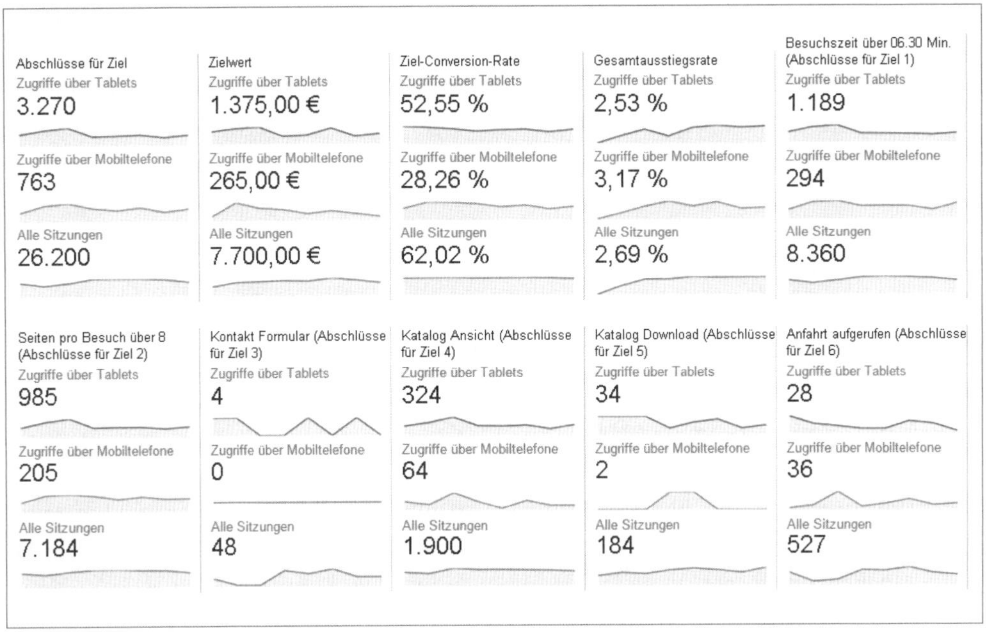

Abbildung 11.9 Conversion-Übersicht mit den Segmenten »Zugriffe über Mobiltelefone« und »Zugriffe über Tablets«

Dort sehen Sie durch die Segmente auf einen Blick, wie viele Zielvorhaben insgesamt erreicht worden sind sowie wie viele Zielvorhaben durch ZUGRIFFE ÜBER TABLETS oder ZUGRIFFE ÜBER MOBILTELEFONE erfolgt sind. Was fällt Ihnen in dem Beispiel auf? Bei dem Zielvorhaben, das die Kontaktanfragen misst, sind durch das Segment ZUGRIFFE ÜBER MOBILTELEFONE, also bei Personen, die die Seite via Handy aufgerufen haben, keine Ziele ausgeführt worden. Auch von Tablet-Sitzungen sind nur sehr wenige Kontaktanfragen abgeschickt worden. Dies ist ein interessanter Punkt, dem Sie nachgehen sollten. Ein derartiges Ergebnis zeigt Ihnen, dass Sie den Prozess, der zur Kontaktanfrage führt, unbedingt noch einmal mit dem Smartphone oder Tablet nachvollziehen sollten, um zu prüfen, ob ein technisches Problem vorliegt.

Somit können Ihnen die verschiedenen Segmente sehr gut dabei helfen, Schwächen auf Ihrer Website, aber auch in Ihren Marketingaktivitäten aufzudecken. Was aber, wenn Ihnen die Standardsegmente, die Google Analytics liefert, nicht aussagekräftig genug sind? Lesen Sie dazu den nächsten Abschnitt, um herauszufinden, wie Sie benutzerdefinierte Segmente anlegen und anwenden können.

11.1.2 Anwendungsbeispiele für benutzerdefinierte Segmente

Sie haben bereits die ganze Vielfalt der Standardsegmente in Google Analytics kennengelernt und einige Auswertungen mit der Hilfe von Segmenten durchgeführt. Mit der Zeit werden Sie sicherer und stellen Fragen an die Reports, die Sie mit den üblichen Mitteln wie Filterungen, Sortierungen oder auch den Standardsegmenten nicht mehr lösen können. An diesem Punkt sollten Sie die Nutzung von benutzerdefinierten Elementen, zum Beispiel benutzerdefinierten Segmenten oder Reports, in Betracht ziehen. Da sich in diesem Abschnitt alles um das Thema »Segmente« dreht, wollen wir uns an dieser Stelle darauf konzentrieren. In den nachfolgenden Abschnitten zeigen wir Ihnen aber auch die Anwendungsmöglichkeiten der weiteren benutzerdefinierten Elemente, wie etwa benutzerdefinierte Reports.

Sie möchten also benutzerdefinierte Segmente anlegen, um ausdrucksstärkere Analysen durchführen zu können? Dann sollten Sie zuerst darüber nachdenken, welche Bedingungen die Segmente erfüllen müssen.

Mit dem Segment-Builder haben Sie die Möglichkeit, verschiedene Arten von Segmenten zu erstellen. Segmente lassen sich auf Basis von Metriken, Dimensionen, Datum sowie Aktionen und sogar Abfolgen erstellen. Sie können Segmente anhand von Sitzungsdaten anlegen, aber auch anhand von Nutzerdaten. Außerdem haben Sie die Möglichkeit, die beiden Varianten miteinander zu verknüpfen.

Was sind Sitzungsdaten und was sind Nutzerdaten?

Segmente können Sie mithilfe verschiedener Daten erstellen. Dabei wird zwischen Sitzungs- und Nutzerdaten unterschieden.

Sitzungsdaten: Diese Daten beschränken sich auf das Verhalten eines Nutzers während einer Sitzung. Darunter fallen zum Beispiel die Anzahl der Ziele, die er erreicht hat, oder auch der Umsatz, der bei der Sitzung erzielt wurde.

Nutzerdaten: Hierbei werden die Daten aller Sitzungen innerhalb des gewählten Zeitraums (maximal aber 90 Tage) mit eingerechnet. Das heißt, es können auch mehrere Zielvorhaben oder Transaktionen in diesem Zeitraum addiert werden.

Um Ihnen zu zeigen, welche Segmente Sie anlegen können, greifen wir wieder auf unsere Beispielfirma Tirami und das Vino-Magazin zurück. Anhand der Navigationselemente innerhalb des Segment-Builders, die Sie in Abbildung 11.10 sehen, zeigen wir Ihnen, welche Segmente möglich sind:

- DEMOGRAFISCHE MERKMALE: Segmentieren Sie hiermit die Nutzer nach demografischen Merkmalen wie Alter, Geschlecht und Interessen. Das funktioniert nur, wenn demografische Daten gesammelt werden.

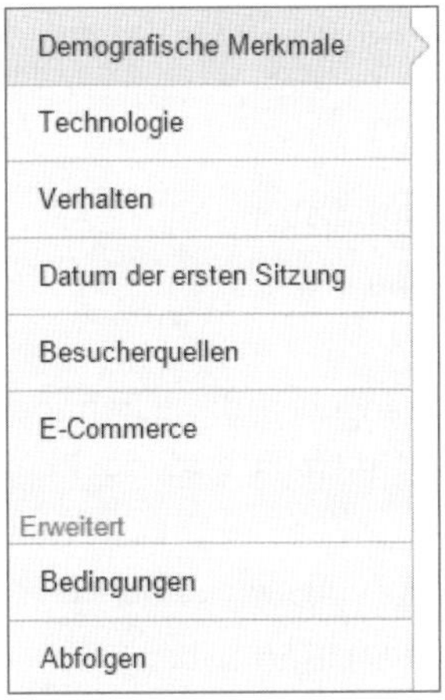

Abbildung 11.10 Benutzerdefinierte Segmente, mögliche Kategorien

  - Weibliche Nutzer, die zwischen 25 und 34 Jahren alt sind und gerne TV schauen
  - Männliche Nutzer, die zwischen 35 und 44 Jahren alt sind, sich für Essen interessieren und aus München kommen
- TECHNOLOGIE: Hier können Sie die Sitzungen der Nutzer nach Technologie wie Betriebssystem, Browser oder Gerät segmentieren.
  - Sitzungen, die durch einen Windows 8-PC erfolgt sind und in denen ein Chrome-Browser genutzt wird
  - Sitzungen, die mittels Mobilgerät (inklusive Tablet) erfolgt sind
  - Sitzungen, die den Internet Explorer 7 nutzen
- VERHALTEN: Segmentieren Sie hier Ihre Nutzer nach Anzahl der Sitzungen oder durchgeführten Transaktionen.
  - Nutzer, die häufiger als zehnmal die Seite besucht haben
  - Nutzer, die pro Sitzung länger als fünf Minuten auf der Seite sind
  - Nutzer, die mehr als drei Transaktionen durchgeführt haben
- DATUM DER ERSTEN SITZUNG: Hier können Sie Nutzer auswerten, deren erste Sitzung nach einem bestimmten Datum stattgefunden hat.
  - Nutzer, deren erste Sitzung nach dem Startdatum der Kampagne erfolgt ist
- BESUCHERQUELLEN: Segmentieren Sie die Nutzer nach den Quellen, über die sie auf Ihre Website gekommen sind.
  - Sitzungen, die über die AdWords-Kampagne zum Thema »Korkenzieher« auf die Seite gelangt sind
  - Nutzer, die in organischen Suchmaschinen das Keyword »Vino Magazin« genutzt haben und so auf die Website gekommen sind

- E-COMMERCE: An dieser Stelle können Sie Nutzer nach gekauften Produkten oder Umsatz segmentieren.
  - Nutzer, die mehr als 300 € Umsatz generiert haben
  - Nutzer, die das Produkt »Korkenzieher Deluxe« gekauft haben
  - Nutzer, die mehr als 50 € Umsatz gemacht haben und etwas aus der Produktkategorie »Weinkühler« gekauft haben
- BEDINGUNGEN: Hier können Sie mehrere Bedingungen angeben, die gelten sollen. Nutzen Sie das, um Bedingungen zu konfigurieren, die Ihnen die anderen Punkte nicht liefern können.
  - Nutzer, die in der internen Suche den Begriff »Merlot« eingegeben haben
  - Nutzer, die ein Ereignis der Kategorie »Download« ausgeführt haben
  - Besuche, die pro Sitzung einen AdSense-Umsatz von mindestens 50 Cent erbracht haben
  - Neue Besuche, die das Zielvorhaben »Kontaktanfrage abgeschickt« erreicht haben und über einen Direkteinstieg gekommen sind
- ABFOLGEN: Hiermit segmentieren Sie Nutzer und deren Besuche nach bestimmten Schrittabfolgen, die sie gemacht haben müssen.
  - Besuche, die über die Quelle »Verweis« gekommen sind und auf der Zielseite */produkte/korkenzieher/uebersicht* gelandet sind
  - Besuche, die zuerst die Seite */kampagnenzielseite* und dann die Seite */produkte/warenkorb* aufgerufen haben

Mithilfe dieser Liste haben wir Ihnen hoffentlich einen guten Einblick in die unzähligen Segmentierungsmöglichkeiten gegeben, sodass Sie einige Ideen für Ihre Firma übernehmen können.

11.1.3 Benutzerdefinierte Segmente anlegen

Nachdem Sie nun eine Idee davon haben, was Sie mit den benutzerdefinierten Segmenten machen können, wollen wir Ihnen jetzt zeigen, wie Sie sie anlegen können. Google Analytics hilft Ihnen sehr dabei, die einzelnen Schritte korrekt durchzuführen.

Um ein Segment anzulegen, navigieren Sie zuerst in das Segmentmenü, und klicken Sie von dort aus auf den Button + NEUES SEGMENT. Nun öffnet sich ein weiteres Menü, in dem Sie in der linken Navigation zwischen den verschiedenen Kategorien wählen können.

Abbildung 11.11 zeigt Ihnen den Startbildschirm zur Einrichtung von benutzerdefinierten Segmenten. Standardmäßig sind die Bedingungen zu den demografischen Merkmalen eingeblendet. Nutzen Sie die linke Navigation, um zu den einzelnen Elementen zu gelangen. Nachdem Sie die einzelnen Bedingungen ausgefüllt haben, werden sie in der rechten Bildhälfte angezeigt, sodass Sie den Überblick behalten, welche Bedingungen für dieses Segment erfüllt sein müssen. Sie können bei der Einstellung der Bedingungen viele Filtermöglichkeiten nutzen, darunter die gleichen wie bei der normalen Report-Filterung. Das bedeutet, dass Sie auch reguläre Ausdrücke verwenden können, die Ihnen die Option bieten, mehrere Bedingungen in einem Element zusammenzufassen und somit effektiver zu arbeiten.

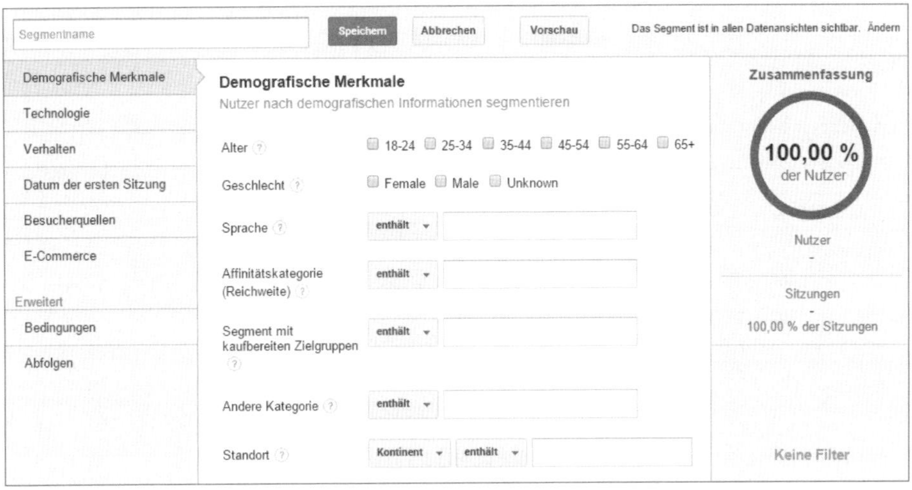

Abbildung 11.11 Startseite der Einrichtung von benutzerdefinierten Segmenten

In der linken Navigation wird die Anzahl der Bedingungen pro Kategorie eingeblendet. Ein Beispiel für ein benutzerdefiniertes Segment sehen Sie in Abbildung 11.12.

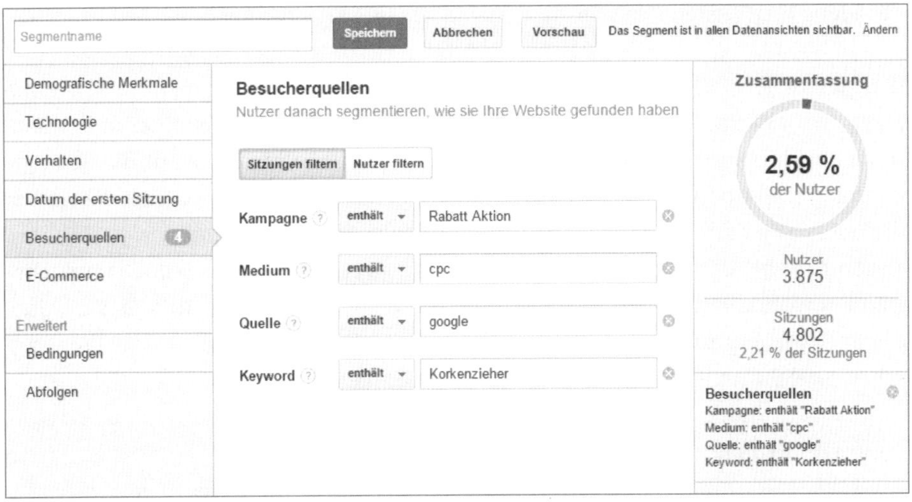

Abbildung 11.12 Beispiel für ein benutzerdefiniertes Segment

Die Sitzungen aus dem »Test Segment« müssen folgende Anforderungen erfüllen: Die Sitzungen müssen über die AdWords-Kampagne »Rabatt Aktion« mit dem Keyword »Korkenzieher« auf die Website gelangt sein.

In einem weiteren Beispiel wollen wir Ihnen zeigen, was Sie mit den beiden Punkten BEDINGUNGEN und ABFOLGEN umsetzen können.

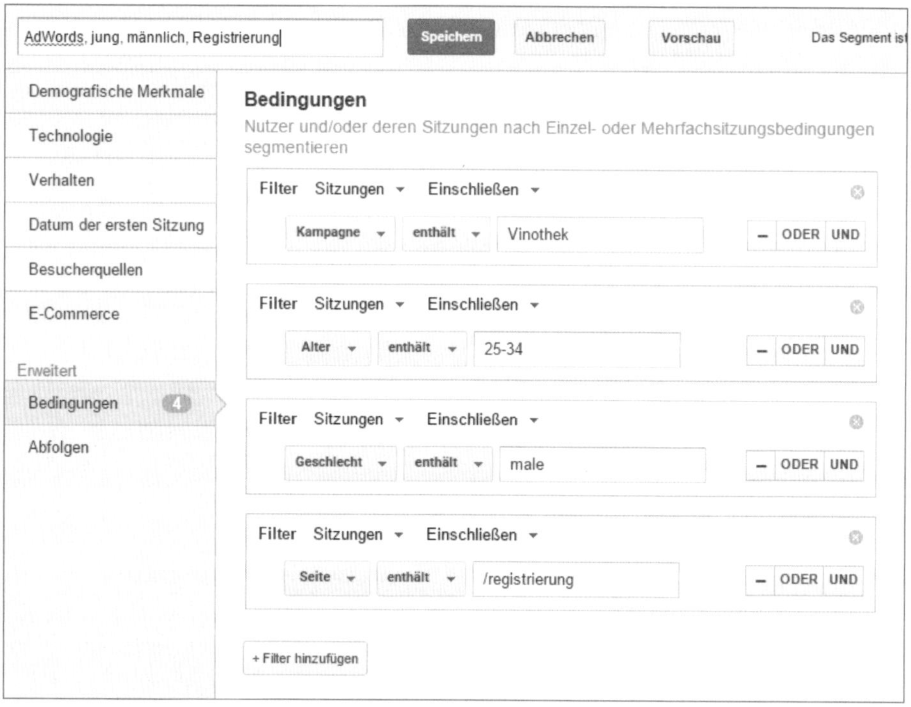

Abbildung 11.13 Weiteres Beispiel für ein benutzerdefiniertes Segment

In unserem Beispiel in Abbildung 11.13 sehen Sie ein mögliches Segment für das Vino-Magazin. Das Segment umfasst alle männlichen Nutzer, die zwischen 25 und 34 Jahren alt sind, über die Anzeigengruppe der Kampagne »Vinothek« auf die Seite gekommen sind und die Registrierungsseite aufgerufen haben. Diese Nutzer kannten die Seite vorher noch nicht – das zeigt die Anzeige zu einem sehr generischen Thema, zeigen sich aber dennoch sehr interessiert an der Website, beenden jedoch unter Umständen nicht die Registrierung. Es lohnt sich daher, einen Blick auf das Verhalten dieser Besuchergruppe zu werfen, um herauszufinden, welche Inhalte sie lange anschaut, welche Artikel sie liest und an welchen Stellen sie abbricht.

Einschränkungen der benutzerdefinierten Segmente

Bei der Einrichtung der benutzerdefinierten Segmente sollten Sie folgende Einschränkungen bedenken:

- Sie können maximal 100 Segmente pro Datenansicht und Nutzer festlegen.
- Wenn Sie benutzerdefinierte Segmente anlegen, die auf nutzerbasierten Daten beruhen, so können diese maximal über einen Zeitraum von 90 Tagen erstellt werden. Diese 90 Tage beginnen ab dem von Ihnen festgelegten Startdatum. Es kann also sein, dass neuere Daten nicht mit einbezogen werden.
- Auch bei der Bedingung zum DATUM DER ERSTEN SITZUNG gibt es eine Einschränkung: Der Zeitraum, den Sie hier auswählen können, ist auf maximal 31 Tage beschränkt.
- Demografische Daten werden nur auf einen Teil der Nutzer angewandt. Daher geben Segmente mit dieser Bedingung auch nur einen Teil der Nutzer wieder.

11.1.4 Benutzerdefinierte Segmente testen

Wenn Sie benutzerdefinierte Segmente anlegen, testet Google Analytics sofort, wie viele Nutzer und Sitzungen Ihre Kriterien erfüllen. Auf diese Weise können Sie sichergehen, dass die Bedingungen, die Sie ausgewählt haben, zusammenpassen und dass daraus überhaupt Daten entstehen können. Manchmal kann es nämlich passieren, dass die Bedingungen so eng eingegrenzt werden, dass kaum noch Nutzerdaten dazu vorliegen, sodass die Auswertungen keine Daten enthalten. Oder Sie kreuzen die Bedingungen so unglücklich, dass sie sich gegenseitig ausschließen. Das Ergebnis dieses Tests und den Prozentsatz der Nutzer und Besuche, die in das Segment passen, sehen Sie immer in der rechten Spalte des Segment-Builders (siehe Abbildung 11.14).

Abbildung 11.14 Beispielhafter Test eines benutzerdefinierten Segments

Oder Sie klicken direkt auf den Button VORSCHAU in der Titelleiste des Builders, um zu sehen, welche Auswirkungen das Segment auf den gerade geöffneten Report hat. Die Vorschau eines Segments ist immer dann besonders hilfreich, wenn Sie mehrere Bedingungen zusammenführen und austesten wollen. Dazu empfiehlt es sich, den

Report, in dem die tatsächlichen Daten enthalten sind, zu öffnen und dort das Segment anzulegen, um den Test durchführen zu können. So finden Sie beispielsweise heraus, ob die einzelnen Bedingungen durch ein UND oder ein ODER verknüpft sind.

Abbildung 11.15 zeigt Ihnen ein Beispiel, um das eben erwähnte Vorgehen zu verdeutlichen. Ziel des anzulegenden Segments ist es, dass nur Nutzer ausgewertet werden, die einen PC mit Windows 8 nutzen und über die Kampagne »Kampagne« gekommen sind. Wir haben dazu zwei verschiedene Segmente angelegt, um sie gegeneinander zu testen. Eines beinhaltet als Bedingung, dass die Sitzung über Windows 8 gekommen ist, und als zweite Bedingung, dass sie über eine bestimmte Kampagne erfolgt sein muss. Das andere Segment beinhaltet die gleichen Bedingungen, allerdings werden diese unter dem Punkt »Bedingungen« in einem Element zusammengefasst, dieses Segment heißt »Windows 8 + Kampagne zusammen«. Das andere Segment heißt »Windows 8 + Kampagne getrennt«. Um die Auswirkungen der Segmente zu testen und um zu prüfen, welche Variante die ist, die wir gerne hätten, nutzen wir nun den Report zu den Betriebssystemen, wählen Windows 8 aus und fügen die zweite Dimension »Kampagne« hinzu.

Betriebssystemversion	Kampagne	Sitzungen
Windows 8 + Kampagne getrennt		1.054 % des Gesamtwerts: 0,31 % (341.975)
Windows 8 + Kampagne zusammen		754 % des Gesamtwerts: 0,22 % (341.975)
1. 8	Kampagne	
Windows 8 + Kampagne getrennt		**443**
Windows 8 + Kampagne zusammen		**443**
2. 8.1	Kampagne	
Windows 8 + Kampagne getrennt		**311**
Windows 8 + Kampagne zusammen		**311**
3. 8.1	(not set)	
Windows 8 + Kampagne getrennt		**158**
Windows 8 + Kampagne zusammen		**0**

Abbildung 11.15 Beispiel zum Test von benutzerdefinierten Segmenten

Sie können sehen, dass die beiden Segmente unterschiedlich funktionieren. Das Segment »Windows 8 + Kampagne zusammen« löst nur aus, wenn die Sitzungen sowohl über Windows 8 als auch über die Kampagne erfolgt sind. Das zweite Segment »Windows 8 und Kampagne getrennt« löst auch aus, wenn jemand nur einen PC mit Windows 8 genutzt hat, nicht aber über die Kampagne gekommen ist. Da es unser Ziel ist, ein Segment zu erstellen, das nur dann greift, wenn beide Bedingungen erfüllt sind, ist es wichtig, sie auch tatsächlich in eine Bedingung einzufügen. Das Segment »Windows 8 + Kampagne zusammen« wäre also das richtige Segment.

Diese Art von Tests kann Ihnen dabei helfen, die Segmente und ihre Funktionsweise genauer zu analysieren. Bevor Sie selbst Segmente anlegen und Unternehmensentscheidungen darauf basieren lassen, müssen Sie sicher sein, dass die Segmente wirklich das ausweisen, was Sie von Ihnen erwarten.

11.2 Benutzerdefinierte Berichte – Reports nach eigenen Wünschen erstellen

Wie auch bei den Segmenten haben Sie bei den Berichten die Möglichkeit, die bereits bestehenden Standard-Reports zu erweitern und gemäß Ihren Anforderungen anzupassen. Sollten Sie einmal Ihre Fragen bezüglich einer Auswertung nicht beantworten können, nutzen Sie die Option, den aktuellen Bericht anzupassen oder gar einen ganz neuen, eigenen Bericht zu erstellen. Sie können benutzerdefinierte Berichte zu nahezu allen Fragestellungen anlegen und die verschiedensten Metriken und Dimensionen zusammenführen. Natürlich gibt es auch hier kleine Einschränkungen in der Kombination gewisser Metriken und Dimensionen, das ist aber in den meisten Fällen kein Problem. Außerdem helfen Ihnen die Reports dabei, Zeit zu sparen, da Sie dadurch bei speziellen Analysen nicht mehrere Klicks machen, sondern lediglich den Report aufrufen müssen. Um Ihnen eine Idee davon zu geben, wollen wir Ihnen stichpunktartig verschiedene Anwendungsfälle aufzeigen:

- AdWords-Klicks, Kosten und Impressions direkt neben Sitzungen und Conversions
- Aufrufe von Fehlerseiten, die durch externe Links erzeugt worden sind
- Filterung der Sitzungen einzelner Verzeichnisse
- absolute Zahl (prozentualer Anteil) verschiedener Conversions pro Stadt/Quelle/Kampagne
- Auflistung der vollständigen Verweis-URLs
- Hostnamen-Aufschlüsselung
- Umsatz pro Kalenderwoche
- Wochentag und Uhrzeit mit den meisten Sitzungen und Conversions

- Liste der Kampagnen inklusive erzielter Conversions und Umsatz
- Seitentitel-Auflistung eines bestimmten Website-Verzeichnisses
- Liste mobiler Zugriffe inklusive Absprüngen, Zielerreichungen und Conversion-Wert
- Traffic pro Monat, Woche oder Datum

Nachdem wir Sie hoffentlich neugierig auf das Anlegen und die Nutzung benutzerdefinierter Reports gemacht haben, zeigen wir Ihnen im folgenden Abschnitt, wie Sie die Reports anlegen können.

11.2.1 Benutzerdefinierte Berichte anlegen

Sie werden sehen, dass es ganz einfach ist, benutzerdefinierte Berichte anzulegen, sobald Sie dies ein paar Mal gemacht haben. Wichtig ist dabei immer, dass Sie wissen, was Sie mithilfe des Reports herausfinden möchten. Eine gewisse Vorarbeit bildet daher die Grundlage für das erfolgreiche Anlegen eines Reports, denn wenn Sie nicht wissen, was genau der Report eigentlich aussagen soll, wird er Ihnen zu einem späteren Zeitpunkt kaum behilflich sein können.

Daher sollten Sie sich, bevor Sie Ihren ersten Report anlegen, mit den einzelnen Elementen innerhalb des Report-Builders auseinandersetzen. So erfahren Sie, welche Dimensionen und Metriken Sie kombinieren können und auch wie tief Sie in die einzelnen Dimensionen gehen können. Einen ersten Einblick gibt Ihnen natürlich auch unser Kapitel darüber, sodass Sie anschließend direkt loslegen können.

Um Ihnen zu zeigen, wie Sie einen Report anlegen können, werden wir wieder unsere Beispielfirma Tirami nutzen. Ziel des Reports soll es sein, auf einen Blick alle AdWords-Kampagnen inklusive Sitzungen, Klicks, Kosten, Bestellungen und Umsatz zu zeigen. Außerdem soll es möglich sein, mehr Informationen über Anzeigengruppe und Keywords zu erhalten.

Fangen wir also an. Um einen benutzerdefinierten Report anzulegen, können Sie zwei verschiedene Wege nutzen. Zum einen können Sie einen bereits bestehenden Report aufrufen und von dort aus oberhalb der Trendgrafik (siehe Abbildung 11.16) auf den Button BEARBEITEN klicken, um zum Report-Builder zu gelangen.

Abbildung 11.16 Erste Möglichkeit, um einen benutzerdefinierten Report anzulegen

Zum anderen können Sie über die Navigationsleiste (siehe Abbildung 11.17) auf PERSONALISIEREN klicken, um von dort aus zur Report-Übersicht zu gelangen.

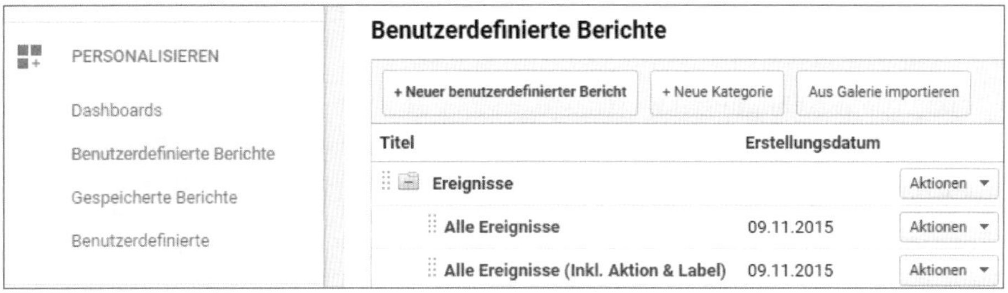

Abbildung 11.17 Zweite Möglichkeit, um einen benutzerdefinierten Report anzulegen

In unserem Beispiel nehmen wir die zweite Variante. Wir empfehlen Ihnen auch, die Variante über den Navigationspunkt PERSONALISIEREN zu nutzen, da Sie dadurch noch einmal auf die Übersicht der Reports gelangen und schnell sehen können, ob Sie oder einer Ihrer Kollegen bereits einen ähnlichen Report angelegt haben.

In unserem Beispiel ist dies der erste benutzerdefinierte Bericht, der angelegt wird, daher sehen Sie hier noch keine weiteren Reports. Nach einem Klick auf + NEUER BENUTZERDEFINIERTER BERICHT gelangen Sie zu dem Template, mit dessen Hilfe Sie den Bericht erstellen können (siehe Abbildung 11.18).

Abbildung 11.18 Benutzerdefinierten Report anlegen

Anhand der nachfolgenden Abbildungen wollen wir Ihnen erklären, was die einzelnen Elemente bedeuten:

- TITEL (siehe Abbildung 11.19): Tragen Sie hier den Namen des Reports ein. Achten Sie darauf, dass dieser möglichst sprechend und aussagekräftig ist, sodass Sie oder auch jemand anders direkt erkennen können, was der Report beinhaltet.

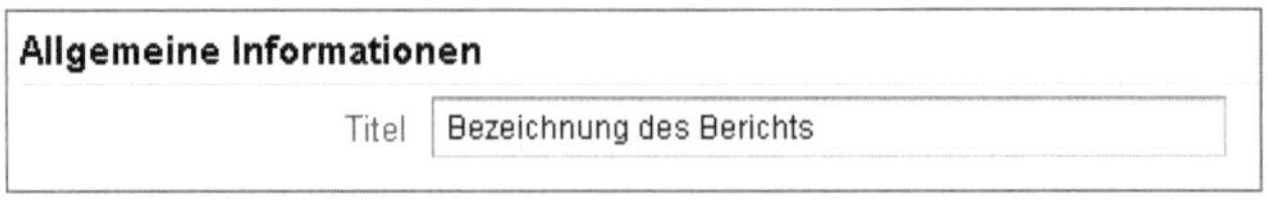

Abbildung 11.19 Titel des benutzerdefinierten Berichts

- BERICHT-TAB (siehe Abbildung 11.20): Sie können bis zu fünf Tabs in Ihrem Bericht hinzufügen. Sie sehen anschließend so aus wie die Explorer-Tabs in den Basis-Reports. In dem Feld NAME können Sie die Bezeichnung des Tabs eingeben. Auch hier sollten Sie darauf achten, dass der Titel informativ ist und einen Einblick in den Inhalt des Tabs gibt.

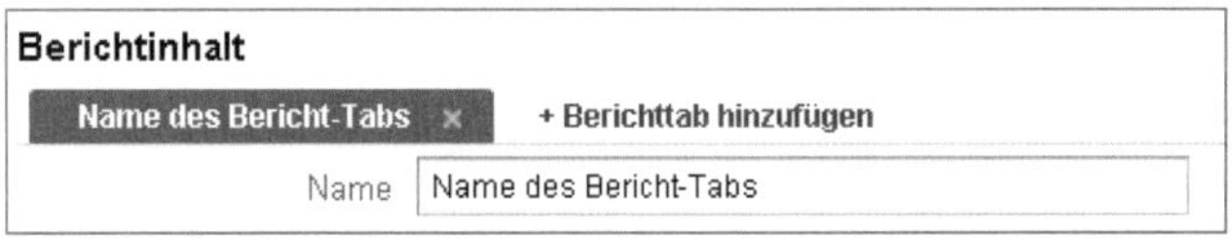

Abbildung 11.20 Bericht-Tabs hinzufügen und benennen

- TYP (siehe Abbildung 11.21): Hier können Sie zwischen EXPLORER, TABELLENLISTE und KARTEN-OVERLAY wählen. Der Typ EXPLORER ist die Ansicht, die Sie bereits aus den Reports kennen. Darin können Sie in mehreren Tabs verschiedene Datentabellen einsehen. Eine TABELLENLISTE ermöglicht es Ihnen, mehrere Dimensionen gleichzeitig anzuzeigen, und das KARTEN-OVERLAY stellt die Metriken anhand einer Karte dar. Wir zeigen Ihnen später noch einmal alle drei Varianten, sodass Sie einen besseren Eindruck davon erhalten. Je nach Auswahl des Typs ändern sich auch die anschließend auszuwählenden Dimensionen und Metriken.

Abbildung 11.21 Verschiedene Report-Typen innerhalb der benutzerdefinierten Berichte

- MESSWERTGRUPPEN (siehe Abbildung 11.22): Innerhalb eines Tabs können Sie mehrere Messwertgruppen anlegen. Dies ist sinnvoll, wenn Sie sehr viele Daten innerhalb eines Reports platzieren möchten. Nach einem Klick auf + MESSWERT HINZUFÜGEN öffnet sich das gewohnte Menü, das Sie sicher schon von den Basisberichten her kennen. Wählen Sie hier – entweder über Klicks innerhalb des Menüs oder durch eine Suche – die Messwerte aus, die Sie gerne im Bericht sehen möchten. Noch einmal zur Erinnerung: Messwerte sind Daten wie Sitzungen,

Klicks, Absprungrate oder Umsatz. Sie können bis zu zehn Messwerte innerhalb einer Messwertgruppe platzieren. Klicken Sie dazu einfach auf die blauen Felder, um weitere Metriken hinzuzufügen.

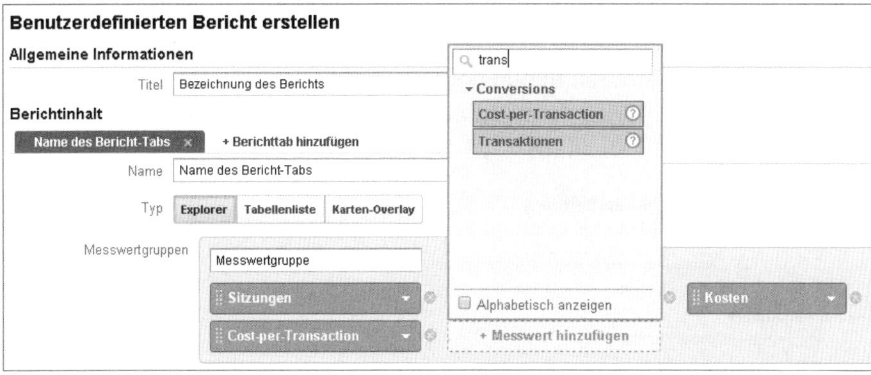

Abbildung 11.22 Auswahl der Metriken innerhalb eines benutzerdefinierten Berichts

- Dimensionsaufschlüsselungen: Fügen Sie an dieser Stelle die noch fehlenden Dimensionen ein, die Sie in Verbindung mit den gewählten Metriken sehen möchten. Die Auswahl funktioniert wie bei den Messwerten. Jedoch können Sie hier nicht so viele Elemente auswählen wie bei den Metriken. Nutzen Sie hier die Option, sich immer tiefer in die Daten hineinzuarbeiten. Ein Beispiel: Als erste Dimension wird Kampagne gewählt, als zweite die Anzeigengruppe und als dritte Keyword. So können Sie immer mehr Informationen aus den Daten ziehen.
- Filter (siehe Abbildung 11.23): Optional lassen sich auch Filter auf Dimensionsebene zu Ihrem Report hinzufügen. Nutzen Sie dies zum Beispiel, wenn Sie nur Sitzungen aus bestimmten Quellen, wie etwa AdWords, einsehen möchten.

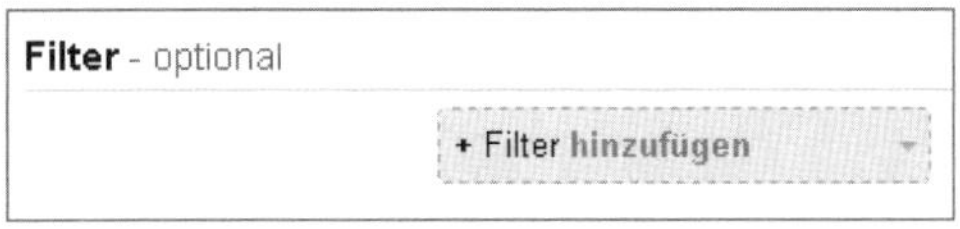

Abbildung 11.23 Möglichkeit, Filter zu benutzerdefiniertem Report hinzuzufügen

- Datenansichten (siehe Abbildung 11.24): Ein weiterer optionaler Punkt ist die Speicherung des Berichts in allen Datenansichten bzw. anderen Datenansichten, die innerhalb der Property liegen.

Abbildung 11.24 Möglichkeit, Datenansichten auszuwählen, in denen der Report erscheinen soll

Nun zurück zu unserem Beispiel. Für den gewünschten AdWords-Report nutzen wir den EXPLORER. Für unsere Anforderungen reicht eine Messwertgruppe vollkommen aus. Als Metriken wählen wir SITZUNGEN, KLICKS, KOSTEN, COST-PER-TRANSACTION, TRANSAKTIONEN, UMSATZ sowie ROAS aus. Bei den Dimensionen wählen wir KAMPAGNE, ANZEIGENGRUPPE und KEYWORD. Außerdem darf der Filter nicht fehlen, der nur die AdWords-Zugriffe in den Report einschließt. Ohne den würden wir im Anschluss im Bericht auch (NOT SET) in den Einträgen sehen. Unser fertig definierter Report sieht aus wie in Abbildung 11.25.

Abbildung 11.25 Benutzerdefinierter Bericht, Anwendung von Messwerten und Dimensionen bei der Erstellung

Bei der Auswahl von Metriken und Dimensionen ist es wichtig, dass Sie die Reihenfolge beachten. Die Metriken werden der Reihe nach im Report so dargestellt, wie Sie diese ausgewählt haben. Wenn Sie also eine ungewohnte Reihenfolge nutzen, zum Beispiel die AdWords-Impressions-Spalte vor der Sitzungen-Spalte platzieren, kann das schnell zu Unklarheiten führen. Auch die Dimensionen können nur in der von Ihnen gewählten Reihenfolge angewählt werden.

Wenn Sie mit Ihren Einstellungen zufrieden sind, speichern Sie den Report durch einen Klick auf den Button SPEICHERN. Von dort aus gelangen Sie direkt auf die Ansicht des Reports, außerdem steht er Ihnen unter dem Bereich PERSONALISIEREN auch später jederzeit zur Verfügung.

In unserem benutzerdefinierten Bericht sehen wir auf einen Blick alle für AdWords relevanten Daten (siehe Abbildung 11.26). Wir können erkennen, wie viele Sitzungen durch die einzelnen Kampagnen erfolgt sind, wie viele Kosten sie verursacht haben, wie hoch die Kosten pro Transaktion gewesen sind, wie viele Transaktionen stattgefunden haben, wie hoch der dadurch generierte Umsatz gewesen ist und welchem ROAS dies entspricht.

11

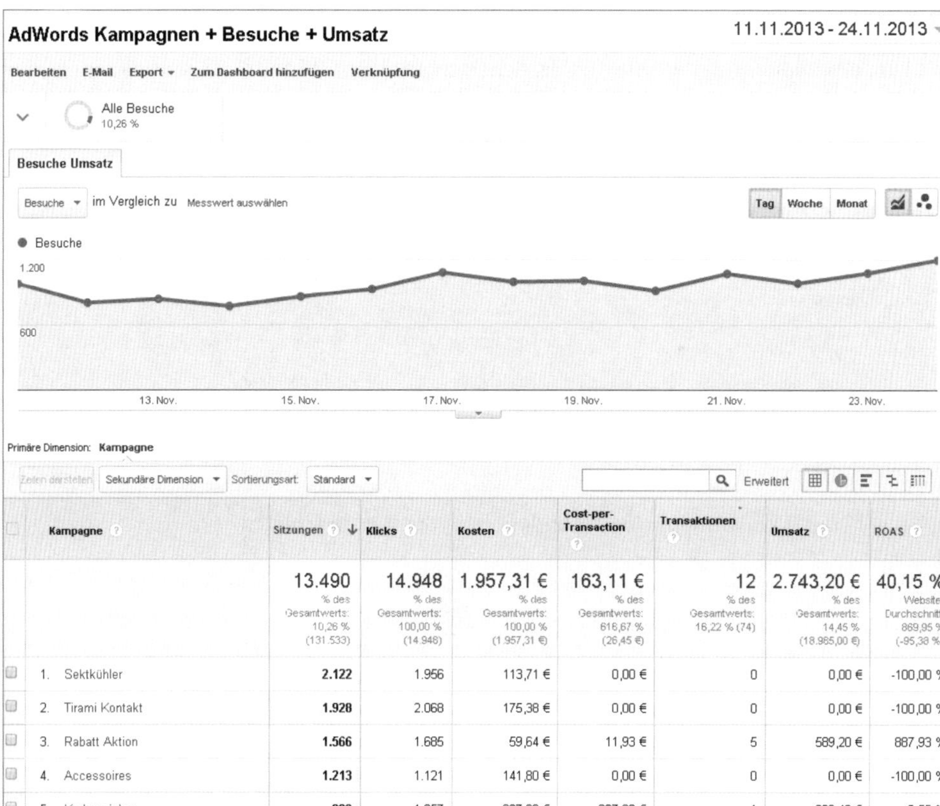

Abbildung 11.26 Abbildung eines benutzerdefinierten Reports

Was sagt uns dieser Report? Nun, die Kampagne zum Thema »Sektkühler« hat sehr viele Besucher auf die Website gelockt, allerdings haben diese Besucher keine Bestellung durchgeführt. Das heißt, dass die ausgegebenen 1.100 € keinen erzielten Gegenwert besitzen, sodass der Return on Advertising Spend bei –100 % liegt. Die »Kontakt«-Kampagne ist nicht darauf ausgelegt, Transaktionen zu erzielen, daher liegt der Schnitt hier im Rahmen. Die erfolgreichste Kampagne ist jene zur Rabatt-Aktion, durch die knapp 590 € Umsatz generiert worden sind, wofür jedoch lediglich knapp 60 € ausgegeben wurden. Dies entspricht einem ROAS von 890 %. In der weiteren Betrachtung sollte der Fokus auf den Kampagnen liegen, die nicht so gut performen. Dazu ließe sich in unserem Fall eine weitere Messwertgruppe oder auch ein weiteres Berichts-Tab einfügen, um auch die Absprungraten oder weitere Conversion-Rates der einzelnen Kampagnen einzusehen. Vielleicht ergeben sich daraus weitere Informationen, die dabei helfen, zu erkennen, warum die Kampagnen keinen Umsatz erzielen. Überlegen Sie in so einem Fall, was die möglichen Ursachen sein könnten (thematisch falsche Landingpage, fehlerhafte Landingpage, technische Probleme beim Bestellprozess, fehlender CTA oder Ähnliches), und bauen Sie im Anschluss Ihren Report weiter aus.

Um einen benutzerdefinierten Bericht anzupassen, können Sie entweder in der Übersicht auf AKTIONEN und BEARBEITEN klicken (siehe Abbildung 11.27) oder innerhalb der Ansicht des Reports auf den Button BEARBEITEN (siehe Abbildung 11.28).

Abbildung 11.27 Variante 1: Benutzerdefinierten Bericht bearbeiten

Abbildung 11.28 Variante 2: Benutzerdefinierten Bericht bearbeiten

Egal, für welche Variante Sie sich entscheiden, Sie gelangen jederzeit wieder in den Report-Builder zurück, in dem Sie die gewünschten Änderungen vornehmen können. Tauschen Sie bei Bedarf Metriken und Dimensionen, fügen Sie Tabs oder Messwertgruppen hinzu, legen Sie weitere Filter auf den Report, oder wechseln Sie den Berichts-Typ. Sie können sogar die Bezeichnung des Berichts ändern. Speichern Sie den Bericht anschließend wieder, und Ihre Änderungen sind ab sofort gültig.

Jetzt wissen Sie, wie Sie einen Bericht anlegen und anpassen können, in den folgenden Abschnitten zeigen wir Ihnen nun noch Beispiele für die drei verschiedenen Report-Typen EXPLORER, TABELLENLISTE und KARTEN-OVERLAY.

11.2.2 Beispiel für einen benutzerdefinierten Bericht vom Typ »Explorer«

Im vorhergehenden Abschnitt haben wir Ihnen bereits ein Beispiel für einen benutzerdefinierten Bericht des Typs EXPLORER gezeigt, möchten Ihnen aber an dieser Stelle noch weitere Anwendungsmöglichkeiten vorführen und Sie auf die Einschränkungen des Reports aufmerksam machen.

Falls Sie Kapitel 10 zum Thema Conversions und E-Commerce bereits gelesen haben, ist Ihnen vielleicht unser Hinweis auf einen benutzerdefinierten Bericht nicht entgangen, in dem wir den Umsatz pro Kalenderwoche anzeigen wollen. Diesen Report nutzen wir nun als Beispiel für Möglichkeiten und Einschränkungen.

Ziel des Berichts soll es sein, den Umsatz und die Transaktionen pro Kalenderwoche anzuzeigen. Dafür bietet Google Analytics innerhalb des Report-Builders sehr viele Möglichkeiten. Zur Auswahl der Woche in den Dimensionen stellt Ihnen das Tool eine breit gefächerte Liste bereit. Darunter zum Beispiel die Dimensionen INDEX: WOCHE, ISO: WOCHE DES JAHRES, WOCHE DES JAHRES oder auch WOCHE DES JAHRES. Ja, die doppelte Nennung der letzten beiden Dimensionen ist korrekt, denn es besteht die Option, beide auszuwählen. Dies ist wahrscheinlich einer fehlerhaften Übersetzung in Google Analytics geschuldet, denn die gleich benannten Dimensionen beinhalten unterschiedliche Bedingungen.

Wenn Sie vor einer derart unübersichtlichen Liste von Dimensionen oder auch Metriken stehen, lohnt es sich auf jeden Fall, sie auszuprobieren. Dazu speichern Sie einfach den Report, prüfen die Daten oder auch die Benennung der Dimensionen und Metriken und bearbeiten den Bericht anschließend nach Ihren Wünschen. Außerdem bietet Ihnen Google Analytics bei der Auswahl von Dimensionen und Metriken neben den jeweiligen Benennungen eine kleine Hilfe: Wenn Sie mit der Maus über das kleine Fragezeichen navigieren, wird die Definition der jeweiligen Dimension bzw. Metrik eingeblendet.

Abbildung 11.29 zeigt die verschiedenen Dimensionen, die bei der Suche nach dem Begriff »Woche« eingeblendet werden, sowie die Definition des Begriffs WOCHE DES JAHRES. Für unseren Bericht zum Thema Umsatz pro Kalenderwoche scheint dies die perfekte Dimension zu sein. Leider kommen wir an diesem Punkt aber auch zu einer Einschränkung. Angeblich beginnt die Woche an einem Montag und endet an einem

Sonntag – was ja bei Google Analytics nicht immer der Fall ist –, allerdings stimmt dies nicht mit den im Bericht dargestellten Daten überein.

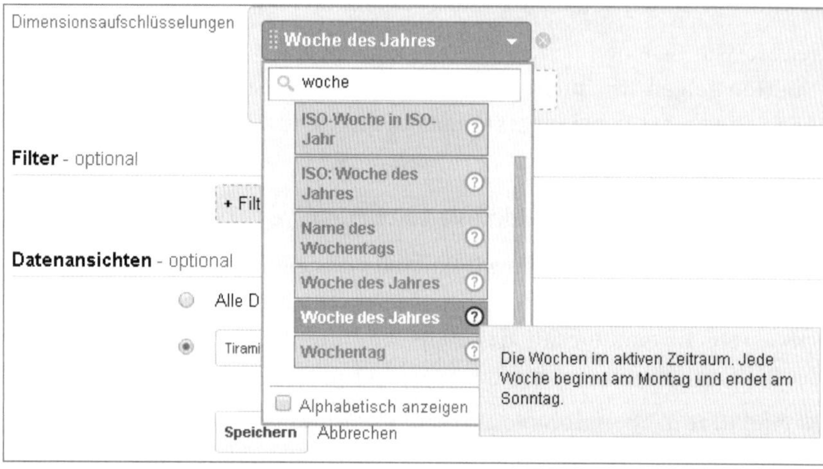

Abbildung 11.29 Beispiele für die verschiedenen Dimensionen des Typs »Woche« in einem benutzerdefinierten Bericht

Für den ausgewählten Zeitraum vom 11.11.2013 (ein Montag) bis zum 24.11.2013 (ein Sonntag) zeigt Analytics uns drei Einträge an, da der 24.11. als eigene Woche gerechnet wird. Hier gilt wieder das übliche Analytics-Problem, wobei die Woche an einem Sonntag statt an einem Montag beginnt. Abbildung 11.30 zeigt Ihnen den entsprechenden Report.

Woche des Jahres	Sitzungen	Transaktionen
	131.533 % des Gesamtwerts: 100,00 % (131.533)	74 % des Gesamtwerts: 100,00 % (74)
1. 201347	**71.231**	42
2. 201346	**49.211**	23
3. 201348	**11.091**	9

Abbildung 11.30 Fehlerhafte Daten für die Dimension »Woche des Jahres«

Daher ist es immer wichtig, dass Sie die Reports an kleinen Datenmengen kurz testen, um zu sehen, ob alles korrekt ist. In unserem Beispiel würde ein Vergleich mit firmeninternen Daten wohl sehr negativ auffallen, da die Kalenderwochen nicht übereinstimmen.

Fallen Ihnen in Ihrem Report Fehler auf, nutzen Sie die Bearbeitungsfunktion, und passen Sie den Bericht an. Probieren Sie die Kombinationsmöglichkeiten so lange aus, bis Sie das für Sie richtige Ergebnis finden. Für unseren Report empfiehlt sich die Dimension ISO-WOCHE IN ISO-JAHR. Hiermit beginnen die Wochen tatsächlich an einem Montag und zeigen Ihnen somit die gewünschten Daten an.

Abbildung 11.31 bildet den neuen Report ab. Für die Auswertung haben wir den Zeitraum angepasst, und Sie können sehen, dass die Conversion-Rate und somit auch der Umsatz zum Ende des Jahres zunehmen.

ISO-Woche in ISO-Jahr	Sitzungen ↓	Transaktionen	Umsatz	E-Commerce-Conversion-Rate
	393.072 % des Gesamtwerts: 100,00 % (393.072)	267 % des Gesamtwerts: 100,00 % (267)	56.078,20 € % des Gesamtwerts: 100,00 % (56.078,20 €)	0,07 % Website-Durchschnitt: 0,07 % (0,00 %)
1. 201350	**77.672**	71	11.081,80 €	0,09 %
2. 201349	**71.251**	55	12.244,80 €	0,08 %
3. 201347	**70.338**	40	10.787,90 €	0,06 %
4. 201348	**65.750**	39	7.360,00 €	0,06 %
5. 201346	**61.195**	34	8.197,10 €	0,06 %
6. 201345	**46.866**	28	6.406,60 €	0,06 %

Abbildung 11.31 Benutzerdefinierter Bericht zum Umsatz nach Kalenderwoche

Weiterhin besteht nun die Möglichkeit, Segmente auf den Report anzuwenden, sodass Sie zum Beispiel den Umsatz über die organische oder bezahlte Suche sowie über Direktzugriffe vergleichen können. Alternativ dazu können Sie natürlich auch direkt innerhalb des Berichts filtern, indem Sie im Report-Builder einen Filter auswählen.

Google Analytics bietet Ihnen eine Unmenge an Möglichkeiten, die Sie nutzen können, um die für Sie passenden Reports anzulegen.

11.2.3 Beispiel für einen benutzerdefinierten Bericht vom Typ »Tabellenliste«

Anhand unserer Website *www.luna-park.de* wollen wir Ihnen nun ein Beispiel für einen benutzerdefinierten Report des Typs TABELLENLISTE zeigen. Ziel des Reports soll sein, dass auf einen Blick die vollständigen Verweis-URLs inklusive ihrer Zielseiten sowie die Anzahl der Sitzungen und Absprungraten zu sehen sind.

Dazu legen wir einen Report wie in Abbildung 11.32 an. Durch die Auswahl des Typs TABELLENLISTE wird der Aufbau des Report-Templates verändert. Dimensionen und Messwerte tauschen den Platz, der Fokus liegt hier auf den DIMENSIONEN, von denen Sie sich nun zwei gleichzeitig anzeigen lassen können.

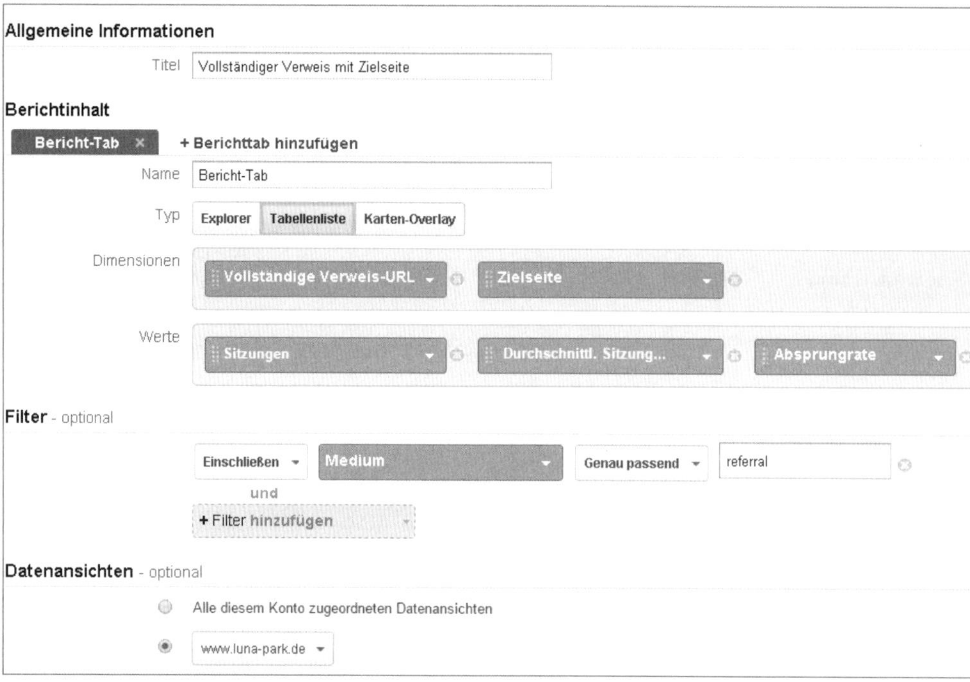

Abbildung 11.32 Benutzerdefinierter Bericht vom Typ »Tabellenliste«

Um nur die Verweiszugriffe in dem Report anzeigen zu lassen, haben wir noch den Filter MEDIUM genutzt. Hiermit umgehen wir ein mögliches Problem in der späteren Auswertung. Ohne Filter werden in dem Bericht alle Verweise angezeigt, also auch Google oder Bing. Da wir das ausschließen möchten, nutzen wir einen Filter. Das Endergebnis des Reports sieht dann wie in Abbildung 11.33 aus.

	Vollständige Verweis-URL	Zielseite	Sitzungen	Durchschnittl. Besuchsdauer ↓	Absprungrate
1.	suchradar.de/anbieter/agenturen/koeln.html	/seo-index.html	1	**00:28:37**	0,00 %
2.	www2.delta-search.com/	/index.php	1	**00:17:42**	0,00 %
3.	seo-united.de/seo-agenturen/luna-park-gmbh-401/	/index.php	2	**00:10:02**	0,00 %
4.	bvdw.org/zertifikate/seo-qualitaetszertifikat/inhaber/luna-park-gmbh.html	/index.php	1	**00:09:27**	0,00 %
5.	facebook.com/l.php	/blog/6157-digital-marketing-checkliste-fur-tourismus-und-hotels-websites/index.php	30	**00:08:43**	73,33 %
6.	bvdw.org/zertifikate/ke-keyword-experte-gmbh.html	/index.php	1	**00:06:24**	0,00 %

Abbildung 11.33 Benutzerdefinierter Bericht mit vollständiger Verweis-URL sowie Zielseite

Der meiste Traffic, der durch Verweise erzeugt wird, kommt via Facebook oder die Google-Bildersuche zustande. Daher haben wir in dieser Darstellung die Ergebnisse nach der durchschnittlichen Sitzungsdauer sortiert, um die besonders interessierten

Sitzungen hervorzuheben. 30 Sitzungen sind über Facebook auf die Seite gelangt, allerdings ist hier auch die Absprungrate mit 73 % relativ hoch. Die anderen URLs, zum Beispiel von *suchradar.de*, *seo-united.de* oder von *bvdw.org*, leiten die Sitzungen entweder auf die Startseite oder auf die SEO-Seite von *luna-park.de*. Dieser Report kann Ihnen also dabei helfen, herauszufinden, von welchen Seiten Sie Links besitzen, wo sie hinleiten und auch wie viele Sitzungen darüber generiert werden.

Benutzerdefinierte Reports eignen sich sehr gut dazu, Daten zu erhalten, die Ihnen in anderen Berichten nicht zur Verfügung stehen. Die Dimension VOLLSTÄNDIGE VERWEIS-URL zum Beispiel ist gerade für Online-Marketing-Verantwortliche wichtig, die einen Überblick über OffPage-Optimierungen haben wollen. Damit können Sie sehen, auf welchen Websites und vor allem auf welchen Unterseiten der einzelnen Websites Sie Links besitzen, die Traffic liefern.

Natürlich lassen sich auch noch andere Berichte nach diesem Schema erstellen. Versuchen Sie zum Beispiel mal einen Report mit den Dimensionen SEITE und SEITENTITEL anzulegen, um direkt zu sehen – vor allem bei URLs, die nicht sprechend sind oder viele Parameter beinhalten –, wie die Titel der Seiten aussehen. Oder Sie erstellen einen Report, der nur 404-Seiten und deren vollständige Verweis-URLs anzeigt. Sie sehen, mithilfe dieses Report-Typs ergeben sich sehr viele Möglichkeiten zur Website-Optimierung.

11.2.4 Beispiel für einen benutzerdefinierten Bericht vom Typ »Karten-Overlay«

Der letzte Typ der benutzerdefinierten Berichte, den wir Ihnen hier vorstellen wollen, ist der Typ KARTEN-OVERLAY. Dies ist der Report-Typ, den wir bei unserer Arbeit am seltensten nutzen. Das liegt daran, dass der Report-Typ im Vergleich zu den anderen recht eingeschränkt ist, was die Darstellung anbelangt. Sie haben hier lediglich die Möglichkeit, Messwerte hinzuzufügen und bestimmte Benutzergruppen zu filtern. Eine Auswahl an darzustellenden Dimensionen ist nicht verfügbar. Dies liegt aber in der Natur des Berichts, denn die Darstellung der Daten erfolgt über eine Kartenvisualisierung, sodass dort keine Dimensionen platziert werden können.

Ein beispielhafter Report für eine international tätige Firma, die eine Datenansicht nutzt, in der alle Zugriffe abgebildet werden, könnte zum Beispiel die Anzahl der über die bezahlte Suche generierten Sitzungen pro Land innerhalb Europas darstellen. Die entsprechende Report-Aufstellung sehen Sie in Abbildung 11.34.

Da die Website international tätig ist und nicht nur Anzeigen bei Google einkauft, geben wir in dem Filter lediglich das Medium »cpc« an, sodass alle Anzeigen in die Auswertung einfließen können. Der finale Report sieht dann so aus wie in Abbildung 11.35. Sie sehen also, es gibt hier kaum Unterschiede zu den gewöhnlichen Basis-Reports.

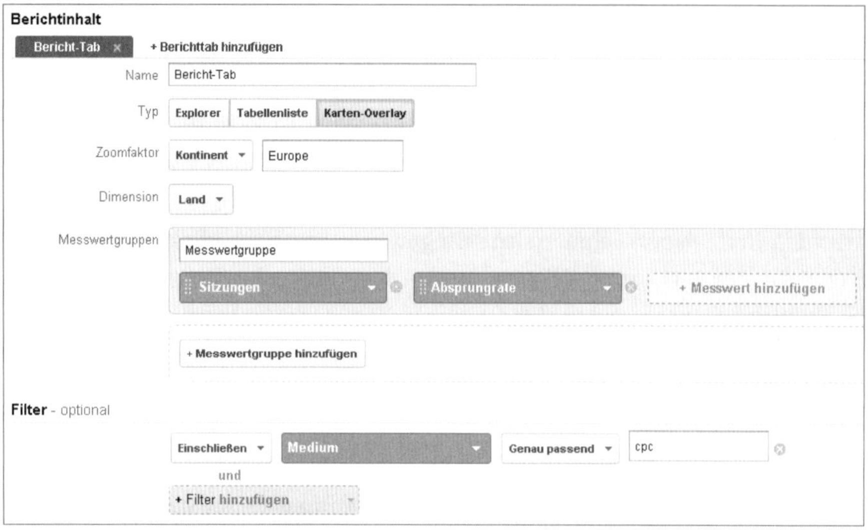

Abbildung 11.34 Benutzerdefinierter Bericht vom Typ »Karten-Overlay«

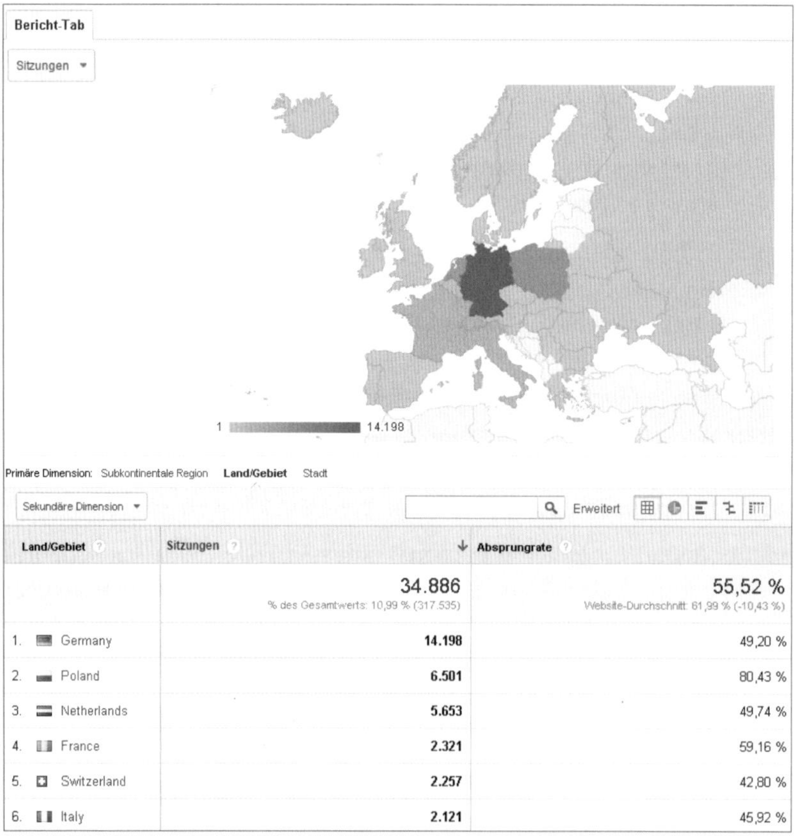

Abbildung 11.35 Auswertung eines benutzerdefinierten Berichts vom Typ »Karten-Overlay«

Die benutzerdefinierten Reports des Typs KARTEN-OVERLAY bieten Ihnen also die Möglichkeit, Daten visuell aufzubereiten. Leider ist dies nur auf Basis von Weltkarten möglich, in die Sie tiefer hineinzoomen können. Einen solchen Report sollten Sie anlegen, wenn Sie häufig Auswertungen in dieser Form machen wollen, ansonsten können Sie die meisten Fragen dieser Art auch mit dem Basis-Report und ein paar Klicks zusammenstellen.

11.2.5 Benutzerdefinierte Berichte verwalten – Teilen, Löschen und Kopieren

Nachdem Sie nun wissen, wie Sie die verschiedenen Typen der benutzerdefinierten Berichte anlegen, bearbeiten und anwenden können, wollen wir es uns nicht nehmen lassen, Ihnen auch noch die letzten möglichen Schritte mit den Reports zu zeigen.

Gehen Sie dazu in die Übersicht der benutzerdefinierten Reports. Dorthin gelangen Sie entweder über einen Klick auf PERSONALISIEREN. Sobald Sie rechts in der Liste auf AKTIONEN klicken, öffnet sich ein Dropdown-Menü, in dem sich verschiedene Optionen auftun (siehe Abbildung 11.36).

Abbildung 11.36 Übersicht der benutzerdefinierten Berichte und das Menü »Aktionen«

Sie können folgende Optionen wählen: BEARBEITEN, KOPIEREN, TEILEN, LÖSCHEN. Was sich hinter der Option BEARBEITEN verbirgt, müssen wir nicht weiter erläutern. Die Option LÖSCHEN ist auch selbsterklärend. Nach einem Klick hierauf besteht die Möglichkeit, den Bericht zu löschen. Keine Angst, es erscheint vorher ein Layer, der Ihnen noch einmal vor Augen hält, dass Sie dabei sind, einen Bericht unwiderruflich zu löschen. Die Wahrscheinlichkeit, dass Sie aus Versehen einen Bericht löschen, ist also recht gering.

Interessant ist die Funktion der beiden Aktionen KOPIEREN und TEILEN. Mit einem Klick auf KOPIEREN öffnet sich sofort der Report-Builder mit einer Kopie des ausgewählten Berichts. Diese Funktion macht Sinn, wenn Sie einen bestehenden Report noch einmal mit kleinen Änderungen erstellen möchten. Erinnern Sie sich an unseren Report zu Umsatz pro Kalenderwoche? Diesen Report könnten wir nun kopieren und mit verschiedenen Filtern versehen, um somit zum Beispiel weitere Reports zu erstellen, die beispielsweise nur den Umsatz pro Kalenderwoche anzeigen, der durch AdWords, organische Suche oder Direktzugriffe erfolgt ist. Je aufwendiger Ihr Report ist, desto sinnvoller ist die Nutzung der Kopier-Funktion.

Eine weitere Möglichkeit ist das Teilen eines Reports. Dazu klicken Sie bei den AKTIONEN auf den Button TEILEN. Anschließend sehen Sie einen Layer wie in Abbildung 11.37.

Abbildung 11.37 Möglichkeiten des Teilens eines benutzerdefinierten Reports

Sie können nun wählen, ob Sie den Bericht an Kollegen oder Kunden weitergeben möchten oder ob Sie den Report der Allgemeinheit zur Verfügung stellen wollen. Mit der Option LINK DER VORLAGE TEILEN erzeugen Sie einen Link, den Sie dann zum Beispiel per E-Mail an Kollegen weitergeben können. Wozu braucht man diese Funktion? Nun, nehmen wir an, Sie haben einen Bericht erstellt, der zum einen besonders aufwendig und zum anderen auch für Ihre Kollegen interessant ist. Ihre Kollegen loggen sich allerdings alle über eine andere E-Mail-Adresse in Google Analytics ein. Dadurch können sie nicht auf die von Ihnen erstellten Berichte zugreifen, sie sind nämlich immer nutzergebunden. Bei unterschiedlichen E-Mail-Adressen können Sie zur Weitergabe des Reports die Teilen-Funktion nutzen. Klicken Sie in der Auswahl auf TEILEN, und es erscheint ein weiterer Layer mit dem generierten Link, den Sie nun weitergeben können (siehe Abbildung 11.38).

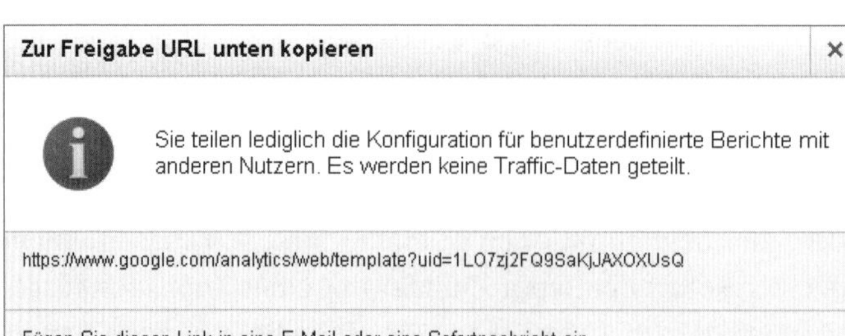

Abbildung 11.38 Link zum Teilen eines benutzerdefinierten Reports

Dieser Link gibt lediglich die Einstellungen innerhalb des Reports weiter. Sie teilen damit keine Traffic-Daten oder ähnliche Informationen. Derjenige, dem Sie den Link schicken, muss in Google Analytics eingeloggt sein, um den Report speichern zu können. Das sollte also bereits vor dem Klick auf den Link geschehen sein.

Anschließend wählt Ihr Kollege die Datenansicht aus, in der er den Bericht speichern möchte (siehe Abbildung 11.39). Ein Klick auf ERSTELLEN bringt Ihren Kollegen zu dem neuen Bericht, der ab sofort bei den benutzerdefinierten Berichten zur Verfügung steht. Beachten Sie aber, dass eventuell Filterungen zum Beispiel nach Markennamen oder gewissen Quellen angepasst werden müssen, falls der Bericht nicht auf der gleichen Datenansicht angewandt werden soll.

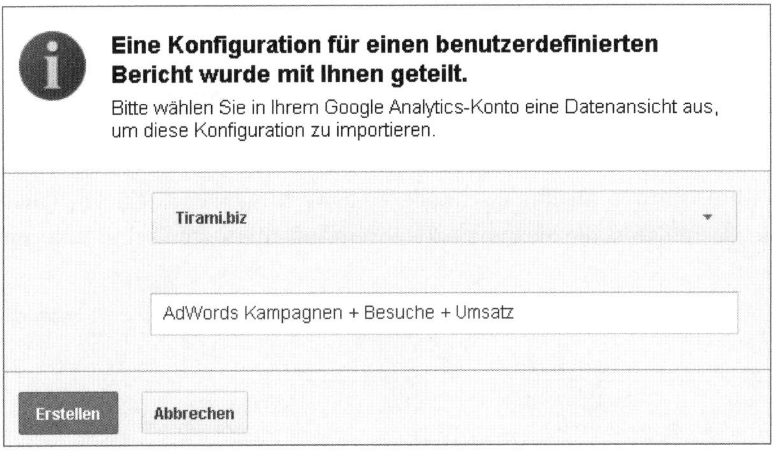

Abbildung 11.39 Speichern eines geteilten benutzerdefinierten Reports

Außerdem haben Sie im Bereich der benutzerdefinierten Berichte auch die Möglichkeit, die einzelnen Berichte nach Gruppen zu sortieren. So macht es Sinn, alle Berichte zum Thema ECommerce zu gruppieren und zum Beispiel von denen, die sich um die Ereignisse, Seiten oder AdWords Daten drehen, zu unterscheiden. Dazu gehen Sie in den Bereich PERSONALISIEREN und klicken Sie auf + NEUE KATEGORIE (siehe Abbildung 11.40).

Abbildung 11.40 Neue Kategorie in benutzerdefinierten Berichten anlegen

Nun können Sie die Kategorie benennen und anschließend die bereits angelegten Reports dort hineinschieben. Dies geschieht ganz einfach per Drag and Drop. Außerdem können Sie die einzelnen Gruppen auch hin und herschieben und sogar löschen. Leider gibt es noch nicht die Möglichkeit, Gruppen von Berichten zu teilen, das würde so manchen Vorlagen-Versand deutlich vereinfachen.

Wir hoffen, dass wir Ihnen damit einen guten Einblick über die vielfältigen Anwendungsfälle der benutzerdefinierten Berichte geben konnten. Nutzen Sie die Berichte immer dann, wenn Ihnen die Basisberichte nicht mehr weiterhelfen oder auch einfach, um Zeit zu sparen. Machen Sie sich mit unserer Anleitung mit den Berichten vertraut, und testen Sie selber aus, was alles möglich ist. Im Anschluss daran können Sie bei auftretenden Fragen schneller entscheiden, ob sich diese Fragestellung vielleicht besser mit einem benutzerdefinierten Bericht beantworten lässt. Sie werden sehen, die benutzerdefinierten Berichte helfen Ihnen, eine Lösung zu allen möglichen Fragen rund um die Besuche Ihrer Website zu finden und dabei auch noch eine Menge Zeit zu sparen. Das Anlegen benutzerdefinierter Berichte lohnt sich also auf jeden Fall.

11.3 Dashboards – alle wichtigen Daten auf einen Blick

Neben den benutzerdefinierten Berichten und Segmenten bietet Ihnen Google Analytics noch weitere Features, die Ihnen schnellere Auswertungen ermöglichen. Eines davon sind die Dashboards, die Sie ganz nach Ihren Anforderungen selbst anlegen können.

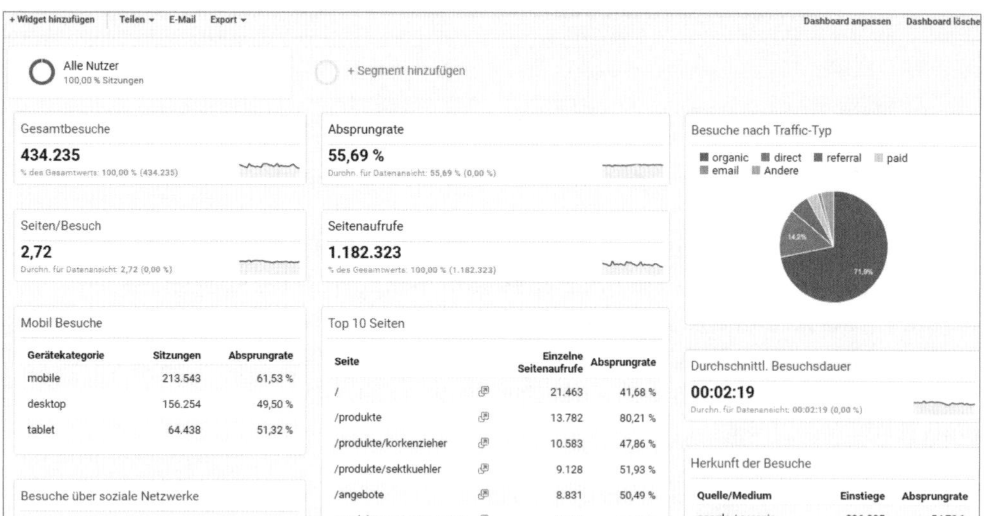

Abbildung 11.41 Beispiel für ein Dashboard

Sinnvoll sind solche Dashboards, wenn Sie darauf die wichtigsten Daten platzieren, um so mit einem Klick alle relevanten Kennzahlen – egal, ob Sitzungen, Umsatz, Transaktionen, Conversions, Absprünge, Top-Seiten, interne Suchbegriffe oder Top-Kampagnen und vieles mehr – auf einer Seite sehen zu können. Abbildung 11.41 veranschaulicht, wie ein solches Dashboard beispielsweise aussehen könnte. In den folgenden Abschnitten zeigen wir Ihnen, wie Sie Dashboards anlegen, wozu sie gut sind und wie Sie sie teilen und freigeben.

11.3.1 Dashboards anlegen

Um ein eigenes Dashboard anzulegen, navigieren Sie in Google Analytics in der linken Navigations-Spalte zu dem Punkt DASHBOARDS. Dort erhalten Sie eine Übersicht über die bereits bestehenden Dashboards, außerdem haben Sie hier die Möglichkeit, ein neues zu erstellen.

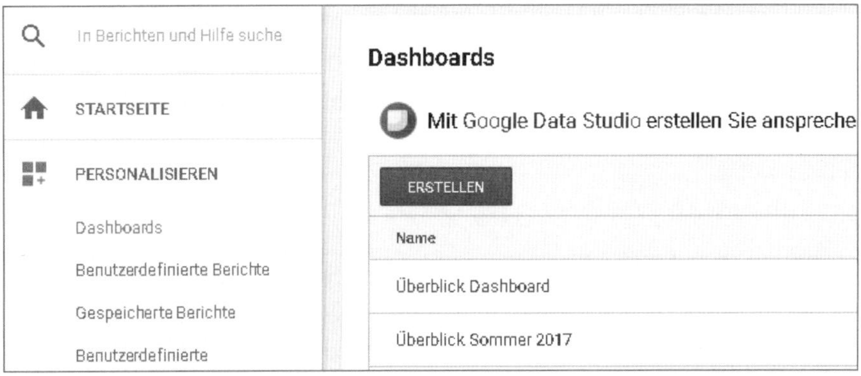

Abbildung 11.42 Neues Dashboard anlegen

Nach einem Klick auf ERSTELLEN (siehe Abbildung 11.42) gelangen Sie zu einem Layer, der Ihnen die Auswahl lässt, entweder ein unformatiertes, also leeres, Dashboard zu wählen oder ein Starter-Dashboard zu nutzen, in dem bereits die wichtigsten Inhalte vordefiniert sind (siehe Abbildung 11.43). Des Weiteren besteht die Option, ein Dashboard aus der Galerie zu importieren, darauf kommen wir zu einem späteren Zeitpunkt noch einmal zurück.

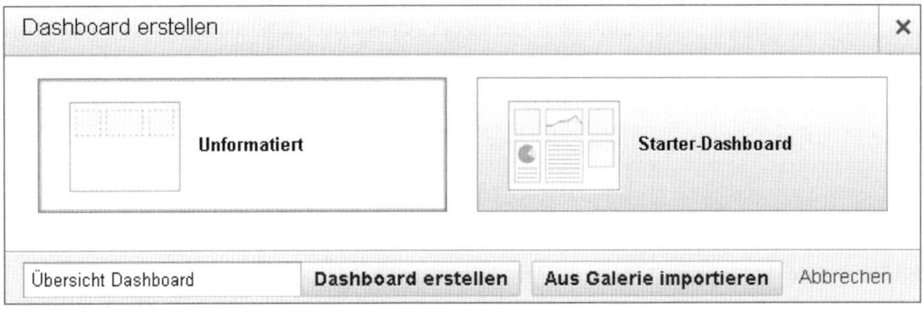

Abbildung 11.43 Auswahl zwischen unformatiertem und Starter-Dashboard

Falls Sie noch nie zuvor ein Dashboard erstellt haben, empfehlen wir Ihnen, das STARTER-DASHBOARD zu wählen. Damit erhalten Sie einen Überblick darüber, welche Inhalte Sie in dem Dashboard darstellen können. Außerdem können Sie die einzelnen Elemente jederzeit bearbeiten, sodass das Dashboard schnell und einfach auf Ihre Anforderungen zugeschnitten werden kann.

Falls Sie bereits bestimmte Vorstellungen davon haben, wie Ihr Dashboard aussehen soll und welche Inhalte Sie dort darstellen möchten, dann wählen Sie die Option UNFORMATIERT. Bei diesem Dashboard starten Sie mit einem leeren Blatt, das Sie nach Belieben füllen können. Ein solches Vorgehen spart Zeit, da Sie gezielt Elemente hinzufügen können. Für alle Anwender, die erst einmal die Möglichkeiten kennenlernen möchten, macht das STARTER-DASHBOARD allerdings mehr Sinn.

Treffen Sie eine Entscheidung, und geben Sie dem Dashboard einen aussagekräftigen Namen, sodass Sie oder Ihre Kollegen auch nach einiger Zeit noch wissen, was in dem Dashboard dargestellt wird. Ein Klick auf DASHBOARD ERSTELLEN bringt Sie zu Ihrem neuen Dashboard.

11.3.2 Widgets bearbeiten, löschen und hinzufügen

Wenn Sie das Starter-Dashboard gewählt haben, sehen Sie nun eine Auflistung verschiedener Elemente und Daten. Diese einzelnen Boxen heißen in Google Analytics *Widgets*, Sie können sie bearbeiten, verschieben, löschen oder auch kopieren. In Ihrem Starter-Dashboard sehen Sie zum Beispiel folgende Daten: NEUE SITZUNGEN, SITZUNGEN, SITZUNGSDAUER, ABSCHLÜSSE FÜR ZIELVORHABEN, UMSATZ, ABSPRUNGRATE, SITZUNGEN NACH BROWSER, AKTIVE NUTZER. Falls Ihnen diese Informationen nicht reichen und Sie zum Beispiel Daten über die Top-Seiten oder Top-Kampagnen anschauen möchten, besteht die Möglichkeit, dem Dashboard noch weitere Widgets hinzuzufügen. Außerdem können Sie jederzeit bestehende Widgets löschen, um Platz für neue Inhalte zu schaffen. Oder Sie bearbeiten ein Widget, um die Inhalte genauer zu spezifizieren. Auch wenn Sie ein unformatiertes Dashboard gewählt haben, können Sie Widgets hinzufügen. Alles andere würde auch keinen Sinn machen, da dieses Dashboard zu Beginn keine Inhalte aufweist. Um ein Widget hinzuzufügen, klicken Sie in der oberen linken Ecke des Dashboards auf den Button + WIDGET HINZUFÜGEN (siehe Abbildung 11.44).

Abbildung 11.44 Dashboard, neues Widget hinzufügen

Um ein Widget zu bearbeiten oder zu löschen, navigieren Sie mit der Maus in die obere rechte Ecke des gewählten Widgets. Es erscheinen zwei Icons: ein Stift, um das Widget anzupassen, und ein Kreuz, um das Widget zu löschen (siehe Abbildung 11.45).

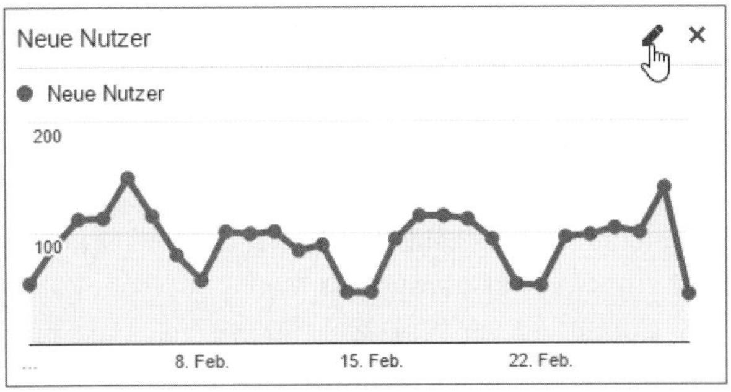

Abbildung 11.45 Dashboard, Widget bearbeiten oder löschen

Wenn Sie sich für den Punkt LÖSCHEN entscheiden, erscheint daraufhin ein Layer, mit dessen Hilfe Sie das Widget entweder tatsächlich löschen oder den Vorgang abbrechen können. Sollten Sie sich für den Stift und den BEARBEITEN-Modus entscheiden, gelangen Sie in das Herz des Widgets. Es ist immer gleich, egal, ob Sie ein Widget neu erstellen oder bearbeiten – die einzelnen Elemente sehen immer gleich aus und unterscheiden sich lediglich durch die getätigte Auswahl.

Abbildung 11.46 zeigt Ihnen ein bereits überarbeitetes Widget. Im ersten Moment scheint dies ein wenig verwirrend zu sein, die Bearbeitung eines Widgets ist an sich aber ziemlich einfach. Unter dem Punkt NAME DES WIDGETS geben Sie die Bezeichnung des Widgets ein. Sie sollte natürlich möglichst das beschreiben, was Sie mit dem Widget aussagen wollen. Je nachdem, wie Sie bei der Erstellung oder Bearbeitung vorgehen, schlägt Google Analytics Ihnen hier bereits eine Benennung vor, die sich aus den gewählten Dimensionen oder Metriken zusammensetzt.

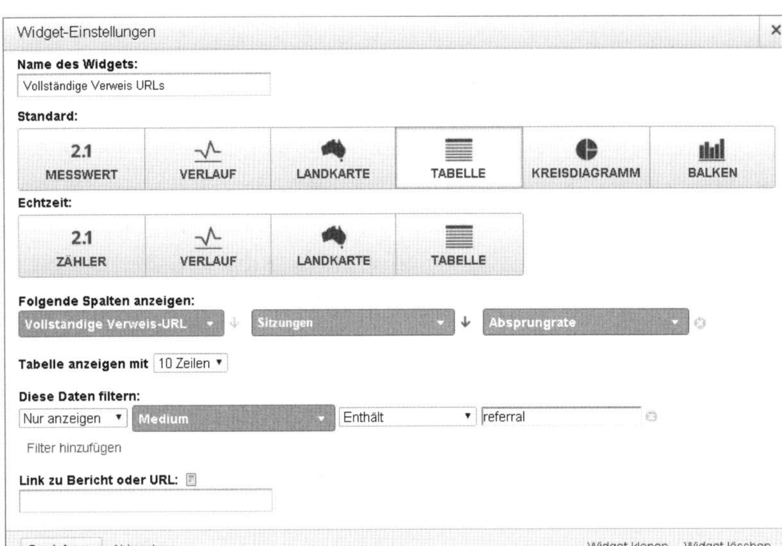

Abbildung 11.46 Dashboard, Widget bearbeiten – mögliche Inhalte auswählen und filtern

Anschließend können Sie aussuchen, ob Sie auf dem Dashboard Standard- oder Echtzeitdaten darstellen wollen. Diese beiden Optionen unterscheiden sich dadurch, dass die Standarddaten vergangene Sitzungen für einen bestimmten Zeitraum anzeigen und die Echtzeitdaten nur die Sitzungen, die in diesem Moment auf der Seite sind. Die Piktogramme der einzelnen Varianten verdeutlichen, was dadurch später dargestellt werden soll. MESSWERT bietet lediglich eine Zahl, VERLAUF zeigt den zeitlichen Verlauf der ausgewählten Metrik, LANDKARTE visualisiert die Metrik auf einer Karte, TABELLE listet die Top-Ten-Dimensionen auf, ein KREISDIAGRAMM zeigt die prozentuale Verteilung, und BALKEN visualisieren Dimensionen und Metriken. Abbildung 11.47 zeigt Ihnen ein Dashboard, in dem bis auf die Darstellungsform der Karte die verschiedenen Widget-Varianten abgebildet sind.

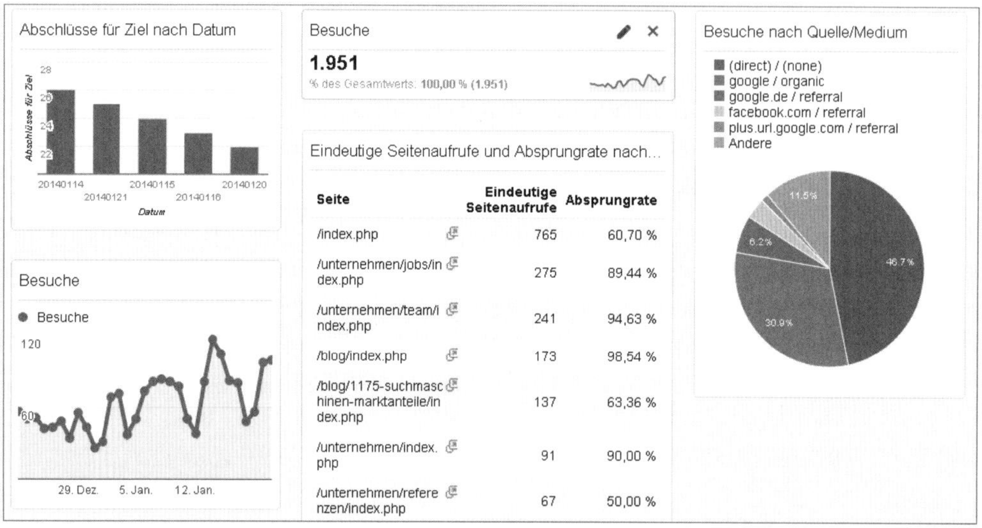

Seite	Eindeutige Seitenaufrufe	Absprungrate
/index.php	765	60,70 %
/unternehmen/jobs/index.php	275	89,44 %
/unternehmen/team/index.php	241	94,63 %
/blog/index.php	173	98,54 %
/blog/1175-suchmaschinen-marktanteile/index.php	137	63,36 %
/unternehmen/index.php	91	90,00 %
/unternehmen/referenzen/index.php	67	50,00 %

Abbildung 11.47 Beispiele für einzelne Widgets

Überlegen Sie sich vor Erstellung eines Dashboards, welche Informationen Sie dort sehen möchten. Innerhalb des Bearbeitungsmodus eines Widgets haben Sie die Möglichkeit, viele verschiedene Daten darzustellen. Egal, ob Anzahl der Sitzungen, Anzahl der Conversions, Top-Einstiegsseiten, Top-Referrer, Sitzungen über Kampagnen und noch vieles mehr – Sie können dazu ein Widget erstellen. Wählen Sie eine Form der Anzeige aus, und legen Sie die einzelnen Dimensionen und Metriken fest. In unserem Beispiel von eben haben wir als Form eine Tabelle gewählt und lassen uns dort die Dimension VOLLSTÄNDIGE VERWEIS-URL inklusive der Sitzungen und der Absprungrate anzeigen. Außerdem haben wir einen Filter auf die Daten gelegt, der nur die Sitzungen, die über das Medium REFERRAL gekommen sind, mit einbezieht. Mit dieser Einstellung erhalten wir anschließend eine Liste der Top-Verweis-URLs, durch die Sitzungen auf die Seite gekommen sind. Bedenken Sie aber, dass eine Tabelle immer nur zehn Einträge anzeigt und sich auch nicht sortieren lässt. Somit sehen Sie wirklich immer nur die Top-Ten-Dimensionen.

Dennoch sind die Tabellen eine sehr gute Alternative, um viele Datensätze darzustellen. Nutzen Sie diese Form zum Beispiel, um folgende Informationen anzuzeigen:

- Top-Brand-Keywords (ohne (NOT PROVIDED))
- Top-Einstiegsseiten
- Top-AdWords-Kampagnen, Keywords oder Ähnliches
- über soziale Netzwerke geteilte Inhalte
- Conversions über einzelne Quellen
- Top Ten verkaufter Produkte

Experimentieren Sie dazu einfach ein wenig mit den Widget-Einstellungen. Wie bei den benutzerdefinierten Reports und Segmenten auch sollten Sie Ihre Wünsche vorher klar formulieren und im Anschluss die erstellten Widgets prüfen.

Sie können aber nicht nur Widgets erstellen und bearbeiten, Sie können sie auch verschieben und das Layout des Dashboards anpassen, um gewisse Inhalte hervorzuheben. Um zu den Layout-Optionen zu gelangen, klicken Sie in der oberen rechten Ecke des Dashboards auf den Button DASHBOARD ANPASSEN. Im Anschluss daran öffnet sich ein Layer, in dem die verschiedenen Varianten abgebildet sind. Zwischen welchen Gestaltungsmöglichkeiten Sie wählen können, sehen Sie in Abbildung 11.48. Um ein Layout anzuwenden, klicken Sie auf SPEICHERN, und schon erhält Ihr Dashboard das gewählte Design.

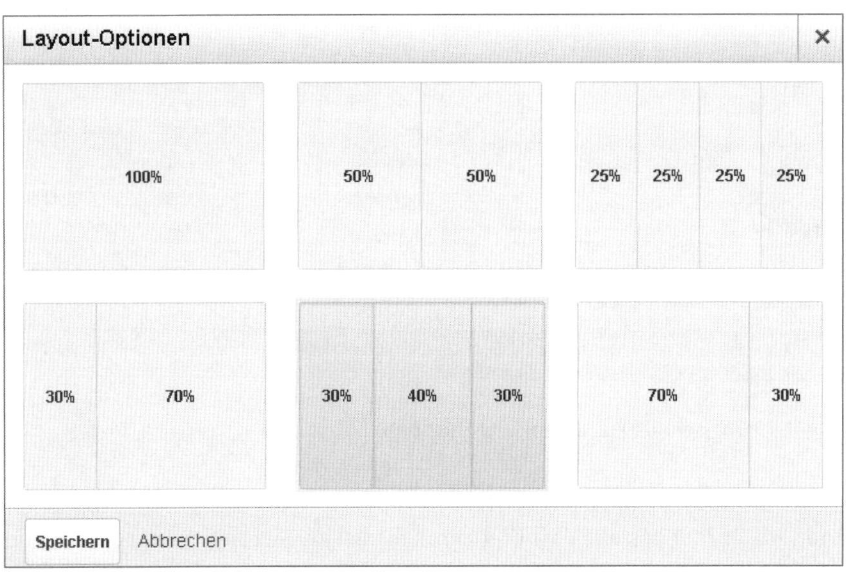

Abbildung 11.48 Mögliche Layout-Optionen für Dashboards

Auch der Name des Dashboards lässt sich ändern. Dazu klicken Sie einfach auf die »Überschrift«, ändern die Benennung und speichern sie.

11.3.3 Dashboards nutzen

Erstellen Sie auf die gerade beschriebene Weise die Dashboards, die Sie für Ihre Anforderungen benötigen. Am besten legen Sie zu jedem Thema ein Dashboard an. So erhalten Sie zum Beispiel schnell einen Überblick über Social-Media-Daten, SEO-Daten, (AdWords-)Kampagnendaten, aber auch über die gesamte Seite.

Damit Sie einen kleinen Eindruck davon bekommen, wie die verschiedenen Dashboard-Typen eingesetzt werden können, zeigen wir Ihnen in Abbildung 11.49 und in Abbildung 11.50 jeweils ein beispielhaftes SEO-Dashboard sowie ein Social-Media-Dashboard.

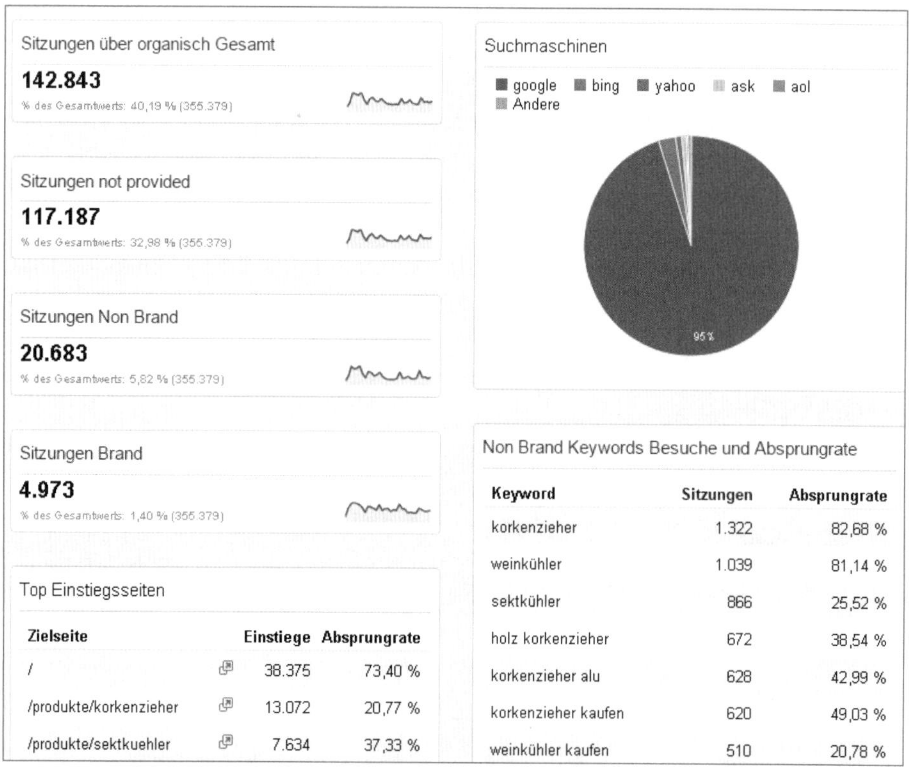

Abbildung 11.49 Ausschnitt aus einem SEO-Dashboard

In dem SEO-Dashboard haben wir die relevanten Informationen zum Thema Suchmaschinen zusammengestellt, darunter zum Beispiel die Sitzungen über organische Suche, die Anzahl der (NOT PROVIDED) Keywords sowie der Brand- und Non-Brand-

Sitzungen, außerdem die Top-Einstiegsseiten über die organische Suche und die Anzahl der Sitzungen über Non-Brand-Keywords. Leider wird der Anteil der (NOT PROVIDED) Daten bei Google immer größer, allerdings lassen sich die Keywords über andere Suchmaschinen, zum Beispiel Bing, immer noch auswerten, sodass Sie hier ein paar Auswertungen durchführen können. Hier könnte man sogar überlegen, noch den Umsatz pro Keyword anzuzeigen, um zu erkennen, welche Auswirkungen die einzelnen Keywords auf das Kaufverhalten haben.

In dem Social-Media-Dashboard in Abbildung 11.50 finden sich Informationen rund um Sitzungen über soziale Medien. Zum einen sehen wir die Gesamtzahl der Sitzungen und zum anderen viele Daten über Sitzungen, die über soziale Netzwerke auf die Seite aufmerksam geworden sind, darunter zum Beispiel den Wert pro Sitzung über soziale Quellen und über die anderen Kanäle oder auch die am häufigsten geteilten Inhalte sowie die sozialen Interaktionen. Ein solches Dashboard ist hilfreich, wenn Sie viele Kampagnen auf sozialen Kanälen schalten und auswerten möchten, welchen Ertrag Sie dadurch erzielen. Natürlich können Sie auch an dieser Stelle weitere Widgets mit Informationen zu Conversions oder Umsatz einfügen.

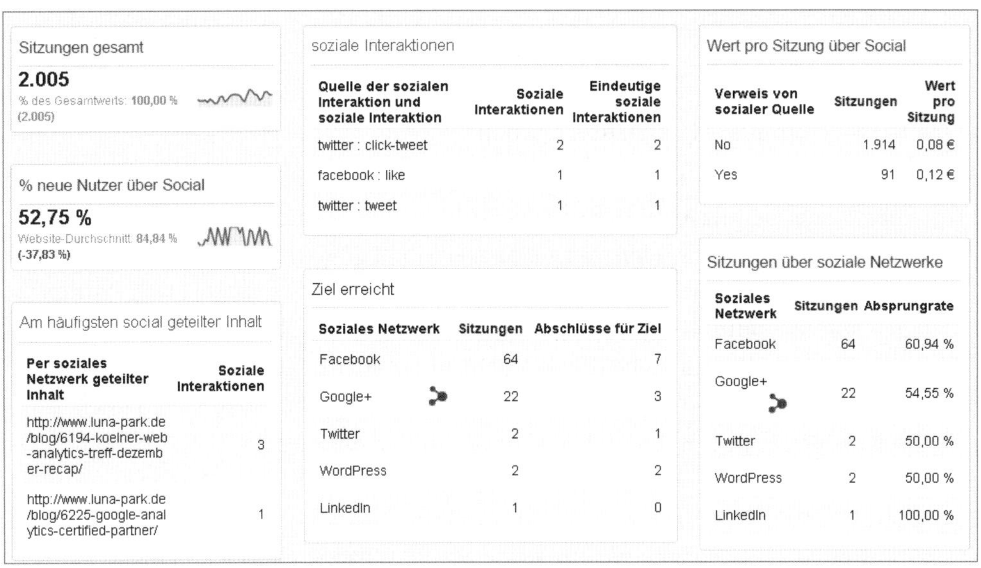

Abbildung 11.50 Ausschnitt aus einem Social-Media-Dashboard

Dashboards lassen sich mithilfe von verschiedenen Segmenten noch spezifischer gestalten. Wie gewohnt können Sie vier Segmente pro Dashboard anwenden. Bedenken Sie aber, dass die Segmente immer auf alle Widgets angewandt werden. Wenn Sie einzelne Widgets mit Filtern anwenden wollen, müssen Sie dies über die Widget-Einstellungen tun.

Ihren Anforderungswünschen sind innerhalb der Dashboards keine Grenzen gesetzt. Erstellen Sie die Dashboards, die Ihnen die Arbeit erleichtern und Zeit bei den Auswertungen einsparen können.

Exkurs: Google Analytics Solutions Gallery

Seit einiger Zeit gibt es die sogenannte Google Analytics Solutions Gallery. Darin findet sich eine Fülle an öffentlich zusammengetragenen Google-Analytics-Segmenten, Dashboards und Reports. Jeder Nutzer hat die Möglichkeit, Inhalte innerhalb der Solutions Gallery zu teilen und öffentlich zugänglich zu machen. Google-Analytics-Gurus wie Avinash Kaushik oder Justin Cutroni, aber auch das Google-Analytics-Team und aktive Anwender teilen Inhalte, die für andere Nutzer hilfreich sein können.

Loggen Sie sich in Analytics ein, stöbern Sie ein wenig dort herum, und lassen Sie sich inspirieren, was alles möglich ist. Hier der Link: *http://goo.gl/EMIKWX*.

Vergessen Sie nicht, dass Sie auch jederzeit ein Dashboard automatisch als E-Mail versenden lassen oder es als PDF exportieren können. Auf diese Weise können Sie zum Beispiel automatisch jede Woche, jeden Monat oder jedes Quartal die für Sie wichtigsten Zahlen direkt in Ihr Postfach erhalten.

11.3.4 Dashboards teilen und löschen

Dashboards sind nach der Erstellung zuerst nur für Sie sichtbar. Genau wie die Segmente oder benutzerdefinierten Reports können auch die Dashboards nur von der Person eingesehen werden, die sie angelegt hat. Sinnvollerweise hat Google Analytics aber die Funktionalität des Teilens ausgebaut, sodass Sie ein Dashboard nicht nur mit anderen Nutzern teilen können, die Zugriff auf das Konto haben, sondern auch mit Personen, die normalerweise nicht auf Ihre Daten zugreifen können. Dies hat mehrere Vorteile: Sie können Dashboards für Ihre Kollegen freigeben, falls sie eine andere E-Mail-Adresse nutzen, um auf das Google-Analytics-Konto zuzugreifen. Dadurch erscheint das Dashboard einfach in deren Übersicht mit dem Vermerk GEMEINSAM GENUTZT.

Sie können aber auch einen Link weitergeben, sodass auch Nutzer außerhalb Ihrer Organisation dieses Dashboard aufrufen und speichern können. Und zu guter Letzt können Sie das Dashboard sogar in der Google Analytics Solutions Gallery freigeben, von der im vorigen Abschnitt die Rede war.

Oberhalb des Dashboards befindet sich eine graue Leiste, auf der Sie einen Button mit der Beschriftung TEILEN sehen. Wenn Sie darauf klicken, öffnet sich ein kleiner Layer, in dem Sie zwischen drei Varianten wählen können: OBJEKT FREIGEBEN, LINK DER VORLAGE TEILEN oder IN DER LÖSUNGSGALERIE FREIGEBEN (siehe Abbildung 11.51).

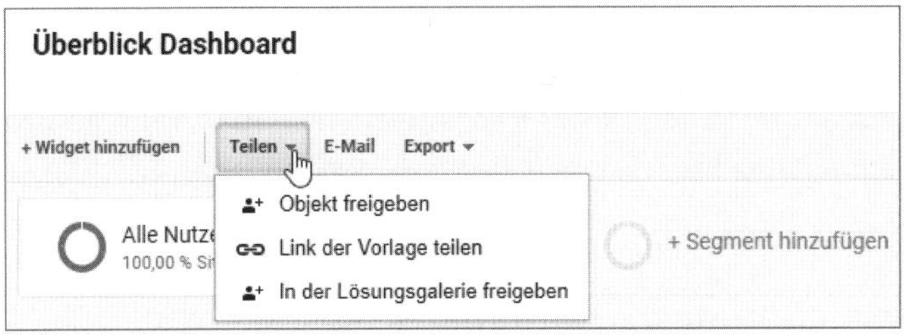

Abbildung 11.51 Teilen-Funktion von Dashboards

Der Punkt OBJEKT FREIGEBEN bedeutet, dass dieses Dashboard anschließend für jeden zugänglich ist, der Zugriff auf das Konto hat. Wählen Sie diese Variante, wenn Sie zum Beispiel Ihren Kollegen, die auf die gleiche Datenansicht Zugriff haben, aber ein anderes Login nutzen, das Dashboard zur Verfügung stellen wollen.

LINK DER VORLAGE TEILEN bedeutet, dass Sie einen Link erstellen, den Sie unter anderem per E-Mail verschicken können. Auf diese Weise geben Sie die Einstellungen des Dashboards weiter, sodass auch Anwender, die keinen Zugriff auf Ihre Daten haben, das Dashboard für ihre eigenen Auswertungen nutzen können. Wenden Sie diese Variante an, wenn Sie das Dashboard zum Beispiel innerhalb verschiedener Konten freigeben möchten.

IN DER LÖSUNGSGALERIE FREIGEBEN bedeutet, dass Sie die Einstellungen des Dashboards der Öffentlichkeit zugänglich machen. Auf diese Weise wird es in der Solutions Gallery gespeichert und kann von jedem anderen Google-Analytics-Nutzer heruntergeladen werden. Achten Sie dabei darauf, dass Sie möglichst allgemeine Dashboards freigeben, in denen Sie keine Marken- oder sonstigen spezifischen Filter nutzen.

Alternativ können Sie auch über die Verwaltungsoberfläche innerhalb der Datenansichtseinstellungen unter dem Punkt ASSETS TEILEN Dashboards freigeben. In diesem Fall haben Sie aber nur die Möglichkeit, einen Link zu erstellen oder das Dashboard in der Gallery zu teilen. Innerhalb dieser Übersicht lässt sich ein Dashboard auch löschen. Wählen Sie dazu einfach das gewünschte Dashboard aus, und klicken Sie auf den Button LÖSCHEN wie in Abbildung 11.52.

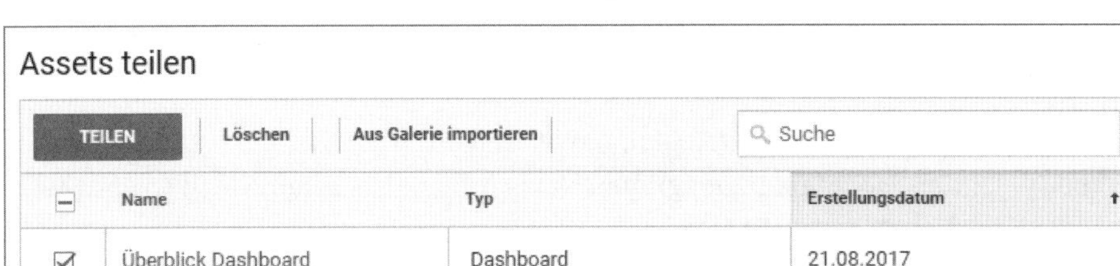

Abbildung 11.52 Möglichkeit innerhalb der Verwaltungsoberfläche, ein Dashboard freizugeben oder zu löschen

Auch innerhalb der Ansicht eines Dashboards besteht die Option, es zu löschen. In der oberen rechten Ecke unterhalb des Kalenders befindet sich der Button DASHBOARD LÖSCHEN, mit dessen Hilfe Sie das Dashboard entfernen können. Falls Sie also einmal ein Dashboard löschen möchten, können Sie dies jederzeit tun.

11.4 E-Mails und Verknüpfungen – automatischer E-Mail-Versand und Shortcuts zu Berichten

Da sich dieses Kapitel unter anderem der Arbeitserleichterung in Google Analytics widmet, möchten wir Ihnen natürlich nicht die Funktionen des E-Mail-Versands sowie der Verknüpfungen vorenthalten. Beide Features erlauben Ihnen, gewisse Berichte schneller einsehen zu können. Mittels E-Mail-Versand gelangen die Reports automatisch in Ihr E-Mail-Postfach, Sie müssen sich noch nicht einmal in Analytics einloggen, um die Daten einzusehen. Die Verknüpfungen ermöglichen es Ihnen, mit nur einem Klick einen Bericht aufzurufen, den Sie sonst durch mehrere Klicks und Filterungen zeitaufwendig erstellen müssten.

In diesem Abschnitt möchten wir Ihnen Anwendung und Nutzung dieser beiden Features näher erläutern.

11.4.1 E-Mail-Versand – automatisch die gewünschten Reports ins Postfach

Gerade wenn Sie für ein regelmäßiges Reporting gegenüber Kollegen oder Vorgesetzten verantwortlich sind, ist es sinnvoll, auf automatisch generierte E-Mail-Reports zurückzugreifen. Nutzen Sie dieses Feature auch, wenn Sie nicht die Möglichkeit haben, regelmäßig in Ihr Analytics-Tool zu schauen, oder wenn Sie während Ihrer Abwesenheit Kollegen bitten, ein Auge auf gewisse Daten zu haben. E-Mail-Reports eignen sich zudem dazu, einen schnellen – gegebenenfalls sogar täglichen – Blick auf die wichtigsten Daten zu erlangen, der Ihnen zeigt, ob auf der Website alles in Ordnung ist.

In Abschnitt 4.3.1 haben wir die Vorteile bereits kurz angerissen, die sich durch ein solches Reporting ergeben. Daher wollen wir uns in diesem Abschnitt auf das Anlegen der Berichte und die verschiedenen Einstellungsmöglichkeiten in dem Bereich konzentrieren.

Um einen E-Mail-Bericht zu erstellen, navigieren Sie zuerst zu dem Report, den Sie gerne versenden möchten. In der grauen Navigationsleiste sehen Sie in so gut wie jedem Bericht den Menüpunkt E-MAIL.

In unserem Beispiel aus der ZIELGRUPPENÜBERSICHT in Abbildung 11.53 sehen Sie, wo sich der Button im Regelfall befindet. Je nach Report wechselt er die Position, bleibt aber immer in der grauen Leiste.

Abbildung 11.53 E-Mail-Button zur Einrichtung eines automatisch generierten Reports

Wichtig ist, dass Sie vor dem Klick den Report so eingestellt haben, wie Sie ihn später auch erhalten möchten. Stellen Sie also den Zeitraum und gegebenenfalls den Vergleichszeitraum, die Anzahl der Zeilen und die Sortierung so ein, wie sie später sein sollen. Vor allem die Anzahl der Zeilen ist wichtig, da Sie auf diese Weise entweder die Darstellung beschränken oder aber zulassen, dass alle Daten abgedeckt werden. Sinnvoll ist dies besonders dann, wenn Sie Kampagnen-Reports erstellen und sehen möchten, wie viele Sitzungen und Conversions jede einzelne Kampagne gebracht hat. Übersteigt die Anzahl der Kampagnen die standardmäßig eingestellten zehn Zeilen, so sehen Sie im Anschluss im Report lediglich die ersten zehn Kampagnen. Außerdem können Sie auch einen Vergleichszeitraum oder Segmente auswählen, die anschließend im automatisch versandten Report zu finden sein werden.

Nach einem Klick auf den Button gelangen Sie zu einem Layer, in dem Sie weitere Einstellungen vornehmen können. Abbildung 11.54 zeigt Ihnen ein bereits von uns angepasstes Beispiel, um gleichzeitig zu verdeutlichen, was Sie dort alles einstellen können.

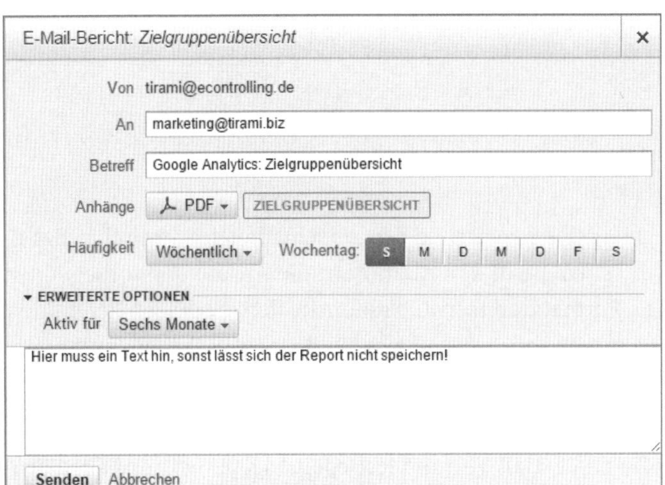

Abbildung 11.54 E-Mail-Bericht, Konfiguration

Sie haben nun die Möglichkeit, Personen festzulegen, die diesen Report erhalten sollen. Dazu geben Sie die E-Mail-Adressen der Personen ein. Trennen Sie die Adressen durch Kommata, um mehrere Empfänger hinzuzufügen. Den Betreff der E-Mail können Sie frei wählen. Als Standard sehen Sie hier immer die Benennung des Reports, den Sie gewählt haben – in unserem Beispiel also die Besucherübersicht. Anschließend wählen Sie aus, in welchem Format der Bericht versandt werden soll. Zur Auswahl stehen hier PDF, CSV, TSV, TSV für Excel sowie Excel (XLSX). Im nächsten Schritt legen Sie fest, wie häufig der Report versandt werden soll. Hier können Sie zwischen einem einmaligen Versand, aber auch zwischen täglichem, wöchentlichem, monatlichem und vierteljährlichem Versand wählen. Je nach gewählter Option können Sie den Versand-Tag wählen, zum Beispiel der erste oder letzte Tag eines Monats oder immer montags. Außerdem besteht unter dem Menüpunkt ERWEITERTE OPTIONEN die Möglichkeit, festzulegen, wie lange der Report versandt werden soll. Nutzen Sie dieses Feature, wenn Sie zum Beispiel einen Kampagnen-Report nur für die Dauer der Kampagne laufen lassen möchten. Nach Ablauf der Frist können Sie den Report verlängern oder automatisch auslaufen lassen. Vergessen Sie nicht, in das weiße Feld unterhalb der Einstellungen einen Text einzufügen. Ohne diesen Text lässt Sie Google Analytics den Report nicht speichern.

Wenn Sie mehrere Reports in einer E-Mail zusammenfügen möchten, können Sie dies über den Link ZU VORHANDENER E-MAIL HINZUFÜGEN umsetzen. Anschließend sehen Sie einen Layer, ähnlich dem in Abbildung 11.55.

Abbildung 11.55 E-Mail »Zu vorhandener E-Mail hinzufügen«

Hier unterscheidet Google Analytics zwischen den verschiedenen Versandhäufigkeiten. Der Übersicht halber sehen Sie in den Klammern die Anzahl der vorliegenden Reports sowie Empfänger, Format und Inhalt. Wählen Sie den jeweiligen Report aus, dem Sie den Bericht hinzufügen möchten, setzen Sie dort ein Häkchen, und schon befindet sich ein weiterer Bericht in dem E-Mail-Report.

Auf diese Weise können Sie sogar von Ihnen selbst erstellte benutzerdefinierte Berichte oder Dashboards für den E-Mail-Versand festlegen. In den meisten Fällen werden die Berichte als PDF versandt. Wenn Sie mit den Daten nicht weiterarbeiten möchten, ist dieses Format genau das Richtige für Sie. Lassen Sie sich alle gewünschten Informationen in einer E-Mail zuschicken, und nutzen Sie die Möglichkeit, die Daten erst selber einzusehen, bevor Sie den Report beispielsweise an Ihre Vorgesetzten schicken.

Wie in den anderen Google-Analytics-Bereichen auch, sollten Sie vor dem Anlegen ein Konzept erstellen, was genau Sie wirklich täglich oder monatlich in Ihrem Postfach sehen möchten. Natürlich können Sie Unmengen an E-Mail-Berichten erstellen, aber werden Sie wirklich die Zeit haben, all diese Daten anzusehen und auszuwerten? Konzentrieren Sie sich dabei lieber auf das Wesentliche, und lassen Sie sich nur die wichtigsten Daten täglich oder wöchentlich zukommen. Daten, die nicht in kurzfristigen Abständen geprüft werden müssen, sollten Sie in einem monatlich oder gar vierteljährlich versandten Report zusammenfassen. Sicher werden Sie aber nach ein paar Anpassungen genau den Report erhalten, der für Sie am besten ist.

Wenn Sie die E-Mail-Reports zu einem späteren Zeitpunkt bearbeiten oder löschen möchten, nutzen Sie dazu die Verwaltungsoberfläche. In dem Bereich zu den Datenansichten klicken Sie auf den Menüpunkt GEPLANTE E-MAILS, und gelangen so zur Übersicht der eingerichteten E-Mail-Reports. Dort sehen Sie auf einen Blick die Berichte, deren Empfänger, Inhalt sowie Start- und Enddatum.

Abbildung 11.56 zeigt eine beispielhafte Übersicht. Der erste Bericht wird wöchentlich immer sonntags verschickt und endet erst im Juli. Der zweite Bericht wird monatlich verschickt, der gewählte Versandzeitraum ist jedoch bereits abgelaufen. Hier bietet Google Analytics die Möglichkeit, den Report zu verlängern oder zu löschen. Wenn Sie auf VERLÄNGERN klicken, können Sie die Laufzeit um ein weiteres Jahr verlängern. Ein Klick auf LÖSCHEN bringt Sie zu einer Seite, auf der Sie noch einmal alle Daten des E-Mail-Berichts einsehen und anschließend entscheiden können, ob Sie den Bericht wirklich löschen möchten oder nicht.

Betreff	Häufigkeit ↓	Berichte	Empfänger	Startdatum	Enddatum	
Google Analytics: Besucherübersicht,Übersicht,Pro...	Wöchentlich, So.	Besucherüb... und 2 weitere	marketing@t...	24.01....	24.07....	Aktionen ▾
Google Analytics: AdWords Kampagnen,Einstiege auf Produkte, Einstiege Verweis-URLs	Monatlich, 1.	AdWords Kampagnen und 2 weitere	marketing@t...	17.06....	17.12.... (abge...	Aktionen ▾
						Verlängern Löschen

Abbildung 11.56 Übersicht der geplanten E-Mails

11.4.2 Verknüpfungen – Gespeicherte Berichte mit einem Klick aufrufen

Verknüpfungen sind gespeicherte Berichte und dienen vor allem der Zeitersparnis bei der Auswertung. Sicher haben auch Sie schon einmal einen Report erstellt, sortiert, gefiltert und mit einem Segment versehen, um genau die Daten einsehen zu können, die Sie gerade benötigen. Nach einigen Klicks ist der Report dann endlich so weit, dass Sie damit zufrieden sind. Was aber, wenn Sie den Report wöchentlich oder monatlich aufrufen möchten, aber vielleicht nach einiger Zeit nicht mehr wissen, wie Sie beim ersten Mal gefiltert und sortiert haben? Dann nutzen Sie einfach die Funktion VERKNÜPFUNG.

Google Analytics stellt Ihnen mit diesem Feature die Option zur Verfügung, einen Bericht genauso abzuspeichern, wie er gerade dargestellt wird, um ihn anschließend jederzeit mit den gleichen Einstellungen wieder aufrufen zu können.

Um eine Verknüpfung zu erstellen, klicken Sie in der grauen Navigationsleiste oberhalb des erstellen Reports auf den Button SPEICHERN (siehe Abbildung 11.57). Im Anschluss daran öffnet sich ein Layer, der Ihnen noch einmal erklärt, was eine Verknüpfung ist und Ihnen die Möglichkeit bietet, die Benennung der Verknüpfung anzupassen.

Abbildung 11.57 Button, um eine Verknüpfung zu erstellen

Sobald Sie die Verknüpfung gespeichert haben, finden Sie diese in der linken Navigationsleiste (siehe Abbildung 11.58). Die ÜBERSICHT zeigt Ihnen die bereits erstellten Verknüpfungen samt Erstellungsdatum. Außerdem lassen sich die Verknüpfungen an dieser Stelle auch umbenennen und löschen.

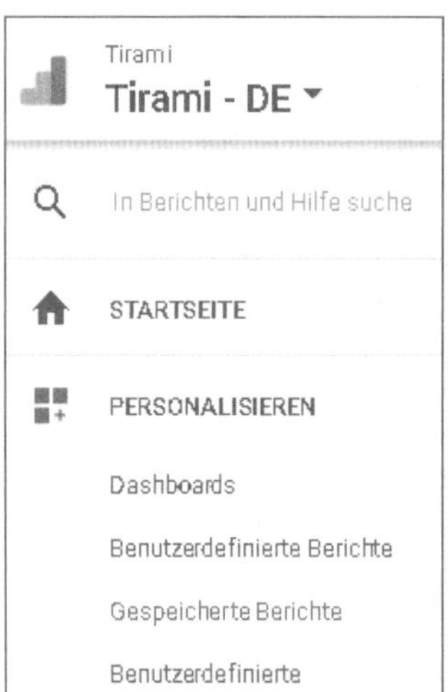

Abbildung 11.58 Navigationsleiste mit Verknüpfungen

Weiterhin sehen Sie in der Navigation die einzelnen Verknüpfungen, um sie direkt aufrufen zu können. In unserem Screenshot haben wir wieder Tirami als Beispiel herangezogen. Mögliche Verknüpfungen sind hier etwa ein gefilterter AdWords-Report, der nur die Kampagnen zum Thema »Korkenzieher« miteinbezieht. Ein weiterer verknüpfter Report beinhaltet E-Commerce-Daten zu den Korkenziehern, die verkauft worden sind. Als Segment werden hier die bezahlten Suchzugriffe genutzt und als sekundäre Dimension wird die Kampagne hinzugefügt. Ein drittes Beispiel für eine Verknüpfung ist ein benutzerdefinierter Report über die organischen Keywords. Auch hier wurde gefiltert, sodass keine (NOT PROVIDED) Keywords mehr erscheinen. Außerdem gibt es eine weitere Spalte, die den Wert pro Sitzung und den Umsatz anzeigt.

Sie sehen, die Möglichkeiten für Verknüpfungen sind vielfältig. Allgemein können wir festhalten, dass Sie jeden Report, den Sie häufiger anschauen und für dessen Erstellung Sie mehrere Klicks benötigen, als Verknüpfung festlegen sollten. So sparen Sie viel Zeit und können sich bei den Auswertungen auf die wirklich wichtigen Dinge konzentrieren.

Einschränkungen bei Verknüpfungen

Derzeit lassen sich Verknüpfungen leider noch nicht teilen. Das heißt, dass Sie eine Verknüpfung, die Sie anlegen, nicht an Kollegen weitergeben können, wenn sie ein anderes Login nutzen.

Ein kleiner Workaround hierfür lässt sich durch benutzerdefinierte Reports erzielen. Indem Sie einen benutzerdefinierten Bericht erstellen, der zumindest die Grunddaten festlegt, können Sie Ihren Kollegen eine Grundlage weitergeben. Sie kann dann später angepasst werden. Leider ist diese Behelfslösung noch keine wirklich gute Alternative zum Teilen von Verknüpfungen. Wir hoffen aber, dass Google Analytics dieses Feature auch bald freischalten wird.

11

11.5 Radar – bei relevanten Änderungen des Traffics eine Benachrichtigung erhalten

Ein weiteres wichtiges Feature in Google Analytics, das leider sehr oft übersehen wird, ist der Radar. Hierbei handelt es sich um von Google Analytics automatisch erstellte Benachrichtigungen, die Sie erhalten, sobald der Traffic zurückgeht, stark steigt oder bestimmte Quellen keine Sitzungen mehr liefern. Google Analytics prüft für Sie automatisch die wichtigsten Daten und schickt Ihnen im Ernstfall eine E-Mail mit Informationen. Sie können bei den Radar-Benachrichtigungen individuell einstellen, wann Google Ihnen diese zuschicken soll.

Auch zu diesem Thema haben wir Ihnen in Abschnitt 4.3.3 bereits einige Anwendungsfälle aufgezeigt, weswegen wir uns nun auf das Anlegen der Radar-Ereignisse beschränken möchten. Hier können Sie eigene Grenzwerte festlegen, die über- oder unterschritten werden müssen, um ein Radar-Ereignis auszulösen. Diese Einstellung ist sinnvoll, wenn Sie zum Beispiel benachrichtigt werden wollen, sobald die Zugriffe auf Fehlerseiten zunehmen oder Kampagnen-Zugriffe sinken.

11.5.1 Benutzerdefinierte Benachrichtigung erstellen und anwenden

Bei den BENUTZERDEFINIERTEN BENACHRICHTIGUNGEN können Sie eigene Werte festlegen, die erreicht werden müssen, um eine Benachrichtigung auszulösen.

Wie bei allen benutzerdefinierten Elementen innerhalb von Google Analytics ist es wichtig, dass Sie sich zuvor Gedanken darüber machen, was das benutzerdefinierte Element erreichen soll. Wie dringend soll das Problem sein, bei dem Sie eine E-Mail erhalten wollen. Möchten Sie tägliche Benachrichtigungen bei kleinen Änderungen oder nur Benachrichtigungen in Ausnahmefällen bei wirklich großen Änderungen im Traffic?

Wir nutzen bei unserer Arbeit meist zwei bis drei Benachrichtigungen, die uns dabei helfen, die Websites zu betreuen. Darunter fallen Informationen über einen Rückgang des Gesamt-Traffics sowie über den Rückgang des SEO-Traffics. Außerdem überwachen wir, ob die Zugriffe auf 404-Seiten im Rahmen bleiben. Dazu müssen wir in der Vorbereitung natürlich wissen, wie viele Sitzungen üblicherweise auf der Website sind und zu welchen Schwankungen es zum Beispiel am Wochenende kommen kann. Für die 404-Seiten müssen wir herausfinden, wie viele Seitenaufrufe im Schnitt auf die Fehlerseiten entfallen, um eine Benachrichtigung zu erstellen, die nur bei einem starken Anstieg auslöst.

Nachdem wir die Vorbereitung getroffen haben und wissen, wie die Zielwerte für die Benachrichtigungen aussehen müssen, können wir mit dem Anlegen beginnen. Um eine neue benutzerdefinierte Benachrichtigung zu erstellen, gehen Sie in der Navigation auf den Punkt PERSONALISIEREN und wählen dann BENUTZERDEFINIERTE BENACHRICHTIGUNGEN. In den meisten Ansichten wird dieser Begriff abgeschnitten und man sieht tatsächlich nur BENUTZERDEFINIERTE. Dort können Sie dann auf BENUTZERDEFINIERTE BENACHRICHTIGUNGEN VERWALTEN klicken und anschließend dann auf der neu geladenen Seite auf NEUE BENACHRICHTIGUNG klicken (siehe Abbildung 11.59). Nun können Sie mit dem Anlegen beginnen.

Abbildung 11.59 Benutzerdefinierte Benachrichtigung erstellen

Die Einstellungen zu den Benachrichtigungen sind immer gleich – ein Beispiel sehen Sie in Abbildung 11.60. Das Anlegen beginnt bei dem Namen der Benachrichtigung, den Sie wie immer möglichst aussagekräftig halten sollten.

Darunter wählen Sie, für welche Datenansicht die Benachrichtigung gelten soll, bei Bedarf fügen Sie via Dropdown-Menü noch weitere Ansichten hinzu. Bei dem ZEITRAUM wählen Sie zwischen TAG, WOCHE und MONAT die Häufigkeit der Benachrichtigung aus. Und nun kommt der wichtigste Punkt: Setzen Sie ein Häkchen bei der Option E-MAIL AN MICH SENDEN, WENN DIESE BENACHRICHTIGUNG AUSGELÖST WIRD. Dadurch erhalten Sie eine E-Mail in Ihr Postfach, sodass Sie bei dringenden Benachrichtigungen direkt informiert werden und nicht erst in Google Analytics eingeloggt sein müssen. Außerdem können Sie die Benachrichtigung noch an weitere Personen schicken lassen. Wählen Sie dazu weitere Empfänger aus. Falls Sie zum Beispiel einen allgemeinen Firmen-Account nutzen, den Sie mit mehreren Kollegen teilen, können Sie hier Ihre eigene Adresse eingeben, um die Benachrichtigung direkt in Ihr eigenes Postfach zu erhalten.

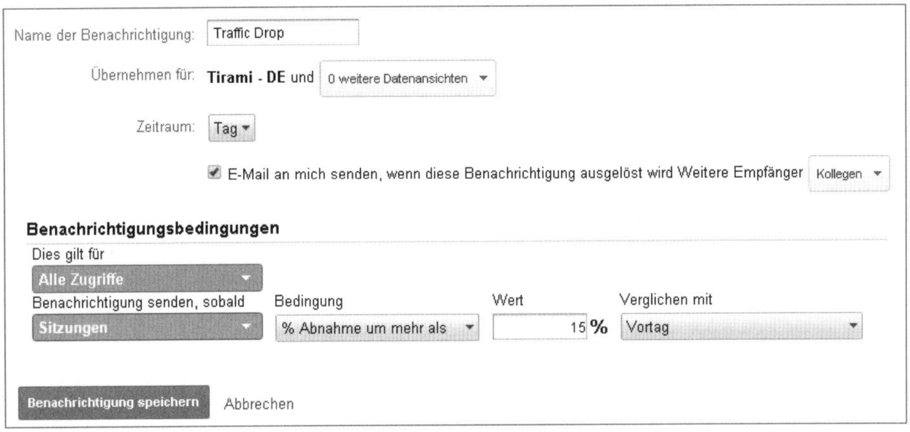

Abbildung 11.60 Benutzerdefinierte Benachrichtigung für Benachrichtigung bei Rückgang des Traffics anlegen

Unterhalb der Basiseinstellungen befinden sich die BENACHRICHTIGUNGSBEDINGUNGEN, mittels derer Sie die Bedingungen festlegen, die eine Benachrichtigung auslösen. In unserem Beispiel wäre dies, dass der Gesamt-Traffic im Vergleich zum Vortag um mehr als 15 % zurückgehen muss. In dem oberen Dropdown-Menü spezifizieren Sie die Besuchergruppe. So beziehen Sie zum Beispiel nur Sitzungen über eine bestimmte Quelle, ein bestimmtes Benutzer-Segment, eine Kampagne, ein ausgelöstes Ereignis oder ähnliche Attribute mit ein. In dem zweiten Dropdown-Menü wählen Sie die Situation aus, in der die Benachrichtigung auslösen soll. Das kann eine besonders hohe oder niedrige Anzahl an Sitzungen, Seitenaufrufen, Umsatz, Conversions oder Absprüngen sein. Sie können zwischen folgenden Bedingungen wählen: % ABNAHME UM MEHR ALS, % ZUNAHME UM MEHR ALS, ABNAHME UM MEHR ALS, ZUNAHME UM MEHR ALS, IST WENIGER ALS und IST GRÖSSER ALS. Im Anschluss daran legen Sie noch fest, ob dieses Ereignis im Vergleich zum Vortag, zum gleichen Tag in der vorherigen Woche oder gar zum gleichen Tag im Vorjahr geschehen muss.

Klicken Sie auf BENACHRICHTIGUNG SPEICHERN, wenn Sie mit der Einrichtung der Benachrichtigung zufrieden sind. Sobald die Benachrichtigung ausgelöst wird, erhalten Sie eine E-Mail und können mehr Informationen darüber in Google Analytics einsehen.

Abbildung 11.61 zeigt Ihnen ein Beispiel unserer 404-Benachrichtigung, die wir nutzen, um eventuelle Ausfälle, fehlerhafte Links oder sonstige Probleme auf der Website zu überwachen. Voraussetzung dafür ist natürlich ein eingebautes Tracking der Fehlerseiten. Falls Sie dies nicht eingebaut haben, können Sie eventuell über die Dimension SEITENTITEL die Fehlerseiten herausfinden.

Abbildung 11.61 Benutzerdefinierte Benachrichtigung, die bei einem Anstieg der 404-Seiten auslöst

Durchschnittlich entfallen auf unserer Beispiel-Website rund 60 bis 70 Seitenaufrufe auf Fehlerseiten. Daher setzen wir den Wert hier auf 80, um eine Benachrichtigung zu erhalten, wenn die Zugriffe etwas über dem normalen Wert liegen.

Nutzen Sie auch die Möglichkeit, reguläre Ausdrücke einzutragen, zum Beispiel um mehrere Seiten gleichzeitig auslösen zu lassen. Ein Anwendungsfall könnte das Zusammenfassen von mehreren Landingpages sein, um eine Benachrichtigung zu erhalten, falls die Sitzungen darauf stark zunehmen oder sinken.

Wie sehen die Benachrichtigungs-E-Mails aus?

Wenn Sie eine E-Mail über ein benutzerdefiniertes Radar-Ereignis erhalten, trägt diese E-Mail den Betreff »Google Analytics intelligence alert [Monat, Datum, Jahr]«. Absender ist *noreply@google.com*.

Achten Sie also darauf, dass die Spam-Einstellungen Ihres E-Mail-Clients so eingerichtet sind, dass diese Benachrichtigungen an Sie zugestellt werden und nicht aus Versehen im Spam-Ordner hängenbleiben oder gar geblockt werden.

Der Inhalt der E-Mail ist auf Englisch und zeigt immer die gleichen Elemente an. Unterschiedlich ist nur der Benachrichtigungsgrund. Sie können das Datum einsehen, an dem die Benachrichtigung ausgelöst wurde, genauso die Google-Analytics-Property-Nummer sowie die Bezeichnung der Datenansicht und der Benachrichtigung. Außerdem sehen Sie die E-Mail-Adresse, mit der die Benachrichtigung eingerichtet wurde. So sehen Sie auf einen Blick, um was es geht.

Wenn Sie in einer Agentur arbeiten und mehrere Kunden-Accounts verwalten, haben Sie wahrscheinlich auch mehrere Benachrichtigungen eingestellt. Wenn gleichzeitig auf verschiedenen Websites Benachrichtigungen ausgelöst werden, so sehen Sie diese alle zusammen in einer einzigen E-Mail. Google Analytics trennt hier nicht nach Konto oder Datenansicht.

Wichtig ist auch zu wissen, dass die Benachrichtigungen durch die Zeitverschiebung zwischen Europa und den USA mitunter erst recht spät in unseren Postfächern eintreffen. Kommt es zum Beispiel an einem Dienstag zur Auslösung einer Benachrichtigung, kann es sein, dass Sie diese erst Mittwochnacht erhalten und somit erst Donnerstagmorgen im Postfach sehen. Wenn Sie also besonders zeitkritische Informationen benötigen, hilft nur ein täglicher Blick auf die Reports.

11.5.2 Benutzerdefinierte Benachrichtigungen bearbeiten und löschen

Wie bereits im Abschnitt zuvor erwähnt, können Sie aus den einzelnen Reports zu den Radar-Ereignissen heraus in die Verwaltung der benutzerdefinierten Benachrichtigungen gelangen. Es gibt aber auch die Möglichkeit, die Benachrichtigungsoptionen über die Verwaltungsoberfläche zu erreichen. Unter dem Punkt PERSÖNLICHE TOOLS UND ASSETS finden Sie den Navigationspunkt BENUTZERDEFINIERTE BENACHRICHTIGUNGEN. Darüber rufen Sie die Übersicht auf und können von dort aus die Benachrichtigungen bearbeiten und löschen, sowie weitere Benachrichtigungen hinzufügen (siehe Abbildung 11.62).

Abbildung 11.62 Benutzerdefinierte Benachrichtigungen bearbeiten, löschen und erstellen

Ein Klick auf ENTFERNEN lässt Sie die ausgewählte Benachrichtigung löschen. Sobald Sie auf die Bezeichnung einer Benachrichtigung klicken, gelangen Sie in das Einstellungsmenü, in dem Sie Änderungen vornehmen können. Falls Sie einmal den Überblick über Ihre Benachrichtigungen verlieren sollten, können Sie mithilfe der Suchfunktion nach bestimmten Benachrichtigungen suchen.

Wir hoffen, dass wir Ihnen in diesem Abschnitt die Nutzung der benutzerdefinierten Benachrichtigungen und vor allem der daraus resultierenden E-Mail-Benachrichtigungen ans Herz legen konnten. Egal, wie regelmäßig Sie in Ihre Google-Analytics-Daten schauen, es kann immer sein, dass Ihnen wichtige Dinge nicht auffallen. Nutzen Sie dafür die automatischen Benachrichtigungen, um zu prüfen, zu welchen Auffälligkeiten es auf Ihrer Website gekommen ist. Die benutzerdefinierten Benachrichtigungen helfen Ihnen dabei, den Traffic zu beobachten, der Ihnen besonders wichtig ist. Auf diese Weise verpassen Sie kaum mehr fehlgeleitete Kampagnen oder sinkende Suchergebnis-Platzierungen.

Kapitel 12

Der Rettungseinsatz: Fehler finden und beheben

Sie haben alles konfiguriert und eingerichtet – aber es kommen keine Daten in Google Analytics an? Oder vielleicht gehen zwar Daten ein, aber Ihr Bericht scheint nicht plausibel? Wir erklären Ihnen, wie Sie Fehler in der Einbindung oder den Einstellungen entdecken und beheben. Außerdem verraten wir Ihnen Tools, die beim Überprüfen und Aufspüren helfen.

Ein Auswertungstool ist eine feine Sache. Es liefert Ihnen Daten und Fakten über die Besucher Ihrer Website. Was aber tun, wenn keine Zugriffe im Bericht ankommen oder die Daten unplausibel erscheinen? Wie kommen Sie dem Fehler auf die Schliche? Ein Auswertungssystem, dessen Daten Sie nicht vertrauen können, ist quasi wertlos.

Wir führen die meisten Tests im *Inkognito-Modus* des Browsers durch, der manchmal auch als *anonymes Surfen* bezeichnet wird. In diesem Modus öffnet der Browser ein gesondertes Fenster, das mit leerem Browser-Cache, leeren Cookies und sonstigen Einstellungen gestartet wird. So sehen Sie die Website garantiert so, wie ein neuer Besucher sie sehen würde. Das Tracking verläuft damit wie bei einer erstmaligen Sitzung. Gleichzeitig sind Sie aus allen Netzwerken wie Facebook oder Google+ abgemeldet. Vor allem zum Testen von Kampagnencodes sollten Sie immer diesen Modus verwenden, da er einige potenzielle Fallstricke von vornherein ausschließt.

Die großen Browser bieten inzwischen alle eine entsprechende Funktion an, die Sie entweder per Menü oder Tastenkürzel erreichen. So starten Sie etwa bei Google Chrome mit [Strg] + [⇧] + [N] eine solche Sitzung. Bei Chrome können Sie Ihr normales Browser-Fenster und ein Inkognito-Fenster parallel öffnen. Somit können Sie in einem Fenster bei Google Analytics angemeldet sein und im Echtzeit-Report die eingehenden Zugriffe prüfen und im zweiten Fenster auf der Website die Aufrufe auslösen.

12.1 Anweisungen für den Browser im Quelltext

Die erste Anlaufstelle bei der Prüfung ist der HTML-Quelltext der Seite, die gezählt werden soll. Der JavaScript-Tracking-Code von Google Analytics muss im Quelltext enthalten sein, damit überhaupt eine Zählung stattfinden kann. Fehlt er, werden weder die Aufrufe der jeweiligen Seite noch weitere Ereignisse gezählt.

Unter Windows gelangen Sie in den gängigen Browsern Firefox, Internet Explorer und Google Chrome per Tastenkombination [Strg] + [U] zur Quelltextansicht (siehe Abbildung 12.1).

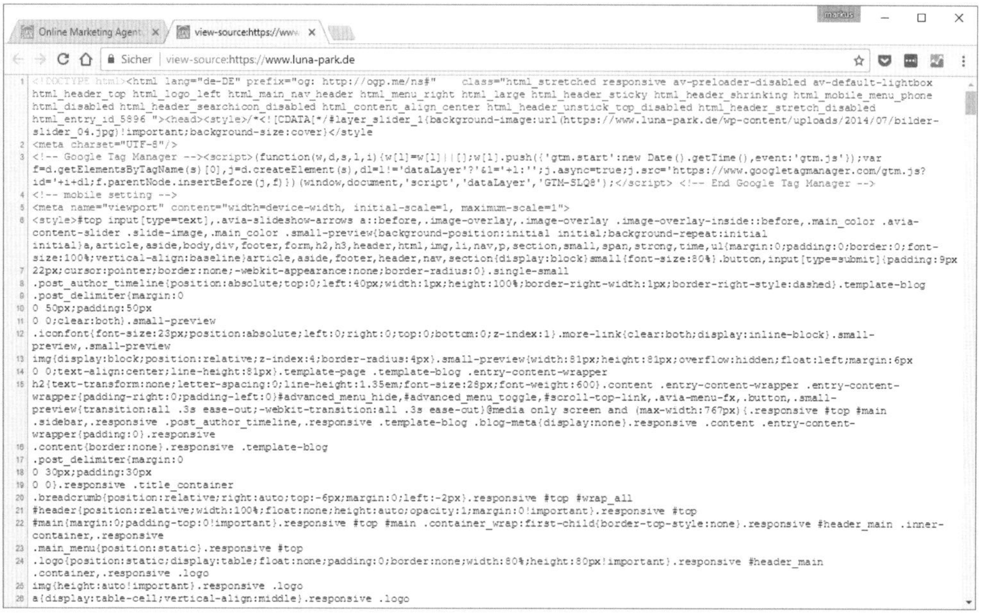

Abbildung 12.1 Quelltext von www.luna-park.de

Alternativ erreichen Sie den Quelltext über das Browser-Menü oder das Kontextmenü der Seite. Ein Klick auf die Seite mit der rechten Maustaste führt ebenfalls zum entsprechenden Eintrag. Firefox und Chrome sprechen vom *Seitenquelltext*, der Internet Explorer nennt es *Quellcode*.

Der Google-Analytics-Code kann theoretisch überall in der Seite stehen, am Anfang, am Ende oder irgendwo dazwischen. Am schnellsten finden Sie ihn, indem Sie die Suchfunktion nutzen. Sie erreichen sie entweder per Tastenkombination [Strg] + [F] oder wieder über das Menü. Suchen Sie nun nach *analytics.js* (Universal-Code) oder nach *ga.js* (klassischer Code). Diese Datei wird für das Tracking von den Google-Servern geladen. Fehlt der Befehl, um sie zu laden, wird auch der restliche Tracking-Code fehlen oder zumindest nicht funktionieren.

Google Tag Manager

Falls Sie den Google Tag Manager (GTM) verwenden (siehe Kapitel 14) finden Sie die Ladeanweisung für den Tag Manager Container ebenfalls im Quelltext. Suchen Sie dafür nach *gtm.js*.

Der Tracking-Code muss auf jeder Seite enthalten sein, die gezählt werden soll. Eigentlich müssten Sie also den Quelltext jeder HTML-Seite Ihres Auftritts prüfen. In der Praxis wäre das ein sehr umfangreiches Unterfangen. Normalerweise reicht es jedoch, einige ausgewählte Seiten zu prüfen, auf jeden Fall sollten Sie immer die Homepage und ein oder zwei weitere Seiten unter die Lupe nehmen.

Wichtig ist die Prüfung des Quelltextes immer dann, wenn Sie Inhalte auf einem anderen System oder mit neuen Templates erstellen. Auch Microsites oder Landingpages für Kampagnen sollten immer geprüft werden, da das Kampagnen-Tracking bei einem Fehlen des Tracking-Codes nicht funktionieren kann.

Haben Sie den Tracking-Code im Quelltext gefunden, prüfen Sie, ob die eingesetzte Tracking-ID mit der ID aus Ihrem Konto übereinstimmt. Falls nicht, wird der Tracking-Code zwar ausgeführt, die Zugriffe kommen aber nicht dort an, wo Sie sie erwarten.

12.2 Browser-Entwicklertools

Jeder Browser verfügt über eingebaute oder kostenlos herunterladbare Entwicklertools, mit deren Hilfe Sie genau verfolgen können, welche Dateien der Browser von welchem Server lädt und welche Daten er lokal speichert. Sie eignen sich daher gut dafür, das Tracking von Google Analytics genauer unter die Lupe zu nehmen. Die Beispiele werden wir im Folgenden mit den eingebauten Entwicklertools in Chrome zeigen. Die gezeigten Schritte können Sie aber ebenfalls mit Firefox und dem Add-on Firebug oder dem Internet Explorer durchführen.

Als Erstes rufen Sie in der Adressleiste die gewünschte URL auf. Dort angekommen, schalten Sie mit `Strg` + `⇧` + `I` die Entwicklerkonsole ein (siehe Abbildung 12.2). Alternativ erreichen Sie die Tools über das Menü Tools • Entwicklertools.

Das Fenster des Browsers unterteilt sich in zwei Bereiche. Im oberen sehen Sie weiterhin die geladene Website. Im unteren Teil werden die Informationen darüber angezeigt, was der Browser hinter den Kulissen herunterlädt, ausführt und speichert. Er ist in acht Reiter gegliedert.

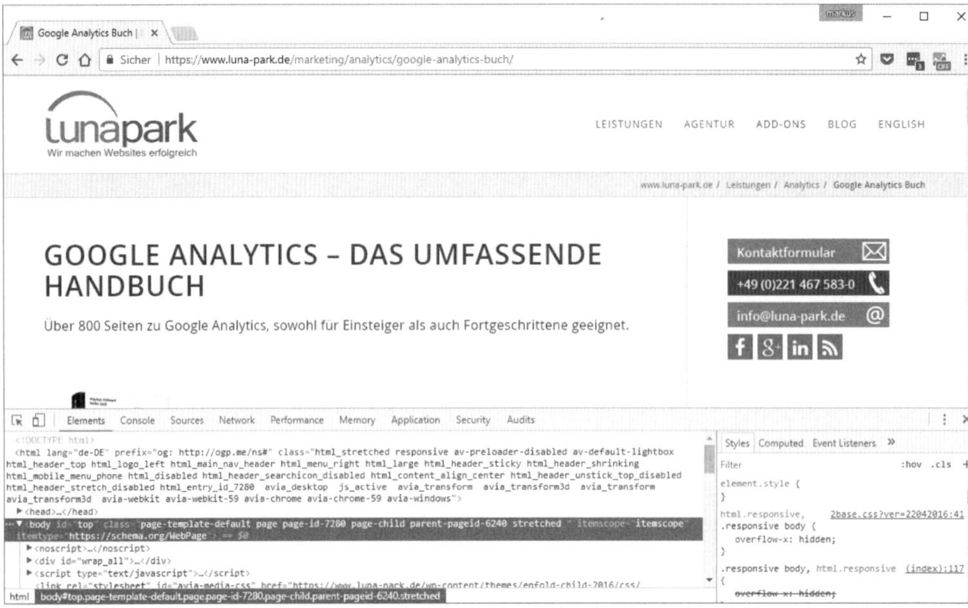

Abbildung 12.2 Google Chrome Entwicklertools auf luna-park.de

ELEMENTS zeigt den HTML-Quelltext der aufgerufenen Seite, wobei ineinander verschachtelte Elemente als Klappelement gruppiert werden. Wenn Sie in dieser Ansicht die Maus über den Quelltext bewegen, wird das Element hervorgehoben, das der Quelltextabschnitt beschreibt. Klicken Sie ein Element im Quelltext an, werden rechts die zugehörigen Formate aus dem CSS-Stylesheet angezeigt.

RESOURCES listet alle Einzelteile auf, die der Browser für diese Seite im Speicher abgelegt hat. Dazu gehören die eigentlichen Seiten sowie die Grafiken und Skripte. Weiterhin zeigt der Reiter die Daten, die von der Seite auf Ihrem Rechner in Form von Cookies oder lokalen Datenbanken abgelegt wurden. Für uns sind besonders die Cookies interessant.

Wenn Sie das Tracking mit *analytics.js* eingebunden haben, also der Universal-Analytics-Variante, sehen Sie nur ein einzelnes Cookie für Analytics, nämlich *_ga* (siehe Abbildung 12.3). Dieses Cookie enthält lediglich eine Session-ID, alle weiteren Informationen über Ihre Sitzung werden auf den Google-Analytics-Servern abgelegt bzw. zwischengespeichert.

Ist in Ihrer Website dagegen der klassische Tracking-Code mit der Datei *ga.js* eingebunden, sehen Sie eine Reihe von Cookies, die alle mit *_utm* beginnen (siehe Abbildung 12.4). Die drei Cookies *_utma*, *_utmb* und *_utmc* enthalten Zeitstempel, mit deren Hilfe Analytics die Sitzungszeit bestimmt und wiederkehrende Nutzer erkennt. Das Feld EXPIRES/MAX-AGE zeigt an, wie lange das Cookie im Browser bestehen bleibt, also wie lange Google Analytics diesen Besucher maximal wiedererkennen kann. Falls Sie eine kürzere Laufzeit vorgegeben haben – zum Beispiel aus Datenschutzgründen –, können Sie hier überprüfen, ob die Einstellung auch tatsächlich gegriffen hat. Das Cookie *_utmz* enthält Informationen über die Besuchsquelle, das Medium und die Kampagnen des aktuellen Besuchers, soweit Analytics sie erkannt hat.

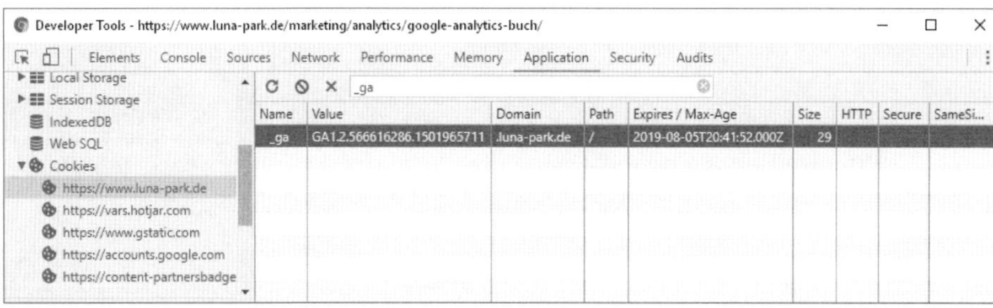

Abbildung 12.3 Tracking-Cookie mit »analytics.js«

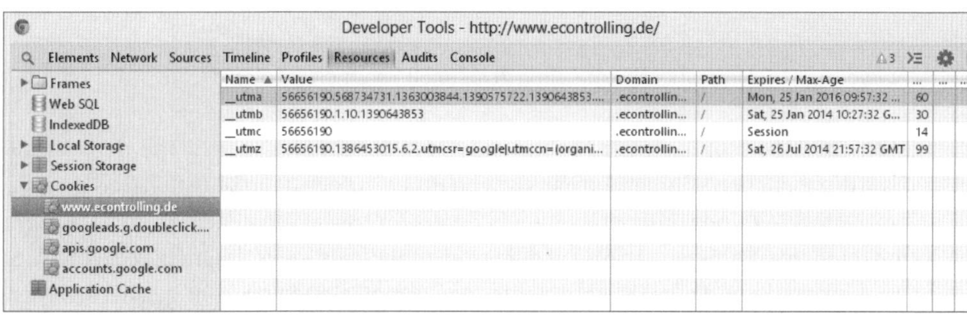

Abbildung 12.4 Tracking-Cookies mit »ga.js«

Der Reiter NETWORK listet alle vom Browser geladenen Dateien auf, in der Reihenfolge ihres zeitlichen Abrufs. Zuerst wird immer der HTML-Quelltext geladen, in dem dann die Anweisungen für das Laden weiterer Elemente enthalten sind. Lassen Sie sich übrigens nicht von unterschiedlichen Dateiendungen täuschen, die Sie bei den URLs beobachten können, beispielsweise PHP, ASPx oder JSP. Die Endung zeigt dem Webserver, wie er die zugrundeliegende Datei verarbeiten soll. Bei Ihrem Browser kommt aber immer HTML-Code (oder JavaScript oder Stylesheets) an.

Zunächst ist die Liste noch leer, da sie erst nach dem Einschalten der Tools mit der Aufnahme beginnt. Um die Elemente der aktuellen Seite zu sehen, müssen Sie sie nochmals laden, entweder über das Icon SEITE AKTUALISIEREN neben der Adresszeile oder mit dem Tastenkürzel `Strg` + `R`. Sind die Entwicklertools einmal aktiviert, füllt sich die Liste bei jedem folgenden Seitenwechsel automatisch.

Um den vollen Nutzen aus der Übersicht zu ziehen, klicken Sie mit der rechten Maustaste auf die Spaltenköpfe der Liste, und aktivieren Sie im daraufhin erscheinenden Menü die Punkte DOMAIN, COOKIE und SET-COOKIE. Nun zeigt die Liste auf einen Blick, was woher aus dem Netz geladen wird (siehe Abbildung 12.5).

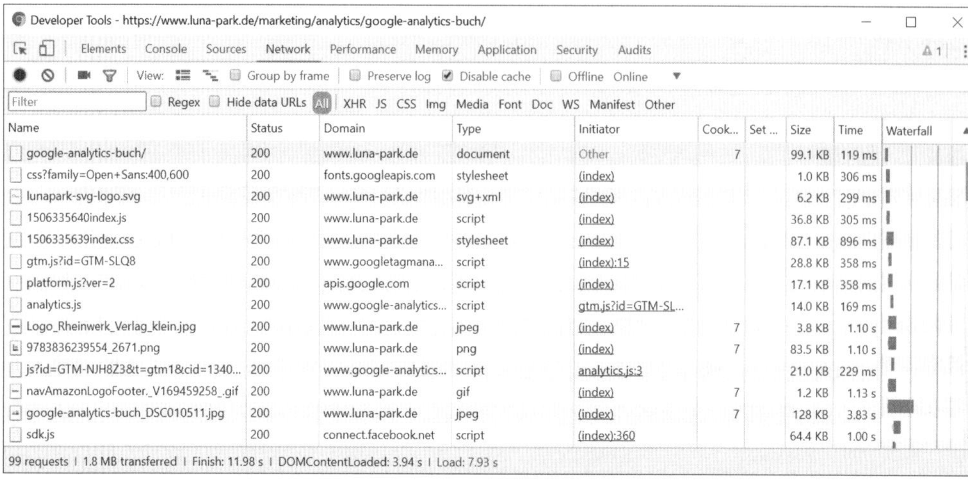

Abbildung 12.5 Network-Liste mit allen geladenen Seitenelementen

Mit dem Filter-Icon über der Tabelle aktivieren Sie ein Eingabefeld, mit dem Sie die Liste durchsuchen können. Enthält die von Ihnen aufgerufene Seite den Google-Analytics-Tracking-Code, müssen in der Liste zwei Einträge auftauchen. Für die Variante mit *analytics.js* müssen ein Aufruf der Datei *analytics.js* sowie das Image *collect* in der Liste erscheinen, die beide vom Server *www.google-analytics.com* geladen werden (siehe Abbildung 12.6). Suchen Sie mit dem Filter nach »analytics«, um die Einträge zu entdecken.

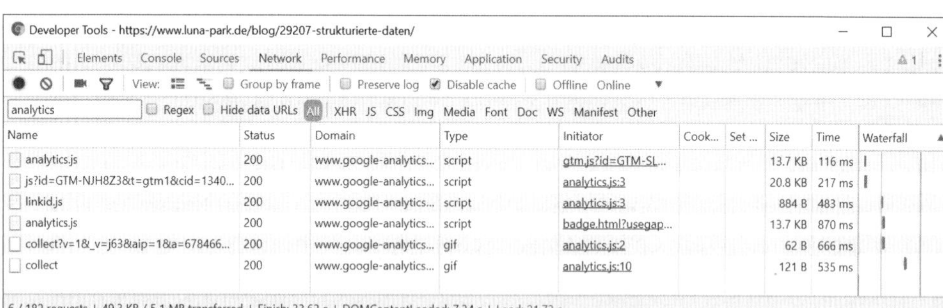

Abbildung 12.6 Tracking-Dateien beim Einsatz von »analytics.js«

Beim klassischen Tracking-Code mit *ga.js* werden ebenfalls zwei Dateien vom Server *www.google-analytics.com* geladen. Zuerst wird wieder die Datei *ga.js* geladen, anschließend das Image *_utm.gif* (siehe Abbildung 12.7).

Abbildung 12.7 Tracking-Dateien mit »ga.js«

Die Network-Liste wird live aktualisiert, sie zeigt auch an, wenn Elemente erst nach bestimmten Aktionen auf der Seite geladen werden, etwa durch einen Mausklick. Enthält die Seite Tracking-Events auf bestimmten Elementen, können Sie mit der Liste leicht prüfen, ob die Zählungen auch tatsächlich ausgelöst werden.

Wieso sehe ich mehrere collect-Aufrufe bei Seitenaufrufen oder Ereignissen?

Wenn Sie die Werbefunktion aktiviert haben, etwa um die Berichte für demografische Daten zu bekommen, leitet Google die collect-Aufrufe zusätzlich an die DoubleClick-Server weiter, wo ebenfalls ein Tracking-Pixel liegt. Dadurch kann Google erkennen, ob der Besucher auch auf anderen Seiten im Werbenetzwerk unterwegs war und weitere Informationen vorliegen. Dieser zweite Aufruf lädt seine Dateien nicht mehr von *google-analytics.com*, sondern von *stats.g.doubleclick.net* und enthält nur die wichtigsten Parameter. Sie können ihn in der Dateiliste schon am Dateinamen erkennen: Er beginnt mit `collect?t=dc` statt `collect?v=1`.

Dieser zweite Aufruf wird normalerweise nur beim ersten Laden der Seite ausgeführt, um den Besucher einmalig zu markieren bzw. zu erkennen. Kommen Sie später noch einmal auf die Seite, wird er nicht mehr geladen. Daher kann es sein, dass Sie meistens einen, aber manchmal zwei Aufrufe in der Network-Liste entdecken.

Im Google Chrome kann es außerdem zu mehreren Aufrufen kommen, weil für diesen Browser die collect-Aufrufe manchmal umgeleitet werden. Dann sehen Sie zwei nahezu identische Aufrufe in der Liste, allerdings haben weitergeleitete Aufrufe den Status 302. In diesem Fall ignorieren Sie den 302er Aufruf, es wird nur einmal gezählt.

Die Dateien *collect* bzw. *utm.gif* werden jedes Mal geladen, wenn Daten zum Google-Server übertragen werden. Für jeden gezählten Seitenaufruf, jedes gefeuerte Event und auch jede erfasste Transaktion können Sie dort einen einzelnen Eintrag finden.

Die Aufrufe unterscheiden sich durch die mitgegebenen Parameter. Um sie zu sehen, klicken Sie auf die Zeile des Images. Daraufhin teilt sich die Liste, und im rechten Bereich erscheinen vier neue Reiter. Klicken Sie nun auf den Reiter HEADER, um eine Liste aller Parameter zu sehen, die mit dem Aufruf übermittelt werden.

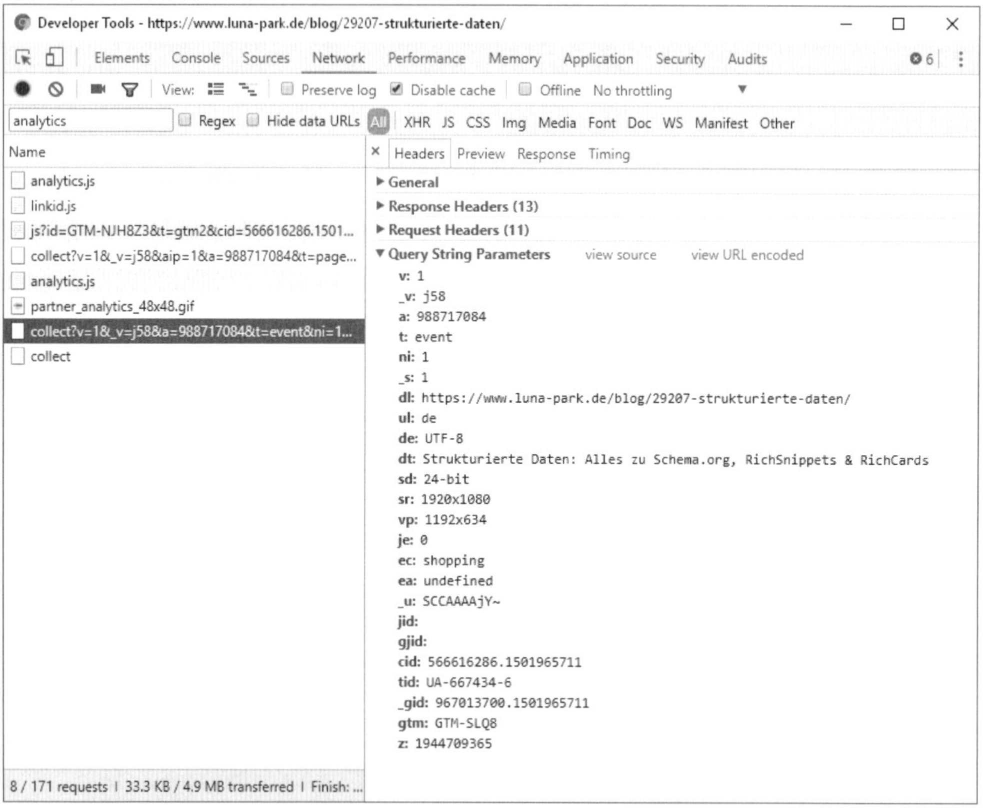

Abbildung 12.8 Tracking-Parameter beim Aufruf des collect-Images

In der ersten Zeile sehen Sie den kompletten Aufruf, der zum Google-Analytics-Server geht, darunter folgen die Abfragemethode und der Antwort-Code des Google-Servers. Hier sollte es beim STATUS CODE immer »200 OK« heißen, ansonsten ist der Google-Server nicht erreichbar.

Im anschließenden Bereich REQUEST HEADERS sind einige Umgebungsvariablen enthalten, die sich auch in Analytics finden lassen. So etwa der vollständige User-Agent-String, also die Kennung, mit der sich der Browser meldet. Außerdem gibt es den Referrer des Aufrufs, der als Wert die URL der aktuellen Seite enthält.

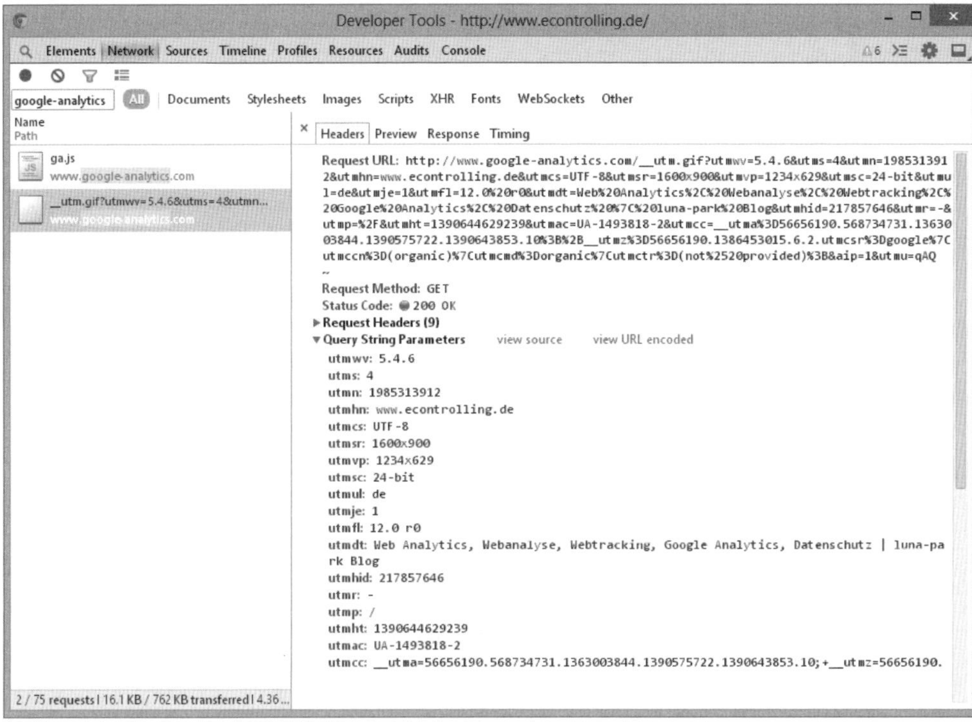

Abbildung 12.9 Parameter beim Aufruf von »utm.gif«

Der wichtigste Punkt in dieser Ansicht ist jedoch QUERY STRING PARAMETERS. Dort sind alle Parameter und ihre Werte übersichtlich gelistet, die für das Tracking zum Google-Server übertragen werden. Die Parameter von *collect* (siehe Abbildung 12.8) und *utm.gif* (siehe Abbildung 12.9) unterscheiden sich im Namen, inhaltlich übergeben sie aber ähnliche Daten, wie Sie in Tabelle 12.1 sehen können.

analytics.js	ga.js	Beschreibung
`aip`	`aip`	Anonymize IP Bei `aip=1` wird die letzte Stelle der IP-Adresse gekürzt.
`cid`	`utmcc`	Für *analytics.js* wird eine eindeutige Besucherkennung übertragen, die im Cookie *_ga* abgelegt ist. Für *ga.js* werden die Cookies zur Visit-Berechnung und Kampagnenzuordnung übermittelt (*utma, utmz, utmcsr, utmccn, utmcmd, utmcct*).

Tabelle 12.1 Parameter beim Aufruf von »collect« oder »utm.gif«

analytics.js	ga.js	Beschreibung
cd1 - 20	–	Benutzerdefinierte Dimensionen (custom dimensions). Sind nur in Universal Analytics verfügbar. Die Zahl entspricht der Index-Nummer, die Sie in der Verwaltung festgelegt haben.
cm1 - 20	–	Benutzerdefinierte Messwerte (custom metrics). Sind nur in Universal Analytics verfügbar. Die Zahl entspricht der Index-Nummer, die Sie in der Verwaltung festgelegt haben.
de	utmcs	*analytics.js*: Encodierung der aktuellen Seite, zum Beispiel UTF-8 *ga.js*: Sprachkodierung des Browsers. Wenn der Browser das Feld nicht befüllt, steht hier ein Minuszeichen.
dh (opt)	utmhn	Hostname, als URL-String codiert. Ist für *analytics.js* optional, da in dl bereits enthalten.
dp (opt)	utmp	Pfad der aktuellen Seite. Ist für *analytics.js* optional, da in dl bereits enthalten.
dl	–	Document-Location. Enthält die komplette URL der aktuellen Seite, also Hostnamen, Pfad und Querystring.
dr	utmr	Referrer
dt	utmdt	Seitentitel
–	utme	Enthält die Werte für Events oder benutzerdefinierte Variablen in kodierter Form.
ec	–	Event Category
ea	–	Event Action
el	–	Event Label
ev	–	Event Value
fl	utmfl	Flash-Version
ic	utmipc	Item Code. Entspricht der eindeutigen Katalognummer eines Produkts bei einer Transaktion.

Tabelle 12.1 Parameter beim Aufruf von »collect« oder »utm.gif« (Forts.)

analytics.js	ga.js	Beschreibung
in	utmipn	Item Name. Entspricht der eindeutigen Bezeichnung eines Produkts bei einer Transaktion.
ip	utmipr	Item Price. Stückpreis. Für *analytics.js* kann mit dem Parameter cu die Währung angegeben werden. Für *ga.js* muss der Wert in amerikanischer Notation übermittelt werden.
iq	utmiqt	Item Quantity. Menge der Produkte
je	utmje	Java im Browser installiert?
sd	utmsc	Farbtiefe des Bildschirms
sr	utmsr	Bildschirmauflösung
t	utmt	Art des Aufrufs, also *pageview, event, transaction*
ta	utmtst	Affiliate Partner, über den die Transaktion zustande kam
ti	utmtid	Transaktions-ID. Die Bestellnummer
tid	utmac	Tracking-ID der Property, in der gezählt wird
tr	utmtto	Umsatz der Transaktion
ts	utmtsp	Lieferkosten
tt	utmttx	Steuern
ul	utmul	eingestellte Sprache des Browsers
v	utmwv	Tracking-Code-Version
vp	utmvp	Fenstergröße des Browsers
z	utmn	Zufällig generierte Zahl, damit jede URL eines Tracking-Aufrufs einzigartig ist und nicht gecacht wird.

Tabelle 12.1 Parameter beim Aufruf von »collect« oder »utm.gif« (Forts.)

Wenn Sie die Parameter des Aufrufs prüfen, sehen Sie, was tatsächlich zu den Google-Servern geschickt wird. Nur diese Daten können in den Analytics-Berichten auftauchen. Fehlt ein Feld oder enthält es einen anderen Wert, als Sie erwarten, liegt das Problem bei der Einbindung des Tracking-Codes und nicht in der Konfiguration Ihrer Konten.

Einige Werte liefern Informationen über Ihren verwendeten Browser, etwa die Bildschirmauflösung oder die Version des Flash-Plugins, sofern vorhanden. Diese Parameter werden bei jedem Ihrer Aufrufe gleich bleiben, solange Sie mit demselben Browser surfen. Die Tracking-ID, auf die der Zugriff gezählt wird, sollten Sie zumindest beim ersten Aufruf prüfen. Hier kann sich leicht der Fehlerteufel einschleichen, etwa beim Kopieren aus einer Vorlage oder einer anderen Website. Stimmt die Tracking-ID nicht, werden zwar Zugriffe abgesetzt, kommen aber nicht da an, wo Sie vielleicht gerade danach suchen.

In `dr` bzw. `utmr` wird der Wert des Seiten-Referrers übergeben. Im Gegensatz zum oben erwähnten Referrer des Request Headers gibt dieses Feld den Referrer an, der zur aktuellen Seite geführt hat, also zum Beispiel, ob Sie direkt auf die URL gegangen (in dem Fall enthält das Feld ein Minuszeichen) oder über einen Link zur Seite gekommen sind. Aus technischer Sicht ist es an dieser Stelle egal, ob Sie von einer Google-Ergebnisseite, einem Link in einem Blog oder über ein Banner zur Seite gelangt sind – im Feld ist immer genau die Seite abgelegt, von der aus Sie mit einem Link zur aktuellen Seite gekommen sind.

Für den *analytics.js*-Code werden die einzelnen Parameter eines Ereignis-Aufrufs als einzelne Felder übergeben. Bei *ga.js* werden die Parameter alle als eine Zeichenfolge zusammengefasst im Feld `utme` übergeben.

Benutzerdefinierte Variablen verwenden den gleichen Aufbau und sogar das gleiche Feld. Die Variablen und Werte sind mit Klammern gruppiert, zuerst die Namen, dann die Werte und schließlich der Gültigkeitsbereich:

```
utme: 8(Postleitzahl*Anbieter_1*Anbieter_2*Anbieter_
3)9(50321*RE*TD*HG)11(2*2*2*2)
```

Da CustomVars erst gezählt werden, wenn sie mit einem späteren `trackpageview`- oder `trackevent`-Aufruf übertragen werden, können Event- und CustomVar-Informationen zusammen im Parameter `utme` enthalten sein. Daher sollten Sie bei Verwendung von benutzerdefinierten Variablen prüfen, ob diese auch mit übertragen werden.

Benutzerdefinierte Dimensionen und Messwerte in *analytics.js* werden als zusätzliche Felder übergeben. Sie sind entsprechend ihres Index-Werts nummeriert, das Feld mit Index 1 entspricht also `cd1` (custom dimension 1) und das Feld `cm3` steht für custom metric 3.

Der Reiter SOURCES zeigt alle geladenen Dateien, gruppiert nach Server und Verzeichnis. Sie können die Quelltexte einsehen und sogenannte Watch- und Breakpoints im Seitenaufbau definieren. Diese Funktionen benötigen Sie aber nur dann, wenn Sie anspruchsvolle Erweiterungen für das Tracking bestimmter Daten einbinden oder die Tracking-Aufrufe tief in eigene Skripte integrieren wollen. Die folgenden Reiter TIMELINE, PROFILES und AUDITS sind ebenfalls primär für Entwickler und Administratoren von Websites gedacht.

Interessant wird es noch mal auf dem letzten Reiter CONSOLE. Hier können Sie JavaScript-Befehle direkt in Ihrem Browser eingeben und ausführen, zum Beispiel die Tracking-Codes und Befehle von Google Analytics. Das heißt, Sie können in der Console einzelne Aufrufe, Transaktionen usw. simulieren.

Wenn auf der aktuellen Seite der Tracking-Code mit *analytics.js* eingebunden ist, können Sie zum Beispiel mit

```
ga('send', 'pageview');
```

einen Seitenaufruf zählen. Für *ga.js* lautet der Aufruf:

```
_gaq.push(['_trackPageview'])
```

Als Antwort erscheint ein `undefined` (*analytics.js*) oder eine `0` (*ga.js*). Im Reiter NETWORK können Sie am Ende der Liste den gerade abgeschickten Aufruf sehen.

Testaufrufe mit dem Google Tag Manager

Diese Aufrufe funktionieren leider nicht, wenn Sie Ihre Tracking-Codes mit dem Google Tag Manager (siehe Kapitel 14) und den dafür vorgesehenen Templates ausspielen. Der GTM kapselt die Tracking-Codes, sodass sie nicht von »externen« Befehlen erreichbar sind.

Jeder Befehl, den Sie in den Analytics-Tracking-Code der Seite einbauen können, lässt sich auch direkt hier ausführen. So können Sie auch für Seiten Tracking-Aufrufe testen, bevor der Tracking-Code tatsächlich in der Seite eingebaut wurde. Führen Sie in der CONSOLE den kompletten Tracking-Code aus, und Sie erhalten erste Aufrufe in der neu angelegten Property (siehe Abbildung 12.10). Ist der Tracking-Code einmal geladen, können Sie weitere Funktionen wie Events oder E-Commerce-Tracking simulieren.

Abbildung 12.10 Tracking-Code direkt in der »Console« ausführen

12.3 Google Tag Assistant

Mit dem *Tag Assistant* bietet Ihnen Google eine kostenlose Erweiterung für den Chrome-Browser an, mit der sich die Implementierung von Google Analytics und einigen anderen Google-Diensten prüfen lässt. Der Tag Assistant prüft dabei nicht einfach nur die korrekte Einbindung von Codes, sondern erkennt auch typische Implementierungsfehler und verweist mit seinen Meldungen direkt auf weitere Informationen in der Google-Hilfe. So können Sie selbst ohne tiefere technische Kenntnisse Probleme erkennen und weitergeben. Den Tag Assistant können Sie kostenlos aus dem Chrome Web Store unter *http://goo.gl/hsghYW* herunterladen (siehe Abbildung 12.11).

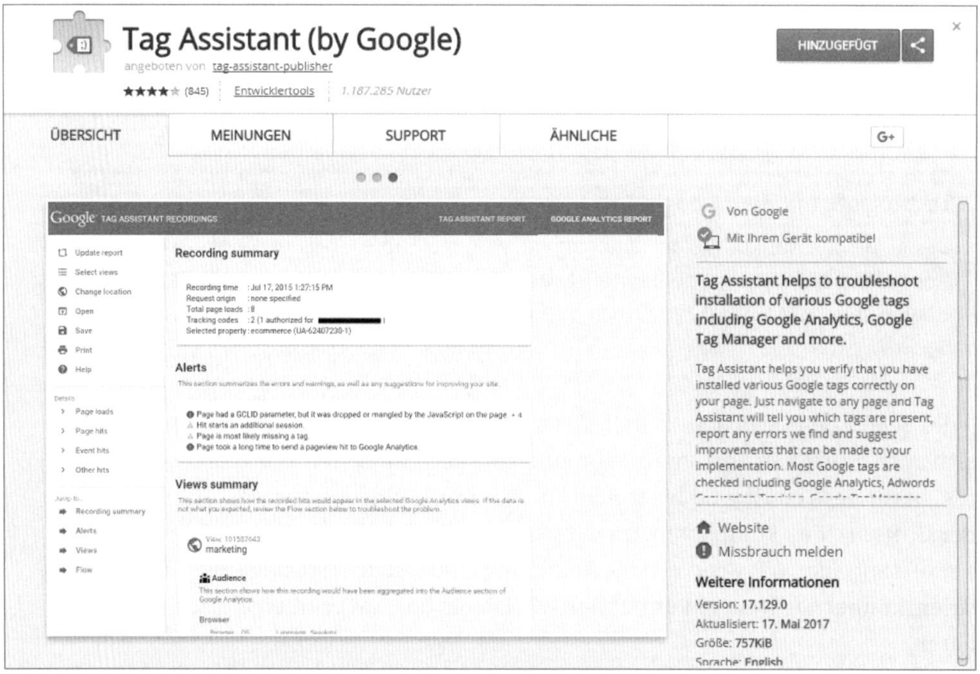

Abbildung 12.11 Tag Assistant im Chrome Web Store

Die Erweiterung erkennt beim Aufruf einer Seite Skripte von folgenden Diensten:

- Google Analytics Universal (*analytics.js*)
- Google Analytics klassisch (*ga.js*)
- Google Analytics mit Remarketing (*dc.js*)
- AdWords Conversion Tracking
- AdWords Remarketing (alte Fassung)
- AdWords Remarketing (neue Fassung)

- Doubleclick Floodlight
- Google Tag Manager

Nach der Installation der Erweiterung aus dem Google Chrome Web Store erscheint in der Navigationsleiste des Browsers ein neues Icon, das Informationen über die Tags auf der aktuellen Seite zeigt. In der Grundeinstellung prüft die Erweiterung jede Seite, die im Browser aufgerufen wird, auf enthaltene Skripte aus der unterstützten Liste. Dabei kann sie folgende Varianten anzeigen:

- Kein bekannter Code enthalten. Das Icon ist grau mit einem X.
- Korrekte Tags gefunden. Das Icon wird grün dargestellt, zusammen mit der Anzahl der gefundenen Tags.
- Verbesserungsmöglichkeiten entdeckt. Wenn der Tag Assistant Vorschläge zur Optimierung der Tags hat, wird das Icon blau.
- Kleinere Probleme mit dem vorhandenen Code führen zu einem gelben Icon.
- Kritische Fehler im Code werden durch ein rotes Icon signalisiert.

Ein Klick auf das Icon öffnet eine Ergebnisübersicht.

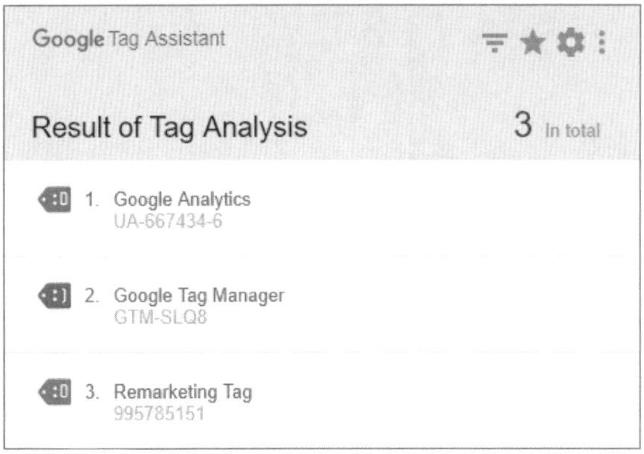

Abbildung 12.12 Erste Prüfung mit dem Tag Assistant

Sie zeigt die Zahl der gefundenen Tags und der entdeckten Fehler (siehe Abbildung 12.12). Es folgt eine Liste der Tags, wobei für jedes Tag direkt die Art und vorhandene Account-Informationen angezeigt werden sowie das Testergebnis WORKING, SUGGESTIONS oder NOT WORKING. Ein Klick auf die einzelnen Einträge fördert detailliertere Informationen über Code und Status zutage (siehe Abbildung 12.13).

Neben der Property-ID zeigt die Erweiterung die verwendete Übertragungsform des Tracking-Codes synchron oder asynchron an. Unterhalb der allgemeinen Informationen sehen Sie alle einzelnen Aufrufe, die bisher erfasst wurden: Seiten (Pageview), Ereignisse (Events) usw. Mit einem weiteren Klick auf diesen Eintrag können Sie den gesamten HTML-Code des Tracking-Aufrufs einsehen. Übergibt der Tracking-Code benutzerdefinierte Dimensionen, werden sie mit bei den Tag-Informationen aufgeführt – inklusive Namen und Werte. Die Erweiterung erfasst zudem das Abfeuern von Tracking-Events auf der Seite und listet sie zusammen mit Kategorie, Aktion, Label und Wert auf (siehe Abbildung 12.14).

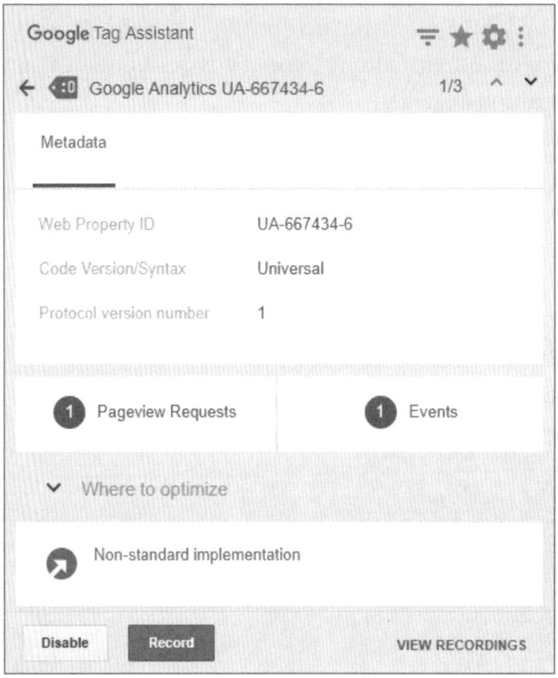

Abbildung 12.13 Weitere Informationen zum Analytics Tag

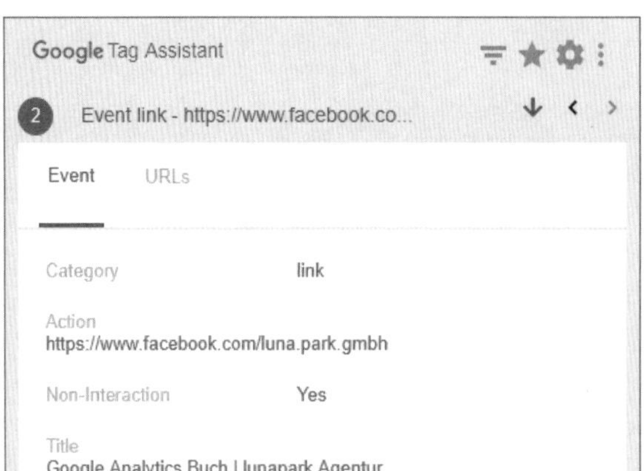

Abbildung 12.14 Benutzerdefinierte Variablen und Events im Tag Assistant

Bei Verbesserungsmöglichkeiten weist die Erweiterung unter WHERE TO OPTIMIZE, zusammen mit einer kurzen Meldung und einem Link, auf weitere Informationen in der Google-Hilfe hin. Warnungen und Fehler werden ebenfalls mit einer Meldung und Link zur Online-Hilfe aufgelistet.

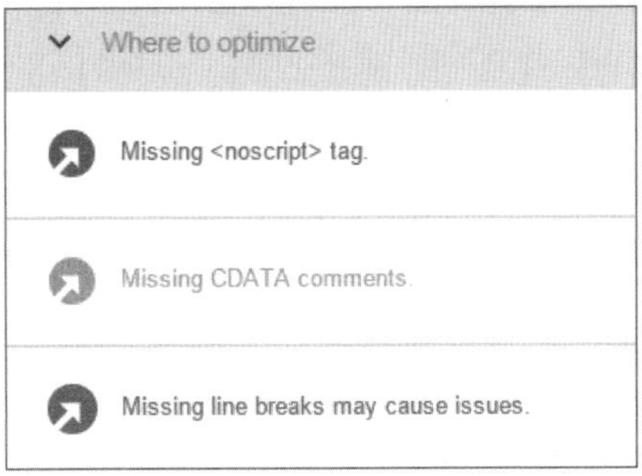

Abbildung 12.15 Optimieren Sie Ihre Tags anhand der Empfehlungen.

Der Tag Assistant bietet einige Optionen, mit denen sich das Verhalten weiter konfigurieren lässt (siehe Abbildung 12.16). Klicken Sie mit der rechten Maustaste auf das Icon des Tools in der Adresszeile, gelangen Sie zu den Optionen. Zwei Dinge lassen sich beeinflussen: Was soll geprüft werden? Und wie detailliert soll geprüft werden?

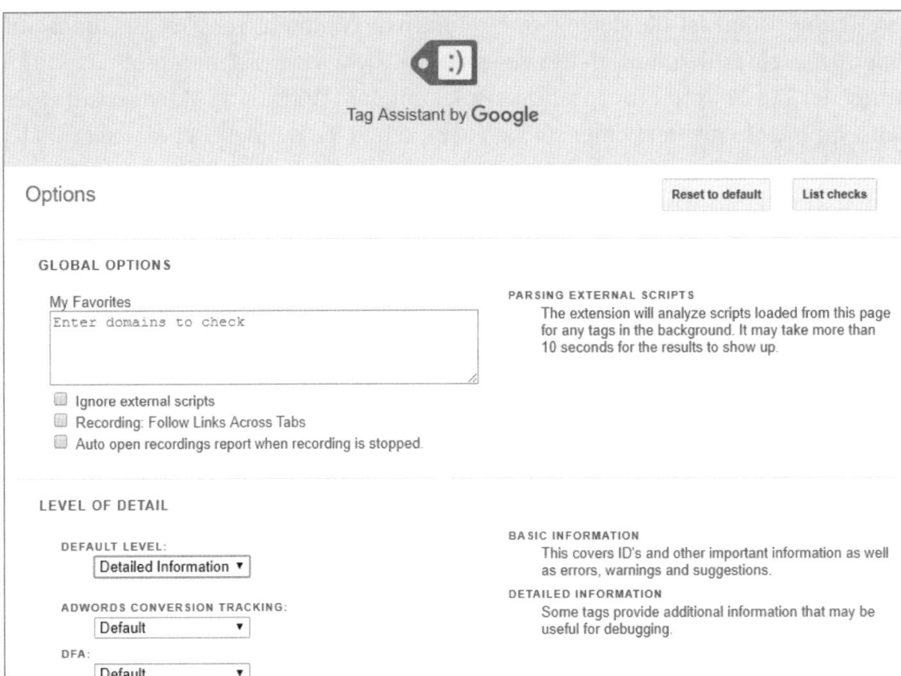

Abbildung 12.16 Tag-Assistant-Optionen

Die Einstellung VALIDATE ALL PAGES ist in der Grundeinstellung vorausgewählt und bewirkt, dass die Erweiterung jede Seite prüft, die Sie im Browser aufrufen. Wenn Sie das Häkchen entfernen, wird die Erweiterung zukünftig erst dann aktiviert, wenn Sie auf einer Seite auf das Icon und anschließend den Button CHECK THIS PAGE NOW klicken. Für bestimmte Domains können Sie die automatische Prüfung durch eine Liste reaktivieren, damit lässt sich die Erweiterung zum Beispiel auf aktuelle Projektseiten eingrenzen.

Mit der Option IGNORE EXTERNAL SCRIPTS unterbinden Sie die Prüfung von Tracking-Codes, die in nachgeladenen JavaScript-Dateien enthalten sind. Wenn die zu prüfende Seite viele JavaScript-Dateien lädt und Sie sicher sind, dass darin keine Tracking-Codes enthalten sind, können Sie die Prüfung deaktivieren, um dem Browser unnötige Rechnerei zu ersparen. In den meisten Fällen werden die Auswirkungen allerdings minimal sein, daher können Sie die Option ruhig in der Grundeinstellung lassen, bei der auch alle externen Dateien geprüft werden.

Mit dem folgenden DEFAULT LEVEL bestimmen Sie, wie viele Informationen die Erweiterung über die Tags anzeigen soll. Zur Auswahl stehen BASIC, DETAILED und OFF, also gar keine Infos. Hier können mehr Informationen nicht schaden, darum sollten Sie die Einstellung DETAILED wählen. In den darauffolgenden Optionen können Sie für jeden einzelnen Skripttest den Detailgrad der Informationen einstellen.

Der Tag Assistant ist die derzeit wohl einfachste Methode, um Google-Codes auf einer Seite zu prüfen, und liefert sogar Lösungsvorschläge. Einen großen Vorteil bringt der Tag Assistant im Zusammenspiel mit dem Google Tag Manager auf einer Seite. Im HTML-Quelltext einer solchen Seite sehen Sie nur den Tag-Manager-Code, aber nicht dessen Inhalt. Auch die Entwicklertools helfen nur bedingt weiter, da man auch dort nicht sieht, welche Codes der Tag Manager nachlädt. Der Tag Assistant jedoch zeigt die im Container enthaltenen Codes an und prüft sie wiederum auf Vollständigkeit.

Für die Prüfung von Events und Transaktionen bringt die Erweiterung die nötigen Werkzeuge mit, allerdings fehlt hier eine sinnvolle Darstellung. Sie müssen nach jedem gefeuerten Event die Erweiterung erneut aufrufen, was schnell umständlich wird. Bei Events zwischen zwei Seiten, etwa beim Zählen von Klicks auf ausgehende Links, hilft der Tag Assistant nicht weiter, da er auf jeder Seite neu geladen wird. Nutzen Sie in diesem Fall das Debugging-Skript oder die Browser-Entwicklertools.

12.4 Website-Crawler

Heute bestehen Online-Auftritte leicht aus mehreren tausend Seiten. Die Einbindung eines Tracking-Codes auf jeder einzelnen dieser Seiten im Quelltext zu prüfen, wäre ein hoffnungsloses Unterfangen, das viel zu viel Zeit in Anspruch nehmen würde. Was tun Sie aber, wenn Sie genau das müssen: für eine große Website mit Tausenden Dokumenten prüfen, ob überall ein Tracking-Code eingebaut ist?

Solch große Websites laufen normalerweise auf einem Content-Management-System (CMS) oder einer Shopping-Plattform. Der Tracking-Code wird also nicht auf allen Seiten einzeln von Hand eingebaut, sondern zentral in Templates. Aber auch in diesem Fall kann eine Prüfung aller Seiten nötig und sinnvoll sein. Fehler können immer passieren, und wenn Sie das Tracking auf einer Seite vergessen oder falsch implementiert haben, sind diese Zugriffe verloren.

Zur Prüfung von vielen Seiten können Sie eine Crawler-Software nutzen, die auf der Startseite der Website beginnt und von da aus alle Links auf Unterseiten verfolgt, um sie zu prüfen und wieder weitere Links zu entdecken. Im Idealfall kann ein Crawler auf diese Weise die gesamte Webseite durchsuchen (so arbeiten übrigens auch Suchmaschinen wie Google, um an ihre Inhalte zu kommen).

Eine solche Software ist zum Beispiel der unter *http://goo.gl/cHMPsO* abrufbare *SEO Spider* von Screaming Frog Ltd. (siehe Abbildung 12.17). Wie der Name vermuten lässt, handelt es sich primär um ein Tool aus dem SEO-Bereich, mit dem man Links, Title und Description von Seiten crawlen kann. Der SEO Spider bietet aber auch eine praktische Funktion, mit der Sie sich einen Google-Analytics-Prüf-Crawler bauen können. Das Programm erlaubt es nämlich, auf jeder Seite nach einer frei definierbaren Zeichenfolge zu suchen. Ein kleiner Wermutstropfen sind die Kosten: Um beliebige Zeichenfolgen auf den Seiten prüfen zu können, müssen Sie eine Lizenz erwerben (derzeit 99 Pfund pro Jahr). Dafür können Sie dann aber auch mehr als 500 URLs crawlen. Außerdem prüft der Crawler eine Reihe technischer und SEO-relevanter Faktoren ab, die Investition lohnt sich also für mehrere Themen.

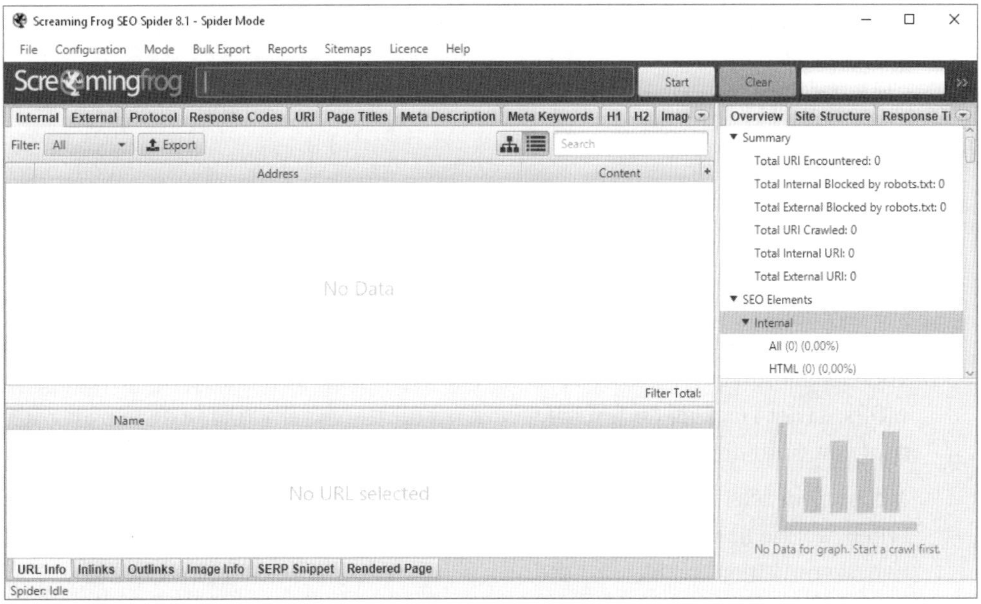

Abbildung 12.17 SEO Spider von Screaming Frog

Über das Menü CONFIGURATION • CUSTOM gelangen Sie zur CUSTOM SEARCH. Hier können Sie bis zu zehn Zeichenfolgen angeben, die entweder in den Seiten enthalten sein sollen oder aber nicht vorkommen dürfen. Sie brauchen nun eine Zeichenkette, die in jedem Tracking-Code auf jeder Seite vorkommen muss. Dafür bietet sich die Tracking-ID an, denn mit Ihrer Prüfung schlagen Sie gleich zwei Fliegen mit einer Klappe: Einerseits prüfen Sie, ob die Seite überhaupt einen Tracking-Code enthält, andererseits sehen Sie so, ob im Code auch die korrekte ID eingetragen ist und nicht aus Versehen auf einen anderen Bericht gezählt wird.

Sie richten nun zwei Filter ein: einmal für Seiten, die die ID enthalten, und einmal für Seiten ohne ID (siehe Abbildung 12.18). Somit können Sie später leichter nachvollziehen, welche Seiten der Crawler tatsächlich abgerufen hat und ob es noch »weiße Flecken« auf der Website gibt.

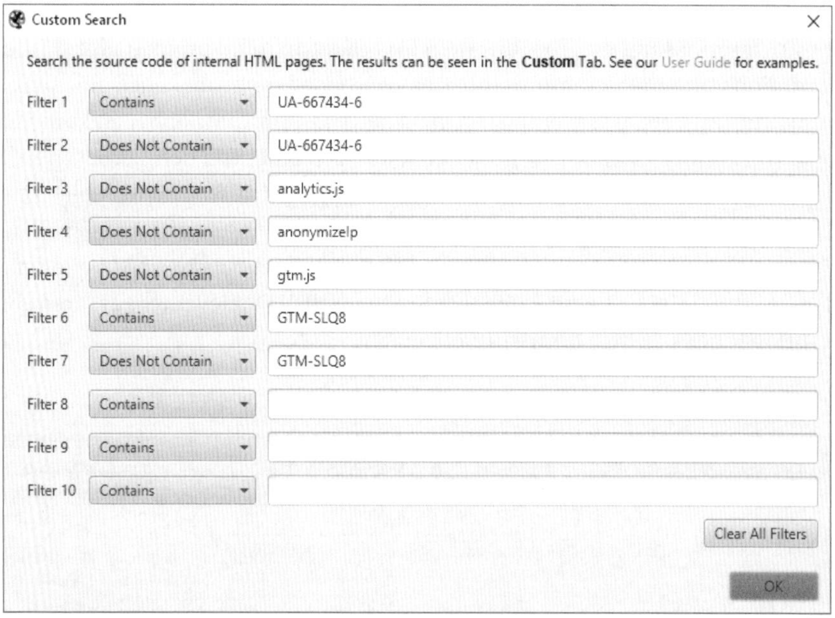

Abbildung 12.18 Alle Custom-Filter bereit zur Prüfung

Abschließend fügen Sie noch einen dritten Filter hinzu, der nach der JavaScript-Datei von Google Analytics Ausschau hält. Fehlt sie, bringt der Eintrag der Tracking-ID nichts, da der Tracking-Code nicht feuert. Für die Universal-Variante suchen Sie nach *analytics.js*, für die klassische Variante nach *ga.js*.

Möchten Sie nicht auf eine bestimmte Tracking-ID hin überprüfen, sondern generell sehen, welche ID eingebaut ist, nutzen Sie den *Custom Extraction* Filter. Damit können Sie mit einem regulären Ausdruck den Wert einer Tracking-ID (oder einer Tag Manager Container ID) aus der Seite auslesen. Gerade nach einem Relaunch kann ein solcher Suchvorgang sinnvoll sein, um alte Tracking-Codes zu entdecken.

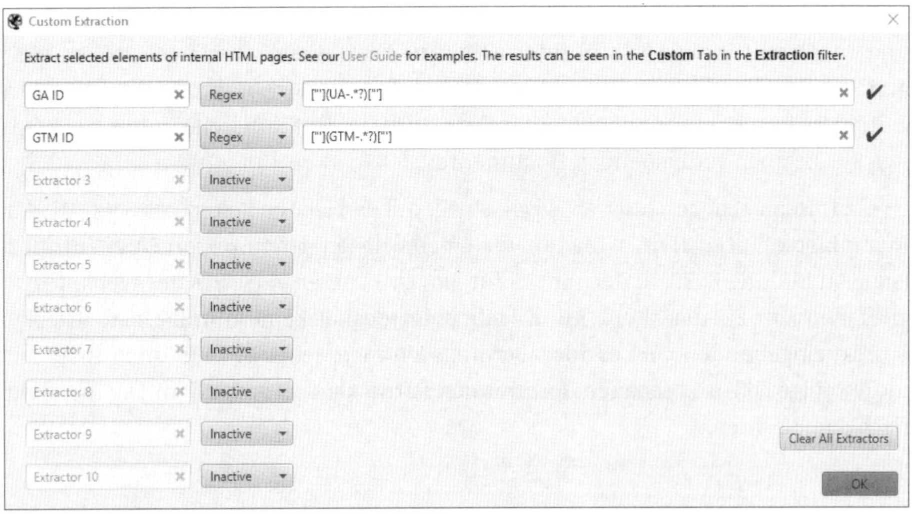

Abbildung 12.19 Mit Custom Extraction die verwendete ID auslesen

Crawling und Tag Manager

Nutzen Sie den Google Tag Manager auf Ihrer Seite, können Sie nach der Container-ID suchen. Der Screaming-Frog kann sogar die enthaltenen Tags untersuchen, da das Programm JavaScript Code ausführt. Aktivieren Sie dazu in der *Spider Configuration* den Punkt *Rendering > JavaScript*

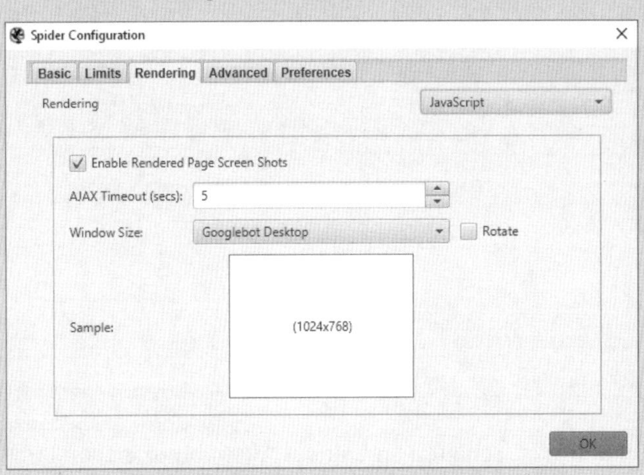

Abbildung 12.20 JavaScript Tags ausführen und prüfen

Falls der Tracking-Code noch Anpassungen enthalten soll, etwa das datenschutzrelevante `anonymizeIp`, können Sie dies hier ebenfalls mit angeben.

Als Nächstes müssen Sie im Feld direkt unter dem Menü die URL eingeben, die gecrawlt werden soll (ENTER URL TO SPIDER). Danach einfach auf START klicken, und das Programm beginnt, die Website zu durchsuchen. Je nach Umfang der Website und der Geschwindigkeit Ihrer Internetleitung kann dieser Vorgang zwischen einigen Sekunden und mehreren Stunden dauern. Es sollte sich während des gesamten Zeitraums immer etwas auf dem Bildschirm tun – in der Statuszeile unten rechts sehen Sie die noch verbleibenden Dokumente.

Ist der Durchlauf abgeschlossen, wechseln Sie auf den letzten Reiter CUSTOM. Mit der Auswahlbox FILTER können Sie nun die Ergebnislisten der einzelnen Filter aufrufen (siehe Abbildung 12.21). In der Tabelle für FILTER 1 sollten alle URLs des Webauftritts enthalten sein. Für die Filter 2, 3 und 4 gibt es im Idealfall keine Einträge, dann ist alles korrekt eingebunden. Gibt es dort allerdings Einträge, gehen Sie nun im Browser auf die jeweilige URL und schauen dort mit den Entwicklertools oder dem Tag Assistant nach dem Rechten.

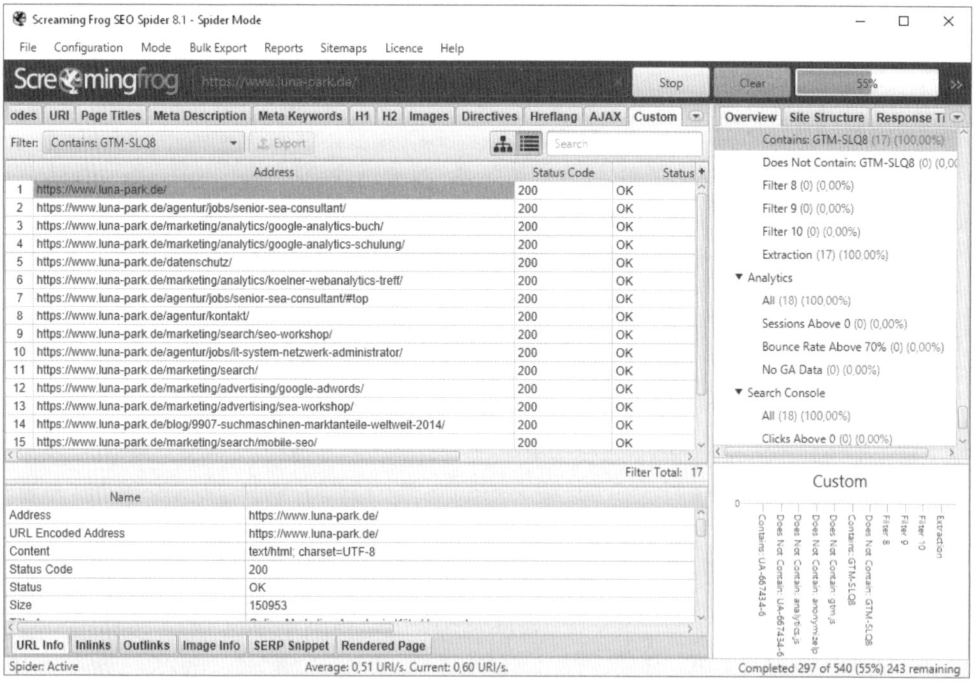

Abbildung 12.21 Ergebnis des Crawlers

Haben Sie eine Extraction definiert, schalten Sie mit der Auswahlbox neben FILTER auf diese Daten um.

Sollte es mehrere URLs geben, die geprüft werden müssen, oder sollten Sie diese Information nur weitergeben wollen, können Sie über den Button EXPORT auch eine CSV-Liste für die Weiterverarbeitung in Excel speichern.

Im Laufe der Zeit werden Sie Ihre Website sicherlich weiterentwickeln und neue Inhalte und Seiten hinzufügen. Sie sollten daher sowohl nach jeder größeren Anpassung als auch in regelmäßigen Abständen die Tracking-Codes überprüfen. Fehlende Tracking-Codes auf einzelnen Seiten oder in bestimmten Verzeichnissen sind schwer zu entdecken, solange Sie die Aufrufe genau dieser Seiten nicht explizit analysieren möchten. Fällt Ihnen ein solcher Fehler erst auf, wenn Sie die Daten brauchen, ist es häufig schon zu spät, und die Nutzerdaten dieser Seiten sind verloren.

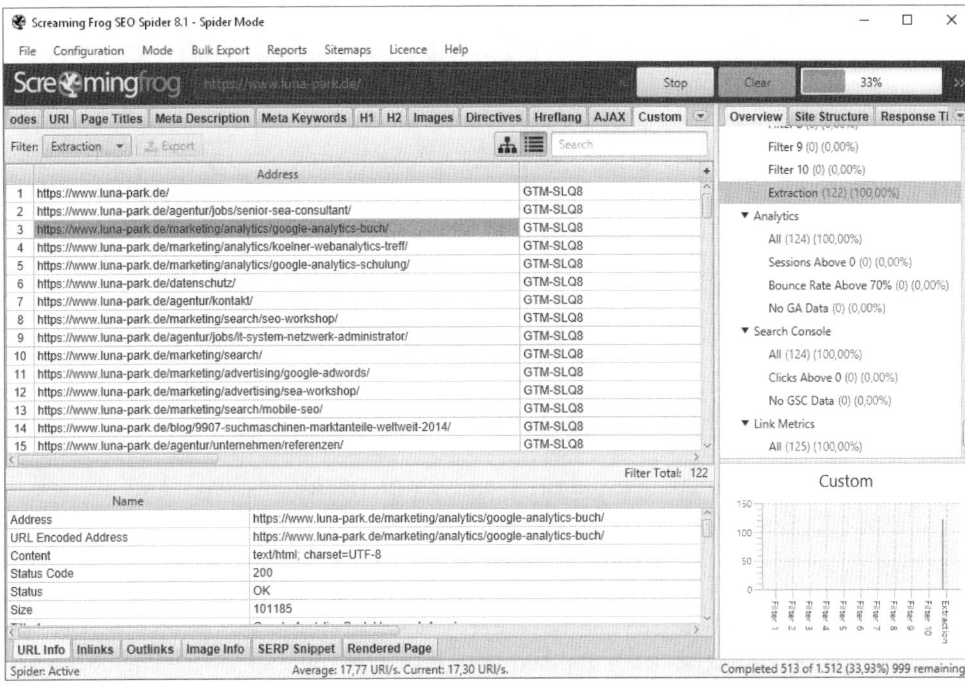

Abbildung 12.22 Tag Manager Container IDs für jede URL

12.5 Häufige Fehler

Bei der Implementierung und Arbeit mit Google Analytics werden Sie früher oder später an ein Problem geraten oder sich eine Frage stellen, die Sie nicht direkt lösen können. Manchmal liegt das an der Programmierung Ihrer Website, oft sind die Probleme aber davon unabhängig. Im Folgenden gehen wir auf die häufigsten Probleme und ihre Ursachen ein und zeigen Ihnen dabei gleichzeitig auf, welche Lösungsmöglichkeiten jeweils bestehen.

12.5.1 JavaScript-Tücken

Der Analytics-Tracking-Code ist in JavaScript geschrieben. Als Programmiersprache hat JavaScript bestimmte Regeln für die Verwendung von Zeichen und Befehlen. Solange Sie den Tracking-Code vollständig aus der Property-Verwaltung kopieren, können sich keine Fehler einschleichen. Sobald Sie aber Anpassungen vornehmen, sollten Sie auf einige Dinge achten.

Nachsichtiges »analytics.js«

Der klassische Tracking-Code ist deutlich unnachgiebiger bei Schreibfehlern in den Analytics-Befehlen. So müssen Sie bei der Verwendung von *ga.js* unbedingt auf die Groß- und Kleinschreibung der Befehle achten.

Die Zeile

```
_gaq.push(['_trackpageview']);    // fehlerhaft
```

führt zum Beispiel nicht zum gewünschten Seitenaufruf. Der Befehl muss korrekt

```
_gaq.push(['_trackPageview']);    // korrekt
```

lauten. Außerdem können Leerzeichen in den Parameterwerten das Tracking stören, wie beispielsweise

```
_gaq.push([' _trackPageview']);  // fehlerhaft
```

Bei den Aufrufen für *analytics.js* dagegen verursachen sowohl die Groß- oder Kleinschreibung als auch überflüssige Leerzeichen keine Probleme.

Die Parameter der Analytics-Aufrufe müssen normalerweise von Anführungszeichen oder Hochkommata umgeben werden. Hier ein Beispiel für einen Seitenaufruf:

```
ga('send','pageview');
```

Sowohl `send` als auch `pageview` sind von einfachen Anführungszeichen umgeben. Alternativ funktionieren auch doppelte Anführungszeichen. Sie können beide Varianten verwenden, aber immer nur paarweise: Sie können also nicht mit einem einfachen Anführungszeichen beginnen und mit einem doppelten enden.

Sollten Sie die Aufrufe aus einem Dokument (zum Beispiel PDF oder Word) kopieren, achten Sie darauf, dass die Anführungszeichen nicht durch Ihre typografische Variante ersetzt werden, beispielsweise so:

```
ga("send","pageview");
```

Word nimmt diese Ersetzung beim Schreiben automatisch vor, daher ist die Gefahr besonders groß, wenn Sie Befehle in einer Word-Datei aufgeschrieben haben.

Achten Sie außerdem bei allen Klammern darauf, dass es für jede öffnende Klammer auch eine schließende geben muss. Weiterhin sind die unterschiedlichen Arten von Klammern nicht austauschbar wie die Anführungszeichen. Wenn der Befehl eine geschweifte Klammer { erwartet, dürfen Sie auch nur eine solche verwenden. Es gibt drei Arten von Klammern in den Tracking-Codes, die unterschiedliche Funktionen haben (siehe Tabelle 12.2).

Name	Beispiel	Tastenkombination
runde Klammer	( )	⇧ + 8 und 9
eckige Klammer	[ ]	AltGr + 8 und 9
geschweifte Klammer	{ }	AltGr + 7 und 0

Tabelle 12.2 Die verschiedenen Klammerarten in JavaScript

Wenn Sie einen Fehler in JavaScript haben, wird in den meisten Fällen eine Fehlermeldung auf der CONSOLE der Entwicklertools ausgegeben. Läuft das Tracking nicht so, wie Sie es erwarten, kann daher ein Blick in die CONSOLE helfen.

12.5.2 Keine Daten im Bericht

Alle Berichte zeigen null Besucher, so als hätte sich niemand auf Ihre Website verirrt. In diesem Fall liegt entweder ein Problem mit dem Tracking-Code oder einem Filter vor.

Als Erstes starten Sie ein neues Browser-Fenster im Inkognito-Modus, um keine alten Einstellungen im Speicher zu haben. Ihr Browser darf natürlich nicht das Opt-out-Plugin für Analytics installiert haben, das alle Aufrufe von Analytics blockieren würde. Weiterhin müssen JavaScript und Cookies aktiviert sein.

Dann rufen Sie die zu prüfende Website auf, die natürlich funktionieren muss, damit überhaupt ein Tracking möglich ist. Prüfen Sie nun mit der Entwicklerkonsole Ihres Browsers, ob der Tracking-Code auch tatsächlich ausgeführt wird: Es muss die Pixel-Grafik vom Google-Analytics-Server geladen werden. Falls nicht, fehlt entweder der Code, oder er wird nicht korrekt geladen. Schauen Sie dazu in den Quelltext der Seite, und suchen Sie nach dem Codeaufruf. Ist er doch vorhanden, vergleichen Sie den Code mit der Vorgabe in Ihrem Bericht: Ist es der Originalcode, oder hat ihn jemand vor dem Einbau verändert?

Wurde die Pixel-Datei abgerufen, prüfen Sie die Parameter des Aufrufs: Wird die richtige Tracking-ID angefragt? Vergleichen Sie die Tracking-ID im Aufruf und die Tracking-ID der Datenansicht, in der Sie sich gerade befinden.

Sind Ihre bisherigen Prüfungen alle positiv ausgefallen, werden die Daten immerhin zu den Analytics-Servern übertragen. Kommt dennoch nichts in Ihren Berichten an, prüfen Sie nun die Filter der Datenansicht. Gibt es ein- oder ausschließende Filter, die vielleicht die Besucherdaten blockieren, bevor sie in der Ansicht erscheinen? An dieser Stelle ist das Rohdatenprofil hilfreich, für das Sie keine Filter angelegt haben (siehe Abschnitt 6.3).

Die sonstigen Property- und Datenansichtseinstellungen können Sie zunächst unberücksichtigt lassen. Wenn Sie den Tracking-Code einer Property in eine Website einbinden, kommen die Aufrufe in der Datenansicht an, auch wenn Sie zum Beispiel eine andere Website in den Einstellungen angeben. Nur Filter können die Daten tatsächlich abblocken.

12.5.3 Wenig Daten im Bericht

Kniffliger wird die Situation, wenn Sie nur wenige Aufrufe im Bericht finden. In dem Fall funktioniert das Tracking anscheinend, aber nicht überall auf der Website.

Prüfen Sie als Erstes den eingebauten Tracking-Code und die Tracking-ID. Vielleicht sehen Sie im Bericht Daten von einem anderen Code, zum Beispiel auf einer Entwicklungsseite. Ist an dieser Stelle alles in Ordnung, schauen Sie in die Filter, um auch diese Ursache auszuschließen.

Rufen Sie unterschiedliche Seiten auf, und prüfen Sie dabei in einem zweiten Fenster die Echtzeitberichte. Kommen dort alle Seitenaufrufe an, die Sie ausführen?

Wenn Sie im Bericht weniger Aufrufe finden als erwartet, kann das auch an der Ladezeit der Seiten liegen. Wenn Sie den Tracking-Code am Ende der Seite eingebaut haben und die Seite sehr lange braucht, um komplett zu laden, hat der Besucher bereits auf den nächsten Link geklickt, bevor der Tracking-Code ausgeführt wird.

Um diese Ursache zu überprüfen, verschieben Sie den Tracking-Code im Quelltext Ihrer Seiten soweit nach oben wie möglich, am besten in den `<head>`-Bereich der HTML-Seite. Falls Sie dadurch eine Verbesserung erreichen, sollten Sie die Geschwindigkeit Ihrer Website insgesamt überprüfen, denn der Tracking-Code lädt jetzt zwar schneller, aber die Website bleibt für den Besucher weiterhin langsam.

Bleiben die Werte weiterhin zu niedrig, analysieren Sie die Zugriffe nach Browser und Betriebssystem. Hat ein Browser auffallend niedrige Werte? Wenn auf Ihrer Website zum Beispiel nur 2 % der Besucher mit Firefox unterwegs sind, hat der Firefox-Browser vielleicht Probleme mit Ihrer Programmierung oder bestimmten Skripten.

12.5.4 Einzelne Seite oder Verzeichnisse fehlen

Eigentlich sieht in Ihren Analytics-Berichten alles normal aus, aber eine bestimmte Seite ist nicht zu finden.

Beginnen Sie wieder mit der Prüfung des eingebauten Tracking-Codes und der Aufrufe der Pixel-Grafik. Bleibt der Aufruf aus, blockiert vielleicht ein anderes JavaScript die Ausführung des Tracking-Codes.

Wird der Aufruf normal abgesetzt, prüfen Sie die übermittelten Parameter. Ist als Seiten-URL die tatsächliche URL aus dem Browser-Fenster enthalten? Vielleicht wird die URL explizit umgeschrieben, und Sie suchen im Bericht schlicht nach der falschen Seiten-URL. Ist das nicht der Fall, prüfen Sie die Filter der Ansicht. Neben Ein- und Ausschlussfiltern kann hier auch ein Ersetzen-Filter die Ursache sein, der die URL verändert, bevor sie in der Ansicht gezeigt wird.

12.5.5 Eintrag (not set)

Den Eintrag (NOT SET) können Sie in den unterschiedlichen Akquisitionsberichten entdecken, aber auch in anderen Berichten taucht er mitunter auf (siehe Abbildung 12.23). Das (NOT SET) zeigt an, dass der Tracking-Code für eine Dimension keinen Wert gefunden hat, die im aktuellen Bericht erwartet wird.

Kampagne	Sitzungen ↓	Seiten/Sitzung
	8 % des Gesamtwerts: 0,00 % (594.155)	2,25 Durchn. für Datenansicht: 5,16 (-56,39 %)
1. (not set)	8(100,00 %)	2,25

Abbildung 12.23 Beispiel »(not set)«-Eintrag in einer Kampagnenliste

Wenn Sie zum Beispiel eine Auflistung aller Kampagnen Ihrer Website betrachten, weist Analytics für diejenigen Besucher ein (NOT SET) aus, die nicht über einen Kampagnen-Link kamen, sondern per Direktaufruf oder organischer Suche. Für eine Kampagne erwartet Analytics entweder einen Wert für den URL-Parameter `utm_campaign` oder einen Wert aus AdWords. Der gleiche Effekt tritt ein, wenn Sie für einen Kampagnen-Link zwar den Parameter `utm_campagin` übergeben, aber `utm_medium` weglassen.

Der Eintrag kann auch entstehen, wenn Sie für Ihre AdWords-Kampagne das automatische Tagging aktiviert, aber keine Verknüpfung zwischen Analytics und dem AdWords-Konto hergestellt haben. In diesem Fall erkennt Analytics zwar, dass ein Besucher über eine AdWords-Anzeige zu Ihrer Website kam, kann aber nicht bei AdWords die Kampagnen und Anzeigendaten abrufen. Im AdWords-Bericht steht dann bei Kampagnen, Anzeigengruppen usw. nur (NOT SET).

Um diese Einträge in der Kampagnenübersicht zu vermeiden, hat der Standardbericht in Analytics einen Filter gesetzt, der die (NOT SET)-Einträge unterbindet (siehe Abbildung 12.24). Sobald Sie aber einen personalisierten Bericht für die Kampagnen anlegen, haben Sie den Eintrag in Ihrer Liste. Natürlich können Sie ihn mit dem gleichen Filter entfernen.

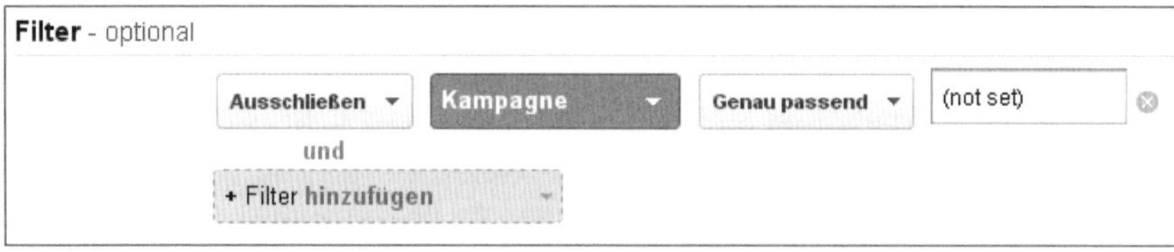

Abbildung 12.24 »(not set)«-Einträge aus Kampagnenübersicht filtern

Aber auch bei Ereignissen kann es (NOT SET)-Einträge geben. Wenn Sie beispielsweise Ereignisse mit Kategorie und Aktion erfassen, das Label-Feld aber leer lassen, wird bei diesen Ereignissen (NOT SET) angezeigt (siehe Abbildung 12.25).

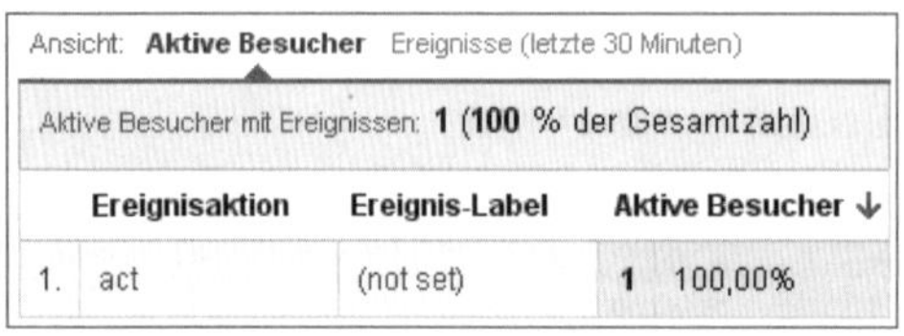

Abbildung 12.25 Fehlendes Label bei einem Ereignisaufruf

Der Eintrag (NOT SET) weist immer darauf hin, dass bei Tracking-Aufrufen nicht alle Daten übergeben wurden, die eigentlich möglich wären. Falls für ein bestimmtes Feld Werte vorhanden sein sollten, prüfen Sie die Aufrufe mit der Entwicklerkonsole: Werden tatsächlich Daten übergeben? Wahrscheinlich wird der Wert nicht ordnungsgemäß gesetzt oder übertragen.

12.5.6 Eintrag (not provided)

In Ihrem Bericht zu organischen Suchbegriffen wird mit hoher Wahrscheinlichkeit der erste Eintrag (NOT PROVIDED) lauten – wie in Abbildung 12.26. Dabei handelt es sich um keinen Fehler, sondern eine bewusste Entscheidung von Google: Bei allen Besuchern, die über einen nicht bezahlten Treffer in der Google-Suche zu Ihrer Website kommen, werden keine Sucheingaben übergeben. Als Platzhalter für diese Besucher verwendet Google Analytics den Eintrag (NOT PROVIDED). Sie können also noch erkennen, dass die Besucher durch eine Suche bei Google zu Ihnen gefunden haben. Aber Sie sehen nicht mehr, was sie eingegeben haben.

Google begründet diesen Schritt damit, die Daten seiner Nutzer besser schützen zu wollen. Bei der ersten Einführung 2011 wurden die Suchbegriffe nur für Anfragen auf der SSL-verschlüsselten Google-Site (*https://www.google.de*) entfernt. Inzwischen bietet Google seine Suche nur noch unter dieser verschlüsselten Variante an, wodurch praktisch alle Besucher ohne Suchbegriffe zu Ihrer Seite kommen.

Keyword	Akquisition	
	Besuche	% neue Besuche
	260 % des Gesamtwerts: 67,18 % (387)	92,31 % Website-Durchschnitt: 87,60 % (5,38 %)
1. (not provided)	246	91,87 %
2. analytics tracking prüfen	1	100,00 %
3. datenschutz und googleanalytics	1	100,00 %

Abbildung 12.26 Der Top-Treffer für organische Suchen: »(not provided)«

Das Fehlen der Begriffe hat übrigens nichts mit der Verschlüsselung an sich zu tun. Vielmehr entfernt Google aktiv diese Eingabe, bevor der Besucher zum Treffer geleitet wird. Wenn Sie in Google nach etwas gesucht haben und sich auf der Trefferseite befinden, so sieht es im ersten Moment so aus, als würden die einzelnen Treffer direkt zur gefundenen Website führen. Tatsächlich aber leitet Sie Google beim Klick auf einen Treffer zu einer Zwischenseite weiter (siehe Abbildung 12.27).

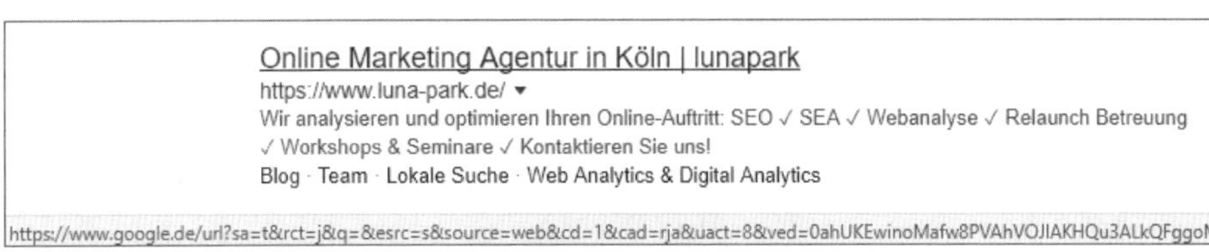

Abbildung 12.27 Google-Treffer mit Zwischenseite ohne Suchbegriffe

An Ihrer Website kommt nur noch diese Zwischenseite als Referrer an. In der URL der Zwischenseite wird der Suchbegriff entfernt. Es handelt sich also nicht um eine technische Einschränkung, die Sie vielleicht durch eine besondere Programmierung umgehen könnten. Google gibt die Suchbegriffe schlicht nicht mehr heraus, somit haben Sie keine Option, diese Begriffe über das klassische Tracking abzugreifen.

Eine Alternative bietet inzwischen die *Google Search Console*. Dort können Sie die häufigsten Sucheingaben nach Einblendungen und Klicks analysieren. Allerdings sind diese Daten nicht mit Ihren restlichen Analytics-Daten verknüpft. Sie sehen, wie viele Besucher über einen Begriff auf Ihre Website kamen, aber zum Beispiel nicht, ob sie anschließend etwas gekauft haben.

Not provided oder not set?

Bezahlte Treffer auf der Google-Ergebnisseite, also Google AdWords, werden über andere Zwischenseiten geleitet. Für diese Treffer können Sie die Sucheingaben im AdWords-Konto sehen. Wenn Sie Ihr Analytics-Konto mit Ihrem AdWords-Konto verknüpfen, haben Sie auch dort in den Berichten die Begriffe verfügbar. Haben Sie diese Verknüpfung nicht eingerichtet und nutzen in AdWords das automatische Tagging der Ziel-Links, erscheint in der Suchbegriffsanalyse weiterhin der Eintrag (NOT SET).

Not set kann auch in anderen Berichten auftauchen. Not provided wird dagegen nur für die organischen Suchbegriffe der Google-Suche verwendet.

Google hat die verschlüsselte Homepage inzwischen zum Standard gemacht. Die verbliebenen Klartext-Suchbegriffe in Ihrem Bericht stammen von anderen Suchmaschinen, die Analytics als solche erkannt hat, zum Beispiel *bing* und *Ask*, aber auch Portale, die eine Suche anbieten, können Begriffe übermitteln, wie *T-Online* oder *web.de*.

12.5.7 Zu viele URLs und (other)-Einträge

Taucht der Eintrag (OTHER) in Ihrem Bericht auf, so hat Analytics für diesen Bericht von Ihrer Website mehr als 50.000 unterschiedliche Einträge am Tag erhalten (siehe Abbildung 12.28). Ihre Besucher müssten also am Tag mehr als 50.000 unterschiedliche URLs auf Ihrer Website aufrufen, damit im Seitenbericht der Eintrag (OTHER) erscheint.

Seite	Seitenaufrufe ↓	Eindeutige Seitenaufrufe
	10.010.349 % des Gesamtwerts: 100,00 % (10.010.349)	7.796.923 % des Gesamtwerts: 100,00 % (7.796.923)
1. (other)	**3.908.393**	3.807.539
2. /suche/	**1.029.781**	571.246
3. /	**702.411**	562.147

Abbildung 12.28 Fast 40 % der aufgerufenen Seiten als »(other)«

Sollten Sie tatsächlich so viele unterschiedliche URLs haben, die Sie analysieren möchten, können Sie versuchen, die Einträge auf mehrere Datenansichten zu verteilen. Das Limit gilt pro Datenansicht – erstellen Sie also eine Ansicht, die nur ein Unterverzeichnis auswertet, zählen die 50.000 Einträge nur für URLs aus diesem Verzeichnis.

Wenn Ihre Website nicht so viele unterschiedliche URLs hat, prüfen Sie, woher die unzähligen Einträge kommen: Springen Sie im Seitenbericht ans Ende der Tabelle auf die letzten Seiten. Hier werden Sie wahrscheinlich Einträge mit jeweils nur einem Seitenaufruf finden, die in der URL einen Parameter für Session-IDs oder etwas Ähnliches enthalten. Es könnte sich auch um eine Suche auf Ihrer Website handeln, bei der Besucher viele unterschiedliche Eingaben machen (siehe Abbildung 12.29).

Seite	Seitenaufrufe	Eindeutige Seitenaufrufe
	78.181 % des Gesamtwerts: 6,70 % (1.166.939)	66.583 % des Gesamtwerts: 6,60 % (1.009.510)
39000. /suche/index/search?method=searchSimple&_form_posted=1&phoneNumber=555001793918	1	1
39001. /suche/index/search?method=searchSimple&_form_posted=1&phoneNumber=55500909262	1	1
39002. /suche/index/search?method=searchSimple&_form_posted=1&phoneNumber=555004542	1	1

Abbildung 12.29 Tausende unterschiedliche Seiten durch Parameter

Diese Parameter können Sie in der Verwaltung der Datenansicht oder mit einem Suchen-und-Ersetzen-Filter aus den URLs entfernen.

12.5.8 Eigen-Referrer

Im Verweis-Bericht entdecken Sie einen Eintrag für Ihre eigene Website, die Sie gerade analysieren (siehe Abbildung 12.30). Wie kann Ihre Website für sich selbst als Verweis gelten?

Quelle	Besuche	Seiten/Besuch
	547 % des Gesamtwerts: 14,19 % (3.855)	2,12 Website-Durchschnitt: 1,89 (12,06 %)
1. google.de	227	1,59
2. plus.url.google.com	56	2,05
3. luna-park.de	29	2,90
4. seo-united.de	26	3,23
5. seitwert.de	21	3,52

Abbildung 12.30 Verweis auf sich selbst: Zeile 3 luna-park.de

Ein solcher Selbstverweis kann mehrere Ursachen haben, aber was bedeutet er? In diesem Fall hat Analytics entschieden, einen neuen Visit für den aktuellen Besucher zu beginnen und damit automatisch den aktuellen Referrer in die Verweisliste aufzunehmen. Analytics beginnt einen Visit unter folgenden Umständen:

- Der Besucher hat bisher keinerlei Tracking-Cookies und ist daher wohl zum ersten Mal auf der Website.
- Der Besucher hat einen Referrer von einer Website, die nicht in der Verweis-Ausschlussliste hinterlegt ist (nur bei *analytics.js*).

  Diesen Punkt müssen Sie vor allem beachten, falls Sie Ihre Property aus einer früheren Version auf Universal Analytics umgestellt haben, denn die Ausschlussliste gibt es nur für diesen neuen Typ. In der aktuellen Tracking-Code-Version mit *analytics.js* müssen Sie Ihre eigene Domain explizit in der Verwaltung der Property unter dem Punkt Tracking-Informationen • Verweis-Ausschlussliste hinterlegen.
- Der letzte Aufruf (Seite oder Ereignis) des Besuchers liegt länger als 30 Minuten zurück. Sie können diese Zeitdauer vorgeben, es kann in Ihrem konkreten Fall also mehr oder weniger sein.

Sollten Sie einen Timeout vermuten (also mehr als 30 Minuten Abstand zwischen zwei Aufrufen), haben Sie zwei Möglichkeiten:

1. Sie erhöhen den Timeout, der einen Visit beendet, auf einen größeren Wert.
2. Sie erzeugen künstlich einen Aufruf (Seite oder Event) per JavaScript, um den Visit »am Leben« zu halten.

In einen Timeout können Ihre Besucher vor allem dann laufen, wenn sie auf der Seite weitere Inhalte nutzen, die aber nicht getrackt werden, zum Bespiel ein Video anschauen oder bei einem Sportereignis einen Live-Ticker lesen. In diesen Fällen ist die zweite Variante mit zusätzlichen Aufrufen präziser, außerdem bringt sie noch einen positiven Nebeneffekt mit sich: Durch die zusätzlichen Aufrufe können Sie die Verweildauer für die letzte Seite genauer bestimmen.

Verweildauer der letzten Seite bestimmen

Normalerweise kennen Sie die Verweildauer für die zuletzt genutzte Seite eines Besuchers nicht, da nach dem Seitenaufruf kein messbares Ereignis mehr folgt. Durch die automatischen Ereignisse kann Analytics aber die Verweildauer zwischen Seitenaufruf und Ereignis berechnen.

12.5.9 Unterschiedliche Daten im Rückblick

Sie haben über mehrere Wochen eine Kampagne mit Analytics ausgewertet und sich wöchentlich einen Bericht per E-Mail schicken lassen. Nachdem die Kampagne abgeschlossen ist, vergleichen Sie die Daten für den Gesamtzeitraum mit den einzelnen Wochenberichten und kommen zu unterschiedlichen Ergebnissen.

Prüfen Sie, ob Analytics für den Gesamtzeitraum Sampling aktiviert hat. Neben dem Berichtsnamen am Anfang der Seite zeigt Ihnen ein kleines Schild-Symbol, ob alle Daten (grün) oder nur eine Stichprobe der Daten (gelb) für den Bericht betrachtet werden. Ein Klick auf das Symbol zeigt Ihnen die genaue Größe der Stichprobe und gibt Ihnen die Möglichkeit, zwischen Antwortzeit und Genauigkeit zu wählen (siehe Abbildung 12.31).

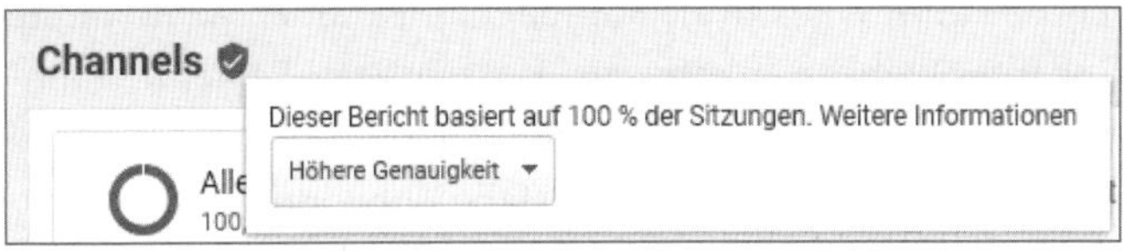

Abbildung 12.31 Bei Sampling wählen Sie zwischen Genauigkeit und Antwortzeit.

In diesem Fall können Sie versuchen, einen kürzeren Zeitraum zu betrachten. Außerdem wird bei der Analyse mit Segmenten das Sampling aktiviert. Falls möglich, verzichten Sie also auf den Einsatz von Segmenten, um unbearbeitete Daten zu erhalten. In vielen Fällen können Sie mit einem Bericht oder Filter zum gewünschten Ergebnis kommen.

Zum Beispiel gibt es ein Segment für die Unterscheidung von Desktop- und Mobil-Besuchern. Um die Gesamtzahl der Besucher über Mobilgeräte zu erfahren, können Sie ebenso gut den Bericht BESUCHER • MOBIL • ÜBERSICHT nutzen.

12.5.10 Fehlende Kampagnen

Im letzten Monat lief eine große Kampagne mit unterschiedlichen Werbemitteln für Ihre Website. Nun möchten Sie die Besucherdaten in Analytics analysieren, finden aber keine Kampagnenbesucher (oder die Zahlen kommen Ihnen nicht plausibel vor).

Fehlende Parameter

Damit Analytics Besucher einer Kampagne zuordnet, muss der Link, der zu Ihrer Seite führt, mit Kampagnen-Parametern versehen sein (siehe Abschnitt 8.3.1).

Der Link zu Ihrer Homepage lautet also nicht

```
http://www.foo.de/
```

sondern

```
http://www.foo.de/?utm_campaign=Neu&utm_medium=banner...
```

Alle Links, die im Rahmen einer Kampagne zu Ihrer Website führen, müssen diese Parameter enthalten. Diese *Kampagnen-URL* buchen Sie also für Banner, in Newslettern usw. Die einzige Ausnahme sind Werbemittel in Google AdWords: In der Konfiguration von AdWords können Sie das automatische Tagging der Links aktivieren.

Weiterleitungen

Es genügt nicht, dass der Link zu Ihrer Website die Kampagnen-Parameter enthält, sie müssen auch beim Tracking Ihrer Website ankommen. Der häufigste Fehler im Kampagnen-Tracking ist die Verlinkung auf Weiterleitungen. Hier ein Beispiel für eine Weiterleitung: Sie rufen die URL in Ihrem Browser auf (siehe Abbildung 12.32).

Abbildung 12.32 URL ohne Kampagnen-Parameter

Nach dem Laden der Seite steht in Ihrer Browser-Adressleiste aber eine andere URL (siehe Abbildung 12.33).

Abbildung 12.33 URL mit Kampagnen-Parametern

Die erste Adresse wurde also weitergeleitet. Das Problem ist nun, dass die meisten Weiterleitungen so konfiguriert sind, dass sie Ihre Kampagnen-Parameter abschneiden. Aus

```
http://www.foo.de/?utm_campaign=Neu&utm_medium=banner...
```

wird

```
http://www.foo.de/de/index.php
```

Die Parameter fehlen beim zweiten Aufruf. Analytics erkennt eine Kampagne erst auf der Seite, in der der Tracking-Code enthalten ist. Da die Weiterleitung die Parameter entfernt hat, kann der Tracking-Code sie nicht mehr erkennen. Der Besucher wird daher keiner Kampagne zugeordnet. Das gleiche Problem besteht, wenn Sie Weiterleitungs-URLs in AdWords-Anzeigen verwenden. Werden dabei Parameter abgeschnitten, kann Analytics keinen Abgleich mehr mit AdWords herstellen.

AdServer und Referrer

Vielleicht haben Sie nur auf einigen ausgesuchten Seiten Bannerplätze gebucht und planen, die spätere Auswertung anhand der Verweise zu erstellen. Bedenken Sie, dass viele Ad- oder Bannerserver den Referrer abschneiden und diese Besucher auf Ihrer Website somit als DIREKT ausgewiesen werden. Verwenden Sie Kampagnen-URLs, haben Sie dieses Problem nicht.

Testen Sie daher alle Ihre Kampagnen-URLs, bevor Sie sie in Werbemitteln verwenden. Kommen die Parameter auch tatsächlich auf der Zielseite an? Falls nicht, können Sie mit Ihrer Agentur oder IT sprechen, ob sie die Weiterleitung so konfigurieren kann, dass die Analytics-Parameter mit übernommen werden. Das heißt, dass die Weiterleitung die Parameter erkennt und sie automatisch wieder an die Zielseite der Weiterleitung anhängt. Aus

```
http://www.foo.de/?utm_campaign=Neu&utm_medium=banner...
```

wird also

```
http://www.foo.de/de/index.php?utm_campaign=Neu&utm_medium=...
```

Fehlende AdWords-Verknüpfung oder automatisches Tagging

Sie haben eine AdWords-Kampagne für Ihre Website gestartet und möchten sie in Analytics auswerten. Die AdWords-Berichte zeigen aber keine Daten. Prüfen Sie in diesem Fall zwei Punkte:

1. Ist im AdWords-Konto in den Einstellungen das automatische Tagging der Anzeigen aktiviert?
2. Ist das AdWords-Konto mit Analytics verknüpft (siehe Abschnitt 6.1.4)?

Nur wenn Sie beide Schritte durchgeführt haben, werden Sie in Analytics sowohl die verwendeten Suchbegriffe als auch die Anzeigen und Kostendaten sehen.

12.5.11 Relaunch oder Umzug

Bei einem Relaunch Ihrer Website haben Sie eine Menge um die Ohren: Ein neues Design bedeutet auch eine neue Programmierung der HTML- und CSS-Elemente. Häufig kommt eine neue oder zu mindestens veränderte Navigationsstruktur dazu. Vielleicht wechseln Sie auch gleich die technische Plattform auf ein neues CMS oder Shop-System? Egal, ob für Ihren Relaunch nur einzelne Punkte zutreffen oder alle, es sind viele Baustellen, auf denen jeweils Fehler passieren können.

Die Webanalyse kann dabei leicht aus dem Blickfeld verschwinden, denn bis zur Veröffentlichung der neuen Seite fragt meist niemand nach Zahlen oder Auswertungsmöglichkeiten. Ist die neue Website aber erst einmal online, ist das genaue Gegenteil der Fall: Nun sind Informationen über Besucher und Website gefragter denn je. Darum sollten Sie dem Tracking die nötige Aufmerksamkeit widmen, damit Sie nach dem Umschalten nicht plötzlich im Blindflug unterwegs sind.

Bereits im Vorfeld können Sie einige wichtige Fragen zum Tracking klären.

Neues Konto oder altes fortführen

Wenn Sie bereits auf der alten Website mit Google Analytics gearbeitet haben, stellt sich beim Relaunch die Frage, ob Sie die alte Property weiterführen möchten oder eine neue Property aufsetzen.

Indem Sie die alte Property weiterverwenden, bleiben Zielvorhaben, Trichter, personalisierte Berichte und Dashboards erhalten, und Sie können sie je nach Bedarf anpassen. Außerdem können Sie die Gesamtzahlen der alten und neuen Website in derselben Datenansicht vergleichen. Allerdings sollten Sie sich alle Einstellungen notieren, bevor Sie sie ändern, zum Beispiel welche URL für ein Zielvorhaben hinterlegt war. Sonst können Sie später unter Umständen nicht mehr nachvollziehen, was vor einigen Monaten noch als Zielvorhaben galt. Alternativ können Sie eine weitere Datenansicht erstellen, die nur die Zugriffe ab der Umstellung ausweist, und hier neue Ziele definieren.

Eine neue Property kann sinnvoll sein, wenn Sie die alte Website unter einer anderen Domain weiterbestehen lassen, weil beispielsweise nicht alle Features sofort auf die neue Website umziehen. Außerdem spielt der Umfang der Veränderungen eine Rolle. Je mehr Anpassungen Sie an Einstellungen und Berichten für die neue Website vornehmen müssen, desto geringer ist der Aufwand, ein neues Konto aufzusetzen.

Neue URLs

Dabei geht es nicht darum, ob alle Seiten so bestehen bleiben wie bisher, sondern um den Aufbau der URLs. Gibt es zum Beispiel weiterhin einen Bereich */de/leistungen/*? Falls Sie neue URLs bekommen, machen Sie sich eine Zuordnungstabelle, welcher Inhalt nach dem Relaunch wo zu finden ist. So können Sie später die alte und neue Website auch inhaltlich miteinander vergleichen.

Neue URLs bedeuten weiterhin, dass Sie alle Zielvorhaben kontrollieren müssen, die auf eine bestimmte URL eingerichtet sind, ebenso Filter im Konto oder Dashboards.

Neues Design und Templates

Wenn Sie das Design oder die Templates der Website neu erstellen, müssen Sie prüfen, ob Sie für Ihr Tracking JavaScript verwenden, um bestimmte Links oder Elemente wie Download-Links automatisch zu kennzeichnen. Am besten erstellen Sie vor dem Relaunch eine Liste aller Tracking-Zusätze Ihrer alten Website, damit sie bei der Programmierung nicht vergessen werden.

Neue Formulare

Besonders bei Formularen müssen Sie auf die Programmierung und die URLs achten. Denn wenn sich die Technologie für ein Formular ändert, müssen Sie vielleicht auch das Tracking des Formulars ändern, um es in Zielvorhaben berücksichtigen zu können.

Testkonto

Erstellen Sie vor dem Relaunch ein Analytics-Testkonto, in dem Sie alle Neuerungen ausprobieren und durchspielen können.

Wenn Sie ein altes Konto fortführen, ist es wichtig, dass Sie zum Start Filter und Ziele auf die neue Website angepasst haben. Denn Filter und Zieleinstellungen können Sie nicht mehr rückwirkend ändern. Geht die neue Website online und Sie haben die geänderten URLs nicht in den Zielen berücksichtigt, sind diese Daten verloren. Das Gleiche gilt für zusätzliche Datenansichten für Unterbereiche: Auch sie können nicht rückwirkend erstellt werden und müssen somit vor dem Relaunch angelegt sein.

Personalisierte Berichte, Dashboards und Segmente können Sie dagegen auch später anpassen, da sich diese Änderungen auf zurückliegende Daten anwenden lassen.

12.6 Checklisten

Für einige Themen finden Sie hier noch einmal die wichtigsten Punkte, die Sie bei der Einbindung prüfen sollten. Die genannten Punkte haben Sie zwar bereits in den jeweiligen Kapiteln kennengelernt, für eine bessere Übersichtlichkeit seien sie aber hier noch einmal zusammengefasst.

12.6.1 Generelles Tracking

1. Ist der Tracking-Code in der Seite eingebaut?
2. Werden die JavaScript- und Bilddateien von *google-analytics.com* geladen?
3. Gibt es Fehler in der JavaScript-Konsole der Entwicklertools?
4. Enthält der Tracking-Aufruf die richtige Tracking-ID?
5. Haben Sie ein Plugin zum Blocken der Aufrufe im Browser installiert (Google Opt-out, Ghostery, AdBlocker etc.)?
6. Sind in Ihrem Browser JavaScript und Cookies deaktiviert?

12.6.2 Datenschutz

1. Haben Sie den Vertrag zur Auftragsdatenverarbeitung unterschrieben und von Google gegengezeichnet vorliegen?
2. Ist im Tracking-Code der Befehl `anonymizeIp` eingebunden?
3. Wird beim Aufruf von *collect* oder *utm.gif* der Parameter `aip=1` übergeben?
4. Haben Sie auf der Seite DATENSCHUTZ oder im Impressum Ihrer Website einen Hinweistext zu Google Analytics eingebunden?
5. Bieten Sie eine Möglichkeit zum Widerspruch, etwa durch das Opt-out-Plugin von Google?

12.6.3 Cross-Domain-Tracking

1. Sind alle Links zwischen den Domains mit den Befehlen `autolink` oder `decorate` gekennzeichnet?
2. Sind beide Domains in der Verweis-Ausschlussliste in den Property-Einstellungen eingetragen?
3. Ist im Tracking-Code der Zielseite `allowLinker` gesetzt?

12.6.4 Kampagnen

1. Sind Ihre Ziel-URLs mit Kampagnenparametern versehen?
2. Enthält die Zielseite den Analytics-Tracking-Code?
3. Haben Sie im AdWords-Konto das automatische Tagging aktiviert?
4. Sind Analytics- und AdWords-Konto miteinander verknüpft?
5. Kommen Ihre Kampagnen-Parameter auf der Zielseite an, oder gehen sie durch eine Weiterleitung verloren?

12.6.5 Ereignisse

1. Ist der Tracking-Code in der Seite enthalten?
2. Wird die Seite korrekt gezählt, und erscheint sie im Seitenbericht?
3. Wird für jedes Ereignis erneut *collect* oder *utm.gif* geladen?
4. Werden die Werte, nach denen Sie im Bericht suchen, beim Aufruf übergeben?
5. Enthält der Aufruf die richtige Tracking-ID?
6. Verwenden Sie den passenden Ereignis-Aufruf zu Ihrer Tracking-Variante (Universal oder klassisch)?
7. Enthält die Datenansicht Filter für Ereignisse?

Kapitel 13

Google Analytics 360: die kostenpflichtige Enterprise-Version für Unternehmen

Google Analytics 360 (früher »Premium«) ist die bezahlte Enterprise-Version von Google Analytics, die sich vor allem an sehr große Websites, Unternehmen und Konzerne richtet. Sie unterscheidet sich primär durch höhere Datenlimits, garantierten Support und Service Level Agreements sowie erweiterte Features.

Vielfach wurde in großen Organisationen kritisiert, dass Google Analytics keinerlei Garantien und dedizierten Support böte sowie für echte Enterprise-Anforderungen und -Datenmengen nicht geeignet sei. Die Antwort darauf ist Google Analytics 360. Das Besondere: Alle Stärken vom »normalen« Analytics bleiben erhalten, sogar der Tracking-Code und das User Interface bleiben gleich, was ein Upgrade wirklich leicht macht. Dieses Kapitel beleuchtet die wichtigsten Aspekte und Unterschiede zur Standard-Edition.

Abbildung 13.1 Das Logo von Google Analytics 360

13.1 Die Google Analytics 360 Suite

Im Frühjahr 2016 stellte Google die Google Analytics 360 Suite als Sammlung verschiedener zusammenarbeitender Tools vor. Die Basis bildet das nun in Analytics 360 umbenannte Google Analytics Premium.

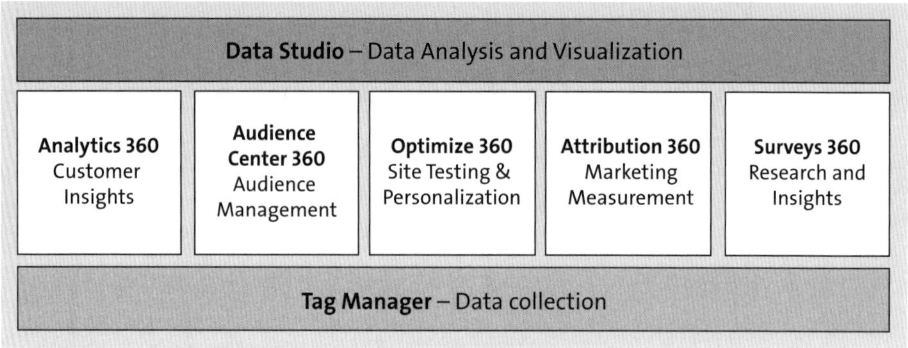

Abbildung 13.2 Die Tools der Google Analytics 360 Suite

13.1.1 Tag Manager 360

Der bekannte Google Tag Manager wird um SLAs (Service Level Agreements) und Enterprise Features wie Malware Detection erweitert.

13.1.2 Data Studio 360

Das Data Studio bietet eine mächtige Visualisierungs- und Reporting-Engine, die neben der Analytics Suite auch andere Google Produkte integriert: AdWords, DoubleClick, Spreadsheets, BigQuery, ...

13.1.3 Optimize 360

Das Testing- und Personalisierungs-Tool der Suite greift nativ auf die Daten von Google Analytics zur Optimierung und Personalisierung zurück. Auch das Reporting erlaubt eine Segmentierung nach allen Analytics Daten.

13.1.4 Attribution 360

Der Wichtigkeit von Attributionsmodellierung wird mit einem eigenen Tool Rechnung getragen. Mehr Datenpunkte, längere Customer Journeys, Offline Integration, TV-Attribution und Budget-Optimierung sind nur ein paar der Highlights.

13.1.5 Audience Center 360

Das Audience Center 360 ist die DMP (Data Management Plattform) der Analytics Suite. Hier werden User-Segmente aus den verschiedensten, auch externen Quellen analysiert, optimiert und für Targeting bereitgestellt.

13.1.6 Surveys 360

Google Surveys 360 lässt Marketer zielgerichtet Umfragen ausspielen, beispielsweise an Remarketing Audiences. Die Umfrageergebnisse werden anschaulich aufbereitet und können leicht geteilt werden.

13.2 Warum 360?

Die Entscheidung für Google Analytics 360 fällt in der Regel aufgrund von höheren Anforderungen im Bereich Data Governance sowie dem Wunsch, mehr Insights aus den Web-Daten zu generieren. In der Regel erfolgt eine intensive Integration mit Offline-Daten wie CRM (Customer Relationship Management), Data Warehouses und Business Intelligence (BI)-Systemen.

13.2.1 Data Governance, SLAs und Support

Oftmals kam Google Analytics wegen fehlender Service Level Agreements (SLAs) in Form von Garantien auf die Verfügbarkeit von Daten sowie dem fehlenden dedizierten Support in größeren Unternehmen nicht in die engere Wahl.

Die 360-Version bietet in seinen Terms of Service (ToS) nun umfassende Garantien:

Bereich	Garantie	Erläuterung
Collection SLA	99,90 %	Diese Garantie bezieht sich auf die Erfassung der Tracking-Daten.
Reporting SLA	99,00 %	Hier wird die Verfügbarkeit des Reporting Interfaces definiert.
Aktualität der Daten im Interface (inklusive E-Commerce)	< 4 Stunden Bei Konten mit < 2 Mrd. Hits meist 15–20 Minuten – allerdings nicht in SLA.	Spätestens innerhalb von vier Stunden sind die Daten im Interface verfügbar.

Tabelle 13.1 Data Governance, SLAs und Support

In der Praxis haben diese Garantien im Alltag auch gehalten – was wir nicht von allen Enterprise-Tools kennen. Bemerkenswert ist, dass auch der Google Tag Manager (GTM) Teil dieser SLAs ist. Damit ist wirklich das ganze Spektrum von der Erfassung bis zur Analyse abgedeckt.

In Kombination mit den Terms of Service deckt der – für GA 360 nochmals umfassendere – Auftragsdatenverarbeitungsvertrag alle Anforderungen von Compliance-Richtlinien in Konzernen ab. In diesem Zusammenhang spielt auch die ISO-27001-Zertifizierung, einem bekannten, internationalen Sicherheitsstandard, von Google Analytics eine wichtige Rolle.

Zu guter Letzt inkludiert Google Analytics 360 dedizierte Betreuung und Support – in Eskalationsfällen sogar 24/7 – also 24 Stunden an sieben Wochentagen.

13.2.2 Höhere Datenlimits und Rohdaten

Ein wichtiger Grund für Google Analytics 360 sind die höheren Datenlimits. Sie sind nicht einfach nur ein bisschen höher, sondern wie der Auszug in Tabelle 13.2 zeigt, gleich in für Google typischen Dimensionen und weit über dem, was man dem ersten Eindruck nach braucht. Das Produkt ist klar auf amerikanische Konzern-Dimensionen ausgelegt.

Beachtlich ist, dass keinerlei Domain- und User-Limits existieren: Alle Konzern-Websites können in einer Flat Fee integriert werden, was die Budgetierung erleichtert und ein USP gegenüber Mitbewerbern ist.

Eine ausführliche und laufend aktuell gehaltene Liste der Limits von Google Analytics 360 im Vergleich zur Standard-Version finden Sie unter *www.e-dialog.at/blog/google-analytics-limits-referenz-deutsch*.

Bereich	GA Standard	GA 360
Hits/Monat	10 Mio.	1–20 Mrd. (und mehr)
Sampling im Interface ab Sitzungen	500.000	100.000.000 auf Datenansichtsebene
Custom Dimensions & Metrics	je 20	je 200
Properties pro Account	50	200

Tabelle 13.2 Auszug aus den Datenlimits in GA Standard und 360

13.2.3 Features

Neben den bekannten Features bietet Google Analytics 360 einige Erweiterungen, die wir hier kurz und in Abschnitt 13.3 detailliert erläutern.

Sammelberichte

Sammelberichte oder Rollup Reports ermöglichen eine konzernweite Zusammenfassung einzelner Propertys – ohne den Einbau weiterer Tracking-Codes. Dies erleichtert Reporting und Analysen über Verticals oder Länder hinweg – ohne komplexer Implementierung jedoch inklusive User-Deduplizierung.

Benutzerdefinierte Tabellen

Benutzerdefinierte Tabellen oder Custom Tables wirken im Hintergrund und ermöglichen die Erstellung vorberechneter Dimensionen- und Metriken-Kombinationen, die einerseits die Abfragegeschwindigkeit deutlich erhöhen und andererseits Datensampling verhindern.

Benutzerdefinierte Trichter

Benutzerdefinierte Trichter oder Custom Funnels erweitern die klassischen Trichter in einer an die E-Commerce-Funnels angelehnten Darstellung, können jedoch ad hoc angelegt und auch auf historische, bereits erfasste Daten angewendet werden. Darüber hinaus können als Trichter-Trigger nahezu alle Dimensionen und Metriken eingestellt werden.

Datengetriebe Attributionsmodelle

Die datengetriebenen Attributionsmodelle erweitern die ohnehin schon mächtigen Attributionsmodelle um eines, das wöchentlich aus den eigenen Daten neu berechnet wird. Zusammen mit der exklusiven ROI-Analyse in den Multi-Channel-Funnels ist die Customer-Journey-Analyse damit eine der besten am Markt.

DoubleClick-Integration

Die DoubleClick-Integration erlaubt sowohl Advertisern als auch Publishern nicht nur die erweiterte Messung bis hin zum Ad View, sondern auch die Nutzung aller in Analytics erfassten Dimensionen und Metriken zum Targeting, ähnlich wie Sie es von der AdWords/GDN-Integration kennen – nur in einer viel größeren Dimension.

BigQuery-Schnittstelle

Die BigQuery-Schnittstelle stellt die gesammelten Clickstream-Daten – also Rohdaten – in Googles Big Data Engine zur Verfügung. Damit entfällt die – oftmals ohnedies unangebrachte – Kritik, Google Analytics stelle nur aggregierte Daten zur Verfügung. In BigQuery können einerseits komplexe Abfragen – wie beispielsweise Customer-Journey-Analysen über mehrere Jahre – rasend schnell abgefragt oder Daten zur Weitergabe ins eigene Data Warehouse abgerufen werden.

Erweiterte APIs

Die bestehenden APIs stellen die Daten – richtig genutzt – ohne Sampling zur Verfügung. Darüber hinaus bietet Google Analytics 360 eine eigene API zum Export von ungesampelten Daten.

13.2.4 Dezidierter Support

Oftmals wird an Google Analytics kritisiert, dass kein dezidierter Support durch den Hersteller verfügbar ist, obwohl Support über Google Analytics Certified Partner (kostenpflichtig) in hoher Qualität bezogen werden kann. Teil des Google Analytics 360 Services ist dezidierte Unterstützung und Support bis hin zu 24/7 in der höchsten Stufe.

13.2.5 Bezugsquellen

Google Analytics 360 kann bei Google oder über zertifizierte Reseller bezogen werden. Eine Liste aller 360 Reseller finden Sie unter *www.google.com/analytics/partners/search/services*.

Reseller bieten den Vorteil, Beratung beim Kunden vor Ort durchzuführen sowie mehr Ressourcen und dezidierte Betreuung zur Verfügung zu stellen. Hier spielt neben Branchen-Know-how auch die Integrations-Erfahrung mit Drittsystemen eine Rolle, was Google selbst nicht anbietet.

13.2.6 Pricing

Im Gegensatz zu vergleichbaren Enterprise Tools setzt Google auf eine klare Fixpreis-Politik. Die Jahresgebühr für bis zu 1 Milliarde Hits/Monat ist gerade mal sechsstellig und kann als Flat Fee konzernweit bei beliebig vielen Tochterunternehmen, Websites und mit beliebig vielen Usern eingesetzt werden. Das macht die Budgetplanung extrem einfach und erspart versteckte Kosten für Features, die man später dazu kaufen muss.

Gute Reseller packen zu der Lizenz noch weitere Services und Leistungen mit in das Paket, was die Grundkosten relativiert.

13.3 Features und Konzepte im Detail

Im Folgenden präsentieren und erklären wir Ihnen die wichtigsten Features der 360-Version und deren Vorteile im Detail. Außerdem zeigen wir, wie diese Features am besten in der Praxis eingesetzt werden können und dadurch das tägliche Arbeiten erheblich vereinfachen. Am Ende jedes Kapitels finden Sie eine Übersicht des Features (Quick Facts) mit den wichtigsten Informationen auf einen Blick.

13.3.1 Sammelberichte – Rollup Reports

In Abschnitt 4.1 haben Sie erfahren, wie ein Analytics-Konto am besten aufgebaut wird, sodass Sie für jede Website eigene Berichte erhalten, in denen nur die Besucher genau dieser Website ausgewiesen werden. Haben Sie beispielsweise eine Unternehmens-Website und einen Blog, erstellen Sie im besten Fall zwei Propertys – eine für die Website und eine für den Blog.

Sie haben auch erfahren, dass durch dieses Account-Setup die Analyse der einzelnen Websites problemlos funktioniert – eine gemeinsame Analyse jedoch nicht. Wollen Sie beispielsweise die Summe aller Besucher auf allen Ihren Websites analysieren, müssen Sie zuerst die Daten aus jedem einzelnen Bericht holen und summieren – eine anspruchsvolle Aufgabe für einen Betreiber mehrerer Websites.

Denken Sie dabei beispielsweise an einen international tätigen Mobilfunkanbieter, der in mehreren Ländern vertreten ist und zudem mehrere Marken betreibt, für die er jeweils eine Website und eine native App zur Verfügung stellt. Eine gemeinsame Analyse über ein Zusammenführen der Daten erschwert sich dadurch um ein Vielfaches.

Zur Abhilfe hat Google in der 360-Variante von Analytics ein eigenes Feature entwickelt: *Sammelberichte*.

Anmerkung: Klassischer Workaround

Als Workaround werden oft mehrere Tracking-Codes je Website implementiert. Dies geht jedoch mittels Rollup Reports ressourcenschonender im Browser, günstiger in der Quota und mit wesentlichen Vorteilen.

Was sind Rollup Reports?

Sammelberichte (engl. *Rollup Reports*) sind Property-übergreifende Berichte, mit denen Daten aus verschiedenen Propertys – ohne zusätzliche Tracking-Codes – zusammengefasst und so gemeinsam analysiert werden können.

Rollup Reports befinden sich innerhalb einer sogenannten Rollup Property. Eine Rollup Property ist im Prinzip eine ganz normale Web- oder App Property, mit dem Unterschied, dass darin Daten aus beliebig vielen Propertys zusammengefasst werden. Dabei können Web- und App-Daten ganz einfach gemischt werden.

Am Beispiel unseres Mobilefunkanbieters kann nun beispielsweise für jedes Land eine Property erstellt werden. Für jede Länder-Property wird eine View pro Marke und App erstellt. Über eine Rollup Property können die einzelnen Propertys nun für ein konzernweites Reporting zusammengefasst und in einer Rollup View alle Daten gespeichert werden. Weiter kann eine Rollup View für alle Marken in Deutschland, Brand 1 in allen Ländern oder alle Android-Apps in allen Ländern erstellt werden. Abbildung 13.3 verdeutlicht diese Möglichkeiten.

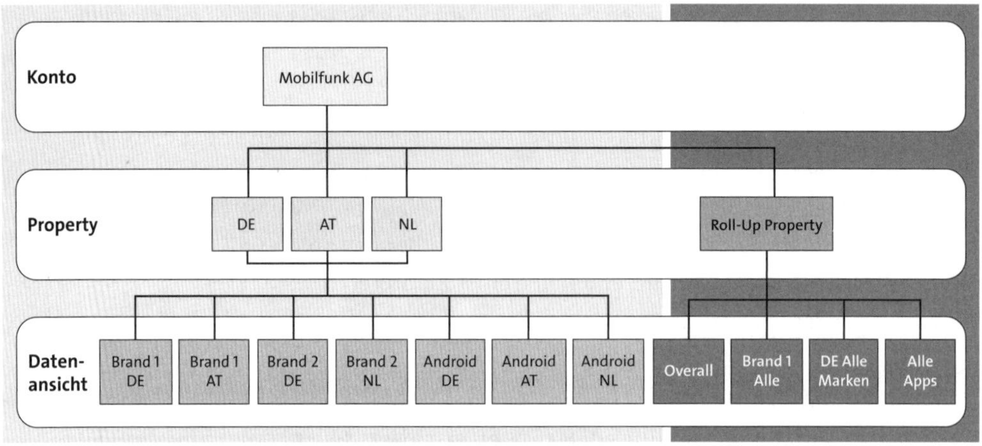

Abbildung 13.3 Account-Übersicht mit Rollup Reports

Rollup Propertys erstellen

Sammelbericht Propertys (Rollup Propertys) werden über den Google Analytics 360 Account Manager erstellt. Die Verwaltung erfolgt auf Property-Ebene.

Einer Rollup Property können beliebig viele Quell-Propertys hinzugefügt werden. Die Befüllung erfolgt ab dem Zeitpunkt des Hinzufügens einer Quell-Property und nicht rückwirkend für historische Daten.

Die Verknüpfungen der Quell-Propertys mit der Rollup Property können auch wieder aufgehoben werden. Bereits gesammelte Daten bleiben jedoch in der Rollup Property bestehen.

Deduplizierung für konzernweite User- und Customer-Journey-Analyse

Eine Besonderheit ist, dass bei der Site-übergreifenden Zusammenfassung der Tracking-Daten gleiche User zusammengeführt werden, wenn das UserID-Feature eingesetzt wird. Ohne das User ID-Feature ist eine Wiedererkennung der User (Clients) über mehrere Sites hinweg kaum möglich, was eine mehrfache Zählung zur Folge hat. Diese mehrfache Zählung wird ausgeschlossen und stattdessen die echte Reichweite ausgewiesen.

Darüber hinaus ermöglicht diese Funktionalität die Customer-Journey-Analyse über Konzern-Propertys hinweg und damit die Erkennung von Zielgruppenüberschneidungen zum Beispiel über verschiedene Brands oder Märkte.

Reports

Die Analyse der Daten erfolgt wie gewohnt: Je nachdem, ob Sie eine Rollup Property für Websites oder Mobile Apps angefordert haben, stehen Ihnen unter Berichte alle gewohnten Standard-Reports von Google Analytics zur Verfügung. Die Datenbasis besteht dabei aus allen hinzugefügten Quell-Propertys.

Zusätzlich zu den Standard-Reports bietet das Rollup Property einen speziellen Bericht: den Quell-Property-Report. Er liefert einen Überblick über alle Quell-Propertys, die dem Rollup Property zugeordnet sind (siehe Abbildung 13.4). So sehen Sie auf einen Blick, wie viele Zugriffe es auf Ihre verschiedenen Websites und Apps einzeln und wie viele es insgesamt gab.

Anzeigename der Quell-Property	Akquisition			Verhalten		
	Sitzungen	Neue Sitzungen in %	Neue Nutzer	Absprungrate	Seiten/Sitzung	Durchschnittl. Sitzungsdauer
	2.638.475 % des Gesamtwerts: 100,00 % (2.638.475)	23,89 % Durchn. für Datenansicht: 23,89 % (0,03 %)	630.461 % des Gesamtwerts: 100,03 % (630.282)	40,32 % Durchn. für Datenansicht: 40,32 % (0,00 %)	3,12 Durchn. für Datenansicht: 3,12 (0,00 %)	00:01:50 Durchn. für Datenansicht: 00:01:50 (0,00 %)
1. Brand 1 DE	**2.476.393** (93,86 %)	23,91 %	592.216 (93,93 %)	40,66 %	3,05	00:01:50
2. Brand 2 DE	**86.142** (3,26 %)	27,09 %	23.337 (3,70 %)	50,50 %	3,11	00:01:57
3. Android DE	**71.333** (2,70 %)	20,58 %	14.678 (2,33 %)	18,36 %	5,56	00:01:26
4. iPhone DE (neu)	**4.607** (0,17 %)	4,99 %	230 (0,04 %)	7,34 %	3,85	00:02:02

Abbildung 13.4 Quell-Property-Report in einer Rollup Property

Quick Facts: Sammelberichte

1. Sammelberichte sind Property-übergreifende Berichte, mit denen Daten aus verschiedenen Propertys in einer Property zusammengefasst und dadurch gemeinsam analysiert werden können. Sie erhalten so ein Overall Picture über Ihre gesamten Unternehmensdaten.
2. Sie müssen keinen zweiten Tracking-Code oder andere Workarounds implementieren. Die Daten werden aus der Quell-Property bezogen und Hits nur zu 50 % in die Quota mit einberechnet.
3. In eine Rollup Property können Sie beliebig viele Quell-Propertys hinzufügen. Sie sind an kein Limit gebunden.
4. Mit Rollup Propertys haben Sie die Möglichkeit, Cross-Property-Drill-Downs, Filter und Segmente anzuwenden sowie Customer Journeys zu analysieren. Zudem können Sie Cross-Channel-Vergleiche durchführen. Diese Features sind beim täglichen Arbeiten mit Google Analytics extrem hilfreich.

13.3.2 Benutzerdefinierte Tabellen – Custom Tables

Berichte, die auf einer großen Anzahl an Sitzungen basieren oder durch die Anwendung von Segmenten und Filtern eine extrem hohe Rechenleistung beanspruchen, werden von Google Analytics automatisch hochgerechnet (gesampelt). Das heißt, es werden nicht die gesamten Daten für die Berechnungen herangezogen, sondern nur eine zufällig ausgewählte Teilmenge als Stichprobe. Die dadurch erzielte, bessere Performance hat jedoch einen Preis: Unschärfe in der Hochrechnung!

Ziehen wir dazu folgende Analyse als Beispiel heran: Eine namhafte Modemarke verkauft ihre Ware online über den Webshop in Deutschland, Österreich und der Schweiz. Im Zuge des Jahresabschlusses will sie herausfinden, in welchem Land es die meisten Online-Bestellungen für 2014 gegeben hat. Die *Bestellung* wurde als Ziel in Google Analytics eingerichtet. Über den Conversion-Übersicht-Report, die Einstellung des Analysezeitraums auf 2014 und der Anwendung dreier Segmente für die jeweiligen Länder erscheint die Analyse nach wenigen Sekunden. Die Modemarke sieht auf den ersten Blick, dass es insgesamt viel mehr Besucher und auch viel mehr Käufer aus Österreich gab als aus den anderen beiden Ländern (siehe Abbildung 13.5).

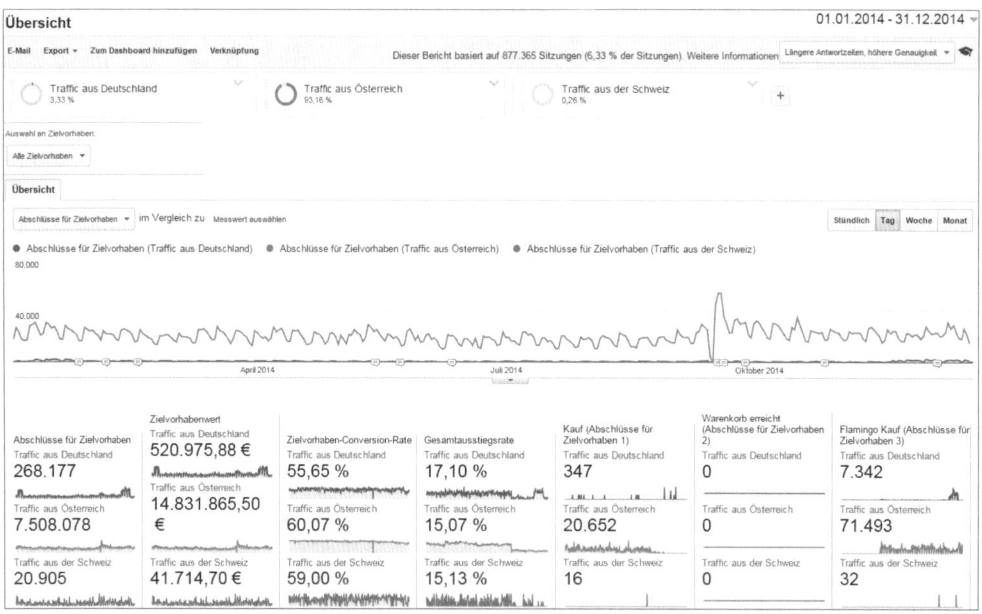

Abbildung 13.5 Conversion-Übersicht-Report mit Datensampling

Was die Modemarke jedoch nicht gesehen hat, ist die Information in der ersten Zeile der Analyse. Dieser Report basiert auf 877.365 Sitzungen (6,33 % der Sitzungen). *Haben Sie diesen Hinweis entdeckt?*

Bei knapp 14 Millionen Sitzungen im Jahr 2014 und dem Einsatz von gleich drei Segmenten erfolgt automatisch eine Hochrechnung der Daten. Andernfalls hätte die Modemarke womöglich auffällig lang auf den Report warten müssen.

Google Analytics hat also automatisch aus allen Sitzungen 6,33 % zufällig ausgewählt und zur Analyse herangezogen. Je kleiner die Stichprobe ausfällt, umso größer ist die Unschärfe, innerhalb derer sich der tatsächliche Wert befindet. Anders gesagt: Diese Analyse ist absolut unbrauchbar und sollte keinesfalls für unternehmensrelevante Entscheidungen herangezogen werden.

Zur Abhilfe hat Google in der 360-Variante von Analytics ein eigenes Feature entwickelt: *benutzerdefinierte Tabellen!* Damit werden Dimensionen und Metriken hinterlegt, die von Analytics vorberechnet und bei Abfragen ohne Sampling automatisch herangezogen werden.

Benutzerdefinierte Tabellen erstellen und konfigurieren

Benutzerdefinierte Tabellen sind eine spezielle Konfiguration aus Dimensionen, Metriken, Segmenten und Filtern, mit denen Daten täglich und ohne Stichprobenentnahme verarbeitet werden. Sie werden im Administrations Interface unter VERWALTEN, auf Property-Ebene unter BENUTZERDEFINIERTE TABELLEN erstellt und konfiguriert.

13

Es können bis zu 100 benutzerdefinierte Tabellen pro Property erstellt werden. Die Konfiguration funktioniert genauso wie bei der Erstellung eines benutzerdefinierten Reports: Wie die genaue Einrichtung erfolgt, erfahren Sie in Abschnitt 11.2.

Benutzerdefinierte Tabellen analysieren

Im Anschluss werden die Daten im Google Analytics Backend vorberechnet und erstmalig spätestens nach 48 Stunden bereitgestellt – als Gesamtdatenreport. Das heißt ohne Anwendung eines Stichprobenverfahrens und auf Basis von 100 % der Daten.

Abgerufen werden benutzerdefinierte Tabellen wiederum in der Verwaltungsoberfläche unter Verwalten, der Auswahl benutzerdefinierte Tabellen und der Option BENUTZERDEFINIERTE TABELLE ANZEIGEN.

Die Modemarke erhält nun die gewünschte Analyse (siehe Abbildung 13.6), ungesampelt und sieht auf den ersten Blick, dass das Stichprobenverfahren eine sehr hohe Abweichung vom tatsächlichen Wert aufweist: Es gab zwar insgesamt mehr Bestellungen und mehr Umsatz aus Österreich, jedoch hat Deutschland deutlich besser abgeschnitten als erwartet. Und die Conversion-Rate ist in allen drei Ländern sogar annähernd gleich. Die Modemarke wird nun andere Entscheidungen treffen und anders handeln als zuvor.

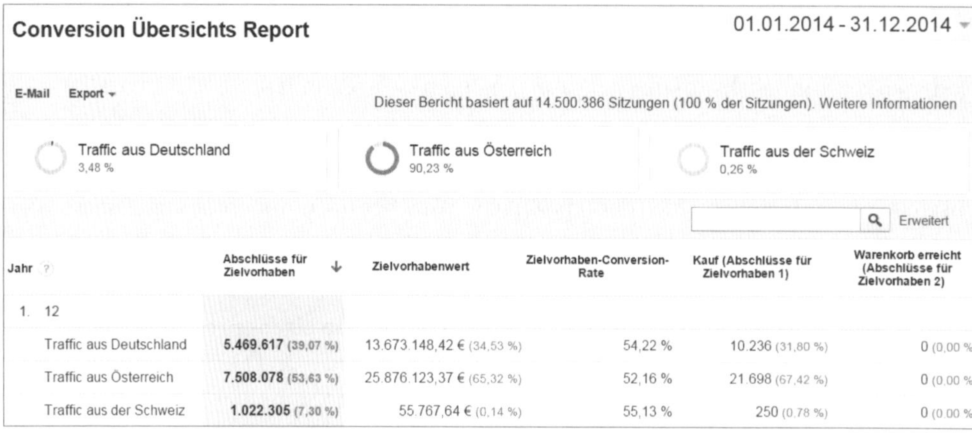

Abbildung 13.6 Conversion-Übersicht-Report ohne Datensampling

Quick Facts: Benutzerdefinierte Tabellen

1. Google Analytics wendet automatisch ein Stichprobenverfahren auf Berichte an, für die mehr als 500.000 Sitzungen auf Property-Ebene – für Google Analytics 360 100 Millionen Sitzungen auf Datenansichtsebene – erfasst oder für die zu rechenintensive Abfragen erstellt werden.
2. Benutzerdefinierte Tabellen sind eine spezielle Konfiguration, mit der Sie Reports auf Ihre gesamte Datenbasis erstellen können – ohne Stichprobenentnahme. Sie stehen Ihnen spätestens 48 Stunden nach der Erstellung unter VERWALTEN zur Verfügung. Ab diesem Zeitpunkt können Sie Ihre Daten täglich und wie gewohnt innerhalb weniger Sekunden abrufen.
3. Eine bestehende benutzerdefinierte Tabelle kann im Nachhinein nicht bearbeitet werden. Wollen Sie die Konfiguration ändern, müssen Sie eine neue benutzerdefinierte Tabelle erstellen. Die alte können Sie unter VERWALTEN löschen.
4. Sie können bis zu 100 benutzerdefinierte Tabellen pro Property erstellen. Das verfügbare Kontingent wird immer direkt neben dem Erstellen-Button angezeigt.

13.3.3 Erweiterte APIs

Google stellt Ihnen verschiedene Schnittstellen zur Verfügung, mit denen Sie Analytics-Daten auch ohne Benutzeroberfläche nutzen können. Beispielsweise um Ihre Daten abzurufen und weiter zu verarbeiten – in der 360-Version sogar ungesampelt. Dadurch können Sie Ihre gesammelten Website-Daten in Ihr Data Warehouse importieren und mit bestehenden Daten korrelieren. Auch Business Intelligence Tools wie Tableau nutzen diese Schnittstellen, um auf Analytics-Daten zugreifen zu können.

Folgende Schnittstellen stehen Ihnen für Google Analytics zur Verfügung:

API	Beschreibung	GA Standard	GA 360
Management API	Mit der Management API haben Sie Zugriff auf Ihre Analytics-Konfigurationen aus dem Administrations Interface.	✓	✓
Provisioning API	Mit der Provisioning API können neue Analytics-Accounts erstellt und aktiviert werden.	✓	✓
Core Reporting API	Mit der Core Reporting API haben Sie Zugriff auf Ihre gesammelten Daten, Reports und Analysen – außer Ihren Multi-Channel-Funnel-Analysen.	✓ gesampelt	✓ ungesampelt
MCF Reporting API	Mit der Multi Channel Funnel Reporting API haben Sie Zugriff auf Ihre MCF-Analysen.	✓	✓
Real Time API	Ermöglicht Zugriff auf die in der Real Time-Analyse verfügbaren Daten	✓	✓
Embed API	Die Embed API ist eine Javascript Library, mit der Sie Ihre Analytics-Daten grafisch auf Ihrer Website darstellen können.	✓	✓
Meta API	Mit der Meta API können Sie die Liste und Attribute der Spalten abfragen, die in der Core Reporting API exponiert wurden.	✓	✓
BigQuery	Mit BigQuery können Sie auf Ihre Analytics-Rohdaten zugreifen.	–	✓ ungesampelt

Tabelle 13.3 API-Übersicht

Alle Analytics-Schnittstellen unterliegen jedoch einigen Beschränkungen (Limits & Quotas), die aufgrund der starken Nutzung eingeführt werden mussten, um das System vor Überlastungen zu schützen. So können maximal 50.000 Anfragen pro Projekt und Tag, jedoch nicht mehr als zehn pro Sekunde durchgeführt werden. Dabei werden maximal 10.000 Zeilen als Rückgabewert geliefert. Eine ausführliche und laufend aktuell gehaltene Liste weiterer Limits finden Sie unter *www.e-dialog.at/blog/google-analytics-limits-referenz-deutsch*.

Hier ist es wichtig zu erwähnen, dass in den Reporting APIs (Management API, Core Reporting API und MCF Reporting API) ebenfalls automatisch Stichprobenverfahren auf Berichte angewendet werden: Für Standard Analytics bei Berichten für die mehr als 500.000 Sitzungen je Property erfasst werden, für 360 mehr als 100 Millionen Sitzungen je Datenansicht. Für 360-Nutzer von Google Analytics gibt es jedoch zwei Möglichkeiten dieses Sampling zu umgehen:

1. *Ungesampelte Reports der Management API*: Mit der Management API können ungesampelte Reports automatisiert und auf Basis der gleichen Query-Struktur wie für die Core Reporting API angelegt werden. Aufgrund der großen zu verarbeitenden Datenmenge erfolgt die Generierung im Backend von Google und wird nach Fertigstellung als CSV-Datei in Google Drive oder Google Cloud Storage zur Verfügung gestellt. Diese Berichte können nachfolgend heruntergeladen, geparst und in ein internes Datenbanksystem eingespielt werden.
2. *Custom Tables*: Alternativ können Sie auch benutzerdefinierte Tabellen, die in Abschnitt 13.3.2 ausführlich beschrieben sind, für ungesampelte Abfragen nutzen. Dazu müssen Sie nur den gewünschten Report als Custom Table in der Analytics-Benutzeroberfläche konfigurieren und ihn abfragen.

13.3.4 200 Custom Dimensions & Metrics

In Abschnitt 5.3.6 haben Sie bereits einiges über benutzerdefinierte Dimensionen und Messwerte erfahren, die Sie frei wählen und selbst erstellen können. Sie werden vor allem in benutzerdefinierten Reports sowie in Dashboards, Segmenten und als sekundäre Dimension in Standard-Berichten genutzt.

In der Standard-Version von Google Analytics stehen Ihnen jeweils 20 benutzerdefinierte Dimensionen und Messwerte zur Verfügung – in der 360-Version um den Faktor 10 mehr – und zwar jeweils 200. Damit haben Sie genügend Spielraum, um alle Ihre unternehmensspezifischen Informationen in Google Analytics abbilden zu können.

Anmerkung: Data Upload

Ein Trend in Digital Analytics ist es, immer weniger Daten bei der Erfassung via JavaScript zu übergeben, sondern vielmehr über das Backend anzureichern. Dies bietet

Vorteile wie schlankere und damit schnellere Codes, weniger Transparenz für neugierige Code-Leser und Flexibilität bei der Auswertung. Die 200 Dimensionen und Metriken helfen hier enorm.

Benutzerdefinierte Definitionen und Datenarchitektur

Großunternehmen und Konzerne nutzen üblicherweise mehrere Propertys, um ihre verfügbare Online-Präsenz optimal in Google Analytics abbilden zu können. Damit Sie unabhängig davon sind, welche Daten in welche Propertys getrackt werden, hat es sich bewährt, eine einheitliche Datenarchitektur zu verwenden. In Tabelle 13.4 zeigen wir Ihnen beispielhaft, wie Sie eine einheitliche Datenarchitektur aufbauen können:

Range	Name	Beschreibung	Beispiel
1–40	Konzern	Daten, die projektunabhängig immer getrackt werden sollen.	User-ID, Seiten-Typ
41–90	Website	Daten, die nur für die Website inklusive Shop getrackt werden sollen.	Zahlart, Gutschein-Code
91–120	Apps	Daten, die nur für Apps getrackt werden sollen.	Anzahl der Installationen
121–180	Länderspezifisch	Daten, die spezifisch für andere Länder getrackt werden sollen.	
181–190	Temporäre Daten	Daten, die nicht in Echt-Reports einfließen oder nur wochenweise benötigt werden.	Testdaten
191–200	Technische Steuerdaten	Daten, die nicht zum Reporting verwendet werden, sondern um technische Lösungen zu ermöglichen.	ID zur API-Ansteuerung

Tabelle 13.4 Beispielhafte Datenarchitektur für benutzerdefinierte Definitionen

Tipp zur Konfiguration der Custom Definitions

Die je 200 benutzerdefinierten Dimensionen und Metriken legt man in der Praxis natürlich nicht händisch in allen Propertys, sondern automatisiert per Skript über die Management API an.

13.3.5 Benutzerdefinierte Trichter – Custom Funnels

Die bekannten Trichter bei Zielen und im Enhanced E-Commerce haben einen wesentlichen Nachteil: Sie sind statisch und sammeln Daten immer erst ab deren Einrichtung. Mit den in GA 360 verfügbaren Custom Funnels können Trichter ad hoc angelegt und so auch vergangene Daten analysiert werden.

Darüber hinaus können Trichter-Schritte nicht nur aufgrund von Seitenbesuchen definiert werden, sondern mit allen verfügbaren Dimensionen. Dies hilft etwa, wenn Details von bestehenden Funnels untersucht oder Kampagnen-Erfolge dargestellt werden sollen.

Ein weiteres Highlight ist, dass diese Trichter sitzungsübergreifend definiert werden können, wogegen normale Funnels immer nur innerhalb eines Besuchs zugeordnet werden. Dies entspricht nicht unserem Bild zu Customer Journeys. In Tabelle 13.5 sehen Sie eine Übersicht aller Bereiche und deren Basis:

Eigenschaften	Ziel-Trichter	Enhanced E-Commerce	Custom Funnels
Scope	Sitzung	Sitzung	Sitzung oder Besuch
Erfassung per	URI	Code	alle Dimensionen (auch Custom Dimensions)
Datenerfassung	ab Einrichtung – Processing Time	rückwirkend – Query Time	

Tabelle 13.5 GA-Funnel-Konzepte und ihre Eigenschaften

Benutzerdefinierte Trichter erstellen

Benutzerdefinierte Trichter werden im Bereich Personalisieren erstellt. Dabei handelt es sich um einen eigenen Berichtstyp, der innerhalb eines benutzerdefinierten Berichts erstellt wird. Weitere Informationen zu benutzerdefinierten Berichten finden Sie in Abschnitt 11.2.

Benutzerdefinierte Trichter bestehen aus mindestens einer Phase, wie es in Abbildung 13.7 gezeigt wird. Jede Phase wird durch dimensionsbasierte Phasen-Regeln definiert. Phasen-Regeln werden auf dieselbe Art und Weise eingerichtet wie Filter. Weitere Informationen zu Filtern finden Sie in Abschnitt 6.3.

Der standardmäßige Geltungsbereich (Scope) für benutzerdefinierte Trichter ist der Nutzer. Das bedeutet, dass das Nutzerverhalten über mehrere Sitzungen hinweg betrachtet wird. Diese Einstellung lässt sich über ALLE PHASEN MÜSSEN INNERHALB EINER SITZUNG AUFTRETEN auf SITZUNGEN ändern.

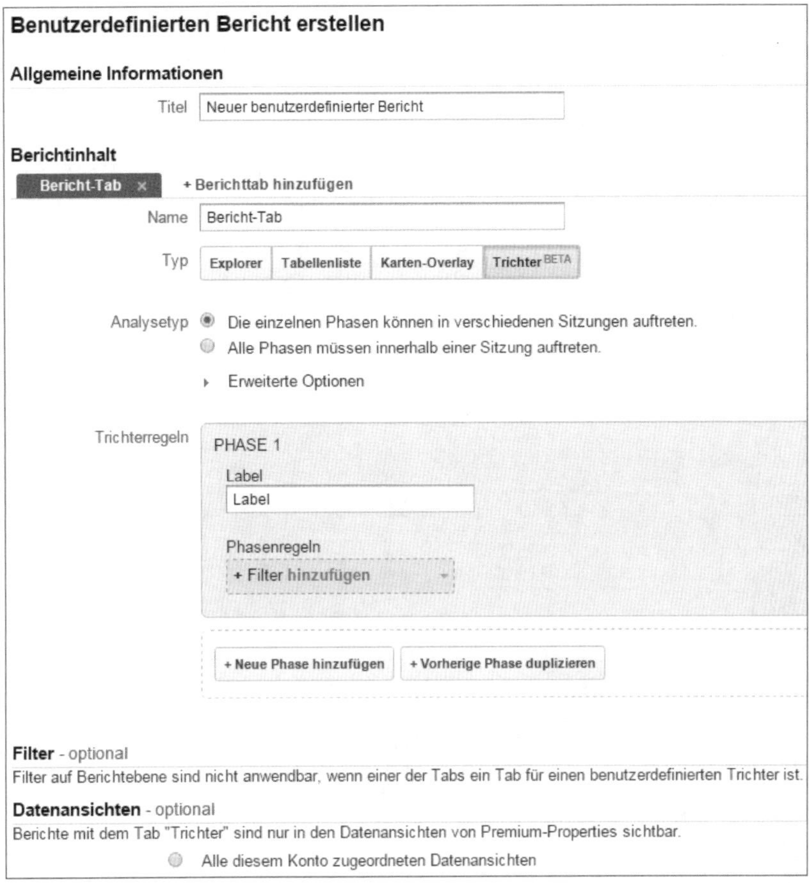

Abbildung 13.7 Benutzerdefinierte Trichter erstellen

Mit einem Klick auf ERWEITERTE OPTIONEN erhalten Sie weitere Konfigurationsmöglichkeiten:

1. TRICHTERTYP: Der Trichtertyp ist standardmäßig auf GESCHLOSSEN gesetzt. Das heißt, es tauchen nur jene Nutzer in der Analyse auf, die den Trichter mit der ersten Phase betreten haben. Sollen Nutzer den Trichter jederzeit betreten können, ändern Sie den Trichtertyp auf OFFEN. Diese Einstellung ist jedoch nur für sitzungsbasierte Trichter möglich.
2. MESSWERT: Der Messwert ist standardmäßig auf NUTZER gesetzt. Sie können stattdessen auch die Anzahl an SITZUNGEN in der Analyse heranziehen. Auch diese Einstellung ist nur für sitzungsbasierte Trichter möglich.
3. Die ANSCHLIESSENDE PHASE folgt: Wenn Ihr Trichter aus mehreren Phasen besteht, spielt es eine Rolle, in welcher Reihenfolge Sie die Phasen definieren. Diese Einstellung ist standardmäßig auf ZU EINEM BELIEBIGEN ZEITPUNKT NACH EINER PHASE gesetzt. Das heißt, User können zwischen den Phasen auf beliebig vielen

anderen Seiten gewesen sein. Diese Einstellung kann auf UNMITTELBAR NACH EINER Phase oder FÜR JEDE PHASE INDIVIDUELL geändert werden.

Benutzerdefinierte Trichter analysieren

Wird der benutzerdefinierte Report mit der benutzerdefinierten Trichter-Konfiguration aufgerufen, sehen Sie die einzelnen Phasen des Trichters visuell dargestellt (siehe Abbildung 13.8). Ebenfalls erhalten Sie die Anzahl der Nutzer, welche die einzelnen Phasen abgeschlossen haben bzw. abgesprungen sind. So sehen Sie sofort, ob eine bestimmte Phase nicht die gewünschte Leistung erzielt und weitere Analysen notwendig sind. Die folgende Grafik zeigt einen benutzerdefinierten Trichter in der Praxis.

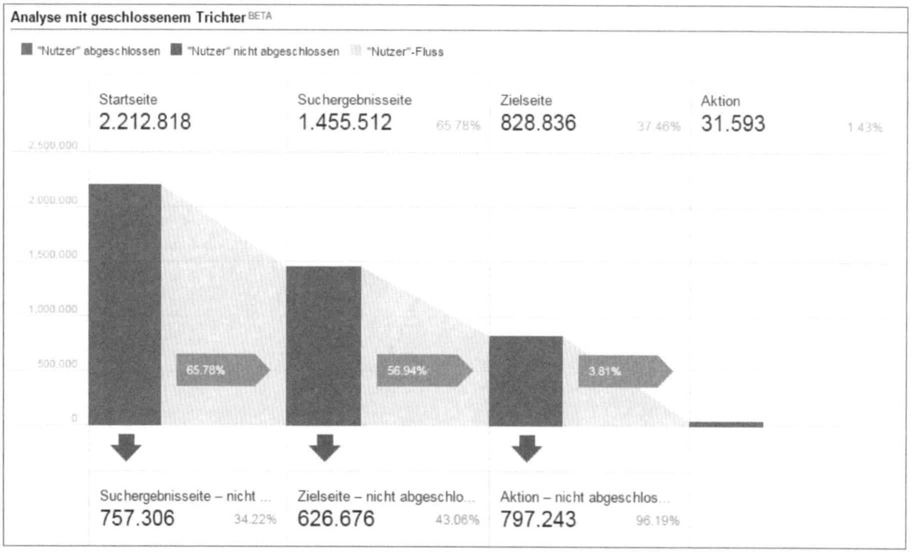

Abbildung 13.8 Praxisbeispiel für benutzerdefinierte Trichter

Quick Facts: Benutzerdefinierte Tabellen

1. Mithilfe von benutzerdefinierten Trichtern können Sie spezielle Nutzerpfade, die durch Ihre Website führen, visuell darstellen und analysieren.
2. Es können alle Standard-Dimensionen zur Definition einer Phase genutzt werden. Das gilt ebenso für Ihre selbst erstellten benutzerdefinierten Dimensionen.
3. Es können bis zu fünf Phasen pro benutzerdefiniertem Trichter eingerichtet werden.
4. Pro Phase können bis zu fünf Regeln definiert werden.
5. Benutzerdefinierte Trichter sind retroaktiv. Das bedeutet, sie werden auf Daten angewendet, die bereits erfasst und verarbeitet wurden. Über den Kalender können Sie den gewünschten Zeitraum eingrenzen.

13.3.6 BigQuery – Googles Big Data Engine

BigQuery ist eine cloudbasierte Big Data Engine von Google, in die Sie Ihre Analytics-Sitzungs- und Trefferdaten exportieren und mithilfe einer SQL-ähnlichen Sprache extrem schnell und auf Basis von Rohdaten abfragen können. Die Engine ist speziell für große Datenmengen, interaktive Analysen sowie komplexe Abfragen und Verknüpfungen ausgelegt und hilft jene Fragen zu beantworten, die aufgrund von Limitationen diverser Web-Analyse-Tools nicht beantwortet werden können. Will man beispielsweise den Referral-Traffic aller Linkpartnerschaften der letzten 36 Monate analysieren, ist dies bei einer Website mit extrem hohem Traffic keine Abfrage, die im Analytics-Interface vernünftig zu bewältigen ist, geschweige denn in Excel importiert werden könnte. Genauso lassen sich sämtliche Keyword-Cluster der letzten zwei Jahre inklusive Trends nicht auf normalem Weg sinnvoll abbilden. Dafür gibt es BigQuery.

Besonders elegant und performant können auch externe Daten in BigQuery hochgeladen und verknüpft abgefragt werden. Hier bieten sich etwa Unternehmensdaten wie aus dem ERP oder CRM an, aber auch externe Datenmengen wie beispielsweise Wetter nach Ort und nach Stunde.

BigQuery kann prinzipiell jeder Analytics-Anwender nutzen, ist jedoch speziell für Großunternehmen, die über Google Analytics 360 verfügen, gedacht. Die automatische Schnittstelle mit Rohdatenexport zwischen Google Analytics und BigQuery gibt es nur für Analytics-360-Konten. BigQuery ist kostenpflichtig und wird nach Verbrauch abgerechnet.

360-Kunden erhalten jedoch ein Freibudget in Höhe von 500 US$ pro Monat. Die Nutzung zahlt sich also in der Regel sofort aus.

Grundlagen

Die Verarbeitung der Daten erfolgt auf Googles Cloud-Plattform. Sie müssen daher nicht selbst in teure Hardware investieren, sondern können den Service nach Bedarf und beliebig nutzen. Das hat weiter den Vorteil, dass die Anwendung dynamisch skalierbar und extrem performant ist – auch Datensätze mit mehreren Terabyte (TB) lassen sich innerhalb weniger Sekunden abfragen.

Sie können über verschiedene Wege auf Ihre Daten in BigQuery zugreifen: Einerseits bietet Google ein übersichtliches Web User Interface unter *https://bigquery.cloud.google.com* an. Alternativ können Sie auch jedes beliebige Command-Line-Tool oder die BigQuery REST API nutzen, für die Google Java, PHP und Python Librarys zur Verfügung stellt. Und zu guter Letzt gibt es mittlerweile zahlreiche Drittanbieter, die Ihnen Tools bereitstellen, mit denen Sie Ihre BigQuery-Daten laden, transformieren und visualisieren können, wie beispielsweise *Tableau*, *SnapLogic* oder *Simba*.

Damit Sie BigQuery besser verstehen, werden im Folgenden die vier grundlegenden Begriffe erläutert:

Begriff	Erläuterung
Projekte	Projekte sind die oberste Konfigurationseinheit in Googles Cloud-Plattform. Hier befinden sich die BigQuery-Daten, es werden Zahlungsinformationen gespeichert und die Nutzer verwaltet. BigQuery-Projekte haben von Google vordefinierte Namen sowie eine eindeutige ID.
Tabellen	Tabellen sind eine Menge von Daten, die in Zeilen und Spalten strukturiert sind. Spalten legen fest, was in der Tabelle gespeichert wird. In den Zeilen liegen die einzelnen Datensätze vor. Die Struktur folgt dabei einem festen Schema, das festlegt, welche Daten in der Tabelle gespeichert werden können.
Datensets	Tabellen befinden sich innerhalb eines Datensets. Mittels eines Datensets werden Tabellen organisiert, strukturiert und der Zugriff auf die darin vorhandenen Daten kontrolliert. Damit Daten in BigQuery exportiert werden können, muss zumindest ein Datenset anlegt sein.
Jobs	Jobs bzw. Tasks sind Aktionen, die vom Nutzer erstellt und von BigQuery ausgeführt werden, das heißt Daten laden, exportieren, abfragen, kopieren etc. Da Jobs erfahrungsgemäß länger beim Abarbeiten brauchen, werden sie asynchron ausgeführt. Der Status kann jederzeit abgefragt werden. Darüber hinaus werden alle Jobs in der Job History von Google gespeichert und können in der Google Developers Console eingesehen werden.

Tabelle 13.6 Begriffsübersicht zu BigQuery

BigQuery-Interaktionen

Folgende drei Interaktionen werden mit BigQuery durchgeführt:

Begriff	Erläuterung
Daten laden und exportieren	Bevor noch irgendeine Aktion mit den Daten in BigQuery gemacht werden kann, müssen sie erst einmal in BigQuery geladen werden. Dies erfolgt automatisch für Analytics, sofern ein 360-Konto verfügbar und die Schnittstelle aktiviert ist. Die in BigQuery vorhandenen Daten können bei Bedarf auch exportiert werden, beispielsweise in ein DWH.

Tabelle 13.7 Begriffsübersicht zu BigQuery-Interaktionen

Begriff	Erläuterung
Daten abfragen und einsehen	Sobald Daten in BigQuery verfügbar sind, können folgende Methoden aufgerufen werden: 1. bigquery.jobs.query() – zur Datenabfrage 2. bigquery.jobs.insert() – zum Datenimport 3. bigquery.tabledata.list() – zur Datenanzeige 4. bigquery.jobs.getQueryResults() – zur Ergebnisabfrage
Daten verwalten	Zusätzlich zur Datenabfrage und Einsicht können die Daten in BigQuery auch verwaltet werden. Folgende Funktionen stehen dabei zur Verfügung: 1. Auflistung der Projekte, Jobs, Tabellen und Datensets 2. Abfrage von Informationen zu Jobs, Tabellen und Datensets 3. Updaten der Tabellen und Datensets 4. Löschen von Tabellen und Datensets

Tabelle 13.7 Begriffsübersicht zu BigQuery-Interaktionen (Forts.)

Preisgestaltung

BigQuery stellt seinen Nutzern ein skalierbares, flexibles Preismodell zur Verfügung. So fallen zwar Kosten für die Datenspeicherung und Datenverarbeitung an, nicht jedoch für das Importieren und Exportieren der Daten sowie für Metadaten-Operationen wie list, get, patch, update und delete. Ebenfalls fallen keine initialen Kosten an.

Die Preisgestaltung der Datenspeicherung erfolgt auf Basis der gespeicherten Daten in den Tabellen – und zwar anteilig pro MByte. Die Berechnung erfolgt dabei auf Datentypen-Ebene. Beispielsweise fallen bei 6 Millionen Visits und 50 Millionen Pageviews monatlich circa 500 GByte an Daten an. Die Kosten belaufen sich dabei auf etwa 10 US$ pro Monat.

Aktion	Kosten
Datenspeicherung	0,020 US$ pro GByte pro Monat

Tabelle 13.8 BigQuery Pricing für Datenspeicherung

Das Pricing zur Datenverarbeitung erfolgt bei Abruf – wobei 1 TB pro Monat pro Abrechnungskonto kostenlos ist. Jedes weitere TB kostet 5 US$. Die Kosten werden auf das nächste MByte abgerundet mit einem Minimum an 10 MByte pro Abfrage. Fehlerhafte oder gecachte Abfragen werden dabei nicht verrechnet. Zur Bezahlung stellt Google zwei Modelle zur Verfügung:

1. *On-demand:* Bei der On-demand-Lösung (auf Abruf) wird monatlich im Nachhinein bezahlt, was tatsächlich angefallen ist. Die Kosten werden automatisch von der Kreditkarte abgebucht.
2. *Pay-as-you-go*: Bei der Pay-as-you-go-Methode (Vorauszahlung) wird im Vorhinein Guthaben auf das Konto gebucht und monatlich der Verbrauch automatisch abgezogen. Dieses Modell eignet sich vor allem für Konzerne, die zu Jahresanfang ein bestimmtes Guthaben zur Verfügung gestellt bekommen und keine automatische Kreditkartenabbuchung zulassen.

Aktion	Kosten
Abfragen	5 US$ pro TB

Tabelle 13.9 BigQuery Pricing für Abfragen

Im Folgenden stellen wir Ihnen drei Abfragen beispielhaft vor. Im Support Center von Google finden Sie außerdem eine umfangreiche Praxisanleitung inklusive Beispieldatensatz, den Sie zum Üben nutzen können.

Beispiel 1: Wie viele Transaktionen wurden am 10. September 2015 pro Browser generiert?

```
SELECT device.browser, SUM ( totals.transactions ) AS total_transactions
FROM meine-property.ga_sessions_20150910
GROUP BY device.browser
ORDER BY total_transactions;
```

Beispiel 2: Welche Produkte wurden von Kunden gekauft, die Produkt A gekauft haben?

```
SELECT hits.item.productName AS other_purchased_
products, COUNT(hits.item.productName) AS quantity
FROM [Datensatzname]
WHERE fullVisitorId IN (
 SELECT fullVisitorId
 FROM [Datensatzname]
 WHERE hits.item.productName CONTAINS 'Product Item Name A'
  AND totals.transactions>=1
 GROUP BY fullVisitorId )
AND hits.item.productName IS NOT NULL
AND hits.item.productName != 'Product Item Name A'
GROUP BY other_purchased_products
ORDER BY quantity DESC;
```

Beispiel 3: Wie viel (in Prozent) wurde pro Produkt vom Lager verkauft?

In BigQuery kann man auch elegant andere Daten hochladen und mit den Analytics-Daten verknüpfen.

Hier ein Beispiel zum Produktlagerstand.

```
SELECT AnalyticsImport.product_data_20150728.productId, ((( one.quantity_
sold ) / ( AnalyticsImport.product_data_20150728.productstock + one.quantity_
sold ))
* 100 ) AS percentage_of_stock_sold
FROM [Importierter Datensatz]
JOIN (
 SELECT hits.item.productSku, SUM( hits.item.itemQuantity ) AS quantity_sold
 FROM [GA-Datensatz]
 WHERE hits.item.productSku IS NOT NULL
  AND totals.transactions>=1
 GROUP BY hits.item.productSku ) AS ‹Alias_Name'
ON Imported_DataSet.'productId_field' = Alias_Name.hits.item.productSku;
```


Quick Facts: Big Query

1. BigQuery ist ein Entwicklertool, mit dem Ihre gesammelten Website-Daten mittels SQL-ähnlicher Sprache extrem schnell und auf Basis von Rohdaten abgefragt werden können.
2. BigQuery ist speziell für Großunternehmen und Konzerne mit hohem Website Traffic und Google Analytics 360 gedacht. Jedoch können auch Standard-Analytics-Anwender BigQuery nutzen.
3. BigQuery ist kostenpflichtig – für Nutzer von Google Analytics 360 gibt es jedoch ein Freibudget in der Höhe von 500 US$ pro Monat.

13.3.7 DoubleClick Digital Marketing Integration

Die DoubleClick Digital Marketing Suite (DDM) ist eine integrierte Suite für Advertiser, um klassische Display-, Realtime-Advertising- sowie Search-Kampagnen zu verwalten, algorithmisch zu optimieren und vor allem integriert auszuwerten und zu steuern. Für Publisher stellt sie einen AdServer, eine Supply Side Platform (DSP) sowie den BidManager zur Verfügung.

Die DoubleClick-Module für Advertiser in Kombination mit Google Analytics

Für Werbekunden bedeutet die Nutzung der Suite für sich allein schon einen riesigen Vorteil durch die integrale Steuerung über alle Paid-Kanäle. In Kombination mit Google Analytics 360 erhalten sie zusätzlich:

1. eine 360° Analyse der Customer Journey – dazu mehr in Abschnitt 13.4
2. eine Integration von First Party Data aus Analytics zur Kampagnensteuerung
3. eine Integration von First und Third Party Data über Data-Upload

Damit können Sie die Funktion einer DMP (Data Management Plattform) abbilden. Das folgende Schaubild in Abbildung 13.9 stellt die Elemente der DoubleClick Suite grafisch dar. Ihre Funktion und Integration mit Google Analytics wird im Anschluss erklärt.

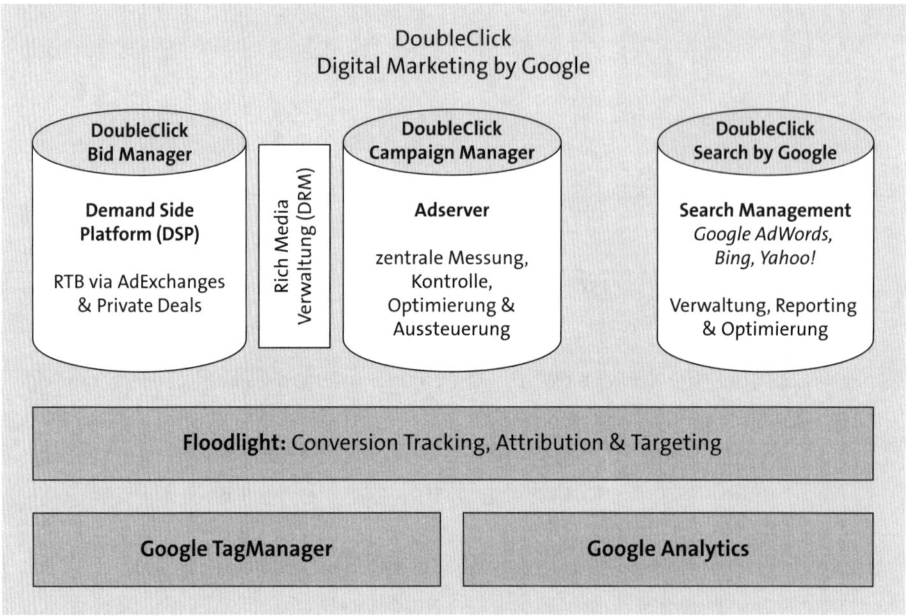

Abbildung 13.9 DoubleClick Digital Marketing (Schema: e-dialog)

Floodlight – die Datenebene von DoubleClick

DoubleClick allein eingesetzt hat natürlich auch einen Bereich, der sämtliche Daten sammelt sowie zur Auswertung und Steuerung zur Verfügung stellt. Er heißt *Floodlight* und verwendet eigene JavaScript-Tags zum Beispiel zur Erfassung von Zielen, Transaktionen, Ereignissen und Attributen. Neben dem Reporting stehen auch hier Customer-Journey-Analysen und Attributionsmodelle zur Verfügung.

Alle hier erfassten Daten werden nach Google Analytics exportiert und stehen dort nicht einfach nur aggregiert, sondern für die Customer-Journey-Analyse und Attribution zur Verfügung. Dies bietet die einzigartige Möglichkeit, in Google Analytics alle Kanäle (nicht nur Paid) zu berücksichtigen – auch reine View-Kontakte.

Die folgende Floodlight-Channel-Analyse in Abbildung 13.10 verdeutlicht diese Möglichkeit.

Default Channel Grouping	DFA-Conversions	DFA-Umsatz
	8.362.414 % des Gesamtwerts: 107,73 % (7.762.734)	1.069,00 € % des Gesamtwerts: 21,38 % (5.000,00 €)
1. Organic Search	**6.902.809** (82,55 %)	0,00 € (0,00 %)
2. Direct	**728.597** (8,71 %)	0,00 € (0,00 %)
3. Referral	**304.813** (3,65 %)	0,00 € (0,00 %)
4. Paid Search	**293.000** (3,50 %)	500,00 € (0,00 %)
5. Eigene Plattformen	**105.170** (1,26 %)	0,00 € (0,00 %)
6. Social	**16.588** (0,20 %)	249,50 € (0,00 %)
7. (Other)	**8.232** (0,10 %)	0,00 € (0,00 %)
8. Email	**2.210** (0,03 %)	300,44 € (0,00 %)
9. Display	**995** (0,01 %)	20,00 € (0,00 %)

Zeilen anzeigen: 10 Gehe zu: 1 1 - 9 von 9

Abbildung 13.10 Floodlight-Channel-Analyse

Tipp zur Analyse

Da die Daten auf Sitzungsebene integriert werden, können die Reports mit allen Analytics-Dimensionen und -Metriken kombiniert und auch in der mächtigen Segment-Engine verwendet werden.

Floodlight via GTM deployen

Mit der GTM-Integration zeigt uns Google, wie es wirklich gehen kann: Sind die Container einmal verknüpft, können neue Floodlight-Tags einfach in DoubleClick angelegt und an den Google Tag Manager gepushed werden. Dort werden sie dem berechtigten Administrator angezeigt und nach Kontrolle und Zuordnung zu Regeln freigegeben. Damit entfällt sogar der fehleranfällige Copy-and-Paste-Schritt.

Der DoubleClick Campaign Manager (DCM, früher DFA)

Das zentrale Element der Suite ist der eigene AdServer, der DoubleClick Campaign Manager (DCM) – früher DoubleClick for Advertisers (DFA) genannt. Bei klassisch gebuchten Display-Kampagnen mit Fixplatzierung (Reservation Buying) werden darin die Werbemittel hinterlegt, zentral ausgesteuert, geliefert und reported. Die Nutzung eines eigenen AdServers bietet zahlreiche Vorteile, die im folgenden Artikel beschrieben sind: *www.e-dialog.at/blog/wozu-ein-eigener-adserver-fuer-advertiser*.

In Google Analytics ist vor allem der eigene Reporting-Bereich interessant, der die Hierarchien von DoubleClick abbildet. Abbildung 13.11 zeigt den Report WEBSITES beispielhaft.

DFA-Website (DFA-Modell)	DFA-Zuordnungstyp (DFA-Modell)	Sitzungen	Seiten/Sitzung	Durchschnittl. Sitzungsdauer	Neue Sitzungen in %	Absprungrate	Abschlüsse für Zielvorhaben	Umsatz
	View-through	51.474 % des Gesamtwerts: 100,00 % (51.474)	3,31 Durchn. für Datenansicht: 3,31 (0,00 %)	00:03:16 Durchn. für Datenansicht: 00:03:16 (0,00 %)	12,73 % Durchn. für Datenansicht: 12,73 % (0,00 %)	1,81 % Durchn. für Datenansicht: 1,81 % (0,00 %)	12.052 % des Gesamtwerts: 100,00 % (12.052)	0,00 € % des Gesamtwerts: 0,00 % (0,00 €)
	Click-through	625 % des Gesamtwerts: 100,00 % (625)	2,08 Durchn. für Datenansicht: 2,08 (0,00 %)	00:02:59 Durchn. für Datenansicht: 00:02:59 (0,00 %)	51,36 % Durchn. für Datenansicht: 51,36 % (0,00 %)	44,96 % Durchn. für Datenansicht: 44,96 % (0,00 %)	53 % des Gesamtwerts: 100,00 % (53)	0,00 € % des Gesamtwerts: 0,00 % (0,00 €)
1. Salzburg.com	View-through	**11.097**	3,52	00:03:18	9,69 %	1,36 %	2.660	0,00 €
	Click-through	67	1,46	00:00:19	53,73 %	43,28 %	2	0,00 €
2. derstandard.at	View-through	**10.443**	3,17	00:03:05	16,63 %	1,60 %	2.388	0,00 €
	Click-through	70	2,53	00:02:57	41,43 %	25,71 %	7	0,00 €
3. krone.at	View-through	**10.118**	3,33	00:03:21	12,38 %	0,95 %	2.509	0,00 €
	Click-through	31	1,45	00:01:08	64,52 %	45,16 %	2	0,00 €
4. news.at	View-through	**9.613**	3,33	00:03:32	10,86 %	2,42 %	2.270	0,00 €
	Click-through	107	1,16	00:00:18	66,36 %	73,83 %	3	0,00 €
5. Diagnosia	View-through	**6.008**	3,04	00:02:40	13,37 %	2,66 %	1.311	0,00 €
	Click-through	272	1,29	00:00:37	54,41 %	49,26 %	15	0,00 €

Abbildung 13.11 DCM-Auswertung »Websites«

Hier können View-through- und auch Click-through-Kennzahlen nach Analytics-Erfolgen analysiert werden, und zwar auf den folgenden Ebenen:

1. Werbetreibende (Advertiser)
2. Kampagnen
3. Websites
4. Placements
5. Anzeigen und
6. Creative

Besser als im DCM alleine können in Google Analytics die Kampagnen-Kennzahlen um die Onsite-Kennzahlen erweitert betrachtet werden.

Im Tab FLOODLIGHT im Google-Analytics-Menü (siehe Abbildung 13.12) werden die DoubleClick-eigenen Transaktions-Kennzahlen dargestellt und im Tab KLICKS – wie von der AdWords-Integration bekannt – die Kennzahlen aus dem DoubleClick-System integriert. Darin befinden sich die Impressionen, Klicks, Kosten, CTR und CPC für jeden Bereich aufgesplittet. Die Daten von DoubleClick werden vollständig importiert. Zudem können alle DoubleClick-Dimensionen und -Metriken in Custom Reports und der Segment-Engine von Google Analytics verwendet werden.

Abbildung 13.12 Google-Analytics-Menü mit Floodlight-Integration

Der DoubleClick Bidmanager (DBM)

Die Demand-Side-Plattform (DSP) der Suite heißt BidManager und verwaltet das Real Time Bidding (RTB) und Real Time Advertising (RTA). Je Kampagne werden in Echtzeit die richtigen Platzierungen (Impressions) bei den AdExchanges oder über Private Deals eingekauft.

Der Erfolg dieser Kampagnen hängt maßgeblich von den zur Verfügung stehenden Daten für das Targeting ab. Hier können durch die Google-Analytics-Integration die komplexesten Segmente aus Google Analytics als Zielgruppen-Listen (Audiences) im BidManager verwendet werden.

13

> **Hinweis: Audience Extension**
>
> Die aus anderen Bereichen bekannte Audience Extension via Googles SIMILAR AUDIENCES steht Ihnen als Algorithmus auch im DBM zur Verfügung. Da Sie hier einerseits mehr Daten als Grundlage und andererseits durch die größere Auswahl an Ad-Exchanges mehr Inventar haben, hat diese Möglichkeit sogar wesentlich mehr Power.

Darüber hinaus können hier nicht nur Dimensionen- und Metriken-Filter verwendet, sondern auch User-Lifetime-Abfolgen wie etwa »User, die schon fünfmal hier waren, den Newsletter bekommen, das Impressum gelesen, aber noch nie bestellt haben« definiert werden. Spätestens an dieser Stelle werden wir für ein ausführliches Tracking-Konzept mit unternehmensrelevanten Dimensionen und Metriken belohnt.

Auch die Integration von First Party Data via Data-Upload in Google Analytics ermöglicht die Verwendung von CRM- und BI-Daten im Targeting. Achten Sie dabei jedoch unbedingt auf die Anonymisierung bzw. Pseudonymisierung der Userdaten!

DoubleClick Search (DS)

DoubleClick Search ist das Suchmaschinen-unabhängige Search Management Tool der Suite. Ähnlich wie bei der AdWords-Google-Analytics-Integration werden die Goals und Metriken aus Analytics in DS importiert. Ein Vorteil daraus ist, dass sie nicht mehr nur für AdWords-Kampagnen, sondern auch für Bing, Yahoo! und andere Suchmaschinen zur Verfügung stehen. Außerdem kann DS eigene kalkulierte Metriken wie beispielsweise die KUR (Kosten-Umsatz-Relation) berechnen und darauf optimieren.

Seine Stärke spielt das System jedoch vor allem im Bereich integrierter Daten und Algorithmen aus:

1. Es lassen sich Bidding-Algorithmen auf mehr als ein Ziel definieren, zum Beispiel eine Kombination aus CPO- und Positions-Strategien.
2. In Floodlight erarbeitete, kanalübergreifende Attributionsmodelle können zur Aussteuerung hinterlegt werden.
3. Die Zusammenhänge von Display im Upper Funnel via Real Time Bidding und Search im Lower Funnel können nicht nur dargestellt, sondern zur Optimierung genutzt werden.

DoubleClick Rich Media (DRM)

DoubleClick Rich Media erlaubt die Erstellung von dynamischen Werbemitteln, die mittels der zur Verfügung stehenden Daten die Inhalte der Ads an die jeweilige Zielgruppe anpasst. Beispiele sind Call-to-Actions aufgrund der individuellen User-Journey oder Bilder aufgrund des Ortes der Ausspielung. Eine umfassende Einführung in die Vorteile und Möglichkeiten ist unter folgendem Link zu finden:

www.e-dialog.at/blog/programmatic/dynamische-werbemittel-funktionsweise-nutzen-praxisbeispiele/

Letztlich erlaubt uns diese Methode die Relevanz von Werbung durch Mikro-Segmentierung zu erhöhen.

DoubleClick for Publisher (DFP)

Das Gegenstück zum DCM ist der DFP, also der AdServer für Publisher. Auch hier erlaubt die Integration mit Google Analytics 360 wertvolle User-Segmente als Zielgruppen in den DFP zu pushen. Damit können Publisher ihren Werbekunden genau die richtigen User anbieten – aufgrund von wesentlich mehr verfügbaren Attributen als im AdServer.

Darüber hinaus werden die Monetarisierungs-Kennzahlen an Analytics weitergereicht, was eine genaue Analyse des Erfolgs von Inventar und damit die Optimierung des Umsatzes erlaubt.

Die Verknüpfung von DoubleClick mit Google Analytics

Abbildung 13.13 und Abbildung 13.14 zeigen die Übersicht der verknüpften Produkte im Verwaltungsbereich von Google Analytics. Die Verknüpfung wird teilweise im Self-Service und teilweise durch Ihren Betreuer/Reseller administriert.

Abbildung 13.13 Mit Analytics verknüpfte Produkte

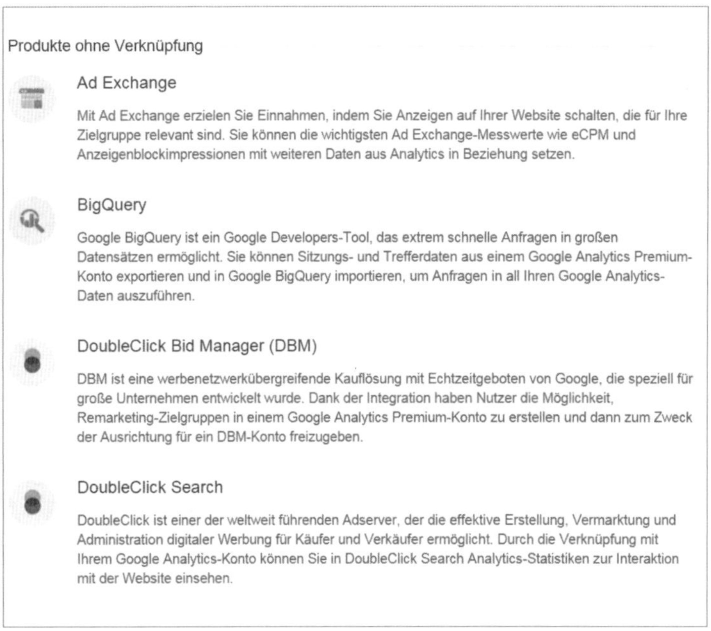

Abbildung 13.14 Produkte ohne Verknüpfung in Analytics

Quick Facts: DoubleClick

1. DoubleClick ist ein Unternehmen von Google, das viele Produkte im Bereich Display Advertising zur Verfügung stellt: Floodlight, DCM, DBM, DS, DRM, DFP.
2. Die DoubleClick Digital Marketing Suite (DDM) ist eine integrierte Suite für Advertiser, um klassische Display-Kampagnen, Real Time Advertising sowie Search-Kampagnen zu verwalten, algorithmisch zu optimieren und vor allem integriert auszuwerten und zu steuern. Für Publisher stellt sie einen AdServer, eine SSP sowie den Bid Manager zur Verfügung.

13.4 Exkurs: Full Customer Journey

Das Buzzword *360° Analyse* mit den Schlagworten Cross-Channel und Cross-Device geistert schon lange in Vorträgen und Whitepapers herum. Die Kombination von DoubleClick mit Google Analytics 360 treibt das extrem weit. Machen Sie sich anhand der folgenden Abschnitte selbst ein Bild.

13.4.1 AdViews ohne Klick einbeziehen

Gerade uns Performance Marketern (und wenn Sie nun das Google-Analytics-Buch in den Händen halten, tendieren auch Sie in diese Richtung) wurde vorgeworfen, dass wir nur Klicks zählen, aber Views nicht schätzen. Für uns stimmte das lange Zeit vollkommen: Auf die reinen AdServer-Auswertungen mit Views, CTR und Post View Conversions gaben wir nicht viel, da sie immer nur ihren Kanal singulär betrachteten und Zusammenhänge nicht darstellen konnten.

Nun bekommen wir schon länger die Views aus AdWords-GDN-Kampagnen auch in Google Analytics integriert. Dabei handelt es sich nicht nur um die aggregierten Kennzahlen wie in AdServer-Reports, sondern auf Sitzungsbasis verknüpfte Journey-Informationen. Dies ist nun auch für Display-Kampagnen außerhalb des GDN möglich – für die oft budgetstarken, klassischen Fixplatzierungen über Reservation Buying oder RTB-Kampagnen im großen Stil.

Wie wichtig jedoch die Betrachtung des Views in der Customer Journey ist, zeigt der folgende Vergleich der gleichen Daten einmal *ohne* (siehe Abbildung 13.15) und einmal *mit* (siehe Abbildung 13.16) Attribution der reinen AdViews:

MCF Channel Grouping	Assisted Conversions ↓	Assisted Conversion Value	Last Click or Direct Conversions	Last Click or Direct Conversion Value	Assisted / Last Click or Direct Conversions
1. Display	42(100.00%)	€2,285.72.00(100.00%)	18(100.00%)	€954.78(100.00%)	2.33

Abbildung 13.15 Assist-Betrachtung des Kanals »Display« ohne View Attribution

MCF Channel Grouping	Assisted Conversions ↓	Assisted Conversion Value	Last Click or Direct Conversions	Last Click or Direct Conversion Value	Assisted / Last Click or Direct Conversions
1. Display	895(100.00%)	€33.716.16(100.00%)	16(100.00%)	€760.94(100.00%)	55.94

Abbildung 13.16 Assist-Betrachtung des Kanals »Display« mit View Attribution

Wenn wir wie im ersten Bild nur die Klicks analysieren, erscheint der Kanal Display nicht nur generell schwach, sondern auch nur wenig in der Vorbereitung unterstützend zu wirken. Beziehen wir jedoch auch die Views der Werbemittel ohne Klicks in unsere Betrachtung mit ein, erkennen wir den immensen Wert von Display in der

Unterstützung, sowohl was den Wert betrifft (33.716,16 € vs. 2.285,72 €) als auch ihren Unterstützungsfaktor (55,94 vs. 2,33).

13.4.2 Was ist ein View ohne Klick wert?

Natürlich ist nicht jeder View tatsächlich gleich viel wert wie ein Klick. Zumal viele technische Views (also Auslieferung der Banner) keine tatsächliche Aufmerksamkeit bekommen. Um dies zu berücksichtigen, stellt Ihnen Google in seinem Attributionstool sehr mächtige Einstellungsmöglichkeiten zur Verfügung, wie es Abbildung 13.17 zeigt.

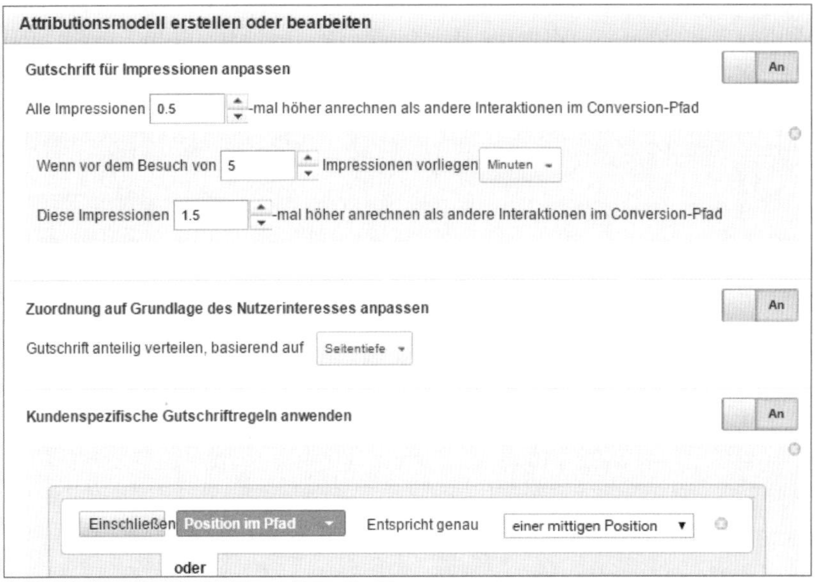

Abbildung 13.17 Justierbare Bewertung von Views im Attribution Modeling Tool

Das Feature GUTSCHRIFTEN FÜR IMPRESSIONS ANPASSEN erlaubt es einerseits, den Wert von Impressions zu ändern. Im obigen Beispiel wurde er auf 50 % (0,5) herabgesetzt. Andererseits können Impressions, in deren Folge über einen anderen Kanal Visits erfolgen, wieder höher bewertet werden.

Anmerkung: Deutsches vs. englisches Interface

Die deutsche Übersetzung ist im Interface leider gründlich missglückt. Die obige Einstellung sollte sich lesen: *Wenn innerhalb von fünf Minuten nach der Impression ein Besuch erfolgt, [...]*

Darüber hinaus können generell Touchpoints höher bewertet werden, wenn die daraus resultierende Sitzung ein höheres Engagement vorweist.

Und schließlich können mit so gut wie allen relevanten Dimensionen noch eigene Regeln angewendet werden. So könnten Sie beispielsweise die Views in Affiliate-Netzwerken generell niedriger bewerten, aber Views auf 360-Plattformen höher einstufen.

13.4.3 ALLE Kanäle integrieren

Auch andere Digital Marketing Suites erlauben Customer-Journey-Analysen und Attributionen – doch in der Regel sind nur Paid Channels dabei integriert; Organic-Search-, Direct- und der wichtige Referral-Traffic bleiben außen vor. Meist laufen die oft sehr erfolgreichen E-Mail-Kampagnen oder Newsletter zwar über professionelle Versandsysteme mit eigenem Tracking, aber in der Gesamtbetrachtung erscheinen sie nur mit Klicks. Wo wir hinwollen, zeigt Abbildung 13.18.

Abbildung 13.18 Pfadanalyse mit View-Attribution

Hier sehen Sie ganz klar die Unterstützung von Display Views (ohne Klicks) in den Pfaden. Sie sind in Google Analytics mit einem Augen-Icon gekennzeichnet. Die erste Zeile visualisiert also Journeys, bei denen Search-Besucher vorher einen Sichtkontakt mit Display Ads hatten.

Ihr besonderes Augenmerk möchten wir auf die drittletzte Zeile lenken: EMAIL VIEW • DISPLAY VIEW • EMAIL • CONVERSION. Konkret bedeutet dies, dass der Newsletter geöffnet, aber nicht geklickt wurde, die Kunden später auch Banner gesehen haben und den Newsletter wieder geöffnet und diesmal geklickt haben, was schließlich zur Conversion geführt hat.

Dies ermöglicht nun mit all den Filter- und Segmentierungsmöglichkeiten eine genaue Analyse, welche Botschaften an welcher Stelle in der Journey besonders hilfreich sind. Wir möchten hier an den ROI-Report in den Multi Channel Funnels von Google Analytics 360 erinnern, der Ihnen mit den automatisch aus DoubleClick importierten Kostendaten vollen Aufschluss über den Wert unserer Maßnahmen gibt.

13.4.4 On- und Offline integrieren

Bislang haben wir nur von Online-Kanälen gesprochen, doch immer noch finden die meisten Kontakte und Transaktionen offline statt. Wir wollen natürlich unsere blinden Flecken füllen und Transparenz schaffen. Dazu bietet uns schon das Standard-Analytics durch das Measurement-Protokoll sowie durch das Data Upload Feature zahllose Möglichkeiten.

Als Beispiel hier eine Integration von Call Tracking: User bekommen bei ihrem Website-Besuch dynamisch eine individuelle Telefonnummer ausgewiesen, die – verknüpft mit der Sitzungs-ID – nicht nur ein reines Goal Tracking erlaubt (siehe Abbildung 13.19), sondern auch die Customer Journey zeigt, die zu dem Anruf führte.

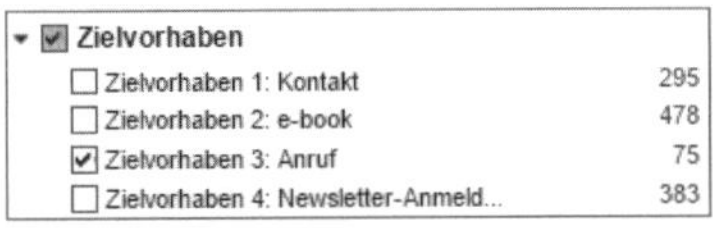

Abbildung 13.19 Call Tracking als Beispiel von Offline-Kanälen in GA

Dies kann auch in die Filialen erweitert werden, wenn etwa Kunden mit ihren Kundenkarten erfasst werden und deren Offline-Aktionen darüber mit ihren Online-Bewegungen in Analytics verknüpft werden.

13.4.5 Attribution 360

Google hat Attribution 360 bereits vorgestellt. Zum einen verfolgt Google weiter konsequent den Ansatz, die Customer Journey über alle Online- und Offline-Kanäle zu erfassen. Dies verdeutlicht das TV Attribution Feature, das eine Messung der Werbewirkung von TV-Spots ermöglicht. Ebenso wird es einen Konnektor für die Erfassung von Offline Conversions geben. Attribution 360 bietet die Möglichkeit zur Budgetoptimierung sowohl auf Kanal- als auch auf Kampagnenebene. Neben der reinen Analyse wird es auch Steuerungs-Konnektoren geben.

13.4.6 Fazit

Die Integration von DoubleClick mit Google Analytics 360 in Verbindung mit Google Attribution 360 ermöglicht es Unternehmen, die Wirkungsweise ihrer Marketingmaßnahmen kanalübergreifend zu erfassen, zu analysieren und zu bewerten. Die daraus gewonnen Erkenntnisse ermöglichen es den Marketern ihr Budget effizienter einzusetzen oder sogar darauf basierend Kampagnen programmatisch auszusteuern. Der Aufwand ist überschaubar – der Gewinn dafür enorm. Zunehmend wichtig wird dabei das Thema Data Ownership – sowohl was Data Governance, aber auch was den Wettbewerbsvorteil betrifft. Mit Auftragsdatenverarbeitungsverträgen und der Google 360 Suite ist dies rechtskonform möglich.

Kapitel 14

Google Tag Manager: Tracking-Codes unabhängig einbinden

Schöpfen Sie bei der Implementierung mit dem Google Tag Manager aus dem Vollen. Der Dienst erleichtert Einbau sowie Konfiguration und liefert Ihnen die nötigen Werkzeuge, um die Daten schneller und umfangreicher erfassen zu können.

Google versucht die Einbindung von Analytics auf Ihrer Website so einfach wie möglich zu machen. Ein paar Zeilen JavaScript ermöglichen Dutzende Berichte und Auswertungen. Auch ohne Programmierkenntnisse können Sie Analytics in Ihrer Website einbauen. Um allerdings das gesamte Potenzial von Analytics nutzen zu können, gibt es viele Anpassungen, Individualisierungen und Konfigurationen, die Sie dafür an diesem Basis-Code vornehmen können. Für diese Anpassungen ist ein gewisses Verständnis für Programmierung und auch Erfahrung nötig. An dieser Stelle versucht der Google Tag Manager, den Einbau und die Konfiguration von Analytics in Ihre Website zu vereinfachen.

14.1 Für wen ist der Google Tag Manager?

Der *Google Tag Manager* (GTM) bildet eine Zwischenschicht zwischen Ihrer Website und den Analytics-Codes. Dazu müssen Sie lediglich einmal den Code des Tag Managers in ihre Website integrieren. Über eine Weboberfläche können Sie anschließend alle Tracking-Codes für Ihre Website anlegen und konfigurieren.

Das klingt im ersten Moment nach Mehraufwand: Warum sollten Sie ein zusätzliches Tool erlernen, einbauen und pflegen? Tatsächlich ist es so, dass der Einsatz des GTM nicht immer Vorteile bringt (allerdings auch selten Nachteile). Um Ihnen einen besseren Überblick zu geben, wann der Einsatz Sinn macht, hier einige Fälle, in denen der GTM Ihr Leben erleichtern kann.

- Änderungen an Ihrer Website sind aufgrund von kurzen Releasezyklen oder mangels Ressourcen in der IT/Agentur sehr zeitaufwändig.
- Änderungen am Tracking-Code sollen schnell möglich sein.

- Ohne JavaScript zu erlernen, möchten Sie abgehende Links und Downloads auf Ihrer Website erfassen.
- Es sollen Klicks auf bestimmte Elemente der Website wie Bilder oder Buttons erfasst werden.
- Auf Ihrer Website werden weitere Tracking-Codes benötigt, zum Beispiel von Werbe- oder Affiliate-Netzwerken.
- Für mehrere (identisch aufgebaute) Websites sollen alle Trackings zentral verwaltet werden, um auf allen Seiten immer den gleichen Stand des Trackings zur Verfügung zu haben.
- Alle Trackings sollen an einer zentralen Stelle zusammengefasst liegen. Unterschiedliche Personen können an den Trackings arbeiten.
- Sie möchten Werte aus Cookies oder JavaScript-Variablen in Google Analytics erfassen.
- Änderungen können auf der »echten« Website getestet werden, bevor sie live gehen.
- Bei Problemen können Sie auf eine frühere Version der Trackings zurückgreifen.

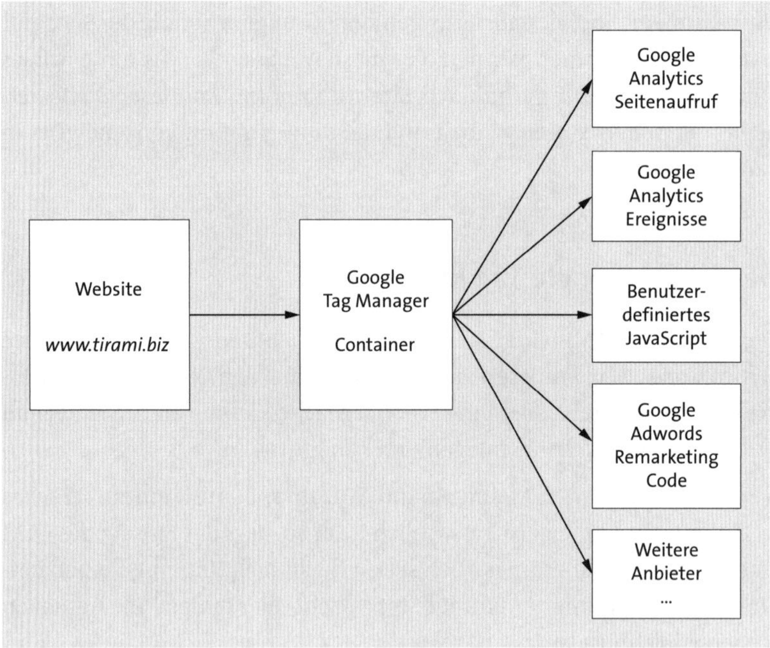

Abbildung 14.1 Ablauf-Tracking mit dem Google Tag Manager

Google selbst empfiehlt den Tag Manager für den Fall, dass »Sie sehr viele Analyse- und Tracking-Tags verwenden« (Text auf der Seite Tracking-Code in der Google-Analytics-Verwaltung). Dort heißt es weiter:

Der Google Tag Manager ist insbesondere in folgenden Fällen nützlich: Sie verwenden verschiedene Tools zum Analysieren und Beobachten der Anzeigenleistung, die das Hinzufügen von Tags auf der Website erfordern.

Die Zeit, die Sie für das Hinzufügen von Tags auf Ihrer Website benötigen, fehlt Ihnen für die Durchführung von Marketingkampagnen.

Wenn Sie alle Anpassungen und Vorschläge aus diesem Buch umsetzen möchten, empfehlen wir Ihnen den Einsatz des Tag Managers. Vorausgesetzt wird der GTM aber nur für die Beispiele in diesem Kapitel. Alle übrigen Anpassungen, Skripte und Filter außerhalb dieses Kapitels funktionieren auch ohne ihn.

14.2 Generelle Funktionsweise

Bevor Sie mit der Einrichtung Ihres Tag Managers beginnen, sollten Sie einige Basiskonzepte kennenlernen.

Der Grundbaustein des Google Tag Managers ist ein **Container**. Der Container ist ein JavaScript-Code, den Sie auf Ihrer Website einbauen müssen. Jeder Container besitzt eine eindeutige ID, die sich in JavaScript wiederfindet.

Der Container ersetzt alle vorhandenen Tracking-Codes, die vorher auf Ihrer Website eingebunden waren: Google Analytics, Google AdWords oder Tools von anderen Anbietern. Diese Tracking-Codes verwalten Sie anschließend über die Weboberfläche des Tag Managers. Der Container lädt alle Einstellungen für Ihren Container in die Seite.

Google Tag Manager und Google Analytics

Der Google Tag Manager ist primär mit dem Ziel entwickelt worden, die Einbindung und Konfiguration von Google Analytics zu vereinfachen. Der Tag Manager Container ist aber unabhängig von einem Analytics-Konto, Property oder Datenansicht. Sie können den Tag Manager sogar ohne Google Analytics verwenden, wenn Sie ein anderes Tracking-Tool nutzen möchten. Diesen Fall werden wir hier verständlicherweise nicht beschreiben.

In jedem Container können beliebig viele *Tags*, *Trigger* und *Variablen* hinterlegt werden. Diese drei Bausteine ergeben die Funktionalität:

- **Tags** bezeichnen die JavaScript-Codes oder Tracking-Pixel, die für das Erfassen von Daten ausgeführt bzw. aufgerufen werden (siehe Abschnitt 2.2.1). Im GTM können Sie Tags für viele unterschiedliche Tools mit einem Formular konfigurieren. Ein Tag im Rahmen des GTM kann aber noch mehr sein: In einem Tag lässt sich nahezu jedes JavaScript ausführen, das eine beliebige Aufgabe übernehmen kann. Dazu später mehr.

- **Trigger** bezeichnen eine oder mehrere Regeln, die entscheiden, ob ein Tag gefeuert – also ausgelöst – wird. Der GTM kann von Haus aus auf bestimmte Ereignisse reagieren, etwa das Laden einer bestimmten Seite oder den Klick auf einen einzelnen Link. Daneben können Sie eine Aktion manuell per JavaScript auslösen.
- **Variablen** stellen die Daten bereit, mit denen Tags und Trigger arbeiten. So ist zum Beispiel die URL der aktuellen Seite in einer Variablen abgelegt. Eine weiteres Beispiel: Beim Absenden eines Formulars kann dessen Name über eine Variable ausgelesen werden. Neben diesen automatisch befüllten können Sie individuelle Variablen hinzufügen. Sie können ohne Programmierung den Inhalt eines Cookies oder einer JavaScript-Variablen auf der aktuellen Seite auslesen. Mit benutzerdefinierten Variablen und entsprechenden JavaScript-Kenntnissen können Sie schließlich nahezu alle Daten auslesen, die der Browser des Nutzers zur Verfügung stellt, sei es der Text auf der aktuellen Seite oder die aktuelle Position des Mauszeigers.

Vereinfacht können Sie sich die Aufgabe der drei Bausteine so merken:

- Tags bestimmen, was erfasst werden soll.
- Trigger entscheiden, wann etwas erfasst werden soll.
- Variablen enthalten Daten, die in Tags und Triggern genutzt werden.

Der **Data Layer** ist ein Informationsspeicher, mit dem Sie per JavaScript Daten an den GTM übergeben und anschließend in Tags und Triggern nutzen können. Sie schicken Daten (Paare aus Namen und Wert) nicht direkt an Tracking-Codes, die Sie in GTM-Tags abgelegt haben, sondern zunächst an den Data Layer. Von dort können sich alle Tags dann »ihre« Daten mittels Variablen holen.

Für einige Fälle gibt es vordefinierte Benennungen, die Sie nur noch mit Daten füllen müssen, um sie dann für Ihre Google-Analytics-Tags weiter nutzen zu können. So gibt es zum Beispiel eine Vorgabe für die Felder einer E-Commerce-Transaktion. Sie übergeben nach einer erfolgreichen Bestellung alle Werte an den Data Layer in den dafür vorgesehenen Feldern. Im Tag Manager selbst reicht dann ein einzelner Tag, der die Transaktion an Google Analytics schickt. Gleichzeitig können Sie die Werte für Trigger verwenden und etwa nur Bestellungen erfassen, die mehr als 100 € ausmachten.

14.3 Tag-Manager-Konto einrichten

Der Google Tag Manager ist ein eigenständiges Google-Produkt, für das Sie sich mit einem Google-Nutzerprofil registrieren können. Das kann dasselbe Profil sein, mit dem Sie sich für Google Analytics anmelden – muss es aber nicht. In bestimmten Fällen ist es durchaus sinnvoll, die Arbeit im Tag Manager mit einem anderen Profil als in Analytics durchzuführen.

Für die Registrierung gehen Sie auf *http://tagmanager.google.com* und melden sich, falls noch nicht geschehen, mit dem Google-Nutzerprofil Ihrer Wahl an. Nach dem erfolgreichen Einloggen landen Sie direkt in der Eingabemaske, um ein neues Konto hinzuzufügen.

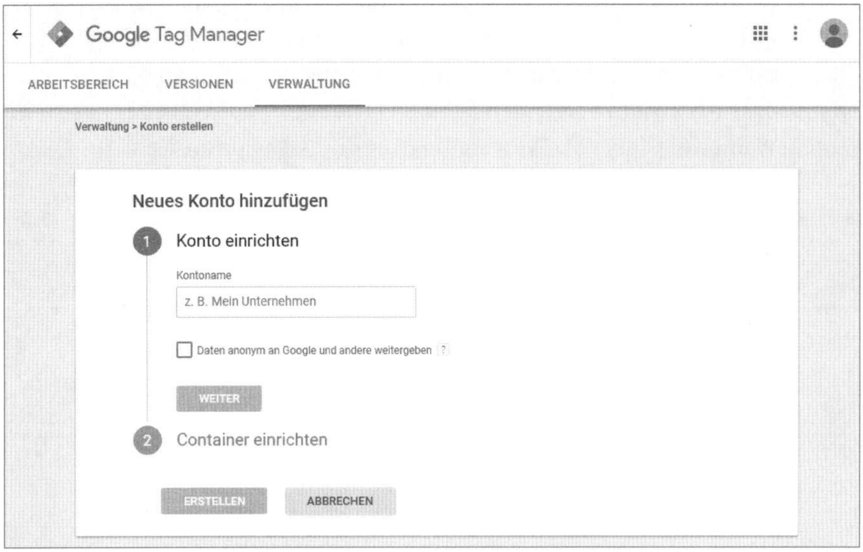

Abbildung 14.2 Neues Konto im Google Tag Manager eröffnen

Zunächst vergeben Sie einen Namen für das Konto. Ein Nutzer kann Zugriff auf mehrere Konten haben, daher sollte der Name die enthaltenen Container allgemein beschreiben. Wir verwenden hier wieder unsere Beispielfirma *Tirami*.

Kontostruktur, Container und Nutzer

Ähnlich wie bei Analytics gibt es bei der Arbeit mit dem Tag Manager mehrere Ebenen (siehe Abschnitt 4.2). Die oberste Ebene ist auch hier das Konto. Ein Konto kann mehrere Container enthalten. Ein Nutzer kann unterschiedliche Rechte für mehrere Konten und Container haben:

- nur ansehen
- nur ansehen und bearbeiten
- Änderungen genehmigen
- anzeigen, bearbeiten, löschen und veröffentlichen
- kein Zugriff

Genau wie die Propertys in Analytics können Sie GTM-Container später nicht mehr in ein anderes Konto verschieben.

Im Anschluss geben Sie dem ersten Container in diesem Konto einen Namen. Das kann die URL der Website sein, für die Sie das Tracking einrichten möchten. Bei unserem Beispiel also *www.tirami.biz*. Sowohl der Konto- als auch der Containername dienen lediglich zu Ihrer eigenen Informationen und haben keinerlei Auswirkungen auf die enthaltene Konfiguration. Sie sind also tatsächlich absolut frei in der Vergabe.

Anders sieht es beim nächsten Punkt aus: dem Verwendungsort des Containers. Hier können Sie zwischen WEB, IOS und ANDROID wählen. Der Tag Manager lässt sich nicht nur in Websites, sondern auch in Smartphone Apps integrieren und bietet dort spezielle Features. Allerdings würde deren Beschreibung den Rahmen dieses Buches sprengen, sodass wir uns im Folgenden auf die Verwendung auf Websites beschränken werden. Wählen Sie daher als Verwendungsort die erste Option WEB.

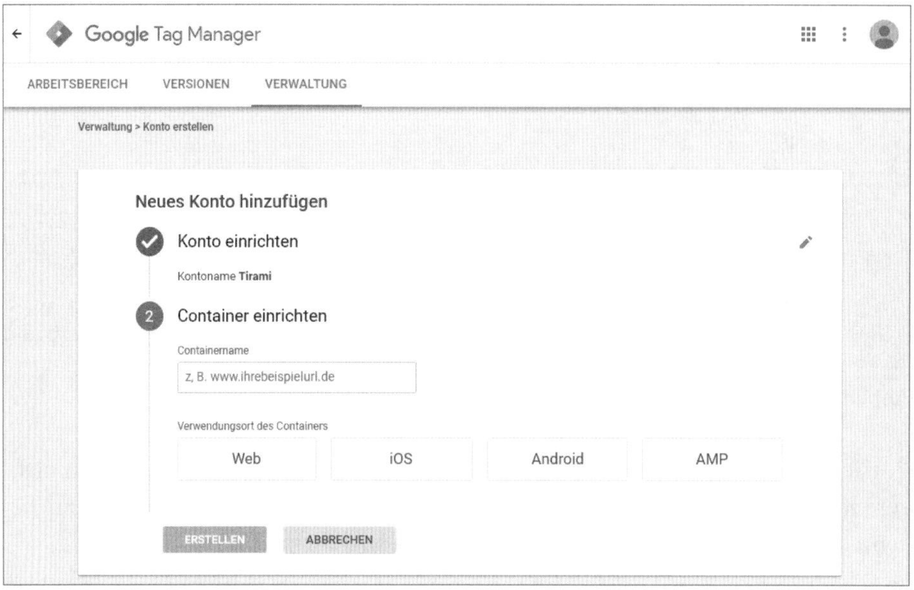

Abbildung 14.3 Containername und Verwendungsort festlegen

Danach müssen Sie die Nutzungsbedingungen bestätigen, die derzeit nur in englischer und französischer Sprache vorliegen. Im Vergleich zu Analytics nehmen sich die AGB fast schon spärlich aus. Da der Tag Manager als Service selbst keine Daten sammelt, sind die Bedingungen überschaubar.

Nach der Bestätigung werden Sie zum gerade erstellten Container weitergeleitet. Dort wird als Erstes der Container-Code in einem Layer angezeigt. Das sind die JavaScript-Codes, die Sie in alle Seiten einbauen müssen, für die Sie mit dem Google Tag Manager Trackings einrichten möchten.

Kopieren Sie die Codes in die Zwischenablage, um sie entweder selbst einzubauen oder in einer E-Mail an einen Programmierer zu schicken.

Abbildung 14.4 JavaScript-Code des GTM-Containers

Der erste Code sollte möglichst im <head> der Seite eingebunden werden. Das Script lädt den Tag Manager Container und alle darin konfigurierten Tags. Der zweite Code-Abschnitt wird im <body>-Bereich eingefügt. Dieser Teil wird nur dann geladen, wenn der Besucher der Seite JavaScript deaktiviert hat und lädt für die konfigurierten Tags die entsprechenden Varianten ohne JavaScript.

Sie können den GTM-Container und den Google-Analytics-Code gleichzeitig in Ihrer Website einbauen, beide funktionieren parallel. Sobald Sie allerdings in Ihrem Container einen Google-Analytics-Tag eingerichtet haben, müssen Sie das Analytics-Skript aus Ihrem Website-Quelltext entfernen, da es sonst zu Doppelzählungen kommt. Wie Sie den Wechsel vom Analytics-Code zum Tag Manager möglichst ohne Datenverlust vollziehen können, lesen Sie in Abschnitt 14.12.

Sie gelangen nun zur Übersicht Ihres neuen GTM-Containers. Der Aufbau des Bildschirms ist ähnlich wie bei Analytics: In der obersten Zeile sehen Sie den aktuell ausgewählten Container und das übergeordnete Konto. Mit einem Klick auf den Eintrag erreichen Sie die Liste aller Konten und Container, auf die Sie Zugriff haben. Darunter folgt eine Zeile mit den Punkten ARBEITSBEREICH, VERSIONEN und VERWALTUNG.

Neben den Menüpunkten folgt rechts die Container-ID, die Sie auch schon im JavaScript-Code des Containers nach der Erstellung gesehen haben. Ein Klick auf die Container-ID zeigt wieder den Code zur Einbindung in Ihrer Seite an. Darauf folgen die Zahl der bisher durchgeführten Änderungen sowie die Buttons IN VORSCHAU ANSEHEN und SENDEN.

Im Menü in der linken Spalte finden Sie zuerst den aktuell ausgewählten *Arbeitsbereich*, der bei einem neu erstellten Container immer als DEFAULT WORKSPACE benannt ist. Mit den Arbeitsbereichen können Sie unabhängig voneinander Änderungen an einem Container vornehmen und live stellen. Das ist vor allem interessant, wenn mehrere Nutzer einen Container bearbeiten.

Darunter sehen Sie die Ihnen bereits bekannten TAGS, TRIGGER und VARIABLEN. Außerdem befinden sich dort die Punkte ÜBERSICHT und ORDNER sowie eine Suche, mit der Sie schnell einzelne Elemente anhand ihres Namens finden können.

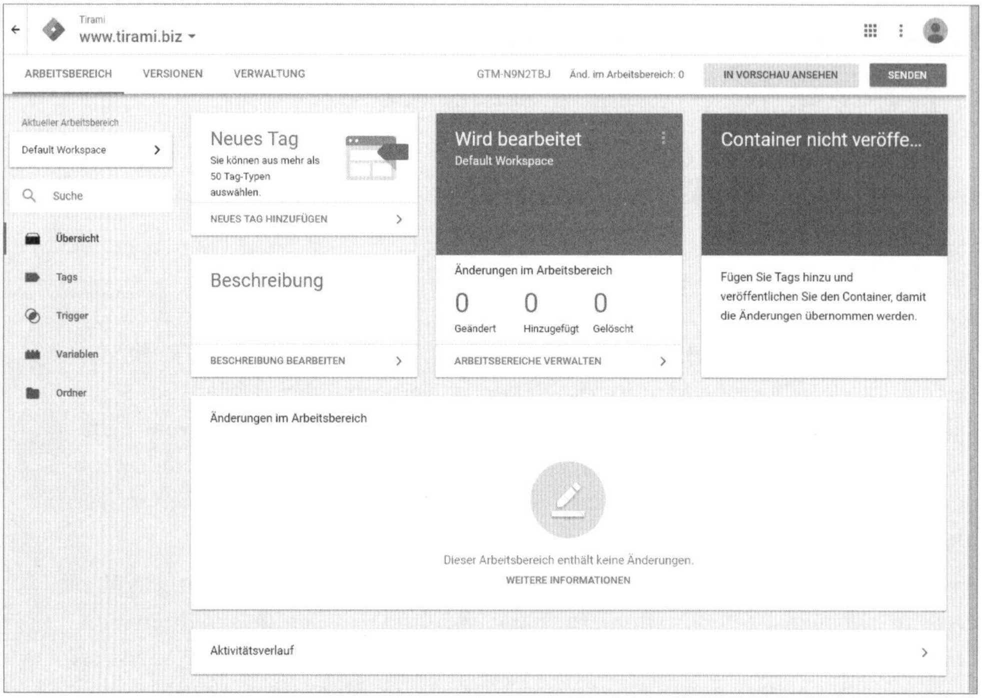

Abbildung 14.5 Übersicht des Google-Tag-Manager-Containers

Den größten Bereich des Browser-Fensters nimmt die Übersicht des Containers ein. Von hier aus können Sie direkt einen neuen Tag hinzufügen.

Rechts vom Kasten NEUES TAG sehen Sie eine Änderungsübersicht der aktuellen Container-Version. Der GTM verwaltet die Änderungen Ihres Containers in Versionen. Wenn Sie Tags hinzufügen oder sonstige Anpassungen vornehmen, können Sie sie in einer Version speichern. Eine einmal abgelegte Version Ihres Containers kann nicht mehr verändert werden. In der Änderungsübersicht sehen Sie die Nummer der aktuellen Version sowie die Zahl der Änderungen an Tags, Triggern und Variablen seit der letzten abgelegten Version. Weiterhin zeigt der Kasten, welcher Nutzer wann die letzte Aktualisierung vorgenommen hat.

Links neben dem Versions-Kasten finden Sie die Option NOTIZ HINZUFÜGEN. Hier können Sie einen Text zur aktuellen Version hinzufügen, der anschließend an dieser Stelle erscheint. Sie können für jede Version eine neue Notiz vergeben und so gemachte Änderungen kurz zusammenfassen.

Neben dem Versionskasten auf der rechten Seite steht eine Übersicht über den aktuell veröffentlichten Container. Wenn Sie Ihre Tags und Einstellungen in eine Version gespeichert haben, ist sie noch nicht direkt auf Ihrer Website verfügbar. Sie müssen sie zuerst noch *veröffentlichen*. Erst dann spielt der GTM beim Laden die entsprechende Version zurück. Der Kasten gibt Ihnen ähnliche Informationen wie schon zur Version: Die Anzahl der einzelnen Elemente, den Zeitpunkt der Veröffentlichung und den Nutzer, der die Veröffentlichung veranlasst hat.

Unter den Kästen folgt über die ganze Breite des Fensters eine Tabelle der ÄNDERUNGEN IM ARBEITSBEREICH. Hier werden alle Änderungen oder Aktivitäten vermerkt, die im Arbeitsbereich stattfinden. So wird verzeichnet, wenn Sie ein Element anlegen oder ändern, eine Version erstellen, sie veröffentlichen oder sonstige Einstellungen anpassen. Für jede Aktivität werden Nutzer und Datum ausgewiesen.

14.4 Den ersten Tag einrichten

Tags bezeichnen die JavaScript-Codes, die für die Zählung der Besucher und ihrer Aktionen auf einer Website sorgen. Der Google Tag Manager erleichtert ihren Einbau durch Konfigurationsformulare für eine Reihe von Online-Diensten wie Webanalyse-Tools, AdServer oder Remarketing-Tools. Im Folgenden erfahren Sie, wie man Tags für Google Analytics erstellt und einrichtet. Der Einbau von Tags für andere Dienste verläuft in einer ähnlichen Art und Weise.

Zum Erstellen Ihres ersten Tags klicken Sie in der Übersicht auf NEUES TAG HINZUFÜGEN. Alternativ können Sie in der linken Navigation den Punkt TAGS auswählen und dort den Button NEU anklicken.

In beiden Fällen gelangen Sie zu einer Auswahlliste der Tag-Typen. Wählen Sie zuerst das Produkt aus, für das Sie einen Tag einbinden möchten. Neben Google Analytics werden hier weitere Produkte angeboten, für die der GTM vorgefertigte Eingabemasken bereitstellt. Wählen Sie den ersten Eintrag GOOGLE ANALYTICS.

Sie können zwischen UNIVERSAL ANALYTICS und KLASSISCHES GOOGLE ANALYTICS wählen. In den allermeisten Fällen sollten Sie hier Universal Analytics wählen. (Mehr Informationen zum *universal* und *klassischen* Tracking-Code finden Sie in Abschnitt 5.4.) Sie können übrigens Ihre Wahl für Produkt und Typ später immer noch ändern, indem Sie rechts auf die Bearbeitungssymbole klicken.

Als Name steht am Kopf des Bereichs *Unbenanntes Tag*. Klicken Sie zum Bearbeiten einfach auf den Namen selbst – Sie können dann den Text direkt an Ort und Stelle verändern. Benennen Sie den Tag als *UA Seitenaufruf*.

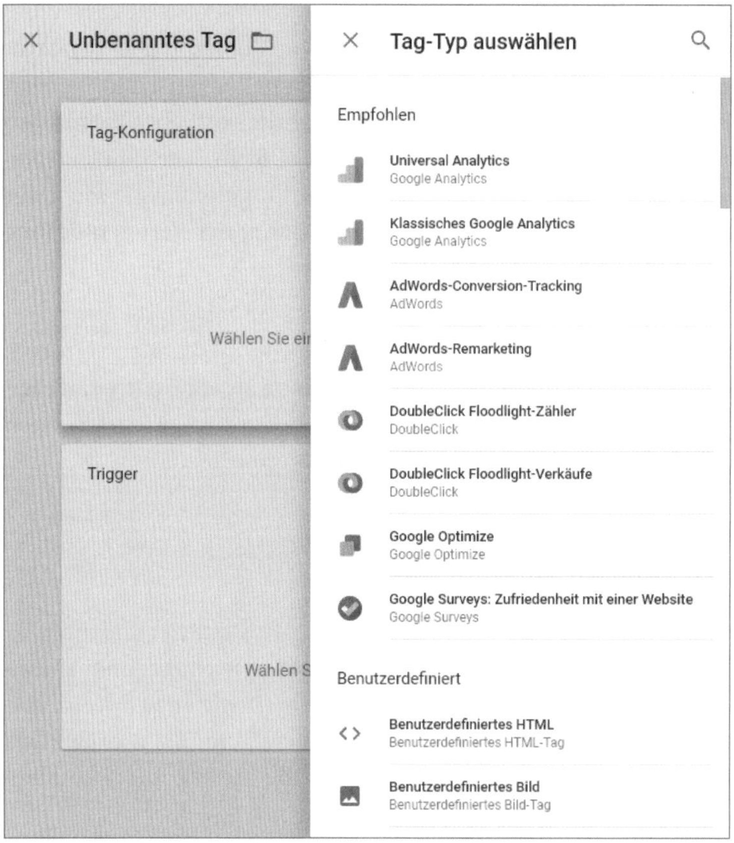

Abbildung 14.6 Auswahl von vordefinierten Tags

Tags sinnvoll benennen

Bringen Sie von Anfang an etwas Struktur in die Benennung der Tags. Zum jetzigen Zeitpunkt haben Sie erst einen einzigen Tag, aber selbst bei kleinen Websites erhöht sich diese Zahl schnell. Daher sollten Sie einige Informationen über den Tag direkt im Namen zeigen.

1. Produkt: Für Google Analytics sind *GA* oder *UA* für Universal Analytics ein guter Start.
2. Typ: Feuert der Tag einen Seitenaufruf, ein Ereignis oder zum Beispiel eine Transaktion?
3. Spezialisierung: Feuert der Tag nur in einem bestimmten Fall, zum Beispiel beim Klick auf einen Navigationslink?

Ein Tag, der für Google Analytics bei jedem Seitenaufruf geladen wird, heißt UA Seitenaufruf. Ein Tag, der beim Klick auf einen externen Link ausgeführt wird, heißt UA Ereignis externer Link.

So behalten Sie gerade beim Einsatz unterschiedlicher Tags den Überblick.

Sie gelangen nun zur TAG-KONFIGURATION. In diesem Schritt werden Ihnen die Einstellungen und Benennungen vielleicht schon bekannt vorkommen. Die meisten konnten Sie bereits in Kapitel 5, »Die ersten Schritte: Konto einrichten und Tracking-Code erstellen«, kennenlernen.

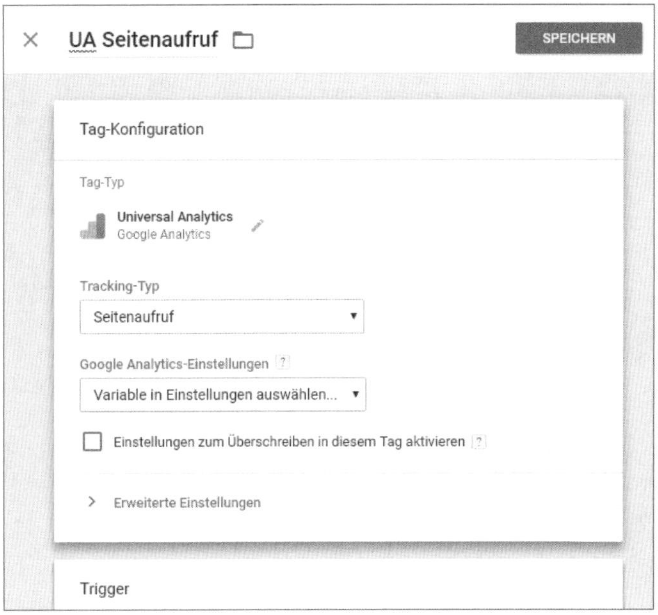

Abbildung 14.7 Einstellungen für den Google-Analytics-Tag vornehmen

Der Tracking-Typ gibt an, was für ein Google-Analytics-Aufruf gesendet wird. Das entspricht den verschiedenen Optionen des send-Befehls. Da es sich um Ihren ersten Tag handelt, lassen Sie die Auswahl SEITENAUFRUF bestehen. Unter dem nachfolgenden Punkt Google-Analytics-Einstellungen können Sie eine Liste mit Voreinstellungen auswählen. Für Ihren ersten Tag werden wir die nötigen Einstellungen allerdings selbst vornehmen. Klicken Sie dafür die Checkbox EINSTELLUNGEN ZUM ÜBERSCHREIBEN an. Dadurch werden zusätzliche Felder eingeblendet.

Bei der Tracking-ID tragen Sie die Nummer der Property ein, in die gezählt werden soll, also zum Beispiel `UA-62395998-1`. Das ist die gleiche Nummer, die Sie im Tracking-Code Ihres Kontos finden (siehe Abschnitt 5.1). Für Deutschland müssen Sie nun noch die Anonymisierung IP-Adresse aktivieren.

Dazu klicken Sie auf den Eintrag WEITERE EINSTELLUNGEN und dann direkt auf den ersten Eintrag FESTZULEGENDE FELDER. Hier können Sie einzelne Optionen zum Tracking-Code hinzufügen. Klicken Sie auf den Button FELD HINZUFÜGEN. Es erscheinen zwei Textfelder: für Name und Wert des zusätzlichen Feldes. Wenn Sie nun in das erste Textfeld klicken, erscheint eine Auswahlliste aller Befehle, mit denen Sie den Tracking-Code erweitern oder sein Verhalten verändern können (auch diese Liste ist Ihnen bereits in Kapitel 5 begegnet). Suchen Sie nun den Eintrag ANONYMIZEIP und tragen Sie anschließend im Feld WERT *true* ein.

Abbildung 14.8 Datenschutz nicht vergessen – anonymizeIp im GTM

Haben Sie die Einstellungen für den Tag abgeschlossen, klicken Sie in den Bereich TRIGGER unterhalb der Tag-Konfiguration. Hier entscheiden Sie, wann Ihr Seitenaufruf gefeuert werden soll.

Abbildung 14.9 Wann soll der Tag gefeuert werden?

Da der neue Tag *UA Seitenaufruf* auf jeder Seite der Website gefeuert werden soll, wählen Sie nach einem Klick auf den Listeneintrag ALL PAGES.

ALL PAGES ist ein fest eingebauter Trigger, der bei jedem neuen Container vorhanden ist.

Abbildung 14.10 Trigger A

Durch einen Klick auf SPEICHERN haben Sie Ihr Ziel erreicht: Der Tag ist fertig konfiguriert und gespeichert. Nun gelangen Sie zur Liste der Tags und sehen dort Ihren neu erstellten Eintrag.

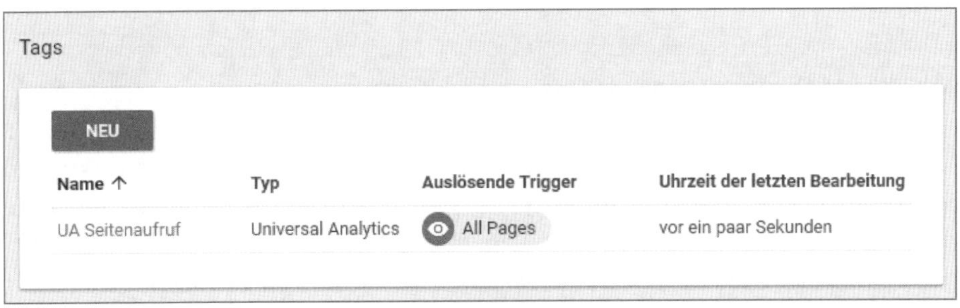

Abbildung 14.11 Geschafft! Der erste Tag ist erstellt.

Nun ist der Tag angelegt, auf der Website wird allerdings noch kein Tracking geladen. Dazu müssen Sie den Container erst noch *veröffentlichen*. Beim Veröffentlichen werden alle aktuellen Tags, Trigger und Variablen als Version festgehalten und dann ausgespielt. Wird also eine Website mit dem darin enthaltenen Container aufgerufen, werden die Einstellungen dieser Version verwendet und Tags geladen.

In der Menüzeile oben rechts befindet sich gut sichtbar der Button mit der Aufschrift SENDEN. Wenn Sie ihn anklicken, kommen Sie zur Eingabemaske für eine erste Version und einer Zusammenfassung der bisher gemachten Änderungen.

Geben Sie der Version einen Namen, und wenn Sie möchten, eine Beschreibung. Bei der ersten Version haben Sie zwar noch nicht viel zu berichten, aber je umfangreicher ein Container wird, umso mehr hilft eine ordentliche Beschreibung von Anpassungen. Klicken Sie dann auf VERÖFFENTLICHEN und der Container ist live und der GTM zeigt Ihnen eine Zusammenfassung.

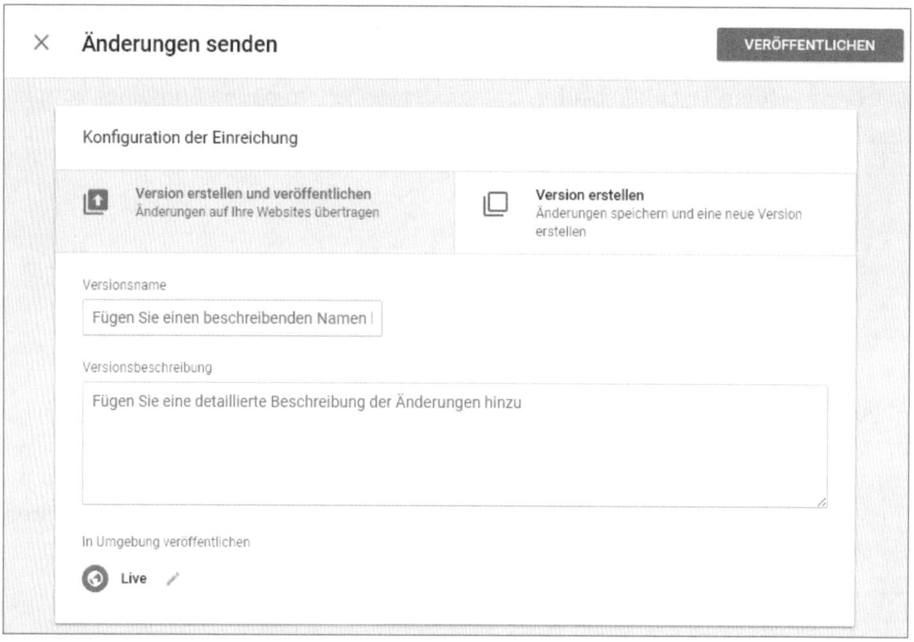

Abbildung 14.12 »Änderungen senden« zum Veröffentlichen

Die Tracking-Codes sollten nun auf der Website ausgespielt werden. Aber wie können Sie das überprüfen? Da es sich um ein Google-Analytics-Tracking handelt, können Sie dazu alle Methoden anwenden, die in Kapitel 12, »Der Rettungseinsatz: Fehler finden und beheben«, beschrieben werden, also etwa das Chrome-Plugin Tag Assistant oder die Entwicklertools.

Es gibt aber eine noch bessere Methode, denn der GTM bringt von Haus aus einen *Vorschaumodus* mit. Um ihn zu starten, klicken Sie auf den Button IN VORSCHAU ANSEHEN, den Sie neben dem Senden-Button finden.

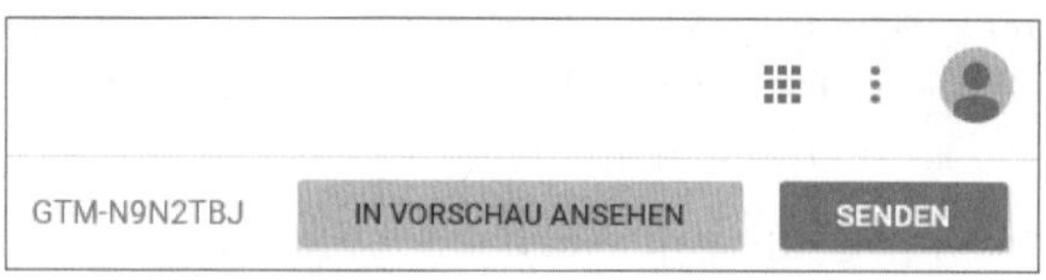

Abbildung 14.13 Weitere Optionen zum Veröffentlichen

Nach einem Klick auf diesen Eintrag gelangen Sie zur Containerübersicht zurück. Am Kopf der Seite sehen Sie einen neuen Kasten mit einem Hinweistext zur Vorschau, der dort gezeigten Version und Links zum Aktualisieren, Beenden und Freigeben.

Der Kasten ist natürlich noch nicht alles. Im Vorschaumodus verändert der GTM sein Verhalten beim Ausspielen des Containers. Nutzer, die im GTM-Konto eingeloggt sind (so wie Sie im Moment), bekommen beim Besuch einer Website mit dem aktuellen Container zusätzliche Informationen über Tags, Regeln und die komplette Tag-Manager-Umgebung angezeigt.

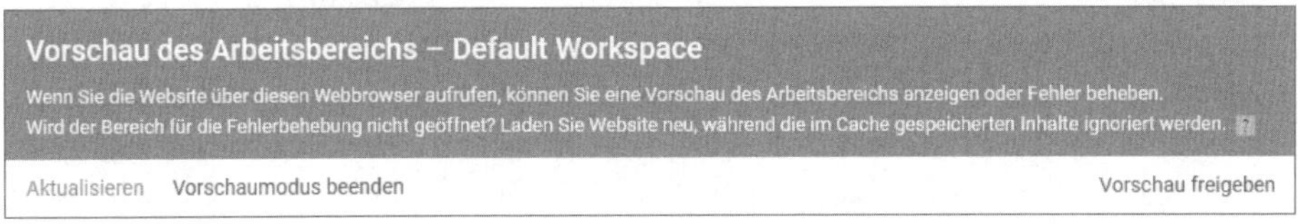

Abbildung 14.14 Infokasten im Vorschaumodus

Gehen Sie zum Abschluss auf die Website mit Ihrem Container. Wichtig ist, dass Sie den Besuch im selben Browser starten, mit dem Sie gleichzeitig im GTM eingeloggt sind und den Vorschaumodus aktiviert haben. In der unteren Hälfte Ihres Browser-Fensters sollte nun ein abgetrennter Bereich erscheinen, der aussieht wie in Abbildung 14.15.

Dort sehen Sie die Konsole des Tag Managers mit einer Reihe Informationen zu Ihrem Container. In der Ecke rechts oben finden Sie einerseits die ID des angezeigten Containers. Daneben steht *QUICK_PREVIEW*. Sie haben den Vorschaumodus für die aktuellste Version des GTM-Containers gestartet, in der die letzten Tags und Änderungen enthalten sind. Später können Sie die Vorschau auch für einzelne Versionen starten, um zum Beispiel das Verhalten von zwei Containern vor und nach einer bestimmten Änderung zu vergleichen.

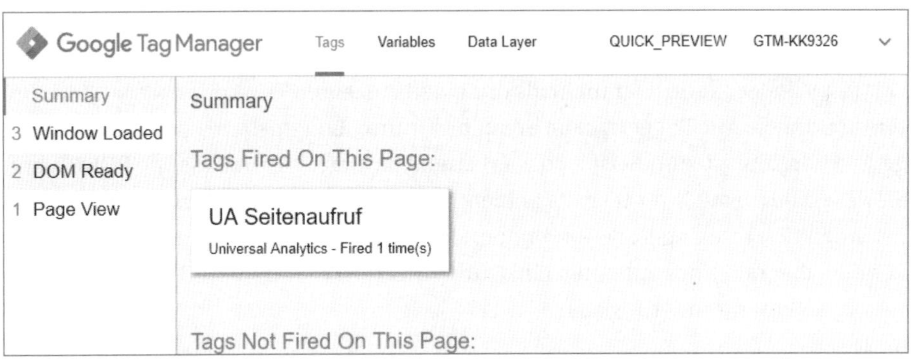

Abbildung 14.15 Vorschaumodus auf der Website mit Container

Sie werden diese Konsole zu einem späteren Zeitpunkt noch im Detail kennenlernen. Hier soll es zunächst nur um die Kontrolle der Ausführung gehen. Im großen Fenster in der Mitte werden alle Tags aufgelistet, die im Container angelegt sind. Unter dem Eintrag *Tags Fired on This Page* sehen Sie jene Tags, die bereits erfolgreich ausgeführt wurden – inklusive Name und Typ. Unter der zweiten Überschrift *Tags Not Fired On This Page* stehen diejenigen Tags, die nicht ausgeführt wurden. Es sind also immer alle Tags aus dem Container in der Auflistung vertreten.

Vorschaumodus für alle

Um Einblick in den Container und die enthaltenen Tags zu bekommen, muss ein Nutzer erst in der Verwaltung des GTM hinterlegt werden. Den Vorschaumodus können Sie aber jedem beliebigen Nutzer zugänglich machen: In Abbildung 14.14 sehen Sie den Link VORSCHAU FREIGEBEN. Mit einem Klick erhalten Sie eine URL, die Sie an einen beliebigen anderen Nutzer weitergeben. Geht der Nutzer auf diese URL, so wird für seinen Browser der Vorschaumodus aktiviert und er sieht ebenfalls die Vorschau-Container-Version und den Frame mit Informationen zum GTM. So können auch Nutzer ohne Zugriff auf den GTM Tests und Abnahmen durchführen, was vor allem bei der Arbeit mit größeren Teams und verteilten Rollen praktisch ist.

In Ihrem ersten Container gibt es bisher ja nur den Google-Analytics-Tag, der den Seitenaufruf trackt. Der Tag steht im Bereich *Fired*, wurde also erfolgreich ausgeführt.

Ihr erster Tag wird auf jeder Seite ausgeführt, in welcher der GTM-Container eingebaut ist. Er übernimmt also die gleiche Funktion wie der Tracking-Code, den Sie in der Analytics-Verwaltung herunterladen können (siehe Kapitel 5, »Die ersten Schritte: Konto einrichten und Tracking-Code erstellen«). Der Tag Manager fungiert als Schicht zwischen dem Website-Quelltext und dem Tracking-Code – quasi ein kleines Content-Management-System für Codes.

14.5 Klicks erfassen

Der Tag Manager kann aber mehr als nur einen einzelnen Tracking-Code auf Ihre Seiten zu bringen. Mit Triggern kann er auf bestimmte Ereignisse reagieren. Eine häufige Anforderung ist zum Beispiel das Erfassen von Datei-Downloads wie PDFs. Wenn Sie PDF-Dateien auf Ihrer Website anbieten, können Sie in ihnen ja nicht den normalen Analytics-Tracking-Code einbinden, da PDFs kein JavaScript unterstützen. Sie können aber den Klick auf einen Link zum PDF erfassen. Mit dem GTM kommen Sie nun ohne Programmierung aus.

Zunächst müssen Sie einige grundlegende Vorarbeiten erledigen. Wechseln Sie dazu in den Bereich VARIABLEN. Am Beginn der Seite befindet sich der Bereich INTEGRIERTE VARIABLEN, unter dem Sie eine Liste mit Einträgen sehen. Diese Variablen werden beim Laden des Containers (und späteren Ereignissen) automatisch mit Werten gefüllt. Sie können die Variablen anschließend in Tags, Triggern oder auch anderen Variablen verwenden. Klicken Sie auf den Button KONFIGURIEREN, um eine Liste der verfügbaren Variablen aufzurufen. Die Einträge sind in sechs Bereiche unterteilt.

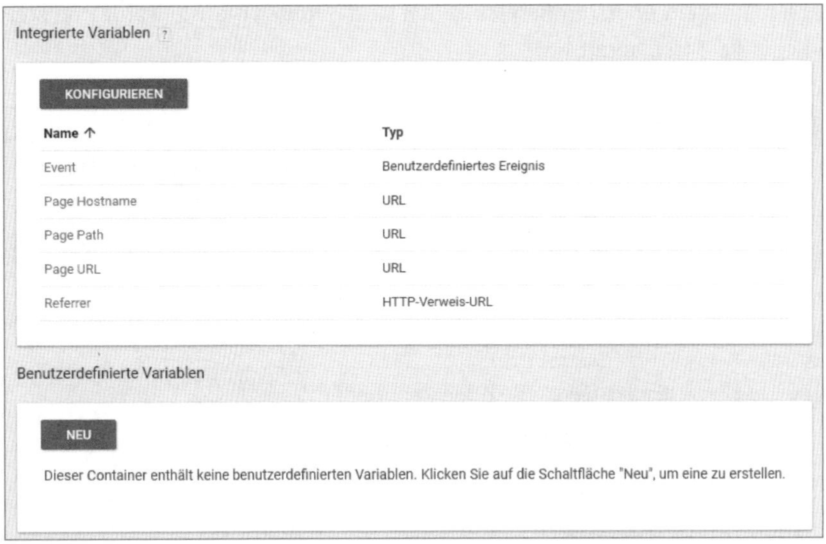

Abbildung 14.16 Variablen definieren im GTM

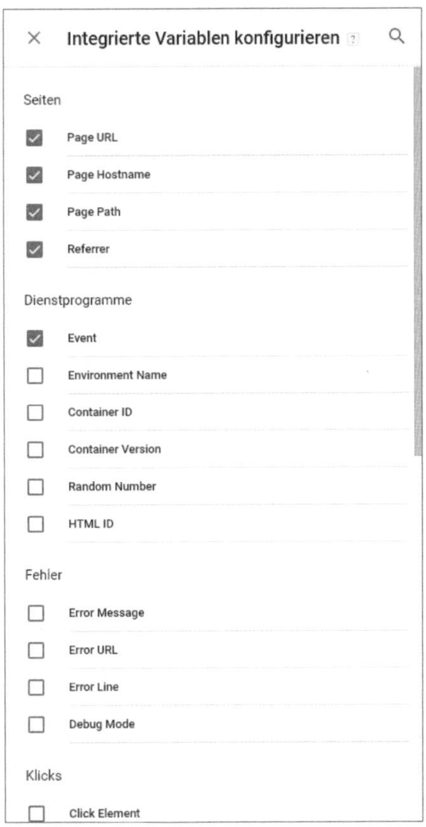

Abbildung 14.17 Integrierte Variablen konfigurieren

Die Variablen aus dem obersten Bereich *Seiten* sind bereits vorausgewählt und stellen grundlegende Daten bereit.

GTM-Variable	Beschreibung
Page URL	enthält die komplette URL der aktuellen Seite, das heißt Host, Verzeichnisse, Seite, URL-Parameter und Fragmente Beispiel: *http://www.tirami.biz/de/index.html?id=5#content*
Page Hostname	nur der aktuelle Hostname inklusive www Beispiel: *www.tirami.biz*
Page Path	die aktuelle Seite ohne Parameter Beispiel: */de/index.html*
Referrer	Kam der Besucher über einen Link zu dieser Seite, ist hier die Vorgängerseite vermerkt. Hat der Besucher die Seite direkt aufgerufen, ist der Wert leer. Beispiel: *http://www.rheinwerk.de*

Tabelle 14.1 Eingebaute GTM-Variablen aus dem Bereich »Seiten«

Außerdem ist im Bereich *Dienstprogramme* noch die Variable *Event* aktiviert. Sie werden sie an diversen Stellen noch genauer kennenlernen. Alle anderen Möglichkeiten sind zunächst abgewählt. Die Voreinstellungen sollten Sie auf jeden Fall beibehalten und keinen der Einträge abwählen, da Sie sie im weiteren Verlauf nutzen werden.

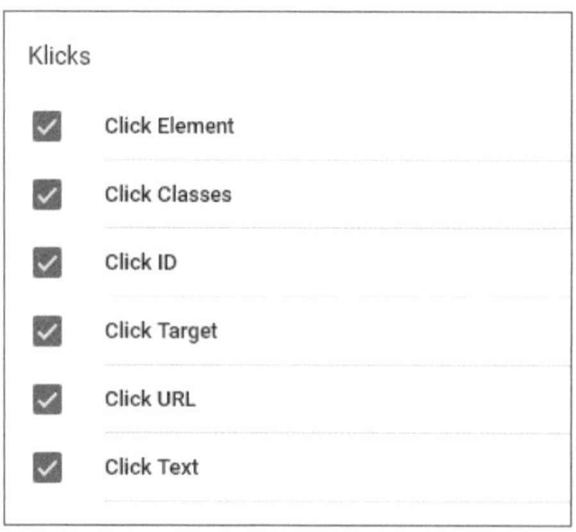

Abbildung 14.18 Um Klicks zu erfassen, zuerst die Variablen aktivieren

Für den geplanten Tag zum Erfassen von Downloads benötigen Sie Informationen über Klicks auf Elemente. Wählen Sie daher im Bereich *Klicks* alle Optionen an, die dort zur Verfügung stehen. Damit werden die zugehörigen Variablen aktiviert und Sie können sie in Triggern und Tags nutzen. Die einzelnen Variablen entsprechen bestimmten Attributen des geklickten Elements.

GTM Variable	HTML-Attribut	Beschreibung
Click Text	`textContent/innerText`	Text des Elements, bei einem Link steht dieser zwischen den <a> und </a> Tags
Click URL	`href/action`	die Ziel-URL des Elements, also bei einem Link der Wert von href inklusive Domain
Click Classes	`class`	die CSS-Klassen, die dem Element direkt mit dem class-Attribut zugewiesen sind
Click ID	`id`	HTML-ID-Attribut
Click Target	`target`	Wo soll die neue Seite geöffnet werden? In einem neuen Fenster?
Click Element		das gesamte HTML-Element als JavaScript-Objekt

Tabelle 14.2 Eingebaute Klick-Variablen

Einrichten von Tags mit Google Analytics-Einstellungen vereinfachen

Wo Sie gerade im Bereich Variablen sind, sollten Sie sich gleich das Einrichten weiterer Google-Analytics-Tags erleichtern. Mit einer Variable vom Typ GOOGLE ANALYTICS-EINSTELLUNGEN definieren Sie Werte wie die Tracking-ID oder festzulegende Felder und können diese Vorgaben dann in allen Tags verwenden. So sparen Sie sich die wiederkehrende Eingabe von Feldern. Erweiterungen von Einstellungen nehmen Sie zentral in der Variable vor.

Gehen Sie zu den Variablen und klicken Sie auf den Button NEU, um eine *benutzerdefinierte Variable* einzurichten. Wählen Sie als Typ den Eintrag GOOGLE ANALYTICS-EINSTELLUNGEN. Nennen Sie die Variable *GA Config* und tragen Sie in das Feld TRACKING-ID die UA-Nummer Ihrer Google-Analytics-Property ein, in das die Aufrufe gezählt werden sollen.

Legen Sie unter WEITERE EINSTELLUNGEN • FESTZULEGENDE FELDER den Eintrag für *anonymizeIp* an, so wie Sie es bereits für den ersten Seitenaufruf-Tag getan haben.

In allen Tags müssen Sie jetzt nur noch die Variable auswählen und brauchen nicht mehr die UA-Nummer einzutragen. In allen weiteren Beispielen werden die Variablen in den Einstellungen verwendet.

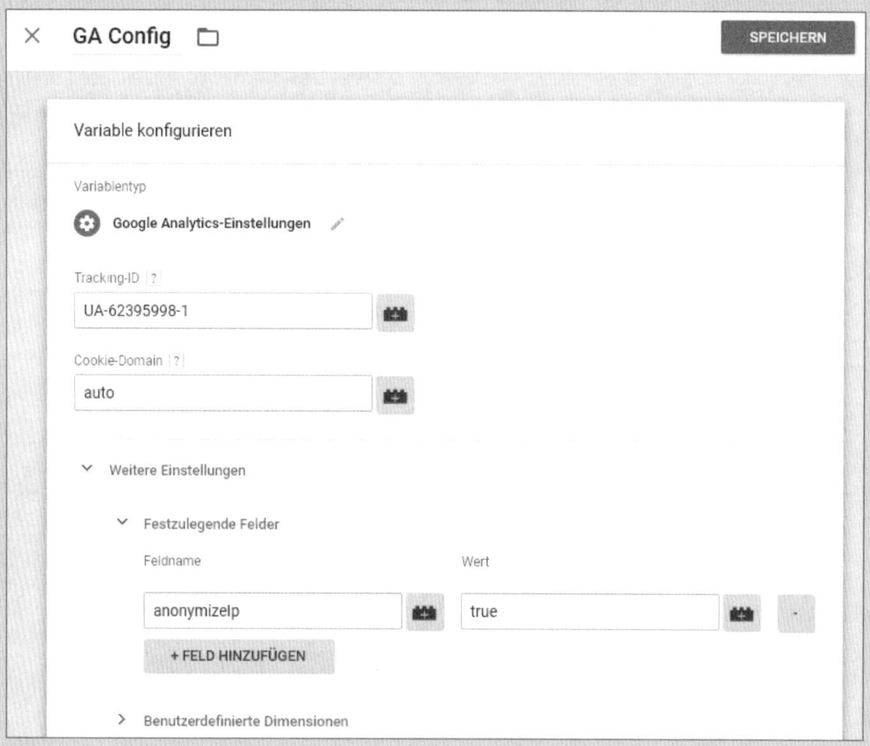

Abbildung 14.19 Google Analytics Einstellungen als Variable definieren

Als Nächstes richten Sie den Auslöser ein. Beim Anlegen des ersten Tags haben Sie bereits den *Trigger* kennengelernt (siehe Abbildung 14.9). Gehen Sie nun zum Navigationspunkt TRIGGER, um eine neue Auslöseregel einzurichten. Die Liste ist im Moment noch leer, da der Trigger *All Pages* vom Tag *UA Seitenaufruf* fest eingebaut ist und nicht verändert werden kann. Klicken Sie in der Liste auf NEU und Sie gelangen zu einer Auswahlliste.

Zunächst muss das Ereignis gewählt werden, auf das der Trigger reagieren soll. Wählen Sie aus dem Bereich KLICK den Eintrag NUR LINKS. Wie gesagt lässt sich ein PDF nicht mit einem enthaltenen Tracking-Code messen, daher messen Sie stattdessen den Klick auf einen HTML-Link zu einem PDF.

Nun erscheint eine Eingabemaske für diesen neuen Trigger. Den Aufbau kennen Sie bereits vom Tag: zu Beginn setzen Sie den Namen als Überschrift, den Sie durch Anklicken bearbeiten. Nennen Sie den Trigger »linkClick pdf«.

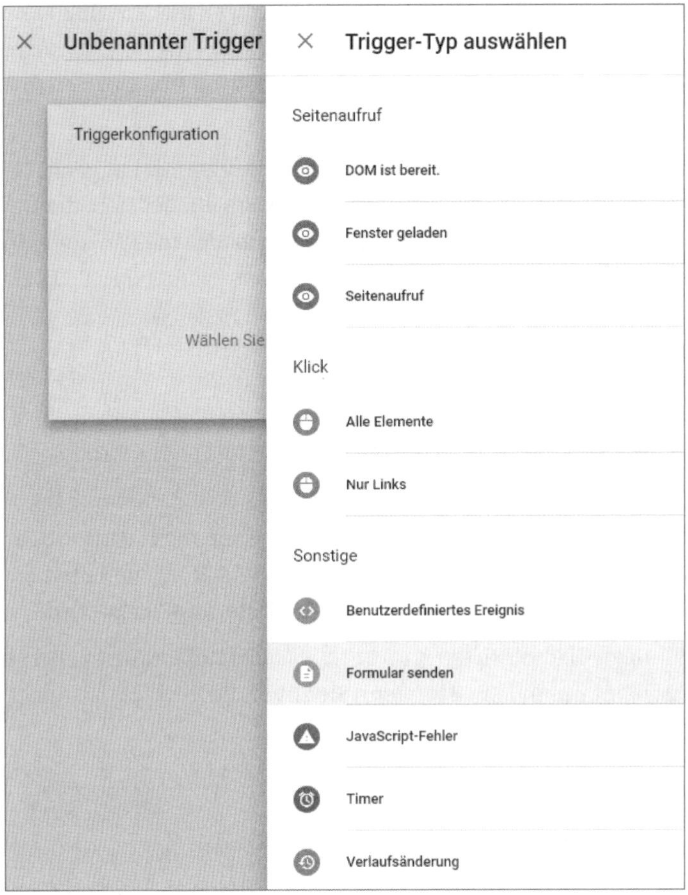

Abbildung 14.20 Neuen Trigger anlegen

Die Einstellung AUF TAGS WARTEN verzögert den Wechsel zu einer neuen Seite um den eingestellten Wert, damit der Browser genug Zeit hat, alle Tags zu laden. Die Verzögerung von 2.000 Millisekunden (2 Sekunden) stellt einen Kompromiss zwischen sicherer Zählung und geringer Wartezeit für den Nutzer dar. Sie sollte für normale Analytics-Trackings sicher ausreichen. (Falls Sie mehrere Tags feuern möchten, kann es nötig sein, diese Zeit zu erhöhen.)

Die zweite Option BESTÄTIGUNG ÜBERPRÜFEN berücksichtigt den Rückgabewert des Klicks. Diese Option hat für Links eher wenig Nutzen, daher sollten Sie sie deaktivieren. Sie werden sie später bei Formularen noch einmal ausführlicher kennenlernen.

Nun müssen Sie noch das Ziel angeben, auf das geklickt wird. Der neue Trigger reagiert nur auf Klicks auf Links, also <a>-Elemente (und mit Einschränkungen weitere wie <area>). Sie möchten aber eine Reaktion nur bei Klicks auf bestimmte Elemente.

Daher können Sie die Elemente, auf die geklickt werden darf, genauer spezifizieren. Bei ALLE KLICKS feuert der Trigger einfach bei allen Klicks auf alle Linkelemente (`<a>`, `<area>`). Sie wollen aber ganz bestimmte Klicks tracken, nämlich auf PDF-Dokumente. Wählen Sie daher EINIGE KLICKS AUF LINKS.

Nun können Sie aus unterschiedlichen Kriterien (Variablen) wählen, die das geklickte Element erfüllen muss. Im Fall eines PDF-Dokuments ist es am einfachsten, die Dateiendung zu betrachten, die wahrscheinlich *.pdf* lautet. Wenn Sie eine PDF-Datei in einer HTML-Seite verlinken, bauen Sie einen Link mit dem Dateinamen des PDFs als Ziel, ungefähr so:

```
<a href="/dokument.pdf">PDF-Dokument</a>
```

Wenn Sie auf diesen Link klicken, passiert im Tag Manager Folgendes: Für das geklickte Element – also den Link – holt der GTM die HTML-Attribute, die Sie als Variable aktiviert haben, und stellt sie Tags und Triggern zur Verfügung.

Für Ihren Trigger ist besonders die Variable *Click URL* interessant, denn darin ist das Linkziel und somit bei einem PDF der Dateiname inklusive Dateiendung enthalten. Sie können daher anhand der *Click URL* feststellen, ob eine PDF-Datei angeklickt wurde.

Wählen Sie die Einstellungen CLICK URL ENDET AUF .PDF (siehe Abbildung 14.21). Die Auswahl CLICK URL erscheint nur in der Liste, wenn Sie zuvor die Klick-Variablen aktiviert haben (siehe Abbildung 14.18).

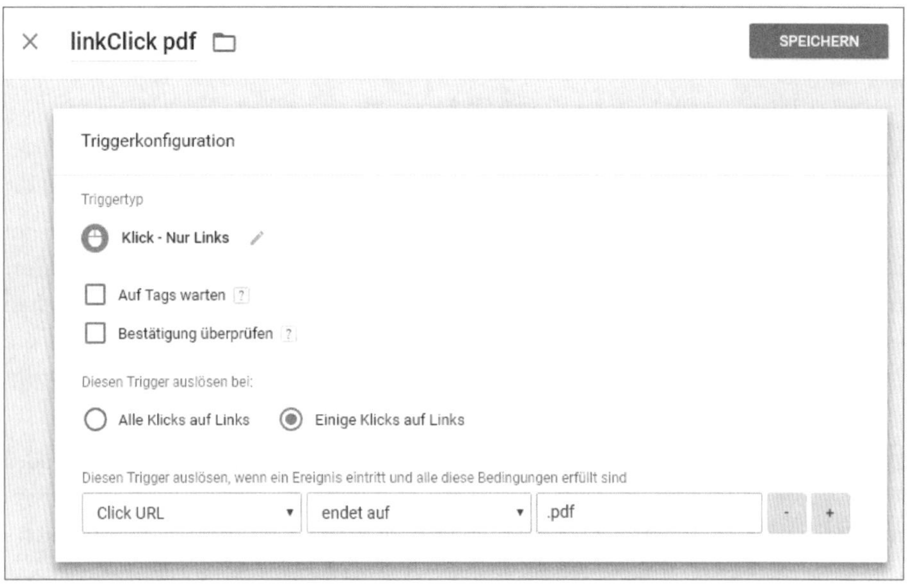

Abbildung 14.21 Der fertige Trigger für Klicks auf PDFs

Damit ist der Trigger fertig und Sie können auf SPEICHERN klicken.

Problem beim Tracking von Links

Wenn Sie auf einen Link zu einer anderen HTML-Seite oder Website klicken, so öffnet sich die neue Seite häufig im selben Browser-Fenster. Sie verlassen also die alte Seite und der Browser lädt eine neue. Wenn bei Ihrem Klick noch nicht alle Elemente der alten Seite geladen sind, wird der Browser das Laden für diese Elemente abbrechen, da sie nicht mehr gebraucht werden – es folgt ja ohnehin eine neue Seite mit neuen Elementen. Das gilt auch für Tracking-Pixel, die von einem Skript geladen werden.

Da beim Erfassen eines Link-Klicks die Anfrage des externen Tracking-Pixels erst startet, wenn Sie die Seite schon wieder verlassen wollen, besteht die Gefahr, dass dieses Tracking in vielen Fällen nicht vollständig durchgeführt wird, weil der Browser schon zur nächsten Seite gegangen ist.

Dieses Problem besteht bei Links zwischen Seiten, die im selben Browser-Fenster geladen werden. Wenn der Link in einem neuen Fenster oder Browser-Tab öffnet, hat der Tracking-Code für gewöhnlich genug Zeit, um zu laden.

Nutzen Sie in diesem Fall die Option AUF TAGS WARTEN, mit der Sie eine Wartezeit definieren, für die eine Weiterleitung des Browsers verhindert wird.

Die Auslöseregel steht nun, jetzt fehlt nur noch der Tag, der mit dem neuen Trigger gefeuert werden soll. Wechseln Sie in das Menü TAGS und erstellen mit NEU einen weiteren Eintrag.

Auch der zweite Tag wird ein Google-Analytics-Tag werden, ebenfalls vom Typ UNIVERSAL. Nennen Sie ihn *UA Ereignis PDF*. Verwenden Sie die neu angelegte Variable für die Google Analytics-Einstellungen.

Es gibt zwei sinnvolle Möglichkeiten, einen PDF-Download in Google Analytics zu erfassen: als (virtuellen) Seitenaufruf (siehe Abschnitt 5.4.2) oder als Ereignis (siehe Abschnitt 5.4.3). Im aktuellen Fall wählen Sie EREIGNIS.

Mit dieser Wahl verändert sich das Formular: Unterhalb des Erfassungstyps erscheinen jetzt vier neue Felder unter der Überschrift TRACKING-PARAMETER FÜR EREIGNISSE. In diese Felder können Sie die Werte eingeben, die später im Google-Analytics-Ereignisse-Bericht als KATEGORIE, AKTION, LABEL und WERT erscheinen.

Bei Kategorie tragen Sie *PDF-Download* ein. Dieser Text wird bei diesem Ereignis nun immer fest übertragen. Die beiden anderen Felder sollen aber dynamisch die URL und den Linktext des Download-Links enthalten. Durch den Listener, den Sie mit dem Linkclick-Trigger erstellt haben, stehen Ihnen bei jedem Klick die nötigen Informationen zur Verfügung. Wählen Sie für das Feld AKTION aus der Liste die Variable *Click URL* aus. Bei Label entscheiden Sie sich für *Click Text*. Das Feld WERT lassen Sie leer. Anhand des Feldes TREFFER OHNE INTERAKTION entscheidet Google Analytics, ob ein Ereignis für die Berechnung von Verweildauer und Absprungrate berücksichtigt werden soll (siehe Abschnitt 5.4.3). Lassen Sie das Feld für den Moment noch auf der Voreinstellung *Falsch* stehen.

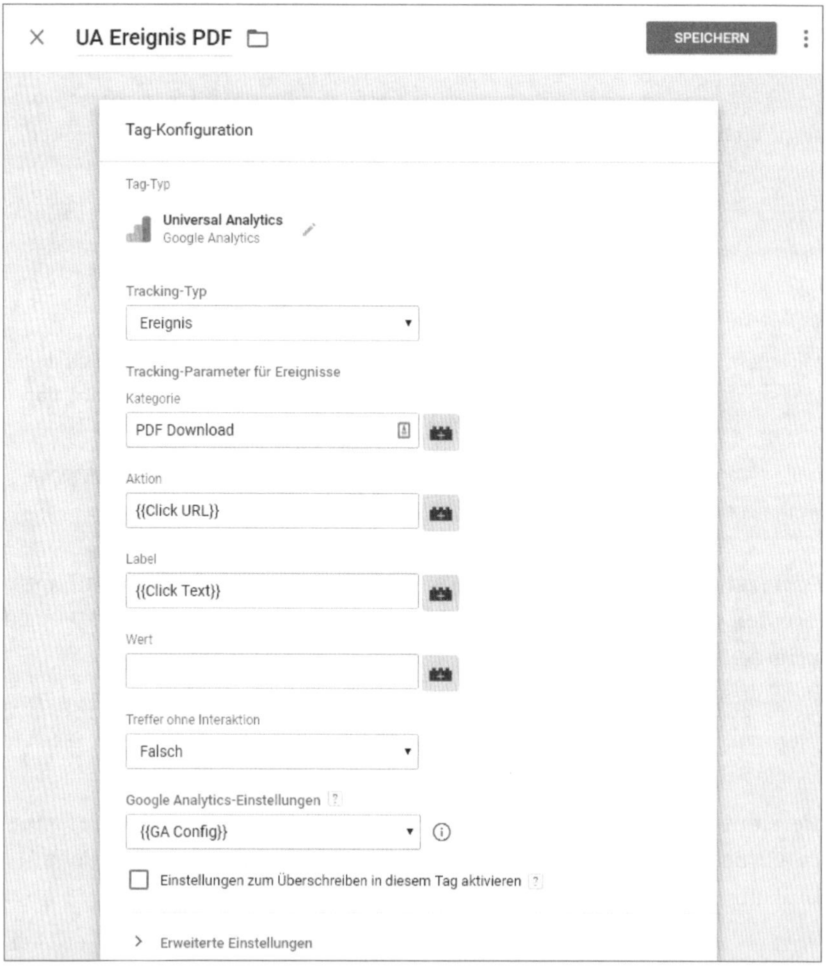

Abbildung 14.22 Für PDF-Downloads soll ein Ereignis gefeuert werden.

IP-Kürzung: Auch bei Ereignissen wichtig

Sollten Sie keine Variable für Google Analytics-Einstellungen verwenden, müssen Sie bei jedem neuen Analytics-Tag erneut das Feld *anonymizelp* hinzufügen und befüllen. Separate Tags werden im Tag Manager eigenständig und unabhängig voneinander verwaltet.

Der Tag ist fertig konfiguriert, nun müssen Sie im letzten Schritt festlegen, wann er ausgeführt werden soll. Klicken Sie dazu wieder auf den Bereich *Trigger* unterhalb der Tag-Konfiguration, woraufhin sich die Liste vorhandener Trigger öffnet.

Da Sie ja bereits im Vorfeld den Trigger definiert haben, brauchen Sie hier nur ein Häkchen beim Eintrag LINKCLICK PDF zu setzen und speichern. Speichern Sie danach auch den kompletten Tag.

Abbildung 14.23 Trigger für den PDF-Download wählen

Sie gelangen zur Tag-Übersicht zurück. Um den neuen Tag auszuprobieren, müssen Sie die Vorschau aktualisieren. Den Link dazu finden Sie unterhalb des farbigen Vorschaukastens, den Sie immer noch oberhalb der Liste sehen sollten (falls nicht, müssen Sie die Vorschau erneut aktivieren).

Wechseln Sie nun wieder zu Ihrer Website. Am unteren Rand sollten Sie wieder die Tag-Manager-Konsole sehen. Im größeren rechten Teil des GTM-Bereichs sehen Sie zunächst den bekannten *UA Seitenaufruf*. Unterhalb der Zeile TAGS NOT FIRED ON THIS PAGE sollten Sie den neuen Tag *UA Ereignis PDF* entdecken. Der Tag wird nicht bereits beim einfachen Laden der Seite ausgeführt, daher ist er NOT FIRED.

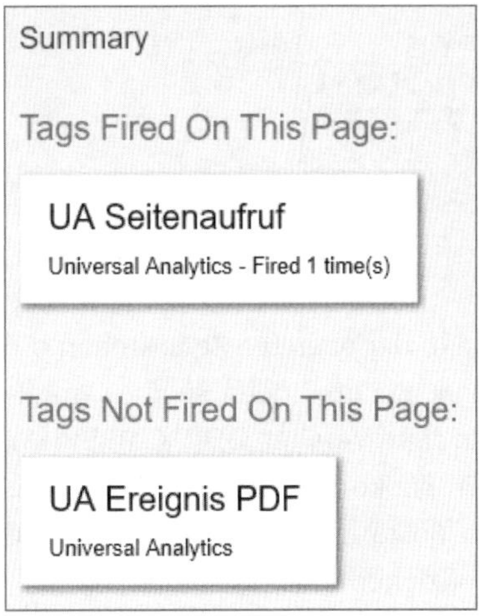

Abbildung 14.24 PDF-Download-Tag als »Not Fired«

Klicken Sie nun auf den Link zu einem PDF-Dokument. Der neue Eintrag *gtm.linkClick* erscheint in der Liste im linken Bereich. Außerdem sollte der Tag *PDF* in den Bereich FIRED ON THIS PAGE wechseln. In diesem Moment feuert der Google-Analytics-Tag und der Download wird als Ereignis gezählt.

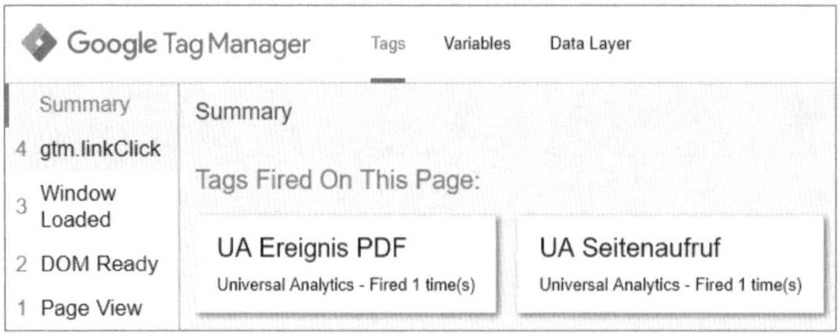

Abbildung 14.25 Seitenaufruf und Ereignis ausgelöst

14.6 GTM-Vorschaumodus

Der Vorschaumodus des Tag Managers erleichtert Ihnen das Überprüfen neuer Tags und die Suche nach Fehlern. Die Einblendung am unteren Rand des Browser-Fensters erlaubt Ihnen einen tieferen Blick in die Funktionsweise des GTM. Sie hilft nicht nur beim Prüfen bestehender Tags, sondern auch bei der Erstellung neuer Elemente.

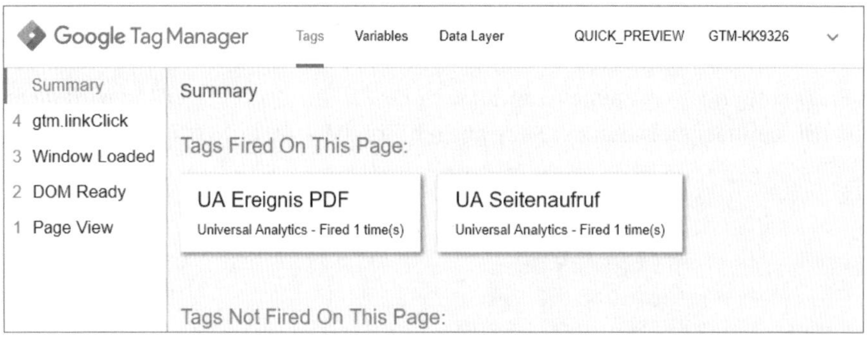

Abbildung 14.26 Vorschaumodus Google Tag Manager

Das Fenster haben Sie bereits ein paar Mal gesehen. In der obersten Zeile stehen die drei Menüpunkte TAGS, VARIABLES und DATA LAYER. Rechts finden Sie die Container-ID des Codes auf der Seite und die gerade angezeigte Version. QUICK_PREVIEW steht für die aktuellen Einstellungen im Container, Sie können aber auch jede im GTM vorhandene Version in der Vorschau aufrufen. So können Sie unterschiedliche Einstellungen vergleichen und Änderungen nachvollziehen.

14.6.1 Reiter »Tags«

Im unteren Feld SUMMARY sehen Sie die gefeuerten bzw. nicht gefeuerten Tags. Neben dem Namen sehen Sie bei jedem Tag die Art (hier *Universal Analytics*) und wie oft er bereits gefeuert wurde. Ein Tag kann ja durchaus mehrfach auf einer Seite ausgeführt werden, so wird der Download-Tag bei jedem Klick auf einen PDF-Link erneut ausgelöst. Sowohl Position als auch die Angaben zum Tag können sich ändern: Beim Klick auf den PDF-Link wechselte zum Beispiel der Eintrag für den Download-Tag aus dem *Not-Fired*-Bereich in den *Fired-on-this-Page*-Bereich. Klicken Sie ein weiteres Mal auf einen PDF-Link, erhöht sich die Zahl im Kasten auf *Fired 2 time(s)*.

Wo öffnet sich das PDF-Dokument?

Je nachdem, wie das PDF-Dokument in Ihrer Website verlinkt ist, öffnet es sich im selben oder einem neuen Fenster/Tab. Geschieht das Öffnen bei Ihnen im selben Fenster, verschwindet der Vorschaumodus, bevor Sie die Tags prüfen können. In diesem Fall halten Sie beim Anklicken die Taste [Strg] gedrückt. Dadurch öffnet sich das PDF in einem neuen Reiter (oder Fenster) und der Vorschaumodus bleibt auf der aktuellen Seite sichtbar. Ein Klick mit der rechten Maustaste auf den Link und »Link in neuem ... öffnen« funktioniert hier nicht.

In der linken Spalte des unteren Bereichs finden Sie die GTM-Events. Das sind alle Aktionen, die der Tag Manager auf der aktuellen Seite registriert, entweder automatisch oder explizit von einem Skript in der Seite übermittelt. Drei Events werden Sie auf jeder neu geladenen Seite sehen: *Page View*, *DOM Ready* und *Window Load*. Sie beschreiben unterschiedliche Stadien im Laden und Aufbau einer HTML-Seite.

- **Page View** ist der frühestmögliche Zeitpunkt, an dem der GTM einen Tag aus seinen Einstellungen ausführen kann, nämlich nach dem Laden des Quelltextes, wenn der Browser den Container-Code verarbeitet.
- **DOM Ready** wird ausgelöst, wenn der Browser das HTML-DOM-Modell der Seite komplett erstellt hat.
- **Window Load** schließlich ist erreicht, wenn auch alle in der HTML-Seite referenzierten Elemente geladen sind, also Bilder, Stylesheets und andere Dateien.

Der Standard-Trigger *All Pages* feuert Tags immer in Phase eins, also bei Pageview. Tags können aber auch in den beiden anderen Phasen gefeuert werden, also später im Aufbauprozess. Das ist nützlich, wenn Sie eine Seite haben, die bestimmte Inhalte erst nachlädt oder generiert, zum Beispiel per JavaScript. Tags, Trigger oder Variablen, die auf solche Elemente zugreifen, müssen eventuell warten, bis die komplette Seite zur Verfügung steht.

Als vierten Eintrag finden Sie *gtm.linkClick* in der Auflistung. Dieser Eintrag erscheint erst nach dem Klick auf einen PDF-Link und nur dann, wenn Sie einen Klick-Trigger eingerichtet haben, so wie Sie es beim letzten Tag gelesen haben. Wenn Sie nun den Eintrag *gtm.linkClick* wählen, verändert sich die rechte Box: Sie zeigt jetzt nicht mehr alle bisherigen Tags der Seite, sondern nur jene, die beim Klick auf den Download-Link gefeuert wurden. Der Tag *UA Ereignis PDF* bleibt weiterhin als *Fired* stehen, der *UA Seitenaufruf* dagegen steht unter *Not Fired*.

Klicken Sie nun auf den Kasten *UA Ereignis PDF*. Im rechten Bereich erreichen Sie daraufhin eine neue Ansicht, in der Sie weitere Informationen zum Tag sehen können.

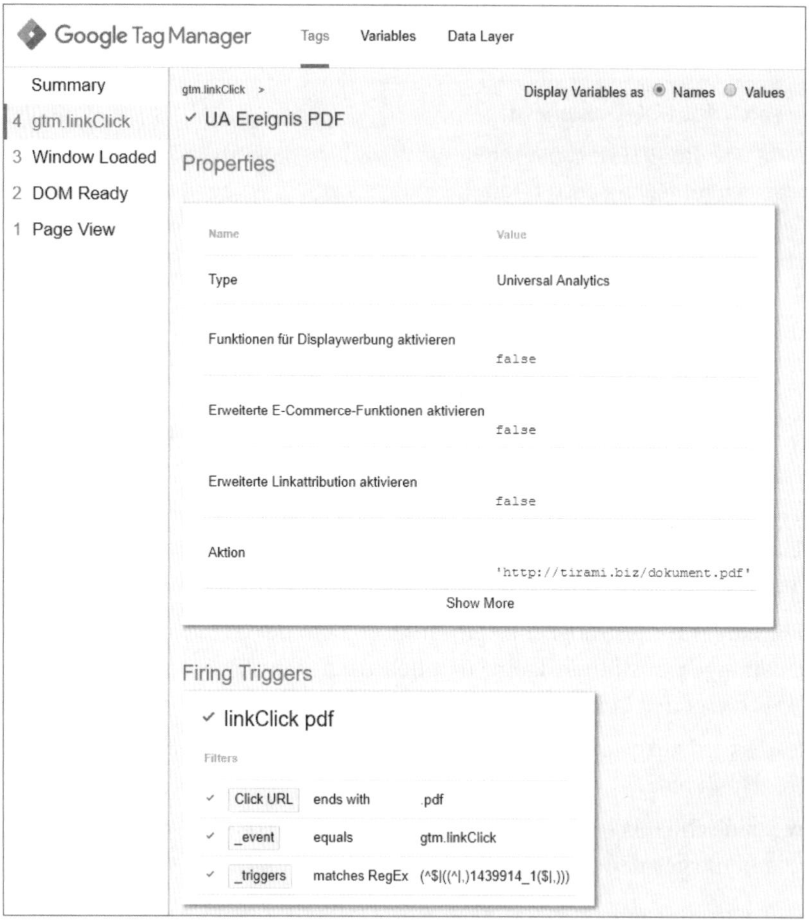

Abbildung 14.27 Details zu einem einzelnen Tag

Im Bereich *Properties* werden typspezifische Einstellungen des Tags aufgelistet. Bei Google-Analytics-Tags können Sie hier so gut wie alle gemachten Einstellungen einsehen, etwa ob das Werbenetzwerk aktiviert ist (DoubleClick = false) oder die Tracking-Code-Version (Type = Universal Analytics). Mit einem Klick auf SHOW MORE werden Ihnen alle verfügbaren Felder gezeigt. Da es sich bei diesem Tag um ein Google-Analytics-Ereignis handelt, finden Sie hier auch die Werte für Kategorie, Aktion und Label etc.

Bestimmte Einträge sind mit einem Rahmen versehen. Diese Einträge enthalten den Namen der Variablen, die als Wert übergeben wird. In Abbildung 14.28 finden Sie bei der EVENT CATEGORY den festen Text 'PDF DOWNLOAD', den wir im Tag hinterlegt haben. Bei ACTION und LABEL sowie ACCOUNT wird der Wert dynamisch eingefügt.

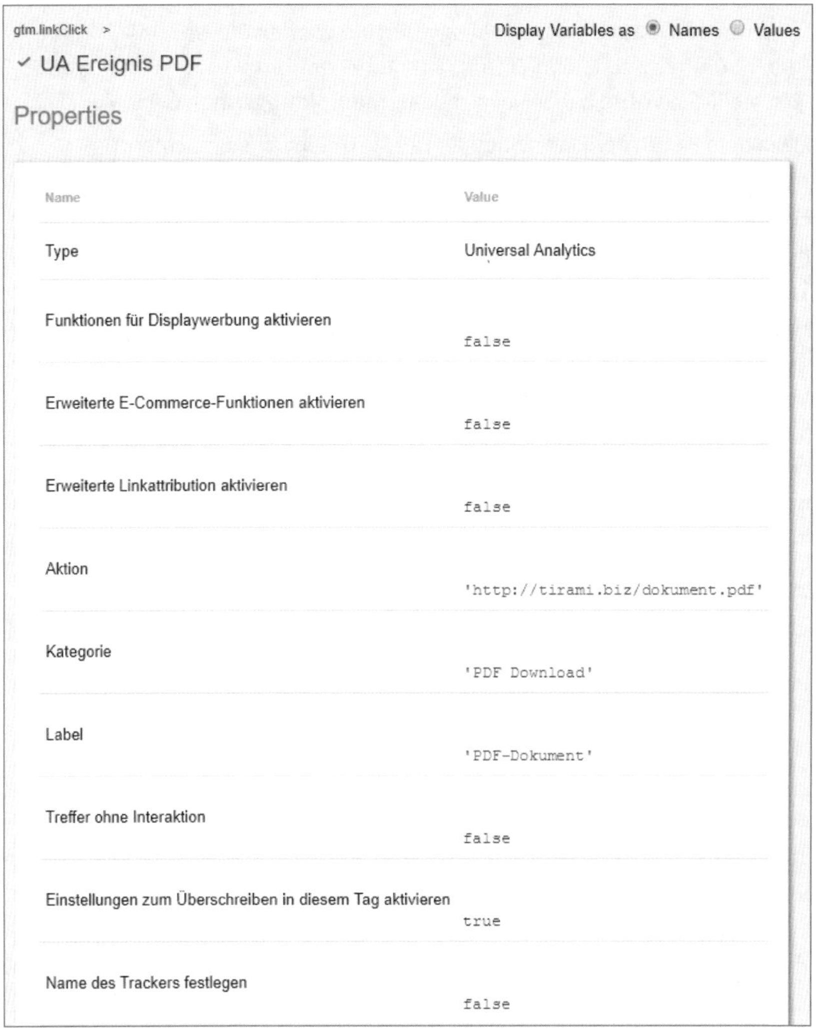

Abbildung 14.28 Noch mehr Details zum aktuellen Tag

Am oberen Rand des Bereichs stehen die zwei Auswählmöglichkeiten NAMES und VALUES bei DISPLAY VARIABLES AS. Wenn Sie hier auf VALUES umstellen, zeigt Ihnen die Vorschau den tatsächlichen Wert, der bei der Ausführung in der Variablen übergeben wurde. So können Sie genau überprüfen, was tatsächlich an Google Analytics übermittelt wurde und anschließend im Ereignisbericht erscheinen muss.

Sie können nicht zwischen Names und Values umschalten

Die beiden Radio-Buttons erscheinen nur, wenn Sie einen Tag in einem bestimmten Event-Eintrag in der linken Auflistung angeklickt haben. Wenn Sie den Tag in der Summary anklicken, fehlt die Auswahlmöglichkeit.

Wird ein Tag mehrfach auf einer Seite ausgeführt, so werden die einzelnen Ausführungen in der Summary zu einem Eintrag zusammengeführt. Daher können Variablen unterschiedliche Werte haben, je nachdem, wann sie abgerufen wurden.

Klicken Sie in dem Fall zu dem Event, dessen Tag Sie untersuchen möchten.

Unter den PROPERTYS finden Sie den Bereich FIRING TRIGGERS. Hier werden alle Trigger aufgelistet, die dem ausgewählten Tag zugeordnet sind. Sie können einem Tag mehrere Trigger zuweisen, wobei jeder unabhängig voneinander für ein Auslösen sorgen kann. Dabei wird der Tag aber immer nur einmal gefeuert, auch wenn mehrere Trigger gleichzeitig passen. Der oder die auslösenden Trigger sind mit einem Häkchen markiert, alle anderen behalten ein Kreuz.

Abbildung 14.29 Zwei Trigger, einer feuert den Tag

Für jeden Trigger sehen Sie die eingestellten Filter. Durch den GTM automatisch angelegte Filter beginnen mit einem Unterstrich, wie _EVENT oder _TRIGGERS. Den Event haben Sie bereits gesehen: Damit sind die Aktionen gemeint, die in der linken Spalte der Vorschau aufgelistet sind. Je nachdem, wie Sie den Trigger konfiguriert haben, fügt der GTM den Event-Filter automatisch hinzu und markiert das durch den Unterstrich zu Beginn. Im Gegensatz dazu können Sie in Triggern auch manuell Regeln auf Events erstellen, die dann ohne Unterstrich geschrieben werden. Die Regel _TRIGGERS ist eine interne Ausführregel des GTM, die Sie nicht beeinflussen und daher ignorieren können.

Vor jedem einzelnen Filter markiert wieder ein Häkchen oder ein Kreuz, ob der Vergleich im Filter positiv oder negativ ausgefallen ist.

Auch bei Triggern gibt es zwei Ansichten, mit den Namen und den Werten der Variablen. Mit der Ansicht der Werte können Sie überprüfen, gegen welche Daten der Filter verglichen hat. Im Fall des Download-Links ist das die Variable *Click URL*. In Abbildung 14.29 sehen Sie zwei Trigger, der eine vergleicht auf die Dateiendung *.pdf*, der andere auf die Endung *.zip*. Es kann nur einer der beiden Trigger passen (oder keiner von beiden), da sich die Bedingungen gegenseitig ausschließen.

Mit der Ansicht der Variablen-Werte (siehe Abbildung 14.30) erkennen Sie leicht, warum der Trigger *linkClick PDF* ausgelöst hat: Hier passt die Click URL zur Vorgabe im Gegensatz zum Trigger *linkClick zip*.

Unterhalb des Punkts FIRING TRIGGERS folgt noch der Bereich für BLOCKING TRIGGERS. Er ist bisher leer, da Sie noch keine Einträge angelegt haben. Vom Prinzip her funktionieren die beiden Anzeigen identisch, jedoch mit einem Unterschied: Trigger im Blocking-Bereich verhindern die Ausführung eines Tags.

Abbildung 14.30 Mit Values können Sie die Regeln überprüfen.

14.6.2 Reiter »Variables«

Im Reiter VARIABLES gibt es keine Summary über alle Events hinweg, Sie müssen zunächst einen Event in der linken Spalte auswählen. Dann werden in einer Liste alle Variablen angezeigt, die im GTM-Container zur Verfügung stehen, sowohl Auto-Variablen, von Ihnen angelegte oder intern eingebaute.

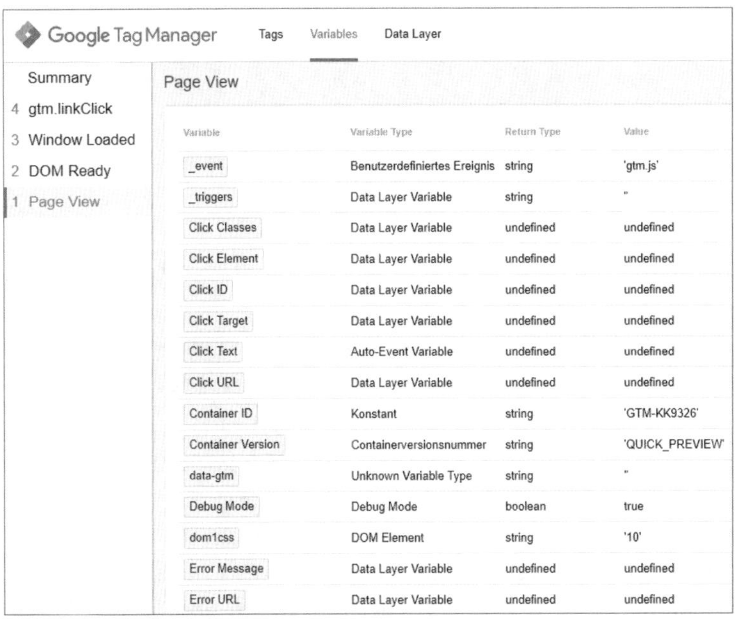

Variable	Variable Type	Return Type	Value
_event	Benutzerdefiniertes Ereignis	string	'gtm.js'
_triggers	Data Layer Variable	string	''
Click Classes	Data Layer Variable	undefined	undefined
Click Element	Data Layer Variable	undefined	undefined
Click ID	Data Layer Variable	undefined	undefined
Click Target	Data Layer Variable	undefined	undefined
Click Text	Auto-Event Variable	undefined	undefined
Click URL	Data Layer Variable	undefined	undefined
Container ID	Konstant	string	'GTM-KK9326'
Container Version	Containerversionsnummer	string	'QUICK_PREVIEW'
data-gtm	Unknown Variable Type	string	''
Debug Mode	Debug Mode	boolean	true
dom1css	DOM Element	string	'10'
Error Message	Data Layer Variable	undefined	undefined
Error URL	Data Layer Variable	undefined	undefined

Abbildung 14.31 Alle GTM-Variablen mit Werten beim Öffnen der Seite

Einige Einträge der Liste sind Ihnen schon bei der Detailansicht der Tags begegnet, etwa *Tracking-ID* oder *Click URL*. Im Reiter TAGS können Sie aber nur Informationen zu Variablen finden, die Sie in Tags oder Triggern verwenden. Im Reiter VARIABLES werden dagegen alle Variablen mit Wert ausgewiesen, die im GTM angelegt sind, auch wenn Sie diese nicht verwenden.

In Abbildung 14.31 sind zum Beispiel die Werte für die Klick-Variablen leer bzw. *undefined*, da Sie als Event den *Page View* ausgewählt haben. Beim Laden der Seite wurde noch kein Element angeklickt, daher sind die Klick-Variablen leer. Die Seiten-Variablen *Page URL*, *Page Path* usw. sind bereits beim ersten Event auf jeder Seite gefüllt.

Alles ist ein Event

Die drei Phasen, die der Tag Manager beim Laden einer Seite durchläuft, sind technisch ebenfalls Events. Allerdings nutzt der GTM intern andere Namen als in der Event-Liste aufgeführt.

- Page View > Event `gtm.js`
- DOM Ready > Event `gtm.dom`
- Window Loaded > Event `gtm.load`

Mit diesen Bezeichnungen können Sie in Triggern eine Regel festlegen, mit der der Trigger zu einer bestimmten Phase feuert.

Wählen Sie nun den Eintrag *gtm.linkClick* aus, der in der Liste erscheint, nachdem Sie auf den Download-Link geklickt haben. Nun sollten Sie auch für die Klick-Variablen Werte sehen.

Click Classes	Data Layer Variable	string	''
Click Element	Data Layer Variable	object	http://tirami.biz/dokument.pdf
Click ID	Data Layer Variable	string	''
Click Target	Data Layer Variable	string	''
Click Text	Auto-Event Variable	string	'PDF-Dokument'
Click URL	Data Layer Variable	string	'http://tirami.biz/dokument.pdf'

Abbildung 14.32 Variablen nach dem Klick auf den Download-Link

Die Werte haben Sie alle im Tag gesehen, der vom Klick-Trigger gefeuert wurde. Die Variablen *Click Classes*, *Click ID* und *Click Target* sind leer. Was passiert aber, wenn Sie nun auf einen anderen Link klicken, der nicht zu einem PDF-Dokument führt? Der Tag, den Sie eingerichtet haben, feuert nur, wenn der geklickte Link auf eine URL mit *.pdf* am Ende führt. Um diese Überprüfung durchzuführen, muss sich der GTM aber **alle** Links anschauen, die geklickt werden, unabhängig vom Ziel. Daher erscheint für jeden Link, den Sie auf der Seite anklicken, das neue Event *gtm.linkClick* in der Auflistung.

Zum Beispiel gibt es auf der aktuellen Seite auch einen Link zu Google. Wenn Sie ihn anklicken, erscheint ein weiteres Event. Im Reiter TAGS passiert nichts, denn Sie haben keinen Trigger eingerichtet, der auf diesen Link passt. Im Reiter VARIABLES können Sie sich dennoch die Werte der einzelnen Variablen ansehen (siehe Abbildung 14.33).

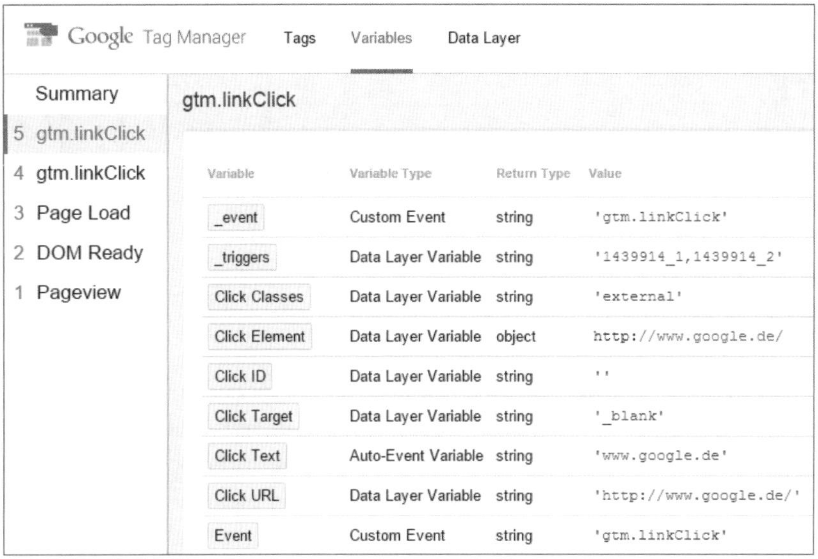

Abbildung 14.33 Auch Klicks auf Links ohne Trigger werden angezeigt.

Für diesen Link können Sie die Ziel-Adresse, ebenso wie die Attribute *class*, *target* und den verlinkten Text sehen. Damit ist es ein Leichtes, einen Trigger für Klicks auf genau diesen Link oder eine Gruppe von Links zu erstellen. Es genügt, wenn Sie einen Trigger definiert haben, der auf Klicks reagiert, egal ob einen bestimmten oder allgemein auf alle Klicks. In beiden Fällen bekommen Sie die *gtm.linkClick*-Events angezeigt und können die Variablen einsehen.

14.6.3 Reiter »Data Layer«

Der dritte Reiter ist dem DATA LAYER gewidmet. Dieser interne Informationsspeicher ist Ihnen schon mal bei den Tag-Manager-Grundlagen begegnet. Nun können Sie einen genaueren Blick auf Struktur und Funktionsweise werfen.

Technisch gesehen handelt es sich beim Data Layer um ein JavaScript-Objekt, mit dem Sie Werte von der Website zum Tag Manager übermitteln können. Im GTM-Container können Sie diese Werte dann in Tags, Triggern oder Variablen weiterverwenden. Der Data Layer ist außerdem eine fundamentale Komponente des Tag Managers insgesamt. Denn nicht nur Sie können Daten in den Data Layer schreiben, sondern auch der GTM nutzt ihn für die Datenübermittlung und Steuerung.

Zum Beispiel wird für jede Phase, welche die Seite beim Aufruf durchläuft, ein Event ausgelöst, wie Sie es bei den Variablen gesehen haben. Dieses Auslösen bedeutet technisch, dass bei jeder Phase Einträge in den Data Layer geschrieben werden.

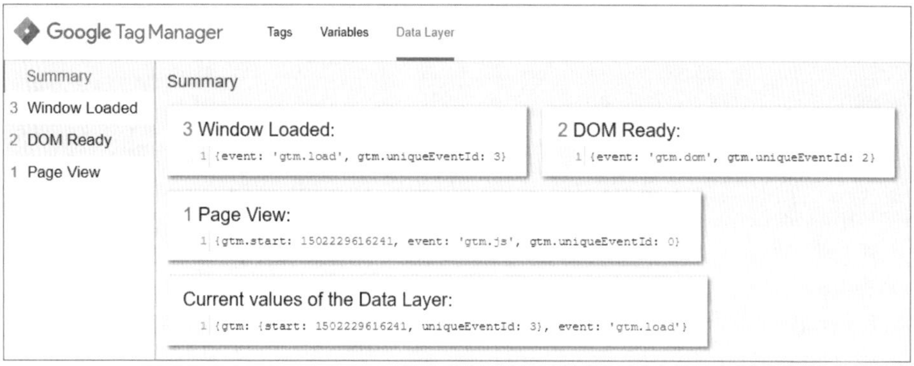

Abbildung 14.34 Data Layer nach dem Laden der Seite

In Abbildung 14.34 sehen Sie die Übersicht für den Data Layer nach dem Laden einer Seite. Jede Box steht hier für ein Event aus der Liste in der linken Spalte, wie Sie leicht an Nummer und Überschrift erkennen können. Unter der Überschrift folgt eine Code-Zeile. Das sind diejenigen Einträge, die der GTM bei diesem Event in den Data Layer schreibt. Diese Einträge bestehen immer aus Namen-Wert-Paaren und können aus einem Paar (Box 2 und 3) oder mehreren dieser Paare (Box 1) bestehen.

In der letzten Box *Current values of the Data Layer* sehen Sie den kompletten Data Layer mit den Werten, die er zum aktuellen Zeitpunkt enthält. Jeder neue Eintrag wird in den Data Layer eingebaut. Gibt es noch keinen Eintrag mit diesem Namen, wird das Name-Wert-Paar hinzugefügt. Gibt es bereits einen Eintrag mit diesem Namen, wird der vorhandene Eintrag ersetzt (zum Beispiel immer der Eintrag für *event*). Der Data Layer bleibt so lange bestehen, bis der Container neu geladen wird, also beim Wechsel zu einer anderen Seite oder beim erneuten Laden der aktuellen.

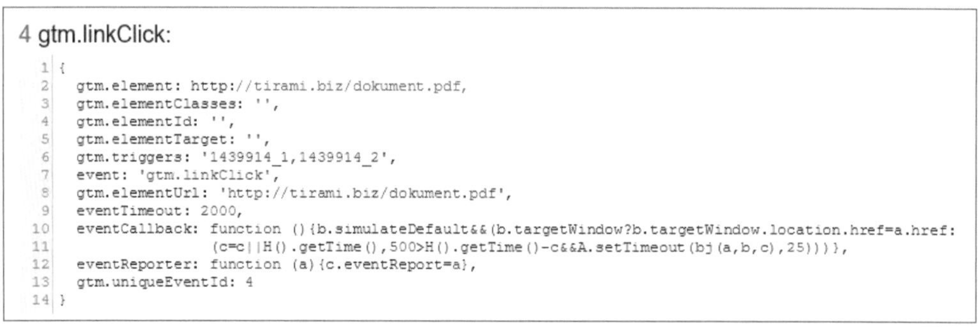

Abbildung 14.35 Neuer Data-Layer-Eintrag nach Klick auf einen Link

Wird auf der Seite ein Link angeklickt, kommt Bewegung in den Data Layer. Durch den Link-Listener im Trigger wird das Event `gtm.linkClick` in den Data Layer geschrieben, gleichzeitig erscheinen weitere Informationen zum geklickten Ziel und zu den Einstellungen.

In Abbildung 14.35 sehen Sie den kompletten Eintrag, der beim Klick auf einen Link erzeugt wird (zur Erinnerung: Sie müssen einen Klick-Trigger im Container eingebaut haben, damit die Klicks aufgeführt werden). In Zeile 7 wird der Eventname übergeben, Zeile 6 verweist auf den Trigger. Die Zeilen 2–5 und 8 enthalten die spezifischen Werte eines Link-Klicks. Diese Werte stehen Ihnen in den Click-Variablen zur Verfügung, die Sie in Tag und Trigger verwendet haben. Die Zeilen 9–12 bilden die Einstellungen ab, die Sie beim Einrichten des Triggers gemacht haben: Der GTM soll die weitere Ausführung um 2.000 Millisekunden verzögern. Hier befinden Sie nun schon sehr tief in der Struktur des Tag Managers, denn *eventCallback* und *eventReporter* enthalten als Werte tatsächlichen Programmcode, der die Verzögerung verursacht. Keine Sorge, Sie müssen solche Codes nicht selbst schreiben, diese Arbeit nimmt Ihnen der GTM weitestgehend ab. Aber es ist an dieser Stelle schon ein wenig so, als würden Sie dem Tag Manager bei der Arbeit zuschauen.

Current values of the Data Layer:

```
{
  gtm: {
    start: 1502229616241,
    uniqueEventId: 4,
    element: http://tirami.biz/dokument.pdf,
    elementClasses: '',
    elementId: '',
    elementTarget: '',
    triggers: '1439914_1,1439914_2',
    elementUrl: 'http://tirami.biz/dokument.pdf'
  },
  event: 'gtm.linkClick',
  eventTimeout: 2000,
  eventCallback: function (){b.simulateDefault&&(b.targetWindow?b.targetWindow.l
                 ocation.href=a.href:(c=c||H().getTime(),500>H().getTime()-c&&A.
                 setTimeout(bj(a,b,c),25)))},
  eventReporter: function (a){c.eventReport=a}
}
```

Abbildung 14.36 Der Data Layer nach dem Klick

Zum Abschluss betrachten Sie noch einmal den aktuellen Wert des Data Layer am Ende der Liste. Wie Sie sehen, wurde der Eintrag des Klicks den bereits vorhandenen Werten aus dem Seitenladen hinzugefügt.

In der Summary sehen Sie alle einzelnen Einträge und den aktuellen Wert des Data Layer. Wenn Sie einzelne Einträge aus der Event-Liste anklicken, erhalten Sie jeweils zwei Boxen zum aktuellen Event: den Eintrag, der zum Data Layer hinzugefügt wurde, sowie den Wert des Data Layer nach dem Hinzufügen (siehe Abbildung 14.37).

So können Sie auch nach einigen Aktionen auf der Seite zu jedem Zeitpunkt den Data Layer nachvollziehen und eventuelle Fehler entdecken.

Abbildung 14.37 Data Layer zu einem bestimmten Event

Bis zu dieser Stelle konnten Sie bereits einiges mit dem Google Tag Manager umsetzen: Sie haben einen Container eingerichtet und mit ersten Tags und Triggern bestückt. Anschließend haben Sie diesen Container auf Ihre Website gebracht und mit der Vorschaufunktion verschiedene Abläufe und den Datenaustausch nachvollzogen. Auf den nächsten Seiten werden Sie weitere Details zu Tags, Triggern und Variablen kennenlernen.

14.7 Tags in die Seiten einbinden und feuern

Der Tag Manager bietet für Google Analytics und etwa 30 weitere Online-Dienste vorgefertigte Templates zum Einbau von Tracking-Codes. Diese Tools können Sie mit wenigen Mausklicks in Ihren Container einbauen. Falls Sie aber ein Tool einbauen möchten, für das es noch kein Template gibt, oder Sie eine besondere Konfiguration übergeben müssen, gibt es eine Allzweckwaffe: benutzerdefiniertes HTML bzw. benutzerdefinierte Bilder.

14.7.1 Google-Analytics-Tags

Bis zu dieser Stelle haben Sie bereits zwei Google-Analytics-Tags eingerichtet, einen Seitenaufruf und ein Ereignis. Dabei haben Sie aber noch nicht alle Optionen genutzt, die der GTM anbietet. Die Einstellungen zu Tracking-ID, Werbenetzwerk und IP-Anonymisierung hatten Sie bei beiden Tags vorgenommen. Beim Erfassungstyp gibt es neben Seitenaufrufen und Ereignissen noch weitere Auswahlmöglichkeiten.

Sie haben die Auswahl zwischen insgesamt sieben verschiedenen Erfassungstypen. Jeder Typ entspricht einem anderen Befehl des Google-Analytics-Tracking-Codes. Je nach Auswahl verändern sich die Eingabefelder zur Konfiguration. Alle generischen Tracking-Code-Parameter, die Sie mit jedem beliebigen Analytics-Befehl nutzen können, legen Sie im Bereich WEITERE EINSTELLUNGEN fest, den Sie im Folgenden genauer kennenlernen werden.

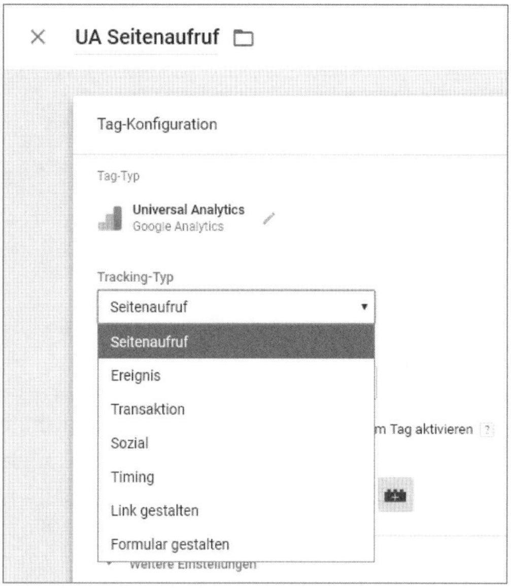

Abbildung 14.38 Weitere Erfassungstypen für Google-Analytics-Tags

Im Anschluss an diesen Punkt folgt noch der Eintrag ERWEITERTE EINSTELLUNGEN (hier ist die deutsche Übersetzung nicht ganz glücklich, mit zwei nahezu identischen Benennungen für unterschiedliche Optionen). Diese Einstellungsmöglichkeiten sind für alle Tags vorhanden, also auch Nicht-Analytics-Tags. Darum werden sie erst im Anschluss an die einzelnen Erfassungstypen erläutert.

Erfassungstyp »Seitenaufruf«

Entspricht dem Google-Analytics-Befehl `ga('send', 'pageview');`

Sie können dem Aufruf unter WEITERE EINSTELLUNGEN zusätzliche Optionen mitgeben. Für `anonymizeIp` haben Sie diese Möglichkeit bereits genutzt. Möchten Sie zum Beispiel die URL explizit setzen, die mit dem Aufruf protokolliert werden soll, fügen Sie ein Feld für den Parameter *page* hinzu und setzen dort den Wert. Dieser Wert erscheint später in den Verhaltensberichten von Analytics, zum Beispiel bei *Alle Seiten*, *Zielseiten* usw. Als Wert können Sie wie in nahezu allen Feldern auch eine Variable verwenden.

Die in Abbildung 14.39 gezeigten Einstellungen entsprechen diesem Tracking-Code in Ihrer Seite

```
ga('create', 'UA-46299402-1', 'auto');
ga('send', 'pageview', {
   'anonymizeIp': true,
      'page': '{{Page URL}}'
   });
```

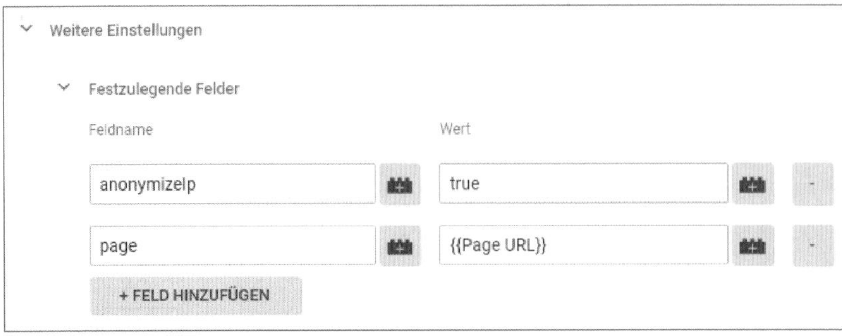

Abbildung 14.39 Übergeben Sie einen neuen Wert für den Parameter »page«.

Die Variable `{{Page URL}}` übergibt den Wert, den sie zur Ausführung des Tags enthält – normalerweise die aktuelle URL des Browsers. Sie könnten nun zum Beispiel auch zwei Variablen wie in Abbildung 14.40 verwenden. Damit erzielen Sie denselben Effekt wie mit dem erweiterten Filter in Abschnitt 6.3.11.

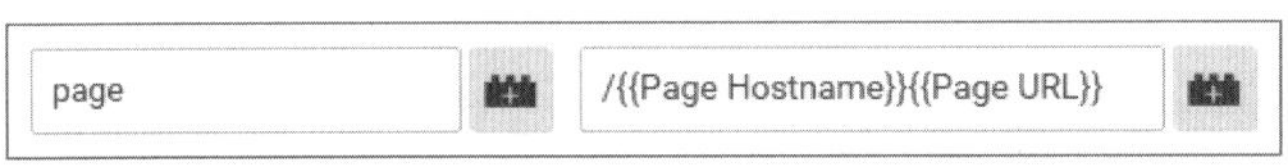

Abbildung 14.40 Hostname vor die URL schreiben

Mit den weiteren Auswahlpunkten in den Einstellungen können Sie *Benutzerdefinierte Dimensionen* und *Messwerte* sowie *Content-Gruppen* konfigurieren. Ihre Verwendung ist ebenfalls optional und funktioniert ähnlich wie bei Feldern: Sie fügen einen Eintrag hinzu und bekommen zwei Eingabemöglichkeiten für Index und Wert. Für beide können Sie ebenfalls feste Werte vergeben oder eine Variable einsetzen. Es lassen sich mit allen Erfassungstypen Werte für diese drei Kategorien übergeben.

Abbildung 14.41 Benutzerdefinierte Dimension im Seitenaufruf übergeben

Mehr Informationen zur Einrichtung von benutzerdefinierten Dimensionen und Metriken finden Sie in Abschnitt 5.3.6. Die verschiedenen Einsatzmöglichkeiten von Contentgruppen werden hingegen in Abschnitt 6.6 erläutert. In Kombination mit GTM-Variablen steht Ihnen so jedenfalls ein mächtiges Werkzeug zur Erfassung zusätzlicher Daten in Ihrem Analytics-Konto zur Verfügung.

Als nächster Punkt folgen die *E-Commerce-Funktionen*. Wenn Sie in Ihrem Analytics-Konto *Enhanced E-Commerce* nutzen, müssen Sie die Daten für Produkte und Bestellungen mit einem Seitenaufruf oder Ereignis gekoppelt übermitteln. Der Tag Manager nutzt dazu den Data Layer oder eine vergleichbare Variable, Sie finden mehr dazu in Abschnitt 14.8. Diese Option gibt es nur für Seitenaufrufe und Ereignisse.

Das *domainübergreifende Tracking* (Cross-Domain) lässt sich mit dem Tag Manager einfach konfigurieren: Tragen Sie dazu in dem Feld AUTOMATISCH VERKNÜPFTE DOMAINS die Domainnamen ein, zu denen von der bestehenden Seite verwiesen wird. Durch Variablen können Sie diesen Wert sogar dynamisch befüllen, zum Beispiel abhängig davon, auf welcher Domain sich der Nutzer gerade befindet. Mehr zu Cross-Domain-Tracking finden Sie in Abschnitt 5.4.10. Dort werden auch die Optionen HASH TRENNZEICHEN und FORMULAR GESTALTEN weiter erläutert.

Erfassungstyp »Ereignis«

Der Erfassungstyp *Ereignis* entspricht dem Google-Analytics-Befehl:

```
ga('send', 'event',…
```

Mit der Auswahl dieses Erfassungstyps erscheinen Eingabefelder für die fünf Parameter von Ereignissen: Kategorie, Aktion, Label, Wert und Interaktion, die Sie bereits beim Einrichten des PDF-Trackings gesehen haben. Auch hier können Sie wieder weitere Felder, Dimensionen usw. hinzufügen.

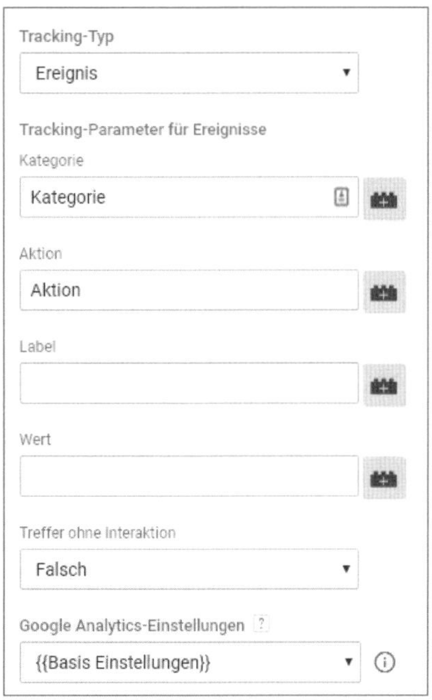

Abbildung 14.42 Parameter für Ereignisse

Der GTM übersetzt diese Einstellungen in folgenden Code:

```
ga('create', 'UA-46299402-1', 'auto');
ga('send', 'event', 'Kategorie', 'Aktion', {
   'nonInteraction': 1,
   'anonymizeIp': true
});
```

Denken Sie daran, auch hier immer das Feld für `anonymizeIp` hinzuzufügen. Einzelne Tags stehen alle für sich, anders als beim direkten Einbau des Tracking-Codes auf der Seite, können Sie daher nicht die Einstellungen einmalig beim Seitenaufruf machen und sie für alle Ereignisse auf einer Seite verwenden.

Erfassungstyp »Transaktion«

Entspricht einer Transaktion mit dem Standard-E-Commerce-Tracking (siehe Abschnitt 10.2). Hierbei werden die Bestelldaten mit dem speziellen Befehl `ga('E-Commerce:send')` an die Analytics-Server gesendet.

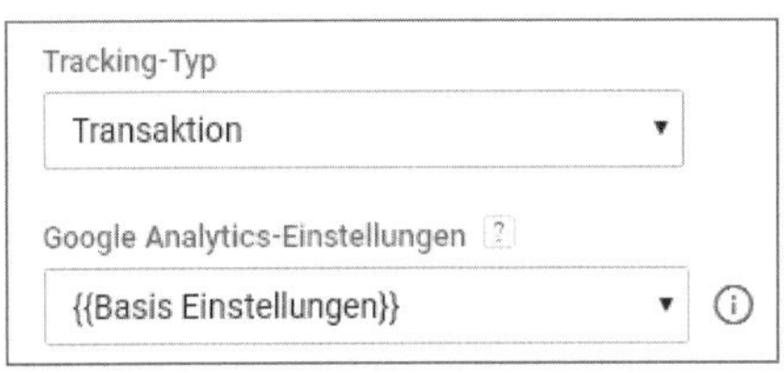

Abbildung 14.43 Erfassungstyp »Transaktion« erfordert den Data Layer

Für die Einbindung müssen Sie die Werte der Bestellung in den Data Layer schreiben. Der Transaktions-Tag holt sich alle nötigen Informationen aus dem Data Layer und bestückt damit den Analytics-Code.

Die nötigen Einträge orientieren sich an den bekannten Befehlen zur Erfassung von E-Commerce-Aktionen. Anstatt der direkten Befehle bauen Sie auf der Bestellbestätigungsseite nun den Data-Layer-Aufruf ein und lassen den GTM alles Weitere durchführen. Den Data Layer füllen Sie mit einem JavaScript-Code.

```
<script>
dataLayer = [{
    'transactionId': '1234',
    'transactionAffiliation': 'vino-magazin',
    'transactionTotal': 38.26,
    'transactionTax': 1.29,
    'transactionShipping': 5,
    'transactionProducts': [{
        'sku': 'DD44',
```

```
        'name': 'Korkenzieher',
        'category': 'Wein Zubehoer',
        'price': 11.99,
        'quantity': 1
    },{
        'sku': 'AA1243544',
        'name': 'Weinglas',
        'category': 'Geschirr',
        'price': 9.99,
        'quantity': 2
    }]
}];
</script>
```

Listing 14.1 Data-Layer-Aufruf für E-Commerce-Transaktionen

Die ersten fünf Zeilen des Aufrufs entsprechen den Parametern des `addTransaction`-Befehls. Anschließend folgt eine Liste der einzelnen Produkte der Bestellung. Jeder Block entspricht einem Aufruf von `addItem`. Die Werte der einzelnen Einträge müssen dynamisch vom Shop-System eingesetzt werden. Details zum Zusammenspiel von Transaction und Item lesen Sie in Abschnitt 5.4.4.

Der Data-Layer-Aufruf in dieser Form muss im Quelltext Ihrer Bestätigungsseite vor dem Code des GTM-Containers stehen. Somit sind die Daten bereits im Data Layer vorhanden, wenn der Transaktion-Tag geladen wird.

Data Layer kann nicht vor GTM-Container ausgegeben werden

Falls es Ihnen nicht möglich ist, den Data-Layer-Aufruf vor dem GTM-Container ausgeben zu lassen, müssen Sie einen Event-Trigger verwenden. Mehr dazu lesen Sie in Abschnitt 14.9.5.

Wenn Sie Enhanced E-Commerce verwenden, benötigen Sie keinen Transaktion-Tag, da dort die Bestelldaten mit einem Seitenaufruf oder Ereignis übermittelt werden.

Erfassungstyp »Sozial«

Entspricht dem Analytics-Befehl `ga('send', 'social'...`

Mit diesem Erfassungstyp sammeln Sie Daten für die Berichte für den Bereich *Akquisition/Soziale Netzwerke* (siehe Abschnitt 8.6). Der Aufbau ist ähnlich zu einem Ereignis.

Für die einzelnen Parameter können Sie feste Vorgaben machen oder Variablen einsetzen.

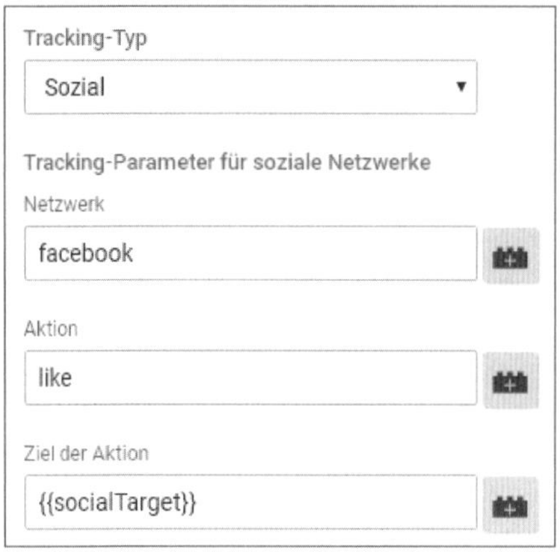

Abbildung 14.44 Erfassungstyp für soziale Interaktionen

Erfassungstyp »Timing«

Entspricht dem Analytics-Befehl `ga('send', 'timing', …`

Nutzen Sie diesen Erfassungstyp, um individuelle Geschwindigkeitsmessungen zu machen (siehe Abschnitt 9.4). Die Ergebnisse werden im Analytics-Bericht *Verhalten/Websitegeschwindigkeit/Nutzertimings* angezeigt.

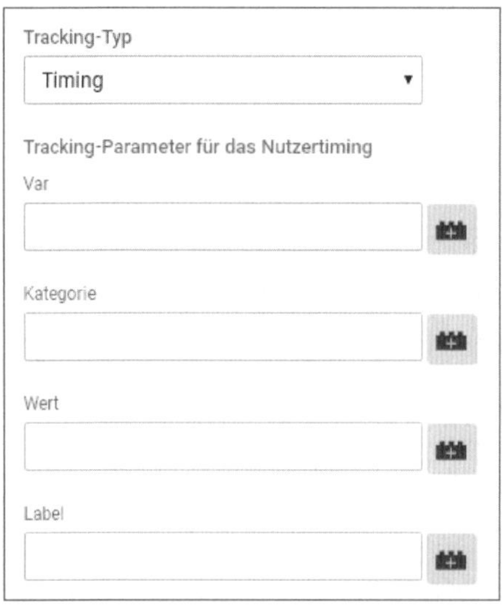

Abbildung 14.45 Geschwindigkeitsmessungen mit Erfassungstyp Timing

In Kombination mit den Callback-Funktionen bei Tags und den Auslösemöglichkeiten der Trigger können Sie Messungen ohne zusätzliche Programmierung auf Ihrer Website ausspielen.

Erfassungstyp »Link gestalten«

Entspricht dem Analytics-Befehl `linker.decorate`.

In Kombination mit einem Klick-Trigger können Sie mit diesem Tag Links für Cross-Domain-Trackings mit den nötigen Sitzungsinformationen ausstatten (siehe Abschnitt 5.4.10).

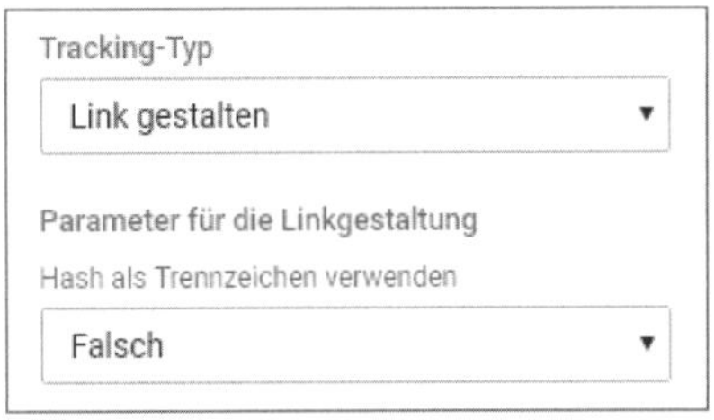

Abbildung 14.46 Links mit Cross-Domain-Tracking Parametern versehen

Im Gegensatz zum Auto-Linking, das Sie bei einem Seitenaufruf für alle Links zu einer bestimmten Domain einstellen, können Sie mit diesem Tag ausgewählte Links anhand von Click-Variablen mit den nötigen Parametern ausstatten. Kombinieren Sie diesen Tag dazu mit einem Klick-Trigger, der einen Filter auf die geklickten Links legt.

Abbildung 14.47 Trigger für Tag Link gestalten

Der Trigger in Abbildung 14.47 feuert nur dann, wenn auf ein Element mit dem Link-Text »zum Warenkorb« geklickt wird. Lösen Sie den Link-gestalten-Tag mit diesem Trigger aus, so werden alle Links, auf die der Filter zutrifft, mit einem Cross-Domain-Parameter versehen.

Diese Erweiterung wird erst im Moment des Klicks vollzogen und nicht bereits beim Laden der Seite wie beim Auto-Linking. So können Sie dieses Cross-Domain-Tracking selektiver einsetzen. Damit entspricht diese Kombination aus Tag und Trigger dem JavaScript in Abschnitt 5.4.11.

Erfassungstyp »Formular gestalten«

Entspricht dem Analytics-Befehl `linker.decorate`.

Mit der Funktion zum Erweitern von Links lassen sich auch Formulare für Cross-Domain-Tracking anpassen. Da Formulare und Links technisch unterschiedlich im Browser verarbeitet werden (Klick vs. Absenden) hat der Google Tag Manager einen eigenen Tag zum Erweitern von Formularen.

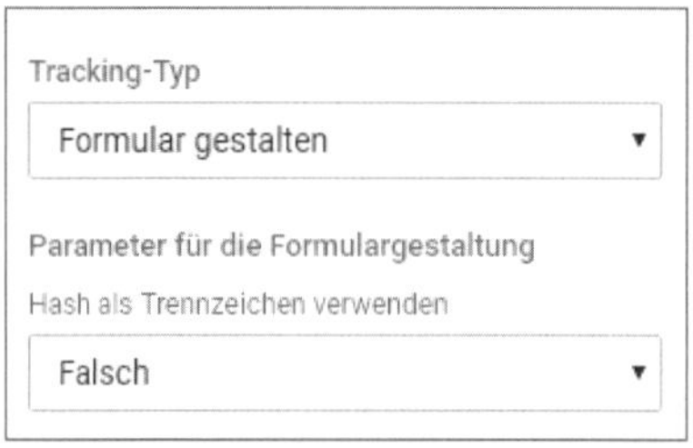

Abbildung 14.48 Formular individuell für Cross-Domain präparieren

Die Anwendung ist dabei gleich zum Tag *Link-gestalten*. Sie kombinieren diesen Tag mit einem Trigger, der beim Absenden eines Formulars die Formular-Variablen auf bestimmte Kriterien prüft. Mehr zu Formularen finden Sie in Abschnitt 14.9.3.

14.7.2 Benutzerdefiniertes HTML-Tag

Ein *Benutzerdefiniertes HTML-Tag* erlaubt Ihnen, einen beliebigen Code vom Tag Manager ausspielen zu lassen. Der Inhalt des Tags wird als HTML in die Seite eingebettet, dabei können alle bekannten HTML-Elemente verwendet werden. Das bedeutet, dass Sie auch JavaScript-Codes in einem solchen Container einsetzen können. Somit haben Sie über den GTM nahezu alle Möglichkeiten auf Ihrer Website, die Sie mit JavaScript umsetzen können – ein Skript muss nicht zwangsläufig etwas mit Tracking zu tun haben. Diese Tags sind vor allem für zwei Aufgaben interessant:

1. Um das Tracking-Skript eines beliebigen Systems einzubinden, zum Beispiel Facebook Conversions oder Piwik. Dabei können Sie Werte aus der Seite oder dem Data Layer verwenden.
2. Aktionen zählbar machen, die sich nicht mit den »Bordmitteln« des Tag Managers zählen lassen, zum Beispiel das Tracken von Aktionen in individuell programmierten Website-Elementen, wie Karten oder Konfiguratoren.

Als Nebeneffekt können Sie mit benutzerdefiniertem HTML auch Inhalte auf einer Seite verändern oder einfügen. Ihrer Phantasie sind dabei kaum Grenzen gesetzt. Allerdings beschäftigt sich dieses Kapitel ja mit dem Tag Manager als Tool für die Webanalyse – daher werden diese Möglichkeiten im Weiteren nicht im Detail beschrieben.

In Abbildung 14.49 sehen Sie als Beispiel den Tracking-Code des Open-Source-Programms Piwik. Sie können die Anweisungen direkt in das Fenster kopieren. Anschließend kombinieren Sie den Tag wie gewohnt mit einem Trigger zum Auslösen. Jedes Mal, wenn die Kriteriendes Triggers passen, wird der JavaScript-Code in die Website eingefügt und entsprechend ausgeführt.

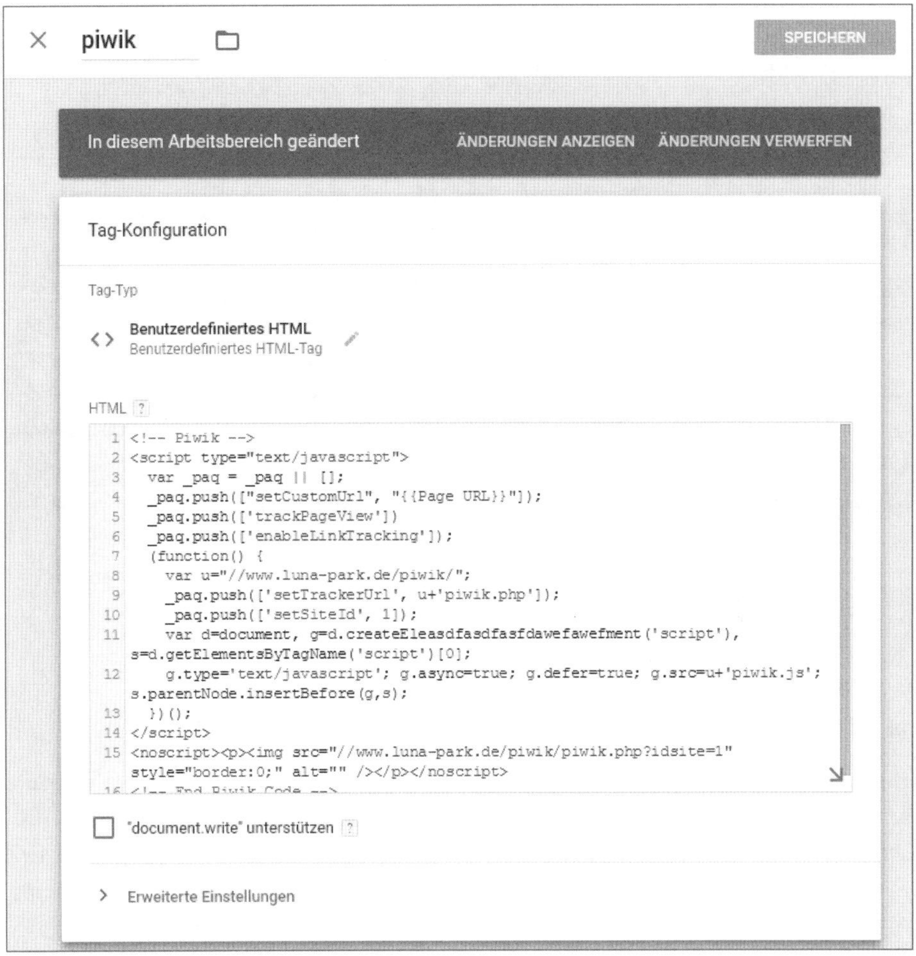

Abbildung 14.49 Beispiel für Drittanbieter-Tracking durch Piwik

Sie können in diesen Tags auch GTM-Variablen verwenden. Schreiben Sie dazu die Variable in doppelt geschweiften Klammern: zum Beispiel `{{Page URL}}`. Zur Laufzeit wird diese Variable durch deren Wert ersetzt.

Unterhalb des Eingabefelds sehen Sie die Option *document.write unterstützen*. In der Standardeinstellung sind document.write-Anweisungen aus Sicherheitsgründen deaktiviert. Mit dieser Option können Sie der Verwendung explizit zustimmen.

HTML ?

```
<!-- Piwik -->
<script type="text/javascript">
  var _paq = _paq || [];
  _paq.push(["setCustomUrl", "{{Page URL}}"]);
  _paq.push(['trackPageView']);
  _paq.push(['enableLinkTracking']);
  (function() {
    var u="//www.luna-park.de/piwik/";
    _paq.push(['setTrackerUrl', u+'piwik.php']);
    _paq.push(['setSiteId', 1]);
    var d=document, g=d.createEleasdfasdfasfdawefawefment('script'),
s=d.getElementsByTagName('script')[0];
```

Abbildung 14.50 GTM-Variable durch geschweifte Klammer erkennbar

Hinweis zur Sicherheit

Benutzerdefinierte HTML-Tags können ein nicht zu unterschätzendes Sicherheitsrisiko für Ihre Website darstellen. Mit ihnen kann jeder, der Zugriff auf den Tag Manager hat, Inhalte auf Ihrer Website beliebig einschleusen oder verändern. Zwar werden diese Änderungen immer erst im Browser des Nutzers durchgeführt und sind daher unter Umständen nur kurz sichtbar. Ein Großteil der Nutzer wird solchen Indizien wenig Beachtung schenken.

Die Verwendung dieser Tags kann nicht für bestimmte Nutzer freigegeben oder eingeschränkt werden. Jeder Bearbeiter kann sie nutzen. Überlegen Sie daher genau, wer Zugriff auf den Tag-Manager-Container benötigt, wer darauf verzichten kann oder wem Leserechte ausreichen.

14.7.3 Benutzerdefiniertes Bild-Tag

Die meisten Analytics-Tools arbeiten für die Erfassung mit kleinen Pixelgrafiken, die als Bild in die Seite geladen werden. Dabei werden alle Daten zu Nutzer sowie technische Informationen über URL-Parameter bei diesem Aufruf übergeben. JavaScript hat meistens nur die Funktion, diese Nutzer- und Umgebungsfunktionen zusammenzutragen (siehe Kapitel 2, »Der Auftakt: Google Analytics kennenlernen«).

Manchen Analytics-Tools reicht der einfache Aufruf so einer Pixeldatei, um die gewünschten Daten zu erfassen. Dafür bietet der Tag Manager ein *Benutzerdefiniertes Bild-Tag* an.

Im Feld BILD-URL können Sie auch GTM-Variablen verwenden. Sie müssen sie wieder durch doppelte geschweifte Klammern {{ }} kenntlich machen.

Die Option CACHE-BUSTING AKTIVIEREN fügt der Bild-URL einen Parameter hinzu, der eine Zufallszahl enthält. Somit ist jeder Aufruf dieser URL unterschiedlich, die Grafik wird nicht im Browser-Cache zwischengespeichert und es wird tatsächlich jeder Aufruf zum Server geschickt.

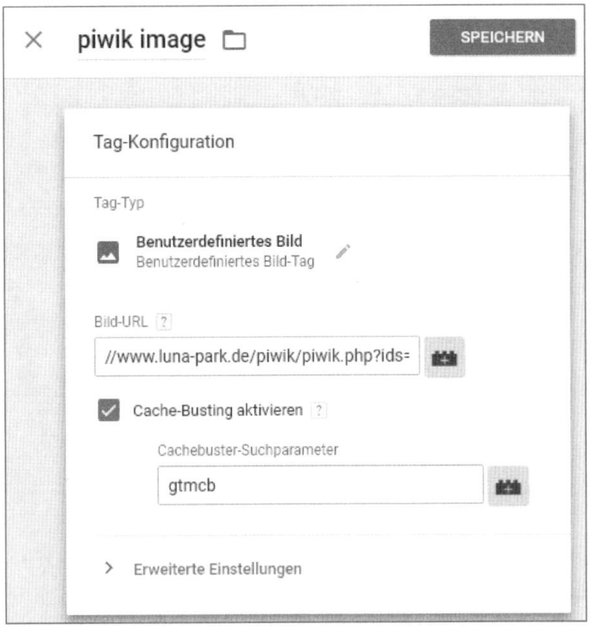

Abbildung 14.51 Piwik-Pixeldatei über Bild-Tag laden

Wann brauchen Sie benutzerdefinierte Bild-Tags?

Das Besondere an diesen Tags ist, dass sie auch funktionieren, wenn der Nutzer kein JavaScript unterstützt bzw. aktiviert hat. Schauen Sie dafür noch einmal auf Abbildung 14.49 den Piwik-JavaScript-Code an. Am Ende des Tags finden Sie den Bereich `<noscript>`. Er würde vom Browser ausgeführt werden, wenn die JavaScript-Unterstützung deaktiviert ist. Der GTM verwendet aber JavaScript, um benutzerdefinierte HTML-Tags zu laden. Daher schafft es der noscript-Teil nie bis auf die Seite.

Benutzerdefinierte Bild-Tags funktionieren aber auch bei deaktiviertem JavaScript im Browser des Nutzers. So können Sie auch für diesen Fall Nutzungsdaten erheben.

14.7.4 Erweiterte Einstellungen

Alle Tags, egal ob aus einer Vorlage oder benutzerdefiniert, bieten verschiedene Optionen, mit denen Sie die Bedingungen der Auslösung genauer vorgeben können. Diese Optionen finden Sie unter ERWEITERTE EINSTELLUNGEN.

Mit einer Eingabe im Feld PRIORITÄT FÜR DIE TAG-AUSLÖSUNG können Sie die Reihenfolge beeinflussen, in der die Tags abgearbeitet werden. Je größer die Zahl ist, die Sie hier eingeben, desto früher wird dieser Tag im Vergleich zu anderen Tags mit demselben Trigger gestartet. Wie schnell der Tag komplett abgearbeitet wird, beeinflusst der Wert allerdings nicht, da diese Zeit primär vom Inhalt des Tags abhängig ist.

Die Tags werden weiterhin asynchron geladen, sie beeinflussen sich also nicht gegenseitig bei der Ausführung.

Abbildung 14.52 Erweiterte Einstellungen eines beliebigen Tags

Die Reihenfolge der Tags können Sie natürlich nur für Tags beeinflussen, die alle zum selben Zeitpunkt starten, das heißt, die vom selben Trigger gefeuert werden. Keine Eingabe entspricht dem Wert 0.

Wenn Sie den BENUTZERDEFINIERTEN PLAN ZUR TAG-AUSLÖSUNG aktivieren, erscheinen zusätzliche Eingabefelder für Datum und Uhrzeit.

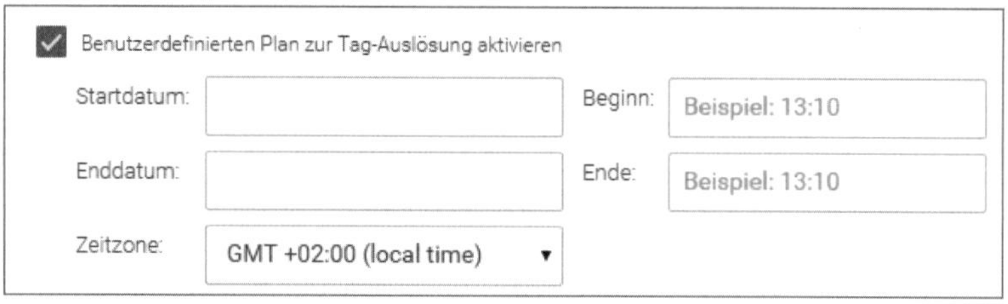

Abbildung 14.53 Start- und Endzeitpunkt für den Tag einstellen

So können Sie festlegen, dass ein Tag nur in einem bestimmten Zeitraum geladen wird. Sie brauchen keine neue Container-Version zu erstellen und veröffentlichen, um den Tag zu aktivieren oder deaktivieren. Diese Einstellung kann sinnvoll sein, wenn Sie einen Tag nur für eine bestimmte Kampagne oder Maßnahme einbinden.

Beachten Sie, dass Sie immer Datum *und* Uhrzeit eingeben müssen, damit die Einstellungen gespeichert werden. Wählen Sie dagegen nur jeweils das Datum aus, wird die Eingabe nicht gespeichert. Es erscheint keine Fehlermeldung.

Und noch etwas macht die Verwendung dieser Option zu einer potenziellen Fehlerquelle: Sie können nur innerhalb der Tag-Einstellungen sehen, dass dieser Tag nur in einem bestimmten Zeitfenster läuft. Sie sehen es also weder in der Tag-Liste noch im

Vorschaufenster auf der Website. Der Tag wird lediglich als Not-Fired gelistet. Erst in der Detailansicht wird sichtbar, dass es einen Start- und Endzeitpunkt als *Blocking Triggers* gibt.

Abbildung 14.54 Start- und Endzeitpunkt als Blocking Triggers

Mit der Option Dieses Tag nur in veröffentlichten Containern auslösen verhindern Sie das Feuern des Tags im Vorschaumodus. Das kann sinnvoll sein, wenn durch den tatsächlichen Aufruf dieses Tags Kosten entstehen. Diese Option hat jedoch ein paar Fallstricke:

- Der Tag wird im Vorschaufenster als Not-Fired eingeordnet, obwohl er ohne die Option gefeuert hätte. Sie können also nicht auf den ersten Blick Tags unterscheiden, deren Laden Sie explizit verhindern, von Tags, die aufgrund einer definierten Regel nicht feuern. Sie erkennen den Unterschied nur in der Detailansicht eines Tags, dort wird die Eigenschaft *Live only true* angezeigt.
- Der Tag wird nicht wirklich ausgeführt. Daher wissen Sie nicht, ob der Inhalt des Tags funktioniert. Sie können nur sehen, ob die Auslöseregeln gegriffen hätten.
- Wie schon beim Zeitplan können Sie in der Tag-Liste im GTM nicht sehen, ob diese Option aktiviert ist. Das kann die Fehlersuche unnötig erschweren.

Unter den Optionen für Tag-Auslösung finden Sie ein Menü mit drei Möglichkeiten, mit denen Sie das Verhalten des Tags auf einer einzelnen Seite steuern können. Die Standard-Einstellung für neue Tags ist *Einmal pro Ereignis*.

Tag-Auslösung	Beschreibung
Unbegrenzt	Der Tag wird jedes Mal ausgeführt, wenn der Trigger feuert.
Einmal pro Ereignis	Der Tag wird nur beim ersten Mal ausgeführt, wenn ein Trigger durch ein bestimmtes Event (zum Beispiel `gtm.linkClick`) gefeuert wird. Pro Event bedeutet, dass der Tag bei jedem einzelnen Event maximal einmal feuert. Gibt es drei `gtm.linkClick`-Events kann jeder Event den Tag einmal feuern, aber nicht mehrmals.

Tabelle 14.3 Optionen für Tag-Auslösung

Tag-Auslösung	Beschreibung
Einmal pro Seite	Der Tag wird maximal einmal auf einer Seite ausgeführt, egal welcher Trigger das Auslösen veranlasst. Wird der GTM-Container neu geladen, zum Beispiel durch einen Seitenwechsel, kann der Tag erneut einmal ausgeführt werden.

Tabelle 14.3 Optionen für Tag-Auslösung (Forts.)

Unter dem letzten Punkt TAG-REIHENFOLGE verbergen sich zwei Optionen, mit denen Sie einen anderen Tag ausführen können, bevor oder nachdem der aktuelle Tag ausgelöst wurde.

Sie könnten zum Beispiel einen Tag A haben, der bestimmte Daten aus der Seite extrahiert und in den Data Layer schreibt. Ein zweiter Tag B nutzt diese Werte aus dem Data Layer und schickt sie an Analytics. Da der zweite Tag die Vorarbeit des ersten benötigt, würden Sie beide Tags über die Tag-Reihenfolge nacheinander ausführen lassen. Entweder stellen Sie bei Tag A ein, dass Tag B im Anschluss ausgelöst wird. Oder bei Tag B, dass Tag A vorher ausgelöst wird.

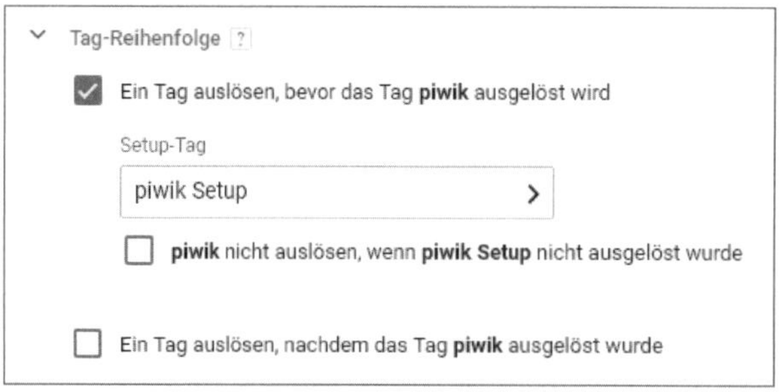

Abbildung 14.55 Auslösen anderer Tags vor oder nach dem aktuellen

Anders als bei Vergabe der Priorität werden die Tags hier tatsächlich nacheinander abgearbeitet. Mit der zweiten Checkbox können Sie weiterhin verhindern, dass ein Tag ausgeführt wird, wenn der vorherige Tag fehlerhaft ausgeführt wurde.

14.8 Mit Variablen mehr Daten erheben

Variablen liefern die Grundbausteine, ohne die weder ein Tag Manager noch Analytics funktionieren: Sie liefern die Daten, die in Tags übertragen werden oder die bestimmen, ob eine Aktion erfasst werden soll.

Variablen sind im Tag Manager durch doppelte geschweifte Klammern vor und nach dem Variablennamen gekennzeichnet. `{{Tracking-ID}}` verweist auf die Variable *Tracking-ID*.

Sie können Variablen bei nahezu allen Eingaben und Elementen im Tag Manager verwenden. Sowohl in den Einstellungen von Elementen als auch in benutzerdefinierten Skripten für Tags oder Variablen können Sie auf Variablen zugreifen.

14.8.1 Integrierte Variablen

Einige Variablen bringt jeder neue Container von Haus aus mit: *aktivierte integrierte Variablen*. Sie werden entweder bereits beim Laden des Containers gefüllt oder nach dem Einbau eines bestimmten Triggers mit Werten bestückt.

Nachdem Sie die Checkbox vor der Variablen aktiviert haben, steht sie in den Auswahlmenüs bei Tags und Triggern zur Auswahl. Außerdem erscheint sie in der Variablen-Liste im Vorschaumodus. Denken Sie daran: Die meisten Variablen erfordern einen bestimmten Trigger, damit sie mit Werten befüllt werden! Umgekehrt sind einige Trigger nutzlos, wenn nicht die zugehörigen Variablen aktiviert werden.

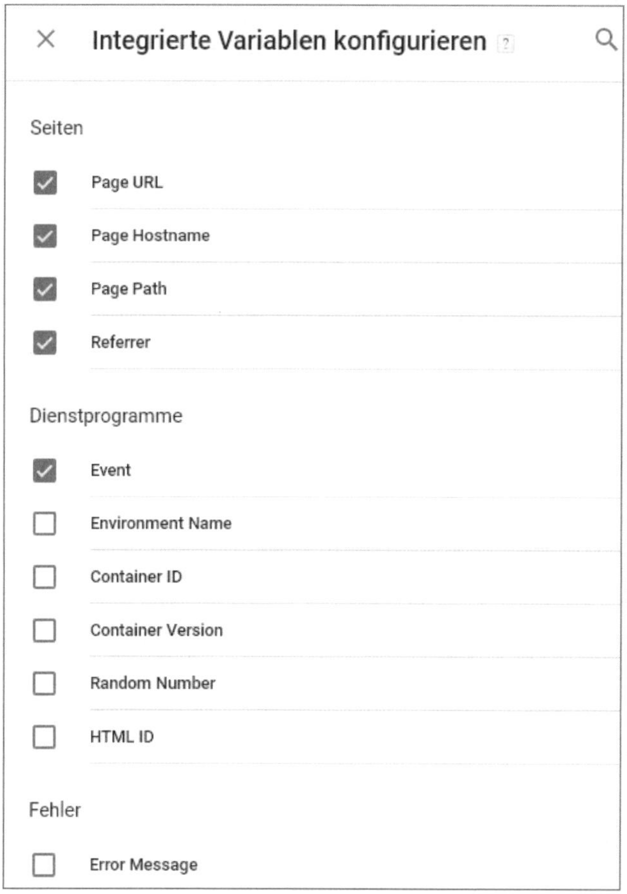

Abbildung 14.56 Vorausgewählte »Integrierte Variablen«

Die Variablen des Bereichs *Seiten* und die *Event*-Variable sind bei einem neuen Container bereits aktiviert. In der Variable Event werden die Namen der Events abgelegt, die Trigger oder Sie selbst in den Data Layer schreiben. Sowohl die Seiten-Variablen als auch den Punkt EVENT sollten Sie in keinem Fall deaktivieren.

Im Folgenden finden Sie eine kurze Übersicht der Bereiche und der enthaltenen Variablen.

Seiten	
Page URL	vollständige URL der Seite inklusive Hostname und URL-Parameter, aber ohne Fragment (Hash)
Page Hostname	der Domainname der aktuellen Website inklusive www
Page Path	Verzeichnisse und Datei der aktuellen URL, ohne Parameter
Page Referrer	vollständiger Referrer (`document.referrer`)

Tabelle 14.4 Seiten werden automatisch beim Laden des Containers befüllt.

Dienstprogramme	
Event	Ereignisse aus dem Data Layer
Container ID	ID des eigenen Containers
Container Version	Version des gezeigten Containers als Nummer (aber vom Typ *string*). Die noch nicht veröffentlichte Version hat als Wert *QUICK_PREVIEW*.
Random Number	eine zufällige Zahl zwischen `0` und `2147483647`

Tabelle 14.5 Dienstprogramme – Daten zum aktuellen GTM-Container oder zur allgemeinen Verwendung

Fehler	
Error Message	Text der Fehlermeldung
Error Line	Zeile, in der der Fehler auftrat
Error URL	URL, auf der der Fehler auftrat
Debug Mode	zeigt an, ob der Vorschaumodus aktiv ist (`true` oder `false`)

Tabelle 14.6 Fehler – Daten, die durch einen JavaScript-Fehler-Trigger gesammelt wurden

Klicks	
Click Element	enthält das DOM-Objekt, auf das geklickt wurde
Click Classes	HTML-Attribut `class` des geklickten Elements
Click ID	HTML-Attribut `id` des geklickten Elements
Click Target	HTML-Attribut `target` des geklickten Elements
Click URL	Ziel-URL (Attribut `href` oder `action`) des geklickten Elements
Click Text	Text des geklickten Elements (Attribut `textContent` oder `innerText`)

Tabelle 14.7 Klicks – Daten, die durch Klick-Trigger gesammelt wurden

Formulare: Daten, die durch Formular-Trigger gesammelt werden. Die Benennungen der Variablen sind identisch zu den Klick-Variablen, *Form Element, Form Classes* usw.

Verlauf	
New History Fragment	enthält das neue URL-Fragment nach einem History Change Event
Old History Fragment	das vorherige URL-Fragment
New History State	Objekt mit dem neuen *History State* nach einem `pushState()`-Aufruf
Old History State	enthält den vorherigen State
History Source	beschreibt den Auslöser des History Change (`popstate` oder `pushState`)

Tabelle 14.8 Daten, die durch einen Verlaufsänderung-Trigger gesammelt werden

14.8.2 Benutzerdefinierte Variablen

Sie können selbst eigene Variablen definieren, mit denen Sie Daten aus der aktuellen Sitzung erfassen. Unter den integrierten Variablen finden Sie die Liste *Benutzerdefinierte Variablen*.

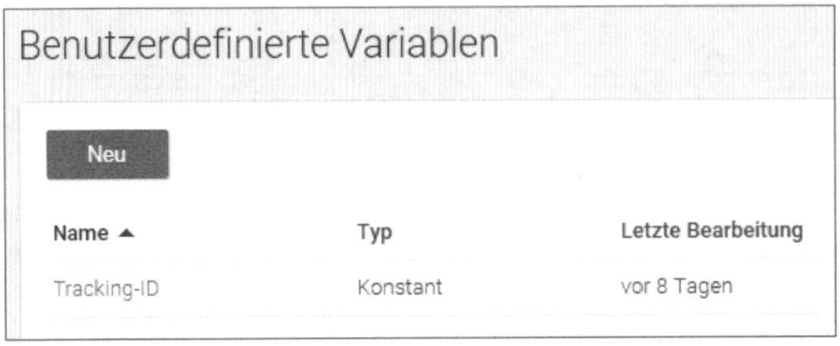

Abbildung 14.57 Eigene Variablen definieren

Hinweis: Tag Manager der Version 1

Der aktuelle hier beschriebene Tag Manager ist bereits Version 2. In Version 1 gab es noch keine integrierten Variablen, sie waren als Satz vordefinierter Variablen in der Variablen-Liste angelegt. Wenn Ihr Container noch unter Version 1 angelegt wurde, ist er inzwischen zur Version 2 konvertiert. Dabei wurden allerdings die alten Variablen mit übernommen. In diesem Fall sehen Sie Einträge wie `element` oder `url hostname` auf der Liste. Falls diese Variablen nicht in Tags oder Triggern eingesetzt werden, können Sie sie löschen.

Keine Sorge: Falls die Variablen an anderer Stelle im GTM verwendet werden, erscheint beim Klick auf LÖSCHEN ein Warnhinweis.

Wenn Sie alle bisher beschriebenen Schritte für die Google-Analytics-Tags vorgenommen haben, sollte es einen Eintrag in der Tracking-ID auf der Liste geben. Ansonsten ist diese Liste leer.

Beim Anlegen einer neuen Variablen haben Sie die Auswahl aus 14 unterschiedlichen Typen (siehe Abbildung 14.58).

Mit den Variablen lässt sich eine Vielzahl Anforderungen realisieren. Dabei sind die Funktionsweisen und Einsatzgebiete recht unterschiedlich und nicht immer naheliegend, daher lernen Sie die benutzerdefinierten Variablentypen im Folgenden näher kennen.

Benutzerdefiniertes Ereignis

Das benutzerdefinierte Ereignis (engl. *custom event*) bezeichnet die Event-Variable aus dem Data Layer. Für diesen Typ können Sie lediglich einen Namen vergeben, unter dem die Werte zurückgegeben werden.

Allerdings ist nicht wirklich klar, was Sie mit diesem Variablen-Typ eigentlich anstellen können. Er enthält schlicht den gleichen Wert wie die integrierte Variable *Event*. Auf der offiziellen Hilfe-Seite von Google wird er nicht einmal genannt – Sie werden diese Variable also wahrscheinlich nie brauchen.

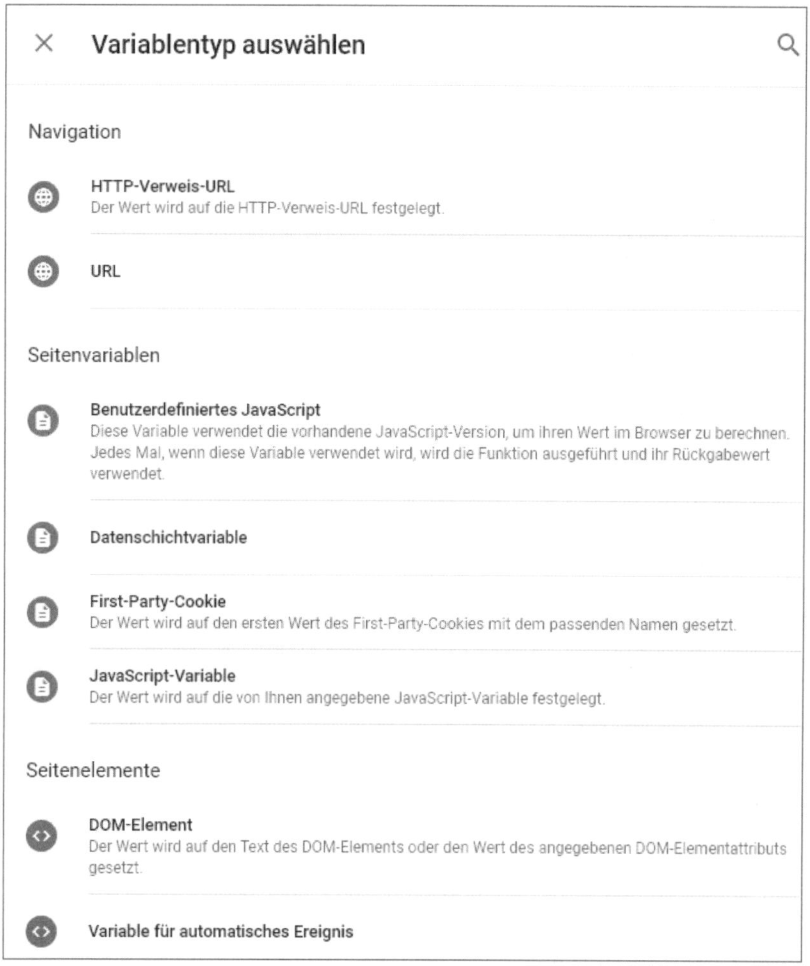

Abbildung 14.58 Viele Variablen zur Auswahl

Benutzerdefiniertes JavaScript

So unnütz der erste Variablen-Typ war, so mächtig ist der nächste: Ein benutzerdefiniertes JavaScript ermöglicht Ihnen, JavaScript zum Bereitstellen von Daten zu nutzen. Ähnlich wie mit einem benutzerdefiniertem HTML-Tag sind Ihnen hier kaum Grenzen gesetzt (siehe Abbildung 14.59).

JavaScript muss als Funktion geschrieben sein, die genau einen Rückgabewert liefert. Das bedeutet, Ihr Skript muss in einen `function()`-Aufruf »verpackt« werden und mit `return` ein Ergebnis liefern. Die return-Angabe wird dann der Wert der Variablen. Die Variable wird bei jedem neuen Event aktualisiert (siehe Abbildung 14.60).

Abbildung 14.59 Beispiel für eine benutzerdefinierte JavaScript-Variable

Abbildung 14.60 Benutzerdefinierte JavaScript-Variable mit Rückgabewert

Innerhalb dieser Begrenzung können Sie alle JavaScript-Befehle verwenden und mit externen Bibliotheken wie *jQuery* arbeiten. Mit einem solchen Skript können Sie beispielsweise

- Eingabewerte von Formularfeldern auslesen oder prüfen
- Daten aus dem LocalStorage des Browsers auslesen
- andere Variablen-Werte kürzen, filtern oder umschreiben
- mehrere Informationen einer Seite gemeinsam vergleichen
- Datenkonvertierungen vornehmen
- Werte aus dem Text der Seite auslesen
- eine externe API für Informationen abfragen, zum Beispiel das aktuelle Wetter

Mächtig, aber nur mit Umsicht einsetzen

Bedenken Sie aber, dass Variablen bei jedem Tag-Manager-Event aktualisiert bzw. erneut ausgeführt werden. Sie sollten daher keine zu komplexen Skripte in Variablen nutzen, da es dann zu Performance-Problemen kommen kann. In dem Fall nutzen Sie besser einen HTML-Tag, dessen Ausführung Sie leichter einschränken können.

Container-Versionsnummer

Diese Variable gibt die Versionsnummer des aktuell gezeigten Containers zurück. Im Vorschaumodus der aktuell bearbeiteten Version wird der Wert *QUICK_PREVIEW* zurückgegeben.

Die Variable entspricht der integrierten Variablen `{{Container Version}}` – daher ist auch hier fraglich, wofür Sie einen zusätzlichen Eintrag anlegen sollten.

Datenschichtvariable

Dieser Typ zieht seine Werte direkt aus dem Data Layer. Mit einer Datenschichtvariablen können Sie jeden Eintrag aus dem Data Layer auslesen. Einträge bestehen immer aus einem Namen und einem Wert:

```
dataLayer.push({'NAME': 'WERT'});
```

In den Einstellungen der Datenschichtvariablen geben Sie den Namen an und erhalten als Ergebnis der Variable den Wert zurück.

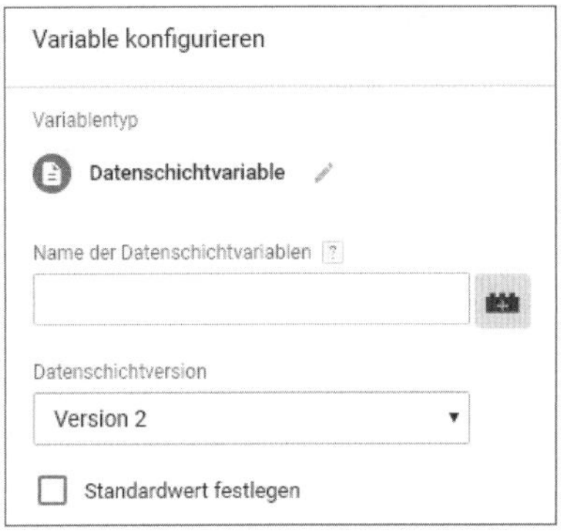

Abbildung 14.61 Datenschichtvariablen kommen in zwei Versionen vor

Sie können als Namen einen Eintrag angeben, den Sie von einem Trigger kennengelernt haben. Nicht für alle Einträge, die ein Trigger (bzw. Listener) in den Data Layer schreibt, gibt es eine integrierte Variable.

So zum Beispiel der Timer: Für diesen Trigger gibt es keine integrierte Variable, er schreibt aber eine Menge Einträge in den Data Layer. Erstellen Sie eine Datenschichtvariable für `gtm.timeEventNumber` und Sie haben für jeden Event des Timers die Information, um den wievielten Aufruf des Timers es sich handelt.

Neben dem Namen können Sie die Version des Data Layer angeben. Je nachdem werden Punkte in einem Variablennamen unterschiedlich interpretiert.

- **Version 1**: Punkte sind ein Zeichen wie jedes andere auch. Die Variable `a.b.c` hat genau einen Wert und Sie können nur die Variable a.b.c abfragen.

  Beispiel: `dataLayer.push({'a.b.c': 'wert'});`

  `a.b.c` ist gleich wert.
- **Version 2**: Punkte zeigen Verschachtelungen an. Die Variable `a.b.c` hat also eine Hierarchie `{a: {b: {c: 'wert'}}}`, wobei `c` eine Untergruppe von `b` ist und `b` eine Untergruppe von `a`.

Für die Arbeit im Data Layer bedeutet dies, dass Sie direkt auf Unterelemente zugreifen und sie verändern können.

Beispiel: `dataLayer.push({'a.b.c': 'wert'});`

`a.b.c` ist gleich wert. `a.b` ist gleich `{'c': 'wert'});`

Fügen Sie nun mit `dataLayer.push({'a.b.d': '12'});` hinzu, sieht die ganze Variable so aus `{a: {b: {c: 'wert', d: 12}}}`

Falls Sie unsicher sind, belassen Sie die Einstellung auf Version 2.

Datenschichtvariablen im E-Commerce

Manche Tags erfordern ihre Werte in Form von Data-Layer-Einträgen, zum Beispiel der Analytics-Tag für Transaktionen. Sie schreiben die Einträge in einem großen JavaScript-Objekt in den Data Layer. Möchten Sie anschließend in Tags auf einzelne Elemente aus dem Transaktions-Objekt zugreifen, etwa um die Bestellnummer in einem anderen Tag zu nutzen, können Sie dies über eine Datenschichtvariable tun. Eine Bestellung würden Sie so in den Data Layer schreiben:

```
dataLayer.push({
    'transactionId': '3263827',
    'transactionAffiliation': 'Rheinwerk Verlag',
    'transactionTotal': 39.90,
```

Mit einer Datenschichtvariable auf den Namen *transactionId* erhalten Sie den Wert der Bestellnummer zurück und können ihn in anderen Tags oder Triggern verwenden.

Eine Variable auf *transactionProducts* gibt Ihnen das JavaScript-Objekt mit allen bestellten Produkten und ihren zugehörigen Werten zurück. In einem benutzerdefinierten HTML-Tag können Sie diese dann weiterverarbeiten.

Zuletzt können Sie bei den Einstellungen noch einen Standardwert festlegen. Diesen Wert gibt die Variable zurück, wenn es keinen Eintrag im Data Layer mit diesem Namen gibt. Nutzen Sie diese Option nicht, gibt die Variable in diesem Fall `undefined` zurück. Möchten Sie einen leeren String als Rückgabewert, so aktivieren Sie die Option, lassen das Feld aber leer.

Debug-Modus

Die Variable gibt zurück, ob der GTM-Container im Vorschaumodus aufgerufen wird (`true`) oder nicht (`false`). Es gibt bereits eine integrierte Variable `{{Debug Mode}}` mit diesem Rückgabewert.

DOM-Element

Mit dieser Variable können Sie einzelne Elemente aus einer Seite auslesen. Sie haben dabei die Auswahl zwischen der HTML-ID und CSS-Selektoren.

Was ist das DOM (Document Object Model)?

Vereinfacht gesagt, bezeichnet das DOM die hierarchische Abbildung einer Seite im Browserspeicher. Eine HTML-Seite besteht aus vielen einzelnen Elementen (z. B. Überschriften, Absätzen usw.), die hierarchisch zueinander angeordnet sind. Das DOM definiert, wie Sie auf einzelne Elemente in der Seite zugreifen können, z. B. anhand einer ID oder einer CSS-Anweisung.

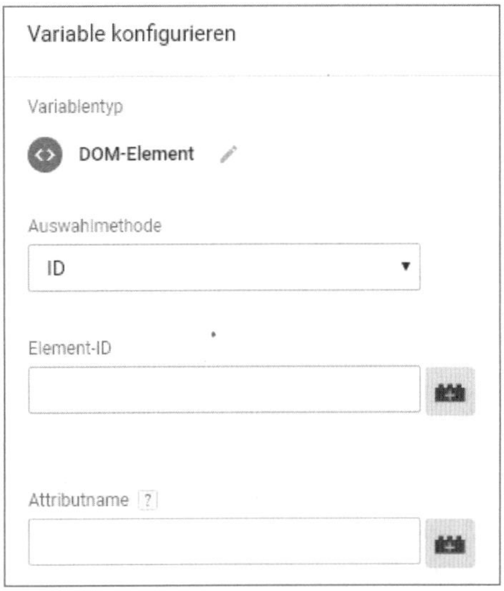

Abbildung 14.62 Elemente einer Seite mit DOM-Element auslesen

Im Feld Element-ID geben Sie den Wert für das id-Attribut eines Elements der HTML-Seite an. Unter Attributname können Sie eine bestimmte Eigenschaft des Elements auswählen. Lassen Sie das Feld leer, wird der Text des Elements zurückgegeben (JavaScript: textContent).

Ein Beispiel: Sie haben folgendes Element in der Seite:

```
<div id="dom1" height="10">Ein Text</div>
```

Als Element-ID geben Sie `dom1` ein. Wenn Sie nun das Feld Attributname leer lassen, gibt die Variable *Ein Text* zurück. Tragen Sie dagegen bei Attributname `height` ein, so gibt sie `10` zurück. Gibt es mehrere Elemente mit derselben ID auf einer Seite, wird der Wert des ersten Elements zurückgegeben.

Neben der ID können Sie ein Element mit CSS-Selektoren auswählen. In unserem Beispiel wäre eine möglicher Selektor `div#dom1`. Allerdings werden CSS-Selektoren von Microsoft Internet Explorer 7 überhaupt nicht und von IE8 nur bis CSS 2.1 unterstützt.

First-Party-Cookie

Mit der Variablen First-Party-Cookie können Sie die Cookies des Browsers für die aktuelle Website auslesen. Die Konfiguration ist simpel: Sie tragen den Namen des Cookies ein und die Variable liefert Ihnen den Wert zurück.

Abbildung 14.63 Cookie mit dem Tag Manager auslesen

Zusätzlich können Sie das Cookie per URI decodieren lassen, falls der Cookie-Wert kodiert worden war. Falls in Ihren Cookie-Werten `%3D` oder `%2F` auftauchen, sollten Sie diese Option aktivieren.

Viele Webanwendungen wie CMS oder Shops speichern Informationen in Cookies. Mit dieser Variablen ist das Auslesen von Cookies kinderleicht und Sie können diese Informationen dann an Analytics übertragen, zum Beispiel als benutzerdefinierte Dimension.

HTTP-Verweis-URL

Die Variable HTTP-Verweis-URL greift auf den aktuellen Referrer-Wert zu (JavaScript: `document.referrer`). Hierfür gibt es auch eine integrierte Variable. Allerdings können Sie bei einer benutzerdefinierten Variablen genauer festlegen, ob der ganze Referrer oder nur ein bestimmter Teil zurückgegeben werden soll.

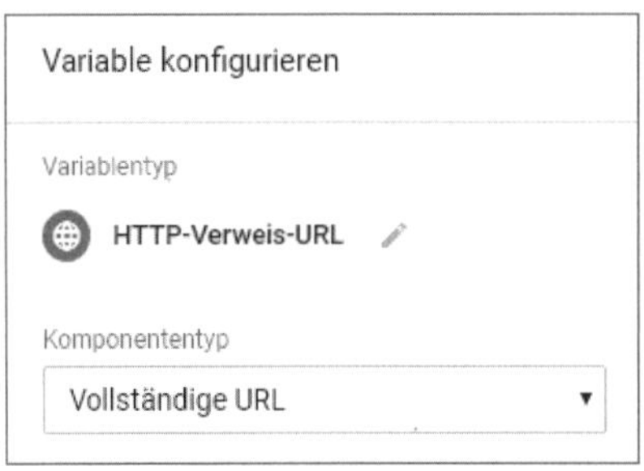

Abbildung 14.64 Referrer auswerten

Die integrierte Referrer-Variable enthält die vollständige URL ohne Fragment. Mit dem Menü Komponententyp können Sie einzelne Teile des Referrers selektieren:

- Protokoll: http, https
- Hostname: tirami.biz
- Port: falls vorhanden, zum Beispiel 8080 in tirami.biz:8080
- Pfad: Verzeichnisse und Seite
- Suchanfrage: Query String, alles nach einem ? in der URL
- Fragment: Hash, alles nach einem # in der URL

Vor allem der letzte Eintrag *Fragment* kann interessant sein, da das Fragment nicht Bestandteil der vollständigen URL aus der integrierten Variablen ist.

JavaScript-Variable

Sie können mit einer *JavaScript-Variablen* den Wert einer globalen JavaScript-Variablen aus der aktuellen Seite auslesen.

Abbildung 14.65 Globale JavaScript-Variable aus der Seite auslesen

Das kann nützlich sein, wenn es darum geht, JavaScript-Anwendungen oder Formulare, die mit JavaScript verarbeitet werden, zu protokollieren. Ähnlich wie bei Cookies können Sie die Rückgabewerte in Custom-Dimensionen schreiben oder in anderen Tags weiterverarbeiten.

Ist die angegebene Variable nicht definiert, so gibt die Variable `undefined` zurück.

Konstant

Den Variablen-Typ *Konstant* haben Sie bei der Tracking-ID kennengelernt (siehe Abschnitt 14.5). Dieser Typ ist einfach zu verwenden: Sie tragen den gewünschten Wert in das Feld ein und die Variable gibt ihn bei jedem Aufruf zurück.

Wie im Beispiel mit der Tracking-ID kann diese Funktion in manchen Fällen durchaus sinnvoll sein.

Suchtabelle

Eine Suchtabelle erlaubt es Ihnen, eigene Rückgabewerte im Google Tag Manager zu hinterlegen. Die Tabelle besteht immer aus zwei Spalten mit beliebig vielen Zeilen. Sie definieren eine Eingabevariable, die angibt, nach welchem Wert in der linken Spalte EINGABE gesucht wird. Beim ersten gefundenen Eintrag wird der Wert der rechten Spalte AUSGABE als Variablenwert zurückgegeben.

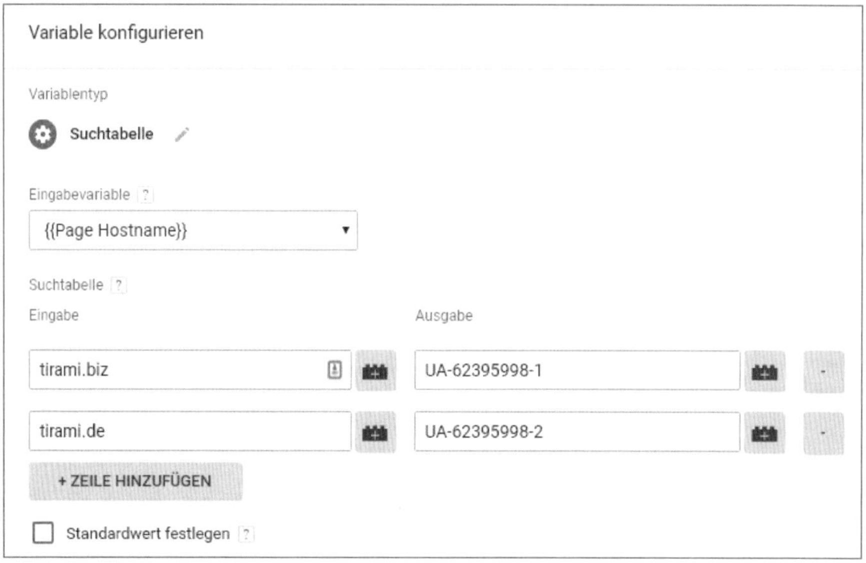

Abbildung 14.66 Nutzungsmöglichkeit für eine Suchtabelle

Suchtabellen lassen sich vielfältig nutzen. Ein möglicher Einsatz ist die Vergabe von Tracking-IDs anhand der aufgerufenen Seite.

Wenn Sie mehrere Websites mit ähnlichem oder gleichem Aufbau besitzen, lohnt es sich, einen gemeinsamen GTM-Container zu definieren und auf allen Websites einzubauen, um so Updates leichter ausspielen zu können. Nun sollen die unterschiedlichen Websites in getrennte Propertys gezählt werden (vergleiche Abschnitt 4.2). Wenn Sie den Container wie beschrieben eingerichtet haben, ist die Tracking-ID in einer *Konstant*-Variablen abgelegt.

Diese Konstant-Variable ersetzen Sie durch eine Suchtabelle, die nach dem `{{Page Hostname}}` sucht und als Wert die Tracking-ID zurückgibt. Denselben Container können Sie nun in die beiden Websites tirami.biz und tirami.de einbauen. Definieren Sie weiterhin einen Standardwert mit einer dritten Tracking-ID, um zu überprüfen, ob der Container-Code nicht auf noch mehr Websites eingebaut wurde.

Die Eingabevariable muss genau auf die Eingabe passen, damit der Eintrag zurückgegeben wird. Es gibt bei diesem Vergleich also kein *beginnt mit* oder reguläre Ausdrücke – nur *ist gleich*.

Denken Sie außerdem daran, dass nur der erste Eintrag zurückgegeben wird. Sie können nicht mehrere Einträge machen, damit alle ausgeführt werden. Um beim Beispiel aus Abbildung 14.66 zu bleiben: Ein weiterer Eintrag *tirami.biz UA-51334896-1* führt nicht dazu, dass Besucher auf tirami.biz in zwei Google-Analytics-Konten gezählt werden. Nur ein Tag mit der ersten ID wird gefeuert werden.

URL

Mit einer *URL*-Variablen können Sie entweder auf die gesamte URL der aktuellen Seite oder auf Teile daraus zugreifen. Neben der aktuellen Seite kann dieser Variablen-Typ als Grundlage auch eine andere Variable verarbeiten.

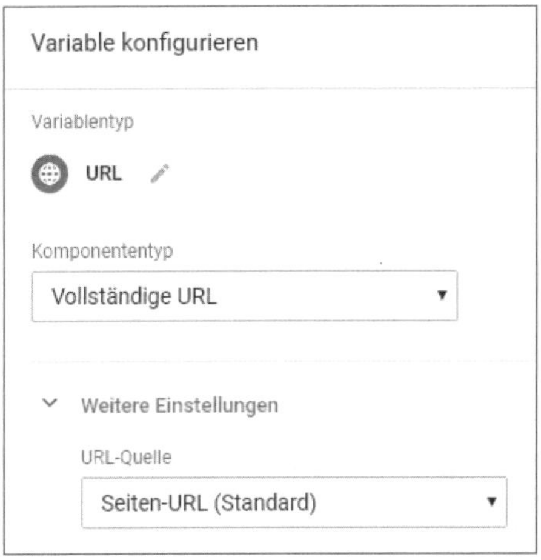

Abbildung 14.67 URL-Variable kann andere Variablen als Eingabe nutzen.

Wie bei der *HTTP-Verweis-URL* können Sie auf einzelne Komponenten der URL zugreifen.

- vollständige URL: gesamte URL, aber ohne Fragment
- Protokoll: http, https
- Hostname: tirami.biz
- Port: falls vorhanden, zum Beispiel 8080 in tirami.biz:8080
- Pfad: Verzeichnisse und Seite
- Suchanfrage: Query String, alles nach einem ? in der URL
- Fragment: Hash, alles nach einem # in der URL

Für einige Komponenten gibt es bereits integrierte Variablen (URL, Hostname und Pfad).

Variable für automatisches Ereignis

Eine *Variable für automatisches Ereignis* (kurz: Auto-Variable) kann den Wert eines Trigger-Listeners ausgeben, also Klick, Formular oder Verlauf. Jeder dieser Listener schreibt bei »seinem« Event Einträge in den Data Layer. Mit diesem Variablen-Typ können Sie auf diese Einträge zugreifen.

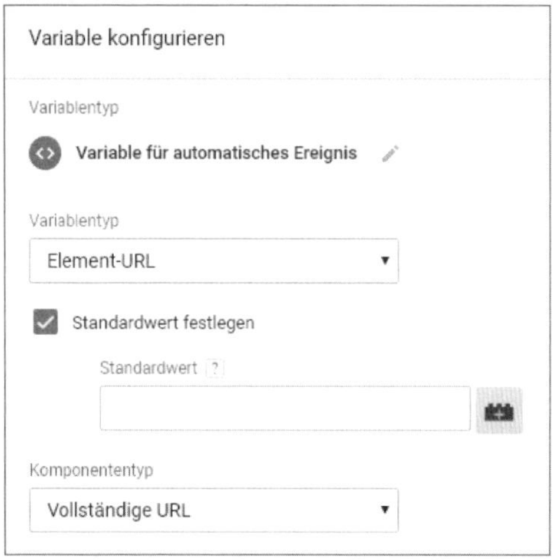

Abbildung 14.68 URL aus einem automatischen Ereignis lesen

Sie können den Variablentyp der Auto-Variablen aus einer Liste auswählen. Für einige Auswahlmöglichkeiten gibt es bereits integrierte Variablen, allerdings können Sie einen anderen Standardwert für den Fall definieren, dass die Variable bei einer Aktion leer bleibt.

Auto-Variable	Beschreibung
Element	Gibt das DOM-Element der Seite zurück, für das die Aktion (Klick, Submit) festgestellt wurde. Entspricht damit dem Data-Layer-Eintrag `gtm.element`. Für Klicks und Formulare gibt es jeweils integrierte Variablen.
Elementattribut	Ein beliebiges Attribut des auslösenden Elements. Diese Variable ist vor allem dann nützlich, wenn Sie für Ihre Links oder Formulare Attribute auslesen möchten, die nicht im Standard-Set der integrierten Variablen enthalten sind. Beispielsweise können Sie für einen Link die Attribute `rel` oder `hreflang` verarbeiten. Mit dieser Variablen lassen sich auch leicht data-Attribute aus HTML 5 auslesen.

Tabelle 14.9 Variablentypen der Auto-Variablen

Auto-Variable	Beschreibung
Elementklassen	Gibt den Wert des Attributs `class` zurück, das im Eintrag `gtm.elementClasses` in den Data Layer geschrieben wird. Hierfür gibt es bereits integrierte Variablen.
Element-ID	Gibt den Wert des Attributs `id` zurück, das im Eintrag `gtm.elementId` in den Data Layer geschrieben wird. Hierfür gibt es bereits integrierte Variablen.
Elementziel	Gibt den Wert des Attributs `target` zurück, das im Eintrag `gtm.elementTarget` in den Data Layer geschrieben wird. Hierfür gibt es bereits integrierte Variablen.
Elementtext	Gibt den Wert der Eigenschaft `textContent` oder `innerText` zurück. Hierfür gibt es bereits integrierte Variablen.
Element-URL	Gibt den Wert der Attribute `href` oder `action` zurück und wird in den Data Layer als `gtm.elementUrl` geschrieben. Auch hierfür gibt es bereits integrierte Variablen. Allerdings können Sie bei einer neu definierten Variablen eine Komponente der URL auswählen, die zurückgegeben werden soll (siehe Unterabschnitt »URL« in Abschnitt 14.8.2).
Verlauf – neues URL-Fragment	Gibt das neue URL-Fragment nach einem Browser-History-Event zurück. In den Data Layer wird diese Information in den Eintrag `gtm.newUrlFragment` geschrieben. Hierfür gibt es eine integrierte Variable.
Verlauf – bisheriges URL-Fragment	Gibt das alte URL-Fragment vor dem letzten Browser-History-Event zurück. In den Data Layer wird diese Information in den Eintrag `gtm.oldUrlFragment` geschrieben. Hierfür gibt es eine integrierte Variable.
Verlauf – neuer Status	Gibt das neue state-Objekt nach einem Browser-History-Event zurück. In den Data Layer wird diese Information in den Eintrag `gtm.newHistoryState` geschrieben. Hierfür gibt es eine integrierte Variable.
Verlauf – bisheriger Status	Gibt das alte state-Objekt vor dem letzten Browser-History-Event zurück. In den Data Layer wird diese Information in den Eintrag `gtm.oldHistoryState` geschrieben. Hierfür gibt es eine integrierte Variable.

Tabelle 14.9 Variablentypen der Auto-Variablen (Forts.)

Auto-Variable	Beschreibung
Verlauf der Quellenänderung	Gibt das Ereignis wieder, das den History-Change-Event auslöste. Mögliche Werte sind `popstate`, `pushState`, `replaceState` oder `polling`. In den Data Layer wird diese Information in den Eintrag `gtm.historyChangeSource` geschrieben. Hierfür gibt es eine integrierte Variable.

Tabelle 14.9 Variablentypen der Auto-Variablen (Forts.)

Zufallszahl

Der Variablen-Typ *Zufallszahl* hat keinerlei Optionen. Er gibt eine zufällige Zahl zwischen 0 und 2147483647 zurück. Zu diesem Zweck gibt es bereits eine integrierte Variable `{{Random Number}}`.

14.9 Mit Triggern die Auslieferung steuern

Trigger sind dafür verantwortlich, dass Tags im richtigen Moment gefeuert werden. Mit dem Tag Manager können Sie sehr viele Ereignisse als »richtigen Moment« definieren und damit eine Vielzahl von Nutzeraktionen auf Ihrer Website erfassen.

Derzeit gibt es sieben unterschiedliche Ereignisse, auf die ein Trigger reagieren kann. Ereignis bedeutet in diesem Fall eine bestimmte Aktion oder Veränderung in der Nutzersession und hat im GTM nichts mit Ereignissen in Google Analytics zu tun.

Sie können mit einem Ereignis einen Trigger auslösen lassen, der dann ein Google-Analytics-Ereignis protokolliert – aber die gleiche Namensgebung ist Zufall (und nicht ganz glücklich von Google gewählt).

Trigger für Programmierer

Mit Triggern hat Google zwei früher getrennte Konzepte zusammengefasst, um die Erstellung neuer Elemente im Tag Manager leichter und schneller zu machen. Ein Trigger wartet darauf, dass ein bestimmtes, vorab definiertes Ereignis eintritt. Technisch gesehen bedeutet dies, dass bestimmte Werte in den Data Layer geschrieben werden. (Sie erinnern sich an `gtm.linkClick`?)

Diese Ereignisse treten nicht selbständig ein, sondern werden durch die sogenannten *Listener* ausgelöst. Das ist ein Stück Code, das die nötigen Funktionen mitbringt, auf diese Ereignisse zu lauschen. Je nachdem, welchen Trigger Sie auswählen, wird dieser Code beim Laden des Containers automatisch in die Seite integriert. Somit bestehen die meisten Trigger aus zwei Komponenten: dem Listener und den Regeln, welche die Meldungen des Listeners überprüfen.

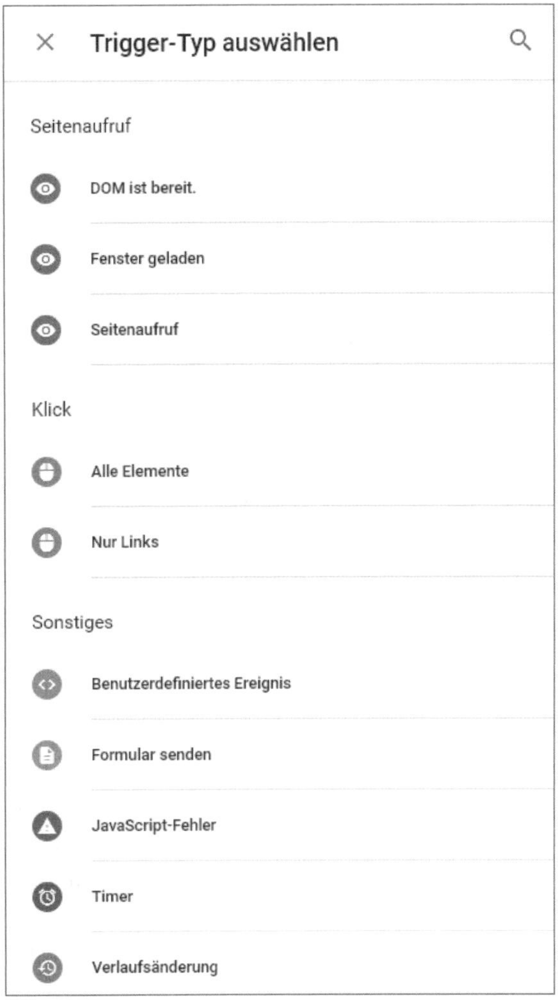

Abbildung 14.69 Ein Trigger kann auf verschiedene Ereignisse reagieren.

14.9.1 Seitenaufruf

Das Ereignis *Seitenaufruf* ist Ihnen bereits an mehreren Stellen begegnet. Der Trigger kann zwischen drei Phasen beim Seitenladen unterscheiden:

1. **Seitenaufruf**: Der Browser hat den Quelltext der Seite geladen und beginnt mit der Verarbeitung.
2. **DOM ist bereit**: Das interne Modell der HTML-Seite ist im Browser erstellt. Dafür sind auch Skripte verarbeitet, da sie Elemente auf der Seite verändern können.
3. **Fenster geladen**: Alle Dateien, auch Bilder und sonstige Mediendateien sind fertig verarbeitet.

Abbildung 14.70 Unterschiedliche Typen für den Trigger-Seitenaufruf

Beim Laden einer Seite durchläuft der Browser automatisch diese drei Phasen und schreibt beim Start ein Ereignis in den Data Layer. Darauf reagiert der Trigger.

Trigger-Typ	Data-Layer-Wert	Vorschau-Event
Seitenaufruf	`gtm.js`	Page View
DOM ist bereit.	`gtm.dom`	DOM Ready
Fenster geladen	`gtm.load`	Window Loaded

Tabelle 14.10 Phasen beim Aufruf einer HTML-Seite

Es kann Situationen geben, in denen das Timing für das Feuern eines Tags entscheidend ist. Wenn Sie für einen Tag bestimmte Inhalte aus der Seite verarbeiten wollen und diese Inhalte selbst erst dynamisch durch ein Skript geladen werden, muss der Tag eventuell warten, bis dieser Ladevorgang abgeschlossen ist (also auf `gtm.dom` oder `gtm.load`). Mehr zu solchen Fällen finden Sie im Unterpunkt »Benutzerdefiniertes JavaScript« in Abschnitt 14.8.2.

Weiterhin können Sie die drei Phasen nutzen, um Tags früher oder später im Ladeprozess ausführen zu lassen. So können Sie weniger wichtige Tags erst bei DOM-bereit oder Fenster-geladen starten lassen. Auch wenn Tags immer asynchron ausgeführt werden und somit keine Verzögerung des Seitenaufbaus verursachen sollten, kann ein solches Aufteilen sinnvoll sein.

Die Ereignisse können natürlich immer erst dann gefeuert werden, wenn der Tag-Manager-Container-Code in der Seite geladen und abgearbeitet wurde. Auch Tags, die bereits beim Seitenaufruf (`gtm.js`) gefeuert werden sollen, können frühestens nach dem Laden des Containers starten. Da Browser Skript-Anweisungen normalerweise im Quelltext von oben nach unten abarbeiten, sollten Sie den Tag-Manager-Container so früh wie möglich im Quelltext Ihrer Seite platzieren: direkt nach dem öffnenden `<body>`-Element.

14.9.2 Klick

Mit dem Klick-Trigger haben Sie schon bei der Erfassung der PDF-Downloads gearbeitet. Dieser Trigger bringt seinen eigenen Listener mit, der in einer Seite auf zweierlei Klicks reagiert:

- **Alle Elemente** schickt bei jedem Mausklick im Browser-Fenster das Event `gtm.click` ab.
- **Nur Links** schickt den Event nur, wenn das geklickte Element einen Link darstellt, das heißt ein `<a>`-Element oder ein `<area>`-Bereich in einem Map-Element. Meldet das Event `gtm.linkClick`.

Der Alle-Elemente-Trigger erlaubt es Ihnen, auch Klicks auf Bilder, Tabellen oder jedes andere beliebige Element einer Seite zu erfassen. So können Sie beispielsweise die Klicks auf einzelne Eingabe-Elemente eines Formulars protokollieren.

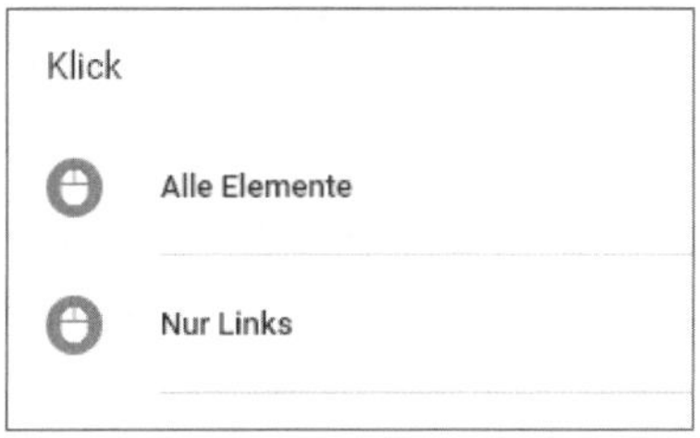

Abbildung 14.71 Klick-Trigger-Konfiguration

Beim Nur-Links-Trigger haben Sie zusätzlich die Möglichkeit, bei der Verarbeitung eine Wartezeit zu konfigurieren. Das ist vor allem dann nötig, wenn nach dem Klick die Seite verlassen wird und die nächste Seite im selben Browser-Fenster oder -Tab lädt. (Beim Öffnen in einem neuen Fenster ist die Gefahr eines Abbruchs beim Seitenwechsel nicht so groß, aber auch hier sollten Sie immer auf Nummer sicher gehen.)

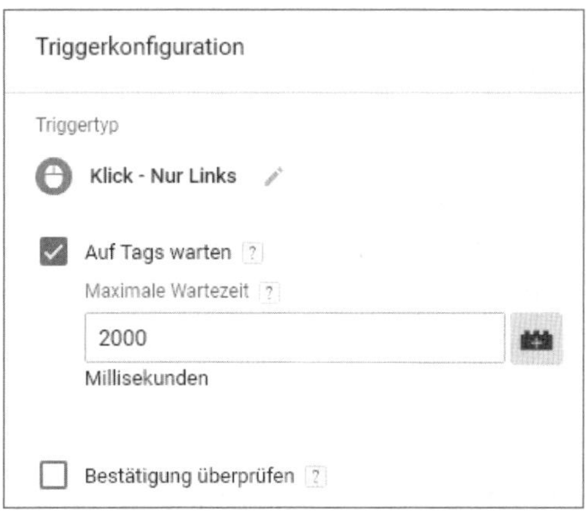

Abbildung 14.72 Bei HTML-Links die Wartezeit definieren

Durch die Wartezeit eines Nur-Link-Triggers können sich die Ladezeiten Ihrer Website beim Seitenwechsel für einen Besucher verschlechtern. Daher müssen Sie unter AKTIVIEREN BEI mindestens ein Kriterium angeben, nach dem das Ausspielen gesteuert wird. Sie können sich auf bestimmte URLs, aber auch auf andere Kriterien beschränken. Sie haben auch die Möglichkeit, einen Filter zu setzen, der immer erfüllt ist, zum Beispiel `Page URL stimmt mit regulärem Ausdruck überein .*`.

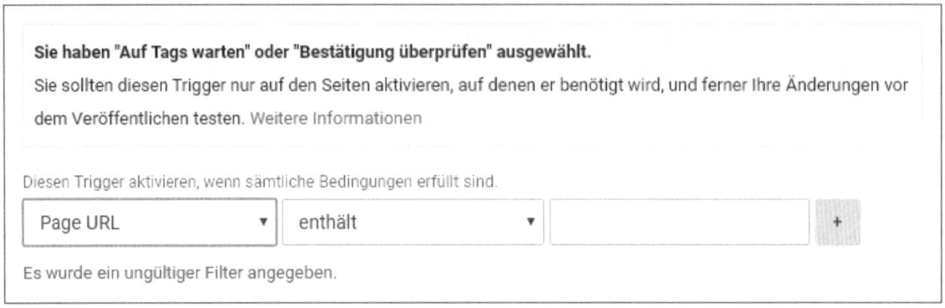

Abbildung 14.73 Den Trigger nicht auf allen Seiten starten

Sie sollten einen Link-Trigger mit Wartezeit einrichten, ihn aber möglichst immer nur da aktivieren, wo Sie ihn wirklich benötigen. So verringern Sie das Risiko unerwünschter Nebeneffekte.

Nur Links heißt nicht unbedingt Alle Links

Bei manchen Websites kann es passieren, dass Klicks auf Links nicht sauber vom Nur-Links-Trigger erkannt werden, zum Beispiel wenn mehrere HTML-Elemente innerhalb eines <a>-Elements verschachtelt sind. In solchen Fällen kann der Alle-Elemente-Trigger helfen, da er eben auf alle Klicks reagiert. Nutzen Sie einen Alle-Elemente-Trigger zusammen mit dem Vorschaumodus, um nachzusehen, welches Element vom Trigger als geklickt gemeldet wurde.

Wenn Sie den Alle-Elemente-Trigger zum Auslösen von Tags verwenden, bedenken Sie, dass Sie keine Wartezeit definieren können. Bei einem Seitenwechsel wird der gefeuerte Tag eventuell nicht geladen.

Wenn Sie Klick-Trigger verwenden, sollten Sie immer auch die zugehörigen Variablen aktivieren. Sonst erhalten Sie zwar eine Meldung, dass etwas geklickt wurde, können aber keine weiteren Informationen zum geklickten Element abrufen. Lesen Sie dazu Abschnitt 14.8.1.

14.9.3 Formular

Formulare in HTML-Seiten übermitteln ihre Daten mit zwei Methoden: in der GET-Methode als URL-Parameter oder in der POST-Methode per Datensenden beim Laden der nächsten Seite. In beiden Fällen führt der Browser einen sogenannten *Submit* aus, bevor die eigentliche Übermittlung stattfindet. Auf diesen Submit kann der Tag Manager mithilfe des Formular-Triggers reagieren. Beim Absenden des Formulars wird der Event `gtm.formSubmit` in den Data Layer geschrieben.

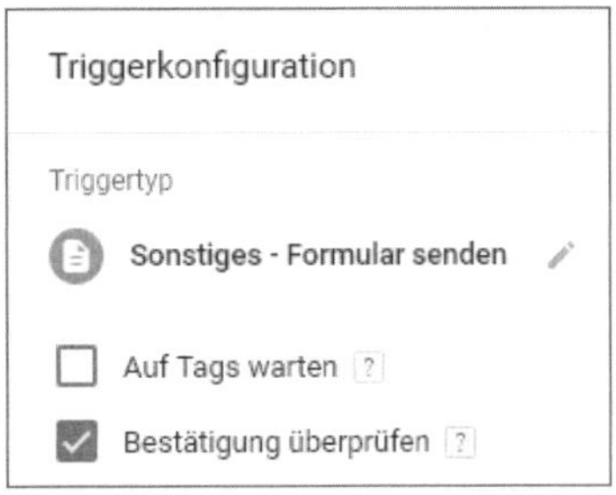

Abbildung 14.74 Auf Formular-Übermittlungen reagieren

Aufbau und Funktionsweise des Formular-Triggers ähneln dem Klick-Trigger. Sie können auch hier eine Wartezeit festlegen, da beim Submit meistens zu einer neuen Seite gewechselt wird.

Weiterhin können Sie den Trigger nur dann feuern lassen, wenn das Absenden des Formulars nicht unterbrochen wurde. Eine solche Unterbrechung kann zum Beispiel vorkommen, wenn die Formulareingaben geprüft und dabei Fehler festgestellt werden. Manche Formulare schicken den Besucher dann mit einem entsprechenden Hinweis zurück zur Eingabe (eine solche Überprüfung muss explizit in das Formular einprogrammiert worden sein). In diesem Fall wäre das Formular zwar gesendet worden, aber nicht erfolgreich. Bei einer Buchung oder Bestellung macht dies natürlich einen großen Unterschied.

Aufgrund der möglichen Wartezeit durch explizite Angabe oder Prüfung der Bestätigung müssen Sie auch bei diesem Trigger angeben, auf welchen Seiten oder in welchen Fällen er aktiviert werden soll.

Probleme bei Ajax oder JavaScript

Verwendet ein Formular Ajax oder generell JavaScript zur Datenübermittlung, gibt es unter Umständen kein Submit-Ereignis, auf das der Trigger reagieren kann. In diesem Fall können Sie aber einen Klick-Trigger auf den Absenden-Button verwenden.

Wenn Sie aus einem Formular bzw. Vorgang umfangreiche Daten übertragen müssen, etwa bei einer Bestellung, sollten Sie versuchen, diese Übertragung auf der Bestätigungsseite **nach** dem Formular-Absenden durchzuführen.

Häufig werden nicht alle Datenprüfungen in der Seite durchgeführt (wie es oben beschrieben ist), sodass das Absenden technisch zwar funktioniert, aber die Bestellung dennoch ungültig ist (zum Beispiel bei einer Adress- oder Kontoprüfung, die serverseitig stattfindet). Solche Fälle könnten Sie im Moment des Absendens noch nicht prüfen und hätten bereits einen Formular-Abschluss gezählt.

Der zweite Grund ist erneut die Performance. Gerade bei Bestellstrecken haben Sie häufig mehrere Tags, die nach erfolgter Bestellung gefeuert werden sollen. Das Warten auf diese Tags würde den eigentlichen Bestellvorgang verzögern, was nicht im Sinne des Nutzers wäre (und auch nicht des Website-Betreibers).

14.9.4 Verlaufsänderung (history change)

Beim Trigger für *Verlaufsänderung* reagiert der Tag Manager auf Änderungen des Browser-Verlaufs (engl. history), die entweder durch URL-Fragmente (hash-Parameter) oder die entsprechenden HTML-5-API-Aufrufe verursacht wurden. In diesem Fall schreibt der GTM das Event `gtm.historyChange` in den Data Layer zusammen mit Variablen zu der aktuellen Änderung.

Damit der Trigger sauber funktioniert, müssen Sie die Auto-Variablen im Bereich *Verlauf* aktiviert haben (siehe Abschnitt 14.8.1).

Abbildung 14.75 Einstellungen für Trigger zur Verlaufsänderung

Änderungen des Browser-Verlaufs werden gerne in Ajax-Anwendungen genutzt. Websites mit hohem Ajax-Einsatz sind häufig sehr dynamisch und laden Inhalte per JavaScript nach. Eine Strukturierung durch unterschiedliche Seiten einer Website ist häufig nicht mehr vorhanden. Somit funktionieren bestimmte Vorgehensweisen im Browser nicht mehr, etwa ein Klick auf den Zurück-Button. Mit Verlaufsänderungen haben Programmierer ein Werkzeug, die Navigation auch bei solchen dynamischen Seiten möglich zu machen.

Diesen Trigger benötigen Sie daher bei solchen dynamischen Seiten.

14.9.5 Benutzerdefiniertes Ereignis

Ereignisse (bzw. Events) sind die Grundlage der Trigger des Google Tag Managers. Je nachdem, welchen Trigger Sie wählen, reagiert er auf Nutzeraktionen damit, dass er einen Event in den Data Layer schreibt und anschließend die verknüpften Tags ausführt.

Ein Trigger vom Typ *Benutzerdefiniertes Ereignis* reagiert einzig auf den Eintrag im Data Layer mit dem festgelegten Namen (eventuell kombiniert mit weiteren Regeln).

Um einen Event-Eintrag in den Data Layer zu schreiben, nutzen Sie folgenden JavaScript-Befehl:

```
dataLayer.push({ 'event': 'meinEreignisName' });
```

Diesen JavaScript-Aufruf können Sie in Ihren eigenen Skripts verwenden, um so Aktionen an den Tag Manager zu melden.

Abbildung 14.76 Benutzerdefiniertes Ereignis

Wenn Sie auf einer Seite mit eigenen Skripten Events in den Data Layer schreiben, erscheinen diese Einträge im Vorschaumodus. Somit können Sie verfolgen, ob Ihre eigenen Skripte Aufrufe korrekt absetzen.

Abbildung 14.77 Benutzerdefiniertes Ereignis im Vorschaumodus

Der Push-Aufruf führt im Vorschaumodus immer zu einem Eintrag in der Event-Liste. Sie müssen keinen Trigger angelegt haben, um den Eintrag sehen zu können. Umgekehrt bedeutet dies, dass nicht jedes Schreiben in den Data Layer Trigger oder Tags auslösen muss. Ein Aufruf an sich geht also nicht zulasten der Performance Ihrer Seite. Wenn Sie eine Anwendung oder Formularstrecke auf Ihrer Website haben, planen

Sie an wichtigen Stellen explizite Events ein, die Sie in den Data Layer schreiben. So können Sie sicher sein, dass Sie später diese Aktionen verlässlich erkennen. Über den Tag Manager können Sie mit Triggern zwar viele Ereignisse auf einer Seite erfassen, aber manchmal ist der Aufwand geringer, wenn Sie von vornherein benutzerdefinierte Event-Aufrufe einplanen.

Benutzerdefinierte Ereignisse und benutzerdefiniertes HTML

Mit einem Tag für benutzerdefiniertes HTML können Sie über den GTM eigenes JavaScript in eine Seite einspielen. In einem solchen Skript können Sie auch `dataLayer.push`-Aufrufe verwenden. Somit können Sie sich im JavaScript einzig auf die jeweilige Aufgabe konzentrieren und die späteren Tracking-Codes wieder vom Tag Manager aufrufen lassen.

14.9.6 JavaScript-Fehler

Mit dem *JavaScript-Fehler-Trigger* meldet der GTM im Data Layer Fehler im JavaScript (genauer: *uncaught JavaScript exception*) Ihrer Seite. Dazu wird das Event `gtm.errorPage` geworfen. Nachdem Sie die zugehörigen Auto-Variablen aktiviert haben (siehe Abschnitt 14.8.1), können Sie auf die Fehlermeldung, die Zeile mit dem Fehler und die URL, in der der Fehler auftrat, als Variablen zugreifen.

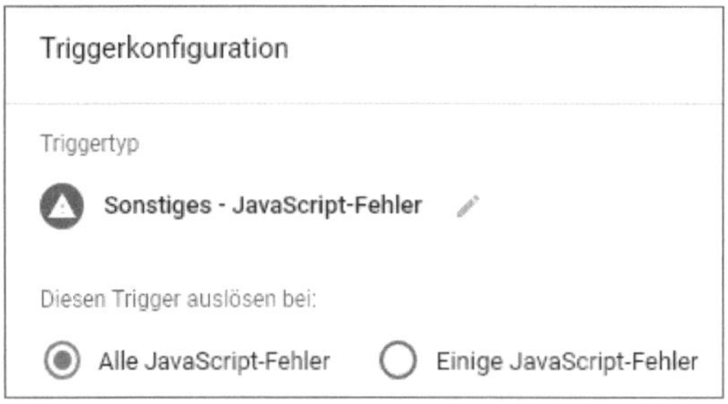

Abbildung 14.78 Trigger für JavaScript-Fehler ist schnell konfiguriert

Dieser Trigger ist vor allem für Entwickler interessant. Bei den *Uncaught Exceptions* geht es ja gerade um solche Fehler, die nicht bereits durch eine Fehlerfunktion behandelt werden. Solche Fehler erscheinen zwar im Browser des Nutzers, sie werden aber zum Beispiel nicht in den Error-Logdateien des Webservers gespeichert.

Mit dem GTM können Sie auftretende Probleme zum Beispiel als Google-Analytics-Events protokollieren und so frühzeitig erkennen. Dabei sollten Sie aber bedenken, dass JavaScript-Exceptions zwar technisch gesehen immer Fehler sind, aber nicht zwangsläufig ein Problem oder eine Einschränkung für Ihre Website bedeuten müssen. Daher können Sie die Meldungen auf bestimmte Fehler mit den gleichen Filter-Regeln eingrenzen, die Sie schon von anderen Triggern kennen.

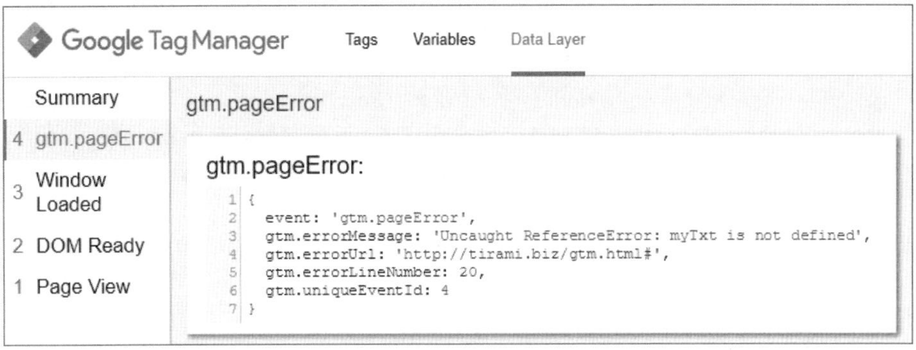

Abbildung 14.79 Data Layer nach einem JavaScript-Fehler

14.9.7 Timer

Der Timer ist im Grunde genommen eine Stoppuhr auf Ihrer Seite. Nach dem Laden des GTM-Containers (oder eines beliebigen anderen Events) startet diese Uhr und schreibt in regelmäßigen Abständen Events in den Data Layer.

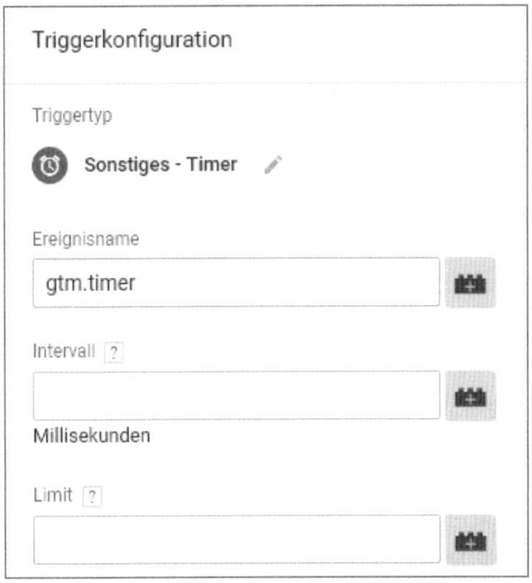

Abbildung 14.80 Name, Abstand und maximale Anzahl für einen Timer

Sie können sowohl den Abstand zwischen zwei Events festlegen (in Millisekunden) als auch die maximale Anzahl der Wiederholungen. Den Namen des Eintrags im Data Layer können Sie vorgeben. Das ist sinnvoll, wenn Sie zum Beispiel mehrere Timer in unterschiedlichen Abständen auf einer Seite starten.

Die Verweildauer genauer bestimmen

So können Sie eine Art Stoppuhr bauen, um genauer festzustellen, wie lange Ihre Besucher auf den Seiten unterwegs sind: Normalerweise kann für die letzte Seite, die ein Nutzer aufruft, die Verweildauer nicht bestimmt werden, da der Nutzer kein Signal gibt, wenn er die Seite verlässt. Mit dem Timer können Sie in regelmäßigen Abständen (zum Beispiel alle 30 Sekunden) ein Ereignis an Google Analytics schicken. Bleibt das Ereignis aus, hat der Nutzer die Seite verlassen.

Für einen Timer-Trigger stehen Ihnen keine Auto-Variablen zur Verfügung. In dem Data-Layer-Aufruf werden allerdings einige weitere Daten übergeben, auf die Sie mit benutzerdefinierten Skripten oder Variablen zugreifen können.

Abbildung 14.81 Inhalt eines Timer-Eintrags im Data Layer

Zum Beispiel können Sie die Nummer des aktuellen Timer-Aufrufs mit einer Datenschichtvariablen `gtm.timerEventNumer` abfragen. Lesen Sie dazu den Unterabschnitt »Datenschichtvariable« in Abschnitt 14.8.2.

14.10 Den Data Layer verstehen und richtig einbinden

Vom *Data Layer* haben Sie nun schon an einigen Stellen in diesem Kapitel gelesen. Es handelt sich dabei um einen Informationsspeicher des Tag Managers, mit dem Sie Daten an Ihren Container übergeben können. Sie haben gesehen, wie man den Data Layer für Variablen (siehe Abschnitt 14.8.2) oder Trigger (siehe Abschnitt 14.9.5) nutzt und wie man seine Arbeit nachvollziehen kann (siehe Abschnitt 14.6). Im Folgenden sollen Sie noch etwas mehr über die korrekte Einbindung erfahren.

Der Data Layer wird beim Laden einer Seite automatisch vom Tag-Manager-Container eingerichtet. Anschließend nutzt der GTM den Data Layer selbst ausgiebig für seine Zwecke: Events wie `gtm.load` oder `gtm.dom` werden hier erfasst.

Sie können ab diesem Zeitpunkt eigene Daten in den Data Layer schreiben, um sie im Container weiterzuverarbeiten. Dafür nutzen Sie die JavaScript-Funktion `push()`.

Was sind JavaScript-Objekte?

Technisch gesehen handelt es sich beim Data Layer um ein *JavaScript-Objekt*. In einem solchen Objekt können Sie mehrere Name-Wert-Paare speichern. Im Gegensatz dazu können Sie in einer Variablen immer nur genau einen Wert speichern. Jedes einzelne Paar eines Objekts können Sie anhand seines Namens einzeln ansprechen. Vereinfacht können Sie sich ein Objekt als eine Art Liste beliebiger Einträge vorstellen. Sie können Einträge hinzufügen, verändern oder löschen.

Mit dem push-Befehl hängen Sie ein neues Element an das Data-Layer-Objekt an. Dabei gilt es, die JavaScript-Syntax zu berücksichtigen.

```
dataLayer.push({
  'event': 'customView',
  'page': '/virutelleseite.html'
});
```


Sie fügen dem Data Layer immer Paare hinzu, einen Namen und einen Wert. Beide werden durch einen Doppelpunkt : getrennt. Mehrere Paare werden durch Kommata getrennt.

Die Anweisung `push` ist eine JavaScript-Funktion, daher ist das, was Sie pushen, zuerst in normale Klammern gesetzt. Da Sie auf den Data Layer schreiben wollen – in diesem Fall mit zwei neuen Elementen – sind die Paare in geschweifte Klammern gesetzt { }. Auf einer deutschen Tastatur erreichen Sie diese Zeichen mit [Alt Gr] + [7] bzw. [Alt Gr] + [0].

Da es sich bei allen Feldern um Text handelt, sind sie in Anführungszeichen gesetzt. Wenn Sie allerdings eine Zahl übergeben wollen, zum Beispiel den Preis einer E-Commerce-Transaktion, wird die Zahl direkt eingetragen, etwa so:

```
dataLayer.push({
  'event': 'transaction',
  'price': 19.90
});
```

Listing 14.2 Neue Werte auf den Data Layer schreiben

Objekte können ineinander verschachtelt werden, das heißt, ein Objekt kann weitere Objekte enthalten. Das wird zum Beispiel vom das E-Commerce-Tracking im Data Layer genutzt:

```
dataLayer = [{
    'transactionId': '1234',
    'transactionAffiliation': 'vino-magazin',
    'transactionTotal': 38.26,
    'transactionTax': 1.29,
    'transactionShipping': 5,
    'transactionProducts': [{
        'sku': 'DD44',
        'name': 'Korkenzieher',
        'category': 'Wein Zubehoer',
        'price': 11.99,
        'quantity': 1
    },{
        'sku': 'AA1243544',
        'name': 'Weinglas',
        'category': 'Geschirr',
        'price': 9.99,
        'quantity': 2
    }]
}];
```

Listing 14.3 Den Data Layer vor dem Laden des GTM-Containers befüllen

Beim Paar `transactionProducts` besteht der Wert aus weiteren Objekten mit den Elementen `sku`, `name` etc. Sie erkennen das neue Objekt an den weiteren geschweiften Klammern.

Wenn Sie genau hinschauen, sehen Sie aber noch etwas anderes. Vor der geschweiften Klammer steht eine eckige Klammer `[`. Sie markiert in JavaScript eine einfache Liste. Eine Liste enthält beliebig viele Werte, im Gegensatz zum Objekt muss es hier keine Kombination aus Name und Wert geben. Das Ende der Liste wird durch eine weitere eckige Klammer markiert `]`. Die einzelnen Werte sind durch Kommata getrennt.

Wenn Sie nun die Klammern im Beispiel verfolgen, sehen Sie, dass der Wert von `transactionProducts` eine Liste mit zwei Objekten ist. Für jedes Produkt in der Bestellung gibt es ein Objekt in der Liste.

Nun wissen Sie, wie Sie zusätzliche Elemente in den Data Layer schreiben können. Es gibt aber noch eine weitere Möglichkeit, Einträge in den Data Layer zu schreiben. Sie können den Data Layer bereits befüllen, bevor der GTM-Container-Code auf Ihrer Seite geladen wird. Der Container legt den Data Layer zwar an, wenn er nicht vorhanden ist. Gibt es aber bereits ein Objekt `dataLayer` mit Inhalt, verwendet der Tag Manager es weiter.

Das Beispiel der E-Commerce-Transaktion etwas weiter oben ist ein solcher Fall: Der Data Layer wird nicht mit einem push-Befehl befüllt, sondern er wird direkt mit Werten versehen. Dabei werden wieder alle Name-Wert-Paare in geschweifte Klammern gesetzt, das ganze Objekt aber wird in eckige Klammern verpackt. Wichtig ist, dass diese Form der Einbindung **vor** dem GTM-Container-Code im Quelltext stehen muss.

In einem solchen Fall stehen die Werte des Data Layer bereits beim Laden für alle Variablen, Trigger und Tags zur Verfügung. Sinnvoll ist das bei Daten, die bereits für den ersten Tag auf der Seite verfügbar sein sollten. Zum Beispiel eine Userkennung, ein alternativer Seitenname, Werte für die Content-Gruppen-Zuordnung usw.

Die häufigsten Fehler bei der Verwendung des Data Layer passieren entweder bei der Positionierung des Codes oder durch falsche Schreibweisen:

- Anführungszeichen fehlen oder stehen da, wo sie nicht hingehören
- falsche Klammern
- push-Aufruf vor dem GTM-Container im Quelltext
- Zuweisung einer Liste nach dem GTM-Container im Quelltext

14.11 Arbeit im Tag Manager organisieren

Bei größeren Projekten kommen schnell einige Dutzend Elemente in einem Container zusammen. Können Sie bei kleinen Containern noch schnell Anpassungen vornehmen, sollten Sie bei größeren Setups wissen, wie Sie die Elemente und Updates organisieren können: mit Ordnern, Versionen und Exporten.

14.11.1 Ordner – den GTM-Container strukturieren

Es bedarf nicht vieler Tools und Elemente auf Ihrer Website, um die Anzahl der Tags, Trigger und Variablen auf einen unübersichtlichen Stand zu bringen. Mit Ordnern können Sie die Elemente gruppieren und so Struktur in Ihren Tag-Manager-Container bringen. Elemente können immer nur in genau einem Ordner liegen.

Die Ordner erreichen Sie über einen Menüpunkt in der linken Navigationsleiste. Beim ersten Aufruf sehen Sie eine Liste aller Tags, Trigger und benutzerdefinierten Variablen, die Sie angelegt haben.

Die Überschrift STANDARDELEMENTE bezeichnet den ersten Ordner, in dem automatisch alle neuen Elemente liegen. Sie können über den Button NEUER ORDNER oben rechts einen neuen leeren Ordner erstellen. Er wird als neuer Kasten unterhalb der Standardelemente sichtbar.

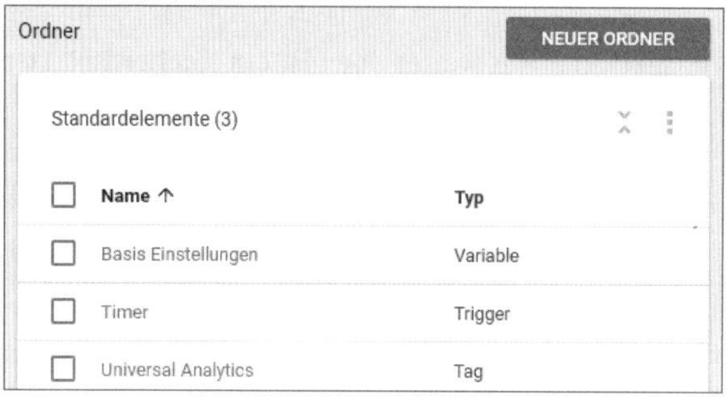

Abbildung 14.82 Auflistung aller Elemente im Bereich »Ordner«

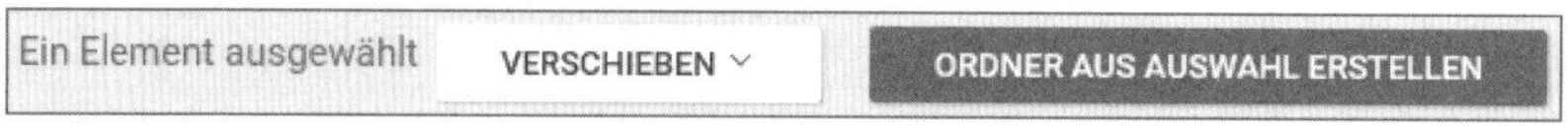

Abbildung 14.83 Buttons nach Auswahl von Elementen

Wenn Sie mehrere Einträge in der Liste auswählen, verändern sich die Zeilen mit Buttons. Sie können nun aus Ihrer Auswahl einen Ordner erstellen, in den die ausgewählten Elemente verschoben werden. Oder – falls andere Ordner vorhanden sind – erscheint ein Menü VERSCHIEBEN. Damit können Sie ausgewählten Tags einen bestehenden Ordner zuweisen. Mit dem Menü am Ende jedes Ordners lassen sich direkt neue Elemente in diesem Ordner anlegen.

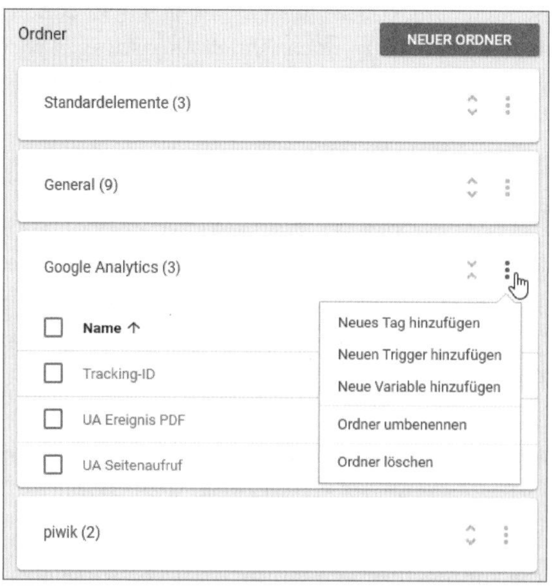

Abbildung 14.84 Beispiel für Ordnerstruktur und Ordnermenü

Besonders wenn Sie verschiedene Tools auf Ihrer Seite eingebunden haben, helfen Ordner bei der Arbeit. Fassen Sie die unterschiedlichen Tags in Ordnern zusammen, die Sie nach dem jeweiligen Tool benennen. Eine andere Möglichkeit ist es, Ordner für Bereiche Ihrer Website mit speziellen Trackings anzulegen, zum Beispiel *Website*, *Shop* und *Blog*. Manche Variablen, aber auch Trigger lassen sich nicht einer bestimmten Kategorie zuordnen. Sie sind bisweilen weder für ein bestimmtes Tool noch eine bestimmte Seite bestimmt, da sie für alle Seiten gelten und für unterschiedliche Tags genutzt werden (zum Beispiel »linkClick pdf«). Für diese Elemente können Sie entweder einen allgemeinen Ordner (zum Beispiel General) anlegen oder sie einfach im Standard-Ordner belassen.

Jeweils Ordner für Tags, Trigger und Variablen anzulegen, macht eher keinen Sinn, da Sie ja bereits durch die Menüpunkte Zugriff auf diese Auswahl haben.

14.11.2 Mit Versionen arbeiten

Um die Tags eines Containers auf Ihre Websites zu bringen, müssen Sie eine Version erstellen und sie veröffentlichen. Für eine Version werden Elemente und Einstellungen gespeichert und können anschließend nicht mehr geändert werden. Möchten Sie Anpassungen oder Erweiterungen einbringen, müssen Sie sie wieder in einer neuen Version speichern, die Sie veröffentlichen können.

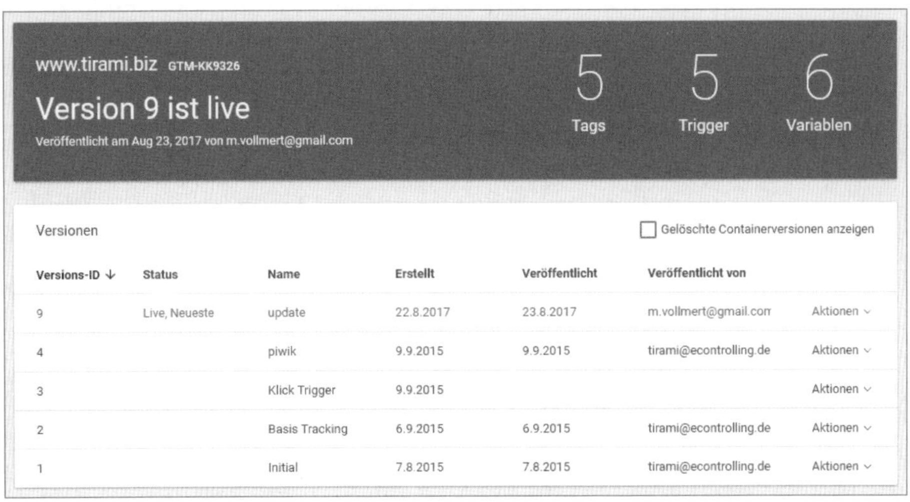

Abbildung 14.85 Menüpunkt Versionen im Tag Manager

Unter dem Menüpunkt VERSIONEN in der oberen Navigation gelangen Sie zu einer Liste aller bisher erstellten Versionen (siehe Abbildung 14.85). Welche Version gerade live ist, sehen Sie entweder in der Infobox zu Beginn der Seite oder durch den Status

Live in der eigentlichen Liste (Version 4). Die Infobox sagt Ihnen außerdem, wie viele Tags, Trigger und Variablen die derzeitige Live-Version enthält.

In der Versionsliste entspricht die höchste Versions-ID immer dem aktuellen Stand, den Sie gerade bearbeiten und verändern können. Er wird durch den Status *Wird bearbeitet* gekennzeichnet, in der Vorschau kennen Sie ihn als *QUICK_PREVIEW*.

Wenn Sie auf eine Version bzw. die zugehörige Zeile klicken, erhalten Sie eine detaillierte Übersicht der Tags, Trigger und Variablen der Version sowie aller Aktionen, die zwischen dieser und der vorherigen Version gemacht wurden.

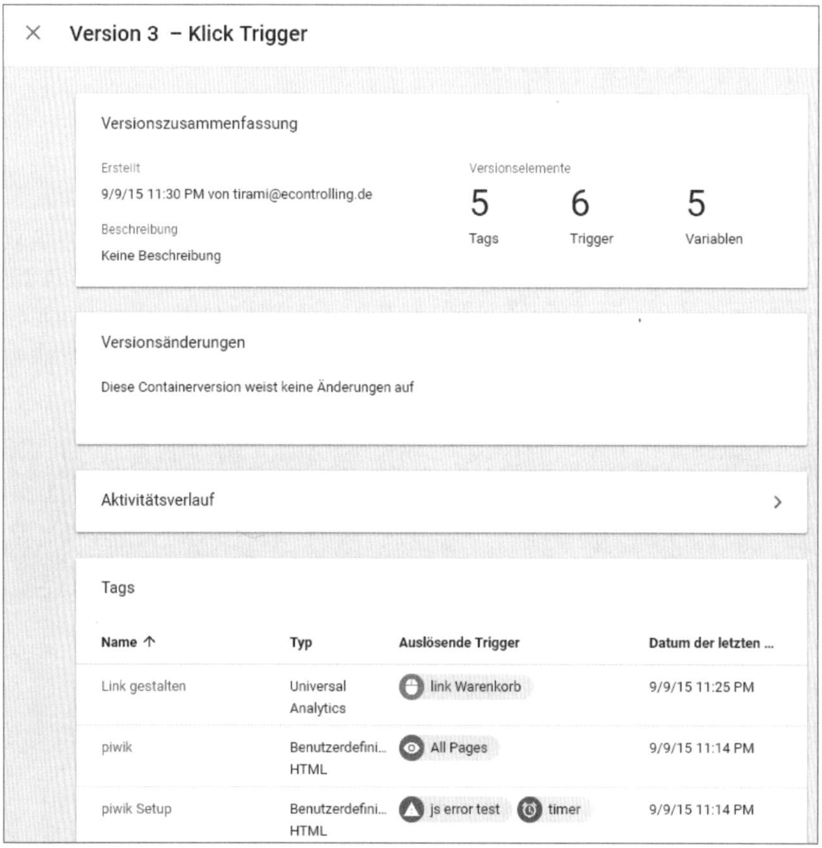

Abbildung 14.86 Version in der detaillierten Übersicht

Für vorgenommene Änderungen sehen Sie neben dem genauen Zeitpunkt, von welchem Nutzer sie durchgeführt wurden. Den Übersichtslisten der Elemente können Sie neben Namen und letzter Änderung auch Auslöseregel bzw. Filter entnehmen. Mit einem Klick auf ein Element in den Listen erhalten Sie eine Auflistung aller hinterlegten Einstellungen (siehe Abbildung 14.87). Für benutzerdefinierte HTML-Tags sehen Sie den kompletten Quelltext des Tags.

Mit den Detailansichten können Sie also jede gemachte Einstellung einer Version nachvollziehen und bei Bedarf sogar Quelltexte kopieren. Das ist praktisch, falls Sie einen bereits gelöschten Tag kopieren oder neu anlegen möchten.

Sie können jede Version erneut veröffentlichen und so zu einem früheren Containerstand zurückkehren. Gerade bei der Einführung neuer Tags können Sie bei Problemen so schnell reagieren, indem Sie zunächst auf eine frühere Version zurückgehen. Dazu wählen Sie im Menü AKTIONEN den Punkt VERÖFFENTLICHEN aus.

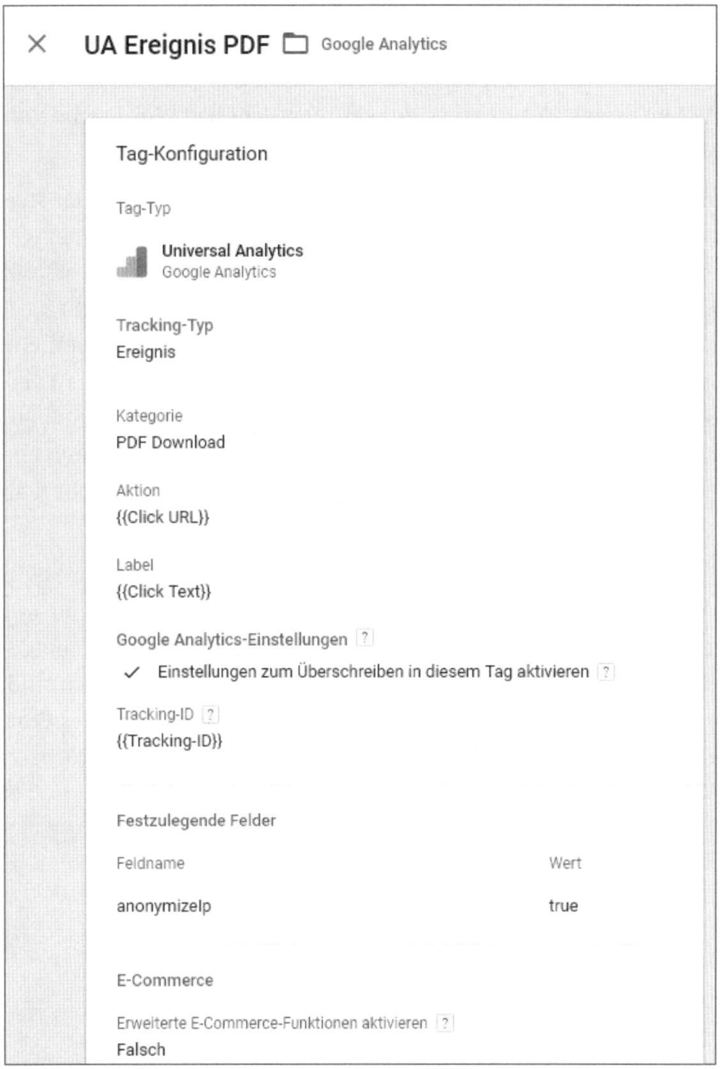

Abbildung 14.87 Alle Einstellungen auf einen Blick

Wann sollten Sie eine Version anlegen?

Neue Versionen müssen nicht zwangsläufig veröffentlicht werden. Sie können sie als Speicherpunkt nutzen, um bestimmte Entwicklungsschritte voneinander abzugrenzen.

Wenn Sie zum Beispiel zwei neue Tags inklusive erforderliche Trigger und Variablen einrichten müssen, so empfiehlt es sich, beide Tags (inklusive Trigger und Variablen) nacheinander anzulegen und dazwischen eine Version anzulegen. Diese getrennten Versionen können später zum Beispiel bei einer Fehlersuche oder Prüfung nützlich sein, denn Sie brauchen immer nur eine überschaubare Menge an Änderungen zu testen und nachzuvollziehen.

Für jede Version erscheint in der Übersichtsliste das Datum der Erstellung, das Datum der Veröffentlichung sowie des Nutzers, der veröffentlicht hat. Wurde eine Version noch nie veröffentlicht, sind die zugehörigen Felder leer.

Jeder Version können Sie einen Namen geben, um so leichter auf gemachte Einstellungen schließen zu können. Leider können Sie den Namen immer erst dann eingeben, nachdem Sie aus dem aktuellen Bearbeitungsstand heraus eine Version erstellt haben. Dazu klicken Sie im Menü AKTIONEN der Version auf den Punkt UMBENENNEN. Im daraufhin erscheinenden Fenster geben Sie den gewünschten Namen ein. Gewöhnen Sie sich an, immer nach dem Veröffentlichen direkt einen Namen zu vergeben. Dafür genügen ein bis zwei Stichworte, die Ihnen später helfen, schnell auf den Inhalt der Version zu schließen. Ansonsten müssten Sie sich einzeln durch alle Versionen klicken, sollten Sie mal eine bestimmte Änderung suchen, was schon ab wenigen Versionen schnell mühsam wird.

Eine detailliertere Beschreibung von vorgenommenen Änderungen können Sie in den *Notizen* hinterlegen. Sie erreichen sie ebenfalls über das Aktionen-Menü mit dem Punkt NOTIZEN BEARBEITEN. In Notizen können Sie mehrere Zeilen Text eingeben und auch Sonderzeichen verwenden, die im Namen zum Teil nicht möglich sind. Alternativ erreichen Sie die Notizen übrigens auch auf der Übersichtsseite des Containers. Dort geben Sie Notizen für den aktuellen Stand ein, das heißt, diese Notizen sind der Version *Wird bearbeitet* zugeordnet.

Abbildung 14.88 Containernotizen auf der Übersichtsseite

Mit Notizen können Sie die Arbeiten an einem Container umfangreich dokumentieren. Nachteil ist allerdings die Erreichbarkeit: Möchten Sie für eine bestimmte Version die Notizen einsehen, so müssen Sie für diese Version den Menüpunkt NOTIZEN BEARBEITEN einsehen. Es gibt keine Auflistung aller Notizen für alle gespeicherten Versionen im Überblick. Daher sollten Sie für Versionen immer möglichst aussagekräftige Namen verwenden.

14.11.3 Export/Import

Versionen dienen Ihnen dazu, Ihre Anpassungen und kontinuierlichen Änderungen an einem Container zu speichern. Was aber, wenn Sie einmal gemachte Einstellungen für einen neuen Container übernehmen möchten? Schließlich kann die Einrichtung einige Zeit in Anspruch nehmen.

Sie können Container selbst nicht duplizieren. Sie haben aber die Möglichkeit, die Konfiguration eines Containers inklusive aller Tags, Trigger und Variablen in eine Datei zu exportieren und anschließend in einen anderen Container zu importieren – Sie kopieren also die Einstellungen.

Sie können den Export über zwei Wege erreichen. Entweder finden Sie in der Versionsliste im Menü AKTIONEN eines Eintrags den Punkt EXPORTIEREN. Oder Sie gehen in die Verwaltung des Tag Managers und dort zum Punkt CONTAINER EXPORTIEREN.

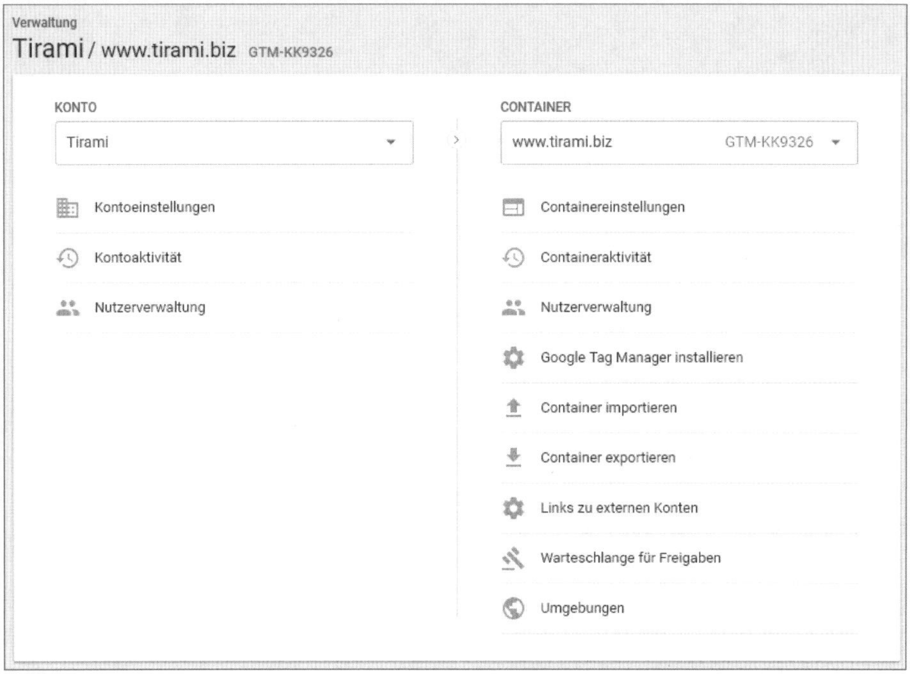

Abbildung 14.89 GTM-Verwaltung mit Container exportieren

Unter diesem Menüpunkt müssen Sie zunächst die Version auswählen, die Sie exportieren möchten. Sie können sowohl den aktuellen Stand des Containers auswählen (die höchste ID) oder einen zurückliegenden.

Nach der Auswahl sehen Sie ein Textfeld mit einer Reihe von Name-Wert-Paaren, in denen alle Einstellungen des GTM aufgeführt sind. Sie können nun entweder den Feldinhalt als JSON-Datei herunterladen oder den Text in die Zwischenablage kopieren.

Beim Import wählen Sie zunächst die gewünschte JSON-Datei aus und haben anschließend die Wahl zwischen zwei Optionen:

- **Überschreiben** löscht alle enthaltenen Elemente im Ziel-Container und erstellt die Einstellungen aus dem Export neu.
- **Zusammenführen** fügt Elemente aus dem Export zu bereits bestehenden Elementen im Container hinzu. Hier können Sie noch mal zwischen zwei Optionen wählen. Wenn Elemente aus dem Export im Ziel-Container bereits existieren, das heißt denselben Namen haben, können sie entweder überschrieben oder umbenannt werden.

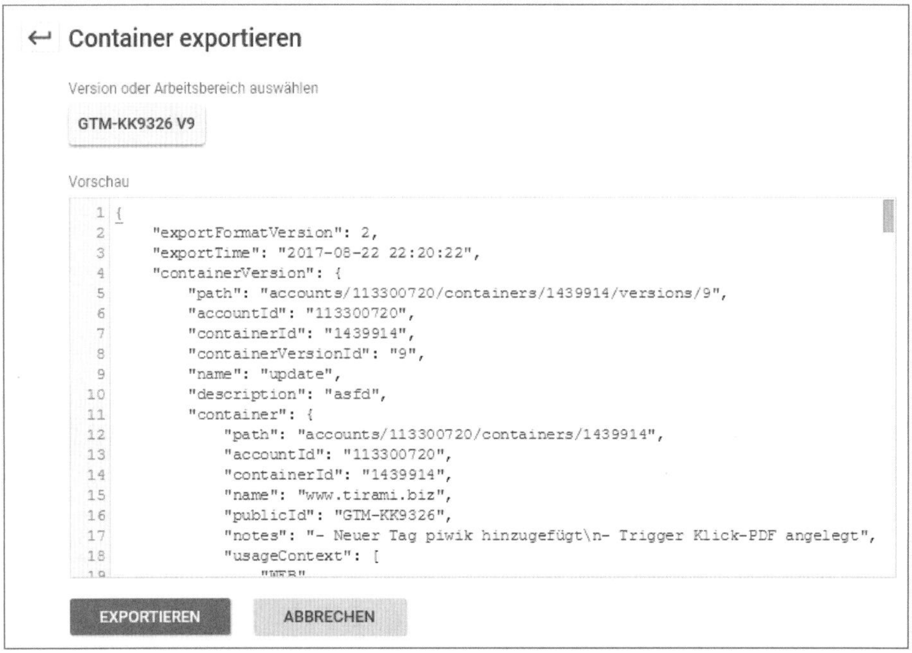

Abbildung 14.90 Container exportieren und als JSON-Datei speichern

Im zweiten Schritt sehen Sie zunächst detailliert, welche Änderungen durch den Import am Container durchgeführt werden. Mit einem Klick auf BESTÄTIGEN erfolgt der Import dann tatsächlich.

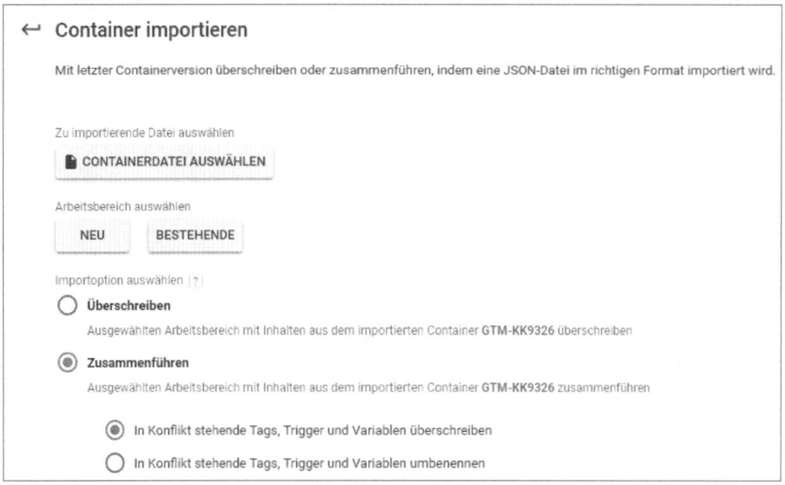

Abbildung 14.91 Einstellungen für den Container-Import

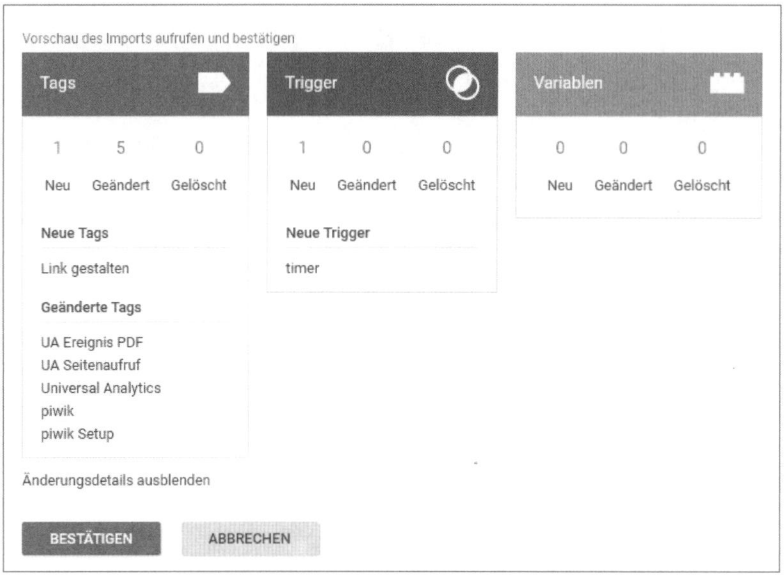

Abbildung 14.92 Detaillierte Vorschau der Änderungen beim Import

Beim Import wird automatisch eine neue Version für das Ergebnis erstellt, unabhängig davon, ob Sie nun *überschreiben* oder *zusammenführen*.

Container-Export als Tag-Manager-Template

Exportierte Container können als Vorlage für neue GTM-Installationen dienen. Die Export-Datei können Sie mit jedem beliebigen Texteditor öffnen und auch verändern. So können Sie schon vor dem Import in einen neuen Container Einstellungen vornehmen, etwa die Variable Tracking-ID ändern. Allerdings sollten Sie solche Anpassungen nur im Editor durchführen, wenn Sie über entsprechende Erfahrung im Umgang mit solchen Dateien verfügen.

14.12 Fahrplan zur Umstellung

Wahrscheinlich beginnen Sie mit dem Tag Manager nicht auf einer komplett neuen Website, sondern dort ist bereits ein Tracking mit Google Analytics implementiert und Sie möchten umstellen. Hier finden Sie die wichtigsten Schritte, die Sie bei der Umstellung beachten sollten.

1. **Analysieren Sie das bestehende Tracking**
   Im ersten Schritt erfassen Sie alle bereits bestehenden Trackings auf Ihrer Seite. Gibt es Ereignisse oder virtuelle Seitenaufrufe? Verwenden Sie benutzerdefinierte Dimensionen oder Messwerte? Fragen Sie Formulare ab? Für alle diese Einzelteile überlegen Sie nun, wie Sie sie in Tags, Trigger oder Variablen überführen.
2. **Implementieren Sie den Tag-Manager-Container**
   Erstellen Sie einen GTM-Container und veröffentlichen Sie eine erste leere Version. Also eine Version, die keine Tags oder sonstige Elemente enthält. Implementieren Sie den Container-Code in Ihrer Website. Bei den nächsten beiden Schritten arbeiten Sie im Vorschaumodus des GTM, es werden noch keine Versionen veröffentlicht.
3. **Fügen Sie Variablen und Data-Layer-Aufrufe hinzu**
   Wenn Sie Daten mit dem Data Layer übertragen wollen, binden Sie zuerst diese Aufrufe ein und konfigurieren Ihren Container entsprechend. Sie können alle Einbindungen im GTM-Vorschaumodus prüfen, ohne unnötige Zähl-Aufrufe zu erzeugen.
4. **Definieren Sie Trigger und bauen Sie Tags ein**
   Für besondere Ereignisse (Formulare, Klicks) erstellen Sie die nötigen Trigger. Bauen Sie anschließend die Tags für die Zählung ein.
5. **Umstellungen und Live-Gang**
   Idealerweise bauen Sie alle alten Tags aus und drücken nach dem Ausbau auf den Button VERÖFFENTLICHEN im Tag Manager.

Natürlich ist es in der Praxis nicht immer ganz einfach, den perfekten Zeitpunkt für eine Umstellung zu finden. Und es kann vorkommen, dass Sie das eine oder andere Element übersehen und nicht bei der ersten Umstellung berücksichtigt haben. Aber zum Glück lässt sich der Tag-Manager-Container schnell aktualisieren.

Anhang

Anhang A
Tracking-Skript-Bibliotheken

A.1 analytics.js (Universal Analytics)

Die JavaScript-Bibliothek *analytics.js* stellt für das Tracking zwei Objekte bereit. Das globale Objekt `ga` stellt die grundlegende Infrastruktur für die Erfassung bereit und erzeugt das zweite Objekt *Tracker*. Letzteres wiederum stellt die eigentlichen Funktionen zur Datenerfassung bereit und schickt Daten an die Google-Analytics-Server.

A.1.1 Methoden des Objekts »ga«

Mit dem Objekt `ga` erzeugen Sie den Tracker, der die eigentlichen Nutzerdaten sammelt und an Google Analytics schickt.

create

Erzeugt ein neues Tracker-Objekt.

```
ga('create', trackingId, opt_configObject);
```

Feld	Typ	Beschreibung
`trackingId`	string	Tracking-ID der Property, auf die gezählt wird
`opt_configObject`	object	JavaScript-Objekt mit weiteren Feld-Wert-Paaren (optional)

Beispiel: Standard-Tracker erzeugen:

```
ga('create', 'UA-XXXX-Y', 'auto');
```

getByName

Gibt das Tracker-Objekt mit dem entsprechenden Namen zurück. Wenn es keinen Tracker mit diesem Namen gibt, wird `null` zurückgegeben. Der Name des Standard-Trackers ist `t0`.

```
ga.getByName(name);
```

Feld	Typ	Beschreibung
name	string	Name des Trackers, der zurückgegeben werden soll

Beispiel: Das Tracker-Objekt counter holen:

```
ga(function() {
  var tracker = ga.getByName('counter');
});
```

getAll

Gibt ein Array mit allen gerade existierenden Tracker-Objekten zurück, in der Reihenfolge ihrer Erstellung.

```
ga.getAll();
```

Beispiel: Alle Tracker-Objekte holen und ausgeben:

```
ga(function() {
  var trackers = ga.getAll();
  for (var i=0; i < trackers.length; ++i) {
    var tracker = trackers[i];
    alert(tracker.get('name'));
  }
});
```

remove

Entfernt das Tracker-Objekt mit dem angegebenen Namen.

```
ga.remove(name);
```

Feld	Typ	Beschreibung
name	string	Name des Trackers, der entfernt werden soll. Der Name muss immer angegeben werden, auch wenn es sich um den Standard-Tracker t0 handelt.

Beispiel: Das Tracker-Objekt entfernen:

```
ga(function() {
  ga.remove('t0');
});
```

A.1.2 Methoden des Objekts Tracker

Nachdem mit der ga-Methode create ein Tracker-Objekt erstellt wurde, können folgende Methoden verwendet werden.

send

Schickt einen Zählaufruf an die Google-Analytics-Server. Mit den optionalen Objekten können Sie die übergebenen Werte beeinflussen.

```
ga('send', hitType, opt_fieldObject);
```

Feld	Typ	Beschreibung
hitType	string	Die Art des erfassten Aufrufes. Es wird unterschieden zwischen pageview event socialtiming
opt_fieldObject	object	JavaScript-Objekt mit weiteren Feld-Wert-Paaren (optional). Die übergebenen Werte gelten nur für den aktuellen Aufruf, folgende Aufrufe verwenden wieder die Standardeinstellungen.

Beispiel: Erfassung Seitenaufruf mit explizit gesetztem Seitentitel:

```
ga('send', 'pageview', {'title': 'mein neuer Titel'});
```

set

Verändert die Werte von Datenfeldern, wie zum Beispiel dem Seitentitel, für alle folgenden send-Aufrufe.

```
ga('set', fieldName, value);
```

Feld	Typ	Beschreibung
fieldName	string	Name des Feldes, dessen Wert gesetzt werden soll
value	string, number, object	neuer Wert des Feldes

Beispiel: Feld page für alle folgenden Aufrufe ändern:

```
ga('set', 'page', '/meine-neue-seite');
```

Sie können statt eines Namen-Wert-Paares auch ein JavaScript-Objekt übergeben, das die zu ändernden Paare enthält.

Beispiel: Felder page und title im selben set-Befehl ändern:

```
ga('set', {
  'page': '/meine-neue-seite',
  'title': 'mein neuer Titel'
});
```

get

Gibt den Wert des genannten Feldes zurück. Dazu wird ein bestehendes Tracker-Objekt angefragt.

```
var fieldValue = tracker.get(fieldName);
```

Feld	Typ	Beschreibung
fieldName	string	Name des Feldes, dessen Wert ausgelesen werden soll

Beispiel: Auslesen des aktuellen Wertes des Feldes page:

```
ga(function(tracker) {
  var page = tracker.get('page');
});
```

A.1.3 Referenzfelder der Methode create

Die Methoden ga und Tracker nutzen verschiedene Felder für die Datenerfassung, die Sie beim Aufruf überschreiben und so das Verhalten der Zählung oder die erfassten Daten verändern können.

Kurze oder ausführliche Notation

Für die meisten Universal-Analytics-Methoden können Sie zwei Schreibweisen verwenden, eine ausführliche mit Feldnamen und Feldwert sowie eine verkürzte, bei der Sie direkt die Feldwerte als Parameter angeben. Sie können zum Beispiel in kurzer Notation schreiben:

```
ga('send', 'pageview', '/meine-seite.html');
```

Der gleiche Befehl in ausführlicher Notation:

```
ga('send', 'pageview', {'page': '/meine-seite.html'});
```

In der verkürzten Schreibweise stehen nicht alle Felder zur Verfügung, daher sind die Beispiele im Folgenden alle in der ausführlichen Notation.

allowAnchor Parameters (optional)

Normalerweise sucht der Tracking-Code nach Kampagnen-Parametern im Querystring (also hinter einem Fragezeichen in der URL) und im Anker (also nach einer Raute). Mit diesem Feld können Sie die Suche im Anker deaktivieren. Kann nur beim Aufruf von `create` gesetzt werden.

Feld	Typ	Voreinstellung
`allowAnchor`	boolean	`true`

Beispiel: Suche im Anker deaktivieren:

```
ga('create', 'UA-XXXX-Y', {'allowAnchor': false});
```

allowLinker (optional)

Steht das Feld auf true, werden die URLs auf Cross-Domain-Parametern untersucht.

Feld	Typ	Voreinstellung
`allowLinker`	boolean	`false`

Beispiel: Cross-Domain-Parameter verwenden:

```
ga('create', 'UA-XXXX-Y', {'allowLinker': true});
```

alwaysSendReferrer (optional)

Normalerweise erfasst der Tracking-Code den Browser-Referrer nur dann, wenn sich der Domainname im Referrer von dem der aufgerufenen Website unterscheidet. Wenn Sie dieses Feld setzen, wird der Referrer immer übergeben. Kann nur beim Aufruf von `create` gesetzt werden.

Feld	Typ	Voreinstellung
`alwaysSendReferrer`	boolean	`false`

Beispiel: Referrer wird immer erfasst:

```
ga('create', 'UA-XXXX-Y', {'alwaysSendReferrer': true});
```

anonymizeIP (optional)

Die letzte Stelle der IP-Adresse wird vor der Datenerfassung entfernt, um den Besucher zu anonymisieren.

Feld	Typ	Voreinstellung	Länge max.
anonymizeIp	boolean	keine	n. v.

Beispiel: IP-Adressen anonymisieren:

```
ga('set', 'anonymizeIp', true);
```

Browser-Kennung Client-ID

Eindeutige anonyme Kennung, die den Browser identifiziert. Wird in der Standardkonfiguration als First-Party-Cookie gespeichert.

Feld	Typ	Voreinstellung
clientId	text	Zufallswert

Beispiel: Die Browser-Kennung wird für diesen Besuch vorgegeben:

```
ga('create', 'UA-XXXX-Y', {
  'clientId': '35009a79-1a05-49d7-b876-2b884d0f825b'
});
```

campaignContent (optional)

Setzt die Variante einer Kampagnenanzeige im Quelltext.

Feld	Typ	Voreinstellung	Länge max.
campaignContent	text	keine	500 Bytes

Beispiel: Für alle folgenden send-Befehle gilt die Variante TEASER 1:

```
ga('set', 'campaignContent', 'Teaser 1');
```

campaignID (optional)

Setzt die ID einer Kampagne im Quelltext.

Feld	Typ	Voreinstellung	Länge max.
campaignId	text	keine	100 Bytes

Beispiel: Für alle folgenden send-Befehle gilt die Kampagnen-ID »1138«:

```
ga('set', 'campaignId', '1138');
```

campaignKeyword (optional)

Setzt das Suchwort einer Kampagne im Quelltext.

Feld	Typ	Voreinstellung	Länge max.
`campaignKeyword`	text	keine	500 Bytes

Beispiel: Für alle folgenden `send`-Befehle gilt das Kampagnen-Suchwort »korkenzieher holz«:

```
ga('set', 'campaignKeyword', 'korkenzieher holz');
```

campaignMedium (optional)

Setzt das Medium einer Kampagne im Quelltext.

Feld	Typ	Voreinstellung	Länge max.
`campaignMedium`	text	keine	50 Bytes

Beispiel: Für alle folgenden `send`-Befehle gilt das Kampagnenmedium MAIL:

```
ga('set', 'campaignMedium', 'Mail');
```

campaignName (optional)

Setzt den Namen einer Kampagne im Quelltext.

Feld	Typ	Voreinstellung	Länge max.
`campaignName`	text	keine	100 Bytes

Beispiel: Für alle folgenden `send`-Befehle gilt der Kampagnenname »Sommerangebot«:

```
ga('set', 'campaignName', 'Sommerangebot');
```

campaignSource (optional)

Setzt die Quelle einer Kampagne im Quelltext.

Feld	Typ	Voreinstellung	Länge max.
`campaignSource`	text	keine	100 Bytes

Beispiel: Für alle folgenden send-Befehle gilt die Kampagnenquelle NEWSLETTER:

```
ga('set', 'campaignSource', 'Newsletter');
```

Checkout Step (optional)

Setzt den Schritt in einem Checkout-Prozess. Erfordert Erweiterte E-Commerce-Funktionen.

Feld	Typ	Voreinstellung	Länge max.
step (product action)	integer	keine	n. v.

Beispiel: Schritt 2 im Checkout Prozess:

```
ga('ec:setAction', 'checkout', {'step': 2});
```

Checkout zusätzliche Informationen (optional)

Übergibt weitere Informationen für einen Checkout-Prozess, z. B. die Bezahlmethode. Erfordert Erweiterte E-Commerce-Funktionen.

Feld	Typ	Voreinstellung	Länge max.
option (product action)	text	keine	n. v.

Beispiel: Bezahlmethode EC:

```
ga('ec:setAction', 'checkout', {'option': 'EC'});
```

Cookie-Domain (optional)

Gibt die Domain an, von der aus der Cookie gesetzt wird. Mit dem Wert none macht Analytics keine Vorgabe zur Cookie-Domain. Kann nur beim Aufruf von create gesetzt werden.

Feld	Typ	Voreinstellung
cookieDomain	text	document.location.hostname

Beispiel: Domain in *tirami.biz* ändern:

```
ga('create', 'UA-XXXX-Y', {'cookieDomain': 'tirami.biz'});
```

Cookie-Expiration (optional)

Bestimmt die Laufzeit des Cookies. Die Angabe erfolgt in Sekunden. Kann nur beim Aufruf von create gesetzt werden.

Feld	Typ	Voreinstellung
cookieExpires	integer	63072000 (2 Jahre)

Beispiel: Laufzeit auf 86400 Sekunden ändern, das entspricht einem Tag:

```
ga('create', 'UA-XXXX-Y', {'cookieExpires': 86400});
```

Cookie-Name (optional)

Name des Cookies, in dem Google Analytics seine Daten speichert. Kann nur beim Aufruf von `create` gesetzt werden.

Feld	Typ	Voreinstellung
cookieName	text	_ga

Beispiel: Name in `gaCookie` ändern:

```
ga('create', 'UA-XXXX-Y', {'cookieName': 'gaCookie'});
```

Custom-Dimension (optional)

Jede benutzerdefinierte Dimension erhält einen Index, über den sie bei Aufrufen referenziert wird. In der kostenlosen Version von Google Analytics stehen 20 Speicherplätze für benutzerdefinierte Dimensionen zur Verfügung, in der Premium-Version sind es 200.

Feld	Typ	Voreinstellung	Länge max.
dimension	text	keine	150 Bytes

Beispiel: Für die benutzerdefinierte Dimension im Speicherplatz 12 wird der Wert »Edelholz« gesetzt:

```
ga('set', 'dimension12', 'Edelholz');
```

Custom-Metric (optional)

Jeder benutzerdefinierte Messwert erhält einen Index, über den er bei Aufrufen referenziert wird. In der kostenlosen Version von Google Analytics stehen 20 Speicherplätze für benutzerdefinierte Messwerte zur Verfügung, in der Premium-Version sind es 200.

Feld	Typ	Voreinstellung	Länge max.
metric	integer	keine	n. v.

Beispiel: Für den benutzerdefinierten Messwert im Speicherplatz 8 wird der Wert »32« gesetzt:

```
ga('set', 'metric8', 32);
```

dataSource (optional)

Bestimmt den Typ des Aufrufs. Entweder web (von analytics.js) oder app (von einem mobile SDK).

Feld	Typ	Voreinstellung	Länge max.
dataSource	text	keine	n. v.

Beispiel:

```
ga('set', 'dataSource', 'crm');
```

encoding (optional)

Das Feld beschreibt die Zeichenkodierung, in der das aktuelle HTML-Dokument vorliegt.

Feld	Typ	Voreinstellung	Länge max.
encoding	text	UTF-8	20 Bytes

Beispiel: Für alle folgenden send-Befehle gilt die Zeichenkodierung UTF-16:

```
ga('set', 'encoding', 'UTF-16');
```

eventAction

Das Feld bestimmt bei einem Zählaufruf vom Typ event die Aktion, es ist obligatorisch bei einem Event-Aufruf.

Feld	Typ	Voreinstellung	Länge max.
eventAction	text	keine	500 Bytes

Beispiel: Beim Event-Aufruf werden die Kategorie *Produkte* und die Aktion *Bestellen* übergeben:

```
ga('send', 'event', {
  'eventCategory': 'Produkte',
  'eventAction': 'Bestellen'
});
```

eventCategory

Das Feld bestimmt bei einem Zählaufruf vom Typ event die Kategorie. Obligatorisch bei einem Event-Aufruf.

Feld	Typ	Voreinstellung	Länge max.
eventCategory	text	keine	150 Bytes

Beispiel: Beim Event-Aufruf werden die Kategorie *Produkte* und die Aktion *Bestellen* übergeben:

```
ga('send', 'event', {
  'eventCategory': 'Produkte',
  'eventAction': 'Bestellen'
});
```

eventLabel (optional)

Das Feld bestimmt bei einem Zählaufruf vom Typ event den Wert Label.

Feld	Typ	Voreinstellung	Länge max.
eventLabel	text	keine	150 Bytes

Beispiel: Beim Event-Aufruf wird das Label *Rotwein* übergeben:

```
ga('send', 'event', {
  'eventCategory': 'Produkte',
  'eventAction': 'Bestellen',
  'eventLabel': 'Rotwein'
});
```

eventValue (optional)

Das Feld bestimmt bei einem Zählaufruf vom Typ event den Wert Value. Der Wert muss eine positive Ganzzahl sein.

Feld	Typ	Voreinstellung	Länge max.
eventValue	integer	keine	n. v.

Beispiel: Beim Event-Aufruf wird der Wert »12« übergeben:

```
ga('send', 'event', {
  'eventCategory': 'Produkte',
  'eventAction': 'Bestellen',
  'eventValue': 12
});
```

Flash-Version (optional)

Mit dem Feld überschreiben Sie die automatisch ermittelte Flash-Version.

Feld	Typ	Voreinstellung	Länge max.
`flashVersion`	text	keine	20 Bytes

Beispiel: Für alle folgenden `send`-Befehle gilt die Flash-Version »10 1 r103«:

```
ga('set', 'flashVersion', '10 1 r103');
```

forceSSL (optional)

Gibt an, dass alle Zählpixel über HTTPS vom Google-Analytics-Server geladen werden. Normalerweise lädt der Tracking-Code in Seiten unter HTTP auch den Zählpixel vom HTTP-Server.

Feld	Typ	Voreinstellung	Länge max.
`forceSSL`	boolean	`false`	n. v.

Beispiel: Zählpixel immer über HTTPS laden:

```
ga('set', 'forceSSL', true);
```

Experiment-ID (optional)

Mit diesem Feld übergeben Sie die ID des Tests, an dem der aktuelle Besucher teilnimmt. Das Feld sollte immer zusammen mit dem Feld *Experiment-Variante* übergeben werden.

Feld	Typ	Voreinstellung	Länge max.
`expId`	text	keine	40 Bytes

Beispiel: Der Besucher nimmt am Test *Qp0gahJ3RAO3DJ18b0XoUQ* teil:

```
ga('set', 'expId', 'Qp0gahJ3RAO3DJ18b0XoUQ');
```

Experiment-Variante (optional)

Mit diesem Feld übergeben Sie die Testvariante, die der aktuelle Besucher gesehen hat. Das Feld sollte immer zusammen mit dem Feld *Experiment-ID* übergeben werden.

Feld	Typ	Voreinstellung	Länge max.
expVar	text	keine	n. v.

Beispiel: Der Besucher hat Testvariante »1« gesehen:

```
ga('set', 'expVar', '1');
```

hitCallback (optional)

Die JavaScript-Funktion, die Sie diesem Feld als Wert mitgeben, wird nach dem Senden eines Zählaufrufes ausgeführt. Die Funktion wird sowohl aufgerufen, wenn das Senden erfolgreich war, als auch, wenn das Abschicken mit einem Fehler endete.

Feld	Typ	Voreinstellung	Länge max.
hitCallback	function	keine	n. v.

Beispiel: Nach dem Senden des Seitenaufrufes wird die Funktion aufgerufen, die eine Meldung über das erfolgreiche Absenden anzeigt:

```
ga('send', 'pageview', {
  'hitCallback': function() {
    alert('Seitenaufruf gesendet');
  }
});
```

hitType

Das Feld übermittelt den Typ des Zählaufrufes. Das Feld muss einen der Werte `pageview`, `appview`, `event`, `transaction`, `item`, `social` oder `exception` haben. Für `hitType` muss immer ein Wert übergeben werden.

Feld	Typ	Voreinstellung	Länge max.
hitType	text	keine	n. v.

Beispiel: Zählung eines Seitenaufrufes mit einer virtuellen URL in Feld-Wert-Notation:

```
ga('send', {
  'hitType': 'pageview',
```

```
  'page': '/startseite.html'
});
```

Hostname (optional)

Mit dem Feld überschreiben Sie den automatisch ermittelten Hostnamen.

Feld	Typ	Voreinstellung	Länge max.
hostname	text	keine	100 Bytes

Beispiel: Für alle folgenden send-Befehle gilt der Hostname *tirami.biz*:

```
ga('set', 'hostname', 'tirami.biz');
```

Interne Werbung Action (optional)

Aktionstyp der internen Werbemaßnahme. Kann view oder promo_click sein. Erfordert Erweiterte E-Commerce-Funktionen.

Feld	Typ	Voreinstellung	Länge max.
action (promo)	text	view	n. v.

Beispiel: Klick:

```
ga('ec:setAction', 'promo_click'});
```

Interne Werbung ID (optional)

ID oder Kennung der internen Werbemaßnahme. Erfordert Erweiterte E-Commerce-Funktionen.

Feld	Typ	Voreinstellung	Länge max.
id (promo)	text	keine	n. v.

Beispiel: Werbung SALE:

```
ga('ec:addPromo', {'id': 'SALE'});
```

Interne Werbung Name (optional)

Name der internen Werbemaßnahme. Erfordert Erweiterte E-Commerce-Funktionen.

Feld	Typ	Voreinstellung	Länge max.
name (promo)	text	keine	n. v.

Beispiel: Werbung Schlussverkauf:

```
ga('ec:addPromo', {'name': 'Schlussverkauf'});
```

Interne Werbung Position (optional)

Position des Werbemittels. Erfordert Erweiterte E-Commerce-Funktionen.

Feld	Typ	Voreinstellung	Länge max.
position (promo)	text	keine	n. v.

Beispiel: Position Seitenkopf:

```
ga('ec:addPromo', {'position': 'Seitenkopf'});
```

Interne Werbung Werbemittel (optional)

Name des Werbemittels zur internen Werbemaßnahme. Erfordert Erweiterte E-Commerce-Funktionen.

Feld	Typ	Voreinstellung	Länge max.
creative (promo)	text	keine	n. v.

Beispiel: Werbemittel Weinlese Banner:

```
ga('ec:addPromo', {'creative': 'Weinlese Banner'});
```

javaEnabled (optional)

Das Feld übermittelt, ob der Browser des Besuchers Java unterstützt (nicht JavaScript!).

Feld	Typ	Voreinstellung	Länge max.
javaEnabled	boolean	keine	n. v.

Beispiel: Für alle folgenden send-Befehle gilt die Java-Unterstützung als vorhanden.

```
ga('set', 'javaEnabled', true);
```

legacyCookieDomain (optional)

Für welche Domain soll nach Cookies von klassichen Tracking-Codes gesucht werden?

Feld	Typ	Voreinstellung
legacyCookieDomain	text	keine

Beispiel: Nach Cookies vom klassischen Tracking-Code auf *shop.tirami.biz* suchen:

```
ga('create', 'UA-XXXX-Y', {'legacyCookieDomain': 'shop.tirami.biz'});
```

legacyhistoryimport (optional)

Der Tracking-Code sucht nach Cookies des klassischen Tracking-Codes wenn das Feld auf true steht. Kann nur beim Aufruf von `create` gesetzt werden.

Feld	Typ	Voreinstellung
`legacyHistoryImport`	boolean	`true`

Beispiel: Nach Cookies vom klassischen Tracking-Code suchen:

```
ga('create', 'UA-XXXX-Y', {'legacyHistoryImport': true});
```

Link-ID (optional)

Im Feld `linkid` wird die ID des angeklickten DOM-Elements übergeben, um Links mit demselben Ziel für die In-Page-Analyse zu unterscheiden. Wird nur verwendet, wenn in der Verwaltung die ERWEITERTE LINKZUORDNUNG aktiviert ist.

Feld	Typ	Voreinstellung	Länge max.
`linkid`	text	keine	n. v.

Beispiel: Für alle folgenden `send`-Befehle wird die Link-ID `nav_bar` übergeben:

```
ga('set', '&linkid', 'nav_bar');
```

location (optional)

Mit dem Feld überschreiben Sie die automatisch ermittelte vollständige URL, mit Ausnahme von vorhandenen Ankerparametern hinter einer Raute.

Feld	Typ	Voreinstellung	Länge max.
`location`	text	keine	2048 Bytes

Beispiel: Für alle folgenden `send`-Befehle gilt die `location` *http://www.tirami.biz/start.php?id=2*:

```
ga('set', 'location', 'http://www.tirami.biz/start.php?id=2');
```

Non-Interaction-Hit (optional)

Wird dieser Parameter beim Aufruf übergeben, beeinflusst der Aufruf die Berechnung der Verweildauer und Absprungrate nicht.

Feld	Typ	Voreinstellung	Länge max.
`nonInteraction`	boolean	keine	n. v.

Beispiel: Alle folgenden `send`-Befehle werden nicht für die Verweildauer und Absprungrate berücksichtigt:

```
ga('set', 'nonInteraction', true);
```

page (optional)

Das Feld enthält den Seitenbereich der URL. Setzen Sie das Feld manuell, um einen *virtuellen Seitenaufruf* zu erfassen. Der Wert sollte mit einem / beginnen.

Feld	Typ	Voreinstellung	Länge max.
`page`	text	keine	2.048 Bytes

Beispiel: Für alle folgenden `send`-Befehle wird als Seite */start.php* gesetzt:

```
ga('set', 'page', ' /start.php');
```

Produkt Action (optional)

Möglich sind: `detail`, `click`, `add`, `remove`, `checkout`, `checkout_option`, `purchase`, `refund`. Fehlt die Produkt Action, werden alle übrigen Felder ignoriert. Erfordert Erweiterte E-Commerce-Funktionen.

Feld	Typ	Voreinstellung	Länge max.
(product action)	text	keine	n. v.

Beispiel: Detailansicht für ein Produkt erfassen:

```
ga('ec:setAction', 'detail');
```

Produkt Gutschein (optional)

Setzt die Code eines Gutscheins/Coupons für das Produkt. Erfordert Erweiterte E-Commerce-Funktionen.

Feld	Typ	Voreinstellung	Länge max.
coupon (product)	text	keine	500 Zeichen

Beispiel: SUMMER_SALE15:

```
ga('ec:addProduct', {'coupon': 'SUMMER_SALE15'});
```

Produkt Kategorie (optional)

Setzt eine Kategorie des Produkts. Sie können bis zu 5 Hierarchie-Ebenen abbilden, in dem Sie einzelne Ebenen per / trennen. Erfordert Erweiterte E-Commerce-Funktionen.

Feld	Typ	Voreinstellung	Länge max.
category (product)	text	keine	500 Zeichen

Beispiel: Produkt aus der Kategorie smartphone/iphone:

```
ga('ec:addProduct', {'category': 'smartphone/iphone'});
```

Produkt Marke (optional)

Setzt die Marke des Produkts. Erfordert Erweiterte E-Commerce-Funktionen.

Feld	Typ	Voreinstellung	Länge max.
brand (product)	text	keine	500 Zeichen

Beispiel: Marke Google:

```
ga('ec:addProduct', {'brand': 'Google'});
```

Produkt Menge (optional)

Setzt die Stückzahl der Produkte. Erfordert Erweiterte E-Commerce-Funktionen.

Feld	Typ	Voreinstellung	Länge max.
quantity (product)	integer	keine	500 Zeichen

Beispiel: 12 Stück:

```
ga('ec:addProduct', {'quantity': 12});
```

Produkt Name (optional)

Setzt den Namen des Produkts. Erfordert Erweiterte E-Commerce-Funktionen.

Feld	Typ	Voreinstellung	Länge max.
`name` (product)	text	keine	500 Zeichen

Beispiel: Produkt luna-park T-Shirt:

```
ga('ec:addProduct', {'name': 'luna-park T-Shirt'});
```

Produkt Position (optional)

Mit diesem Feld übergeben Sie die Position, die das Produkt in einer Liste einnimmt. Erfordert Erweiterte E-Commerce-Funktionen.

Feld	Typ	Voreinstellung	Länge max.
`position` (product)	integer	keine	n. v.

Beispiel: Produkt steht an zweiter Stelle:

```
ga('ec:addProduct', {'position': 2});
```

Produkt Preis (optional)

Setzt den Preis des Produkts. Erfordert Erweiterte E-Commerce-Funktionen.

Feld	Typ	Voreinstellung	Länge max.
`price` (product)	currency	keine	500 Zeichen

Beispiel: Preis 29,90€:

```
ga('ec:addProduct', {'price': '29.90'});
```

Produkt SKU (optional)

Setzt eine eindeutige ID des Produkts. Erfordert Erweiterte E-Commerce-Funktionen.

Feld	Typ	Voreinstellung	Länge max.
`id` (product)	text	keine	500 Zeichen

Beispiel: Produkt mit der ID P12345:

```
ga('ec:addProduct', {'id': 'P12345'});
```

Produkt Variante (optional)

Setzt eine Variante des Produkts, um unterschiedliche Ausprägungen eines Produkts bei gleicher SKU unterscheiden zu können. Erfordert Erweiterte E-Commerce-Funktionen.

Feld	Typ	Voreinstellung	Länge max.
`variant` (product)	text	keine	500 Zeichen

Beispiel: Variante schwarz:

```
ga('ec:addProduct', {'variant': 'schwarz'});
```

Produktliste Action (optional)

Setzt die Aktion für eine Produktliste. Aktion kann detail oder click sein. Erfordert Erweiterte E-Commerce-Funktionen.

Feld	Typ	Voreinstellung	Länge max.
`list` (product action)	text	keine	n. v.

Beispiel: In Liste Suchergebnis:

```
ga('ec:setAction', 'click', {'list': 'Suchergebnis'});
```

Produkt Impression Kategorie (optional)

Kategorie des Produkts, für das eine Impression gezählt werden soll. Erfordert Erweiterte E-Commerce-Funktionen.

Feld	Typ	Voreinstellung	Länge max.
`category` (impression)	text	keine	n. v.

Beispiel: Kategorie Korkenzieher:

```
ga('ec:addImpression', {'category': 'Korkenzieher'});
```

Produkt Impression Listenname (optional)

Name der Produktliste, für die eine Impression gezählt werden soll. Erfordert Erweiterte E-Commerce-Funktionen.

Feld	Typ	Voreinstellung	Länge max.
`list` (impression)	text	keine	n. v.

Beispiel: Liste Suchergebnis:

```
ga('ec:addImpression', {'list': 'Suchergebnis'});
```

Produkt Impression Marke (optional)

Marke des Produkts, für das eine Impression gezählt werden soll. Erfordert Erweiterte E-Commerce-Funktionen.

Feld	Typ	Voreinstellung	Länge max.
brand (impression)	text	keine	n. v.

Beispiel: Marke Google:

```
ga('ec:addImpression', {'brand': 'Google'});
```

Produkt Impression Name (optional)

Name des Produkts, für das eine Impression gezählt werden soll. Erfordert Erweiterte E-Commerce-Funktionen.

Feld	Typ	Voreinstellung	Länge max.
name (impression)	text	keine	n. v.

Beispiel: Produktname T-Shirt:

```
ga('ec:addImpression', {'name': 'T-Shirt'});
```

Produkt Impression Position (optional)

Position des Produkts in einer Liste, für das eine Impression gezählt werden soll. Erfordert Erweiterte E-Commerce-Funktionen.

Feld	Typ	Voreinstellung	Länge max.
position (impression)	integer	keine	n. v.

Beispiel: Position 2:

```
ga('ec:addImpression', {'position': 2});
```

Produkt Impression Preis (optional)

Preis des Produkts, für das eine Impression gezählt werden soll. Erfordert Erweiterte E-Commerce-Funktionen.

Feld	Typ	Voreinstellung	Länge max.
`price` (impression)	currency	keine	n. v.

Beispiel: Preis 29,90€:

```
ga('ec:addImpression', {'price': '29.90'});
```

Produkt Impression SKU (optional)

ID des Produkts, für das eine Impression gezählt werden soll. Erfordert Erweiterte E-Commerce-Funktionen.

Feld	Typ	Voreinstellung	Länge max.
`id` (impression)	text	keine	n. v.

Beispiel: Produkt ID P1138:

```
ga('ec:addImpression', {'id': 'P1138'});
```

Produkt Impression Variante (optional)

Variante des Produkts, für das eine Impression gezählt werden soll. Erfordert Erweiterte E-Commerce-Funktionen.

Feld	Typ	Voreinstellung	Länge max.
`variant` (impression)	text	keine	n. v.

Beispiel: Variante schwarz:

```
ga('ec:addImpression', {'variant': 'schwarz'});
```

Referrer (optional)

Mit diesem Feld überschreiben Sie den Wert des Referrers, den der Tracking-Code automatisch ermittelt. Der Wert wird als URL angegeben. Der Referrer dient als Grundlage für einige Berichte im Bereich AKQUISITION, zum Beispiel VERWEISE und ORGANISCHE SUCHE.

Feld	Typ	Voreinstellung	Länge max.
`referrer`	text	`document.referrer`	2.048 Bytes

Beispiel: Für alle folgenden send-Befehle gilt der Referrer *tirami.biz*:

```
ga('set', 'referrer', 'http://tirami.biz');
```

sampleRate (optional)

Gibt an, für welchen Anteil der Besucher Daten erfasst werden sollen. Die Werte der übrigen Besucher werden anschließend hochgerechnet. Die ausgesparten Besucherdaten werden nicht verarbeitet. Die Sampling Rate kann nur beim Aufruf von create gesetzt werden.

Feld	Typ	Voreinstellung
sampleRate	float	100

Beispiel: Für die Datenerfassung nur jeden zehnten Besucher berücksichtigen:

```
ga('create', 'UA-XXXX-Y', {'sampleRate': 10});
```

screenColors (optional)

Das Feld übermittelt die eingestellte Farbtiefe des Bildschirms.

Feld	Typ	Voreinstellung	Länge max.
screenColors	text	keine	20 Bytes

Beispiel: Für alle folgenden send-Befehle gilt die Farbtiefe »8-bit«:

```
ga('set', 'screenColors', '8-bit');
```

screenResolution (optional)

Mit dem Feld überschreiben Sie die automatisch ermittelte Bildschirmauflösung.

Feld	Typ	Voreinstellung	Länge max.
screenResolution	text	keine	20 Bytes

Beispiel: Für alle folgenden send-Befehle gilt die Bildschirmauflösung »800 × 600«:

```
ga('set', 'screenResolution', '800x600');
```

Session-Control (optional)

Mit diesem Parameter können Sie eine laufende Session (Visit) beenden oder eine neue Session beginnen. Dazu dienen die Werte start oder end.

Feld	Typ	Voreinstellung	Länge max.
sessionControl	text	keine	n. v.

Beispiel: Mit diesem Seitenaufruf eine neue Session beginnen:

```
ga('send', 'pageview', {'sessionControl': 'start'});
```

siteSpeedSampleRate (optional)

Gibt an, wie oft die Ladegeschwindigkeit der Seite erfasst werden soll. In der Voreinstellung wird bei 1 % der Besucher die Ladegeschwindigkeit automatisch erfasst. Kann nur beim Aufruf von create gesetzt werden.

Feld	Typ	Voreinstellung
siteSpeedSampleRate	integer	1

Beispiel: Bei jedem zweiten Besucher die Ladezeiten der Seiten messen:

```
ga('create', 'UA-XXXX-Y', {'siteSpeedSampleRate': 50});
```

socialAction

Das Feld gibt die soziale Interaktion an, zum Beispiel *Like*, es ist obligatorisch bei einem Social-Aufruf.

Feld	Typ	Voreinstellung	Länge max.
socialAction	text	keine	50 Bytes

Beispiel: Beim Social-Aufruf wird die Aktion *Like* erfasst:

```
ga('send', 'social', {
  'socialNetwork': 'facebook',
  'socialAction': 'like',
  'socialTarget': 'http://tirami.biz'
});
```

socialNetwork

Das Feld gibt den Namen des sozialen Netzwerkes an, zum Beispiel Facebook, es ist obligatorisch bei einem Social-Aufruf.

Feld	Typ	Voreinstellung	Länge max.
socialNetwork	text	keine	50 Bytes

Beispiel: Beim Social-Aufruf wird das Netzwerk Facebook erfasst:

```
ga('send', 'social', {
  'socialNetwork': 'facebook',
  'socialAction': 'like',
  'socialTarget': 'http://tirami.biz'
});
```

socialTarget

Das Feld gibt das Ziel der sozialen Aktion an, es ist obligatorisch bei einem Social-Aufruf.

Feld	Typ	Voreinstellung	Länge max.
socialTarget	text	keine	2.048 Bytes

Beispiel: Beim Social-Aufruf wird als Ziel *tirami.biz* erfasst:

```
ga('send', 'social', {
  'socialNetwork': 'facebook',
  'socialAction': 'like',
  'socialTarget': 'http://tirami.biz'
});
```

timingCategory (optional)

Das Feld gibt bei einer benutzerdefinierten Geschwindigkeitsmessung die Kategorie an.

Feld	Typ	Voreinstellung	Länge max.
timingCategory	text	keine	150 Bytes

Beispiel: Beim Timing-Aufruf wird die Kategorie *Fotogalerie* erfasst:

```
ga('send', 'timing', {
  'timingCategory': 'Fotogalerie',
  'timingVar': 'lightbox',
  'timingValue': 55
});
```

timingLabel (optional)

Das Feld gibt bei einer benutzerdefinierten Geschwindigkeitsmessung das Label an.

Feld	Typ	Voreinstellung	Länge max.
`timingLabel`	text	keine	500 Bytes

Beispiel: Beim Timing-Aufruf wird das Label *Januar* erfasst:

```
ga('send', 'timing', {
  'timingCategory': 'Fotogalerie',
  'timingVar': 'lightbox',
  'timingValue': 55,
  'timingLabel': 'Januar'
});
```

timingValue (optional)

Gibt den gemessenen Zeitwert in Millisekunden an.

Feld	Typ	Voreinstellung	Länge max.
`timingValue`	integer	keine	n. v.

Beispiel: Beim Timing-Aufruf wird der Zeitwert 55 Millisekunden erfasst:

```
ga('send', 'timing', {
  'timingCategory': 'Fotogalerie',
  'timingVar': 'lightbox',
  'timingValue': 55
});
```

timingVar (optional)

Das Feld gibt bei einer benutzerdefinierten Geschwindigkeitsmessung den Namen der Timing-Variablen an.

Feld	Typ	Voreinstellung	Länge max.
`timingVar`	text	keine	500 Bytes

Beispiel: Beim Timing-Aufruf wird die Variable `lightbox` erfasst:

```
ga('send', 'timing', {
  'timingCategory': 'Fotogalerie',
  'timingVar': 'lightbox',
```

```
  'timingValue': 55
});
```

title (optional)

Mit dem Feld überschreiben Sie den automatisch ermittelten Seitentitel.

Feld	Typ	Voreinstellung	Länge max.
title	text	keine	1.500 Bytes

Beispiel: Für alle folgenden send-Befehle gilt der Seitentitel »Kundenservice«:

```
ga('set', 'title', 'Kundenservice');
```

Tracker-Name (optional)

Name des Tracker-Objekts. Kann nur beim Aufruf von create gesetzt werden.

Feld	Typ	Voreinstellung
name	text	t0

Beispiel: Tracker-Objekt mit Namen myTracker erstellen:

```
ga('create', 'UA-XXXX-Y', {'name': 'myTracker'});
```

Transaktions Affiliate (optional)

Mit diesem Feld übergeben Sie den Affiliate oder Partner, über den die Transaktion zustande kam. Erfordert Erweiterte E-Commerce-Funktionen.

Feld	Typ	Voreinstellung	Länge max.
affiliation (product action)	text	keine	n. v.

Beispiel: Vom Partner eBay:

```
ga('ec:setAction', 'purchase', {'affiliation': 'ebay'});
```

Transaktions Gutschein Code (optional)

Setzt den Gutschein Code Transaktion. Erfordert Erweiterte E-Commerce-Funktionen.

Feld	Typ	Voreinstellung	Länge max.
coupon (product action)	text	keine	n. v.

Beispiel: Gutschein Code SUMMER15:

```
ga('ec:setAction', 'purchase', {'coupon': 'SUMMER15'});
```

Transaktions ID (optional)

Mit diesem Feld übergeben Sie die ID der aktuellen Transaktion. Erfordert Erweiterte E-Commerce-Funktionen.

Feld	Typ	Voreinstellung	Länge max.
id (product action)	text	keine	n. v.

Beispiel: Transaktions ID T1234:

```
ga('ec:setAction', 'purchase', {'id': 'T1234'});
```

Transaktions Steuern (optional)

Setzt die Steuer einer Transaktion. Erfordert Erweiterte E-Commerce-Funktionen.

Feld	Typ	Voreinstellung	Länge max.
tax (product action)	currency	keine	n. v.

Beispiel: Die Transaktion hat 10,12 € Steuer erzeugt:

```
ga('ec:setAction', 'purchase', {'tax': '10.12'});
```

Transaktions Umsatz (optional)

Setzt den Umsatz einer Transaktion. Erfordert Erweiterte E-Commerce-Funktionen.

Feld	Typ	Voreinstellung	Länge max.
revenue (product action)	currency	keine	n. v.

Beispiel: Die Transaktion hat 49,90 € Umsatz erzeugt:

```
ga('ec:setAction', 'purchase', {'revenue': '49.90'});
```

Transaktions Versand (optional)

Setzt die Versandkosten einer Transaktion. Erfordert Erweiterte E-Commerce-Funktionen.

Feld	Typ	Voreinstellung	Länge max.
`shipping` (product action)	currency	keine	n. v.

Beispiel: Die Transaktion hat 5,90 € Versandkosten:

```
ga('ec:setAction', 'purchase', {'shipping': '5.90'});
```

viewportSize (optional)

Der Viewport beschreibt den sichtbaren Bereich im Browser, in dem Sie eine Website betrachten können.

Feld	Typ	Voreinstellung	Länge max.
`viewportSize`	text	keine	20 Bytes

Beispiel: Für alle folgenden `send`-Befehle gilt die Größe des Viewports von »570 × 400«:

```
ga('set', 'viewportSize', '570x400');
```

User ID (optional)

Verfügen Sie über eindeutige Nutzerkennung des Besuchers, z. B. einen Loginnamen, können Sie diesen zur Erkennung des Nutzers verwenden. Der Nutzer wird anschließend auch auf unterschiedlichen Geräten wiedererkannt.

Feld	Typ	Voreinstellung	Länge max.
`userId`	text	keine	n. v.

Beispiel: User-ID entweder beim Erstellen oder danach festlegen:

```
// User-ID beim Erstellen des Trackers
ga('create', 'UA-XXXX-Y', {'userId': 'user1138'});

// Oder als set-Befehl
ga('set', 'userId', 'user1138');
```

User-Language (optional)

Mit dem Feld können Sie die automatisch ermittelte voreingestellte Sprache des Browsers überschreiben.

Feld	Typ	Voreinstellung	Länge max.
language	text	keine	20 Bytes

Beispiel: Für alle folgenden send-Befehle gilt die Browser-Sprache de-de:

```
ga('set', 'language', 'de-de');
```

A.2 Umstieg von ga.js (klassisches Analytics)

Um Ihnen den Umstieg vom klassischen Tracking-Code mit *ga.js* auf Universal Analytics mit *analytics.js* zu erleichtern, finden Sie in Tabelle A.1 für die Befehle aus *ga.js* die Entsprechungen im Universal-Code. Gibt es diese, haben wir in der rechten Spalte einen Beispielaufruf notiert, der Ihnen die Richtung zeigen soll. Je nachdem müssen Sie das Beispiel natürlich an Ihre Gegebenheiten anpassen.

Nicht alle Befehle haben eine Entsprechung, in diesen Fällen ist die rechte Spalte leer. Manche Einstellung wird nun in der Verwaltung vorgenommen, in solchen Fällen finden Sie einen entsprechenden Hinweis.

Klassischer Tracking-Code	Universal-Tracking-Code, Beispiel
_addIgnoredOrganic()	Property-Verwaltung
_addIgnoredRef()	Property-Verwaltung
_addItem()	E-Commerce-Plugin addItem
_addOrganic()	Property-Verwaltung
_addTrans()	E-Commerce-Plugin addTransaction
_anonymizeIp	ga('set', 'anonymizeIp', true);
_clearIgnoredRef()	–
_clearOrganic()	–
_cookiePathCopy()	–
_createTracker('UA-XXXX-Y')	ga('create', 'UA-XXXX-Y', 'auto');
_forceSSL	ga('set', 'forceSSL', true);
_setAccount()	siehe create

Tabelle A.1 Entsprechungen zu den Befehlen aus »ga.js«

Klassischer Tracking-Code	Universal-Tracking-Code, Beispiel
_getAccount()	–
_getClientInfo()	–
_getDetectFlash()	–
_getDetectTitle()	–
_getLinkerUrl()	Linker-Plugin decorate
_getName()	ga.getAll();
_getTrackerByName()	ga.getByName();
_getLocalGifPath()	–
_getServiceMode()	–
_getVersion()	–
_getVisitorCustomVar()	–
_link()	Linker-Plugin decorate
_linkByPost()	Linker-Plugin decorate
_setAllowLinker()	ga('create', 'UA-XXXX-Y', 'auto', {'allow-Linker': true});
_setAllowAnchor()	Voreinstellung; zum Deaktivieren ga('create', 'UA-XXXX-Y', {'allowAnchor': false});
_setCampContentKey()	ga('set', 'campaignContent', 'Teaser 1');
_setCampMediumKey()	ga('set', 'campaignMedium', 'Mail');
_setCampNameKey()	ga('set', 'campaignName', 'Sommerangebot');
_setCampNOKey()	–
_setCampSourceKey()	ga('set', 'campaignSource', 'Newsletter');
_setCampTermKey()	ga('set', 'campaignKeyword', 'korkenzieher holz');
_setCampaignCookieTimeout()	Property-Verwaltung
_setCampaignTrack()	–

Tabelle A.1 Entsprechungen zu den Befehlen aus »ga.js« (Forts.)

Klassischer Tracking-Code	Universal-Tracking-Code, Beispiel
`_setClientInfo()`	–
`_setCookiePath()`	–
`_setCustomVar()`	`ga('set', 'dimension12', 'Edelholz');`
`_setDetectFlash()`	`ga('set', 'flashVersion', '10 1 r103');`
`_setDetectTitle()`	`ga('set', 'title', 'Kundenservice');`
`_setDomainName()`	`ga('create', 'UA-XXXX-Y', {'cookieName': 'gaCookie'});`
`_setLocalGifPath()`	–
`_setLocalRemoteServerMode()`	–
`_setLocalServerMode()`	–
`_setReferrerOverride()`	`ga('set', 'referrer', 'http://tirami.biz');`
`_setRemoteServerMode()`	–
`_setSampleRate()`	`ga('create', 'UA-XXXX-Y', {'sampleRate': 10});`
`_setSiteSpeedSampleRate()`	`ga('create', 'UA-XXXX-Y', {'siteSpeedSampleRate': 50});`
`_setSessionCookieTimeout()`	Property-Verwaltung
`_setVisitorCookieTimeout()`	Property-Verwaltung
`_trackEvent()`	`ga('send', 'event', 'img1', 'click');`
`_trackPageview()`	`ga('send', 'pageview');`
`_trackSocial()`	`ga('send', 'social', 'facebook', 'like', targetUrl);`
`_trackTiming()`	`ga('send', 'timing', 'timingCategory', 'timingVar', timingValue);`
`_trackTrans()`	E-Commerce-Plugin `send`

Tabelle A.1 Entsprechungen zu den Befehlen aus »ga.js« (Forts.)

Anhang B
Reguläre Ausdrücke

Mit regulären Ausdrücken können Sie komplexe Zeichenketten für Suchen oder Filter definieren. Im Gegensatz zu einfachen Suchanfragen nach dem Muster »finde alles, das *tirami* enthält« können Sie in einem regulären Ausdruck mit Platzhaltern, Zeichenlisten und Gruppen arbeiten (siehe Tabelle B.1).

<table>
<tr><th>Zeichen</th><th>Beschreibung</th><th>Beispiel</th></tr>
<tr><td>.</td><td>Platzhalter für ein beliebiges Zeichen</td><td>t.rami passt auf die Zeichenketten tirami, tarami, torami und t6rami.</td></tr>
<tr><td>*</td><td>Vorheriges Zeichen beliebig oft wiederholt. Das Zeichen kann aber auch komplett fehlen.</td><td>ti*rami passt auf tirami, tiiiiirami und trami.</td></tr>
<tr><td>+</td><td>Vorheriges Zeichen beliebig oft wiederholt. Das Zeichen muss mindestens einmal vorkommen.</td><td>ti+rami passt auf tirami und tiiiirami, nicht jedoch auf trami.</td></tr>
<tr><td>?</td><td>Vorheriges Zeichen kann, muss aber nicht vorkommen.</td><td>ti?rami passt auf tirami und trami.</td></tr>
<tr><td>|</td><td>Zwei Zeichen können alternativ vorkommen. Entspricht einer Verknüpfung mit »oder«.</td><td>a|b passt auf a oder b.</td></tr>
<tr><td>^</td><td>Folgende Zeichen müssen am Anfang der Zeichenkette stehen.</td><td>^/service passt auf die Seite /service, nicht aber auf /kundenservice.</td></tr>
<tr><td>$</td><td>Vorausgehende Zeichen müssen am Ende der Zeichenkette stehen.</td><td><i>produkte/$ passt auf /produkte/, aber nicht auf /produkte/weine/.</td></tr>
</table>

Tabelle B.1 Reguläre Ausdrücke für komplexe Suchanfragen

Zeichen	Beschreibung	Beispiel
( )	mehrere Zeichenketten gruppieren, zum Beispiel für eine Oder-Verknüpfung	*(Rot|Weiss)wein* passt auf Rotwein und Weisswein.
[ ]	Liste von Zeichen, die an dieser Stelle in der Zeichenkette stehen können. Kann mit *, + und ? verwendet werden.	*t[iao]rami* passt auf tirami, tarami und torami. *t[iao]+rami* passt auf tirami, tiiirami, aber auch auf tiaoiaoirami.
-	Innerhalb von Listen zeigt das Minus einen Bereich von zusammenhängenden Zeichen an.	*[A-Z]* entspricht einer Liste mit allen Großbuchstaben des Alphabets.
^	Innerhalb einer Liste wird das folgende Zeichen als negativ gewertet, das heißt, es darf nicht an dieser Stelle stehen.	*t[^i]rami* passt auf tarami und torami, aber nicht auf tirami.
\	Hebt für alle Sonderzeichen dieser Liste die Funktion auf. Dadurch wird der Eintrag zu einem gewöhnlichen Zeichen.	*tirami.biz* passt zwar auf tirami.biz, aber auch auf tirami8biz. *tirami\.biz* dagegen passt nur auf tirami.biz (mit einem Punkt zwischen tirami und biz).

Tabelle B.1 Reguläre Ausdrücke für komplexe Suchanfragen (Forts.)

In Tabelle B.2 finden Sie einige Beispiele von regulären Ausdrücken für die Arbeit mit Google Analytics.

Regulärer Ausdruck	Beschreibung
`192\.168\.[789]\.`	Passt auf alle IP-Adressen aus dem Netzbereich 192.168.7., 192.168.8. und 192.168.9. jeweils mit den Stellen 1 bis 255.
`(www|blog)\.tirami\.biz`	Passt auf die Hostnamen *www.tirami.biz* und *blog.tirami.biz*.
`\.pdf$`	Passt auf alle Dateien mit der Endung .pdf.
`/service/.*\.pdf$`	Passt auf alle Dateien mit der Endung .pdf im Verzeichnis */service* oder einem Unterverzeichnis von */service*.

Tabelle B.2 Beispiele regulärer Ausdrücke

Regulärer Ausdruck	Beschreibung
`^/../service/`	Passt auf alle URLs, deren erstes Verzeichnis zwei Zeichen lang ist, zum Beispiel */de/service/* oder */en/service/* oder */it/service/*, nicht aber auf */global/service/*.
`^/[^i][^t]/service/`	Passt auf alles URLs mit einem Service-Verzeichnis, außer dem italienischen (it).

Tabelle B.2 Beispiele regulärer Ausdrücke (Forts.)

Anhang C
Die Autoren des »Google Analytics 360«-Kapitels

Siegfried Stepke war bereits Fachgutachter der ersten Auflage dieses Buchs. Er ist Inhaber von e-dialog, einer Spezialagentur für Data-driven Advertising und Veranstalter der ältesten und umfangreichsten Google-Analytics-Konferenz im deutschsprachigen Raum, *www.analytics-konferenz.at*. Für die 2. Auflage hat er angeregt, auch der Enterprise-Variante Google Analytics Premium ein ausführliches Kapitel zu widmen. Er brachte in Zusammenarbeit mit Michaela Linhart seine langjährige Expertise als Certified Reseller ergänzend ein. Für die 3. Auflage wurde dem Launch der 360 Suite Rechnung getragen. Dafür stand ihm Arne Ruhkamp zur Seite.

Wer sich für dieses Thema interessiert und das Kapitel liest, wird merken, dass im vertrauten Kleid von Google Analytics mit all seinen beliebten und mächtigen Features in der 360-Version und der gesamten 360 Suite noch mehr Power steckt. Die Kalifornier haben hier ein riesiges Daten-Kaliber geschaffen, das vor allem für Konzerne und richtig große Websites konzipiert ist und kaum Wünsche offen lässt.

Wer sich auf Programmatic Marketing ausrichtet (und wer tut das nicht), wird die Customer-Journey-Analysen und die Kampagnen-Aussteuerung mittels First Party Data in Verbindung mit der DoubleClick Suite lieben – aber dazu mehr in Kapitel 13.

Michaela Linhart war Digital Analytics Consultant bei e-dialog und ist auf die Konzeption von Google Analytics 360 Setups und Implementierungen spezialisiert.

Arne Ruhkamp ist Senior Digital Analytics Consultant bei e-dialog und spezialisiert sich vor allem auf die Nutzung der wertvollen Daten im Bereich Attributionsmodellierung sowie mithilfe von Machine Learning.

Siegfried Stepke ist Gründer und Geschäftsführer von e-dialog und berät Kunden beim strategischen Einsatz von Analytics zum Zweck von Programmatic Marketing.

Gemeinsam betreuen sie freudvoll Kunden in Mitteleuropa beim erfolgreichen Aufbau von Data-driven Advertising. e-dialog gehört zu den ersten Google Analytics Certified Partnern und 360 Resellern in D-A-CH und ist zudem auch DoubleClick Reseller.

Index

D

E

F

G

H

I

J

K

T

U

- Grundlagen, Funktionsweisen und strategische Planung
- Onpage- und Offpage-Optimierung für Google und Co.
- Erfolgsmessung, Web Analytics und Controlling

Sebastian Erlhofer

Suchmaschinen-Optimierung

Das umfassende Handbuch

Das Handbuch zur Suchmaschinen-Optimierung von Sebastian Erlhofer gilt in Fachkreisen zu Recht als das deutschsprachige Standardwerk. Es bietet Einsteigern und Fortgeschrittenen fundierte Informationen zu allen wichtigen Bereichen der Suchmaschinen-Optimierung. Verständlich werden alle relevanten Begriffe und Konzepte erklärt und erläutert. Neben ausführlichen Details zur Planung und Erfolgsmessung einer strategischen Suchmaschinen-Optimierung reicht das Spektrum von der Keyword-Recherche, der wichtigen Onpage-Optimierung Ihrer Website über erfolgreiche Methoden des Linkbuildings bis hin zu Ranktracking, Monitoring und Controlling.

935 Seiten, gebunden, 39,90 Euro
ISBN 978-3-8362-3879-3
8. Auflage 2016
www.rheinwerk-verlag.de/3934

Alle Bücher auch als E-Book und Bundle – nur im Rheinwerk-Shop

»Die drei Suchmaschinen-Marketing-Profis nehmen den Leser in ihrem umfassenden Leitfaden an die Hand und führen ihn Schritt für Schritt durch den Dschungel von Google-AdWords.«

Online Marketing Experts

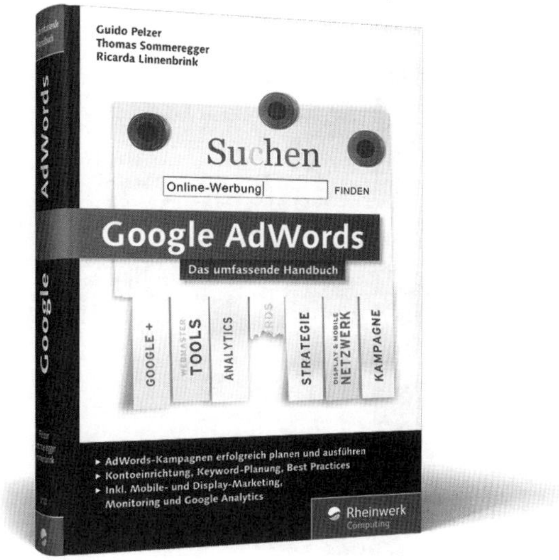

Guido Pelzer, Thomas Sommeregger, Ricarda Linnenbrink

Google AdWords

Das umfassende Handbuch

Nutzen Sie alle Möglichkeiten von Google AdWords, um zielgruppengenaue Werbung zu schalten. Sie lernen, wie Sie gute Keywords finden und erfolgreiche Anzeigen schalten. Von der Kampagnenplanung, der Zusammenarbeit mit Google Analytics bis hin zum Monitoring und Reporting haben Sie mit diesem Buch ein umfangreiches Kompendium zur Hand, das Sie in jeder Phase unterstützt. Unser Autoren-Team zeigt Ihnen alles, was Sie für die Durchführung einer erfolgreichen AdWords-Kampagne benötigen

757 Seiten, gebunden, 34,90 Euro
ISBN 978-3-8362-2122-1
erschienen Februar 2015
www.rheinwerk-verlag.de/3320

Rheinwerk

- SEO, SEM, Online-Marketing, Content-Marketing
- Google AdWords, Web Analytics, Social Media Marketing
- Video-, E-Mail-, Display- und Mobile Marketing

Esther Keßler (Düweke), Stefan Rabsch, Mirko Mandic

Erfolgreiche Websites

SEO, SEM, Online-Marketing, Usability

Alles, was Sie für Ihren erfolgreichen Webauftritt benötigen. Zahlreiche Praxisbeispiele zeigen Ihnen den Weg zu einer besseren Webpräsenz. Nutzen Sie das Potenzial der Suchmaschinen, machen Sie aus Ihren Besuchern zufriedene Kunden und profitieren Sie vom richtigen Marketing-Mix!

991 Seiten, gebunden, 39,90 Euro
ISBN 978-3-8362-3654-6
3. Auflage, erschienen September 2015
www.rheinwerk-verlag.de/3799

»Ein echtes Nachschlagewerk!«
iX - Magazin für professionelle Informationstechnik

Kostenlose Buchauszüge im Rheinwerk-Shop!

Jens Jacobsen, Lorena Meyer

Praxisbuch Usability und UX

Was jeder wissen sollte, der Websites und Apps entwickelt

Von Praktikern für Praktiker: Dieses Buch enthält alles, was Sie für die Planung und Umsetzung nutzerfreundlicher Webseiten wissen sollten. Die Anleitung für alle, die neue Websites erstellen oder bestehende verbessern möchten. Auch geeignet als Nachschlagewerk!

511 Seiten, geb., in Farbe, 39,90 Euro
ISBN 978-3-8362-4423-7
erschienen Juni 2017
www.rheinwerk-verlag.de/4284

Jürgen Wolf

HTML5 und CSS3

Das umfassende Handbuch

Wollen Sie faszinierende Websites mit HTML5 und CSS3 gestalten? Jürgen Wolf gibt Ihnen eine grundlegende und umfangreiche Einführung in die Arbeit mit HTML5, CSS3 und JavaScript. Das Buch ist ein praxisnahes Lern- und Nachschlagewerk für jeden, der HTML und CSS mit den neuen Features von HTML5 und CSS3 erlernen möchte.

1.264 Seiten, gebunden, 44,90 Euro
ISBN 978-3-8362-4158-8
2. Auflage, erschienen September 2016
www.rheinwerk-verlag.de/4129

Rheinwerk

- Was ist Growth Hacking und wie funktioniert es?
- Neukunden erreichen, aktivieren und langfristig binden
- Positive Nutzererlebnisse stiften und Wachstum gewährleisten

Sandro Jenny, Tomas Herzberger

Growth Hacking

Mehr Wachstum, mehr Kunden, mehr Erfolg

Wachstum ist King. Denn was ist ein Business ohne Kunden? Sandro Jenny und Tomas Herzberger verraten dir, wie du mit dem geringstmöglichen Aufwand an Zeit, Geld und Manpower einen maximalen Marketingeffekt erzielst: Das Zauberwort heißt »Growth Hacking«. Zahlreiche Insider-Tricks zur Produktpositionierung, Akquise und Kundenbindung machen diesen kompakten Einstieg zum Geheimtipp für alle Marketer, ob im Start-up, in der Agentur oder beim Branchen-Platzhirsch. Fear of missing out? Zurecht!

350 Seiten, broschiert, in Farbe, 29,90 Euro
ISBN 978-3-8362-5935-4
erscheint Januar 2018
www.rheinwerk-verlag.de/4502

Immer gut informiert: Bestellen Sie unseren Newsletter!

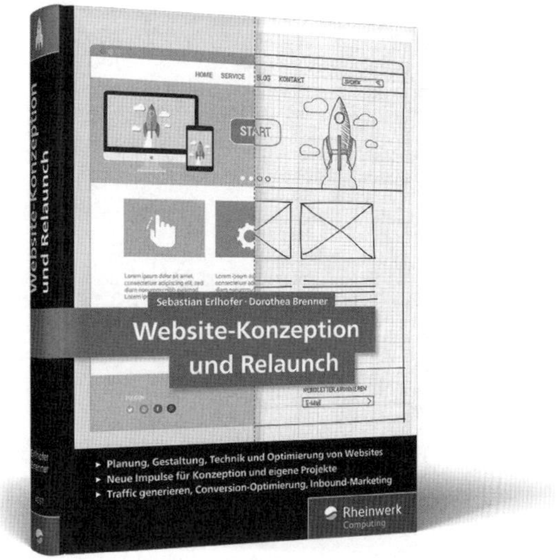

- Planung, Gestaltung, Technik und Optimierung von Websites
- Neue Impulse für Konzeption und eigene Projekte
- Traffic generieren, Conversion-Optimierung, Inbound-Marketing

Sebastian Erlhofer, Dorothea Brenner

Website-Konzeption und Relaunch

Dieser Praxisratgeber enthält konkrete Handlungsempfehlungen für alle Aufgabengebiete der Website-Konzeption: von Strategie und Planung über Informationsarchitektur, Design und Layout bis hin zum integrierten Inbound-Marketing. Gleichzeitig erfahren Sie, wie Sie Erkenntnisse aus Kommunikationswissenschaft und Psychologie in der Praxis nutzbar machen. Einsteigern verschafft das Handbuch einen guten Überblick über ihr Aufgabenfeld, und erfahrene Konzepter gewinnen wertvolles Hintergrundwissen für eigene Projekte und die Kundenkommunikation.

505 Seiten, gebunden, in Farbe, 39,90 Euro
ISBN 978-3-8362-4557-9
erscheint November 2017
www.rheinwerk-verlag.de/4387

Rheinwerk

»Ein Buch, das man jedem Website-Betreiber ans Herz legen kann. Es ist alles drin, was sich in den letzten Jahren rund um Content getan hat.«

SCREENGUIDE

Miriam Löffler

Think Content!

Content-Strategie, Content-Marketing, Texten fürs Web

Lernen Sie, wie Sie erfolgreiche Content-Strategien für Ihr Online-Unternehmen entwickeln und Content-Strategien für Webseiten erfolgreich planen und umsetzen. Erhalten Sie darüber hinaus Ideen und Anregungen für effizientes Content-Marketing und spannende Umsetzungen - mit Lösungen für B2B und B2C. Dabei kommt auch das notwendige Rüstzeug nicht zu kurz. Dank dieses Buches werden Sie qualitativ hochwertige Webtexte erstellen. Sie erfahren zudem, was ein guter Webtexter leisten muss und wie Sie den wirtschaftlichen Wert guter Texte erkennen können.

627 Seiten, broschiert, 29,90 Euro
ISBN 978-3-8362-2006-4
erschienen Februar 2014
www.rheinwerk-verlag.de/3251

Das gesamte Buchprogramm: www.rheinwerk-verlag.de